执业资格考试丛书

全国注册城乡规划师职业资格考试辅导教材（第十三版）

第2分册　城乡规划相关知识

王翠萍　王宇新　主编

中国建筑工业出版社

图书在版编目（CIP）数据

全国注册城乡规划师职业资格考试辅导教材．第2分册，城乡规划相关知识/王翠萍，王宇新主编．—13版．—北京：中国建筑工业出版社，2020.5

（执业资格考试丛书）

ISBN 978-7-112-25164-3

Ⅰ．①全…　Ⅱ．①王…　②王…　Ⅲ．①城乡规划-中国-资格考试-自学参考资料　Ⅳ．①TU984.2

中国版本图书馆CIP数据核字（2020）第082208号

责任编辑：黄　翊　陆新之
责任校对：李美娜

执业资格考试丛书
全国注册城乡规划师职业资格考试辅导教材（第十三版）
第2分册　城乡规划相关知识
王翠萍　王宇新　主编
*
中国建筑工业出版社出版、发行（北京海淀三里河路9号）
各地新华书店、建筑书店经销
北京红光制版公司制版
天津翔远印刷有限公司印刷
*
开本：787×1092毫米　1/16　印张：52　字数：1261千字
2020年6月第十三版　2020年6月第十九次印刷
定价：**145.00**元

ISBN 978-7-112-25164-3
（35827）

《全国注册城乡规划师职业资格考试辅导教材》(第十三版)
总编辑委员会

第十三版前言

建设部和人事部决定自2000年起实施注册城市规划师执业资格考试制度，迄今已有18年（2015年、2016年停考）。2008年6月全国城市规划执业制度管理委员会公布了《全国城市规划师执业资格考试大纲（修订版）》，对考试大纲作了新的调整，对注册城市规划师执业提出了新的、更高的要求，考试内容和题型也有新的变化。

2017年5月22日，人力资源和社会保障部与住房和城乡建设部共同印发了《人力资源社会保障部住房城乡建设部关于印发〈注册城乡规划师职业资格制度规定〉和〈注册城乡规划师职业资格考试实施办法〉的通知》，文件将以往的“注册城市规划师”“注册城市规划师执业资格”改称为“注册城乡规划师”与“注册城乡规划师职业资格”，并对注册和执业制度以及考试做出了新的规定与安排。

2018年初，党的十九届三中全会审议通过《深化党和国家机构改革方案》。国务院第一次常务会议审议通过国务院部委管理的国家局设置方案，组建自然资源部，将住房和城乡建设部的城乡规划管理和其他部门职责整合入内。经过一年的努力，其内部机构设置尘埃落定，但新形势下空间规划相关的法律法规及规章规范尚未更新完善。2020年，新冠疫情爆发，在本套丛书出版之日前，新版考试大纲尚未颁布，2020年辅导教材仍沿用2008版大纲。针对这种新旧交替之时考试所出现的新变化，中国建筑工业出版社组织成立了编委会，共同编写这套《全国注册城乡规划师职业资格考试辅导教材》（第十三版）。为方便考生在较短时间内达到好的复习效果以备迎考，辅导教材共分四册：《城乡规划原理》《城乡规划相关知识》《城乡规划管理与法规》和《城乡规划实务》。辅导教材为适应考试的新变化，增加国土空间规划方面的内容，以2019年5月23日的《关于建立国土空间规划体系并监督实施的若干意见》为核心。

本书编写阵容齐整，分工合理，由多年从事北京市城乡规划管理实践工作的专家和上海复旦规划建筑设计研究院的专家编写《城乡规划管理与法规》《城乡规划实务》，西安建筑科技大学城乡规划专业资深教授编写《城乡规划相关知识》《城乡规划原理》。编委会成员既有担任过全国注册规划师考试辅导班的教师，也有对全国注册城乡规划师执业考试研究颇深的专家。他们熟悉考试要点、难点，对题型尤其是近年新出现的多选题型有深入的研究。其中《城乡规划原理》由惠劼、张洁璐主编，惠劼统稿；《城乡规划相关知识》

由王翠萍、王宇新主编，王翠萍统稿；《城乡规划管理与法规》由邱跃、苏海龙主编；《城乡规划实务》由苏海龙、邱跃、郭鑫主编。

辅导教材每分册主要分成复习指导、复习题解及习题三部分内容。复习指导既包括对考试大纲的解析，也对考试要点、难点进行归纳总结，便于考生强化记忆。复习题解针对前几次考试已经统计出来的经常出现的疑难点进行重点分析，为考生澄清错误的思维方式，理清正确的答题思路。其中《城乡规划原理》《城乡规划相关知识》《城乡规划管理与法规》三个分册增加了大量的多选题，《城乡规划相关知识》还增加了真题分析及解答，《城乡规划实务》针对前几次试卷提供直截了当的分析方法和简明扼要的答题思路，使考生准确地掌握考试得分点。辅导教材的习题对考试的适用性较强，且具有很强的针对性。

为与读者形成良好的互动，本丛书建立了一个QQ答疑群，并开设了一个微信服务号来建立微信答疑群，用于解答读者在看书过程中所产生的问题，并收集读者发现的问题，从而对本丛书进行迭代优化。欢迎大家加群，在共同学习的过程中发现问题、解决问题并相互促进和提升！

规划丛书答疑 qq 群
群号：648363244

微信服务号
微信号：JZGHZX

《全国注册城乡规划师职业资格考试辅导教材》编委会
2020年4月30日

目　录

第二部分　考题分析与解答

第三部分　模拟试题

引　言

自 2000 年开始进行注册城乡规划职业资格考试，至今已经经历了 18 次考试（其中 2015、2016 年停考两年）。近年来，国家社会经济的快速发展对城乡规划工作以及注册城乡规划师提出了更新、更高要求。

近年来，空间规划体系、国土空间用途管制和自然资源监管体制，屡屡在中央文件中被重点提及。2013 年，《中共中央关于全面深化改革若干重大问题的决定》提出，要“建立空间规划体系，划定生产、生活、生态开发管制边界，落实用途管制”，以及“完善自然资源监管体制，统一行使国土空间用途管制职责”。2014 年的《生态文明体制改革总体方案》则要求，要构建“以空间规划为基础，以用途关注为主要手段的国土空间开发保护制度”，构建“以空间治理和空间结构优化为主要内容，全国统一、相互衔接、分级管理的空间规划体系”。2019 年 2 月 28 日，《中共中央关于深化党和国家机构改革的决定》则最终确定了自然资源部的改革目标。决定提出，要“统一行使全民所有自然资源资产所有者职责，统一行使所有国土空间用途管制和生态保护修复职责”，并“强化国土空间规划对各专项规划的指导约束作用，推进多规合一，实现土地利用规划、城乡规划等有机融合”。在 2019 年注册规划师考试已经有所回应。

推进规划融合，实现“多规合一”，解决当前空间规划重叠突出问题。其中，国土空间规划被认为是关键。在相应机构改革决定中，也提出“强化国土空间规划对各专项规划的指导约束作用”。规划既不是城乡规划，也不是土地利用规划，而应是国土空间规划。要集约优先、保护优先，用更少的新增建设用地指标，支撑新的经济总量增长。对建设用地规划，要先搞清楚高效利用区、低效利用区、闲置土地的情况，闲置土地尽快使用，低效利用土地要会同其他部门提高使用效率，实现国土空间规划对各专项规划的指导约束作用。

中央全面深化改革领导小组第二十八次会议上审议了《省级空间规划试点方案》。会议强调，开展省级空间规划试点，要以主体功能区规划为基础，科学划定城镇、农业、生态空间及生态保护红线、永久基本农田、城镇开发边界，注重开发强度管控和主要控制线落地，统筹各类空间性规划，编制统一的省级空间规划，为实现“多规合一”、建立健全国土空间开发保护制度积累经验、提供示范。该方案明确指出要加强资源保护与规划建设管理的全域全过程管控；加强省级规划对于市县空间规划的调控与统筹，避免市县规划“大拼盘”，防止规划走弯路。在中央深改组的指导下，目前江西、贵州、浙江已列入试点工作，为全国层面的空间规划试点探索经验。

构建基础平台。推进规划数据坐标系统、用地分类标准、空间规划底图、空间性规划制图标准等统一，实现多部门规划信息和业务管理互通共享。基于 2000 国家大地坐标系，完成各类专题数据空间化处理、格式转换和坐标统一。基于测绘地理信息标准，有效整合住建、国土、水利、林业、交通、农业等领域相关技术标准规范，制定满足省级空间性规划“多规合一”需要的用地分类标准体系。有效整合城市规划、土地利用规划、生态环保规划、林业规划、交通规划、水利规划等各类规划空间信息，科学构建省级“多规合一”空间规划基础信息平台及相关业务系统。

编制空间规划。系统梳理各类空间性规划内容结构，研究以主体功能区规划为基础统筹编制省级空间规划的技术路径，探索“多规合一”的实现形式。按照国家和省级主体功能区规划要求，在开展资源环境承载力评价的基础上，结合省域空间规划前期研究成果，精准确定城镇、农业、生态三类空间范围以及城镇开发边界、永久基本农田、生态保护红线，科学绘制省域空间规划底图，研究提出差异化空间综合功能管控措施，在三类空间框架下有效整合各类空间规划，综合集成各类空间要素，统筹布局城镇发展、土地利用、基础建设、产业发展、生态环境保护等，编制形成融发展与布局、开发与保护为一体的规划蓝图。

建立管理机制。依托空间规划底图和省域空间规划，构建科学合理的规划体系。按照“先主后次、从上而下”的原则，严格管控规划编制和修编。建立发展改革、国土资源、住房城乡建设、环境保护、水利、交通运输等部门参与的工作协调机制，进一步完善投资项目布局和并联审批制度，研究提出调整相关法律法规的建议。

2019 年 5 月 23 日，在《中共中央 国务院关于建立国土空间规划体系并监督实施的若干意见》中明确国土空间规划是国家空间发展的指南、可持续发展的空间蓝图，是各类开发保护建设活动的基本依据。

由于新版考试大纲尚未颁布，且受新冠疫情影响，2020 年的各方面配套机制尚未完善，因此 2020 年度的《城乡规划相关知识》科目教材修编以更新现有内容为主，改动及新增为辅。

一、《城乡规划相关知识》试题内容

从 2000 年开始《城乡规划相关知识》科目考试一直都是客观试题，即以选择题为主要题型，但是从 2009 年开始增加了多项选择题，包含单项选择题和多项选择题两种类型的选择题。每份试卷试题共计 100 题，其中，单项选择题，共 80 题，每题 1 分，各题的备选项中，只有一个符合题意；多项选择题，共 20 题，每题 1 分，每题的备选项中，有 2～4 个选项符合题意，少选、错选都不得分。答题采用在答题卡上将所有的选项对应的字母涂黑的方式。

近两年有人猜测是题库的一些经典题目用完了，只好挑些犄角旮旯的东西来考，其实不然。考试出题的趋势是这样的：考题形式多选化，考点升级日趋复杂化。首先，不再简单地以复述形式考那些经典知识点。如消防规划方面，“消防站的服务面积是多少，需要多少分钟达到服务区边缘”这类经典考点考得少之又少，更多的是一些易混淆的概念，如“规划区”和“建设用地范围”；另外值得一提的是，冷僻考点出现得也较多，这应该是为了鼓励大家仔细看书。如“严寒地区的消防设施应为消防水鹤”，说实话，这样的考题对于非东北考生或者非钻研消防方向的考生还是比较生僻的，若不仔细看书，仅凭经验和见识拿分，有一定难度。其次，多选题不但错选不得分，且少选也不得分，增加了难度。同时也会让考生烦躁不安，心情忐忑，在检查前面单选题目的时候纠结不已。再次，近年来，国家出台、修订了《城乡规划法》等一系列新的法律法规。考点又会随之而变，而且最喜欢考升级的法规、规范和以前的不同之处、新增之处。总之，一句话，注册城乡规划师考试重点中的重点就是《中华人民共和国城乡规划法》和国土空间规划新变化。

二、《城乡规划相关知识》试题分布

城乡规划工作涉及相关多个学科的理论与方法，综合性很强。《城乡规划相关知识》考试科目涵盖了与城乡规划工作关系最为密切的 9 个相关专业领域的知识，即建筑学、城市交通、城市市政公用设施、信息技术在城乡规划中的应用、城市经济学、城市地理学、城市社会学、城市生态与城市环境以及从 2019 年开始增加的空间规划。本科目的考试目的是考核应试人员的专业知识结构状况，即对各相关学科相关专业知识的掌握、熟悉与了解的程度，以及在城乡规划实践中运用相关专业知识的能力。

从《城乡规划相关知识》科目考试大纲来看，共计 8 个相关专业领域，内容包含 47 章，153 节，共有知识点 107 个。考试大纲将考试内容分为“掌握”、“熟悉”与“了解”3 个层面的内容，8 个相关专业领域具体分布如下表：

近年不同考试要求知识点分布表

篇号	了解	熟悉	掌握	合计
建筑学	7	4	3	14
城市交通	7	4	1	12
城市市政公用设施	4	6	1	11
信息技术在城乡规划中的应用	9	1	0	10
城市经济学	4	9	1	14
城市地理学	9	9	0	18
城市社会学	3	6	5	14
城市生态与城市环境	9	5	0	14
合计	52	44	11	107

近年各专业领域单项选择题与多项选择题分布表

专业领域	2019 年	2018 年	2017 年	2014 年	2013 年	备注
建筑学	10+4=14	13+5=18	13+5=18	13+5=18	13+5=18	加号后的数字为多项选择题的数量
城市交通	10+2=12	11+6=17	10+6=16	10+6=16	12+6=18	
城市市政公用设施	12+3=15	14+6=20	14+6=20	14+6=20	14+6=20	
信息技术在城乡规划中的应用	8+1=9	8	8	8	8	
城市经济学	8+2=10	12	12	12	12	
城市地理学	8+2=10	10	9	9	8	
城市社会学	8+2=10	7	8	9	8	
城市生态与城市环境	8+2=10	5+3=8	6+3=8	5+3=8	5+3=8	
空间规划	8+2=10					

近些年相关知识试题的题型构成包含单项选择题和多项选择题两种题型。从2019年开始9个相关专业领域都包含单项选择题和多项选择题，无疑是增加了考试的难度。从9个相关专业领域的出题量比例来看与考试大纲不尽一致。建筑学、城市交通、城市市政公用设施、城市生态与城市环境试题所占比例较大。信息技术在城乡规划中的应用、城市社会学、城市经济学试题所占比例较小。但是是从单项选择题与多项选择题的分布情况来看，各个专业领域的试题每年所占比例基本稳定，稍有微调，但是没有发生较大的变化。2019年空间规划有关题占了10道，2020年还会增加。

三、《城乡规划相关知识》应试建议

1. 正确解读考试大纲和通读复习教材

众所周知，注册考试与设计竞赛及完成规划设计不一样，但具体到复习上则很少听到好的建议，窃以为应该抓住考试的根本规律才是正道。这些规律是什么呢？考试大纲要求的范围和内容，考生们应该坚持教材为主，整体通读2～3遍，保证复习范围全面覆盖。但是《城乡规划相关知识》科目的书最厚，看起来最吓人。没办法，还是要认真看完。教材至少要看完一遍才有资格去猜，能看两遍算复习得比较认真，看三遍去考试就应该比较有信心了。

《考试大纲》对考试内容分别有“掌握”、“熟悉”和“了解”三种不同的要求，这实际上也表明了考试内容的重要程度。从学习的角度来看，《考试大纲》的编写者很想把考试的具体深度给大家讲明白，用“掌握”、“熟悉”和“了解”，三个词来界定考生对于不同考点的掌握程度。但这三个词还是比较模糊的，“掌握”和“熟悉”的内容，都是重点。属于“了解”的考试内容，不是不考，只是考的概率小，分值会少一些。考生在掌握上，应该“把握重点，兼顾一般”。

重视历年真题也非常关键，但要重视真题，不唯真题。“掌握”、“熟悉”和“了解”之间的关系好比一棵树，掌握当然是主干部分，熟悉是分枝，而了解是树叶，显而易见，没有主干部分，根本无法谈及其他。考生们一般是这样理解的：“了解”，一般性知道即可，考生在理解教材内容的需要后，基本上不用记忆；“熟悉”，要求知道概念以及内部各知识点之间的联系，考生掌握其主要内容即可；“掌握”，在理解的基础上，可以完整地叙述知识的全面含义，掌握不同知识点之间的区别与联系，要求考生必须全面理解和记忆。

但是实际并不是这样的，其实只要是涉及相关知识的内容都可以作为考点，所以建议考生都要作重点复习。“了解”要求比较低，“熟悉”、“掌握”要求比较高。“熟悉”一般指对基本概念、基本理论和基本方法要熟练掌握，不仅要清楚它的一些简单题型，还要了解对它的综合运用，与别的知识点结合。当然可能有的考生提出这样的问题：那到底要掌握到什么程度？这很难形容，请大家根据历年考题掌握。“了解”就是要知道基本理论、基本概念和基本方法，就是你要知道，并能够用它会做一点题。对于只需了解的知识点，考试时也一般不会出很难的题或者综合性大题的。

《考试大纲》的另一个重要作用就是确定考试知识点。考生可以以《考试大纲》的“考试内容”部分为主线，结合教材内容进一步细化，列出各章、节的知识点，这将会对考生复习和检验学习效果起到很好的指导作用。因此，考生在学习备考过程中，必须重视《考试大纲》的指导作用，在学习辅导教材前要先看《考试大纲》的要求，确保学习的针对性；每部分内容学完后，再对照《考试大纲》来“过一遍”，看看自己到底掌握了多少内容。每年的考试题中都存在大量需要记忆的内容，但是由于城乡规划相关知识8个领域的内容又较为体系化，恐怕单纯靠记忆也并不一定能成功，大部分内容仍是需要理解的，要教学相长，理论和实践要有机结合。

记住：教材全书通篇都是考点!

2. 考题答题技巧

(1) 时间分配：《城乡规划原理》《城乡规划相关知识》《城乡规划管理与法规》三个科目的考试时间为2个小时，都是100个选择题。《城乡规划实务》考试时间为3个小时，试题均为简答题。在《城乡规划相关知识》科目考试时，答选择题时最忌讳毛躁，没看清题就落笔，保持稳定的答题速度是很必要的。一般需要先做你知道的、一下就能给出答案的题目，对没有把握的先跳过。然后根据剩下的时间，重新估算一下每道题需要的时间，在一道自己没有能力解决的问题上花费太多时间是不值得的，得不偿失。还有一种不同的情况，就是不能给出完全肯定的答案的试题可以先标识出来，但是要注意一定要先给一个把握性较大的答案，等所有的试题完成之后，再回来检查，这是因为有些前后试题之间存在一定关联，会让你得到启发，从而获得正确的选择。

(2) 审题：看好要求再答题。很多考生为了提高做题速度，连题目的要求都没看一下就开始答题了。比如说，单项选择题要求选择一个“最佳”答案，显然，除最佳答案之外，备选项中的某些答案，也可能具有不同程度的正确性，只不过是不全面、不完整罢了。由于没有认真看清楚题目要求，而选择了看似正确的答案，这样的丢分非常可惜。一定要记住，看清所有的选择答案。

(3) 合理采用排除法、因果分析法、找关键词法、组合筛选法、猜测法、比较法等方法。

排除法：如果正确答案不能一眼看出，应首先排除明显是错误或不正确的答案，逐个排除，可以提高你选对答案而得分的概率。在单项选择题中，如其中两个或两个以上的选项存在承接、递进关系，即这两个或两个以上选项会同时成立，则正确项只能在上述选项之外去寻找；单项选择题中，一旦出现一对内容互相对立的选项，则正确选项往往由这两个对立选项中产生。

因果分析法：因果分析法是指解答因果关系选择题时，把题支与题干结合起来，具体分析它们之间是否构成因果关系而作出正确判断的方法；正确把握事物之间的因果联系，必须明确原因和结果既是先行后续的关系，又是引起和被引起的关系；需要注意的是事物的因果联系是多种多样的，既有客观原因，也有主观原因；既有根本原因，也有一般原因；既有主要原因，也有次要原因。因此，解题时一定要根据题目的不同要求，分析它们之间的因果联系。运用因果分析法解答因果关系题，应把题支和题干结合起来分析，以题干为因，所选题支为果。这里需要注意的是，针对因果关系题有三不选：一是答非所问者不选；二是与题干规定性重复或变相重复不选；三是因果颠倒者不选。

找关键词法：每个选择题只有一个立意，即一个中心思想。因而，看到试题后，认真阅读，并要很快地找到它的中心思想，最好用一句话的形式提取出立意。然后，再看题支的设问，这样就能很快地找到答案。找关键词，一般来说，每个选择题的关键词大多在题干的最后一句话或第一句话中，如“范围关键词”包括经济学道理……等；“内容关键词”

包括措施是……、制度是……等；“形容词关键词”包括根本……、主要……等；“动词关键词”表明……、说明……、体现……等。立意和关键词相结合，对做难度稍大的题目有较大帮助。

组合筛选：组合筛选法是指在组合型选择题中，通过筛选、排除含有错误题支的组合，或者排除遗漏正确题支的组合的方法。组合筛选法要求找出自己最熟知的能拿得准的题支来推知组合选项的正误，这样就可以同时思考所有的题支，转化为集中思考几个甚至一个题支。这样做不仅减轻了思考压力，而且节约了解题时间，以利于迅速选出正确答案。运用组合筛选法解答组合型选择题，应依据自己最熟知的题支来判断。若此题支错误，含有该题支的组合项均为错误；若此题支正确，遗漏该题支的组合项均为错误；遇到“公共题支”的组合时，“公共题支”可以免审，只要分析相异题支的正误，就能得出正确答案。

3. 关注政策、法规和规范变化

《城乡规划相关知识》涉及建筑学、城市交通、城市市政公用设施、信息技术在城乡规划中的应用、城市经济学、城市地理学、城市社会学、城市生态与城市环境空间规划 9 个相关专业领域的内容，其中，建筑学、城市交通、城市市政公用设施、城市生态与城市环境 4 个领域部分涉及大量的法规和规范内容。新的政策和形势会对城乡规划工作产生影响，考生在复习过程中一定要注意新颁布和修订的法律法规，予以及时更新。

城乡规划由于和时代结合紧密，考试热点就是时代方向或者总体导向。考点会随之而变，而且最喜欢考升级的法规、规范和以前的不同之处、新增之处。

《自然资源部关于全面开展国土空间规划工作的通知》(2019)；《中共中央 国务院关于建立国土空间规划体系并监督实施的若干意见》(2019)；《自然资源部关于〈国土空间规划〉编制要求》(2019)；《自然生态空间用途管制办法（试行）》(国土资发［2017］33号)；《自然资源部办公厅关于加强村庄规划 促进乡村振兴的通知》(2019)；中共中央办公厅 国务院办公厅印发《关于在国土空间规划中统筹划定落实三条控制线的指导意见》(2019)；《国家新型城镇化规划（2014－2020 年）》；《国务院关于加强滨海湿地保护 严格管控围填海的通知》(国发［2018］24 号)；《节约集约利用土地规定》(2019)；《关于加强耕地保护和改进占补平衡的意见》(2017)；《第三次全国国土调查实施方案》(2018)；《第三次全国土地调查总体方案》(国土调查办发［2018］1 号)；《中华人民共和国土地管理法》(2019 年 8 月 26 日修正)；《中华人民共和国城市房地产管理法》(2019 年 8 月 26 日修正)；《自然资源部关于以“多规合一”为基础推进规划用地“多审合一、多证合一”改革的通知》(自然资规［2019］2 号)；《矿山地质环境保护规定》(2019 年修正)、《矿产资源规划编制实施办法》(2019)；《关于促进乡村旅游可持续发展的指导意见》(2018)、《城乡建设用地增减挂钩节余指标跨省域调剂实施办法》(自然资规［2018］4 号)；《自然资源部关于健全建设用地“增存挂钩”机制的通知》(自然资规［2018］1 号)；《关于统筹推进自然资源资产产权制度改革的指导意见》(2019)；《关于推进养老服务发展的意见》(国办发［2019］5 号)、中共中央办公厅、国务院办公厅印发《关于建立以国家公园为主体的自然保护地体系的指导意见》(2019)；《加强规划和用地保障支持养老服务发展的指导意见》(自然资规［2019］3 号)。

据统计，2017～2019 年住房和城乡建设部发布的新国家标准和行业标准如下：《城市综合交通体系规划标准》(GB/T 51328—2018)、《城市环境规划标准》(GB/T 51329—

2018)、《风景名胜区总体规划标准》（GB/T 50298—2018)、《城市综合防灾规划标准》（GB/T 51327—2018)、《城镇老年人设施规划规范》（GB 50437—2007)（2018 年局部修订版)、《城市居住区规划设计标准》（GB 50180—2018)、《城市轨道交通线网规划标准》（GB/T 50546—2018)、《城市道路工程技术规范》（GB/T 51286—2018)、《既有社区绿色化改造技术标准》（JGJ/T 425—2017)、《老年人照料设施建筑设计标准》（JGJ 450—2018)、《城市绿地分类标准》（CJJ/T 85—2017)、《建筑设计防火规范》（GB 50016—2014)（2018 版)、《城市基础地理信息系统技术标准》（CJJ/T 100—2017)、《轻轨交通设计标准》（GB/T 51263—2017)、《绿色生态城区评价标准》（GB/T 51255—2017)、《乡村道路工程技术规范》（GB/T 51224—2017)、《移动通信基站工程节能技术标准》（GB/T 51216—2017)、《城市综合地下管线信息系统技术规范》（CJJ/T 269—2017)、《城市公共厕所设计标准》（CJJ 14—2016)（2018 年版修订版)、《城市排水工程规划规范》（GB 50318—2017)。

四、《城乡规划相关知识》科目考试 2020 年复习重点

2020 年情况仍然比较特殊，各方面还在磨合，而且新冠疫情爆发，能够确定的是今年注册城乡规划师考试由自然资源部空间规划局负责。因此，今年《城乡规划相关知识》科目辅导教材第一部分的“复习指导和复习题解”内容中，在“城市市政公用设施”、“城市经济学”、“城市地理学”、“信息技术在城乡规划中的应用”、“城市生态与城市环境”几个领域增加了新的国土空间规划的相关内容。相关具体内容考生也可查阅自然资源部新的文件。

空间规划体系是以空间资源的合理保护和有效利用为核心，从空间资源（土地、海洋、生态等）保护、空间要素统筹、空间结构优化、空间效率提升、空间权利公平等方面为突破，探索“多规融合”模式下的规划编制、实施、管理与监督机制。我国的国家空间规划体系包括全国、省、市县三个层面。

空间规划的编制，重点围绕基础设施互联互通、生态环境共治共保、城镇密集地区协同规划建设、公共服务设施均衡配置等方面的发展要求，统筹协调平衡跨行政区域的空间布局安排，并在空间规划底图上进行有机叠加，形成空间布局总图。在空间布局总图基础上，系统整合各类空间性规划核心内容，编制省级空间规划，主要内容包括：各级空间发展战略定位、目标和格局，需要分解到省、市、县的三类空间比例、开发强度等控制指标，“三区三线”空间划分和管控重点，基础设施、城镇体系、产业发展、公共服务、资源能源、生态环境保护等主要空间开发利用布局和重点任务、各类空间差异化管控措施、规划实施保障措施等。涉及国家安全和军事设施的空间规划项目等，应征求有关部门和军队意见。

预计 2020 年的《城乡规划相关知识》科目考试在城市经济学和城市地理学两个领域方面的试题不会出现较大变化，信息技术在城乡规划中的作用、城市社会学、城市生态与城市环境、空间规划 4 个领域方面的试题量会增加，深度和广度会扩展，建筑学、城市交通、城市市政公用设施 3 个领域方面的试题量会相应减少。考生要根据自身情况有所侧重并合理分配复习时间。

此次修编的 2020 年《城乡规划相关知识》科目辅导教材，在扩大《城乡规划相关知

识》科目习题库容量的基础上，继续增加历年真题及其详细解答分析，并全面更新了模拟试题。

结合新的空间体系规划相关内容和要求，根据历年考试辅导经验，2020 年《城乡规划师相关知识》科目考试会突出以下 17 个方面：公共建筑；住宅建筑；城市道路规划设计；城市道路交叉口规划设计；城市防灾减灾、综合管廊规划；地理信息系统在城乡规划中的应用；城市规模与城市经济增长；经济杠杆对城市发展变化的调控；新型城镇化战略；城镇体系的组织结构；国土空间规划；城市人口的社会问题；社区规划管理；健康城市；应急设施规划；城市生态系统的构成与功能；城市环境问题与环境保护。

具体内容如下：

1. 公共建筑

公共建筑的空间组织：主要使用部分、次要使用部分、交通联系部分。

公共建筑的交通组织：水平交通、垂直交通和交通转换（枢纽交通）三种空间形式。

公共建筑的功能分区：空间的“主”与“次”、“闹”与“静”、“内”与“外”。

公共建筑的防灾要求：五大灾种，即地震、火、风、洪水、地质。

2. 住宅建筑

住宅建筑的类型：按基本平面类型分类、按住宅的层数分类、按分布地区不同分类。

住宅建筑设计要点：套内空间、公共部分、无障碍要求、地下室、公共卫生设施。

3. 城市道路规划设计

道路规划设计的基本内容：路线设计、交叉口设计、道路附属设施设计、路面设计和交通管理设施设计五部分。

道路规划设计的原则：在规划的指导下，在经济，合理的前提下，满足交通发展要求，满足技术要求，兼顾整体土地开发，合理使用技术标准六个方面。

净空与限界：行人、自行车、道路桥洞通行限界、铁路通行、桥下通航净空限界。

车辆视距与视距限界：行车视距、视距界限。

4. 城市道路交叉口规划设计

交叉口设计：交通组织方式、基本内容和要求、基本类型及其特点、自行车交通组织及自行车道布置。

平面交叉口设计：平面布置、交叉口拓宽、平面交叉口改善。

立体交叉口设计：设置原则、组成、分离式立体交叉、互通式立交。

5. 城市防灾减灾

城市消防站规划：陆上、水上、航空消防。

城市消防站设置：消防站辖区；消防站选址要求；用地标准。

城市防洪排涝规划：排涝标准包括防洪标准、排涝标准；排涝措施包括防洪安全布局、防洪排涝工程措施、非工程措施；排涝设施规划包括防洪堤、截洪沟、排涝泵站。

基础设施互联互通。

6. 地理信息系统在城乡规划中的应用

空间数据和属性数据：表示方法包括点、线、面三维体。

数据来源与输入：信息来源、数据输入、数据质量。

地理信息的查询、分析与表达：地理信息表达、空间要素分类、空间查询、几何量算、属性查询、叠合、邻近、网络分析、栅格分析。

整合空间管控信息管理平台，搭建空间规划信息管理平台；“多规合一”信息平台总体架构；城乡规划信息化的应用。

7. 城市规模与城市经济增长

基本原理：生产要素组合原理、规模经济原理、集聚经济原理。

规模：城市规模、均衡规模、最佳规模、最小规模。

生产要素：资本、劳动、土地。

概念：资本产出比、资本劳动比、资本密度。

公式：经济增长率、人口增长率、建设用地增长率。

城市产业发展与产业结构：城市产业划分包括基本部门、非基本部门；城市产业结构对城市职能和空间布局的影响。

8. 经济杠杆对城市发展变化的调控

竞标租金与价格空间变化、替代效应和土地利用强度、城市空间规模与城市蔓延。

城市交通供求的时间不均衡及其调控、城市交通供求的空间不均衡及其调控、城市交通个人成本与社会成本的错位及其调控、城市交通时间成本特征及效率提高途径、公共交通的合理性。

公共财政的三大职能，即资源配置、收入分配、经济稳定与增长；公共服务设施均衡配置。

9. 新型城镇化战略

城镇化：当代世界的城镇化的特征、中国城镇化的特征。

《国家新型城镇化规划（2014—2020 年）》明确提出，要在《全国主体功能区规划》确定的城镇化地区，按照统筹规划、合理布局、分工协作、以大带小的原则，发展集聚效率高、辐射作用大、城镇体系优、功能互补强的城市群，使之成为支撑全国经济增长、促进区域协调发展、参与国际竞争合作的重要平台。

10. 城镇体系的组织结构

城镇地域空间结构的演化规律：地域空间类型、城市边缘区、城镇密集区空间结构与协同规划建设。

职能分工与协作：城市的基本—非基本理论、城市职能分类（针对城市基本部分）、城市职能与城市性质。

区域城镇体系空间结构理论：中心地理论、核心与边缘理论。

城市规模的等级体系：城市金字塔、城市首位率。

11. 国土空间规划

国土空间规划的演变；国土空间规划重要性文件；国土空间规划体系（五级三类四体系）；国土空间规划的编制内容；国土空间规划的作用；国土空间规划与土地利用规划的作用；编制和审批的内容及步骤；编制的程序；技术路线；三区三线；审查内容及原则。

12. 城市人口的社会问题

人口老龄化问题：少子老龄化、轻负老龄化、长寿老龄化、快速老龄化。

流动人口问题：正面影响；负面影响。

失业人口问题：结构性失业；摩擦性失业；贫困性失业。

13. 社区规划管理

社区、居住社区与城市居住区的区别；社区的基本构成要素；社区的归属感；社区建设与社区自治；社区规划与建设。

14. 健康城市

健康城市概念、标准；发展目标；健康城市评价指标体系；从城市规划到健康城市规划。

15. 应急设施规划

全社会预警体系；应急救援设施内容；灾害应急设施选址；应对重大公共卫生事件的应急医疗设施规划。

16. 城市生态系统的构成与功能

城市生态系统基本结构及其相互关系；城市生态系统功能；城市生态系统的基本特征。

城市生态学研究内容与目的：城市生态系统、居民生存的环境质量；将生态学的知识应用于城市研究、城市规划建设与管理；为生活质量的改善提出对策，促进城乡人与自然和谐发展。

17. 城市环境问题与环境保护

城市环境容量：人口容量、自然环境容量、城市用地容量、城市工业容量、交通容量、建筑容量等。

城市环境影响因素；影响大气环境的因素；影响水体环境的因素；影响土壤环境的因素。

城市环境污染：城市环境污染的类型及特点；城市主要污染源。

城市环境保护：大气污染综合整治；水污染综合整治；固体废物综合整治；噪声污染综合整治。

第一部分　复习指导与复习题解

第一章　建　筑　学

大纲要求：了解中国传统建筑和园林的主要分类与特征，了解外国不同历史时期建筑设计的主要特点；熟悉公共建筑的空间组织与场地要求，熟悉住宅建筑的类型及套型空间设计要点，熟悉工业建筑的功能空间组织与场地要求；掌握场地选择的基本原则与规划控制要点，掌握场地空间布局与竖向设计要点；了解建筑结构的选型，了解建筑材料的分类与建筑物的组成构件，了解建筑节能的相关政策要点；了解建筑美学的基本要素，掌握建筑环境的设计方法；了解建筑项目策划的程序与内容，熟悉我国建筑设计阶段。

热门考点：

1. 中外建筑史：中国古代建筑的主要特征，古代希腊和古代罗马建筑特征，中世纪、文艺复兴风时期代表建筑及其特征，新建筑运动、第一次及第二次世界大战后新建筑流派主张。

2. 建筑的功能组合：公共建筑的交通组织、住宅建筑各类型空间设计要点、住宅设计中卫生防疫问题、工业建筑总平面设计。

3. 场地设计：场地选择的要求、场地规划控制、各类场地设计总平面要点。

4. 建筑技术：砖混结构纵向与横向承重体系的主要传递路线及特点、建筑材料的基本性质、绿色建筑的概念。

5. 建筑美学的基本知识：色彩的基本要素、建筑形式美法则。

6. 建筑项目策划：项目建设基本步骤、项目建议书与可行性研究的区别。

第一节　复　习　指　导

一、中国、外国建筑史的基本知识

（一）了解中国古代建筑的主要分类与特征

1. 中国古代建筑的类型

（1）特点

中国古代建筑的多样性与主流性明显；单体建筑的构成简单、真实、有机；建筑群的组合多样性；建筑与环境紧密结合；建筑类型多样化；工官制度严格。

（2）类型

建筑类型因其特定的社会需要而产生。包括居住建筑，政权（宫殿）建筑及其附属设施，礼制建筑，宗教建筑，商业建筑与工业建筑，教育、文化、娱乐建筑，园林与风景建筑，市政建筑，标志建筑，防御建筑等。

2. 木构架体系

中国木构架建筑的内在优势体现于：取材方便；适应性强；有较强的抗震性能；施工

速度快；便于修缮、搬迁。但也存在根本性缺陷：木材现在越来越少，易遭火灾；采用简支梁体系，难以满足更大、更复杂空间需求。

（1）结构

结构与构造：木结构形式为主，包括抬梁式、穿斗式、井干式三种形式。

木构架体系可分为承重的梁柱结构部分，即大木作；及仅为分割空间或装饰之用的非承重部分，即小木作。

① 大木作：包括梁、檩、枋、柱等，同时也是木建筑比例尺度以及形体外观的重要决定因素。

② 小木作：包括门、窗、槅扇、屏风等。

（2）建筑著作

北宋李诫所著《营造法式》和清工部颁布的《工程做法》，是我国古代最著名的两部建筑著作。其中，《营造法式》是王安石推行政治改革的产物，目的是掌握设计与施工标准，节制国家财政开支，保证工程质量，由将作监李诫编写完成，《营造法式》是我国古代最完整的建筑技术书籍。

（3）建筑模数：宋代用“材”；清代用“斗口”。

（4）斗栱：斗栱是中国木架建筑特有的构件，有水平放置的方形的斗和升、矩形的栱以及斜置的昂组成。

斗栱的作用：在结构上挑出承重，并将屋面大面积荷载经斗栱传递到柱上；具有一定装饰作用，又是屋顶梁架与柱子间在结构和外观上的过渡构件；作为封建社会中森严等级制度的象征和重要建筑的尺度衡量标准（建筑模数），一般在高级的官式建筑中使用，大体可分为外檐斗栱和内檐斗栱两类。斗栱在宋代称作“铺作”。到了明清时代，斗栱尺寸变小，受力作用变小，逐步演变为装饰性构件。

3. 平面布局

中国古代建筑的单座建筑殿堂房舍等平面构成一般都以“柱网”的方式来布置，横向方向以步架称谓。平面布置以“间”和“步”为单位。

（1）我国木构建筑单体建筑中以“间”作为度量单位，正面两檐柱间水平距离称为“开间”（又叫面阔），各开间宽度总和称“通面阔”。

“间”的概念：四柱之间的空间；两榀梁架之间的空间。多数情况下是指后者的说法。

建筑开间在汉以前有奇数也有偶数间，汉以后用十一以下奇数间。

民间建筑有三、五开间，宫殿、庙宇、官署多用五、七开间，十分隆重的建筑用九开间，十一开间只在最高等级建筑中出现。

（2）屋架上檩与檩中心线水平间距，清代称为“步”，各步距总和或侧面各开间宽度的总和称为“通进深”，若有斗栱，则按前后挑檐檩中心线间距的水平距离计算，清代各步距相等，宋代有相等、递增或递减及不规则排列的。

4. 建筑物等级

（1）屋顶类型：庑殿、歇山、攒尖、悬山、硬山、单坡、平顶。

（2）屋架：彻上明造、天花吊顶。天花类型：平闇、平棊、藻井。

（3）等级制度由高到低：

① 屋顶：重檐庑殿、重檐歇山、重檐攒尖、单檐庑殿、单檐歇山、单檐攒尖、悬山、

硬山。

② 开间：十一、九、七、五、三间。

③ 色彩：黄、赤、绿、青、蓝、黑、灰。宫殿用金、黄、赤色，民舍只可用黑、灰、白色为墙面及屋顶色调。

5. 院落式布局

中国古代建筑以群体组合见长。用单体建筑围合成院落，建筑群以中轴线为基准由若干院落组合，利用单体的体量大小和院中所居位置来区别尊卑内外，符合中国封建社会宗法观念。庭院是由屋宇、围墙、走廊围合而成的内向型封闭空间。中国宫殿、衙署、住宅都属院落式。院落式平房比单幢高层木阁楼在防火救灾方面更为有利。

北京四合院平面布局以院落为特征，根据主人的地位及基地情况有两进、三进、四进或五进院几种，大宅则除纵向院落多外，横向还增加平行跨院，并设有后花园。

典型的北京三进四合院：前院较浅，以倒座为主，主要用作门房、客房、客厅；大门在倒座以东、宅之东南角，靠近大门的一间多用于门房或男仆居室；大门以东的小院为塾；倒座西部小院内设厕所。前院属于对外接待区，非请不得进入内院。

6. 宫殿建筑

在形制方面，周制为三朝五门，外朝：决定国家大事；治朝：王视事之朝；内朝：办理皇族内部事务、宴会。

汉代首开"东西堂制"，即大朝居中，两侧为常朝。晋、南北朝（北周除外）均行东西堂制。隋及以后均行三朝纵列之周制。

隋、唐出现了三朝五门：承天门、太极门、朱明门、两仪门、甘露门。其中，外朝承天门、中朝太极殿、内朝两仪殿。

宋代宫殿创造性的发展是御街千步廊制度。

元代宫殿喜用工字形殿。受游牧生活、喇嘛教以及西亚建筑影响，用多种色彩的琉璃，金、红色装饰，挂毡毯毛皮帷幕。

目前，我国已知最早的宫殿遗址是河南偃师二里头商代宫殿遗址。

北京故宫是我国至今保存最为完好的宫殿建筑，建于明永乐年间，其平面为中轴对称，纵深布局，三朝五门，前朝后寝。三朝是指连在须弥座上的太和殿、中和殿、保和殿；五门是指从正阳门到太和门之间的大清门、天安门、端门、午门、太和门。

唐长安大明宫位处高地，居高临下，可以远眺城内街市。全宫分为外朝、内廷两个部分，是传统的"前朝后寝"布局。外朝三殿是：含元殿是大朝，宣政殿是日朝，紫宸殿是常朝；宫前横列五门。

清朝沈阳故宫是清朝入关之前创建的宫殿，具有满族的特色，全宫分为三部分：东部大政殿和十王亭、南端八亭、中部崇政殿。

7. 坛庙建筑

都城是否有坛庙，是立国合法与否的标准之一。

坛庙主要有三类：第一类祭祀自然神，其建筑包括天、地、日、月、风云雷雨、社稷、先农之坛，五岳、五镇、四海、四渎之庙等；第二类是祭祀祖先，帝王祖庙称太庙，臣下称家庙或祠堂；第三类是祭祀先贤祠庙，如孔子庙、诸葛武侯祠、关帝庙等。

中国古代的祭祀有大祭、中祭、望祭之分。大祭：皇帝亲自祭祀。中祭：皇帝派大臣祭祀。望祭：不设庙，只朝所祭方向遥祭。帝王亲自参加的最重要的祭祀有三处：天地、社稷、宗庙。

（1）天坛：天坛是世界上最大的祭天建筑群，建于明初，有二重垣，北圆南方，象征天圆地方。外垣西侧一组建筑为神乐署、牺牲所；垣内有三组建筑为斋宫、祭坛、祈年殿。

（2）曲阜孔庙：主殿大成殿，后设寝殿，是前朝后寝的传统形制，为重檐歇山 9 间殿，黄琉璃瓦，同保和殿规制。

（3）太原晋祠：圣母殿是宋代所留殿宇中最大的一座，殿身 5 间，副阶周匝，立面为 7 间重檐，大殿前飞梁鱼沼。

8. 陵墓

秦始皇开创了中国封建社会帝王埋葬规制和陵园布局的先例。

（1）秦始皇陵：是中国古代最大的一座人工坟丘，发现有秦兵马俑和铜车马坊。

（2）唐乾陵：唐朝的陵墓大多分布在渭河以北一线山区。乾陵系唐高宗李治和武则天合葬墓，依梁山而建。

（3）明十三陵：明太祖孝陵在南京钟山南麓，开曲折自然式神道的先河，并始建宝城宝顶。北京明十三陵以天寿山为屏障，神道稍有曲折长约 7km，以永乐帝的长陵为中心，分布在周围的山坡上，每一个陵占一个山趾。陵的布置：陵体称宝城，正前为明楼，楼中立皇帝庙谥石碑，下为灵寝门。

9. 宗教建筑

我国古代比较重要的宗教有佛教、道教和伊斯兰教，其他还有摩尼教、天主教、基督教、本教等。

佛教大约在东汉初期传入中国，在两晋南北朝时期得到很大发展。中土的佛寺划分为以佛塔为主和以佛殿为主的两大类型。以佛塔为主的佛寺在我国出现最早，这类寺院以一座高大居中的佛塔为主体，其周围环绕方形广庭和回廊门殿，例如建于东汉洛阳的我国首座佛塔寺白马寺等；以佛殿为主的佛寺，采用我国传统宅邸的多进庭院式布局，最早源于南北朝时期的王公贵胄的“舍宅为寺”。

隋、唐时期较大佛寺的主体部分，仍采用对称式布置，即沿中轴线排列山门、莲池、平台、佛阁、配殿及大殿等；其中殿堂已渐成为全寺的中心，而佛塔则退居到后面或一侧，自成另区塔院；或建作双塔（最早之例见于南朝），矗立于大殿或寺门之前；较大的寺庙除中央一组主要建筑外，又依供奉内容或用途而划分为若干庭院。

道教建筑一般称宫、观、院，其布局和形式大体仍遵循我国传统的宫殿祠庙体制，即建筑以殿堂、楼阁为主，依中轴线作对称式布置。与佛寺相比较，规模一般偏小，且不建塔、经幢。

伊斯兰教礼拜寺常建有召唤信徒礼拜的邦克楼或光塔（夜间燃灯火），以及供膜拜者净身的浴室；殿内均不置偶像，仅设朝向圣地麦加供参拜的神龛；建筑常用砖或石料砌成拱券或穹窿；一切装饰纹样唯用可兰经或植物与几何形图案等。

（1）寺庙祠观实例

唐代：山西五台县佛光寺大殿，平面为“金厢斗底槽”，风格平整开朗。

辽代：天津蓟县独乐寺，寺内观音阁是我国最古老的楼阁建筑，平面为“分心槽”式样，是我国最古老的楼阁建筑。

宋代：山西太原晋祠圣母殿，柱造的典型。

元代：山西芮城永乐宫，道教建筑，其内部壁画卓有成就。

西藏拉萨布达拉宫：达赖喇嘛行政和居住的宫殿，也是最大的藏式喇嘛寺院建筑群，建于公元7世纪松赞干布时期，清顺治时期重建。

河北承德外八庙：建于18世纪初期，建筑群局部模仿布达拉宫。

（2）佛塔

我国的佛塔，早期受印度和犍陀罗的影响较大，后来发展了自己的形式。佛塔的主要作用是埋藏舍利，舍利是佛徒膜拜的对象。在类型上大致可分为大乘佛教的楼阁式塔、密檐塔、单层塔、喇嘛塔和金刚宝座塔，以及小乘佛教的佛塔。

楼阁式塔：仿我国传统的多层木构架建筑，出现较早，是我国佛塔中的主流。塔的平面，唐代以前都是方形，五代起八角形渐多，六角形为数较少。山西应县佛宫寺释迦塔，建于辽代（公元1056年），是世界现存唯一最古最完整与最高的木塔。塔高67.31m，八角形，筒中筒结构，外观5层，实为9层。

福建泉州开元寺东西两座石塔，东塔名振国塔，西塔称仁寿塔，是石料建筑形式，高度均为40m，是我国规模最大的石塔。

密檐塔：底层较高，上施密檐5～15层（一般7～13层，用单数），大多不供登临眺览所用，意义与楼阁式塔不同。河南登封嵩岳寺塔，建于北魏，是我国现存最古的密檐式砖塔，塔平面为12边形，是我国密檐式塔中的孤例，密檐15层，高40m。

单层塔大多用作墓塔，或在其中供奉佛像。前者已知最早遗例建于北齐，后者则为隋代。塔的平面，有方、圆、六角、八角多种。

喇嘛塔分布地区以西藏、内蒙古一带为多。内地喇嘛塔始建于元代。

金刚宝座塔是在高台上建塔5座（中央一座较高大，四隅各一较低小），仅见于明、清时期，为数很少。北京西直门外大正觉寺塔，建于明初，是金刚宝座塔的最早实例，5层佛龛组成的矩形高台上设5座密檐方塔，中央高，四角低。

傣族佛塔见于云南傣族地区，外观较细高而秀逸，极富当地民族风格，塔多单建，亦有群建者。现存实例均未早于明代。

（3）经幢

经幢是在八角形石柱上镌刻经文（陀罗尼经），用以宣扬佛法的纪念性建筑。始建于唐，至宋、辽时颇为发展，元以后又少见。一般由基座、幢身、幢顶三部组成。

宋代经幢高度增加，比例较瘦长，幢身分为若干段，装饰也更加华丽，以河北赵县北宋景祐五年（1038年）经幢为例，幢各部比例很匀称，细部雕刻也很精美，在造型和雕刻上都达到很高水平，是国内罕见的石刻佳品。

（4）石窟

中国的石窟来源于印度的石窟寺。其特点为：建筑以石洞窟为主，附属之土木构筑很少；其规模以洞窟多少与面积大小为依凭；总体平面常依崖壁作带形展开，与一般寺院沿纵深布置不同；由于建造需开山凿石，故工程量大，费时也长；除石窟本身以外，在其雕刻、绘画等艺术中，还保存了我国许多早期的建筑形象。

（5）摩崖造像

大多以石刻为主要内容的佛教造像，少数为道教造像。其特点是造像或置于露天（有的上覆木构架建筑）或位于浅龛中，多数情况下以群组形式出现，有时亦与石窟并存。其单体尺度大至70余米，小至10cm。表现手法多为圆雕或高浮雕，浅浮雕甚少（多作为背景供衬托用）。

10. 中国传统住宅建筑

主要类型：庭院式、窑洞式、毡包、碉房、干阑。

（二）了解中国传统园林的特征

在中国对自然景观的认识可以分为物质认知、美学认知和生态认知三个阶段。前两个阶段形成于古代社会，后者则形成于近代工业化和后工业化社会。我国自然山水式风景园林在秦汉时开始兴起，到魏晋南北朝时期有重大的发展。

风景园林建设之所以得到广泛发展，其原因有以下几个方面：礼制、宗教风俗、标榜政绩、开山采石、崇饰乡里。

1. 分类

皇家园林、私家园林、寺观园林。

2. 分期

（1）生成期：汉以前以帝王皇族苑囿为主体的思想。

（2）转折期：魏晋南北朝奠定了山水园林的基础。

（3）全盛期：隋唐。唐代风景园林全面发展。

（4）成熟时期：两宋到清初。两宋时造园风气遍及地方城市，影响广泛；明清时皇家园林与江南私家园林均达盛期。

（5）成熟后期：清中叶到清末。

自然式山水风景园林的发展表现为四个方面：理景的普及化、园林的功能生活化、造园要素密集化、造园手法精致化。

3. 代表性园林

皇家苑囿：河北承德的避暑山庄，北京的颐和园和北海静心斋；

私家园林：无锡的寄畅园，苏州的留园、拙政园等。

4. 明清江南私家园林基本设计原则和手法

（1）园林布局：主题多样，隔而不塞，欲扬先抑，曲折萦回，尺度得当，余意不尽，远借邻借；

（2）水面处理：空虚、实景结合，聚分有别；

（3）叠山置石：可看、可游、可居，塑造丘壑，注重体块、缝隙、纹理的处理，用石得当；

（4）建筑营构：活泼、玲珑、空透、典雅。

（三）了解外国建筑的基本知识

1. 奴隶制社会建筑

（1）古埃及建筑

三个时期：古王国时期、中王国时期、新王国时期。

① 古王国时期（公元前27～公元前22世纪）

代表性建筑是陵墓。最初是仿照住宅的“玛斯塔巴”式，即略有收分的长方形台子。

经多层阶梯状金字塔逐渐演化为方锥体式的金字塔陵墓。多层金字塔以在萨卡拉的昭塞尔金字塔为代表。

方锥形金字塔以在吉萨的三大金字塔库夫、哈夫拉、孟卡乌拉为代表，金字塔墓主要由临河处的下庙、神道、上庙（祭祀厅堂）及方锥形塔墓组成。哈夫拉金字塔前有著名的狮身人面像。

金字塔的艺术构思反映着古埃及的自然和社会特色，体现着古埃及劳动人民卓越的起重运输和施工技术，对建筑艺术的深刻理解，以及利用和改造自然的雄健魄力；这些建筑是皇权的象征，表现着皇帝的“神性”。

② 中王国时期（公元前 22～公元前 16 世纪）

首都迁到上埃及的底比斯，在深窄峡谷的峭壁上开凿出石窟陵墓，如曼都赫特普三世墓。此时祭祀厅堂成为陵墓建筑的主体，结构技术进步到用梁柱结构建造了比较宽敞的内部空间，纪念性建筑内部艺术的意义增强，在严整的中轴线上按纵深系列布局，整个悬崖被组织到陵墓的外部形象中。

③ 新王国时期（公元前 16～公元前 11 世纪）

埃及摆脱了自然神崇拜，形成适应专制制度的宗教，太阳神庙代替与拜物教联系的陵墓成为主要建筑类型。著名的太阳神庙，如卡纳克和卢克索的阿蒙神庙。其布局沿轴线依次排列高大的牌楼门、柱廊院、多柱厅等神殿、密室和僧侣用房等。

庙宇的两个艺术重点：一是牌楼门及其门前的神道及广场，是群众性宗教仪式处，力求富丽堂皇而隆重以适应戏剧性的宗教仪式；二是多柱厅神殿内少数人膜拜皇帝之所，力求幽暗而威严以适应仪典的神秘性。神庙的建筑艺术重点已从外部形象转到了内部空间，从雄伟阔大而概括的纪念性转到内部空间的神秘性与压抑感。

④ 风格特点

石头是埃及主要的建筑材料。高超的石材加工制作技术创造出巨大的体量，简洁的几何形体，纵深的空间布局；追求雄伟、庄严、神秘、震撼人心的艺术效果。

（2）古典建筑

希腊盛期的建筑和罗马共和盛期、罗马帝国盛期的建筑称为古典建筑。

① 古希腊建筑

历史分期：古风时期（公元前 8～公元前 6 世纪，纪念性建筑形成）；古典时期（公元前 5 世纪，纪念性建筑成熟，古希腊本土建筑繁荣昌盛期）；希腊化时期（公元前 4～公元 1 世纪，希腊文化传播到西亚北非，并同当地传统相结合）。

石梁柱结构体系的演进及神庙形制：

早期的建筑是木构架结构，利用陶器进行保护，促进了建筑构件形式的定型化和规格化，并形成稳定的檐部形式。以后用石材代替柱子、檐部，从木构过渡到石梁柱结构。形制脱胎于贵族宫殿的正厅，以狭面为正面并形成三角形山墙。为保护墙面形成柱廊。

庙宇只有一间圣堂，平面为长方形，以其窄端为正面。布局形制有端墙列柱式、端柱式、围柱式（包括双重围柱式、假围柱式）等。

三柱式：盛期的两大主要柱式（多立克柱式、爱奥尼柱式）和晚期成熟的柱式（科林斯柱式）。

主要成就：建筑物和建筑群体艺术形式完美；注重建筑与地形环境结合；古典柱式体

系集中体现了非凡的审美能力和高超的石作技术；建筑与雕刻等其他艺术形式完美结合。

美学思想与风格特征：

古希腊建筑中反映出平民的人本主义世界观，体现着严谨的理性精神，追求一般的理想的美。其美学观受到初步发展起来的理性思维的影响，认为“美是由度量和秩序所组成的”，而人体的美也是由和谐的数的原则统辖着，故人体是最美的。当客体的和谐同人体的和谐相契合时，客体就是美的。

建筑风格特征为庄重、典雅、精致、有性格、有活力。

典型实例：

古典盛期代表：雅典卫城及其主要建筑，建于公元前5世纪。建设目的：赞美雅典，纪念几年反侵略战争的伟大胜利和炫耀雅典的霸主地位；把卫城建设成全希腊的宗教和文化中心，吸引各地的人前来，以繁荣雅典；给各行各业的工匠们以就业机会，建设中限定使用奴隶的数量不得超过工人总数的25%；感谢守护神雅典娜。

雅典卫城布局特征：群体布局体现了对立统一的构图原则，根据祭祀庆典活动的路线，布局自由活泼，建筑物安排顺应地势，照顾山上、山下观赏，综合运用多立克和爱奥尼两种柱式。中心是雅典娜·帕提农的铜像。主要建筑包括，帕提农神庙（代表多立克柱式的最高成就）、伊瑞克提翁神庙（古典盛期爱奥尼柱式的代表）、胜利神庙和山门。

会堂与半圆形露天剧场：如麦迦洛波里斯剧场与会堂。

希腊晚期出现集中式纪念性建筑物：雅典的奖杯亭和哈利克纳苏的莫索列姆陵墓。出现了集中式向上发展的多层构图新手法。

②古代罗马建筑

建筑材料：建筑材料除砖、木、石外还使用了火山灰制的天然混凝土，并发明了相应的支模、混凝土浇灌及大理石饰面技术。

建筑技术：结构方面在伊特鲁里亚和希腊的基础上发展了梁柱与拱券结构技术。拱券结构是罗马最大成就之一。

结构种类：筒拱、十字交叉拱、穹隆（半球）。罗马建筑创造出一套复杂的拱顶体系，布局方式、空间组合、艺术形式都与拱券结构技术、复杂的拱顶体系密不可分。利用穹隆、筒拱、交叉拱、十字拱和拱券平衡技术，创造出拱券覆盖的单一空间，单向纵深空间，序列式组合空间。

五柱式：多立克柱式、爱奥尼柱式、科林斯柱式、塔司干柱式、组合柱式。

建筑著作：公元前1世纪罗马人维特鲁威著的《建筑十书》。

实例：

a. 广场：共和时期的广场（城市社会、政治和经济活动中心）、恺撒广场（宣告罗马共和制的结束和帝国时代的来临）、奥古斯都广场（歌功颂德）、图拉真广场（古罗马最大的广场，帝国的象征）。

b. 庙宇：万神庙（单一空间、集中式构图的建筑物代表，是罗马穹顶技术的最高代表）。

c. 军事纪念物：凯旋门（为炫耀侵略战争胜利而建，第度凯旋门为单拱门，塞维鲁斯和君士坦丁为三拱门凯旋门）；纪功柱（歌颂皇帝战功的纪念物，如图拉真纪功柱）。

d. 剧场：在希腊半圆形露天剧场基础上，对剧场的功能、结构和艺术形式都有很大提高。如罗马的马采鲁斯剧场。

e. 斗兽场：罗马大角斗场，在功能、结构和形式上三者和谐统一，是现代体育场建筑的原型。

f. 公共浴场：卡拉卡拉浴场、戴克利提乌姆浴场，内部空间流转贯通，丰富多变，开创了内部空间序列的艺术手法。

g. 巴西利卡：具有多种功能的大厅性公建，如图拉真巴西利卡。

h. 居住建筑：内庭式，内庭与围柱院组合式，公寓式。

i. 宫殿：罗马的哈德良离宫；斯巴拉多的戴克利提乌姆宫。

2. 中世纪建筑

(1) 拜占庭建筑

穹顶结构技术：发展古罗马的穹顶结构和集中式形制，创造穹顶支在四个或更多的独立柱上的结构方法和穹顶统率下的集中式形制建筑，发明帆拱、鼓座、穹顶相结合的做法。

建筑装饰艺术：用不同色彩的大理石装饰墙柱，在拱顶、穹顶上使用彩色玻璃砖镶嵌彩色和粉画装饰艺术；在承重或转角部位运用石雕。

格局：采用穹顶和帆拱形式，平面巴西利卡式、集中式、希腊十字形。

代表建筑：拜占庭建筑最辉煌的代表是东罗马帝国的首都君士坦丁堡的圣索菲亚大教堂，是东正教的中心教堂，是皇帝举行重要仪典的场所。其成就有三，即成功的结构体系（穹顶与帆拱）、集中统一又曲折多变的内部空间（希腊十字式）和内部灿烂夺目的色彩效果。

(2) 罗马风、哥特建筑

① 罗马风：10～12 世纪欧洲基督教地区的一种建筑风格，又叫罗曼建筑、似罗马建筑、罗马式建筑等。

造型特征：创造了扶壁、肋骨拱、束柱。

承袭早期基督教建筑，平面仍为拉丁十字，西面有一、二座钟楼。为减轻建筑形体的封闭沉重感，除钟塔、采光塔、圣坛和小礼拜室等形成变化的体量轮廓外，采用古罗马建筑的一些传统做法如半圆拱、十字拱等或简化的柱式和装饰。其墙体巨大而厚实，墙面除露出扶壁外，在檐下、腰线用连续小券，门窗洞口用同心多层小圆券，窗口窄小、朴素的中厅与华丽的圣坛形成对比，中厅与侧廊有较大的空间变化，内部空间阴暗，有神秘气氛。

实例：意大利比萨主教堂群，德国乌尔姆主教堂，法国昂古莱姆主教堂。

② 哥特建筑：11 世纪下半叶起源于法国，12～15 世纪流行于欧洲的一种建筑风格。

结构特点：骨架券作拱顶承重构件，结构自重减轻，便于复杂平面架设拱顶；飞券凌空越过侧廊上空，抵住中厅拱顶的侧推力。飞券取代侧廊半拱顶，中厅可开大侧窗；全部采用尖券、尖拱，侧推力小，十字拱顶覆盖的开间不必保持正方形。

形制发展：以法国为中心，基本是拉丁十字式，东端布局更复杂，礼拜室更多，西立面对称建一对钟塔，英国、德国、意大利等国的形制小有变化，带有地方特色。

内部处理：a. 中厅空间比例尺度处理上突出高耸和深远感，引发向前（神坛）、向上（天堂）的动势。b. 划分突出垂直趋势，墙墩雕成束柱状，加强垂直感。c. 由于结构轻巧，可开大窗，加之使用彩色玻璃镶嵌，阳光经透射使室内五彩缤纷，产生灿烂的天堂幻景。

外部处理：a. 西立面典型构图：水平、垂直均为三段划分。下段三座门，周圈层层雕饰，中段中央精美的圆形玫瑰花窗象征天堂。b. 突出垂直感，体形往上缩小收尖，造成向上动势。c. 满布雕刻，轻灵通透。d. 因施工工期长，一座教堂往往包括多种风格。

代表性建筑：

法国：巴黎圣母院、亚眠主教堂、兰斯主教堂。

英国：索尔兹伯里主教堂，水平划分突出，比较舒缓。

德国：科隆主教堂、乌尔姆主教堂，立面水平线弱，垂直线密而突出，显得森冷峻峭。

意大利：米兰大教堂、比萨主教堂，有较多的传统因素。

西班牙：伯各斯主教堂，由于大量伊斯兰建筑手法掺入到哥特建筑中而形成穆旦迦风格。

3. 文艺复兴时期建筑

广义地把文艺复兴、巴洛克、古典主义称为文艺复兴。

(1) 意大利文艺复兴建筑

① 早期（15 世纪），以佛罗伦萨为中心

文艺复兴建筑的第一个作品：佛罗伦萨主教堂之穹顶标志着意大利文艺复兴建筑史的开始，被称为"新时代的第一朵报春花"，设计师是早期文艺复兴的奠基人伯鲁涅列斯基。

府邸建筑：吕卡第府邸，早期文艺复兴府邸的典型作品，建筑师米开罗佐。

教堂建筑：巴齐礼拜堂，其内部与外部都由柱式控制，力求轻快和雅洁，伯鲁涅列斯基设计。

② 盛期（15 世纪末～16 世纪上半叶），以罗马为中心

坦比哀多礼拜堂：纪念性风格的典型代表，由伯拉孟特设计。构图完整，体积感强，穹顶统率整体的集中式形制，是当时有重大创新的建筑，对后世建筑影响很大。

法尔尼斯府邸：追求雄伟的纪念性，有较强的纵轴线，门厅为巴西利卡形式。小桑迦洛设计。

劳伦齐阿图书馆：室内采用外立面处理手法，较早将楼梯作为建筑艺术部件处理的实例。米开朗琪罗设计。

文特拉米尼府邸：威尼斯文艺复兴府邸代表。比例和谐，细部精致，立面轻快开朗。龙巴都设计。

圣马可图书馆：券柱式控制立面，体形简洁明快。珊索维诺设计。

③ 晚期（16 世纪下半叶），以维琴察为中心

维琴察的巴西利卡：晚期文艺复兴重要建筑师帕拉第奥的重要作品之一，其立面构图处理是柱式构图的重要创造，名为"帕拉第奥母题"。

圆厅别墅：晚期文艺复兴庄园府邸的代表。外形由明确而单纯的几何体组成，依纵横两轴线对称布置，比例和谐，构图严谨，形体统一完整。帕拉第奥的重要作品之一，对后世创作产生影响。

奥林匹克剧场：帕拉第奥设计，第一个把露天剧场转化为室内剧场，为剧场形制的发

展开辟了道路。

尤利亚三世别墅：维尼奥拉设计，抛弃了传统的四合院制，在纵轴线上组织空间并力求开敞，富有变化，是建筑布局上的进步。

麦西米府邸：帕鲁齐的杰作，把建筑的平面、空间和艺术形式一起做了完整、细致的处理，在功能上有所突破。

④ 城市广场

恢复了古典的传统，克服了中世纪广场的封闭、狭隘，注意广场建筑群的完整性。

佛罗伦萨的安农齐阿广场，早期文艺复兴最完整的广场。

罗马的市政广场：文艺复兴时期较早按轴线对称布局的梯形广场，米开朗基罗设计。

威尼斯的圣马可广场。文艺复兴时期最终完成的，由大小两个梯形组合而成，被誉为“欧洲最漂亮的客厅”。

⑤ 建筑成就

抛弃中世纪哥特建筑风格，认为哥特式建筑是基督教神权统治的象征。采用古希腊、罗马柱式构图要素。认为古典柱式构图体现和谐与理性，同人体美有相通之处，符合文艺复兴运动的人文主义观念。

世俗建筑类型增加，造型设计出现灵活多样的处理方法。

梁柱系统与拱券技术混合应用，墙体砌筑技术多样，穹顶采用内外壳和肋骨建造，施工技术提高。

⑥ 建筑著作

1485 年出版的《论建筑》（阿尔伯蒂）是意大利文艺复兴时期最重要的建筑理论著作，体系完备，成就相当高，影响很大。此外，《建筑四书》（帕拉第奥）、《五种柱式规范》（维尼奥拉）等书以后成为欧洲的建筑教科书。

（2）巴洛克建筑

17 世纪至 18 世纪在意大利文艺复兴建筑基础上发展起来的一种建筑和装饰风格。

① 主要特征：追求新奇；建筑处理手法打破古典形式，建筑外形自由，有时不顾结构逻辑，采用非理性组合，以取得反常效果；追求建筑形体和空间的动态，常用穿插的曲面和椭圆形空间；喜好富丽的装饰、强烈的色彩，打破建筑与雕刻绘画的界限，使其相互渗透；趋向自然，追求自由奔放的格调，表达世俗情趣，具有欢乐气氛。

② 典型实例

教堂建筑：罗马耶稣会教堂（维尼奥拉）、罗马圣卡罗教堂（波罗米尼）。

城市广场：圣彼得大教堂广场（教廷总建筑师伯尼尼）、波波罗广场（封丹纳）、纳沃那广场（波罗米尼）。

（3）法国古典主义建筑

① 古典主义建筑：广义的指意大利文艺复兴建筑、巴洛克建筑和古典复兴建筑等采用古典柱式的建筑风格。狭义的指运用纯正的古典柱式的建筑，主要是法国古典主义及其他地区受其影响的建筑，即指 17 世纪法王路易十三、路易十四专制王权时期的建筑。

② 风格特征：推崇古典柱式，排斥民族传统与地方特色。在建筑平面布局、立面造型中以古典柱式为构图基础，强调轴线对称，注意比例，讲求主从关系，突出中心与规则的几何形体。运用三段式构图手法，追求外形端庄与雄伟、完整统一和稳定感。而内部空

间与装饰上常有巴洛克特征。

创造了大型纪念性建筑的壮丽形象，其建筑理论有一定的进步意义，但也有局限性，甚至也有过消极的影响。

法国建立了欧洲最早的建筑学院，制定严格的规范，形成了欧洲建筑教育的体系。

③ 典型实例：

巴黎卢浮宫东立面（勒伏、勒勃亨、彼洛）：典型的古典主义建筑作品，采用横三段、纵三段的手法，称为理性美的代表，体现了古典主义的各项原则。

凡尔赛宫（孟莎）：法国绝对君权最重要的纪念碑，其总体布局对欧洲的城市规划很有影响，是法国17～18世纪艺术和技术的集中体现者。

思瓦立德新教堂（孟莎）：是第一个完全的古典主义教堂建筑，也是17世纪最完整的古典主义纪念物。

旺多姆广场（孟莎）：平面为抹去四角的长方形，对线对称、四周一色的封闭性广场，轴线交点上立有纪念柱。

（4）洛可可风格

18世纪20年代产生于法国的一种建筑装饰风格。

① 风格特点：主要表现在室内装饰上，应用明快鲜艳的色彩、纤巧的装饰，家具精致而偏于烦琐，具有妖媚柔靡的贵族气味和浓厚的脂粉气。

② 装饰特点：细腻柔媚，常用不对称手法，喜用弧线和S形线，爱用自然物做装饰题材，有时流于矫揉造作。色彩喜用鲜艳的浅色调的嫩绿、粉红等，线脚多用金色，反映了法国路易十五时代贵族生活趣味。

③ 建筑实例：巴黎苏俾士府邸客厅，设计者是洛可可装饰名家勃夫杭。

④ 法国广场特点：由封闭性的单一空间变为较开敞的组合式广场，如南锡广场群，由长圆形的王室广场、长方形的路易十五广场和狭长的跑马广场组成，是半开敞半封闭式，形体多样，既统一又变化，既收又放。巴黎的协和广场，开放式广场，成为巴黎主轴线上的重要枢纽。

4.19世纪末复古思潮及工业革命影响

（1）复古思潮

法国巴黎万神庙是罗马复兴代表建筑。德国柏林宫廷剧院是希腊复兴代表建筑。美国国会大厦是罗马复兴的建筑实例。浪漫主义建筑最著名的作品英国国会大厦是哥特复兴的建筑实例。巴黎歌剧院是折中主义代表建筑。

（2）新材料、新技术、新类型

1851年伦敦“水晶宫”，开辟了建筑形式新纪元，被喻为第一座现代建筑。1889年巴黎世界博览会的埃菲尔铁塔、机械馆，创造了当时世界最高建筑（328m）和最大跨度建筑（115m）的新纪录。

（3）城市规划探索

巴黎改建（奥斯曼主持），协和新村（欧文提出）、田园城市（霍华德提出）、工业城市（戛涅提出）、带形城市（索里亚·马塔提出）。

5.新建筑运动初期

（1）工艺美术运动：时间：19世纪50年代；地点：英国；代表人物：拉斯金、莫里斯。小资产阶级浪漫主义思想，敌视工业文明，认为机器生产是文化的敌人，热衷于手工艺的效果与自然材料的美。在建筑上主张建造“田园式”住宅来摆脱古典建筑形式。代表建筑：英国肯特郡“红屋”。

（2）新艺术运动：时间：19世纪80年代；地点：比利时；创始人：凡·德·费尔德；代表人物：贝伦斯、高迪。主张创造一种前所未有的、适应工业时代精神的简化装饰，反对历史式样，目的是想解决建筑和工艺品的艺术风格问题。装饰主题是模仿自然生长草木形状的曲线，并大量使用便于制作曲线的铁构件。其建筑特征主要表现在室内，外形一般简洁。这种改革只局限于艺术形式与装饰手法，没能解决建筑形式与内容的关系，以及与新技术的结合问题，是在形式上反对传统。典型实例：比利时霍塔设计的布鲁塞尔都灵路2号住宅；德国青年风格派奥别列奇设计的路德维希展览馆；英国麦金托什设计的格拉斯哥艺术学校图书馆。其“四人组”的创作被称为格拉斯哥学派；西班牙高迪设计的巴塞罗那米拉公寓、圣家族教堂。

（3）维也纳分离派：时间：19世纪80年代；地点：奥地利；代表人物：瓦格纳、奥别列夫、霍夫曼、路斯。主张造型简洁与集中装饰；代表作：维也纳的斯坦纳住宅。

（4）美国芝加哥学派：时间：19世纪70年代；地点：美国；代表人物：沙利文、詹尼。芝加哥学派是美国现代建筑的奠基者。工程技术上创造了高层金属框架结构和箱形基础。建筑造型趋向简洁，并创造独特的风格，突出功能在设计中的主要地位。创始人是工程师詹尼。代表人物：沙利文提出“形式追随功能”的口号，为现代主义建筑设计思想开辟了道路。他提出了高层办公楼建筑类型在功能上的特征，其思想在当时具有重大的进步意义。代表作品：芝加哥百货公司大厦。立面采用了“芝加哥窗”形式的网格式处理。

（5）德意志制造联盟：时间：1907年；地点：德国；代表人物：贝伦斯。目的在于提高工业制品的质量以达到国际水平，主张建筑应当是真实的，建筑必须与工业结合，现代结构应当在建筑中表现出来，以产生新的建筑形式。代表作：德国柏林通用电气公司透平机车间，为探求新建筑起了示范作用，被称为第一座真正的“现代建筑”。

6. “一战”后新建筑流派

（1）风格派与构成派

风格派：又被称为“新造型派”“要素派”。时间：1917年；产生于荷兰，主张：艺术就是基本几何形象的组合和构图。代表人物：荷兰青年艺术家蒙德里安、里特维德；代表作品：里特维德设计的在乌得勒支的施罗德住宅。

构成派：产生于俄国，青年艺术家塔特林、马列维奇把抽象几何形体组成空间当作绘画和雕刻的内容，作品因而很像工程结构，称为构成派。代表作品：塔特林设计的第三国际纪念碑，维斯宁兄弟的列宁格勒真理报馆方案。

（2）表现派：时间：20世纪初；首先产生在德国、奥地利，在建筑上常采用奇特、夸张的建筑体形来表达某种思想情绪，象征时代精神；代表建筑：门德尔松设计的波茨坦市爱因斯坦天文台。

7. “二战”后建筑的主要思潮

（1）对“理性主义”的充实与提高

讲究功能与技术合理，注意结合环境与服务对象的生活需要。代表人物：格罗皮乌斯、柯布西耶。代表建筑：TAC事务所设计的哈佛大学研究生中心楼。

（2）讲求技术精美的倾向

这种倾向在设计方法上属于“重理”的一种思潮，强调结构逻辑性（即结构的合理运用及其忠实表现）和自由分割空间在建筑造型中的体现。其特点是用钢和玻璃为主要材料，构造精确，外形纯净、透明，反映着建筑的材料、结构和它的内部空间。

代表人物：密斯·凡·德·罗、埃罗·沙里宁。代表建筑：范斯沃斯住宅、芝加哥湖滨公寓、西格拉姆大厦、西柏林新国家美术馆。

（3）“粗野主义”倾向

有时被理解为艺术形式，有时指一种设计倾向。其作品的特点是毛糙的混凝土，沉重的构件和它们粗鲁的组合。

代表人物：柯布西耶、英国史密森夫妇、前川国男等。代表建筑：勒·柯布西耶设计的马赛公寓、昌迪加尔行政中心，史密森夫妇设计的亨斯特顿学校，鲁道夫设计的耶鲁大学建筑与艺术系大楼，斯特林设计的莱斯特大学工程馆等。

（4）“典雅主义”倾向

运用传统的美学法则来使现代的材料和结构产生规整、端庄与典雅的庄严感。

代表人物：约翰逊、斯东、雅马萨奇。代表建筑：约翰逊等设计的纽约林肯文化中心、谢尔屯艺术纪念馆，斯东设计的美国驻新德里大使馆和1958年布鲁塞尔世界博览会美国馆，雅马萨奇设计的麦格拉格纪念会议中心、纽约世界贸易中心等。

（5）注重“高度工业技术”倾向

不仅坚持在建筑中采用新技术，而且在美学上极力表现新技术的倾向。主张用最新材料和各种化学制品来制造体量轻、用料少、能够快速灵活地装配、拆卸和改建的结构与房屋；强调系统与参数设计；流行采用玻璃幕墙。

代表人物：皮阿诺、罗杰斯。代表建筑：SOM事务所设计的布鲁塞尔兰姆伯特银行大楼、科罗拉多州空军士官学院教堂，丹下健三（新陈代谢派）设计的山梨文化会馆，皮阿诺和罗杰斯设计的巴黎蓬皮杜国家艺术与文化中心。

（6）讲究“人情化”与“地方性”的倾向

现代建筑中比较偏“情”的方面，它是将“理性主义”设计原则结合当地的地方特点和民族习惯的发展，他们既要讲技术又要讲形式，而在形式上又强调自己特点，满足心理感情需要。

代表人物：阿尔瓦·阿尔托。代表建筑：阿尔瓦·阿尔托设计的珊纳特赛罗镇中心主楼、奥尔夫斯贝格文化中心，日本丹下健三设计的香川县厅舍、仓敷县厅舍是“二战”后日本追求地方性的代表。

（7）讲求“个性”与象征的倾向

是对现代建筑风格“共性”的反抗，主张要使每一房屋与每一场地都要具有不同于其他的个性与特征，在建筑形式上变化多端。大致有三种手段：运用几何形构图、运用抽象的象征、运用具体的象征。

代表人物：路易斯·康、埃罗·沙里宁。代表建筑：赖特设计的纽约古根汉姆美术馆，贝聿铭设计的华盛顿美国国家美术馆东馆，勒·柯布西耶设计的朗香教堂，夏隆设计的柏林爱乐音乐厅，路易斯·康设计的理查医学研究楼，埃罗·沙里宁设计的TWA候机楼，约恩·伍重设计的悉尼歌剧院。

（8）后现代主义

20世纪60、70年代以后出现的对现代主义建筑观点和风格提出怀疑，进而反对和背离现代主义的倾向。反对现代主义的机器美学，肯定建筑的复杂性与矛盾性。

主要特征：美国建筑师R. 斯特恩提出后现代主义建筑有三个主要特征：采用装饰；具有象征性或隐喻性；与现有环境融合（文脉主义）。

代表著作：《建筑的复杂性与矛盾性》（文丘里），《后现代建筑语言》（詹克斯），《向拉斯维加斯学习》（文丘里）。

代表人物：詹克斯、约翰逊、格雷夫斯、文丘里、斯特恩、摩尔。

代表建筑：母亲住宅、美国奥柏林学院爱伦美术馆扩建部分、美国新奥尔良市的意大利广场中的圣约瑟喷泉、美国波特兰市政大楼、美国电话电报公司大楼。

查尔斯·詹克斯归纳出后现代主义六方面表现形式：历史主义与新折中主义；复古式变形装饰；新乡土；个性化＋都市化＝文脉主义；隐喻和玄学；复杂与含混的空间。

8. 现代主义四位大师理论及作品

第一次世界大战后，20世纪20年代出现的建筑新主张的共同特点：①设计以功能为出发点；②发挥新型材料和建筑结构的性能；③注重建筑的经济性；④强调建筑形式与功能、材料、结构、工艺的一致性，灵活处理建筑造型，突破传统的建筑构图格式；⑤认为建筑空间是建筑的主角；⑥反对表面的外加装饰。

（1）格罗皮乌斯

格罗皮乌斯是建筑师中最早主张走建筑工业化道路的人之一。他认为“建筑没有终极，只有不断的变革”，“美的观念随着思想和技术的进步而改变”，反对复古主义，主张用工业化方法解决住房问题，在建筑设计原则和方法方面把功能因素和经济因素放在最重要的位置上，并创造了一些很有表现力的新手法和新语汇。他积极倡导建筑设计与工艺的统一，艺术与技术的结合，讲究功能、技术和经济效益。他的建筑设计讲究充分的采光和通风，主张按空间的用途、性质、相互关系来进行合理组织和布局，按人的生理要求、人体尺度来确定空间的最小极限等。利用机械化大量生产建筑构件和预制装配的建筑方法。他还提出一整套关于房屋设计标准化和预制装配的理论和办法。

他设计的包豪斯校舍反映了新建筑的特点：以功能为建筑设计的出发点；采用灵活的不规则的构图手法；发挥现代建筑材料和结构的特点；造价低廉。他把功能因素和经济因素放在最重要的位置上。

格罗皮乌斯的代表著作是1965年完成的《新建筑学与包豪斯》。

代表作品：阿尔费尔德的法古斯工厂、科隆的德意志制造联盟展览会办公楼、德绍的包豪斯校舍。

（2）勒·柯布西耶

现代建筑大师，20世纪最重要的建筑师之一，现代建筑运动的激进分子和主将。1928年他与格罗皮乌斯、密斯·凡·德·罗组织了国际现代建筑协会（International Congresses of Modern Architecture，缩写CIAM）。

柯布西耶是现代主义建筑的主要倡导者，机器美学的重要奠基人，1923年出版著作《走向新建筑》，提出要创造新时代的新建筑，激烈否定因循守旧的建筑观，主张建筑工业化，认为“住宅是居住的机器”；并提倡建筑师向工程师的理性学习，在设计方法上提出“平面是由内到外开始的，外部是内部的结果”，功能第一，在建筑形式上赞美简单的几何形体；同时又强调建筑的艺术性应体现在纯精神的创造中。

柯布西耶早期作品萨伏伊别墅体现了1926年提出的新建筑的五个特点：①房屋底层采用独立支柱；②屋顶花园；③自由平面；④横向长窗；⑤自由立面。中期作品马赛公寓是“粗野主义”的代表建筑；晚期作品朗香教堂反映了浪漫主义的思想倾向。

柯布西耶代表作品：巴黎的萨伏伊别墅、巴黎瑞士学生宿舍、日内瓦国际联盟总部设计方案。他又是一位城市规划专家，从事大量城市规划的研究和设计，代表作品有印度昌迪加尔规划等。

(3) 密斯·凡·德·罗

密斯强调建筑要符合时代特点，要创造新时代的建筑而不能模仿过去。重视建筑结构和建造方法的革新，认为“建造方法必须工业化”，以“少就是多”为建筑原则，提出“流动空间”的主张，他设计的巴塞罗那博览会德国馆和吐根哈特住宅，体现了对结构—空间—形式的见解。他一方面简化结构体系，精简结构构件，创造只有极少屏障而可作多种用途的建筑空间；另一方面净化建筑形式，精确施工，形成由钢和玻璃构成的直角盒子。

代表作品：西格拉姆大厦、巴塞罗那博览会德国馆、伊利诺伊工学院校舍、范斯沃斯住宅。

(4) 赖特

赖特对建筑的看法与现代建筑中的其他人有所不同，在美国西部建筑基础上融合了浪漫主义精神而创造了富有田园情趣的“草原式住宅”，后来发展为“有机建筑论”。

反对袭用传统建筑样式，主张创新，但不是从现代工业化社会出发，认为19世纪20年代现代建筑把新建筑引入歧途。在创作方法上重视内外空间的交融，既运用新材料和新结构，又注意发挥传统建筑材料的优点，同自然环境结合是他建筑作品的最大特色。

赖特主张建筑应“由内而外”，目标是“整体性”。他的建筑空间灵活多样，既有内外空间的交融流通，同时又具备安静隐蔽的特色。赖特的建筑使人感觉着亲切而有深度，不像勒·柯布西耶的作品那样严峻。

代表作品：东京帝国饭店、流水别墅、约翰逊蜡烛公司总部、西塔里埃森、古根海姆美术馆、普赖斯大厦、佛罗里达南方学院教堂以及大量草原住宅。

二、各类建筑的功能组合

按建筑的实质性质分为两大类，生产性建筑与非生产性建筑。生产性建筑包括工业建筑和农业建筑，非生产性建筑包括居住建筑和公共建筑。

(一) 熟悉公共建筑的空间组织与场地要求

1. 公共建筑的空间组织与交通联系

(1) 公共建筑的空间组成

由主要使用部分、次要使用部分（或称辅助部分）、交通联系部分这三类空间组合而成。其中交通联系部分，一般分为水平交通、垂直交通和枢纽交通三种空间形式。

以学校教学楼为例，教室、实验室、教师备课室、行政办公室是主要使用部分；厕所、仓库、储藏室等是次要使用部分；走廊、门、厅、楼梯等则是交通联系部分。

（2）交通联系空间

交通联系空间是建筑空间的重要组成部分，是将各个单一使用空间联系在一起的纽带，是建筑的血管，是建筑各部分功能得以发挥作用的保证。概括起来，交通联系空间一般可以分为水平交通空间、垂直交通空间和枢纽交通空间三种基本空间形式。

交通联系空间设计时应遵守以下原则：

① 交通流线组织符合建筑功能特点，有利于形成良好的空间组合形式；

② 交通流线简捷明确，具有导向性；

③ 满足采光、通风及照明要求；

④ 适当的空间尺度，完美的空间形象；

⑤ 节约交通面积，提高面积利用率；

⑥ 严格遵守防火规范要求，能保证紧急疏散时的安全。

（3）水平交通空间

水平交通空间即指联系同一标高上的各部分的交通空间，有些还附带等候、休息、观赏等功能要求，应与整体空间密切联系，要直接、通顺，防止曲折多变，具备良好的采光和通风。有以下几种形式：

① 基本属于交通联系的过道、过厅和通廊。单纯的交通联系空间，主要是供人流集散时使用；如旅馆、办公建筑的走道和电影院中的安全通道等；

② 主要作为交通联系空间兼有其他功能服务的过道、过厅和通廊，如医院建筑门诊部的宽形过道，小学校的过厅和过道等；

③ 各种功能综合使用的过道、厅堂等；如展览馆、陈列馆建筑的过道等。

通道宽度和长度主要根据功能需要、防火规定及空间感受等来确定。在考虑通道宽度时，分析人流的性质是关键，即：是单纯的人流活动，还是兼有携带物品的人流，或人流中混有运送物品的车流；此外还要考虑人流的方向、数量及走道两侧门窗位置、开启方向等。还应根据建筑物的耐火等级和过道中行人数的多少，按防火要求最小宽度进行校核；单股人流的通行宽度为550～600mm。

（4）垂直交通空间

垂直交通空间常用的有楼梯、电梯、坡道、自动扶梯等形式。

① 楼梯：按使用性质分为主要楼梯、次要楼梯、辅助楼梯、防火楼梯。包括直跑楼梯、双跑楼梯、三跑楼梯、旋转楼梯、剪刀楼梯等形式；由梯段、平台、栏杆三部分组成。

梯段改变方向时，扶手转向端处的平台最小宽度不应小于梯段宽度，并不得小于1.20m；当有搬运大型物件需要时应适量加宽；每个梯段的踏步不应超过18级，也不应少于3级；楼梯平台上部及下部过道处的净高不应小于2m，梯段净高不宜小于2.20m；踏步应采取防滑措施。

② 坡道：一般坡度为8%～15%，常用坡度为10%～12%，供残疾人使用的坡道坡度为12%。室内坡道的最小宽度应不小于900mm，室外坡道的最小宽度应不小于1500mm。注意坡面应加防滑设施。坡道所占的面积通常为楼梯的4倍。

③ 电梯：要按防火要求配置辅助性质的安全疏散楼梯，供电梯发生故障时使用。每层电梯出入口前，应考虑有停留等候的空间，即考虑设置一定的交通面积，以免造成拥挤

和堵塞。在8层左右的多层建筑中，电梯与楼梯同等重要，二者要靠近布置；当住宅建筑8层以上、公共建筑24m以上时，电梯就成为主要交通工具。以电梯为主要垂直交通的高层公共建筑和12层及12层以上的高层住宅，每个服务区的电梯台数不应少于2台；单侧排列的电梯不应超过4台，双侧排列的电梯不应超过8台；因电梯本身不需要天然采光，所以电梯间的位置可以比较灵活。

④ 自动扶梯：具有连续不断运送人流的特点。坡度较为平缓，一般为30°，单股人流使用的自动扶梯通常宽810mm，每小时运送人数约5000～6000人，运行的垂直方向升高速度为28～38m/min。有单向布置、交叉布置、转向布置等形式。

与电梯相比，设置自动扶梯具有以下优点：连续不断运送人流，使用人流可以随时上下；坡度较为平缓；不需要在建筑物顶安设机房和在底层考虑缓冲坑，比电梯占用空间少；发生故障的时候可以做一般楼梯使用，而不像电梯那样，发生故障时产生中断使用的问题。

（5）交通枢纽空间

在公共建筑中，考虑到人流集散、方向的转换、空间的过渡以及与通道、楼梯等水平和垂直交通空间的衔接等，需要设置门厅、过厅等空间形式，起到交通枢纽和空间过渡作用。

2. 公共建筑的功能分区与人流组织

（1）功能分区

功能分区是进行建筑空间组织时必须考虑的问题，特别是当功能关系与房间组成比较复杂时，更需要将空间按不同的功能要求进行分类，并根据它们之间的密切程度加以区分，并找出它们之间的相互联系，达到分区明确又联系方便的目的。

① 空间的“主”与“次”

建筑物各类组合空间，由于其性质的不同必然有主次之分。在进行空间组合时，这种主次关系必然地反映在位置、朝向、交通、通风、采光以及建筑空间构图等方面。功能分区的主次关系，还应与具体的使用顺序相结合，如行政办公的传达室、医院的挂号室等，在空间性质上虽然属于次要空间，但从功能分区上看却要安排在主要的位置上。此外，分析空间的主次关系时，次要空间的安排也很重要，只有在次要空间也有妥善配置的前提下，主要空间才能充分地发挥作用。

② 空间的“闹”与“静”

公共建筑中存在着使用功能上的“闹”与“静”。在组合空间时，按“闹”与“静”进行功能分区，以便其既分割、互不干扰，又有适当的联系。如旅馆建筑中，客房部分应布置在比较安静的位置上，而公共使用部分则应布置在临近道路及距出入口较近的位置上。

③ 空间联系的“内”与“外”

公共建筑的各种使用空间中，有的对外联系功能居主导地位，有的对内关系密切一些。所以，在进行功能分区时，应具体分析空间的内外关系，将对外联系较强的空间，尽量布置在出入口等交通枢纽的附近；与内部联系较强的空间，力争布置在比较隐蔽的部位，并使其靠近内部交通的区域。

（2）人流组织

公共建筑是人们进行社会生活的场所，因其性质及规模的不同，不同建筑存在着不同的人流特点，合理地解决好人流疏散问题是公共建筑功能组织的重要工作。

① 人流组织方式

一般公共建筑反映在人流组织上，可归纳为平面和立体的两种方式。

平面组织方式适用于中小型公共建筑人流组织，特点是人流简单、使用方便。

立体组织方式适用于功能要求比较复杂，仅靠平面组织不能完全解决人流集散的公共建筑，如大型交通建筑、商业建筑等，常把不同性质的人流，从立体关系中错开。

公共建筑空间中的人流组织问题，实际上是人流活动的顺序问题。它涉及建筑空间是否满足了使用要求，是否紧凑合理，空间利用是否经济有效的问题。因此人流组织中的顺序关系不能忽视，应根据具体建筑的不同使用要求，进行深入的分析和合理的组织。

② 人流疏散

人流疏散问题，是公共建筑人流组织中的又一问题，尤其对人流大而集中的公共建筑来说更加突出。

人流疏散大体上可以分为正常和紧急两种情况。一般正常情况下的人流疏散，有连续的（如医院、商店、旅馆等）和集中的（如剧院、体育馆等）。有的公共建筑则属于两者兼有，如学校教学楼、展览馆等。此外，在紧急情况下，不论哪种类型的公共建筑，都会变成集中而紧急的疏散性质。因而在考虑公共建筑人流疏散时，都应把正常与紧急情况下的人流疏散问题考虑进去。应试考生应熟悉并掌握人流聚集、疏散要求较高的公共建筑的人流组织（如火车站、飞机场、剧院等建筑）。

3. 公共建筑室内空间组织

（1）走廊式：用走廊将各个房间联系起来的方式。

特点：各使用空间相对独立，保证各房间有比较安静的环境。多见于办公建筑、学校、医院等公共建筑。

（2）单元式：将内容相同、关系密切的建筑组成单元，再由交通联系空间组合在一起的方式。

特点：功能分区明确，同类型房间可以构成不同结构单元并与其他单元有不同功能联系，布局整齐，便于分期、分段建造。多见于学校、幼儿园、图书馆等建筑。

（3）穿套式：房间与房间之间相互贯通的联系方式。

特点：交通空间与使用空间合并在一起，房间之间联系紧密，但互有干扰。有串联式和放射式两种形式，常见于展览馆、博物馆建筑。

（4）大厅式：以大型空间为主体穿插辅助空间的联系方式。

特点：主体空间突出、主从关系分明，辅助空间都依附于主体空间，多见于会堂、影剧院、体育馆等建筑。

（5）分割式：大空间分割组织各部分空间的形式。

特点：自由灵活，空间简单。常见于大型商业建筑、展览建筑、办公建筑等。

4. 公共建筑空间组合

（1）分隔性的空间组合

以交通空间为联系手段，组织各类房间。各个房间在功能要求上，基本要相对独立设置，保证各房间有比较安静的环境，需要有一定的交通联系方式，形成一个完整的空间整体，常称为“走道式”的建筑布局。多见于办公建筑、学校、医院等公共建筑。

两种形式：内廊式和外廊式。内廊式优点：走道所占面积相对较小；缺点：采光不足。

（2）连续性的空间组合

观展类型的公共建筑，如博物馆、陈列馆、美术馆等，为了满足参观路线的要求，在空间组合上要求有一定的连续性。有五种形式：串联的空间组合形式、放射的空间组合形式、串联兼通道的空间组合形式、建有房舍和串联的空间组合形式、综合性大厅的空间组合形式。

（3）观演性的空间组合

围绕大空间布置服务性空间，并要求与大型空间有比较密切的联系，使之构成完整的空间整体。用于体育馆、影剧院、会堂、火车站、航空港、大型商场等类型。

（4）高层性的空间组合

以垂直交通系统为主。如宾馆、写字楼、多功能大厦等。

（5）综合性的空间组合

5. 公共建筑的群体组合

（1）三个要点

① 要从建筑群的使用性质出发，着重分析功能关系，加以合理分区，运用道路、广场等交通联系手段加以组织，使总体布局联系方便、紧凑合理。

② 在群体建筑造型处理上，需要结合周围环境特点，运用各种形式美的规律，按照一定的设计意图，创造出完整统一的室外空间组合。

③ 运用绿化及各种建筑的手段丰富群体空间，取得多样化的室外空间效果。

（2）组合类型及特点

可分为两种形式：分散布局和中心式布局的群体组合。

① 分散式布局：许多公共建筑，因使用性质或其他特殊要求，可以划分为若干独立的建筑进行布置，成为一个完整的室外空间组合体系，如某些医疗建筑、交通建筑、博览建筑等。分散式布局的特点：功能分区明确，减少不同功能间的相互干扰，有利于适应不规则地形，可增加建筑的层次感，有利于争取良好的朝向与自然通风。又可分为对称式和非对称式两种形式。在大多数公共建筑群体组合过程中往往是两种形式综合运用，以取得更加完整而丰富的群体效果。

② 中心式布局：某些性质上比较接近的公共建筑集中在一起，组成各种形式的组群或中心，如居住区中心的公共建筑、商业服务中心、体育中心、展览中心、市政中心等。各类公共活动中心由于功能性质不同，反映在群体组织中必然各具特色，只有抓住其功能特点及主要矛盾，才能既保证功能的合理性，又能使之具有鲜明的个性。

6. 公共建筑的场地要求

公共建筑室外空间主要由主体建筑或建筑群、附属建筑物、室外场地、绿化设施、道路、小品、道路入口等组成。

（1）室外空间与建筑

室外空间的构成中，建筑物或建筑群是空间的主体。其他如场地、道路、庭园绿化、建筑小品等，只是起到配合与充实或补充的作用。

（2）室外空间与场地

① 开敞场地：也称集散广场。其大小和形状应视公共建筑的性质与所处地段情况而定。对于人流和车流量大而集中，交通组织比较复杂的公共建筑如铁路旅客站、体育中心、影剧院等，建筑前面需要较大的场地，并形成集散广场。对于人流大，但要求有较安静环境的公共建筑如医院、学校教学楼等，也需要有较大的场地布置绿化，以防道路噪声的干扰。

② 活动场地：某些公共建筑，如体育馆、学校、幼儿园、托儿所等建筑，需设置运动场、球场、游戏场等室外活动空间，这些场地与室内空间有密切的联系，应靠近主体建筑的主要空间和出入口。

③ 停车场地：大型公共建筑应考虑留有足够的汽车与自行车停车场地，这应结合总图布置，合理安排。一般设置在出入口附近，但又不妨碍观瞻和交通的位置上，因此常设在建筑主体一侧或后边。对高层建筑或在车辆较多情况下，可考虑设地下停车场以节约用地。

自行车停车场的布置应考虑使用方便和不与其他交通相互干扰为宜，多选择在人流来向或靠近建筑出入口附近的位置。

（3）室外空间与绿地

考虑绿化时应根据总图设计意图，结合原有绿化，选择合适的绿化形式。在绿化布局中，宜结合公共建筑性质，依照室外空间的构思意境来考虑，常以各种建筑装饰小品来突出室外空间构图中的某些重点，起到强调主体建筑、点缀空间的作用。

7. 公共建筑的防灾要求

建筑设计应针对我国城乡易发并致灾的地震、火、风、洪水、地质破坏五大灾种，因地制宜地进行防灾设计，采用先进技术。城乡建筑综合防灾应遵循“预防为主，防治结合”的总方针，提高城乡各类建（构）筑物和基础设施的综合抗灾能力。

（二）熟悉住宅建筑的类型及套型空间设计要点

1. 功能构成

住宅的组成由行为单元组成室，由室组成户。户分为居住、辅助、交通、其他四大部分。从空间的使用功能来分，包括居室、厨房、卫生间、门厅或过道、储藏空间、阳台等。其中居室为户内最主要的房间。

2. 住宅类型

（1）按层数分四类

根据《民用建筑设计统一标准》（GB 50352—2019）3.1.2：民用建筑高度和层数的分类主要是按照现行国家标准《建筑设计防火规范》（GB 50016）和《城市居住区规划设计标准》（GB 50180）来划分。当建筑高度是按照防火标准分类时，其计算方法按现行国家标准《建筑设计防火规范》（GB 50016）执行。一般建筑按层数划分时，公共建筑和宿舍建筑1～3层为低层，4～6层为多层，大于等于7层为高层；住宅建筑1～3层为低层，4～9层为多层，10层及以上为高层。

① 低层住宅：1～3层

包括城市集合型低层住宅和别墅两种类型。主要特点：适应性强，方便，环境好，接近自然，造型灵活，结构、施工技术简单，土建造价低；但占地面积大，经济性差，设施使用率低。

a. 基本特点

能适应面积较大、标准较高的住宅，也能适应面积较小、标准较低的住宅。因而既可以有独立式、联立（并列）式和联排式，也可以有单元式等平面布置类型。

平面布置紧凑，上下交通联系方便。

一般组织有院落，使室内外空间互相流通，扩大了生活空间，便于绿化，能创造更好的居住环境。

对基地要求不高，建筑结构简单，可因地制宜，就地取材，住户可以自己动手建造。

占地面积大，道路、管网以及其他市政设施投资较高。

b. 平面组合形式及特点

独院式或独立式：建筑四面临空，平面组合灵活，采光通风好，干扰少，院子组织和使用方便，但占地面积大，建筑墙体多，市政设施投资较高。

双联式或联立式：将两个独院式住宅拼联在一起。每户三面临空，平面组合较灵活，采光通风好，比独立式住宅节约一面山墙和一侧院子，能减少市政设施的投资。

联排式：将独院式住宅拼联至 3 户以上。一般拼联不宜过多，否则交通迂回，干扰较大，通风也有影响；拼联也不宜过少，否则对节约用地不利。

② 多层住宅：4～9 层

其中，4～6 层住宅：

a. 基本特点

从平面组合来说，多层住宅必须借助于公共楼梯（规范规定住宅 7 层以下不要求设电梯）以解决垂直交通，有时还需设置公共走廊解决水平交通。

与低层住宅和高层住宅相比，比低层住宅节省用地，造价比高层住宅低。

多层住宅不及低层住宅与室外联系方便，虽不需高层住宅所必需的电梯，上面几层的垂直交通仍会使住户感到不便。

b. 设计要点

符合城乡规划的要求：

主要居室应满足规定的日照标准；单栋住宅的长度大于 160m 时应设 4m 宽、4m 高的消防车通道，长度大于 80m 时应在建筑物底层设人行通道。

套型恰当。可组成单一户型和多户型的单元，单一户型的单元其户型比一般在组合体或居住小区内平衡；多户型的单元则增加了在单元内平衡户室比的可能性。

方便舒适。平面功能合理，能满足各户的日照、采光、通风、隔声、隔热、防寒等要求，并保证每户至少有两间居室布置在良好朝向。

交通便捷。避免公共交通对住户的干扰，进户门的位置便于组织户内平面。

经济合理。合理组织并减少户内交通面积，充分利用空间。结构与构造方案合理，管线布置尽量集中，采取各种措施节约土地。

造型美观。立面新颖美观，造型丰富多样。

满足包括消防、抗震等其他技术规范的要求。

单元划分与组合：

多层住宅常以一种或数种单元作为标准段拼接成长短不一、体形多样的组合体。单元划分可大可小，一般以数户围绕 1 个楼梯间来划分单元。将单元拼接成单元组合体要注意满足建筑规模及规划要求，适应基地特点。单元组合方式有：平直组合、错位组合、转角组合、多向组合等。

交通组织：

以垂直交通的楼梯间为枢纽，必要时以水平的公共走廊来组织各户。楼梯和走廊组织交通以及进入各户的方式不同，可以形成各种平面类型的住宅。

一般有三种交通组织方式：围绕楼梯间组织各户入口，以廊来组织各户入口，以梯廊间层间隔层设廊，再由小梯通至另一层组织各户入口。

楼梯服务户数的多少对适用、舒适、经济都有一定影响，应合理确定。

采光通风：

一般一户能有相对或相邻的两个朝向时有利于争取日照和组织通风，1 户只有一个朝向则通风较难组织，利用平面形状的变化或设天井可增加户外临空面，利于采光通风。

辅助设施：

位置要恰当。厨房、卫生间最好能直接采光、通风，可将厨房、卫生间布置于朝向和采光较差的部位。

面积要紧凑。应根据户内各种生活活动合理确定各类空间的使用面积，并减少无法利用的面积。

设备管线要集中。套与套之间的厨房、卫生间相邻布置较为有利，管道共用，比较经济。

7～9 层多层住宅：

a. 特点

节约用地，尺度适宜。同多层住宅相比，具有节约用地的明显效果。从观赏角度看，比较接近自然，不太压抑。

户型优越。具有良好的通风、采光、观景效果和良好的户内布局。由于每户分摊的公用面积并不大，易为购房者所接受。

提高了生活质量。中高层住宅的电梯，将给老、弱、病、残、孕居民上下楼以及居民搬运重物等带来极大方便，提高了生活质量。就标准而言，基本达到欧美国家 4 层以上住宅设电梯的规定。

投资少、工期短、难度低。

b. 防火

设一部电梯、一部楼梯，每层建筑面积不超过 500m^2，楼梯要设封闭楼梯间。可以采用框架结构、剪力墙结构或框剪结构。

③ 高层住宅：10 层及以上

《建筑设计防火规范》（GB 50016—2014）规定：高层建筑：建筑高度大于 27m 的住宅建筑和建筑高度大于 24m 的非单层厂房、仓库和其他民用建筑。

a. 基本特点

可提高容积率，节约城市用地。

可节省市政建设投资。

可以获得较多的空间用以布置公共活动场地和绿化，丰富城市景观。

用钢量较大，一般为多层住宅的 3～4 倍。

对居民生理和心理会产生一定的不利影响。

b. 平面类型

单元组合式：单元内以电梯、楼梯为核心组合布置。常见形式有矩形、T 形、十字形、Y 形等。

长廊式：有内长廊、外长廊和内外廊式。内长廊式较少采用；外长廊式特点基本与同类多层住宅相似，为挡风雨一般外廊封闭；内外廊式兼有前两者的特点。

塔式：与多层点式住宅特点类似。一般每层布置 4～8 户。该形式目前采用较多。

跃廊式：每隔 2 层设有公共走廊，电梯利用率提高，节约交通面积，对每户面积较大、居室多的户型较为有利。

c. 垂直交通

高层住宅的垂直交通以电梯为主、以楼梯为辅进行组织。12 层以上住宅每栋楼设置电梯应不少于 2 部。

楼梯应布置在电梯附近，但楼梯又应有一定的独立性。单独作为疏散用楼梯可设在远离电梯的尽端。

电梯不宜紧邻居室，尤其不应紧靠卧室。必须考虑对电梯井的隔声处理。

d. 消防疏散

消防能力与建筑层数和高度的关系：防火云梯高度多在 30～50m 之间，我国目前高层住宅的高度即是参考这一情况决定的。高层住宅与周围建筑的间距是根据其高度和耐火等级而定的。

防火措施：提高耐火极限，将建筑物分为几个防火区，消除起火因素，安装火灾报警器。

安全疏散楼梯和消防电梯的布置：长廊式高层住宅一般应有 2 部以上的电梯用以解决居民的疏散。有关安全疏散楼梯和消防电梯的布置以及安全疏散等应遵照现行国家标准的有关规定执行。

e. 防火规定

高层建筑的底边至少有一个长边或周边长度的 1/4 且不小于一个长边长度，不应布置高度大于 5m、进深大于 4m 的裙房，且在此范围内必须设有直通室外的楼梯或直通楼梯间的出口。

高层建筑内应采用防火墙等划分防火分区，每个防火分区允许最大建筑面积，不应超过下表的规定。

每个防火分区的允许最大建筑面积

建筑类别	每个防火分区建筑面积（m^2）
一类建筑	1000
二类建筑	1500
地下室	500

注：1. 设有自动灭火系统的防火分区，其允许最大建筑面积可按本表增加 1 倍；当局部设置自动灭火系统时，增加面积可按该局部面积的 1 倍计算。

2. 一类建筑的电信楼，其防火分区允许最大建筑面积可按本表增加 50%。

（2）按分布区位不同分三类

① 严寒地区的住宅：主要解决防寒问题，包括采暖与保温两方面，有效措施是加大建筑的进深，缩短外墙长度。朝向应争取南向，利用东向、西向，避免北向。

② 炎热地区的住宅：应尽量减少阳光辐射及厨房的热量，组织夏季主导风入室，自然通风，获得较开敞与通透的平面组合体形；朝向依次为南向、南偏东向、南偏西向、东向、北向，尽量避免西向。

③ 坡地住宅：应结合地形、等高线布置，综合考虑朝向、通风、地质条件。平面组合有错叠、跌落、掉层、错层几种形式。

3. 套型空间设计要点

（1）低层住宅

① 独院式（独立式）：建筑四面临空，平面组合灵活，采光通风好，干扰少，院子组织和使用方便，但占地面积大，建筑墙体多，市政设施投资较高。

② 双联式（毗连式）：将两个独院式住宅拼联在一起。每户三面临空，平面组合较灵活，采光通风好，比独立式住宅节约一面山墙和一侧院子，减少市政设施的投资。

③ 联排式：将独院式住宅拼联至 3 户以上。一般拼联不宜过多，否则交通迂回，干扰较大，通风也有影响。拼联也不宜过少，一般取 30m 左右。

（2）多层住宅

梯间式：由楼梯平台直接进入分户门，一般每梯可安排 2～4 户。

① 一梯二户：每户有两个朝向，便于组织通风，居住安静，套内干扰少，较宜组织户内交通，单元面宽较窄，拼接灵活，适用情况较广。

② 一梯三户：楼梯使用率较高，每户都能有好朝向，但中间一户常常是单朝向，通风较难组织。在北方采用较多。

③ 一梯四户：楼梯使用率高，每套有可能争取到好朝向，一般将少室户布置在中间而成为单朝向户，多室户布置在两侧。

外廊式：

① 长外廊：便于各户并列组合，一梯可服务多户，分户明确，每户有良好的朝向、采光和通风条件。但户内交通穿套较多。公共外廊可以对户内产生视线及噪声干扰，在寒冷地区不易保温防寒，对小面积套型比较合适。长外廊不宜过长，并要考虑防火和安全疏散的要求。

② 短外廊：以一梯四户居多，具有长外廊的某些优点而又较为安静，布置多室户的数量增多，提高了套型比的灵活性，而且有一定范围的邻里交往。

内廊式：

① 长内廊：内廊两侧布置各户，楼梯服务户数较多，使用率大大提高，进深较大，且节约用地，在严寒和寒冷地区有利于保温。但各户均为单朝向，宜作东西向布置，内廊较暗，户间干扰也大，套内不能组织廊的穿堂风。

② 短内廊：也称内廊单元式，它保留了长内廊的一些优点，居住较安静，北方地区广泛采用，南方地区不宜采用。

跃廊式：由通廊进入各户后，再由户内小楼梯进入另一层。隔层设通廊，节省交通面积，增加户数，又减少干扰，每户可争取两个朝向，采光、通风较好。一般在每户面积大、居室多时较适宜。

集中式（点式）：数户围绕一个楼梯布置，四面临空，皆可采光、通风，分户灵活，每户有可能获得两个朝向而有转角通风，外形处理也较为自由，可丰富建筑群的艺术效果，建筑占地少，便于在小块用地上插建。但节能、经济性比条式住宅差。

平面布局的变化：

① 楼梯形式：除一般的双跑、单跑和三跑楼梯外，还有外突楼梯、内楼梯、单跑横向楼梯和直跑楼梯等。

② 平面形式：包括平面形状的局部变化，增设天井、平面体形变化等。

（3）高层住宅

① 单元组合式：单元内有以电梯、楼梯为核心组合布置。常见形式有矩形、T 形、十字形、Y 形等。

② 长廊式：有内长廊、外长廊和内外廊式。内长廊式较少采用；外长廊式特点基本与同类多层住宅相似，为挡风雨一般外廊封闭；内外廊式兼有前两者特点。

③ 塔式：与多层点式住宅特点类似。一般每层布置 4～8 户。该形式目前应用较多。

④ 跃廊式：每隔 1～2 层设有公共走廊，电梯利用率提高，节约交通面积，对每户面积较大、居室多的户型较为有利。

4. 不同地区住宅设计

（1）严寒和寒冷地区住宅

① 基本特点：住宅设计的主要矛盾是建筑的防寒问题。建筑防寒包括采暖与保温两个方面。

② 规划布局：建筑不宜选址在山谷、洼地、沟底等凹地里；争取日照；避免季风干扰；建立气候保护单元。

③ 节能设计：控制住宅的体形系数：合理扩大栋进深尺寸，利用住宅类型特征，平面空间组合应紧凑集中，尽量减少凹凸变化，合理提高住宅层数，加大体量，在严寒和寒冷地区采用东西向住宅，加大建筑物体量，减少体形系数；扩大南向得热面的面积；窗户节能；选用高效、合理、经济和节能的围护结构体系；加强热桥节点部位的保温构造设计；加强住宅楼公共空间的防寒设计。

④ 套型设计：住宅栋进深加大带来套型中部空间的利用和通风采光、平面空间组织的问题；设置敞开式起居室，增加使用的灵活性；套内空间配置和空间环境要求朝向好，有前室、大储存空间、晒衣空间；注意节能设计。

⑤ 住宅设计中的保温：最有效的措施是加大建筑的进深，缩短外墙长度，尽量减少每户所占的外墙面。

⑥ 住宅的朝向与形式：在严寒和寒冷地区的住宅朝向应争取南向，充分利用东、西向，尽可能避免北向。东西向住宅可以采取短内廊式，或在东西向内楼梯的平面组合基础上将辅助房间全部集中在单元的内部，设置小天井，加大建筑进深等方式。

（2）炎热地区住宅

① 基本特点

为使居民在夏季温度较高，相对湿度较大，没有空调的情况下能获得较适宜的感受，设计时要考虑尽量减少阳光辐射及厨房炉灶产生的热量对室内温度的影响，组织自然通风，获得较为开敞与通透的平面组合体形。

② 建筑朝向的选择

炎热地区住宅朝向的选择十分重要，应综合考虑阳光照射和夏季主导风向，注意减少东西向阳光对建筑物的直接照射，并能有夏季主导风入室。

③ 住宅建筑处理方式

遮阳：按照不同的使用要求，可以分为水平式遮阳、垂直式遮阳、综合式遮阳、挡板式遮阳。按照材料构造的不同，可分为固定式遮阳、活动式遮阳、简易式遮阳。从节约考虑，除标准较高的住宅设计可以考虑专用遮阳设施外，一般应尽量结合其他建筑构件和细部处理，如檐口、阳台、外廊、窗扇、通花、墙体凹凸以及绿化等作为遮阳设施。

隔热：通常可分别采用减少东西向墙体，通过采用具有较好隔热性能的建筑材料和隔热构造提高墙体和屋顶的隔热性能，利用绿化隔热降温等措施。

自然通风：可以通过有效地组织室内穿堂风、建筑构件导风、建筑群组织通风等几个方面的措施来取得较好的效果。

平面组合：从综合角度来看，各种住宅类型各有利弊，平面组合应以减少室外热源对室内的影响和室内热源本身的影响为原则。

(3) 坡地住宅

① 设计原则

充分掌握建筑环境的情况，全面了解地质状况；分析地貌特征，确定可资利用的地形、地物；综合环境条件，确定合理的建筑形式；应结合地形布置，同时也要综合考虑朝向、通风、地质等条件。

② 建筑与等高线的关系

一栋住宅建筑与地形的关系主要有三种不同方式：建筑与等高线平行，建筑与等高线垂直，建筑与等高线斜交。在设计中要区别对待。

③ 坡地住宅单元的垂直组合

由于单元内部或单元之间组合方式的不同，可以有错叠、跌落、掉层、错层等几种形式。

④ 临街坡地住宅的建筑处理

常有以下几种处理方式：掉层、吊脚、天桥、凸出楼梯间、连廊、室外梯道等。

5. 住宅建筑设计要点

新版《住宅设计规范》(GB 50096—2011)，自 2012 年 8 月 1 日起实施。

(1) 套内空间

住宅应按套型设计，每套住宅应设卧室、起居室（厅）、厨房和卫生间等基本功能空间。

厨房应设置洗涤池、案台、炉灶及排油烟机等设施或为其预留位置。

卫生间不应直接布置在下层住户的卧室、起居室（厅）、厨房和餐厅的上层。

每套住宅应按使用功能，在卫生间布置便器、洗浴器、洗面器等的位置；布置便器的卫生间的门不应直接开在厨房内。

套内通往各个基本空间的通道净宽不应小于该基本空间的门洞口宽度，门洞口高度不应小于 2.00m 。

住宅的阳台栏板或栏杆净高，六层及六层以下的不应低于 1.05m；七层及七层以上的不应低于 1.10m。

阳台栏杆设计应采用防止儿童攀登的构造，栏杆的垂直杆件间净距不应大于 0.11m，放置花盆处必须采取防坠落措施。

外窗窗台距楼面、地面的净高低于 0.90m 时，应有防护设施。

注：窗外有阳台或平台时可不受此限制。窗台的净高或防护栏杆的高度均应从可踏面起算，保证净高达到 0.90m。

卧室、起居室（厅）的室内净高不应低于 2.40m，局部净高不应低于 2.10m，且其面积不应大于室内使用面积的 1/3。

（2）公共部分

楼梯间、电梯厅等共用部分的外窗窗台距楼面、地面的净高小于 0.90m 时，应有防护设施。

注：窗外有阳台或平台时可不受此限制。窗台的净高或防护栏杆的高度均应从可踏面起算，保证净高达到 0.90m。

住宅的公共出入口台阶高度超过 0.70m 并侧面临空时，应设防护设施，防护设施净高不应低于 1.05m。

住宅的外廊、内天井及上人屋面等临空处的栏杆净高，六层及六层以下不应低于 1.05m，七层及七层以上不应低于 1.10m。防护栏杆必须采用防止少年儿童攀登的构造，当采用垂直杆件做栏杆时，其杆件净距不应大于 0.11m。

十层以下的住宅建筑，当住宅单元任一层的建筑面积大于 $65m^2$，或任一套房的户门至安全出口的距离大于 15m 时，该住宅单元每层的安全出口不应少于 2 个。

十层及十层以上但不超过十八层的住宅建筑，当住宅单元任一层的建筑面积大于 $650m^2$，或任一套房的户门至安全出口的距离大于 10m 时，该住宅单元每层的安全出口不应少于 2 个。

十九层及十九层以上的住宅建筑，每层住宅单元的安全出口不应少于 2 个。

安全出口应分散布置，两个安全出口的距离不应小于 5m。

楼梯间及前室的门应向疏散方向开启。

楼梯梯段净宽不应小于 1.10m，不超过六层的住宅，一边设有栏杆的梯段净宽不应小于 1.00m。

注：楼梯梯段净宽系指墙面装饰面至扶手中心之间的水平距离。

楼梯踏步宽度不应小于 0.26m，踏步高度不应大于 0.175m。扶手高度不应小于 0.90m。楼梯水平段栏杆长度大于 0.50m 时，其扶手高度不应小于 1.05m。楼梯栏杆垂直杆件间净空不应大于 0.11m。

楼梯井净宽大于 0.11m 时，必须采取防止儿童攀滑的措施。

七层及七层以上住宅或住户入口层楼面距室外设计地面的高度超过 16m 的住宅必须设置电梯。

（3）无障碍要求

① 七层及七层以上的住宅，应对下列部位进行无障碍设计：建筑入口、入口平台、候梯厅、公共走道。

② 住宅入口及入口平台的无障碍设计应符合下列规定：

建筑入口设台阶时，应同时设置轮椅坡道和扶手；

坡道的高度和水平长度应符合下表的规定。

坡　度	1∶20	1∶16	1∶12	1∶10	1∶8
最大高度（m）	1.50	1.00	0.75	0.60	0.35
水平长度（m）	30.00	16.00	9.00	6.00	2.80

建筑入口的门不应采用力度大的弹簧门；在旋转门一侧应另设残疾人使用的门；供轮椅通行的门净宽不应小于 0.8m；

供轮椅通行的推拉门和平开门，在门把手一侧的墙面，应留有不小于 0.5m 的墙面宽度；

供轮椅通行的门扇，应安装视线观察玻璃、横执把手和关门拉手，在门扇的下方应安装高 0.35m 的护门板；

门槛高度及门内外地面高差不应大于 0.15m，并应以斜坡过渡。

③ 七层及七层以上住宅建筑入口平台宽度不应小于 2.00m，七层以下住宅建筑入口平台宽度不应小于 1.50m。

④ 供轮椅通行的走道和通道净宽不应小于 1.20m。

（4）地下室

住宅不应成套布置在地下室内。当布置在半地下室时，必须对采光、通风、日照、防潮、排水及安全防护采取措施。

住宅地下机动车库应符合以下的规定：库内坡道严禁将宽的单车道兼作双向车道。库内不应设置修理车位，并不应设有使用或存放易燃、易爆物品的房间。

住宅地下自行车库净高不应低于 2m 。

住宅地下室应采取有效防水措施，严禁有渗漏。

（5）公共卫生设施

住宅中设有管理人员室时，应设管理人员使用的卫生间。

住宅设垃圾管道时，应符合下列要求：垃圾管道不得紧邻卧室、起居室（厅）布置；垃圾管道的开口应有密闭装置；垃圾管道顶部应设通出屋面的通风帽，底部应设封闭的垃圾间；垃圾管道应有防止堵塞、污染和便于清洁的措施。

6．社会保障性住房

保障性住房是与商品性住房相对应的一个概念。社会保障性住房是我国城镇住宅建设中较具特殊性的一种类型住宅，它通常是指根据国家政策以及法律法规的规定，由政府统一规划、统筹，提供给特定的人群使用，并且对该类住房的建造标准和销售价格或租金标准给予限定，起社会保障作用的住房。一般由廉租住房、经济适用住房和政策性租赁住房构成。

廉租房的面积标准规定每户建筑面积≤50m²，房屋的套型应分为：一房一厨一卫、一房一厅（兼卧）一厨一卫、两房一厅（兼卧）一厨一卫三种套型。室内的普通装修和基本水电设施应到位。产权属于国家的房产管理部门。

经济适用房的面积，规定每户建筑面积控制在 70～75m²，套型以两房一厅一厨一卫为主，适当的考虑三房一厅或三房两厅一厨一卫的布局。产权属于国家的房产管理部门。可出租也可按保障房政策出售。

公共租赁房的面积规定每户建筑面积控制在 60m^2 以内，同样是一房一厨一卫；一房一厅（兼卧）一厨一卫；两房一厅（兼卧）一厨一卫三种套型。室内的普通装修和基本水电设施应到位。产权属于国家的房产管理部门。

7. 居住建筑经济的基本概念

人口毛密度。每公顷居住区用地上容纳的规划人口数量。

人口净密度。每公顷住宅用地上容纳的规划人口数量。

住宅建筑套密度（毛）。每公顷居住区用地上拥有的住宅建筑套数（套/hm^2）。

住宅建筑套密度（净）。每公顷住宅用地上拥有的住宅建筑套数（套/hm^2）。

住宅面积毛密度。每公顷居住区用地上拥有的住宅建筑面积（m^2/hm^2）。

住宅面积净密度。也称住宅容积率，是指每公顷住宅用地上拥有的住宅建筑面积（m^2/hm^2）。

建筑容积率。是每公顷居住区用地上拥有的各类建筑面积。

住宅建筑净密度。住宅建筑基底面积与住宅用地的比率（%）。

建筑密度。居住区用地内，各类建筑基底面积与居住区用地的比率（%）。

改建拆建比、每公顷土地开发测算费及单元综合测算投资经济技术指标。均用于初步可行性规划研究之用。

8. 住宅设计中的卫生防疫

二战之前，随着社会和文明的发展，人们对住宅和居住环境的认识水平也不断提高。城市人口急剧增加，特别是城市的急剧膨胀和居住环境的恶化，使人们进一步认识到住宅区过度拥挤、用水安全等居住卫生条件对居住生活质量的影响。19 世纪和 20 世纪初期大规模的改善公共健康和住房运动，就是通过改进城区供水系统、卫生设备和空气流通设施，改善过度拥挤的住房状况，大大减少了霍乱和肺结核等传染性疾病的传播。

二战之后，人们反思大规模建设之后出现的卫生防疫与安全健康问题。由于“致病建筑”和“致病住宅”大量爆发，与室内空气品质相关的致病建筑物综合症（SBS）、建筑物关联症（BRI）和室内化学物质过敏症（MCS）三种建筑与住宅疾病引起了全世界的强烈关注。致病住宅（Sick House）引起的疾病是发生在住宅建筑中的一种对人体健康的急性影响，与建筑物的运维、密封性过强与通风等方面的建筑物设计和室内空气或污染物等问题有关。尤其是生活时间长、具有感染风险的致病住宅引起的疾病危险性案例不断增多，成为社会关注的焦点问题。

20 世纪 70 年代，联合国人类环境大会讨论了人口、资源和人居环境问题，呼吁人们对环境污染应引起高度的重视。国际上从可持续发展建设出发，针对城乡人居环境及其公共健康安全课题，将居住健康安全问题列入决策发展目标，通过创建有利于健康安全的支持性环境，保障居民生活的宜居质量，满足居民的卫生需求和提高卫生服务的能力等方面，以提高居民的健康安全水平。

2003 年“非典”（SARS）期间，受 SARS 病毒影响的香港淘大花园住宅区 329 人暴发性感染，被称为最严重的住宅建筑感染致病事件。蔓延的疫情既给住宅防控带来深刻教训，也揭示了可消除或降低住宅环境中的健康风险因素的相关硬件措施与技术的重要作用。调查结果证明，居住卫生条件在疾病传播中扮演着关键角色，同时也指出了居住环境卫生条件、住宅设计、建筑部品、设备设施的排水管与地漏、浴室门与排气扇、室内环境性能、质量以及后期维护检修等方面，存在非常多直接或间接的相关问题。

2020 年初的新冠肺炎病毒疫情是对我国应急与治理体系及其相关领域应对能力的重大挑战，住宅建筑与居住小区是防控重点区域之一，与每个人的健康安全休戚相关，既是我国疫情防控的重点工作，也成为全社会的热点议题。居住小区的居住建筑密集、人口集中、人际交往频密，存在一系列亟待解决的问题。在新冠病毒肺炎疫情防控中，虽然世卫组织和国家卫健委对居家提出了住宅空间与通风、卫生与污染物等软件、硬件两方面的基本感染预防建议和控制措施，但由于传统住宅建设对生命健康安全保障的客观认识不足，不仅存在着住宅卫生防疫的系统性居住安全保障技术措施缺失等现实瓶颈，在硬件应对新冠病毒肺炎疫情防控方面也存在短板。

如何在住宅的规划和建筑单体设计中，在满足使用功能的前提下，提高住宅的卫生防疫性能，增强其对疾病的“免疫力”，已成为建筑设计师一项义不容辞的责任。

首先是转变观念，切实树立人民群众生命健康安全为本的住宅建设卫生防疫与居住安全健康保障的意识；第二是顶层设计，全面推动保障人民群众生命健康安全的城乡人居环境建设；第三是抓住重点，集中力量先行解决住宅建筑中关系人民群众健康安全的突出问题；第四是加大投入，着力提高住宅建筑卫生防疫与居住安全健康保障的部品产业化水平；第五是技术创新，推动住宅建筑的卫生防疫与居住安全健康的技术攻关。

（1）住区规划设计中的卫生防疫问题

某些疾病与住区环境和住宅内部构造有着千丝万缕的关系，如世界卫生组织提出的不良建筑综合症和建筑相关疾病等已经影响着人们的身心健康。住区规划应着眼于全局，一切从科学出发，在确保规划合理的前提下，综合考虑住宅建筑与卫生防疫的相关关系，注重优化住区周边环境和卫生防疫条件，创建健康的人居环境。

① 住区规划时首先要切实做好选址，基地和周围环境不应存在污染源，关注主导风向。住宅建设用地必须远离垃圾堆场、废气排放附近及城市污染源的下风口。

② 从规划设计上注重保护好用地的自然生态环境，特别是对原有的绿林、水体、山石等的保护利用，使人与自然更加密切亲和。

③ 住宅与住宅间的规划间距要保证楼层、居室的有效日照时间与通风效果。阳光照射和空气流通可以说是大自然赋予人类的最佳的自然卫生防疫手段。

④ 注重绿地建设，优化树种的选择和水体的流动，防止花絮飞扬或污水滞留造成的病菌传播或繁殖。

⑤ 适当控制住区的容积率和建筑密度。过分追求高容积率和建筑密度加大了环境的承受压力，从而形成人口过分密集、空间拥堵、环境恶化，容易造成疾病的感染和传播。

⑥ 合理规划住区水体环境，污水、废水和垃圾处理要达到无害化，甚至资源化。

（2）住宅建筑设计中的卫生防疫问题

住宅的单体设计也对居住的健康产生影响，主要应从优化平面设计、改善室内自然净化条件、提高卫生防疫性能等方面入手。

① 优化平面布局，提高卫生防疫性能

功能的合理分区是保证居民心理健康的有效措施，因而应在满足使用功能等基本要求的基础上，优化平面布局，提升健康要素，增强其对疾病的自身“免疫力”。

在塔式住宅设计中不宜采用内天井式平面。因面向内天井开窗的房间多为厨房和卫生间，是污染源的易发区，当天井内无法形成正压的情况下，污浊空气携带病菌悬浮在天井中，容易形成烟囱效应的“拔风”现象，造成气流污染和“串味”，倒灌室内，对住户室内卫生环境会产生不良影响。

塔式住宅平面设计应明确各户型的空气对流通道，单朝向户型的设计必须采取通风措施。

塔式住宅凹口深度和宽度比应不大于 2∶1，最小开口宽度不应小于 3m。凹口过深或过窄，都不利于通风效果。

板式住宅不宜采用长内廊和外廊式平面。因长内廊通风效果差，外廊一般连通各户的厨房和次卧室，容易串烟串味，产生视觉干扰，同时也易传染病毒。

板式住宅宜设计成南北通透型，即南客厅、北餐厅的布置方式。厨房宜设计在餐厅侧面，以免遮挡厅的通风采光。厨房靠北墙设置时，宜留出宽度不小于 1.2m 的采光口（或北向阳台），以满足餐厅的采光通风要求。

② 改善室内通风、采光环境，提高自然净化能力

直接采光与自然通风，是改善和提高住宅自然净化能力、防控疾病传播的最佳手段。日照及其紫外线杀菌作用对提高住宅的卫生防疫效果是不可或缺的。而住宅室内通风换气是十分简便而且行之有效的净化方法。据统计，室内空气污染要比室外高 2～5 倍，严重的高达百倍以上，定时开窗通风可大幅度降低室内微生物密度。据医学统计，开窗 75min 可减少室内 96.4%～99.5%的细菌。

卧室、起居室（厅）应有与室外空气直接流通的自然通风。严寒地区住宅的卧室、起居室（厅）应有与室外空气直接流通的自然通风。采用自然通风的房间，其通风开口面积应符合有关规定要求。

卧室、起居室（厅）吊顶后，其净高最好不应低于 2.6m，以增强通风流量。厨房、卫生间的室内净高应不应低于 2.4m。

住宅电梯厅必须有直接对外的采光通风窗，禁止设计暗电梯厅，尤其是高层住宅。

住宅外窗的开启扇面积不得小于整窗面积的 25%，并加设纱窗，防止蚊虫的飞入。

塔式住宅楼开向外墙深凹口的厨房间，通风采光窗宽度不得小于 1.2m，以保证基本的采光通风要求。

南向封闭阳台悬挑长度不宜超过 1.5m，以保证下层住户阳光直射室内的时间，达到日光紫外线消毒的目的。

③ 住宅设计中要考虑切断流行性疾病的传播途径

住宅设计中，应从设计的源头，精心考虑，合理设计，避免通过公共空间、设施及污染的空气、水源及接触等途径而发生传染病交叉感染事件。

住宅不宜设置垃圾道。高层住宅宜在每层设封闭垃圾收集空间。集合式多层住宅应在楼外设置密闭式可移动分类存放垃圾箱，或设置垃圾生化处理设备。

住宅建筑内不宜布置餐饮店。实在不可避免时，应将烟囱、通风道直接通出住宅顶层屋面，防止倒灌和有害气体侵入室内，影响健康和安全。同时，其出入口应与住宅严格分开布置。

建筑防火单元、房间布局隔断与防疫分区应结合起来，公用部位设计为负压空间，尽可能分开使用楼电梯。

各功能区域、各单元、各房间之间应防止横向和竖向的串气而引起交叉感染，如管道、线槽穿越隔墙处应密封处理，管道井宜每层隔断。

住宅户内功能布置要强调洁污分离、干湿分离的设计原则。首先要保证交通流线的简捷和功能分布的合理，对不同的户型和楼型，要进行针对性的分析，并进行优化调整。综合分析结果后采取切实有效的技术措施，防止公共空间的交叉感染问题。

面向未来的住宅建设应按照新时代高质量绿色发展理念，提升健康安全性能，更好地满足人民美好生活的需要，以新发展理念引领高质量发展的驱动力，顺应时代发展趋势与人民切实需求，以居住卫生防疫与健康安全保障的生活环境建设为根本，全面制定并实施住宅建筑卫生防疫与居住安全健康保障方面的对策，其对策既要与经济社会发展的可持续性相协调，也要满足住宅建筑卫生防疫与居住安全健康保障方面的系统性要求。

（三）熟悉工业建筑的功能空间组织与场地要求

1. 工业建筑总平面设计的特点

从本质上讲，工业建筑总平面设计与其他类型的建筑总平面设计没有原则的区别，即要将人、建筑、环境相互矛盾、相互约束的关系在一个多维的状态下协调起来，其差别在于：

（1）简单流线与复杂流线的差别

民用建筑主要以人流为主组织建筑空间，而工厂中人流与物流、人与机之间运行在同一空间之内，形成相互交织的网络，为物流所提供的空间远远大于为人提供的空间。

（2）简单环境影响与复杂环境影响的差别

工业建筑中常有废水、废气、烟尘、噪声、射线及工业垃圾等特殊的环境影响问题。

（3）单一尺度与多尺度的差别

民用建筑以人为尺度单位，而工厂建（构）筑物的体量决定于生产净空的需求，常常与人的尺度相差悬殊，其形态又受工艺的制约，不同工艺的工业建筑，其形态有明显不同。

（4）多学科、多工种密切配合

2. 总平面设计中的功能单元

工厂中的功能单元一般都有如下几方面的个体特征：物料输入输出特征；能源输入输出特征；人员出入特征；信息输入输出特征。

（1）组成专业化工厂的功能单元常分为：

① 生产单元：直接从事产品的加工装配。

② 辅助生产单元：设备维修、工具制作、水处理、废料处理等。

③ 仓储单元：物料暂时性的存放。

④ 动力单元：主要用作能量转换，如锅炉房、变电间、煤气发生站、乙炔车间。空气压缩车间等。

⑤ 管理单元：办公室、实验楼等。

⑥ 生活单元：宿舍、食堂、浴室、活动室等。

（2）功能单元组织的依据

① 依据功能单元前后工艺流程要求

生产任何一个产品都有特定的生产加工程序，即生产工艺流程。此流程贯穿整个生产过程的始终，构成生产作业的总链条，即全厂的物料输入输出的总的轨道，各个生产技术上的功能单元则是这一链条上的各个环节，这些环节在总的链条的带动下连续生产。为保证产品的质量、数量，必须使整个流程达到流线短捷、环节最少、避免逆行、避免交叉的要求。

全厂性的生产流程的组织与布置有三种基本类型：纵向生产线路布置——沿厂区或车间纵轴方向布置；横向生产线路布置——垂直于厂区或车间纵轴方向布置；环状生产线路布置。

② 依据物料与人员流动特点，合理确定道路断面与其他技术要求

凡是工厂就必然有运输作业，从原料到产品，从燃料到废物清除，从一个功能单元到另一个功能单元，都需要通过各种各样运输方式来传递、输送。

③ 依据功能单元相连最小损耗的原则

动力单元设置及各种工程管线设置应靠近最大动力车间，即负荷中心地段，使各工程管线最为短捷。

④ 依据功能单元的环境要求

根据功能单元散发有害物的危害程度加以分区，集中管理，以降低发生危害的可能性；利用自然条件（风向、水流方向、地形），合理布置，以减少有害物对环境的影响；设置防护距离，减轻危害程度；采取其他防护设施，如绿化等。

⑤ 依据功能单元发展的可能与需求

3. 场地要求

（1）功能单元组织的依据

功能单元组织原则

① 依据功能单元前后工艺流程要求：流线短捷；环节最少；避免逆行；避免交叉。

全厂性的生产流程的组织与布置有三种基本类型：纵向生产线路布置，沿厂区或车间纵轴方向布置；横向生产线路布置：垂直于厂区或车间纵轴方向布置；环状布置。

② 依据物料与人员流动特点，合理确定道路断面与其他技术要求

一般道路运输系统中的技术要求（中型轻工业厂房）：

a. 主要出入运输道路 7m 左右。

b. 车间与车间有一定数量的物流及人流运输 4.5～6.0m。

c. 辅助道路与功能单元之间，人流物流较少，消防车道等 3.0～4.5m。

d. 车间行道与建、构筑物出入口与主、次、辅助道路连接部分 3.0～4.0m。

e. 人行道：一般 1.0～1.5m。

f. 最小转弯半径：单车 9m；带拖车 12m；电瓶车 5m。

g. 交叉口视距≥20m。

h. 路与建筑物、构筑物之间的最小距离：无出入口的车间 1.5m，有出入口的车间 3m；有汽车引道 6m（单车道），距围墙 1.5m；距有出入门洞的围墙 6m，距围墙照明杆 2m；距乔木 1m，距灌木 0.5m。

总平面道路布置要求

a. 适宜物料加工流程，运距短捷，尽量一线多用；

b. 与竖向设计、管线、绿化、环境布置协调，符合有关技术标准；

c. 满足生产、安全、卫生、防火等特殊要求，特别是有危险品的工厂，不能使危险品通过安全生产区；

d. 主要货运路线与主要人流线路，应尽量避免交叉；

e. 力求缩减道路敷设面积，节约投资与用地。

（2）依据功能单元相连最小损耗的原则

动力单元设置及各种工程管线设置应靠近最大动力车间，即负荷中心地段，使各工程管线最为短捷。

（3）依据功能单元的环境要求与环境区别对待

① 根据功能单元散发有害物的危害程度加以分区，集中管理，以降低发生危害的可能性；

② 利用自然条件（风向、流向、地形），合理布置，以减少有害物的环境影响；

③ 设置防护距离，减轻危害程度；

④ 采取其他防护设施，如绿化等。

（4）依据功能单元发展可能与需求

生产要发展，这是必然规律，任何工厂都有一个发展问题，有时在任务书中已有明确要求，有时是投产之后，工艺流程变化，产量或品种增加，综合利用程度提高，都会引起新的发展变化。布置时应充分考虑未来发展的要求与可能。

三、建筑场地条件的分析及设计要求

场地设计具有很强的综合性，与设计对象的性质、规模、使用功能、场地自然条件、地理特征及城乡规划要求等因素紧密相关，它密切联系着建筑、工程、园林景观及城乡规划等学科，既是配置建筑物并完善其外部空间的艺术，又包括其间必不可少的道路交通、绿化配置等专业技术与竖向设计、管线综合等工程手段。因此场地设计知识是一门综合性较强的学科。

（一）掌握场地选择的基本原则

（1）建设项目要符合所在地域、城市、乡镇的总体规划。城市规划区内的建设工程的选址和布局必须符合城市规划。在城市总体规划中已经确定城市的发展方向，对城市中各项建设的布局和环境地貌进行全面安排，对城市用地有明确的功能分区规定。

（2）节约用地，不占良田及经济效益高的土地，并符合国家现行土地管理、环境保护、水土保持等法规的有关规定。

（3）有利于保护环境与景观，首先要执行当地环保部门的规定和要求；若生产建筑会产生振动、噪声、粉尘、有害气体、有毒物质，以及易燃易爆品，其储运对环境会产生不良影响，则要严守规定。修路建厂尽量远离风景游览区和自然保护区。维持生态平衡，不污染水源、河流、湖泊，有利于废气、废渣、废水的三废处理，符合现行环境保护法的有关规定。

（二）掌握场地选择的基本要求

1. 资源

建设项目应尽可能充分利用自然资源条件，如矿藏、森林、生物、土壤、地表及地下水资源等。还包括人工筑凿、考古发现的历史遗迹和历代园林景观等人文资源。

2. 场地面积

含建筑基底面积、广场道路和停车场面积、露天堆放场地面积，以及绿化面积等。不同类别用地所占面积应根据国家用地标准指标，经计算确定。同时应考虑施工使用场地，并应根据施工的规模、进程做出相应的安排，或用临建用地代替。

3. 地界与地貌资料

（1）地界

场地边界外形应因地制宜、尽可能简单，这样既合理又经济。地貌要利于建筑布置，道路短捷顺畅，地形宜于场地排水。一般自然地形坡度不宜小于0.3%。平坡（0.3%～5%）场地较理想；缓坡（5%～10%）场地要错落；中坡（10%～25%）场地要台地，填挖土方量要大；陡坡（25%～100%）场地不宜建设。适宜建设的场地均应考虑竖向规划，以减少土石方工程量。注意分析不同地貌的小气候特点和利用日照。

（2）地形地貌

① 类型。宏观划分为山地、丘陵、平原三类。进一步划分为山谷、山丘、山坡、冲沟、盆地、河漫滩、阶地等。

② 对场地设计的影响。场地的地形地貌直接影响场地设计的布局与竖向设计，体现在总体布局、平面结构和空间布置上，并且与小气候的形成有关；建设中应充分利用和结合自然地面坡度，减少土石方工程量，降低施工难度和建设成本。

③ 地形图。区域性地形图常用1/5000～1/10000地形图，总图常用1/500～1/1000地形图。图例中有地物符号、地形符号和标记符号三类。

④ 地图方向与坐标。上北下南左西右东定方位。纵向X轴南北坐标，横向Y轴东西坐标。城市地域一般用方格独立坐标网绘地图。场地地图多以城市地域坐标网控制，也可用相对独立坐标网地形图。

⑤ 地形图高程与等高线。各国的地形图选用特定零点高程算起，称绝对高程或海拔。工程地图的假定水准点高程，称相对高程。

我国地图等高线是以青岛黄海平均海平面作零点高程，以米为单位计，以等高相同点连线标注的绝对高程线于地图上。等高线应是一条封闭曲线。

两等高线水平距离叫等高线间距，两等高线高差叫等高距。等高线间距随地形起伏，起伏越大线越密。等高线向低方向凸出，形成山脊，反之形成山沟。

城市各项建筑用地适用坡度

项目	坡度	项目	坡度
工业	0.5%～2.0%	铁路战场	0～0.25%
居住	0.3%～10.0%	机场用地	0.5%～1.0%

4. 气象基础资料

① 太阳辐射：其强度与日照率在不同纬度地区存在差异。会影响建筑物的日照标准、间距、朝向，其中日照间距直接影响建筑密度、容积率和用地指标等。

② 风象：对场地的影响，以风向、风速及污染系数三个参数表示。风向是从外围吹向中心的方向，通常用风向频率玫瑰图表示一地区的风向；风速大小决定风力，通常用平

均风速玫瑰图表示；从水平性质说，下风向受污染程度与该方向风向频率成正比，与风速大小成反比。

③ 气温：指高出地面 1.5m 处测得的空气温度。考生要掌握的资料：历年逐月最高、最低及平均气温，极端气温，最大、最小相对湿度和绝对湿度；严寒日期数，冻土深度，采暖与不采暖的确定；气温日差、年差，最热月份 13 时平均温度和相对湿度等资料。

④ 降水量：指落在地面上的雨、雪、冰雹等水质物，未经蒸发、渗透等损耗，聚积在水平面上的厚度，单位：mm。考生要掌握的资料：平均年降雨量，暴雨持续时间及最大降雨量，初终雪日期，积雪最大厚度，土壤冻结最大深度等资料。

⑤ 云雾及日照：年、月、日均数。可决定日照标准、间距、朝向、遮阳及热工工程计算。与气象有关的风沙、雷击资料也要搜集，以免对场地产生不良影响。

5. 水文地质资料

河流、水库、湖泊及滨海的水位；50 年一遇、100 年一遇及常年洪水淹没范围；沿岸特征、冲积断面、流量、流速方向；水温；含沙等地面水资料情况；深水井、泉水的水量、水位变化，水的物理、化学和生物的性能、成分分析等。

6. 工程地质条件

工程地质资料：场地所处区域的地质构造，地层成因、形成年代等；对建筑指定性和适宜性评价；场地地震基本烈度；历史地震资料，震速、震源和断裂构造；场址处土岩类别、性质、承载力，有无不良滑坡、沉陷地质现象及人为破坏或修筑古墓等设计基础资料。应避免于九度地震区、泥石流、流沙、溶洞、三级湿陷黄土、一级膨胀土、古井、古墓、坑穴、采空区，以及有开采价值的矿藏区的场地作开发项目。

建筑物对土壤允许承载力的要求如下：1 层建筑 60～100kPa；2、3 层建筑 100～120kPa；4、5 层建筑 120kPa。当地基承载力小于 100kPa 时，应注意地基的变形问题。

7. 交通运输条件

公路、铁路和水运、空运便利的地区，由于开发建设的直接经济效益高，宜于作为建设场地。道路系统要服从地段市政交通规划的基本要求。

8. 给水排水条件

靠近水源，保证供水的可靠性。水质、水量、水温要符合要求。城市管网布局、管径、标高、压力保证及补救措施。污水系统现状与新建连接点管道埋深、管径、坡度和排入允许水量，粪便污水的处理方式。污水净化环保要达标。雨水应考虑如何排除或利用。

9. 能源供应条件

① 热力供给与可能，热源及热媒参数、热量、管网、价格。

② 煤气可能与供应量、压力、发热量、网络及价格。

③ 供电电源位置、距离，供电量、电源回路、输电线路进入场地的设计、分工。电计价方式与供电部门的供电文件、协议。

10. 电信需求条件

电话、电视、电传、网络各种信号需要量与场地附近设备设施的供给，可能性和敷线方式、截面调改等应与有关部门达成协议。

11. 安全保护条件

建设项目场地与相邻环境的间距应满足安全、卫生、视觉、环保各项规定。符合人防、防水、电源要求。避免于洪泛地段、通信微波走廊、高压输电通廊与地下工程管道区域内建造建筑。

12. 景观与环境

场地上的文物古迹及自然景观，应按当地文物部门的要求采取相应的保护措施，动、植物自然保护区不能破坏。

13. 施工条件

了解当地及外来建材供应、产量、价格，当地施工技术力量、水平，机械起重能力数量，以及施工期水、电、劳动力供应条件。

场址选择所要求考虑的区域地质、交通运输、自然条件、基础设施、环境现状、环境保护等内容实际就是组织、收集、整理项目必需的设计基础资料的过程。通过调查与分析，选择基础条件比较好的场地。整个论证在设计实施过程以及行业决策研究中是必不可少的基础资料。对于不同类型、性质的建筑，应在此基础上，针对项目的具体要求，作场地选择分析。

（三）了解公共建筑场地选址要求

1. 旅馆

① 基地选择应符合当地城乡规划要求等基本条件。

② 与车站、码头、航空港及各种交通路线联系方便。

③ 建造于城市中的各类旅馆应考虑使用原有的市政设施，以缩短建筑周期。

④ 历史文化名城、休养、疗养、观光、运动等旅馆应与风景区、海滨及周围的环境相协调，应符合国家和地方的有关管理条例和保护规划的要求。

⑤ 基地应至少一面临接城市道路，其长度应满足基地内组织各功能区的出入口，如客货运输车路线、防火疏散及环境卫生等要求。

2. 剧场

① 应与城镇规划协调，合理布点。重要剧场应选在城市重要位置，形成的建筑群应对城市面貌有较大影响。

② 剧场基地选择应采取与剧场的类型和所在区域居民的文化素养、艺术情趣相适应的原则。

③ 儿童剧场应设于位置适中、公共交通便利、比较安静的区域。

④ 基地至少有一面临接城市道路，临接长度不小于基地周长的1/6，剧场前面应当有不小于0.2 m^2/座的集散广场。剧场临接道路宽度应不小于剧场安全出口宽度的总和。如800座以下，不小于8m；800～1200座，不小于12m；1200座以上，不小于15m，以保证剧场观众的疏散不致造成城市交通阻滞。

⑤ 剧场与其他建筑毗邻修建时，剧场前面若不能保证观众疏散总宽及足够的集散广场，应在剧场后面或侧面另辟疏散口，连接的疏散小巷宽度不小于3.5m。

⑥ 剧场与其他类型建筑合建时，应保证专有的疏散通道，室外广场应包含有剧场的集散广场。

⑦ 剧场基地应设置停车场，或由城乡规划统一设置。

3. 电影院

① 应结合城镇交通、商业网点、文化设施综合考虑，以方便群众，增加社会、经济和环境效益。

② 基地应临接城镇道路、广场或空地，应按观众厅座位数总容量所定规模确定每座 0.2m^2 集散空地。

4. 文化馆

① 省、市群众艺术馆，区、县文化馆宜有独立的建筑基地，并应符合文化产业和城乡规划的布点要求。

② 文化馆基地应选设在位置适中、交通便利、环境优美、适度绿化、远离污染源、便于群众活动的地段。

③ 乡镇文化站、居住区、小区文化站应位于所在地区的公共建筑中心或靠近公共绿地。

5. 档案馆

① 馆址应远离有易燃、易爆物的场所，不设在有污染、腐蚀气体单位的下风向，避免架空高压输电线穿过。

② 应选择地势较高、场地干燥、排水通畅、空气流通和环境安静的地段，并宜有适当的扩建余地。

③ 应建在交通便利，且城市公用设施比较完备的地区。除特殊需要外，一般不宜远离市区。为保持馆区环境安静，减少干扰，也不宜建在城市的闹市区。

④ 确需在城区建馆时，应选择安全可靠和交通方便的地区。不应设在有发生沉陷、滑坡、泥石流可能的地段和埋有矿藏的场地上面。为避免噪声和交通的干扰，也不宜紧临铁路及交通繁忙的公路附近修建。

6. 博物馆

① 选址宜地点适中、交通便利、城市公用设施完备，并应具有适当的用于自身发展的扩建用地。

② 不应选择在环境污染的区域内，应远离易燃、易爆物。

③ 场地干燥，排水通畅，通风良好。

7. 展览馆

① 基地的位置、规模应符合城乡规划要求。

② 应位于城市社会活动的中心地区或城市近郊，利于人流集散的地方。

③ 交通便捷且与航空港、港口或火车站有良好的联系。

④ 大型展览馆宜与江湖水泊、公园绿地结合。充分利用周围现有的公共服务设施和旅馆、文化娱乐场所等。

⑤ 基地须具备齐全的市政配套设施（包括水、电、燃气等）。

⑥ 利用荒废建筑改造或扩建也是馆址选择的途径之一。

8. 百货商店

① 大中型商店建筑基地宜选择在城市商业地区或主要道路的适宜位置。

② 大中型商店建筑应不小于 1/4 的周边总长度和建筑物不少于 2 个出入口与一边城市道路相邻接；基地内应设净宽度不小于 4m 的运输消防道路。

③ 设相应的集散场地及停车场。

9. 银行

银行是经营货币信用的机构，其建筑应遍布于城市各区段中心或交通方便的便民位置。

10. 办公楼

① 应选在交通方便的地段，应避开产生粉尘、煤烟、散发有害物质的场所和储存有易爆、易燃品等地段。

② 城市办公楼基地应符合城市规划布局，选在市政设施比较完善的地段，并且避开车站、码头等人流集中或噪声大的地段。

③ 工业企业的办公楼，可在企业基地内选择合适的地段建造，但应符合卫生和环境保护等条件的有关规定。

11. 高校校址

应有适宜的人文环境和自然生态环境；好的自然条件；充足的土地面积与合宜的地貌形状；有利的基础设施。

12. 中小学

① 符合当地规划要求，一般在居住区内设置，考虑学校的服务半径及学校的分布情况。

② 根据当地人口密度、人口发展趋势和学龄儿童比例选定校址。

③ 地面易于排水，能充分利用地形，避免大量填挖土方。山区应注意排洪，要有具备设置运动场的平坦地段。

④ 有足够的水源、电源和排除污水的可能。

⑤ 学校布点应注意学生上、下学安全，避免学生穿行主要干道和铁路。

⑥ 应有安静、卫生的环境。

⑦ 有充足的阳光和良好的通风条件。

⑧ 避免交通和工业噪声干扰。

⑨ 避免工业生产和生活中所产生的化学污染，并避免各种生物污染。

⑩ 避免电磁波等物理污染源。

⑪避免学生发育中影响身心健康的精神污染（闹市、娱乐、精神病院和医院太平间等）。

⑫不应毗邻危及师生安全的危险仓库、工业单位等。

⑬校园内不允许有架空高压线通过。

13. 托儿所、幼儿园

① 4个班以上应有独立基地，并符合居住区、小区、住宅组团的规划布点。

② 应远离污染源，满足有关卫生防护标准要求。

③ 方便家长接送，避免交通干扰。

④ 日照充足，地面干燥，排水通畅，环境优美或接近城市绿化地带。

⑤ 能为建筑功能分区、出入口、室外游戏场地的布置提供必要条件。

14. 综合医院

① 综合医院选址，应符合当地城镇规划、医疗卫生设施专项规划和医疗卫生网点的布局要求。

② 交通方便，宜面临两条城市道路。

③ 便于利用城市基础设施。

④ 环境安静，远离污染源。

⑤ 地形力求规整，以解决多功能分区和多出入口的合理布局。

⑥ 远离易燃、易爆物品的生产和储存区，并远离高压线路及其设施。

⑦ 不应邻近少年儿童活动密集的场所。

15. 电台、电视台

① 宜设置在交通比较方便的城市中心附近，临近城市干道和次干道。

② 应尽可能考虑环境比较安静，场地四周的地上和地下没有强振动源和强噪声源，空中没有飞机航道通过，并尽可能远离高压架空输电线和高频发生器。

③ 电台、电视台和广播电视中心场址的选择必须考虑与其发射台（塔）进行节目传送方便（空中和地下）的技术通路。

④ 有足够的发展用地。

16. 停车库

① 车库进出车辆频繁，库址宜选在道路通畅、交通方便的地方，但须避免直接建在城市交通干道旁和主要道路交叉口处。

② 多层车库是消防重点部门之一，并有噪声干扰，须按现行防火规范与其周围建筑保持一定的消防距离和卫生间距，尤其不宜靠近医院、学校、住宅建筑。

17. 停车场

按城市总体规划均匀布置在各个区域性线网的中心处。在旧城区、交通复杂的商业、市中心、城市主要交通枢纽的附近，应优先安排地面停车场用地。若不能满足停车数量，可使用地下停车场。

18. 汽车客运站

① 与城市交通系统联系密切，车辆流向合理、出入方便。

② 地点适中，方便旅客集散和换乘。

③ 远近期结合，近期建设有足够场地，并有发展余地。

④ 有必要的水源、电源、消防、疏散及排污等条件。

⑤ 站址不应选择在低洼积水地段，有山洪断层、滑坡、流沙的地段及沼泽地区。

（四）了解居住住宅的场地选址要求

选择环境条件优越地段布置住宅，其布局应技术经济指标合理，用地节约紧凑。住宅群体组合还应注意功能方面的要求：如日照、通风、密度、朝向、间距、防噪声、环境幽静条件等，以达到居住方便、安全、利于管理的要求。

在Ⅰ、Ⅱ、Ⅲ、Ⅳ类建筑气候区，主要应利于住宅冬季、防寒、保温与防风沙，在Ⅲ、Ⅳ建筑气候区，还应考虑住宅夏季防热和组织自然通风、导风入室的要求。

在丘陵和山区，除考虑住宅布置与主导风向的关系外，尚应重视因地形变化而产生的地方风对建筑防寒、保温或自然通风的影响。

（五）掌握场地规划控制要点

1. 用地范围及界限

应掌握道路中心线、道路红线、绿化控制线、用地界线、建筑控制线。应试者应清楚掌握几条控制线的含义及与其他控制线的差别。

基地应与道路红线相连接，否则应设基地道路与道路红线所划定的城市道路相连接。基地内建筑面积小于或等于3000m^{2}时，基地道路的宽度不应小于4m，基地内建筑面积大于3000m^{2}且只有一条基地道路与城市道路相连接时，基地道路的宽度不应小于7m，若有两条以上基地道路与城市道路相连接时，基地道路的宽度不应小于4m。

2. 基地地面高程

基地地面高程应按城乡规划确定的控制标高设计，应与相邻基地标高协调，不妨碍相邻各方的排水；基地地面最低处高程宜高于相邻城市道路最低高程，否则应有排除地面水的措施。

3. 相邻基地的关系

建筑物与相邻基地之间应按建筑防火等要求留出空地和道路。当建筑前后各自留有空地或道路，并符合防火规范有关规定时，则相邻基地边界两边的建筑可毗连建造；本基地内建筑物和构筑物均不得影响本基地或其他用地内建筑物的日照和采光；除城市规划确定的永久性空地外，紧贴基地用地红线建造的建筑物不得向相邻基地方向设洞口、门、外平开窗、阳台、挑檐、空调室外机、废气排出口及排泄雨水。

4. 与城市道路的关系

基地应与道路红线相连接，否则应设通路与道路红线相连接。基地与道路红线连接时，一般从退道路红线一定距离为建筑控制线。建筑一般均不得超出建筑控制线建造。

属于公益上有需要的建筑物和临时性建筑物（绿化小品、书报亭等），经当地规划主管部门批准，可突入道路红线建造。

建筑物的台阶、平台、窗井、地下建筑、建筑基础，均不得突入道路红线。建筑突出物可有条件地突入道路红线。

5. 基地机动车出入口位置

机动车出入口与大中城市主干道交叉口的距离，自道路红线交叉点量起不应小于70m；与人行横道线、人行过街天桥、人行地道（包括引道、引桥）的最边缘线不应小于5m；距地铁出入口、公共交通站台边缘不应小于15m；距公园、学校、儿童及残疾人使用建筑的出入口不应小于20m；当基地道路坡度大于8%时，应设缓冲段与城市道路连接。

6. 大型、特大型的文化娱乐、商业服务、体育、交通等人员密集建筑的基地

基地应至少有一面直接临接城市道路，该城市道路应有足够的宽度，以减少人员疏散时对城市正常交通的影响；基地沿城市道路的长度应按建筑规模或疏散人数确定，并至少不小于基地周长的1/6；基地应至少有两个或两个以上不同方向通向城市道路的（包括以基地道路连接的）出口；基地或建筑物的主要出入口，不得和快速道路直接连接，也不得直对城市主要干道的交叉口；建筑物主要出入口前应有供人员集散用的空地，其面积和长宽尺寸应根据使用性质和人数确定；绿化和停车场布置不应影响集散空地的使用，并不宜设置围墙、大门等障碍物。

7. 建筑限高区

对建筑高度有特别要求的地区，应按城乡规划要求控制建筑高度；沿城市道路的建筑物，应根据道路的宽度控制建筑裙楼和主体塔楼的高度；保护区范围内、视线景观走廊及

风景区范围内的建筑，市、区中心的临街建筑物，机场、电台、电信、微波通信、气象台、卫星地面站、军事要塞工程等周围的建筑，当其处在各种技术作业控制区范围内时，应按净空要求控制建筑高度。

8. 建筑高度控制的计算

平屋顶应按建筑物室外地面至其屋面面层或女儿墙顶点的高度计算；坡屋顶应按建筑物室外地面至屋檐和屋脊的平均高度计算；

下列突出物不计入建筑高度内：局部突出屋面的楼梯间、电梯机房、水箱间等辅助用房占屋顶平面面积不超过1/4者；突出屋面的通风道、烟囱、装饰构件、花架、通信设施等；空调冷却塔等设备。但在保护区、控制区内上述突出物则应计入高度。

9. 控制指标

建筑强度方面的指标包括容积率、建筑密度、总建筑面积等。环境质量方面的量化指标主要包括绿地率、绿化覆盖率、人口净密度、人口密度等。

容积率＝总建筑面积（m^2）/基地总用地面积（m^2）

建筑密度（%）＝建筑总基地面积（m^2）/基地总用地面积（m^2）×100%

绿化覆盖率（%）＝绿化覆盖面积（m^2）/基地总用地面积（m^2）×100%

绿地率（%）＝各类绿地覆盖面积之和（m^2）/基地总用地面积（m^2）×100%

人口毛密度（人/hm^2）＝总居住人口数（人）/居住用地总面积（hm^2）

人口净密度（人/hm^2）＝总居住人口数（人）/住宅用地总面积（hm^2）

（六）掌握场地空间布局

1. 功能分区

功能分区就是确定场地或建筑内部各个组成部分的相互关系和相互位置。应根据项目的生产流程，使用的先后顺序、相互之间的联系紧密程度将性质相同、功能接近，并且联系密切，对环境要求一致的建筑物、构筑物及设施分成若干组，结合基地内外条件，形成合理功能分区，合理使用土地。一般以道路、河流、绿化带作为边界。

2. 建筑朝向与间距

（1）建筑朝向

影响建筑朝向的主要因素是日照和通风。由于我国处于北半球，因此大部分地区最佳的建筑朝向为南向，适宜朝向为东南向。

（2）建筑间距

影响建筑间距的主要因素有日照、通风、防火、防噪声、卫生、通行通道、工程设施布置、抗震要求。建筑间距应满足防火、城市规划、采光、日照等场地设计的要求。

日照是太阳辐射热能，它作为能源，益于地球与人类生存。太阳辐射强度和日照率有关，因地球纬度不同，而存在差异，故要制定不同地区的日照标准、间距、朝向、通风和防噪声等规定，它是进行建筑工程热工设计的重要依据（可查阅居住区规划住宅群体组合要求）。

日照标准，是根据建筑物所处的气候区、城市规模和建筑物的使用性质确定的，在规定日照标准日（冬至日或大寒日）的有效日照时间范围内，以有日照要求楼层的窗台面为计算起点的建筑外窗获得的日照时间。

建筑和场地日照标准在现行国家标准《城市居住区规划设计标准》（GB 50180—

2018）中有明确规定，住宅、宿舍、托儿所、幼儿园、宿舍、老年人居住建筑、医院病房楼等类型建筑也有相关日照标准，并应执行当地城市规划行政主管部门依照日照标准制定的相关规定。

《城市居住区规划设计标准》（GB 50180—2018）对日照规定很详尽：如我国气候分区六类；大中小城市区分标准；有效日照时间按太阳日出至日落方位角（高度角）运动中的 8 时至 16 时，长达 7h 至 9h 要求。日照标准日若提前至大寒节气，日照时数增至 3h 规定等。

相关规定具体如下：

4.0.8 条，住宅建筑与相邻建、构筑物的间距应在综合考虑日照、采光、通风、管线埋设、视觉卫生、防灾等要求的基础上统筹确定，并应符合现行国家标准《建筑设计防火规范》（GB 50016—2014）（2018 年版）的有关规定。

4.0.9 条，住宅建筑的间距应符合下表的规定；对特定情况，还应符合下列规定：

① 老年人居住建筑日照标准不应低于冬至日日照时数 2h；

② 在原设计建筑外增加任何设施不应使相邻住宅原有日照标准降低，既有住宅建筑进行无障碍改造加装电梯除外；

③ 旧区改建项目内新建住宅建筑日照标准不应低于大寒日日照时数 1h。

住宅建筑日照标准

建筑气候区划	Ⅰ、Ⅱ、Ⅲ、Ⅶ气候区		Ⅳ气候区		Ⅴ、Ⅵ气候区
城区常住人口（万人）	≥50	<50	≥50	<50	无限定
日照标准日	大寒日			冬至日	
有效标准日（h）	≥2	≥3		≥1	
有效日照时间带（当地真太阳时）	8 时～16 时			9 时～15 时	
计算起点	底层窗台面				

注：底层窗台面是指距室内地坪 0.9m 高的外墙位置。

其中，4.0.9 条为强制性条文，规定了住宅建筑的日照标准。

日照标准是确定住宅建筑间距的基本要素。日照标准的建立是提升居住区环境质量的必要条件，是保障环境卫生、建立可持续社区的基本要求，也是保护社会公平的重要手段。从 1993 年《规范》颁布施行以来的建设实践证明，按照两个日照标准日，分不同气候区控制的日照标准基本适应各地的城市建设与发展，对我国居住区空间环境的控制产生了深远的影响，有效地控制了住宅建筑间距。本标准延续《规范》对日照标准的规定，具体的建筑日照计算应符合现行国家标准《建筑日照计算参数标准》（GB/T 50947）的有关规定，并对以下特定情况提出了控制要求：

① 我国已进入老龄化社会，老年人的身体机能、生活能力及其健康需求决定了其活动范围的局限性和对环境的特殊要求，因此，为老年人服务的各项设施要有更高的日照标准，在执行本规定时不附带任何条件。

② 针对建筑装修和城市商业活动出现的实际问题，对增设室外固定设施，如空调机、建筑小品、雕塑、户外广告、封闭露台等明确了不能降低相邻住户及相邻住宅建筑的日照

标准，但以下情况不在其列：栽植的树木；对既有住宅建筑进行无障碍改造加装电梯。我国早年建设的居住区已逐步进入改造期，大量既有住宅建筑都面临无障碍改造的需求，其中，加装电梯可能会对住宅建筑的日照标准产生影响。在此情况下应优化设计，减少对住宅建筑自身相邻住户及相邻住宅建筑日照标准的影响。如因建筑本身的限制，无法避免对相邻住宅建筑或自身部分居住单元产生影响时，日照标准可酌情降低。

我国早年建设的居住区，大部分为无电梯多层住宅楼，由于当时的经济水平和生活水平所限，住宅的功能已经满足不了现代人生活的需要。同时，结合当前人口老龄化加剧的实际情况，大量既有住宅建筑面临无障碍改造的需求。

既有住宅加装电梯可能对相邻建筑及自身的日照造成遮挡，因此在加装电梯过程中应尽可能地进行优化设计，不得附加与电梯无关的任何其他设施，并应在征得相关利害人意见的前提下，把对相邻住宅建筑及相关住户的日照影响降到最低。

③ 本条所指旧区应为经城市总体规划划定或地方政府经法定程序划定的特殊政策区中的既有居住区。旧区改建难是我国城市建设中面临的一大突出问题，在旧区改建时，建设项目本身范围内的新建住宅建筑确实难以达到规定日照标准时才可酌情降低。但无论在什么情况下，降低后的日照标准都不得低于大寒日 1h，且不得降低周边既有住宅建筑日照标准（当周边既有住宅建筑原本未满足日照标准时，不应降低其原有的日照水平）。

需要特别说明的是，《规范》的日照标准将城市分为“大城市”和“中小城市”两类，从而应对我国不同规模城市用地紧张程度的差异性，其城市规模划定的依据是《中华人民共和国城乡规划法》第四条，即“大城市是指市区和近郊区非农业人口五十万以上的城市；中等城市是指市区和近郊区非农业人口二十万以上、不满五十万的城市；小城市是指市区和近郊区非农业人口不满二十万的城市”。由于当前《中华人民共和国城乡规划法》已废止，本标准仍沿用《规范》对城市规模划分的人口规模节点（即人口规模 50 万及以上和不满 50 万）为分界点，以保证标准制定的控制节点原意不变，保持标准的一致性。

④ 住宅建筑正面间距可参考“全国主要城市不同日照标准的间距系数”来确定日照间距，不同方位的日照间距系数控制可采用下表不同方位日照间距折减系数进行换算。“不同方位的日照间距折减”指以日照时数为标准，按不同方位布置的住宅折算成不同日照间距。

要求熟悉《民用建筑设计统一标准》《城市居住区规划设计标准》《建筑设计防火规范》。

民用建筑物的防火间距

耐火等级	耐火等级		
	一、二级	三级	四级
	防火间距（m）		
一、二级	6	7	9
三级	7	8	10
四级	8	10	12

高层建筑物的防火间距

防火间距(m) 建筑类别 / 高层民用建筑	高层民用建筑		其他民用建筑		
	主体建筑	附属建筑	耐火等级		
			一、二级	三级	四级
主体建筑	13	13	13	15	18
附属建筑	13	6	6	7	9

日照间距系数。D/H 为日照间距：即日照标准确定的房屋间距与遮挡房屋檐高比值。日照间距在不同方向的折减见下表。

方位	0°～15°	15°～30°	30°～45°	45°～60°	>60°
折减系数	1.0L	0.9L	0.8L	0.9L	0.95L

注：1. 表中方位为正南向（0°）偏东、偏西的方位角。

2. L 为当地正南向住宅的标准日照间距（m）。

3. 日照百分率。指某一段时间内，实际日照时数占太阳的可照时数的百分比，它与纬度、气候条件有关。

3. 场地设计总平面要点

（1）场地设计总平面应以所在城市的总体规划、分区规划、控制性详细规划，以及当地主管部门提出的规划条件为依据。

（2）场地总平面设计应结合工程特点、使用要求，注重节地、节能、节约水资源，以适应建设发展的需要。

（3）场地总平面设计应结合用地自然地形、周围环境、地域文脉、建筑环境，因地制宜地确定规划指导思想，并力求新意、有特色。

（4）场地总平面设计应崇尚自然，保持自然植被、自然水域、水系、自然景观，保护生态环境。

（5）场地总平面设计应功能分区合理，路网结构清晰，人流、车流有序，并对建筑群体、竖向、道路、环境景观、管线设计进行综合考虑，统筹兼顾。

（6）场地内建筑物布置应按其不同功能争取最好的朝向和自然通风。满足防火和卫生要求。居住建筑、学校教学用房、托儿所、幼儿园、医疗、科研实验室等需要安静的建筑环境，应避免噪声干扰。

（7）公共建筑应根据建筑性质满足其室外场地及环境设计的要求，应分区明确，做到集散人、车交通组织流线合理。

① 小学校、幼儿园和住宅之间应有便利安全的人行系统。学校、幼儿园大门不应开向城市交通干道，出入口和城市道路之间应有 10m 以上的缓冲距离，以便于临时停车及人员集散。

② 商业服务等项目宜集中布置，以便于形成规模，便于使用管理。

③ 供电、供气、供热等设施应靠近其主要服务对象或位于负荷中心。锅炉房宜设在下风向。

（8）建筑物退后用地红线和退后道路红线的距离应按规划设计条件和《民用建筑设计统一标准》的要求执行。

（9）规划总平面布局如需考虑远期发展时，必须考虑结合近期使用，以达到技术、经济上的合理性。

（10）总平面设计应考虑采取安全及防灾（防洪、防海潮、防震、防滑坡等）措施。

（11）总平面建、构筑物定位应以测量地形图坐标定位。其中建筑物以轴线定位，有弧线的建筑物应标注圆心坐标及半径。道路、管线以中心线定位。如以相对尺寸定位时，建筑物以外墙面之间的距离尺寸标注。

4. 建筑布局原则

（1）建筑的体形与用地的关系

建筑功能决定建筑的基本体形，只有充分考虑场地条件，才能产生出与环境相融合的建筑群体。因地段地貌、河湖、绿化的状况、地下水位、承载力大小，而决定不同体形建筑的格局，如采用分散式或集中式等，不能一味地追求建筑造型和布局。

（2）建筑朝向

我国幅员辽阔，纬度、气候等差别大，对北纬45°以北亚寒带、寒带，主要争取冬季大量日照，为争取日照效果，用东西朝向。北纬地带，要大量朝阳面，避免西北季风。南北向建筑冬暖夏凉，常被选用。建筑朝向夏季主导风向，避免冬季寒风，利用自然通风效应。场地复杂的地貌会给日照、通风带来建筑设计上的难度，要根据实际条件，从全局角度出发，不能单纯追求朝向，要顾及整体。

（3）建筑间距

两幢建筑相邻外墙间距离，应考虑防火、日照、防噪声、卫生防疫、通风、视线等要求。防火有消防规范，日照有地域规定标准；其他参照有关规定。

（4）布置方式

建筑群体的布置方式可以选择集中式、分散式或集中分散结合式。无论选择何种形式，均取决于场地的地貌及环境条件。建筑布局方式：形体组合关系的集中式、分散式、组群式；组合手法的规整式、自由式、混合式。要求：与场地取得适宜关系；充分结合总体分区及交通组织；有整体观念，统一中求变化，主次分明；体现建筑群性格；注意对比、和谐手法的运用。

（5）建筑群体的艺术处理

建筑群的整体造型与格局可统一中有变化、主从分明。平面布局可规律严整，也可自由活泼，以表达建筑鲜明的性格。建筑群体空间应富于节奏、韵律和变化，以使之效果清新、个性突出；设计中应掌握好比例和尺度、色彩和材质，以及建筑风格的处理等问题。这里不多赘述。

（6）人的心理对场地设计的影响

主要指常人对环境、空间产生的行为或心理活动，如开阔与狭窄，通透与私密。特别应注意避免建筑空间阴暗死角的产生。

对有地震等自然灾害地区，建筑布局应符合有关安全标准的规定；建筑布局应使建筑基地内的人流、车流与物流合理分流，防止干扰，并有利于消防、停车和人员集散；建筑布局应根据地域气候特征，防止和抵御寒冷、暑热、疾风、暴雨、积雪和沙尘等灾害侵袭，并应利用自然气流组织好通风，防止不良小气候产生；根据噪声源的位置、方向和强度，应在建筑功能分区、道路布置、建筑朝向、距离以及地形、绿化和建筑物的屏障作用等方面采取综合措施，以防止或减少环境噪声。

5. 外部空间设计

（1）类型

以人的视觉感受为依据，以人的视线与围合外部空间界面构成夹角为界限，将外部空间划分为三种：18°以下为开敞空间；18°～45°时为围合空间；45°以上时为封闭空间。

（2）处理手法

对比与变化，渗透与层次，比例与尺度，均衡与稳定，空间序列等。

（七）掌握竖向设计要点

1. 任务

根据建设项目的使用要求，结合用地的地形特点和施工技术条件，研究建筑物、构筑物、道路等相互之间的标高关系，充分利用地形减少土石方量，计算土石方填、挖工程量；经济、合理地确定建筑物、道路等竖向位置；确定道路标高和坡度；拟定场地排水系统。

2. 设计地面的形式

（1）地面设计形式。是将自然地形改造成为满足使用功能的人工地形。其可分为平坡式、台阶式和混合式三种。

（2）设计地面连接形式。依自然地势、运输功能、场地和土石方大小而定。小于3%的自然坡，一般选择平坡式；大于5%，一般拟定台阶式。场地内地块间可按连接方式选择平坡或台阶形式。当场地长度超过500m，坡度小于3%，也可用台阶式。

3. 设计标高确定主要因素

（1）用地不被水淹，雨水能顺利排出。设计标高应高出设计洪水位0.5m以上。

（2）考虑地下水、地质条件影响。

（3）场地内、外道路连接的可能性。

（4）减少土石填、挖方量和基础工程量。

建筑物之间详细竖向布置。建筑物之间详细竖向布置指建筑物室内、外地坪，建筑物与建筑物之间地坪标高的确定。应引导室外雨水顺利排除，避免室外雨水流入建筑内，以保证建筑物之间交通良好。

场地建筑至道路坡度最好为1%～3%，一般允许0.5%～6%。

场地建筑地坪高，进车道略低，一般相差0.15m。

场地建筑地坪高，人行道略低，一般相差0.45～0.6m，允许0.3～0.9m。

城市型道路有雨水口，一般雨水口最小纵坡0.3%，比建筑室内地坪低0.25～0.30m。

郊区型道路有边沟排雨水，竖向设计应加大坡度考虑。如坡大的山地应设排洪沟保护场地。

4. 设计标高确定的一般要求

（1）室内外高差

当建筑有进车道时，高差一般为0.15m；无进车道时，室内外高差为0.45～0.6m，室内地坪比室外地坪高可以在0.3～0.9m内变动。

（2）建筑物与道路

道路中心标高一般比建筑室内地坪低0.25～0.3m；道路最小纵坡为0.3%。

5. 土石方工程量

方格网计算：依据地形复杂程度和设计精度而定，一般为20～40m间距的方格网。每个方格四角上分别填入自然标高、设计标高、施工高程。分别标出每个方格挖、填方量。最后汇总挖、填方量。

横断面计算：一般用于场地纵、横坡度变化有规律的地段。横断面计算是取垂直于地形等高线的方向的断面线走向，间距视地形情况而定。平坦地区可取40～100m，复杂地区取10～30m的间距，在各间距段自然地形坡度线与设计地坪同一位置断面线上，标出断面挖、填土方量。以场地总宽分段汇总，最后叠加计出总量。

土石方平衡：应注意场地内的地下建、构筑物及管沟的土石方量，同时包括不同类土壤挖出运至填垫区夯实后，前后两体积比值问题。各类土的松土系数如下：非黏性土壤1.5%～2.5%、黏性土壤3%～5%、岩石类填土10%～15%，而大孔性土壤恰恰相反，在机械夯实后体积减小，故称之为压实系数，取值为10%～20%。

（八）了解场地排水

1. 场地排水

两种形式：暗管排水、明沟排水。其中明沟排水坡度为3%～5%。如遇特殊困难的情况，可采用2%。

2. 坡度

各类场地为方便排水，场地坡度宜在0.3%～8%范围。

四、建筑技术的基本知识

（一）了解建筑结构的选型

1. 低层、多层建筑结构选型

低层、多层建筑常用的结构形式有砖混、框架、排架等。

（1）砖混结构

砖混结构是指建筑物中竖向承重结构的墙、柱等采用砖或者砌块砌筑，横向承重的梁、楼板、屋面板等采用钢筋混凝土结构。也就是说砖混结构是以小部分钢筋混凝土及大部分砖墙承重的结构。砖混结构是混合结构的一种，是采用砖墙来承重，钢筋混凝土梁柱板等构件构成的混合结构体系。适合开间进深较小，房间面积小，多层或低层的建筑，对于承重墙体不能改动，而框架结构则对墙体大部可以改动。

框架结构住宅的承重结构是梁、板、柱，而砖混结构的住宅承重结构是楼板和墙体。

① 纵向承重体系：荷载的主要传递路线是：板→梁→纵墙→基础→地基。

特点：纵墙是主要承重墙，横墙是满足房屋空间刚度和整体性要求，横墙间距可以较大，利于形成较大空间，利于使用上的灵活布置；纵墙上开门，开窗的大小和位置都要受到一定限制；横墙数量较少。

适用：使用上要求有较大开间的教学楼、实验楼、办公楼、图书馆、食堂、工业厂房等。

② 横向承重体系：荷载的主要传递路线是：板→横墙→基础→地基。

特点：横墙是承重墙，纵墙起围隔作用，对纵墙上开门、开窗限制较少，空间刚度很大，整体性很好。

适用：房间开间尺寸较规则的宿舍、住宅、旅馆等。

③ 内框架承重体系：荷载的主要传递路线见下图

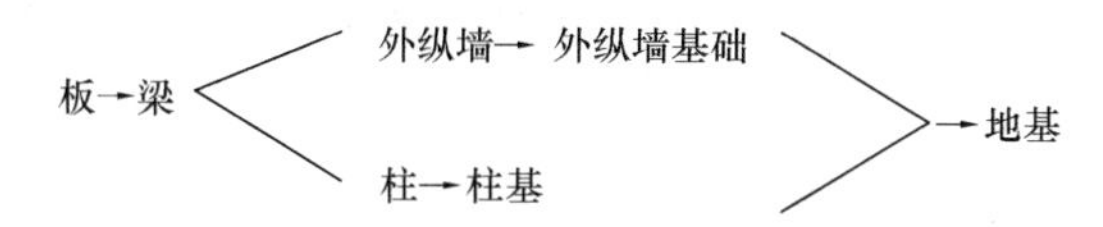

优点：墙和柱都是主要承重构件，由于取消了承重内墙由柱代替，在使用上可以有较大的空间，而不增加梁的跨度。

缺点：由于横墙较少，房屋的空间刚度较差；由于柱基础和墙基础的形式不一，沉降量不易一致，以及钢筋混凝土柱和砖墙的压缩性不同，结构容易产生不均匀变形，使构件中产生较大的内应力。

适用：教学楼、旅馆、商店、多层工业厂房等。

（2）框架结构

① 优点：空间分隔灵活，自重轻，有利于抗震，节省材料；可以较灵活地配合建筑平面布置，利于安排需要较大空间的建筑结构；框架结构的梁、柱构件易于标准化、定型化，便于采用装配整体式结构，以缩短施工工期；采用现浇混凝土框架时，结构的整体性、刚度较好，设计处理好也能达到较好的抗震效果，而且可以把梁或柱浇注成各种需要的截面形状。

② 缺点：框架节点应力集中显著；框架结构的侧向刚度小，属柔性结构框架，在强烈地震作用下，结构所产生水平位移较大，易造成严重的非结构性破坏；钢材和水泥用量较大，构件的总数量多，吊装次数多，接头工作量大，工序多，浪费人力，施工受季节、环境影响较大；不适宜建造高层建筑，框架是由梁柱构成的杆系结构，其承载力和刚度都较低，特别是水平方向的。一般适用于建造不超过 15 层的房屋。

2. 大跨度建筑结构选型

横向跨越 60m 以上空间的各类结构可称为大跨度空间结构。常用的大跨度空间结构形式包括折板结构、壳体结构、网架结构、悬索结构、充气结构、篷帐张力结构等。

（1）平面体系大跨度空间结构

① 单层钢架：跨度可达到 76m，结构简单。

② 拱式结构：是一种有推力的结构，它的主要内力是轴向压力，适宜跨度为 40～60m。

③ 简支梁结构：跨度在 18m 以下的屋盖适用。

④ 木桁架：所有杆件只受拉力和压力，常适用于 24～36m 跨度。

（2）空间结构体系

① 网架结构：多次超静定空间结构。整体性强，稳定性好，抗震性能好。空间工作、传力途径简捷；重量轻、刚度大；施工安装简便；网架杆件和节点便于定型化、商品化，可在工厂中成批生产，有利于提高生产效率；网架的平面布置灵活，屋盖平整，有利于吊顶、安装管道和设备；网架的建筑造型轻巧、美观、大方，便于建筑处理和装饰。

② 薄壳：种类多，形式丰富多彩。形式：旋转曲面、平移曲面、直纹曲面。

③ 折板：跨度可达 27m，类似于筒壳薄壁空间体系。

④ 悬索：材料用量大，结构复杂，施工困难，造价很高。结构受力特点是仅通过索

的轴向拉伸来抵抗外荷载的作用，结构中不出现弯矩和剪力效应，可充分利用钢材的强度；悬索结构形式多样，布置灵活，并能适应多种建筑平面；由于钢索的自重很小，屋盖结构较轻，安装不需要大型起重设备，但悬索结构的分析设计理论与常规结构相比，比较复杂，限制了它的广泛应用。

⑤ 网壳结构：兼有杆系结构和薄壳结构的主要特性，杆件比较单一，受力比较合理；结构的刚度大、跨越能力大；可以用小型构件组装成大型空间，小型构件和连接节点可以在工厂预制；安装简便，不需大型机具设备，综合经济指标较好；造型丰富多彩，不论是建筑平面还是空间曲面外形，都可根据创作要求任意选取。

⑥ 膜结构：自重轻、跨度大；建筑造型自由丰富；施工方便；具有良好的经济性和较高的安全性；透光性和自洁性好；耐久性较差。

3. 高层建筑结构设计

(1) 特点

① 高度大：8层以上的建筑为高层建筑，$h \geqslant 24m$。筒体结构为180m。24～50m为一般高层建筑；50～100m为较高层建筑；100～200m为超高层建筑。

② 荷载大。

③ 技术要求高。

(2) 形式：框架—剪力墙结构、剪力墙结构、筒体结构等。

(二) 了解建筑材料的分类与建筑物的组成构件

建筑材料是指在建筑工程中所应用的各种材料的总称，它包括的门类、品种极多，就其应用的广泛性来说，通常将水泥、钢材及木材作为一般建筑工程的三大材料。建筑材料费用通常占建筑总造价的50%左右。

1. 分类

按材料组成物质的种类和化学成分分类：无机材料、有机材料、复合材料。

按材料在建筑物中的功能分类：结构材料、围护和隔绝材料、装饰材料等。

2. 基本性质

(1) 力学性质

① 强度，包括以下四方面。

抗拉：抗拉强度指材料在拉断前承受最大应力值。

抗压：抗压强度指外力是压力时的强度极限。

抗弯：抗弯强度是指材料抵抗弯曲不断裂的能力，主要用于考察陶瓷等脆性材料的强度。

抗剪：抗剪能力即是楼房抵抗剪切破坏的极限能力，其数值等于剪切破坏时滑动的剪应力。

② 弹性：物体受外力作用发生形变、除去作用力能恢复原来形状的性质。

③ 塑性：塑性是一种在某种给定载荷下，材料产生永久变形的材料特性。

④ 脆性：材料在外力作用下（如拉伸、冲击等）仅产生很小的变形即断裂破坏的性质。

⑤ 韧性：材料的断裂前吸收能量和进行塑性变形的能力。与脆性相反，材料在断裂前有较大形变、断裂时断面常呈现外延形变，此形变不能立即恢复，其应力—形变关系成

非线性、消耗的断裂能很大的材料。

（2）基本物理参数

密度：材料在绝对密实状态下单位体积内所具有的质量。

表观密度：材料在自然状态下单位体积内所具有的质量。

堆积密度：散粒状材料在自然堆积状态下单位体积的质量。

孔隙率：材料中孔隙体积占材料总体积的百分率。

空隙率：散粒状材料在自然堆积状态下，颗粒之间空隙体积占总体积的百分率。

吸水率：材料由干燥状态变为饱水状态所增加的质量与材料干质量的百分率。

含水率：材料内部所含水分的质量占材料干质量的百分率。

（3）建筑材料的耐久性

建筑材料在使用过程中经受各种常规破坏因素的作用而能保持其使用性能的能力，称为建筑材料的耐久性。建筑材料在使用中逐渐变质和衰退直至失效，有其内部因素，也有外部因素。其内部因素有材料本身各种组分和结构的不稳定、各组分热膨胀的不一致，所造成的热应力、内部孔隙、各组分界面上化学生成物的膨胀等；其外部因素有使用中所处的环境和条件，诸如日光曝晒，大气、水、化学介质的侵蚀，温度湿度变化，冻融循环，机械摩擦，荷载的反复作用，虫菌的寄生等。

3. 主要建筑材料

（1）气硬性无机胶凝材料

胶凝材料：经过一系列物理、化学作用，能由浆体变成坚硬的固体，并能将散粒或片、块状材料胶结成整体的物质。主要有石灰、建筑石膏、水玻璃硅酸盐钠水玻璃、菱苦土。

（2）水泥

主要品种有：硅酸盐水泥、普通硅酸盐水泥、矿渣硅酸盐水泥、火山灰质硅酸盐水泥、粉煤灰硅酸盐水泥、复合硅酸盐水泥。

（3）混凝土

由胶凝材料将粗、细骨料和水胶结而成的固体材料为混凝土。按表观密度可分为重混凝土、普通混凝土、轻混凝土。

（4）建筑砂浆

由胶凝材料、细骨料、水等材料配制而成。主要用于砌筑砖石或建筑物的内外表面的抹面等。

① 抹面砂浆：对建筑物表面起保护作用，提高其耐久性。

② 防水砂浆：具有防水、抗渗的作用。

③ 水玻璃装饰砂浆：用于室内装饰。

（5）墙体材料与屋面材料

① 烧结类墙体材料：包括烧结多孔砖、空心砖、空心砌块，因其多孔而具有保温隔热性能，用于建筑物的非承重部位。

② 非烧结类墙体材料：包括蒸压砖（灰砂砖、粉煤灰砖、炉渣砖）、砌块（混凝土砌块、硅酸盐砌块）、墙板（石膏板、纤维增强水泥平板、碳化石灰板、GRC 空心轻质墙板、混凝土空心墙板、钢丝网水泥芯板）。

蒸压加气混凝土砌块原材料为含钙材料、含硅材料及加气剂。加气混凝土砌块质轻、绝热性能好、隔声性能及耐火性能好。可以做墙体材料，还可以用于屋面保温。不得用于建筑物基础和处于浸水、高湿和有化学侵蚀的环境。

墙板：石膏板、纤维增强水泥平板、碳化石灰板、GRC空心轻质墙板、混凝土空心墙板、钢丝网水泥夹芯板。

③ 屋面材料：主要包括黏土瓦、小青瓦、琉璃瓦、混凝土平瓦、石棉水泥瓦等。

（三）了解建筑物的组成构件

1. 建筑物的组成构件

组成建筑物的基本构件是指房屋中具有独立使用功能的组成部分，通称为建筑构（配）件。一个建筑构件又往往由若干层次所组成，各层发挥不同作用，其中有的直接为使用功能服务，有的则起支撑骨架作用或支承面层工作，例如楼面和屋顶构件的组成层次。

在多层民用建筑中，房屋是由竖向（基础、墙体、门、窗等）建筑构件、水平（屋顶、楼面、地面等）建筑构件及解决上下层交通联系用的楼梯所组成，统称为“八大构件”。阳台、雨篷、烟囱等构件属于楼面、墙体等基本建筑构件的特殊形式。

2. 影响外因

（1）外力的作用：自重、使用荷载、附加荷载、特殊荷载等。

（2）自然气候的影响：日辐射、降雨量、风雪、冰冻、地下水位、地震烈度等。

（3）各种人为因素的影响：房屋使用人不慎而产生的噪声、火灾、卫生间漏水等。

3. 一般构造的原理与方法

（1）防水构造

地下室防水：设计最高地下水位高于地下室地面的标高时，要设防水。

屋顶防水：坡面升高与其投影长度之比 $i \leqslant 10\%$ 为平屋顶；$i > 10\%$ 为斜屋顶。保护层、找平层、冷底子油涂刷。

（2）防潮构造

勒脚：隔潮；散水：排潮；地下室：防潮。

（3）保温构造

平屋顶保温层有两种位置。将保温层放在结构层之上，防水层之下，成为封闭的保温层，称为内置式保温层；将保温层放在防水层之上，结构层之下，称为外置式保温层。

室内采暖的气温要求为16～20℃。

（4）隔热构造

南方地区的夏季辐射十分强烈，据测试24小时的太阳辐射热总量，东西墙是南墙的2倍以上，屋面是南向墙的3.5倍左右，对东向、西向和屋顶房间应采用构造措施隔热：采用浅色光洁的外饰面；采用遮阳—通风构造；合理利用封闭空气间层；绿化植被隔热。

（5）变形缝构造

变形缝可分为伸缩缝、沉降缝、防震缝三种。

（四）了解建筑节能的相关政策要点

1986年中国实施第一个建筑节能标准是《民用建筑节能设计标准》（JGJ 26—85）。1996年7月1日起，中国又实施在原有基础上再节能50%的新的《民用建筑节能设计标准（采暖居住建筑部分）》（JGJ 26—95），对采暖居住建筑的能耗、建筑热工设计等做出了新的规定。中国第一个节能法规《中华人民共和国节约能源法》也于 1998 年 1 月 1 日颁布实施，节能成为中国的基本国策。住房与城乡建设部 2010 年 3 月 18 日发布第 522 号公告，批准《严寒和寒冷地区居住建筑节能设计标准》（JGJ 26—2010），自 2010 年 8 月 1 日起实施。

《公共建筑节能设计标准》于 2005 年 7 月 1 日起强制实施。该标准标志着我国建筑节能工作在民用建筑领域全面铺开，是大力发展节能省地型住宅和公共建筑、制定并强制执行更加严格的节能、节材、节水标准的一项举措。该《标准》的节能途径和目标是，通过改善建筑围护结构保温、隔热性能，提高供暖、通风和空调设备、系统的能效比，采取增进照明设备效率等措施，与 20 世纪 80 年代初设计建成的公建相比，全年供暖、通风、空调和照明的总能耗要实现减少 50％的目标。按照住房与城乡建设部的规定，新建建筑如不能达到节能设计，相关单位将予以处罚。

2007 年 9 月 10 日，建设部印发《绿色施工导则》，这是建设部首次印发专门指向建筑施工阶段的节能导则，专门用以指导建筑工程的绿色施工，要求在工程建设过程中，在保证质量、安全等基本要求的前提下，通过科学管理和技术进步，最大限度地节约资源，减少对环境产生负面影响的施工活动，实现节能、节地、节水、节材和环境保护。

2007 年 11 月 15 日，建设部科技发展促进中心印发《绿色建筑评价标识实施细则》，并开始受理申请。审定的项目由建设部公布，并颁发证书和标志。

1. 主要建筑节能标准

现行建筑节能主要基础标准：

《夏热冬冷地区居住建筑节能设计标准》（JGJ 134—2010）

《公共建筑节能设计标准》（GB 50189—2015）

《既有居住建筑节能改造技术规程》（JGJ 129—2012）

《建筑节能工程施工质量验收标准》（GB 50411—2019）

2.《民用建筑节能条例》（国务院令第 530 号公布）

《条例》要求建设单位，应按照建筑节能标准委托建筑物的设计和施工，不得明示或者暗示设计单位、施工单位降低建筑节能标准，或者使用不符合建筑节能要求的墙体材料、保温材料、门窗部品、采暖空调系统、照明设备等。

对于施工单位，《条例》要求，施工单位应当对进入施工现场的墙体材料、保温材料、门窗部品、采暖空调系统、照明设备进行查验，保证产品说明书和产品标志上注明的能耗指标符合建筑节能标准。

施工人员对墙体材料、保温材料应当在建设单位或者工程监理单位监督下现场取样，并送具有相应资质等级的质量检测单位进行检测。

《条例》要求建筑物应当安设分户分栋用热计量、室内温度调控和供热系统调控装置，公共建筑还应当安设用电分项计量装置；未安设的，建筑物不得竣工验收。在正常使用条件下，保温工程的最低保修期限为 5 年。保温工程的保修期自竣工验收合格之日起计算。保温工程在保修范围和保修期限内发生质量问题的，施工单位应当履行保修责任。

房地产开发企业在销售商品房时，应当向买受人明示所售商品房的耗热量指标、节能措施及其保护要求、节能工程质量保修期等基本信息，并在商品房买卖合同和住宅使用说明书中予以载明。房地产开发企业应当对所明示的基本信息的真实性、准确性负责。

3.《公共建筑节能设计标准》

适用于新建、扩建和改建的公共建筑的节能设计。通过改善建筑围护结构保温、隔热性能，提高供暖、通风、空调设备、系统的能效比，采取增进照明设备效率等措施，在保证相同的室内热环境舒适参数条件下，与20世纪80年代初设计建成的公共建筑相比，全年供暖、通风、空调和照明的总能耗可减少50%。

4.《民用建筑节能管理规定》(建设部令第143号发布)

国务院建设行政主管部门负责全国民用建筑节能的监督管理工作。国务院建设行政主管部门根据国家节能规划，制定国家建筑节能专项规划；省、自治区、直辖市以及设区城市人民政府建设行政主管部门应当根据本地节能规划，制定本地建筑节能专项规划，并组织实施。编制城乡规划应当充分考虑能源、资源的综合利用和节约，对城镇布局、功能区设置、建筑特征，基础设施配置的影响进行研究论证，鼓励民用建筑节能的科学研究和技术开发，推广应用节能型的建筑、结构、材料、用能设备和附属设施及相应的施工工艺、应用技术和管理技术，促进可再生能源的开发利用。

鼓励发展下列建筑节能技术和产品：新型节能墙体和屋面的保温、隔热技术与材料；节能门窗的保温隔热和密闭技术；集中供热和热、电、冷联产联供技术；供热采暖系统温度调控和分户热量计量技术与装置；太阳能、地热等可再生能源应用技术及设备；建筑照明节能技术与产品；空调制冷节能技术与产品；其他技术成熟、效果显著的节能技术和节能管理技术。

鼓励推广应用和淘汰的建筑节能部品及技术的目录，由国务院建设行政主管部门制定；省、自治区、直辖市建设行政主管部门可以结合该目录，制定适合本区域的鼓励推广应用和淘汰的建筑节能部品及技术的目录。

(五) 熟悉绿色建筑相关知识点

1. 绿色建筑的概念

绿色建筑指的是在建筑的全寿命周期内，最大限度地节约资源（节能、节地、节水、节材)，保护环境和减少污染，为人民提供健康、适用和高效的使用空间，与自然和谐共生的建筑。

绿色建筑的基本内涵可归纳为：减轻建筑对环境的负荷，即节约能源及资源；提供安全、健康、舒适性良好的生活空间；与自然环境亲和，做到人及建筑与环境的和谐共处、永续发展。绿色建筑体系就是在可持续发展理论的指导下，集中解决环境与发展两大主题的有效体系，建立绿色建筑体系的目标，就是树立生态文明观，以自然界为人类生存与发展的物质基础；以人与自然的共生、人工环境与自然环境的共生重构人类住区体系；并且以生态伦理重塑建筑师的职业道德。

2. 绿色建筑设计理念

节约能源：充分利用太阳能，采用节能的建筑围护结构以及采暖和空调，减少采暖和空调的使用。根据自然通风的原理设置风冷系统，使建筑能够有效地利用夏季的主导风向。建筑采用适应当地气候条件的平面形式及总体布局。

节约资源：在建筑设计、建造和建筑材料的选择中，均考虑资源的合理使用和处置。要减少资源的使用，力求使资源可再生利用。节约水资源，包括节约绿化的用水。

回归自然：绿色建筑外部要强调与周边环境相融合，和谐一致、动静互补，做到保护自然生态环境。

3. 绿色建筑的基本要求

绿色建筑是在全寿命周期内兼顾资源节约和环境保护的建筑，而单项技术的过度采用虽然可以提高某一方面的性能，但很可能造成新的浪费，所以，需要从建筑全寿命周期的各个阶段综合评估建筑规模、建筑技术与投资之间的相互影响，以节约资源和保护环境为主要目的，综合考虑安全、耐久、经济、美观等因素。比较后确定最优的技术、材料和设备。绿色建筑的建设应对规划、设计、施工与竣工阶段进行过程控制。

4. 绿色建筑的评价和等级划分

绿色建筑的评价指标体系由节地与室外环境、节能与能源利用、节水与水资源利用、节材与材料资源利用、室内环境质量和运营管理六类指标组成。

绿色建筑评价指标体系各大指标中的具体指标分为控制项、一般项和优选项三类。其中，控制项为绿色建筑的必备项；一般项是指一些实现难度较大，指标要求较高的可选项；优选项是难度更大、要求更高的可选项。

按满足一般项和优选项的程度，绿色建筑由低至高划分为一星级、二星级和三星级 3 个等级。

以住宅建筑为例，一般情况下，18 项达标可获得一星级标识；27 项达标可获得二星级标识；35 项达标可获得三星级标识。

5. 零能耗建筑定义

建筑物对于不可再生能源的消耗为零，不用任何常规能源的零能耗建筑。建筑能耗一般指建筑在正常使用条件下的采暖、通风、空气调节和照明所消耗的总能量，不包括生产和经营性的能量消耗。

五、建筑美学的基本知识

（一）了解建筑色彩的基本要素

1. 色彩基本知识

（1）色彩三原色：两类，即色光三原色、色料三原色。

色光三原色：红色、绿色、蓝色。

色料三原色：青、品红、黄色。

（2）色彩三要素：色相、明度、彩度。

色相：色彩是由于物体上的物理性的光反射到人眼视神经上所产生的感觉。色的不同是由光的波长的长短差别所决定的。作为色相，指的是这些不同波长的色的情况。波长最长的是红色，最短的是紫色。

明度：表示色所具有的亮度和暗度被称为明度。

彩度：用数值表示色的鲜艳或鲜明的程度称之为彩度。

（3）色彩的形与色

形要素：直线、曲线、斜线、体；色要素：色相、明度、纯度、面积。

2. 色彩变化

(1) 固有色：物体本身所呈现的固有的色彩。

(2) 光源色：由各种光源（标准光源：白炽灯、太阳光、有太阳时所特有的蓝天的昼光）发出的光，光波的长短、强弱、比例性质不同，形成不同的色光，叫作光源色。光源色是光源照射到白色光滑不透明物体上所呈现出的颜色。

(3) 环境色：指在各类光源（比如日光、月光、灯光等）的照射下，环境所呈现的颜色。

(4) 空间色：色彩对象随着距离的变化发生色彩改变的现象称为空间色。

色彩三要素的应用空间：表示色彩的前后，通过色相、明度、纯度、冷暖以及形状等因素构成；明度高的颜色有向前的感觉，明度低的颜色有后退的感觉；暖色有向前的感觉，冷色有后退的感觉；高纯度色有向前的感觉，低纯度色有后退的感觉；色彩整有向前的感觉，色彩不整，边缘虚有后退的感觉；色彩面积大有向前的感觉，色彩面积小有后退的感觉；规则形有向前的感觉，不规则形有后退的感觉。

(二) 了解城市建筑色彩的作用

1. 色彩的作用

(1) 物理作用

色彩具有一定的物理性能，不同的色彩对太阳辐射的吸收是不同的，热吸收系数（取值介于0～1）也就不同，因此会产生不同的物理效能。最明显的例子是，在炎热的夏天，人们总爱穿浅淡色的服装，感觉凉爽些；而在寒冷的冬季，则偏爱穿红色、橙色等暖色调的衣服。另外，不同色彩对光的反射系数也不同，黄、白色等反射系数最高，浅蓝、淡绿等浅淡色彩次之，紫、黑色反射系数最小，因此在建筑外墙上采用高反射系数的色彩可以增加环境的亮度。

(2) 装饰作用

色彩在城市建筑中的首要功能就是装饰。形形色色的城市建筑经过色彩的装点，与地面、植物、天空等背景融合在一起，构成了丰富多彩的城市环境，徜徉其中，由于多姿多彩的不同景致而使身心感到愉悦。

(3) 标识作用

色彩在装饰城市建筑的同时，也在不同的建筑之间和同一建筑的不同组成部分之间起着重要的区分标识作用，增加了建筑的可识别性。

(4) 情感作用

色彩的情感作用是从人们的心理、生理特点及需要出发，赋予城市建筑一种抽象意义。

城市中的居住建筑，目前大多采用高明度、低彩度、偏暖的颜色，这样的颜色能给人带来温暖、明亮、轻松、愉悦的视觉心理感受；办公建筑为了体现理智、冷静、高效率的工作气氛，往往采用中性或偏冷的颜色，如白色、淡蓝、浅灰、灰绿等。

(5) 文化意义

色彩不仅具有本身的特性，还是一种文化信息的传递媒介，它含有人们附加在其上的内涵，在一定程度上代表了城市、国家的文化。色彩表达了宗教、等级、方位等观念。希腊神殿的色彩实际上就是希腊人宗教观念的反映，用红色象征火，青色象征大地，绿色象征水，紫色象征空气。魏晋时期，金色在佛教建筑上是必要的色彩，色彩表现着他们的宗教信仰。

随着阶级的产生，环境色彩也成为阶级、等级的表征，并制度化，如西周奴隶主用色来“明贵贱，辨等级”，规定“正色”为青、赤、黄、白、黑五色，“非正色”有淡赤、紫、绿、绀、硫黄等，其等级低于正色。自唐朝开始，黄色成为皇室特用的色彩，皇宫寺院用黄、红色调，绿、青、蓝等为王府官宦之色，民舍只能用黑、灰、白等色，利用色彩来维护统治阶级的利益。

周代阴阳五行理论中，以五种颜色代表方位：青绿色象征青龙，表示东方；以朱色象征朱雀，指南方；白色象征白虎，表示西方；黑色象征玄武，表示北方；黄色象征龙，指中央，这种方位思想一直延续到清末。色彩也反映了当时社会的主流文化，如宋代喜用稳而单纯、清淡高雅的色调，是受了以儒家的理性主义和禅宗哲理作基础的宋代社会思想影响所致；在现代社会中，银色代表着一种高科技文化。

2. 城市色彩要素

建筑色彩、街道色彩、环境色彩、植物色彩、灯光色彩。

（三）了解建筑美学理论的基本要素

美国现代建筑学家托伯特·哈姆林，提出了现代建筑技术美的十大法则，即：统一、均衡、比例、尺度、韵律、布局中的序列、规则的和不规则的序列设计、性格、风格、色彩等，较全面地概括了建筑美学的基本内容。

1. 建筑形式美法则

（1）对比与微差：建筑要素之间存在着差异，对比是显著的差异，微差则是细微的差异。就形式美而言，两者都不可少。对比可以借相互烘托陪衬求得变化，微差则借彼此之间的协调和连续性以求得调和。没有对比会产生单调，而过分强调对比以致失掉了连续性又会造成杂乱。

（2）比例与尺度：协调的比例可以引起人们的美感。古希腊的毕达哥拉斯学派认为万物最基本的元素是数，数的原则统摄着宇宙中心的一切现象。这个学派运用这种观点研究美学问题：在音乐、建筑、雕刻和造型艺术中，探求什么样的数量比例关系能产生美的效果。著名的“黄金分割”就是这个学派提出来的。在建筑中，无论是组合要素本身，各组合要素之间以及某一组合要素与整体之间，无不保持着某种确定的数的制约关系。

（3）均衡与稳定：处于地球重力场内的一切物体只有在重心最低和左右均衡的时候，才有稳定的感觉。如下大上小的山，左右对称的人等。人眼习惯于均衡的组合。通过建筑的实践使人们认识到，均衡而稳定的建筑不仅实际上是安全的，而且在感觉上也是舒服的。

（4）韵律与节奏：自然界中的许多事物或现象，往往由于有秩序地变化或有规律地重复出现而激起人们的美感，这种美通常称为韵律美。表现在建筑中的韵律可分为连续韵律、渐变韵律、起伏韵律和交错韵律。

（5）重复与再现：在建筑中可以借某一母题的重复或再现来增强整体的统一性。随着建筑工业化和标准化水平的提高，这种手法已得到越来越广泛的运用。一般说来，重复或再现总是同对比和变化结合在一起，这样才能获得良好的效果。

（6）渗透与层次：近代技术的进步和新材料的不断出现，特别是框架结构取代砖石结构，为自由灵活地分隔空间创造了条件，从而对空间自由灵活“分隔”的概念代替传统的把若干个六面体空间连成整体的“组合”概念。这样，各部分空间互相连通、贯穿、渗透，呈现出极其丰富的层次变化。所谓“流动空间”正是对这种空间所作的形象的概括。中国古典园林中的借景就是一种空间的渗透。“借”是把彼处的景物引到此处来，以获得层次丰富的景观效果。“庭院深深深几许”就是描述中国古典庭园所独具的幽深境界。

2. 当代建筑美学观念

(1) 反形式美学：有意违背古典的形式美学为主要特征。在当代复杂的社会条件下，以颠覆的手法取代传统美学观点。

(2) 地域性建筑美学：关注地域性建筑艺术特征、地域主义的美学思潮、审美价值标准、设计手段及其发展与演变等内容。

(3) 高技建筑美学：推崇技术表现，极力体现技术进步，认为技术可以创造美好的未来，表现出技术乐观主义的审美倾向，融汇人文精神，并运用复杂和灵活的技术手法，突破标准化的设计，充分展现现代材料和技术的魅力。

(4) 解构建筑美学：对结构主义的传承与反叛基础上发展起来，具有强烈的反叛品格。

3. 建筑空间与建筑造型

(1) 建筑空间

空间是由点、线、面、体占据、扩展或围合而成的三度虚体，具有形状、大小、色彩、材料等视觉要素，以及位置、方向、重心等关系要素。其视觉效果与一系列因素有关，包括空间限定的方式、闭合程度、深度感、形状、序列、材料、色彩等。

建筑空间是由其周围物体的边界所限定的，包括平面形状与剖面形状。由于空间与空间的连续性或周围边界不完全闭合，建筑空间经常表现为复杂、通透，尤其是一些较开敞的不规则空间，其渗透和流动更为突出。空间的形态与其比例、尺度的差异能给人以不同的感觉，造成某种气氛，如开阔或宏伟、亲切或局促、压抑或开敞、单纯或复杂、静止或流动等。

建筑空间的秩序、材料与肌理、光影与色彩影响着空间的效果。空间秩序是由人穿越其中时所经历的，随着人的视线的移动，空间因此而产生不断的深度与层次的变化。空间不是孤立存在的，而是在相互联系、前后影响并通过连续的序列被人感知。

(2) 建筑造型

建筑造型是指构成建筑空间的三维物质实体的组合。研究建筑造型的目的是使建筑具有整体的美感，同时又具有多样化与秩序性，因此需要用美学的基本原理对建筑进行形态塑造。相似、变形、对比和均衡是常用的基本手法。

相似是指物体的整体与整体、整体与局部、局部与局部之间存在着共通的因素。相似是形成整体感的重要条件。

变形是对基本造型要素作形态上的变化。在建筑造型中变形表现为许多方面，如变尺度、变形状、变位置、变角度、变虚实和变高度等。

在建筑设计中需要运用对比以克服单调。建筑造型的对比常指大小、高低、横竖、曲直、凹凸、虚实、明暗、繁简、粗细、轻重、软硬、疏密、具象与抽象、自然与人工、对称与非对称以及形状、方向、色彩、材料的质感与肌理、光影等。

均衡是处理建筑造型视觉平衡感的手段。体量、数量、位置和距离的协调安排是形成均衡的基本方法。对称均衡与非对称均衡是建筑造型中的两种相互补充的组合方式。对称的形式具有安定感、统一感和静态感，可以用于突出主体、加强重点，给人以庄重或宁静的感觉。对称均衡是利用形和位置的不对称关系造成空间的不同强弱。

（四）掌握建筑环境的设计方法

建筑与环境的关系包括与自然环境和人工环境的关系。如山川、河流、树木、建筑、街道、广场、小品设施等与建筑物的关系以及建筑物所处的历史文化环境。这些都是人们可以感受到的，是身心能够进行体验的外部空间。所谓建筑环境，并不是指单幢建筑物，而是包括建筑物所处在的一个范围，即人们对建筑的内外空间、功能、形象都有一个整体的认识，并对建筑所处在的空间范围有较清晰的感受。

在城市景观环境中，建筑往往占据着重要的角色，无数个根据建筑物划分的建筑环境构成了整个城市的景观环境。个别重要的建筑物可对一定范围的环境起控制作用，形成所谓的“地标”建筑。地标建筑的形象和尺度感要鲜明。而对于大多数建筑而言，均是一定环境中的一个要素或配角，建筑群体和其整体环境的形象和作用远大于单个的建筑，即建筑与环境的整体协调产生美，表现出城市的形象。建筑设计创作应追求与周围环境整体上的美感，而不应不适当地强调单个建筑的自我表现。

每个建筑同时又是构筑城市外部空间的一个要素，因此建筑的设计和建造不能脱离它本身所处的城市空间环境和历史文化环境，建筑设计的目的同时也是为了同周围的建筑环境和城市的历史文化背景一起为人们提供更多的使用及有意义的城市外部空间，并强化城市的特征。

六、建筑项目策划与设计

（一）了解建筑项目策划的程序与内容

根据我国现行规定，一般大中型项目的建设包括以下七项内容：根据国民经济和社会发展长远规划，结合行业和所在地区发展规划的要求，提出项目建议书；在勘察、试验、调查研究及详细技术经济论证的基础上编制可行性研究报告；根据项目的咨询评估情况，对建设项目进行决策；根据可行性研究报告编制设计文件；初步设计经批准后，做好施工前的各项准备工作；组织施工，并根据工程进度，做好生产准备；项目按批准的设计内容建成，经投料试车验收合格后，正式投产，交付生产使用。

1. 基本建设程序

工程项目建设程序是指工程项目从设想、选择、评估、决策、设计、施工到竣工验收、投入生产或交付使用的整个建设过程中，各项工作必须遵循的先后工作次序，是项目科学决策和顺利进行的重要保证。世界各国和国际组织的工程项目建设程序大同小异，都要经过投资决策和建设实施两个发展时期。这两个发展时期又可分为若干个阶段，它们之间存在着严格的先后次序，可以进行合理的交叉，但不能任意颠倒次序。

2. 建设项目基本特点

（1）建设周期很长，物质消耗很大。一个项目的建设周期短则二三年，长则十余年，甚至几十年。

（2）涉及面很广，协作配合、同步建设、综合平衡等问题很复杂，必须协调好各方面的关系，统一建设进度，取得各方面的配合和协作，做到综合平衡。

(3) 建设地点是固定的、不可移动的。建设之前必须准确掌握基地的地质、水文、气象、社会条件等资料。

(4) 建设过程不能间断，要有连续性。要求整个建设过程各阶段、各环节、各步骤一环紧扣一环，循序渐进，有条不紊，否则就会出现矛盾，造成浪费。

(5) 建设项目都有特定的目的和用途，一般只能单独设计，单独建设，即使是相同规模的同类项目，由于地区条件和自然环境不同，也会有很大差别。

3. 主要内容

①提出项目建议书；②编制可行性研究报告；③建设项目进行评估；④编制设计文件；⑤施工前准备工作；⑥组织施工；⑦交付使用。

4. 建设基本步骤

①项目建议书阶段；②可行性研究报告阶段；③设计文件阶段；④建设准备阶段；⑤建设实施阶段和竣工验收阶段。

5. 项目建议书与可行性研究报告的区别

(1) 项目建议书

项目建议书是建设项目发展周期中的最初阶段，提出一个轮廓设想，从宏观上考察项目建设的必要性，其主要作用是国家选择建设项目的依据。

项目建议书的内容有以下六条：建设项目提出依据和缘由，背景材料，拟建地点的长远规划，行业及地区规划资料；拟建规模和建设地点初步设想论证；资源情况、建设条件可行性及协作可靠性；投资估算和资金筹措设想；设计、施工项目进程安排；经济效果和社会效益的分析与初估。

① 场地概述

a. 说明场地所在的市、县、乡名称，描述周围环境，与当地能源、水电、交通、公共服务设施等的相互关系。

b. 概述场地地形起伏、丘、川、塘等状况，位置、流向、水深、最高最低标高等。

c. 描述场地内原有建筑物、构筑物，以及保留（包括大树、文物古迹等）、拆除、搬迁情况。

d. 与总平面有关的因素，如地震、湿陷性黄土、地裂缝、岩溶、滑坡及其他地质灾害，植被覆盖、汇水面积、小气候影响、洪水位等的摘要概述。

e. 若工程位于城市近郊时，应叙述耕地情况及农田改造措施。

②环境保护

a. 项目所在地区的环境现状；

b. 项目建成后可能造成的环境影响分析；

c. 当地环保部门的意见和要求；

d. 环境保护存在的问题及建议。

③ 项目建议书编制

a. 建设项目提出的必要性和依据；

b. 产品方案、拟建规模和建设地点的初步设想；

c. 资源情况、建设条件、协作关系等的初步分析；

d. 投资估算和资金筹措设想；

e. 经济效益和社会效益的估计。

（2）可行性研究报告

可行性研究报告指建设项目决策前，通过对项目有关的工程、技术、经济等方面条件和情况进行调查、研究、分析，对可能的建设方案和技术方案进行比较论证和预测建成后的经济效益等。可作为项目投资决策后设计任务、银行贷款、合同、订货、审查及向规划部门申请建设执照的依据和附件，它的编制必须在国家有关规划建设政策、法规指导下完成。同时，还要有相应项目建设请示批复、环境测试、市场调查、自然、社会、经济方面的有关资料等作依据。

① 可行性研究报告

a. 项目提出的背景和依据；

b. 建设规模、产品方案、市场预测和确定的依据；

c. 技术工艺、主要设备、建设标准；

d. 资源、原材料、燃料供应、动力、运输、供水、通信等协作配合条件；

e. 建设地点、厂区布置方案、占地面积；

f. 项目设计方案，协作配套工程；

g. 环保、防震等要求；

h. 劳动定员和人员培训；

i. 建设工期和实施进度；

j. 投资估算和资金筹措方式；经济效益和社会效益。

② 环境保护

a. 建设地区的环境现状；

b. 主要污染源和主要污染物；

c. 资源开发可能引起的生态变化；

d. 设计采用的环境保护标准；

e. 控制污染和生态变化的初步方案；

f. 环境保护投资估算；

g. 环境影响评价的结论或环境影响分析；

h. 存在的问题及建议；

i. 编制环境影响报告书或填报环境影响报告表。

③ 可行性研究报告的编制

a. 根据经济预测、市场预测确定的建设规模、产品方案；

b. 资源、原材料、燃料、动力、供水、通信、运输条件；

c. 项目建设条件和项目选择方案；

d. 技术工艺、主要设备选型和相应的技术经济指标；

e. 主要单项工程、公用辅助设施、配套工程；

f. 城市规划、防震、防洪等要求和采取的相应措施方案；

g. 企业组织、劳动定员和管理制度；

h. 建设进度和工期；

i. 投资估算和资金筹措；

j. 经济效益和社会效益。

（3）项目建议书与可行性研究报告的区别

① 项目建议书阶段只是对建设项目的一个总体设想，可行性研究阶段是在立项的基础上对拟建项目进行全面、深入的分析论证，为决策者提供科学、可靠的依据；

② 项目建议书的依据是国民经济和社会发展长远规划等宏观的信息，可行性研究阶段是对项目的技术、经济进行详细预测、分析、测算；

③ 项目建议书阶段的投资估算比较粗，内容简单，误差一般在20%左右，可行性研究阶段的误差不应超过10%；

④ 项目建议书阶段的研究目的是推荐项目，可行性研究报告是项目立项的决策文件。

6. 建设项目策划

（1）基本文件资料

①经过审批的可行性研究报告；

②计划部门批准的立项文件；

③国土部门和城乡规划部门划定的土地征用调查蓝线图及建筑用地红线图；

④城乡规划部门同意的规划要点及安委、交警、人防、环保、劳动等职能部门提出的要点批示；

⑤地质勘察部门提供的该地基础钻探资料；

⑥供电、供水、供气、通信及交通情况；

⑦气象、水文地质情况及风玫瑰图。

（2）工作内容

①提出项目构成及总体构想；

②工程投资估算；

③报请建设行政主管部门召开方案评审会。

（二）熟悉建筑策划的概念与相关因素

方案、初步设计、施工图及配合施工之前的工作是建筑师的正常建筑设计业务。国外建筑师的正常业务后半部分有参与招标，合同、施工管理及验收工程后期竣工资料服务等工作，三者合一为完整的建筑策划概念。建筑策划前期至关重要，直接影响、控制、判断未来建筑开发的宏观效益。

前期建筑策划应考虑以下因素：

1. 选址与建筑场地的相关因素

（1）场地的地理位置、平面图、高程图、城市规划或现状图，是否利于三通一平。

（2）场地的自然状况、地质构造、地貌特征、现有植被、生态环境等对建筑分区带来影响。

（3）场地的气候条件、水质、水文、日照、冻融，雨水、洪水10年、50年以至百年的记载，对水库、电厂、机场、公路、铁路及特殊构筑物的建筑形式及功能的影响。

（4）相邻的建筑、构筑物、地下管网、设备、设施的分布情况及相互关系。

（5）场地现有的水、电路状况，远、近期规划和展望。

（6）场地人文环境，人流的密度、成分、预计发展。

（7）场地的经济价值，土地的利用率，开发使用前景、地价。

（8）场地使用中，将遇到法律、法规、契约手续、地界划分，以及使用权限等问题。

2. 建筑功能的相关因素

（1）人的行为因素，不同的民族，相异的生活方式和宗教信仰，历史、现状的人文文化，对建筑功能和形式的要求。

（2）根据建筑所属的不同功能类型，满足其各自特殊的功能要求。

（3）建筑空间因素，从规章制度和规划要求的角度，确定建筑群体是高层还是低层空间。

3. 建筑造价的相关因素

（1）建筑场地购置费用。

（2）建筑设计费用，含前期、设计、后期及配合等费用。

（3）建筑施工费用，选定施工方法，新技术花费，确定施工周期。

（4）建筑施工监理费用。

（5）不可预见费用：动迁、水、电、暖、环保、人防、消防、事故障碍和可能发生的开销。

4. 建筑法规的相关因素

（1）建设各项法规的约束。

（2）建筑规范的要求。

（3）地区民族、传统、信仰的传统要求。

5. 建筑策划的内容

上述四大相关因素为建筑策划选定场地，为前期工作中的立意，对后期建筑设计以至施工有准确的控制作用，是后期建筑实施的指导纲领。具体建筑策划涉及多专业知识的组织和设计的运作。分述如下：

（1）总体布置

① 场地功能分区。任何一块被选定的建筑用地均应受周围建筑或环境的制约，比如日照、通风、噪声、地质构造。作为一个群体有主次之分，作为单体更有主立面、主入口的要求。着手一块建筑场地设计，首先应做分区布置。

② 交通组织。建筑分区确定，路网是分区的分隔，内部道路短捷方便、坡弯合理，形成通畅环路。要满足一定数量的停车位。对外道路衔接出口应符合城市交通管理要求。

③ 确定主要入口。人流、车流、货流、职工、后勤、自行车、垃圾出口、分流明确，前后有别、洁污不混。

④ 争取绿化用地面积。在控高允许的情况下，搞绿化生态建筑、屋顶花园、阳台等立体绿化以补偿绿化损失。但现代城市绿化系数不应小于 20%，或满足当地规划指定指标。

⑤ 朝向与节能。朝南向阳、朝北背光，良好通风，合理维护墙顶建材选择，要依建筑性质、功能的要求而确定。

⑥ 消防要求。消防通道、建筑主体临空要求，建筑长度、宽度、高度限制，建筑院落尺寸，多层、高层建筑差别，消火栓数量、间距，消防水池容积等。

⑦ 地下管网。包括给水、排水、雨水、燃气、供热、供电、电信等，摸清容量、路由、位置。地下暗涵、沟渠、人防通道构筑物等。

⑧ 处理好人文景观。让历史和人文变迁成为一个整体。

（2）建筑设计考虑

① 建筑环境和建筑功能。建筑功能要满足人的行为要求，但人的活动规律受到环境的直接和间接影响。一个好的建筑立意，应从环境入手，充分做到人、功能与环境的统一。

② 建筑技术与其对平面的影响。从原始的土石木结构发展到今天的混凝土、钢结构建筑，现代施工技术有了长足的发展。建筑由小到大，由低到高，跨越到地面上、地面下、水上、水下建筑。

③ 空间组合制约立面。建筑是三维空间，满足人们对功能的要求的同时，又产生建筑立面。主体立面形象使建筑物具有一定的精神功能，立面形式的形成离不开民族、宗教信仰、地方习俗的因素，建筑的立面设计应以建筑技术、材料及经济实力来取舍。

④ 剖面设计。建筑三度空间中，除了人的功能活动所需要的空间设计之外，包含多专业设计，如结构、设备、电气、室内装修乃至建筑的夜景照明设计、空中微波、航道限定设计等。

（3）结构选型

建筑结构体系的选择，要从项目的地上结构、地下结构及特殊功能结构要求出发，寻求在适用、合理的基础上可行性和投资经济性均较好的形式。注意地基处理方案。单层、多层可因地选材，或以钢筋混凝土结构为主，大跨度可选钢结构但要做好防火处理。地下结构要与地下建筑基础结合做好防水处理，勿忘抗震设防的考虑。

（4）设备选择

① 供电设备。供电现状、变电所的位置，变压器容量、性能如何，变电前电压，变压后的供电参数，原变配电若不足，如何增容和可行方案，远近期结合的供电设备增加及变配电建筑定位等。

② 供水。水源、水质、水量、自备井或城市供水系统和泵、水箱设置。

③ 排水。现状排水网、管径、埋深、流量、流向、结合井位置，可否直排。如无市政条件要新增市政管网。粪便及污水要经处理达标排出。处理好雨水网系统。

④ 供热管网。供暖热源，是集中锅炉房，还是热网，供热热媒参数，是否有余量供新建筑使用，有足够量，作系统平衡。无热源要选锅炉建厂房修外网，注意减少污染源和节约能源；高低层不同供热压力要求也不相同。

⑤ 空调系统。根据所要求的空调面积、冷负荷量，选择集中或分散空调系统。冷媒不用氟利昂，应用溴化锂以减少污染和防止设备噪声超标。

（5）建筑工程造价的估算

① 环境投资。国土有偿使用费；地方市政配套费（四源费等）；动迁费以至小环境配套项目补偿费等。

② 建筑投资费。按实际建筑直接费、人工费、各种调增费、施工管理费、临时设施费、劳保基金、贷款差价、税金乃至地方规定。

③ 设备投资。建设项目涉及电梯、空调、强弱电、消防设备费用实际数字。

④ 设计费率。不同性质工业、民用建筑按行业收费，外资及中外合资要取较高收费率。

（6）建筑周期

它是经建筑策划选定场地后，在前期设计工作立意的基础，在已知的初步方案条件下，考虑主观与客观未知变化因素，由建筑师组织制定的实施工程纲领——建筑周期；即安排工程从始至终的进度表。

包括前期工作、设计招标、建筑设计、施工招标、施工组织、配套装修、试运验收、工程决算。建筑师靠实践经验将整个工程操作计划按时间进度顺序排定，争取达到工程预期目标。

6. 我国房地产开发建设程序

投资决策分析；建设前期工作；拟定设计任务书；编制设计文件；建设实施工作。

7. 我国与国外的基本建设程序比较

中国基本建设程序	美国常规建设程序	英国常规建设程序
1. 提出项目建议书	1. 设计前期工作	1. 立项
2. 编制可行性研究报告	2. 场地分析	2. 可行性研究
3. 进行项目评估	3. 方案设计	3. 设计大纲或草图规划
4. 编制设计文件	4. 设计发展	4. 方案设计
5. 施工前准备工作	5. 施工文件	5. 详细设计或施工图
6. 组织施工	6. 招标或谈判	6. 生产信息
7. 交付使用	7. 施工合同管理	7. 工程总表
	8. 工程后期工作 （按建筑师服务范围）	8. 指标
		9. 合同：项目计划施工竣工验收及工程反馈

（三）熟悉我国建筑设计阶段

1. 编制建筑工程设计文件的依据

项目批准文件；城乡规划；工程建设强制性标准；国家规定的建设工程勘察、设计深度要求。

铁路、交通、水利等专业建设工程，还应该以专业规划的要求为依据。

2. 设计工作程序

（1）建设项目决策。

（2）编制各阶段设计文件；是根据国家规定的政策、标准、规范和程序及设计任务书的要求进行设计的文件，是现场施工的主要依据。大中建筑设计可以划分为方案设计、初步设计、施工图设计三个阶段，小型和技术简单的建筑设计可以用方案设计阶段代替初步设计阶段，对技术复杂而又缺乏经验的项目需增加技术设计阶段。

一般按两阶段进行设计，即初步设计和施工图设计；技术复杂的项目按三段设计，即初步设计、技术设计、施工图设计。

（3）配合施工和参加验收；图纸会审、技术交底；设计变更和设计洽商；设计技术咨询；参加隐蔽工程和阶段性验收；工程竣工验收。

（4）工程总结。参与工程竣工后的总结工作。

3. 各阶段设计文件的要求和深度

（1）设计文件编制必须遵守的要求

① 贯彻执行国家有关工程建设的政策和法令；

② 符合国家现行建筑工程建设标准；

③ 符合国家现行设计规范和制图标准；

④ 遵守设计工作程序；

⑤ 设计文件内容完整，深度符合要求，文字和图纸准确、清晰，保证设计质量。

（2）初步设计

要求：①由设计说明书、设计图纸、主要设备、材料表和工程概算组成；②各专业对方案或重大技术问题的解决方案进行综合技术经济分析；③论证技术选用可靠、经济合理，符合审定的设计方案。

深度：①设计方案的选择和确定；②确定土地征用范围；③进行主要设备、材料订货；④提供项目投资控制的依据；⑤能进行施工图设计的编制；⑥能进行全场性的准备工作。

（3）施工图设计

施工图文件：说明，场地（含公用设施图），建筑平、立、剖面详图，结构、暖通、给水排水、电气及其他设施专业图等。施工图要满足如下要求：与设计意图一致；结构的整体性、安全性、耐久性均符合规范；正确的施工顺序；正确的加工安装；适当允许误差；具有经济性；材料可供性；建筑物有位移可能；符合工业标准；防潮及防气候影响；保温隔热；其他声、光等对建筑的损害共 15 条。

深度：①能安排材料、设备的订货，非标准设备的制作；②能进行施工图预算编制；③能进行土建施工和安装；④能作为工程验收的依据。

4. 有关修改设计文件方面的规定

建设单位、施工单位、监理单位不得修改建设工程勘察、设计文件；确需修改建设工程勘察、设计文件的，应当由原建设工程勘察、设计单位修改。经原建设工程勘察、设计单位书面同意，建设单位也可以委托其他具有相应资质的建设工程勘察、设计单位修改。修改单位对修改的勘察设计、文件中的修改部分承担相应责任。

针对建筑学这部分，建议应试者阅读以下参考文献：《公共建筑设计原理》《住宅设计原理》《场地设计》《中国建筑史》《外国建筑史》《建筑空间组合论》《建筑色彩学》及《建筑形式美的原则》等。

第二节　复　习　题　解

（题前符号意义：■为掌握；□为熟悉；△为了解。）

■1. 下列关于中国古代木构建筑特点的表述，哪项是错误的？（　　）

A. 包括抬梁式、穿斗式、井干式三种形式

B. 木构架体系中的梁柱结构部分称为大木作

C. 斗栱是由矩形的斗和升、方形的栱、斜的昂组成

D. 清代用“斗口”作为建筑的模数

【参考答案】 C

【解答】 斗栱是中国木构建筑特有的构件，有水平放置的方形的斗和升、矩形的栱以及斜置的昂组成，其作用是在柱子上伸出悬臂承托出檐部分的重量。

■2. 下列关于中国古建空间度量单位的表述，哪项是错误的？(　　)

A. 平面布置以“间”和“步”为单位

B. 正面两柱间的水平距离称为“开间”

C. 屋架上的檩与檩中心线间的水平距离，称为“步”

D. 正面各开间宽度的总和称为“通进深”

【参考答案】 D

【解答】 屋架上檩与檩中心线水平间距，清代称为“步”，各步距总和或侧面各开间宽度的总和称为“通进深”，若有斗栱，则按前后挑檐檩中心线间距的水平距离计算，清代各步距相等，宋代有相等、递增或递减及不规则排列的。

■3. 我国建筑结构设计中抗震设防的水准是(　　)。

A. 不裂不倒

B. 小震不坏，中震可修，大震不倒

C. 裂而不倒

D. 小震、中震皆可修

【参考答案】 B

【解答】 我国抗震设防的水准是：“小震不坏，中震可修，大震不倒”。

■4. 下面(　　)种说法是错误的。

A. 避暑山庄位于河北承德

B. 寄畅园位于苏州

C. 留园位于苏州

D. 拙政园位于苏州

【参考答案】 B

【解答】 寄畅园位于江苏省无锡的锡惠公园内。

■5. 我国古代建筑成就主要以木构架建筑为主，其存在的内在优势包括以下(　　)方面。(多选)

A. 取材方便

B. 适应于大空间、复杂空间

C. 施工速度快

D. 便于搬迁

【参考答案】 A、C、D

【解答】 中国木构架建筑如此长期、广泛地被作为一种主流建筑类型加以使用，必然有其内在优势，具体体现于：取材方便；适应性强；有较强的抗震性能；施工速度快；便于修缮、搬迁。但也存在根本性缺陷：木材现在越来越少，易遭火灾；采用简支梁体系，难以满足更大、更复杂空间需求。

■6. 素有中国建筑“第五立面”的最具魅力的是中国古代建筑的(　　)部分。

A. 藻井、天花

B. 室内装饰

C. 建筑群体平面

D. 屋顶

【参考答案】 D

【解答】 中国古代建筑的屋顶那远远伸出的屋檐、富有弹性的檐口曲线、由举架形成的稍有反曲的屋面、微微起翘的屋角以及硬山、悬山、歇山、庑殿、攒尖、十字脊、重檐等众多屋顶形式的变化，加上灿烂夺目的琉璃瓦，使建筑产生独特的强烈的视觉效果和艺术感染力，从空中俯视，屋顶效果就更好。

■7. 下列哪些项是中国古建筑区别尊卑关系的常用做法？(　　)(多选)

A. 空间方位的不同　　B. 屋顶形式的差异

C. 建筑体量的大小　　D. 开间数量的多少

E. 植物种类的选择

【参考答案】 A、B、C、D

【解答】 中国古建筑可通过色彩、门、屋顶、开间以及不同部位的装饰等来体现严密的等级制度。

中国古代建筑等级制度由高到低：

屋顶：重檐庑殿、重檐歇山、重檐攒尖、单檐庑殿、单檐歇山、单檐攒尖、悬山、硬山。

开间：十一、九、七、五、三间（民间建筑有三、五开间，宫殿、庙宇、官署多用五、七开间，十分隆重的建筑用九开间，十一开间只在最高等级建筑中出现。）

色彩：黄、赤、绿、青、蓝、黑、灰。宫殿用金、黄、赤色，民舍只可用黑、灰、白色为墙面及屋顶色调。

□8. 民间对于中国古代建筑有“墙倒屋不塌”之说，原因是(　　)。

A. 中国古代木架建筑是由柱、梁、板等构件来承受屋面、楼面的荷载以及风力、地震力的，纵墙承重，横墙并不承重，只起到围护遮蔽、分隔和稳定柱子的作用

B. 中国古代木架建筑是由柱、梁、檩、枋等构件来承受屋面、楼面的荷载以及风力、地震力的，横墙承重，纵墙并不承重，只起到围护遮蔽、分隔和稳定柱子的作用

C. 中国古代木架建筑是由斗栱来承受屋面、楼面的荷载以及风力、地震力的，墙并不承重，只起到围护遮蔽、分隔和稳定柱子的作用

D. 中国古代木架建筑是由柱、梁、檩、枋等构件来承受屋面、楼面的荷载以及风力、地震力的，墙并不承重，只起到围护遮蔽、分隔和稳定柱子的作用

【参考答案】 D

【解答】 中国古代木架建筑是由柱、梁、檩、枋等构件来承受屋面、楼面的荷载以及风力、地震力的，墙并不承重，只起到围护遮蔽、分隔和稳定柱子的作用，因此民间有“墙倒屋不塌”之说，但是结构在受外力作用如何维持纵向和横向的稳定是一个重要的问题。房屋内部可较自由地分隔空间，门窗也可任意开设。使用灵活性大，适应性强，无论是水乡、山区、寒带、热带，都能满足使用要求。

□9. 中国古代建筑有以下(　　)两种发展模式。(多选)

A. 工官掌管下建造的官式建筑

B. 工官掌管下建造的民间建筑

C. 各地建造的官式建筑

D. 各地自主建造的民间建筑

【参考答案】 A、D

【解答】 中国古代建筑实际上有两种发展模式：一种是在工官掌管下建造的官式建筑；另一种是各地自主建造的民间建筑。前者的设计、预算、施工都由将作、内府或工部统一掌握，不论建筑物造于何地，都有图纸法式和条例加以约束，还可以派工官和工匠去外地施

工，所以建筑式样统一，无地区的差别性。后者则由各地工匠参与设计并承担施工，因地制宜，建筑式样变化多端，地方特色鲜明。

□10. 《论语》中描述的关于中国古代建筑中“山节藻棁”包括以下(　　)的意思。(多选)

A. 都上画山，梁上短柱画藻文

B. 额枋彩画

C. 丹楹（红柱）刻桷（刻椽）

D. 墨楹（黑柱）刻桷（刻椽）

【参考答案】 A、C

【解答】 《论语》中描述的“山节藻棁”是指都上画山，梁上短柱画藻文。描写的是春秋战国时期诸侯追求宫室华丽，建筑装饰与色彩更为发展。还有《左传》里有记载鲁庄公丹楹（红柱）刻桷（刻椽）。

□11. 从建筑功能布局上看，石窟可以分为三种形式：即塔院型和(　　)。(多选)

A. 佛殿型　　B. 佛院型　　C. 塔殿型　　D. 僧院型

【参考答案】 A、D

【解答】 从建筑功能布局上看，石窟可以分为三种形式：一是塔院型，即以塔为窟的中心；二是佛殿型，石窟中以佛像为主要内容，相当于一般寺庙中的佛殿；三是僧院型。主要供僧众打坐修行之用，其布置为石窟中置佛像。

■12. 我国从(　　)开始终止建都城的夜禁和里坊制度。

A. 唐朝　　B. 宋朝　　C. 汉朝　　D. 明朝

【参考答案】 B

【解答】 以北宋都城汴梁为代表的宋朝都城是一种较新的都城平面，改变唐代都城严谨的里坊制，城市形态结构也从权力中心结构转向经济中心结构，同时终止了夜禁制度。一方面是由于宋京汴梁是由一个州治扩建而来的，反映出旧城改建的痕迹；另一方面是由于封建经济的强盛，城市经济发达，城市布局形态开始为经济生活服务，是中国城市发展史上的一大进步。

□13. 以下描述不正确的是(　　)。

A. 隋代河北赵县的安济桥，它是世界上最早出现的敞肩拱桥，负责建造此桥的匠人是李春

B. 隋大兴城是隋文帝命宇文恺规划设计的

C. 陕西省麟游县的九成宫是隋文帝命宇文化及兴建的

D. 宋代的李诫编写完成了《营造法式》

【参考答案】 C

【解答】 隋代留下的建筑物有著名的河北赵县的安济桥，它是世界上最早出现的敞肩拱桥，负责建造此桥的匠人是李春；陕西省麟游县的九成宫是隋文帝命宇文恺兴建的；隋大兴城是隋文帝命宇文恺规划设计的，唐长安城在此基础上兴建，并加以扩充，使之成为当时世界上最宏大繁荣的城市；《营造法式》是王安石推行政治改革的产物，目的是为了掌握设计与施工标准，节制国家财政开支，保证工程质量，由将作监李诫编写完成。《营造法式》是我国古代最完整的建筑技术书籍。

■14. 中国传统的单座建筑殿堂房舍等平面横向方面一般以(　　)来称谓。

A. 间　　B. 开间　　C. 步架　　D. 进深

【参考答案】 C

【解答】 中国传统的单座建筑殿堂房舍等一般构成都以“柱网”的布置方式来表示。在平行的纵向柱网线之间的面积一般称为间或开间，横向，习惯以“步架”来称谓，是指相邻檩木之间的水平距离，纵向方向以进深称谓。

■15. 下面所列各结构部件属于大木作的有(　　)。(多选)

A. 梁　　B. 檩　　C. 门　　D. 柱　　E. 屏风

【参考答案】 A、B、D

【解答】 此题要明确大木作、小木作的概念。在中国古代建筑的木构框架结构体系中，可分为承重的梁柱结构部分，即所谓大木作，及不承重仅为分隔空间或装饰之目的的装修部分，即所谓小木作。大木作具体来说包括梁、檩、枋、椽、柱等，小木作则是门、窗、槅扇、屏风以及其他非结构部件。

■16. 我国至今发现的最早的规模较大的木架夯土建筑和庭院的实例是(　　)。

A. 河南偃师二里头商代宫殿遗址

B. 陕西岐山凤雏村西周建筑遗址

C. 陕西凤翔马家庄春秋时期秦国宗庙遗址

D. 陕西咸阳秦国咸阳一号宫殿

【参考答案】 A

【解答】 河南偃师二里头遗址是夏商时期的遗址，遗址中发现大型宫殿和中小型建筑遗址数座，其中一号宫殿最大，反映了我国早期封闭庭院的面貌。这处建筑遗址是至今发现的我国最早的规模较大的木架夯土建筑和庭院的实例。

■17. 北京故宫的平面中轴对称、三朝五门、前朝后寝中的“三朝五门”的五门从南向北依次是(　　)。

A. 正阳门、天安门、太和门、乾清门、神武门

B. 大清门、天安门、端门、午门、太和门

C. 天安门、端门、太和门、乾清门、地安门

D. 天安门、大清门、午门、太和门、乾清门

【参考答案】 B

【解答】 “三朝五门”是应周礼之制，在正阳门到太和殿之间要经过五道门（大清门、天安门、端门、午门、太和门）；三朝则是连在一个须弥座上的太和殿、中和殿、保和殿；前朝后寝，即前面是对外的朝廷，后面是寝宫。

■18. 中国古代单体建筑是用(　　)作为度量单位。

A. 间　　B. 斗口　　C. 院　　D. 步架

【参考答案】 A

【解答】 古代单体建筑是用“间”作为度量单位，对于建筑群以“院”来表示。

■19. 下列关于中国古代建筑特点的表述，错误的是（　　）。

A. 建筑类型丰富

B. 单体建筑单体构成复杂

C. 建筑群的组合多样

D. 与环境结合紧密

【参考答案】 B

【解答】 中国古代建筑单体构成简洁，建筑群的组合方式多样，建筑类型丰富，与环境结

合紧密。

■20. 下列关于中国古代宗教建筑平面布局特点的表述，错误的是（　　）。

A. 永乐宫中轴对称、纵深布局　　B. 汉代佛寺布局是前塔后殿

C. 独乐寺“分心槽”　　D. 五台山佛光寺大殿是“金厢斗底槽”

【参考答案】 A

【解答】 山西芮城永乐宫主要建筑沿中轴线排列，有山门、龙虎殿（无极门）、三清殿、纯阳殿、重阳殿和邱祖殿（已毁）。

塔是佛教建筑，通常由塔座、塔身、塔刹三部分组成。佛教大约在东汉初期传入中国，在两晋南北朝时期得到很大发展。以佛塔为主的佛寺在我国出现最早，这类寺院以一座高大居中的佛塔为主体，其周围环绕放行广廷和回廊门殿，例如建于东汉洛阳的我国首座佛塔寺白马寺等。

天津蓟县独乐寺山门面阔 3 间，进深 2 间 4 椽。单檐四阿顶。平面有中柱一列，如宋《营造法式》的“分心槽”式样。

山西五台佛光寺大殿建在低矮的砖台基上，平面柱网由内、外二圈柱组成，这种形式在宋《营造法式》中被称为“金厢斗底槽”。

■21. 以下关于中国古代城市建设叙述正确的是(　　)。(多选)

A. 中国古代城市有三个基本要素：统治机构（宫廷和官署）、手工业和商业区、居民区

B. 春秋战国时期是中国历史上第一个城市发展高潮

C. 宋代以后城市模式是开放式街市布局，取消了夜禁和里坊制

D. 唐长安城开创了布局规则严整、功能分区明确的里坊制城市格局

【参考答案】 A、B、C

【解答】 中国古代城市有三个基本要素：统治机构（宫廷和官署）、手工业和商业区、居民区；春秋战国时期，铁器时代的到来，封建制的建立，地方势力的崛起，促成了中国历史上第一个城市发展高潮；三国时期的曹魏邺城开创了布局规则严整、功能分区明确的里坊制城市格局；宋代以后城市模式是开放式街市布局，取消了夜禁和里坊制。

■22. 以下各建筑中，(　　)是伊斯兰教建筑的代表。(多选)

A. 元山西永济县永乐宫　　B. 元代福建泉州清净寺

C. 明初西安华觉巷清真寺　　D. 宋山西太原晋祠圣母殿

【参考答案】 B、C

【解答】 伊斯兰教约在唐代自西亚传入我国。清真寺必须朝向圣地麦加，其必设高耸的召唤信徒使用的邦克楼，以及净身的浴室。

■23. 世界上现存最高的木塔是中国(　　)。

A. 河南登封嵩岳寺塔　　B. 山西应县佛宫寺释迦塔

C. 山东济南神通寺四门塔　　D. 陕西扶风法门寺塔

【参考答案】 B

【解答】 佛宫寺释迦塔建于辽清宁二年（1056 年），塔高 67.31m，塔的平面为八角形，采用筒中筒结构，是世界上现存最高的木塔。

■24. 在建筑材料的力学性质中，处于一对相反性质的是下面所列选项中的(　　)。

A. 抗拉，抗压　　B. 抗弯，抗剪　　C. 脆性，韧性　　D. 塑性，弹性

【参考答案】 C

【解答】 脆性：材料在外力作用下（如拉伸、冲击等）仅产生很小的变形即断裂破坏的性质。

韧性：材料的断裂前吸收能量和进行塑性变形的能力。与脆性相反，材料在断裂前有较大形变、断裂时断面常呈现外延形变，此形变不能立即恢复，其应力—形变关系成非线性、消耗的断裂能很大的材料。

■25. 关于中国古典私家园林的基本设计原则与手法，以下(　　)论述不正确。

A. 把全园划分成若干景区，各区各有特点又互相联通，主次分明

B. 水面处理聚分不同，以聚为辅，以分为主

C. 建筑常与山池、花木共同组成园景

D. 花木在私家园林中以单株欣赏为主

【参考答案】 B

【解答】 私家园林中水面处理聚分不同，以聚为主，以分为辅；园内以假山创造峰峦回抱、洞壑幽深的意趣。

■26. 以下各中国古代城市中，(　　)城市是因地制宜规划建设的。(多选)

A. 曹魏邺城　　B. 西汉长安城

C. 东汉洛阳城　　D. 南朝建康城

【参考答案】 B、D

【解答】 西汉长安城由于是利用原有基础逐步扩建的，而且北面靠近渭水，因此城市布局不规则；南朝建康城是当时的政治军事文化中心，位于秦淮河入长江口地带，西临长江，北枕后湖，东依钟山，形势险要，风物秀丽。

△27. 我国古代的长城始建于(　　)朝代。

A. 春秋　　B. 战国　　C. 秦代　　D. 汉代

【参考答案】 A

【解答】 春秋战国时各国为了互相防御，各在形势险要的地方修筑长城。秦始皇统一中国后，为了防御北方匈奴的入侵，于公元前214年将原秦、赵、燕三国北部长城连接起来，形成西起临洮，东至辽东的万里长城。

□28. 在古代非宫殿类建筑中，(　　)建筑为重檐歇山九间殿，黄琉璃瓦，仅次于最高级，同保和殿规制。

A. 雍和宫雍和殿　　B. 孔庙大成殿

C. 太原晋祠圣母殿　　D. 五台县佛光寺大殿

【参考答案】 B

【解答】 自汉武帝尊儒之后，历代帝王多以儒家之说为指导思想，孔子地位日崇，至唐封为文宣王，曲阜孔庙也日益宏大壮丽，到明代，达到目前所见的规模。曲阜孔庙大成殿，是前朝后寝的传统形制。大成殿建于清雍正七年，重檐歇山顶，用黄色琉璃瓦，殿前檐柱用石龙柱10根，高浮雕蟠龙及行云缠柱，为它处殿宇所少见。

■29. 我国自然式山水园林兴起于(　　)。

A. 秦汉时期　B. 魏晋南北朝时期　C. 唐代　　D. 清代

【参考答案】 B

【解答】 中国园林发展大致经历了以下这几个阶段：汉以前为帝王族苑囿为主体的思想；魏晋南北朝奠定了山水园林的基础；唐代风景园林全面发展；两宋时造园风气遍及地方城市，影响广泛；明清时皇家园林与江南私家园林均达盛期。

□30. 北京颐和园后湖东部尽端的"谐趣园"是仿(　　)园林的设计手法，是成功的园中之园。

A. 扬州瘦西湖　　B. 苏州留园

C. 无锡寄畅园　　D. 苏州拙政园

【参考答案】 C

【解答】 谐趣园仿无锡寄畅园手法，以水池为中心，周围环布轩榭亭廊，形成深藏一隅的幽静水院，富于江南园林意趣，与北海静心斋一样，同是清代苑囿中成功的园中之园。

■31. 下面关于中国古代私家园林的基本设计原则的表述正确的是(　　)。(多选)

A. 把全园划分为若干个景区，每区各有特点但又互相联通，且景物布置也主次分明，在相互联通时，对景是一个主要手法，随着曲折的平面布局，步移景异，层层推出

B. 水面处理聚分不同，以分为主，以聚为辅，聚则水面辽阔，分则似断似续

C. 花木在私家园林中以群植为主，配以单株欣赏

D. 建筑物在园林中既是居止处、观景点，又是景观的重要成分

【参考答案】 A、D

【解答】 古代造园的基础设计原则与手法包括上述选项中的A、D及水面处理聚分不同，以聚为主，以分为辅，聚则水面开阔，有江湖烟波之趣，分则曲折萦回，可起溪涧通幽之兴；以假山创造峰峦回抱，洞壑幽深的意趣；花木在私家园林中以单株欣赏为主，较大的空间也成丛成林地栽植。

□32. 下列各项中属北京四合院住宅特点的是(　　)。(多选)

A. 屋顶以卷棚为主　　B. 内外有别

C. 尊卑有序　　D. 朴素淡雅

【参考答案】 B、C、D

【解答】 北京四合院其平面布局以院为特征，根据主人的地位及基地情况，有两进院、三进院、四进院或五进院几种，大宅则除纵向院落多外，横向还增加平行的跨院，并设有后花园。整个四合院中轴对称，等级分明，秩序井然，宛如京城规制的缩影，内外有别，尊卑有序，自有天地，强烈地反映了封建宗法制度。四合院单体房屋的做法比较程式化。屋顶以硬山居多，次要房屋用单坡或平顶，整体比较朴素淡雅。

□33. 中国古代建筑中的移柱造和减柱造在(　　)时期非常盛行。

A. 秦汉　　B. 唐宋　　C. 魏晋南北朝　　D. 辽金元

【参考答案】 D

【解答】 辽、金、元时期，为了配合使用要求，在建筑结构上出现了增减柱距和减柱造等结构上的变化，从而得到更多更灵活的平面形式，受宋代《营造法式》的限制较少。山西太原晋祠圣母殿是减柱造的典型实例。

■34. 北京颐和园的主体建筑是(　　)。

A. 谐趣园和静心斋　　B. 排云殿和佛香阁

C. 乐寿堂和仁寿殿　　D. 昆明湖和万寿山

【参考答案】 B

【解答】 颐和园前山部分开旷自然，与封闭的朝廷宫室部分形成空间对比。前山的排云殿与佛香阁是全园的主体建筑。佛香阁高 38m，八角四层，是全园的制高点。排云殿东西两侧若干庭院，依山就势自由布置，其中最有特色的是沿昆明湖总长 728m 的长廊，作为前山的主要交通线。

■35. 山西五台县佛光寺大殿平面为(　　)形式。

A. 双槽　　B. 分心槽　　C. 金厢斗底槽　　D. 单槽

【参考答案】 C

【解答】 佛光寺大殿建在低矮的砖台基上，平面柱网由内、外二圈柱组成，这种形式在宋《营造法式》中称为“金厢斗底槽”。

■36. 清代园林兴盛，其中属河北承德避暑山庄为代表，其风格特征包括以下(　　)方面。(多选)

A. 集民间园林之大成　　B. 因地制宜

C. 中轴对称的离宫别馆　　D. 皇家气派若大

【参考答案】 A、B

【解答】 承德避暑山庄占地面积很大，园林造景根据地形特点，充分加以利用，在山区布置大量风景点，形成山庄特色。园中水面较小，在模仿江南名胜风景方面有独到之处，都借鉴园外东北两面的外八庙风景，也是此园成功之处。

■37. 北京四合院空间布局的典型特征不包括以下(　　)。

A. 前院较浅，以倒座为主，主要用作门房、客房、客厅

B. 内院属于私密区域，外人不得入内；前院是家庭的主要公共生活场所

C. 大门在倒座以东、宅之东南角，靠近大门的一间多用于门房或男仆居室

D. 大门以东的小院为塾

E. 倒座西部小院内设厕所

【参考答案】 B

【解答】 北京四合院平面布局以院为特征，根据主人的地位及基地情况有两进、三进、四进或五进院几种，大宅则除纵向院落多外，横向还增加平行的跨院，并设有后花园。

典型的北京三进四合院：前院较浅，以倒座为主，主要用作门房、客房、客厅；大门在倒座以东、宅之东南角，靠近大门的一间多用于门房或男仆居室；大门以东的小院为塾；倒座西部小院内设厕所。

■38. 中国古代宫殿建筑发展的阶段的先后对应次序是(　　)。

①“茅茨土阶”的原始阶段

②纵向布置“三朝”的阶段

③盛行高台宫室的阶段

④宏伟的前殿和宫苑相结合的阶段

A. ①②③④　　B. ④①②③　　C. ①③④②　　D. ①④②③

【参考答案】 C

【解答】 中国古代宫殿建筑发展大致有四个阶段：第一，“茅茨土阶”的原始阶段；第二，盛行高台宫室的阶段；第三，宏伟的前殿和宫苑相结合的阶段；第四，纵向布置“三朝”

的阶段。

■39. 下列关于中国古代宫殿性质发展历史的表述，哪项是错误的？(　　)

A. 周代宫殿的形制为“三朝五门”

B. 汉代首创了“东西堂制”

C. 宋代设立了宫殿的“御街千步廊”制度

D. 元代宫殿多用回字形大殿形式

【参考答案】 D

【解答】 元代宫殿喜用工字形殿。受游牧生活、喇嘛教以及西亚建筑影响，用多种色彩的琉璃，金、红色装饰，挂毡毯毛皮帷幕。

■40. 中国封建社会对坛庙的祭祀，是中国古代帝王最重要的活动之一。京城是否有坛庙，是立国合法与否的标准之一。坛庙主要有三类，但是不包括以下(　　)。

A. 祭祀自然神　　B. 祭祀祖先　　C. 祭祀先贤祠庙　　D. 祭祀四渎之庙

【参考答案】 D

【解答】 中国封建社会坛庙主要有三类：第一类祭祀自然神，其建筑包括天、地、日、月、风云雷雨、社稷、先农之坛、五岳、五镇、四海、四渎之庙等；第二类是祭祀祖先，帝王祖庙称太庙，臣下称家庙或祠堂；第三类是祭祀先贤祠庙，如孔子庙、诸葛武侯祠、关帝庙等。

■41. 我国首座佛寺是(　　)。

A. 洛阳白马寺　　B. 北魏洛阳永宁寺

C. 徐州的浮屠祠　　D. 山西五台山佛光寺

【参考答案】 A

【解答】 佛教大约在东汉初期传入中国，在两晋南北朝时期得到很大发展。建于东汉洛阳的我国首座佛寺白马寺属于佛塔型佛寺。

■42. 我国中土佛寺划分的两大类型是(　　)。

A. 以佛塔为主和以院落为主　　B. 以院落为主和以佛殿为主

C. 以佛塔为主和以佛殿为主　　D. 以院落为主和以宫殿为主

【参考答案】 C

【解答】 我国中土的佛寺划分为以佛塔为主和以佛殿为主的两大类型。以佛塔为主的佛寺在我国出现最早，这类寺院以一座高大居中的佛塔为主体，其周围环绕方形广庭和回廊门殿；以佛殿为主的佛寺，基本采用我国传统宅邸的多进庭院式布局，它的出现，最早源于南北朝时期的王公贵胄的“舍宅为寺”。

■43. 在我国五千年的文明发展史中，对自然景观的认识可以分为(　　)个阶段。

A. 物质认知、美学认知两个阶段

B. 物质认知、美学认知和生态认知三个阶段

C. 物质认知、美学认知、情境认知和生态认知四个阶段

D. 物质认知、美学认知、情境认知、理性认知和生态认知五个阶段

【参考答案】 B

【解答】 中国对自然景观的认识可以分为：物质认知、美学认知和生态认知三个阶段。前两个阶段形成于古代社会，后者则是近代工业化和后工业化社会中，人类生存环境受到严

重污染与破坏而引起对生态环境的关注之后才领悟的，由此，作为生态平衡中起到重要作用的园林与风景区已被整个社会视为社会可持续发展的、不可忽视的重要因素之一。

■44. 下列关于中国古典园林的表述，哪项是错误的？（　　）

A. 按照园林基址的开发方式可分为人工山水园和天然山水园

B. 按照园林的隶属关系可分为皇家园林、私家园林、寺观园林

C. 秦、汉时期的园林主要是尺度较小的私家园林

D. 中国古典造园活动从生成到全盛的转折期是魏、晋、南北朝时期

【参考答案】 C

【解答】 殷、周、秦、汉时期是中国古典园林的生成期，以规模宏大的贵族公园和皇家宫廷园林为主流。

■45. 中国明清江南私家园林布局的特征包括（　　）。（多选）

A. 主题多样　　B. 欲扬先抑　　C. 尺度得当，移步换景

D. 远近因借　　E. 曲折萦回　　F. 隔而不塞

【参考答案】 A、B、C、D、E、F

【解答】 中国明清江南私家园林布局的特征：主题多样，隔而不塞，欲扬先抑，曲折萦回，尺度得当，移步换景，远近因借。

■46. 下列各建筑中，属于雅典卫城中的建筑的是（　　）。（多选）

A. 胜利神庙　　B. 太阳神庙　　C. 帕提农神庙　　D. 卡纳克阿蒙神庙

【参考答案】 A、C

【解答】 雅典卫城的中心是雅典城的保护神雅典娜·帕提农的铜像。主要建筑物是帕提农神庙、伊瑞克先神庙、胜利神庙和山门。其中帕提农神庙位于卫城最高点，体量最大，造型庄重，是卫城的主体建筑物。

■47. 伊瑞克先神庙是古典盛期（　　）柱式的代表建筑。

A. 多立克　　B. 爱奥尼　　C. 科林斯　　D. 塔司干

【参考答案】 B

【解答】 帕提农神庙代表着古希腊多立克柱式的最高成就。它的比例匀称，风格刚劲雄健而全然没有丝毫的重拙之感，重复使用4：9比例。伊瑞克先神庙是古典盛期爱奥尼柱式的代表，角柱柱头在下面和侧面各一对涡卷。

■48. （　　）技术是罗马建筑最大的特色、最大的成就，它对欧洲建筑有较大的贡献，影响之大，无与伦比。

A. 混凝土　　B. 摆脱承重墙　　C. 拱顶体系　　D. 券拱结构

【参考答案】 D

【解答】 罗马建筑典型的布局方法、空间组合、艺术形式和风格以及某些建筑的功能和规模等都是同券拱结构有血肉的联系。正是券拱结构技术才使罗马无比宏伟壮丽的建筑有了实现的可能，使罗马建筑那种空前大胆的创造精神有了物质的根据。

■49. 下列关于西方古代建筑风格特点的表述，哪项是错误的？（　　）

A. 古埃及建筑追求雄伟、庄严、神秘、震撼人心的艺术效果

B. 古希腊建筑风格特征为庄严、典雅、精致、有性格、有活力

C. 巴洛克建筑应用纤巧的装饰，具有妖媚柔靡的贵族气息

D. 古典主义建筑立面造型强调轴线对称和比例关系

【参考答案】 C

【解答】 巴洛克建筑追求新奇；建筑处理手法打破古典形式，建筑外形自由，有时不顾结构逻辑，采用非理性组合，以取得反常效果；追求建筑形体和空间的动态，常用穿插的曲面和椭圆形空间；喜好富丽的装饰，强烈的色彩，打破建筑与雕刻绘画的界限，使其相互渗透；趋向自然，追求自由奔放的格调，表达世俗情趣，具有欢乐气氛。

■50. 下列关于西方古代建筑材料与技术的表述，错误的是(　　)。

A. 古希腊庙宇建筑除屋架外，全部用石材建造

B. 古罗马建筑材料中出现了火山灰制成的天然混凝土

C. 古希腊建筑创造了券柱式结构

D. 古罗马建筑发展了叠柱式结构

【参考答案】 C

【解答】 古希腊庙宇除屋架外，全部用石材建造。古罗马建筑材料除砖、木、石外使用了火山灰制成的天然混凝土，并发明了相应的支模、混凝土浇灌及大理石饰面技术。结构方面在伊特鲁里亚和希腊的基础上发展了梁柱与拱券结构技术。拱券结构是罗马最大成就之一。罗马建筑解决了拱券结构的笨重墙墩同柱式艺术风格的矛盾，创造了券柱式；而且解决了柱式与多层建筑的矛盾，发展了叠柱式创造了水平立面划分构图形式。

■51. 以下(　　)属于拜占庭建筑教堂格局。(多选)

A. 柱廊　　B. 巴西利卡式　　C. 十字形　　D. 三段构图

【参考答案】 B、C

【解答】 东罗马习称拜占庭帝国，其建筑也称拜占庭建筑。拜占庭的主要成就是创造了把穹顶支承在四个或者更多的独立支柱上的结构方法和相应的集中式建筑形制。其教堂格局大致有三：巴西利卡式；集中式，即平面为圆形或多边形，中央有穹窿；十字形，即平面为等臂长的希腊十字，中央有穹窿。

■52. 下列(　　)属于哥特式教堂的结构特点。(多选)

A. 使用拱券作为拱顶的承重构件　　B. 采用束柱

C. 全部使用三圆心的尖券与尖拱　　D. 使用独立的飞券抵住拱四角的侧推力

【参考答案】 B、D

【解答】 哥特式教堂的结构特点包括上述选项中的B、D所述的内容及全部使用二圆心的尖券和尖拱，使用骨架券作为拱顶的承重构件，而非使用拱券作为拱顶的承重构件。

■53. 被誉为“欧洲最漂亮的客厅”是(　　)。

A. 安农齐阿广场　　B. 罗马市政广场

C. 圣马可广场　　D. 佛罗伦萨主教堂广场

【参考答案】 C

【解答】 圣马可广场是威尼斯的中心广场。包括大广场和小广场两部分。大广场东西向，位置偏北，小广场南北向，连接大广场和入海口。圣马可广场华美壮丽，却又洋溢着浓郁的亲切气氛，空间变化很丰富。

■54. 古典复兴思潮中，代表性建筑的对应关系正确的是(　　)。

A. 英国国会大厦是希腊复兴的代表建筑

B. 法国巴黎万神庙是罗马复兴的代表建筑
C. 德国柏林宫廷剧院是罗马复兴的代表建筑
D. 美国国会大厦白宫是希腊复兴建筑的代表建筑

【参考答案】 B

【解答】 古典复兴是指18世纪60年代到19世纪末在欧美盛行的古典建筑形式。在复兴古典形式时，各国各地略有不同侧重：法国以罗马复兴式样为主，法国巴黎万神庙是罗马复兴代表；美国国会大厦白宫是依照巴黎万神庙的造型的罗马复兴实例；英国国会大厦是哥特复兴的代表建筑。

■55. 拜占庭建筑最辉煌的代表是(　　)建筑，其突出的建筑成就包括(　　)方面，是拜占庭帝国极盛时代的纪念碑。

A. 圣索菲亚大教堂；成功的结构体系、集中的内部空间和内部灿烂夺目的图案
B. 万神庙；成功的结构体系、集中的内部空间和内部灿烂夺目的图案
C. 圣索菲亚大教堂；成功的结构体系、集中统一又曲折多变的内部空间和内部灿烂夺目的色彩效果
D. 万神庙；成功的结构体系、集中统一又曲折多变的内部空间和内部灿烂夺目的色彩效果

【参考答案】 C

【解答】 拜占庭建筑最辉煌的代表是东罗马帝国首都君士坦丁堡（今伊斯坦布尔）的圣索菲亚大教堂，是东正教的中心教堂，是皇帝举行重要仪典的场所。其成就有三，即具有成功的结构体系（穹顶与帆拱）、集中统一又曲折多变的内部空间（希腊十字式）和内部灿烂夺目的色彩效果。

■56. 法国古典主义建筑在总体布局、建筑平面与立面造型中的特点不包括(　　)。

A. 民族传统　　B. 轴线对称　　C. 主从关系　　D. 突出中心

【参考答案】 A

【解答】 古典主义建筑风格排斥民族传统与地方特点，崇尚古典柱式，强调柱式必须遵守古典（古罗马）规范。强调中轴对称、主从关系、突出中心和规则的几何形体，并提倡富于统一性与稳定感的横三段和纵三段的构图手法。

□57. 下列叙述针对工业革命后欧美资本主义城市的种种矛盾，曾实施过一些有益的城市规划与建设的探索，以下对应关系正确的是(　　)。(多选)

A. 巴黎改建（奥斯曼），协和新村（托马斯・摩尔）
B. 巴黎改建（奥斯曼），协和新村（欧文）、带形城市（索里亚・马塔）
C. 协和新村（欧文）、田园城市（霍华德）、工业城市（索里亚・马塔）
D. 田园城市（霍华德）、工业城市（戛涅）

【参考答案】 B、D

【解答】 工业革命后针对欧美资本主义城市的种种矛盾，曾实施过一些有益的城市规划与建设的探索，其中著名的如巴黎改建（奥斯曼主持），协和新村（欧文提出）、田园城市（霍华德）、工业城市（戛涅）、带形城市（索里亚・马塔）。

■58. 下列关于古希腊建筑美学思想风格的表述，哪项是错误的？(　　)

A. 体现人本主义世界观　　B. 具有强烈的浪漫主义色彩

C. 追求度量和秩序所构成的“美”　　　　　D. 风格特征为庄重、典雅、精致

【参考答案】 B

【解答】 古希腊建筑中反映出平民的人本主义世界观，体现着严谨的理性精神，追求一般的理想的美。其美学观受到初步发展起来的理性思维的影响，认为“美是由度量和秩序所组成的”，而人体的美也是由和谐的数的原则统辖着，故人体是最美的。当客体的和谐同人体的和谐相契合时，客体就是美的。建筑风格特征为庄重、典雅、精致、有性格、有活力。

□59. 下列关于“包豪斯”的论述正确的是(　　)。(多选)

A. “包豪斯”是英语的音译

B. 把建筑物的实用功能作为建筑设计的出发点

C. 采用灵活的布局方式

D. 常采用对称布图构图法则

【参考答案】 B、C

【解答】 “包豪斯”是德文 Bauhaus 的音译。格罗皮乌斯设计的包豪斯校舍具有以下特点：上述选项中的 B、C 项；按照现代建筑材料和结构特点进行设计；采用新的手法取得简洁的建筑艺术效果等。

□60. 下列关于新建筑运动初期的主要思潮的论述正确的有(　　)。(多选)

A. 19 世纪 50 年代出现在英国的工艺美术运动，代表人物是拉斯金、莫里斯等；代表建筑：英国肯特郡的“红屋”

B. 1907 年出现的德意志制造联盟，代表人物是贝伦斯，主张建筑必须与工业结合

C. 19 世纪 80 年代在比利时出现的新艺术运动，代表人物是沙利文。典型实例：布鲁塞尔都灵路 2 号住宅、德国魏玛艺术学校

D. 19 世纪 80 年代出现在奥地利的维也纳分离派，代表人物是瓦格纳、奥别列夫、霍夫曼、路斯，该学派主张造型简洁与集中装饰，代表作是维也纳的斯坦纳住宅

【参考答案】 A、B、D

【解答】 新建筑运动初期的新艺术运动：时间：19 世纪 80 年代；地点：比利时；创始人：凡·德·费尔德；代表人物：贝伦斯、高迪。反对历史样式，提倡运用多种材料，建筑特征主要表现在室内，外形一般比较简洁。典型实例：布鲁塞尔都灵路 2 号住宅、德国魏玛艺术学校。美国芝加哥学派：时间：19 世纪 70 年代；地点：美国；代表人物：沙利文、詹尼。突出功能在设计中的主要地位。沙利文提出：形式永远随从功能，这是规律。

■61. 下列关于 19 至 20 世纪西方新建筑运动初期代表人物建筑主张的表述，错误的是(　　)。

A. 拉斯金：热衷于手工艺效果

B. 贝伦斯：提倡运用多种材料

C. 瓦格纳：主张造型简洁与集中装饰

D. 沙利文：强调艺术形式在设计中占主要地位

【参考答案】 D

【解答】 工艺美术运动代表人物：拉斯金，热衷于手工艺的效果与自然材料的美。新艺术运动代表人物：贝伦斯，反对历史样式，提倡运用多种材料，建筑特征主要表现在室内，

外形一般比较简洁。维也纳分离派代表人物瓦格纳，主张造型简洁与集中装饰。

美国芝加哥学派代表人物：沙利文、詹尼，主张突出功能在设计中的主要地位。沙利文提出：形式永远随从功能。

德意志制造联盟代表人物：贝伦斯，主张建筑必须与工业结合。

■62. 下列哪项不属于20世纪20年代推出的新建筑主张？（　　）

A. 发挥新型材料和建筑结构的性能　　B. 反对表面的外加装饰

C. 建筑应该满足心理感情需要　　D. 注重建筑的经济性

【参考答案】 C

【解答】 第一次世界大战后，20世纪20年代出现的建筑新主张的共同特点：①设计以功能为出发点；②发挥新型材料和建筑结构的性能；③注重建筑的经济性；④强调建筑形式与功能、材料、结构、工艺的一致性，灵活处理建筑造型，突破传统的建筑构图格式；⑤认为建筑空间是建筑的主角；⑥反对表面的外加装饰。

■63. 有机建筑理论的创建人是（　　）。

A. 勒·柯布西耶　　B. 格罗皮乌斯

C. 密斯·凡·德·罗　　D. 赖特

【参考答案】 D

【解答】 赖特设计了大量的草原住宅，运用传统的砖、木和石头等建筑材料，建筑与环境非常协调。他认为建筑师应从自然中得到启示，建筑在环境中应是地面中生长出来的。

■64. 下列四个建筑中，（　　）建筑体现了“新建筑五点原则”。

A. 范斯沃斯住宅　　B. 萨伏伊别墅

C. 马赛公寓　　D. 流水别墅

【参考答案】 B

【解答】 萨伏伊别墅于1928年设计，1930年建成，外形轮廓简单，内部空间复杂，体现了勒·柯布西耶1926年提出的“新建筑五点”原则：底层的独立支柱；屋顶花园；自由的平面；横向长窗；自由的立面。

■65. 在现代建筑结构出现之前，（　　）是世界上跨度最大的空间建筑。

A. 卡拉卡拉浴场　　B. 佛罗伦萨主教堂

C. 万神庙　　D. 圣彼得大教堂

【参考答案】 C

【解答】 万神庙是古罗马宗教膜拜诸神的庙宇。圆形正殿是神庙的精华，直径与高度均为43.3m，上覆穹窿，为罗马穹顶平面及剖面技术的最高代表。

■66. 下列各项叙述中，（　　）是现代主义建筑的观点。（多选）

A. 建筑外观是建筑的主要功能　　B. 设计以功能为出发点

C. 发挥新型建筑材料和建筑结构的性能　　D. 反对表面的外加装饰

【参考答案】 B、C、D

【解答】 现代主义又称功能主义，理性主义，其建筑观点除上述选项中的B、C、D外，还包括：注重建筑的经济性；强调建筑形式与功能、材料、结构、工艺的一致性，灵活处理建筑造型，突破传统的建筑构图格式；认为建筑空间是建筑的主角。

■67. 勒·柯布西耶的建筑作品中，体现粗野主义的作品有（　　）。（多选）

A. 萨伏伊别墅　　B. 马赛公寓大楼
C. 昌迪加尔法院　　D. 朗香教堂

【参考答案】 B、C

【解答】 柯布西耶1946年设计的马赛公寓是粗野主义代表建筑，印度昌迪加尔法院也是裸露混凝土外表的粗野主义作品，朗香教堂反映了柯布西耶晚年转向浪漫主义思想倾向。

■68. 蓬皮杜国家艺术与文化中心是(　　)思潮的代表建筑。

A. 对“理性主义”的充实与提高　　B. “典雅主义”倾向
C. 注重“高度工业技术”的倾向　　D. 讲求“个性”与象征的倾向

【参考答案】 C

【解答】 注重“高度工业技术”的倾向主张用最新的材料来制造体量轻，用料少，能够快速、灵活地装配、拆卸和改建的结构与房屋。蓬皮杜中心设计人是皮阿诺和罗杰斯，暴露结构及设备，立面悬挂自动扶梯。

■69. 赖特的草原住宅的特点包括以下(　　)。(多选)

A. 运用传统的砖、木和石头等建筑材料　　B. 有很窄的出檐的平屋顶
C. 平面集中且灵活多变　　D. 立面形成以横线为主的构图

【参考答案】 A、C、D

【解答】 草原住宅有出檐很大的坡屋顶，与草原环境非常协调

■70. 下列关于现代建筑的设计思想的表述正确的是(　　)。(多选)

A. 提倡建筑设计的表里一致，并认为建筑空间是建筑的实质
B. 在建筑美学上提倡外装饰
C. 建筑要运用新材料，要有新形式
D. 提倡建筑艺术与技术的结合

【参考答案】 A、C、D

【解答】 现代建筑的设计思想，在建筑美学上反对外加装饰，认为建筑的美在于其空间的容量与体量在组合构图中的比例与表现。

△71. 在外国城市建设史上被誉为“城市规划之父”的是(　　)。

A. 伊斯特　　B. 希波丹姆
C. 阿克亨纳顿　　D. 伯鲁涅列斯基

【参考答案】 B

【解答】 希腊规划建筑师希波丹姆遵循古希腊哲理，探求几何和数的和谐，以取得秩序和美，在历史上被誉为“城市规划之父”。

△72. 第二次世界大战后建筑的主要思潮不包括以下(　　)。

A. 对“理性主义”的充实与提高、讲求技术精美的倾向
B. “粗野主义”倾向、“典雅主义”倾向
C. 工艺美术运动、注重“高度工业技术”倾向
D. 讲求“个性”与象征的倾向、后现代主义

【参考答案】 C

【解答】 “二战”后建筑的主要思潮包括：①对“理性主义”的充实与提高；②讲求技术精美的倾向；③“粗野主义”倾向；④“典雅主义”倾向；⑤注重“高度工业技术”倾向；

⑥讲究“人情化”与“地方性”的倾向；⑦讲求“个性”与象征的倾向；⑧后现代主义。

■73. 下面四种说法中，(　　)是包豪斯（Bauhaus）校舍反映的新建筑特点。(多选)

A. 以功能为建筑设计的出发点　　B. 采用灵活的不规则的构图手法

C. 发挥现代建筑材料和结构的特点　　D. 造价低廉

【参考答案】 A、B、C、D

【解答】 格罗皮乌斯是建筑师中最早主张走建筑工业化道路的人之一。设计了包豪斯（Bauhaus）校舍，反映了新建筑的以下特点：①以功能为建筑设计的出发点；②采用灵活的不规则的构图手法；③发挥现代建筑材料和结构的特点；④造价低廉。

■74. 勒·柯布西耶的粗野主义（或新粗野主义）代表作品不包括以下(　　)建筑。(多选)

A. 马赛公寓　　B. 萨伏伊别墅

C. 巴塞罗那博览会德国馆　　D. 朗香教堂

【参考答案】 B、C

【解答】 勒·柯布西耶的粗野主义（或新粗野主义）代表作品有马赛公寓、朗香教堂、昌迪加尔法院、拉吐亥修道院等。萨伏伊别墅是勒·柯布西耶的早期作品，不是他粗野主义（或新粗野主义）代表作品。巴塞罗那博览会德国馆是密斯·凡·德·罗的代表建筑。

■75. 后现代主义建筑的特点不包括以下(　　)特征。

A. 隐喻、文脉　　B. 形式随从功能

C. 强调了建筑的“形而上”　　D. 双重译码、媒介

【参考答案】 B

【解答】 后现代主义强调建筑具有媒介作用，应该表达形体之外的意义。建筑能与使用者对话，反映地方特点及文脉延续等。概括地说后现代主义比现代建筑更多地强调了建筑的“形而上”意义，借鉴符号学的理论和隐喻、双重译码的方法对建筑中的“形而上”因素做了广泛的探讨，突出了建筑物之特点之外的语言交流作用。

■76. 查尔斯·詹克斯曾经把后现代主义建筑的空间概括为五类：即以下(　　)空间。(多选)

A. 多变轴线的空间，简化、多层次的空间

B. 倾斜的及对角线布置的空间

C. 强调主角和配角主次关系的空间

D. 不完全形式的空间及用结构造成惊奇感的空间

【参考答案】 A、B、D

【解答】 查尔斯·詹克斯曾经把后现代主义建筑的空间概括为五类：多变轴线的空间，简化、多层次的空间，倾斜的及对角线布置的空间，主角和配角颠倒了的空间，不完全形式的空间及用结构造成惊奇感的空间。

□77. 当代建筑艺术处理的重点在于(　　)。

A. 总的构思是否满足了人流活动的连续性和空间艺术的完整性

B. 处理好建筑与环境的关系

C. 空间的比例与尺度是否合宜

D. 统一中求变化，变化中求统一

【参考答案】 A

【解答】 上述选项中的B、C、D是当代建筑艺术处理的重点的部分体现，A比较全面反映了当代建筑艺术处理的重点。

□78. 组织空间序列，需将两方面的因素统一起来，它们是(　　)。

A. 时间的先后与空间的过渡　　B. 空间的过渡与对比

C. 空间的排列与过渡　　D. 空间的排列与时间的先后

【参考答案】 D

【解答】 空间的序列即空间顺序，在功能上要求按空间的次序性排列和时间的先后排列。

■79. 以下关于建筑空间的论述中，(　　)为正确。(多选)

A. 建筑空间是由组成其界面的人工和利用的自然物质元素所围合供人们生存活动的空间

B. 建筑空间提供从不同距离和角度观赏建筑实体形象的条件，其本身并无独立的审美价值

C. 人工与天然的物质元素围合的空间形成单一的和组合的空间结构，构成了建筑环境

D. 空间的秩序、围合物的材料与肌理、光影与色彩以及空间中的各种物体都影响着建筑空间的质量

【参考答案】 A、C、D

【解答】 建筑空间提供从不同距离和角度观赏建筑实体形象的条件，其本身存在独立的审美价值。

■80. 中小学校中的行政办公室属于公共建筑中的(　　)空间。

A. 主要使用空间　　B. 次要使用空间

C. 交通联系空间　　D. 办公空间

【参考答案】 A

【解答】 中小学校中的教室、实验室、教师备课室以及行政办公室等是中小学校建筑中的主要使用空间；而厕所、仓库、储藏室等空间，虽然也属使用性质的空间，但是与上述的主要使用空间相对比，则处于次要的地位。另外，走道、门厅、过厅、楼梯等空间，则属于交通联系空间。

■81. 公共建筑一般皆可概括为(　　)三种不同性质的空间类型。

A. 门户空间、过渡空间、主体空间

B. 主要使用部分、次要使用部分、交通联系部分

C. 门厅、走廊或楼梯、使用空间

D. 走道式空间组合、单元式空间组合、穿套式空间组合

【参考答案】 B

【解答】 尽管空间的使用性质与组成类型是多种多样的，但是概括起来包括主要使用部分、次要使用部分（或称辅助部分）、交通联系部分。

■82. 在公共建筑中，基于防火疏散的需要，至少需设置(　　)。

A. 一部楼梯　　B. 两部楼梯

C. 一部楼梯和一部电梯　　D. 两部楼梯和一部电梯

【参考答案】 B

【解答】 公共建筑是公共活动及人流比较集中的公共场所，人流疏散是建筑设计中至关重

要的问题，为了安全起见，以防火灾发生时，一部楼梯被火封住，至少需设置两部楼梯。2层或3层的建筑（医院、疗养院、托儿所、幼儿园除外）如符合下表要求，可设一部疏散楼梯。电梯不能作为疏散用。

■83. 下列关于公共建筑人流疏散的表述，哪项是错误的？( )

A. 医院属于连续疏散人流　　B. 旅馆属于集中疏散人流

C. 剧院属于集中疏散人流　　D. 教学楼兼有集中和连续疏散人流

【参考答案】 B

【解答】 人流疏散大体上可以分为正常和紧急两种情况。一般正常情况下的人流疏散，有连续的（医院、商店、旅馆等）和集中的（剧院、体育馆等）。有的公共建筑则属于两者兼有，如学校教学楼、展览馆等。

■84. 下列关于住宅无障碍设计做法的表述，哪项是错误的？( )

A. 建筑入口设台阶时，应设轮椅坡道和扶手

B. 旋转门一侧应设供残疾人使用的强力弹簧门

C. 轮椅通行的门净宽不应小于0.80m

D. 轮椅通行的走道宽度不应小于1.20m

【参考答案】 B

【解答】 《住宅设计规范》(GB 50096—2011）强制性条文规定：建筑入口的门不应采用力度大的弹簧门。

■85. 下列关于旅馆建筑选址与布局原则的表述，哪项是错误的？( )

A. 旅馆应方便与车站、码头、航空港等交通设施的联系

B. 旅馆的基地应至少一面邻接城市道路

C. 旅馆可以选址于自然保护区的核心区

D. 旅馆应尽量考虑使用原有的市政设施

【参考答案】 C

【解答】 旅馆建筑选址与原则：①基地选择应符合当地城乡规划要求等基本条件；②与车站、码头、航空港及各种交通路线联系方便；③建造于城市中的各类旅馆应考虑使用原有的市政设施，以缩短建筑周期；④历史文化名城、休养、疗养、观光、运动等旅馆应与风景区、海滨及周围的环境相协调，应符合国家和地方的有关管理条例和保护规划的要求；⑤基地应至少一面临接城市道路，其长度应满足基地内组织各功能区的出入口，如客货运输车路线、防火疏散及环境卫生等要求。

■86. 建筑的交通联系部分，一般可以分为( )基本空间形式。(多选)

A. 水平交通　　B. 垂直交通　　C. 自动交通　　D. 楼梯

E. 电梯　　F. 自动扶梯　　G. 坡道　　H. 枢纽交通

【参考答案】 A、B、H

【解答】 公共建筑空间的使用性质与组成类型虽然繁多，但可以划分为主要使用部分、次要使用部分和交通联系部分。其中主要使用部分与次要使用部分之间、辅助部分与辅助部分之间、楼上与楼下之间、室内与室外之间等，都离不开交通联系空间。这些交通空间包括出入口、通道、过厅、门厅、楼梯、电梯、自动扶梯等。但概括起来可分为水平交通、垂直交通和枢纽交通三种基本空间形式。

■87. **公共建筑过道的长度应根据(　　)来确定，其中主要控制的是(　　)。**
A. 功能的需要、防火规定及空间感受；过道的宽度
B. 建筑性质、耐火等级、防火规范、空间感受；最远房间的门到安全出入口的距离
C. 功能的需要、防火规定及空间感受；过道的宽度及总长度
D. 建筑性质、耐火等级、防火规范、空间感受；空间感受
【参考答案】 B
【解答】 公共建筑中的水平交通空间，布局应直截了当，防止曲折多变，与整个建筑应密切联系。不同功能性质的建筑人流活动规律不同、耐火等级不同等都会影响过道的长度。一般来说，总长度的控制主要决定于人的空间感受，防火疏散的效率决定于最远房间门到安全出入口的距离。
□88. **楼梯一般由(　　)部分组成。(多选)**
A. 梯段　　B. 栏杆　　C. 休息平台　　D. 踢面、踏面
【参考答案】 A、B、C
【解答】 不论哪种形式的楼梯均由梯段、平台、栏杆三部分组成。梯段是由踏面、踢面组成，梯段是楼梯主要部分；每一段连续的梯段之间由平台连接，供人们休息之用，也称休息平台；栏杆起围护及安全作用。
□89. **公共建筑中，为了空间紧凑，使用方便，常把自动扶梯(　　)布置。**
A. 单向布置　　B. 交叉布置　　C. 转向布置　　D. 跃层布置
【参考答案】 C
【解答】 自动扶梯转向布置，可以使空间紧凑，使用方便；跃层布置可以提高自动扶梯的提升速度。
■90. **公共建筑中的坡道的坡度一般为(　　)，人流比较集中的坡度常为(　　)。**
A. 12%～20%；15%～18%　　B. 10%～18%；10%～14%
C. 8%～15%；10%～12%　　D. 7%～10%；10%～12%
【参考答案】 C
【解答】 常在人流疏散集中的地方设置坡道，以利于安全快速疏散的要求，一般坡度为8%～15%；人流比较集中的坡道坡度应平缓，常为10%～12%；还应结合防滑措施一起考虑。
■91. **坡道所占的面积通常为联系同等空间楼梯的(　　)倍。**
A. 2　　B. 3　　C. 4　　D. 6
【参考答案】 C
【解答】 坡道的坡度一般为8%～15%，人流较为集中时为10%～12%，而一般楼梯的坡度角常为30°～45°。即解决等高空间联系，一部坡道所占面积为楼梯面积的4倍左右。因此，出于经济上的考虑，除非特殊需求，如医院护送病人的病床及行走不便的患者，或多层停车场，一般在建筑室内很少采用。
□92. **公共建筑的人流组织一般有(　　)方式。(多选)**
A. 平面方式　　B. 立体方式　　C. 集中方式　　D. 分散方式
【参考答案】 A、B
【解答】 公共建筑是人们进行社会生活的场所，合理地解决好人流疏散问题是公共建筑功

能组织的重要工作。一般公共建筑反映在人流组织上，可归纳为平面和立体的两种方式。平面组织方式适用于中小型公共建筑人流组织。立体组织方式适用于功能要求比较复杂，仅靠平面组织不能完全解决人流集散的公共建筑。

■**93. 以下各类公共建筑中，(　　)类建筑属于分隔性空间组合形式的适用范围。(多选)**

A. 图书馆　　B. 小学校　　C. 办公　　D. 体育馆

【参考答案】 B、C

【解答】 以交通空间为联系手段，组织各类房间，各个房间在功能要求上，基本要相对独立设置，保证各房间有比较安静的环境。所以各个房间之间就需要有一定的交通联系方式，如走道、过厅和门厅等，形成一个完整的空间整体，常称为“走道式”的建筑布局。属于分隔性空间组合形式。多见于办公建筑、学校、医院等公共建筑。

■**94. 在超过8层的高层公共建筑中，电梯可成组地排列于电梯厅内，一般每组电梯不宜(　　)。(多选)**

A. 少于2部　　B. 少于3部　　C. 多于6部　　D. 多于8部

【参考答案】 A、D

【解答】 电梯在超过8层的公共建筑中成为主要交通工具，往往因为电梯部数多，可成组地排列于电梯厅内，但至少要2部，以防一部发生故障时，另一部可继续使用；但一组电梯又不宜超过8部，以免造成人流拥挤，过于集中，反而影响交通，不利于防火疏散。

■**95. 楼梯梯段连续的踏步一般不应超过(　　)级，亦不应少于(　　)级。**

A. 25；6　　B. 20；4　　C. 18；3　　D. 16；2

【参考答案】 C

【解答】 为了使行人不感到疲劳，楼梯梯段连续的踏步数不宜过多，一般不应超过18级；同时梯段不应少于3级。少于3级，地面不易形成明显的高差，不易看清，易导致人们心理无防范，容易跌倒。

□**96. 根据家庭生活行为单元的不同，一般可以将住宅建筑的户分为(　　)部分构成。**

A. 居室、厨房、卫生间、门厅、储藏间

B. 一室户、二室户、三室户、四室户

C. 居住、辅助、交通、其他

D. 公共空间、私密空间、半公共半私密空间

【参考答案】 C

【解答】 住宅的组成规律主要是由行为单元组成室，由室组成户，户分为居住、辅助、交通、其他四大部分。按空间使用功能来分，一套住宅可包括居室（起居室、卧室）、厨房、卫生间、门厅或过道、储藏间、阳台等。

■**97. 在空间组合中，水平交通空间联系同一标高上的各部分，设计时应该满足以下(　　)要求。(多选)**

A. 应与整体空间密切联系

B. 可以直接、通顺与曲折变化结合

C. 具备良好的采光和通风

D. 要考虑等候、休息、观赏功能要求

【参考答案】 A、C、D

【解答】 水平交通空间即指联系同一标高上的各部分的交通空间，有些还附带等候、休息、观赏等功能要求，应与整体空间密切联系，要直接、通顺，防止曲折多变，具备良好的采光和通风。

■98. 电梯设计时应该满足以下(　　)要求。(多选)

A. 每层电梯出入口前，应考虑有停留等候的空间

B. 因电梯本身也需要天然采光，所以电梯间的位置要靠外墙设置

C. 要求配置辅助性质的安全疏散楼梯，供电梯发生故障时使用

D. 要考虑等候、休息、观赏功能要求

【参考答案】 A、C

【解答】 电梯要按防火要求配置辅助性质的安全疏散楼梯，供电梯发生故障时使用。每层电梯出入口前，应考虑有停留等候的空间，即考虑设置一定的交通面积，以免造成拥挤和堵塞。在8层左右的中高层建筑中，电梯与楼梯同等重要，二者要靠近布置；当住宅建筑8层以上、公共建筑高24m以上时，电梯就成为主要交通工具。以电梯为主要垂直交通的建筑物内，每个服务区的电梯不宜少于2台；单侧排列的电梯不应超过4台，双侧排列的电梯不应超过8台；因电梯本身不需要天然采光，所以电梯间的位置可以比较灵活。

■99. 自动扶梯与电梯相比，在空间设置中具有以下(　　)方面的优点。(多选)

A. 等候、休息、观赏功能要求

B. 使用人流可以随时上下

C. 坡度较为平缓

D. 发生故障的时候自动扶梯可以作一般楼梯使用

【参考答案】 B、C、D

【解答】 自动扶梯与电梯相比，在空间设置中具有以下方面的优点：具有连续不断运送人流，使用人流可以随时上下的特点；坡度较为平缓；不需要在建筑物屋顶安设机房和在底层考虑缓冲坑，比电梯占用空间少；发生故障的时候自动扶梯可以作一般楼梯使用。

■100. 下列关于公共建筑群体组合特点的叙述(　　)为妥。(多选)

A. 在群体建筑造型处理上，结合周围环境特点，运用各种形式美的规律，按照一定的设计意图，创造出完整统一的室外空间组合

B. 运用绿化及各种建筑的手段丰富群体空间，取得多样化的室外空间效果

C. 采用分散式布局是公共建筑群体组合的最优方法

D. 要从建筑群的使用性质出发，着重分析相互关系，加以合理分区，运用道路广场等交通联系手段加以组织，使总体布局联系方便

【参考答案】 A、B、D

【解答】 公共建筑群体组合类型可以分为：分散布局的群体组合及中心式布局的群体组合两种形式。应根据不同性质、功能进行组合，而不能强求一致。

■101. 下列关于公共建筑交通联系空间的表述，哪些项是错误的？(　　)(多选)

A. 交通联系空间的形式与功能有关，与建筑空间处理无关

B. 交通联系空间的形式与功能无关，与建筑空间处理有关

C. 交通联系空间的位置与功能有关，与建筑空间处理无关

D. 交通联系空间的位置与功能无关，与建筑空间处理有关

E. 交通联系空间的大小与功能有关，与建筑空间处理也有关

【参考答案】 A、B、C、D

【解答】 交通联系部分解决房间与房间之间水平与垂直方向的联系、建筑物室内与室外的联系。交通联系部分包括水平交通空间（走道），垂直交通空间（楼梯、电梯、坡道），交通枢纽空间（门厅、过厅）等。交通联系空间的大小与功能有关，与建筑空间处理也有关。

■102. 在公共建筑设计中，如果将狭长的空间改成方形空间或接近正方形的矩形空间，会产生如下(　　)效果。(多选)

A. 会加强空间导向感

B. 会减弱空间导向感

C. 会增强空间静止感

D. 会增强空间运动感

【参考答案】 B、C

【解答】 在公共建筑中，优美艺术气氛的获得，是和认真把握比例和尺度分不开的。如果将狭长的空间改成方形空间或接近正方形的矩形空间，会减弱空间导向感，会增强空间静止感，由此可能会造成人流的停滞不前效果。

■103. 根据《民用建筑设计统一标准》，按照层数的不同，我国住宅建筑可分为(　　)类。

A. 2　　B. 3　　C. 4　　D. 5

【参考答案】 B

【解答】 根据《民用建筑设计统一标准》(GB 50352—2019) 3.1.2：民用建筑高度和层数的分类主要是按照现行国家标准《建筑设计防火规范》(GB 50016) 和《城市居住区规划设计标准》(GB 50180) 来划分的。当建筑高度是按照防火标准分类时，其计算方法按现行国家标准《建筑设计防火规范》(GB 50016) 执行。一般建筑按层数划分时，公共建筑和宿舍建筑 1～3 层为低层，4～6 层为多层，大于等于 7 层为高层；住宅建筑 1～3 层为低层，4～9 层为多层，10 层及以上为高层。这种类型习题主要考应试者准确掌握概念的能力，因此，此类内容应当牢记。

■104. 住宅居室的主要功能是满足住户的(　　)要求。(多选)

A. 集中活动与分散活动

B. 娱乐的要求

C. 睡眠的要求

D. 团聚的要求

【参考答案】 A、B、C、D

【解答】 居室为户内最主要的房间，一户可以有一居室或多居室。居室的功能主要是满足住户以下两类行为需要；一是集中的活动，如团聚、娱乐、会客、进餐等；二是分散的活动，如睡眠、学习、工作等。为此，居室又分为起居室、卧室、书房、卧室兼起居室、卧室兼书房等。

■105. 住宅建筑户内功能分区包括以下(　　)类型。(多选)

A. 主次分区　　B. 公私分区　　C. 动静分区　　D. 洁污分区

【参考答案】 B、C、D

【解答】 住宅户内功能分区是相对的，一般包括按私密程度划分的公私分区，从时间使用

上划分的动静分区，从有无烟气、污水、垃圾划分的洁污分区。

■106. 低层住宅的套型设计不用考虑以下(　　)需要。

A. 功能空间条件　　B. 功能空间形态

C. 功能关系　　D. 使用对象

【参考答案】 D

【解答】 低层住宅的套型设计主要包括功能空间条件、功能空间形态和功能关系等居民日常居住活动基本要求的满足。

■107. 公共建筑中，交通联系空间的形式、大小和位置，要服从于(　　)的需要。

A. 建筑形式与使用人数　　B. 建筑空间处理和功能关系

C. 建筑结构形式　　D. 建筑空间的体量

【参考答案】 B

【解答】 交通联系空间要有适宜的高度、宽度和形状，流线宜简单明确，不宜迂回曲折，同时要起到人流导向的作用；有时还因有其他功能，应有良好的采光和满足防火的要求。

■108. 内框架承重体系荷载的主要传递路线是(　　)。

A. 屋顶—板—梁—柱—基础—地基　　B. 地基—基础—柱—梁—板

C. 地基—基础—外纵墙—梁—板　　D. 板—梁—外纵墙—基础—地基

【参考答案】 D

【解答】 内框架承重体系：荷载的主要传递路线见下图。

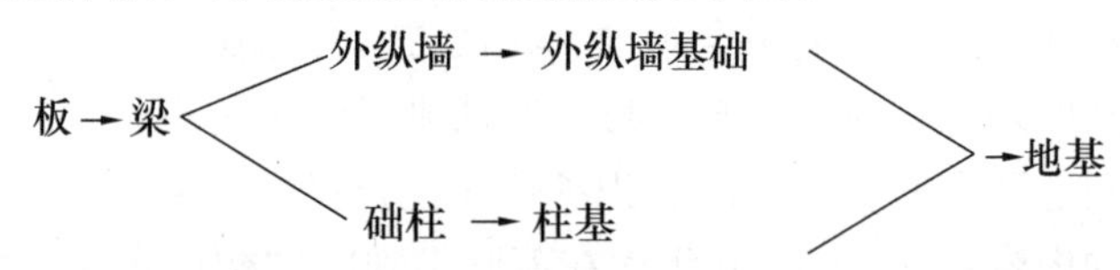

特点：墙和柱都是主要承重构件，由于取消了承重内墙由柱代替，在使用上可以有较大的空间，而不增加梁的跨度。适用：教学楼、旅馆、商店、多层工业厂房等建筑。

■109. 下列哪项不属于大跨度建筑结构？(　　)

A. 单层钢架　　B. 拱式结构　　C. 旋转曲面　　D. 框架结构

【参考答案】 D

【解答】 横向跨越60m以上空间的各类结构可称为大跨度空间结构。大跨度结构其结构体系有很多种，如网架结构、索结构、薄壳结构、充气结构、应力膜皮结构、混凝土拱形桁架等。

框架结构采用梁柱承重，因此建筑布置灵活，可获得较大的使用空间，使用广泛，主要应用于多层工业厂房、仓库、商场、办公楼等建筑，但是框架结构的空间跨度小。

□110. 下列建筑与相应构图手段之间的对应关系正确的是(　　)组。

①金字塔　②大雁塔　③悉尼歌剧院　④人民英雄纪念碑

Ⅰ. 对比　Ⅱ. 动态均衡　Ⅲ. 渐变韵律　Ⅳ. 稳定

A. ①—Ⅲ；②—Ⅱ；③—Ⅰ；④—Ⅳ　　B. ①—Ⅳ；②—Ⅲ；③—Ⅱ；④—Ⅰ

C. ①—Ⅰ；②—Ⅱ；③—Ⅲ；④—Ⅳ　　D. ①—Ⅱ；②—Ⅳ；③—Ⅰ；④—Ⅲ

【参考答案】 B

【解答】 金字塔为单纯的三棱锥体，为稳定构图；大雁塔为同一元素按一定规律发生变化，富有渐变的韵律美；悉尼歌剧院是反向壳式屋面保持了均衡及富有动感；人民英雄纪念碑高耸的碑体与低矮伸展的平台形成对比。

□111. 建筑构图原理主要研究(　　)问题。(多选)

A. 空间划分　　B. 建筑艺术形式美的创作规律

C. 空间构成　　D. 艺术的多样统一性

【参考答案】 B、D

【解答】 建筑构图原理主要研究建筑艺术形式美的创作规律问题，多样统一是形式美的基本规律，它主要包括主从、对比、节奏、韵律、比例、尺度、均衡、稳定等。

■112. 下列关于形式美法则的描述，哪项是错误的？(　　)

A. 是关于艺术构成要素普遍组合规律的抽象概括

B. 研究内容包括点、线、面、体以及色彩和质感

C. 研究历史可追溯到古希腊时期

D. 在现代建筑运动中受到大师们的质疑

【参考答案】 D

【解答】 一个建筑给人们以美或不美的感受，在人们心理上、情绪上产生某种反应，存在着某种规律。建筑形式美法则就表述了这种规律。建筑物是由各种构成要素如墙、门、窗、台基、屋顶等组成的。这些构成要素具有一定的形状、大小、色彩和质感，而形状(及其大小)又可抽象为点、线、面、体(及其度量)，建筑形式美法则就表述了这些点、线、面、体以及色彩和质感的普遍组合规律。在西方自古希腊时代就有一些学者与艺术家提出了美的形式法则的理论，时至今日，形式美法则已经成为现代设计的理论基础知识。

建筑形式美法则是随着时代发展的。为了适应建筑发展的需要，人们总是不断地探索这些法则，注入新的内容。20世纪20年代在苏联出现的“构成主义”学派，虽然在当时没有流行开来，但“构成”这一概念，经过不断的充实、提炼和系统化，几乎已经成为一切造型艺术的设计基础。其原则、手法也可为建筑创造借鉴。格罗皮乌斯创办的包豪斯学校，一反古典学院派的教学方法，致力于以新的方法来培养建筑师，半个多世纪以来，在探索新的建筑理论和创作方法方面，取得长足的进展。传统的构图原理一般只限于从形式本身探索美的问题，显然有局限性。因此现代许多建筑师便从人的生理机制、行为、心理、美学、语言、符号学等方面来研究建筑创作所必须遵循的准则。尽管这些研究都还处于探索阶段，但无疑会对建筑形式美法则的发展产生重大影响。

■113. 联排式低层住宅，在拼联中长度一般取(　　)左右为宜。

A. 30m　　B. 40m　　C. 45m　　D. 60m

【参考答案】 A

【解答】 联排式低层住宅一般是将独院式住宅拼联至少3户以上，但不宜过多，否则交通迂回，干扰较大，通风也有影响。拼联也不宜过少，否则对节约用地不利，一般取30m左右为宜，即3户左右的拼联。

□114. 多层住宅的交通组织方式一般有以下(　　)种类型。(多选)

A. 以楼梯间层组织各户入口　　B. 以门厅、厅来组织各户入口

C. 围绕楼梯间组织各户入口　　D. 以廊来组织各户入口

【参考答案】 A、C、D

【解答】 多层住宅以垂直交通的楼梯为枢纽，必要时，以水平的公共走廊来组织各户。楼梯和走廊组织交通以及进入各户的方式不同，可以形成各种平面类型的住宅。

■115. 依据国家现行《住宅设计规范》下列关于住宅建筑套内空间低限面积的表述，哪项是错误的？(　　)

A. 单人卧室为 $6m^2$　　B. 双人卧室为 $10m^2$

C. 卫生间为 $2m^2$　　D. 起居室为 $12m^2$

【参考答案】 C

【解答】 《住宅设计规范》(GB 50096—2011) 规定：

卧室之间不应穿越，卧室应有直接采光、自然通风，其面积不宜小于下列规定：双人卧室为 $10m^2$；单人卧室为 $6m^2$；

起居室（厅）应有直接采光、自然通风。其使用面积不应小于 $12m^2$。

每套住宅应设卫生间。第四类住宅宜设 2 个或 2 个以上卫生间。每套住宅至少应配置三件卫生洁具，不同洁具组合的卫生间使用面积不应小于下列规定：设便器、洗浴器（浴缸或喷淋）、洗面器三件卫生洁具的为 $3m^2$。

■116. 在多层住宅中，每套有两个朝向，便于组织通风，采光通风均好，单元面宽较窄的平面类型是(　　)式的梯间式住宅。

A. 一梯二户　　B. 一梯三户　　C. 一梯四户　　D. 一梯一户

【参考答案】 A

【解答】 多层住宅以垂直交通的楼梯间为枢纽，必要时以水平的公共走廊来组织各户。一梯二户可以使每一户均有南北向的房间，采光好通风好；一梯三户楼梯利用率高，但中间户只有一个朝向，通风组织不好；一梯四户楼梯利用率更高，但中间至少有两户只有一个朝向，通风组织不好；一梯一户楼梯利用率低，不利于邻里交往。

□117. 在寒冷地区，住宅设计的一个主要矛盾是解决(　　)方面的问题。

A. 采光与通风　　B. 采光与开窗

C. 建筑的防寒　　D. 通风与开窗

【参考答案】 C

【解答】 建筑防寒包括采暖与保温两个方面，要使寒冷地区住宅室内具有合乎卫生标准的室温，就必须采暖。

□118. 下列四种说法中，(　　)是高层住宅设计的特点。(多选)

A. 可以获得较多的空间用以布置公共活动场地和绿化，丰富城市景观

B. 节约城市能源

C. 对居民生理和心理会有较大促进作用

D. 用钢量较大，一般为多层住宅的 3～4 倍

【参考答案】 A、D

【解答】 高层住宅设计的基本特点包括上述选项中的 A、D 及以下内容：可提高住宅的容积率，节约城市用地；可节省市政建设投资；对居民生理和心理会产生一定不利影响。

□119. 炎热地区住宅建筑适宜朝向依次是(　　)方向。

A. 南向、东向、西向、北向

B. 南偏东 30°或南偏西 15°、南向、北向、东向、西向

C. 南向、南偏东 30°或南偏西 15°以内、东向、北向、西向

D. 东偏南 45°与西偏南 15°以内、南向、东向、北向、西向

【参考答案】 C

【解答】 炎热地区住宅朝向的选择，影响到夏季强烈的太阳光对住宅及周围环境的辐射角度、照射时间和“热化”程度；同时也影响到住宅对夏季季候风的利用程度。使住宅位于合理的朝向，有利于减小太阳辐射对住宅的不利影响，同时有利于组织住宅的通风。

■120. 解决建筑保温问题，最有效的措施是(　　)。

A. 缩小建筑的进深，增大外墙长度，增加每户所占的墙面

B. 加大建筑的进深，缩短外墙长度，尽量减少每户所占外墙面

C. 建筑的朝向最好面向南、北方向

D. 建筑的朝向最好面向东、西方向

【参考答案】 B

【解答】 建筑的外墙长度直接影响采暖效果和采暖经济性。在设计标准和设计条件相同的情况下，要减少建筑的外墙长度，只有加大进深。此类问题主要考查应试者对建筑经济性的掌握。

□121. 餐饮、商店等商业设施通过有顶棚的步行街连接，且步行街两侧的建筑需利用步行街进行安全疏散时，下列(　　)规定是错误的。

A. 步行街两侧建筑的耐火等级不应低于二级

B. 步行街两侧建筑内的疏散楼梯应靠外墙设置并宜直通室外，确有困难时，可在首层直接通至步行街；首层商铺的疏散门可直接通至步行街，步行街内任一点到达最近室外安全地点的步行距离不应大于 60m。步行街两侧建筑二层及以上各层商铺的疏散门至该层最近疏散楼梯口或其他安全出口的直线距离不应大于 37.5m

C. 步行街两侧建筑的商铺内外均应设置疏散照明、灯光疏散指示标志和消防应急广播系统

D. 步行街两侧建筑相对面的最近距离均不应小于相关规范对相应高度建筑的防火间距要求且不应小于 13m

【参考答案】 D

【解答】《建筑设计防火规范》(GB 50016—2014)(2018 年版)规定，步行街两侧建筑相对面的最近距离均不应小于相关规范对相应高度建筑的防火间距要求且不应小于 9m。步行街的端部在各层均不宜封闭，确需封闭时，应在外墙上设置可开启的门窗，且可开启门窗的面积不应小于该部位外墙面积的一半。步行街的长度不宜大于 300m。

□122. 下列关于消防电梯的设置的表述，错误的是(　　)。

A. 消防电梯宜分别设在同的防火分区内

B. 消防电梯间应设前室，其面积：居住建筑不应小于 6.00m^2；公共建筑不应小于 10.00m^2

C. 消防电梯间前室宜靠外墙设置，在首层应设直通室外的出口或经过长度不超过 30m 的通道通向室外

D. 消防电梯的载重量不应小于 800kg

【参考答案】B

【解答】根据《建筑设计防火规范》（GB 50016—2014）（2018年版）的规定，消防电梯间应设前室，其面积：居住建筑不应小于4.50m²；公共建筑不应小于6.00m²。当与防烟楼梯间合用前室时，其面积：居住建筑不应小于6.00m²；公共建筑不应小于10m²。

□123. 位于袋形过道内的房间距安全出入口的最大距离为(　　)m。

A. 16　　B. 18　　C. 20　　D. 22

【参考答案】 C

【解答】 位于两个安全出入口之间的房间距最近的安全出入口的最大距离不应超过40m，袋形过道内最大距离则必须限制在20m以内。

■124. 单栋住宅长度超过(　　)m，应在建筑物底层设人行通道。

A. 50　　B. 80　　C. 120　　D. 160

【参考答案】 B

【解答】 《住宅设计规范》（GB 50096—2011）自2012年8月1日起实施。规定：单栋住宅的长度大于160m时应设4m宽、4m高的消防车通道，大于80m时应在建筑物底层设人行通道。

■125. 建筑按使用性质分为(　　)两大类。

A. 居住建筑和公共建筑　　B. 农业建筑和工业建筑

C. 民用建筑和工业建筑　　D. 生产建筑和非生产建筑

【参考答案】 D

【解答】 按建筑的使用性质分为两大类，生产性建筑与非生产性建筑。生产性建筑包括工业建筑和农业建筑，非生产建筑包括居住建筑和公共建筑。

□126. 住宅建筑工业化的标志是(　　)。

A. 建筑设计标准化、构件生产工厂化、施工机械化、组合管理科学化

B. 建筑设计标准化、构件生产工厂化、采用工厂结构方式

C. 集中、先进的大工业生产

D. 构件生产工厂化、建筑设计标准化、工厂化管理

【参考答案】 A

【解答】 住宅建筑工业化是指采用现代化的科学技术手段，以集中、先进的大工业生产方式代替过去分散的、落后的手工生产方式。其主要标志是建筑设计标准化、构件生产工厂化、施工机械化、组合管理科学化。

□127. 炎热地区住宅建筑的隔热方法，以下(　　)方法为妥。(多选)

A. 利用通风来降低已受热外墙和屋顶的温度

B. 通过平面设计和规划组合来减少东西向墙面的长度或减少受太阳辐射的程度

C. 把外墙饰面材料处理成浅色和采用可在一定程度上反射热量的材料，减少外墙吸收的热量

D. 利用平顶减少建筑顶部对室内气温的影响

【参考答案】 A、B、C

【解答】 坡顶在隔热方面有较大的好处，坡屋顶和室内顶棚之间的空气层，可在很大程度上减少热辐射对室内的影响。采用有土或无土植被屋顶、蓄水屋顶及墙面垂直绿化等处理

方式，可减少外墙和屋顶的受热程度。利用一些隔热性能较好的建筑材料和有效的构造方法，来减少外墙和屋顶的受热程度。

□128. 寒冷地区住宅建筑设计中要注意节能设计，以下各项不属于寒冷地区住宅节能设计要点的是(　　)。

A. 合理扩大栋进深尺寸

B. 平面空间组合应紧凑集中，尽量减少凹凸变化

C. 加大建筑物体量，加大体形系数

D. 加强热桥节点部位的保温构造设计

【参考答案】 C

【解答】 寒冷地区住宅设计的节能设计，要控制住宅的体形系数：合理扩大栋进深尺寸，利用住宅类型特征，平面空间组合应紧凑集中，尽量减少凹凸变化，合理提高住宅层数，加大体量，严寒地区采用东西向住宅，加大建筑物体量，减少体形系数；扩大南向得热面的面积；窗户节能；选用高效、合理、经济和节能围护结构体系；加强热桥节点部位的保温构造设计；加强住宅楼公共空间的防寒设计。

□129. 塔式中高层住宅建筑每层建筑面积为(　　)。

A. 不超过 $500m^2$　　B. 不超过 $600m^2$

C. 不超过 $800m^2$　　D. 不超过 $1000m^2$

【参考答案】 A

【解答】 塔式中高层住宅按防火规范可以只设一部电梯、一部楼梯，但是每层建筑面积要求控制在 $500m^2$ 之内，楼梯应为封闭楼梯。

■130. 工业建筑与其他民用建筑相比，总平面设计最突出的一个特点是(　　)。

A. 简单流线与复杂流线的差别　　B. 简单环境影响与复杂环境影响的差别

C. 单一尺度与多尺度的差别　　D. 多学科、多工种密切配合

【参考答案】 A

【解答】 从本质上讲，工业建筑总平面设计与其他类型的建筑总平面设计没有原则的区别，即要将人、建筑、环境相互矛盾、相互约束的关系在一个多维状态下协调起来。民用建筑主要以人流为主组织建筑空间，工厂中人流与物流、人与机器之间运行在同一空间之内，形成相互交织的网络。

□131. 工厂区一般性道路运输系统中，主要出入运输道路宽(　　)左右为宜。

A. 4.5m　　B. 6m　　C. 7m　　D. 18m

【参考答案】 C

【解答】 根据工业园区规划的有关规定，工厂内必然有运输作业，从原料到产品，从燃料到废物清除，需要通过各种各样运输方式完成运输作业。主要出入运输道路宽 7m 左右，车间之间一定数量的物流及人流运输道路一般宽 4.5～6.0m。

■132. 下列关于工业建筑中化工厂功能单元的表述，哪项是错误的？(　　)

A. 生产单元：包括车间、实验楼等

B. 动力单元：包括锅炉房、变电间、空气压缩车间等

C. 生活单元：包括宿舍、食堂、浴室等

D. 管理单元：包括办公室等

【参考答案】 A

【解答】 工厂中的功能单元一般都有如下几方面的个体特征：物料输入输出特征；能源输入输出特征；人员出入特征；信息输入输出特征。

组成专业化工厂的功能单元时常分为：

①生产单元：直接从事产品的加工装配。

②辅助生产单元：设备维修、工具制作、水处理、废料处理等。

③仓储单元：物料暂时性的存放。

④动力单元：主要用作能量转换，如锅炉房、变电间、煤气发生站、乙炔车间、空气压缩车间等。

⑤管理单元：办公室、实验楼等。

⑥生活单元：宿舍、食堂、浴室、活动室等。

■133. 下列建筑选址与布局原则的表述，哪项是错误的？(　　)

A. 停车库出入口应置于主要道路交叉口

B. 旅游旅馆宜置于风貌保护区

C. 电视台尽可能远离高频发生器

D. 档案馆应尽量远离市区

【参考答案】 D

【解答】 档案馆选址：

①馆址应远离有易燃、易爆物的场所，不设在有污染、腐蚀气体单位的下风向，避免架空高压输电线穿过。

②应选择地势较高、场地干燥、排水通畅、空气流通和环境安静的地段，并宜有适当的扩建余地。

③应建在交通便利，且城市公用设施比较完备的地区。除特殊需要外，一般不宜远离市区。为保持馆区环境安静，减少干扰，也不宜建在城市的闹市区。

④确需在城区建馆时，应选择安全可靠和交通方便的地区。不应设在有发生沉陷、滑坡、泥石流可能的地段和埋有矿藏的场地上面。为避免噪声和交通的干扰，也不宜紧临铁路及交通繁忙的公路附近修建。

■134. 下列哪项不是确定场地设计标高的主要考虑因素？(　　)。

A. 建筑项目性质　　B. 场地植被状况

C. 交通联系条件　　D. 地下水位高低

【参考答案】 B

【解答】 场地设计标高确定主要因素：

①用地不被水淹，雨水能顺利排出，设计标高应高出设计洪水位 0.5m 以上；

②考虑地下水、地质条件影响；

③场地内、外道路连接的可能性；

④减少土石填、挖方量和基础工程量。

■135. 风向频率玫瑰图一般有以下(　　)形式。(多选)

A. 8 方向风玫瑰　　B. 16 方向风玫瑰

C. 24 方向风玫瑰　　D. 32 方向风玫瑰

【参考答案】 A、B、D

【解答】 利用当地气象台观测的风气象资料，将各个方位的风向频率按比例绘制的方向坐标图上，并形成封闭折线，便形成风向频率玫瑰图，一般常用8个、16个、32个方向风玫瑰图。

■136. 关于空气污染系数，工厂或某些建筑所散发的有害气体和微粒对邻近地区空气污染，从水平方向来说，下列说法正确的是(　　)。

A. 下风部受污染的程度与该方向的风向频率成正比，与风速成正比

B. 下风部受污染的程度与该方向的风向频率成反比，与风速成反比

C. 下风部受污染的程度与该方向的风向频率成正比，与风速大小成反比

D. 下风部受污染的程度与该方向的风向频率成反比，与风速大小成正比

【参考答案】 C

【解答】 工厂或某些建筑所散发的有害气体和微粒对邻近地区空气污染程度，不但与风向频率有关，也受到风速的影响。在下风部，从水平方向说，受污染程度与风向频率成正比，与风速大小成反比。

■137. 场地设计所需要的降水资料不包括(　　)方面的资料。

A. 平均年降雨量　　B. 暴雨持续时间

C. 最大降雨量　　D. 地表径流系数

【参考答案】 D

【解答】 此类试题要求应试者对场地设计中所经常涉及的气象因素资料要有全面的理解与掌握。场地设计所需的气温资料一般有：常年绝对最高气温和绝对最低气温，以及历年最热月平均气温和最冷月平均气温。降水资料对建筑物的选址、布局、竖向设计、排水防洪设计以及管线布置、项目施工等有直接影响，一般需要平均年降雨量、暴雨持续时间、最大降雨量、初雪、终雪日期、积雪最大厚度、土壤冻结最大深度等资料。

■138. 地形图上一般纵轴为(　　)轴，表示(　　)方向坐标。

A. X；南北　　B. Y；南北　　C. X；东西　　D. Y；东西

【参考答案】 A

【解答】 地形图上经常不绘制指北针，但可以通过坐标图识读，坐标网一般以纵轴为X轴，表示南北方向坐标，其值大的一端为北；横轴为Y轴，表示东西方向坐标，其值大的一端为东。

■139. 下列关于等高线的叙述(　　)项正确。(多选)

A. 相邻两条等高线之间的高差是等高距

B. 等高线间距与地面坡度成正比

C. 在同一张地形图上，等高距是相同的

D. 相邻两条等高线之间的水平距离叫等高线间距

【参考答案】 C、D

【解答】 在地形图上，等高线间距随地形变化而变化，且与地面坡度成反比。

■140. 当土壤允许承载力为115kPa时，那么，在土壤上允许建设的建筑层数为(　　)。

A. 1层、2层　　B. 2层、3层　　C. 3层、4层　　D. 5层、6层

【参考答案】 B

【解答】 工程地质的好坏直接影响建筑的安全、投资量和建设速度；因此，场地设计必须考虑建筑设计项目对地基承载力和地层稳定性的要求。建筑物对土壤允许承载力的要求如下：1层建筑为60～100kPa；2、3层建筑为100～120kPa；4、5层建筑为120kPa。当地基承载力小于100kPa时，应注意地基的变形问题。

■141. 允许突入道路红线的建筑突出物包括以下(　　)部分。(多选)

A. 建筑物的台阶、平台、雨篷、地下建筑、窗井

B. 建筑物的台阶、平台、窗井、地下建筑、建筑基础

C. 连接城市管线的地下管线

D. 挑檐、雨篷、窗扇、窗罩、阳台

【参考答案】 C、D

【解答】 建筑物一般均不得超出建筑控制线建造。建筑物的台阶、平台、窗井、地下建筑及建筑基础，除基地内连接城市管线以外的其他地下管线，均不得突入道路红线。而挑檐、雨篷、窗扇、窗罩、阳台在一定高度和宽度条件下可以突入道路红线。

■142. 在人行道地面上空，2.0m以上允许突出的窗罩、窗扇，其突出宽度不应大于(　　)；2.5m以上允许突出活动遮阳篷，突出宽度不应大于(　　)。

A. 0.4m；人行道宽度减1.0m，并不大于3.0m

B. 0.2m；人行道宽度减0.8m，并不大于3.0m

C. 0.4m；人行道宽度减0.5m，并不大于3.5m

D. 0.4m；人行道宽度减0.4m，并不大于3.5m

【参考答案】 A

【解答】 在人行道地面上空，2.0m以上允许突出窗扇、窗罩，其宽度不应大于0.4m；2.5m以上允许突出活动遮阳篷，突出宽度不应大于人行道宽度减1.0m，并不大于3.0m；3.5m以上允许突出阳台、凸形封窗、雨篷、挑檐，突出不应大于1.0m；5.0m以上允许突出雨篷、挑檐，突出宽度不应大于人行道宽度减1.0m，并不应大于3.0m。

■143. 车流量较多的基地，其通路连接城市道路的位置，距大中城市主干道交叉口的距离，自道路红线交点起不应小于(　　)；距非道路交叉口的过街人行道，最边缘不应小于(　　)。

A. 50m；4m　　B. 70m；5m　　C. 80m；6m　　D. 100m；8m

【参考答案】 B

【解答】 车流量较多的基地，其通路连接城市道路的位置应符合下列规定：距大中城市主干道交叉口的距离，自道路红线交点起不应小于70m；距非道路交叉口的过街人行道（包括引道、引桥和地铁出入口）最边缘不应小于5m；距公共交通站台边缘不应小于10m；距公园、学校、儿童及残疾人等建筑物的出入口不应小于20m。

■144. 局部突出屋面的楼梯间、电梯机房、水箱间、烟囱等，在城市一般建设地区(　　)。

A. 可计也可不计入建筑控制高度　　B. 应计入建筑控制高度

C. 不计入建筑控制高度　　D. 应折半计入建筑控制高度

【参考答案】 C

【解答】 建筑局部突出屋面的部分的高度和面积（比例），应符合当地城市规划实施条例

的规定；当建筑处在一般建设区时可不计入建筑控制高度；当建筑处在建筑保护区、建筑控制地带和有净空要求的控制区时，上述部分应计入建筑控制高度。

■145. 一般用地的功能分区是以(　　)作为边界的。(多选)

A. 绿化　　B. 河流　　C. 道路　　D. 高压走廊

【参考答案】 A、B、C

【解答】 每一功能分区是将性质相同、功能接近、联系密切、对环境要求一致的建筑物、构筑物及设施所形成的若干组，结合基地内外的具体条件，形成合理的功能分区。一般以道路作为边界，同时也要充分利用自然地形；河流、绿化也往往作为功能分区的界限。

■146. 我国《民用建筑设计统一标准》中规定：托儿所、幼儿园应至少获得冬至日满窗日照不少于(　　)。

A. 1 小时　　B. 1.5 小时　　C. 2 小时　　D. 3 小时

【参考答案】 D

【解答】 根据《民用建筑设计统一标准》规定：住宅应每户至少有一个居室，宿舍应每层至少有半数以上居室能获得冬至日满窗日照不少于 1 小时；托儿所、幼儿园和老年人、残疾人专用住宅的主要居室、医疗、疗养院，至少有半数以上的病房和疗养室，应获冬至日满窗日照不少于 3 小时。

■147. 电影院、剧场建筑基地应至少(　　)面直接临接城市道路，其沿城市道路的长度至少不小于基地周长的(　　)，基地至少有(　　)以上不同方向通向城市道路的出口。

A. 两面；1/4；4 个　　B. 两面；1/6；2 个

C. 一面；1/6；2 个　　D. 一面；1/4；4 个

【参考答案】 C

【解答】 电影院、剧场、文化娱乐中心、会堂、博览建筑、商业中心等人员密集建筑的基地，在执行当地城市规划部门的条例和有关专用建筑设计规范时，应同时满足基地应至少一面直接临接城市道路，其沿城市道路的长度至少不小于基地周长 1/6；基地至少有 2 个以不同方向通向城市道路的出口；基地或建筑物的主要出入口，应避免直对城市主要干道的交叉口，建筑物主要出入口前应有供人群集散用的空地。

■148. 通常我们所说的气象条件中的气温是指位于(　　)位置的空气温度。

A. 高出地面 2.8m 高处测得的空气温度

B. 高出地面 2.5m 高处测得的空气温度

C. 高出地面 1.5m 高处测得的空气温度

D. 地面空气温度与高出地面 3.0m 高处空气温度的平均值温度

【参考答案】 C

【解答】 气温单位摄氏度，通常指高出地面 1.5m 高处测得的空气温度。

■149. 从自然地理宏观地来划分城市及其周围环境的地形，大体包括(　　)三类。

A. 山地、山谷、盆地　　B. 山地、丘陵、平原

C. 丘陵、平原、冲沟　　D. 山地、丘陵、盆地

【参考答案】 B

【解答】 地形条件对场地设计影响很大。从自然地理宏观地划分为山地、丘陵、平原三

类；从小范围看，地形还可以进一步分为山谷、冲沟、盆地、阶地等类型。

△150. 城乡规划设计过程中，一般是在(　　)阶段往往要提出一系列控制指标及相应要求，以保证场地设计的经济性。

A. 区域规划　　　　B. 总体规划

C. 控制性详细规划　　　　D. 修建性详细规划

【参考答案】 C

【解答】 城乡规划中控制性详细规划往往对规划地段提出一系列控制指标及相应要求，以保证场地设计的经济性，并与周围环境和城市公用设施协调统一。控制指标一般包括，建筑密度、容积率、绿地率、停车场出入口、建筑高度等。

□151. 机场用地适用建设坡度为(　　)。

A. 0.3%～8%　　　　B. 0.3%～6%

C. 0.4%～3%　　　　D. 0.5%～1.0%

【参考答案】 D

【解答】 城市各项建设用地适用坡度考虑要充分利用和结合自然坡度，减少土石方工程量，降低施工难度和建设成本，并有利于排水。

■152. 下列关于建筑场地选址的表述，正确的是(　　)。

A. 儿童剧场应设于位置适中、公共交通便利、比较繁华的区域

B. 剧场与其他类型建筑合建时，应有共享的疏散通道

C. 档案馆一般应考虑布置在远离市区的安静场所

D. 展览馆可以利用荒废建筑加以改造或扩建

【参考答案】 D

【解答】 儿童剧场应设于位置适中、公共交通便利、比较安静的区域。剧院与其他建筑合建时，应该保证专有的疏散通道，室外广场应包括含有剧场的集散广场。档案馆应该建在交通便利而且城市公用设施比较完备的地区，除特殊需要，一般不宜远离市区，为保持馆区环境安静，减少干扰，也不宜建在城市的闹市区。

■153. 平坡式场地的最大允许自然地形坡度是(　　)。

A. 3%　　B. 4%　　C. 5%　　D. 6%

【参考答案】 C

【解答】 场地一般自然地形坡度不宜小于0.3%。小于3%的自然坡，一般选择平坡式；大于5%，一般选择台阶式。场地内地块间可按连接方式选择平坡或台阶形式。当场地长度超过500m，坡度小于3%，也可用台阶式。

■154. 2、3层建筑对土壤允许承载力为(　　)的可以建设。

A. 60～100kPa　　　　B. 100～120kPa

C. 120～140kPa　　　　D. 140～180kPa

【参考答案】 B

【解答】 1层建筑对土壤允许承载力要求为60～100kPa；2、3层建筑要求为100～120kPa；4、5层建筑要求为120kPa。

■155. 建筑布局应遵循的原则包括以下(　　)方面。(多选)

A. 建筑群体应以规整式为主，结合自由式、混合式布局

B. 具有建筑形体组合的整体观念，在统一中求变化，变化中求统一，有主有从，主从分明

C. 注意建筑组群的性格要求

D. 与场地的地形起伏、形态取得适宜的关系，形成“有机建筑”

【参考答案】 B、C、D

【解答】 场地内的建筑布局，应因地制宜，采取灵活的手法，以便取得具有明显特点的建筑形体组合。应遵循上述选项中的B、C、D及以下原则：要充分结合总体的功能分区和交通流线组织；注意对比和协调手法的运用。

■156. 当人的视线与外部空间界面构成的夹角在(　　)时，空间有围合感，但又不会对人形成压抑感。

A. 30°～60°　　B. 45°以上

C. 18°～45°　　D. 18°以下

【参考答案】 C

【解答】 以人的视觉感受为依据，外部空间可以划分为开敞空间、围合空间和封闭空间。当人的视线与外部空间的界面构成18°以下夹角时，给人一种空旷感觉，围合较弱，这种空间为开敞空间。当人的视线与外部空间界面构成45°以上夹角时，人有一种封闭感，界面对人产生一种强烈的压抑感，这种空间为封闭空间。当人的视线与外部空间界面构成夹角在18°～45°时，空间有围合感，但又不会对人形成压抑感，这种空间为围合空间。

■157. 场地设计中防震措施包括(　　)。(多选)

A. 考虑防火、防爆、防有毒气体扩散

B. 建筑物间距适当放宽

C. 道路最好修成刚性混凝土路面断面

D. 架空管道和管道与设备连接处或穿墙体处，既要连接牢固以防滑落，又要采用软接触以防管道折断

【参考答案】 A、B、D

【解答】 场地抗震措施还包括：人员较集中的建筑物，远离高耸烟囱或易倾倒、脱落的设备，以及易燃、易爆建筑物；道路最好不修刚性混凝土路面，以便地下管道发生断裂时及时开挖抢修；场地内一切管道，采用抗震强度较高的材料。

■158. 下列关于基地与道路红线关系的叙述正确的是(　　)。(多选)

A. 基地应与道路红线相连接　　B. 基地应退道路红线一定距离

C. 基地与道路红线之间应设通路连接　　D. 基地退道路红线的用地仅能作绿化之用

【参考答案】 A、C

【解答】 从节省城市土地角度来看，一般不要轻易退红线。基地退道路红线一定距离为建筑控制线，基地退道路红线可以做绿化和广场等用。

建筑红线由道路红线和建筑控制线组成。道路红线是城市道路（含居住区级道路）用地的规划控制线；建筑控制线是建筑物基底位置的控制线。基地与道路邻近一侧，一般以道路红线为建筑控制线，如果因城乡规划需要，主管部门可在道路线以外另订建筑控制线，一般称后退道路红线建造。任何建筑都不得超越给定的建筑

红线。

□**159. 建筑物处在15°～30°方位角时，其日照间距系数折减系数为(　　)。**

A. 0.8　　B. 0.9　　C. 0.95　　D. 1.0

【参考答案】 B

【解答】 根据地球自转与太阳方位角的变化，根据建筑物不同的方位角，日照间距系数根据其角度相应折减系数对应关系如下：0°～15°→1.0；15°～30°→0.9；30°～45°→0.8；45°～60°→ 0.9；>60°→0.95。

□**160. 一级耐火等级的民用建筑与二级耐火等级的民用建筑之间的最小防火间距为(　　)。**

A. 6m　　B. 7m　　C. 9m　　D. 13m

【参考答案】 A

【解答】 参照我国《民用建筑设计统一标准》中关于防火的有关规定。

民用建筑物的防火间距

耐火等级	耐火等级		
	一、二级	三级	四级
	防火间距（m）		
一、二级	6	7	9
三级	7	8	10
四级	8	10	12

■**161. 高层民用建筑之间的防火间距，一般应为(　　)m。**

A. 13　　B. 15　　C. 16　　D. 18

【参考答案】 A

【解答】 参照我国《民用建筑设计统一标准》中关于防火的有关规定。

高层建筑物的防火间距

防火间距（m）／建筑类别／高层民用建筑	高层民用建筑		其他民用建筑		
	主体建筑	附属建筑	耐火等级		
			一、二级	三级	四级
主体建筑	13	13	13	15	18
附属建筑	13	6	6	7	9

■**162. 选择设计地面连接形式时，应至少考虑以下(　　)方面因素。(多选)**

A. 自然地形的坡度大小　　B. 自然地形的地质地貌

C. 建筑物的使用要求及运输关系　　D. 无障碍设计

【参考答案】 A、C

【解答】 选择设计地面连接形式，要考虑将自然地形加以适当改造，使其能满足使用要求，应综合考虑上述选项中的A、C以及场地面积大小和土石方工程量因素等。

■**163. 当建筑物有进车道时，室内外高差一般为(　　)；当无进车道时，一般室内地坪比室外地坪高出(　　)，允许在(　　)范围内变动。**

A. 0.15m；0.45～0.6m；0.3～0.9m

B. 0.35m；0.5～0.7m；0.5～0.9m

C. 0.10m；0.3～0.5m；0.3～0.7m

D. 0.08m；0.2～0.9m；0.10～1.0m

【参考答案】 A

【解答】 建筑室内外设置高差主要是为了防止雨水倒灌。有进车道时，室内外高差不要太大，否则造成较大的车辆行驶坡度，不利于车辆进出；当无进车道时，室内外高差可稍许增加，应结合具体地形和建筑本身要求确定，一般能防止雨水倒灌即可。

■164. 场地自然坡度为16%时，应选择( )设计场地连接形式。

A. 混合式　　B. 平坡式　　C. 台阶式　　D. 陡坡式

【参考答案】 C

【解答】 台阶式是由两个标高差较大的不同平面相连接而成的。一般情况下，自然坡度小于3%，应选择平坡式；自然坡度大于8%时，采用台阶式。但当场地长度超过500m时，虽然自然坡度小于3%，也可采用台阶式。

△165. 车流量较多的基地距公共交通站台边缘的距离不应( )m；距非道路交叉口的过街人行道最边缘距离不应( )m。

A. 小于10；小于5

B. 大于10；小于20

C. 大于10；大于20

D. 小于15；大于15

【参考答案】 A

【解答】 距大中城市主干道交叉口的距离，自道路红线交叉点起不应小于70m；距公园、学校、儿童及残疾人等建筑物出入口不应小于20m，距公共交通站台边缘不应小于10m；距非道路交叉口的过街人行道最边缘不应小于5m。

△166. 从形体组合的关系上来分，建筑布局的方式包括( )形式。

A. 集中式、分散式、院落式

B. 对称式、非对称式

C. 规整式、自由式和混合式

D. 集中式、分散式、组群式

【参考答案】 C

【解答】 场地内的建筑布局受到气候、地形、地质、现状条件，以及建筑性质和使用功能等方面的制约。从形体组合手法来分，建筑布局有规整式、自由式和混合式。

■167. 为了方便排水，场地最小坡度为( )，最大坡度不大于( )。

A. 1.0%；10%

B. 0.9%；10%

C. 0.5%；8%

D. 0.3%；8%

【参考答案】 D

【解答】 场地的坡度不能太大，也不能太小。从方便排水方面着手，场地最小坡度为0.3%，最大坡度为8%；其中各类场地的地面种类适宜的不同排水坡度为：黏土0.3%～0.5%；砂土＜3%；湿陷性黄土建筑物周围6m范围内＞20%；6m范围外＞5%。

■168. 下面关于砖混结构的纵向承重体系的论述，正确的是( )。(多选)

A. 在砖混结构的纵向承重体系中，对纵墙开门、开窗限制较少

B. 在砖混结构的纵向承重体系中，对纵墙上开门、开窗大小和位置都受限制

C. 在砖混结构的纵向承重体系中，对横墙上开门，开窗限制较多

D. 在砖混结构的纵向承重体系中，对横墙上开门、开窗限制较少

【参考答案】 B、D

【解答】 纵向承重体系荷载的主要传递路线是：板→梁→纵墙→基础→地基。纵墙是主要承重墙，横墙的设置主要是为了满足空间刚度和整体性的要求，它的间距可大可小，使空间布置较灵活；纵墙是承受荷载之用，因此，纵墙上开门、开窗的大小和位置都受到一定限制。

横向承重体系荷载的主要传递路是：板→横墙→基础→地基。横墙是主要承重墙，纵墙起围护、隔断作用，因此纵墙上开门、开窗的限制较少。这种体系对抵抗风力、地震作用等水平荷载的作用和调整地基的不均匀沉降，比纵墙承重体系有利得多。

■169. 建设场地中明沟排水坡度一般为(　　)。

A. 0.1%～0.2%　　B. 0.3%～0.5%

C. 3.0%～5.0%　　D. 4.0%～8.0%

【参考答案】 B

【解答】 一般为了方便排水，明沟坡度为 0.3%～0.5%，特殊困难地段可为 0.1%。

■170. 中小学校教学楼的建筑结构形式可以选用以下(　　)形式。(多选)

A. 砖混结构的纵向承重体系　　B. 砖混结构的横向承重体系

C. 砖混结构的内框架承重体系　　D. 框架结构

【参考答案】 A、C、D

【解答】 教学楼对建筑结构形式的要求是：教室要有较大的空间。砖混结构的横向承重体系，由于横墙间距密，房间大小固定，开间较小，不适于教室空间使用。

■171. 在按地震烈度设防的地区，一幢 4000m² 的 4 层非星级旅馆，包含客房、餐厅等，地基为浅埋稳定泥岩层，其合理结构形式的选择次序应为(　　)。

A. 框架结构、砖混结构、砖混及框架结构

B. 砖混结构、框架结构、砖混及框架结构

C. 砖混及框架结构、砖混结构、框架结构

D. 框架结构、砖混及框架结构、砖混结构

【参考答案】 D

【解答】 钢筋混凝土框架结构的承重系统与非承重系统有明确的分工。室内外空间灵活、贯通，立面也较自由些。旅馆一般由客房、餐厅及服务性用房组成，对于开间要求有大小之分，因此首选框架结构。

■172. 建筑结构中，(　　)是常用的结构形式，其所有杆件受的力为拉力和压力。

A. 单层钢架　　B. 拱式结构　　C. 简支梁结构　　D. 屋架

【参考答案】 D

【解答】 屋架是较大跨度建筑的屋盖中常用的结构形式。其受力特点为节省荷载，所有杆件只受拉力和压力，因为屋架是由杆件组成的结构体系，节点看作铰接，在节点荷载作用下，杆件只产生轴向力。

△173. 多层内框架砖混建筑的纵向窗间墙最小宽度为(　　)。

A. 设防烈度为 7 度的地区为 1.0m　　B. 设防烈度为 8 度的地区为 1.2m

C. 不考虑设防烈度，均为 1.2m　　D. 不考虑设防烈度，均为 1.5m

【参考答案】 D

【解答】 多层内框架砖混结构的建筑纵向窗间墙的宽度不应小于 1.5m。

■174. 在地震设防地区，一幢 5000m² 的 4 层 36 班中学校设计，其合理的结构形式选择可以是( )。(多选)

A. 砖混结构　B. 框架结构　C. 拱式结构　D. 简支梁结构

【参考答案】 A、B

【解答】 钢筋混凝土框架结构的承重系统与非承重系统有明确的分工，可用于建造较大的室内空间，房间分隔灵活，抗震性好，应作为中学校结构形式的首选；其次砖混结构中的纵向承重体系与内框架承重体系也可作为选择，而且造价要低于框架结构。

■175. 一座跨度在 50m 的大型公共建筑，其合理的结构类型选择次序为( )。

A. 空间网架、悬索、折板、薄壳　B. 平板网架、折板、屋架、拱式结构

C. 拱式结构、屋架、薄壳　D. 单层钢架、屋架、拱式结构、薄壳

【参考答案】 C

【解答】 拱式结构是一种较早为人类开发的结构体系，应用广泛比较适宜跨度在 40～60m，使用材料要求不高，可以考虑首选结构形式。屋架也是大跨度建筑的常用结构形式，屋架由杆件组成，节点是铰接，在节点荷载作用下，杆件只产生轴向力，预应力混凝土屋架跨度常为 24～26m，钢屋架可达 70m，作为次选。薄壳是空间结构体系，适用于较大跨度的建筑物，种类多，形式丰富多种，适用于多种平面，为多种形式的建筑物提供良好结构条件。

■176. 低层、多层建筑常用的结构形式有很多种，但是不包括以下( )形式。

A. 砖混结构　B. 框架结构　C. 排架结构　D. 框筒结构

【参考答案】 D

【解答】 低层、多层建筑常用的结构形式有砖混、框架、排架等。

在框架结构中，设置部分剪力墙，使框架和剪力墙两者结合起来，取长补短，共同抵抗水平荷载，这就是框架一剪力墙结构体系。如果把剪力墙布置成筒体，围成的竖向箱形截面的薄臂筒和密柱框架组成的竖向箱形截面，可称为框架一筒体结构体系。具有较高的抗侧移刚度，被广泛应用于超高层建筑。

■177. ( )结构的跨度比较适宜的应用为 40～60m。

A. 单层钢架　B. 拱式结构　C. 简支梁结构　D. 屋架

【参考答案】 B

【解答】 拱是一种有推力的结构，主要内力是轴向压力，适用于建筑体育馆、展览馆、散装仓库等建筑。屋架跨度多为 24～36m，简支梁跨度在 18m 以下，门式刚架跨度已经做到 76m。拱式结构的跨度比较适宜的应用为 40～60m。

■178. 下列哪项不属于建筑的空间结构体系？( )

A. 折板结构　B. 薄壳结构　C. 简支结构　D. 悬索结构

【参考答案】 C

【解答】 空间结构体系包括：

①网架结构：多次超静定空间结构。整体性强，稳定性好，抗震性能好。空间工作，传力途径简捷；重量轻、刚度大；施工安装简便；网架杆件和节点便于定型化、商品化，可在工厂中成批生产，有利于提高生产效率；网架的平面布置灵活，屋盖平整，有利于吊顶安装管道和设备；网架的建筑造型轻巧、美观、大方，便于建筑处理和装饰。

②薄壳：种类多，形式丰富多彩。形式：旋转曲面、平移曲面、直纹曲面。

③折板：跨度可达 27m，类似于筒壳薄壁空间体系。

④悬索：材料用量大，结构复杂，施工困难，造价很高。结构受力特点是仅通过索的轴向拉伸来抵抗外荷载的作用，结构中不出现弯矩和剪力效应，可充分利用钢材的强度；悬索结构形式多样，布置灵活，并能适应多种建筑平面；由于钢索的自重很小，屋盖结构较轻，安装不需要大型起重设备。但悬索结构的分析设计理论与常规结构相比，比较复杂，限制了它的广泛应用。

⑤网壳结构：兼有杆系结构和薄壳结构的主要特性，杆件比较单一，受力比较合理；结构的刚度大、跨越能力大；可以用小型构件组装成大型空间，小型构件和连接节点可以在工厂预制；安装简便，不需大型机具设备，综合经济指标较好；造型丰富多彩，不论是建筑平面还是空间曲面外形，都可根据创作要求任意选取。

⑥膜结构：自重轻、跨度大；建筑造型自由丰富；施工方便；具有良好的经济性和较高的安全性；透光性和自洁性好；耐久性较差。

■179. 下列哪项称为一般建筑工程的三大材料(　　)。

A. 木材、水泥、钢材　　B. 无机材料、有机材料、复合材料

C. 结构材料、围护材料、装饰材料　　D. 混凝土材料、金属材料、砖石材料

【参考答案】 A

【解答】 建筑材料是指在建筑工程中所应用的各种材料的总称，它包括的门类、品种极多，就其应用的广泛性来说，通常将水泥、钢材及木材称为一般建筑工程的三大材料。建筑材料费用通常占建筑总造价的50%左右。

■180. 下面（　　）是石棉水泥瓦这种建筑材料的缺点。

A. 造价低　　B. 防火性好

C. 有毒　　D. 耐热耐寒性均较好

【参考答案】 C

【解答】 石棉水泥瓦是利用水泥与温石棉为原料经制板加压而成的屋面防水材料。其制作简便，造价低，用途广。分为大波瓦、中波瓦、小波瓦和脊瓦四种。单张面积大，质轻，防火性、防腐性、耐热耐寒性均较好。但是石棉对人体健康有害，用耐碱玻璃纤维和有机纤维较好。

■181. 建筑材料的基本物理参数有密度、表观密度、堆积密度，还有(　　)。

A. 孔隙率、空隙率、吸水率、脱水率　　B. 孔隙率、空隙率、吸水率、含水率

C. 孔隙率、空隙率、脱水率、含水率　　D. 孔隙率、吸水率、含水率、脱水率

【参考答案】 B

【解答】 建筑材料的基本物理参数有密度、表观密度、堆积密度、孔隙率、空隙率、吸水率、含水率。

■182. 下面关于建筑材料物理性质的表述正确的是(　　)。

A. 孔隙率：材料中孔隙体积与实体部分体积之比

B. 空隙率：材料中直径在 0.5～5mm 以上的空隙与材料总体积之比

C. 吸水率：材料由干燥状态达到饱和吸水时增加的质量与干质量之比

D. 含水率：材料内部所含水分体积与材料总体积之比

【参考答案】 C

【解答】 孔隙率：材料中孔隙体积占材料总体积的百分率；空隙率：散粒状材料在自然堆积状态下，颗粒之间空隙体积占总体积的百分率；含水率：材料内部所包含水分的质量占材料干质量的百分率。

□183. 建筑材料的含水率表示材料的(　　)特征。

A. 耐水性　B. 吸水性　C. 吸湿性　D. 抗渗性

【参考答案】 C

【解答】 材料在空气中吸收水分的性质称为吸湿性。吸湿性用含水率表示材料内部所包含水分的质量占材料干质量的百分率，称为材料的含水率。材料在水中吸收水分的能力称为吸水性，用吸水率表示。一般说，材料的含水率值总是小于其吸水率值。

□184. 一般说来，材料的孔隙率与下列(　　)性能没有关系。

A. 耐久性　B. 抗冻性　C. 密度

D. 导热性　E. 强度

【参考答案】 C

【解答】 材料密度的大小与材料的孔隙率是没有关系的。因为密度是指材料在绝对密实状态下单位体积内所具有的质量，在测试体积时要将材料磨放到李氏瓶中才能测出，磨细的目的是消除孔隙的影响，故不论孔隙率大小，其密度都定值。

△185. 在正常情况下，通用水泥储存3个月后强度下降约为(　　)。

A. 15%～30%　B. 15%～25%

C. 10%～20%　D. 5%～10%

【参考答案】 C

【解答】 建筑材料在使用过程中经受各种破坏因素的作用而能保持其使用性能的能力，称为建筑材料的耐久性。水泥在正常条件下，通用水泥储存3个月后，由于材料本身的组成成分和结构的不稳定，所处环境和条件的变化，使水泥本身内部发生一定物理的、化学的作用，强度下降，直至失效。因此，通用水泥有效期从出厂日期算起为3个月，超过有效期的应视为过期水泥，一般应通过试验决定其如何使用。

□186. 按材料组成物质的种类和化学成分将建筑材料分为(　　)类。

A. 金属材料、非金属材料

B. 无机材料、有机材料、复合材料

C. 植物材料、沥青材料

D. 高分子合成材料、颗粒集结型材、纤维增强型材、层合型材

【参考答案】 B

【解答】 按材料组成物质的种类和化学成分，建筑材料分为无机材料（包含金属材料、非金属材料）、有机材料（包括植物材料、沥青材料）、复合材料（包括合成高分子材料、颗粒集结型材、纤维增强型材、层合型材）。上述选项中的B是综合，A、C、D是部分构成。

■187. 建筑构件中楼面的构造层次从上到下排列为(　　)。

A. 结合层、面层、承重层、顶棚　B. 结合层、承重层、顶棚、面层

C. 面层、结合层、承重层、顶棚　D. 基层、结合层、承重层、顶棚

【参考答案】 C

【解答】 建筑构件往往由若干层次所组成，各层发挥一种作用。楼面建筑构件中面层主要指与使用者接触的面，可以是地板砖、水磨石等；结合层主要指将面层与承重层结合的水泥砂浆；承重层直接为使用功能服务，即预制板；顶棚即下一层顶棚的最外层，一般用纸筋灰抹平，外刷涂料。

□188. 建筑物的耐火极限的单位是(　　)。

A. kg　　B. h　　C. m　　D. dB

【参考答案】 B

【解答】 耐火极限，即对建筑物任一构件进行耐火试验，从受到火的作用起到失去支承能力这段时间，或构件表面出现裂缝、穿透，或背火一面达到 220℃为止的这段时间称为耐火极限。单位为小时（h）。

□189. 建筑物勒脚是墙身接近室外地面的部分，其高度应不低于 500mm，其作用是(　　)。(多选)

A. 保护墙体　　B. 增加建筑美观　　C. 防潮、防水　　D. 抗震

E. 防火　　F. 防止碰撞

【参考答案】 A、B、C、F

【解答】 建筑物勒脚处于室内外高差的位置，易受雨水侵蚀，因此勒脚首要作用是防潮、防水，其次由于勒脚位于建筑外墙部分，因此还要考虑增加建筑美观，保护墙身，防止碰撞。

■190. 影响建筑构造的外部因素不包括下列(　　)因素。

A. 外力的作用　　B. 经济因素的影响

C. 各种人为因素的影响　　D. 自然气候的影响

【参考答案】 B

【解答】 外界对建筑构造施加的影响，归纳起来有以下三个方面：①外力作用：即作用在房屋上的外力都称为荷载，包括自重和使用荷载、附加荷载和特殊荷载；②自然气候的影响：即不同地区日辐射、降雨量、风雪和冰冻、地下水位、地震烈度等大小不同的外界因素将对房屋产生的影响；③各种人为因素的影响：即指由于房屋使用人不慎而产生的噪声、火灾、卫生间漏水等对建筑构造造成污染、破坏与干扰，生产活动中产生的废气腐蚀也属人为因素的影响。

■191. 楼面的主要作用包括以下(　　)项。(多选)

A. 水平承重　　B. 垂直承重

C. 水平分隔　　D. 垂直分隔

【参考答案】 A、C

【解答】 楼面是建筑物分隔上下层空间的水平承重构件。它既是上层空间的地，又是下层空间的顶，两个方面都要做好处理。尤其是浴厕、厨房等用水房间的楼面更要处理好防水、防火等方面的要求。

■192. 针对建筑中存在的东晒、西晒问题，顶层房间日常采用的隔热手段不包括以下选项中的(　　)。(多选)

A. 采用深色光洁的外饰面　　B. 合理利用封闭空气间层

C. 绿化植被隔热　　　　　　　　　　　　D. 东、西向不开窗

E. 增加墙的厚度

【参考答案】 A、D、E

【解答】 深色外饰面的反射能力差，大多数光线被吸收，不能起到隔热功能；东、西方向不开窗可以减少一定程度的东西晒，但是比较被动；增加墙的厚度也可以减少热量，但增加建筑造价。最好采用遮阳—通风构造。

■193. 下列建筑材料中，保温性能最好的是(　　)。

A. 矿棉　　B. 加气混凝土　　C. 抹面砂浆　　D. 硅酸盐砌块

【参考答案】 B

【解答】 矿棉及其制品具有质轻、耐久、不燃、不腐、不霉、不受虫蛀等特点，是优良的保温隔热、吸声材料。可制作建筑物内、外墙的复合板以及屋顶、楼板、地面结构的保温、隔声材料。

加气混凝土砌块质轻、绝热性能好、隔声性能及耐火性能好。可以做墙体材料，还可以用于屋面保温。

一个是墙体材料，一个是外墙保温材料。相比矿棉，加气混凝土内部具有大量微小的气孔，因而有更好的保温隔热性能，加气混凝土的导热系数通常为 0.09～0.02W/(m·K)，仅为黏土砖的 1/4～1/5，普通混凝土的 1/5～1/10，不仅可节约采暖及制冷能源，而且可大大提高建筑物的平面利用系数。

抹面砂浆对建筑物表面起保护作用，提高其耐久性。

硅酸盐砌块利用工业废料材料，经加工处理而成，强度比实心砖低，常用作围护材料。

■194. 材料在承受外力作用的过程中，必然产生变形，撤除外力的作用后，材料的几何形状只能部分恢复，而残留一部分不能恢复的变形，材料的这种性能称为(　　)。

A. 韧性　　B. 弹性　　C. 塑性　　D. 脆性

【参考答案】 C

【解答】 材料在承受外力作用过程中产生变形，撤除外力的作用后，若材料几何形状恢复原状，材料的这种性能称为弹性；材料受力后，在无明显变形的情况下突然破坏，这种现象称为脆性；在冲击、振动荷载作用下，材料在破坏过程中吸收能量的性质称为韧性。

■195. 建筑材料抵抗破坏的能力，即材料的强度包括(　　)。(多选)

A. 弹性强度　　B. 抗拉强度　　C. 抗压强度　　D. 抗弯强度

E. 抗塑性强度　　F. 抗弹性强度

【参考答案】 B、C、D

【解答】 根据外力施加方向的不同，材料抵抗破坏的能力，即材料的强度分为抗拉强度、抗压强度、抗弯强度和抗剪强度等。

■196. 下列各项内容中，属于建筑八大构件的有(　　)。(多选)

A. 地基　　B. 基础　　C. 门窗　　D. 勒脚

E. 雨篷　　F. 楼梯

【参考答案】 B、C、F

【解答】 房屋是由竖向的基础、墙体、门、窗构件；水平部分由屋顶、楼面、地面构件及

解决上下层交通联系的楼梯，构成“八大构件”。

■197. 南方地区夏季24小时的太阳辐射对(　　)的辐射量最大。

A. 东墙　　B. 屋顶　　C. 西墙　　D. 南墙

【参考答案】 B

【解答】 南方地区的夏季辐射十分强烈，据测试24小时的太阳辐射热总量，东西墙是南墙的2倍以上，屋面是南向墙的3.5倍左右。

■198. 下列关于消防车道正确的是(　　)。(多选)

A. 环形消防车道应至少有一处与其他车道相连通

B. 消防车道可利用交通道路

C. 大型消防车回车场面积不应小于18m×18m

D. 尽端式消防车道应设回车面积不小于12m×12m的回车场

【参考答案】 B、D

【解答】 根据现行《建筑设计防火规范》(GB 50016—2014)(2018年版)规定：环形消防车道应至少有两处与其他车道连通，消防车道可利用交通道路。供大型消防车使用的回车场面积不应小于15m×15m。尽端式消防车道应设回车面积不小于12m×12m的回车场。

■199. 利用坡屋顶空间作住宅卧室时，其一半面积的净高不应低于(　　)m，其余部分最低处高度不宜低于(　　)m。

A. 2.1；1.5　　B. 2.2；1.8　　C. 2.2；1.5　　D. 2.4；2.0

【参考答案】 A

【解答】 根据《住宅设计规范》规定：利用坡屋顶内空间作卧室时，其一半面积的净高不应低于2.1m，其余部分最低处高度不宜低于1.5m。

□200. 建筑构造中经常要在几个间层中进行冷底子油涂刷，其作用是(　　)。

A. 防水　　B. 密合缝隙

C. 粘结　　D. 隔潮

【参考答案】 C

【解答】 两种材料的粘结，必须是两者具有材性相同或粘结时温度相同的条件下，才能取得良好效果，水泥砂浆找平层与二毡三油防水层缺乏这两个条件。因此进行冷底子油涂刷可以促进油毡防水层与水泥砂浆找平层的结合及加强粘结力的作用。

■201. 平屋顶和斜屋顶的坡度区分界限值是(　　)。

A. 2%　　B. 6%　　C. 10%　　D. 12%

【参考答案】 C

【解答】 为了排除雨水，屋面必须设置坡度。坡度大则排水快，对屋面的防水要求可降低，反之则要求高。根据排水坡的坡度大小不同可分为平屋顶和斜屋顶两大类，一般公认坡面升高与其投影长度之比 $i<1:10$ 时为平屋顶，常用值为1∶20～1∶50；$i>1:10$ 时称为斜屋顶，常用值1∶12(厂房)与1∶2～1∶4(瓦材屋面)。

■202. 符合下列(　　)条件的住宅建筑应设置电梯作为交通联系方式。(多选)

A. 七层及七层以上住宅或住户入口层楼面距室外设计地面的高度超过16m时

B. 建筑高度超过16m的住宅

C. 底层做架空层或贮存空间的六层及六层以下住宅，其住户入口层楼面距该建筑物的室外设计地面高度超过 16m 时

D. 顶层为跃层，且跃层部分地面高度距底屋室内地面高度超过 16m

【参考答案】 A、C

【解答】 根据现行《住宅设计规范》规定：

6.4.1 属下列情况之一时，必须设置电梯：

1. 七层及七层以上住宅或住户入口层楼面距室外设计地面的高度超过 16m 时；

2. 底层作为商店或其他用房的六层及六层以下住宅，其住户入口层楼面距该建筑物的室外设计地面高度超过 16m 时；

3. 底层做架空层或贮存空间的六层及六层以下住宅，其住户入口层楼面距该建筑物的室外设计地面高度超过 16m 时；

4. 顶层为两层一套的跃层住宅时，跃层部分不计层数，其顶层住户入口层楼面距该建筑物室外设计地面的高度超过 16m 时。

□203. 下列关于“模数制”相关叙述正确的是(　　)。(多选)

A. 标志尺寸减去缝隙为构造尺寸

B. 模数协调中选用的基本尺寸单位为基本模数

C. 基本模数的数值为 300mm

D. 模数是选定的尺寸单位

【参考答案】 A、B、D

【解答】 建筑模数协调中，建筑模数规定了标志尺寸、构造尺寸和实际尺寸。一般情况下，标志尺寸减去缝隙为构造尺寸。实际尺寸与构造尺寸间的差数应符合建筑公差规定。基本模数的数值，应为 100mm，其符号为 M。即 1M 等于 100mm。

△204. 在抗震设防烈度为 7 度的地区，现浇框架结构其高度不宜超过(　　)。

A. 30m　　B. 55m　　C. 80m　　D. 120m

【参考答案】 B

【解答】 由于框架结构的构件截面较小，刚度较低，抗震性能较差，在强震下容易产生震害，因此主要用于非抗震设计、层数较少的建筑中。在抗震设防烈度为 7 度的地区，其高度不宜超过 55m。

■205. 地震区多层砌体房屋结构体系的承重方案中，下列(　　)方案合适。

A. 下部采用横墙承重，上部采用纵墙承重方案

B. 区段性纵墙或横墙承重方案

C. 横墙承重或纵横墙共同承重方案

D. 纵墙承重方案

【参考答案】 C

【解答】 根据现行《建筑抗震设计规范（附条文说明）》（GB 50011—2010）（2016 年版）规定，多层砌体房屋应优先采用横墙承重或纵墙共同承重的结构体系。

□206. 建筑物墙脚处设置散水时，其宽度(　　)为宜。

A. 宜为 800～1200mm　　B. 与建筑物檐口挑出长度相等

C. 比建筑构檐口挑出长度宽 800mm　　D. 比建筑物檐口挑出长度宽 200mm

【参考答案】 D

【解答】 为防止檐口滴水滴坏散水处土壤，散水宽度应该比挑檐挑出长度稍宽一些，但不要宽出太多，以免造成浪费。

■**207. 我国 1986 年颁布实施的第一个建筑节能标准是(　　)。**

A.《民用建筑节能设计标准》　　B.《公共建筑节能设计标准》

C.《中华人民共和国节约能源法》　　D.《民用建筑热工设计规范》

【参考答案】 A

【解答】 1986 年中国实施第一个建筑节能标准：《民用建筑节能设计标准》（JGJ 26—85)。1996 年 7 月 1 日起，中国又实施在原有基础上再节能 50%的新的《民用建筑节能设计标准——采暖居住建筑部分》(JGJ 26—95)，对采暖居住建筑的能耗、建筑热工设计等作出了新的规定。中国第一个节能法规《中华人民共和国节约能源法》也于 1998 年 1 月 1 日颁布实施，节能成为中国的基本国策。住房和城乡建设部 2010 年 3 月 18 日发布第 522 号公告，批准《严寒和寒冷地区居住建筑节能设计标准》（JGJ 26—2010）为行业标准，自 2010 年 8 月 1 日起实施。

■**208. 下面关于绿色建筑的讨论正确的是(　　)。(多选)**

A. 绿色建筑也可以称为生态可持续性建筑，即在不损害基本生态环境的前提下，使建筑空间环境得以长时期满足人类健康地从事社会和经济活动的需要

B. 绿色建筑的基本内涵可归纳为：减轻建筑对环境的负荷，即节约能源及资源；提供安全、健康、舒适性良好的生活空间；与自然环境亲和，做到人及建筑与环境的和谐共处、永续发展

C. 绿色等于高价和高成本

D. 所谓“绿色建筑”的“绿色”，是指立体绿化、屋顶花园

【参考答案】 A、B

【解答】 所谓“绿色建筑”的“绿色”，并不是指一般意义的立体绿化、屋顶花园，而是代表一种概念或象征，指建筑对环境无害，能充分利用环境自然资源，并且在不破坏环境基本生态平衡条件下建造的一种建筑。又称为可持续发展建筑、生态建筑、回归大自然建筑、节能环保建筑等。

绿色建筑是指在设计与建造过程中，充分考虑建筑物与周围环境的协调，利用光能、风能等自然界中的能源，最大限度地减少能源的消耗以及对环境的污染。绿色建筑的室内布局十分合理，尽量减少使用合成材料，充分利用阳光，节省能源，为居住者创造一种接近自然的感觉。以人、建筑和自然环境的协调发展为目标，在利用天然条件和人工手段创造良好、健康的居住环境的同时，尽可能地控制和减少对自然环境的使用和破坏，充分体现向大自然的索取和回报之间的平衡。

△**209. 建设一个规模较大的新开发区，其合理的建设次序，应首先进行下列(　　)项建设。**

A. 厂前区及工人生活设施

B. 管委会办公楼与厂房

C. 居住区以及商店、医院等服务设施

D. 供电、供水、通信、道路等基础设施

【参考答案】 D

【解答】 对于一个规模较大的新开发的建设应首先进行“七通一平”的内容，即进行供电、供水、通信、道路等基础设施及场地平整的建设，以便为其他各项工程的建设提供最基本的生活与施工条件。

■210. 建筑控制线后退道路红线的用地能提供下列(　　)项用地。(多选)

A. 7层住宅　B. 公共绿化　C. 停车场　D. 公共报亭

【参考答案】 B、C、D

【解答】 建筑控制线后退道路红线而留出的空地可作为绿化、停车场或有益于公益事业并经有关部门严格审批的临时性建筑用地，而不能作为永久性建筑用地。

■211. 下列工程项目建设程序中，正确的是(　　)。

A. 项目建议书阶段—可行性研究报告阶段—设计文件阶段—建设准备阶段—建设实施和竣工验收阶段

B. 项目建议书阶段—建设准备阶段—可行性研究报告阶段—设计文件阶段—建设实施和竣工验收阶段

C. 项目建议书阶段—设计文件阶段—建设准备阶段—可行性研究报告阶段—建设实施和竣工验收阶段

D. 可行性研究报告阶段—项目建议书阶段—建设准备阶段—设计文件阶段—建设实施和竣工验收阶段

【参考答案】 A

【解答】 建设程序是指建设项目从设想、选择、评估、决策、设计、施工到竣工验收、投入生产整个建设过程，各项工作必须遵循先后次序的法则。

■212. 项目建议书阶段的投资估算误差一般控制在(　　)以内，而可行性研究阶段的投资估算误差一般控制在(　　)以内。

A. 20%；10%　B. 22%；8%　C. 10%；15%　D. 12%；18%

【参考答案】 A

【解答】 项目建议书阶段所做的只是对建设项目的一个总体设想，这个阶段的分析、测算，对数据精度要求较粗，内容相对简单，在没有条件时可参考同类项目的有关数据进行测算，误差应控制在20%以内；可行性研究是在立项的基础上对拟建项目的技术、经济、工程建设等方面进行全面、深入的分析论证，投资估算误差应控制在10%以内。

△213. 下面所列四项内容(　　)项属于建设项目需具备的基本文件资料。(多选)

A. 经过审批的可行性研究报告

B. 国民经济发展状况及基建投资方面的资料

C. 气象、水文地质情况及风玫瑰图

D. 计划部门批准的立项文件

【参考答案】 A、C、D

【解答】 建设项目应具备下列基本文件资料：上述选项中的A、C、D及供电、供水、供气、通信及交通情况；国土部门和规划部门划定的土地征用蓝线图及建筑用地红线图；规划部门同意的规划要点及安委、交警、人防、环保、劳动等职能部门提出的要点批示；地质勘察部门提供的该地基钻探资料。

■214. 在进行建筑工程造价估算时，下列各项中不属于建筑投资费内容的是(　　)。

A. 动迁费　　　　B. 建筑直接费　　　C. 施工管理费　　　D. 税金

【参考答案】 A

【解答】 建筑工程造价的估算中的建筑投资费：按实际建筑直接费、人工费、各种调增费、施工管理费、临时设施费、劳保基金、贷款差价、税金乃至地方规定。

环境投资费：国土有偿使用费；地方市政配套费（四源费等）；动迁费以至小环境配套项目补偿费等。

□215. 我国房地产开发的程序是(　　)。

①投资决策分析 ②建设实施工作 ③拟定设计文件

④建设前期工作 ⑤拟定设计任务书

A. ①—②—③—④—⑤　　　　B. ①—④—⑤—③—②

C. ①—②—⑤—③—④　　　　D. ①—⑤—④—③—②

【参考答案】 B

【解答】 房地产开发的目的是为了经济效益，也要取得社会效益和环境效益。房地产开发要按一定程序进行，不能超越程序。

■216. 下列各阶段设计文件编制的深度，属于初步设计要求深度的是(　　)。(多选)

A. 能安排材料、设备的订货，非标准设备的制作

B. 进行施工图预算编制

C. 设计方案的选择和确定

D. 提供项目投资控制的依据

【参考答案】 C、D

【解答】 初步设计深度包括上述选项中的C、D内容及以下内容：确定土地征用范围；能进行全场性的施工准备工作；进行主要设备、材料订货；能进行施工图设计的编制。施工图设计深度包括上述选项中的A、B及以下内容：能进行土建施工和安装；能作为工程验收的依据。

■217. 下列关于建筑设计工作的表述，哪项是错误的？(　　)

A. 大型建筑设计可以划分为方案设计、初步设计、施工图设计三个阶段

B. 小型建筑设计可以用方案设计阶段代替初步设计阶段

C. 施工单位可以根据施工中的具体情况修改设计文件

D. 方案设计的编制深度，应满足编制初步设计文件和控制概算的要求

【参考答案】 C

【解答】 建设单位、施工单位、监理单位不得修改建设工程勘察、设计文件；确需修改建设工程勘察、设计文件的，应当由原建设工程勘察、设计单位修改。经原建设工程勘察、设计单位书面同意，建设单位也可以委托其他具有相应资质的建设工程勘察、设计单位修改。修改单位对修改的勘察设计文件中的修改部分承担相应责任。

■218. 在进行竖向设计时，标高的确定需要考虑以下(　　)方面因素。

A. 用地不被水淹，雨水能顺利排出；考虑建筑朝向；考虑交通联系的可能性；减少土石方工程

B. 用地不被水淹，雨水能顺利排出；考虑地下水位和地质条件影响，考虑交通联系的可能性；减少土石方工程

C. 用地不被水淹，雨水能顺利排出，考虑地下水位和地质条件影响；考虑建筑朝向；考虑交通联系的可能性

D. 用地不被水淹，雨水能顺利排出；考虑地下水位和地质条件影响；考虑建筑朝向；减少土石方工程

【参考答案】 B

【解答】 在进行竖向设计时，标高的确定一般不用考虑建筑物朝向问题。

□219. 在建筑初步设计阶段开始之前最先应取得下列(　　)资料。

A. 工程地质报告　　B. 施工许可证

C. 可行性研究报告　　D. 项目建议书

【参考答案】 C

【解答】 根据基本建设程序中所提出的基本步骤，建筑初步设计文件的形成应根据可行性研究报告进行。因此，最先取得的资料应为可行性研究报告。

■220. 下列哪些项是编制建筑工程设计文件的依据？(　　)(多选)

A. 项目评估报告　　B. 城乡规划

C. 项目批准文件　　D. 区域规划

E. 建设工程勘察设计规范

【参考答案】 B、C、E

【解答】 编制建筑工程设计文件的依据：项目批准文件；城乡规划；工程建设强制性标准；国家规定的建设工程勘察、设计深度要求。

铁路、交通、水利等专业建设工程，还应该以专业规划的要求为依据。

■221. 下面关于美学的基本原理叙述正确的是(　　)。(多选)

A. 变形是建筑形式美的基本造型要素

B. 对比是克服单调感

C. 相似可以形成均衡感

D. 对称可以形成动态感

【参考答案】 A、B

【解答】 建筑造型是指构成建筑空间的三维物质实体的组合。相似、变形、对比和均衡是常用的基本手法。

相似是指物体的整体与整体、整体与局部、局部与局部之间存在着共通的因素。相似是形成整体感的重要条件。

变形是对基本造型要素作形态上的变化。在建筑造型中变形表现为许多方面，如变尺度、变形状、变位置、变角度、变虚实和变高度等。

运用对比以克服单调。建筑造型的对比常指大小、高低、横竖、曲直、凹凸、虚实、明暗、繁简、粗细、轻重、软硬、疏密、具象与抽象、自然与人工、对称与非对称以及形状、方向、色彩、材料的质感与肌理、光影等。

均衡是处理建筑造型视觉平衡感的手段。体量、数量、位置和距离的协调安排是形成均衡的基本方法。对称均衡与非对称均衡是建筑造型中的两种相互补充的组合方式。对称

的形式具有安定感、统一感和静态感，可以用于突出主体、加强重点、给人以庄重或宁静的感觉。非对称均衡是利用形和位置的不对称关系造成空间的不同强弱。

■222. 下列关于色彩的表述，哪项是错误的？(　　)

A. 色彩的原色纯度最高　　B. 红、黄、蓝为色光三原色

C. 青、品红、黄色为色料三原色　　D. 固有色指的是物体的本色

【参考答案】 B

【解答】 色光中存在三种最基本的色光，它们的颜色分别为红色、绿色、蓝色，即色光三原色。

■223. 下面关于工业建筑及总平面设计中的场地要求，错误的是(　　)。(多选)

A. 场地要与竖向设计、管线、绿化、环境布置协调

B. 物料加工流程，运距要短捷，尽量设置专用线

C. 主要货运线路与主要人流线路应一线多用

D. 力求缩减道路敷设面积

E. 有危险品的工厂不能使危险品通过安全生产区

【参考答案】 B、C

【解答】 工业建筑及总平面设计中的场地要求：适应物料加工流程，运距短捷，尽量一线多用；与竖向设计、管线、绿化、环境布置协调，符合有关技术标准；满足生产、安全、卫生、防火等特殊要求，特别是有危险品的工厂，不能使危险品通过安全生产区；主要货运路线与主要人流线路应尽量避免交叉；力求缩减道路敷设面积，节约投资与土地。

■224. 场地设计标高确定的考虑因素包括以下(　　)项。(多选)

A. 用地不被水淹

B. 考虑地下水影响

C. 与场地内、外道路连接的可能性

D. 考虑地质条件影响

E. 减少土石填、挖方量和基础工程量

【参考答案】 A、B、C、D、E

【解答】 设计标高确定主要因素：用地不被水淹，雨水能顺利排出。设计标高应高出设计洪水位 0.5m 以上；考虑地下水、地质条件影响；场地内、外道路连接的可能性；减少土石填、挖方量和基础工程量。

■225. 关于建筑色彩，正确的是(　　)。(多选)

A. 彩度越高越给人轻盈的感觉　　B. 诱目性与明度有关

C. 照度越高，彩度越大　　D. 明度高、彩度高给人坚硬感

E. 明度高的色彩给人轻盈的感觉

【参考答案】 A、B、E

【解答】 建筑色彩对人的生理和心理有一定作用，它可以配合人的活动与行为需要促进空间的功能，如可使空间感觉更暖或更冷、舒畅或压抑、轻或重、与周围环境形成对比或融于其中，甚至可以通过色彩使建筑和空间具有某种象征意义。

色彩的冷暖，有的色彩给人温暖的感觉，有的给人寒冷的感觉，这是由色彩的色相所

决定。

色彩的轻重感，明度高的色彩给人轻盈的感觉，明度低的色彩给人沉重感。明度相同的情况下彩度越高给人轻的感觉，反之则感到沉重。

色彩的软硬，明度高、彩度低给人柔软感觉，明度低、彩度高给人坚硬感。

色彩的活泼与冷静，红、橙、黄等刺激的颜色给人活泼的感觉；蓝、蓝紫等色给人以冷静感。

色彩的联想和象征，不同民族和人群乃至每个个体对色彩都会产生不同的联想，这是因不同的生长和生活环境形成的。

■226. 以下关于内框架承重体系特点的论述，正确的是(　　)。(多选)

A. 施工简单　　B. 外墙和柱都是承重构件

C. 刚度较弱　　D. 结构容易产生不均匀沉降

E. 可以有较大的内部空间

【参考答案】 B、C、D、E

【解答】 内框架承重体系指四周纵、横墙和室内钢筋混凝土（或砖）柱共同承受楼（屋）盖竖向荷载的承重结构体系。

墙和柱都是主要承重构件，由于取消了承重内墙由柱代替，在使用上可以有较大的空间，而不增加梁的跨度。

在受力性能上有以下缺点：由于横墙较少，房屋的空间刚度较差；由于柱基础和墙基础的形式不一，沉降量不易一致，以及钢筋混凝土柱和砖墙的压缩性不同，结构容易产生不均匀变形，使构件中产生较大的内应力。

由于柱和墙的材料不同，施工方法不同，给施工工序的搭接带来一些麻烦。

■227. 以下哪些建筑保温材料是不易燃材料？(　　)(多选)

A. 岩棉　　B. 保温砂浆

C. 聚苯板　　D. 玻璃棉

E. 高分子合成材料

【参考答案】 A、B、C、D

【解答】 常用保温材料：挤塑型聚苯乙烯泡沫塑料（挤塑板）、模压型聚苯乙烯泡沫塑料（普通泡沫板）、现喷硬泡聚氨酯、硬泡聚氨酯保温板（制品）、泡沫玻璃、泡沫混凝土（泡沫砂浆）、化学发泡水泥板、轻骨料保温混凝土（陶粒混凝土等）、无机保温砂浆（玻化微珠保温砂浆）、聚苯颗粒保温砂浆、矿棉（岩棉）、酚醛树脂板、膨胀珍珠岩保温砂浆英特无机活性墙体保温隔热材料等。

不燃材料包括岩棉、保温砂浆、聚苯板、玻璃棉。

■228. 低层住宅的套型设计主要包括功能空间条件、功能空间形态和功能关系等居民日常居住活动基本要求的满足。其基本特点不包括(　　)项。

A. 平面布置紧凑，上下交通联系方便

B. 对基地要求高，建筑结构复杂，但是可因地制宜，就地取材，住户可以自己动手建造

C. 占地面积大，道路、管网以及其他市政设施投资较高

D. 一般组织有院落，使室内外空间互相流通，扩大了生活空间，便于绿化，能创造更好的居住环境

【参考答案】 B

【解答】 低层住宅的套型设计主要包括功能空间条件、功能空间形态和功能关系等居民日常居住活动基本要求的满足。对基地要求不高，建筑结构简单，可因地制宜，就地取材，住户可以自己动手建造。

■229. 下面所列各类建筑，属于分散布局的公共建筑群体组合类型的是(　　)。(多选)

A. 商业服务中心　　B. 医疗建筑

C. 居住区中心的公共建筑　　D. 博览建筑

【参考答案】 B、D

【解答】 公共建筑群体组合类型可分为两种形式：分散布局的群体组合和中心式布局的群体组合。其中，分散式布局的组合：有许多公共建筑，因其使用性质或其他特殊要求，往往可以划分为若干独立的建筑进行布置，使之成为一个完整的室外空间组合体系，如某些医疗建筑、交通建筑、博览建筑等。分散式布局的特点是功能分区明确，减少不同功能间的相互干扰，有利于适应不规则地形，可增加建筑的层次感，有利于争取良好的朝向与自然通风。分散式布局又可分为对称式和非对称式两种形式。在大多数公共建筑群体组合过程中往往是两种形式综合运用，以取得更加完整而丰富的群体效果。

■230. 建设节约型社会必须抓好建筑"四节"。"四节"是指(　　)。(多选)

A. 节能　　B. 节水

C. 节材　　D. 节钢

E. 节地

【参考答案】 A、B、C、E

【解答】 我国要从促进经济结构调整、转变经济增长方式的高度来充分认识发展节能省地型住宅与公共建筑的意义，还要从目前国家能源、粮食安全战略，从建设节约型社会的高度来认识这个问题。"节能省地型"是一个统称，实际上它的内涵是"四节"：节能、节地、节水、节材。建筑"四节"都有各自的要求，这项工作贯穿于建筑的建造和使用过程中，对于建设节约型社会是当务之急。

■231. 下列关于色彩特性的表述，哪项是错误的？(　　)

A. 色彩有色相、彩度及明度三个属性　　B. 色彩的明暗程度称为明度

C. 色彩的饱和度称为彩度　　D. 彩度对色彩的距离感影响最大

【参考答案】 C

【解答】 所谓的饱和度，指的其实是色彩的纯度，纯度越高，表现越鲜明，纯度较低，表现则较暗淡。彩度是颜色的三属性之一。用距离等明度无彩点的视知觉特性来表示物体表面颜色的浓淡，并给予分度。通俗意义上来讲，就是颜色的鲜艳程度。

■232. 下列关于色彩特征的表述，哪些是正确的？(　　)(多选)

A. 每一种色彩都可以由色相、彩度及明度三个属性表示

B. 红、橙、黄等色调称为彩度

C. 色彩的明暗程度称为明度

D. 不同的色彩易产生不同的温度感

E. 色彩的距离感，以彩度影响最大

【参考答案】 A、C、D

【解答】 彩度：又称纯度、艳度，用数值表示色的鲜艳或鲜明的程度称之为彩度。色彩三要素的应用空间：表示色彩的前后，通过色相、明度、纯度、冷暖以及形状等因素构成。

■233. 下列关于艺术处理手法的表述，哪些是正确的？（　　）（多选）

A. 均衡的方式包括重复均衡、渐变均衡和动态均衡

B. 均衡着重处理构图要素的左右或前后之间的轻重关系

C. 稳定着重考虑构图中整体上下之间的轻重关系

D. 再现的手法往往同对比和变化结合在一起使用

E. 母题的重复可以增强整体的对比效果

【参考答案】 B、C、D

【解答】 均衡的方式包括对称均衡、不对称均衡和动态均衡。母题的重复可以增强整体的统一性效果。

■234. 下列关于建筑形式美的表述，哪些项是错误的？（　　）（多选）

A. 对比可以借相互烘托陪衬求得调和

B. 微差利用相互间的协调和连续性以求得变化

C. 空间渗透是指空间各部分的互相连通与贯穿

D. 均衡包括对称均衡、不对称均衡和动态均衡

E. 韵律分为简洁韵律和复杂韵律

【参考答案】 A、B、E

【解答】 建筑要素之间存在着差异，对比是显著的差异，微差则是细微的差异。就形式美而言，两者都不可少。对比可以借相互烘托陪衬求得变化，微差则借彼此之间的协调和连续性以求得调和。

自然界中的许多事物或现象，往往由于有秩序的变化或有规律的重复出现而激起人们的美感，这种美通常称为韵律美。表现在建筑中的韵律可分为连续韵律、渐变韵律、起伏韵律和交错韵律。

第二章　城　市　交　通

大纲要求： 熟悉道路横断面设计方法，熟悉道路平面及交叉口设计要求，了解道路纵断面设计要求，了解城市道路交通管理设施的规划设计要求；了解停车场的分类及停车特点，熟悉路边停车带的规划设计要求，掌握停车场库的规划设计方法；了解城市交通枢纽设施的分类与特点，熟悉城市交通广场规划设计要求与方法；了解城市轨道交通的分类和技术特征，了解城市轨道交通线网的规划要求和基本方法，了解城市轨道交通工程建设标准。

热门考点：

1. 城市道路设计的准备知识：各种净空与限界、道路分类。

2. 道路断面规划设计：机动车道宽度及通行能力、城市道路横断面形式的选择与组合、道路纵断面设计纵坡。

3. 道路平面规划设计：平曲线、交叉口交通组织方式。

4. 城市停车设施规划设计：停车场的分类、车辆停放方式、停车库设计特点。

5. 城市交通枢纽规划设计：分类、货物流通中心规划设计要求。

6. 城市交通广场规划设计：规划设计要求。

7. 城市轨道交通：技术特征、运输能力、线网规划。

8. 城市应急交通系统组织。

第一节　复　习　指　导

一、城市道路设计的准备知识

城市道路规划设计一般包括：路线设计、交叉口设计、道路附属设施设计、路面设计和交通管理设施设计五部分。其中道路选线、道路横断面组合、道路交叉口选型等都是属于城市总体规划和详细规划的主要内容。

（一）城市道路的设计原则

（1）必须在城乡规划，特别是土地利用规划和道路系统规划的指导下进行；

（2）要在经济合理的条件下，考虑道路建设的远近结合、分期发展；

（3）要求满足交通量在一定规划期内的发展要求；

（4）综合考虑道路的平面、纵断面线型、横断面布置、道路交叉口、各种道路附属设施、路面类型，满足行人及各种车辆行驶的技术要求；

（5）应考虑与道路两侧的城市用地、房屋建筑和各种工程管线设施、街道景观的协调；

（6）采用各项技术标准应该经济合理，应避免采用极限标准。

（二）净空与限界

净空：人和车辆在城市道路上通行要占有一定的通行断面。

限界：为了保证交通的畅通，避免发生交通事故，要求街道和道路构筑物为车辆和行人的通行提供一定的限制性空间。

（1）行人的净空要求：2.2m；净宽要求：0.75～1.0m。

（2）自行车的净空要求：2.2m；净宽要求：1.0m。

（3）机动车的净空要求：小汽车为1.6m，公共汽车为3.0m，大货车（载货）为4.0m；小汽车的净宽要求为2.0m，公共汽车为2.6m，大货车（载货）为3.0m。

（4）道路桥洞通行限界：行人和自行车高度限界为2.5m，有时考虑非机动车桥洞在雨天通行公共汽车，其高度限界控制为3.5m；汽车高度限界为4.5m，超高汽车禁止在桥（洞）下通行。

（5）铁路通行限界：高度限界电力机车为6.5m（时速小于160km），7.5m（时速在160～200km之间，客货混行）；蒸汽和内燃机车为5.5m；高速列车为7.25m；通行双层集装箱时为7.96m；宽度限界为4.88m。

（6）桥下通航净空限界

桥下通航净空限界主要取决于航道等级，并依此决定桥面的高程。

航道等级		一	二	三	四	五	六
通行船只吨位(t)		3000	2000	1000	500	300	50～100
净跨(m)	天然及渠化河流	70	70	60	44	32～38.5(40)	20～28(30)
	人工运河	50	50	40	28～30	25～28	13～25
净高(m)		12.5	11	10	7～8	4.5～5.5	3.5～4.5

（三）车辆视距与视距限界

1. 行车视距

驾驶人员保证交通安全必须保持的最短视线距离称为行车视距。行车视距与机动车制动效率、行车速度和驾驶人员所采取的措施有关。行车视距一般分为停车视距、会车视距、错车视距和超车视距等。

（1）停车视距

停车视距由驾驶人员反应时间内车辆行驶距离、车辆制动距离和车辆在障碍物前面停止的安全距离组成。

停车视距

计算行车速度（km/h）	80	60	50	45	40	35	30	25	20	15	10
停车视距（m）	110	70	60	45	40	35	30	25	20	15	10

（2）会车视距

两辆机动车在一条车行道上对向行驶，保证安全的最短视线距离，称为会车视距。根据实际经验，会车视距通常按两倍的停车视距计算。

2. 视距限界

（1）平面弯道视距限界

车辆在平曲线路段上行驶时，曲线内侧应清除高于1.2m的障碍物，以保证行车安全。

（2）纵向视距限界

车辆翻越坡顶时，与对面驶来的车辆之间应保证必要的安全距离，安全视距约等于两车停车视距之和。通常用设竖曲线的方法来保证，并以竖曲线半径来表示纵向视距限界。

（3）交叉口视距限界

在交叉口处为保证行车安全，需要让驾驶员在进入交叉口前的一段距离内，看清驶来的交会车辆，以便能及时采取措施，避免两车交会时发生碰撞。因此，在保证两条相交道路上直行车辆都有安全的停车视距的情况下，还必须保证驾驶人员的视线不受遮挡。由两车的停车视距和视线组成的交叉口视距空间和限界，又称视距三角形，指的是在平面交叉路口处，由一条道路进入路口行驶方向的最外侧的车道中线与相交道路最内侧的车道中线的交点为顶点，两条车道中线各按其规定车速停车视距的长度为两边，所组成的三角形。

在视距三角形限界范围内要清除高于1.2m的障碍物，包括高于1.2m的灌木和乔木；如果障碍物难以清除，则应限制车行速度并设置警告标志，以保证安全。按照最不利的情况，考虑最靠右的一条直行车道与相交道路最靠中间的直行车道的组合确定视距三角形。

（四）城市道路网规划

1. 影响因素

（1）城市在区域中的位置；（2）城市用地布局形态；（3）城市交通运输系统。

2. 基本要求

（1）满足用地布局的骨架要求；

（2）满足运输要求，与沿路开发性质协调结合；结构完整，分布均匀，可靠；密度和面积适应城市发展；利于分流，利于组织管理；对外交通联系方便；

（3）满足环境要求；

（4）满足布置管线要求。

城市道路用地面积应占城市建设用地面积的8%～15%。对规划人口在200万以上的大城市，宜为15%～20%。城市人均占有道路用地面积宜为7～15m^2。其中，道路用地面积宜为6.0～13.5m^2/人，广场面积宜为0.2～0.5m^2/人，公共停车场面积宜为0.8～1.0m^2/人。

城市干道的适当间距为700～1100m，干道网密度为2.8～1.8km/km^2。大城市道路网密度以4.0～1.8km/km^2为宜，道路面积率以20%左右为宜。

3. 道路分类

（1）按国标（按照道路在道路网中的地位、交通功能以及对沿线建筑物的服务功能等）分四类：快速路、主干路、次干路、支路。

① 快速路

快速路应为城市中大量、长距离、快速交通服务。快速路的对向车行道之间应设中间分车带，其进出口应采用全控制或部分控制。快速路两侧不应设置吸引大量车流、人流的公共建筑物的进出入口。

② 主干路

主干路应为连接城市各主要分区的干路，以交通功能为主。自行车交通量大时，宜采用机动车与非机动车分隔形式，如三幅路或四幅路。

主干路两侧不应设置吸引大量车流、人流的公共建筑物的进出入口。

③ 次干路

次干路应与主干路结合组成道路网，起集散交通的作用，兼有服务功能。

④ 支路

支路应为次干路与街坊路的连接线，解决局部地区交通，以服务功能为主。

（2）按功能分两类：交通性干道、生活性道路。

4. 道路系统布局

干道网类型：方格网、环形放射、自由式、混合式。

道路衔接原则：低速让高速，次要让主要，生活性让交通性，适当分离。

二、城市道路断面规划设计

（一）掌握城市道路横断面规划设计

城市道路横断面规划宽度称为路幅宽度，即规划的道路用地总宽度。由车行道、人行道、分隔带和绿地等部分组成。

1. 设计原则

（1）道路横断面设计应在城市规划的红线宽度范围内进行。

（2）横断面设计应近远期结合，使近期工程成为远期工程的组成部分，并预留管线位置。路面宽度及标高等应留有发展余地。

（3）对现有道路改建应采取工程措施与交通管理相结合的办法，以提高道路通行能力和保障交通安全。

2. 机动车道设计

（1）车道宽度

车道宽度取决于通行车辆的车身宽度和车辆行驶中横向的必要安全距离，即车辆在行驶时摆动偏移的宽度，以及车身与相邻车道或人行道边缘必要的安全间隙、通车速度、路面质量、驾驶技术、交通秩序。可取为1.0～1.4m。

一般城市主干路一条小型车车道宽度选用3.5m；大型车道或混合行驶车道选用3.75m；支路车道最窄不宜小于3.0m，公路边停靠车辆的车道宽度为2.5～3.0m。

（2）一条车道的通行能力

城市道路一条车道的小汽车理论通行能力为每车道1800辆/h。靠近中线的车道，通行能力最大，右侧同向车道通行能力将依次有所折减，最右侧车道的通行能力最小。假定最靠中线的一条车道的通行能力为1，则同侧右方向第二条车道通行能力的折减系数约为0.80～0.89，第三条车道的折减系数约为0.65～0.78，第四条车道的折减系数约为0.50～0.65。

一条车道的平均最大通行能力

车辆类型	小汽车	载重汽车	公共汽（电）车	混合交通
每小时最大通行车辆数	500～1000	300～600	50～100	400

（3）路段通行能力分为可能通行能力与设计通行能力

在城市一般道路与一般交通的条件下，并在不受平面交叉口影响时，一条机动车车道的可能通行能力按下式计算：

$$N_p = 3600/t_i$$

式中 N_p——一条机动车车道的路段可能通行能力（pcu/h）；

t_i——连续车流平均车头间隔时间（s/pcu）。

当该市没有 t_i 的观测值时，可能通行能力可采用下表的数值：

计算行车速度（km/h）	50	40	30	21
可能通行能力（pcu/h）	1690	1640	1550	1380

受平面交叉口影响的机动车车道设计通行能力应根据不同的计算行车速度、绿化比、交叉口间距等进行折减。

（4）机动车车行道宽度的确定

机动车车行道的宽度是各机动车道宽度的总和。通常以规划确定的单向高峰小时交通量除以一条车道的通行能力，以确定单向所需机动车车道数，乘以 2，再乘以一条车道的宽度，即得到机动车车行道的宽度。

（5）应注意的问题

① 车道宽度的相互调剂与相互搭配：对于双车道多用 7.5～8.0m；四车道用 13～15m；六车道用 19～22m。

② 道路两个方向的车道数一般不宜超过 4～6 条；过多会引起行车紊乱，行人过路不便和驾驶人员选择困难。

③ 技术规范规定：两块板道路的单向机动车车道数不得少于 2 条，四块板道路的单向机动车车道数至少为 2 条。一般行驶公交车辆的一块板次干路，其单向行车道的最小宽度应能停靠一辆公共汽车，通行一辆大型汽车，再考虑适当自行车道宽度即可。

3. 非机动车道设计

（1）自行车道宽度的确定

一条自行车带的宽度为 1.5m，两条自行车带宽度为 2.5m，三条自行车带的宽度为 3.5m，每增加一条车道宽度增加 1.0m；两辆自行车与一辆公共汽车或无轨电车的停站宽 5.5m。非机动车道要考虑最宽的车辆有超车的条件，结合将来可能改为行驶机动车辆，则宽度以 6.0～7.0m 更妥。

（2）自行车道的通行能力

路面标线划分机动车道与非机动车道时，一条自行车带的通行能力，规范推荐值为 800～1000 辆/h。

（3）非机动车道在横断面上的布置

一般沿道路两侧对称布置在机动车道和人行道之间，为保证非机动车的安全及提高机动车车速，与机动车道之间画线或设分隔带分隔。

4. 人行道设计

人行道的主要功能是为满足步行交通的需要，同时也用来布置道路附属设施（如杆管线、邮筒、清洁箱与交通标志等）和绿化，有时还作为拓宽车行道的备用地。

（1）人行道宽度的确定方法

一个步行带的宽度，一般需要0.75m，在火车站和大型商店附近及全市干道上则需要0.9m。城市主干道上，单侧人行道步行带条数，一般不宜少于6条，次干道不宜少于4条，住宅区不宜少于2条。

人行道宽度要考虑埋设电力线、电信线以及上水管三种基本管线所需要的最小宽度(4.5m)，加上绿化和路灯等最小占地（1.5m），共需要6.0m左右。

人行带宽度和最大通行能力表

所在地点	宽度（m）	最大通行能力（人/小时）
城市道路上	0.75	1800
车站码头、人行天桥和地道	0.90	1400

（2）人行道的布置

人行道通常在车行道两侧对称并等宽布置。在受到地形限制或有其他特殊情况时，不一定要对称等宽，可按其具体情况做灵活处理。人行道一般高出车行道10～20cm，一般采用直线式横坡，向缘石方向倾斜。横坡坡度一般在0.3%～3.0%范围内选择。

人行道铺装设计应贯彻因地制宜，合理利用当地材料及工业废渣的原则，并考虑施工最小厚度。人行道铺装面层应平整、抗滑、耐磨、美观。基层材料应具有适当强度。处于潮湿地带及冰冻地区时，应采用水稳定性好的材料。

（3）人行道、人行横道、人行天桥、人行地道的设计通行能力折减系数规定如下：

① 全市性的车站、码头、商场、剧场、影院、体育馆（场）、公园、展览馆及市中心区行人集中的人行道、人行横道、人行天桥、人行地道通行能力一般为1800人/(h·m)。

② 大商场、商店、公共文化中心及区中心等行人较多的人行道、人行横道、人行天桥、人行地道通行能力一般为1900人/(h·m)。

③ 区域性文化商业中心地带行人多的人行道、人行横道、人行天桥、人行地道通行能力一般为2000人/(h·m)。

④ 支路、住宅区周围道路的人行道及人行横道通行能力一般为2100人/(h·m)。

5. 缘石

缘石宜高出路面边缘10～20cm。隧道内线形弯曲路段或陡峻路段等处，可高出25～40cm，并应有足够的埋置深度，以保证稳定。缘石宽度宜为10～15cm。

桥上缘石的规定应符合现行的有关规范的要求。缘石宜采用立式，出入口宜采用斜式或平式，有路肩时采用平式。人行道及人行横道宽度范围内缘石宜做成斜坡式或平坡式，便于儿童车、轮椅及残疾人通行。

6. 掌握道路绿化设计

道路绿化设计应结合交通安全、环境保护、城市美化等要求，选择种植位置、种植形式、种植规模，采用适当树种、草皮、花卉。应处理好与道路照明、交通设施、地上杆线、地下管线等关系。

宽度大于40m的滨河路或主干路上，当交通条件许可时，可考虑沿道路两侧或一侧成行种树，布置成有一定宽度的林荫道（最小宽度为8m，多采用8～15m）。

应选择能适应当地自然条件和城市复杂环境的乡土树种。行道树树种的选择原则是：树干挺直、树形美观、夏日遮阳、耐修剪，抗病虫害、风灾及有害气体等。

(1) 相关绿化名词

① 道路绿地：道路及广场用地范围内的可进行绿化的用地。道路绿地分为道路绿带、交通岛绿地、广场绿地和停车场绿地。

② 道路绿带：道路红线范围内的带状绿地。道路绿带分为分车绿带、行道树绿带和路侧绿带。

③ 分车绿带：车行道之间可以绿化的分隔带，其位于上下行机动车道之间的为中间分车绿带；位于机动车道与非机动车道之间或同方向机动车道之间的为两侧分车绿带。

④ 行道树绿带：布设在人行道与车行道之间，以种植行道树为主的绿带。

⑤ 路侧绿带：在道路侧方，布设在人行道边缘至道路红线之间的绿带。

⑥ 交通岛绿地：可绿化的交通岛用地。交通岛绿地分为中心岛绿地、导向岛绿地和立体交叉绿岛。

⑦ 中心岛绿地：位于交叉路口上可绿化的中心岛用地。

⑧ 导向岛绿地：位于交叉路口上可绿化的导向岛用地。

⑨ 立体交叉绿岛：互通式立体交叉干道与匝道围合的绿化用地。

⑩ 广场、停车场绿地：广场、停车场用地范围内的绿化用地。

⑪ 道路绿地率：道路红线范围内各种绿带用地宽度之和占总用地宽度的百分比。

⑫ 园林景观路：在城市重点路段，强调沿线绿化景观，体现城市风貌、绿化特色的道路。

⑬ 装饰绿地：以装点、美化街景为主，不让行人进入的绿地。

⑭ 开放式绿地：绿地中铺设游步道，设置坐凳等，供行人进入游览休息的绿地。

⑮ 通透式配置：绿地上配植的树木，在距相邻机动车道路面高度 0.9m 至 3.0m 之间的范围内，其树冠不遮挡驾驶员视线的配置方式。

(2) 行道树的占地宽度

行道树的最小布置宽度一般为 1.5m。道路分隔带兼作公共车辆停靠站台或供行人过路临时驻足之用时，最好宽 2.0m 以上。绿化带的最大宽度取决于可利用的路幅宽度，除为了保留备用地外，一般绿化宽度宜为红线宽度的 15%～30%，路幅窄的取低限，宽的取高限。人行道绿化有树穴、绿带两种形式，绿带一般每侧 1.5～4.5m，长度以 50～100m 为宜，树穴一般 1.25m×1.25m。

(3) 行道树的高度

道路的中央分隔带或机动车与非机动车分隔带上布置绿化，高度一般在 1.0m 以下。人行道上的行道树分枝点高度应为 3.5m 以上，高度不限，但要注意不影响道路照明。

行道树绿带种植应以行道树为主，并宜与乔木、灌木、地被植物相结合，形成连续的绿带。在行人多的路段，行道树绿带不能连续种植时，行道树之间宜采用透气性路面铺装。树池上宜覆盖池箅子。行道树定植株距，应以其树种壮年期冠幅为准，最小种植株距应为 4m。行道树树干中心至路缘石外侧最小距离宜为 0.75m。种植行道树其苗木的胸径：快生树不得小于 5cm，慢生树不宜小于 8cm。在道路交叉口视距三角形范围内，行道树绿带应采用通透式配置。

(4) 道路绿地率

园林景观路绿地率不得小于 40%；红线宽度大于 50m 的道路绿地率不得小于 30%；

红线宽度在40～50m的道路绿地率不得小于25%；红线宽度小于40m的道路绿地率不得小于20%。

7. 城市道路横断面形式的选择与组合

(1) 形式

一块板：即单幅路。车行道完全不设分隔带，用交通标线分隔对向车流，或者不画标线，机动车在中间行驶，非机动车靠右边行驶的道路。一块板道路，车辆混行，安全系数很小，严重影响车辆行驶速度与交通安全。多用于“钟摆式”交通路段及生活性道路；适用于机动车交通量不大，非机动车较少的次干路、支路以及用地不足，拆迁困难的旧城市道路。

两块板：即双幅路。两块板是由中间一条分隔带将车行道分为单向行驶的车行道，机动车与非机动车仍为混合行驶；适用于机动车辆多，单向两条机动车车道以上，非机动车较少，夜间交通量多，车速要求高，非机动车类型较单纯，且数量不多的联系远郊区间交通的入城干道；有平行道路可供非机动车通行的快速路和郊区道路以及横向高差大或地形特殊的路段，亦可采用双幅路。

三块板：即三幅路。用两条分隔带分离上、下行机动车与非机动车车流，将车行道一分为三的道路。中间部分为机动车双向行驶车道，两侧为非机动车车道。分隔带可采用绿带、隔离墩、安全护栏等。适用于道路较宽、交通量大的主要交通干道。适用于机动车量大，车速要求高，非机动车多，道路红线宽度大于或等于40m的交通干道。

四块板：即四幅路。用三条分隔带分隔对向车流、机动车与非机动车车流，将车行道一分为四的道路。中间两部分分别为对向行驶的机动车车道，两侧为非机动车车道。四块板道路，实现了机动车与非机动车的完全分离，有利于提高车速，保证交通安全；但占地面积大，造价高。比较少见，主要用于高速道路和交通量大的郊区干道。适用于机动车速度高，单向两条机动车车道以上，非机动车多的快速路与主干路。

(2) 城市道路横断面的选择与组合基本原则

城市道路横断面的选择与组合主要取决于道路的性质、等级和功能要求，同时还要综合考虑环境和工程设施等方面的要求。

① 符合城市道路系统对道路的性质、等级和红线宽度等方面的要求；

② 满足交通畅通和安全的要求；

③ 充分考虑道路绿化的布置；

④ 满足各种工程管线布置的要求；

⑤ 要与沿路建筑和公用设施的布置要求相协调；

⑥ 要考虑现有道路改建工程措施与交通组织管理措施的结合；

⑦ 要注意节省建设投资，节约城市用地。

(二) 了解道路纵断面设计的要求

1. 设计原则

(1) 参照城市规划控制标高，并适应临街建筑立面布置及沿路范围内地面水的排除。

(2) 为保证行车安全舒适，纵坡宜缓顺，起伏不宜频繁。

(3) 山城道路及新辟道路纵断面设计应综合考虑土石方平衡，汽车运营经济效益等因素，合理确定路面设计标高。

（4）机动车与非机动车混合行驶的车行道，宜按非机动车爬坡能力设计纵坡度。

（5）纵断面设计应对沿线地形、地下管线、地质、水文、气候和排水要求综合考虑。

沿河道路应根据路线位置确定路基标高。位于河堤顶的路基边缘应高于河道防洪水位0.5m。当岸边设置挡水设施时，不受此限。位于河岸外侧道路的标高应按一般道路考虑，符合规划控制标高要求，并应根据情况解决地面水及河堤渗水对路基稳定的影响。

道路最小纵坡度应大于或等于0.5%，困难时可大于或等于0.3%，遇特殊困难纵坡度小于0.3%时，应设置锯齿形偏沟或采取其他排水措施。

（6）山城道路应控制平均纵坡度。越岭路段的相对高差为200～500m时，平均纵坡度宜采用4.5%；相对高差大于500m时，宜采用4%，任意连续3000m长度范围内的平均纵坡度不宜大于4.5%。

2. 设计要求

（1）线型平顺。设计坡度平缓，坡段较长，起伏不宜频繁，在转坡处以较大半径的竖曲线衔接。

（2）路基稳定、土方基本平衡。

（3）尽可能与相交的道路、广场和沿路建筑物的出入口有平顺的衔接。

（4）道路及两侧街坊的排水良好。道路路缘石顶面应低于街坊地面标高及道路两侧建筑物的地坪标高。

（5）考虑沿线各种控制点的标高和坡度的要求。包括如相交道路的中心线标高，重要地下建筑物的标高，与铁路交叉点的标高，河岸坡度和河流最高水位、桥涵立交的标高等。

3. 设计

（1）最大纵坡考虑因素

应该考虑通行的各种车辆的动力性能、道路等级、自然条件等。

在混行的道路上，应以非机动车的爬坡能力确定道路的最大纵坡。自行车道路的最大纵坡以2.5%为宜。

等级高的道路设计车速高，需要尽量采用平缓的纵坡。最大纵坡建议值：快速交通干道设计车速为40～60km/h，最大纵坡为3%～4%；主要及一般交通干道设计车速为40～60km/h，最大纵坡为3%～4%；区干道设计车速为30～40km/h，最大纵坡为4%～6%；支路设计车速为20～25km/h，最大纵坡为7%～8%。

对于平原城市，机动车道路的最大纵坡宜控制在5%以下。

（2）最小纵坡

最小纵坡度与雨量大小、路面种类有关。路面越粗糙，最小纵坡越大，反之则可小些。如水泥混凝土路面、黑色路面、碎石路面等道路最小纵坡度应大于或等于0.5%，在有困难时可大于或等于0.3%。特殊困难路段，纵坡度小于0.2%时，应采取设锯齿形偏沟或其他排水措施。

（3）坡道长度限制

道路坡道的长度与道路的等级要求和车辆的爬坡能力有关，不宜太长，但也不宜太短，一般最小长度应不小于相邻竖曲线切线长度之和。

4. 竖曲线

为使路线平顺，行车平稳，必须在路线竖向转坡点处设置平滑的竖曲线将相邻直线坡段衔接起来。因纵断面上转折坡点处是凹形或凸形不同而分为凹形竖曲线与凸形竖曲线。纵坡转折处是否设置凸曲线，取决于转坡角大小与要求视距的长度之间的关系。

凹形竖曲线：指的是设于道路纵坡呈凹形转折处的曲线，用以缓冲行车中因运动量变化而产生的冲击和保证夜间汽车前灯视线和汽车在立交桥下行驶时的视线。

凸形竖曲线：指的是设于道路纵坡呈凸形转折处的曲线，用以保证汽车按计算行车速度行驶时有足够的行车视距。

一般规定：当主要及一般交通干道两相邻纵坡代数差 $\omega>0.5\%$，区干道的 $\omega>1.0\%$，其他道路的 $\omega>1.5\%$ 时，需设置凸形竖曲线。对凹形转折处，当主要交通干道两相邻纵坡代数差 $\omega>0.5\%$，交通干道的 $\omega>0.7\%$，其他道路的 $\omega>1.0\%$ 时，则需要设置凹形曲线。

城市道路设计时一般希望平曲线与竖曲线分开设置。如果确实需要重合设置时，通常要求将竖曲线设置在平曲线内，而不应交错。为了保持平面和纵断面的线形平顺，一般取凸形竖曲线的半径为平曲线半径的 10～20 倍。应避免将小半径的竖曲线设在长的直线段上。竖曲线长度一般至少应为 20m，其取值一般为 20m 的倍数。

5. 城市道路排水

城市道路排水也是城市排水系统的一部分。为了保障生产和人民生活，城市中除需要排除雨雪水外，尚有工业废水和生活污水。

排水形式：明式、暗式、混合式。

雨水管网布置原则：利用地形，分区就近排入水体，避免设置或少设泵站；雨水管应沿排水区低处布置，合理选择与布置出水口。

三、城市道路规划设计

（一）熟悉道路平面设计要求

城市道路平面设计指的是城市道路线形、交叉口、排水设施及各种道路附属设施等平面位置的设计。

城市道路平面设计组成包括：道路中心线和边线等在地表面上的垂直投影。它是由直线、曲线、缓和曲线、加宽等组成。道路平面反映了道路在地面上所呈现的形状和沿线两侧地形、地物的位置，以及道路设备、交叉、人工构筑物等的布置。它包括路中心线、边线、车行道、路肩和明沟等。城市道路包括机动车道、非机动车道、人行道、路缘石（侧石或道牙）、分隔带、分隔墩、各种检查井和进水口等。

1. 平曲线

（1）最小半径

机动车辆在平曲线上作圆周运动时受水平方向离心力的作用，促使车辆向曲线外侧滑移和倾覆。平曲线最小半径是指保证机动车辆以设计车速安全行驶时圆曲线最小半径。

考虑车辆抗倾覆的平曲线最小半径为：

$$R=\frac{V^2}{127(\phi-i)}$$

式中　V——设计车速；

ϕ——路面横向摩阻系数；

i——道路横坡。

考虑车辆抗侧滑的平曲线最小半径为：

$$R=\frac{V^2}{127(\mu-i)}$$

式中　μ——横向力系数。

平曲线最小半径主要取决于道路的设计车速，与之成正比。平曲线最小半径的确定，必须综合考虑机动车辆在平曲线上行驶的稳定性、乘客的舒适程度、车辆燃料消耗和轮胎磨损等各方面的因素。

（2）超高

当条件不允许设置平曲线最小半径时，可以将道路外侧抬高，使道路横坡呈单向内侧倾斜，称为超高。当一条道路的设计车速 V 与横向力系数 μ 选定后，超高横坡度的大小将取决于平曲线半径的大小。按《城市道路工程设计规范》（CJJ 37—2012）（2016 年版）规定，平曲线半径小于不设超高的最小半径时，在平曲线范围内应设超高。

城市道路，尤其是市区内道路，大多数的车辆车速不高，为有利于建筑布置及其他市政设施修建的配合要求，一般均不设超高。

2. 加宽与超高、加宽缓和段

（1）平曲线路面加宽

在曲线段上行驶的汽车所占有的行驶宽度要比直线段宽，所以曲线段的车行道往往需要加宽，其加宽值与曲线半径、车型几何尺寸、车速要求等有关。道路平曲线半径小于或等于 250m 时，应在平曲线内侧加宽。

（2）超高、加宽缓和段

超高缓和段是由直线段上的双坡横断面过渡到具有完全超高的单坡横断面的路段，超高缓和段的长度不宜过短，否则车辆行驶时会发生侧向摆动，行车不十分稳定。一般情况下，超高缓和段长度最好不要小于 15～20m。

加宽缓和段是在平曲线的两端，从直线上的正常宽度逐渐增加到曲线上的全加宽的路段。当曲线加宽与超高同时设置时，加宽缓和段长度应与超高缓和段长度相等，内侧增加宽度，外侧增加超高。如曲线不设超高而只有加宽，则可采用不小于 10m 的加宽缓和段长度。不设超高的两相邻反向曲线，可直接相连；若有超高，两曲线之间的直线段长度应至少等于两个曲线超高缓和段长度之和。

（二）熟悉道路交叉口设计要求

1. 设计原则与规定

（1）城市道路交叉口应按城市规划道路网设置。道路相交时宜采用正交，必须斜交时交叉角应大于或等于 45°，不宜采用错位交叉、多路交叉和畸形交叉。

（2）道路与道路交叉分为平面交叉和立体交叉两种，应根据技术、经济及环境效益的分析，合理确定。

（3）交叉口设计应根据相交道路的功能、性质、等级、计算行车速度、设计小时交通量、流向及自然条件等进行。前期工程应为后期扩建预留用地。

（4）在交叉口设计中应做好交通组织设计，正确组织车流、人流，合理布设各种车道、交通岛、交通标志与标线。

（5）交叉口转角处的人行道铺装宜适当加宽，并恰当地组织行人过街。快速路的重要交叉口应修建人行天桥或人行地道；主干路上的重要交叉口宜修建人行天桥或人行地道。

（6）交叉口的竖向设计应符合行车舒适、排水迅速和美观的要求。立体交叉的标高应与周围建筑物标高协调，便于布设地上杆线和地下管线，并宜采用自流排水，减少泵站的设置。

（7）为提高通行能力，平面交叉可在进口道范围内采取适当措施以增设车道：互通式立体交叉应设置变速车道与集散车道。

（8）立体交叉的设置条件如下：

① 立体交叉应按规划道路网设置。

② 高速公路与城市各级道路交叉时，必须采用立体交叉。

③ 快速路与快速路交叉，必须采用立体交叉；快速路与主干路交叉，应采用立体交叉。

④ 进入主干路与主干路交叉口的现有交通量超过 4000～6000pcu/h，相交道路为四条车道以上，且对平面交叉口采取改善措施、调整交通组织均难收效时，可设置立体交叉，并妥善解决设置立体交叉后对邻近平面交叉口的影响。

⑤ 两条主干路交叉或主干路与其他道路交叉，当地形适宜修建立体交叉，经技术经济比较确为合理时，可设置立体交叉。

⑥ 道路跨河或跨铁路的端部可利用桥梁边孔修建道路与道路的立体交叉。

（9）立体交叉应在满足交通需求的情况下采取简单形式，其体形和色彩应与周围建筑协调，力求简洁大方。

（10）立体交叉的线形布置应与桥梁设计配合，不宜设置过多斜桥、坡桥及弯桥，并减少桥梁面积。

2. 交叉口交通组织方式

（1）无交通管制：适用于交通量很小的道路交叉口。

（2）渠化交通：在道路上施画各种交通管理标线及设置交通岛，用以组织不同类型、不同方向车流分道行驶，互不干扰地通过交叉口。适用于交通量较小的次要交叉口、交通组织复杂的异形交叉口和城市边缘地区的道路交叉口。在交通量比较大的交叉口，配合信号灯组织渠化交通，有利于交叉口的交通秩序，增大交叉口的通行能力。

（3）交通指挥（信号灯控制或交通警察指挥）：常用于一般平面十字交叉口。

（4）立体交叉：适用于快速、有连续交通要求的大交通量交叉口。

3. 基本类型及其特点

交叉口按竖向位置可分为平面交叉与立体交叉两大基本类型。

4. 平面交叉口自行车交通组织及自行车道布置

设置自行车右转专用车道；设置左转候车区；停车线提前法；两次绿灯法；设置自行车横道。

5. 平面交叉口设计

（1）形式：十字交叉、X形交叉、丁字形（T形）交叉、Y形交叉、多路交叉、环形交叉，应根据城市道路的布置、相交道路等级、性质和交通组织等确定。

（2）转角半径：根据道路性质、横断面形式、车型、车速来确定。交叉口内的计算行车速度应按各级道路计算行车速度的 0.5～0.7 倍计算，直行车取大值，转弯车取小值。

交叉口转角半径

道路类型	主干路	次干路	支路	单位出入口
交叉口设计车速（km/h）	25～30	20～25	15～20	5～15
转角半径（m）	15～25	8～10	5～8	3～5

（3）人行横道：人行横道的设置要考虑尽可能缩小交叉口面积，减少车辆通过交叉口的时间，提高交叉口通过效率，将人行横道设在转角曲线起点以内；要尽量与车行道垂直设置，缩短行人横过车行道的时间；尽量靠近交叉口，缩小交叉区域，减少车辆通过交叉口的时间。

人行横道宽度决定于单位时间内过路行人的数量及行人过路信号放行时间，通常选用的经验宽度为 4～10m，规范规定最小宽度为 4m。机动车车道数 4 条或人行横道长度大于 30m 时，则应在道路中央设置安全岛（最小宽度为 1.0m）。当行车密度很大或车速很高，过街行人很多时，可考虑设立体人行过街设施——人行地道或天桥。

（4）停止线：停止线在人行横道线外侧面 1～2m 处，以保证行人通过时的安全性。

（5）交叉口拓宽：建议高峰小时一个信号周期进入交叉口左转车辆大于 3～4 辆时，增辟左转车辆的专用车道。进入交叉口的右转车辆多于 4 辆时，需增设右转车辆的专用车道。增设车道的宽度，可比路段车道宽度缩窄 0.25～0.5m，应不小于 3.0m；进口段长度一般为 50～75m。

6. 交叉口竖向设计

交叉口竖向设计应综合考虑行车舒适、排水通畅、工程量大小和美观等因素，合理确定交叉口设计标高。

（1）两条道路相交，主要道路的纵坡度宜保持不变，次要道路纵坡度服从主要道路。

（2）交叉口设计范围内的纵坡度，宜小于或等于 2.0%。困难情况下应小于或等于 3%。

（3）交叉口竖向设计标高应与四周建筑物的地坪标高协调。

（4）合理确定变坡点和布置雨水进水口。

7. 平面交叉口的改善

除了渠化、拓宽路口、组织环形交叉和立体交叉外，改善的方法主要有：错口交叉改善为十字交叉；斜角交叉改善为正交交叉；多路交叉改善为十字交叉；合并次要道路，再与主要道路相交。

8. 环形交叉口设计

平面环形交叉口又称环交、转盘，在交叉口中央设置一个中心岛，车辆绕中心岛作逆时针单向行驶，连续不断地通过交叉口，这也是渠化交通的一种形式，使所有直行和左、右转弯车辆均能在交叉口沿同一方向顺序前进，避免发生周期性交通阻滞（相对于信号灯来管制），消灭了交叉口上的冲突点，提高了行车安全和交叉口的通行能力。

平面环形交叉口多适用于多条道路交会的交叉口和左转交通量较大的交叉口，一般不适用于快速路和主干路。当相交道路总数超过8条时，就应当考虑道路适当合并后再接入交叉口。

（1）中心岛形状和尺寸的确定

环形交叉口中心岛多采用圆形，主次干路相交的环行交叉口也可采用椭圆形的中心岛，并使其长轴沿主干路的方向，也可采用其他规则形状的几何图形或不规则的形状。

中心岛的半径首先应满足设计车速的需要，计算时按路段设计行车速度的0.5倍作为环道的设计车速，依此计算出环道的圆曲线半径，中心岛半径就是该圆曲线半径减去环道宽度的一半。

（2）环道的交织要求

环形交叉是以交织方式来完成直行同右转车辆进出路口的行驶，一般在中等交通密度，非机动车不多的情况下，最小交织距离最好不应小于4s的运行距离。

车辆沿最短距离方向行驶交织时的交角称为交织角，交织角越小越安全。一般交织角在20°～30°之间为宜。

（3）环道宽度的确定

环道即环绕中心岛的车行道，其宽度需要根据环道上的行车要求确定。环道上一般布置三条机动车道，一条车道绕行，一条车道交织，一条作为右转车道；同时还应设置一条专用的非机动车道。车道过多会造成行车的混乱，反而有碍安全。一般环道宽度选择18m左右比较适当，即相当于3条机动车道和一条非机动车道，再加上弯道加宽值。

9. 立体交叉口设计

（1）组成：跨路桥、匝道、外环与内环、入口与出口、加速车道、减速车道、引道。

（2）设计：交叉口的交通量很大，采用平面交叉难以解决交通时，为了提高通行能力，可以采用立体交叉；行车速度达80～120km/h的高速道路与其他道路相交时，为保证行车速度与安全，要采用立体交叉；干道与铁路相交时要采用立体交叉；对于交通和交通安全有特殊要求，交叉处的地形适于修立体交叉时，可以采用。

（3）形式：根据立体交叉结构形式不同分为：隧道式和跨路桥式；根据相交道路上行驶的车辆是否能相互转换分为：分离式和互通式。

分离式立交，相交道路互不相通，交通分离。主要有铁路与城市道路相交的立交，快速道路与地方性道路（次干路、支路、自行车专用路、步行路）的立交。

互通式立交：可以实现相交道路上的交通在立交互相转换。又分为非定向式立交（包括直通式、环形、菱形、梨形、苜蓿叶式等形式）和定向立交两类。

（4）技术：路段设计车速一般80km/h，环形立交的环道设计车速一般为25～30km/h，匝道25km/h。

互通式立交最小净距离

干道设计车速（km/h）	80	60	50	40
互通式立交最小净距离（m）	1000	900	800	700

道路宽度：干道机动车道每条宽度为3.75～4.0m；自行车道可达6～8m。

匝道：其曲线半径决定于车辆行驶速度，双向行车宽12.5m，单向行车宽7.0m。

（5）立体交叉基本形式的交通特点及适用条件如下：

① 分离式立体交叉适用于直行交通为主且附近有可供转弯车辆使用的道路。

② 菱形立体交叉可保证主要道路直行交通畅通，在次要道路上设置平面交叉口，供转弯车辆行驶，适用于主要与次要道路相交的交叉口。

③ 部分苜蓿叶形立体交叉可保证主要道路直行交通畅通，在次要道路上可采用平面交叉或限制部分转弯车辆通行，适用于主要与次要道路相交的交叉口。

④ 苜蓿叶形立体交叉与喇叭形立体交叉适用于快速路与主干路交叉处。苜蓿叶形用于十字形交叉口，喇叭形适用于T形交叉口。

⑤ 定向式立体交叉的左转弯方向交通设有直接通行的专用匝道，行驶路线简捷、方便、安全，适用于左转弯交通为主要流向的交叉口。根据交通情况，可做成完全定向式或部分定向式。

⑥ 双层式环形立体交叉可保证主要道路直行交通畅通，次要道路的直行车辆与所有转弯车辆在环道上通过，适用于主要与次要道路相交和多路交叉。

10. 城市道路纵断面设计

(1) 纵坡：最小不小于0.15%。

道路纵坡取决于自然地形、道路两旁地物、道路构筑物净空限界要求、车辆性能和道路等级等。最大纵坡决定于道路的设计车速。最小纵坡取决于道路排水和地下管道的埋设要求，也与雨量大小、路面种类有关。

(2) 竖曲线：当主干线上相邻两坡段的纵坡代数差超过0.5%时设竖曲线。一般凸形竖曲线的半径为平曲线半径的10～20倍。

(三) 了解城市道路交通管理设施的规划设计要求

1. 城市道路交通设施

道路交通设施包括道路交通安全设施和道路交通管理设施两部分。

(1) 道路交通安全设施

为了保障道路交通的安全与畅通，根据道路条件、交通流特点和道路交通管理的需要，依照有关的法律、法规和技术标准，在道路上设置的附属设施和装置，称为道路交通安全设施。其中以限制、警告和诱导交通为目的的交通设施，如道路交通标志、道路交通标线、交通信号控制系统、交通情报系统等，是安全设施的重要组成部分。其作用集中地表现为：约束和限制各种交通流，组织和调节道路交通；向车辆和行人公布并提示特定区域内的交通情况和交通管理信息；为交通管理部门开展交通管理工作提供科学的手段和执法依据。

(2) 道路交通管理设施

道路交通管理设施是道路交通系统的重要组成部分，是交通管理部门为了保证交通安全、畅通，依据交通法规和道路交通状况，在路面上、空间处设置的特定形状的图案、线条、文字、符号、设施等。它主要以静态的形式对交通实施管理和控制，从而实现交通指挥管理系统的连续性和完整性。

2. 城市道路交通管理设施内容以及规划设计要求

(1) 道路交通管理设施的实际运用

当今道路交通管理设施在实际运用中还存在一些问题。交通标志不齐，安装不合理，标志有误，标线施画不齐，信号灯安装配时不合理等现象还存在。

(2) 道路交通管理设施的分类

道路交通管理设施主要包括统一的交通规则、设置必要的交通标志、交通指挥信号和路面标志。

（3）道路交通标志

道路交通标志和标线是用图案、符号、文字传递交通管理信息，用以管制及引导交通的一种安全管理设施，用文字或符号传递引导、限制、警告或指示信息的道路设施，又称道路标志、道路交通标志。设置醒目、清晰、明亮的交通标志是实施交通管理，保证道路交通安全、顺畅的重要措施。

交通标志有多种类型，可用各种方式区分为：主要标志和辅助标志；可动式标志和固定式标志；照明标志、发光标志和反光标志；以及反映行车环境变化的可变信息标志。

《道路交通标志和标线》规定的交通标志分为七大类：

① 警告标志：警告车辆和行人注意危险地点的标志。

② 禁令标志：禁止或限制车辆、行人交通行为的标志。

③ 指示标志：指示车辆、行人行进的标志。

④ 指路标志：传递道路方向、地点、距离的标志。

⑤ 旅游区标志：提供旅游景点方向、距离的标志。

⑥ 道路施工安全标志：通告道路施工区通行的标志。

⑦ 辅助标志：附设于主标志下起辅助说明使用的标志。

标志多安装在标志杆上，或横过道路悬空的铁索上。指示标志杆和警告标志杆为黑白色竹节式方杆，而禁令标志则为红白色竹节式方杆，杆的每边宽10cm。标志安装高度从地面到标志的下缘为180～200cm。标志杆应设在道路右侧离车行道侧石30～50cm处。悬挂的标志，其下缘应在道路车辆的通行净高界限之外。

关于标志的颜色、大小和形状，世界各国采用的基本相同。主要是根据道路上设计的车速而定，速度越高，要求标志越易感受，能见距离也要越大，标志的数量也应适当减少，而设置距离则相应增加。

为了保证夜间标志同样发挥作用，在交通量多的干道上或高速公路上，最好能用反光或发光材料制作，要求反光标志的亮度要均匀，不产生眩光。在一般道路上亦可采用标志盒，盒内装置灯光，标志图案就绘在标志盒的玻璃上。

（4）交通标线

交通标线是由标画于路面上的各种线条、箭头、文字、立面标记、突起路标和轮廓标等所构成的交通安全设施，它的作用是管制和引导交通。

① 路面标线形式有车行道中心线，车行道边缘线、车道分界线、停止线、人行横道线、减速让行线、导流标线、平面交叉口中心圈、车行道宽度渐变段标线、停车位标线、停靠站标线、出入口标线、导向箭头以及路面文字或图形标记等。

② 突起路标是固定于路面上突起的标记块，应做成定向反射型。一般路段反光玻璃珠为白色，危险路段为红色或黄色。

③ 立面标记可设在跨线桥、渡槽等的墩柱或侧墙端面上以及隧道洞口和安全岛等的壁面上。

（5）交通指挥信号

在交叉口交通量不大的情况下，一般由交通民警指挥交通。这种方式的优点是管理比较灵活，无须投资设备费用。若交通量较大或有特殊要求的交叉口则应采用信号灯指挥交通。这种方式的优点是可以减轻交通民警的劳动强度，减少交通事故和提高交叉口通行能力。

信号灯要求色彩清晰、亮度均匀，应保证驾驶人员能在100m以外见到，同时，信号灯还应正对车辆前进方向，使在交叉口停车线前等候的车辆驾驶人员也能看见色灯的变换。交通信号灯的管理方法有人工控制和自动控制两种。

（6）路面交通标志

路面交通标志常见的有车道线、停车线、人行横道线（斑马人行线），导向箭头以及分车线、公共交通停靠范围、停车道范围（高速公路还有路面边缘线），所有这些组织交通的线条、箭头、文字或图案，一般用白漆（或黄漆）漆在路面上，也有用白色沥青或水泥混凝土、白色瓷砖或特制耐磨的塑料嵌砌或粘贴于路面上，以指引交通。

（7）防护设施

防护设施包括车行护栏、护柱、人行护栏、分隔物、高缘石、防眩板、防撞护栏等。为引导行人经由人行天桥、人行地道过街应设置导流设施，其断口宜与人行天桥、人行地道两侧附近交叉口结合。快速路与郊区主干路中间分隔带上，宜采用防眩、防撞设施。城市桥梁引道、高架路引道、立体交叉匝道、高填土道路外侧挡墙等处，高于原地面2.0m的路段，应设置车行护栏或护柱等。

3. 交通控制

交通控制，也叫交通信号控制，或城市交通控制，就是依靠交警或采用交通信号控制设施，随交通变化特性来指挥车辆和行人的通行。它通过由电子计算机管理的交通控制设施对交通流进行限制、调节、诱导、分流以达到降低交通总量，疏导交通，保障交通安全与畅通的目的。

（1）城市交通信号控制方式

① 单个交叉口独立控制方式

单个交叉口独立控制方式是一种最基本的控制方式，又分为离线点控制和在线点控制。

离线点控制采用定时信号配时技术，它的基本原理是将绿灯时间分成有限的具有固定顺序的时间段（相位），不同的交通流将根据固定绿灯时间和顺序依次获得各自的通行权。离线点控制特别适合于交通量小的交叉口，其信号配时方案是根据典型状况的历史交通数据制订的，它又分为定周期控制方案与变周期控制方案。

在线点控制方案是指交通响应控制（或车辆感应控制）。它是根据交叉口各个入口交通流的实际分布情况，合理分配绿灯时间到各个相位，从而满足交通需求。

② 主干道交通信号控制

主干道交叉口的交通控制是一种线控方式。在城市道路网中，交叉口相距很近，两个相邻的交叉口之间的距离通常不足以使一队车流完全疏散。当交叉口分别设置单点信号控制时，车辆经常遇到红灯，时停时开，行车不畅，油耗增加，环境污染严重。为了减少车辆在各个交叉口的停车次数，特别是希望干道上的车辆比较畅通，人们研究了干道相邻交叉口协调控制策略。

最初协调信号计时的方法是基于绿波概念，即相邻交叉口执行相同的信号周期，主干道上各交叉口同一相位的绿灯开启错开一定时间，交叉口的次干道在一定程度上服从主干道的交通。当一列车队在具有许多交叉口的一条主干道上行驶时，协调控制使得车辆在通过干道交叉口时总是能在绿灯相位内到达，因而无须停车通过交叉口。这样能提高车辆行车速度和道路通行能力，确保道路畅通，减少车辆在行驶过程中的延误时间。

③ 区域交通信号控制

在交通密度大的情况下，绿波会导致拥挤以及交叉口的阻塞，同时主干道交通信号控制方法实际上牺牲了次干道上的交通流的利益。区域交通信号控制的对象是城市或某个区域中所有交叉口的交通信号。计算机、自动控制和车辆检测技术的发展使这种技术成为可能。因为它需要将交通流数据收集并经通信网传到区域控制中心的上位机，上位机根据网上交通量的实时变化情况，以区域内所有车辆通过这些交叉口时所产生的总损失最小为目标，按一定时间步距不断调整正在执行的配时方案。这种方式实现了区域内交叉口之间的统一协调管理，提高了路网运行效率。

④ 城市 ITS 中的交通控制方法

现有的城市交通控制系统中，无论是单点控制、干线控制还是区域控制，也不论是静态控制还是动态自适应控制，控制算法采用模糊数学还是神经网络，都只考虑交通控制系统自身，而忽略了交通控制对交通流的影响，更不考虑交通诱导系统的影响。本质上都是一种解决现有交通流通过交叉口的方法。

在智能交通系统中，交通控制与交通诱导综合考虑，即在交通需求已知情况下，交通流受到交通控制与交通诱导的双重影响，其随机性变小、确定性增加。但在城市交通系统中，各交叉口的控制情况和控制方法并不相同。按控制情况可分为无控制交叉口、独立控制交叉口、干线控制交叉口、区域控制交叉口；按控制方法可分为静态定周期控制、静态变周期控制、单交叉口独立自适应控制、主干道线性控制和区域控制。因此，城市智能交通系统中的交通控制问题更为复杂。

（2）平面交叉口的交通控制

① 交通信号灯法：红黄绿灯。

② 多路停车法：在交叉口所有引导入口的右侧设立停车标志。

③ 二路停车法：在次要道路进入交叉口的引导上设立停车标志。

④ 让路停车法：在进入交叉口的引导上设立停车标志，车流量进入交叉口前必须放慢车速，伺机通过。

⑤ 不设管制：交通量很小的交叉口。

（3）平面交叉口的交通控制类型

主干路与支路交叉：二路停车。

次干路与次干路交叉：交通信号灯、多路停车、二路停车或让路停车。

次干路与支路交叉：二路停车或让路停车。

支路与支路交叉：二路停车、让路停车或不设管制。

四、城市停车设施规划设计

（一）了解停车场的分类及停车特点

1. 停车场的分类

（1）按车辆性质分：机动车停车场、非机动车停车场；

（2）按停车场的服务对象分：专用停车场、公用停车场。

城市公共停车场应分外来机动车公共停车场、市内机动车公共停车场和自行车公共停车场三类，其用地总面积可按规划城市人口每人 0.8～1.0m^2 计算。其中：机动车停车场的用地宜为 80%～90%，自行车停车场的用地宜为 10%～20%。市区宜建停车楼或地下停车库。

公用停车场的停车区距所服务的公共建筑出入口的距离宜采用 50～100m。对于风景名胜区，当考虑到环境保护需要或受用地限制时，距主要入口可达 150～200m；对于医院、疗养院、学校、公共图书馆与居住区，为保持环境宁静，减少交通噪声或废气污染的影响，应使停车场与这类建筑物之间保持一定距离。

停车场的出入口不宜设在主干路上，可设在次干路或支路上并远离交叉口；不得设在人行横道、公共交通停靠站以及桥隧引道处。出入口的缘石转弯曲线切点距铁路道口的最外侧钢轨外缘应大于或等于 30m，距人行天桥应大于或等于 50m。

机动车公共停车场的服务半径，在市中心地区不应大于 200m；一般地区不应大于 300m。

2. 车辆停放方式

（1）平行式

平行式停车车身方向与通道平行，是路边停车带或狭长地段停车的常用形式。特点：所需停车带最小，驶出车辆方便，但占用的停车面积最大。用于车道较宽或交通较少，且停车不多、时间较短的情况，还用于狭长的停车场地或作集中驶出的停车场布置，也适用停放不同类型车辆及车辆零来整走。例如，体育场、影剧院等停车场。

（2）垂直式

垂直式停车车身方向与通道垂直，是最常用的停车方式。特点：单位长度内停放的车辆最多，占用停车道宽度最大，但用地紧凑且进出便利，进出停车需要倒车一次，因而要求通道至少有两个车道宽。

（3）斜放式

斜放式停车车身方向与通道成角度停放，一般有 30°、45°、60°三种角度。特点：停车带宽度随车长和停放角度有所不同，适用于场地受限制时采用，车辆出入方便，且出入时占用车行道宽度较小。有利于迅速停车与疏散。缺点：单位停车面积比垂直停放方式要多，特别是 30°停放，用地最费。

3. 车辆停车与发车方式

（1）前进式停车、后退式发车：停车迅速，发车费时，不宜迅速疏散，常用于斜向停车；

（2）后退式停车、前进式发车：停车较慢，发车迅速，平均占地面积少，是常用的停发车方式；

（3）前进式停车、前进式发车：停车迅速，发车迅速，但平均占地面积较大，常用于公共汽车和大型货车停车场。

4. 设计原则

（1）按照城乡规划确定的规模、用地、与城市道路连接方式等要求及停车设施的性质进行总体布置；

（2）停车设施出入口不得设在交叉口、人行横道、公共交通停靠站及桥隧引道处，一般宜设置在次要干道上，如需要在主要干道设置出入口，则应远离干道交叉口，并用专用通道与主干道相连；

（3）停车设施的交通流线组织应尽可能遵循“单向右行”的原则，避免车流相互交叉，并应配备醒目的指路标志；

（4）停车设施设计必须综合考虑路面结构、绿化、照明、排水及必要的附属设施的设计；

（5）停车场的竖向设计应与排水设计结合，最小坡度与广场要求相同，与通道平行方向的最大纵坡度为1%，与通道垂直方向为3%。

（二）熟悉路边停车带的规划设计要求

1. 公共停车设施

城市公共停车设施可分为路边停车带和路外停车场（库）两大类。

（1）路边停车带

一般设在行车道旁或路边。多系短时停车，随到随开，没有一定的规律。在城市繁华地区，道路用地比较紧张，路边停车带多供不应求，所以多采用计时收费的措施来加速停车周转，路边停车带占地为16～20m²/停车位。

（2）路外停车场

包括道路以外专设的露天停车场和坡道式、机械提升式的多层、地下停车库。

停车设施的停车面积规划指标是按当量小汽车进行估算的。露天停车场占地为25～30m²/停车位，室内停车库占地为30～35m²/停车位。

2. 自行车停车设施设计

（1）类型

固定的、经常性的专用停车场；临时性的停车场；街边停车场；快慢车分隔带上的停车场。

（2）设计原则

① 在公共建筑附近就近布置，以便于停放；

② 在城市中应分散多处设置，方便停放；

③ 停车场出入口宽度，一般至少应2.5～3.5m；

④ 停车场内交通路线应明确，行车方向要一致，线路尽量不交叉；

⑤ 固定停车场应有车棚，内设车架，存放和管理；

⑥ 场内尽可能加以铺装，以利排水。

自行车公共停车场的服务半径宜为50～100m，并不得大于200m。

（3）停放方式

停放方式有垂直式、斜放式两种。每辆车占地1.4～1.8m²。

自行车公共停车场宜分成15～20m长的段，每段设一个出入口，宽度不得小于3.0m；500个车位以上的停车场出入口不得少于两个。自行车停车场的规模应根据所服务的公共建筑性质、平均高峰日吸引车次总量，平均停放时间、每日场地有效周转次数以及停车不均衡系数等确定。

场地铺装应平整、坚实、防滑。坡度宜小于或等于4.0%，最小坡度为0.3%。停车区宜有车棚、存车支架等设施。

（4）停靠站

设站原则：考虑公共车辆的经济运营，在有大量人流的集散或吸引点等地设站。

布置方式：沿人行道设置和沿快慢车道之间的分隔带设置。前者采用较为普遍，构造亦较简单，多在人行道上辟出一段用地作站台，亦可供乘客候车上下使用，站台高度最好30cm；后者布置方式对非机动车影响较小，但上下乘客则需要穿越非机动车道，行人对非机动车道交通有一定影响。作为站台用的分隔带宽度不应小于2.0m，站台长度一般不小于两辆车同时停靠的长度。

（三）掌握停车场库的规划设计方法

1. 停车场的配置

①停车场的配置应符合城乡规划与道路交通组织的要求。②在人流较为集中的吸引点，如大型娱乐场所的公园、体育场（馆）、电影院和大型服务设施的商场、百货大楼等处的停车场，车辆较多，停放时间较集中，停车场多配置在门前或附近。③对外地来的或过境的车辆停放，可考虑在城区的边缘设置停车场，附设食宿的旅馆，国外称为汽车公寓，甚至设置商场以减少过境车辆进入市内。

2. 汽车停车场地在城市道路上的配置

①沿侧石线停车：通常设置在与主要干道相交的次要道路上或就在主要干道上，沿人行道边辟出一定用地。②港湾式的路边停车：在道路一侧或两侧足够宽度的边缘带内，做成港湾式的停车道。③利用分隔带停车：当机动车道与非机动车道之间有较宽的分隔带时，可利用其地盘布置停车道。④道路外的港湾式停车场：如有空地建立地面停车场最为经济，出入方便，但占地较大。道路转角处停车场，应把出口布置在次级道路上。

3. 停车场规划设计

机动车停车场的出入口应有良好的视野。出入口距离人行过街天桥、地道和桥梁、隧道引道须大于50m；距离交叉路口须大于80m。机动车停车场车位指标大于50个时，出入口不得少于2个；大于500个时，出入口不得少于3个。出入口之间的净距须大于10m，出入口宽度不得小于7m。公共建筑配建的机动车停车场车位指标，包括吸引外来车辆和本建筑所属车辆的停车位指标。机动车停车场内的停车方式应以占地面积小、疏散方便、保证安全为原则。

4. 停车库设计

（1）直坡道式停车库

由水平停车楼面水平组成，每层间用直坡道相连，坡道可设在库外或库内。这种停车库布局简单整齐，交通线路明确，但用地不够经济，单位停车位占用面积较多。出口单车行驶宽3.5m，双车不小于6.0m。

（2）螺旋坡道式停车库

与直坡道式相似，每层楼面之间用圆形（螺旋式）坡道相连，坡道可为单向行驶或双向行驶（双行时上行在外，下行在内）方式。布局简单整齐，交通线路明确，上下行坡道干扰少，速度较快，但螺旋式坡道造价较高，用地稍比直行坡道节省，单位停车占用面积较多。

（3）错层式（半坡道式）停车库

由直坡式发展而形成的，停车楼面分为错开半层的两段或三段楼面，楼面之间用短坡道相连，因而大大缩短了坡道长度，坡度也可适当加大，错层停车库用地较省，单位停车位占用面积较少，但交通线路对部分停车位的进出有干扰，建筑外立面呈错层形式。

（4）斜楼板式停车库

停车楼板呈缓慢倾斜状布置，利用通道的倾斜作为楼层转换的坡道，用地最为节省，单位停车位占用面积最少。但交通路线较长，对车辆的进出存在干扰。建筑外立面呈倾斜状，具有停车库的建筑个性。为了缩短疏散时间，斜坡楼板式停车库还可以专设一个快速旋转式坡道出口，以方便驶出。

（四）熟悉公共交通首末站设计

公共交通首末站除满足车辆停放及掉头所需场地外，还应考虑工作人员工作与休息设施所需面积。专用回车场应设在客流集散的主流方向同侧，其出入口不得直接与快速路、主干路相连。回车场的最小宽度应满足公共交通车辆最小转弯半径需要，公共汽车为25～30m；无轨电车为30～40m。

五、城市交通枢纽规划设计

（一）了解城市交通枢纽设施的分类与特点

1．交通枢纽的概念

交通枢纽是在两条或者两条以上运输线路的交汇、衔接处形成的，具有运输组织、中转、装卸、仓储、信息服务及其他服务功能的综合性设施。一般由车站、港口、机场和各类运输线路、库场以及运输工具的装卸、到发、中转、联运、编解、维修、保养、安全、导航和物资供应等项设施组成。服务于一种交通方式的枢纽称为单式交通枢纽，服务于两种或两种以上交通方式的枢纽叫作综合交通枢纽。

2．交通枢纽的分类

城市交通枢纽可以分为城市客运交通枢纽和货运交通枢纽两大类。

（1）按交通功能划分

城市对外交通枢纽：其功能是将城市公共交通与铁路、水路、航空、长途汽车交通连接起来，使乘客能尽可能以较短的时间完成一次出行。

市内交通枢纽：其功能是沟通市内各功能分区之间的交通联系。

特定设施服务的枢纽：其功能是为体育场、全市性公园等大型公共活动场所的观众、游人提供集散服务。

（2）按交通方式划分

交通方式换乘枢纽：是指公共电车、汽车交通与地铁、轻轨、港口、渡口、铁路、航空等交通衔接的枢纽。这类枢纽主要完成交通方式转换，同时也可实行线路转换。

相同客运交通方式转换枢纽：是指公共电车、汽车不同线路的转换，与长途汽车的转换枢纽。

（3）按交通组织划分

公共交通首末站换乘枢纽：有多条公交线路的起点、终点，有相应的停车场地和调度设施。

公共交通中途站换乘枢纽：是多条公共交通的通过站。

（4）按布置形式划分

立体式枢纽：枢纽站分地下、地面、地上多层，设有商业、问询等综合服务。

平面枢纽：枢纽站设置在地面层，视客流多少确定枢纽规模。

(5) 按服务区域划分

市级枢纽：为全市服务，客流集散量大，公交线路多，设备齐全。

在对外客运交通枢纽中，主要的交通方式包括：对外客运交通、轨道交通线路、公交干线、小汽车、自行车和步行等。

城市中心区的客运交通枢纽中。主要的交通方式包括轨道交通线路、公交线路、小汽车、自行车和步行等。

区级枢纽：连接各区交通中心、卫星城市的公交线路的起终点枢纽。

地区性枢纽：设在地区客流集散点处的枢纽，服务范围小，设备简单。

3. 交通枢纽形成的主要制约或影响因素

自然条件与地理位置；运输技术进步；经济联系的方向与规模；交通网的原有基础与发展条件；枢纽所在城市的发展条件。

4. 交通枢纽的特点

(1) 交通枢纽是多种运输方式的交会点，是大宗客货流中转、换乘、换装与集散的场所，是各种运输方式衔接和联运的主要基地。

(2) 交通枢纽是同一种运输方式多条干线相互衔接，进行客货中转及对营运车辆、船舶、飞机等进行技术作业和调节的重要基地。

(3) 从旅客到达枢纽到离开枢纽的一段时间内，为他们提供舒适的候车、船、机环境，包括餐饮、住宿、娱乐服务，提供货物堆放、存储场所，包括包装、处理等服务，办理运输手续，货物称重，路线选择，路单填写和收费旅客购票，检票运输工具的停放、技术维修和调度。

(4) 交通枢纽大多依托于一个城市，对城市的形成和发展有着很大的作用，是城市实现内外联系的桥梁和纽带。

(二) 熟悉城市交通枢纽规划设计

1. 城市客运交通枢纽规划设计

城市客运交通枢纽是城市人流的集散中心，如何以最短的路程、最少的时间、最方便的方式、最佳的环境质量、最多样的选择途径来满足大量人流的换乘需求，是城市客运交通枢纽规划设计的关键。

分为三级：市级客运枢纽、组团级客运枢纽、其他地段或特定公交设施的换乘枢纽。

规划设计的内容：依据城市客运交通枢纽总体布局，进一步确定枢纽的具体选址与功能定位；枢纽的客流预测及各种交通方式之间的换乘客流量预测；枢纽内部和外部的平面布置与空间设计；内部流线设计；外部交通组织。

2. 货物流通中心规划设计

(1) 概念

货物流通中心是组织、转运、调节和管理物流的场所，是集城市货物储存、运输、商贸为一体的重要集散点，是为了加速物资流通而发展起来的新兴运输产业。货物流通中心是将城市货物的储存、批发、运输组合在一起的机构。

(2) 分类

按其功能和作用可分为集货、分货、配送、转运、储调、加工等组成部分，按其服务范围和性质，又可分为地区性货物流通中心、生产性货物流通中心、生活性货物流通中心三种类型，并应合理确定规模与布局。

地区性货物流通中心，主要服务于城市间或经济协作区内的货物集散运输，是城市对外流通的重要环节。大城市的地区性货物流通中心应布置在城市边缘地区，其数量不宜少于两处，每处用地面积宜为50万～60万m^2。中、小城市货物流通中心的数量和规模宜根据实际货运需要确定。

生产性货物流通中心，主要服务于城市的工业生产，是原材料与中间产品的储存、流通中心。生产性货物流通中心，应与工业区结合，服务半径宜为3～4km。其用地规模应根据储运货物的工作量计算确定，或宜按每处6万～10万m^2估算。

生活性货物流通中心，主要为城市居民生活服务，是居民生活物资的配送中心。生活性货物流通中心的用地规模，应根据其服务的人口数量计算确定，但每处用地面积不宜大于5万m^2，服务半径宜为2～3km。

货物流通中心的规模与分布，应结合城市土地开发利用规划、人口分布和城市布局等因素，综合分析、比选确定。

(3) 规划布局

货物流通中心的规划应贯彻节约用地、争取利用空间的原则。地区性、生产性、生活性及居民零星货物运输服务站的用地面积总和，不宜大于城市规划总用地面积的2%，此面积不包括工厂与企业内部仓储面积。城市货物流通中心的用地面积计入城市交通设施用地内。货物流通中心用地总面积不宜大于城市规划用地总面积的2%。

规划设计的内容：选址和功能定位；规模的确定与运量预测；平面设计与空间组织；内部交通组织；外部交通组织。

六、熟悉城市广场规划设计要求与方法

1. 城市广场的设计特点

(1) 广场分类

城市广场按其性质、用途及在道路网中的地位分为公共活动广场、集散广场、交通广场、纪念性广场与商业广场等五类。有些广场兼有多种功能。

(2) 广场规划设计的原则

① 以人为本原则

一个聚居地是否适宜，主要是指公共空间和当时的城市肌理是否与其居民的行为习惯相符，即是否与市民在行为空间和行为轨迹中的活动和形式相符。个人对“适宜”的感觉就是“好用”，即用起来得心应手、充分而适意。城市广场的使用应充分体现对“人”的关怀，古典的广场一般没有绿地，以硬地或建筑为主；现代广场则出现大片的绿地，并通过巧妙的设施配置和交通、竖向组织，实现广场的“可达性”和“可留性”，强化广场作为公众中心的“场所”精神。现代广场的规划设计以“人”为主体，体现“人性化”，其使用进一步贴近人的生活。

② 地方特色原则

城市广场的地方特色既包括自然特色，也包括其社会特色。

首先城市广场应突出其地方社会特色，即人文特性和历史特性。其次，城市广场还应突出其地方自然特色，即适应当地的地形地貌和气温气候等。

③ 效益兼顾原则

城市广场的功能向综合性和多样性衍生，现代城市广场综合利用城市空间和综合解决环境问题的意义日益显现。因此，城市广场规划设计不仅要有创新的理念和方法，而且还应体现出“生命至上、生态为先”的经济建设与社会、环境协调发展的思想。

首先，城市广场是城市中两种最具价值的开放空间（即广场与公园）之一。其次，城市广场规划建设是一项系统工程，涉及建筑空间形态、立体环境设施、园林绿化布局等方方面面。再次，城市广场规划设计要克服几个误区：一是认为以土地作为城市道路、广场建设的回报是一条捷径；二是广场越大越好；三是让开发商牵着鼻子走，开发商看重的是建房、卖门面的利益，而政府则应着重考虑增加绿地，建设广场和公园，改善旅游、购物、休闲和人居的环境。

④ 突出主题原则

城市广场无论大小，都应明确其功能，确定其主题。这也可谓之“纲举目张”。围绕主要功能，广场的规划设计就不会跑题，就会有“轨道”可循，也只有如此才能形成特色和内聚力、外引力。

(3) 广场设计要点

① 公共活动广场：主要供居民文化休息活动。有集会功能时，应按集会的人数计算需用场地，并对大量人流迅速集散的交通组织以及与其相适应的各类车辆停放场地进行合理布置和设计。

② 集散广场：应根据高峰时间人流和车辆的多少、公共建筑物主要出入口的位置，结合地形，合理布置车辆与人群的进出通道、停车场地、步行活动地带等。

③ 交通广场：包括桥头广场、环形交通广场等，应处理好广场与所衔接道路的交通，合理确定交通组织方式和广场平面布置，减少不同流向人车的相互干扰，必要时设人行天桥或人行地道。

④ 纪念性广场：应以纪念性建筑物为主体，结合地形布置绿化与供瞻仰、游览活动的铺装场地。为保持环境安静，应另辟停车场地，避免导入车流。

⑤ 商业广场：应以行人活动为主，合理布置商业贸易建筑、人流活动区。广场的人流进出口应与周围公共交通站协调，合理解决人流与车流的干扰。

(4) 广场设计坡度

平原地区应小于或等于1.0%，最小为0.3%；丘陵和山区应小于或等于3.0%。地形困难时，可建成阶梯式广场。与广场相连接的道路纵坡度以0.5%～2.0%为宜。困难时最大纵坡度不应大于7%，积雪及寒冷地区不应大于6%，但在出入口处应设置纵坡度小于或等于2.0%的缓坡。

2. 交通广场的概念

(1) 广场的概念

广场是由于城市功能上的要求而设置的，是供人们活动的空间。

(2) 交通广场类型

交通广场分为两类：一类是道路交叉口的扩大，疏导多条道路交汇所产生的不同流向的车流与人流交通；另一类是交通集散广场，主要解决人流、车流的交通集散。

3. 城市交通广场的规划设计要求

城市交通广场应很好地组织人流和车流，以保证广场上的车辆和行人互不干扰，畅通无阻；广场要有足够的行车面积、停车面积和行人活动面积，其大小根据广场上的车辆及行人的数量决定；在广场建筑物的附近设置公共交通停车站、汽车停车场时，其具体位置应与建筑物的出入口协调，以免人、车混杂，或车流交叉过多，使交通阻塞。

4. 城市交通广场的规划设计方法

(1) 交通枢纽站前广场，主要应解决人流、车流、货流三大流线的相互关系，一般应为货运设置独立出入口和连接城市交通干线的单独路线。

(2) 长途汽车站往往与铁路车站和停车场等的位置配合好。合理组织站前的交通，以便在最少数量的流向交叉条件下，使广场上的步行人流和车流畅通无阻，并注意步行人流线路和车流线路尽量不相交混。在可能的条件下，可考虑修建地下人行隧道或高架天桥。

(3) 码头前广场其性质与铁路广场基本上相同，其布局原则上与铁路车站广场相似。

(4) 影、剧院和体育馆、展览馆前的广场应主要考虑人流集散。

(5) 桥头广场主要解决人流、车流的交通组织，保证车流畅通，行人安全。

5. 站前广场

从交通规划设计角度看，站前广场最具典型性。

(1) 站前广场的特点

站前广场具有交通繁忙、人流车流的连续性和脉冲性以及服务对象极为广泛的特点。承担的功能包括换乘枢纽的作用、商业功能，还是体现城市面貌的窗口。

(2) 站前广场规划设计原则：公交优先原则，人车分离、减少冲突的原则。

(3) 站前广场规划设计

①静态交通组织

公交站点的布置：大、中城市设在广场内部，体现换乘的便捷性；小城市采用路边港湾停靠站。

社会车辆停车场布置：考虑实际情况可以修在广场的地下，缓解广场停车问题。

出租车停车场布置：考虑采用停车场与接送站台相结合的方式。

自行车停车场布置：设在广场外围的左右两侧。

长途汽车站布置：放在整个在广场中考虑。

②动态交通组织与管理：排除过境交通，简化交通流线，实现人车分离。

③景观功能设计：开阔、舒适方便、功能完善，体现城市风貌和特色。

七、城市公共交通

(一) 熟悉城市公共交通的分类

1. 城市公共交通的定义

公共交通或称公共运输，泛指所有收费提供交通服务的运输方式，也有极少数免费服务。公共交通系统由道路、交通工具、站点设施等物理要素构成。

城市公共交通是由公共汽车、电车、轨道交通、出租汽车、轮渡等交通方式组成的公共客运交通系统，是重要的城市基础设施，是关系国计民生的社会公益事业。公共交通可以进一步细分为大众运输及共用交通。

为公众提供快速运输服务的公共交通被称作“大容量快速交通系统”，台湾地区使用“大众运输系统”一词，香港地区使用“集体运输系统”一词，中国大陆则使用“快速交通”一词。

2. 城市公共交通的类型

公共汽车，电车、轮渡、出租汽车、地铁、缆车、索道等。

3. 城市公共交通的特征

运量大，集约化经营，节省道路空间，污染少。

（二）熟悉城市公共交通的内容

1. 服务质量考核

迅速：车速快，行车间隔短。

准点：车辆按行车时刻表运行，正点发车。是判断公共交通运营好坏，提高吸引力的标志。

方便：少走路，少换乘，少等候，城市主要活动中心住地均有公交车可以搭乘。

舒适：生活水平的提高，出行讲究舒适是一种必然的趋势。

2. 名词

（1）乘客平均换算系数：衡量乘客直达程度的指标，其值为乘车出行人次与换算人次之和除以乘车出行人次。

（2）存车换算：将自备车辆存放后，改乘公共交通工具而到达目的地的交通方式。

（3）出行时耗：居民从甲地到乙地在交通行为中所耗费的时间。

（4）港湾式停靠站：在道路车行道外侧，采用局部拓宽路面的公共交通停靠站。

（5）公共交通线路网密度：每平方公里城市用地面积上有公共交通线路经过的道路中心线长度，单位为 km/km^2。

（6）公共交通线路重复系数：公共交通线路总长度与线路网长度之比。

（7）交通结构：居民出行采用步行、骑车、乘公共交通、出租汽车等交通方式，由这些方式分别承担出行量在总量中所占的百分比。

（8）路抛制：出租汽车不设固定的营业站，而在道路上流动，招揽乘客，采取招手即停的服务方式。

（9）线路非直线系数：公共交通线路首末站之间实地距离与空间直线距离之比。环行线的非直线系数按主要集散点之间的实地距离与空间直线距离之比。

（三）熟悉城市公共交通的规划要求

应根据城市发展规模、用地布局和道路网规划，大城市应优先考虑发展公共交通，逐步取代远距离出行的自行车，抑制私人小汽车等工具的使用；小城市应完善市区到郊区的公共交通线路网。

1. 一般规定

（1）城市公共汽车和电车的规划拥有量，大城市应每 800～1000 人一辆标准车，中、小城市应每 1200～1500 人一辆标准车。

（2）城市出租汽车规划拥有量根据实际情况确定，大城市每千人不宜少于 2 辆；小城市每千人不宜少于 0.5 辆；中等城市可在其间取值。

（3）规划城市人口超过 200 万人的城市，应控制预留设置快速轨道交通的用地。

2. 线路网应综合规划

市区线、近郊线和远郊线应紧密衔接。各线的客运能力应与客运量相协调。线路的走向应与客流的主流向一致；主要客流的集散点应设置不同交通方式的换乘枢纽，方便乘客停车与换乘。

（1）在市中心区规划的公共交通线路网的密度，应达到 3～4km/km^2；在城市边缘地区应达到 2～2.5km/km^2。

（2）大城市乘客平均换乘系数不应大于 1.5；中、小城市不应大于 1.3。

（3）公共交通线路非直线系数不应大于 1.4。

（4）市区公共汽车与电车主要线路的长度宜为 8～12km；快速轨道交通的线路长度不宜大于 40min 的行程。

3. 公共交通车站

（1）公共交通车站服务面积：以 300m 半径计算，不得小于城市用地面积的 50％；以 500m 半径计算，不得小于城市用地面积的 90％。

（2）公共交通车站的设置应符合下列规定：

① 在路段上，同向换乘距离不应大于 50m，异向换乘距离不应大于 100m；对置设站，应在车辆前进方向迎面错开 30m；

② 在道路平面交叉口和立体交叉口上设置的车站，换乘距离不宜大于 150m，并不得大于 200m；

③ 长途客运汽车站、火车站、客运码头主要出入口 50m 范围内应设公共交通车站；

④ 公共交通车站应与快速轨道交通车站换乘。

八、城市轨道交通

（一）了解城市轨道交通的分类和技术特征

1. 城市轨道交通的定义

城市轨道交通是指以轨道交通运输方式为主要技术特征，是城市公共客运交通系统中具有中等以上运量的轮轨交通系统（有别于道路交通），主要为城市（有别于市际铁路，郊区及大都市圈范围）公共客运服务，是一种在城市公共客运交通中起骨干作用的现代化立体交通系统。城市中使用车辆在固定导轨上运行并主要用于城市客运的交通系统称为城市轨道交通。

快速轨道交通：以电能为动力，在轨道上行驶的快速交通工具的总称。通常可按每小时运送能力是否超过 3 万人次，分为大运量快速轨道交通和中运量快速轨道交通。

2. 城市轨道交通的类型

城市轨道交通和其他公共交通相比，具有以下特点：用地省，运能大，轨道线路的输送能力是公路交通输送能力的近 10 倍。每一单位运输量的能源消耗量少，因而节约能源；采用电力牵引，对环境的污染小。

目前国际轨道交通有地铁、轻轨、市郊铁路、有轨电车以及磁悬浮列车等多种类型，号称“城市交通的主动脉”。

（1）地铁

地下铁道（Metro 或 Underground Railway 或 Subway）是由电气牵引、轮轨导向、车辆编组运行在全封闭的地下隧道内，或根据城市的具体条件，运行在地面或高架线路上的大容量快速轨道交通系统。

（2）轻轨

公共交通国际联会（UITP）关于轻轨运输系统（Light Rail Transit）的解释文件中提到：轻轨铁路是一种使用电力牵引，介于标准有轨电车和快运交通系统（包括地铁和城市铁路），用于城市旅客运输的轨道交通系统。

（3）单轨

单轨系统（Monorail）是指通过单一轨道梁支撑车厢并提供导引作用而运行的轨道交通系统，其最大特点是车体比承载轨道要宽。以支撑方式的不同，单轨一般包括跨座式单轨和悬挂式单轨两种类型。

（4）有轨电车

有轨电车（Tram 或 Streetcar）是使用电力牵引、轮轨导向、单辆或两辆编组运行在城市路面线路上的低运量轨道交通系统。

（5）城市铁路

城市铁路（Urban Railway）是由电气或者或内燃牵引，轮轨导向，车辆编组运行在市区、市郊以及卫星城之间，以地面专用线路为主的大运量快速轨道交通系统。

（6）磁悬浮列车系统

磁悬浮列车系统（Maglev Vehicle）是一种运用“同性相斥、异性相吸”的电磁原理，依靠电磁力来使列车悬浮并行走的轨道运输方式。它是一种新型的没有车轮、采用无接触行进的轨道交通系统。

（7）线性电机车系统

线性电机车辆轨道交通系统（Linear Motor Car）是由线性电机牵引，轮轨导向，车辆编组运行在小断面隧道、地面和高架专用线路上的中运量轨道交通系统。

之所以将线性电机牵引的轨道交通系统列为独立的系统，是因为该系统与地下铁道、城市铁路、轻轨等有明显的区别。

（8）新交通系统

新交通系统（Automated Guideway Transit，缩写 AGT）目前还没有统一和严格的定义，从广义上来讲，是那些与现有运输模式不同的各种短距离新交通方式的总称。狭义的新交通系统则定义为，由电气牵引，具有特殊导向、操纵和转折方式的胶轮车辆，单车或数辆编组运行在专用轨道梁上的中小运量轨道运输系统。

3. 城市轨道交通的分类

（1）按运营方式分类

市区轨道交通、市域轨道交通。

（2）按运输能力分类

①（高运量系统）：单向运能 4.5 万～7 万人次/h；

②（大运量系统）：单向运能 2.5 万～5 万人次/h；

③（中运量系统）：单向运能 1 万～3 万人次/h；

④（低运量系统）：单向运能低于 1 万人次/h。

（3）按路权分类

全封闭系统、不封闭系统、部分封闭系统。

（4）按敷设方式分类

地下线、地面线、高架线。

（5）按支撑和导向方式分类

钢轮钢轨系统、胶轮导轨系统、磁悬浮系统。

（6）按牵引方式分类

旋转电机牵引系统、直线电机牵引系统。

4. 城市轨道交通的技术特征

我国轨道交通的分类。

（1）地铁系统：采用全封闭线路、专用轨道、专用信号、独立运营的大运量城市轨道交通系统；单向高峰小时客运能力在2.5万人；主要服务于市区。

（2）轻轨系统：采用全封闭或部分封闭的线路、专用轨道，以独立运营为主的中运量城市轨道交通系统；单向高峰小时客运能力在1万～3万人；主要服务于市区。

（3）单轨系统：单向客运能力在2.5万人，采用全封闭线路；主要适用于城市道路高差较大，道路半径小，线路地形条件较差的地区；旧城改造已经基本完成，而该地区的道路又比较窄；大量客流集散点之间的接驳线路；市郊居民区与市区之间的联络线；旅游区域景点之间的联络线，旅游观光线路等。

（4）有轨电车：低运量的城市轨道交通，轨道铺设在城市道路路面上，与其他地面交通混行。

（5）磁浮系统：分为高速磁浮系统（线路最小半径不宜小于350m，坡度不大于100%，最高行车速度不大于500km/h。用于城市之间远程客运）和中低速磁浮系统（线路最小半径不宜小于50m，坡度不大于70%，最高行车速度不大于100km/h。用于城市区域内站间距大于1km的中、短程客运）。

（6）自动导航轨道系统：车辆小型化，重量轻，降低建设成本；可无人驾驶，但载客量小；适于在大坡度线路上运行；噪声低。

（7）市域快速轨道系统：在地面或高架桥上运行，也可设置在地下隧道内，可根据速度或运行要求采用车辆。

（二）了解城市轨道交通线网的规划要求和基本方法

1. 城市轨道交通线网的规划要求

城市轨道交通线网布局的合理性，对城市轨道交通的效率、建设费用，对沿线建筑文物的保护、噪声防治、城市景观等都会产生巨大影响，对城市发展起着重要的推动作用。符合城市总体规划的轨道交通线网规划，随着城市总体规划的变动而调整，且将相辅相成。城市轨道交通线网的布局，除考虑地区的繁华程度、人口稠密程度外，还须考虑到轨道交通线网具有调整优化城市布局和用地功能的潜在优势，即所谓“廊道效应”。

2. 轨道交通线网的规划

城市轨道交通建设应重视网络化运营效益，必须做好线网总图规划、线网实施规划和有关专题研究，并应符合下列规定：

（1）线网总图规划应重点研究线网的总体结构形态、覆盖范围、分布密度、总体规模、换乘节点、车辆基地及其联络线分布等，采用定性、定量分析，经客流预测和多方案评比，确定远景线网总图规划。

（2）线网实施规划应重点研究线网的近期建设规模、建设时序、运行组织、工程实施、换乘接驳以及建设用地控制规划，支持远景线网规划的可实施性。

（3）在线网规划完成后，应对线网资源的综合利用进行专题研究，包括车辆与车辆基地、控制中心、供电、通信、信号、自动售检票等系统的资源共享和综合规划研究，以及沿线建设用地、开发用地、交通枢纽及停车换乘等用地的控制性详细规划研究。

3. 轨道交通线网的规划布局内容

线网方案阶段的主要任务是确定城市轨道交通网的规划布局方案。

主要内容：

①确定各条线路的大致走向和起讫点位置，提出线网密度等技术指标；②确定换乘车站的规划布局，明确各换乘车站的功能定位；③处理好城市轨道交通线路之间的换乘关系，以及城市轨道交通与其他交通方式的衔接关系；④在充分考虑城乡规划和环境保护方面的基础上，根据沿线地形、道路交通和两侧土地利用的条件，提出各条线路的敷设方式；⑤根据城市与交通发展要求，在交通需求预测的基础上，提出城市轨道交通分期建设时序。

影响线网方案的主要因素：

①与客流相关的因素：城市性质、城市人口、土地利用的规模和布局形态，城市对外交通枢纽和公共客流集散点；②与建设相关的因素：城市自然、人文地理条件、城市经济状况、轨道交通的辐射方式；③与运营有关的因素：线路结构、线路的起终点及换乘站的选址。

4. 线网的基本形态及特征

（1）线网的布置方式：分离式线网、联合式线网。

（2）线网的基本形态：网格式、无环放射式和有环放射式。

①网格式：网格式线网的各条线路纵横交叉，形成方格网，呈格栅状或棋盘状。

这种形态的线网特点是线路分布比较均匀，客流吸引范围比较高；线路按纵横两个方向，多为相互平行或垂直的线路，乘客容易识别方向；换乘站较多，纵横线路间的换乘方便，线路连通性好。缺点是线路走向比较单一，对角线方向的出行绕行距离较大，市中心区与郊区之间的出行常需要换乘，有些地方可能要换乘多次；同时，同行线路间的换乘比较麻烦，一般要换乘 2 次或 2 次以上，当线路密度较小、平行线之间间距较大时，平行线间的换乘很浪费时间。

②无环放射式：无环放射式线网是由若干个穿过市中心的直径线或从市中心出发的放射线构成。

这种形态的线网特点是交叉点上各处的出行最为便捷，可达性好。由于线路之间相互交叉，因此，任意两条线路之间均可实现直接换乘，线路中任意车站之间最多只需要 1 次换乘，由此带来市中心与市郊之间的联系非常方便，同时，有利于市中心乘客的疏散，市郊居民到市中心工作、购物和娱乐出行，保证了市中心的活力。但交叉点以外的各点到其余各处都需要中心点换乘，因此，中心点换乘压力很大，为解决这个问题一般将一个中心点分散为多个连接点。

③ 有环放射式：有环放射式线网由穿越市中心区的径向线和环绕市区的环行线共同组成。

这种线网结构弥补了以上两种形态的不足，但由于这种线网投资费用较高，同时，由于环线或弧线往往在城市的远中心端，因此，必须当远中心端客流达到一定程度时才考虑此类型线网结构。

5. 线路敷设

(1) 线路敷设方式应根据城市总体规划和地理环境条件，因地制宜地选择。

① 当采用全封闭方式时，在城市中心区宜采用地下线，但应注意对地面建筑、地下资源和文物的保护；在城市中心区外围，且街道宽阔地段，宜首选高架。有条件地段也可采用地面线，但应处理好与城市道路的关系。

② 高架线地段，应注重结构造型，控制建筑体量，注意高度、跨度、宽度的和谐比例，既要维护地面道路的交通功能，又要注意环境保护和景观效果，做好环境设计。

③ 当采用部分封闭方式时，在平交道口必须设置“列车优先通过”信号，同时兼顾道路的通行能力。

(2) 在线路长大陡坡地段，不宜与平面小半径曲线重叠。当正线线路坡度或连续提升高度大于相关的规定值时，根据列车动力配置、线路具体条件和环境条件，均应对列车各种运行状态下的安全性，以及运行速度进行全面分析评价。

6. 线路的走向选择

(1) 根据在线网中功能定位和客流预测分析，沿主客流方向选择，便于乘客直达目的地，减少换乘。

(2) 应考虑全日客流效益、通勤客流规模，宜有大型客流的支撑。

(3) 线路起、终点不要设在市区内大客流断面位置。

(4) 超长线路一般以最长运行 1h 为目标，运行速度达到最高运行速度的 45%～50%为宜。

(5) 对设置支线的运行线路，支线长度不宜过长，宜选择在客流断面较小的地段。

(6) 城市中心区宜采用地下线，注意对地面建筑、地下资源和文物保护；城市中心区外，宜选择高架线；有条件地段也可采用地面线。

(7) 在线路长、大陡坡地段，不宜与平面小半径曲线重叠。

(8) 充分考虑停车场和车辆基站的位置和联络线。

7. 车站分布

(1) 车站应布设在主要客流集散点和各种交通枢纽点上，其位置应有利乘客集散，并应与其他交通换乘方便。

(2) 高架车站应控制造型和体量，中运量轨道交通的车站长度不宜超过 100m。站厅落地的高架车站宜设置站前广场，有利于周边环境和交通衔接相协调。

(3) 车站间距应根据线路功能、沿线用地规划确定。在全封闭线路上，市中心区的车站间距不宜小于 1km，市区外围的车站间距宜为 2km。在超长线路上，应适当加大车站间距。

(4) 当线路经过铁路客运车站时，应设站换乘。有条件的地方，可预留联运条件（跨座式单轨系统除外）。

8. 车站布局

（1）车站应根据车站型式、客流大小、票制与管理方式，确定车站布局和规模。

（2）车站应根据线路敷设方式，结合周边环境、地下管线、地形条件设置，控制车站体量。地下站或高架站应减少层数，敞开式站台应设风雨棚，有利乘客乘降和出入。

（3）换乘车站应做好规划设计，换乘距离不宜大于 250m，换乘时间不宜大于 5min，并结合工程实施条件，选择便捷的换乘方式，换乘通道应满足正常通过和紧急疏散能力。

（4）换乘车站在工程实施中，属近期建设的车站，其换乘节点的土建工程宜一次建成，统一利用两站地下空间和设备资源共享。属远期建设的车站，宜作预留换乘条件和后期施工条件。

（5）站台上应设有足够数量的出站通道、楼梯和自动扶梯，并保证下车乘客至就近通道或楼梯口的最大距离不得超过 50m，并在下一次列车到达前，已撤离站台。

（6）车站设备及管理用房区应根据各系统工艺和相互接口联系要求，进行综合协调、合理布置。地面和高架车站的设备用房，应因地制宜、灵活布置，有条件的地方可与邻近建筑物合建。

（7）地下车站站台与站厅公共区应划分防烟、防火分区，防烟分区不得跨越防火分区。

（8）车站的楼梯（含自动扶梯）、检票口、出入口通道的通过能力均应按超高峰小时进出站客流及各口部的不均衡系数计算确定；并应满足在高峰小时发生事故灾害时的紧急疏散，能在 6 分钟的目标时间内，将一列进站列车所载的乘客（按远期高峰时段的进站客流断面流量计）及站台上候车人员全部撤离站台。

（9）车站的站厅应进行客流流线组织设计，出入口、检票口、楼梯口布置应符合客流组织路线，并有一定缓冲距离，确保进出站客流路线通畅。

（10）当采用全封闭式自动售检票方式时，车站站厅应分设付费区和非付费区。非付费区面积应大于付费区，付费区的面积应紧凑。

（11）非付费区的面积应满足客流流动和有关设备安装的要求；位于出入口的站厅区域是进出站客流交叉流动的集散区（检票机或楼梯栏杆的外侧），其区域范围宜保留 16～20m 的纵向空间。

（12）售票机前应留有不小于 2m 的排队空间。在出站检票机内侧应留有 4～5m 的滞留聚集空间。

（13）车站的站台、站厅、楼梯、通道和出入口，应设置无障碍服务设施。

9. 车站出入口与风亭的设置

（1）出入口布置应根据车站站位、周边环境和人流方向而定，尽量分散、多向布设，或与人行过街设施相结合，在有条件的地方宜与公共建筑连通。

（2）出入口外应有客流集散或停车的场地，并与城市公共交通接驳方便。

（3）每座车站从站厅引出的出入口数量不得少于 2 个；出入口总疏散能力应大于远期高峰小时紧急疏散客流量的 1.3 倍。

（4）大型地下车站的主要设备用房区内，应单独设置一个直达地面的消防、救援专用入口。在一般车站，经过分析论证，可利用靠近主要设备区的直达地面的独立出入口合并兼用。专用入口位置应靠近城市道路。

（5）地下车站与商场共建时，宜分层、分隔设置。车站出入口必须有不少于 2 个独立、直通地面的出入口，并应满足地下车站紧急疏散能力要求。若车站出入口与地面建筑结合，应具备对建筑物倒塌的防御能力。

(6) 对分期建设的换乘车站，其地面出入口应集中规划、合理布局、分步建设，节约用地，避免重复建设。地面通风亭宜设置在城市道路规划红线之外，宜与周边环境相协调或合建，重视造型、景观和环保的要求。

(7) 出入口、风亭的开口部应高出所处区域的地面道路积水水位，必要时应加设防涝、防洪设施。地面出入口、风亭进风口、排风口与地面建筑合建时，应注意错开方向和距离，防止进、排风气流短路。

(8) 出入口地下通道或换乘通道的长度大于 100m 时，应满足紧急疏散的消防要求。

10. 车辆基地的布局和选址

(1) 城市轨道交通车辆基地的布局，应根据线网规划统筹安排，充分考虑资源共享，明确各车辆基地在全线网中的地位和分工。必要时，可结合地形和规划条件，进行综合开发的专题研究。

(2) 车辆基地应包括车辆段、综合维修中心以及配套生活设施等，也可设置物资总库(分库)和培训中心。其中车辆段的设置应符合下列要求：

① 车辆段根据其作业范围可分为定修段和厂、架修段。定修段承担车辆定修、月检、日常检修和停放的任务；厂、架修段除承担定修段的任务外，尚应承担车辆厂修和架修任务。有条件的城市可集中设置车辆大修厂。

② 停车场承担车辆的月(周)检和停车、列检的任务；仅承担停车、列检任务的停车场称辅助停车场。停车场隶属于车辆段。

③每条运营线路宜设一个定修车辆段，当车辆段距终点站超过 20km 时，宜增设停车场(或辅助停车场)。

④厂、架修段和综合维修中心，宜结合轨道交通线网和车型情况按多线共用设置。

(3) 车辆基地选址应符合下列要求：

① 用地性质应与城市总体规划协调一致。

② 用地位置应靠近正线，有良好的接轨条件。

③ 用地面积应满足功能和布置的要求，并具有远期发展余地。

④ 用地范围宜避开工程地质及水文地质不良地段。

⑤ 用地周边应有利于与城市道路连接，有利于与城市电力、通信及各种管道的引入，并有良好排水条件，宜与地面铁路连接。

11. 城市轨道交通线网的规划的基本方法

①经验分析法；②客流预测法；③公交增长法；④多模块网络层次分析。

12. 高峰时段列车发车密度

应保持一定的服务水平，维持乘客较好的舒适度和一定的列车满载率。

(1) 在全封闭线路上，城市中心区地段的列车发车密度：初期：高峰时段不宜小于 12 对/h (5min 间隔)，平峰时段宜为 6～10 对/h (10～6min 间隔)。

远期：高峰时段钢轮钢轨全封闭系统不应小于 30 对/h，单轨胶轮系统不应小于 24 对/h。平峰时段均不宜小于 10 对/h。

(2) 当线网中采用相同车辆制式的若干条线路，远期运量级相差较大时，宜采用相同或相近的发车密度，不同的列车编组长度；当运量级相差较小时，经过论证，也可采用相同列车编组长度，不同发车密度。钢轮钢轨全封闭系统发车密度不应小于 24 对/h，单轨系统发车密度不应小于 20 对/h。

（3）在高峰运行时段，在单向运行各区段内，列车乘客站席最大密度为 5～6 人/m^2 的区间数量（或里程），不宜大于全程的 20%。

（4）在部分封闭型路段的平交道口应采用"列车优先通过"措施，做好路口交通组织设计，并确保安全的前提下，设计行车密度不应小于 10 对/h，一般运行时段不应小于 6 对/h。

（三）了解城市轨道交通工程建设标准

1. 城市快速轨道交通工程项目建设的指导思想

应坚持以人为本，以生命与健康的安全为第一；保障功能、管理先进；控制规模，经济适用；注意节能，降低成本；保护环境和自然资源，并融入于城市总体规划，使项目建设与运营形成良性循环，保持轨道交通建设可持续发展。

2. 规划层面

城市轨道交通线网规划是城市建设总体规划的专业规划，应基本做到三个稳定：线路起终点稳定、线网换乘点稳定、交通枢纽衔接点稳定。两个落实：车辆基地和联络线的位置及其规划用地落实。一个明确：各条线路的建设顺序和分期建设规划明确。

城市快速轨道交通工程项目的建设，必须符合城市总体规划及城市交通规划的要求，符合城市快速轨道交通线网规划。每条线路应以交通需求为出发点，以客流预测为基础，配合城市建设实施规划，拟定建设顺序，合理选定建设规模及技术标准；并从线网全局考虑，对车辆和运营设备的配置进行综合平衡，保持有序的协调发展，逐步形成系统的运输能力。

建设项目的设计年限按项目建成通车年为基准年，可分为初期、近期和远期。初期为建成通车后第 3 年；近期为第 10 年；远期为第 25 年。建设项目的设计运能，应根据各设计年限的客流预测，对客流特征进行定性、定量分析后合理确定。

每条线路的客流预测应按初期、近期和远期设计年限，对相应建成范围，分别测试；若一条线路分段建设，每段通车时间相距 3 年以上，应按不同项目实施。后期实施的项目，设计年限应按后期项目建成通车年为基准年，重新推定初期、近期和远期设计年限，进行全线客流预测。

城市轨道交通线网（远景）规划是第一道工序，要与城市远景规划相配合，是城市总体规划的一项专业规划。线网规划是我国近年来轨道交通领域内一项创新的研究性工作，根据实践经验，初步形成了一套系统理论和方法，提出线网规划的原则：依据总体规划、支持总体规划、超前总体规划、回归总体规划；线网规划的内容：线网总图规划，线网实施规划；线网规划的基本目标：达到"三个稳定——线路走向和起终点稳定、线网换乘点稳定、交通枢纽衔接点稳定；两个落实——车辆基地和联络线的功能定位及其规划用地落实；一个明确——各条线路的建设时序明确"的基本目标。并以此为基础，做好预可行性研究报告和可行性研究报告。

3. 主要技术经济指标

① 城市轨道交通线网规划 8～10 个月；

② 项目建议书及预可行性研究 5～6 个月；

③ 工程可行性研究 6～8 个月；

④ 总体设计 5～6 个月；

⑤ 初步设计 6～9 个月；

⑥ 施工图设计 10～12 个月。

城市交通部分建议应试者应参考以下方面的文献：《城市道路交通》、《城市对外交通》，重点阅读国家有关规范。

第二节 复 习 题 解

（题前符号意义：■为掌握；□为熟悉；△为了解。）

■1. 在下列城市道路规划设计应该遵循的原则中，哪项是错误的？（　　）

A. 应符合城市总体规划　　B. 应考虑城市道路建设的近、远期结合

C. 应满足一定时期内交通发展的需要　　D. 应尽量满足临时性建设的需要

【参考答案】 D

【解答】 城市道路的设计原则：①必须在城乡规划，特别是土地利用规划和道路系统规划的指导下进行；②要在经济合理的条件下，考虑道路建设的远近结合、分期发展；③要满足交通量在一定规划期内的发展要求；④综合考虑道路的平面、纵断面线型、横断面布置、道路交叉口、各种道路附属设施、路面类型，满足行人及各种车辆行驶的技术要求；⑤应考虑与道路两侧的城市用地、房屋建筑和各种工程管线设施、街道景观的协调；⑥采用各项技术标准应该经济合理，应避免采用极限标准。

■2. 城市道路中，行人净空要求：净高要求为（　　）m；净宽要求为（　　）m。

A. 2.0；0.70～1.0　　B. 2.2；0.85～1.0

C. 2.0；0.80～1.0　　D. 2.2；0.75～1.0

【参考答案】 D

【解答】 为了保证交通的畅通，避免发生交通事故，要求街道和道路构筑物为行人的通行提供一定的限制性空间。其中行人净高要求为 2.2m，净宽要求为 0.75～1.0m。

□3. 航道等级分（　　）级，其中桥下二级航道的净高限界为（　　）m。

A. 三；7　　B. 四；8　　C. 五；10　　D. 六；11

【参考答案】 D

【解答】 桥下通航净高限界主要取决于航道等级，并依此决定桥面的高程。根据通航船只吨位，航道分为六个等级，其中一级通行船只吨位为 3000t，二级为 2000t，三级为 1000t，四级为 500t，五级为 300t，六级为 50～100t，对应桥下通航净高限界分别为：12.5m、11m、10m、7.0～8.0m、4.5～5.5m、3.5～4.5m。

■4. 自行车在城市道路上通行所占的净空中，净高要求为（　　）m，净宽要求为（　　）m。

A. 2.2；1.0　　B. 2.5；1.2　　C. 2.2；1.2　　D. 2.5；1.0

【参考答案】 A

【解答】 为了保证交通的畅通，避免发生交通事故，自行车净高要求为 2.2m，净宽要求

为 1.0m。

■**5. 机动车净空：小汽车的净高要求为（　　）m，公共汽车为（　　）m，大货车（载货）为（　　）m。**

A. 1.6；3.5；4.5　　B. 2.2；3.0；4.0

C. 1.6；3.0；4.0　　D. 1.6；2.5；3.0

【参考答案】 C

【解答】 机动车在城市道路上通行所要求的净空中，净高要求：小汽车为 1.6m，公共汽车为 3.0m，大货车（载货）为 4.0m；净宽要求：小汽车为 2.0m，公共汽车为 2.6m，大货车（载货）为 3.0m。

■**6. 净空与限界的关系是（　　）。**

A. 净空大于限界　　B. 净空等于限界

C. 净空小于限界　　D. 不一定的关系

【参考答案】 C

【解答】 净空加上安全距离即构成限界，因此，限界大于净空。

■**7. 与行车视距的长短相关的因素包括(　　)。(多选)**

A. 机动车制动效率　　B. 道路坡度

C. 行车速度　　D. 驾驶人员所采取的措施

【参考答案】 A、C、D

【解答】 机动车辆行驶时，驾驶人员保证交通安全必须保持的最短视线距离称为行车视距。行车视距与机动车辆制动效率、行车速度和驾驶人员所采取的措施有关。

■**8. 通常情况下，道路红线在(　　)地方需要调整。(多选)**

A. 绿化带　　B. 平面弯道　　C. 上下坡　　D. 平面交叉口

【参考答案】 B、D

【解答】 考虑到交叉口视距三角形和弯道视距限界，因此应该是上述选项中的 B 和 D。

■**9. 车辆翻越坡顶时，与对面驶来的车辆之间应保证必要的安全视距，通常用设置(　　)的方法来保证。**

A. 平曲线　　B. 竖曲线　　C. 标志　　D. 超高

【参考答案】 B

【解答】 车辆越坡时，为保证与对面驶来的车辆之间保持必要的安全视距，通常用设置竖曲线的方法来保障，并以竖曲线半径来表示纵向视距限界。

■**10. 平面弯道视距界限内必须清除高于(　　)m 的障碍物。**

A. 1.0　　B. 1.2　　C. 1.5　　D. 1.8

【参考答案】 B

【解答】 驾驶人员视点高度一般距离地面 1.2m，为保证安全，平面弯道视距界限内必须清除高于 1.2m 的障碍物，包括乔木和灌木。

□**11. 道路桥洞通行界限：行人和自行车高度界限为(　　)m，汽车高度界限为(　　)m。**

A. 2.5；3.5　　B. 2.5；4.5　　C. 2.0；3.5　　D. 2.0；4.5

【参考答案】 B

【解答】 行人和自行车在道路桥洞通行限界为高 2.5m，有时考虑非机动车桥洞内在雨天通行公共汽车，其高度限界控制为 3.5m；汽车高度界限为 4.5m。

■12. 道路平曲线半径小于或等于(　　)m 时，应在平曲线内侧加宽。

A. 220　　B. 230　　C. 240　　D. 250

【参考答案】 D

【解答】 《城市道路工程设计规范》(CJJ 37—2012)(2016 年版)规定，道路平曲线半径小于或等于 250m 时，应在平曲线内侧加宽。

■13. 平原地区城市道路机动车最大纵坡宜控制在(　　)以下，最小纵坡应大于或等于(　　)。

A. 2.5%；0.5%　　B. 2.5%；0.6%

C. 5.0%；0.5%　　D. 6.0%；0.6%

【参考答案】 C

【解答】 城市道路所在地区起伏的地形、海拔高度、气温、雨量、湿度等，都影响机动车辆行驶状况和上坡能力，兼顾考虑地下管线的埋设要求。平原地区城市机动车道路最大纵坡宜控制在 5.0%以下，最小纵坡主要考虑道路路面排水及管道埋设，考虑路面状况，一般路面最小纵坡应大于等于 0.5%，有困难时可大于等于 0.3%。

■14. 一般城市主干路小型车车道宽度选用(　　)m，大型车车道或混合行驶车道选用(　　)m，支路车道最窄不宜小于(　　)m。

A. 3.0；3.5；3.0　　B. 2.5；3.5；3.5

C. 3.0；3.75；3.5　　D. 3.5；3.75；3.0

【参考答案】 D

【解答】 机动车道的宽度取决于通行车辆的车身宽度和车辆行驶中横向的必要安全距离。

■15. 城市道路横向安全距离取为(　　)m。

A. 0.8～1.0　　B. 1.0～1.4　　C. 1.2～1.6　　D. 1.6～2.0

【参考答案】 B

【解答】 城市道路的横向安全距离是为了保证车辆行驶中横向的必要安全距离，根据一般经验，可取为 1.0～1.4m。

□16. 城市道路一条车道的平均最大通行能力为(　　)辆/h。

A. 800～1500　　B. 600～1200　　C. 500～1000　　D. 400～800

【参考答案】 C

【解答】 城市道路一条车道的小汽车理论通行能力为每车道 1800 辆/h，受交叉口间断车流影响，通行能力会有所下降。一条车道平均最大通行能力为 500～1000 辆/h。

■17. 根据各地城市道路建设的经验，对于双车道多采用(　　)m，四车道用(　　)m，六车道用(　　)m。

A. 8.0～8.5；16～18；19～20　　B. 7.5～8.5；15～16；20～22

C. 7.0～7.5；14～16；20～23　　D. 7.5～8.0；13～15；19～22

【参考答案】 D

【解答】 车道的宽度是要相互调剂与相互搭配的。采用双车道时，需要考虑到可能有比较大的车辆同时错车，因而车道要定得宽些；主干双车道以上的道路，因平常车辆纵列并驶的机会较少，而车道在必要时也能互借，同时市区内车辆行驶的车速亦有一定的限制，所以可选用得窄些，这样可以充分利用车行道的有效宽度，达到经济合理的要求。

■18. 当机动车辆的行车速度达到 80km/h 时，其停车视距至少应为(　　) m。

A. 95　　B. 105　　C. 115　　D. 125

【参考答案】 C

【解答】 停车视距由驾驶人员反应时间内车辆行驶距离、车辆制动距离和车辆在障碍物前面停止的安全距离组成。

停车视距

计算行车速度（km/h）	120	100	80	70	60	50	40	30	20
停车视距（m）	210	160	115	95	75	60	45	30	20

■19. 城市道路中，一条公交专用车道的平均最大通行能力为(　　)辆/h。

A. 200～250　　B. 150～200　　C. 100～150　　D. 50～100

【参考答案】 D

【解答】 一条车道的平均最大通行能力表

车辆类型	小汽车	载重汽车	公共汽车	混合交通
每小时最大通行车辆数	500～1000	300～600	50～100	400

■20. 下列有关城市机动车车行道宽度的表述，哪项是正确的？(　　)

A. 大型车车道或混合行驶车道的宽度一般选用 3.5m

B. 两块板道路的单向机动车车道数不得少于 2 条

C. 四块板道路的单向机动车车道数至少为 3 条

D. 行驶公共交通车辆的次干路必须是两块板以上的道路

【参考答案】 B

【解答】 两块板道路的单向机动车车道数不得少于 2 条，四块板道路的单向机动车车道数至少为 2 条。一般行驶公交车辆的一块板次干路，其单向行车道的最小宽度应能停靠一辆公共汽车，通行一辆大型汽车，再考虑适当自行车道宽度即可。

■21. 确定机动车车行道宽度应注意的问题论述，下列(　　)项为妥。(多选)

A. 同一条道路机动车道宽度应等宽，以免造成混乱

B. 道路两个方向的车道数一般不宜超过 4～6 条，车道多会引起行车紊乱，行人过路不便和驾驶人员操作的紧张

C. 道路两个方向的车道数越多，道路的通行能力越大

D. 技术规范规定两块板道路的单向机动车道数不得少于 2 条，四块板道路的单向机动车车道数至少为 2 条

【参考答案】 B、D

【解答】 从车道的实际通地能力的效果来看，车道越多，通行能力从横断面中线向两侧折减得越厉害，过多的车道是不经济、不合理的；车道宽度可相互调剂、相互搭配，达到经济合理。

■22. 在城市道路工程设计中，下列(　　)种设计是包括在城市道路平面设计中的。

A. 行车安全视距验算　　B. 街头绿地绿化设计

C. 雨水管干管平面布置　　D. 人行道铺地图案设计

【参考答案】 A

【解答】 道路平面设计的主要内容是根据路线的大致走向和横断面，在满足行车技术要求的情况下，结合自然地理条件与现状，考虑建筑布局要求，因地因路制宜地确定路线的具体方向；选定合适平曲线半径，合理解决路线转折点之间的曲线衔接；论证设置必要的超高、加宽和缓和路段；验算必须保证的行车视距；并在路幅内合理布置沿路线车行道、人行道、绿化带、分隔带以及其他公用设施等。

■23. 当机动车与非机动车分隔行驶时，双向(　　)是最经济合理的。

A. 2～4 条非机动车道　　B. 3～5 条非机动车道

C. 4～6 条机动车道　　D. 6～8 条机动车道

【参考答案】 C

【解答】 从实际通行能力的效果来看，车道越多，通行能力折减得越厉害，过多的车道是不经济、不合理的。分析证明，当机动车与非机动车分隔行驶时，双向 4～6 条机动车道是比较经济合理的。

■24. 根据有关技术规范规定：一般行驶公共交通车辆的一块板道路次干道，其单向车行道的最小宽度为(　　)。

A. 停靠一辆公共汽车后，再考虑非机动车顺利通行所需宽度

B. 停靠一辆公共汽车后，再通行一辆小汽车，考虑适当的自行车道宽度

C. 停靠一辆公共汽车后，通行一辆大型汽车，再考虑适当的自行车道宽度

D. 停靠一辆公共汽车后，再通行一辆公共汽车，考虑适当的自行车道宽度

【参考答案】 C

【解答】 技术规范规定一块板的双向机动车道一般不宜超过 4～6 条，如果考虑行驶公共汽车，其单向车行道最小宽度应满足公共交通车辆停站后，不影响其他车辆及非机动车的通行。

■25. 一般绿化宽度宜为红线宽度的比例为(　　)。

A. 5%～10%　　B. 10%～20%　　C. 15%～30%　　D. 20%～40%

【参考答案】 C

【解答】 各类绿化种植所需要的宽度不同，一般占道路红线的 15%～30%，路幅狭的取低限，宽的取高限。

■26. 城市道路非机动车道主要按(　　)进行设计。

A. 自行车道　　B. 三轮车道　　C. 平板车道　　D. 助力车道

【参考答案】 A

【解答】 非机动车道是供自行车、三轮车、平板车等行驶使用的。随着城市的发展，今后城市道路上应禁止兽力车通行，限制并逐步禁止三轮车和平板车通行。与国民经济发展和人民生活水平提高的程度相适应，自行车在短途出行中仍将起着重要的作用。因此，城市道路非机动车道主要按自行车道路进行设计，以其他非机动车进行校核。

■27. 城市道路横断面的规划设计，要满足下列(　　)要求。(多选)

A. 横断面的规划设计要经济合理地确定横断面各组成部分的宽度、位置排列与高差
B. 道路横断面规划设计，要满足交通、环境、公用设施管线敷设以及消防、排水、抗震等要求
C. 城市道路横断面的选择与组合主要取决于道路性质、等级和功能要求
D. 城市道路横断面的规划设计的宽度主要由机动车道宽度决定

【参考答案】 A、B、C

【解答】 城市道路横断面的选择与组合主要取决于道路的性质、等级和功能要求，同时还要综合考虑环境和工程设施等方面的要求。

■28. 会车视距的确定是按(　　)计算的。

A. 两倍的停车视距　　B. 停车视距
C. 横向视距和纵向视距限界　　D. 交叉口视距三角形

【参考答案】 A

【解答】 两辆机动车在一条车行道上对向行驶，保证安全的最短视线距离，一般按两倍的停车视距计算会车视距。

■29. 视距三角形的位置是按(　　)确定的。(多选)

A. 最靠右的一条直行道与相交道路最靠中间的直行车道的组合范围
B. 由两车的停车视距和视线组成了交叉口视距空间和限定范围
C. 交叉口红线相交点向后退 30m 与两条道路中心线构成的用地
D. 最靠左的直行道与相交道路最靠右边的直行车道的组成范围

【参考答案】 A、B

【解答】 为了保证交叉口上的行车安全，需要让驾驶员在进入交叉口前的一段距离内，看清驶来交会的车辆，以便能及时采取措施，避免两车交会时发生碰撞。因此，在保证两条相交道路上直行车辆都有安全的停车视距的情况下，还必须保证驾驶人员的视线不受遮挡。

■30. 城市道路横断面是由(　　)等部分组成。

A. 机动车道、非机动车道、人行道
B. 车行道、人行道、绿化带
C. 车行道、人行道、分隔带、绿地
D. 车行道、人行道、绿化带、道路交通设施

【参考答案】 C

【解答】 城市道路横断面是指垂直于道路中心线的剖面，道路用地的总宽度包括车行道、人行道、分隔带、绿地等。

△31. 城市道路一条车道的小汽车理论能力为每车道(　　)。

A. 1600 辆/h　　B. 1800 辆/h　　C. 2000 辆/h　　D. 2500 辆/h

【参考答案】 B

【解答】 横向安全距离决定于车辆在行驶时摆动、偏移的宽度，以及车身（包括装货允许的突出部分）与相邻车道或人行道侧石边缘必要的安全间隙。它同车速、路面质量、驾驶技术、交通秩序等因素有关。

■32. 通常城市干道上每个方向都不仅有一条车道。在多车道情况下，(　　)车道通行能

力最高。

A. 靠近中线　　B. 最右侧车道

C. 靠近中线第二车道　　D. 单行线

【参考答案】 A

【解答】 当几条同向车道上的车流成分一样，彼此之间又无分隔带时，由于驾驶人员惯于选择干扰较少的车道行驶，故靠近道路中线的车道通行能力最高，而并列于其旁的车道，通行能力则依次逐条递减。

□33. 居住区通向城市交通干道的出入口间距不应小于(　　)m。

A. 50　　B. 150　　C. 200　　D. 220

【参考答案】 B

【解答】 居住区道路系统主要为本居住区服务，不宜有过多的车道出口通向城市交通干道，出口间距不应小于150m，与城市消防设施的技术功能有关。

△34. 人行道一般高出车行道(　　)m，一般采用(　　)横坡，向缘石方向倾斜，横坡一般要求在(　　)范围内选择。

A. 0.05～0.1；直抛式；0.3％～3.0％　　B. 0.1～0.15；折线式；0.3％～5.0％

C. 0.1～0.2；直线式；0.3％～3.0％　　D. 0.15～0.25；抛线式；0.3％～5.0％

【参考答案】 C

【解答】 为了防止车行道上雨水上溢人行道，保证行人的顺利通行，人行道一般需高出车行道0.1～0.2m，一般采用直线式横坡，向缘石方向倾斜，横坡坡度大小依铺砌材料而定，为满足排水要求，一般在0.3％～3.0％ 范围内选择。

■35. 行道树的最小布置宽度应为(　　)m；道路分隔带兼作公共车辆停靠站台或供行人过路临时驻足之用时，最好宽(　　)m以上；绿化带最大宽度一般为(　　)m。

A. 1.0；2；3.0～4.5　　B. 1.2 ；2.5；4.5～6.0

C. 1.5；2；4.5～6.0　　D. 2.0 ；2.5；4.5～6.0

【参考答案】 C

【解答】 行道树的最小布置宽度应以保证树种生长的需要为准，一般为1.5m，相当于树穴的直径或边长。绿化带的最大宽度取决于可利用的路幅宽度，除为了保留备用地外，一般为4.5～6m，相当于种植2～3排树。

■36. 道路红线宽度大于50m的道路，其绿地率一般为(　　)。

A. 25％　　B. 30％　　C. 35％　　D. 40％

【参考答案】 B

【解答】 一般绿化宽度宜为红线宽度的15％～30％，路幅狭的取低限，宽的取高限。当红线宽度大于50m时，绿地率一般为30％。

■37. 城市道路横断面形式的选择与组合应遵循的基本原则包括(　　)。(多选)

A. 符合城市道路系统对道路的性质、等级和红线宽度等方面的要求

B. 满足工程管线布置的要求

C. 充分考虑道路绿化的布置

D. 要尽可能提高道路标准，考虑长期发展要求

【参考答案】 A、B、C

【解答】 城市道路横断面形式的选择与组合应考虑的基本原则，包括选项中的 A、B、C 以及下面的几条：满足交通通畅和安全的要求；要与沿街建筑和公用设施的布置要求相协调；要考虑现有道路改建工程措施与交通组织管理措施的结合；要注意节省建设投资，节约城市用地，不能随意提高标准。

■38. 城市道路横断面设计，在满足交通要求的原则下，断面的组合可以有不同的形式，在一般情况下，下列(　　)种做法是正确的。

A. 各部分必须按中心线对称布置　　B. 各部分均按中心线不对称布置

C. 车行道必须按中心线对称布置　　D. 人行道必须按中心线对称布置

【参考答案】 C

【解答】 车行道包括机动车道和非机动车道，非机动车道一般沿着道路两侧对称布置在机动车道和人行道之间；机动车道考虑车辆分布均匀，必须按中心线对称布置。

□39. 城市道路横面机动车车行道宽度计算中，通常选用以下(　　)种规划机动车交通量。

A. 一条车道的高峰小时交通量　　B. 单向高峰小时交通量

C. 双向高峰小时交通量　　D. 单向平均小时交通量

【参考答案】 B

【解答】 理论上机动车道的宽度等于所需要的车道数乘一条车道所需宽度，即当交通组织方案为各类机动车混合行驶时，机动车道宽度等于：单项高峰小时交通量与一条车道的平均通行能力之比的两倍乘以一条车道宽度。

■40. 下列各项叙述属于城市道路横断面形式选择要考虑的是(　　)。(多选)

A. 符合城市道路系统对道路的性质、等级和红线宽度等方面的要求

B. 满足交通畅通和安全要求

C. 考虑道路停车的技术要求

D. 满足城市与其他区域交通的衔接

E. 注意节省建设投资，节约城市用地

【参考答案】 A、B、E

【解答】 城市道路横断面的选择与组合取决于道路的性质、等级和功能要求，同时还要综合考虑环境和工程设施等方面要求。其基本原则除上述选项中的 A、B、E 外，还要充分考虑道路绿化的布置，满足各种工程管线布置要求，要与沿路建筑和公用设施的布置要求相协调，考虑现有道路改建工程措施与交通组织管理措施的结合。

△41. 城市道路路拱的基本形式有以下(　　)种。(多选)

A. 抛物线形　　B. 直线形　　C. 折线形　　D. 弧线形

【参考答案】 A、B、C

【解答】 路拱一般有抛物线形、直线形和折线形三种

△42. 当车行道宽(　　)m 时，可采用直线形路拱。

A. 超过 20　　B. 超过 25　　C. 少于 20　　D. 少于 25

【参考答案】 A

【解答】 抛物线形路拱适用于沥青类路面，道路宽度达到 4 车道以内的道路；直线形路拱常用于路面宽、横坡较小的水泥混凝土路面。高级路面宽度超过 20m 时可采用折线形

路拱。

■43. 下列哪项属于城市道路平面设计的内容？(　　)

A. 行车安全视距验算　　B. 街头绿地绿化设计

C. 雨水管干管平面布置　　D. 人行道铺地图案设计

【参考答案】 A

【解答】 城市道路平面设计指的是城市道路线形、交叉口、排水设施及各种道路附属设施等平面位置的设计。

城市道路平面设计组成包括：道路中心线和边线等在地表面上的垂直投影。它是由直线、曲线、缓和曲线、加宽等组成。道路平面反映了道路在地面上所呈现的形状和沿线两侧地形、地物的位置，以及道路设备、交叉、人工构筑物等的布置。它包括道路中心线、边线、车行道、路肩和明沟等。城市道路包括机动车道、非机动车道、人行道、路缘石(侧石或道牙)、分隔带、分隔墩、各种检查井和进水口等。

■44. 下列关于道路交叉口交通组织方式的表述，哪项是错误的？(　　)

A. 无交通管制适用于交通量很小的道路交叉口

B. 渠化交通适用于交通量很小的次要交叉口

C. 交通指挥适用于平面十字交叉口

D. 立体交叉适用于复杂的异形交叉口

【参考答案】 D

【解答】 渠化交通：在道路上施画各种交通管理标线及设置交通岛，用以组织不同类型、不同方向车流分道行驶，互不干扰地通过交叉口。适用于交通量较小的次要交叉口、交通组织复杂的异形交叉口和城市边缘地区的道路交叉口。在交通量比较大的交叉口，配合信号灯组织渠化交通，有利于交叉口的交通秩序，增大交叉口的通行能力。

■45. 下列有关城市道路设计的表述，哪项是正确的？(　　)

A. 平曲线与竖曲线应重合设置　　B. 平曲线与竖曲线不应交错设置

C. 平曲线应设置在竖曲线内　　D. 小半径竖曲线应设在长的直线段上

【参考答案】 B

【解答】 城市道路设计时一般希望平曲线与竖曲线分开设置。如果确实需要重合设置时，通常要求将竖曲线设置在平曲线内，而不应交错。为了保持平面和纵断面的线形平顺，一般取凸形竖曲线的半径为平曲线半径的10～20倍。应避免将小半径的竖曲线设在长的直线段上。竖曲线长度一般至少应为20m，其取值一般为20m的倍数。

■46. 在下列关于环形交叉口中心岛设计的表述，哪项是错误的？(　　)

A. 主次干路相交的椭圆形的中心岛的长轴应沿次干路的方向布置

B. 中心岛的半径与车辆进出交叉口的交织距离有关

C. 中心岛上的绿化不应设置人行道

D. 中心岛上的绿化不应影响绕行车辆的视距

【参考答案】 A

【解答】 环形交叉口中心岛多采用圆形，主次干路相交的环行交叉口也可采用椭圆形的中心岛，并使其长轴沿主干路的方向，也可采用其他规则形状的几何图形或不规则的形状。

中心岛的半径首先应满足设计车速的需要，计算时按路段设计行车速度的0.5倍作为环道的设计车速，依此计算出环道的圆曲线半径，中心岛半径就是该圆曲线半径减去环道宽度的一半。

■**47. 城市道路横断面设计中，下列(　　)横断面形式的安全性最好。(多选)**

A. 一块板　　B. 两块板　　C. 三块板　　D. 四块板

【参考答案】 C、D

【解答】 三块板、四块板道路常常是利用两条分隔带将机动车流和非机动车流分开，机动车与非机动车分道行驶，可以提高机动车和非机动车的行驶速度，其安全性比较好。

■**48. 非机动车道宽度以(　　)较妥。**

A. 5.0～6.0m　　B. 6.0～7.0m　　C. 7.0～8.0m　　D. 8.0～9.0m

【参考答案】 B

【解答】 非机动车道要考虑最宽的车辆的超车的条件，考虑将来可能改为行驶机动车辆，则以6.0～7.0m为较妥。

■**49. 平曲线半径(　　)不设超高最小半径时，在平曲线范围内应设超高。**

A. 大于　　B. 等于　　C. 小于　　D. 大于等于

【参考答案】 C

【解答】 《城市道路工程设计规范》(CJJ 37—2012)(2016年版)规定，平曲线半径小于不设超高最小半径时，可以将道路外侧抬高，使道路横坡呈单向侧斜倾，在平曲线范围内设超高。

□**50. 城市道路平曲线上的路面加宽的原因包括下列(　　)。(多选)**

A. 汽车在曲线段上行驶时，所占有的行车部分宽度要比直线路段大

B. 保持车辆进行曲线运动所需的向心力

C. 保证汽车在转弯中不侵占相邻车道

D. 加大路面对车轮的横向摩擦力

【参考答案】 A、C

【解答】 汽车在平曲线上行驶时，各个车轮行驶的轨迹是不相同的，靠曲线内侧的后轮行驶的曲线半径最小，而靠曲线外侧的前轮所行驶的半径最大，因此，汽车在曲线路段上行驶时所占有的行车部分宽度要比直线路段大。

□**51. 对于设有超高的两相邻反曲线之间的直线段长不小于(　　)m。**

A. 50　　B. 40　　C. 30　　D. 20

【参考答案】 D

【解答】 对于不设超高的相邻反向曲线，一般可直接相连；若有超高，则两曲线之间的直线段长应等于两个曲线超高缓和段长度之和。对于地形复杂、工程困难的次要道路，两反曲线间的插入段直线长亦不得小于20m。

□**52. 城市道路设计中，如果需要平曲线与竖曲线重合设置时，通常要求(　　)设置。**

A. 将竖曲线与平曲线交错重合　　B. 将竖曲线在平曲线内设置

C. 将竖曲线在平曲线外设置　　D. 将竖曲线与平曲线垂直设置

【参考答案】 B

【解答】 为了保持城市道路平面和纵断面的线形平顺，一般取凸形竖曲线的半径为平曲线半径的10～20倍，应避免将小半径的竖曲线设在长的直线段上。城市道路设计中，如果

需要平曲线与竖曲线重合设置时，通常要求将竖曲线在平曲线内设置。

■53. 道路平曲线半径小于或等于(　　)m 时，应在平曲线内侧加宽。

A. 200　　B. 220　　C. 250　　D. 260

【参考答案】 C

【解答】 在平曲线上行驶的汽车所占的行驶宽度比直线段宽，所以曲线段的车行道往往需要加宽。按照《城市道路工程设计规范》（CJJ 37—2012）（2016 年版）规定，道路平曲线半径小于或等于 250m 时，应在平曲线内侧加宽，加宽值与曲线半径、车型尺寸、车速要求等有关。

■54. 超高缓和段长度最好不小于(　　)m。

A. 15～20　　B. 20～25　　C. 25～30　　D. 30～35

【参考答案】 A

【解答】 超高缓和段长度不宜过短，否则车辆行驶时会发生侧向摆动时，行车不十分稳定，一般情况下最好不小于 15～20m。

■55. 当曲线加宽与超高同时设置时，加宽缓和段应与超高缓和段长度等长，且(　　)。(多选)

A. 内侧增加宽度　　B. 外侧减少超高

C. 内侧减少宽度　　D. 外侧增加超高

【参考答案】 A、D

【解答】 当曲线加宽与超高同时设置时，表示道路的平面线半径较小，且道路设计达到一定速度，因此，加宽与超高缓和段长度最好相等，以便施工处理，降低技术难度，且内侧增加宽度，外侧增加超高。

□56. 如果道路曲线不设超高而只有加宽时，则采用不小于(　　)m 的加宽缓和段长度。

A. 30　　B. 20　　C. 10　　D. 5

【参考答案】 C

【解答】 加宽缓和段是在平曲线的两端，从直线上的正常宽度逐渐增加到曲线上的全加宽的路段，可采用不小于 10m 的长度。

□57. 在交叉口拓宽时，增设车道的宽度与路段车道相比，通常应该(　　)。

A. 宽度增加　　B. 宽度缩减 0.25～0.5m

C. 宽度不变　　D. 宽度缩减 0.5～1.0m

【参考答案】 B

【解答】 在交叉口拓宽时，增设车道的宽度与路段车道相比一般都要缩减，但上述选项中的 D 项缩减过多。

■58. 立体交叉多用于(　　)地区。(多选)

A. 交通量很大的交叉口　　B. 城市中心区

C. 快速路与铁路相交的交叉口　　D. 城市出入口区

【参考答案】 A、C

【解答】 城市出入口区域和城市中心区的交叉口中不一定是交通量很大的交叉口。

■59. 高速公路的计算行车速度为(　　)km/h 左右。

A. 80　　B. 100　　C. 120　　D. 150

【参考答案】 C

【解答】 高速公路速度快，通过能力大，效率高，安全舒适等，计算行车速度一般为120km/h左右，有的高达150km/h。

□**60. 高速公路横断面是由以下(　　)部分组成。(多选)**

A. 车行道　　B. 非机动车道

C. 人行道　　D. 中央带

E. 路肩

【参考答案】 A、D、E

【解答】 高速公路横断面是由车行道、中央带（包括中央分隔带和内侧路缘带）、路肩（包括外侧路缘带、硬路肩及土路肩）组成。

△**61. 高速公路的硬路肩最小宽度为(　　)m。**

A. 0.5～1.0　　B. 1.0～2.0　　C. 2.5～3.0　　D. 3.0～3.75

【参考答案】 C

【解答】 高速公路设置硬路肩主要是供特殊情况下临时停车、避让之用，应满足车辆临时停置的最小宽度要求，一般为2.5～3.0m。

■**62. 道路交叉口设计车速为25～30km/h时，交叉口转弯半径为(　　)m。**

A. 10～15　　B. 15～25　　C. 18～28　　D. 20～30

【参考答案】 B

【解答】 交叉口转弯半径一般根据道路性质、横断面形式、车型、车速来确定。

道路类型	主干路	次干路	支　路	单位出入口
交叉口设计车速(km/h)	25～30	20～25	15～20	5～15
转角半径(m)	15～25	8～10	5～8	3～5

■**63. 城市道路交叉口的交叉角不宜小于(　　)或不宜大于(　　)。**

A. 45°；135°　　B. 50°；130°

C. 60°；120°　　D. 75°；105°

【参考答案】 C

【解答】 一个交叉口交汇的道路通常不宜超过4条，最多不超过5条；交叉角不宜小于60°或不宜大于120°，否则将使交叉口的交通组织复杂化，影响道路的通行能力和交通安全。

□**64. 人行横道的宽度经验值为(　　)m，规范规定最小宽度为(　　)m。**

A. 4～10；4　　B. 5～12；5　　C. 4～12；4　　D. 5～14；5

【参考答案】 A

【解答】 人行横道的宽度决定于单位时间内过路行人的数量及行人过路时信号放行时间，通常选用的经验宽度为4～10m，规范规定最小宽度为4m。

□**65. 机动车停止线应设在人行横道线(　　)处。**

A. 里侧面1～2m　　B. 外侧面2～3m

C. 里侧面2～3m　　D. 外侧面1～2m

【参考答案】 D

【解答】 机动车停止线应与人行横道线距离近一些，但不要紧贴人行横道，以防止机动车闯入人行横道，伤害行人，但距离又不能太远，使红灯结束时，机动车很快通过交叉口。

□66. 立体交叉适用于快速、有连续交通要求的大交通量交叉口，可分为两大类，下面(　　)种分类是正确的。

A. 简单立交和复杂立交
B. 定向立交和非定向立交
C. 分离式立交和互通式立交
D. 直接式立交和环形立交

【参考答案】 C

【解答】 根据相交道路上行驶的车辆是否能相互转换，立体交叉分为分离式和互通式两种。其中分离式立交指相交道路互不相通，交通分离。互通式立交是指可以实现相交道路上的交通在立交上互相转换。

■67. 下列关于道路纵坡的表述，哪些项是正确的？(　　)(多选)

A. 道路最大纵坡与设计车速无关
B. 道路最小纵坡与道路排水有关
C. 道路纵坡与道路等级有关
D. 道路纵坡与道路两侧绿化有关
E. 道路纵坡与地下管线的敷设有关

【参考答案】 B、C、E

【解答】 道路纵坡取决于自然地形、道路两旁地物、道路构筑物净空限界要求、车辆性能和道路等级等。最大纵坡决定于道路的设计车速。最小纵坡取决于道路排水和地下管道的埋设要求，也与雨量大小、路面种类有关。

■68. 下列哪些项是在交叉口合理组织自行车交通时通常采用的措施？(　　)(多选)

A. 设置自行车右转车道
B. 设置自行车左转等待区
C. 设置自行车横道
D. 将自行车停车线前置
E. 将自行车道设置在人行道上

【参考答案】 A、B、C、D

【解答】 平面交叉口自行车交通组织及自行车道布置方法：设置自行车右转专用车道；设置左转候车区；停车线提前法；两次绿灯法；设置自行车横道。

■69. 平面环形交叉口设计除了中心岛的半径应满足设计车速的要求外，还应满足下面(　　)种要求。

A. 相交道路的夹角不得小于60°
B. 满足车辆进出交叉口在环道上的交织距离要求
C. 转角半径必须大于20m
D. 机动车道必须与非机动车道隔离

【参考答案】 B

【解答】 中心岛的形状和尺寸，需要满足进、出交叉环道的车辆按一定速度行驶和交织。即中心岛的半径首先满足设计车速的需要，然后再按相交道路的条数和宽度，验证入口之间的距离是否符合车辆交织的要求。

■70. 平面环形交叉口不适用于(　　)较大的交叉口。(多选)

A. 四条以上道路交汇的交叉口交通量
B. 左转交通量
C. 多条道路并汇的交叉口和右转交通量

D. 多条道路交汇的交叉口和左转交通量

【参考答案】 A、C

【解答】 平面环形交叉口使所有直行和左、右转车辆均能在交叉口沿同一方向顺序前进，避免发生周期性阻滞，并消灭了交叉口上的冲突点，仅存在出进路口的交织点，因而提高了行车安全和交叉口的通行能力，适用于多条道路交汇的和左转交通量较大的交叉口。

□71. 当环道设计车速为 30km/h 时，中心岛最小半径为(　　)m。

A. 50　　B. 45　　C. 35　　D. 55

【参考答案】 C

【解答】 中心岛半径首先应满足设计车速要求，然后再按相交道路的条数和宽度，验证入口之间的距离是否符合车辆的交织要求。

□72. 环形交叉口的总通行能力一般可达到(　　)。

A. 1200 辆/h　　B. 1500 辆/h　　C. 1800 辆/h　　D. 2000 辆/h

【参考答案】 D

【解答】 环形交叉口通行能力，指交叉口每小时能通过的总车辆数，其值等于环形交织车辆的通行能力与各条道路右转弯车道通行能力的总和。

□73. 环形交叉口中心岛多采用(　　)形状，主、次干道相交的环形交叉口也可采用(　　)形状的中心环岛，并使其长轴沿(　　)方向。

A. 椭圆形；椭圆形；次干道　　B. 圆形；椭圆形；主干道

C. 圆形；圆形；任意一条道路　　D. 椭圆形；圆形或椭圆形；次干道

【参考答案】 B

【解答】 根据地形、地物和道路交叉的角度，环形交叉口中心岛可以采用规则几何形或不规则的形式。多采用圆形，主、次干道相交可采用椭圆形中心岛。

■74. 环形交叉口环道的设计车速一般按路段设计行车速度的(　　)倍。

A. 0.3　　B. 0.5　　C. 1.0　　D. 2.0

【参考答案】 B

【解答】 平面环形交叉口的通行能力较低，计算时按路段设计行车速度的 0.5 倍作为环道的设计车速。

■75. 道路交叉口的平面环道交织角一般为(　　)。

A. 15°～20°　　B. 20°～25°　　C. 20°～30°　　D. 25°～35°

【参考答案】 C

【解答】 车辆沿最短距离方向行驶交织时的交角称为交织角，交织角越小越安全。一般在交织距离已有保证的条件下，交织角一般应在 20°～30°之间为宜。

■76. 交通量较小的次要交叉口，异形交叉口一般采用(　　)形式的交通管理与组织形式。(多选)

A. 无交通管制　　B. 渠化交通　　C. 交通指挥　　D. 立体交叉

【参考答案】 B、C

【解答】 交通量较小的次要交叉口，异形交叉口或城市边缘区道路交叉口可以使用交通岛组织不同方向车流分道行驶；也可以配合信号灯组织渠化交通，增大交叉口的通行能力。

■77. 城市次干路交叉口转角半径一般为(　　)m。

A. 15～25　　B. 8～10　　C. 5～8　　D. 3～5

【参考答案】 B

【解答】 城市道路交叉口转角半径一般根据城市道路性质、横断面形式、车型、车速来确定。主干路转角半径15～25m，城市次干路交叉口转角半径一般为8～10m，支路转角半径5～8m，单位出入口转角半径3～5m。

□78. 交叉口自行车交通的组织有以下(　　)种方法。(多选)

A. 自行车左转弯专用车道　　B. 停车线提前法

C. 设置自行车横道　　D. 自行车绿灯

【参考答案】 B、C

【解答】 在交叉口对自行车进行合理组织，可以维护交叉口交通秩序，提高其通行能力，可以设置自行车右转弯专用车道，设置左转弯候车区，停车线提前法，两次绿灯法，设置自行车横道。

■79. 人行横道宽度的经验宽度值为(　　)m。

A. 4～5　　B. 4～6　　C. 4～10　　D. 10

【参考答案】 C

【解答】 人行横道的宽度，决定于单位时间内过街人流的数量，及行人过街时信号放行时间，一般情况下它应比路段人行道宽度要宽，规范规定最小宽度为4m，经验宽度为4～10m。

■80. 一般道路上，平面环道的宽度选择(　　)左右比较适当。

A. 18m　　B. 21m　　C. 24m　　D. 25m

【参考答案】 A

【解答】 环道上一般布置三条机动车道，一条车道绕行，一条车道交叉，一条作为右转车道，同时还应设置一条专用的非机动车道，考虑弯道加宽值。

□81. 规划交通量超过(　　)辆/h的时候，当量小汽车数的交叉口不宜采用环形交叉口。

A. 2000　　B. 2500　　C. 2700　　D. 3000

【参考答案】 C

【解答】 规划交通量超过2700辆/h时当量小汽车数的交叉口应考虑设置立体交叉口。

□82. 属于下列(　　)情况之一时，城市道路宜设置人行天桥或地道。(多选)

A. 横过交叉口一个路口的步行人流量大于2500人次/h，且同时进入该路口的当量小汽车交通量大于1000辆/h

B. 行人横过城市快速路

C. 通行环形交叉口的步行人流总量达18000人次/h，且同时进入环形交叉的当量汽车交通量达到2000辆/h

D. 铁路与城市道路相交道口，因列车通过一次阻塞步行人流超过1000人次，或道口关闭的时间超过15min

【参考答案】 B、C、D

【解答】 横过交叉口的一个路口的步行人流量大于5000人次/h，且同时进入该路口的当量小汽车交通量大于1200辆/h时也需设置人行天桥或地道。

■83. 环形交叉口的中心岛直径为(　　)时，环道的外侧缘石可以做成与中心岛相同的同

心圆。

A. 45m　　B. 50m　　C. 55m　　D. 60m

【参考答案】 D

【解答】 环形交叉口中心岛直径小于60m时，环道的外侧缘石做成与中心岛相同的同心圆后，进入环道的车辆遇到两段反向曲线，不符合实际行车轨迹，降低了环形交叉口的通行能力。交叉口展宽段增加的车道，可比路段车道宽度缩窄0.25～0.5m，宜为3.5m。专用停车场是指主要供本单位车辆停放的场所和私人停车场所，不属于城市公共车设施。

■84. 城市道路最小纵坡度应大于或等于(　　)，在有困难时可大于或等于(　　)。特殊困难地段，纵坡度小于(　　)时，应采取其他排水措施。

A. 0.5%；0.4%；0.3%　　B. 0.6%；0.3%；0.2%

C. 0.5%；0.3%；0.2%　　D. 0.6%；0.4%；0.2%

【参考答案】 C

【解答】 城市道路最小纵坡主要决定于道路排水与地下管道的埋设，与雨量大小、路面种类有关。

□85. 道路纵断面设计要求包括(　　)。(多选)

A. 平行于城市等高线　　B. 线形平顺

C. 道路及两侧街坊的排水良好　　D. 形成两侧优美的天际轮廓线

【参考答案】 B、C

【解答】 道路纵断面设计的要求有上述选项中的B、C以及下面几点：尽可能与相交道路、广场和沿路建筑物的出入口有平顺的衔接；考虑沿线各种控制点的标高和坡度要求；路基稳定、土方基本平衡。

■86. 在机动车与非机动车混行的道路上，应以(　　)的爬坡能力来确定道路的最大纵坡。

A. 小汽车　　B. 载重车　　C. 机动车　　D. 非机动车

【参考答案】 D

【解答】 不同车辆在道路上行驶的爬坡能力不同。在机动车与非机动车混行的道路上，应根据爬坡能力比较小的非机动车的爬坡能力来确定道路的最大纵坡。

■87. 城市道路最小纵坡值为(　　)。

A. 0　　B. 0.2%　　C. 0.3%　　D. 0.5%

【参考答案】 D

【解答】 城市道路设置最小纵坡是为了满足排水要求。

■88. 凸形竖曲线的设置主要满足(　　)的要求，凹形竖曲线的设置主要满足车驶行驶平稳，即(　　)的要求。

A. 离心力；视线视距　　B. 向心力；视线视距

C. 视线视距；向心力　　D. 视线视距；离心力

【参考答案】 D

【解答】 在道路纵坡转折点常设凸形或凹形竖曲线，将相邻的直线坡段平滑地连接起来，以使车辆比较平稳，避免车辆颠簸，并满足驾驶人员的视线要求。其中凸形竖曲线是为满足视线视距的要求，凹形竖曲线是满足车辆行驶平稳即离心力的要求。

□89. 为了保持平面和纵断面的线形平顺，一般取凸形竖曲线的半径为平曲线半径的(　　)倍。

A. 5～8　　B. 8～12　　C. 10～20　　D. 15～25

【参考答案】 C

【解答】 按照《城市道路工程设计规范》(CJJ 37—2012)(2016年版)，如果平曲线和竖曲线需重合设置时，为了保持平面和纵断面的线形平顺，一般取凸形竖曲线的半径为平面线半径的10～20倍。

△90. 我国快速交通干道凸形竖曲线最小半径为(　　)m，凹形竖曲线最小半径为(　　)m。

A. 2500～4000；800～1000　　B. 10000；2500

C. 500～1000；500～600　　D. 20000；5000

【参考答案】 B

【解答】 可以参照《城市道路工程设计规范》(CJJ 37—2012)(2016年版)相关的规定。

△91. 当竖曲线半径为定值时，其切线长度随着两纵坡差的数值加大而(　　)。

A. 加大　　B. 缩小

C. 保持不变　　D. 与纵坡值大小成正比

【参考答案】 A

【解答】 竖曲线的切线长 $T=RW/z$，其中 R 为竖曲线半径，W 为两纵坡差。可见当竖曲线半径为定值时，切线长度与纵坡差成正比。

■92. 按小汽车当量计算，路边停车带一个停车位的面积为(　　)m^2。

A. 10～15　　B. 16～20　　C. 25～30　　D. 30～35

【参考答案】 B

【解答】 上述选项中的C为露天停车场使用值，D为室内停车位使用值，A值太小，不能停车。

■93. 城市大型公共停车场的停发方式为(　　)。(多选)

A. 前进停车　　B. 前进发车　　C. 后退停车　　D. 后退发车

【参考答案】 B、C

【解答】 后退式停车，前进式发车离开方式，停车较慢，发车迅速，平均占地面积较少，比较适合于城市大型公共停车场。

■94. 路边停车带是指设在车行道旁或路边的地面停车设施，指出下列(　　)项是路边停车带的停车特点。(多选)

A. 短时停车　　B. 全日停车

C. 停车时间无一定规律　　D. 需设专用固定停车位

【参考答案】 A、C

【解答】 路边停车带多系短时停车，随到随开，没有一定规律。在城市繁华地段，道路用地比较紧张，多供不应求，因此采用计时收费的措施加速停车周期。

■95. 在城市次干道旁设置港湾式路边停车带时，是否需要设置分隔带？下列答案中正确答案是(　　)。

A. 不需设分隔带　　B. 可设可不设分隔带
C. 应设分隔带　　D. 停车带长度短时要设分隔带

【参考答案】 A

【解答】 路边停车带设在车行道旁或路边，多系短时停车，港湾式停车带布置于城市次干道边时可不设分隔带。

■96. 单位专用停车场常采用下列(　　)种车辆停发方式。

A. 前进停车，后退发车　　B. 后退停车，前进发车
C. 前进停车，前进发车　　D. 后退停车，后退发车

【参考答案】 B

【解答】 后退式停车，前进式发车离开，其优点是发车迅速方便，占地亦不多，符合单位专用停车场。

■97. 露天地面停车场的停车面积规划指标，按当量小汽车估算，常采用下列(　　)值域。

A. 16～20m^2/停车位　　B. 20～25m^2/停车位
C. 25～30m^2/停车位　　D. 30～35 m^2/停车位

【参考答案】 C

【解答】 停车设施的停车面积规划指标是按当量小汽车进行估算的。露天地面停车场为30m^2/停车位，路边停车带为16～20m^2/停车位，室内停车库为30～35m^2/停车位。

■98. 城市停车设施的交通流线组织应尽可能遵循(　　)原则。

A. 双向行驶　　B. 单向左行　　C. 单向右行　　D. 渠化交通

【参考答案】 C

【解答】 “单向右行”原则的交通流线组织，可以避免车流相互交叉，并应配备醒目的指路标志。

□99. 城市停车设施中停车库用地较节省，单位停车位占用面积较少，但交通路线对部分停车位的进出有干扰，建筑立面呈错层形式的停车库不包括(　　)形式。(多选)

A. 直坡道式停车库　　B. 螺旋坡道式停车库
C. 错层式停车库　　D. 斜楼板式停车库

【参考答案】 A、B、D

【解答】 错层式停车库由直坡道式停车库发展而形成的，停车楼面分为错开半层的两段或三段楼面，外立面呈错层形式。

□100. 交通线路较长，对停车位的进出普遍存在干扰，但单位停车位占用面积最少，建筑外立面呈倾斜状的停车库为(　　)。

A. 直坡式停车库　　B. 螺旋坡道式停车库
C. 错层式停车库　　D. 斜楼板式停车库

【参考答案】 D

【解答】 斜楼板式停车库楼板呈缓慢倾斜状布置，利用通道的倾斜作为楼层转换的坡道，因而无须再设专用坡道，所以单位停车用地最为节省，用地面积也最为节省，外立面呈倾斜状，且有停车库的建筑个性。

■101. 城市道路规划设计的主要内容不包括以下(　　)。

A. 道路附属设施　　　　　　　　　　B. 交通管理设施

C. 沿道路建筑立面　　　　　　　　　D. 道路横断面组合设计

【参考答案】 C

【解答】 城市道路规划设计一般包括：路线设计、交叉口设计、道路附属设施设计、路面设计和交通管理设施设计五部分。其中道路选线、道路横断面组合、道路交叉口选型等都是属于城市总体规划和详细规划的主要内容。

■102. 下列有关铁路通行的高度限界，正确的是(　　)。

A. 内燃机车 5.0m　　　　　　　　B. 电力机车 6.0m

C. 高速列车 7.25m　　　　　　　D. 双层集装箱 7.45m

【参考答案】 C

【解答】 铁路通行限界：高度限界电力机车为 6.55m（时速小于 160km），7.5m（时速在 160～200km，客货混行）；蒸汽和内燃机车为 5.5m；高速列车为 7.25m；通行双层集装箱时为 7.96m；宽度限界 4.88m。

■103. 平面弯道视距限界范围障碍物限高为(　　)。

A. 1.0m　　B. 1.2m　　C. 1.4m　　D. 1.6m

【参考答案】 B

【解答】 平面弯道视距限界：车辆在平曲线路段上行驶时，曲线内侧应清除高于 1.2m 的障碍物，包括高于 1.2m 的灌木和乔木，以保证行车安全。

■104. 在城市道路中，假定最靠中线的一条车道的通行能力为 1.0，则同侧右方向第四条车道的折减系数约为(　　)。

A. 0.9～0.98　　B. 0.8～0.89　　C. 0.65～0.78　　D. 0.5～0.65

【参考答案】 D

【解答】 城市道路一条车道的小汽车理论通行能力为每车道 1800 辆/h。靠近中线的车道，通行能力最大，右侧同向车道通行能力将依次有所折减，最右侧车道的通行能力最小。假定最靠中线的一条车道的通行能力为 1.0，则同侧右方向第二条车道通行能力的折减系数约为 0.80～0.89，第三条车道的折减系数约为 0.65～0.78，第四条车道的折减系数约为 0.50～0.65。

■105. 如果自行车道宽 5.5m，单条通行能力 1000 辆/h，那么，这条自行车道的总通行能力为(　　)辆/h。

A. 4000　　B. 4500　　C. 5000　　D. 5500

【参考答案】 C

【解答】 一条自行车带的宽度为 1.5m，两条自行车带宽度为 2.5m，三条自行车带的宽度为 3.5m，每增加一条车道宽度增加 1.0m；路面标线划分机动车道与非机动车道时，一条自行车带的通行能力，规范推荐值为 1000 辆/h。当自行车道的设计宽度为 5.5m 时，实际上是 5 条自行车带宽度，那么，其总的设计通行能力为 5000 辆/h。

■106. 城市道路平面规划设计的主要内容不包括以下(　　)项。

A. 确定中心线位置　　　　　　　　B. 设置缓和曲线

C. 路面荷载等级　　　　　　　　　D. 交叉口设计

【参考答案】 C

【解答】 城市道路平面设计指的是城市道路线形、交叉口、排水设施及各种道路附属设施等平面位置的设计。

城市道路平面设计组成包括：道路中心线和边线等在地表面上的垂直投影。它是由直线、曲线、缓和曲线、加宽等组成。道路平面反映了道路在地面上所呈现的形状和沿线两侧地形、地物的位置，以及道路设备、交叉、人工构筑物等的布置。它包括路中心线、边线、车行道、路肩和明沟等。城市道路包括机动车道、非机动车道、人行道、路缘石（侧石或道牙）、分隔带、分隔墩、各种检查井和进水口等。

路面荷载等级不属于城市道路平面设计的内容。

■107. 当(　　)时可以设置立体交叉。(多选)

A. 主干路与次干路交叉口的现有交通量＞5000pcu/h

B. 主干路与支路交叉口的现有交通量＞5500pcu/h

C. 主干路与主干路交叉口的现有交通量＞6000pcu/h

D. 次干路与铁路专线相交

【参考答案】 A、B、C

【解答】 立体交叉的设置条件如下：

（1）立体交叉应按规划道路网设置。

（2）高速公路与城市各级道路交叉时，必须采用立体交叉。

（3）快速路与快速路交叉，必须采用立体交叉；快速路与主干路交叉，应采用立体交叉。

（4）进入主干路与主干路交叉口的现有交通量超过4000～6000pcu/h，相交道路为4条车道以上，且对平面交叉口采取改善措施、调整交通组织均难收效时，可设置立体交叉，并妥善解决设置立体交叉后对邻近平面交叉口的影响。

（5）两条主干路交叉或主干路与其他道路交叉，当地形适宜修建立体交叉，经技术经济比较确为合理时，可设置立体交叉。

（6）道路跨河或跨铁路的端部可利用桥梁边孔修建道路与道路的立体交叉。

■108. 立体交叉匝道上自行车混行，最大纵坡是(　　)。

A. 1.5%　　B. 2.0%　　C. 2.5%　　D. 3.0%

【参考答案】 C

【解答】 立体交叉各种车道的纵坡要求：

部　位	跨线桥、引道			匝道			回头弯道内侧边缘	
行车方式	机动车道	自行车道	混行	机动车道	自行车道	混行	机动车道	混行
最小纵坡（%）	0.2							
最大纵坡（%）	3.5	2.5	2.5	4.0	2.5	2.5	2.5	2.5

■109. 为使路线平顺，行车平稳，必须在路线竖向转坡点处设置平滑的竖曲线将相邻直线坡段衔接起来。凹形竖曲线的设置主要是要满足车辆(　　)的要求。

A. 制动距离　　B. 行驶平稳　　C. 视距　　D. 视线

【参考答案】 B

【解答】 为使路线平顺，行车平稳，必须在路线竖向转坡点处设置平滑的竖曲线将相邻直线坡段衔接起来。凸形竖曲线的设置主要满足视线视距的要求，凹形竖曲线的设置主要满足车辆行驶平稳（离心力）的要求。

■110. 城市公共停车设施可分为(　　)两大类。

A. 路边停车带和集中停车场　　B. 路边停车带和路外停车场

C. 露天停车场和室内停车场　　D. 路边停车带和室内停车场

【参考答案】 B

【解答】 城市公共停车设施可分为路边停车带和路外停车场（库）两大类：①路边停车带：一般设在行车道旁或路边。多系短时停车，随到随开，没有一定的规律。在城市繁华地区，道路用地比较紧张，路边停车带多供不应求，所以多采用计时收费的措施来加速停车周转，路边停车带占地为16～20m^2/停车位。②路外停车场：包括道路以外专设的露天停车场和坡道式、机械提升式的多层、地下停车库。停车设施的停车面积规划指标是按当量小汽车进行估算的。露天停车场占地为25～30m^2/停车位，室内停车库占地为30～35m^2/停车位。

■111. 下列哪项不是错层式（半坡道式）停车库的特点？(　　)

A. 停车楼面之间用短坡道相连

B. 停车楼面采用错开半层的两段或三段布置

C. 行车路线对停车泊位无干扰

D. 用地较为节省

【参考答案】 C

【解答】 错层式（半坡道式）停车库是由直坡式发展而形成的，停车楼面分为错开半层的两段或三段楼面，楼面之间用短坡道相连，因而大大缩短了坡道长度，坡度也可适当加大，错层停车库用地较省，单位停车位占用面积较少，但交通线路对部分停车位的进出有干扰，建筑外立面呈错层形式。

■112. 下列关于停车设施的停车面积规划指标，错误的是(　　)。

A. 路边停车带占地为16～20m^2/停车位

B. 室内停车库占地为30～35m^2/停车位

C. 机械提升式地下车库占地为40～45m^2/停车位

D. 露天停车场占地为25～30m^2/停车位

【参考答案】 C

【解答】 停车设施的停车面积规划指标是按当量小汽车进行估算的。露天停车场占地为25～30m^2/停车位，室内停车库占地为30～35m^2/停车位，路边停车带占地为16～20m^2/停车位。

■113. 当地面集中停车场机动车停车位超过(　　)个时，需设3个以上出入口。

A. 50　　B. 200　　C. 500　　D. 800

【参考答案】 C

【解答】 机动车停车场的出入口应有良好的视野。出入口距离人行过街天桥、地道和桥梁、隧道引道须大于50m；距离交叉路口须大于80m。机动车停车场车位指标大于50个时，出入口不得少于2个；大于500个时，出入口不得少于3个。

■114. 城市中心区的客运交通枢纽的主要交通方式不包括(　　)。

A. 地铁　　B. 电车　　C. 长途汽车　　D. 公交

【参考答案】 C

【解答】 城市中心区的客运交通枢纽主要的交通方式包括轨道交通线路、公交线路、小汽车、自行车和步行等。

□115. 螺旋坡道式停车库是常用的一种停车库类型，具有很多优点，但同时也具有下列(　　)缺点。(多选)

A. 交通路线不明确　　B. 螺旋式坡道造价高

C. 坡道进出口与停车楼板间交通不易衔接　　D. 每车位公用面积较大

【参考答案】 B、D

【解答】 螺旋坡道式车库，布局比较简单整齐，交通路线明确，上下行坡道干扰少，车速较快，但造价较高，用地同样不够经济，每车位占用面积较多。

△116. 城市道路交通标志分为(　　)类标志。(多选)

A. 指示标志　　B. 警告标志

C. 禁令标志　　D. 交通指挥标志

【参考答案】 A、B、C

【解答】 城市道路交通标志是指明道路情况和对交通要求的设备，我国城市道路上所用的交通标志共分3类34种。其中指示标志9种，警告标志7种，禁令标志共18种。

■117. 城市轨道交通线网规划的主要任务包括以下(　　)。(多选)

A. 提出城市轨道交通设施用地的规划控制要求

B. 确定城市轨道交通发展目标和功能定位

C. 交通需求调查

D. 确定城市轨道交通网的规划布局

【参考答案】 A、B、D

【解答】 城市轨道交通线网规划的主要任务是研究确定城市轨道交通发展目标和功能定位；确定城市轨道交通网的规划布局；提出城市轨道交通设施用地的规划控制要求。

■118. 在设计车速为80km/h的城市快速路上，设置互通式立交的最小净距为(　　)m。

A. 500　　B. 1000　　C. 1500　　D. 2000

【参考答案】 B

【解答】 互通式立交最小净距离如下表所示。

干道设计车速（km/h）	80	60	50	40
互通式立交最小净距离（m）	1000	900	800	700

■119. 在选择交通控制类型时，“多路停车”一般适用于（　　）相交的路口。

A. 主干路与主干路　　B. 主干路与支路

C. 次干路与次干路　　D. 支路与支路

【参考答案】 C

【解答】 平面交叉口的交通控制类型：

主干路与支路交叉：二路停车；

次干路与次干路交叉：交通信号灯、多路停车、二路停车或让路停车；

次干路与支路交叉：二路停车或让路停车；

支路与支路交叉：二路停车、让路停车或不设管制。

■**120. 下列有关城市有轨电车路权的表述，哪项是正确的？（　　）**

A. 与其他地面交通方式完全隔离

B. 在线路区间与其他交通方式隔离，在交叉口混行

C. 在交叉口与其他交通方式隔离，在线路区间混行

D. 与其他地面交通方式完全混行

【参考答案】 B

【解答】 城市有轨电车按路权分类：全封闭系统、不封闭系统、部分封闭系统。其中，全封闭系统与其他交通方式完全隔离；不封闭系统与路面交通混合行驶，在交叉口遵循道路交通信号或享有一定优先权，有轨电车就属于此类；部分封闭系统一般在线路区间采取物理措施与其他交通方式隔离，在全部交叉口或部分交叉口与其他交通方式混行，在交叉口设置城市轨道交通优先信号。

□**121. 下列各项不属于交通枢纽特点的是（　　）。（多选）**

A. 交通枢纽是多种运输方式的交会点，是大宗客货流中转、换乘、换装与集散的场所，是各种运输方式衔接和联运的主要基地

B. 交通枢纽是不同运输方式多条干线相互衔接，进行客货及对营运车辆、船舶、飞机等进行技术作业和调节的重要基地

C. 从旅客到达枢纽到离开枢纽的一段时间内，为他们提供舒适的候车、船、机环境，包括餐饮、住宿、娱乐服务，提供货物堆放、存储场所，包括包装、处理等服务办理运输手续，货物称重，路线选择，路单填写和收费，旅客购票、检票，运输工具的停放、技术维修和调度

D. 交通枢纽大多依托于一个或若干个城市，对城市的形成和发展有着很大的作用，是城市实现内外联系的桥梁和纽带

【参考答案】 B、D

【解答】 交通枢纽的特点：

（1）交通枢纽是多种运输方式的交会点，是大宗客货流中转、换乘、换装与集散的场所，是各种运输方式衔接和联运的主要基地。

（2）交通枢纽是同一种运输方式多条干线相互衔接，进行客货中转及对营运车辆、船舶、飞机等进行技术作业和调节的重要基地。

（3）从旅客到达枢纽到离开枢纽的一段时间内，为他们提供舒适的候车（船、机）环境，包括餐饮、住宿、娱乐服务，提供货物堆放、存储场所，包括包装、处理等服务办理运输手续，货物称重，路线选择，路单填写和收费，旅客购票，检票，运输工具的停放、技术维修和调度。

（4）交通枢纽大多依托于一个城市，对城市的形成和发展有着很大的作用，是城市实现内外联系的桥梁和纽带。

□**122. 交通枢纽形成的主要制约或影响因素包括以下各项（　　）。（多选）**

A. 自然条件与地理位置　　B. 产业经济结构

C. 经济联系的方向与规模　　D. 枢纽所在城市的发展条件

E. 城市新旧区之间的关系

【参考答案】 A、C、D

【解答】 交通枢纽形成的主要制约或影响因素：(1) 自然条件与地理位置；(2) 运输技术进步；(3) 经济联系的方向与规模；(4) 交通网的原有基础与发展条件；(5) 枢纽所在城市的发展条件。

■123. 城市交通广场的规划设计不用满足以下(　　)项的要求。

A. 应很好地组织人流和车流，以保证广场上的车辆和行人互不干扰，畅通无阻

B. 交通枢纽站前广场，主要应解决人流、车流两大流线的相互关系，一般应为人流设置独立出入口和连接城市交通干线的单独路线

C. 广场要有足够的行车面积、停车面积和行人活动面积，其大小根据广场上的车辆及行人的数量决定

D. 在广场建筑物的附近设置公共交通停车站、汽车停车场时，其具体位置应与建筑物的出入口协调，以免人、车混杂，或车流交叉过多，使交通阻塞

【参考答案】 B

【解答】 城市交通广场的规划设计要求：城市交通广场应很好地组织人流和车流，以保证广场上的车辆和行人互不干扰，畅通无阻；广场要有足够的行车面积、停车面积和行人活动面积，其大小根据广场上的车辆及行人的数量决定；在广场建筑物的附近设置公共交通停车站、汽车停车场时，其具体位置应与建筑物的出入口协调，以免人、车混杂，或车流交叉过多，使交通阻塞。

■124. 以下有关道路交通标志的描述，哪些是正确的？(　　)(多选)

A. 警告标志：警告车辆和行人注意危险地点的标志

B. 指示标志：指示车辆进出的标志

C. 禁令标志：禁止或限制车辆、行人交通行为的标志

D. 旅游区标志：提供旅游景点方向、距离的标志

E. 指路标志：传递道路方向、地点、距离的标志

【参考答案】 A、C、D、E

【解答】 道路交通标志和标线是用图案、符号、文字传递交通管理信息，用以管制及引导交通的一种安全管理设施，用文字或符号传递引导、限制、警告或指示信息的道路设施，又称道路标志、道路交通标志。设置醒目、清晰、明亮的交通标志是实施交通管理，保证道路交通安全、顺畅的重要措施。

《道路交通标志和标线》规定的交通标志分为七大类：

① 警告标志：警告车辆和行人注意危险地点的标志。

② 禁令标志：禁止或限制车辆、行人交通行为的标志。

③ 指示标志：指示车辆、行人行进的标志。

④ 指路标志：传递道路方向、地点、距离的标志。

⑤ 旅游区标志：提供旅游景点方向、距离的标志。

⑥ 道路施工安全标志：通告道路施工区通行的标志。

⑦ 辅助标志：附设于主标志下起辅助说明使用的标志。

■125. 不同交通量情况下的交叉口交通控制类型包括以下(　　)类型。(多选)

A. 多路停车　　　　　　　　　　　　B. 不让路
C. 单路停车　　　　　　　　　　　　D. 不设管制
E. 二路停车

【参考答案】 A、D、E

【解答】 平面交叉口的交通控制：①交通信号灯法：红黄绿灯。②多路停车法：在交叉口所有引导入口的右侧设立停车标志。③二路停车法：在次要道路进入交叉口的引导上设立停车标志。④让路停车法：在进入交叉口的引导上设立停车标志，车辆进入交叉口前必须放慢车速，伺机通过。⑤不设管制：交通量很小的交叉口。

不同交通量情况下的交叉口交通控制类型

项　目		交通控制类型				
		不设管制	让路	二路停车	多路停车	交通信号控制灯
交通量	主要道路（pcu/h）				300	600
	次要道路（pcu/h）				200	200
	合计（pcu/h）	100	100～300	250	500	800
	合计（pcu/h）	1000	3000	3000	6000	8000

■126. 下列缓解城市中心区停车难问题的措施，哪些是正确的？（　　）（多选）

A. 提高收费标准，区域差异化收费　　　　B. 与公交系统结合布置停车场
C. 鼓励利用步行路建设停车场　　　　　　D. 建设停车诱导信息系统
E. 换乘一体化

【参考答案】 A、B、D、E

【解答】 要保障行人正常通行需要，不能利用步行路建设停车场。

■127. 属于货物流通中心规划设计主要内容的是（　　）。（多选）

A. 选址和功能定位　　　　　　　　B. 物流中心管理信息系统
C. 平面设计与空间组织　　　　　　D. 内部交通组织
E. 与周边市政设施协调

【参考答案】 A、C、D

【解答】 货物流通中心的规划应贯彻节约集约用地、争取利用空间的原则。地区性、生产性、生活性及居民零星货物运输服务站的用地面积总和，不宜大于城市规划总用地面积的2%，此面积不包括工厂与企业内部仓储面积。城市货物流通中心的用地面积计入城市交通设施用地内。货物流通中心用地总面积不宜大于城市规划用地总面积的2%。

货物流通中心的规划设计的内容：选址和功能定位；规模的确定与运量预测；平面设计与空间组织；内部交通组织；外部交通组织。

■128. 下列轨道交通线网基本形态不正确的是（　　）。（多选）

A. 棋盘式　　　　　　　　　　B. 单点放射式
C. 多点放射式　　　　　　　　D. 无环放射式
E. 有环放射式

【参考答案】 B、C

【解答】 轨道交通最基本的线网形态有网格式、无环放射式和有环放射式三种。

网格式线网的各条线路纵横交叉，形成方格网，呈格栅状或棋盘状。

无环放射式线网是由若干穿过市中心的直径线或从市中心发出的放射线构成。

有环放射式线网是由穿越市中心区的径向线和环绕市区的环行线共同组成。

■129. 下面各个选项中，比较全面反映城市轨道交通线网规划的基本方法有(　　)。

A. 经验分析法；货流预测法；公交增长法；多模块网络层次分析

B. 经验分析法；客流预测法；公交增长法；多模块网络层次分析

C. 经验分析法；客货流预测法；公交增长法；多模块网络层次分析

D. 经验分析法；人车流预测法；公交增长法；多模块网络层次分析

【参考答案】 B

【解答】 城市轨道交通线网布局的合理性，对城市轨道交通的效率、建设费用，对沿线建筑文物的保护、噪声防治、城市景观等都会产生巨大影响，对城市发展起着重要的推动作用。城市轨道交通线网的规划的基本方法：①经验分析法；②客流预测法；③公交增长法；④多模块网络层次分析。

■130. 城市快速轨道交通工程项目的建设，必须符合城市总体规划及城市交通规划的要求，符合城市快速轨道交通线网规划。城市轨道交通线网规划是城市建设总体规划的专业规划，应基本做到(　　)三个稳定。

A. 线路起终点稳定、线网换乘点稳定、车辆基地和联络线的位置稳定

B. 线路起终点稳定、交通枢纽衔接点稳定、车辆基地和联络线的位置稳定

C. 线网换乘点稳定、交通枢纽衔接点稳定、车辆基地和联络线的位置稳定

D. 线路起终点稳定、线网换乘点稳定、交通枢纽衔接点稳定

【参考答案】 D

【解答】 城市快速轨道交通工程项目的建设，必须符合城市总体规划及城市交通规划的要求，符合城市快速轨道交通线网规划。城市轨道交通线网规划是城市建设总体规划的专业规划，应基本做到三个稳定：线路起终点稳定、线网换乘点稳定、交通枢纽衔接点稳定。

■131. 按照道路在道路网中的地位、交通功能以及对沿线建筑物的服务功能等，城市道路分为以下(　　)四类。

A. 快速路、主干路、次干路、支路

B. 高速路、快速路、主干路、支路

C. 高速路、快速路、主干路、次干路

D. 高速路、主干路、次干路、支路

【参考答案】 A

【解答】 按照道路在道路网中的地位、交通功能以及对沿线建筑物的服务功能等，城市道路分为四类：①快速路：快速路应为城市中大量、长距离、快速交通服务。快速路对向车行道之间应设中间分车带，其进出口应采用全控制或部分控制。快速路两侧不应设置吸引大量车流、人流的公共建筑物的进出口。两侧一般建筑物的进出口应加以控制。②主干路：主干路应为连接城市各主要分区的干路，以交通功能为主。自行车交通量大时，宜采用机动车与非机动车分隔形式，如三幅路或四幅路。主干路两侧不应设置吸引大量车流、人流的公共建筑物的进出口。③次干路：次干路应与主干路结合组成道路网，起集散交通的作用，兼有服务功能。④支路：支路应为次干路与街坊路的连接线，解决局部地区交通，以服务功能为主。

■**132. 立体交叉的设置条件包括以下(　　)方面。(多选)**

A. 高速公路与城市各级道路交叉时，必须采用立体交叉

B. 两条主干路交叉或主干路与其他道路交叉，当地形适宜修建立体交叉，技术经济比较确为合理时，可设置立体交叉

C. 路跨河或跨铁路的端部可利用桥梁边孔，修建道路与道路的立体交叉

D. 进入主干路与主干路交叉口的现有交通量超过 4000～6000pcu/h，相交道路为四条车道以上，且对平面交叉口采取改善措施、调整交通组织均难收效时，可设置立体交叉，并妥善解决设置立体交叉后对邻近平面交叉口的影响

【参考答案】 A、B、C、D

【解答】 立体交叉的设置条件如下：①立体交叉应按规划道路网设置；②高速公路与城市各级道路交叉时，必须采用立体交叉；③快速路与快速路交叉，必须采用立体交叉；快速路与主干路交叉，应采用立体交叉；④进入主干路与主干路交叉口的现有交通量超过 4000～6000pcu/h，相交道路为四条车道以上，且对平面交叉口采取改善措施、调整交通组织均难收效时，可设置立体交叉，并妥善解决设置立体交叉后对邻近平面交叉口的影响；⑤两条主干路交叉或主干路与其他道路交叉，当地形适宜修建立体交叉，经技术经济比较确为合理时，可设置立体交叉；⑥道路跨河或跨铁路的端部可利用桥梁边孔，修建道路与道路的立体交叉。

■**133. 交叉口竖向设计中，设计范围内的纵坡度应该(　　)。**

A. 大于或等于 2%　　　　B. 宜大于或等于 2%

C. 宜小于或等于 2%　　　　D. 宜小于 2%

【参考答案】 C

【解答】 交叉口竖向设计应综合考虑行车舒适、排水通畅、工程量大小和美观等因素，合理确定交叉口设计标高。两条道路相交，主要道路的纵坡度宜保持不变，次要道路纵坡度服从主要道路；交叉口设计范围内的纵坡度，宜小于或等于 2%。困难情况下应小于或等于 3%。交叉口竖向设计标高应与四周建筑物的地坪标高协调。

□**134. 在立体交叉中，完全定向式或部分定向式立体交叉使用的道路情况是(　　)。**

A. 左转弯交通为主要流向的交叉口

B. 直行交通为主且附近有可供转弯车辆使用的道路

C. 快速路与主干路交叉处

D. 主要与次要道路相交和多路交叉

【参考答案】 A

【解答】 主要的立体交叉基本形式的交通特点及适用条件如下：分离式立体交叉适用于直行交通为主且附近有可供转弯车辆使用的道路。菱形和部分苜蓿叶形立体交叉可保证主要道路直行交通畅通，在次要道路上设置平面交叉口，供转弯车辆行驶，适用于主要与次要道路相交的交叉口。苜蓿叶形立体交叉与喇叭形立体交叉适用于快速路与主干路交叉处。苜蓿叶形用于十字形交叉口，喇叭形适用于 T 形交叉口。定向式立体交叉的左转弯方向交通设有直接通行的专用匝道，行驶路线简捷、方便、安全，适用于左转弯交通为主要流向的交叉口。根据交通情况，可做成完全定向式或部分定向式。

□**135. 道路交通设施中必要的交通标志包括以下(　　)类。**

A. 警告标志、禁令标志、指示标志、交通指挥信号四类
B. 警告标志、禁令标志、指示标志、指路标志四类
C. 交通通指挥信号、禁令标志、指示标志、指路标志四类
D. 警告标志、禁令标志、指示标志、交通通指挥信号四类

【参考答案】 B

【解答】 交通标志是指明道路情况和对交通要求的设备。交通标志分为主标志和辅助标志两大类。主标志按功能分为以下四种：①警告标志；②禁令标志；③指示标志；④指路标志。辅助标志附设在主标志下面，不能单独使用。辅助标志对主标志补充说明车辆种类、时间起止、区间范围或距离和警告、禁令的理由等。

□136. 下列(　　)项属于城市道路上的路面标志。

A. 车道线、防撞护栏、导向箭头、公共交通停靠范围
B. 交通通指挥信号、人行横道线、导向箭头
C. 车道线、停车线、人行横道线、导向箭头
D. 突起路标、停车线、交通通指挥信号、停车道范围（高速公路还有路面边缘线）

【参考答案】 C

【解答】 在城市道路上还广泛地使用着各种路面标志。通常见到有车道线、停车线、人行横道线（斑马人行连筒线），导向箭头，以及分车线、公共交通停靠范围、停车道范围（高树公路还有路面边缘线），所有这些组织交通的线条、箭头、文字或图案，一般用白漆（或黄漆）漆在路面上，也有用白色沥青或水泥混凝土、白色瓷砖或特制耐磨的塑料嵌砌或粘贴于路面上，以指引交通。

■137. 城市道路中，红线宽度在 40～50m 的道路绿地率应该满足以下(　　)要求。

A. 不得小于 40%　　B. 不得小于 35%
C. 不得小于 30%　　D. 不得小于 25%

【参考答案】 D

【解答】 道路绿地率：园林景观路绿地率不得小于 40%；红线宽度大于 50m 的道路绿地率不得小于 30%；红线宽度在 40～50m 的道路绿地率不得小于 25%；红线宽度小于 40m 的道路绿地率不得小于 20%。

■138. 城市公共停车场应分外来机动车公共停车场、市内机动车公共停车场和自行车公共停车场三类，机动车停车场、自行车停车场的用地宜分别占的比例为(　　)。

A. 50%、50%　　B. 60%～70%、30%～40%
C. 70%～80%、20%～30%　　D. 80%～90%、10%～20%

【参考答案】 D

【解答】 城市公共停车场应分外来机动车公共停车场、市内机动车公共停车场和自行车公共停车场三类，其用地总面积可按规划城市人口每人 0.8～1.0m^2 计算。其中：机动车停车场的用地宜为 80%～90%，自行车停车场的用地宜为 10%～20%。市区宜建停车楼或地下停车库。

■139. 机动车公共停车场的服务半径，在市中心地区(　　)；一般地区(　　)。

A. 不应大于 100m；不应大于 200m　　B. 不应大于 200m；不应大于 300m
C. 不应大于 300m；不应大于 400m　　D. 不应大于 400m；不应大于 500m

【参考答案】 B

【解答】 机动车公共停车场的服务半径，在市中心地区不应大于 200m；一般地区不应大于 300m。

■140. 城市公共停车场其用地总面积可按规划城市人口每人(　　)计算。

A. 0.8～1.0m^2　　B. 0.8～1.2m^2　　C. 0.6～1.0m^2　　D. 0.6～0.8m^2

【参考答案】 A

【解答】 城市公共停车场应分外来机动车公共停车场、市内机动车公共停车场和自行车公共停车场三类，其用地总面积可按规划城市人口每人 0.8～1.0m^2 计算。

■141. 城市道路用地面积应占城市建设用地面积的(　　)。对规划人口在 200 万以上的大城市，宜为(　　)。

A. 15%～20%；25%～35%　　B. 20%～30%；25%～35%

C. 8%～15%；15%～20%　　D. 15%～20%；8%～15%

【参考答案】 C

【解答】 城市道路用地面积应占城市建设用地面积的 8%～15%。对规划人口在 200 万以上的大城市，宜为 15%～20%。规划城市人口人均占有道路用地面积宜为 7～15m^2。其中：道路用地面积宜为 6.0～13.5m^2/人，广场面积宜为 0.2～0.5m^2/人，公共停车场面积宜为 0.8～1.0m^2/人。

△142. 货物流通中心用地总面积不宜大于城市规划用地总面积的(　　)。

A. 1.5%　　B. 2%　　C. 2.5%　　D. 3%

【参考答案】 B

【解答】 货物流通中心用地总面积不宜大于城市规划用地总面积的 2%。大城市的地区性货物流通中心应布置在城市边缘地区，其数量不宜少于两处，每处用地面积宜为 50 万～60 万 m^2。中、小城市货物流通中心的数量和规模宜根据实际货运需要确定。

■143. 城市轨道交通建设每条线路长度应该满足以下(　　)要求。(多选)

A. 拟建线路起、终点不应设在市区内大客流断面位置，也不宜设在高峰断面流量小于全线高峰小时单向最大断面流量 1/4 的位置

B. 轨道交通全封闭式线路应采用立体交叉方式

C. 对穿越城市中心的超短型线路，应分析全线不同地段客流断面和分区 OD 的特征；分析在线网中车站和换乘点分布；分析列车在各区间的满载率，合理确定线路起讫点、站间距和旅行速度目标

D. 每条线路长度不宜大于 35km

【参考答案】 A、B、D

【解答】 根据国际城市轨道交通建设经验和我国城市规划规模的分析，提出了拟建新线建设长度不宜大于 35km 的限制概念，与当前轨道交通 35km/h 旅行速度，1h 运程的适应性基本相符。若特大城市或城市形态规模为带状分布，可根据实际情况适当增加建设长度，但应充分考虑车辆段（停车场）分布的合理性和运营的经济性。对穿越城市中心的超长型线路，应分析全线不同地段客流断面和分区 OD 的特征；分析在线网中车站和换乘点分布；分析列车在各区间的满载率，合理确定线路起讫点、站间距和旅行速度目标。

△144. 城市轨道交通建设中，对超长线路应以最长交路运行(　　)时间为目标，旅行速

度达到最高运行速度的(　　)为宜。

A. 2.5h；30%～35%　　B. 2h；35%～40%

C. 1.5h；40%～45%　　D. 1h；45%～50%

【参考答案】 D

【解答】 线路长度和运行速度的规定都是遵循全程运行 1h 为目标。1h 的全程运行（可认为最长交路运程），是避免司机驾驶疲劳，属劳动安全问题。对全封闭的线路，规定旅行速度不小于 35km/h，是体现城市轨道交通的快速性能。

由上述规定与实际工程情况，当前车辆最高速度为 80km/h 时，旅行速度一般为 35km/h，接近于车辆最高速度的 45%。当平均站间距较大时，旅行速度可能达到 40km/h，相当于车辆最高速度的 50%。同时避免盲目追求车辆的最高速度。

■145. 下列哪项不属于城市轨道交通线网规划的主要内容？(　　)

A. 确定线路大致的走向和起讫点　　B. 确定换乘车站的功能定位

C. 确定联络线的分布　　D. 确定车站规模

【参考答案】 D

【解答】 线网方案阶段的主要任务是确定城市轨道交通网的规划布局方案。主要内容：①确定各条线路的大致走向和起讫点位置，提出线网密度等技术指标；②确定换乘车站的规划布局，明确各换乘车站的功能定位；③处理好城市轨道交通线路之间的换乘关系，以及城市轨道交通与其他交通方式的衔接关系；④在充分考虑城乡规划和环境保护方面的基础上，根据沿线地形、道路交通和两侧土地利用的条件，提出各条线路的敷设方式；⑤根据城市与交通发展要求，在交通需求预测的基础上，提出城市轨道交通分期建设时序。

■146. 城市轨道交通建设中，换乘车站应做好规划设计，换乘距离为(　　)，换乘时间为(　　)，并结合工程实施条件，选择便捷的换乘方式，换乘通道应满足正常通过和紧急疏散能力。

A. 不宜大于 500m；不宜大于 10min　　B. 不宜大于 350m；不宜大于 8min

C. 不宜大于 250m；不宜大于 5min　　D. 不宜大于 200m；不宜大于 4min

【参考答案】 C

【解答】 城市轨道交通车站布局过程中，换乘车站应做好规划设计，换乘距离不宜大于 250m，换乘时间不宜大于 5min，并结合工程实施条件，选择便捷的换乘方式，换乘通道应满足正常通过和紧急疏散能力。

△147. 轨道交通的换乘车站结构工程应符合下列规定：主体结构及其相连的重要构件，其安全等级应为一级，按可靠度理论设计时，设计基准期为(　　)年，结构耐久性设计应符合结构设计使用年限为(　　)年的要求。

A. 20；50　　B. 50；100　　C. 80；120　　D. 100；200

【参考答案】 B

【解答】 轨道交通工程是百年大计，安全等级要求高，所以主体结构安全等级应为一级。但车站内部的站台板、楼梯等与主体结构相连的构件以及设有重要机电设备的外挂结构，凡在维修或更换时会影响正常运营的结构构件，其设计使用年限也应采用 100 年。主体结构及其相连的重要构件设计基准期为 50 年，结构耐久性设计应符合结构设计使用年限为 100 年的要求。

□**148. 线路建设规模应按不同设计年限的设计运量，分别合理确定。初期建设规模宜符合下列规定：初期建设线路正线的适宜长度为(　　) km。**

A. 10　　B. 15　　C. 20　　D. 125

【参考答案】 B

【解答】 为适应轨道交通是中长运距客流为主的定位和特征，一般市区线路平均运距大约是全线运营线路长度的 1/3～1/4，乘坐轨道交通的乘客一般不短于 3～4 站（约 4～5km），因此乘坐轨道交通的经济性运距的起步距离应在 4～5km。线路长、吸引力强，效益好。实际运营经验也证实了这一点。为此，初建线路长度必须有 15km，否则平均运距过短，同时也不符合快速轨道交通为中长距离乘客服务的性质，吸引客流差。

据统计，一般城市轨道交通线路长度在 30km 内线路，不同乘距的粗框比例大致是：5km 内乘距占 10%，5～10km 乘距占 40%，10～15km 乘距占 20%，15km 以上占 30%。由此可见，5～10km 乘距比例最大，因此线路初建长度不宜短于 15km 比较适当。

■**149. 以下各项中，(　　)属于城市轨道交通建设中，换乘车站分布应符合的规定。**

A. 车站应布设在主要客流集散点和各种交通枢纽点上，其位置应有利乘客集散，并应与其他交通换乘方便

B. 高架车站应控制造型和体量，中运量轨道交通的车站长度不宜超过 100m。站厅落地的高架车站宜设置站前广场，有利于周边环境和交通衔接相协调

C. 当线路经过铁路客运车站时，应设站换乘。有条件的地方，可预留联运条件（跨座式单轨系统除外）

D. 车站间距应根据线路功能、沿线用地规划确定。在全封闭线路上，市中心区的车站间距不宜小于 1km，市区外围的车站间距宜为 2km。在超长线路上，应适当加大车站间距

【参考答案】 C

【解答】 城市轨道交通车站分布应注意以下规定：①车站应布设在主要客流集散点和各种交通枢纽点上，其位置应有利乘客集散，并应与其他交通换乘方便。②高架车站应控制造型和体量，中运量轨道交通的车站长度不宜超过 100m。站厅落地的高架车站宜设置站前广场，有利于周边环境和交通衔接相协调。③车站间距应根据线路功能、沿线用地规划确定。在全封闭线路上，市中心区的车站间距不宜小于 1km，市区外围的车站间距宜为 2km。在超长线路上，应适当加大车站间距。④当线路经过铁路客运车站时，应设站换乘。有条件的地方，可预留联运条件（跨座式单轨系统除外）。

■**150. 以下各项中，(　　)属于城市轨道交通规划 OD 客流预测的内容。(多选)**

A. 预测全日、高峰小时的各车站站间 OD

B. 预测全日和早、晚高峰小时的各车站上下行的乘降客流、站间断面流量以及相应的超高峰系数

C. 对跨越不同区域的线路，应进行各区域的内外 OD 客流预测，并对客流特征进行分析

D. 预测全日和高峰时段的各换乘车站（含支线接轨站）的换乘客流量及占车站总客流量的比重进行预测

【参考答案】 A、C

【解答】 OD 客流预测内容包括：①OD 客流包括站间 OD 和区域 OD 两个内容。站间 OD

是与各种运距等级的客流量相呼应的，是以车站为定点，表述与其他车站到发的客运量关系，包括换乘量的关系，同时反映出每一座车站在一条线中占据的地位，对设计者合理设计运行交路的微观分析具有重要指导意义；②对于长大线路应按车站所在地区为群体区域，进行区域之间OD预测，分析区域内部客流和跨区客流的基本特征，分析线路长度和行车交路匹配的合理性。

■151. 下列关于城市铁路客站站前广场规划设计的表述，哪些项是错误的？（　　）（多选）

A. 大城市的公交站点应布置在广场内部

B. 轨道交通车站应远离站房

C. 社会车辆停车场可修建在广场地下

D. 自行车停车场一般应在站前广场内部集中设置

E. 大型铁路客站应把出租车停车场的接客区和送客区分开设置

【参考答案】 A、B、D

【解答】 大城市的公交站点应布置在广场外围地区；轨道交通车站设置在站前广场的地下或高架位置，以实现旅客的无缝换乘；自行车停车场一般应在站前广场外围的左右两侧。

■152. 站前广场功能设计原则应避免（　　）。

A. 人流集散　　B. 商业服务

C. 休闲集会　　D. 交通换乘

【参考答案】 C

【解答】 交通广场包括站前广场和道路交通广场。

交通广场作为城市交通枢纽的重要设施之一，它不仅具有组织和管理交通的功能，也具有修饰街景的作用，特别是站前广场备有多种设施，如人行道、车道、公共交通换乘站、停车场、人群集散地、交通岛、公共设施（休息亭、公共电话、厕所）、绿地以及排水、照明等。

交通广场主要是通过几条道路相交的较大型交叉路口，其功能是组织交通。由于要保证车辆、行人顺利及安全地通行，组织简捷明了的交叉口，现代城市中常采用环形交叉口广场，特别是4条以上的车道交叉时，环交广场设计采用更多。

这种广场不仅是人流集散的重要场所，往往也是城市交通的起、终点和车辆换乘地在设计中应考虑到人与车流的分隔，进行统筹安排，尽量避免车流对人流的干扰，要使交通线路简易明确。

■153. 城市道路横断面的选择与组合基本原则包含下面（　　）方面。（多选）

A. 符合城市道路系统对道路的性质、等级和红线宽度等方面的要求

B. 充分考虑道路绿化的布置

C. 要考虑现有道路改建工程措施与交通组织管理措施的结合

D. 满足各种工程管线布置的要求

【参考答案】 A、B、C、D

【解答】 城市道路横断面的选择与组合基本原则

城市道路横断面的选择与组合主要取决于道路的性质、等级和功能要求，同时还要综合考虑环境和工程设施等方面的要求。

① 符合城市道路系统对道路的性质、等级和红线宽度等方面的要求；

② 满足交通畅通和安全的要求；

③ 充分考虑道路绿化的布置；

④ 满足各种工程管线布置的要求；

⑤ 要与沿路建筑和公用设施的布置要求相协调；

⑥ 要考虑现有道路改建工程措施与交通组织管理措施的结合；

⑦ 要注意节省建设投资，节约城市用地。

■154. 大城市的地区性货物流通中心应布置在城市边缘地区，其数量应该(　　)，每处用地面积宜为(　　)。

A. 不宜少于四处；70 万～80 万 m^2

B. 不宜少于三处；60 万～70 万 m^2

C. 不宜少于两处；50 万～60 万 m^2

D. 至少一处；40 万～50 万 m^2

【参考答案】 C

【解答】 地区性货物流通中心，主要服务于城市间或经济协作区内的货物集散运输，是城市对外流通的重要环节。大城市的地区性货物流通中心应布置在城市边缘地区，其数量不宜少于两处，每处用地面积宜为 50 万～60 万 m^2。中、小城市货物流通中心的数量和规模宜根据实际货运需要确定。

生产性货物流通中心，主要服务于城市的工业生产，是原材料与中间产品的储存、流通中心。生产性货物流通中心，应与工业区结合，服务半径宜为 3～4km。其用地规模应根据储运货物的工作量计算确定，或宜按每处 6 万～10 万 m^2 估算。

生活性货物流通中心，主要为城市居民生活服务，是居民生活物资的配送中心。生活性货物流通中心的用地规模，应根据其服务的人口数量计算确定，但每处用地面积不宜大于 5 万 m^2，服务半径宜为 2～3km。

■155. OD 调查中的"O"是指(　　)。

A. 英文 ORIGIN，指出行的出发地点

B. 英文 OCCUPY，指交通占据的道路空间

C. 英文 OBJECT，指出行的目的

D. 英文 ORDER，指出行的顺序

【参考答案】 A

【解答】 OD 调查即交通起止点调查又称 OD 交通量调查，OD 交通量就是指起终点间的交通出行量。"O"来源于英文 ORIGIN，指出行的出发地点，"D"来源于英文 DESTINATION，指出行的目的地。

■156. 下列关于缓解城市中心区交通拥堵状况的措施，哪些是比较有效的？(　　)(多选)

A. 在中心区建立智能交通系统

B. 在中心区结合公共枢纽，设置大量的机动车停车设施

C. 在高峰时段，提供免费的公共交通服务

D. 提高中心区停车泊位的收费标准

E. 在中心区实施拥堵收费政策

【参考答案】 A、B 、C、D、E

【解答】 交通拥堵从供求关系来说，是一种需求大于供给即供不应求的状况，形成原因很多（城市交通供求不均衡、城市交通供求的空间不均衡、城市交通个人成本与社会成本的错位、城市交通时间成本和货币成本的关系）解决办法也不同。以上措施都比较有效。

■157. 一般情况下，当主干路与支路相交时，可以采取下列哪种交通控制方式？（　　）

A. 多路停车　　B. 二路停车

C. 让路标志　　D. 不设管制

【参考答案】 B

【解答】 平面交叉口的交通控制类型：主干路与主干路交叉：交通信号灯；主干路与次干路交叉：交通信号灯、多路停车或二路停车；主干路与支路交叉：二路停车；次干路与次干路交叉：交通信号灯、多路停车、二路停车或让路停车；次干路与支路交叉：二路停车或让路停车；支路与支路交叉：二路停车、让路停车或不设管制。

■158. 下列哪些属于中低速磁浮系统的特征？（　　）

A. 车辆载荷相对均衡　　B. 噪声较大

C. 轨道的维护费用较高　　D. 车辆费用较高

E. 属于中运量交通方式

【参考答案】 A、D、E

【解答】 磁悬浮列车系统是一种运用“同性相斥、异性相吸”的电磁原理，依靠电磁力来使列车悬浮并行走的轨道运输方式。它是一种新型的没有车轮、采用无接触行进的轨道交通系统。两种类型：高速磁悬浮系统和中低速磁悬浮系统。

中低速磁悬浮系统特征：曲线和道岔性能与单轨等新交通系统相近；噪声小，轨道的维护费用小；车辆载荷平均分布、车身轻，桥梁等构造建筑的费用相应减少；车辆费用高；属于中运量系统。

■159. 下列关于城市轨道交通车站设置的表述，哪些项是正确的？（　　）（多选）

A. 尽量远离主要客流集散点　　B. 高架车站应控制体量和造型

C. 经过铁路客站时一般应设站　　D. 避免在公路客运枢纽设站

E. 车站位置应有利于乘客集散

【参考答案】 B、C、E

【解答】 轨道交通车站设置在站前广场的地下或高架位置，以实现旅客的无缝换乘。

■160. 下列关于城市道路交通安全设施与道路交通管理设施区别的表述，哪些选项是正确的？（　　）（多选）

A. 道路交通安全设施的着重点在于如何设置交通安全设施来保证交通安全，从而实现畅通

B. 道路交通管理设施的着重点在于如何通过特定的符号、文字或其组合来实现对交通流的管理和引导

C. 城市道路交通安全设施与道路交通管理设施都是城市道路交通设施

D. 道路交通安全设施包括道路交通标志、道路交通标线、交通信号控制系统、交通情报系统等

E. 道路交通管理设施是那些在路面上、空间处设置的特定形状的图案、线条、文字、符

号、设施等

【参考答案】 A、B

【解答】 道路交通管理设施与道路交通安全设施一起共同构成道路交通设施。但它们又有一定的区别。道路交通安全设施的着重点在于如何设置交通安全设施来保证交通安全，从而实现畅通；而道路交通管理设施的着重点在于如何通过特定的符号、文字或其组合来实现对交通流的管理和引导，改善交通运行状态，在交通安全的前提下，最大限度地实现交通畅通。

第三章　城市市政公用设施

大纲要求：了解城市各项市政公用设施的系统构成，熟悉城市各项市政公用设施规划设计的主要内容，了解城市各项市政公用设施容量预测的内容与方法，熟悉城市各项市政公用设施规划设计的技术要求；熟悉城市用地竖向工程规划的原则与内容，了解城市用地竖向工程规划的方法，了解城市竖向工程规划的技术要求；熟悉城市工程管线的分类与特征，熟悉城市工程管线综合的技术要求；熟悉城市灾害的种类与防灾减灾系统的构成，掌握城市防洪、抗震、消防、人防设施的设置要求。

热门考点：

1. 给水系统工程规划：各规划层次的内容、用水量预测与计算方法、水源选择和保护、道路分类。

2. 城市排水工程规划：各规划层次的内容、排水体制、污（雨）水量预测与污（雨）水处理、污水处理厂选址。

3. 城市供电工程规划：各规划层次的内容、城市用电分类及负荷预测方法、变电所布局。

4. 城市燃气工程规划：各规划层次的内容、燃气负荷预测方法、燃气输配设施布局。

5. 城市供热工程规划：各规划层次的内容、供热对象选择、热源规划选址原则。

6. 城市通信工程规划：通信基础设施规划中的基站、通信局房、通信管道、通信光缆交接箱规划的内容及目标。

7. 城市环卫设施工程规划：各规划层次的内容、固体废物处理。

8. 城市防灾规划：各规划层次的内容、消防安全布局、消防标准和设施、城市防洪排涝标准和措施、城市抗震标准和措施、应急设施规划。

9. 综合管廊规划：城市综合管廊建设适宜建设区域、综合布置原则、基础设施互联互通。

第一节　复　习　指　导

一、城市各项市政公用设施的系统构成

（一）了解城市各项市政公用设施的系统构成

1. 构成

市政公用设施系统又被称为城市基础设施系统，对城市生产、生活提供物质基础的保证，也是保障优良的生活质量、高效的工作效率、优美的城市环境所必备的条件。包括城市供电工程、城市燃气工程、城市供热工程、城市通信工程、城市给水系统工程、城市排

水系统工程、城市防灾系统工程、城市环境卫生设施等，随着城市功能的逐步完善，市政系统工程的构成内容还会增加。

2. 特点

(1) 服务社会的公共性；

(2) 整体运转的系统性；

(3) 生产的连续性，不可间断性与消费的瞬间可变性；

(4) 经营管理的统一性；

(5) 网络协调的综合性；

(6) 配套建设的超前性；

(7) 经济效率的直接性与间接性。

(二) 了解城市各项市政公用设施规划的任务和规划层次、期限

1. 任务

根据城市社会经济发展的目标，结合城市实际，合理确定规划期内各项市政系统工程的设施规模、容量，科学布局各项设施；制定相应的建设策略和措施。

2. 规划层次

城市市政公用设施系统规划具有与城市规划相一致的三个层面：城市市政公用设施系统的总体规划、分区规划、详细规划。

3. 规划期限

城市市政公用设施系统规划的规划期限一般与城市规划的规划期限相同。近期规划期限为5年，远期为20年左右。城市市政公用设施系统分区规划、详细规划的期限则与城市分区规划、城市详细规划的期限相同。

二、城市给水系统工程规划

(一) 熟悉城市给水系统工程规划的主要内容

1. 城市给水系统工程总体规划的主要内容

(1) 确定用水量标准，预测城市总用水量；

(2) 平衡供需水量，选择水源，确定取水方式和位置；

(3) 确定给水系统的形式、水厂供水能力和厂址，选择处理工艺；

(4) 布置输配水干管、输水管网和供水重要设施，估算干管管径；

(5) 确定水源地卫生防护措施。

2. 分区规划内容深度

(1) 估算分区用水量；

(2) 进一步确定供水设施规模，确定主要设施位置和用地范围；

(3) 对总体规划中供水管道的走向、位置、线路，进行落实或修正补充，估算控制管径。

3. 详细规划内容深度

(1) 计算用水量，提出对水质、水压的要求；

(2) 布置给水设施和给水管网；

(3) 计算输水管渠管径，校核配水管网水量及水压；

(4) 选择管材；

（5）进行造价估算。

（二）熟悉城市用水分类和用水量预测

1. 城市用水分类

根据用水目的不同以及用水对象对水质、水量和水压的不同要求，将城市用水分为四类：生活用水、生产用水、市政用水、消防用水。除以上用水外，还有水厂自身用水，管网漏失水量及其他未预见水量。

2. 用水量标准

（1）居民生活用水量标准

包括居民的饮用、烹饪、洗刷、沐浴、冲洗厕所等用水。居民生活用水标准与当地的气候条件、城市性质、社会经济发展水平、给水设施条件、水资源量、居住习惯等都有较大关系。

（2）公共建筑用水量标准

公共建筑用水包括娱乐场所、宾馆、集体宿舍、浴室、商业、学校、办公等用水。

（3）工业企业用水量标准

工业企业生活用水标准，根据车间性质决定；淋浴用水标准，根据车间卫生特征确定。工业企业生产用水量，根据生产工艺过程的要求确定，可采用单位产品用水量、单位设备日用水量、万元产值取水量、单位建筑面积工业用水量作为工业用水标准。

（4）市政用水量标准

用于街道保洁、绿化浇水和汽车冲洗等市政用水，由路面种类、绿化面积、气候和土壤条件、汽车类型、路面卫生情况等确定。

（5）消防用水量标准

消防用水量按同时发生的火灾次数和一次灭火的用水量确定。其用水量与城市规模、人口数量、建筑物耐火等级、火灾危险性类别、建筑物体积、风向频率和强度有关。

（6）未预见用水

城镇未预见用水及管网漏失水量按最高可用水量的15%～25%计算。

3. 了解城市用水量预测与计算方法

（1）预测方法

城市用水量预测与计算涉及未来发展的诸多因素，在规划期内难以准确确定，所以预测结果常常与城市发展实际存在一定差距，一般采用多种方法相互校核。

① 人均综合指标法：人均综合指标是指城市每日的总供水量除以用水人口所得到的人均用水量。总体规划中常用。

② 单位用地指标法：确定城市单位建设用地的用水量指标后，根据规划的城市用地规模，推算出城市用水总量。这种方法对城市总体规划、分区规划、详细规划的用水量预测与计算都有较好的适应性。

③ 线性回归法：回归技术是根据过去相互影响、相互关联的两个或多个因素的资料，由不确定的函数关系，利用数学方法建立相互关系，拟合成一条确定曲线或一个多维平面，然后将其外延到适当时间，得到预测值。

④ 年递增率法：根据历年来供水能力的年递增率，并考虑经济发展的速度，选定供水的递增函数，再由现状供水量，推求出规划期的供水量。

⑤ 生长曲线法：城市用水总量从历史发展过程看，呈S形曲线变化，称作生长曲线，这符合城市用水量在人口和用水标准上的变化规模，从初始发展到加速发展，最后发展速度减缓。

⑥ 生产函数法：在城市用水预测中，引入经济理论中描述生产过程的柯布—道格拉斯生产函数，可以建立预测模型。

⑦ 城市发展增量法：根据城市建设发展和规划的要求，规划期内居住、公建、工业等发展布局都有明确的指标，所以只要按有关定额和方法分别计算出新增部分的用水量，再加上现状的用水量，就可以求出规划期内的城市用水总量。这种方法用于近期建设预测比较准确。

⑧ 分类加和法：分别对各类城市用水进行预测，获得各类用水量，再进行加和。预测时，除了计算出每类用水量外，还可以采用比例相关法。

（2）工业用水量预测

影响城市工业用水量的因素较多，预测方法也比较多。一般有单位用地指标法和上述的各种数学模型方法，还常用万元产值指标法。根据确定的万元产值取水量和规划期的工业总产值，可以算出工业用水量。

（3）用水量变化

① 日变化系数

用水最多一日的用水量，称为最高日用水量。城市给水规模就是指城市给水工程统一供水的城市最高日用水量，而在城市水资源平衡中所用的水量一般指平均日用水量。K_d 通常为1.1～1.5。规划时：特大城市为1.1～1.2；大城市为1.15～1.3；中小城市为1.2～1.5。气温较高的城市可选用上限值。

② 时变化系数

最高日中，最高一小时用水量与平均时用水量的比值，称为时变化系数 K_h。通常为1.3～3.0。

（三）熟悉主要给水设施布局规划原则与要求

1. 城市水源选择原则

城市水源是指可供城市利用的水资源，即城市可以利用的地下水、地表水、海水、其他水源等。还包括再生水、暴雨洪水。选择地下水作为给水水源时，不得超量开采；选择地表水作为给水水源时，其枯水期的保证率不得低于90%。

城市水源选择遵循以下原则：

（1）充足的水量，以满足城市近、远期发展用水需求。首先考虑地下水，然后是泉水、河水、湖水。

（2）良好的水质，水质良好的水源有利于提高供水水质，可以简化水处理工艺，减少基建投资和降低制水成本。

（3）坚持开源节流的方针，协调与其他经济部门的关系，做到合理化综合利用各种水源。

（4）水源选择要密切结合城市近、远期规划和发展布局，从整个给水系统的安全和经济来考虑，根据技术经济的综合评定认真选择水源。

（5）选择水源时还应考虑取水工程本身与其他各种条件，如当地的水文、地质、地形、人防、卫生、施工等方面条件。

（6）水源选择应考虑防护和管理的要求，避免水源枯竭和水质污染。

（7）保证安全供水。大中城市应考虑多水源分区供水，小城市也应有远期备用水源。在无多个水源可选时，结合远期发展，应设两个以上取水口。

2. 城市给水设施的组成

（1）组成：取水工程、净水工程、输配水工程。

（2）布置形式

可根据城市布局，地形地质等自然条件，水源情况，用户对水量、水质、水压的要求等选择不同的布置形式。

① 统一给水系统。该系统管理简单，但供水安全性低。

② 分质给水系统。城市中工业较集中的区域，对工业用水和生活用水，应采用分质供水，城市其他范围内对饮用水与杂用水应进行分质供水。

③ 分区给水系统。该系统适用于给水区很大、地形起伏、高差显著及远距离输水的情况。

④ 循环和循序给水系统。大力发展循环和循序用水系统可以节约用水，提高工业用水重复利用率，也符合清洁生产的原则，对水资源贫乏的地区，尤为适用，许多行业的工业用水重复利用率可以达到70％以上。

（3）布置原则

① 根据城市规划的要求、地形条件、水资源情况及用户对水质、水量和水压的要求等来确定布置形式、取水构筑物、水厂和管线的位置。

② 从技术经济角度分析比较方案，尽量以最少的投资满足用户对水量、水质、水压和供水可靠性的要求。考虑近远期结合、分期实施。

③ 在保证水量的条件下，优先选择水质较好、距离较近、取水条件较好的水源。当地水源不能满足城市发展要求时，应考虑远距离调水或分质供水，保证城市可持续发展。

④ 水厂位置应接近用水区，以便降低输水管道的工作压力和长度。净水工艺力求简单有效，并符合当地实际情况，以便降低投资和生产成本。

⑤ 输配水系统因造价较大，应在满足供水要求的前提下，考虑对管道采用新材料、新技术，减少金属管道和高压材料的使用。

⑥ 充分考虑用水量较大的工业企业重复用水的可能性，努力发展清洁工艺，以利于节省水资源，减小污染，减少费用。

⑦ 给水系统扩建时，应充分发挥现有给水系统的潜力，改造设备，改进净水工艺，调整管网，加强管理，以便尽可能提高现有给水系统的供水能力。

（4）取水工程设施规划

地下水取水构筑物：取水点要求水量充沛、水质良好，应设于补给条件好、渗透性强、卫生环境良好的地段；取水点的布置与给水系统的总体布局相统一，力求降低取、输水电耗和取水井及输水管的造价；取水点有良好的水文、工程地质、卫生防护条件，以便于开发、施工和管理；取水点应设在城镇和工矿企业的地下径流上游，取水井尽可能垂直于地下水流向布置；尽可能靠近主要的用水地区。

地表水取水构筑物：设在水量充沛、水质较好的地点，宜位于城镇和工业的上游清洁河段；具有稳定的河床和河岸，靠近主流，有足够的水源，水深一般不小于2.5～3.0m。弯曲河段上，宜设在河流的凹岸，但应避开凹岸主流的顶冲点；顺直的河段上，宜设在河床稳定、水深流急、主流靠岸的窄河段处。取水口不宜放在入海的河口地段和支流向主流的汇入口处；尽可能减少泥沙、漂浮物、冰凌、冰絮、水草、支流和咸潮的影响；具有良好的地质、地形及施工条件；取水构筑物位置选择应与城市规划和工业布局相适应，全面考虑整个给水排水系统的合理布置；应考虑天然障碍物和桥梁、码头、丁坝、拦河坝等人工障碍物对河流条件引起变化的影响；应与河流的综合利用相适应；取水构筑物的设计最高水位应按100年一遇频率确定。城市供水水源的设计最小流量的保证率，一般采用90%～97%。设计水位的保证率，一般采用90%～99%。

（5）净水工程

给水处理方法包括沉淀、过滤、消毒及软化、除铁、除氟等。一般生活用水处理主要为前三项，工业用水则要根据具体情况而定。

（6）厂址选择

给水处理厂厂址选择必须综合考虑各种因素，通过技术经济比较后确定。

① 厂址应选择在工程地质条件较好的地方。一般选在地下水位低、承载力较大、湿陷性等级不高、岩石较少的地层，以降低工程造价和便于施工。

② 水厂应尽可能选择在不受洪水威胁的地方；否则应考虑防洪措施。

③ 水厂周围应具有较好的环境卫生条件和安全防护条件。

④ 水厂应尽量设置在交通方便、靠近电源的地方，以利于施工管理和降低输电线路的造价。

⑤ 厂址选址要考虑近、远期发展的需要，为新增附加工艺和未来规模扩大发展留有余地。

⑥ 当取水地点距离用水区较近时，水厂一般设置在取水构筑物附近，通常与取水构筑物建在一起。

3. 给水管网规划

给水管网的作用就是将输水管线送来的水，配送给城市用户。根据管网中管线的作用和管径的大小，将管线分为干管、分配管、接户管三种。

（1）布置形式：树状管网和环状管网两种。树状网构造简单、长度短、节省管材和投资；但供水的安全可靠性差，并且在树状网末端，因用水量小，管中水流缓慢，甚至停留，致使水质容易变坏，而出现浑浊水和红水的可能。环状管网的优缺点与树状管网相反，一般用于小城镇和小型工矿企业或城镇建设初期，以后再连成环状网，从而减少一次投资费用。对用地狭长和用户分散的地区，也可先采用树状网。

（2）布置原则：安全可靠，投资节约。一般城市中心区布成环状网；而郊区或次要地区，则布置成枝状。在规划中，应以环状网为主，考虑城市分期建设的安排，对主要管线以环状网搭起供水管线骨架。给水干管位置尽可能布置在两侧用水量较大的道路上，以减少配水管数量。平行的干管间距为500～800m，连通管间距800～1000m。给水管网按日最高流量设计，如果昼夜用水量相差较大，高峰用水时间较短，可考虑在适当位置设调节水池和泵房，利用夜间用水量减少进行蓄水，日间供水，增加高峰用水时的供水量。

（3）技术指标：给水干管管径一般在200mm，配水管管径一般至少100mm，供消防用的配水管管径应大于150mm，接户管不宜小于20mm。

（4）敷设要求：覆土深度金属管道应大于等于0.7m，非金属管道应大于等于1.0～1.2m；给水管相互交叉应保持0.15m净距，与污水管平行应保持1.5m以上的间距。

（四）掌握水资源供需平衡

就缺水而言，主要有三种基本类型：一是资源型缺水；二是水质性缺水；三是工程型缺水。

资源型缺水是指水资源可利用量小于用水需求，这种情况主要发生在北方地区和南方没有大江大河通过的沿海地区。针对资源型缺水，可以采取的对策措施有节水和非传统水资源的利用。

水质型缺水是指不是因为水资源的人均占有量不足，而是指因水源的水质达不到国家规定的饮用水水质标准而造成的缺水现状。针对水质型缺水，可以采取的措施有治理水污染和改进水厂净水工艺。

工程型缺水是指供水工程的供水能力有限，不能满足城市的供水需求，这种情况在改革开放初期比较普遍，现在已经大为缓解。

（五）掌握城市水源保护

水源保护应包括水质和水量两个方面。通常根据《地面水环境质量标准》（GB 3838—2002）将水源水质划分为五类。

（1）地表水源的卫生防护

在饮用水地表水源取水口附近，划定一定的水域和陆域作为饮用水地表水源一级保护区。其水质标准不低于《地面水环境质量标准》（GB 3838—2002）的Ⅱ类标准。在一级保护区外划定的水域和陆域为二级保护区，其水质不低于Ⅲ类标准。

（2）地下水源的卫生防护

饮用水地下水源一级保护区位于开采井的周围，其作用是保证集水有一定滞后时间，以防止一般病原菌的污染。直接影响开采井水质的补给区地段，必要时也可划为一级保护区。二级保护区位于一级保护区外，以保证集水有足够的滞后时间，以防止病原菌以外的其他污染。

① 取水构筑物的防护范围，应根据水文地质条件、取水构筑物的形式和附近地区的卫生状况进行确定，其防护措施与地面水的水厂生产区要求相同。

② 在单井或井群影响半径范围内，不得使用工业废水或生活污水灌溉和施用有持久性毒性或剧毒的农药，不得修建渗水厕所、渗水坑、堆放废渣或铺设污水渠道，并不得从事破坏深层土层的活动。

③ 在水厂生产区的范围内，应按地面水厂生产区的要求执行。

④ 分散式给水水源的卫生防护地带，以地面水为水源时参照地面水①和②的规定；以地下水为水源时，水井周围30m的范围内，不得设置渗水厕所、渗水坑、粪坑、垃圾堆和废渣堆等污染源，并建立卫生检查制度。

1. 地表水源的卫生保护

在饮用水地表水源取水口附近，划定一定地域（包括水域、地域）作为饮用水、地表水源一级保护区，其水质不低于Ⅱ类标准。在一级保护区外划定的水域和陆域为二级保护区，其水质不低于Ⅲ标准。在二级保护区外划定的水域和陆域为准保护区。

地表水环境质量标准中水域功能分类		水污染防治控制区	河水综合排放标准分级
Ⅰ类	源头水、国家自然保护区	特殊控制区	禁止排放污水区
Ⅱ类	集中式生活饮用水水源地一级保护区，珍贵鱼类保护区，鱼虾产卵场等	特殊控制区	禁止排放污水区
Ⅲ类	集中式生活饮用水水源地二级保护区，一级鱼类保护区，游泳区	重点控制区	执行一级标准
Ⅳ类	工业用水区，人体非直接接触的娱乐用水区	一般控制区	执行一级或二级标准（排入城市生物处理水厂处理）
Ⅴ类	农业用水区，一般景观要求水域	一般控制区	

取水点周围半径 100m 的水域内，严禁捕捞、停靠船只、游泳和从事可能污染水源的任何活动，并应设有明显的范围标志。取水点上游 1000m 至下游 100m 的水域，不得排入工业废水和生活污水，其沿岸防护范围不得堆放废渣，不得设立有害化学物品仓库、堆站或装卸垃圾、粪便和有毒物品的码头，沿岸农田不得使用工业废水或生活污水灌溉及使用持久性或剧毒的农药，不得从事放牧等有可能污染该段水域水质的活动。一般将河流取水点上游 1000m 以内范围河段划为水源保护区，严格控制上游污染物排放量。水厂生产区外围 10m 范围内不得设置居住区、渗水厕所、渗水坑等，不得堆放垃圾、粪便、废渣或铺设污水渠道，应保持良好的卫生状况和绿化。单独设立的泵站、沉淀池和清水池的外围不小于 10m 的区域内，其卫生要求与水厂生产区相同。

2. 地下水源的卫生保护

根据地下埋藏条件的不同，地下水可分为上层滞水、潜水和自流水三大类。

上层滞水是由于局部的隔水作用，使下渗的大气降水停留在浅层的岩石裂缝或沉积层中所形成的蓄水体。

潜水是埋藏于地表以下第一个稳定隔水层上的地下水，通常所见到的地下水多半是潜水。当潜水流出地面时就形成泉。

自流水是埋藏较深的、流动于两个隔水层之间的地下水。饮用水地下水源一级保护区位于开采井的周围，其作用是保证集水有一定滞后时间，以防止一般病原菌污染。二级保护区位于一级区外，以保证集水有足够的滞后时间，以防止病原菌以外的其他污染。准保护区是位于二级保护区外的主要补给区，以保护水源的补给水源水量和水质。

以地下水为水源时，水井周围 30m 的范围内，不得设置渗水厕所、渗水坑、粪坑和废渣堆。

应试者应该在熟悉以上内容的基础上，查阅《城市给水工程规划规范》（GB 50282—2016）及相关内容。

三、城市排水工程规划

（一）熟悉城市排水工程规划的内容深度

1. 总体规划内容深度

（1）确定排水体制；

（2）划分排水区域，估算雨水、污水总量，制定不同地区污水排放标准；

（3）进行排水管、渠系统规划布局，确定雨水、污水主要泵站数量、位置，以及水闸位置；

（4）确定污水处理厂数量、分布、规模、处理等级以及用地范围；

（5）确定排水干管、渠的走向和出口位置；

（6）提出污水综合利用措施。

2. 分区规划内容深度

（1）估算分区的雨、污水排放量；

（2）按照确定的排水体制划分排水系统；

（3）确定排水干管位置、走向、服务范围、控制管径以及主要工程设施的位置和用地范围。

3. 详细规划内容深度

（1）对污水排放量和雨水量进行具体的统计计算；

（2）对排水系统的布局、管线走向、管径进行计算复核，确定管线平面位置、主要控制点标高；

（3）对污水处理工艺提出初步方案；

（4）在可能条件下，尽量提出基建投资估算。

（二）熟悉排水体制

1. 分类

按来源和性质，分为三类：生活污水、工业污废水和降水。城市污水指排入城市排水管道的生活污水和工业废水的总和。

2. 排水体制

城市排水体制一般分为合流制和分流制两类。

（1）合流制排水系统

将生活污水、工业废水和雨水混合在一个管渠内排出的系统，分为直排式、截流式合流制。

直排式排水系统对水体污染严重，但管渠造价低，又不进污水处理厂，所以投资省。这种体制在城市建设早期多使用，不少老城区都采用这种方式。截流式合流制排水系统相对直排式有较大改进。但在雨天，仍有部分混合污水不经处理直接排入水体，对水体污染较严重，多用于老城改建。

分流制分为完全分流与不完全分流，新建的城市和重点工矿企业，一般采用完全分流制；对于新建城市或发展中的地区，为了节省投资，常采用明渠排雨水，等到有条件后，再进行改建雨水暗管系统，变成完全分流制系统。对于地势平坦，多雨易造成积水地区，不宜采用不完全分流制。目前常用形式为完全分流制和截流式合流制。

（2）分流制排水系统

将生活污水、工业废水和雨水分别在两个或两个以上各自独立的管渠内排出的系统。分为完全分流制和不完全分流制。一个城市通常采用混合制的排水系统，既有分流制，也有合流制。

完全分流制分设污水和雨水两个管渠系统，前者汇集生活污水、工业废水，送至处理厂，经处理后排放和利用；后者汇集雨水和部分工业废水，就近排入水体。该体制卫生条件较好，但仍有初期雨水污染问题，其投资较大。新建的城市和重要工矿企业，一般应采用该形式。

不完全分流制。只有污水管道系统而没有完整的雨水管渠排水系统。污水经由污水管道系统流至污水处理厂，经过处理利用后，排入水体；雨水通过地面漫流进入不成系统的明沟或小河，然后进入较大的水体。该种体制投资省，主要用于有合适的地形，有比较健全的明渠水系的地方，以便顺利排泄雨水。对于新建城市或发展中地区，为了节省投资，常先采用明渠排雨水，待有条件后，再改建雨水暗管系统，变成完全分流制系统。对于地势平坦，多雨易造成积水地区，不宜采用不完全分流制。

(3) 城市排水系统的平面布置

正交式布置、截流式布置、平行式布置、分区式布置、分散式布置、环绕式布置、区域性布置形式。

(三) 了解污水量预测与污水处理

1. 城市污水量预测与方法

生活污水量的大小直接取决于生活用水量。通常生活污水量约占生活用水量的70%～90%。污水量与用水量密切相关，通常根据用水量乘以污水排除率即可得污水量。

变化系数：污水量的变化情况常用变化系数表示。变化系数有日变化系数、时变化系数和总变化系数：

$$日变化系数\ K_d=\frac{最高日污水量}{平均日污水量}$$

$$时变化系数\ K_h=\frac{最高日最高时污水量}{最高日平均时污水量}$$

$$总变化系数\ K_z=K_d K_h$$

污水量变化系数随污水流量的大小而不同。污水流量越大，其变化幅度越小，变化系数较小；反之则变化系数较大。

2. 污水处理系统规划

(1) 方法：物理法、生物法和化学法，生活污水处理主要是前两种。

(2) 污水处理厂设置：应设在地势较低处，靠近水体，位于集中给水水源的下游，并应设在城市、工厂厂区及居住区的下游和夏季主导风向的下方，并在城市夏季最小频率风向的上风向。并有300m以上距离，设卫生防护带。

(3) 泵站：泵站周围设宽度不小于10m的绿化隔离带。

(4) 出水口：应淹没在水体中，管顶高程在正常水位以上，以使污水和河水混合得好。

(四) 掌握污水排放系统规划

1. 分类

污水排放系统包括生活污水和工业废水排放系统。

2. 污水管道布置的原则

(1) 尽可能在管线较短和埋深较小的情况下，让最大区域上的污水自流排出。

(2) 充分利用地形，污水管道尽量采用重力流形式，避免提升。地形较复杂时，宜布置成几个独立的排水系统。若地势起伏较大，宜布置成高低区排水系统。

(3) 污水干管一般沿城市道路布置，简洁顺直，节约大管道的长度，当道路宽度超过

40m 时，可考虑在道路两侧各设一条污水管。

（4）在地形平坦地区，管线虽不长，埋深亦会增加很快，当埋深超过最大埋深深度时，需设中途泵站抽升污水。

（5）管道定线尽量减少与河道、山谷、铁路及各种地下构筑物交叉，并充分考虑地质条件的影响。

（6）管线布置考虑城市的远、近期规划及分期建设的安排，与规划年限相一致。应使管线的布置与敷设满足近期建设的要求，同时考虑远期有扩建的可能。

3. 污水管道敷设

（1）埋深较其他管线大，支管多，连接处都要设检查井，对其他管线的影响较大。

（2）会发生渗漏，对其他管线有影响，一般布置在最下部。

（3）尽管管道埋深越小越好，但管道的覆土厚度有一个最小限值，叫最小覆土厚度。埋深及覆土较深，覆土一般为 1～2m 较理想，最深不要超过 7～8m；在多水、流沙、石灰岩地层中，不超过 5m。

（4）离出水口或污水处理厂最远或最低的点，是排水系统的控制点，一般是排水系统的最高点，是控制整个系统标高的起点。

（五）了解雨水排放系统规划

1. 雨水量

（1）暴雨强度：降雨量是降雨的绝对量，用深度 h（mm）表示。降雨强度指某一连续降雨时段内的平均降雨量。降雨强度也可用单位时间内单位面积上的降雨体积。其强度的频率 N 与它的重现期 P 成反比。

（2）重现期

暴雨强度的频率是指等于或大于该暴雨强度发生的机会，以 N（%）表示；而暴雨强度的重现期指等于或大于该暴雨强度发生一次的平均时间间隔，以 P 表示，以年为单位。规范规定，一般地区重现期为 0.5～3 年，重要地区为 2～5 年。进行雨水管渠规划时，同一管渠不同的重要性地区可选用不同的重现期。

（3）集水时间

连续降雨的时段称为降雨历时，降雨历时可以指全部降雨的时间，也可以指其中任一时段。设计中通常用汇水面积最远点雨水流到设计断面时的集水时间作为设计降雨历时。对管道的某一设计断面，集水时间 t 由两部分组成：从汇水面积最远点流到第一个雨水口的地面集水时间 t_1 和从雨水口流到设计断面的管内雨水流行时间 t_2。

（4）径流系数

降落在地面上的雨水，只有一部分径流入雨水管道，其径流量与降雨量之比就是径流系数 ψ。影响径流系数的因素有地面渗水性、植物和洼地的截流量、集流时间和暴雨雨型等。

2. 排水分区划分

排水分区是指考虑排水地区的地形、水系、水文地质、容泄区水位和行政区划等因素，把一个地区划分成若干个不同排水方式排水区的工作。

一是充分利用地形和水系，以最短的距离靠重力将雨水排入附近水系。

二是高水高排，低水低排，避免将地势较高、易于排水的地段与低洼区划分在同一排水分区。

3. 雨水排放系统规划主要内容

在进行城市排水规划时应考虑防洪的“拦、蓄、分、泄”功能。

规划的主要内容有：确定或选用当地暴雨强度公式；确定排水流域与排水方式，进行雨水管渠的定线；确定雨水泵房、雨水调节池、雨水排放口的位置；决定设计流量计算方法与有关参数；进行雨水管渠的水力计算，确定管渠尺寸、坡度、标高及埋深。

城市雨水管渠系统是由雨水口、雨水管渠、检查井、出水口等构筑物组成的一整套工程设施。雨水口间距取决于街道纵坡、路面积水及雨水口的进水量，一般25～60m。

4. 雨水管渠布置原则

（1）充分利用地形，就近排入水体；

（2）避免设置雨水泵站；

（3）结合道路和竖向规划布置。

应试者应该在熟悉以上内容的基础上，查阅《城市排水工程规划规范》（GB 50318—2017）及相关内容。

四、城市供电工程规划

（一）熟悉城市供电工程规划的内容深度

1. 总体规划内容深度

（1）预测城市供电负荷；

（2）选择城市供电电源；

（3）确定城市变电站容量和数量；

（4）布局城市高压送电网和高压走廊；

（5）提出城市高压配电网规划技术原则。

2. 分区规划内容深度

（1）预测分区供电负荷；

（2）确定分布供电电源方位；

（3）选择分区变、配电站容量和数量；

（4）进行高压配电网规划布局。

3. 详细规划内容深度

（1）计算用电负荷；

（2）选择和布局规划范围内变配电站；

（3）规划设计10kV电网；

（4）规划设计低压电网；

（5）进行造价估算。

（二）了解城市用电负荷与计算

1. 城市用电分类

城市用电负荷按城市全社会用电分类，可分为八类，即农、林、牧、副、渔、水利业用电；工业用电；地质普查和勘探业用电；建筑业用电；交通运输、邮电通信业用电；商业、公共饮食、物资供销和金融业用电；城乡居民生活用电；其他事业用电。或者分为以下四类，即第一产业用电；第二产业用电；第三产业用电；城乡居民生活用电。

2. 预测方法

总体规划阶段负荷预测方法，宜选用电力弹性系数法、回归分析法、增长率法、人均用电指标法、横向比较法、负荷密度法、单耗法等。

详细规划阶段负荷预测方法，宜选用单位建设用地负荷指标法和单耗法。

①产量单耗法；②产值单耗法；③用电水平法；④按部门分项分析叠加法；⑤大用户调查法；⑥年平均增长率法；⑦经济指标相关分析法；⑧电力弹性系数法；⑨国际比较法等。以上①～⑥是直接统计法，宜用于近期预测；⑦～⑧是比较先进的预测法，其误差是一次性的，应推广使用。

其中用电水平法中涉及的各功能分区用电分别为：农业区，d=3.5万～28万(kW·h)/km^2；中小工业区，d=2000万～4000万(kW·h)/km^2；大工业区，d=3500万～5600万(kW·h)/km^2；居民区d=4.3万～8.5万(kW·h)/km^2。

3. 用电量标准

人均城市居民生活用电量指标，较高、中上、中等、较低生活用电水平城市分别是：2500～1501(kW·h)/(人·年)、1500～801(kW·h)/(人·年)、800～401(kW·h)/(人·年)、400～250(kW·h)/(人·年)。

（三）熟悉城市电源规划

1. 电源类型

通常分为城市发电厂和变电所两种基本类型。

2. 发电厂

发电厂有火力发电厂、水力发电厂、风力发电厂、太阳能发电厂、地热发电厂和原子能发电厂等。目前，我国作为城市电源的发电厂，以火电厂、水电厂为主。

3. 变电所

变电所按功能、构造形式、职能三种方式分类。

(1) 功能分类：

①变压变电所：将较低电压变为较高电压的变电所，称为升压变电所。将较高电压变为较低电压的变电所，称为降压变电所。

②变流变电所：即将直流电变为交流电，或者由交流电变成直流电。后一种变电所又称为整流变电所。通常长距离区域性输送电采用后一种变电所。

(2) 构造形成分类：变电所分为屋外式、屋内式、地下式、移动式。

(3) 职能分类：

① 区域变电所：为区域性长距离输送电服务的变电所。

② 城市变电所：为城市供、配电服务的变电所。

(4) 变电所等级：

变电所等级通常按电压分级：有500kV、330kV、220kV、110kV、35kV、10kV等。通常220～500kV变电所为区域性变电所，110kV及以下的变电所为城市变电所。

(5) 变电所规划选址

① 符合城市总体规划用地布局要求；

② 靠近负荷中心；

③ 便于进出线；

④ 交通运输方便；

⑤ 应考虑对周围环境和邻近工程设施的影响和协调，如军事设施、通信电台、电信局、飞机场、领（导）航台、国家重点风景旅游区等，必要时，应取得有关协议或书面文件；

⑥ 宜避开易燃、易爆区和大气严重污秽区及严重盐雾区；

⑦ 应满足防洪标准要求：220～500kV变电所的所址标高，宜高于洪水频率为1%的高水位；35～110kV变电所的所址标高，宜高于洪水频率为2%的高水位；

⑧ 应满足抗震要求：35～500kV变电所抗震要求，《35kV～220kV无人值班变电站设计规程》（DL/T 5103—2012）和《220kV～550kV变电所设计技术规程》（DL/T 5218—2012）中的有关规定；

⑨ 应有良好的地质条件，避开断层、滑坡、塌陷区、溶洞地带、山区风口和易发生滚石场所等不良地质构造。

（6）规划新建城市变电所的结构型式选择，宜符合下列规定：

① 布设在市区边缘或郊区、县的变电所，可采用布置紧凑、占地较少的全户外式或半户外式结构；

② 市区内规划新建的变电所，宜采用户内式或半户外式结构；

③ 市中心地区规划新建的变电所，宜采用户内式结构；

④ 在大、中城市的超高层公共建筑群区、中心商务区及繁华金融、商贸街区规划新建的变电所，宜采用小型户内式结构；变电所可与其他建筑物混合建设，或建设地下变电所。

4. 变电所布局

35kV变电所合理供电半径为5～10km；110kV变电所为15～30km；220kV变电所为50～100km。其中100～500kV的变电所所址宜在百年一遇的高水位上，35kV的变电所所址宜在50年一遇的高水位上。

（四）熟悉供电网络与线路规划

1. 城市供电网络

（1）电压等级

500kV、330kV、220kV、110kV、66kV、35kV、10kV、380V/220V等八类。通常城市一次送电电压为500kV、330kV、220kV，二次送电电压为110kV、66kV、35kV；高压配电电压为10kV，低压配电电压为380/220V。

（2）城网结构方式

放射式、多回线式、环式、格网式和联络线。一次送电网宜采用环式，二次送电网结构应与当地城建部门协商。高压配电网一般采用放射式、环式或多回线式，低压配电网一般采用放射式、环式或格网式。

（3）送配电线路

35kV线路一般采用钢筋混凝土杆，66kV、110kV线路可采用钢管型杆塔或窄基铁塔以减少走廊占地面积。市区高、低压配电线路应同杆架设，尽可能做到是同一电源。

2. 高压线路规划

（1）布局原则

① 线路的长度短捷，减少线路电荷损失，降低工程造价。

② 保证线路与居民、建筑物、各种工程构筑物之间的安全距离，按照国家规定的规范，留出合理的高压走廊地带。尤其接近电台、飞机场的线路，更应严格按照规定，以免发生通信干扰、飞机撞线等事故。

③ 高压线路不宜穿过城市的中心地区和人口密集的地区。并考虑到城市的远景发展，避免线路占用工业备用地或居住备用地。

④ 高压线路穿过城市时，须考虑对其他管线工程的影响，尤其是对通信线路的干扰，并应尽量减少与河流、铁路、公路以及其他管线工程的交叉。

⑤ 高压线路必须经过有建筑物的地区时，应尽可能选择不拆迁或少拆迁房屋的路线，并尽量少拆迁建筑质量较好的房屋，减少拆迁费用。

⑥ 高压线路应尽量避免在有高大乔木成群的树林地带通过，保证线路安全，减少砍伐树木，保护绿化植被和生态环境。

⑦ 高压走廊不应设在易被洪水淹没的地方，或地质构造不稳定（活动断层、滑坡等）的地方。在河边敷设线路时，应考虑河水冲刷的影响。

⑧ 高压线路尽量远离空气污浊的地方，以免影响线路的绝缘，发生短路事故，更应避免接近有爆炸危险的建筑物、仓库区。

⑨ 尽量减少高压线路转弯次数，适合线路的经济档距（即电杆之间的距离），使线路比较经济。

35kV 及以上高压架空电力线路应规划专用通道，并应加以保护；规划新建的 66kV 及以上高压架空电力线路，不应穿越市中心地区或重要风景旅游区。

（2）电力线路安全保护

① 高压架空线路走廊宽度控制宽度如下：

500kV：60～75m；330kV：35～45m；220kV：30～40m；110/66kV：15～30m；35kV：12～20m。

② 电力电缆线路安全保护

地下电缆安全保护区为电缆线路两侧各 0.75m 所形成的两平行线内的区域。海底电缆保护区一般为线路两侧各 2 海里（港内为两侧各 100m）所形成的两平行线内的区域。若在港区内，则为线路两侧各 100m 所形成的两平行线内的区域。江河电缆保护区一般不小于线路两侧各 100m 所形成的两平行线内的水域；中、小河流一般不小于线路两侧各 50m 所形成的两平行线内的水域。

应试者应该在熟悉以上内容的基础上，查阅《城市电力工程规划规范》（GB/T 50293—2014）及相关内容。

五、城市燃气工程规划

（一）熟悉城市燃气工程规划的内容深度

1. 总体规划的内容深度

（1）预测城市燃气负荷；

（2）选择城市气源种类；

（3）确定城市气源厂和储配站的数量、位置与容量；

(4) 选择城市燃气输配管网的压力等级；

(5) 布局城市输气干管。

2. 分区规划的内容深度

(1) 确定燃气输配设施的分布、容量和用地；

(2) 确定燃气输配管网的压力等级，布局输配干线管网；

(3) 估算分区燃气的用气量；

(4) 确定燃气输配设施的保护要求。

3. 详细规划的内容深度

(1) 计算燃气用量；

(2) 规划布局燃气输配设施，确定其位置、容量和用地；

(3) 规划布局燃气输配管网；

(4) 计算燃气管网管径；

(5) 进行造价估算。

(二) 了解燃气负荷预测

1. 城市燃气种类

城市燃气一般是由若干种气体组成的混合气体，其中主要组分是一些可燃气体和一些不可燃气体组成。

(1) 按来源分为天然气、人工煤气、液化石油气、生物气四类。

(2) 按热值分为高热值燃气（HCV gas)、中等热值燃气（MCV gas）和低热值燃气（LCV gas)。

(3) 按燃烧特性分类，燃气性质中，影响燃烧特性的参数主要有燃气的热值、相对密度以及火焰传播速度。

2. 供气标准

我国燃气供应一般以民用优先，燃气的日用气量是确定燃气气源、输配设施和管网管径的主要依据。

3. 城市燃气的供应对象

我国城市燃气的供应一般为民用优先。在民用用气、供气方面，应遵循以下一些原则：

(1) 优先满足城镇居民炊事和生活热水的用气；

(2) 应尽量满足幼托、医院、学校、旅馆、食堂等公共建筑用气；

(3) 人工煤气一般不供应锅炉用气。如果天然气气量充足，可发展燃气采暖，但要拥有调节季节不均匀用气的手段。

对于工业用气，有以下一些供气原则：

(1) 优先满足工艺上必须使用煤气，但用气量不大，自建煤气发生站又不经济的工业企业用气；

(2) 对临近管网，用气量不大的其他工业企业，如使用燃气后可提高产品质量，改善劳动条件和生产条件的，可考虑供应燃气；

(3) 可供应使用燃气后能显著减轻大气污染的工业企业；

(4) 可供应作为缓冲用户的工业企业。

4. 预测方法

采用比例估算法和不均匀系数法（月、日、小时不均匀系数中，小时不均匀系数最大，日不均匀系数最小）。

（1）月不均匀系数

一年中各月的用气不均匀性用月不均匀系数表示。计算月指逐月平均的日用气量中出现最大值的月份，计算月的月不均匀系数 K_1 称为月高峰系数。

$$K_1=\frac{\text{该月平均日用气量}}{\text{全年平均日用气量}}$$

一般夏季用气量少，冬季用气量大，月高峰系数可在 1.1～1.3 范围内选用；由于我国居民炊事用气在春节期间大大增加，使 2 月份的居民用气量一般高于其他月份。

（2）日不均匀系数

日不均匀系数表示一月（或一周）中的日用气量的不均匀性。

$$K_2=\frac{\text{该月中某日用气量}}{\text{该月平均日用气量}}$$

该月中最大日不均匀系数 K_2 称为该月的日高峰系数。居民用气日高峰系数 K_2 的取值一般为 1.05～1.2。

（3）小时不均匀系数

小时不均匀系数表示一日中各小时用气量的不均匀性。

$$K_3=\frac{\text{该日某小时用气量}}{\text{该日平均小时用气量}}$$

小时高峰系数可在 2.2～3.2 中取值；而工业企业用气的小时用气量波动较小，可按均匀用气考虑。

（三）熟悉气源规划

1. 城市气源

气源是指向城市燃气输配系统提供燃气的设施，主要指煤气制气厂、天然气门站、液化石油气供应基地及煤气发生站、液化石油气气化站等设施。

2. 气源选择原则

（1）遵照国家能源政策和燃气发展方针，结合本地区燃料资源的情况，选择技术上可靠、经济上合理的气源；

（2）根据城市的地质、水文、气象等自然条件和水、电、热的供应情况、选择合适的气源；

（3）合理利用现有气源，积极利用工矿企业余气；

（4）根据城市规模和负荷，确定气源数量和主次分布；

（5）考虑各种燃气间的互换性；

（6）气源厂之间与其他工矿企业必须协作。

3. 气源选址规划

煤气制气厂属于一级负荷，应该设置有两个独立电源供电，采用双回线路。大型煤气厂宜采用双回的专用线路，避开高压输电线路的安全空隙间隔地带，留有扩建用地。液化石油气供应基地应位于城市边缘，与服务站之间的平均距离不宜超过 10km，并位于全年最小风频的上风向。

（四）熟悉燃气输配设施布局

1. 燃气储配站

功能：储存、混合、加压。

2. 燃气管道压力等级

（1）高压燃气管道：A. 0.8<P≤1.6(MPa)；B. 0.4<P≤0.8(MPa)；

（2）中压燃气管道：A. 0.2<P≤0.4(MPa)；B. 0.005<P≤0.2(MPa)；

（3）低压燃气管道：P≤0.005(MPa)。

3. 调压站

调压站是燃气输配管网中稳压与调压设施，供气半径以0.5km为宜，尽量靠近负荷中心，并应保证必要的防护距离。

4. 液化石油气瓶装供应站

供气规模以5000～7000户为宜，不超过10000户，实瓶存按月平均日销售量的1.5倍计，空瓶按1倍计，总储量不超过10立方，供气半径不超过0.5～1.0km，与民用建筑保持10m以上的距离，与重要建筑保持20m以上距离。

（五）熟悉城市燃气管网规划

1. 供气管网形式

按布局方式供气管网形式分为环状管网和枝状管网系统；按压力等级分为一级、二级、三级和多级管网系统。天然气常采用中压一级，煤制气常采用中低压二级系统。

2. 布置原则

（1）结合城市总体规划和有关专业规划；

（2）贯彻远、近结合，以近期为主的方针，规划布线时，应提出分期安排；

（3）靠近用户；

（4）减少穿越河流、水域、铁路等，减少投资；

（5）确保供气可靠；

（6）应避免与高压电缆平行敷设；

（7）满足与其他管线和建筑物、构筑物的安全防护距离。

应试者应该在熟悉以上内容的基础上，查阅《城镇燃气规划规范》（GB/T 51098—2015）及相关内容。

六、城市供热工程规划

（一）熟悉城市供热工程规划的内容深度

1. 总体规划内容深度

（1）预测城市热负荷；

（2）选择城市热源和供热方式；

（3）确定热源的供热能力、数量和布局；

（4）布置城市供热重要设施和供热干线管网。

2. 分区规划内容深度

（1）估算城市分区的热负荷；

(2) 布置分区供热设施和供热干管；

(3) 计算城市供热干管的管径。

3. 详细规划内容深度

(1) 计算规划范围内热负荷；

(2) 布置供热设施和供热管网；

(3) 计算供热管道管径；

(4) 估算规划范围内供热管网造价。

(二) 了解热负荷预测

1. 种类

根据热负荷用途分类，热负荷可以分为室温调节、生活热水、生产用热三大类；热负荷根据性质可分为民用热负荷和工业热负荷两大类；各种热负荷可按其用热时间和用热规律分为两大类：季节性热负荷与全年性热负荷。

在上述三种分类方法中，第一种方法主要用于预测计算，另两种分类方法主要用于供热方案选择比较。

2. 预测方法

(1) 计算法

当建筑物的结构形式、尺寸和位置等资料为已知时，热负荷可以根据采暖通风设计数据来确定，这种方法比较精确，可用于计算或预测较小范围内有确定资料地区的热负荷。

(2) 概算指标法

在估算城市总热负荷和预测地区没有详细准确资料时，可采用概算指标法来估算供热系统热负荷。在规划中最常采用的就是这种方法。

3. 供热对象选择

“先小后大”“先集中后分散”，及先满足居民家庭、中小型公共建筑和小型企业用热，先选择布局较集中的用户作为供热对象。

(三) 熟悉热源规划

1. 热源

为大多数城市采用的城市集中供热系统热源有以下几种：热电厂、锅炉房、低温核能供热堆、热泵、工业余热、地热和垃圾焚化厂等。

2. 选址原则

(1) 符合城市总体规划要求，靠近热负荷中心；

(2) 位于主导风下风侧；

(3) 运输方便，水电供应方便；

(4) 热电厂需解决排灰条件，出线方便；

(5) 厂址应占荒地、次地和低产田，不占少占良田；

(6) 有扩建可能。

(四) 熟悉供热管网布置

1. 供热管网形式

根据热源与管网之间的关系，热网可分为区域式和统一式两类；根据输送介质的不同，热网可分为蒸汽管网、热水管网和混合式管网三种；按平面布置类型分，供热管网可分为枝状管网和环状管网两种；根据用户对介质的使用情况，供热管网可分为开式和闭式两种。供热管网可根据一条管路上敷设的管道数，分为单管制、双管制和多管制。

2. 平面布置

(1) 主要干管应该靠近大型用户和热负荷集中的地区，避免长距离穿越没有热负荷的地段。

(2) 供热管道要尽量避开主要交通干道和繁华的街道，以免给施工和运行管理带来困难。

(3) 供热管道通常敷设在道路的一边，或者是敷设在人行道下面，在敷设引入管时，则不可避免地要横穿干道，但要尽量少敷设这种横穿街道的引入管，应尽可能使相邻的建筑物的供热管道相互连接。对于有很厚的混凝土层的现代新式路面，应采用在街坊内敷设管线的方法。

(4) 供热管道穿越河流或大型渠道时，可随桥架设或单独设置管桥，也可采用虹吸管由河底（或渠底）通过。具体采用何种方式应与城市规划等部门协商并根据市容、经济等条件统一考虑后确定。

(5) 和其他管线并行敷设或交叉时，为了保证各种管道均能方便地敷设、运行和维修，热网和其他管线之间应有必要的距离。

3. 城市供热管网敷设

敷设方式有架空敷设和地下敷设两类。架空敷设分高支架、中支架、低支架三种，埋地敷设分通行地沟、半通行地沟、不通行地沟和直埋四种。

应试者应该在熟悉以上内容的基础上，查阅《城市供热规划规范》(GB/T 51074—2015) 及相关内容。

七、城市通信工程规划

通信技术，又称通信工程（也作信息工程、电信工程，旧称远距离通信工程、弱电工程）是电子工程的重要分支，同时也是其中一个基础学科。该学科关注的是通信过程中的信息传输和信号处理的原理和应用。通信工程研究的是，以电磁波、声波或光波的形式把信息通过电脉冲，从发送端（信源）传输到一个或多个接收端（信宿）。接收端能否正确辨认信息，取决于传输中的损耗功率高低。信号处理是通信工程中一个重要环节，包括过滤、编码和解码等。专业课程包括计算机网络基础、电路基础、通信系统原理、交换技术、无线技术、计算机通信网、通信电子线路、数字电子技术、光纤通信等。

1G 实现了模拟语音通信；2G 实现了语音通信数字化，功能机有了小屏幕可以发短信了；3G 实现了语音以外图片等的多媒体通信，屏幕变大可以看图片；4G 实现了局域高速上网，大屏幕智能机可以看短视频了，但是在城市信号好，农村信号差；1G～4G 都是着眼于人与人之间更方便快捷地通信，而 5G 将实现随时随地的万物互联，让人类敢于期待与地球上的万物通过直播的方式无时差同步参与其中，主要特点是波长为毫米级、超宽带、超高速度、超低延时。

(一) 掌握熟悉通信基础设施规划

1. 基站规划

规划基站站址包括室内基站、室外基站、宏基站、微基站、分布式基站、射频拉远基站等，依据所属区域的不同特点设置不同类型的基站。

涉及区域：中心城区和外围乡镇。

基站规划目标：满足城市信息化需求，积极推动移动通信网络快速合理的建设，网络可提供基础话音业务和各类高速数据业务；重点解决城市外扩的广度覆盖问题和城市扩张的深度覆盖问题。

2. 通信局房规划

通信局房按网络架构分为核心局房、汇聚局房及接入局房三种类型。

涉及区域：核心局房涉及中心城区，汇聚局房涉及中心城区、县城、乡镇。

（1）通信局房规划目标

通信局房规划目标应适应城市发展定位，满足通信业务发展需求。

发展目标：核心局房满足传统业务增长及以大数据、云计算、物联网为基础的新兴业务的交换、处理、存储等不断发展的需求，汇聚局房满足业务汇聚需要及业务收敛需求。

覆盖目标：在中心城市和小城镇规划新建汇聚局房，满足海量的物联网业务发展需求。

（2）通信局房所选址

① 局址的环境条件应尽量安静、清洁和无干扰影响，应尽量避免在以下地方设局：

地质条件要好，局址不应临近地层断裂带、流砂层等危险地段，对有抗震要求的地区，应尽量选择对房屋抗震和建设有利的地方，避开不利地段。

局址位置的地形应较平坦，避免太大的土方工程；选择地质较坚实、地下水位较低，以及不会受到洪水和雨水淹灌的地点。

局址要与城市建设规划协调和配合，应避免在居民密集地区，或要求建设高层建筑的地段建局，以减少拆迁原有房屋的数量和工程造价。

② 要尽量考虑近、远期的结合，以近期为主，适当照顾远期，对于局所建设的规模、局所占地范围、房屋建筑面积等，都要留有一定的发展余地。

③ 局址的位置应心量接近线路网中心，使线路网建设费用和线路材料用量最少，局址还应便于进局电缆两路进线和电缆管道的敷设。

④ 要考虑维护管理方便，局址不宜选择在过于偏僻或出入极不方便的地方，必须从邮电各个专业的特点和要求全面分析和研究。

3. 通信管道规划

通信管道分为主干管道、支线管道及接入管道。主干管道指分布在城市快速路、主干道路上的管道，支线管道指分布在次干道路、重要支路上的管道，接入管道指用户末端接入管道。

通信管道规划包括主干管道规划、支线管道规划，另外应重点关注新建铁路、公路、桥梁等配套管道规划。

涉及区域：市政道路、高速路、铁路、桥梁。

通信管道规划目标：

（1）发展目标：结合城市综合管廊规划，超前建设四通八达、集约共享的通信管道网络，满足通信传输线路的敷设要求，适应城市建设和信息发展需要。

（2）覆盖目标：覆盖新建局房的出局管道、新建基站的引接管道、新建光交引接管道；覆盖市政道路、桥梁、隧道及城郊主要公路，在有综合管廊的地方根据需要建设配线管道。

4. 通信光缆交接箱规划

光缆交接箱根据光缆网络的层次结构分为主干光缆交接箱、配线光缆交接箱。主干光缆交接箱为主干层光缆、配线层光缆提供光缆成端、跳接；配线光缆交接箱为配线光缆、接入层光缆提供光缆成端、跳接。光缆交接箱规划即主干光缆交接箱规划。

涉及区域：中心城区、乡镇、农村。

光缆交接箱规划目标：

(1) 发展目标：光纤网络遍布城市、乡镇及农村；用户实现100%光纤接入，满足基站的光纤接入需求；满足政务、公安、交通及企业等专网光纤接入需求。

(2) 覆盖目标：城区、小城镇和其他行政乡镇连续覆盖，行政村及自然村实现覆盖。

5. 微波通信规划

根据线路用途、技术性能和经济要求，作多方案分析比较，选出效益高、可靠性好、投资少的2～3条路由，再作具体计算分析；微波路由走向应成折线形，各站路径夹角宜为钝角，以防同频越路干扰；在传输方向的进场区内，天线口面的锥体张角20°，前方净空距离为天线口面值径的10倍范围内，无树木、房屋和其他障碍物。

(二) 熟悉邮政系统工程规划

1. 邮政需求量预测

邮政需求量预测通常采用发展态势延伸法、单因子相关系数法、综合因子相关系数法等方法。

2. 邮政设施布置

(1) 标准：根据人口密度程度和地理条件所确定的不同的服务人口数、服务半径、业务收入三项基本要素确定。

(2) 邮政局所选址

应设在闹市区、居民集聚区、文化游览区、公共活动场所等，交通便利，并符合城市规划要求。

(3) 邮政局所设置数量

邮政局所设置要便于群众用邮，要根据人口的密集程度和地理条件所确定的不同的服务人口数、服务半径、业务收入三项基本要素来确定。

(4) 邮政通信枢纽选址

应在火车站一侧，靠近火车站台；方便的接发邮件的邮运通道和汽车通道；方便的供电、水、热的条件；并符合城市规划要求。

(三) 熟悉有线电视广播线路规划

线路路由规划：

(1) 线路应短直，少穿越道路，便于施工维护；

(2) 避开易使线路损伤的地区，减少与其他管线障碍物交叉跨越；

(3) 避开有线电视、有线广播系统无关的地区。

应试者应该在熟悉以上内容的基础上，查阅《城市电信工程规划规范》(GB/T 50853—2013) 及相关内容。

八、城市环卫设施工程规划

（一）熟悉城市环卫设施工程规划内容深度

1. 总体规划内容深度

（1）测算城市固体废弃物产量，分析其组成和发展趋势，提出污染控制目标；

（2）确定城市固体废弃物的收运方案；

（3）选择城市固体废弃物处理和处置方法；

（4）布置各类环境卫生设施；

（5）进行可能的技术经济方案比较。

2. 详细规划内容深度

（1）估算规划范围内固体废弃物产量；

（2）提出规划区的环境卫生控制要求；

（3）确定垃圾收运方式；

（4）布置废物箱、垃圾箱、垃圾收集点、公厕、环卫管理机构等，确定其位置、服务半径、用地、防护隔离措施等。

（二）了解固体废物收集处理

1. 固体废物种类

固体废弃物的分类方法很多，通常按来源可分为工业固体废物、农业固体废物、城市垃圾。

城市生活垃圾：指人们生活活动中所产生的固体废物，主要有居民生活垃圾、商业垃圾和清扫垃圾，另外还有粪便和污水处理厂污泥。城市生活垃圾是城市固体废物主要组成部分。

城市建筑垃圾：指城市建设工地上拆建和新建过程中产生的固体废弃物，主要有砖瓦块、渣土、碎石、混凝土块、废管道等。

一般工业固体废物：指工业生产过程中和工业加工过程中产生的废渣、粉尘、碎屑、污泥等，主要有尾矿、煤矸石、粉煤灰、炉渣、冶炼废渣、化工废渣、食品工业废渣等。

危险固体废物：指具有腐蚀性、急性毒性、浸出毒性及反应性、传染性、放射性等一种或一种以上危害特性的固体废物，主要来源于冶炼、化工、制药等行业，以及医院、科研机构等，应有专门机构集中控制。

2. 城市固体废物量预测

我国城市生活垃圾的规划人均指标以0.9～1.4kg/天为宜；工业固体垃圾选用0.04～0.1t/万元的指标。

3. 生活垃圾的收集与装运

包括垃圾箱（桶）收集、垃圾管道收集、袋装化上门收集和厨房垃圾自行处理、垃圾自动系统收集。装运过程占整个处理系统费用的60%～80%。环卫车辆按每5000人一辆估算。

4. 固体废物处理和处置

方法：自然堆放、土地填埋、堆肥化、焚烧、热解。目前我国常采用的方法为填埋

(占 70%)、堆肥 (占 20%)、焚烧 (占 10%)。

(三) 熟悉公共卫生设施布置

1. 公共厕所

城市主要繁华街道公共厕所之间的距离宜为 300～500m，流动人口密集区街道小于 300m，一般街道 750～1000m，流动人口高度密集的街道宜小于 300m，一般街道公厕之间的距离以 750～1000m 为宜。新建居民区为 300～500m，未改造的老居民区为 100～150m。旧区成片改造地区和新建小区，每平方公里不少于 3 座。城镇公共厕所一般按常住人口 2500～3000 人设置 1 座。新建住宅区 300～500m，老居民区 100～150m。

公共厕所千人建筑面积指标按如下要求确定：新住宅区为 6～10m^2；车站、码头、体育场（馆）等场所为 15～25m^2；居民稠密区（主要指旧城未改造区内）为 20～30m^2；街道为 5～10m^2；城镇一般为 30～50m^2。

公共厕所的用地范围是距厕所外墙皮 3m 以内空地为其用地范围。

2. 废物处理

废物箱间隔：商业大街 25～30m，交通干道 50～80m，一般道路 80～100m，居住区道路 100m。公共场所应根据人流密度合理设置。

(四) 熟悉环境卫生工程设施规划

生活垃圾及卫生填埋场应在城市建成区外选址，使用年限不应小于 10 年。不得在水源保护区内建设垃圾填埋场。

垃圾填埋场填埋完工后，至少 3 年封场检测，不准使用。

应试者应该在熟悉以上内容的基础上，查阅《城市环境卫生设施规划标准》（GB 50337—2018）及相关内容。

九、城市用地竖向工程规划

(一) 熟悉城市用地竖向工程规划的原则与内容

1. 原则

(1) 安全、适用、经济、美观；

(2) 充分发挥土地潜力，节约用地；

(3) 合理利用地形、地质条件，满足城市各项建设用地的使用要求；

(4) 减少土石方及防护工程量；

(5) 保护城市生态环境，增强城市景观效果。

2. 内容

(1) 总体规划阶段

① 分析规划用地的地形、坡度，评价建设用地条件，确定城市规划建设用地；

② 分析规划用地的分水线、汇水线、地面坡向，确定防洪排涝及排水方式；

③ 确定防洪堤顶及堤内江河湖海岸最低的控制标高；

④ 根据排洪通行需要，确定大桥、港口、码头的控制高程；

⑤ 确定城市主干道与公路、铁路交叉口的控制标高；

⑥ 分析城市雨水主干道进入江、河的可行性，确定道路及控制标高；

⑦ 选择城市主要景观控制特点，确定其控制标高。

（2）分区规划阶段

除了包括总体规划的用地属项工程规划的内容外还有：

① 确定主、次道路范围的地块的排水走向；

② 确定主、次道路交叉点、转折点控制标高，道路长度和坡度；

③ 补充总体规划用地竖向规划中缺少的控制指标。

（3）控制性详细规划阶段

① 确定主、次、支三级道路范围的全部地段的排水方向；

② 确定主、次、支三级道路交叉点、转折点控制标高，道路长度和坡度；

③ 确定用地地块或街坊用地的规划控制标高；

④ 补充与调整其他用地的控制标高。

（4）修建性详细规划阶段

① 落实防洪、排涝工程设施的位置、规模及控制指标；

② 确定建筑室外地坪规划控制标高；

③ 进一步分析、落实各级道路标高等技术数据；落实街区内外联系道路的控制标高，保证车道及步行道路的可行性；

④ 结合建筑物布置、道路交通、工程管线敷设，进行街区其他用地的竖向规划，确定各区用地标高；

⑤ 确定挡土墙、护坡等室外防护工程的类型、位置、规模、估算土石方及防护工程量。

（二）了解城市用地竖向工程规划的方法

1. 高程箭头法

根据竖向工程规划原则，确定出规划区内各种建筑物、构筑物的地面标高，道路交叉点、变坡点的标高，以及区内地形控制点的标高，将这些点的标高注在竖向工程规划图上，并以箭头表示各类用地的排水方向。

高程箭头法的规划工作量较小，图纸制作快，易于变动与修改，为竖向规划常用方法。

2. 纵横断面法

在规划区平面图上根据需要的精度绘出方格网，然后在方格网的每一交点上注明原地面标高和设计地面标高。沿方格网长轴方向者称为纵断面，沿短轴方向者称为横断面。该法多用于地形比较复杂地区的规划。

3. 设计等高线法

多用于地形变化不太复杂的丘陵地区的规划。能较完整地将任何一块规划用地或一条道路与原来的自然地貌作比较并反映填方挖方情况，易于调整。

（三）了解城市竖向工程规划的技术要求

1. 需要掌握的术语

（1）高程：以大地水准面作为基准面，并从零点起算地面各测量点的垂直高度。

（2）坡比值：两控制点间垂直高差与其水平距离的比值。

2. 规划地面形式

平坡式、台阶式、混合式。其中用地自然坡度小于3.0%，宜规划为平坡式；坡度大于8.0%时，宜规划为台阶式。用地的长边应平行于等高线布置；台地的高度宜为1.5～3.0m。

城市主要建设用地最小坡度宜为0.2%。最大坡度分别为：工业用地10%，仓储用地10%，铁路用地2.0%，港口用地5.0%，城市道路8.0%，居住用地25%，公共设施用地20%。

台地式用地的台阶之间应用护坡或挡土墙连接。相邻台地间高差大于1.5m时，应在挡土墙或坡比值大于0.5的护坡顶加设安全设施。土质护坡的坡比值小于等于0.5；砌筑型护坡的坡比值宜为0.5～1.0。挡土墙的高度宜为1.5～3.0m，超过6.0m时宜退台处理，退台宽度不应小于1.0m，条件许可时挡土墙宜从1.5m左右高度退台。

台地的宽度，在多层居住或公共建筑用地一排建筑约需要20m。

十、城市防灾规划

（一）熟悉城市灾害的种类与防灾减灾系统的构成

1. 城市灾害的种类

根据灾害发生的原因，城市灾害可分为自然灾害与人为灾害两类；根据灾害发生的时序，可分为主灾和次生灾害。

（1）自然灾害与人为灾害

① 自然灾害：主要有气象灾害、海洋灾害、洪水灾害、地质与地震灾害。还包括生物原因引起的生物灾害，天文原因引起的天文灾害等，但对城市有较大影响的主要是上述四类自然灾害。

② 人为灾害：分为战争、火灾、化学灾害、交通事故、传染病流行。

（2）主灾与次生灾害

城市灾害往往多灾种持续发生，各灾种间有一定因果关系。发生在前，造成较大损害的灾害称为主灾；发生在后，由主灾引起的一系列灾害称为次生灾害。主灾的规模一般较大，常为地震、洪水、战争等大灾。次生灾害在开始形成时一般规模较小，但灾种多，发生频次高，作用机制复杂，发展速度快，有些次生灾害的最终破坏规模甚至远超过主灾。

2. 城市灾害的特点

高频度与群发性特点；高度扩张性特点；高灾损失特点；区域性特点。

3. 城市防灾减灾系统构成

“减灾”包含了两重含义，一是指采取措施，减少灾害的发生次数和频度，二是指要减少或减轻灾害造成的损失。城市中灾害对城市影响最大和发生较为频繁的灾害主要有四种：地震、洪涝、火灾和战争。

（1）城市防灾措施

城市防灾措施分为两种，一种为政策性措施，另一种是工程性措施，二者是相互依赖，相辅相成的。政策性措施又称为“软措施”；工程性措施可称为“硬措施”。要“软硬兼施，双管齐下”。

① 政策性城市防灾措施

政策性城市防灾措施是建立在国家和区域防灾政策基础上的，主要包括两方面的内容。一方面，城市总体及城市内各部门的发展计划是政策性防灾措施的主要内容；另一个主要内容就是法律、法规、标准和规范的建立与完善。

② 城市工程性防灾措施

城市工程性防灾措施是在城市防灾政策指导下，建设一系列防灾设施与机构的工作，也包括对各项与防灾工作有关的设施采取的防护工程措施。城市的防洪堤、排涝泵站、消防站、防空洞、医疗急救中心、物资储备库，或气象站，地震局、海洋局等带有测报功能的机构的建设，以及建筑的各种抗震加固处理、管道的柔性接口等处理方法等，都属于工程性防灾措施的范畴。

（2）城市的综合防灾

城市综合防灾应包含对各种城市灾害的监测、预报、防护、抗御、救援和灾后的恢复重建等内容，注重各灾种防抗系统的彼此协调，统一指挥，共同作用，强调城市防灾的整体性和防灾设施的综合利用。

4. 城市防灾工程规划内容深度

（1）总体规划阶段

① 确定城市消防、防洪、人防、抗震等设防标准；

② 布局城市消防、防洪、人防等设施；

③ 制定防灾对策与措施；

④ 组织城市防灾生命线系统。

（2）详细规划阶段

① 确定规划范围内各种消防设施的布局及消防通道间距等；

② 确定规划范围内地下防空建筑的规模、数量、配套内容、抗震等级、位置布局，以及平战结合的用途；

③ 确定规划范围内的防洪堤标高、排涝泵站位置等；

④ 确定规划范围内疏散通道、疏散场地布局；

⑤ 确定规划范围内生命系统的布局，以及维护措施。

（3）城市防灾专项规划

落实和深化总体规划的相关内容，规划范围和规划期限一般与总体规划一致。内容一般比总体规划中的防灾规划丰富，规划深度在其他条件具备的情况下还可能达到详细规划的深度，通常要进行灾害风险分析评估。

（二）掌握城市消防工程设施的设置要求

1. 内容

城市消防规划的主要内容包括：城市消防安全布局、城市消防站及消防装备、消防通信、消防供水、消防车通道等。城市消防规划的编制应在全面搜集研究城市相关基础资料，进行城市火灾风险评估的基础上完成。

消防安全布局的内容包括危险化学品储存设施布局、危险化学物品运输、避难场地布局、建筑物耐火等级的确定。目的是通过合理的城市布局和设施建设，降低火灾风险，减少火灾损失。

2. 消防对策

“预防为主，防消结合”。

3. 消防安全布局

（1）危险化学品设施布局

① 控制城市规划建设用地内各类危险化学品总量和密度；

② 重大危险化学品的生产存储设施应符合安全规定；

③ 城市规划用地内不得建设一级加油站和大型天然气加油站；液化石油气加气站和加油加气混合站，不得设置流动站；

④ 高压输气管道和输油管道不得穿越城市中心、公共建筑密集区和其他人口密集区；

⑤ 布置在城市规划建设用地范围内的危险化学品，应与相邻用地保持必要的安全距离；

⑥ 现有严重影响城市公共安全的危险化学品生产、存储设施，应纳入建设规划并采取安全控制措施。

（2）危险化学品运输：设置固定的运输线路，限定运输时间。

（3）建筑物耐火等级：建筑耐火等级为了保证建筑物的安全，必须采取必要的防火措施，使之具有一定的耐火性，即使发生了火灾也不至于造成太大的损失而设定。民用建筑的耐火等级可分为一、二、三、四级，耐火等级最强的为一级，四级最低。

（4）避难场地：面积按疏散人口配置，人均面积 $2m^2$ 以上，服务半径在 500m 左右为宜。

4. 城市消防标准

城市消防标准主要体现在构、建筑物的防火设计上与城乡规划密切相关的现行规范有：《建筑设计防火规范》（GB 50016—2014）（2018 年版）、《城市消防站设计规范》（GB 51054—2014）、《城镇消防站布局与技术装备配备标准》（GNJ—82）等。以上规范应试者必须掌握，相关条款摘录如下：

（1）消防车道

街区内的道路应考虑消防车的通行，道路中心线间的距离不宜大于 160m。

当建筑物沿街道部分的长度大于 150m 或总长度大于 220m 时，应设置穿过建筑物的消防车道。确有困难时，应设置环形消防车道。

高层民用建筑，超过 3000 个座位的体育馆，超过 2000 个座位的会堂，占地面积大于 $3000m^2$ 的商店建筑、展览建筑等单、多层公共建筑应设置环形消防车道，确有困难时，可沿建筑的两个长边设置消防车道；对于高层住宅建筑和山坡地或河道边临空建造的高层民用建筑，可沿建筑的一个长边设置消防车道，但该长边所在建筑立面应为消防车登高操作面。

工厂、仓库区内应设置消防车道：高层厂房，占地面积大于 $3000m^2$ 的甲、乙、丙类厂房和占地面积大于 $1500m^2$ 的乙、丙类仓库，应设置环形消防车道，确有困难时，应沿建筑物的两个长边设置消防车道。

有封闭内院或天井的建筑物，当内院或天井的短边长度大于 24m 时，宜设置进入内院或天井的消防车道；当该建筑物沿街时，应设置连通街道和内院的人行通道（可利用楼梯间），其间距不宜大于 80m。

消防车道应符合下列要求：

车道的净宽度和净空高度均不应小于 4.0m；转弯半径应满足消防车转弯的要求；消防车道与建筑之间不应设置妨碍消防车操作的树木、架空管线等障碍物；消防车道靠建筑外墙一侧的边缘距离建筑外墙不宜小于 5m；消防车道的坡度不宜大于 8%。

环形消防车道至少应有两处与其他车道连通。尽头式消防车道应设置回车道或回车场，回车场的面积不应小于 12m×12m；对于高层建筑，不宜小于 15m×15m；供重型消防车使用时，不宜小于 18m×18m。

（2）救援场地和入口

高层建筑应至少沿一个长边或周边长度的 1/4 且不小于一个长边长度的底边连续布置消防车登高操作场地，该范围内的裙房进深不应大于 4m。

建筑高度不大于 50m 的建筑，连续布置消防车登高操作场地确有困难时，可间隔布置，但间隔距离不宜大于 30m，且消防车登高操作场地的总长度仍应符合上述规定。

消防车登高操作场地应符合下列规定：

场地与厂房、仓库、民用建筑之间不应设置妨碍消防车操作的树木、架空管线等障碍物和车库出入口。场地的长度和宽度分别不应小于 15m 和 10m。对于建筑高度大于 50m 的建筑，场地的长度和宽度分别不应小于 20m 和 10m。场地及其下面的建筑结构、管道和暗沟等，应能承受重型消防车的压力。场地应与消防车道连通，场地靠建筑外墙一侧的边缘距离建筑外墙不宜小于 5m，且不应大于 10m，场地的坡度不宜大于 3%。

建筑物与消防车登高操作场地相对应的范围内，应设置直通室外的楼梯或直通楼梯间的入口。

厂房、仓库、公共建筑的外墙应在每层的适当位置设置可供消防救援人员进入的窗口。

供消防救援人员进入的窗口的净高度和净宽度均不应小于 1.0m，下沿距室内地面不宜大于 1.2m，间距不宜大于 20m 且每个防火分区不应少于 2 个，设置位置应与消防车登高操作场地相对应。窗口的玻璃应易于破碎，并应设置可在室外易于识别的明显标志。

5. 城市消防设施

消防指挥调度中心、消防站、消火栓、消防水池以及消防瞭望塔等。其中消防站和消火栓是城市必不可少的消防设施。

6. 消防站

城市消防站的分类应符合下列要求：

（1）城市消防站分为陆上消防站、水上（海上）消防站和航空消防站；有条件的城市，应形成陆上、水上、空中相结合的消防立体布局和综合扑救体系；

（2）陆上消防站分为普通消防站和特勤消防站，普通消防站分为一级普通消防站和二级普通消防站。

各类消防站建设用地面积应符合下列规定：一级普通消防 3300～4800m^2；二级普通消防站 2000～3200m^2；特勤消防站 4900～6300m^2。

7. 陆上消防站

城市消防站可分为普通消防站和特勤消防站两类。

（1）设置要求

① 城市规划建成区内应设置一级普通消防站。城市规划建成区内设置一级普通消防站确有困难的区域可设二级普通消防站。消防站不应设在综合性建筑物中；特殊情况下，设在综合性建筑物中的消防站应有独立的功能分区；

② 中等及以上规模的城市、地级及以上城市、经济较发达的县级城市和经济发达且有特勤任务需要的城镇应设置特勤消防站。特勤消防站的特勤任务服务人口不宜超过50万人/站；

③ 中等及以上规模的城市、地级以上城市的规划建成区内应设置消防设施备用地，用地面积不宜小于一级普通消防站；大城市、特大城市的消防设施备用地不应少于2处，其他城市的消防设施备用地不应少于1处。

(2) 布局要求

① 城市规划区内普通消防站的规划布局，一般情况下应以消防队接到出动指令后正常行车速度下5分钟内可以到达其辖区边缘为原则确定；

② 普通消防站的责任区面积一般为4～7km^2；特勤消防站兼有辖区消防任务的，其辖区面积同一级普通消防站。设在近郊区的普通消防站仍以消防队接到出动指令后5分钟内可以到达其辖区边缘为原则确定辖区面积，其辖区面积不应大于15km^2；有条件的城市，也可针对城市的火灾风险，通过评估方法合理确定消防站辖区面积；

③ 城市消防站辖区的划分，应结合地域特点、地形条件、河流、城市道路网结构，不宜跨越河流、城市快速路、城市规划区内的铁路干线和高速公路，并兼顾消防队伍建制、防火管理分区；

④ 结合城市总体规划确定的用地布局结构、城市或区域的火灾风险评估、城市重点消防地区的分布状况，普通消防站和特勤消防站应采取均衡布局与重点保护相结合的布局结构，对于火灾风险高的区域应加强消防装备的配置；

⑤ 特勤消防站应根据特勤任务服务的主要灭火对象设置在交通方便的位置，宜靠近辖区中心。

(3) 消防站的选址要求

① 应设在辖区内适中位置和便于车辆迅速出动的主、次干道的临街地段；

② 其主体建筑距医院、学校、幼儿园、影剧院、商场等容纳人员较多的公共建筑的主要疏散出口或人员集散地不宜小于50m；

③ 辖区内有生产、储存易燃易爆危险化学物品单位的，消防站应设置在常年主导风向的上风或侧风处，其边界距上述部位一般不应小于200m；

④ 消防站车库门应朝向城市道路，至城市规划道路红线的距离不应小于15m。

(4) 消防站建设用地面积应符合下列规定：

一级普通消防站：拥有6～7辆消防车，占地3300～4800m^2；

二级普通消防站：拥有4～5辆消防车，占地2300～3400m^2；

特勤消防站：占地4900～6300m^2。

上述指标未包含道路、绿化用地面积，各地在确定消防站建设用地总面积时，可按0.5～0.6的容积率进行测算。

8. 水上（海上）消防站

水上（海上）消防站的选址应符合下列要求：

① 水上（海上）消防站宜设置在城市港口、码头等设施的上游处；

② 辖区水域内有危险化学品港口、码头，或水域沿岸有生产、储存危险化学品单位的，水上（海上）消防站应设置在其上游处，并且其陆上基地边界距上述危险部位一般不应小于200m；

③ 水上（海上）消防站不应设置在河道转弯、旋涡处及电站、大坝附近；

④ 水上（海上）消防站趸船和陆上基地之间的距离不应大于500m，并且不应跨越铁路、城市主干道和高速公路。

9. 消火栓

消火栓间距不应超过120m，距建筑外墙应大于0.5m。

（三）熟悉城市防洪排涝工程设施的设置要求

1. 城市防洪、防涝对策

对于河流洪水防治要坚持“上蓄水、中固堤、下利泄”的原则。对策有以蓄为主和以排为主两种。

2. 城市防洪、防涝标准

城市防洪防涝对策：对于洪水的防治，应从流域的治理入手。一般来说，对于河流洪水防治有“上蓄水、中固堤，下利泄”的原则，即上游以蓄水分洪为主，中游应加固堤防，下游应增强河道的排泄能力。综合起来，主要防洪对策有以蓄为主和以排为主两种。

（1）以蓄为主：水土保持，水库蓄洪和滞洪。

（2）以排为主：修筑堤防，整治河道，“逢弯去角，逢正抽心”。

防洪标准：是指防洪对象应具备的防洪能力，用可防御洪水相应的重现期或出现频率表示。

城市等别和防洪标准

等别	重要程度	城市人口（万人）	防洪标准（重现期·年）		
			河（江）洪、海潮	山洪	泥石流
Ⅰ	特别重要城市	≥150	≥200	50～100	>100
Ⅱ	重要城市	50～150	100～200	20～50	50～100
Ⅲ	中等城市	20～50	50～100	10～20	20～50
Ⅳ	一般城镇	≤20	20～50	5～10	20

3. 防洪、排涝措施

规划阶段包括防洪安全布局、防洪排涝工程措施和非工程措施三方面。

防洪安全布局，是指在城乡规划中，根据不同地段洪涝灾害的风险差异，通过合理的城市建设用地选择和用地布局来提高城市防洪排涝安全度，其综合效益往往不亚于工程措施。

防洪安全布局的基本原则：城市建设用地应避开洪涝、泥石流灾害高风险区；应根据洪涝风险差异，合理布局。在城市建设中，为行洪和雨水调蓄留出足够的用地。

4. 防洪、防涝工程设施

常见防洪、防涝工程设施可以分为挡洪、泄洪、蓄滞洪、排涝等四类，主要有防洪堤、截洪沟、排涝泵站等。

(1) 防洪堤墙

堤顶和防洪墙顶标高一般为设计洪（潮）水位加上超高，当堤顶设防浪墙时，堤顶标高应高于洪（潮）水位 0.5m 以上。堤线选择就是确定堤防的修筑位置，它与城市总体规划有关，也与河道的情况有关。堤线选择应注意以下几点：

① 堤轴线应与洪水主流向大致平行，并与中水位的水边线保持一定距离，这样可避免洪水对堤防的冲击和在平时堤防不浸入水中。

② 堤的起点应设在水流较平顺的地段，以避免产生严重的冲刷，堤端嵌入河岸 3～5m。

③ 设于河滩的防洪堤，为将水引入河道，堤防首段可布置成“八”字形，这样还可避免水流从堤外漫流和发生淘刷。

④ 堤的转弯半径应尽可能大一些，力求避免急弯和折弯，一般为 5～8 倍的设计水面宽。

⑤ 堤线宜选择在较高的地带上，不仅基础坚实，增强堤身的稳定，也可节省土方，减少工程量。

(2) 排洪沟与截洪沟

排洪沟是为了使山洪能顺利排入较大河流或河沟而设置的防洪设施，主要是对原有冲沟的整治，加大其排水断面，理顺沟道线型，使山洪排泄顺畅。

截洪沟是排洪沟的一种特殊形式。位居山麓或土塬坡底的城镇、厂矿区，可在山坡上选择地形平缓，地质条件较好的地带；也可在坡脚下修建截洪沟，拦截地面水，在沟内积蓄或送入附近排洪沟中，以防危及城镇安全。

(3) 防洪闸

防洪闸指城市防洪工程中的挡洪闸、分洪闸、排洪闸和挡潮闸等。

闸址选择应根据其功能和运用要求，综合考虑地形、地质、水流、泥沙、潮汐、航运、交通、施工和管理等因素比较确定。闸址应选在水流流态平顺，河床、岸坡稳定的河段；泄洪闸宜选在河段顺直或截弯取直的地点；分洪闸应选在被保护城市上游，河岸基本稳定的弯道凹岸顶点稍偏下游处或直段；挡潮闸宜选在海岸稳定地区，以接近海口为宜。

(4) 排涝设施

当城市或工矿区所处地势较低，在汛期排水发生困难，以致引起涝灾，可以采取修建排水泵站排水，或者将低洼地填高地面，使水能自由流出。排涝泵站是城市排涝系统的主要工程设施，其布局方案应根据排水分区、雨水管渠布局、城市水系格局等因素确定。排涝泵站规模（排水能力）根据排洪标准、服务面积和排水分区内调蓄水体能力确定。

应试者应该在熟悉以上内容的基础上，查阅《城市防洪规划规范》（GB 51079—2016）及相关内容。

（四）熟悉城市抗震工程设施的设置要求

1. 城市用地布局

对抗震有利的地段包括：开阔、平坦、密实、均匀的坚硬土。地震危险地段包括：地震时可能发生滑坡、崩塌、地陷、地裂、泥石流的堤段；活动性断裂带附近，地震时可能发生地表错位的部位。对抗震不利的地段包括：软化土、液化土、河岸和边坡边缘；平面上成因、岩性、状态不明显的土层，如古河道、断层破碎带、暗埋的塘浜沟谷、填方较厚的地基等。

2. 概念

(1) 地震烈度：是指地震时某一地区的地面和各类建筑物遭受到一次地震影响的强弱程度。地震烈度越高，破坏力越大。同一次地震，主震震级只有一个，而烈度在空间上呈明显差异。

影响地震烈度大小的有下列因素：地震等级；震源深度；震中距离；土壤和地质条件；建筑物的性能；震源机制；地貌和地下水位等。

地震烈度分为 12 个等级，以 6 度作为城市设防的分界。

(2) 震级：震源放出的能量大小。5 度以上会造成破坏。

3. 城市抗震标准

我国工程建设抗震设防烈度有 6、7、8、9、10 度五个等级。

4. 城市抗震设施

主要指避震和震时疏散通道及避震疏散场地。

城市避震和震时疏散可分为就地疏散、中程疏散和远程疏散。城市内抗震疏散通道的宽度不应小于 15m；房屋高度低于 10m，最小房屋间距为 12m；房屋高度 10～20m，最小房屋间距为 $6+0.8h$；房屋高度超过 20m，最小房屋间距为 $14+h$。

紧急避难场所应当具有较大的容纳空间，配置或者易于连接水、电、通信等基本生活设施，疏散半径可在 1.0km 以上。紧急避难场所不能发生次生灾害。

城市设防烈度 6、7、8、9 度的地区，对应的人均避震疏散面积为 $1.0m^2$、$1.5m^2$、$2.0m^2$、$2.5m^2$。

(五) 熟悉城市防空工程规划

1. 城市防空工程规划原则

(1) 提高防空工程数量和质量；

(2) 突出防护重点；

(3) 就近分散掩蔽代替集中掩蔽；

(4) 加强防空工事间的连通；

(5) 综合利用城市地下设施。

2. 防空工程建设标准

(1) 总面积：战时留市人口约占城市总人口的 30%～40%，按人均 $1.0～1.5m^2$ 的防空工程面积标准。

(2) 居住区中：在成片居住区内按总建筑面积的 2%设置防空工程，或按地面建筑总投资的 6%左右进行安排。

(六) 熟悉地质灾害防治

地质灾害，地质学专业术语，是指在自然或者人为因素的作用下形成的，对人类生命财产、环境造成破坏和损失的地质作用（现象）。城市规划中常见的地质灾害主要有崩塌、滑坡、地面沉降、地面塌陷、泥石流、地裂缝等。

崩塌、滑坡、地面沉降、地面塌陷、泥石流、地裂缝等地质灾害突发性很强，规模和影响范围较大，原则上应该避让，将其划分成不适宜建设用地。

地面沉降成因很多，例如地壳运动、地下矿藏开采、地下水开采等。

（七）熟悉城市防灾救护与生命线系统规划

1. 城市综合防灾

（1）加强区域减灾和区域防灾协作；

（2）合理选择与调整城市建设用地；

（3）优化城市生命线系统的防灾性能；

（4）强化城市防灾设施的建设与运营管理；

（5）建立城市综合防灾指挥组织体系；

（6）健全、完善城市综合救护系统。

2. 提高生命线系统的措施

（1）设施的高标准设防；

（2）设施的地下化；

（3）设施节点的防灾处理；

（4）设施的备用率。

高速公路和一级公路的特大桥，应按三百年一遇进行设防。

应试者应该以以上内容为参考大纲，阅读：戴慎志编著.《城市市政工程系统规划》.中国建筑工业出版社，1999年。

十一、城市工程管线综合规划

（一）熟悉城市工程管线分类与特征

1. 按工程管线性能和用途分类

（1）给水管道：包括工业给水、生活给水、消防给水等管道。

（2）排水沟管：包括工业污水（废水）、生活污水、雨水、降低地下水等管道和明沟。

（3）电力线路：包括高压输电、高低压配电、生产用电、电车用电等线路。

（4）电信线路：包括市内电话、长途电话、电报、有线广播、有线电视等线路。

（5）热力管道：包括蒸汽、热水等管道。

（6）可燃或助燃气体管道：包括煤气、乙炔、氧气等管道。

（7）空气管道：包括新鲜空气、压缩空气等管道。

（8）灰渣管道：包括排泥、排灰、排渣、排尾矿等管道。

（9）城市垃圾输送管道。

（10）液体燃料管道包括石油、酒精等管道。

（11）工业生产专用管道：主要是工业生产上用的管道，如氯气管道，以及化工专用的管道等。

（12）铁路：包括铁路线路、专用线、地下铁路、轻轨铁路和站场以及桥涵等。

（13）道路：包括城市道路（街道）、公路、桥梁、涵洞等。

（14）地下人防线路：如防空洞、地下建筑等。

2. 按工程管线输送方式分类

（1）压力管线：指管道内流体介质由外部施加力使其流动的工程管线，通过一定的加压设备将流体介质由管道系统输送给终端用户。给水、煤气、灰渣管道系为压力输送。

（2）重力自流管线：指管道内流动着的介质由重力作用沿其设置的方向流动的工程管线。污水、雨水管道系为重力自流输送。

3. 按工程管线敷设方式分类

（1）架空线：通过地面支撑设施在空中布线的工程管线。如架空电力线，架空电话线。

（2）地铺管线：在地面铺设明沟或盖板明沟的工程管线，如雨水沟渠，地面各种轨道。

（3）地埋管线：在地面以下有一定覆土深度的工程管线，根据覆土深度不同，地下管线可分为深埋和浅埋两类。划分深埋和浅埋主要决定于有水的管道和含有水分的管道在寒冷的情况下是否怕冰冻、土壤冰冻的深度。所谓深埋，是指管道的覆土深度大于1.5m，如我国北方的土壤冰冻线较深，给水、排水、湿煤气等管道属于深埋一类；热力管道、电信管道、电力电缆等不受冰冻的影响，可埋设较浅，属于浅埋一类。

4. 按工程管线弯曲程度分类

（1）可弯曲管线：指通过某些加工措施易将其弯曲的工程管线。如电信电缆、电力电缆、自来水管道等。

（2）不易弯曲管线：指通过加工措施不易将其弯曲的工程管线或强行弯曲会损坏的工程管线。如电力管道、电信管道、污水管道等。

（二）熟悉城市工程管线综合的技术要求

1. 综合管廊

（1）综合管廊：就是地下城市管道综合走廊。在城市地下建造的市政公用隧道空间，将电力、通信、供水等市政公用管线，根据规划的要求集中敷设在一个构筑物内，实施统一规划、设计、施工和管理。

城市综合管廊适宜建设区：综合管廊规划应从现状用地情况、区域功能结构、用地功能布局、建筑密度分区、地下空间利用规划、城市更新规划、管线需求密集区域等几个因素进行考虑。因此综合管廊普遍适用于高强度开发区域的城市核心区和中央商务区、地下空间高强度成片开发区、城市新建区和更新区、城市近期建设重点地区、管线需求密集区域等。

根据《城市工程管线综合规划规范》（GB 50289—2016）4.2有关规定，当遇到下列情况之一时，工程管线宜采用综合管廊集中敷设：

① 交通运输繁忙或工程管线设施较多的机动车道、城市主干道以及配合兴建地下铁道、地下道路、立体交叉等工程地段。

② 不宜开挖路面的路段。

③ 广场或主要道路的交叉处。

④ 需同时敷设两种以上工程管线及多回路电缆的道路。

⑤ 道路与铁路或河流的交叉处。

⑥ 道路宽度难以满足直埋敷设多种管线的路段。

（2）分类：综合管廊宜分为干线综合管廊、支线综合管廊及缆线管廊。

干线综合管廊：用于容纳城市主干工程管线，采用独立分舱方式建设的综合管廊。

支线综合管廊：用于容纳城市配给工程管线，采用单舱或双舱方式建设的综合管廊。

缆线管廊：采用浅埋沟道方式建设，设有可开启盖板，但其内部空间不能满足人员正常通行要求，用于容纳电力电缆和通信线缆的管廊。

2. 工程管线综合布置原则

(1) 压力管让重力自流管；

(2) 管径小的管线让管径大的管线；

(3) 易弯曲的管线让不易弯曲的管线；

(4) 临时性的管线让永久性的管线；

(5) 工程量小的管线让工程量大的管线；

(6) 新建的管线让现有的管线；

(7) 检修次数少的和方便的管线，让检修次数多的和不方便的管线。

工程管线从道路红线向道路中心线方向平行布置的次序：电力电缆、电信电缆、燃气配气、给水排水、热力干线、燃气输气、给水输水、雨水排水、污水排水。

工程管线在庭院内建筑线向外方向平行布置的次序：电力、电信、污水、排水、燃气、给水、热力。

工程管线从地面向下布置的次序：电力、电信、热力、燃气、给水、雨水、污水。

道路红线超过30m宽的城市干道宜两侧布置给水配水管和燃气配气管线，超过50m的城市干道应在道路两侧布置排水管线。

3. 管线共沟敷设原则

(1) 热力管不应与电力、通信电缆和压力管道共沟；

(2) 排水管道应布置在沟底，当沟内有腐蚀性介质管道时，排水管应位于其上面；

(3) 腐蚀介质管道的标高应低于沟内其他管线；

(4) 火灾危害性属于甲、乙、丙类的液体、液化石油气、可燃气体、毒性气体和液体以及腐蚀性介质管道，不应共沟敷设；

(5) 可能产生相互影响的管线，不应共沟敷设。

4. 相关技术术语

(1) 现浇综合管廊：采用在施工现场支模并整体浇筑混凝土的方法施工的综合管廊。

(2) 预制综合管廊：采用预制拼装工艺施工的综合管廊。包括仅带纵向拼缝接头的预制拼装综合管廊和带纵、横向拼缝接头的预制拼装综合管廊。

应试者应该在熟悉以上内容的基础上，查阅《城市工程管线综合规划规范》(GB 50289—2016) 及相关内容。

2015年6月1日起实施的《城市综合管廊工程技术规范》(GB 50838—2015)，对2012年版本的《城市综合管廊工程技术规范》进行了较大的修改和完善，对我国综合管廊建设的推动起到了积极的作用，本版规范强调原则上所有管线必须入廊，但也扩充了综合管廊的分类，新增了缆线管廊。

应试者应该在熟悉以上内容的基础上，查阅《城市工程管线综合规划设计规范》及相关内容。

第二节 复 习 题 解

(题前符号意义：■为掌握；□为熟悉；△为了解。)

□1. **广义概念的城市市政公用设施分为(　　)两大类。(多选)**

A. 技术性市政公用设施　　B. 公共性市政公用设施

C. 公益性市政公用设施　　D. 社会性市政公用设施

【参考答案】 A、D

【解答】 城市市政公用设施系统包括技术性市政公用设施与社会性市政公用设施。城市技术性市政公用设施包含能源系统、水资源与给水、排水系统、交通系统、邮电系统、环境系统、防灾系统等；城市社会性市政公用设施包含行政管理、金融保险、商业服务、文化娱乐、体育活动、医疗卫生、教育、科研、宗教、社会福利、大众住房等。

■2. **在城市给水工程规划和进行水量预测时，一般采用下列(　　)组城市用水分类。**

①工业企业用水　②生产用水　③居民生活用水　④生活用水　⑤公共建筑用水

⑥市政用地　⑦消防用水　⑧施工用水　⑨绿化用水

A. ①、③、⑤、⑦　　B. ①、④、⑥、⑨

C. ②、④、⑥、⑦　　D. ①、④、⑧、⑨

【参考答案】 C

【解答】 通常在进行用水量预测时，根据用水目的不同，以及用水对象对水质、水量和水压的不同要求，将城市用水分为四类，即生活用水、生产用水、市政用水和消防用水，此外还有水厂自身用水、管网漏水量及其他未预见水量等。

■3. **按照现行《地面水环境质量标准》，作为城市一般性景观用水的水质可以是(　　)。**

A. Ⅱ类　　B. Ⅲ类　　C. Ⅳ类　　D. Ⅴ类

【参考答案】 D

【解答】 根据《地面水环境质量标准》(GB 3838—2002)，将水体划分为5类，Ⅰ类属源头水，国家自然保护区；Ⅱ类属集中式生活饮用水源一级保护区、珍贵鱼类保护区、鱼虾产卵场等；Ⅲ类属集中式生活饮用水水源地二级保护区、一级鱼类保护区、游泳区；Ⅳ类属工业用水区、人体非直接接触的娱乐用水区；Ⅴ类属农业用水区，一般景观要求水域。

■4. **关于城市水源的选择，应考虑下列(　　)等要求。(多选)**

A. 具有充沛的水量，良好的水质

B. 密切结合城市近远期规划和发展布局，从整个给水系统的安全和经济考虑

C. 充分利用地下水资源作为城市水源

D. 选择水源时还应考虑防护和管理要求，以免水源枯竭和水质污染

【参考答案】 A、B、D

【解答】 地下水资源的水质好，但是如果进行长期过度开采会影响城市的工程地质发生变化，所以选择水源时，要考虑地下水的恢复与补充。如果该地区存在逐年可以恢复的地下水则可选作水源。

■5. **下列四项内容中，属于城市给水工程系统详细规划内容的是(　　)。(多选)**

A. 布局给水设施和给水管网

B. 平衡供需水量，选择水源，确定取水方式和位置

C. 选择管材

D. 计算用水量，提出对水质、水压的要求

【参考答案】 A、C、D

【解答】 城市给水工程系统详细规划内容除上述选项中的A、C、D之外，还包括：计算输配水管渠管径，校核配水管网水量及水压，进行造价估算。平衡供需水量，选择水源，确定取水方式和位置，属于城市给水工程系统总体规划内容。

■6. 城市用水分类是根据以下各项中的(　　)项分为四类，即生活用水、生产用水、市政用水、消防用水。(多选)

A. 水质　　B. 水密度　　C. 水量　　D. 水压

【参考答案】 A、C、D

【解答】 根据用水目的不同以及用水对象对水质、水量和水压的不同要求，将城市用水分为四类：生活用水、生产用水、市政用水、消防用水。除以上用水外，还有水厂自身用水，管网漏失水量及其他未预见水量。

■7. 与城市居民生活用水标准有较大关系的因素不包括以下(　　)项。

A. 当地的气候条件、水资源量　　B. 城市性质、居住习惯

C. 给水设施条件、城市地形地貌　　D. 社会经济发展水平

【参考答案】 C

【解答】 城市中每个居民日常生活所用的水量范围称为居民生活用水量标准。一般包括居民的饮用、烹饪、洗刷、沐浴、冲洗厕所等用水。居民生活用水标准与当地的气候条件、城市性质、社会经济发展水平、给水设施条件、水资源量、居住习惯等都有较大关系。

■8. 工业生产用水量与下列(　　)因素有关。(多选)

A. 生产性质　　B. 工艺过程　　C. 生产设备　　D. 管理水平

【参考答案】 A、B、C、D

【解答】 工业企业生产用水量，根据生产工艺过程的要求确定，可采用单位产品用水量、单位设备日用水量、万元产值取水量、单位建筑面积工业用水量作为工业用水标准。由于生产性质、工艺过程、生产设备、管理水平等不同，工业生产用水的变化很大，即使生产同一类产品，不同工厂、不同阶段的生产用水量相差也很大。

△9. 以下城市用水量预测与计算的基本方法中，(　　)项对城市总体规划、分区规划、详细规划的用水量预测与计算都有较好的适应性。

A. 人均综合指标法　　B. 单位用地指标法

C. 线性回归法　　D. 城市发展增量法

【参考答案】 B

【解答】 单位用地指标法：确定城市单位建设用地的用水量指标后，根据规划的城市用地规模，推算出城市用水总量。这种方法对城市总体规划、分区规划、详细规划的用水量预测与计算都有较好的适应性。城市发展增量法用于近期建设预测比较准确。

△10. 城市工业用水量的预测方法与城市用水量预测与计算方法相比，还常用(　　)方法。

A. 分类加和法　　B. 年递增率法

C. 万元产值指标法　　D. 线性回归法

【参考答案】 C

【解答】 城市工业用水量在城市总用水量中占有较大比例，其预测的准确与否对城市用水量规划具有重要影响。城市工业用水量对于城市规划中的工业结构调整、重大工业项目选址及城市用水政策制定等都有作用。因为影响城市工业用水量的因素较多，预测方法也比

较多。一般有单位用地指标法和第 8 题的各种数学模型方法，还常用万元产值指标法。

万元工业产值取水量指工业企业在某段时间内，每生产 1 万元产值的产品所使用的生产新水量。根据确定的万元产值取水量和规划期的工业总产值，可以算出工业用水量。

△11. 下列各项中，关于城市给水规模叙述正确的是(　　)。

A. 城市给水规模就是指城市给水工程统一供水的城市最高时用水量

B. 城市给水规模就是指城市给水工程统一供水的城市平均时用水量

C. 城市给水规模就是指城市给水工程统一供水的城市最高日用水量

D. 城市给水规模就是指城市给水工程统一供水的城市平均日用水量

【参考答案】 C

【解答】 城市给水规模就是指城市给水工程统一供水的城市最高日用水量，而在城市水资源平衡中所用的水量一般指平均日用水量。

△12. 地表水取水口必须在码头附近取水时，不宜采用(　　)形式。(多选)

A. 河床式取水构筑物　　B. 斗槽式取水构筑物

C. 岸边式取水构筑物　　D. 江心式取水构筑物

【参考答案】 B、C、D

【解答】 取水口不宜设在码头附近，距码头边缘至少 100m，应征求航运、港务部门同意。必须在码头附近取水时，宜用河床式取水构筑物。

■13. 以地下水为水源时，水井周围(　　)m 的范围内，不得设置渗水厕所、粪坑和废渣堆等污染源。

A. 10　　B. 20　　C. 30　　D. 40

【参考答案】 C

【解答】 在地下水源的卫生防护中，以地下水为水源时，水井周围 30m 的范围内，不得设置渗水厕所、渗水坑、粪坑、垃圾堆和废渣堆等污染源，并建立卫生检查制度。

■14. 城市水源选择考虑水量和水质的要求，按优劣顺序排列为(　　)。

A. 地下水、泉水、河水、湖水　　B. 泉水、海水、地下水、河水、湖水

C. 湖水、泉水、河水、地下水　　D. 海水、泉水、河水、地下水、湖水

【参考答案】 A

【解答】 地下水不易遭受污染，水质较好，水量充沛，净化处理较为简便。其次是泉水、河水，湖水是静水，水质较差。

□15. 小城市水源的选择规划中，应设(　　)以上的取水口。

A. 1 个　　B. 2 个　　C. 3 个　　D. 4 个

【参考答案】 B

【解答】 小城市为保证供水安全，应有远期备用水源或结合远期发展要求应设两个以上取水口。

■16. 城市给水设施布置形式分为(　　)形式。

A. 统一给水系统、分质给水系统、分区给水系统、分压给水系统

B. 统一给水系统、分质给水系统、分压给水系统、循环给水系统

C. 统一给水系统、分质给水系统、分区给水系统、循环给水系统

D. 统一给水系统、分区给水系统、分压给水系统、循环给水系统

【参考答案】 C

【解答】 （1）统一给水系统：根据生活饮用水水质要求，由同一管网供给生活、生产和消防用水到用户的给水系统，称为统一给水系统。

（2）分质给水系统：分质给水系统是取水构筑物从同一水源或不同水源取水，经过不同程度的净化过程，用不同的管道，分别将不同水质的水供给各个用户的给水系统。

（3）分区给水系统：把城市的整个给水系统分成几个区，每区有泵站和管网等，各区之间有适当的联系，以保证供水可靠和调度灵活。

（4）循环和循序给水系统：在工业生产中，所产生的废水经过适当处理后可以循环使用，或用作其他车间和工业部门的生产用水，则称作循环系统或循序给水系统。

□17. 关于城市地表水取水构筑物位置的选择的叙述，下列(　　)条不妥。(多选)

A. 具有稳定的河床和河岸

B. 有足够的水源，水深一般小于 2.5～3.0m

C. 弯曲河段上，宜设在河流的凸岸

D. 顺直的河段上，宜设在河床稳定处

【参考答案】 B、C

【解答】 地表水取水构筑物位置的选择，应根据地表水源的水文、地质、地形、卫生、水力等条件综合考虑，其中，应有足够的水源和水深，一般不小于 2.5～3.0m；弯曲河段上，宜设在河流的凹岸，但应避开凹岸主流的顶冲点。

□18. 地表水取水口应位于桥梁上游(　　)或下游(　　)以上。

A. 2.0～2.5km；2.5km　　B. 1.5～2.0km；2.0km

C. 1.0～1.5km；1.5km　　D. 0.5～1.0km；1.0km

【参考答案】 D

【解答】 河流中的桥梁、码头厂坝等人工障碍物对河流条件引起变化，取水口位置与这些公共设施应保持一段距离。

■19. 取水构筑物的设计最高水位应按防洪(　　)标准确定。

A. 200 年一遇　　B. 150 年一遇

C. 100 年一遇　　D. 50 年一遇

【参考答案】 C

【解答】 取水构筑物的位置选择对取水的水质、水量、取水的安全可靠性、投资、施工、运行管理及河流的综合利用都有影响。其本身设计直接影响城市用水，因此其本身设计要求较高。设计枯水位的保证率，一般采用 90%～99%。

△20. 给水管网的修建费用约占整个给水工程投资的(　　)。

A. 90%　　B. 50%～80%　　C. 40%～70%　　D. 30%

【参考答案】 C

【解答】 城市给水管网应合理布置规划，不仅能保证供水，并且还要具有很大的经济意义。给水管网的修建费用约占整个给水工程投资的 40%～70%。

■21. 城市配水管的管径一般至少为(　　)，供消防用水的配水管管径为(　　)。

A. 100mm；大于 150mm　　B. 120mm；大于 180mm

C. 150mm；小于 200mm　　D. 180mm；小于 250mm

【参考答案】 A

【解答】 城市给水管网中，干管一般200mm以上，配水管至少100mm，同时供给消防用水的配水管管径应大于150mm，接户管不宜小于20mm。

■22. 按照《地面水环境质量标准》（GB 3838—2002）规定，Ⅲ类水体标准用水适用于(　　)用水。(多选)

A. 源头水　　B. 一级鱼类保护区

C. 鱼虾产卵场　　D. 游泳区

E. 工业用水区　　F. 农业用水区

【参考答案】 B、D

【解答】 Ⅰ类用水为源头水、国家自然保护区；Ⅱ类为集中式生活饮用水水源地一级保护区、珍贵鱼类保护区、鱼虾产卵场等；Ⅲ类为集中式生活饮用水水源地二级保护区、一级鱼类保护区、游泳区；Ⅳ类为工业用水区，人体非直接接触的娱乐用水区；Ⅴ类为农业用水区，一般景观要求水域。

■23. 水厂生产区外围(　　)范围内不得设置生活居住区。

A. 10m　　B. 20m　　C. 50m　　D. 2.0m

【参考答案】 A

【解答】 水厂生产区的范围应明确划定，并设立明显标志，在生产区外围不小于10m范围内不得设置生活居住区和修建禽畜饲养场、渗水厕所、渗水坑，不得堆放垃圾、粪便、废渣或铺设污水渠道，应保持良好的卫生状况和绿化。

■24. 以下各项叙述中，不属于水厂选址考虑的因素是(　　)。

A. 选择在工程地质条件较好的地方，地下水位要低、承载力较大、岩石较少的地层

B. 水厂应尽可能选择在不受洪水威胁的地方

C. 水厂应尽量设置在交通方便、靠近电源的地方

D. 水厂位置选择应远距高压走廊至少1000m的距离

【参考答案】 D

【解答】 给水处理厂厂址选择考虑的因素：

① 厂址应选择在工程地质条件较好的地方。一般选在地下水位低、承载力较大、湿陷性等级不高、岩石较少的地层，以降低工程造价和便于施工。

② 水厂应尽可能选择在不受洪水威胁的地方；否则应考虑防洪措施。

③ 水厂周围应具有较好的环境卫生条件和安全防护条件。

④ 水厂应尽量设置在交通方便、靠近电源的地方，以利于施工管理和降低输电线路的造价。

⑤ 厂址选址要考虑近、远期发展的需要，为新增附加工艺和未来规模扩大发展留有余地。

⑥ 当取水地点距离用水区较近时，水厂一般设置在取水构筑物附近，通常与取水构筑物建在一起。

■25. 取水点周围半径(　　)的水域内，严禁捕捞、停靠船只、游泳和从事可能污染水源的任何活动，并应(　　)。

A. 1000m；设有明显的范围标志　　B. 800m；设有栅栏围起

C. 500m；设有明显的范围标志　　D. 100m；设有明显的范围标志

【参考答案】 D

【解答】 地表水源取水口附近，要划定一定水域和陆域作为饮用水地表水源保护区，取水点周围半径100m作为一级保护区。

■26. 城市给水管网布置中，平行的干管间距(　　)m，连通管间距(　　)m。

A. 500～1000；800～1000　　B. 500～800；800～1000

C. 500～800；500～1000　　D. 500～1000；500～1000

【参考答案】 B

【解答】 城市给水管网规划中，管网布置必须保证供水安全可靠，宜布置成环状，即按主要流向布置几条平行干管，其间用连通管连接。干管位置应尽可能布置在两侧用水量较大的道路上，以减少配水管数量。平行的干管间距500～800m，连通管间距800～1000m。

■27. 下列哪些措施适用于解决资源性缺水地区的水资源供需矛盾？(　　)(多选)

A. 调整产业和行业结构，将高耗水产业逐步搬迁

B. 推广城市污水再生利用

C. 推广农业滴灌、喷灌

D. 采取外流域调水

E. 改进城市自来水厂净水工艺

【参考答案】 A、B、C、D

【解答】 改进城市自来水厂净水工艺是针对水质型缺水地区的水资源供需矛盾采取的措施。

■28. 城市消防用水量按(　　)的用水量确定。

A. 同时发生的火灾次数和一次灭火的用水量

B. 同时发生的火灾次数乘以二次灭火的用水量

C. 同时发生的火灾次数和三次灭火的用水量

D. 同时发生的火灾次数乘以四次灭火的用水量

【参考答案】 A

【解答】 消防用水量按同时发生的火灾次数和一次灭火的用水量确定。其用水量与城市规模、人口数量、建筑物耐火等级、火灾危险性类别、建筑物体积、风向频率和强度有关。

■29. 城市排水按照来源和性质分为(　　)三类。

A. 生活污水、工业污水、降水　　B. 生活污水、工业废水、降水

C. 生活污水、工业废水、雨水　　D. 生活污水、工业污水、雨水

【参考答案】 B

【解答】 城市排水按来源和性质分为三类：生活污水、工业废水和降水。通常所言的城市污水是指排入城市排水管道的生活污水和工业废水的总和。

□30. 生活污水量约占生活用水量的(　　)。

A. 50%～70%　　B. 60%～80%　　C. 70%～90%　　D. 75%～95%

【参考答案】 C

【解答】 生活污水是指居民生活污水与公共设施污水两部分之和，其大小直接取决于生活用水量，通常生活污水量约占生活用水量的70%～90%。

□31. 下面关于中水系统的论述中，(　　)不正确。(多选)

A. 将城市污水或生活污水经处理后用作城市杂用，或将工业用的污水回用的系统

B. 将城市给水（上水）系统中截流部分作为某种专门用水的系统

C. 城市排水（下水）系统中的一种水处理系统

D. 既不能作为城市生活用水，又不能作为城市生产用水的系统

【参考答案】 B、C、D

【解答】 中水系统是相对于给水（上水）和排水（下水）系统而言的，是将城市污水或生活污水经处理后用作城市杂用，或将工业用的污水回用的系统。对节约用水、减少水环境污染具有明显效益。

■32. 关于污水处理厂选址，下列(　　)项正确。(多选)

A. 污水处理厂应设在地势较低处，便于城市污水自流入厂内

B. 污水处理厂宜设在水体附近，便于处理后的污水就近排入水体，尽量无提升，合理布置出水口

C. 厂址可以占农田、良田，宜在地质条件好的地段，便于施工、降低造价

D. 厂址不宜设在雨季易受水淹的洼处

【参考答案】 A、B、D

【解答】 污水处理厂厂址尽可能少占或不占农田。

□33. 通常在干燥土壤中，排水管道的最大埋深不超过(　　)m；在多水、流沙、石灰岩地层中，不超过(　　)m。

A. 7～8；5　　B. 7～9；5　　C. 5～6；5　　D. 8～9；6

【参考答案】 A

【解答】 管道埋深越大，工程造价就越高，施工难度也越大，所以管道埋深有一个最大限值，称为最大埋深。

■34. 生活污水一般显(　　)性。

A. 酸　　B. 碱　　C. 中　　D. 强酸

【参考答案】 B

【解答】 生活污水含较多的有机物和病原微生物，显碱性，需经过处理方可排入水体。

■35. 城市新建开发区宜采用下列(　　)排水系统。

A. 直排式合流制　　B. 截流式合流制

C. 完全分流制　　D. 不完全分流制

【参考答案】 C

【解答】 完全分流制是指分设污水和雨水两个管渠系统，前者集生活污水、工业废水送至污水处理厂处理后排放或利用，后者集雨水就近排入水体，该排水系统卫生条件较好，但投资大。

■36. 下面四项中，属于城市排水工程系统总体规划内容的是(　　)。(多选)

A. 确定排水干管、渠的走向和出口位置

B. 划定排水区域，估算雨水、污水总量

C. 对污水处理工艺提出初步方案

D. 按照确定的排水体制划分排水系统

【参考答案】 A、B

【解答】 城市排水工程系统总体规划内容除上述选项中的A、B之外，还包括：确定排水

制度，进行排水管、渠系统规划布局，确定雨水、污水主要泵站数量、位置，以及水闸位置，确定污水处理厂数量、分布、规模、处理等级以及用地范围，提出污水综合利用措施。上述选项中的C属于城市排水系统详细规划内容，选项D属于分区规划内容。

□**37. 在城市排水区界限内，应根据(　　)划分排水流域。(多选)**

A. 地形　　B. 竖向规划　　C. 用地性质　　D. 人群活动规模

【参考答案】 A、B

【解答】 城市排水主要考虑地形坡度，竖向规划反映地形坡度。

■**38. 当城市道路宽度超过(　　)m时，可以在道路两侧各设一条污水管。**

A. 60　　B. 50　　C. 40　　D. 30

【参考答案】 C

【解答】 为了减少连接支管的数目及与其他管道的交叉，有利于施工、检修和维护管理，当城市道路过宽时，沿两侧各设一条污水管。

■**39. 以下四种城市排水体制中，(　　)种体制多用于旧城区改建。**

A. 直排式合流制　　B. 截流式合流制

C. 不完全分流制　　D. 完全分流制

【参考答案】 B

【解答】 截流式合流制是在早期直排式合流制排水系统的基础上，临河岸边建造一条截流干管，同时，在截流干管处设溢流井，并设污水处理厂，这种形式多用于老城改建。

■**40. 雨水的径流系数计算公式为(　　)。**

A. 径流量/降雨量　　B. 渗流量/降雨量

C. 降雨量/径流量　　D. 降雨量/径流量

【参考答案】 A

【解答】 雨水落下部分径流入雨水管道，一部分渗入地面，径流量与降雨量之比就是径流系数。影响径流系数的因素有地面渗水性、植物和洼地的截流量、集流时间和暴雨雨型、地面渗水性。

□**41. 不同重要程度地区的雨水管渠，应采取不同的重现期来设计，其中一般地区重现期为(　　)年，重要地区为(　　)年。**

A. 1；2～3　　B. 1；2.5

C. 0.5；2～3　　D. 0.5；2～5

【参考答案】 D

【解答】 针对不同程度地区的雨水管渠，应采取不同的重现期来设计，使管渠断面尺寸适中，一般地区重现期为0.5年，重要地区为2～5年。

■**42. 在进行城市排水规划时，除了建立完善的雨水管渠系统外，应对城市的整个水系进行统筹规划，保留一定的水塘、洼地、截洪沟，考虑防洪的(　　)功能。**

A. 拦、分、泄　　B. 蓄、分、泄、堵

C. 拦、蓄、堵、泄　　D. 拦、蓄、分、泄

【参考答案】 D

【解答】 在进行城市排水规划时，除了建立完善的雨水管渠系统外，应对城市的整个水系进行统筹规划，保留一定的水塘、洼地、截洪沟，考虑防洪的“拦、蓄、分、泄”功能。

■43. 下面关于城市中水系统的叙述，正确的是以下(　　)项。

A. 将城市污水或生活污水经一定处理后用作城市杂用，或工业用的污水回用系统

B. 将城市污水或生活污水经一定处理后用作城市生活用水、工业用水的系统

C. 将城市污水或生活污水经一定处理后用作城市工业用水回用系统

D. 将城市污水或生活污水经一定处理后用作城市生活用水，或工业用的污水回用系统

【参考答案】 A

【解答】 城市中水系统是指将城市污水或生活污水经一定处理后用作城市杂用，或工业用的污水回用系统，是相对于给水和排水系统而言的。中水水源取自生活用水后排放的污水、冷却水，甚至雨水和工业废水。中水水源水量应是中水回用量的110%～115%。

■44. 下列关于城市排水系统规划内容的表述，哪项是错误的？(　　)

A. 重要地区雨水管道设计宜采用3～5年一遇重现期标准

B. 道路路面的径流系数高于绿地的径流系数

C. 为减少投资，应将地势较高区域和地势低洼区域划在同一雨水分区

D. 在水环境保护方面，截流式合流制与分流制各有利弊

【参考答案】 C

【解答】 排水分区是指考虑排水地区的地形、水系、水文地质、容泄区水位和行政区划等因素，把一个地区划分成若干个不同排水方式排水区的工作。

一是充分利用地形和水系，以最短的距离靠重力将雨水排至附近水系。

二是高水高排，低水低排，避免将地势较高、易于排水的地段与低洼区划分在同一排水分区。

■45. 下面关于城市污水处理厂选址的叙述，不正确的是(　　)项。

A. 厂址尽可能少占或不占农田，但宜在地质条件较好的地段，便于施工、降低造价

B. 厂址不宜设在雨季易受水淹的低洼处；靠近水体的污水处理厂要考虑不受洪水的威胁

C. 污水处理厂应设在地势较高处

D. 厂址必须位于集中给水水源的下游，并应设在城镇、工厂厂区及居住的下游和夏季主导风向的下方

【参考答案】 C

【解答】 城市污水处理厂厂址选择：污水处理厂应设在地势较低处，便于城市污水自流入厂内；污水处理厂宜设在水体附近，便于处理后的污水就近排入水体，尽量无提升，合理布置出水口；厂址必须位于集中给水水源的下游，并应设在城镇、工厂厂区及居住的下游和夏季主导风向的下方；厂址尽可能少占或不占农田，但宜在地质条件较好的地段，便于施工、降低造价；结合污水的出路，考虑污水回用于工业、城市和农业的可能，厂址应尽可能与回用处理后污水的主要用户靠近；厂址不宜设在雨季易受水淹的低洼处；靠近水体的污水处理厂要考虑不受洪水的威胁；污水处理厂选址应考虑污泥的运输和处置，宜近公路和河流；选址应注意城市近、远期发展问题，近期合适位置与远期合适位置往往不一致，应结合城市总体规划一并考虑。

■46. 城市污水管道的埋设深度，通常在干燥土壤中，最大埋深不超过(　　)；在多水、流沙、石灰岩地层中，不超过(　　)。

A. 8～10m；6m　　　　B. 7～8m；5m

C. 800～1000cm；60cm　　D. 700～800cm；50cm

【参考答案】 B

【解答】 管道的埋设深度指管底内壁到地面的距离。因为管道埋深越大，工程造价就越高，施工难度也越大，所以管道埋深有一个最大限值，称为最大埋深。具体应根据技术经济指标和当地情况确定。通常在干燥土壤中，最大埋深不超过7～8m；在多水、流沙、石灰岩地层中，不超过5m。

■47. 城市配电网由高压、低压配电网等组成。高压配电网电压等级为(　　)kV，低压配电网电压等级为(　　)。

A. 1～10；380V～1kV　　B. 1～35；380V～1kV

C. 1～35；220V～1kV　　D. 1～10；220V～1kV

【参考答案】 D

【解答】 高压配电网电压等级为1～10kV，工程设施含有变配电所、开关站，高压配电线路，采用直埋电缆、管道电缆等敷设方式。低压配电网电压等级为220V～1kV，工程设施含低压配电所、开关站、低压电力线路等设施，具有直接为用户供电的功能。

△48. 下列(　　)项属于城市电量预测与计算的方法。(多选)

A. 产量单耗法　　B. 用电水平法

C. 线性回归法　　D. 大用户调查法

【参考答案】 A、B、D

【解答】 电量预测方法有：产量单耗法，产值单耗法、用电水平法、按部门分项分析叠加法、大用户调查法、年平均增长率法、经济指标相关分析法、电力弹性系数法、国际比较法。其中经济指标相关分析法及电力弹性系数法是较先进的预测方法。

■49. 110～500kV变电所的所址标高宜在(　　)年一遇的高水位上，35kV变电所的所址标高宜在(　　)年一遇的高水位处。

A. 100；50　　B. 200；100

C. 100；20　　D. 200；50

【参考答案】 A

【解答】 变电所所址应地势高而平坦。不宜设于低洼地段，以免洪水淹没或涝渍影响，110～500kV变电所的所址标高宜在百年一遇的高水位上，35kV变电所的所址标高宜在50年一遇的高水位上。

□50. 35kV、110kV线路与建筑物之间最小距离分别为(　　)m。

A. 1.0；1.5　　B. 1.5；3.0　　C. 3.0；4.0　　D. 4.0；5.0

【参考答案】 C

【解答】 导线与建筑物之间最小距离：小于1kV的为1.0m；1～10kV为1.5m；35kV为3.0m；110kV为4.0m；220kV为5.0m；330kV为6.0m；500kV为8.5m。

■51. 市区配电所户内型单台变压器的容量不大于(　　)。

A. 1000kVA　　B. 800kVA　　C. 630kVA　　D. 315kVA

【参考答案】 C

【解答】 市区配电所一般为户内型，单台变压器容量不宜超过630kVA，一般为两台，进线两回。315kVA及以下宜采用变压器一台，户内安装。

■52. **城市输电网络中输电电压常为(　　)电压。**

A. 110kV 及以上　　B. 35kV 及以上

C. 10kV 及以上　　D. 50kV 及以上

【参考答案】 C

【解答】 城市输送电网工程设施含有城市变电所（站）和从城市电厂、区域变电所接入的输送电线路等设施。城市变电所通常为 10kV 及以上电压的变电所。

■53. **市区 10kV 的配电所的供电半径一般不大于(　　)。**

A. 10km　　B. 20km　　C. 500m　　D. 300m

【参考答案】 D

【解答】 根据《城市电力工程规划规范》(GB/T 50293—2014)，市区 10kV 配电所的供电半径一般不大于 300m。

■54. **下面四项内容中属于城市供电工程系统总体规划内容的是(　　)。(多选)**

A. 预测城市供电负荷　　B. 确定城市供电电源

C. 选择和布局规划范围内变配电站　　D. 进行高压配电网规划布局

【参考答案】 A、B

【解答】 城市供电工程系统总体规划的主要内容除上述选项中的 A、B 之外，还包括：确定城市变电站容量和数量；布局城市高压送电网和高压走廊；提出城市高压配电网规划技术原则。上述选项中的 C 是详细规划内容；选项 D 是分区规划内容。

■55. **城市电力负荷分区面积一般(　　)为宜。**

A. 100km　　B. 50km　　C. 20km　　D. 10km

【参考答案】 C

【解答】 根据《城市电力工程规划规范》(GB/T 50293—2014)，电力负荷分区要照顾到电网结构形式，不超过 20km 为宜。

□56. **较高生活用电水平城市和较低生活用电水平城市的人均生活用电量分别是(　　)kW·h/（人·年)。**

A. 2500～1501；400～250　　B. 2500～1501；400～200

C. 2200～1501；400～250　　D. 2200～1501；400～200

【参考答案】 A

【解答】 城市较高、中上、中等、较低生活用电水平生活用电量分别为：2500～1501(kW·h)/(人·年)；1500～801(kW·h)/(人·年)；800～401(kW·h)/(人·年)；400～250(kW·h)/(人·年)。

■57. **下列城市电网典型结线方式中，(　　)项不宜在城市高压配电网中采用。**

A. 放射式　　B. 环式　　C. 多回线式　　D. 格网式

【参考答案】 D

【解答】 高压配电网应与二次送电网、配电网密切配合，比低压配电网有更大适应性，一般采用放射式、环式或多回线式。低压配电网一般采用放射式、环式或格网式。

△58. **采用“负荷密度法”预测用地用电负荷的远期控制性标准是(　　)。**

A. 人均城市居民生活用电量指标　　B. 单项建设用电负荷密度指标

C. 城市建筑单位建筑面积负荷密度　　D. 高峰月高峰日用电负荷密度

【参考答案】 B

【解答】 选项A是采用“综合用电水平指标法”预测城市居民生活用电量的远期控制性标准。选项C是采用“单位建筑面积负荷密度法”预测详细规划区各类建筑用电负荷控制性标准。

■59. 编制新兴城市总体规划中电力规划时，可选用(　　)指标。

A. 人均城市居民生活用电量指标　　B. 单项建设用电负荷密度指标
C. 分类综合用电指标　　D. 城市建筑单位建筑面积负荷密度

【参考答案】 C

【解答】 新兴城市总体规划中电力规划，可以居住用地、公共设施用地、工业用地三大类主要用地的综合用电指标为依据。

■60. 城市一次送电电压为(　　)。(多选)

A. 500kV　　B. 330kV　　C. 220kV
D. 110kV　　E. 66kV　　F. 35kV

【参考答案】 A、B、C

【解答】 通常城市一次送电电压为500kV、330kV、220kV，二次送电电压为110kV、66kV、35kV，高压配电电压为10kV，低电压配电电压为380/220V。一般宜采用环式接线方式。

■61. 城市变电所包括(　　)形式。(多选)

A. 高压变电所　　B. 低压变电所
C. 变压变电所　　D. 变流变电所

【参考答案】 C、D

【解答】 变电所包括两种：变压变电所即将低压变为高压，将高压变为低压；变流变电所即直流变交流，交流变直流。

■62. 城市用电负荷一般分为(　　)级。

A. 五　　B. 四　　C. 三　　D. 二

【参考答案】 C

【解答】 城市用电负荷分为三级。一级负荷，对此种负荷中断供电，将造成人民生命危险，生产设备损坏，打乱复杂的生产过程，并使大量产品报废，给国家经济造成很大损失。二级负荷，对此种负荷停止供电，将造成大量减产，工人窝工，机械停止运转，工业企业内部流通停顿，城市大量居民生活受到影响。三级负荷是不属于以上两级负荷的负荷。

■63. 下列关于城市供电规划内容的表述，哪项是正确的？(　　)

A. 变电站选址应尽量靠近负荷中心
B. 单位建筑面积负荷指标法是总体规划阶段常用的负荷预测方法
C. 城市供电系统包括城市电源和配电网两部分
D. 城市道路可以布置在220kV供电架空走廊下

【参考答案】 A

【解答】 变电站（所）选址应尽量靠近负荷中心或网络中心。

单位建筑面积负荷指标法是详细规划阶段常用的负荷预测方法。城市供电系统由供电电源、送电网和配电网组成。

35kV 及以上高压架空的电力线路有规划专用通道加以保护，下面不能规划布置城市道路。

■64. 下列关于城市燃气规划内容的表述，哪项是正确的？(　　)

A. 液化石油气储配站应尽量靠近居民区

B. 小城镇应采用高压一级管网系统

C. 城市气源应尽可能选择单一气源

D. 燃气调压站应尽可能布置在负荷中心

【参考答案】 D

【解答】 液化石油气储配站属于甲类火灾危险性企业，站址应选择在城市边缘，与服务站之间的平均距离不宜超过 10km。小城镇应采用低压一级管网系统；城市气源应尽可能选择多种气源联合供气。

■65. 下列工作内容中(　　)项不属于城市分区规划中燃气工程规划的内容。

A. 选择城市气源种类

B. 确定燃气输配设施的分布、容量和用地

C. 确定燃气输配管网的级配等级，布置输配干线管网

D. 确定燃气输配设施的保护要求

【参考答案】 A

【解答】 选择城市气源种类属于城市总体规划中燃气工程规划的内容。城市分区规划中燃气工程规划的内容除上述选项中的 B、C、D 之外，还包括估算分区燃气的用气量。

△66. 电话管道与房屋建筑红线（或基础）的最小距离为(　　)m。

A. 0.5　　B. 1.0　　C. 1.5　　D. 2.0

【参考答案】 C

【解答】 电话管道中心线应与建筑红线平行，与房屋建筑红线的最小距离为 1.5m。

□67. 城市电话局的出局电缆的线对数平均为(　　)。

A. 2400～3000　　B. 1800～2400　　C. 1200～1800　　D. 600～1200

【参考答案】 C

【解答】 电话局的出局电缆的线对数指标属于电话需求量预测方法中单耗指标计算法中的单耗指标。住宅电话每户一部；非住宅电话（指业务办公电话）一般占住宅电话的 1/3；电话局、站设备容量的占用率（实装率）近期为 50%，中期为 80%，远期为 85%（均指程控设备）；电话出局管道数为设备容量的 1.5 倍；出局电缆的线对数（指音兹电缆）平均为 1200～1800 对。

■68. 下面四个选项，其中(　　)是属于邮政局、所选址原则所必须要求的。(多选)

A. 局址应交通便利，运输邮件车辆易于出入

B. 局址应较平坦，地形、地质条件良好

C. 符合城市规划要求

D. 有方便接发火车邮件的邮运通道

【参考答案】 A、B、C

【解答】 邮政局、所选址原则有四个：上述选项中的 A、B、C 之外；还有：局址应设在闹市区、居住集聚区、文化游览区、公共活动场所，大型工矿企业、大专院校所在地。邮

政通信枢纽选址原则要考虑有方便接发火车邮件的邮运通道。

■69. 当市话电缆不可避免与 1～10kV 电力线路合杆时，二者之间的净距不应小于(　　)；与 1kV 电力线路合杆时，净距不应小于(　　)。

A. 3.0～3.5m；2～2.5m　　B. 3.5m；2.5m

C. 2.5～3.0m；1.5～2.0m　　D. 2.5m；1.5m

【参考答案】 D

【解答】 市话电缆线路不应与电力线路合杆架设，不可避免合杆时，应满足净距要求，参见《城市工程管线综合规划规范》。

■70. 某城市城区面积 40km²，人口为 110 万，应设邮政局、所的数量为(　　)个。

A. 50　　B. 51　　C. 52　　D. 53

【参考答案】 B

【解答】 根据我国邮政主管部门制定的城市邮政服务分支网点的设置的参考标准。

邮政服务网点设置参考值

城市人口密度（万人/km²）	服务半径（km）	城市人口密度（万人/km²）	服务半径（km）
>2.5	0.5	0.5～1.0	0.81～1
2.0～2.5	0.51～0.6	0.1～0.5	1.01～2
1.5～2.0	0.61～0.7	0.05～0.1	2.01～3
1.0～1.5	0.71～0.8		

该城市人口密度为 27500 人/km²；按上述标准，服务半径应取 0.5km，应设邮政局所数为 40/（π×0.5²）=50.91，取 51。

■71. 邮政局所设置数量的确定要根据人口的密集程度和地理条件所确定的(　　)因素来确定。

A. 城市规模、服务人口数、服务半径、业务收入四项基本要素

B. 服务人口数、服务半径、业务收入三项基本要素

C. 城市性质、服务人口数、服务半径、业务收入四项基本要素

D. 城市规模、城市性质、业务收入三项基本要素

【参考答案】 B

【解答】 邮政局所设置数量确定：邮政局所设置要便于群众用邮，要根据人口的密集程度和地理条件所确定的不同的服务人口数、服务半径、业务收入三项基本要素来确定。

□72. 电话线路占总投资的(　　)。

A. 40%　　B. 45%　　C. 50%　　D. 60%

【参考答案】 C

【解答】 电话线路是电话局与用户之间的联系纽带，是电话通信系统最重要的环节，也是建设投资最大的部分，线路占总投资的 50%左右。

□73. 城市用户超过 15 万户的城市移动电话网，不宜采用(　　)。(多选)

A. 大区制　　B. 中区制　　C. 小区制　　D. 无限制

【参考答案】 A、B、D

【解答】 小区制系统是将业务区分成若干蜂窝状小区，基站区半径为 1.5～15km，频率 900Hz，容量为 1 万～100 万户。大区制用户容量小，一般几十至几百户，中区制用户容

量 1000～10000 户。

■74. 微波天线塔的位置和高度，必须满足线路设计参数对天线位置和高度的要求。在传输方向的近场区内，天线口面边的锥体张角 20°，前方净空距离为天线口面直径的(　　)倍范围内，应无树木、房屋和其他障碍物。

A. 5　　　　B. 10

C. 15　　　　D. 20

【参考答案】 B

【解答】 在传输方向的近场区内，天线口面边的锥体张度 20°，前方净空距离为天线口面直径的 10 倍范围内，应无树木、房屋和其他障碍物。

■75. 城市邮政通信枢纽的选址应(　　)。(多选)

A. 靠近火车站站台　　　　B. 面临广场

C. 地势平整，地质条件好　　　　D. 两侧是城市主干道

【参考答案】 A、C

【解答】 城市邮政通信枢纽局址应在火车站一侧，靠火车站站台；有方便接发火车邮件的邮运通道；有方便出入枢纽的汽车通道；有方便供电、给水、排水、供热的条件；地形平坦，地质条件好；周围环境符合邮政通信安全；符合城市规划；局址不宜面临广场，也不宜同时两侧以上临主要街道。

■76. 城市电话局分区时注意交换区域的界线一般在(　　)，交换区域的形状最好是(　　)。

A. 两个局的等距线上；圆形　　　　B. 两个局的交叉线内；椭圆

C. 两个局的等距线上；接近正方形　　　　D. 两个局的交叉线内；长矩形

【参考答案】 C

【解答】 电话局的位置，应能适应整个局、所规划中各个时期的用户发展需要；交换区域形状尽可能成为矩形，最好接近正方形，避免其形状变成长形或交换区界的界线过于曲折。

■77. 微波路由走向应呈(　　)，各站路径夹角宜为(　　)。

A. 弧形；钝角　　　　B. 直线形；150°～180°

C. 折线形；钝角　　　　D. 直角转折形；90°

【参考答案】 C

【解答】 为防止同频微波越路干扰，路由走向应呈折线形。

△78. 我国热工分区有(　　)个。

A. 3　　　　B. 4　　　　C. 5　　　　D. 6

【参考答案】 C

【解答】 我国幅员辽阔，从南到北，气温变化很大，为了准确地进行各地区热负荷计算，将我国分为 5 个热工分区：第一分区包括东北三省及内蒙古自治区、河北与山西和陕西北部；第二分区包括北京、天津、河北、山东、山西、陕西大部、甘肃宁夏南部、河南北部、江苏北部；第三分区包括上海、浙江、江西、安徽、江苏大部、福建北部、湖南东部、湖北东部及河南南部；第四分区包括两广、台湾、福建和云南南部；第五分区包括云贵川大部、湖南湖北西部、陕西甘肃秦岭以南部分。

□79. **居住区采暖综合指标建议取值为(　　)W/m^2。**

A. 50～55　　B. 60～67　　C. 70～77　　D. 80～87

【参考答案】 B

【解答】 居住区（包括住宅与公建），采暖综合指标建议取值为 60～$67W/m^2$。

■80. **城市供热管网的二级管网采用的管网为(　　)形式。**

A. 闭式　　B. 双管

C. 多管制　　D. 开式

E. 根据用户要求确定

【参考答案】 E

【解答】 一级管网往往采用闭式、双管或多管制的蒸汽管网，二级管网则要根据用户的要求确定。

■81. **规划供热管网采用地沟敷设时，地沟的埋深不少于(　　)。**

A. 0.3m　　B. 0.5m　　C. 0.5～1.0m　　D. 1.2～1.6m

【参考答案】 C

【解答】 一般地沟管线敷设深度最好浅一些，减少土方量。为了避免地沟盖受汽车振动荷重的直接压力，地沟的埋深自地面到沟盖顶面不少于 0.5～1.0m。

△82. **一座供热面积 10 万 m^2 的热力站，其建筑面积为(　　)。**

A. $150m^2$　　B. $350m^2$　　C. $450m^2$　　D. $600m^2$

【参考答案】 B

【解答】 热力站内应设有泵房、值班室、仪表间、加热器间和生活辅助房间，有时为两层建筑，一座供热面积 10 万 m^2 的热力站，若同时兼供生活热水，建筑面积还要增加 $50m^2$ 左右，计 $350m^2$。

■83. **下面关于城市供水工程规划中城市供水的说法，正确的是(　　)。**

A. 自来水管设计流量按最高日最高时需水量计算

B. 城市给水规模就是指城市给水工程统一供水的城市最高日最高时用水量

C. 资源型缺水是指供水工程的供水能力有限，不能满足城市的供水需求

D. 配水管网的作用就是将输水管线送来的水，配送给城市用户

【参考答案】 A

【解答】 城市给水规模就是指城市给水工程统一供水的城市最高日用水量；资源型缺水是指水资源可利用量小于用水需求，这种情况主要发生在北方地区和南方没有大江大河通过的沿海地区；给水管网的作用就是将输水管线送来的水，配送给城市用户。根据管网中管线的作用和管径的大小，将管线分为干管、分配管、接户管三种。

■84. **下列关于城市排水工程规划内容的表述，哪项是错误的？(　　)**

A. 重要地区雨水管道设计宜采用 0.5 年一遇重现期标准

B. 建筑物屋面的径流系数高于绿地的径流系数

C. 降雨量稀少的新建城市可采用不完全分流制的排水体系

D. 在水环境保护方面，截流制和分流制各有利弊

【参考答案】 A

【解答】 《城市排水工程规划规范》规定，重要干道、重要地区或短期积水能引起严重后

果的地区，重现期宜采用3～5年，其他地区重现期宜采用1～3年。

■85. 下列哪项负荷预测方法适合应用在城市电力工程规划的详细规划阶段？(　　)

A. 人均综合用电量指标法　　B. 单位建设用地负荷指针法

C. 单位建筑面积负荷指针法　　D. 电力弹性系数法

【参考答案】 B

【解答】 总体规划阶段负荷预测方法，宜选用电力弹性系数法、回归分析法、增长率法、人均用电指标法、横向比较法、符合密度法、单耗法等。

详细规划阶段负荷预测方法，宜选用单位建设用地负荷指针法和单耗法。

■86. 下面各项关于燃气工程规划描述错误的是(　　)。

A. 大城市采用一级管网系统

B. 气源选择考虑各种燃气间的互换性

C. 调压站尽量靠近负荷中心，并应保证必要的防护距离

D. 燃气储配站远离居民稠密区、大型公共建筑

【参考答案】 A

【解答】 按布局方式供气管网形式分为环状管网和枝状管网系统；按压力等级分为一级、二级、三级和混合管网系统。大城市一般采用三级和混合管网系统。

■87. 热电厂附近要有可以堆放大量灰渣的场地，一般需堆放(　　)年的排灰量。

A. 5～8　　B. 8～10　　C. 10～15　　D. 12～15

【参考答案】 C

【解答】 热电厂附近有可以堆放大量灰渣的场地，如深坑、低洼荒地等，一般需堆放10～15年的排灰量。

□88. 城市供热管网地沟底应具有不小于(　　)‰的坡度。

A. 10　　B. 8　　C. 4　　D. 2

【参考答案】 D

【解答】 由于地沟经常处于较高的温度下，时间一久，防水层容易产生裂缝，因此，沟底应不小于2‰的坡度，以便将渗入地沟中的水集中在检查井的集水坑内，用泵或自流排入附近的下水道。

■89. 下面四项内容中，属于城市燃气工程系统分区规划内容的是(　　)。(多选)

A. 确定燃气输配设施的分布、容积和用地

B. 确定燃气输配管网的级配等级，布局输配干线管网

C. 进行造价估算

D. 确定燃气输配设施的保护要求

【参考答案】 A、B、D

【解答】 进行造价估算属于城市燃气工程系统规划详细规划内容深度。

■90. 关于城市气源种类选择原则中，下列(　　)正确。(多选)

A. 应根据城市的地质、水文、气象等和水、电、热的供给情况，选择合适的气源

B. 应合理利用现有气源，并争取利用各工矿企业的余气

C. 应根据城市的规模和负荷的分布情况，合理确定气源的数量和主次分布，保证供气的可靠性

D. 城市气源选择应尽可能选择单一气源，这样可以减少投资

【参考答案】 A、B、C

【解答】 选择城市气源种类时，要考虑上述选项中的A、B、C之外，还应考虑遵照国家能源政策和燃气发展方针和本地区燃料资料的情况，选择技术上可靠、经济上合理的气源；在城市选择多种气源联合供气时，应考虑各种燃气之间的互换性，或确定合理的混配燃气方案；选择气源时，还必须考虑气源厂之间和气源厂与其他工业企业之间的协作关系。

■91. 一般情况下，燃气输送管网采用(　　)管道。

A. 高、中、低压　　B. 高、中压

C. 中、低压　　D. 低压

【参考答案】 B

【解答】 燃气输配气管网工程设施包含不同压力等级的燃气输送管网、配气管道。燃气输送管网采用中、高压管道，配气管为低压管道。

■92. 城市燃气调压站具有(　　)功能。(多选)

A. 调峰　　B. 混合　　C. 加压　　D. 调压

【参考答案】 A、C、D

【解答】 燃气调压站具有升降管道燃气压力之功能，以便于燃气远距离输送，或由高压燃气降至低压，向用户供气。

■93. 燃气使用过程中体现出用气不均匀性，其中不均匀系数最大的是(　　)。

A. 年不均匀系数　　B. 月不均匀系数

C. 日不均匀系数　　D. 小时不均匀系数

【参考答案】 D

【解答】 用气不均匀性有三种：月不均匀性、日不均匀性、小时不均匀性。其中月不均匀系数一般为1.1～1.3，日不均匀系数为1.05～1.2，小时不均匀系数可在2.2～3.2。

■94. 城市燃气输配管道中的压力达到0.4＜P≤0.8 (MPa) 的是(　　)。

A. 高压燃气管道　　B. 中压燃气管道A　　C. 低压燃气管道　　D. 中压燃气管道B

【参考答案】 A

【解答】 高压燃气管道A：0.8＜P≤1.6(MPa)，高压燃气管道B：0.4＜P≤0.8(MPa)；中压燃气管道A：0.2＜P≤0.4(MPa)，中压燃气管道B：0.005＜P≤0.2(MPa)；低压燃气管道户≤0.005(MPa)。

□95. 我国人工煤气的热值一般应大于(　　)MJ/Nm^3。

A. 14　　B. 50　　C. 30　　D. 25

【参考答案】 A

【解答】 燃气按热值分类，可分为高、中、低热值煤气，其中低热值燃气热值为12～13MJ/Nm^3，中热值燃气约为20MJ/Nm^3，高热值燃气约为30MJ/Nm^3，作为人工煤气其热值应大于12～13MJ/Nm^3。

■96. 燃气用量的预测与计算的主要任务是预测计算燃气的(　　)。

A. 年用量与日用量　　B. 日用量与小时用量

C. 年用量与月用量　　D. 月用量与日用量

【参考答案】 B

【解答】 根据燃气的年用气量的指标可以估算出城市燃气用量。燃气的日用气量与小时用气量是确定燃气气源、输配设施和管网管径的主要依据。因此，燃气用量的预测与计算的主要任务是预测计算燃气的日用量与小时用量。

■97. 属于液化石油气供应基地选址原则的是(　　)。(多选)

A. 站址选择在地区全年最小频率风向的上风侧

B. 与相邻建筑物应遵守有关规范所规定的安全防火距离

C. 具有良好的市政设施条件，运输方便

D. 站址应在城市边缘，与服务站之间的平均距离不宜超过 20km

【参考答案】 A、B、C

【解答】 液化石油气储配站属于甲类火灾危险性企业，站址应在城市边缘，与服务站之间的平均距离不宜超过 10km。

□98. 垃圾转运站应按区域布置，作业区宜布置在主导风向的(　　)风向，转运站内的绿化面积为(　　)。

A. 上；5%～25%　B. 下；5%～25%　C. 上；10%～30%　D. 下；10%～30%

【参考答案】 D

【解答】 转运站的总平面布置应结合当地情况，经济合理。大、中型转运站应按区域布置，作业区应布置在主导风向的下风向，站内绿化面积为 10%～30%。

□99. 我国城市生活垃圾的规划人均指标以(　　)为宜。

A. 0.6～1.2kg　B. 0.7～1.3kg　C. 0.9～1.4kg　D. 1.0～1.6kg

【参考答案】 C

【解答】 据统计，目前我国城市人均生活垃圾产量为 0.6～1.2kg，这个值受城市具体条件影响，变化幅度较大。我国规划人均指标以 0.9～1.4kg 为宜，乘以规划的人数则可得到城市生活垃圾总量。

■100. 废物箱设置间隔规定如下：商业大街设置间隔为(　　)m，交通干道为(　　)m，一般道路为(　　)m。

A. 25～50；50～75；75～95　B. 25～50；50～80；80～100

C. 30～50；50～70；70～90　D. 30～50；50～80；80～100

【参考答案】 B

【解答】 废物箱是设置在公共场合，供行人丢弃垃圾的容器，一般设置在城市街道两侧和路口、居住区或人流密集地区。设置间隔规定如下：商业大街设置间距 25～50m，交通干道 50～80m，一般道路 80～100m，居住区内主要道路可按 100m 左右间隔设置。公共场所应根据人流密度合理设置。

■101. 城市固体废物按来源分为(　　)三类。(多选)

A. 工业固体废物　B. 危险固体废物

C. 城市生活固体废物垃圾　D. 农业固体废物

E. 农村居民生活废物　F. 城市建筑垃圾

【参考答案】 A、C、D

【解答】 城市固体废物按来源分为工业固体废物、农业固体废物、城市生活固体废物垃圾三类。在城市规划中所涉及的城市固体废物主要有以下四类：城市生活垃圾，城市建筑垃圾，一般工业固体废物，危险固体废物。

■102. 我国处理固体废弃物的主要途径和首选方法为(　　)。

A. 自然堆放　　B. 土地埋填　　C. 焚烧　　D. 堆肥

【参考答案】 B

【解答】 填埋指将固体废物填入确定的谷地、平地或废沙坑等，然后用机械压实后填土，使其发生物理、化学、生物等变化，分解有机质，达到减量化和无害化的目的，是我国城市处理固体废弃物的主要途径和首选方法。

■103. 下列关于城市环卫设施的表述，哪项是正确的？(　　)

A. 医疗垃圾可以与生活垃圾混合进行填埋处理

B. 固体废物处理应考虑减量化、资源化、无害化

C. 生活垃圾填埋场距大中城市规划建设区不应小于 3km

D. 万元产值法常用于工业固体废物产生量预测

【参考答案】 C

【解答】 医疗垃圾属于第一类危险废物。对医疗垃圾的处理要遵循以下原则，一是要消除污染，避免伤害；二是要统一分类收集、转运；三是要集中处置；四是必须与生活垃圾严格分开，严禁混入生活垃圾排放；五是在焚烧处理过程中要严防二次污染，必须达标排放；六是焚烧过程中的飞灰必须视同危险废物，要妥善处理。

生活垃圾及卫生填埋场应在城市建成区外选址，距离大中城市规划建成区应该大于 5km，距小城市规划建成区应大于 2km，距居民点应大于 0.5km。

常用的工业固体废物产生量预测方法有单位产品法和万元产值法。

■104. 下面关于城市环境卫生设施规划的描述，正确的是(　　)。

A. 垃圾填埋场不与污水处理厂靠近，避免污染

B. 固体废物经过堆肥，体积可以减少至原有体积的 30%～50%

C. 生活垃圾填埋场距大、中城市 1km

D. 建筑垃圾宜与工业固体废物混合堆放

【参考答案】 A

【解答】 固体废物经过堆肥，体积可以减少至原有体积的 50%～70%；生活垃圾填埋场距大、中城市规划建成区应大于 5km，距小城市规划建成区应大于 2km；工业固体废物应该作为二次资源综合利用。

■105. 下列关于城市环卫设施的表述，哪项是正确的？(　　)

A. 城市固体废物分为生活垃圾、建筑垃圾、一般工业固体废物三类

B. 固体废物处理应考虑减量化、资源化、无害化

C. 生活垃圾填埋场距大中城市规划建成区应大于 1km

D. 常用的生活垃圾产生量预测方法有万元产值法

【参考答案】 B

【解答】 固体废弃物的分类方法很多，通常按来源可分为工业固体废物、农业固体废物、城市垃圾。生活垃圾及卫生填埋场应在城市建成区外选址，距离大中城市规划建成区应该大于 5km，距小城市规划建成区应大于 2km，距居民点应大于 0.5km。常用的工业固体

废物产生量预测方法有万元产值法

■106. 下面关于通信工程规划的表述，哪项是错误的？(　　)

A. 邮政通信枢纽选址应在客运火车站一侧，靠近火车站台

B. 电话管道路由应尽可能短直，避免急转弯

C. 电信线路与电力线路可以合杆架设

D. 微波路由走向应成折线形，各站路径夹角宜为钝角，以防同频越路干扰

【参考答案】 C

【解答】 电信线路与电力线路通常不合杆架设。当市话电缆不可避免与1～10kV电力线路合杆时，二者之间的净距不应小于2.5m；与1kV电力线路合杆时，净距不应小于1.5m。

■107. 以下用地不能作为紧急避难场所的是(　　)。

A. 高架桥下　　B. 小区绿地　　C. 操场　　D. 公园

【参考答案】 A

【解答】 紧急避难场所应当具有较大的容纳空间，配置或者易于连接水、电、通信等基本生活设施，疏散半径可在1.0km以上。紧急避难场所不能发生次生灾害。

■108. 竖向设计时可根据(　　)确定交叉点高程。

A. 给水管线　　B. 排水管线　　C. 燃气水管线　　D. 热力管线

【参考答案】 B

【解答】 工程管线综合布置原则中规定：压力管线让重力自流管线。排水管道属重力流系统，它的定线布置受到道路纵坡、出水口位置标高的限制，不像其他专业管线那样可以随弯就势，具有一定可调性。

■109. 下面关于城市竖向工程规划的论述错误的是(　　)。

A. 用地自然坡度小于3.0%的用地，应该规划为平坡式

B. 用地自然坡度大于5.0%的用地，应该规划为台阶式

C. 用地自然坡度为5.0%的用地，应该规划为混合式

D. 用地自然坡度为0.3%的用地，应该规划为平坡式

【参考答案】 B

【解答】 城市主要建设用地地面形式分为平坡式、台阶式和混合式。其中用地自然坡度小于3.0%，宜规划为平坡式；坡度大于8.0%时，宜规划为台阶式。

■110. 下列各项属于城市防灾工程规划中防洪排涝规划总体规划阶段内容深度的是(　　)。

A. 确定城市防洪标准

B. 确定规划范围内的截洪沟纵坡

C. 确定规划范围内的截洪沟横断面

D. 确定规划范围内的排涝泵站位置和用地

【参考答案】 A

【解答】 城市防灾工程规划总体规划阶段内容深度：确定城市消防、防洪、人防、抗震等设防标准；布局城市消防、防洪、人防等设施；制定防灾对策与措施；组织城市防灾生命线系统。

详细规划阶段内容深度：确定规划范围内各种消防设施的布局及消防通道间距等；确定规划范围内地下防空建筑的规模、数量、配套内容、抗震等级、位置布局，以及平战结合的用途；确定规划范围内的防洪堤标高、排涝泵站位置等；确定规划范围内疏散通道、疏散场地布局；确定规划范围内生命系统的布局，以及维护措施。

■111. 下列不属于消防安全布局内容的是(　　)。

A. 消防责任分区　　B. 化学储存设施布局

C. 避难场所布局　　D. 建筑物耐火等级的确定

【参考答案】 A

【解答】 消防安全布局的内容包括危险化学品储存设施布局、危险化学物品运输、避难场地布局、建筑物耐火等级的确定。消防责任分区属于城市消防站规划的内容。

■112. 在防洪排涝规划中，当城市分为几个独立的防护分区时，确定防洪分区的防洪标准是根据(　　)进行分区的。

A. 各防护分区的重要程度和人口规模

B. 各防护分区的用地规模和性质

C. 各防护分区的重要程度和用地规模

D. 各防护分区的区位和用地性质

【参考答案】 A

【解答】 在城市防灾工程规划的防洪排涝规划中，如果城市分为几个独立的防护分区，应该根据各防护分区的重要程度和人口规模确定防洪标准。

■113. 下列各项关于防洪安全布局内容错误的是(　　)。

A. 城市建设用地避开高风险区

B. 重要功能区布置在风险相对较小的地段

C. 预留行洪通道

D. 按高标准建设防洪排涝工程措施

【参考答案】 D

【解答】 城市防洪排涝需要考虑的对策措施包括防洪安全布局、防洪排涝工程措施和非工程措施三个方面。防洪安全布局，是指在城市规划中，根据不同地段洪涝灾害的风险差异，通过合理的城市建设用地选择和用地布局来提高城市防洪排涝安全度，其综合效益往往不亚于工程措施。

■114. 下列各项属于城市黄线的是(　　)。

A. 截洪沟　　B. 行洪通道　　C. 蓄滞洪区　　D. 堤防

【参考答案】 A

【解答】 《城市黄线管理办法》中规定：城市黄线，是指对城市发展全局有影响的、城市规划中确定的、必须控制的城市基础设施用地的控制界线。

《城市黄线管理办法》所称城市基础设施包括：防洪堤墙、排洪沟与截洪沟、防洪闸等城市防洪设施。

■115. 在城市布局规划中，预防地震较好的用地是(　　)。

A. 古河道　　B. 砂土液化区

C. 风化层较薄的基岩　　D. 回填土较厚的土

【参考答案】 C

【解答】 城市用地布局对抗震有利的地段包括：开阔、平坦、密实、均匀的坚硬土。地震危险地段包括：地震时可能发生滑坡、崩塌、地陷、地裂、泥石流的堤段；活动性断裂带附近，地震时可能发生地表错位的部位。对抗震不利的地段包括：软化土、液化土、河岸河边坡边缘；平面上成因、岩性、状态不明显的土层，如古河道、断层破碎带、暗埋的湖浜沟谷、填方较厚的地基等。

■116. 在城市抗震防灾的设防中，对于重大建设工程和可能发生严重次生灾害的建设工程，要根据(　　)来确定抗震设防标准。

A. 地震安全性评价结果　　B. 基本烈度

C. 抗震设防烈度　　D. 历年检测的地震震级

【参考答案】 A

【解答】 在城市抗震防灾的设防中，一般建设工程按照基本烈度进行设防，重大建设工程和可能发生严重次生灾害的建设工程，必须进行地震安全评价，并根据地震安全评价结果确定抗震设防标准。

■117. 城市公共厕所一般按常住人口(　　)人设置一座，城市公共厕所建筑面积(　　)m^2。

A. 2000～2500；30～50　　B. 2500～3000；30～50

C. 2000～2500；50～70　　D. 2500～3000；50～70

【参考答案】 B

【解答】 城市公共厕所一般按常住人口2500～3000人设置1座；建筑面积为30～50m^2。主要繁华街道上设公共厕所的距离为300～500m，流动人口高度密集的街道宜小于300m，一般街道以750～1000m为宜，新建居民区300～500m，老居民区100～150m。

■118. 下列各环节中，(　　)在整个垃圾处理系统中费用最高。

A. 生活垃圾的收运　　B. 生活垃圾的处置

C. 生活垃圾的分类　　D. 生活垃圾的利用

【参考答案】 A

【解答】 垃圾的收运过程复杂耗资巨大，通常占整个处理系统费用的60%～80%。

△119. 焚烧处理垃圾可以使垃圾的体积减小(　　)。

A. 50%～60%　　B. 70%～75%

C. 80%～85%　　D. 85%～95%

【参考答案】 D

【解答】 焚烧处理能迅速而大幅度地减少容积，体积可减少85%～95%，质量减少70%～80%。

■120. 街区竖向规划应与用地的性质和功能相结合，应符合规划规定，下列(　　)正确。(多选)

A. 建设用地分区应考虑地形坡度、坡向和风向等因素的影响，以适应建筑布置的要求

B. 公共设施用地分台布置时，台地间高差宜与建设层高成倍数关系

C. 居住用地分台布置时，宜采用大台地形式

D. 防护工程宜与具有防护功能的专用绿地结合布置

【参考答案】 A、B、D

【解答】 居住建设体量小，重复形象较多，建筑空间功能单一，人流和车流量都小，采用小台地方式能较好地顺应地形变化，有利于居住区空间整体的丰富变化和形成局部的宜人尺度。

■121. 在控制性详细规划阶段，编制用地竖向工程规划的工作内容与深度不包括以下选项中的(　　)项。(多选)

A. 确定防洪（潮、浪）堤坝及堤内地面最低控制标高

B. 确定主、次道路交叉点、转折点的控制标高

C. 确定主、次、支三级道路范围全部地块的排水方向

D. 确定主、次、支三级道路交叉点、转折点的标高

E. 补充与调整其他用地控制标高

F. 落实防洪、排涝工程设施的位置、规模及控制标高

G. 确定用地地块或街坊用地的规划控制标高

H. 确定建筑室外地坪规划控制标高

【参考答案】 A、B、F、H

【解答】 上述选项中的 A 属于总体规划阶段，用于竖向工程规划的内容；上述选项中的 F、H 属于修建性详细规划阶段的竖向工程规划内容。

■122. 规划人口为 25 万的城市应采用的防洪标准为(　　)年一遇。

A. 10～20　　B. 20～50　　C. 50～100　　D. 100～200

【参考答案】 C

【解答】 25 万人口的城市防洪标准为 50～100 年一遇，≤20 万人口的城市为 20～50 年一遇，50～150 万人口的城市为 100～200 年一遇，≥150 万人口的城市为≥200 年一遇。

□123. 战时留城人口一般占城市总人口的(　　)比例。

A. 10%～20%　　B. 20%～30%　　C. 30%～40%　　D. 40%～50%

【参考答案】 C

【解答】 战时留城人口一般占城市总人口的 30%～40%，人均 1.5m^2的人防工程面积。

■124. 下列关于河流洪水防治的原则(　　)不正确。(多选)

A. 上蓄水、中分流、下固堤　　B. 上蓄水、中固堤、下利泄

C. 上蓄水、中固堤、下分流　　D. 上分流、中蓄水、下固堤

【参考答案】 A、C、D

【解答】 对于洪水的防治，应从流域的治理入手。一般来说，对于河流洪水防治有“上蓄水、中固堤、下利泄”的原则，即上游以蓄水分洪为主，中游应加固堤防，下游应增强河道的排泄能力。防洪对策有以蓄为主和以排为主两种。

■125. 下列各类城市灾害如：①火灾；②河（江）洪、海潮、泥石流；③风灾；④雪灾；⑤冰雹灾害；⑥地震；⑦战争；其中下列(　　)组构成城市防灾系统工程规划的主要内容。

A. ①、②、③、⑥　　B. ①、②、⑥、⑦

C. ②、③、⑤、⑥　　D. ①、④、⑥、⑦

【参考答案】 B

【解答】 城市防灾系统工程规划的主要内容包括：消防、防洪、人防、抗震等。

■126. 下列城市消防设施中，(　　)是城市必不可少的消防设施。(多选)

A. 消防栓　　B. 消防站

C. 消防给水管道　　D. 消防水池

E. 消防瞭望塔　　F. 消防指挥调度中心

【参考答案】 A、B

【解答】 上述选项中的6项都是城市的消防设施，其中消防指挥调度中心一般在大中城市中设立，消防栓和消防站是必不可少的。

■127. 在城乡规划中，城市抗震标准（即抗震设防烈度）依据以下(　　)确定。

A. 城市性质和功能　　B. 城市人口规模和用地规模

C. 城市所在地区的经济发展水平　　D. 国家的有关规定

【参考答案】 D

【解答】 城市抗震标准按国家规定的权限审批、颁发的文件确定。一般参照《中国地震动参数区划图》（GB 18306—2015）的相关规定。

■128. 在接警(　　)min后，消防队可达到责任区的边缘，消防站责任区的面积宜为(　　)km^2，消防站应与医院、小学、托幼等人流集中的建筑保持(　　)m以上距离。

A. 10；5～10；80　　B. 9；5～8；70

C. 7；5～7；60　　D. 5；4～7；50

【参考答案】 D

【解答】 在接警后5min内，消防队可达到责任区的边缘，消防站的责任区面积宜为4～7km^2；消防站应设于交通便利的地点，如城市干道一侧或十字路口附近；应与中学、小学、医院以及人流集中的建筑保持50m以上的距离，以防相互干扰，并应与危险品或易燃易爆品的生产储运设备或单位保持200m以上的间距，且位于这些设施的上风向或侧风向。

■129. 沿街建筑应设连接街道和内院的通道，其间距不大于(　　)m。消防道路宽度应大于等于(　　)m，净空高度不应小于(　　)m，尽端式消防道的回车场尺度应大于等于(　　)m。

A. 80；4；4.0；12m×12m　　B. 60；4；3.5；15m×15m

C. 80；3.5；4.0；12m×12m　　D. 80；3.5；4.0；15m×15m

【参考答案】 D

【解答】 城市消防标准主要体现在构、建筑物的防火设计上与城乡规划密切相关的有关现行规范有：《建筑设计防火规范》（GB 50016—2014）（2018年版）、《城市消防站设计规范》（GB 51054—2014）、《城镇消防站布局与技术装备配备标准》（GNJ—82）等。

□130. 管线与铁路或道路交叉时应为(　　)，在困难情况下，其交叉角不宜小于(　　)。

A. 正交；45°　　B. 正交；30°

C. 平行；45°　　D. 平行；30°

【参考答案】 A

【解答】 城市工程管线综合中，应减少管线与铁路或道路及其他干管的交叉。当管线与铁路或道路交叉时应为正交，在困难情况下，其交叉角不宜小于45°。

■131. 关于城市变电所的选址要求的表述，哪些是正确的？(　　)（多选）

A. 城市变电所的选址要靠近负荷中心

B. 电力变电站不可与其他建筑混建

C. 市中心变电站应采用户外式

D. 市区内规划新建的变电所，宜采用户内式或半户外式结构

E. 符合城市总体规划用地布局要求

【参考答案】 A、D、E

【解答】 变电所规划选址要求：

（1）符合城市总体规划用地布局要求；

（2）靠近负荷中心；

（3）便于进出线；

（4）交通运输方便；

（5）应考虑对周围环境和邻近工程设施的影响和协调，如军事设施、通信电台、电信局、飞机场、领（导）航台、国家重点风景旅游区等，必要时，应取得有关协定或书面说明；

（6）宜避开易燃、易爆区和大气严重污秽区及严重盐雾区；

（7）应满足防洪标准要求：220～500kV 变电所的所址标高，宜高于洪水频率为 1% 的高水位；35～110kV 变电所的所址标高，宜高于洪水频率为 2%的高水位；

（8）应满足抗震要求：35～500kV 变电所抗震要求，应符合国家现行标准《35kV～220kV 无人值班变电站设计规程》（DL/T 5103—2012）和《220kV～500kV 变电所设计技术规程》（DL/T 5218—2018）中的有关规定；

（9）应有良好的地质条件，避开断层、滑坡、塌陷区、溶洞地带、山区风口和易发生滚石场所等不良地质构造。

规划新建城市变电所的结构型式选择，宜符合下列规定：

（1）布设在市区边缘或郊区、县的变电所，可采用布置紧凑、占地较少的全户外式或半户外式结构；

（2）市区内规划新建的变电所，宜采用户内式或半户外式结构；

（3）市中心地区规划新建的变电所，宜采用户内式结构；

（4）在大、中城市的超高层公共建筑群区、中心商务区及繁华金融、商贸街区规划新建的变电所，宜采用小型户内式结构；变电所可与其他建筑物混合建设，或建设地下变电所。

■132. 在选择城市用地竖向工程规划设计的方法时，不用考虑以下(　　)因素。（多选）

A. 地下水方向

B. 地形坡度

C. 地震带分布

D. 工程管线走向

E. 自然植被

【参考答案】 A、C、E

【解答】 城市用地竖向工程规划设计方法包括：高程箭头法：根据竖向工程规划原则，确定出规划区内各种建筑物、构筑物的地面标高，道路交叉点、变坡点的标高，以及区内地形控制点的标高，将这些点的标高注在竖向工程规划图上，并以箭头表示各类用地的排水

方向。

纵横断面法：在规划区平面图上根据需要的精度绘出方格网，然后在方格网的每一交点上注明原地面标高和设计地面标高。沿方格网长轴方向者称为纵断面，沿短轴方向者称为横断面。该法多用于地形比较复杂地区的规划。

设计等高线法：多用于地形变化不太复杂的丘陵地区的规划。能较完整地将任何一块规划用地或一条道路与原来的自然地貌作比较并反映填方挖方情况，易于调整。

■133. (　　)不是地形和洪水位变化较大的山地城市常用的防洪工程措施。(多选)

A. 挡洪
B. 下游分洪
C. 蓄滞洪
D. 上游分蓄洪
E. 水库

【参考答案】 B、D

【解答】 城市常用的防洪排涝工程措施可分为挡洪、泄洪、蓄滞洪、排涝等四类。

地形和洪水位变化较大的山地城市防洪的重点是河道整治和山洪防治，在城市上游建设具有防洪功能的水库，可以削减洪峰流量，降低洪水位。

■134. 下面关于地震烈度的表述，正确的是(　　)。(多选)

A. 地震时某一地区的地面和各类建筑物遭受到一次地震影响的强弱程度
B. 地震烈度与土壤条件无关
C. 地震烈度与地理区位因素有关
D. 地震烈度越高，破坏力越大
E. 地震烈度在空间上呈现明显差异

【参考答案】 A、D、E

【解答】 地震烈度是指地震时某一地区的地面和各类建筑物遭受到一次地震影响的强弱程度。地震烈度越高，破坏力越大。同一次地震，主震震级只有一个，而烈度在空间上呈明显差异。

影响地震烈度大小的有下列因素：地震等级、震源深度、震中距离、土壤和地质条件、建筑物的性能、震源机制、地貌和地下水位等。

■135. 下列哪项属于城市黄线？(　　)

A. 城市变电站用地边界线
B. 城市道路边界线
C. 文物保护范围界线
D. 城市河湖两侧绿化带控制线

【参考答案】 A

【解答】 城市黄线，是指对城市发展全局有影响的、城乡规划中确定的、必须控制的城市基础设施用地的控制界线。城乡规划七线之一。

■136. 下列哪项属于城市蓝线？(　　)

A. 城市变电站用地边界线
B. 城市道路边界线
C. 文物保护范围界线
D. 城市湿地控制线

【参考答案】 D

【解答】 城市蓝线是指城市规划确定的江河、湖、水库、渠和湿地等城市地表水体保护和控制的地域界线。城市规划七线之一。

■137. 将城市工程管线按弯曲程度分类，下列(　　)管线属于可弯曲管线。(多选)

A. 自来水管
B. 污水管道

C. 电信电缆　　　　　　　　　　D. 电力电缆

E. 电信管道　　　　　　　　　　F. 热力管道

【参考答案】 A、C、D

【解答】 可弯曲管线：指通过某些加工措施易将其弯曲的工程管线。如电信电缆、电力电缆、自来水管道等。自来水管是压力管，可以弯曲，电缆类管线更易弯曲。

不易弯曲管线：指通过加工措施不易将其弯曲的工程管线或强行弯曲会损坏的工程管线。如电力管道，电信管道，污水管道等。

■138. 绘制城市工程管线综合总体规划图时，通常绘入综合总体规划图中的线路是(　　)。(多选)

A. 给水和排水　　　　　　　　　　B. 热力和燃气

C. 电力和电信架空线　　　　　　　D. 给水和燃气

【参考答案】 A、B、D

【解答】 绘制城市工程管线综合总体规划图时，通常电力和电信架空线路不绘入综合总体规划图（或综合平面图）中，而在道路横断面中定出它们与建筑线的距离，就可控制它们的平面位置图，把架空线绘入综合规划图后，会使图面过于复杂。

■139. 当工程管线交叉敷设时，自地表面向下的排列顺序宜为(　　)。

A. 电力管线、热力管线、燃气管线、给水管线，雨水管线、污水管线

B. 电力管线、燃气管线、热力管线、给水管线、雨水管线、污水管线

C. 电力管线、给水管线、雨水管线、燃气管线、热力管线、污水管线

D. 燃气管线、热力管线、电力管线、雨水管线、给水管线、污水管线

【参考答案】 A

【解答】 工程管线交叉敷设时，自地表面向下排列时要考虑管道内的介质及管线输送方式、埋深等问题确定各管道垂直间距。

■140. 道路红线宽度超过(　　)m 的城市干道宜两侧布置给水配水管线和燃气配气管线；道路红线宽度超过(　　)m 的城市干道应在道路两侧布置排水管线。

A. 50；30　　　　B. 30；50　　　　C. 60；40　　　　D. 40；60

【参考答案】 B

【解答】 过去我国道路上的工程管线多为单侧敷设，随着城市道路的加宽，道路两侧建筑物的增加，工程管线承担的负荷增多，单侧敷设势必增加工程管线在道路横向上的破路次数，随之带来支管线的增加，支管线与主干线交叉增加。通常将给水、燃气、供热支线、排水管线等沿道路两侧各规划建设一条，既经济又实用。

□141. 铁路和城市干道的立交控制标高要在(　　)阶段确定。

A. 总体规划　　　　　　　　　　B. 详细规划

C. 修建性详细规划　　　　　　　D. 城市设计

【参考答案】 A

【解答】 铁路和城市干道的立交控制标高要在总体规划阶段确定。铁路坡度及标高一般不易改变。城市干道能否在保证净空限制高度的情况下通过，必要时也要放大比例尺研究确定。在地形条件限制很严的情况下，有时为了合理地解决标高甚至要局部调整干道系统。

■142. 2008 年 5 月 12 日 14 时 28 分，我国四川省汶川地区发生里氏 8.0 级，烈度(　　)强烈地震。

A. 8 级　　B. 10 级　　C. 11 级　　D. 12 级

【参考答案】 C

【解答】 地震烈度简称烈度，即地震发生时，在波及范围内一定地点地面振动的激烈程度(也可理解为地震影响和破坏的程度)。地面振动的强弱直接影响到人的感觉的强弱，器物反应的程度，房屋的损坏或破坏程度，地面景观的变化情况等。

汶川地震属于浅源地震。此次大地震震源深度约为 29km，属于浅源地震。通常情况下震源位于地下 70km 之内的，都称为浅源地震。深度在 70～300km 的叫中源地震，深度大于 300km 的叫深源地震。

汶川震级超过唐山大地震。地震的破坏性与震源的深浅有密切关系。“震源深度越浅，地震能量越大，但波及的范围会小。而震源很深，地表破坏性相对小，但传的也远。”专家解释说，1976 年的唐山大地震，震源距地面不足 12km，烈度达到 11 级。因此破坏能力巨大。此次汶川大地震的震级超过唐山大地震，但震源深度相对较深，震中烈度达到 9～10 级，破坏性略小于唐山大地震。据初步调查统计，此次地震最大烈度达 11 度，破坏特别严重。

■143. 下列有关地震烈度的表述，哪项是错误的？(　　)

A. 地震烈度是反映地震对地面和建筑物造成破坏的指标

B. 地震烈度与震级具有一一对应关系

C. 我国地震烈度区划是各地确定抗震设防烈度的依据

D. 在抗震设防区内一般建设工程应按地震基本烈度设防

【参考答案】 B

【解答】 地震震级是反映地震过程中释放能量大小的指标，释放能量越多，震级越高，强度越大。

地震烈度是反映地震对地面和建筑物造成破坏的指标，烈度越高，破坏力越大。地震烈度与地质条件、距震源的距离、震源深度等多种因素有关。同一次地震，主震震级只有一个，而烈度在空间上呈现明显差异。

■144. 与城市总体规划中的防灾专业规划相比，城市防灾专项规划的特征是(　　)。

A. 规划内容更细　　B. 规划范围更大

C. 涉及灾种更多　　D. 设防标准更高

【参考答案】 A

【解答】 城市防灾专项规划：落实和深化总体规划的相关内容，规划范围和规划期限一般与总体规划一致。内容一般比总体规划中的防灾规划丰富，规划深度在其他条件具备的情况下还可能达到详细规划的深度，通常要进行灾害风险分析评估。

■145. 城市陆上消防站责任区面积不宜大于 7km²，主要是考虑下列哪项因素？(　　)

A. 平时的防火管理　　B. 消防站的人员和装备配置

C. 火灾发生后消防车到达现场的时间　　D. 城市火灾危险性

【参考答案】 C

【解答】 城市规划区内普通消防站的规划布局，一般情况下应以消防队接到出动指令后正常行车速度下 5min 内可以到达其辖区边缘为原则确定。

■146. 消防安全布局主要是通过下列哪项措施来降低火灾风险？( )

A. 按照标准配置消防站　　B. 消防站选址远离危险源

C. 构建合理的城市布局　　D. 建设完善的消防基础设施

【参考答案】 D

【解答】 消防安全布局的内容包括危险化学品储存设施布局、危险化学物品运输、避难场地布局、建筑物耐火等级的确定。目的主要是通过合理的城市布局和设施建设，降低火灾风险，减少火灾损失。

■147. 承担危险化学物品事故处置的主要消防力量是( )。

A. 航空消防站　B. 陆上普通消防站　C. 特勤消防站　D. 水上消防站

【参考答案】 C

【解答】 城市消防站分为陆上消防站、水上（海上）消防站和航空消防站。

城市陆上消防站可分为普通消防站和特勤消防站两类。特勤消防站除一般性火灾扑救外，还要承担高层建筑火灾扑救和危险化学物品事故处置的任务。

■148. 城市排涝泵站排水能力确定与下列哪些因素无关？( )

A. 排涝标准　　B. 服务区面积

C. 服务区平均地面高程　　D. 服务区内水体调蓄能力

【参考答案】 C

【解答】 当城市或工矿区所处地势较低，在汛期排水发生困难，以致引起涝灾，可以采取修建排水泵站排水，或者将低洼地填高地面，使水能自由流出。

排涝泵站是城市排涝系统的主要工程设施，其布局方案应根据排水分区、雨水管布局，城市水系格局等因素确定。排涝泵站规模（排水能力）根据排涝标准、服务面积和排水分区内调蓄水体能力确定。

■149. 通过控制地下水开采量，可以有效地防治下列哪类地质灾害？( )

A. 滑坡　　B. 崩塌

C. 地面塌陷　　D. 地面沉降

【参考答案】 D

【解答】 地面沉降成因很多，例如地壳运动、地下矿藏开采、地下水开采等。由地下水开采造成的地面沉降是完全可以控制的，做到采补平衡，通过人工回灌补充地下水。

■150. 在地形和洪水位变化较大的丘陵地区，正确的城市防洪措施是( )。

A. 在河流两岸预留蓄滞洪区　　B. 在河流支流与干流汇合处建设控制闸

C. 在地势比较低的地段建设排水泵站　　D. 在设计洪水位以上选择城市建设用地

【参考答案】 D

【解答】 城市防洪排涝需要考虑的对策措施包括防洪安全布局、防洪排涝工程措施和非工程措施三个方面。防洪安全布局，是指在城市规划中，根据不同地段洪涝灾害的风险差异，通过合理的城市建设用地选择和用地布局来提高城市防洪排涝安全度，其综合效益往往不亚于工程措施。

■151. 按照我国现行地震区划图，下列关于地震基本烈度的表述，哪项是错误的？( )

A. 我国地震基本烈度最小为Ⅵ度

B. 地震基本烈度代表的是一般场地土条件下的破坏程度
C. 未来 50 年内达到或超过基本烈度的概率为 10%
D. 基本烈度是一般建筑物应达到的地震设防烈度

【参考答案】 C

【解答】 根据历史地震资料，我国编制了全国地震动参数区划图（包括地震动峰值加速度、地震动反应谱特征周期两项参数）。20 世纪 90 年代的地震烈度区划图中的烈度和 2001 年地震动参数区划图中的参数，其风险水平都是：在 50 年期限内，在一般场地土条件下，可能遭遇概率为 10%，即达到或超过图上烈度值或参数的概率为 10%。而不仅仅是未来的 50 年内。

■152. 城市燃气管网布置原则错误的是(　　)。

A. 高压管网宜布置在城市边缘
B. 长输高压管线一般不得连接用气量小的用户
C. 连接气源厂（或配气站）与城市环网的枝状高压干管，一般应考虑双线布置
D. 连接气源厂（或配气站）与城市环网的枝状中压支管，宜采用单线布置

【参考答案】 D

【解答】 城市燃气输配管网的布置原则：

（1）应结合城市总体规划和有关专业规划进行。

（2）管网规划布线应按城市规划布局进行，贯彻远、近结合，以近期为主的方针。规划布线时，应提出分期建设的安排，以便于设计阶段开展工作。

（3）应尽量靠近用户，以保证用最短的线路长度，达到同样的供气效果。

（4）应减少穿、跨越河流、水域、铁路等工程，以减少投资。

（5）为确保供气可靠，一般各级管网应沿路布置。

（6）燃气管网应避免与高压电缆平行敷设，否则，由于感应地电场对管道会造成严重腐蚀。

■153. 下列各种管线中，既是可以弯曲的管线又是压力管的管线是(　　)。(多选)

A. 给水管网　　B. 污水管线　　C. 电信管道　　D. 燃气管线

【参考答案】 A、D

【解答】 （1）压力管线：指管道内流体介质由外部施加力使其流动的工程管线，通过一定的加压设备将流体介质由管道系统输送给终端用户。给水、煤气、灰渣管道系为压力输送。

（2）重力自流管线：指管道内流动着的介质由重力作用沿其设置的方向流动的工程管线。这类管线有时还需要中途提升设备将流体介质引向终端。污水、雨水管道系为重力自流输送。

① 可弯曲管线：指通过某些加工措施易将其弯曲的工程管线。如电信电缆、电力电缆、自来水管道、燃气管线等。

② 不易弯曲管线：指通过加工措施不易将其弯曲的工程管线或强行弯曲会损坏的工程管线。如电力管道，电信管道，污水管道等。

■154. 下列哪些防洪排涝措施是正确的？(　　)(多选)

A. 在建设用地标高低于设计洪水位的城市兴建堤防

B. 在地形和洪水位变化较大的城市依靠泵站强排城市雨水

C. 在坡度较大的山坡上建设截洪沟防治山洪

D. 若城区河段行洪能力难以提高，在上游设置一定分蓄洪区

E. 将公园绿地、广场、运动场等布置在洪涝风险相对较大的地段

【参考答案】 A、C、D、E

【解答】 山区和丘陵地区的城市，地形和洪水位变化较大，防洪工程的重点是河道整治和山洪防治，应加强河道护岸工程和山洪疏导，防止河岸坍塌和山洪对城市的危害。

■155. 在现状建成区内按照一定标准建设防洪堤，当堤防高度与景观保护发生矛盾时，下列哪些措施可以降低堤顶设计高程？(　　)(多选)

A. 扩大堤距

B. 在堤顶设置防浪墙

C. 提高城市排水标准

D. 增加城市透水面积

E. 在上游建设具有防洪功能的水库

【参考答案】 A、B、E

【解答】 堤顶高程由设计洪水位和设计洪水位以上超高组成。设计洪水位根据防洪标准、相应洪峰流量、河道断面分析计算。

■156. 下列抗震防灾规划措施中，哪些项是正确的？(　　)(多选)

A. 应尽量选择对抗震有利的地段建设

B. 现有未采取抗震措施的建筑应提出加固、改造计划

C. 将河流岸边的绿地作为避震疏散场地

D. 城市生命线工程抗震设防标准应达到一般建筑物水平

E. 合理布置可能产生次生灾害的设施

【参考答案】 A、B、E

【解答】 河流岸边的绿地属于对地震不利的地段不能作为避震疏散场地；城市生命线工程必须进行地震安全性评价，并根据地震安全性评价结果确定抗震设防标准。

■157. 城市消防规划的主要内容包括以下(　　)。(多选)

A. 进行城市消防安全布局

B. 城市消防站及消防装备

C. 电信管道消防供水

D. 消防通信

【参考答案】 A、B、C、D

【解答】 城市消防规划的主要内容包括：城市消防安全布局、城市消防站及消防装备、消防通信、消防供水、消防车通道等。城市消防规划的编制应在全面搜集研究城市相关基础资料，进行城市火灾风险评估的基础上完成。

■158. 水上(海上)消防站应以接到出动指令后正常行船速度下(　　)可以到达其服务水域边缘为原则。

A. 5min　　B. 10min　　C. 15min　　D. 30min

【参考答案】 D

【解答】 根据国家标准《城市消防规划规范》(GB 51080—2015)，水上(海上)消防站的设置和布局应符合下列要求：

① 城市应结合河流、湖泊、海洋沿线有任务需要的水域设置水上(海上)消防站；

② 水上(海上)消防站应设置供消防艇靠泊的岸线，其靠泊岸线应结合城市港口、

码头进行布局，岸线长度不应小于消防艇靠泊所需长度且不应小于100m；

③ 水上（海上）消防站应以接到出动指令后正常行船速度下30min可以到达其服务水域边缘为原则确定；水上（海上）消防站至其服务水域边缘距离不应大于20～30km；

④ 水上（海上）消防站应设置相应的陆上基地，用地面积及选址条件同陆上一级普通消防站。

■159. 下列哪项地区应该设置特勤消防站？(　　)

A. 国家风景名胜区　　B. 国家级历史文化名镇

C. 经济发达的县级市　　D. 重要的工矿区

【参考答案】 C

【解答】 城市消防站可分为普通消防站和特勤消防站两类。特勤消防站是指除担任普通消防站任务外，还要承担灾害事故处置和特殊火灾扑救的消防站。

■160. 从抗震防灾的角度考虑，城市建设必须避开下列哪类用地？(　　)

A. 地震时可能受崩塌威胁的用地

B. 软弱地基用地

C. 地震时可能发生砂土液化的用地

D. 位于古河道上的用地

【参考答案】 A

【解答】 城市用地布局对抗震有利的地段包括：开阔、平坦、密实、均匀的坚硬土。地震危险地段包括：地震时可能发生滑坡、崩塌、地陷、地裂、泥石流的堤段；活动性断裂带附近，地震时可能发生地表错位的部位。对抗震不利的地段包括：软化土、液化土、河岸和边坡边缘；平面上成因、岩性、状态不明显的土层，如古河道、断层破碎带、暗埋的塘浜沟谷、半填半挖的地基等。从抗震防灾的角度考虑，城市建设必须避开地震危险地段。

△161. 《城市综合管廊工程技术规范》属于(　　)。

A. 法律法规　　B. 国家标准　　C. 行业标准　　D. 作业规程

【参考答案】 B

【解答】 住房和城乡建设部于发布国家标准《城市综合管廊工程技术规范》(GB 50838—2015)，自2015年6月1日起实施。

□162. 《城市综合管廊工程技术规范》适用于(　　)城市综合管廊工程的规划、设计、施工及验收、维护管理。(多选)

A. 新建　　B. 扩建　　C. 改建　　D. 全部

【参考答案】 A、B

【解答】 2015年6月1日起实施的《城市综合管廊工程技术规范》(GB 50838—2015)，适用于城镇新建、扩建的市政公用管线采用综合管廊敷设方式的工程。

□163. 城市综合管廊工程建设应遵循(　　)的原则，充分发挥综合管廊的综合效益。(多选)

A. 规划先行　　B. 适度超前　　C. 因地制宜　　D. 统筹兼顾

【参考答案】 A、B、C、D

【解答】 规范适用于新建、扩建、改建城市的综合管廊工程的规划、设计、施工及验收、维护管理。同时明确，综合管廊工程建设应遵循“规范先行、适度超前、因地制宜、统筹兼顾”的原则，充分发挥综合管廊的综合效益。

■164. 综合管廊工程建设应以综合管廊(　　)为依据。

A. 工程规划　　B. 施工规划　　C. 建设规划　　D. 总体设计

【参考答案】 A

【解答】 住房和城乡建设部日前发布公告,批准《城市综合管廊工程技术规范》为国家标准,编号为 GB 50838—2015。公告明确,规范中的“综合管廊工程建设应以综合管廊工程规划为依据”等 18 条规定为强制性条文,必须严格执行。

□165. 综合管廊工程规划应集约利用(　　),统筹规划综合管廊(　　),协调综合管廊与其他地上、地下工程的关系。

A. 内部空间　内部空间　　B. 城市用地　内部空间

C. 城市用地　结构空间　　D. 内部空间　结构空间

【参考答案】 B

【解答】 综合管廊系统规划应遵循合理利用城市用地的原则，统筹安排工程管线在综合管廊内部的空间位置，协调综合管廊与其他沿线地面、地上工程的关系。

■166. 天然气管道应在(　　)内敷设。

A. 多个舱室　　B. 同一舱室　　C. 独立舱室　　D. 气体舱室

【参考答案】 C

【解答】 综合管廊内相互无干扰的工程管线可设置在管廊的同一个舱，相互有干扰的工程管线应分别设在管廊的不同舱室。热力管线、燃气管线不得同电力电缆同舱敷设。燃气管道和其他输送易燃介质管道直接纳入管廊应符合专项技术要求。

■167. (　　)等城市工程管线可纳入综合管廊。(多选)

A. 给水　　B. 雨水　　C. 污水　　D. 天然气

【参考答案】 A、B、C、D

【解答】 电信电缆管线、电力电缆管线、给水管线、热力管线、污雨水排水管线、天然气管线、燃气管线等市政公用管线可纳入综合管廊内。

■168. 给水管道与热力管道同侧布置时,给水管道宜布置在热力管道的(　　)。

A. 上方　　B. 下方　　C. 左方　　D. 右方

【参考答案】 B

【解答】 工程管线从地面向下布置的次序：电力、电信、热力、燃气、给水、雨水、污水。

□169. 压力管道进出综合管廊时，应在综合管廊(　　)设置阀门。

A. 内部　　B. 外部　　C. 上部　　D. 下部

【参考答案】 B

【解答】 主干管管道在进出管廊时，应在管廊外部设置阀门井。

■170. 综合管廊应同步建设(　　)等设施。(多选)

A. 消防　　B. 供电　　C. 照明　　D. 监控与报警

【参考答案】 A、B、C、D

【解答】 综合管廊应同步建设综合管廊附属工程，包括消防系统、供电系统、照明系统、监控系统、通风系统、排水系统、标识系统、运营管理系统。

■**171. 综合管廊工程设计应包含(　　)等，纳入综合管廊的管线设计专项管线设计。(多选)**

A. 总体设计　　B. 结构设计　　C. 附属设施设计　　D. 规划设计

【参考答案】 A、B、C

【解答】 根据综合管廊工程设计导则,综合管廊工程设计应包含总体设计、结构设计、附属设施设计等,纳入综合管廊的管线应进行专项管线设计。

■**172. 综合管廊人员出入口宜与逃生口、吊装口、进风口结合布置,且不应小于(　　)个。**

A. 1　　B. 2　　C. 3　　D. 4

【参考答案】 B

【解答】 综合管廊人员出入口宜与逃生口、吊装口、进风口结合设置，且不应少于 2 个。

□**173. 城市工程管线设计应以综合管廊(　　)为依据。**

A. 工程规划　　B. 施工规划　　C. 建设规划　　D. 总体设计

【参考答案】 A

【解答】 入廊管线的设计原则应严格按照《城市综合管廊工程技术规范》(GB 50838—2015) 要求执行。其中，给水、雨水、污水、再生水、天然气、热力、电力、通信等城市工程管线可纳入综合管廊；综合管廊工程建设应以综合管廊工程规划为依据。

■**174. 天然气管道应采用(　　)。**

A. 螺旋钢管　　B. 无缝钢管　　C. 铸铁管　　D. 混凝土管

【参考答案】 B

【解答】 天然气输送钢管是板（带）经过深加工而形成的较特殊的冶金产品。对于天然气管道的管材来说，强度、韧性和可焊性是三项最基本的质量控制指标。

■**175. 综合管廊逃生口的设置应符合下列规定(　　)。(多选)**

A. 敷设电力电缆的舱室，逃生口间距不宜大于 200m

B. 敷设天然气管道的舱室，逃生口间距不宜大于 200m

C. 敷设热力管道的舱室，逃生口间距不应大于 300m

D. 敷设其他管道的舱室，逃生口间距不应大于 400m

【参考答案】 A、B、D

【解答】 敷设热力管道的舱室，逃生口间距不应大于 400m。

□**176. 电力电缆应采用(　　)。**

A. 铠装电缆　　B. 塑料绝缘电缆

C. 阻燃电缆　　D. 橡皮绝缘电缆

【参考答案】 C

【解答】 在电力线路中，电缆所占比重正逐渐增加。电力电缆是在电力系统的主干线路中用以传输和分配大功率电能的电缆产品，包括 1～500kV 以及以上各种电压等级、各种绝缘阻燃的电力电缆。

□**177. 给水、再生水管道可选用(　　)。(多选)**

A. 钢管　　B. 球墨铸铁管

C. 塑料管　　D. 复合管材

【参考答案】 A、B、C

【解答】《城市综合管廊管线工程技术规范》规定，给水、再生水管道考虑防腐措施，可以采用钢管、钢塑复合管、球墨铸铁管、化学建材管等。

□**178. 综合管廊工程的结构设计使用年限应为(　　)年。**

A. 50　　B. 75　　C. 90　　D. 100

【参考答案】 A

【解答】 综合管廊工程的结构设计使用年限应按照建筑物的合理使用年限确定，一般工程不低于 50 年。

根据《建筑结构可靠度设计统一标准》（GB 50068—2018）第 1.04、1.05 条规定，普通房屋和构筑物的结构设计使用年限按照 50 年设计，纪念性建筑和特别重要的建筑结构，设计年限按照 100 年考虑。综合管廊作为城市生命线工程，一般情况下结构设计年限为 50 年，对于大型城市的重要综合管廊工程，结构设计年限可提高到 100 年。

□**179. 钢筋混凝土结构的混凝土强度等级不应低于(　　)。**

A. C20　　B. C25　　C. C30　　D. C40

【参考答案】 C

【解答】 钢筋混凝土结构的混凝土强度等级不应低于 C20。预应力混凝土结构的 18 混凝土强度等级不应低于 C30；当采用钢绞线、钢丝、热处理钢筋作为预应力钢筋时，混凝土强度等级不宜低于 C40。

□**180. 综合管廊内应设置(　　)等警示、警告标识。(多选)**

A. 禁烟　　B. 注意碰头　　C. 注意脚下　　D. 禁止触摸

【参考答案】 A、B、C、D

【解答】 在综合管廊内，应设置"禁烟""注意碰头""注意脚下""禁止触摸"等警示、警告标识。

□**181. 综合管廊建成后，应由(　　)进行日常管理。**

A. 养护单位　　B. 专业单位　　C. 施工单位　　D. 业主单位

【参考答案】 B

【解答】 综合管廊的维护、管理运营单位应具备相关给水、排水、照明等专业的资质和相应技术人员。

□**182. 利用综合管廊结构本体的雨水渠，每年非雨季清理疏通不应少于(　　)次。**

A. 1　　B. 2　　C. 3　　D. 4

【参考答案】 B

【解答】《城市综合管廊管线工程技术规范》规定利用综合管廊结构本体的雨水渠，每年非雨季清理疏通至少 2 次。

■**183. 下列哪些选项属于城市市政公用设施的内容？(　　)(多选)**

A. 交通设施　　B. 文化教育设施

C. 医疗卫生设施　　D. 商业服务设施

E. 通信设施

【参考答案】 A、D、E

【解答】 城市基础设施（Urban Infrastructure）是城市生存和发展所必须具备的工程性基础设施和社会性基础设施的总称，是城市中为顺利进行各种经济活动和其他社会活动而建设的各类设备的总称。城市基础设施对生产单位尤为重要，是其达到经济效益、环境效益和社会效益的必要条件之一。

城市基础设施一般分为两类，分别是工程性基础设施和社会性基础设施。

工程性基础设施（市政公用设施）一般指能源供给系统、给排水系统、道路交通系统、通信系统、环境卫生系统以及城市防灾系统等。

社会性基础设施则指城市行政管理、文化教育、医疗卫生、基础性商业服务、教育科研、宗教、社会福利及住房保障等。

第四章　信息技术在城乡规划中的应用

大纲要求：了解信息技术的主要构成，了解信息技术在城乡规划中的应用；了解计算机辅助设计技术（CAD），熟悉计算机辅助设计技术在城乡规划中的应用；了解地理信息系统（GIS）的基本构成，了解地理信息系统在城乡规划中的应用；了解遥感技术（RS）的要点，了解遥感技术在城乡规划中的应用；了解城乡规划信息化管理的现状与发展，了解城乡规划信息化管理的应用。

热门考点：

1. 信息技术的基本知识：城乡规划中的应用范围。

2. 地理信息系统：分类、构成及应用，空间数据与属性数据的特征。

3. 地理信息的查询、分析与表达：地理信息表达、空间要素分类、空间查询、几何量算、属性查询、叠合、邻近、网络分析、栅格分析。

4. 遥感技术：遥感图像的种类及解译、应用。

5. 整合空间管控信息管理平台，搭建空间规划信息管理平台；“多规合一”信息平台总体架构、城乡规划信息化的应用。

第一节　复　习　指　导

一、信息技术的基本知识

（一）了解信息技术的主要构成

信息技术（Information Technology，缩写 IT），是主要用于管理和处理信息所采用的各种技术的总称。它主要是应用计算机科学和通信技术来设计、开发、安装和实施信息系统及应用软件。它也常被称为信息和通信技术（Information and Communications Technology，缩写 ICT）。主要包括传感技术、计算机技术和通信技术。

以计算机、数字通信、遥感为代表的现代信息技术在国内城乡规划行业的应用十分广泛。

具体来讲，信息技术主要包括以下几方面技术：感测与识别技术、信息传递技术、信息处理与再生技术、信息施用技术。

（二）了解信息技术在城乡规划中的应用

（1）计算机辅助设计、辅助绘图；

（2）利用遥感信息调查土地使用、建筑类型，调查水体、大气环境质量，调查固体废弃物、道路交通等；

（3）以数学方法为基础，利用计算分析、预测、模拟城市交通；

（4）有关社会、经济问题的统计、预测、评价等定量分析；

(5) 城市建筑申请、审批日常业务的办公自动化；

(6) 建立城乡规划综合数据库、为规划有关机构、相关部门提供信息，向社会公众发布信息。

(三) 了解信息系统

一个基于计算机的信息系统包括计算机硬件、软件、数据和用户四大要素。

常见的信息系统主要有四种：

事务处理系统：用以支持操作人员的日常活动，负责处理日常事务，典型的是商场的POS机系统。

管理信息系统（MIS)：需要包含组织中的事务处理系统，并提供了内部综合形式的数据，以及外部组织的一般范围和大范围的数据，典型的是单位的人事关系系统。

决策支持系统（DSS)：能从管理信息系统中获得信息，帮助管理者制定好的决策。它基于计算机的交互式的信息系统，由分析决策模型、管理信息系统中的信息、决策者的推测三者相组合达到好的决策效果。

人工智能和专家系统（ES)：是能模仿人工决策处理过程的基于计算机的信息系统。

MIS能提供信息帮助制定决策，DSS能帮助改善决策的质量。只有ES能应用智能推理制作决策并解释决策理由。

(四) 数据库管理系统

常用的储存、管理属性数据的技术是采用关系模型的数据库。

关系模型，就是用一系列的表来描述、储存复杂的客观事物。

关系模型数据库的表由行和列组成，每一行代表一条记录，每一列代表一种属性。

关系模型数据库管理软件可以标有建立、删除、修改等功能，还可以增加、减少列，添加、删除行等。

对于单个数据表最常用的是选择和投影操作。选择是指按需要选择列，也就是对一个复杂代表可以暂时排除不需要的字段。投影则是按照某种条件对表，也就是对一个很长的表可以暂时排除不符合需要的记录。

(五) 网络技术

1. 计算机网络

计算机网络指将地理位置不同的具有独立功能的多台计算机及其外部设备，通过通信线路连接起来，在网络操作系统、网络管理软件及网络通信协议的管理和协调下，实现资源共享和信息传递的计算机系统。

包括：计算机、网络操作系统、传输介质以及相应的软件四部分。

2. 计算机网络分类

划分为：局域网、城域网、广域网、互联网。

3. 基本概念

(1) 域名：Domain Name，是由一串用点分隔的名字组成的Internet上某一台计算机或计算机组的名称，用于在数据传输时标识计算机的电子方位（有时也指地理位置，地理上的域名，指代有行政自主权的一个地方区域)。域名是一个IP地址上有“面具”。一个域名的目的是便于记忆和沟通的一组服务器的地址（网站、电子邮件、FTP等)。域名作为力所能及、难忘的互联网参与者的名称，如电脑、网络和服务。

(2) 超文本传输协议：HTTP-Hypertext transfer protocol 是一种详细规定了浏览器和万维网服务器之间互相通信的规则，通过因特网传送万维网文档的数据传送协议。

(3) IP 地址：IP 地址是 IP 协议提供的一种统一的地址格式，它为互联网上的每一个网络和每一台主机分配一个逻辑地址，以此来屏蔽物理地址的差异。IP 地址具有唯一性。

二、地理信息系统

(一) 了解地理信息系统 (GIS) 的基本构成

1. 地理信息

地理信息 (Geographic Information) 是指与空间地理分布有关的信息，表示地表物体和环境固有的数据、质量、分布特征，联系和规律的数字、文字、图形、图像等总称。地理信息属于空间信息。

2. 地理信息的特征

地理信息除了具备信息的一般特性（可识别性、可存储性、可扩充性、可压缩性、可传递性、可转换性、特定范围有效性）外，还具备以下的独特特性：

(1) 区域性。地理信息属于空间信息，其是通过数据进行标识的，这是地理信息系统区别其他类型信息最显著的标志，是地理信息的定位特征。区域性即是指按照特定的经纬网或公里网建立的地理坐标来实现空间位置的识别，并可以按照指定的区域进行信息的并或分。

(2) 多维性。具体是指在二维空间的基础上，实现多个专题的三维结构，即是指在一个坐标位置上具有多个专题和属性信息。

(3) 动态性。主要是指地理信息的动态变化特征，即时序特征。可以按照时间尺度将地球信息划分为超短期的（如台风、地震)、短期的（如江河洪水、秋季低温)、中期的（如土地利用、作物估产)、长期的（如城市化、水土流失)、超长期的（如地壳变动、气候变化）等信息。

3. 地理信息系统的定义

地理信息系统 (Geographic Information System 或 Geo-Information System, GIS) 有时又称为“地学信息系统”或“资源与环境信息系统”。它是一种特定的十分重要的空间信息系统。它是在计算机硬、软件系统支持下，进行采集、储存、管理、运算、分析、显示和描述整个或部分地球表面（包括大气层在内）与空间和地理分布有关的数据的空间信息系统。

4. 地理信息系统的分类

GIS 按研究的范围大小可分为全球性的、区域性的和局部性的；按研究内容的不同可分为综合性的与专题性的。

5. 地理信息系统的构成

分为四个子系统：

(1) 计算机硬件和系统软件：这是开发、应用地理信息系统的基础，是地理信息系统的核心部分。硬件主要包括计算机、打印机、绘图仪、数字化仪、扫描仪；系统软件主要指操作系统。

(2) 数据库系统：系统的功能是完成对数据的存储，它又包括几何（图形）数据和属性数据库。几何和属性数据库也可以合二为一，即属性数据存在于几何数据中。

(3) 数据库管理系统：这是地理信息系统的核心。通过数据库管理系统，可以完成对地理数据的输入、处理、管理、分析和输出。

(4) 应用人员和组织机构：专业人员，特别是那些复合人才（既懂专业又熟悉地理信息系统）是地理信息系统成功应用的关键，而强有力的组织是系统运行的保障。

从数据处理的角度出发，地理信息系统又被分为数据输入子系统，数据存储与检索子系统，数据分析和处理子系统，数据输出子系统。

6. 地理信息系统的应用

① 信息组织与管理；② 规划与设计；③ 统计与量算；④ 预测与预报；⑤ 对策与决策；⑥ 分析与评价。

（二）了解数据储存与管理

1. 空间数据与属性数据

地理信息系统的数据分为两大类：

(1) 空间数据：是关于事物空间位置的数据，一般用图形、图像表示，称空间数据，也称地图数据、图形数据、图像数据。

空间数据对地理实体最基本的表示方法是点、线、面和三维体。

(2) 属性数据：和空间位置有关，反映事物某些特征的数据，一般用数值、文字表示，也可以用其他媒体表示，称属性数据，也可以称文字数据、非空间数据。

典型的属性数据包括环保监测站的监测资料，道路交叉口的交通流量，道路路段的通行能力、路面质量，地下管线的用途、管径、埋深；行政区的人口、人均收入，房屋产权人、质量、层数等。

2. 属性数据的储存与管理

数据存储和数据库管理涉及地理元素（表示地表物体的点、线、面）的位置、连接关系及属性数据如何构造和组织等。用于组织数据库的计算机系统称为数据库管理系统(DBMS)。空间数据库的操作包括数据格式的选择和转换、数据的连接、查询、提取等。

目前，最典型、最常用的储存、管理属性数据的技术是采用关系模型的数据库。除关系模型数据库外，常用的数据模型还有层次型、网络型。

（三）了解数据来源与输入

1. 信息来源

以计算机为基础的地理信息系统将信息分成空间信息和属性信息两大类。信息的获取途径：野外实地测量；摄影测量与遥感；现场专题考察与调查；社会调查与统计和利用已有资料。

2. 数据输入

数据输入：将系统外部的原始数据（多种来源、多种形式的信息）传输给系统内部，并将这些数据从外部格式转换为便于系统处理的内部格式的过程。如将各种已存在的地图、遥感图像数字化，或者通过通信或读磁盘、磁带的方式录入遥感数据和其他系统已存在的数据，还包括以适当的方式录入各种统计数据、野外调查数据和仪器记录的数据。

数据输入方式与使用的设备密切相关，常有三种形式：①手扶跟踪数字化仪的矢量跟踪数字化。②扫描数字化仪的光栅扫描数字化，主要输入有关图像的网格数据。③键盘输入，主要输入有关图像、图形的属性数据（即代码、符号），在属性数据输入之前，须对其进行编码。

属性数据输入一般是键盘输入，特殊情况下可以扫描输入、语音输入、汉字手写输入；空间信息输入常用手工数字化仪输入和扫描器输入。

3. 数据质量

（1）数据质量的含义

地理信息系统中的数据是对现实世界的抽象和表达。由于现实世界的无限复杂性和模糊性，以及人类认识和表达能力的局限性，这种抽象和表达总是不可能完全达到真实值，而只能在一定程度上接近真实值，因此误差总是客观存在的。除软件、硬件的质量，计算方法上的问题，以及输入操作的差错会带来误差外，数据自身的质量往往是影响应用的重要原因，归纳起来有位置精度、属性精度、逻辑上的一致性、完整性及人为因素等质量问题。

（2）数据质量的内容

① 数据情况说明，指对数据说明的全面性和准确性；

② 位置精度，指实体的坐标数据与实体真实位置间的接近程度；

③ 属性精度，指实体的属性值与真实值相符的程度；

④ 逻辑一致性，指数据关系上的可靠性；

⑤ 数据完整性，指地理数据在范围、内容及结构等方面覆盖所有要求的完整程度；

⑥ 时间精度，主要指数据的现势性。

（3）数据质量控制

GIS数据的质量控制具体表现在检测数据可靠性和分析GIS数据的不确定性。自然界中的不确定性有两种，一种是随机不确定性，一种是模糊不确定性。在实际应用中必须注意运用理论研究成果来指导工作，从两种不确定性入手，以定位精度、属性精度、逻辑一致性、数据完整性等多方面对数据进行全面检核。

（四）了解地理信息的查询分析与表达

（1）地理信息的表达方式：有专题地图和统计报表。

（2）空间查询和属性查询

① 地理空间信息查询的一般问题是："有没有？是什么？在什么地方？怎样到达？"之类，对这类问题的回答可以通过空间信息和相应的工具实现。

② 查询方式：

查询条件：数学条件、关系条件、逻辑条件、统计汇总。

查询类型：单独属性查询、简单的图形查询、复杂的图形查询、图形属性联合查询。

查询成果：即时报表、专题制图、数据重整。

（3）几何量算

可方便地计算出长度、周长、面积及设计填挖方等。

（4）叠合

包括栅格与栅格的叠合和矢量与矢量的叠合。栅格叠合简单方便，矢量叠合主要有点和面的叠合、线和面的叠合以及面和面的叠合。

（5）空间分析

① 意义：通过空间分析研究客观事物的地理空间构成以及相互联系和影响。

② 目标：揭示空间数据库中的隐性信息；发现空间事物相互关系与作用。

③ 出发点：从信息角度看待数据，提出问题。

④ 方法：包括邻近分析、网络分析、网格分析、叠加分析、点面分析、路径分析以及比较分析等。

几何量算：自动计算不规则曲线的长度，不规则多边形的周长、面积，不规则地形的设计填挖方等。

叠合分析：栅格和栅格的叠合是最简单的叠合，常用于社会、经济指标的分析，资源、环境指标的评价。包括点和面的叠合（居住区内中小学布点）、线和面的叠合（道路网密度、管线穿越地块）、面和面的叠合（动迁、拆除建筑物、土地适用性评价）。

邻近分析：产生离开某些要素一定距离的邻近区是 GIS 的常用分析功能（缓冲区）。描述地理空间中两个地物距离相近的程度，是空间分析的重要手段。交通沿线或河流沿线的地物有其独特的重要性，公共设施的服务半径，大型水库建设引起的搬迁，铁路、公路以及航运河道对其穿过区域经济发展的重要性等，均是一个邻近度的问题。常用于分析可产生点状设施的服务半径、道路中心线的两侧边线、历史性保护建筑的影响范围等。

网络分析：用于模拟两个或两个以上地点之间资源流动的路径寻找过程。当选择了起点、终点和路径必须通过的若干中间点后，就可以通过路径分析功能按照指定的条件寻找最优路径。网络分析常用于估计交通时间、成本；选择运输的路径；计算公共设施的供需负荷；寻找最近的服务设施；产生一定交通条件下的服务范围；沿着交通线路市政管线分配点状服务设施的资源等。

叠加分析：指在统一空间参考系统下，通过对两个数据进行的一系列集合运算，产生新数据的过程。这里提到的数据可以是图层对应的数据集，也可以是地物对象。叠加分析的目的是通过对空间数据的加工或分析，提取用户需要的新的空间几何信息。

栅格分析：即网格分析针对栅格数据的分析，常用功能有坡度、坡向、日照强度的分析；地形的任意断面图生成；可实行检验，工程填挖方计算，密度图。比较复杂的分析有模拟资源在一定空间范围的扩散等。

（五）了解地理信息系统（GIS）在城乡规划中的应用

目前已初步见效并能正常运行的城乡规划地理信息系统大都是为土地管理服务的。在城乡规划中的实际应用主要在空间查询、专题制图、空间和属性数据的综合管理和及时更新方面，利用互联网络向公众发布规划上的图形、属性信息也开始有了应用。

（1）Office GIS 与城乡规划

① 规划审批手段电子化；② 标准化规划结果；③ 提高设计结果入库速度。

（2）虚拟现实及多媒体网络技术与城市规划

① 规划方案比较；② 构建逼真城市环境；③ 构建时态逼真城市；④ 查询及分析。

（3）嵌入式 GIS 与城市规划

嵌入式地理信息系统技术与移动通讯及无线互联网设备（包括掌上电脑、PDA 和手机）等集成，可快速提供与位置信息相关的信息服务。它具有动态性、移动性等特点。城市规划中有些业务需要快速获取用户环境的各种信息，如为科学管理和利用规划红线资料，详细规划现场踏勘设计，加强城市规划监察，实时机动地对违规建设用地案件进行处理，为这些城乡规划部门的重要职能提供现场移动办公的平台等。

(4) GIS与遥感技术结合

以城市规划为监测对象，基于RS技术、GIS技术等快速获取与处理城乡现状空间信息，采用RS、地形、总规和分规数据比对和专家判读的方法，实现大范围、可视化、短周期的动态监测效果，为政府宏观决策和依法行政提供科学依据。这种监测是长期的和制度化的，具有定量和客观的特征，能有效地威慑城市违法建设活动，并且监测目标比较广泛，包括建设工程、城市用地、城市水系、城市道路等多个方面。

(5) 其他应用

GIS在城乡规划中应用越来越广泛，如进行城乡规划用地评价，快速城乡规划专题图的制作，历史文化保护及风景保护，另外，可把GIS作为一种技术手段进行城市规划的研究工作，如城市扩展研究等。

(6) 区域城市规划、城乡规划及GIS技术

对于城市群地区的区域规划管制，GIS大有用武之地：①地理信息和地理信息技术为研究解决城市/区域的空间问题提供了工具支持；②借助地理信息和地理信息技术可以更好地了解区域可持续发展问题，并尝试提供解决方案；③地理信息和地理信息技术可以帮助参与者之间相互了解，共享信息和知识，达成共识和共同行动。

(7) 问题与展望

虽然，GIS技术自身已相当实用，但是它在国内规划行业中的应用还不够普及，还未达到城市规划更深层次的内容，其中的原因是多方面的，例如：基础数据的收集、供应、更新、共享；人才的培养；技术方法的积累；城乡规划本身的局限。目前城乡规划工作中，对背景分析、趋势预测、方案论证、影响评价的要求还不严、不高，规划专业队伍的组织体制、激励机制还不健全，规划专业人员的积极性还需要进一步调动、发挥，这些局限也对GIS的应用带来很大影响。

三、遥感技术

(一) 了解遥感技术 (RS) 的要点

遥感(Remote Sensing)是通过人造地球卫星上的遥测仪器把对地球表面实施感应遥测和资源管理的监视(如树木、草地、土壤、水、矿物、农作物、鱼类和野生动物等的资源管理)结合起来的一种新技术。

1. 遥感信息及图像解译的基本知识

遥感是以航空摄影技术为基础，在20世纪60年代初发展起来的一门新兴技术。开始是航空遥感，自1972年美国发射了第一颗陆地卫星后，这就标志着航天遥感时代的开始。经过几十年的迅速发展，目前遥感技术已广泛应用于资源环境、水文、气象，地质地理等领域，成为一门实用的，先进的空间探测技术。

遥感是利用遥感器从空中来探测地面物体性质的，它根据不同物体对波谱产生不同响应的原理，识别地面上各类地物，具有遥远感知事物的意思。也就是利用地面上空的飞机、飞船、卫星等飞行物上的遥感器收集地面数据资料，并从中获取信息，经记录、传送、分析和判读来识别地物。通常把整个接收、记录、传输、处理和分析判释的全过程统称遥感技术，包括遥感的技术手段和应用。遥感技术是建立在物体电磁波辐射理论基础上的。

遥感的类别：根据遥感平台的高度和类型，可将遥感分为航天遥感、航空遥感与地面遥

感；根据传感器工作波长划分为可见光遥感、红外遥感、微波遥感、紫外遥感和多光谱遥感；根据电磁波辐射源划分为被动遥感和主动遥感；根据遥感的应用领域不同，可以分为气象遥感、海洋遥感、水文遥感、农业遥感、林业遥感、城市遥感和地质遥感等。

2. 遥感平台与传感器

遥感平台指能装载各种遥感仪器，从一定高度或距离进行遥感作业的运载工具；传感器指接收地面物体电磁辐射的仪器，它们二者构成遥感技术系统的空中部分。

遥感平台的高度与传感器性能决定了获得影像的解像力。航天遥感以扫描为主、摄影为辅获得图像，发射一颗卫星可长期对地面观察。航空遥感以摄影为主，现在也在发展扫描，一般根据项目需要而组织飞行，图像质量好。

3. 系统的组成

（1）信息源：信息源是遥感需要对其进行探测的目标物。任何目标物都具有反射、吸收、透射及辐射电磁波的特性，当目标物与电磁波发生相互作用时会形成目标物的电磁波特性，这就为遥感探测提供了获取信息的依据。

（2）信息获取：信息获取是指运用遥感技术装备接收、记录目标物电磁波特性的探测过程。信息获取所采用的遥感技术装备主要包括遥感平台和传感器。其中遥感平台是用来搭载传感器的运载工具，常用的有气球、飞机和人造卫星等；传感器是用来探测目标物电磁波特性的仪器设备，常用的有照相机、扫描仪和成像雷达等。

（3）信息处理：信息处理是指运用光学仪器和计算机设备对所获取的遥感信息进行校正、分析和解译处理的技术过程。

（4）信息应用：军事、地质矿产勘探、自然资源调查、地图测绘、环境监测以及城市建设和管理等。

4. 遥感的类型

根据工作平台层面区分：地面遥感、航空遥感（气球、飞机）、航天遥感（人造卫星、飞船）；

根据工作波段层面区分：紫外遥感、可见光遥感、红外遥感、微波遥感、多波段遥感；

根据传感器类型层面区分：主动遥感（微波雷达）、被动遥感（航空航天、卫星）。

5. 遥感技术的特点

探测范围广、采集数据快；能动态反映地面事物的变化；获取的数据具有综合性。

6. 遥感图像的种类

（1）航空遥感图像的种类

航空遥感以摄影图像为主，主要图像类型有：普通黑白摄影、彩色红外航空相片、微波雷达图像。

（2）航天遥感图像的种类

主要有多光谱扫描仪（MSS）图像、专题制图仪（TM）图像、SPORT5 卫星数据、气象卫星图像、高空间分辨率卫星影像、高光谱遥感卫星影像、LiDAR（激光雷达数据）数据、中巴地球资源卫星和北京一号小卫星。

7. 城市遥感图像解译基础

解译遥感图像就是判读图像的波谱特征、几何特征、物体和物体在空间上的相互关系。一般说来，经过解译的、数字化的遥感信息才可能作为GIS的数据源。

① 植被：在近红外波段，阔叶林（柳树、泡桐、合欢）反射率高于针叶林（杉、松），在彩红外相片上，阔叶林呈红色，而针叶林呈红褐色。

② 水体：水体的反射率不仅受水体本身的影响，更多的是受水中悬浮物质的类型和数量的控制，如被有机物（主要是叶绿素）污染的绿色水体在绿波段出现相对高的反射率。水中的含沙量对反射率影响也比较明显，一般含沙量高反射率也相应增高，水体的反射率是水色、水中悬浮粒子及水底地形等反射、散射的函数。

③ 道路：城市道路因所用建筑材料不同，可分为水泥路、沥青路、土路等，其曲线形状大体相似，0.14～0.16μm缓慢上升，0.16μm之后转向平缓变化，水泥路呈灰白色，反射率最高，依次为土路、沥青路。

④ 建筑物：灰白色的石棉瓦反射率最高；沥青砂石房顶由于表面铺着土黄色砂石，其反射率高于灰色的水泥平顶；塑料顶棚呈绿色，因而在波谱曲线的绿波段有一反射峰；金属屋顶由于污染，遭受侵蚀呈灰色，反射率低且平坦。

8. 图像校正与信息提取方法

几何校正：因飞行器姿态的变化、观测角度的限制、成像过程的种种干扰以及传感器自身投影方式的局限，造成遥感图像的几何坐标往往和实际应用有很大差异，需要进行几何坐标的校正。

辐射校正：受大气环境、传感器性能、投影方式、成像过程等因素的影响，会造成同一景图像上电磁辐射水平的不均匀或局部失真，同一时相的相邻图像之间也会有辐射水平的差异，同一观察范围但不同时相的图像之间更会有辐射水平的差异，需要进行校正。

图像增强：为了某种应用的需要，用光学或数学的方法，使某类地物在图像上的信息得到增强，另外一些信息则被减弱。

对比分析：同一景图像中不同波段的信息，相同地物范围内不同时相的图像都可以进行对比分析。

统计分析：对图像单元的亮度、色彩及其分布进行统计分析。

图像分类：借助计算机或目测的方法对图像单元或图像中的地物进行分类。

（二）了解遥感技术（RS）在城乡规划中的应用

卫星遥感信息覆盖的范围大，虽然其分辨率有限，但对于宏观定性分析，有重要的作用与价值。从20世纪70年代中期开始，我国就利用陆地卫星相片开展区域地质调查以及土地资源调查。现在应用遥感技术可以开展很多专题的城乡调查研究：①土地利用现状调查；②历史变迁动态研究；③水系调查；④道路网络调查；⑤污染源分布调查；⑥垃圾调查；⑦热岛效应调查；⑧绿化现状调查；⑨在建工地调查；⑩旧城改造调查；⑪防汛设施分布调查；⑫违章建筑现状调查等。

1. 人口估算

居住单元估算法，土地利用密度法，土地使用分类与人口统计相关分析法，建成区面积估算法。

2. 交通调查

城市交通密度调查，交通车速调查，交通流量调查。

3. 城乡土地使用及其变化的遥感分析

彩红外航空遥感影像在城乡用地调查中的应用；陆地卫星 TM 数据应用于城乡用地的分析：城乡用地形态的分析，城乡用地类型的划分；城乡变迁的遥感监测。

4. 城乡环境的遥感监测

城乡大气环境与热场检测，城乡绿地调查，城乡环境质量与污染源的遥感监测。

以遥感手段监测城乡环境与常规人工监测相比具有覆盖范围广、信息量大、数据的分布密度高、同步性好、区域间可比性强及省时、省力、快速、有效等多种优势。

四、计算机辅助设计技术（CAD）

（一）了解计算机辅助设计技术（Computer Aided Design，缩写 CAD）

利用计算机及其图形设备帮助设计人员进行设计工作，简称 CAD。在工程和产品设计中，计算机可以帮助设计人员担负计算、信息存储和制图等项工作。CAD 能够减轻设计人员的劳动，缩短设计周期和提高设计质量。

CAD 技术主要应用于图形输入、编辑、打印、数据储存；建立三维模型，生成透视图、渲染图；图形、图像、文字的综合编辑以及计算机动画与景观仿真。

（二）熟悉计算机辅助设计技术（CAD）在城乡规划中的应用

CAD 技术在城乡规划中的影响表现在快速修改设计文件；精确、详细的设计成果；减少差错和疏漏；直观、丰富的表达成果；分散分工、协同设计；便于资料保存、查询、积累、发布以及突破传统设计上的某些局限等诸多方面。

（三）掌握地理信息系统与 CAD 的区别与联系

GIS 与一般事务数据库的主要区别在于 GIS 处理空间数据，除了一般数据库的字母数字数据库外，还有图形数据库，而且要共同管理、分析和使用图形数据和属性数据。所以，GIS 在硬件和软件方面均比一般事务数据库更加复杂，在功能上也比后者大得多。

计算机辅助设计（CAD）是计算机技术用于机械、建筑、工程、产品设计和工业制造的产品，它主要用于绘制应用范围广泛的技术图形。

GIS 与 CAD 系统的共同特点是二者都有参考系统，都有空间坐标系统；都能描述图形数据的拓扑关系；都能将目标和参考系联系起来；也都能处理非图形属性数据，都能处理属性和空间数据。

但是二者还是有较明显的差异，简单来说，GIS 在工程设计方面的功能薄弱，而 CAD 不适合空间查询、空间分析。CAD 研究对象为人造对象，即规则几何图形及组合；图形功能特别是三维图形功能强，属性库功能相对较弱；CAD 中的拓扑关系较为简单，一般采用几何坐标系。GIS 处理的数据大多来自于现实世界，较之人造对象更复杂，数据量更大；数据采集的方式多样化；GIS 的属性库结构复杂，功能强大；强调对空间数据的分析，图形属性交互使用频繁；GIS 采用地理坐标系。

五、信息技术的综合应用

综合运用信息技术，已经成为城乡规划编制、城乡规划管理和城乡规划监测等各项工作所必不可少的内容。CAD 适合设计过程的计算机处理，遥感图像需要通过 GIS 完成基本处理和解译，才可以用于更深层次的查询、分析和表达。

（一）熟悉 CAD 与 GIS 相结合

CAD 适合设计过程的计算机处理，GIS 适合对客观事物的查询、分析。两者在图形影像处理上有很多相似之处。CAD 也具备空间查询分析功能，GIS 提供平能够适合编辑设计图的功能。

（二）熟悉 GIS 与遥感相结合

遥感图像在完成基本处理和解译后，为 GIS 的基础数据，用于深层次的查询分析和表达。

（三）熟悉互联网与 CAD、GIS、遥感相结合

互联网与 CAD 相结合，使远程协同设计得到发展。

互联网与 GIS 相结合，使空间信息的查询分析远程化、社会化、大众化，促进空间信息的共享和利用。

互联网与遥感相结合，使遥感图像的共享程度提高。

六、城乡规划信息化

（一）了解城乡规划信息化的现状与发展

1. 现状

20 世纪 80 年代末以来，城乡规划管理、设计和监督部门在国内最先引入地理信息系统、计算机辅助设计、全球定位等先进信息化技术，构建出基于上述多种技术的城市空间基础设施系统、城乡规划管理系统、城乡规划设计系统等实用化业务运行系统，率先全面实现了城乡规划设计、审批管理、实施监督等主要工作环节人机互动作用的信息化工作方式变革。

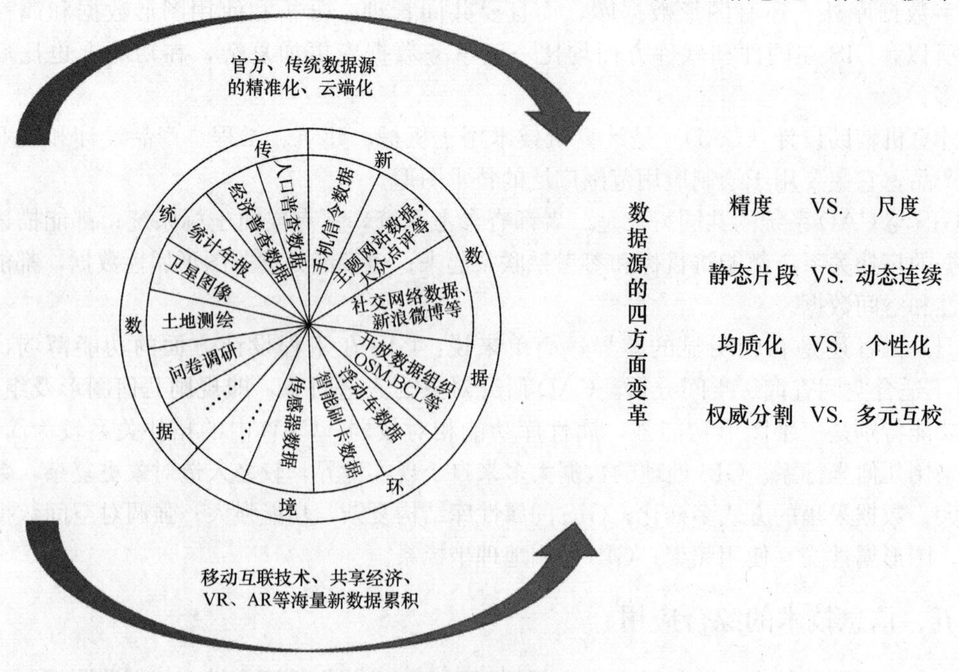

新的数据环境

（资料来源：2017 区域空间规划（多规合一）新技术专题研讨会资料）

2. “多规合一”面临的新数据环境

3. 发展

①技术应用法制化；②技术应用数量化；③技术应用实时化；④技术应用集成化；⑤基础数据共享化；⑥大力推进标准化。

（二）掌握城乡规划信息化的应用

1. 构建基础平台

（1）建设目标

统筹协调城乡规划、土地利用总体规划、环境功能区划、国民经济和社会发展规划、主体功能区规划等，消除各类规划之间矛盾，促进多规有机融合，形成统一衔接、功能互补、相互协调的空间规划体系。

以“数字城市”建设成果为基础，通过空间化、智能化、信息化的技术手段，建立“多规合一”数据库，开发技术先进、功能完善的“多规合一”信息联动平台。

为加快推进新型城镇化，有效统筹城乡空间资源配置，提升政府空间管控效能，实现国土空间集约、高效、科学利用，保障城乡社会、经济、环境协调可持续发展提供有力支撑。

（2）“多规合一”信息管理平台主要解决的问题

①多规差异的自动识别和提取：消除多规的差异和矛盾、数据的持续更新；

②多部门信息的联动、共享以及协同办公：减少审批流程，提高审批效率；

③辅助领导指挥决策：辅助招商引资、项目选址落地，开展规划实施评价。

推进规划数据坐标系统、用地分类标准、空间规划底图、空间性规划制图标准等统一，实现多部门规划信息和业务管理互通共享。基于2000国家大地坐标系，完成各类专题数据空间化处理、格式转换和坐标统一。基于测绘地理信息标准，有效整合住建、国土、水利、林业、交通、农业等领域相关技术标准规范，制定满足省级空间性规划“多规合一”需要的用地分类标准体系。有效整合城市规划、土地利用规划、生态环保规划、林业规划、交通规划、水利规划等各类规划空间信息，科学构建省级“多规合一”空间规划基础信息平台及相关业务系统。

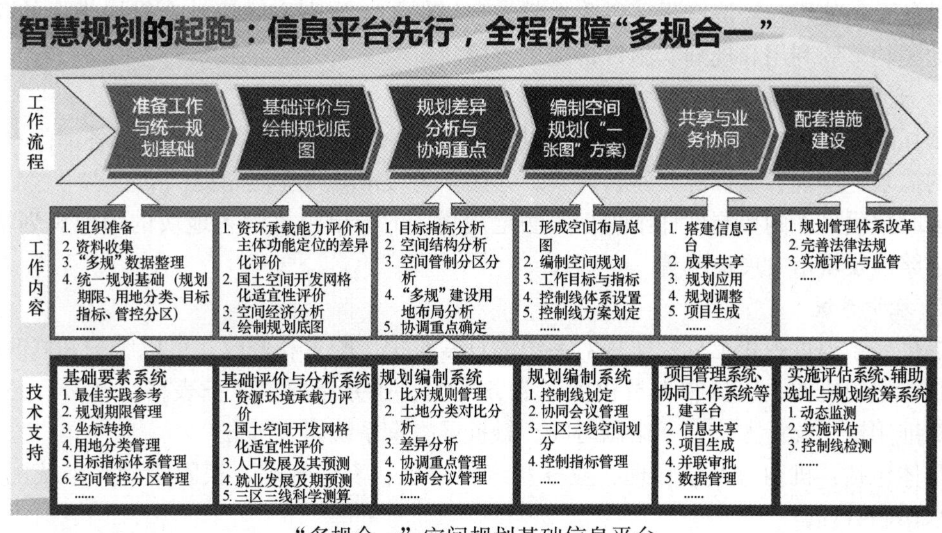

“多规合一”空间规划基础信息平台

（资料来源：2017区域空间规划（多规合一）新技术专题研讨会资料）

2. 业务审批管理

整合各部门现有空间管控信息管理平台，搭建基础数据、目标指标、空间坐标、技术规范统一衔接共享的空间规划信息管理平台，为规划编制提供辅助决策支持，对规划实施进行数字化监测评估，实现各类投资项目和涉及军事设施建设项目空间管控部门并联审批核准，提高行政审批效率。

包括规划动态监督系统、用地审批管理、建筑审批管理、市政管线审批管理、审批大厅业务管理、建筑批后管理、违法监察管理、流程管理、案卷流转、打印输出、案卷查询与统计、承诺制管理、图形编辑功能、领导专用功能。实现规划管理依据统一，解决“多头规划”和“规划打架”问题。依据“一张图”开展工作，成为标准化管理、精细化管理的有效手段。

依据中共中央办公厅、国务院办公厅印发的《省级空间规划试点方案》的总体要求和主要任务，融汇新型城镇化发展和生态文明建设新理念、新思路，将最新的GIS云平台技术融入空间规划业务，自主创新、量身打造了互联互通、聚云共享的MapGIS空间规划（“多规合一”）解决方案。解决方案采用“T（终端应用层）—C（云计算层）—V（虚拟设备层）”架构，为各级政府提供空间规划（“多规合一”）全业务、全流程的智能化服务。

3. 辅助项目选址

以各类规划和“多规合一”编制成果为依据，通过整理全市的人口、经济、土地估价信息，针对居住、商业和工业选址建立选址价模型，综合考量各类底线、环境保护、功能区划、用地效能等因素，辅助项目选址和政府决策，促进招商引资和项目落地。

4. 生态环境保护

划定城镇空间、农业空间、生态空间以及生态保护红线、永久基本农田边界、城镇开发边界（简称“三区三线”）。

5. 集约节约用地

将建设项目用地信息与税收信息、经济信息进行关联，分析用地强度与经济产出的比例，量化土地使用与经济产出、税收贡献、环境保护、生态文明等社会发展指标的联系，为土地集约节约利用和规划实施评价提供支撑。

6. 城乡可持续发展

依托政务专网，为各委办局实时提供“多规合一”成果信息，满足政府各部门对规划信息的需求，实现数据资源共建、共享、共用，为城市各行业规划提供支撑。

实时提供最新的控制性详细规划等法定规划，方便市民了解各地块的用地规划情况、规划道路以及城市发展情况等。

7. 维护系统

提供一系列可视化工具，实现对系统的日常维护、配置和修改。可以维护和修改的内容包括：组织机构、人员和人员权限、业务类型、业务流程、业务表格、文号、必备材料、标准用语、统计方法、承诺制时间、触摸屏查询系统内容等。

具体包括：机构与人员管理、业务及流程管理、表格管理、权限管理、系统配置管理、承诺制管理。

（三）掌握“多规合一”信息平台总体架构

1. “4+X”专业应用

发改规划管理系统：项目全生命周期管理、项目选址辅助决策、城市发展规划（1+3+X）管理、规划实施评估、协商会商会审。

城乡规划管理系统：总规控规差异管理、规划选址辅助决策、电子报批、协商会商会审。

土地利用总体规划管理系统：建设用地规划审批管理、规划修改与调整管理、规划指标管理、协商会商会审。

环保规划管理系统：规划修改与调整管理、规划环评与项目环评管理、生态保护规划管理、协商会商会审。

X：水利、林业、交通……

2. 平台

“多规合一”信息平台：工作管理系统和在线服务系统。

具体包括：空间项目管理系统、空间管控联动系统、规划监管/评估系统、辅助选址与规划统筹系统、多规共享与服务系统、规划辅助编制系统、空间评价与分析系统、空间规划基础要素系统。

3. 一库

“多规合一”综合数据库：标准、成果、更新管理。

应试者应阅读以下方面的参考书：《地理信息系统——原理、方法和应用》《地理信息系统及其在城市规划与管理中的应用》《地理信息系统原理和方法》等相关内容。

第二节　复　习　题　解

（题前符号意义：■为掌握；□为熟悉；△为了解。）

□1. 现代信息技术以(　　)为代表。

A. 计算机、数字通信、遥感　　B. 计算机、遥感

C. GIS、GPS、GRS　　D. 遥感

【参考答案】 A

【解答】 现代信息技术以计算机、数字通信、遥感为代表。

□2. 广域网是指(　　)。

A. 采用简单的网络设备，实现数百米距离内不同计算机之间数据通信、资源共享的技术

B. 采用简单的网络设备，实现远距离数据通信的网络

C. 采用复杂的网络设备，实现数百米距离内不同计算机之间数据通信、资源共享的技术

D. 采用简单的网络设备，将各个孤立的网络相互连起来的互联网络技术

【参考答案】 B

【解答】 采用简单的网络设备，实现数百米距离内不同计算机之间数据通信、资源共享的技术，一般称局域网，实现远距离数据通信的网络称广域网，将各个孤立的网络相互连起来的互联网络技术，就是因特网。如果仅在一个单位内部使用因特网，可称内联网，它和互联网采用同样的技术，只是未和社会直接连起来。

□**3. 因特网的主要特色是(　　)。(多选)**

A. 远距离　　B. 大范围
C. 成本低　　D. 可移动
E. 容量大　　F. 速度快

【参考答案】 A、B、D

【解答】 因特网的技术标准已为各国接受，又和电信业相互渗透，其数据通信范围已覆盖全球。远距离、大范围、可移动是它的主要特色。

■**4. 地理信息区别于其他类型信息的最显著的标志是(　　)。**

A. 地理信息属于非空间数据　　B. 地理信息以经纬度为主
C. 地理信息属于空间信息　　D. 地理信息随时间而变化

【参考答案】 C

【解答】 地理信息属于空间信息，其位置的识别是与数据联系在一起的，这是地理信息区别于其他类型信息的最显著标志。地理信息系统是以地理空间数据库为基础，在计算机软硬件的支持下，对空间相关数据进行采集、管理、操作、分析、模拟和显示，并采用地理模型分析方法，适时提供多种空间和动态的地理信息，为地理研究和地理决策服务而建立起来的计算机技术系统。

□**5. 地理信息系统诞生于(　　)。**

A. 19 世纪 60 年代　　B. 19 世纪 70 年代
C. 20 世纪 60 年代　　D. 20 世纪 70 年代

【参考答案】 C

【解答】 加拿大国家土地调查局为了处理大量的土地调查资料，于 20 世纪 60 年代开始建立地理信息系统。

■**6. 一般说来，GIS 由(　　)几部分组成。(多选)**

A. 信息获取与数据输入　　B. 信息转换与外挂
C. 数据储存与管理　　D. 数据查询与分析
E. 成果表达与输出

【参考答案】 A、C、D、E

【解答】 GIS 可以定义为以计算机为基础，处理地理空间信息的综合性技术。一般说来，这项技术由上述选项中的 A、C、D、E 四个部分组成。

■**7. 空间数据一般用(　　)来表示。(多选)**

A. 图形　　B. 统计数据
C. 数值　　D. 文字
E. 图像

【参考答案】 A、E

【解答】 地理信息系统将所处理的数据分为两大类：第一类是关于事物空间位置的数据，一般用图形、图像表示，称空间数据，也称地图数据、图形数据、图像数据；第二类是和空间位置有关，反映事物某些特征的数据，一般用数值、文字表示，也可用其他媒体表示，称属性数据，也称文字数据、非空间数据。

■**8. 地理信息系统将所处理的数据分为两大类，分别是(　　)。**

A. 空间数据、属性数据　　B. 空间数据、图形数据

C. 文字数据、属性数据　　D. 地图数据、图形数据

【参考答案】 A

【解答】 地理信息系统将所处理的数据分为两大类，分别是空间数据（也称地图数据、图形数据、图像数据）和属性数据（也称文字数据、非空间数据）。

□**9. 三维表面一般以(　　)等方式表示。(多选)**

A. 图像　　B. 图形

C. 等值线　　D. 属性数据

E. 数据表格

【参考答案】 A、C

【解答】 空间数据对事物最基本的表示方法是点、线、面和三维表面。所谓三维表面，在一定地理范围内边界比较模糊，在空间上可能是连续变化的。三维表面一般以图像、等值线等方式表示。

■**10. 与 GIS 相比，CAD 的突出特点是(　　)。**

A. 工程设计功能薄弱　　B. 不适合空间查询、空间分析

C. 空间分析功能强　　D. 图形功能弱

【参考答案】 B

【解答】 CAD 与 GIS 有很大区别，CAD 主要是把设计过程和结果用数据库来管理，用图形、图像来表达（还包括工程设计所需的特定功能）。它不需要对地图及其相关属性进行综合管理，也不需要复杂的查询、叠合等功能。地理信息系统软件也不具备辅助设计的能力，不适合搞工程设计。

□**11. 下面可以用三维表面模型来表示的事物是(　　)。(多选)**

A. 不规则的地形表面　　B. 地下管线

C. 环保监测站　　D. 大气中的二氧化硫含量

E. 房屋基底

【参考答案】 A、D

【解答】 环保监测站、交通分析用的道路交叉口等由于其大小、长度可忽略不计，可用点表示；道路、地下管线面积可以忽略不计，但长度、走向很重要，用线表示；行政区划、房屋基底、规划地块等具有封闭的边界、特定的面积，一般为不规则的多边形，所以用面表示；三维表面模型是该事物在一定地理范围内边界比较模糊，在空间上可能是连续变化的，如上述选项中的 A、D 项。

■**12. 属性数据是和(　　)有关，反映事物某些特征的数据，一般用(　　)表示，也可用其他媒体表示。**

A. 空间特征；色彩、形状　　B. 空间位置；图形、图像、色彩

C. 空间位置；数值、文字　　D. 空间信息；点、线、面

【参考答案】 C

【解答】 属性数据是和空间位置有关，反映事物某些特性的数据，一般用数值、文字表示，也可用其他媒体表示（如示意性的图形、图像、声音、动画等），也称文字数据、非

空间数据。

□**13. 目前，最典型、最常用的储存、管理属性数据的技术是采用(　　)。**

A. 层次数据库　　B. 关系模型的数据库

C. 网络数据库　　D. 面向目标的数据库

【参考答案】 B

【解答】 目前，最典型、最常用的储存、管理属性数据的技术是采用关系模型的数据库。所谓关系模型就是用一系列的表来描述、储存复杂的客观事物，表由行和列组成，每一行代表一条记录，每一列代表一种属性。

□**14. 下面表述正确的是(　　)。(多选)**

A. 栅格模型就是将所考虑的地理空间划分成不规则的网格

B. 在栅格型的数字化地图中，点在网格中占据一个基本单元

C. 在栅格型的数字化地图中，面的边界是平滑线

D. 在栅格型的数字化地图中，线由一系列单元联结成锯齿状折线

【参考答案】 A、D

【解答】 栅格模型就是将所考虑的地理空间划分成有规则的网格，网格的基本单元通常是固定大小的矩形，空间事物按其在网格中哪一行、哪一列、取什么值表示。在栅格型的数字化地图中，点在网格中占据一个基本单元，线由一系列单元联结成锯齿状折线，面的边界也是锯齿状的。

□**15. 下面关于空间数据的栅格模型说法不正确的是(　　)。**

A. 栅格模型的空间数据和属性数据是储存为一体的

B. 由于每个单元在网格中只取值一次，对有多重属性的事物，就必须用多个栅格表示

C. 用栅格模型表达空间事物一般用点、线、面三类要素

D. 多个栅格相互叠合很方便，常用于土地、环境的评价

【参考答案】 C

【解答】 用矢量模型表达空间事物一般用点、线、面三类要素。栅格模型将所考虑的地理空间划分成有规则的网格，网格的单元也常称像素。

□**16. 网格基本单元的大小，对地图的(　　)起关键作用。**

A. 完整性　　B. 分辨率和技术精度

C. 数据量　　D. 识别

【参考答案】 B

【解答】 一张 1000m×1000m 的地图，基本单元为 100m×100m 时，需要像素 100 个；当单元的长和宽改为 50m 时，需要像素 400 个；单元的长和宽缩小到 10m 时，需像素 10000 个。数据量的增加和分辨率的提高成平方指数关系。

□**17. 下列哪些是矢量模型的缺点？(　　)(多选)**

A. 数据存储量大　　B. 数据结构复杂

C. 不能直接处理数字图像信息　　D. 难以表达线状、网络状的事物

E. 多种地图叠合分析比较困难

【参考答案】 B、C、E

【解答】 矢量模型的缺点是数据结构复杂；多种地图叠合分析比较困难；边界复杂，模糊

的事物难以描述；不能直接处理数字图像信息。栅格模型的缺点是数据存储量大；空间位置精度低；难以表达线状、网络状的事物；输出地图不美观；普通地图需按矢量方式数字化。

■18. 在数据库管理系统中，某个数据表有 20 个字段，1000 条记录，如果只选择其中符合某条件的 200 条记录的 5 个字段，应进行哪项操作？(　　)

A. 投影＋选择　　B. 选择

C. 投影　　D. 选择＋删除列

【参考答案】 A

【解答】 关系型数据库管理软件可以对表有建立、删除、修改等功能，还可以增加、减少列，添加、删除行等。

对于单个数据表最常用的是选择和投影操作。选择是指按需要选择列，也就是对一个复杂的表可以暂时排除不需要的字段。如在学生表中选出姓名、性别两项，其他列暂时不要，其结果是对列作了简化的表。

投影则是按照某种条件对表，也就是对一个很长的表可以暂时排除不符合需要的记录。如在学生表中选出男同学对应的表，其结果是对行作了简化的表。

■19. 在因特网中，能够定位一份文档或数据（如主机中一个文件）的是(　　)。

A. 邮件地址　　B. IP 地址

C. 域名　　D. 通用资源标识符

【参考答案】 B

【解答】 IP 地址是 IP 协议提供的一种统一的地址格式，它为互联网上的每一个网络和每一台主机分配一个逻辑地址，以此来屏蔽物理地址的差异。IP 地址具有唯一性。

■20. 下面哪种空间关系属于拓扑关系？(　　)

A. 远近　　B. 包含

C. 南北　　D. 角度

【参考答案】 D

【解答】 拓扑关系是测绘学专用术语，指满足拓扑几何学原理（以空间几何的形式来表现事物内部的结构、原理、工作状况等）的各空间数据间的相互关系。即用结点、弧段、多边形所表示的实体之间的邻接、关联、包含和连通关系。如：点与点的邻接关系、点与面的包含关系、线与面的相离关系、面与面的重合关系等。

空间拓扑关系描述的是基本的空间目标点、线、面之间的邻接、关联和包含关系。GIS 传统的基于矢量数据结构的结点—弧段—多边形，用于描述地理实体之间的连通性、邻接性和区域性。这种拓扑关系难以直接描述空间上虽相邻但并不相连的离散地物之间的空间关系。

□21. 下面哪些是矢量模型的优点？(　　)（多选）

A. 数据量小　　B. 位置精度高

C. 数据结构简单　　D. 相互叠合很方便

【参考答案】 A、B

【解答】 矢量模型数据量小、位置精度高，但数据结构复杂，栅格模型数据量大、位置精度低，但数据结构简单，多个栅格相互叠合很方便。

□**22. 一张代表实地的 1000m×1000m 的地图，基本单元为 100m×100m 时，需要像素(　　)个，当单元的长和宽改为 50m 时，需要像素(　　)个。**

A. 1000；100　　B. 100；1000

C. 100；400　　D. 1000；10000

【参考答案】 C

【解答】 一张代表实地的 1000m×1000m 的地图，基本单元为 100m×100m 时，需要像素 100 个；当单元的长和宽改为 50m 时，需要像素 400 个；单元的长和宽缩小到 10m 时，需像素 10000 个。

■**23. 摄影测量和遥感在技术原理上是一致的，都是利用(　　)。**

A. 地面对光的反射来判断地表物体的位置和属性

B. 地面对电磁波的反射来判断地表物体的位置和属性

C. 物体对光的折射来判断其位置和属性

D. 物体对电磁波的折射来判断其位置和属性

【参考答案】 B

【解答】 摄影测量和遥感在技术原理上是一致的，都是利用地面对电磁波的反射来判断地表物体的位置和属性。传统摄影测量获得的是感光照片，现代遥感采用电子信息技术，对地表做多光谱扫描，可获得栅格状的数字图像数据。

□**24. 下面哪些是手工数字化仪输入的优点？(　　)(多选)**

A. 速度快、精度高　　B. 直接获得矢量图形

C. 手工劳动时间长　　D. 可以和地图的分类取舍结合起来

【参考答案】 B、D

【解答】 空间信息输入计算机的途径是多种多样的。目前，规划行业将纸质地图输入计算机常用的方法为手工数字化仪输入和扫描仪输入。手工数字化仪输入的优点是可以和地图的分类、取舍结合起来，直接获得矢量图形，缺点是手工劳动时间长，疲劳后容易产生误差。扫描输入速度快，精度高，但会带入原图上的污迹、杂点，一般不能自动分类、自动取舍。

□**25. 下面(　　)属于数据自身的质量问题。(多选)**

A. 属性精度　　B. 计算方法　　C. 输入操作差错　　D. 位置精度

【参考答案】 A、D

【解答】 除软件、硬件的质量，计算方法上的问题，以及输入操作的差错会带来误差外，数据自身的质量往往是影响应用的重要原因，归纳起来主要有位置精度、属性精度、逻辑上的一致性、完整性及人为因素等问题。

□**26. 比较复杂的坐标转换是(　　)。**

A. 平移　　B. 投影变换　　C. 缩放　　D. 旋转

【参考答案】 B

【解答】 最简单的坐标转换是平移、缩放、旋转，比较复杂的是投影变换。

□**27. 纸质地图输入计算机之前往往因图纸不均匀涨缩而带来坐标误差。有时，多途径获得的空间数据拼接到一起时，会有少量错位，解决上述问题的常用办法是(　　)。(多选)**

A. 图幅变形校正　　B. 平移

C. 图幅接边处理　　D. 投影变换

E. 数据转换

【参考答案】 A、C

【解答】 纸质地图输入计算机之前往往因图纸不均匀涨缩而带来坐标误差。有时，多途径获得的空间数据拼接到一起时，会有少量错位，解决上述问题的常用办法是图幅变形校正和图幅接边处理，而平移、缩放、旋转和投影变换都是坐标转换的方法。

□28. 三维表面模型的表达方式有(　　)。(多选)

A. 点状模型　　B. 弧状模型

C. 线状模型　　D. 面状模型

E. 网状模型

【参考答案】 A、C、D

【解答】 三维表面模型的表达方式有三种：①点状模型，即栅格模型，也称网格模型；②线状模型，用等值线表达三维表面；③面状模型，用不规则的三角形网络表达三维表面，网络中每个三角形表示空间上的一个斜面。

■29. 超文本标注语言的缩写是(　　)。

A. HTTP　　B. HTML　　C. WWW　　D. DSS

【参考答案】 B

【解答】 超文本标记语言，即 HTML（Hypertext Markup Language），是用于描述网页文件的一种标记语言。

在万维网（英语缩写：WWW）上的一个超媒体文档称之为一个页面（英语：page）。作为一个组织或个人在万维网上放置开始点的页面称为主页（英语：Homepage）或首页，主页中通常包括有指向其他相关页面或其他节点的指标（超级链接）。

所谓超级链接，就是一种统一资源定位器（Uniform Resource Locator，英语缩写：URL）指针，通过启动（点击）它，可使浏览器方便地获取新的网页。这也是 HTML 获得广泛应用的最重要的原因之一。在逻辑上将视为一个整体的一系列页面的有机集合称为网站（Website 或 Site），是为“网页创建和其他可在网页浏览器中看到的信息”设计的一种标记语言。

■30. 在城市土地利用规划中，空间数据是通过(　　)来表示城市土地利用情况的。

A. 离散点　　B. 三角形　　C. 多边形　　D. 规则网格

【参考答案】 C

【解答】 空间数据对地理实体最基本的表示方法是点、线、面和三维体。所谓面是该事物具有封闭的边界、确定的面积，一般为不规则的多边形，如行政区划、房屋基底、规划地块。

■31. 大气窗口是指经过选择的(　　)。

A. 电磁波　　B. 分辨率　　C. 光谱范围　　D. 波长范围

【参考答案】 D

【解答】 由于大气对电磁波散射和吸收等因素的影响，使一部分波段的太阳辐射在大气层中的透过率很小或根本无法通过。为了利用地面目标反射或辐射的电磁波信息成像，遥感中对地物特性进行探测的电磁波“通道”应选择在大气窗口内。电磁波通过大气层较少被反射、吸收和散射的那些透射率高的波段成为大气窗口。

大气窗口的光谱段主要有：微波波段（300～1GHz/0.8～2.5cm），热红外波段（8～14μm），中红外波段（3.5～5.5μm），近紫外、可见光和近红外波段（0.3～1.3μm，1.5～1.8μm）。

■32. 运用装有GPS系统的出租车调查城市交通状况，会存在以下(　　)问题。

A. 定位不准确　　B. 时间误差

C. 样本不全　　D. 信息存储不够

【参考答案】 C

【解答】 GPS出租车卫星定位系统，主要是指通过车载GPS系统与传呼中心GPS卫星定位系统的讯号链接，使呼叫中心能随时掌握车辆的所在地点和运载状况，随时根据需求联络并指派出租车辆，当车辆出现意外情况时，出租车司机也可以联络中心求得支持。这样，出租车不仅得到了更多的业务，司机和车辆的防盗防抢性也得到了提高和保障。

但是出租车仅仅是城市道路交通工具的一种，用来进行调查城市交通状况，难免会以偏概全。

■33. 需要对大量数据进行推测分析，模拟污染防治效果，减少城市污染的系统属于(　　)。

A. 事务处理系统　　B. 管理信息系统

C. 决策支持系统　　D. 专家系统

【参考答案】 C

【解答】 决策支持系统（Decision Support System，缩写DSS）是辅助决策者通过数据、模型和知识，以人机交互方式进行半结构化或非结构化决策的计算机应用系统，是一组处理数据和进行推测的分析程序，用以支持管理者制定决策。

它是管理信息系统（MIS）向更高一级发展而产生的先进信息管理系统。它为决策者提供分析问题、建立模型、模拟决策过程和方案的环境，调用各种信息资源和分析工具，帮助决策者提高决策水平和质量。按性质可分为三类：结构化决策、非结构化决策、半结构化决策。

■34. 以下各要素中不属于出图的必备要素的是(　　)。

A. 图例　　B. 方向　　C. 比例尺　　D. 统计图表

【参考答案】 D

【解答】 地图有三个基本要素，就是方向（指北针）、比例尺、图例（注记）。

方向：上北下南左西右东。

比例尺：图上距离/实际距离

图例：地图上用来表示各种地理事物的符号；注记：地图上用来说明山脉、河流、国家、城市等名称的文字，以及表示山高、水深的数字。

■35. 为提高城市道路车辆分析精度，可以用(　　)的资料进行分析。

A. Landsat TM影像数据　　B. NOAA气象卫星数据

C. 中巴地球资源卫星数据　　D. 高分辨率航拍片数据

【参考答案】 D

【解答】 Landsat TM图像的地表几何分辨率为30m×30m～120m×120m，能满足有关农、林、水、土、地质、地理、测绘、区域规划、环境监测等专题分析和编制1：100000或更大比例尺专题图，修测中小比例尺地图的要求。适合于城市整体空间监测分析。NOAA气象卫星可以一日数次对同一地点扫描，可以用它观察城市热岛的变化情况，监测地球表面绿色植物生长情况，进行土地覆盖分类调查。

中巴地球资源卫星数据地面分辨率高达2.36m。由于其多光谱观察、对地观察范围大、数据信息收集快，特别有利于动态和快速观察地球地面信息。该卫星在我国国民经济的主要用途是：其图像产品可用来监测国土资源的变化，每年更新全国利用图；测量耕地面积，估计森林蓄积量，农作物长势、产量和草场载畜量及每年变化；监测自然和人为灾害；快速查清洪涝、地震、林火和风沙等破坏情况，评估损失，提出对策；对沿海经济开发、滩涂利用、水产养殖、环境污染提供动态情报；同时勘探地下资源、圈定黄金、石油、煤炭和建材等资源区，监督资源的合理开发。它将在我国国民经济中发挥强有力的作用。

■36. GIS和传统CAD在地图显示、输出上的主要差异是(　　)。

A. GIS用专题地图表达空间信息　　B. 用空间要素的属性来控制地图的表达形式

C. GIS有独特的统计报表　　D. 符号可自行设计

【参考答案】 B

【解答】 用空间要素的属性来控制地图的表达形式是GIS和传统的CAD在地图显示、输出上的主要差异。

□37. CAD与图形、图像处理技术对城乡规划业务的影响包括(　　)。(多选)

A. 快速修改设计文件　　B. 直观、丰富的成果表达

C. 可以集中工作，协同设计　　D. 便于资料保存、查询、积累、发布

【参考答案】 A、B、D

【解答】 CAD与图形、图像处理技术对城乡规划业务的影响除上述选项中的A、B、D外还包括：精确、详细的设计成果；减少差错和疏漏；可以分散工作，协同设计；突破传统设计上的某些局限。

□38. 计算道路网的密度，分析管线穿越地块的问题，可以采用矢量叠合的(　　)的叠合。

A. 点和面　　B. 线和面

C. 面和面　　D. 点和线

【参考答案】 B

【解答】 矢量和矢量的叠合是在不同的矢量数据“层”之间进行的几何合并计算。主要有三类：点和面的叠合，可用于公共服务设施和服务区域之间的关系分析；线和面的叠合，可计算道路网的密度，分析管线穿越地块的问题；面和面的叠合，可分析和规划地块有关的动迁人口、拆除的建筑物，评价土地使用的适宜性等。

□39. 空间插值法是指(　　)。

A. 根据矢量图形推断整个区域内事物的变化

B. 产生三维表面模型

C. 根据样本的位置和属性推断整个区域内事物在空间上的变化

D. 根据栅格图像推断整个区域内事物的变化

【参考答案】 C

【解答】 某些事物在地表空间上是连续或近似连续变化的，如地形高程、人口密度、土地价格等，但调查工作只能在一定的范围内抽取少量点状的、含调查对象属性的样本，如何根据样本的位置和属性推断整个区域内事物在空间上的变化，就是所谓的空间插值法，其结果是产生三维表面模型（如果是地形，也称数字高程模型）。

□40. GIS 最基本的分析功能是(　　)。

A. 根据属性对空间要素分类　　B. 产生人口密度图

C. 产生土地使用图　　D. 产生环境质量图

【参考答案】 A

【解答】 根据属性对空间要素分类是 GIS 最基本的分析功能，据此可产生人口密度图、土地使用图、建筑类型图、环境质量评价图、交通流量图等。

□41. 矢量叠合主要有(　　)。(多选)

A. 点和面的叠合　　B. 线和面的叠合

C. 面和面的叠合　　D. 线和线的叠合

【参考答案】 A、B、C

【解答】 矢量和矢量的叠合是在不同的矢量数据“层”之间进行的几何合并计算，矢量叠合主要有点和面的叠合、线和面的叠合、面和面的叠合三类。

■42. 下面哪项空间分析结果受地图比例尺影响最大？(　　)

A. 线地物长度　　B. 面地物面积

C. 两点间距离　　D. 两点间方向

【参考答案】 B

【解答】 在空间分析过程中，线地物长度、面地物面积 、两点间距离都会受地图比例尺影响，但是受影响最大的是面地物面积。

■43. 在城市人口疏散规划中，通常采用下列哪项分析方法？(　　)

A. 网络分析　　B. 栅格分析

C. 缓冲区分析　　D. 叠加分析

【参考答案】 A

【解答】 网络分析的路径分析是用于模拟两个或两个以上地点之间资源流动的路径寻找过程。当选择了起点、终点和路径必须通过的若干中间点后，就可以通过路径分析功能按照指定的条件寻找最优路径。

网络分析常用于估计交通时间、成本；选择运输的路径；计算公共设施的供需负荷；寻找最近的服务设施；产生一定交通条件下的服务范围；沿着交通线路市政管线分配点状服务设施的资源；危机状况下人口的疏散，等等。

■44. 为了计算道路红线拓展涉及的房屋拆迁面积，需要利用下列哪项空间分析方法组合？(　　)

A. 叠合分析＋邻近分析＋几何量算　　B. 叠合分析＋网络分析＋格网分析

C. 几何量算＋邻近分析　　D. 网络分析＋几何量算＋叠合分析

【参考答案】 A

【解答】 叠合分析：栅格和栅格的叠合是最简单的叠合，常用于社会、经济指标的分析，资源、环境指标的评价。包括点和面的叠合（居住区内中小学布点）、线和面的叠合（道路网密度、管线穿越地块）、面和面的叠合（动迁拆除建筑物、土地适用性评价）。

邻近分析：产生离开某些要素一定距离的邻近区是GIS的常用分析功能（缓冲区）。描述地理空间中两个地物距离相近的程度，是空间分析的重要手段。交通沿线或河流沿线的地物有其独特的重要性，公共设施的服务半径，大型水库建设引起的搬迁，铁路、公路以及航运河道对其穿过区域经济发展的重要性等，均是一个邻近度的问题。常用于分析可产生点状设施的服务半径、道路中心线的两侧边线、历史性保护建筑的影响范围等。

几何量算：自动计算不规则曲线的长度，不规则多边形的周长、面积，不规则地形的设计填挖方等。

□45. 下面(　　)属于GIS的网络分析功能。(多选)

A. 计算公共设施的供需负荷

B. 计算不规则地形的设计填挖方

C. 沿着交通线路、市政管线分配点状服务设施的资源

D. 分析管线穿越地块的问题

【参考答案】 A、C

【解答】 上述选项中的A、C是GIS典型的网络分析功能，除此之外还有估计交通的时间、成本；选择运输的路径；寻找最近的服务设施；产生在一定交通条件下的服务范围。选项中的B是GIS的几何量算功能，D是GIS的叠合功能。

□46. 实用地理信息系统产生的主要费用是(　　)，而降低费用的主要途径是(　　)。

A. 空间分析；数据整理

B. 管理；数据共享

C. 数据的搜集、输入和更新；数据共享

D. 数据的搜集、输入和更新；数据整理

【参考答案】 C

【解答】 历史的经验表明，实用地理信息系统产生的主要费用是数据的搜集、输入和更新，而降低费用的主要途径是数据共享。但往往受到体制、机制、管理的制约。

△47. 遥感一词是20世纪60年代初由(　　)科学家提出后在国际上被科学界正式引用，并广泛传播成为一个新的科学技术名词。

A. 中国　　B. 法国　　C. 意大利　　D. 美国

【参考答案】 D

【解答】 遥感一词是20世纪60年代初由美国科学家提出后在国际上被科学界正式引用，并广泛传播成为一个新的科学技术名词。

△48. 多光谱扫描仪（MSS）图像空间分辨率约为(　　)，高分辨率可见光扫描仪（HRV）全色波段的分辨率为(　　)。

A. 79m×79m；10m×10m　　B. 79m×79m；20m×20m

C. 120m×120m；10m×10m　　D. 120m×120m；20m×20m

【参考答案】 A

【解答】 航天遥感图像种类中多光谱扫描仪（MSS）图像的空间分辨率约为79m×79m；高分辨率可见光扫描仪（HRV）全色波段的分辨率为10m×10m；黄、红、近红外波段

的分辨率为 20m×20m；专题制图仪（TM）图像中 TM_6 分辨率为 120m×120m，其余通道 TM_1、TM_2、TM_3、TM_4、TM_5、TM_7 均可达 30m×30m。

■49. 遥感技术就是利用运载工具，携带各种遥感仪器，远距离无接触地探测地面景物(　　)特性的一种方法。

A. 实体　　B. 电磁波　　C. 物理　　D. 影像

【参考答案】 B

【解答】 遥感技术就是利用运载工具，携带各种遥感仪器，远距离无接触地探测地面景物电磁波特性的一种方法。通常把整个接收、记录、传输、处理和分析判释的全过程统称遥感技术，包括遥感的技术手段和应用。

□50. (　　)构成遥感技术系统的空中部分。(多选)

A. 卫星　　B. 遥感平台　　C. 接收器　　D. 传感器

【参考答案】 B、D

【解答】 遥感平台指能装载各种遥感仪器，从一定高度或距离进行遥感作业的运载工具；传感器指接收地面物体电磁辐射的仪器，它们二者构成遥感技术系统的空中部分。

□51. 遥感技术是建立在物体(　　)理论基础上的。

A. 对光的反射　　B. 对光的折射　　C. 电磁波辐射　　D. 热能

【参考答案】 C

【解答】 遥感技术是建立在物体电磁波辐射理论基础上的，在遥感应用时，常将电磁辐射的连续能谱划分为各种波长带或光谱段。

■52. 下列关于遥感数据在城乡规划研究中应用的表述，哪项是错误的？(　　)

A. 遥感数据可以用于监测大气污染

B. 遥感数据可以直接获取地物的社会属性

C. 气象卫星数据可以用于监测热岛效应

D. 高分辨率影像可以用于分析道路交通状况

【参考答案】 B

【解答】 城乡规划中需要的地物的社会属性，靠遥感只能间接获取，主要还得靠实地调查解决。

■53. 下列哪项几何遥感影像数据适用于林火监测？(　　)

A. Landsat TM 影像　　B. Spot HRV 数据

C. 风云气象卫星影像　　D. MODIS 影像

【参考答案】 C

【解答】 风云气象卫星可以一日数次对同一地点进行扫描，分辨率可达 1.1km，可以及时观察同一地点的变化情况，尤其是监测林火变化情况。

△54. 根据遥感平台的高度和类型，可将遥感分为(　　)。(多选)

A. 航天遥感　　B. 航空遥感　　C. 热气球遥感　　D. 地面遥感

【参考答案】 A、B、D

【解答】 根据遥感平台的高度和类型，可将遥感分为航天遥感、航空遥感、地面遥感。

△55. 紫外线的波长范围是(　　)。

A. 3～6μm　　B. 1～10cm　　C. 100A～0.4μm　　D. 0.4～0.76μm

【参考答案】 C

【解答】 紫外线的波长范围是 100A～0.4μm；3～6μm 是红外线中的中红外的波长范围；1～10cm 是微波中的厘米波波长范围。0.4～0.76μm 是可见光的波长范围。

■**56. 从紫到红波长范围数值(　　)。**

A. 由大到小　　B. 由小到大

C. 先由大到小然后由小再到大　　D. 先由小到大然后再由大到小

【参考答案】 B

【解答】 从紫到红波长范围数值由小到大

名称	紫	蓝	青	绿	黄	橙	红
波长范围（μm）	0.40～0.43	0.43～0.47	0.47～0.50	0.50～0.56	0.56～0.59	0.59～0.62	0.62～0.76

□**57. 航空遥感图像种类包括(　　)。**

A. 普通黑白摄影、彩色红外摄影

B. 普通黑白摄影、普通彩色摄影、彩色红外摄影

C. 黑白红外摄影、普通黑白摄影、彩色红外摄影

D. 普通黑白摄影、普通彩色摄影、黑白红外摄影、彩色红外摄影

【参考答案】 C

【解答】 航空遥感以摄影图像为主，主要摄影图像类型有：普通黑白摄影、彩色红外摄影、黑白红外摄影等。其中彩色红外摄影是城市遥感最重要的手段。

△**58. 不同地物具有反射、发射和吸收电磁波的不同能力被称为(　　)。**

A. 地物的实体特性　　B. 地物的光谱特性

C. 地物的光谱能力　　D. 地物的物理特性

【参考答案】 B

【解答】 自然界中任何事物都具有自身的电磁辐射规律。不同地物具有反射、发射和吸收电磁波的不同能力被称为地物的光谱（或称波谱）特性。

□**59. (　　)是遥感图像判读和识别的基础和出发点。**

A. 地物的光谱特性　　B. 图像的清晰度

C. 天气状况　　D. 技术手段

【参考答案】 B

【解答】 遥感图像上集中反映出各种地物或现象的光谱特性，并体现其空间特性和时间特性的变化。因此，地物的光谱特性是遥感图像判读和识别的基础和出发点。

△**60. 传感器选择的探测波段一般是(　　)的波段。**

A. 反射、吸收、散射率较多而透射率较低

B. 反射、吸收、散射率较多而透射率较高

C. 反射、吸收、散射率较少而透射率较低

D. 反射、吸收、散射率较少而透射率较高

【参考答案】 D

【解答】 大气的反射、吸收和散射作用，削弱了大气层对电磁波辐射的透明度，因此，传感器选择的探测波段一般是反射、吸收、散射率较少而透射率较高的波段。

△61. 根据电磁波辐射源，可将遥感分为(　　)。(多选)

A. 被动遥感　　B. 航天遥感

C. 主动遥感　　D. 红外遥感

E. 紫外遥感

【参考答案】 A、C

【解答】 遥感可以根据不同的研究角度，按照不同的原则和标准进行分类。根据遥感平台的高度和类型，可将遥感分为航天遥感、航空遥感与地面遥感。根据传感器工作波长划分为可见光遥感、红外遥感、微波遥感、紫外遥感和多光谱遥感；根据电磁波辐射源划分为被动遥感和主动遥感；根据遥感的应用领域不同，可以分为气象遥感、海洋遥感、水文遥感、农业遥感、林业遥感、城市遥感和地质遥感等。

△62. 航天遥感通常指(　　)。

A. 从地球大气层内层空间，距地面 80km 以上，以宇宙飞行器或人造地球卫星等作为遥感平台的探测方法

B. 从地球大气层外层空间，距地面 60km 以上，以宇宙飞行器或人造地球卫星等作为遥感平台的探测方法

C. 从地球大气层外层空间，距地面 80km 以上，以宇宙飞行器或人造地球卫星等作为遥感平台的探测方法

D. 从地球大气层内层空间，距地面 60km 以上，以宇宙飞行器或人造地球卫星等作为遥感平台的探测方法

【参考答案】 C

【解答】 航天遥感通常指从地球大气层外层空间，距地面 80km 以上，以宇宙飞行器或人造地球卫星等作为遥感平台的探测方法。

△63. 下面(　　)是航天遥感的优点。(多选)

A. 探测范围广　　B. 所获图像的分辨率高

C. 可进行各种遥感试验　　D. 可对目标动态观测

【参考答案】 A、D

【解答】 航天遥感的发展历史较短，但由于高度大，探测范围广、成像快，可对目标动态观测，不受区域自然条件和国界限制等多方面的优越性，目前已占主导地位。航空遥感历史较久，由于其平台的灵活性、所获图像的分辨率高、可进行各种遥感试验、校对航天遥感数据资料以及进行地物的光谱测试工作等多方面的独特优点，目前仍占有相当重要的地位。

□64. 在可见光和近红外影像上石棉瓦与沥青粘砂屋顶分别呈(　　)。

A. 浅灰色；灰色　　B. 灰黑色；灰白色

C. 灰白色；浅灰色　　D. 灰色；灰黑色

【参考答案】 C

【解答】 不同建材所构成的屋顶的波谱反射特征差异较大，在可见光和近红外影像上石棉瓦屋顶呈灰白色，沥青粘砂屋顶呈浅灰色，水泥平顶呈灰色，铁皮屋顶表面呈灰黑色。

△65. 可见光遥感(　　)。

A. 可实现全天时探测　　B. 实现了全天时、全天候探测

C. 只限于夜晚工作　　　　　　　　　　D. 只限于白天工作

【参考答案】 D

【解答】 可见光遥感主要研究利用地物在可见光波段的反射能量，它只限于白天工作。红外遥感可实现全天时探测。微波遥感由于微波对许多地物具有强烈的穿透性能，所以实现了全天时、全天候的探测。

△66. 下面关于主动遥感和被动遥感说法正确的是(　　)。(多选)

A. 被动遥感指传感器被动地直接接收地面物体反射或发射的电磁辐射能量进行探测的遥感方式

B. 被动遥感不依赖太阳作为辐射源

C. 主动遥感不靠目标本身发射电磁波

D. 目前，多数的遥感探测属于被动式

【参考答案】 A、C、D

【解答】 被动遥感指传感器被动地直接接收地面物体反射或发射的电磁辐射能量进行探测的遥感方式。目前，多数的遥感探测属于被动式，主要以太阳为辐射源。主动遥感通常指在遥感平台上，以人工辐射能源，用仪器（雷达等）主动地向被探测目标发射一定波长的电磁辐射（脉冲），然后接收并记录目标散射的回波信息，识别地物属性的遥感方法。这种方法不依赖太阳作为辐射源，也不靠目标本身发射电磁波。

△67. 空间分辨率是指(　　)。

A. 影像能够显示地面上最大地物的尺寸，在卫星影像上一般指单个象元所代表的地面范围的大小

B. 影像能够显示地面上最小地物的尺寸，在卫星影像上一般指单个象元所代表的地面范围的大小

C. 影像能够显示地面上最大地物的尺寸，在卫星影像上一般指多个象元所代表的地面范围的大小

D. 影像能够显示地面上最小地物的尺寸，在卫星影像上一般指多个象元所代表的地面范围的大小

【参考答案】 B

【解答】 空间分辨率是指影像能够显示地面上最小地物的尺寸，在卫星影像上一般指单个象元所代表的地面范围的大小。

△68. 卫星平台成像的主要优点在于(　　)。

A. 空间分辨率高　　　　　　　　　　B. 它能在短周期里反复获取同一地区的图像

C. 具有较大的灵活性　　　　　　　　D. 它能在短周期内获得不同地区的图像

【参考答案】 B

【解答】 卫星平台成像的主要优点在于它能在短周期里反复获取同一地区的图像。遥感平台的高度决定了图像的比例尺，也在一定程度上决定了图像的空间分辨率。航空平台成像的空间分辨率较高，且具有较大的灵活性。

△69. 超低空微型遥感平台主要指飞行高度或滞留高度小于(　　)能装载轻型传感器的各种微型飞行器。

A. 1500m　　　　B. 1000m　　　　C. 500m　　　　D. 600m

【参考答案】 C

【解答】 超低空微型遥感平台主要指飞行高度或滞留高度小于500m能装载轻型传感器的各种微型飞行器，如各种氢气球、飞艇和航模等。

△70. 航空遥感中，使用最为普遍的是由画幅式相机摄取的(　　)。

A. 黑白、彩色或彩红外航空相片　　B. 卫星图像

C. 黑白相片　　D. 彩色图像

【参考答案】 A

【解答】 航空遥感中，使用最为普遍的是由画幅式相机摄取的黑白、彩色或彩红外航空相片。

△71. 彩红外相片是在摄影时加用(　　)，滤去(　　)，并使用彩色红外胶片摄影而得。

A. 绿滤光片；红光　　B. 黄滤光片；蓝光

C. 黄滤光片；紫光　　D. 绿滤光片；蓝光

【参考答案】 B

【解答】 彩红外相片是在摄影时加用黄滤光片，滤去蓝光，并使用彩色红外胶片摄影而得。

△72. 在假彩色相片上对绿、红及红外光具有较强反射值的物体，分别以(　　)表现出来。

A. 绿、红和紫色　　B. 蓝、绿和红色

C. 红、黄和蓝色　　D. 蓝、绿和紫色

【参考答案】 B

【解答】 由于彩红外相片上的地物色彩与其天然色彩不同，故彩色红外摄影亦称假彩色摄影。在这种假彩色相片上对绿、红及红外光具有较强反射值的物体，分别以蓝、绿和红色表现出来。具有近红外高反射值的绿色植物表现为红色。

□73. 城市下垫面类型划分、城市热岛、水体污染物扩散范围及浓度分析方面可采用(　　)图像。

A. 彩色红外摄影　　B. 热红外扫描

C. 机载侧视雷达图像　　D. 普通黑白摄影

【参考答案】 B

【解答】 热红外图像是地物自身发射的热辐射能量的记录，因此白天、黑夜都可以成像。地物热辐射能量的细微差别在图像上都会有所反映。热红外图像可用于城市下垫面类型划分、城市热岛、水体污染物扩散范围及浓度分析等方面。

△74. 下面(　　)的空间分辨率约为79×79（m^2）。

A. 多光谱扫描仪图像　　B. 专题制图仪图像

C. 高分辨率可见光扫描仪图像　　D. 扫描仪图像

【参考答案】 A

【解答】 MSS（多光谱扫描仪）图像一般为4个通道，图像的空间分辨率约为79×79（m^2），专题制图仪图像通道数增加到7个，除热通道分辨率为120×120（m^2）外，其余通道均可达到30×30（m^2），高分辨率可见光扫描仪（HRV）有4个通道，分别对应于黄、红、近红外波段和全色波段，全色波段的分辨率为10×10（m^2），其余三个波段均为

20×20（m^2）。

□**75. 在遥感图像上，水泥路、土路、沥青路反射率(　　)。**

A. 由高到低　　B. 由低到高

C. 不确定　　D. 土路最高

【参考答案】 A

【解答】 在遥感图像上，水泥路呈灰白色，反射率最高，其次为土路，沥青路反射率较低。

△**76. 城市环境污染遥感调查常用摄影和扫描技术手段，(　　)摄影图像适合于调查污染源的分布位置，规模及分析污染源周围的扩散条件。多光谱扫描和(　　)技术适合于监测河流等各类水体的有机、无机污染及热污染。**

A. 小；热红外　　B. 大；热红外

C. 小；远红外　　D. 大；远红外

【参考答案】 A

【解答】 城市环境污染的遥感调查主要通过适当的遥感技术手段，直接获取被污染的水、气、土与其背景间的差异信息，或通过污染源的分布信息结合少量地面采样数据来研究污染物的浓度分布与影响范围。

■**77. 用于工厂选址的信息系统属于(　　)。**

A. 事务处理系统　　B. 管理信息系统

C. 决策支持系统　　D. 人工智能系统

【参考答案】 C

【解答】 决策支持系统（DSS）能从管理信息系统中获得信息，帮助管理者制定好的决策。它基于计算机的交互式的信息系统，由分析决策模型、管理信息系统中的信息、决策者的推测三者相组合达到好的决策效果。

■**78. 在域名定义中，除美国外通常次级域名表示机构类型，下列代表政府机构类型的域名是(　　)。**

A. org　　B. com　　C. gov　　D. edu

【参考答案】 C

【解答】 “. gov”是在选择域名的时候可用的最高级域名之一。它一般用于描述拥有作为美国联邦政府一个分支或机构的域名的实体（其他的美国政府级别建议使用地理最高级域名的“. us”）。最高级域名，连同二级域名在 Web 以及电子邮件地址中都是必需的。

■**79. 在 GIS 数据管理中，下列哪项属于非空间属性数据？(　　)**

A. 抽象为点的建筑物坐标　　B. 湖泊面积

C. 河流走向　　D. 城市人口

【参考答案】 D

【解答】 空间数据对地理实体最基本的表示方法是点、线、面和三维体。

典型的属性数据包括环保监测站的监测资料，道路交叉口的交通流量，道路路段的通行能力、路面质量，地下管线的用途、管径、埋深；行政区的常住人口、人均收入，房屋产权人、质量、层数等。

■**80. 基于地形数据，下列哪项内容不能分析计算？(　　)**

A. 坡度　　B. 坡向　　C. 最短距离　　D. 可视域

【参考答案】 D

【解答】 通过栅格分析（网格分析），可以进行坡度、坡向的分析，可以根据点状样本产生距离图。

■81. 在地震发生后云层较厚、天气不好的情况下，为了尽快获取灾区的受灾情况，合适的遥感数据是(　　)。

A. 可见光遥感数据　　B. 微波雷达遥感数据

C. 热红外遥感数据　　D. 激光雷达遥感数据

【参考答案】 B

【解答】 微波可穿透云层，能分辨地物的含水量、植物长势、洪水淹没范围等情况，具有全天候的特点。

■82. 为了消除大气吸收和散射对遥感图像电磁辐射水平的影响，可以采取的措施是(　　)。

A. 图像增强　　B. 几何校正　　C. 辐射校正　　D. 图像分类

【参考答案】 C

【解答】 辐射校正：受大气环境、传感器性能、投影方式、成像过程等因素的影响，会造成同一景图像上电磁辐射水平的不均匀或局部失真，同一时相的相邻图像之间也会有辐射水平的差异，同一观察范围但不同时相的图像之间更会有辐射水平的差异，需要进行校正。

■83. 在高分辨率遥感图像解译中，判读建筑物高度的根据是(　　)。

A. 阴影长度　　B. 形状特征　　C. 光谱特征　　D. 顶部几何特征

【参考答案】 A

【解答】 在高分辨率遥感图像解译中，判读建筑物高度的依据是通过对几何特征（即建筑阴影长度）的解译判读建筑高度。

□84. 遥感技术在城乡规划中的典型应用不包括下列(　　)。

A. 城市人口遥感估算

B. 城市道路交通调查

C. 城市土地使用及其变化的遥感分析

D. 城市经济作物、植物的含水量分析

【参考答案】 D

【解答】 遥感技术目前在城乡规划中应用较为广泛，是利用运载工具，携带各种遥感仪器，远距离、无接触地探测地面景物电磁波的特性，典型应用于上述选项中的A、B、C及城市环境的遥感监测。

△85. 能被用于1：50000～1：100000城市地形图测绘及部分地代替航空相片进行较微观的城市空间结构分析的是(　　)。

A. 专题制图仪图像　　B. 多光谱扫描仪图像

C. 高分辨率可见光扫描仪图像　　D. 热红外图像

【参考答案】 C

【解答】 由于高分辨率可见光扫描仪图像具有较高的分辨率，加之其图像有较大的重叠度及可进行立体观察等。所以能被用于1∶50000～1∶100000城市地形图测绘及部分地代替航空相片进行较微观的城市空间结构分析。

△86.（　　）在彩红外航片上呈红色。

A. 游泳池

B. 清水水库

C. 植被

D. 城市中有机污染物含量较大的重污染黑臭水体

【参考答案】 C

【解答】 水体的反射率在整个波段内都很低，在近红外部分更为突出。所以游泳池、大蓄水池、清水水库等洁净水体在彩红外航片上呈黑色；一般城市中有机污染物含量较大的重污染黑臭水体在彩红外航片上也呈黑色。在彩红外航片上，植被显示为醒目的红色调。

△87. 影像特征可分为（　　）。（多选）

A. 物理特征　　B. 化学特征　　C. 几何特征　　D. 逻辑特征

【参考答案】 A、C

【解答】 影像特征可分为物理特征和几何特征两大类。影像的物理特征主要指影像的色调，它显示影像的亮暗程度。影像的几何特征主要指影像的空间分布特征，如影像的形状、大小、阴影、纹理、位置和布局等。

△88. 遥感图像的复原，就是使用一些专门设备，通过机械的、光学的、数学的方法等消除一些图像误差，提高图像的（　　）。（多选）

A. 清晰度　　B. 几何保真度

C. 分辨率　　D. 辐射水准保真度

【参考答案】 B、D

【解答】 遥感图像的复原，就是使用一些专门设备，通过机械的、光学的、数学的方法等消除一些图像误差，提高图像的几何保真度和辐射水准保真度。

□89. 通过图像增强，可提高图像的（　　）。

A. 可解译性　　B. 分辨率　　C. 几何保真度　　D. 辐射水准保真度

【参考答案】 A

【解答】 图像增强是通过光学的或数学计算的方法对图像进行若干处理，以突出显示我们所感兴趣的地物信息或其他空间信息，提高图像的可解译性。

□90. 在遥感图像上如果增强某一部分信息，另一部分信息（　　）。

A. 随之增强　　B. 被抑制　　C. 部分增强　　D. 不变

【参考答案】 B

【解答】 在遥感图像上增强某一部分信息，总是以抑制或牺牲另一部分信息为代价的。

△91. 遥感图像分析的主要方法有（　　）。（多选）

A. 对比分析　　B. 大气校正　　C. 反差扩大　　D. 统计分析

【参考答案】 A、D

【解答】 依据遥感影像进行有关应用专题的研究，以给出定性或定量分析结论的过程，泛称为图像分析。主要方法有对比分析和统计分析。大气校正是图像复原的方法，反差扩大是图像增强操作的方法。

△92. 1927 年美国的约翰逊第一次将航空遥感技术用于马里兰州的(　　)。

A. 公路选线定位调查　　B. 城市交通和土地利用调查

C. 一条公路的交通密度调查　　D. 交通阻塞调查

【参考答案】 C

【解答】 自从 1927 年美国的约翰逊第一次将航空遥感技术用于马里兰州的一条公路的交通密度调查。以后，美、法、英等国先后在公路选线定位的调查、城市交通和土地利用的调查、停放车和交通阻塞的调查中使用了航空遥感技术。近年来，我国的天津、北京、广州、上海等城市将航空遥感技术引入了城市交通调查，并提出了治理交通的对策。

△93. 彩红外航空摄影与天然彩色航空摄影相比，所包含的城市景物信息量(　　)。

A. 前者大　　B. 后者大　　C. 一样大　　D. 不确定

【参考答案】 A

【解答】 由于红外光对城市大气烟雾尘埃的穿透力较强，而显著地增大了影像的反差和清晰度，因而彩红外航空摄影比天然彩色航空摄影所包含的城市景物信息量大为增加。

□94. 估计交通时间、成本，选择最佳运输路径，是 GIS 应用中典型的(　　)功能。

A. 网络分析　　B. 网格分析　　C. 叠合　　D. 属性查询

【参考答案】 A

【解答】 估计交通的时间、成本；选择运输的路径；计算公共设施的供需负荷；寻找最近的服务设施；产生在一定交通条件下的服务范围；沿着交通线路、市政管线分配点状服务设施的资源等等，是 GIS 典型的网络分析功能。

□95. 历史性保护建筑的影响范围，常用 GIS 应用中的(　　)分析。

A. 几何量算　　B. 邻近分析　　C. 叠合　　D. 网络分析

【参考答案】 B

【解答】 产生离开某些要素一定距离的邻近区是 GIS 的常用分析功能，例如：可产生点状设施的服务半径，道路中心线的两侧边线，历史性保护建筑的影响范围。

△96. 彩红外航空摄影不仅能使人眼感觉不到的红外光在影像上以(　　)调显示出来，而且由于滤去了(　　)，使得大气散射对影像清晰度的影响大为减弱。

A. 红色；黄光　　B. 蓝色；蓝紫光

C. 红色；蓝紫光　　D. 蓝色；黄光

【参考答案】 C

【解答】 彩红外航空摄影不仅能使人眼感觉不到的红外光在影像上以红色调显示出来，而且由于滤去了蓝紫光，使得大气散射对影像清晰度的影响大为减弱。

△97. 迄今为止，(　　)图像的时间分辨率是最高的。

A. 陆地卫星　　B. 气象卫星　　C. 侦察卫星　　D. 探测卫星

【参考答案】 B

【解答】 由于每天四次过境，对晴空无云静风天气的选择概率比陆地卫星高得多，气象卫星的时间分辨率是迄今为止最高的，最适于用作连续动态监测。

△98. 关于遥感绿化调查说法正确的是(　　)。(多选)

A. 遥感绿化调查所获得的绿化信息具有覆盖范围大、时相一致、密度高、分布均的优点

B. 不能进行大规模、经常性的调查

C. 可作环境、绿化与人口密度，绿化与建筑容积率等相关分析

D. 可作环境、绿化与人口密度分析，但不能作建筑容积率分析

【参考答案】 A、C

【解答】 遥感绿化调查的优点是它获得的绿化信息具有覆盖范围大、时相一致、密度高、分布均，可作环境、绿化与人口密度，绿化与建筑容积率等相关分析，这对于研究绿化的环境效益与绿化分布结构的合理性等十分有益。传统的人口容量和统计报表方法不可能进行大规模、经常性的调查。

□99. 环境污染遥感调查常用的技术手段是(　　)。(多选)

A. 陆地卫星　　B. 摄影　　C. 探测　　D. 扫描

【参考答案】 B、D

【解答】 摄影和扫描是环境污染遥感调查常用的技术手段。大比例尺摄影图像适合于调查污染源的分布位置、规模及分析污染源周围的扩散条件等。多光谱扫描和热红外扫描等技术适合于监测河流、湖泊、海洋等各类水体的有机、无机污染及热污染等。

■100. 利用遥感技术进行水环境监测的原理是(　　)。

A. 地理信息和地理信息技术可以帮助参与者之间相互了解，共享信息和知识，达成共识和共同行动

B. 卫星传感器的种类很多，分辨率高

C. 水质的变化往往引起水的温度、密度、色度、透明度等物理性质的变化，进而导致水体反射波谱能量的变化

D. 地理信息系统技术与移动通信及无线互联网设备集成，具有动态性，移动性等特点

【参考答案】 C

【解答】 由于水质的变化往往引起水的温度、密度、色度、透明度等物理性质的变化，进而导致水体反射波谱能量的变化。这种变化有些可以通过遥感手段监测到，这就是水环境污染遥感监测的物理基础。如被油污染的水面往往具有冷异常特征，电厂等排放冷却水，水温往往较高，而合流排放的高浓度工业与生活废水的温度也往往不同于背景水温，这种污染水与背景水之间的温度差异可以通过热红外扫描手段监测到。

□101. 下面关于信息含义界定不正确的是(　　)。

A. 信息是物质、能量、信息及其属性的标示

B. 信息是物质属性的反映

C. 信息是一种熵

D. 信息是客观世界的反映，可以被认识，是对事物的描述，可以有不同的表达和传播方式

【参考答案】 B

【解答】 对于信息这个概念目前尚无公认的定义。信息是物质、能量、信息及其属性的标示。控制论中把信息归结为信号；物理学和信息论把信息定义为熵；哲学认为信息是物质的一种存在形式，它以物质的属性或运动状态为内容，并且总是借助于物质载体传输和存储。信息是客观世界的反映，可以被认识，是对事物的描述，可以有不同的表达和传播方式。

■102. 地理信息处理具备信息的一般特性外，还具备(　　)独特特性。(多选)

A. 动态性　　　　　B. 多维性　　　　　C. 区域性　　　　　D. 客观性

【参考答案】 A、B、C

【解答】 地理信息处理具备信息的一般特性可识别性、可存储性、可扩充性、可压缩性、可传递性、可转换性、特定范围有效性之外，还具备以下的独特特性：

①区域性。地理信息属于空间信息，其是通过数据进行标识的，这是地理信息系统区别其他类型信息最显著的标志，是地理信息的定位特征。②多维性。具体是指在二维空间的基础上，实现多个专题三维结构。③动态性。主要是指地理信息的动态变化特征，即时序特征。

■103. 下面所列各项(　　)不是地理信息查询的问题。(多选)

A. 属性表中的信息　　　　　　　　　B. 图形中的信息

C. 有没有　　　　　　　　　　　　　D. 是什么

【参考答案】 A、B

【解答】 地理空间信息查询的一般问题是："有没有？是什么？在什么地方？怎样到达？"之类，对这类问题的回答可以通过空间信息和相应的工具实现。

△104. 针对空间数据库的数据进行分析的目标有两个方面，分别是以下各项中的(　　)两项。(多选)

A. 实现数据之间的转换

B. 揭示空间数据库中的隐性信息

C. 实体的坐标数据与实体真实位置间的接近程度

D. 发现空间事物相互关系与作用

【参考答案】 B、D

【解答】 空间信息分析就是针对空间数据库的数据进行的分析，从中发现表象中的信息，使其服务于管理、规划设计、对策决策，提高人们的认知能力。空间分析的意义是通过空间分析研究客观事物的地理空间构成和结构以及相互联系和影响，服务于国家经济建设和社会发展。进行空间分析的目标有两个方面，一方面揭示空间数据库中的隐性信息，另一方面是发现空间事物相互关系与作用。

△105. 在GIS中一般用弧段拓扑结构表达现状图形信息，但是在交通信息表达中，这种方法并不充分适应，这是因为(　　)原因。

A. 遇到路段平面交叉时，交通流会发生冲突，互相影响

B. 一条线路上的交通流是不稳定的

C. 一个路段仅仅是一个地理实体，但却可能是多条线路的组成部分。如公共交通线路，多条线路独立表达显然不合理

D. 交通流不稳定会造成交通拥堵，而且随机性很大

【参考答案】 C

【解答】 拓扑结构通过结点识别连接关系，当多条弧共结点，形成线路识别困难；附加属性表会使属性表十分庞大而且多项记录为空，而且不能反映方向。

■106. 下面关于地理信息系统构成的论述错误的是(　　)。

A. 地理信息系统（GIS）中应用人员和组织机构则决定系统的工作方式和信息表示方式

B. 地理信息系统（GIS）中数据库系统反映了GIS的核心地理内容，是信息的体现
C. 地理信息系统（GIS）中核心部分是计算机软硬系统
D. 地理信息系统（GIS）中数据库管理系统是地理信息系统中唯一由人工来控制的部分
【参考答案】 D
【解答】 (1) 计算机硬件和系统软件：这是开发、应用地理信息系统的基础。其中，硬件主要包括计算机、打印机、绘图仪、数字化仪、扫描仪；系统软件主要指操作系统。

(2) 数据库系统：系统的功能是完成对数据的存储，它又包括几何（图形）数据和属性数据库。几何和属性数据库也可以合二为一，即属性数据存在于几何数据中。

(3) 数据库管理系统：这是地理信息系统的核心。通过数据库管理系统，可以完成对地理数据的输入、处理、管理、分析和输出。

(4) 应用人员和组织机构：专业人员，特别是那些复合人才（既懂专业又熟悉地理信息系统）是地理信息系统成功应用的关键，而强有力的组织是系统运行的保障。

■107. 遥感技术的特点归结起来主要有以下(　　)个方面。(多选)
A. 探测范围广、采集数据快
B. 能动态反映地面事物的变化
C. 获取的数据具有综合性
D. 从不同的距离探测、感知物体或事物的技术
【参考答案】 A、B、C
【解答】 遥感技术的特点归结起来主要有以下三个方面：

(1) 探测范围广、采集数据快。遥感探测能在较短的时间内，从空中乃至宇宙空间对大范围地区进行对地观测，并从中获取有价值的遥感数据。(2) 能动态反映地面事物的变化。遥感探测能周期性、重复地对同一地区进行对地观测，这有助于人们通过所获取的遥感数据，发现并动态地跟踪地球上许多事物的变化。(3) 获取的数据具有综合性。遥感探测所获取的是同一时段、覆盖大范围地区的遥感数据，这些数据综合地展现了地球上许多自然与人文现象，宏观地反映了地球上各种事物的形态与分布，真实地体现了地质、地貌、土壤、植被、水文、人工构筑物等地物的特征。

■108. 下面关于图形编辑的诸说法正确的是(　　)。
A. 运用CAD画效果图是进行图形编辑
B. GIS是一个强大的图形编辑软件
C. RS是一门对太空进行观测的综合性技术
D. Arc IMS是原始的管理和发布地理信息系统
【参考答案】 A
【解答】 RS是通过人造地球卫星上的遥测仪器把对地球表面实施感应遥测和资源管理的监视结合起来的一种新技术。GIS是以测绘测量为基础，以数据库作为数据储存和使用的数据源，以计算机编程为平台的全球空间分析即时技术。Arc IMS是一个可伸缩的网络地图服务器软件。它被广泛地用于向大量的网络用户发布网络GIS地图、数据和元数据。CAD是利用计算机及其图形设备帮助设计人员进行设计工作。

■109. 遥感技术的功能有很多，可以检测很多物质的属性，但是以下(　　)不是。
A. 检测社会属性　　B. 检测植被属性

C. 检测水体属性　　　　　　　　　　　　　　D. 检测道路属性

【参考答案】 A

【解答】 遥感是利用遥感器从空中来探测地面物体性质，它根据不同物体对波谱产生不同响应的原理，识别地面上各类地物，具有遥远感知事物的意思。也就是利用地面上空的飞机、飞船、卫星等飞行物上的遥感器收集地面数据资料，并从中获取信息，经记录、传送、分析和判读来识别地物。通常把整个接收、记录、传输、处理和分析判释的全过程统称遥感技术，包括遥感的技术手段和应用。遥感技术是建立在物体电磁波辐射理论基础上的。

■110. HTTP 的含义是(　　)。

A. 文本传输协议　　　　　　　　　　　　　　B. 网络传输协议

C. 数据传输协议　　　　　　　　　　　　　　D. 超文本传输协议

【参考答案】 D

【解答】 HTTP 的发展是万维网协会（World Wide Web Consortium）和 Internet 工作小组（Internet Engineering Task Force）合作的结果，（他们）最终发布了一系列的 RFC，其中最著名的就是 RFC2616。RFC2616 定义了 HTTP 协议中我们今天普遍使用的一个版本——HTTP1.1。超文本传输协议（HTTP，Hyper Text Transfer Protocol）是互联网上应用最为广泛的一种网络协议。所有的 WWW 文件都必须遵守这个标准。设计 HTTP 最初的目的是为了提供一种发布和接收 HTML 页面的方法。

■111. (　　)系统是辅助决策者通过数据、模型和知识，以人机交互方式进行半结构化或非结构化决策的计算机应用系统。

A. DSS（决策支持系统——Decision Support System）系统

B. MIS（管理信息系统——Management Information System）系统

C. GIS（地理信息系统——Geographic Information System）系统

D. CAD（计算机辅助设计——Computer Aided Design）系统

【参考答案】 A

【解答】 决策支持系统（Decision Support System，简称 DSS）是辅助决策者通过数据、模型和知识，以人机交互方式进行半结构化或非结构化决策的计算机应用系统。它是管理信息系统（MIS）向更高一级发展而产生的先进信息管理系统。它为决策者提供分析问题、建立模型、模拟决策过程和方案的环境，调用各种信息资源和分析工具，帮助决策者提高决策水平和质量。决策按其性质可分为三类：结构化决策；非结构化决策；半结构化决策。

■112. 获得遥感图像后要进一步辨别地物信息，判读解译城市绿化图像是依靠判读绿化的(　　)特征进行的。(多选)

A. 几何特征　　　　　　　　　　　　　　　　B. 波谱特征

C. 物体和物体在空间上的相互关系　　　　　　D. 光谱特征

【参考答案】 A、B、C、D

【解答】 解译遥感图像就是判读图像的波谱特征、几何特征、物体和物体在空间上的相互关系。一般说来，经过解译的、数字化的遥感信息才可能作为 GIS 的数据源。

城市地物波谱特性研究是一项基础性的应用研究。城市地物的遥感信息比较丰富，研究城市地物的波谱特征，分析它们的差异，对于遥感图像的分析判读、计算机自动分类、多波段遥感最佳波段的选择有重要意义。

■113. 在地理信息系统中，绿地的表示方法是(　　)。

A. 点　　B. 线　　C. 面　　D. 体

【参考答案】 C

【解答】 空间数据对地理实体最基本的表示方法是点、线、面和三维体。所谓点，是事物有确切的位置，但是长度小可以忽略不计，如客户分布、环保监测站、交通分析用的道路交叉口。所谓线，是该事物的面积可以忽略不计，但是长度、走向很重要，如街道、地下管线。所谓面，是该事物具有封闭的边界、确定的面积，一般为不规则的多边形如行政区域、房屋基地规划地块。

■114. 下列哪种传感器提供了高光谱分辨率影像？(　　)

A. LANDSTAR 卫星的准用制图仪 TM

B. Terra 卫星的中分辨率成像光谱仪 MODIS

C. QUICKBIRD 卫星上的多光谱传感器

D. NOAA 气象卫星的传感器

【参考答案】 B

【解答】 MODIS（中分辨率成像光谱仪）是 Terra 和 Aqua 卫星上都装载有的重要传感器，是 EOS 计划中用于观测全球生物和物理过程的仪器，也是 EOS 平台上唯一将实时观测数据通过 X 波段向全世界直接广播的对地观测仪器。EOS 是美国对地观测计划的简称，该计划自 1999 年开始实施第二阶段任务，高分辨率成像光谱仪（MODIS）是其最具特色的仪器之一。MODIS 采集的数据具有 36 个波段，空间分辨率分别为 250m、500m、1000m，数据可以每天上、下午的频率采集和免费接收，使 MODIS 数据成为地学研究和环境遥感监测的宝贵数据资源。

■115. 下列哪些工作可以借助三维 GIS 实现？(　　)

A. 地下管网系统　　B. 交通管理系统

C. 土地资源普查　　D. 城市拆迁管理系统

【参考答案】 A

【解答】 随着 GIS 应用的深入，人们越来越多地要求从真三维空间来处理问题。在应用要求较为强烈的如采矿、地质、石油等领域已率先发展专用的具有部分功能的三维 GIS，如加拿大 LYNX Geosystems 公司的 LYNX 软件，但由于它们一般是针对自己的领域开发的，没有从理论上加以系统完整地研究，没有面向通用平台进行设计，因此具有较强的局限性。这是由当时的应用要求、数据获取手段及相关的计算机技术发展条件决定的。

由于二维 GIS 数据模型与数据结构理论和技术的成熟，图形学理论、数据库理论技术及其他相关计算机技术的进一步发展，加上应用需求的强烈推动，三维 GIS 的大力研究和加速发展现已成为可能。

■116. 下列哪项不是“多规合一”信息管理平台主要要解决的问题？(　　)

A. 多规差异的自动识别和提取

B. 多部门信息的联动、共享以及协同办公

C. 土地资源普查

D. 辅助领导指挥决策

【参考答案】 C

【解答】 “多规合一”信息管理平台主要要解决的问题：①多规差异的自动识别和提取：消除多规的差异和矛盾、数据的持续更新；②多部门信息的联动、共享以及协同办公：减少审批流程、提高审批效率；③辅助领导指挥决策：辅助招商引资、项目选址落地、开展规划实施评价。

第五章 城市经济学

大纲要求：了解城市经济学的主要研究内容与特征，熟悉城市经济学与城乡规划的关系；熟悉城市规模的基本概念，了解城市规模的形成机制，熟悉城市经济增长的基本原理与分析方法，熟悉城市产业结构对城市职能和空间布局的影响；掌握城市土地市场中的资源配置原理，熟悉我国的土地制度、房地产市场与住房供给体系，熟悉运用经济杠杆对城市空间结构的引导与调控手段；熟悉城市交通的供求特征，熟悉城市交通的政策调控；了解城市公共财政的性质与功能，了解城市公共物品的概念与城市规划的公共物品配置，熟悉公共财政对城市空间结构的调控作用。

热门考点：

1. 经济学的基本知识：边际概念、市场、供需理论与市场均衡、外部性经济。

2. 城市规模与城市经济增长：影响城市规模的因素、城市规模与最佳规模、城市经济活动的基本与非基本部分、聚集经济效益。

3. 城市土地市场与城市空间结构：新土地管理法、房地产管理法、土地的特性、竞标租金与价格空间变化、替代效应与土地利用制度、城市空间规模与城市蔓延、城市土地市场与空间规划。

4. 城市交通经济与政策分析：城市交通供求的时间不均衡、城市交通的政策调控。

5. 城市公共财政与公共品供给：土地税、公共物品的分类和特征、公共财政的职能。

第一节 复习指导

城市经济学是研究城市在产生、发展、城乡融合的整个发展过程中的经济关系及其规律的经济学科。城市经济学用经济分析方法，分析、描述和预测城市现象与城市问题。其研究重点为探讨城市重要经济活动的状况，彼此间的互动关系，以及城市与其他地区和国家的经济关系等。城市经济学是一门帮助规划师认识城市当中市场力量的作用机制与规律的学科。

一、城市经济学的相关知识

经济学是一门研究人类行为及如何将有限或者稀缺资源进行合理配置的社会科学。

经济学的方法，有两个层次的含义。一是指经济学的方法论基础，或哲学基础。就这个含义来说，资产阶级经济学和马克思主义经济学有着不同的方法论。研究方法的另一层次的含义，是指研究各种经济活动和各种经济关系及其规律性的具体方法，如抽象的方法，分析和综合的方法，归纳和演绎的方法，质的分析和量的分析等。

（一）了解城市经济学的主要研究内容与特征

城市经济学既是一门以经济学基础理论为基础的应用科学，又是一门多学科、多层次融汇综合的边缘科学，是经济学科中一门以城市系统为对象，研究城市内部的经济活动，揭示城市形成、发展及城市化过程中经济规律的应用性学科。它系统地运用经济学原理、揭示城市经济的产生、发展的历史过程和运行规律；分析城市的生产关系、经济结构和要素组织；对主要的城市问题做出科学解释；研究城市经济性运营的措施和方法，因此，城市经济学在认识和解决城市问题的实践中具有独特的作用。

1. 城市经济学的产生和发展

高速城镇化是城市经济学诞生的历史背景。最早涉及城市经济问题的是20世纪20年代对城市土地经济和土地区位的研究。1965年，美国学者威尔帕·汤普森的《城市经济学导论》(The Introduction to Urban Economics）一书的出版，标志着城市经济学从广义经济学中分离出来，正式成为一门独立学科。1960年阿隆索、穆斯、缪尔斯三位学者提出的城市土地和住房理论为城市经济学奠定了坚实的理论基础。我国从20世纪80年代开始研究城市经济学。

早期研究以美国的伯吉斯（Burgess)、黑格（Haig）和霍伊特（Hoyt）为主要代表，他们侧重于研究城市的土地经济，探讨城市发展中的内部结构和用地布局，试图解释关于城市土地的使用和地理位置的决定因素。

2. 城市经济学的性质

经济学研究的核心问题是市场中的资源配置问题。城市经济学是经济学的一门分支学科，运用经济学基础理论揭示出的经济运行原理来分析城市经济问题和城市政策。城市经济学以城市中最稀缺的资源——土地资源的分配问题开始着手，论证经济活动在空间上如何配置可以使土地资源得到最高效率的利用。并以此为基础扩展到对劳动及资本利用效率的研究。

城市经济学又是经济学中具有独特特征的一门分支学科，其特征表现在对经济活动空间关系的分析。

城市经济学还是一门应用性经济学，针对城市问题进行经济方面的剖析，找出问题形成的经济原因，并对解决问题的政策方案进行经济评价，以找出效率最高的解决问题途径。

3. 城市经济学的研究内容

研究涉及三种经济关系，即市场经济关系、公共经济关系和外部效应关系。

(1) 市场经济关系：众多的消费者和企业在市场交易中建立起来的经济关系。

(2) 公共经济关系：政府与社会成员之间的经济关系。政府提供公共产品与服务需要资金投入，政府的钱是通过税收从居民和企业的手中拿来的。内部公共经济关系是城市政府与城市居民和企业之间的经济关系；外部公共经济关系是指城市政府与其上级政府之间的关系。建立良好的公共经济关系、提高公共资源的利用效率是城市经济学的关注之一。

(3) 外部效应关系：由于外部效应的存在使得经济活动主体之间发生的经济关系。当一种经济活动对其他人或经济单位产生了影响，而这种影响又不能在市场中加以消除时，就发生了外部效应。外部效应有正负之分。

城市内部空间结构理论是城市经济学的核心理论，以土地市场中的资源配置机制推导出了城市经济活动的空间分布规律。

4. 城市经济学的分类

城市经济学分为理论城市经济学与应用城市经济学。前者从理论上研究城市的经济活动，了解问题的现象与实质，不涉及解决问题的方法及政策方面的研究，其主要内容有：城市化理论，城市发展理论，土地利用及地租理论，城市空间结构理论，城市规模等。它有助于了解城市经济现象和问题，是城乡规划前必需的基本研究。后者注重研究改善和解决城市问题，增进居民福利的对策及具体办法，研究内容为城市问题与城市发展政策，如住宅拥挤且质量低劣、交通堵塞、失业、种族歧视、贫民窟等。

城市经济学是从经济学中分离出来，并与城市问题的研究相结合而产生的一门新兴边缘学科。主要可划分为宏观城市经济学和微观城市经济学。宏观城市经济学把城市看作一个整体，强调以城市对整个国民经济以及城市与邻近地区之间的关系和作用为研究内容，采用总量经济分析方法，探讨城市与地区经济及国民经济中其他部分之间的关系。微观城市经济学，以城市内部的经济问题作为其研究内容。它以马歇尔的价格理论为依据，是在综合马歇尔和新古典学派的方法论基础上发展起来的。还有一种综合微观与宏观分析的城市经济学理论，它将城市经济内部各个部门的"个量分析"，同整个国民经济的总量分析结合在一起，形成了城市和城市工业化过程中的综合城市经济学研究体系。

（二）熟悉城市经济学与城乡规划的关系

经济学对城乡规划的贡献包括对城市增长和规模的预测，分析城市可能取得的经济资源和消费需求，对具体城市问题的分析和规划调控的对策建议等，最常见的还在于运用投资估算技术评估各类规划方案以帮助政府和投资者决策，此外还包括制定相应的经济政策以保障规划方案的实施等。

从20世纪80年代以来，我国的城市经济学既从宏观的角度研究城市在国民经济中的作用，城市经济各个部门之间相互依存、制约和促进的关系，以及城市与周围地区的经济平衡与协调发展；又从微观的角度分析城市建设的各项功能、城市的布局和各项指标。对现阶段矛盾突出的城市、土地、住房、交通运输、环境以及城市的合理布局等问题，也都从经济方面加以研究。我国城市经济学具有相对广泛的研究范围和较强的综合性，与城乡规划和城乡建设的关系极为密切。

（三）经济学基本知识

经济学是研究人类社会在各个发展阶段上的各种经济活动和各种相应的经济关系，及其运行、发展规律的科学。

1. 经济学研究的基本问题

人类社会生存和发展面对的一个根本性的矛盾是需求的无限性和资源的有限性之间的矛盾。

（1）两个层次的分配问题：有限的资源如何在不同产品的生产中进行分配；生产出来的有限产品如何在消费者中间进行分配。

（2）两种分配方式：市场的分配方式，计划的分配方式。

微观经济学研究的是市场的分配形式，宏观经济学和公共经济学说明了为什么只有市场是不够的，还需要政府。

2. 效用最大化与利润最大化

消费决策和生产决策遵循的原则：经济利益的最大化。就是经济学的一个假设——

“经济人”假设，所谓经济人就是追求经济利益最大化的人。效用最大化是消费者追求的目标，或消费者的决策原则。

商品对消费者的效用就决定了这个消费者对这件商品愿意支付的价格。利润最大化是市场上的追求目标。利润是产品的销售收入减去生产成本之后的余额。

3. 边际概念

在商品市场上，消费者每多购买一单位的商品，都会给他带来新的效用，这新增加的一单位商品带来的效用就成为“边际效用”。边际效用会随着购买量的增加而减少，成为“边际效用递减率”。

生产者每增加一单位的某种要素投入，就会带来产出的增加，这个产出的增加量就成为“边际产出”。若保持其他要素的投入量不变而只增加一种要素的投入量，则随着投入量的增加边际产出就会下降，成为“边际产出递减率”。

所谓成本，是指生产活动中投入的生产要素的价格。成本通常包括变动成本和固定成本。

平均成本是指单位产品的成本，它等于一定产量水平上的平均固定成本和平均变动成本的总和。边际成本是指增加一单位产量所增加的成本。

边际成本：在经济学和金融学中，边际成本指的是每一单位新增生产的产品（或者购买的产品）带来的总成本的增量。这个概念表明每一单位的产品的成本与总产品量有关。随着产量的增加，边际成本会先减少后增加。

边际成本和单位平均成本不一样，单位平均成本考虑了全部的产品，而边际成本忽略了最后一个产品之前的成本。

4. 市场与政府

市场是买者和卖者相互作用并共同决定商品和劳务的价格和交易数量的机制。市场的根本是供给和需求的相互作用，而外在的表现形式则是价格。市场，是价格在协调生产者和消费者的决策。较高的价格抑制购买，刺激生产，而较低的价格则鼓励消费，抑制生产，从而达到供给和需求的平衡。

政府的三项主要职能：通过促进竞争、控制诸如污染等外部性问题（也称溢出效应），通过财政税收和预算支出等手段，向某些团体进行有倾斜的收入再分配，从而增加公平；通过财政政策和货币政策促进宏观经济的稳定和增长，在鼓励经济增长的同时减少失业和降低通货膨胀。

5. 供需理论与市场均衡

均衡价格理论主要研究需求与供给，以及需求与供给如何决定均衡价格，均衡价格反过来又如何影响需求与供给。还涉及影响需求与供给的因素发生变动时所引起的需求量和供给量的变动，也就是弹性理论。均衡价格理论是微观经济学的基础和核心理论。均衡价格的概念是均衡价格理论的一个重要部分，它探讨了需求与供给的关系、价格对经济的调节作用以及政府限制价格的制定基础。

（1）供给与需求曲线

在一种物品的市场价格和这种物品的需求量之间存在着一定的关系。这种价格与购买数量之间的关系可由一条曲线来表示，经济学上称其为“需求曲线”。

需求曲线最明显的特征就是需求向下倾斜规律。当一种物品的价格上升时，购买者便会趋向于购买更少的数量。这一现象的原因有两个：替代效应，当一种物品的价格上升时，我们会用其他类似的物品来代替它；收入效应，当价格上升时，我们会发现自己变穷了，从而购买力下降。同理，当价格下降、其他条件不变时，需求量会增加。

市场需求曲线是将在每一价格水平下所有人的需求量加总得到的，表现了市场需求。而在某一价格下，影响市场需求量的因素包括：平均收入水平、人口规模、相关物品的价格及其可获得性、个人和社会的偏好，还有其他特殊因素（以汽车为例，汽车的安全性以及公路便利性都是特殊因素）。

当商品价格之外的因素变化引起购买数量发生变化时，我们称这种变化为需求变动。当所要购买的数量在每一价格水平增加（或减少）时，我们说需求增加（或减少）。表现在图表上，就是需求曲线的向左或向右平移。

与需求表相对应，一种商品的供给表或供给曲线体现的是在其他条件不变的情况下，该商品的市场价格与生产者愿意生产和销售的数量之间的关系。

供给曲线是表示市场价格和生产者所愿意供给的物品数量之间的关系。它是从西南方向东北方上升的曲线，即价格的升高会带来生产量的增加。供给曲线是向上倾斜的。因为价格越高，生产者愿意生产的数量也越多。但是，由于边际收益递减规律，供给曲线显得越来越陡峭，直到极端情况下，尽管价格进一步升高，供给量已经不变。供给曲线背后的因素，包括跟生产成本有关的投入品价格和技术进步因素、政府政策和特殊因素。供给曲线也会因为因素的变化而移动，表现为它作水平方向的平移。

供给和需求是动态平衡的。市场均衡发生在供给和需求量达到平衡的价格与数量的点上，也就是供给曲线和需求曲线的交点上。

（2）弹性及短期和长期均衡

对于供需变化，不同的物品对价格变动的反应程度会不同，经济学上称之为供需的价格弹性。如果一种物品的需求对价格变化的反应大，可以说这种物品的需求是富有弹性的；反之如果对价格变化反应不大，则是缺乏弹性，或者说是趋于刚性的。通常，生活必需品倾向于刚性，非必需品及奢侈品倾向于弹性。供给与需求在短期与长期中的状况是不同的。

（3）供需与政府政策

政府可以利用供求关系的市场规律，通过对价格的控制来达到调节市场运作的目的。

在自由竞争的市场中，政府会通过价格控制来改变市场的状况，例如规定价格上限。现在很多政府转向采用补贴而不是价格管制的方法来实现社会福利，这种补贴不会直接影响市场供给，因而不会引起短缺现象。

6. 外部性经济问题

（1）外部性经济的概念

外部效果问题也就是项目经济的“外涉性”问题，所谓“外涉性”，就是为了自身目标而努力的人和部门，在努力的过程中或由于努力的结果而使社会得到意外的收益，或给他人或其他部门带来麻烦和损害的现象。这种正的或负的效果一般不会计入前者的费用或效益。所以这种后果是外部性经济问题。它可以影响某些部门和个人的经济效益。

部门活动的外部性经济正效果是城市产生、扩展的最主要动力之一。城市的空间聚集优势表现为各种活动的外部性互补作用。城市各项活动的外部性经济效果总量在城市地域中向心递增，而在城市外围则逐渐减弱，这种空间上的序列变化体现为城市土地的级差效益。收取级差土地使用费或“级差”地租是调节和在全社会分配这种利益的一种手段。

外部效应也可解释某个经济主体的活动所产生的影响不表现在他自身的成本和收益上，而是会给其他的经济主体带来好处或者坏处。外部性包括正外部效益和负外部效益。

(2) 熟悉针对外部性的公共政策

外部性的存在是市场失灵的一个重要表现，它导出了政府干预市场的必要性。当外部性经济问题引起市场配置资源低效率或失效时，政府可以对某些行为直接进行管制或运用市场规律将外部性经济内部化。即微观经济单位因其产生的外部经济而向得益者收取相应费用，或者因其产生的外部不经济而向受害者支付相应补偿，从而使经济意义上的外部性不存在。政府可以通过对那些有负外部性的活动征税、收费和补贴那些有正外部性的活动来使外部性经济内部化。

二、城市规模与城市经济增长

(一) 熟悉城市规模的基本概念

1. 基本概念

(1) 城市人口

人口规模分为现状人口规模与规划人口规模，人口规模应按常住人口进行统计。常住人口指户籍人口数量与半年以上的暂住人口数量之和，计量单位应为万人，应精确至小数点后两位。

①城市人口结构：一定时期内城市人口按照性别、年龄、家庭、职业、文化、民族等因素的构成状况。

②城市人口年龄：一定时间城市人口按年龄的自然顺序排列的数列所反映的年龄状况，以年龄的基本特征划分的各年龄组人数占总人口的比例表示。

③城市人口增长：在一定时期内由于出生、死亡和迁入、迁出等因素的消长，导致城市人口数量增加或减少的变动现象。

④城市人口增长率：一年内城市人口增长的绝对数量与同期该城市年平均总人口数之比。

⑤城市人口自然增长率：一年内城市人口因出生和死亡因素的消长，导致人口增减的绝对数量与同期该城市年平均总人口数之比。

⑥城市人口机械增长率：一年内城市人口因迁入和迁出因素的消长，导致人口增减的绝对数量与同期该城市年平均总人口数之比。

⑦城市人口预测：对未来一定时期内城市人口数量和人口构成的发展趋势所进行的测算。

⑧人口规模是在城市地理学研究及城乡规划编制工作中所指的一个城镇人口数量的多少（或大小）。一般指一个城镇现状或在一定期限内人口发展的数量，后者与城市（镇）发展的区域经济基础、地理位置和建设条件、现状特点等密切相关。

⑨城市人口规模的估算方法

预测城市人口发展规模，是一项计划性、科学性很强的工作，既要向民政、公安部门了解人口现状和历年来人口变化情况，也要向国民经济各部门了解由于发展和投资计划而引起的人口机械变动，从中找出规律，科学合理地确定城市人口的发展规模。

劳动平衡法：劳动平衡法是传统计划经济体制下城乡规划中采用较多的一种方法。它主要是根据“按一定比例分配社会劳动”的基本原理，在社会经济发展计划及相互平衡的原则基础上，以社会经济发展计划的基本人口数和劳动构成比例的平衡关系来确定城市人口发展规模。

职工带眷系数法：该方法是对新建城市（区）中根据新建工业项目的职工数及带眷比情况而计算城市人口的方法。其公式为：

规划总人口数＝带眷职工人数×（1＋带眷系数）＋单身职工

职工带眷比，指带有家属的职工总人数的比例。带眷系数，指每个带眷职工所带眷属的平均人数。这对于估算新建企业和小城镇人口的发展规模，以及确定住户形式都可提供依据。

递推法：递推法的核心是将城市发展分成若干阶段，根据城市发展不同阶段，影响人口因素的变化，分别确定有关的参数，逐段向前递推预测。其公式为：规划总人口数＝现状人口数×（1＋自然增长率＋机械增长率）×规划年限

⑩人口规模的变化

城市发展历程的简单回顾与前瞻：城市不是众多的人和物在地域空间上的简单叠加，而是一个以人为主体，以自然环境为依托，以经济活动为基础，社会联系极为紧密的有机整体，它有着自身的成长机制和运行规律。

前工业社会时期：前工业社会指奴隶社会和封建社会时期，这一时期是农业文明占主导地位的历史阶段，这一时期的城市绝大多数规模较小，数量也较少。

工业社会时期：产业革命引起了各方面深刻的变革，小规模的分散劳动为社会化的大规模集中劳动所替代，大机器生产的特点对城市规模的要求产生了巨大变化，出现了集聚经济效益和规模经济效益。这一时期城市从数量上来说是一个迅速增加的阶段，从规模上来说，是一个迅速扩张的阶段。

后工业社会时期：后工业社会的显著特征就是第三产业逐渐成为经济活动的主要内容，这一阶段的城市，其主要经济功能已从大工业生产的集聚区转而成为第三产业中心，商贸、金融、房地产、信息等生产服务业在城市蓬勃兴起，而工业在城市经济中已逐渐退居次要地位。这一时期城市规模的扩张势头将有所减弱，甚至趋于停滞。

信息时代：信息革命对城市规模的冲击在一些发达国家已经显现，并逐渐扩散开来。在高度信息化和全面网络化的城市，信息传递不再受距离等条件的限制，许多生产服务业的业务联系可以通过现代化通信网络实现，所以使得生产要素高度集聚所带来的“集聚效应”有所弱化，超级城市不再成为必要而走向裂解。在信息时代，城市中与信息密切相关的产业将成为城市经济的主导产业，城市将从工业制造中心、商贸中心逐步转为信息流通中心、信息管理中心和信息服务中心。

（2）城市用地

根据《城市用地分类与规划建设用地标准》（GB 50137—2011），用地分类包括城乡用地分类、城市建设用地分类两部分，应按土地使用的主要性质进行划分。

①城乡用地

城乡用地指市（县）域范围内所有土地，包括建设用地与非建设用地。建设用地包括

城乡居民点建设用地、区域交通设施用地、区域公用设施用地、特殊用地、采矿用地等，非建设用地包括水域、农林用地以及其他非建设用地等。市域内城乡用地共分为 2 大类、8 中类、17 小类。

②城市建设用地

城市建设用地指城市和县人民政府所在地镇内的居住用地、公共管理与公共服务用地、商业服务业设施用地、工业用地、物流仓储用地、交通设施用地、公用设施用地、绿地。城市建设用地共分为 8 大类、35 中类、44 小类。

2. 影响城市规模的因素

城市人口数量受国内总人口、城市化水平、城市数量、城市分布、社会经济状况等因素的影响。城市人口规模的分级标准相差很大。确定人口规模，包括人口数量、人口组成以及人口分布，可以更有效地进行市场经济、建筑布局、场所设置、道路修建、绿化方案以及管理配置等的规划。

城市规模决定了城市的用地及布局形态。人口规模和用地规模两者的关系是相关的，根据人口规模以及人均用地指标就能确定城市的用地规模。因此，在城市发展用地无明显约束条件下，一般是从预测人口规模着手研究，再根据城市的性质与用地条件加以综合协调，然后确立合理的人均用地指标，就可推算出城市的用地规模。

3. 城市人口规模与经济学原理

（1）生产要素组合原理：用不同的经济活动中使用的生产要素组合不同来说明其空间特征。基本的生产要素是土地、劳动和资本，不同产业的生产活动使用不同的要素组合结构。

（2）规模经济原理：某些生产活动，主要是指工业生产活动，具有规模越大成本越低的特点。

（3）集聚经济原理：经济活动在空间上相互靠近可以提高效益。

4. 城市规模与最佳规模

经济活动在空间上集聚而形成了城市，就是城市的“集聚力”；促使城市经济活动分散的力量就是“分散力”。当集聚力和分散力达到平衡时，城市规模就稳定下来，这个规模就是“均衡规模”。

“最佳规模”就是指经济效率最高时，即边际成本等于边际效益的规模。

城市的规模不会在最佳规模上稳定下来，城市达到最佳规模后，平均收益仍高于平均成本，就还会有企业或个人愿意迁入，直到达到均衡规模。而达到均衡规模后，再进来的企业或个人负担的平均成本高于其得到的平均收益，经济上不合算，就不会有人进来了，城市规模也就稳定了。

但是由于外部性的存在，造成边际成本大于平均成本，就会出现城市均衡规模大于最佳规模。城市规模过大主要就是指均衡规模大于最佳规模这种不合理的情况，需要政府通过政策来干预。

（二）了解城市规模的形成机制

关于制约城市发展规模的因素，松巴特在分析资本主义经济进程时，运用递进分析方法研究了决定城市发展规模的因素：取决于生活资料供给区域产品数量和剩余产品数量。若生活资料供给区域大小和总产品数量一定，则取决于剩余产品所占的比率；若生活资料供应区域大小和剩余产品比率一定，则受土地肥沃程度和农业技术水平制约；若剩余产品比率和土地条件一定，则受生活资料供给区域广度的制约。生活资料供给区域的广度受交通技术条件制约。

城市规模分布类型受自然、历史、政治、经济、人口和城市化水平等多种因素影响，具有多种模式。

城市规模分布类型的形成机制具有复杂性。城市数量是影响城市规模分布类型的直接因素。经济总量和工业化水平是推动城市规模分布类型升级的基础动力。通常认为的经济发展水平因素，如人均值、地均值（密度）、城市化水平等对城市规模分布类型虽有一定影响，但并不显著（人均工业总产值除外）。

（三）熟悉城市经济增长的基本原理与分析方法

1. 城市经济活动的基本与非基本部分

一个城市的全部经济活动，按其服务对象来分，可分成两部分：一部分是为本城市的需要服务的，另一部分是为本城市以外的需要服务的。

为外地服务的部分，是从城市以外为城市所创造收入的部分，它是城市得以存在和发展的经济基础，这一部分活动称为城市的基本活动部分，它是导致城市发展的主要动力。满足城市内部需求的经济活动，随着基本部分的发展而发展，它被称为非基本活动部分。细分也有两种，一种是为了满足本市基本部分的生产所派生的需要；另一种是为了满足本市居民正常生活所派生的需要。

城市经济活动的基本部分与非基本部分的比例关系叫作基本/非基本比率（简称 B/N）。该比值大小对城市的发展具有重要意义。

影响 B/N 比率的因素：①城市的人口规模；②城市专业化程度；③与大城市之间的距离；④城市发展历史长短。

城市 B/N 在不同城市之间有很大差异；城市人口规模增大，非基本部分的比例有相对增加的趋势；规模相似的城市，B/N 也会有差异；专业化城市；地方性中心城市；老城市；新城市；城市人口在年龄构成、性别构成、收入水平等方面的差别对城市经济的基本/非基本结构也都有影响。

在规模相似的城市，B/N 比也会有差异。专业化程度高的城市 B/N 比大，而地方性的中心城市一般 B/N 小。老城市在长期的发展历史中，已经完善和健全了城市生产生活的体系，B/N 比可能较小，而新城市则可能还来不及完善内部的服务系统，B/N 比可能较大。位于大城市附近的中小城镇或卫星城因依附于母城，可以从母城取得本身需要的大量服务，与规模相似但远离大城市的独立城市相比，非基本部分可能较小。

2. 聚集经济效益

企业向某一特定地区集中而产生的利益，亦称聚集经济效益，是城市存在和发展的重要原因和动力。

城市是企业比较集中的地区。集中有两种类型：

第一种类型是：属于同一产业，或性质相近的许多企业的集中。在一个地区内同类企业数目的增大，必然带来生产规模的扩大，生产总量的增加，分工协作的加强，辅助产业的发展，其结果不仅创造大规模的外部经济，而且提高企业的劳动生产率，降低生产费用和成本。

第二种类型是：属于不同产业，或不同性质的企业的集中。这比各个企业孤立地分散设立在各个地区会带来更大的经济效益。表现在：扩大市场规模；降低运输费用，降低产品成本；促进基础设施、公用事业的建立、发展和充分利用；企业的集中必然伴随熟练劳动力、技术人才和经营管理干部的集中；便于企业之间直接接触，达到彼此学习，相互交流，广泛协作，推广技术，开展竞争，从而刺激企业改进生产、开发产品、提高质量，创造出巨大的经济效益。

当然，聚集经济效益并不是绝对的，不是集中的规模越大越好。当企业和居民过分集中，或城市规模过大时，同样会产生和扩大外在的不经济，明显地增加生产和流通费用，造成环境污染，破坏合理的经济结构和比例，最终导致聚集经济效益的下降，甚至出现负效益。所以，城市企业和居民聚集存在一个合理的“度”，也就是需要一个最佳的城市规模。

3. 经济增长

经济增长：通常是指在一个较长的时间跨度上，一个国家人均产出（或人均收入）水平的持续增加。较早的文献中是指一个国家或地区在一定时期内的总产出与前期相比实现的增长。总产出通常用国内生产总值（GDP）来衡量。对一国经济增长速度的度量，通常用经济增长率来表示。

经济增长率的高低体现了一个国家或地区在一定时期内经济总量的增长速度，也是衡量一个国家或地区总体经济实力增长速度的标志。

经济增长率=（当年总产出－前一年总产出）/前一年总产出。

经济增长率=资本增长率/资本产出率。

资本增长率=储蓄率+资本净流入增长率。

人口增长率=经济增长率=资本增长率/资本产出率。

建设用地增长率=资本增长率/资本密度（容积率）。

经济增长率=建设用地增长率×资本密度/资本产出率。

4. 经济增长机制

（1）经济增长的原理

城市经济的增长和国民经济一样，表现为实物、价格、人口的增长三个方面，其过程就是经济要素在地区之间、部门之间乃至经济单位之间流动与累积的过程，其变化也都反映为投资与收入的相对变化。

需求指向理论是指城市经济增长的动力来自于外部市场对城市产品的需求。这种需求促使城市基础产业部门的建立和发展，从而带动非基础产业部门也得到相应的发展。

供给基础理论认为，城市经济增长取决于城市内部的供给情况。在城市经济中，供给的基础包含三方面的内容：一是城市产业的物质与技术基础；二是专业化协作程度；三是投资环境，尤其是城市的基础设施水平。

（2）经济增长的方式

经济增长可通过各种要素投入的增加和要素生产率的提高两种方式来实现。在现实中这两种方式往往结合在一起。

（3）经济增长的路径

由于各个国家、地区资源状况和所处的经济发展阶段不同，因此，它们经济增长的路径也不尽相同。美国哈佛大学商学院著名学者迈克尔·波特（Michael Porter）从要素竞争和增长推动力的历史演变角度，将经济增长划分为要素推动的发展阶段、投资推动的发展阶段、创新推动阶段以及财富推动阶段四个不同的阶段。

（4）经济增长方式的内在影响因素

经济增长方式的内在影响因素主要表现在资源的开发利用、经济开放度、经济发展的总体水平以及经济体制等几个方面。

（5）经济增长的约束因素

① 资源约束。包括自然条件、劳动力素质、资本数额等方面。

② 技术约束。技术水平直接影响生产效率。

③ 体制约束。体制规定了人们的劳动方式、劳动组织、物质和商品流通、收入分配等内容，规定了人们经济行为的边界。

（6）经济发展的阶段划分

国际上对于一个国家或地区经济发展阶段的划分通常是通过工业化的测度来评价经济的总体发展程度，其中主要的理论有五种：霍夫曼定理；工业发展阶段论；产业成长阶段论；产业结构演进论；罗斯托的“起飞论”。

美国经济学家罗斯托（W. W. Rostow）在他1960年出版的《经济成长的阶段》一书中提出，经济成长的基础是布登布洛克式的动力——人类非经济动机和欲望所造成。他把经济发展分为传统社会阶段、为起飞创造前提条件阶段、起飞阶段、向成熟推进阶段、高额群众消费阶段以及追求生活质量六个阶段。

5. 影响经济增长的主要因素

（1）劳动力的数量和劳动者的素质。实现经济有效增长，必须具备一定数量的劳动力和必要的劳动力后备。

（2）科学技术及其应用。科学技术是第一生产力，科技越是发展，并将其有效地应用于生产过程，形成现实的生产力，就越能促进劳动生产率的提高，加快经济的增长。

（3）生产管理和劳动组织。从国民经济管理到部门管理，乃至企业管理，都影响着经济的增长。

（4）生产资料的规模和效能。生产资料的规模、数量、结构，从量的方面影响着经济增长；而生产资料的效能、作用、使用效率，则从质的方面影响着经济增长。

（5）自然条件。自然条件包括自然资源和自然力的作用。数量多、质量好、品位高的各种自然资源，以及有利的气候、地理条件等自然力，为经济的增长提供了良好的客观物质条件。

（6）产业结构和比例关系。产业结构是否优化与合理，国民经济的基本比例关系是否协调与平衡，体现着国民经济各部门、各环节、各地区的社会总劳动及社会资源的利用程度，从而制约着社会经济的增长。协调比例关系和调整产业结构，使其优化与合理，有利于促进经济增长。

（7）经济制度和经济体制。经济制度体现着社会生产关系的性质，而经济体制是一定社会经济制度所采取的具体组织形式和管理制度。社会经济制度是否适合生产力的状况，一个国家是否采取了有效合理的经济体制，对经济的增长具有决定性的影响。

6. 决定经济增长的直接因素

一是投资量。一般情况下，投资量与经济增长成正比。

二是劳动量。在劳动者同生产资料数量、结构相适应的条件下，劳动者数量与经济增长成正比。

三是生产率。生产率是指资源（包括人力、物力、财力）利用的效率。提高生产率也对经济增长直接作出贡献。

三个因素对经济增长贡献的大小，在经济发展程度不同的国家或不同的阶段，是有差别的。一般来说，在经济比较发达的国家或阶段，生产率提高对经济增长的贡献较大。在经济比较落后的国家或阶段，资本投入和劳动投入增加对经济增长的贡献较大。

7. 经济增长与经济发展

（1）经济增长：指的是一个国家或一个城市的收入和产出的扩大，它可以用国民生产总值 GNP 或国民收入的变动来衡量。如果一个国家或城市的商品和服务增加了，无论通过何种方式，都可以把这一提高看作“经济增长”。不仅指人均国民收入的增长，也包括社会制度结构的变化。

经济增长的源泉：要素供给增加和要素使用效率提高。

（2）外延式和内涵式的经济增长

外延型经济增长的途径主要依靠增加资源（人、财、物）投入、扩大生产场地、生产规模、增加产品产量；内涵型经济增长的途径主要依靠提高资源利用率、劳动生产率。

（3）经济发展：总是伴随着经济的增长，没有增长的发展是不可能的；但是，经济增长并不一定代表经济发展。经济发展，除了收入的提高外，还应含有经济结构的根本变化。

（4）经济增长与经济发展的联系和区别

经济增长是指一个国家或地区，在一定时期内的产品（或产值）和劳务总量的产出增长，它反映的是国民经济的量的变化。经济发展除包含经济增长的内容外，还包括经济结构方面的变化，如产业结构、就业结构、收入结构、消费结构、人口结构的变化等。此外，经济发展还包括生态平衡的保持、环境质量的提高、文教卫生事业的发展、生活状况的改善，以及贫困落后状态的减少和消除等等一系列社会经济生活方面的质的变化。

经济增长是着重反映国民经济数量变化的概念，而经济发展是既反映国民经济的数量变化，又反映国民经济质量变化的概念。经济增长是经济发展的前提和基础，没有经济增长，不可能实现经济的发展。

8. 城市与区域发展

（1）城市与区域发展的关系

城市是区域的核心，而区域是城市的基础，城市在区域的发展中起带动、引导作用；而区域对城市发展的前途又有决定性影响，所以二者是相互联系相互影响的。

开发区属于一个小区域，因此高新开发区的发展对城市的发展同样具有带动和引导作用。一个开发区要想成功地进行招商引资必须至少具备四个方面的条件：一是开发区有良好的区位条件；二是开发区有良好的投资环境；三是开发区有良好的政府行为及服务；四是开发区有良好的优惠政策。

有良好的区位条件：高新技术开发区健康完善的发展与所在城市在不同层次区域中所

处的区位条件、经济地位密不可分。

有良好的投资环境：良好的投资环境对于经济活动的区位选择至关重要，对于开发区的招商引资就显得更为重要了。

有良好的政府行为及服务：适当合理的政府行为以及相关政策的制定有利于促进开发区的招商引资。良好的政府服务，可以为投资活动提供便捷的通道，促进投资的进行。

（2）城市与区域的一体化发展

城市与区域一体化发展是一种广泛而复杂的地域过程。一般而言，主要由五个方面的内容组成，即生产要素市场一体化、产业发展一体化、城乡空间发展一体化、基础设施建设一体化、环境资源开发和保护一体化。

（3）经济全球化与城市发展

传统的工业经济时代的经济中心城市，往往是以制造业为核心产业而崛起的，而当代的经济中心城市则更多地是以现代金融、贸易、交通等第三产业为基础。在知识经济时代，知识、信息将成为最重要的经济资源。经济发展的全球化与知识化是当今世界发展的两大趋势，全球化与知识化密不可分。

（四）熟悉城市产业结构对城市职能和空间布局的影响

1. 城市职能与城市性质

城市职能是指一个城市在政治、经济、文化生活各方面所担负的任务和作用。其内涵包括两方面：一是城市在区域中的作用；二是城市为城市本身包括其居民服务的作用。城市职能中比较突出、对城市发展起决定作用的职能，成为城市的主要职能。

城市性质是城市主要职能的概括，指一个城市在全国或地区的政治、经济、文化生活中的地位和作用，代表了城市的个性，特点和发展方向。确定城市性质一定要进行城市职能分析。

2. 中国城市职能分类

（1）区域性城市职能分类

地理学者孙盘寿先生的“西南三省城镇的职能类型”是我国区域性城镇职能分类研究中最早且比较深入系统的一个例子。采取两种分段处理：一是把城镇的职能类型分别处理，重点放在城市；二是在城市的职能分类中，对城市的基本类型和城市的工业类型又分别处理，然后加以综合。

对城市部分分类的思路是先利用城市职工部门构成的资料，取其中工业、运输、科教文卫、机关团体四个部门的职工比重进行城市基本类型的划分。分类的定量标准主要借用纳尔逊的平均值加一个标准差。但按这个指标进行的分类发现有许多不理想的地方。

划分镇和乡村中心的职能类型，主要的客观标准只是地（州）县驻地，代表是相应区域内的政治、经济、文化中心。这类中心镇占了515个镇中的64.7%。根据非农业人口的规模，细分为大、中、小三个等级。至于其他城镇很难准确地划分，只能参考工矿企业分布及有关文字资料，定性地归入工商业镇、矿业镇、加工工业镇、郊区镇、区中心和乡中心等类。

（2）全国性城市职能分类

城市职能三要素是：第一，专业化部门，可能是一个也可能是几个部门具有为区外服务的作用。第二，职能强度，取决于城市为区外服务的部门的专业化程度。若专业化程度很高，则该部门产品或服务输出的比重也高，职能强度则高。第三，职能规模，职能强度很高的小城市，对外服务的绝对规模却不一定大；相反，一些大城市对外服务在城市中所占的比重可能不高，但绝对量可能很大，影响很广。

中国城市工业职能分类是在聚类分析基础上，形成由大类、亚类和职能组共同组成的三级分类体系。大类反映我国城市工业职能的总体差异，亚类反映城市工业职能的基本类型，职能组则是对亚类城市更详细的分类。从类别的命名上可以反映出不同城市的主导工业部门（兼具市内规模最大、市外专业化程度较高的部门）、主要工业部门（城市中规模较大的部门）、专业化部门以及职能强度（专业化的或高度专业化的或综合性的）和职能规模（国家级的、大区级的、省区级的或大型、中小型的）等特征上的差异。信息丰富而不烦琐，类别清晰但不粗陋简单。

3. 城市产业发展与产业结构

（1）城市基本部门与非基本部门

区位熵：对城市中所有行业进行区位熵的计算，大于 1 的行业组成城市的基本部门，其余的行业则属于非基本部门。

区位熵＝(该行业就业人数/城市总就业人数)/(全国该行业就业人数/全国总就业人数)

（2）产业结构的概念

产业结构，亦称国民经济的部门结构。是国民经济各产业部门之间以及各产业部门内部的构成，也是生产要素在各产业部门间的比例构成和它们之间相互依存、相互制约的联系。即一个国家或地区的资金、人力资源和各种自然资源与物质资料在国民经济各部门之间的配置状况及其相互制约的方式。其形成是由一定时期的经济发展水平和资源配置所决定的。

社会生产的产业结构或部门结构是在一般分工和特殊分工的基础上产生和发展起来的。研究产业结构，主要是研究生产资料和生活资料两大部类之间的关系；从部门来看，主要是研究农业、轻工业、重工业、建筑业、商业服务业等部门之间的关系，以及各产业部门的内部关系。

（3）决定和影响产业结构的因素

① 需求结构，包括中间需求与最终需求的比例，社会消费水平和结构、消费和投资的比例、投资水平与结构等；②资源供给结构，有劳动力和资本的拥有状况和它们之间的相对价格，一国自然资源的禀赋状况；③科学技术因素，包括科技水平和科技创新发展的能力、速度，以及创新方向等；④国际经济关系对产业结构的影响，有进出口贸易、引进外国资本及技术等因素。

（4）产业结构的变化趋势

产业结构高度化也称产业结构高级化。指一国经济发展重点或产业结构重心由第一产业向第二产业和第三产业逐次转移的过程，标志着一国经济发展水平的高低和发展阶段、方向。产业结构高度化往往具体反映在各产业部门之间产值、就业人员、国民收入比例变动的过程上。一般地说，产业结构高度化表现为一国经济发展不同时期最适当的产业结构。

① 三次产业之间的结构变化趋势

第一，第一产业的增加值和就业人数在国民生产总值和全部劳动力中的比重，在大多数国家呈不断下降的趋势。直至 20 世纪 70 年代，在一些发达国家，如英国和美国，第一产业增加值和劳动力所占比重下降的趋势开始减弱。

第二，第二产业的增加值和就业人数占国民生产总值和全部劳动力的比重，在 20 世纪 60 年代以前，大多数国家都是上升的。但进入 20 世纪 60 年代以后，美、英等发达国家工业部门增加值和就业人数在国民生产总值和全部劳动力中的比重开始下降，其中传统工业的下降趋势更为明显。

第三，第三产业的增加值和就业人数占国民生产总值和全部劳动力的比重各国都呈上升趋势。

从三次产业比重的变化趋势中可以看出，世界各国在工业化阶段，工业一直是国民经济发展的主导部门。发达国家在完成工业化之后逐步向“后工业化”阶段过渡，高技术产业和服务业日益成为国民经济发展的主导部门。

② 工业内部各产业的结构变化趋势

第一阶段，以轻工业为中心的发展阶段。像英国等欧洲发达国家的工业化过程是从纺织、粮食加工等轻工业起步的；第二阶段，以重化工业为中心的发展阶段。在这个阶段，化工、冶金、金属制品、电力等重、化工业都有了很大发展，但发展最快的是化工、冶金等原材料工业；第三阶段，工业高加工度化的发展阶段。在重化工业发展阶段的后期，工业发展对原材料的依赖程度明显下降，机电工业的增长速度明显加快，这时对原材料的加工链条越来越长，零部件等中间产品在工业总产值中所占比重迅速增加，工业生产出现“迂回化”特点。加工度的提高，使产品的技术含量和附加值大大提高，而消耗的原材料并不成比例增长，所以工业发展对技术装备的依赖大大提高，深加工业、加工组装业成为工业内部最重要的产业。

③ 农业内部结构各产业的结构变化趋势

随着农业生产力的发展，种植业的比重呈下降趋势，但其生产水平日益提高；畜牧业的比重逐渐提高；林业日益从单纯提供林产品资源转向注重其环境生态功能，保持和提高森林覆盖率越来越受到重视；渔业日益从单纯依靠捕捞转向适度捕捞、注重养殖，其比重稳步上升。

4. 城市职能的演变

主导产业是城市产业结构的核心，对城市职能和空间布局影响力最强。人类社会经历了奴隶社会、封建社会、资本主义社会直至现时代社会，社会生活组织秩序由农业经济社会逐次向工业经济社会、后工业知识经济社会转变。对应的主导产业经济结构也发生相应的变化，反映了由第一产业向第二产业和第三产业逐次转移的过程。

城市的主要职能完成了由政权和经济的控制和管理职能向生产力的开发和社会、经济产业的经营管理职能的转变，又由生产力的开发和社会、经济产业的经营管理职能向知识生产、人才开发、信息流通和经济管理职能的转变。城市特质逐次由政治中心向经济中心工业生产基地，以及科技开发、信息和物质流通和生活服务中心转变，城市形态由权力中心结构向经济中心结构，再向信息和生活网络结构的演变。

5. 城市结构形态演变

(1) 农业经济时期

资源结构及要素构成：以直接利用型资源为主，人力资源以体能为主，自然资源的禀赋起决定作用。政权机构、防御设施、城市商业、手工业、居住为五大基本要素。

产业结构：第一产业占绝对比重，手工业和商业服务于种植和养殖业，处于依附地位，产业结构受自然资源制约。

空间结构：面状经济活动，布局分散。以宗祠、王府、市场为核心，与政治制度高度统一。手工业在城内呈前店后坊式布局，商业由集中设市向街市转化，城市功能简单。

城市结构特征：①城市的区位条件较好，但城市空间封闭，对外联系少；②宗教在自然布局和社会结构方面占主导地位；③等级制度明显，有明显的空间分化；④城市的政治和军事职能明显，与周围农村联系密切。

(2) 工业经济时期

资源结构及要素构成：能动地开发自然资源，相关产业与资源成组分布，交通的进步克服了资源的地域限制。自然资源地位下降，智力资源和人文资源日益重要，银行、工厂、仓库、娱乐、交通、市场设施成为新的物质要素。

产业结构：第一产业比重下降，第二产业由处于绝对支配地位逐渐让步于第三产业。资源导向型产业结构朝高技术、高加工度型转化，农业的集约化提高，资金密集型、技术密集型产业占主导。

空间结构：在聚集力和扩散力作用下发生功能区重组，工业沿交通线集中与分散相结合并从市中心向边缘区转化，商业空间布局逐渐多层次多元化，居住区不断分化。

城市结构特征：①城市空间不断扩大，城市功能分区逐渐明显；②城市土地利用成组成团，形成各种均质区；③城市经济的增长和投资成为城市空间结构演化的主要动力；④各种社会经济活动聚集效应明显；⑤内涵调整和外延扩展交互作用，城市空间结构不断变动。

(3) 知识经济时期

资源结构及要素构成：非物质性资源占主导地位，智力资源和知识成为稀缺资源。各种资源自由流动，信息高速公路、知识、人才成为城市最重要的物质要素。

产业结构：第三产业占据主导支配地位。农业实行高效集约型生产，知识密集型产业在工业中占据主导地位，以信息、金融、物流为主的服务业和高精尖制造业构成主导产业。

空间结构：产业布局的空间局限减少，各功能区松散布局，呈大分散小集中的特点。城市服务业和居住职能突出，城市花园出现，智力资源密集区成为发展核心。

城市结构特征：①传统的圈层式的城市发展将日趋衰弱，而城市空间结构的分散化将越来越明显；②产业布局和生产方式呈现集中与分散并存的局面；③知识密集型企业占主导地位，并依托人才密集区在城市集聚；④在相当长的时期内，传统的制造工业区将会与新的信息产业中心并存，出现二元化的城市空间结构和社会文化结构；⑤城市生态环境不断改善，营造出良好的生态空间。

6. 城市空间结构的演变趋势

城市的生态化和人本化；大分散、小集中；多样化、多中心布局；空间分异日趋明显。

三、城市土地市场与城市空间结构

（一）掌握城市土地市场中的资源配置原理

1. 土地经济学

（1）概念

土地经济学是经济学的一个分支，其研究领域为土地资源经济、土地财产经济、土地资产（资本）经济问题，分别涉及土地实物、土地财产以及这二者的货币表现。土地经济学的研究对象是经济活动中的人与地关系（生产力）和与此相关的人与人关系（生产关系），或土地经济运行，即与土地相关的生产力运行和生产关系运行。土地经济学是一门应用经济学、生产要素经济学，又是“土地科学”（含土地经济学、土地管理学、土地法学等多门学科）中居于重要地位的学科。

（2）土地经济学研究的重点

① 土地价值问题；②地租、地价问题；③土地有偿使用制；④土地产权与土地管理体制；⑤农村土地经济问题；⑥土地资源经济问题；⑦土地经济学科建设。

2. 城市土地经济学

城市土地经济学的研究内容，主要包括四个方面，即城市土地的一般理论、土地利用经济、土地制度、土地权属转移及收益分配中的经济问题。

3. 土地的特性

土地的自然特性包括：土地面积的有限性、土地位置的固定性、土地质量的差异性（多样性）、土地永续利用的相对性（土地功能的永久性）等。土地的自然特性，客观上决定了它的经济特性。

土地的经济特性包括：土地经济供给的稀缺性、土地用途的多样性、土地用途变更的困难性、土地增值性、土地报酬递减的可能性。

土地是城市中所有经济活动的承载物，由于其不可流动性，成为城市中最稀缺的一项资源。围绕这种最稀缺资源的分配问题，城市经济学建立起关于土地的核心理论，即城市土地市场的空间价格与空间均衡理论，成为城市空间问题分析的基础。

4. 地租理论

地租是土地所有权的实现形式，一切形式的地租，都是土地所有权在经济上实现自己、增值自己的形式。资本主义地租就是农业资本家为获取土地的使用权而交给土地所有者的超过平均利润的那部分价值。

（1）地租的概念和内涵

广义地租是使用生产要素所得的超额利润。土地经济学一般所称的地租大多指狭义地租，是土地作为自然资源，将其使用权让渡给人使用所获取的报酬，其实质只是凭借土地所有者对土地所有权的垄断向土地使用者索取报偿。

（2）地租的形式

第一种形式，契约地租或商业地租。主要租赁双方通过契约形式，规定承租、承包人为占用物主的土地、不动产支付的租赁、承包金额及期限。第二种形式，地租。是指利用土地资源应支付的经济报酬。第三种形式，经济地租。即利用土地或其他生产资源所得报酬扣除所费成本的余额，超过成本的纯收入。

（3）地租分类

三类：级差地租、绝对地租和垄断地租。前两类地租是资本主义地租的普遍形式，后一类地租（垄断地租）仅是个别条件下产生的资本主义地租的特殊形式。

级差地租：马克思认为资本主义的级差地租是经营较优土地的农业资本家所获得的，并最终归土地所有者占有的超额利润。级差地租来源于农业工人创造的剩余价值，即超额利润，它不过是由农业资本家手中转到土地所有者手中了。

形成级差地租的条件有三种：①土地肥沃程度的差别；②土地位置的差别；③在同一地块上连续投资产生的劳动生产率的差别。

绝对地租：是指土地所有者凭借土地所有权垄断所取得的地租。绝对地租既不是农业产品的社会生产价格与其个别生产价格之差，也不是各级土地与劣等土地之间社会生产价格之差，而是个别农业部门产品价值与生产价格之差。

垄断地租：是指由产品的垄断价格带来的超额利润而转化成的地租。垄断地租不是来自农业雇佣工人创造的剩余价值，而是来自社会其他部门工人创造的价值。

5. 城市土地使用的模型

B·W·伯吉斯的同心圆城市理论、H·霍伊特的放射扇形模式、哈里斯和乌曼的城市土地利用的多核心模式。多中心的概念并不排斥同心圆模式的存在，城市内的每个副中心或次级中心区域都可能具有同心圆模式的特质。

这三种模型精炼地总结了城市土地利用的空间结构特征，被视为城市土地使用的经典模型。但这些模型并不能描述所有的城市形式。

6. 竞标租金与价格空间变化

在土地市场和住房市场中，价高者得是一个基本分配原则。土地所有者会把土地给出价最高的商家来使用，房屋的建造者也是把房屋卖给出价最高的居民来使用。所以，价格是一个决定性的因素。在理论分析中，价格是指租用价格，即通常所说的租金，包括地租和房租。在土地市场上，卖方对土地的出租决定于商家的出价，这个出价称为“竞标租金”，是商家对单位面积土地的投标价格，与土地的区位相关。市场租金梯度线即地价曲线，从城市中心向外呈下降的趋势。

竞标地租理论揭示了地租与土地利用的空间结构和土地利用集约程度的关系。在竞争性的土地竞标过程中，经济地租和土地利用集约程度间存在正相关关系，经济地租量最大时，土地利用集约度也达到最高限度，即集约边际。

由最高竞标地租曲线构成的市场均衡地租曲线也就是各种用地的集约边际曲线。各种用地最高竞标地租曲线过程的市场均衡曲线既反映了城市土地利用的空间结构，又同时反映和决定了城市土地利用的总集约程度。因此，竞标地租理论揭示了农用地向城市土地转变的客观经济规律。

在城市住房市场上，每个不同区位住房的租售情况与上述土地市场相似。在城市中的每一个区位上，住房都被出租给出价最高的住户来居住，而住户的出价与其收入、消费偏好和通勤成本有关。

在土地市场上，房租随距离增加而下降是由于运输成本随距离的上升造成的；而在住房市场上，房租随距离增加而下降是由于通勤的交通成本随距离的上升造成的。

7. 替代效应与土地利用制度

一种商品的名义价格发生变化后，将同时对商品的需求量发生两种影响：一种是因该种商品名义价格变化，而导致的消费者所购买的商品组合中，该商品与其他商品之间的替代，称为替代效应；另一种是在名义收入不变的条件下，因一种商品名义价格变化，而导致消费者实际收入变化，而导致的消费者所购商品总量的变化，称为收入效应。

市场中的实际地租随距离而变化的曲线，就是各地商竞标租金的外缘线，称为市场租金梯度线，也就是通常所说的地价曲线，它从城市中心向外呈下降的趋势。因此，如果投资增长，其郊区地价会快速提升，拉低了与城市中心地价的差距，两者出现相反的变化。

资本密度从中心区向外围下降，对于建筑的生产者来说，土地和资本是最重要的两项投入，单位土地上投入的资本量称为资本密度，类似于规划中常用的容积率概念，即资本密度越高，建筑的高度就越高。在给定总成本的情况下，追求利润最大化的商家要根据资本和土地的货币边际产出来决定二者的投入量。距离中心区越远，土地的价格越低，单位货币能够购买的数量越多，其边际产出也就越高。生产者会增加土地的投入，同时减少资本的投入，这就是土地和资本之间的替代，导致了资本密度的下降，从景观上看就是建筑的高度越来越低。

从中心区向外，单个居民或家庭的住房面积会增加，而单位土地上的住房面积即资本密度会下降，那么人口密度（单位土地面积上的人口）就一定是下降的了。而资本与人口两种密度的下降意味着土地利用强度的下降。

城市中心区是地价最高的地区，也应是土地利用强度最高的地区。交通条件决定了土地价格，进而是土地利用强度，所以交通是引导城市土地利用的最有效手段。

8. 城市空间规模与城市蔓延

城市中每一种经济活动都需要土地，每一种经济活动能支付的地价是不同的，这样就有了土地在各种不同的使用用途之间分配的问题。分配原则仍然是“价高者得”。

各种土地用途的竞标租金曲线的位置及其相互关系决定了每一用途在城市中的位置及其相互间的空间关系。

（1）城市用地和农业用地之间分配土地资源

农业用地单位面积上的收益远远低于城市用地，所以它能支付的地租也远远低于城市用地，这使得农业用地的竞标租金曲线相当平缓。城市地租高于农业用地，土地就被开发为城市建设用地；农业用地地租高于城市用地地租，土地就保持为农业使用。城市地租曲线与农业地租曲线的交点就是城市的空间边界，边界以内就是城市的空间规模。

（2）城市空间规模的扩展

城市人口增长和经济的发展带来城市空间规模的扩展——城市地租曲线平向上移。

两种情况导致城市空间规模的扩展，即城市人口增长和经济的发展。交通的改善带来的交通成本下降，城市居民收入的上升。

9. 城市土地市场与空间规划

市场的形成和运转需要具备三个条件：明晰的产权、完善的规则、监督机制。

（1）城市土地的产权关系

土地的产权制度决定着土地的使用方式和土地收益的分配形式，并影响土地使用的社会经济效益。在土地的权属中，最主要的是土地的所有权和使用权。

土地所有制的形成与社会生产关系有关，基本的形式可分为两种，即土地公有制和土地私有制。一般说来，每个国家的土地所有者都由两部分组成，一是私人或私营部门，一是国家和公共部门。

在现代社会中，土地无论是私有还是公有租赁，其权益均受到一定限制，个人不再拥有至高无上的产权支配能力，土地市场也就不可能是一个完全自由的市场。

(2) 土地市场

① 土地市场：是指土地及其地上建筑物和其他附着物作为商品进行交换的总和。土地市场也称地产市场。土地市场中交易的是国有土地使用权而非土地所有权。土地市场中交易的土地使用权具有期限性。

② 我国土地市场的三种运行模式

一级市场即政府出让市场，是指政府有偿、有期限的出让土地使用权的市场；二级市场是指土地的使用权转让市场；三级市场是指用地单位土地使用权的有偿转换。

③ 土地市场的特点

地域性、不充分性、供给滞后、供给弹性较小、低效率性、政府管制较严。

④ 土地市场的功能：优化配置土地资源；调整产业结构，优化生产力布局；健全市场体系，实现生产要素的最佳组合。

目前，西方经济发达国家的土地市场运行模式归纳起来可分为两类，即以土地私有制为基础的完全市场模式和以土地国家所有制为基础的市场竞争模式。完全市场模式以美国、日本、法国等国家为代表；以土地国家所有制为基础的市场竞争模式则以英国和英联邦国家或地区为代表。

两种模式的共同特点是：土地市场的基础是资本主义市场经济；有形市场和无形市场相结合；土地市场的供给与需求决定土地价格；土地市场的进出是自由的；政府都对土地市场进行干预，就像对其他市场的干预一样，政府也不例外地对土地市场进行干预。

两种模式的不同之处是：土地所有制不同，市场客体不同，市场竞争程度不同。

(3) 中国的土地市场类型

土地市场的主体是土地买卖双方，客体是土地，主体之间的种种利益关系构成了市场。价格是市场的中心。在土地市场交换的有土地所有权，也有土地使用权、租赁权、抵押权等。各国制度与法律不同，土地市场交换的内容也有所不同。

中国 1982 年《宪法》规定：任何组织或者个人不得侵占、买卖、出租或者以其他形式非法转让土地。因此在 1998 年《宪法》修改前不存在法定的土地市场。根据修改后的宪法，中国可以建立土地市场，土地作为生产要素之一，也进入市场进行流通，如土地使用权出让、转让、出租、抵押等。但土地市场的交易对象限于土地使用权。土地具有与其他普通商品不同的特点，土地市场类型和体系也与其他商品不同。

目前，中国的土地市场有五种类型：城镇国有土地使用权出让市场、城镇国有土地使用权转让市场、土地金融市场、涉外土地市场、土地中介服务市场。

(二) 掌握新《中华人民共和国土地管理法》

土地管理法是指对国家运用法律和行政的手段对土地财产制度和土地资源的合理利用所进行管理活动予以规范的各种法律规范的总称。《中华人民共和国土地管理法》于 1986 年 6 月 25 日经第六届全国人民代表大会常务委员会第十六次会议审议通过，1987 年 1 月

1 日实施。此后，该法又经过了四次修改。

2019 年 8 月 26 日，十三届全国人大常委会第十二次会议表决通过关于修改土地管理法的决定。本决定自 2020 年 1 月 1 日起施行。

新《中华人民共和国土地管理法》被称为“农村土地制度实现重大突破”。

随着实践的不断发展和改革的不断深入，我国农村土地制度与社会主义市场经济体制不相适应的问题日益显现。

土地征收制度不完善，因征地引发的社会矛盾积累较多。农村集体土地权益保障不充分，农村集体经营性建设用地不能与国有建设用地同等入市、同权同价。宅基地取得、使用和退出制度不完整。土地增值收益分配机制不健全，兼顾国家、集体、个人之间利益不够平等。针对这些问题，早在 2015 年初，经全国人大常委会授权，全国 33 个县（市、区）开展“三块地”改革试点，即农村土地征收、集体经营性建设用地入市和宅基地制度改革试点。为时 4 年多的试点工作，为此次法律修改提供了很多宝贵的经验。

此次新修正《土地管理法》的修改重点也集中在这三个方面。

（1）缩小征地范围，不得随意侵占农民利益

随着工业化城镇化的快速推进，征地规模不断扩大，因征地引发的社会矛盾凸显。新修正的《土地管理法》首次对土地征收的公共利益范围进行明确界定。只有因军事和外交、政府组织实施的基础设施、公共事业、扶贫搬迁和保障性安居工程建设需要以及成片开发建设等六种情形，确需征收的，可以依法实施征收。这实际上就是缩小了土地征收范围。原来的《土地管理法》没有对土地征收的“公共利益”范围进行明确界定，使土地征收成为各项建设使用土地的唯一渠道，导致征地规模不断扩大，被征地农民的合法权益和长远生计得不到有效的保障。这次修正实实在在地保障了农民的合法权益。

针对受到社会各界高度关注的土地补偿，新修正的《土地管理法》删除了“土地补偿费和安置补助费，总和不得超过土地被征收前三年平均年产值的三十倍”这个规定。新修正的《土地管理法》在征地补偿上，改变了以前以土地年产值为标准进行补偿的方式，而是实行按照区片综合地价进行补偿，除了考虑土地产值，还要考虑区位、当地经济社会发展状况等因素综合制定地价。总之，不管是缩小征地范围，还是调整征地补偿标准，根本上还是为了保障农民的合法权益。

（2）充分保障村民实现户有所居

农村宅基地是农民安身立命之本。长期以来，宅基地实行一户一宅、无偿分配、面积法定、不得流转的法律规定。

新修正《土地管理法》完善了农村宅基地制度，在原来一户一宅的基础上，增加宅基地户有所居的规定，明确规定：“人均土地少、不能保障一户拥有一处宅基地的地区，在充分尊重农民意愿的基础上可以采取措施保障农村村民实现户有所居”，这也是对一户一宅制度的重大补充和完善。

考虑到农民变成城市居民并真正完成城市化是一个漫长的历史过程，新修正的《土地管理法》还规定国家允许进城落户的农村村民自愿有偿退出宅基地，这意味着地方政府不得违背农民意愿强迫农民退出宅基地。在现实中，有一部分农民进城落户后不再回到农村，宅基地成为这些人的“死资产”。现在，新修正的《土地管理法》允许这类“宅基地”有偿退出，可令交易双方各取所得。

不过近些年来，由于越来越多的农村居民迁入城市，有些还购买了商品房，其拥有的宅基地便闲置在农村，长期无人居住。那么城里人是否能去农村买宅基地呢？答案是目前肯定不行。如果社会资本、城市居民进入到农村宅基地的交易当中，会带来非常大的隐患。

与此同时，农村居民在自家宅基地上建房，必须遵守土地利用总体规划和相关规定，不得随便乱建。

(3) 集体经营性土地全面入市

集体建设性经营用地是指具有生产经营性质的农村建设用地，包括宅基地、公益性公共设施用地和经营性用地。

原来的《土地管理法》除乡镇企业破产兼并外，禁止农村集体经济组织以外的单位或者个人直接使用集体建设用地，只有将集体建设用地征收为国有土地后，该幅土地才可以出让给单位或者个人使用。这一规定使集体建设用地的价值不能凸显。特别是在城乡结合部，大量的集体建设用地违法进入市场，严重挑战法律的权威。

新修正的《土地管理法》破除了集体经营性建设用地进入市场的法律障碍，允许集体经营性建设用地在符合规划、依法登记，并经本集体经济组织三分之二以上成员或者村民代表同意的条件下，通过出让、出租等方式交由集体经济组织以外的单位或者个人直接使用。

集体经营性建设用地可以直接进入市场流转，这是对现行土地管理制度一个重大的突破，这也意味着，集体经营性建设用地可以直接对接市场，实现流转。新的模式既能提高土地使用效率，也能为农民带来更多实惠，可加速城乡一体化转型。

下一步，自然资源管理部门还会制定详细的集体经营性建设用地入市规则，对入市的程序、入市应该遵循的条件等作出详细的规定。

总而言之，新修正的《土地管理法》，为市场化推进农村改革与发展提供了制度保证。最为重要的是，农民将获得更多实实在在的利益，也为城乡融合发展注入新的强大动力。

(三) 熟悉我国的房地产市场与住房供给体系

《中华人民共和国城市房地产管理法》是为了加强对城市房地产的管理，维护房地产市场秩序，保障房地产权利人的合法权益，促进房地产业的健康发展。该法于 1994 年 7 月 5 日第八届全国人民代表大会常务委员会第八次会议通过，1994 年 7 月 5 日中华人民共和国主席令第二十九号公布，于 2007 年 8 月 30 日第十届全国人民代表大会常务委员会第二十九次会议《关于修改〈中华人民共和国城市房地产管理法〉的决定》第一次修正，2009 年 8 月 27 日第十一届全国人民代表大会常务委员会第十次会议《关于修改部分法律的决定》第二次修正。

2019 年 8 月 26 日，十三届全国人大常委会第十二次会议表决通过《关于修改〈土地管理法〉、〈城市房地产管理法〉的决定》。该决定自 2020 年 1 月 1 日起施行。

对《中华人民共和国城市房地产管理法》作出的修改，主要是对土地征收、农村集体经营性建设用地及宅基地退出等问题作了重要修改。

将原来第九条：城市规划区内的集体所有的土地，经依法征收转为国有土地后，该幅国有土地的使用权方可有偿出让。修改为：城市规划区内的集体所有的土地，经依法征收转为国有土地后，该幅国有土地的使用权方可有偿出让，但法律另有规定的除外。

1. 城市住房的供需市场

（1）供给方面

住房的供给多种多样，分类也多种多样。按产权情况，可分为公有、私有；按使用情况，可分为自用、租用等；按坐落区位，可分为郊区、市中心区等；按建筑类型，可分为独立式、联立式、公寓式等；亦可按面积及居室多少、建成时间的早晚等分类。

（2）需求方面

影响住房消费需求的因素主要有家庭收入情况、家庭人口构成、传统的居住文化等。住房需求所存在与一般商品不同点还在于它的投资价值。

2. 中国城市住房制度

从中华人民共和国成立后直至1978年，我国城市住房制度的特征可以概括为：低租金、分配制、福利型。住宅建设由国家单一投资，排斥了市场机制的作用，难以形成住宅投入产出的良性循环；加上长期忽视住宅建设在人民生活中的作用，投资得不到保障，因此城市住房问题越来越严重。

与传统计划经济体制相适应，中国城市传统的住房制度是一种公建、公有、低租的福利供给制，这种住房制度的主要特征是：

（1）住房建设投资由国家和企事业单位统包，职工个人一点也不承担住房建设投资的责任；

（2）住房分配采用无偿的实物分批福利制，根据一些非经济性因素如工龄、家庭人口来分配住房，同职工的劳动贡献和成果相脱离，并游离于工资分配之外；

（3）住房经营排斥市场交换和市场机制的调节，实行低租金使用，房租根本不能抵偿住房建设、维修和管理成本，只能由国家和企事业单位提供巨额补贴；

（4）住房消费被当作公共消费和公共福利，根本否认住房的商品属性和个人消费品属性；

（5）住房管理行政化，单纯用行政手段管理城市住房，不计成本，不讲经济核算和经济效益。而且，城市住房实行多头管理，导致政出多门，管理机构不稳定。

（四）熟悉运用经济杠杆对城市空间结构的引导与调控手段

1. 经济杠杆

主要的经济杠杆包括价格、税收、信贷、工资、奖金、汇率。

经济杠杆调节可以鼓励或者抑制一个地区的发展，这对城市空间结构会有影响。比如说税收吧，如果城市想疏散中心区，发展郊区，那么就可以在郊区提供较低的税收水平来引导人们和产业向郊区集中，从而降低中心区的密度。

2. 经济发展水平对城市内部空间结构的影响

一是城市建设资金条件的改善使城市有能力增加对基础设施的投资，从而增加该地区对各种城市活动的吸引力；建设资金条件的改善还能为城市旧城改造与新区建设提供经济保障，从而引起城市空间结构的变化。

二是城市经济水平的提高促进城市产业结构的升级，使城市用地出现新的需求类型，尤其是信息产业和服务业为主的第三产业比重不断上升，使城市功能趋于“软化”，由原来的生产功能为主逐步让位于服务功能为主，这种功能的转变便要求城市空间结构进行重组。另外在微观层次上，经济组织形式也会影响城市空间结构的变化。

3. 经济“聚集效应”对城市结构的影响

第一，聚集效应决定着土地利用的布局结构，城市空间结构本质上是两种力量作用的结果：由聚集经济所形成的吸引力与聚集不经济所引起的排斥力。它不仅从整体上影响并决定城市的形成和发展，而且在微观上影响企业与居民的选址决策，它们的相互作用就促使城市地域内部土地利用结构的分化。

第二，聚集效应决定着土地利用的总量和城市内部各功能区域聚集的规模。聚集经济与土地利用在空间分布上具有高度的一致性，聚集经济明显的地区自然是土地利用强度最高的地方，聚集经济下降的地方也就是土地利用的衰退区。

4. 空间经济学核心观点

(1) 经济系统内生的循环累积因果关系决定了经济活动的空间差异。宏观的经济活动空间模式是微观层次上的市场接近效应和市场拥挤效应共同作用的结果。

(2) 即使不存在外生的非对称冲击因素，经济系统的内生力量也可以促使经济活动的空间差异。

(3) 在某些临界状态下经济系统的空间模式可以发生突然变化。

(4) 空间经济学第二个突出的特征是区位的黏性，也就是“路径依赖”。

(5) 人们预期的变化对经济路径产生极其深刻的影响。

(6) 产业聚集带来聚集租金。

四、城市交通经济与政策分析

(一) 熟悉城市交通的供求特征

1. 交通需求的概念与特性

(1) 概念

交通需求是指出于各种目的的人和物在社会公共空间中以各种方式进行移动的要求，它具有需求时间和空间的不均匀性、需求目的的差异性、实现需求方式的可变性等特征。

(2) 类型

包括人的出行需求（出行本身具有目的性的直接性或者本源性需求；满足他人的活动或者经济欲望的派生性需求）、派生性交通需求（是本源性交通需求的前提）、货物的运输需求。

(3) 交通需求特性分析

城市交通现代化的根本思路是实现交通供给与需求的平衡，来实行交通需求管理政策。交通需求是指出于各种目的的人和物在社会公共空间中以各种方式实现位移的要求。它具有以下特征：

需求的时间性和空间性。由此产生了交通高峰时段和非高峰时段；也产生了交通高负荷地区（如中心区，主要交通走廊）和非高负荷区。需求的差异性与出行目的不同，需求的必要性和满足程度也不同。实现需求方式的变异性。各种交通方式在成本、速度、便利性、舒适性和自主性等方面存在较大的差异，对于需求者，在选择方式时，受到交通方式的可获得性和价格的约束，对于道路交通系统，各种交通方式的使用效率和成本效益的差别也很大。

(4) 交通拥挤

第一，交通拥挤增加了市民的出行时间；第二，城市交通也带来了城市的环境问题；第三，交通拥挤带来的间接危害便是事故的增多，而事故的增多又加重了交通负担，使交通更为拥挤。

2. 交通供给的概念与特性

(1) 概念

服务与商品不同，它是无形的商品。因此，服务有时也被称作无形商品，交通提供的服务是使人或货物实现空间位置上的移动，可以说交通生产了服务。交通供给是指为了满足各种交通需求所提供的基础设施和服务，它具有供给的资源约束性、供给的目的性、供给者的多样化等特征。

(2) 特征

① 服务的可生产性

交通产品的无形性，说明生产和消费必须在时间和空间上一致。有形商品一般在商品出厂的同时，在与生产场地不同的地区消费。交通必须在消费者需要运输的时间和空间供给。在这种意义上，交通服务消费又可以认为是生产。从交通服务的无形性和速成性特征考虑，不是生产并浪费，而是交通设备未被用于服务。这样，在交通服务的生产中，一直有闲置设备存在。

② 闲置设备

交通服务中的闲置设备是由于交通需求的时空上不规则变化产生的。一天中的需求高峰时段和非高峰时段，工作日与周末的不同，季节的不同，天气的不同，节假日与工作日的不同等，交通需求都会有很大差别。此外，还有潮汐式交通需求。如果将交通服务定位在满足高峰时段的交通需求，那么在非高峰时段必然产生交通设施的闲置。相反，如果定位太低，又会发生经常性的交通拥堵。

理所当然，我们不需要交通设施的闲置浪费，交通经营者应该尽量减少交通设施的闲置。将闲置设施控制在合理范围内是交通企业经营成败的关键。

(3) 交通供给特性分析

供给资源的约束性。交通供给所需的资金和技术，显然受到了经济和技术发展水平的约束；所需的土地和空间更是受到严格约束的不可再生资源，供给不可能是无限的。

供给的目的性。所有的供给都有需求对象。供给总量可以抑制或激发需求总量，某种方式的供给不足可以把该方式的需求转向另外一种方式，相反也可以刺激该方式的潜在需求。

供给有时还表现滞后性。新交通设施的供给往往需要一段时间才能完成，换句话说，交通的供给经常是落后于交通需求。

3. 交通供给与需求的关系

需求是可以调节的，而供给是有限制的。但供给必须满足社会各项活动所必需的基本需求，保持交通运输系统在可接受的负荷状态下运行，否则城市就无法生存和发展；同样，由于供给的短缺，必须对需求进行调控，即发达国家城市常用的交通需求管理。

(1) 交通供需关系的处理上主要存在如下一些问题：

① 过分强调供应不足；②供给方向上的偏差；③对部分需求的忽视；④价格政策不合理。

(2) 交通供给与需求的关系

① 明确供给与需求相对平衡的观念。在扩大交通有效供给的同时，建立以经济手段为主，多种手段并用的需求管理体系，使交通需求与供给能力相适应。应从城市土地利用着手改善可达性，减少交通需求；尽量使交通需求在时间和空间上的分布更加均匀；鼓励和保护高效率的交通方式，尤其是公共交通，从而达到供需关系的相对平衡。

② 保持供给方向的平衡。保持基础设施与服务供给的平衡；保持个人机动化交通与低成本交通设施供给的平衡；保持高等级道路与一般道路供给的平衡。交通服务的供给应涵盖交通的管理、法规、价格、运营、环境和安全等方面的政策。

③ 交通需求管理应当体现社会公平。在符合使用者收费的原则下，各种交通方式都应有其存在的空间，使用者应有充分的选择自由；要关怀低收入阶层、处境不利者和易受伤害者的交通需求，向他们提供使用交通设施和服务的机会，以及必要的财政补贴，但在方法上必须符合市场规律。

④ 正确应用价格机制，实现交通资源的有偿使用与合理分配。逐步建立完善的交通设施和服务使用收费制度，让个人机动化交通使用者承担全部成本，消除政府隐性补贴；税费的支付尽可能与使用行为直接挂钩，引导使用者做出对社会有利的选择。

4. 交通需求管理

(1) 定义

为促进城市发展，充分发挥其功能，对城市的客、货运交通运输采取最具体的管理措施，以构成最佳的交通方式，从而保证城市交通系统快速、安全、可靠、舒适、低污染地运行。

(2) 目的

促进城市的全面合理发展是交通需求管理的基本目的，通过完善城市交通功能来促进城市功能的充分发挥。

(3) 目标

处理有限交通设施与不断增长的交通需求的矛盾，使有限的交通设施最充分、最有效地得到利用；处理有限的城市空间与不同的交通设施之间的矛盾，达到在有限的城市空间形成最大效能的交通设施；处理有限的刚性的交通需求与无节制弹性交通需求之间的矛盾，最大限度地减少不必要的出行量，同时最大限度地保证必要的出行。

(二) 熟悉城市交通的政策调控

1. 交通政策

(1) 定义

交通政策是政府以交通为对象制定的经济政策，是人们需要的交通服务生产和消费的政府政策。交通政策作为形成政府经济政策的一部分，与经济政策全局具有密切的关联性，就意味着政府介入交通市场。

交通政策根据政府的介入形式不同，可以分为直接政策和间接政策。前者是政府直接参与交通服务生产所实施的政策；与此对应，间接交通政策是政府通过干涉市场中的家庭支出和企业的行动等实现预期目标的政策。

(2) 目的

经济政策的目的在于提高人民的生活水平和增强国力，因此交通政策也应该坚决贯彻该目的。为了实现这一目的，政府对交通市场的介入即成为交通政策。目的有两种：以社会性效益的最大化为目标的资源分配目的和以获得最佳收入分配为目标的收入目的。

政府政策介入的原因有两种：资源分配和收入分配两方面。资源分配上的原因又被称为市场失灵，这主要是因为价格调节机制的作用没有完全发挥。收入分配上的原因伴随着价值判断，也需要超越家庭和企业的个体性选择形式的政府政策性的介入。

2. 交通的政策调控

（1）内容

包括交通市场政策、交通投资政策、交通限制政策、交通调整政策。

（2）理论

① 交通市场政策：市场调节机制的利用与交通政策、运价政策、边际成本运价政策与道路拥挤收费；

② 交通投资政策：道路、铁路投资政策与财源、交通投融资政策、运价政策、交通系统结构政策；

③ 交通限制政策：回避交通、限制交通、抑制交通；

④ 交通调整政策：代表性理论、合理划分理论、基础设施平等论、综合交通体系论等。

首先，基础设施平等论是各种交通方式之间，尤其是以铁路和道路的竞争条件平等化为目的的交通调整理论。铁路的经营与道路和航空相比，承担着不利的条件从而不能公平竞争。

其次，综合交通体系论通过诱导性需求调整，谋求各种交通方式划分率合理化的交通调整理论。

（3）现代交通问题和交通调整政策

① 交通问题：道路交通拥堵、交通公害和交通事故。

② 四种交通调整政策：线路设施成本负担调整政策；运费调整政策；投资调整政策；公共机制调整政策。

（4）综合交通政策及其必要性

① 含义：综合交通政策涉及铁路、道路、航空、水路等交通行业，是具有整体性和体系性的交通政策。同时，也必须是通过交通制度、运费、交通投资等交通市场的合理性，甚至考虑到将来需求的变化和技术的进步等体现的长期、综合性交通政策。

② 必要性：第一，交通市场是具有容易成为政策对象的特性、隐藏着复杂的机会的市场。交通服务具有即时性，即运输企业不能进行需求的库存管理，还具有运输淡旺季的特性。第二，在交通市场中，没有像一般社会市场中商品竞争那样的相同商品之间的竞争，而是不同商品间的竞争及相互补充关系，因此如何使这种竞争关系和相互补充关系合理化最为重要。这就是需要综合交通政策的具体依据。第三，交通的发展不仅影响经济的增长和社会福利的进步，还对公害、环境破坏、能源消耗等带来很大的影响。这是必须制定综合交通政策的现实依据。

（5）城市交通供求的时间不均衡及其调控

大城市中的交通拥堵有一个明显的特征，就是存在着两个拥堵的高峰时段，即早高峰和晚高峰，发生在早晨的上班时间和晚上的下班时间。这是由于城市交通需求的波动性和供给的固定性之间的矛盾造成的。在一天 24 小时的时间范围内，城市交通的供给总量基本上是不变的，而需求有很大的变化。不变的供给和波动的需求之间就出现了时间上的不均衡。在上下班的需求高峰时段，需求大于供给，出现供不应求；在需求的低谷时段，需求小于供给，出现供过于求。在供不应求时，发生交通拥堵，会影响城市经济活动的效率，造成经济的损失；而在供过于求时，通道系统和运输工具都会出现闲置，也是一种资源的浪费。

要减少由于交通供求的时间不均衡带来的问题，基本思路是要想办法减少需求的时间波动性。而需求的时间波动性是由于人们的出行在时间上过于集中带来的，所以要想办法减少出行的时间集中度。办法之一是用价格来调节。当高峰小时的出行价格上升时，能避开高峰时段的人们就会尽量避开高峰时段出行。调整上班时间是另一个解决问题的思路。如果让各个企业尽量制定错开的上班时间，或弹性的上班时间。交通的需求曲线就会更平缓，交通拥堵的情况也就会在更大的程度上得到缓解。

(6) 城市交通供求的空间不均衡及其调控

城市交通在空间上也具有供求的不均衡性。这种空间的供求不均衡往往是集中的需求和分散的供给之间的矛盾造成的。道路在城市中是网状分布的，密度是相对比较均匀的。但高峰时段的人流和车流在空间上的分布是不均匀的，会集中于某些路段和某些方向上，因而造成了交通在空间上供不应求和供过于求的同时存在。需求在空间上的集中与城市土地利用格局有密切的关系。交通拥堵的高发地段，往往是围绕着城市的就业中心，大量的人流在上班时间流入，而在下班时间流出。所以，居住和就业的空间结构对交通的空间供求格局有很大的影响。

城市交通空间的不均衡也可以有一定的办法来加以缓解，从增加供给的方面来说，可以在主要的就业中心和主要的居住中心之间建设大运量的公共交通；或者对就业中心周边的道路实行方向的调控，上班时间多数车道分配给流入车流，下班时间多数车道分配给流出车流。从调控需求的方面来说，可以采用价格的杠杆，对进入拥堵区的车辆收费，这样可以分流一部分需求。

(7) 城市交通个人成本与社会成本的错位及其调控

城市交通拥堵的另一个原因是个人成本和社会成本的错位。对于开私家车上下班的人来说，除了要付出货币的成本（汽油和车辆磨损等），还要付出时间的成本。当遇到交通拥堵时，时间成本是上升的。但因为城市的道路是大家共同使用的，所以个人所承担的只是平均成本；而边际成本，即道路上每增加一辆车带来的总的时间成本的增加却是由道路上所有的车辆共同承担的。

可以想办法用政策来解决这个问题。由于时间成本难以通过政策来调整，就只能用货币成本来调控。常用的方法包括对拥堵路段收费，或是通过征收汽油税的办法，提高所有驾车者的出行成本，来使得他们减少自驾车出行。

(8) 城市交通时间成本特征及效率提高途径

人们在城市中出行时要支付两种成本，货币成本和时间成本。货币成本表现为乘坐公共交通或出租车时支付的车费，或自驾车支付的汽油费及车辆磨损费等；时间成本是人们在路途上花费的时间。

效用最大化可以通过货币和时间的相互替代来实现。当我们用“小时工资”来衡量时间的价值时，时间的价值对于每个人是不同的。因为工资是市场决定的，市场是追求效率的。所以人们的“小时工资”差异会很大。

因为时间的价值对每个人是不一样的，所以每个人的选择会是不一样的。如果我们的交通系统可以提供众多的选择，使得每一个人都能实现他的最优选择，即实现效用最大化，那么整个交通系统的效率就达到最高了。但实际当中，由于交通方式的有限性，并不是每一个人的每一次出行都能找到效用最大化的方式，所以经济效率的损失是不可避免的。共同消费降低了实现最优化的可能性，只能通过尽可能地提供多种交通方式、多种道路系统来加以改善，尽量使每一个人更接近于他的最优选择，城市交通的效率也就提高了。

(9) 公共交通的合理性

一般来说，随着客流量的增加，交通工具运行的平均成本是下降的。一辆车里如果只有一个乘客，全部成本就由一个人承担，这时的成本（初始成本）很高；若有两个乘客，同样的行程需要增加的成本（即边际成本）很低。而总成本由两个人分担，平均成本就下降了。所以，随着乘客的增加，平均成本是降低的。但不同的交通方式初始成本不同，平均成本下降的速度也不同，这与交通工具的容量有关。以小汽车、公共汽车和地铁来比较，小汽车的容量小，所以平均成本下降的幅度有限；但因其体积和功率小，初始成本较低。公共汽车可以同时装载几十人，容量较大，随着客流的增加平均成本下降得快；但由于车辆的体积和功率大，初始成本较高。地铁可以同时搭乘几百人，容量更大，随客流增加平均成本下降得更快；但其初始成本也更高。城市越大，公共交通的优越性就会越加显示出来。

(三) 熟悉城市交通战略思想发展

1. 公交优先的战略思想

(1) 公交优先战略思想的内涵

能源问题是我国在21世纪面临的一个重大挑战。能否有效地利用能源，降低能源消耗，关系到中国经济发展的前途。在所有的交通工具之中，毋庸置疑，公共交通是最为节能的一种方式。

优先发展城市公共交通战略是符合中国实际的战略思想。当前，我国城市发展有以下几个特点：

① 城市化进程不断加快，每年有1800万人从农村迁往城市，每年城市新增建筑面积大约有10亿m^2，城市化的速度是惊人的。

② 大城市化特征越来越明显。大城市所带来的一个很突出的问题就是交通拥堵。在这种情况下，城市要想有生命力，仍然保持有效的运转，唯一的途径就是大力发展公共交通。靠修马路来满足日益增长的交通出行需求，是根本不可能的。所以，优先发展城市公共交通是符合中国实际的正确的战略思想。

③ 城市机动化快速发展。城市机动化程度越来越高，部分大城市已进入城市汽车时代。

(2) 城市综合交通规划和城市公共交通规划

在全国公交工作会议上，建设部已对交通规划编制工作作了全面部署，要求2004年年底前没有编制城市交通综合规划和城市公共交通专业规划的城市必须编制完成。首先，要求省建设行政主管部门对全省各个城市的交通规划编制情况进行一次全面的检查。其次，建设部在2004年年底或2005年年初对各个省的这项工作进行抽查。最后，要把规划的编制审批工作纳入法定规划的体系，明确要求城市综合交通规划和城市公共交通专业规划要由省级建设行政主管部门审查后纳入城市的总体规划，按城市总体规划的规定程序报批。

(3) 大运量城市公交客运系统

大运量公交系统包括城市轨道交通和城市快速公共客运（BRT），在这方面一些城市已率先走在前面了。

(4) 公交客运市场的相关政策

公交市场的规范；政策性亏损补偿的界定。

2. 城市交通拥堵治理模式理论的新进展

(1) 城市交通拥堵治理模式的主要类型

① 增加供给模式

增加供给模式并不主张单纯地增加道路来解决交通问题，该模式认为城市交通路网存在缺陷，由于规划管理的不合理，城市交通结构调整和交通管理方式滞后，导致道路资源的低效利用甚至是错误使用，引发严重的交通拥堵。因此，该模式主要强调城市交通的合理规划以及交通管理与智能交通的有效提供和使用。核心思想就是对稀缺的道路和土地资源的合理配置与充分利用。

② 需求管理模式

20世纪60年代，新加坡最早采取交通需求管理（Traffic Demand Management，TDM）策略。20世纪70～80年代，TDM逐渐与交通系统管理成为交通管理的两大重要组成部分。但真正进行TDM研究，是在20世纪80年代后期。

③ 制度完善模式

以新制度经济学的观点，制度是指用来规范人类行为的规则，其功能在于降低交易费用，一方面它通过规范人们的行为，减少社会生活中的冲突和摩擦，以避免由此带来的效率损失；另一方面使人们对未来形成较合理的预期，降低不确定性。

(2) 各模式的主要贡献与不足之处

① 增加供给模式的主要贡献是，通过城市和交通的合理规划与管理，配备高新技术手段，高效利用有限的道路及土地资源，尽可能满足人们的出行需求。不足之处：供给的慢变性无法完全满足需求的快变性，总会存在供需缺口；各种规划及技术投入需要资金保证，对供给的前瞻性、准确性的要求较高，一旦失误，后果严重；需要政府及相关部门的高度协调配合，否则难以发挥应有的作用。

② 需求管理模式的主要贡献是，通过诱导人们的出行方式来缓解城市交通拥挤矛盾，这种模式只是限制某种出行方式，并非限制出行。不足之处：规划不合理的城市，不能有效运用此模式引导人们的出行需求；高科技手段欠缺的国家或地区不能快捷便利地使用收费调节方式，相反落后的收费手段会造成新的拥堵；“富人开小车，穷人乘公交”的观念对此模式的推行有一定阻碍；建立完善的公交系统也要花费较大投资。

③ 制度完善模式的主要贡献是，通过正式和非正式制度确保最有效地提供道路设施和资源，并使其得到有效利用，从强制性规范人们的行为到人们自觉自发地形成良好公德意识，为交通的可持续发展提供保障。不足之处：它是改善交通拥堵的必要条件，而非充

分条件，无法单独发生作用。

(3) 治理交通拥堵的理论研究新进展

① 城市交通可持续发展理论

可持续发展的城市交通是建立在可持续发展理念基础上的、能有效利用城市土地资源、最小环境污染物排放量并能满足城市经济及社会发展需要的一种高效的城市交通发展形式。

② 城市空间发展理论

多中心城市空间理论：也称为大都市空间结构理论，主要代表人物是美国学者 Muller。该理论认为，在大都市地区，除衰落中的中心城市外，外郊区正在形成若干小城市，他们根据自然环境、区域交通网络、经济活动的内部区域化，形成各自特定的城市地域，再由这些特定的城市地域组合成大都市地区。

精明增长与新城市主义理论：20 世纪 90 年代，美国联邦交通当局提出一项交通规划方案，精明增长主题作为改善交通和土地利用规划的协调关系而引起关注。新城市主义是精明增长理念的杰出代表，是 20 世纪 90 年代发展起来的最重要的西方城市规划思想。

彼得·卡尔索普提出“以公共交通为导向的城市发展模式”(Transit Oriented Development，TOD)。TOD 从区域规划的角度出发提倡建立区域性的公共交通体系为结构，引导城市和郊区沿大型公共交通的路线进行集约式发展，在现存城区和郊区则进行多元化交通体系改造，以减少对私人汽车的依赖。TOD 非常侧重与大型公共交通系统的关系，鼓励开发项目尽量利用现有的公交系统，并以公交的节点作为重点发展的聚散中心。

新城市主义理论系统地思考交通问题和城市发展问题，值得强调的是，TOD 模式将城市规划、土地利用、城市交通以及居民的出行需求有机地结合起来，增加土地综合使用的效率，降低私人运输工具的需求，间接抑制空气污染并提升大众交通运输系统的使用率。以公共交通，尤其是大容量公共交通为导向的综合交通规划，客观上将会引导城市交通需求，配置城市整体资源，较大程度地影响和引导城市的空间结构。

五、城市公共财政与城市规划的公共物品配置

(一) 了解税收效率与土地税

1. 消费者剩余和生产者剩余

消费者剩余：消费者剩余是指消费者消费一定数量的某种商品愿意支付的最高价格与这些商品的实际市场价格之间的差额。

生产者剩余：生产要素所有者、产品提供者由于生产要素、产品的供给价格与当前市场价格之间存在的差异而给生产者带来的额外收益，也就是生产要素所有者、产品提供者因拥有生产要素或提供产品，在市场交易中实际获得的金额与其愿意接受的最小金额之间的差额。

消费者剩余和生产者剩余被经济学家看作是社会的总福利，市场运作的结果就是使这两种剩余最大化，即社会福利最大化。

2. 无谓损失

无谓损失，又称为社会净损失，是指由于市场未处于最优运行状态而引起的社会成本，也就是当偏离竞争均衡时，所损失的消费者剩余和生产者剩余。

通常政府颁布税收法来提高财政收入，而这些收入必定从别人口袋里掏出来。例如当政府要征收一种商品税时，对买卖双方来说都很糟糕：消费者支付了因税收而提高的价格，而商家则可能由于减少销售而减少收入，所以税收带来了社会福利的损失。利用“消费者剩余”和“生产者剩余”的原理，可以发现税收对买卖双方的成本，超过了政府增加的财政收入。这种因税收（或其他政策）减少总盈余的扭曲市场的结果，在经济学中被称为“无谓损失”。所以在选择税种时要尽量选择那些“无谓损失”小的税，以减少社会福利的损失。

3. 税收效率

国家征税必须有利于资源的有效配置和经济机制的有效运行，必须有利于提高税务行政效率。

它包括税收经济效率原则和税收行政效率原则，前者是指国家征税应有助于提高经济效率，保证经济的良性、有序运行，实现资源的有效配置。该原则侧重于考察税收对经济的影响。税收行政效率原则是指国家征税应以最小的税收成本去获取最大的税收收入，以使税收的名义收入与实际收入的差额最小。该原则侧重于对税务行政管理方面的效率的考察。

4. 土地税

以土地为课税对象，按照土地面积、等级、价格、收益或增值等计征的货币或实物。简称“地税”。包括对农村土地和城市土地的课税。

对土地征税可以避免“无谓损失”。因为土地是一种自然生成物，不能通过人类的劳动生产出来，所以其总量是给定不变的，称为供给无弹性。

征收土地税是最好的选择，可以为政府获得财政收入的同时不影响市场的效率。

（二）了解城市公共物品的概念与城市规划的公共物品配置

1. 公共物品的概念

公共物品是指公共使用或消费的物品。

公共物品具有非竞争性和非排他性。所谓非竞争性，是指某人对公共物品的消费并不会影响别人同时消费该产品及其从中获得的效用，即在给定的生产水平下，为另一个消费者提供这一物品所带来的边际成本为零。所谓非排他性，是指某人在消费一种公共物品时，不能排除其他人消费这一物品（不论他们是否付费），或者排除的成本很高。

2. 公共物品的分类

城市公共物品既包括可见的、实物形态的道路、公园、医院、图书馆、信息设施等，也包括所有城市居民都可以享受或必须遵循的政策、法规、福利等等非实物的产品。对于现代城市来说，城市公共物品是影响城市空间性状的最为基础、最为直接的要素。从城市的形成到现代城市功能的拓展，城市公共物品都在起着先导的作用。

社会消费品的分类

	竞争性	非竞争性
排他性	私人物品：如面包	自然垄断物品：如供水管网
非排他性	共有资源：水资源	公共品：如不拥挤的城市道路

3. 公共物品的特性

（1）公共物品都不具有消费的竞争性，即在给定的生产水平下，向一个额外消费者提供商品或服务的边际成本为零。

（2）消费的非排他性，即任何人都不能因为自己的消费而排除他人对该物品的消费。

（3）具有效用的不可分割性。

（4）具有消费的强制性。

4. 公共服务产品的特性

公共服务产品就其整体而言具有公共物品的性质，按照竞争性、非竞争性、排他性、非排他性的物品属性对公共服务产品进行归类，可以把公共服务产品划分为私有私益、私有公益、公有私益、公有公益产品。显然，私有私益产品是纯粹的私益性物品，如市场上的肉、菜；而公有公益物品则是纯粹的公益性物品，如国防、社会治安。私有公益物品和公有私益物品，则是非纯粹的公益物品或不纯粹的私益物品。按照经济学分析的惯例，分别称之为俱乐部物品（可以低成本的排他）和公共池塘资源物品（竞争性和非排他性），总称为准公共物品。

5. 城市化与公共物品需求

城市化进程的加快对公共物品的有效配置提出了更高的要求：

（1）工业化进一步发展的要求。城市化与工业化之间存在着互为因果的天然联系，工业化是城市化的基本动力，工业化的进一步发展更需要借助城市的聚集效应和扩散效应，并有赖于城市较优越的公共物品供给条件。目前，工业化水平越来越高，城市公共物品数量与布局结构越来越成为工业化发展的保证。

（2）完善城市功能的要求。城市化水平的提高是工业和各种产业飞速发展的结果，而工业和各种产业的发展又要求更好地发挥城市多功能的作用，包括城市供水、供电、信息、交通、环境等多种作用。要做到这一点，就必须重视公共物品的建设，使城市交通便捷、能源充足、信息灵通、环境舒适。

（3）公共物品的内在特性决定了对其需求的日益增加。恩格尔定律表明，随着家庭收入的增加，收入中用于食品等“生理需要”的开支比例将越来越小，而用在非生活必需品等“精神需要”上的开支比例将越来越大。简言之，随着社会的进步与生活水平的提高，社会对公共物品数量和质量的需求越来越高，而公共物品的收入弹性一般来说大于市场私人物品，即公共物品需求的收入弹性大于 1（富有弹性）。

6. 城市公共物品的配置过程

公共物品的非竞争性和非排他性等特点，使得追求利润最大化的理性经济人对其望而却步，它的供应只有通过政府出面，组织集体行动来完成。政府的集体行动，就是把个人选择转化为集体选择的一种机制。政府通过这种非市场的民主政治程序来决定公共物品的供给与产量，从而实现公共物品（资源）的合理配置。城市政府最接近其域内消费者，了解并容易反映他们的偏好，所以由其提供公共物品，将形成符合“市场”效率的城市公共物品的规模经济。

其一，城市政府能强制性地迫使个人服从其决定，按政府确定的办法去做。

其二，在居民与企业对公共物品需求显示的过程中，已将有关信息传递给了政府，政府在集中所有信息后，能做出更好的公共物品供给决定。

其三，城市政府的行为带有强制性，它明显地限制着个人选择的自由度。那些不愿支付税收（部分公共物品价格）的人们，可以迁移到更符合他们个人偏好和意愿的城市，从而使城市政府提供的公共物品更为接近全体居民的总偏好，这意味着更好地配置了公共物品。

7. 公共物品配置高效产生的积极效应

第一，乘数效应。公共物品投资、生产、经营及管理等活动，能诱发生产活动，进而涉及居民消费和其他领域，最终使城市 GNP 得以增长。尤其是自然垄断性公共物品，在其动态运营中，会派生出一系列经济活动，与之直接相关的有加工业、制造业，与之配套的有房地产业等。其投资规模的扩大、经营效率的提高，会从需求方面为许多产业的发展创造市场，而这些产业反过来又会扩大对公共物品的需求，最终导致明显的乘数效应，促进城市价值增长。

第二，外部效应。广义地说，经济学曾经面临和正在面临的问题都是外部性问题。前者是或许已经消除的外部性，后者是尚未消除的外部性。按照一般的说法，外部性指的是私人收益与社会收益、私人成本与社会成本不一致的现象。

第三，结构效应。公共物品的投资将创造新的生产能力，成为构成最终经济需求的重要因素，它的方向随经济发展阶段不同而有所变化。

8. 公共物品配置低效产生的抑制效应

公共物品高效配置将产生上面所述的积极效应，然而在其投资、经营及管理等环节出现低效问题时，亦会产生抑制经济增长的效应。

其一，若公共物品投资不足以满足城市企业与居民需求，则不仅出现其自身供求不平衡，而且也使其他产业发展受到影响。

其二，若公共物品经营方式单一，就难以达到经营的高效率，影响其有效配置。

其三，若维修、更新等管理措施供给不及时，则可能难以形成公共物品的长期持续供给。众所周知，城市公共物品运营的循环和周转中，要求经常维护和保养，并不断得以更新。但是，在当今世界各国，都不同程度地存在着城市供电网络缺乏养护，道路缺乏保护及各种公共设施遭受破坏等问题，发展中国家尤为突出。

9. 城乡规划的公共物品配置

公共物品外部性的产生是因为没有价格尺度可以对这些物品作评价。如果向一个人提供了公共物品，例如安全的城市环境，所有城市居民也会因此受益，但并不能由于这种好处直接向他们收费。由于公共物品的特殊属性，致使“搭便车”现象很容易发生。由于这些效应，商业性投资对公共物品不感兴趣，而私人的消费需求会无节制。市场化消费和生产的决策会引起无效率的结果，也就是说，市场在此时“失灵”了，而政府的干预可以增加社会福利。这就是为什么公共物品必须由政府提供的原因。政府可以通过税收收入为公共物品支付成本开支，从而提高每个人的福利状况。

城市公共物品供给的类型引导城市内部居民和各经济主体的地域分布格局。典型的例证是，居民选择居住地会尽量避开电厂等产生污染的公共设施，尽可能靠近公园、剧场等。另外，城市公共物品通过影响城市聚集效应进而影响城市空间形态。城市公共基础设施是一种可共享的投入，它直接影响了城市（特别是大城市）的运行效率。

（三）了解城市政府规模与运作效率

1. 公共财政

公共财政是指在市场经济条件下，主要为满足社会公共需要而进行的政府收支活动模式或财政运行机制模式，是国家以社会和经济管理者的身份参与社会分配，并将收入用于政府的公共活动支出，为社会提供公共产品和公共服务，以充分保证国家机器正常运转，保障国家安全，维护社会秩序，实现经济社会的协调发展。

2. 公共财政的职能

公共财政的基本功能是满足社会公共需要、法制规范和宏观调控。

公共财政的职能在计划经济体制下归纳为分配、调节、监督三大职能，市场经济的公共财政具有三大职能，即资源配置、收入分配、经济稳定与增长。

（1）资源配置职能

将一部分社会资源（即国内生产总值）集中起来，形成财政收入；然后通过财政支出分配活动，由政府提供公共物品或服务，引导社会资金的流向，弥补市场的缺陷，最终实现全社会资源配置效率的最优状态。

（2）收入分配职能

指政府财政收支活动对各个社会成员收入在社会财富中所占份额施加影响，以实现收入分配公平的目标。一是划清市场分配和财政分配的范围和界限；二是规范工资制度；三是加强税收调节；四是通过转移性支出。

（3）调控经济职能

指通过实施特定的财政政策，促进较高的就业水平、物价稳定和经济增长等目标的实现。一是在经济发展的不同时期，分别采取不同的财政政策，实现社会总供给和总需求的基本平衡；二是通过发挥累进的个人所得税等制度的"内在稳定器"作用，帮助社会来稳定经济活动；三是通过财政投资和补贴等，加快农业、能源、交通运输、邮电通信等公共设施和基础产业的发展，为经济发展提供良好的基础和环境；四是逐步增加治理污染、生态保护以及文教、卫生等方面的支出，促进经济和社会的可持续发展。

监督管理职能：在财政的资源配置、收入分配和调控经济各项职能中，都隐含了监督管理的职能。在市场经济条件下，由于利益主体的多元化、经济决策的分散性、市场竞争的自发性和排他性，所以需要财政的监督和管理。

3. 公共财政的特点

公共财政是一种弥补市场缺陷的财政体制；公共财政是一种服务财政；公共财政是一种民主财政；公共财政是一种法制财政。

我国公共财政除了具有市场经济国家公共财政的一般特征外，还具有自己的特点：①政府不仅要矫正市场失灵，还要弥补市场残缺，培育和完善市场，促使经济在日臻成熟的市场中持续增长。②由于我国是一个发展中国家，区域经济发展不平衡，公共支出财力有限，政府提供的均等化财政服务的任务相当艰巨。③国有企业是国民经济的主导力量，这决定了政府必须按市场法则继续管理、经营好这部分国有企业，确保国有资产保值增值是政府不可推卸的职责。

4. 城市财政的收入与支出

财政的作用：优化资源配置；调控社会经济；促进科学、文化、卫生事业的发展；调节收入分配；巩固国家政权。

根据公共财政的性质，政府通过财政收入和支出参与社会资源的分配。

(1) 收入

含义：国家通过一定的形式和渠道集中起来的资金财政收入作为财政分配的一个方面，在市场经济条件下表现为组织收入、筹集资金的过程（动态）。它是国家通过一定的形式和渠道集中起来的货币资金（静态）。

①形式

a. 税：国家按税法规定取得的财政收入。特点：征收面最广、最稳定可靠、最主要的财政收入形式。

b. 利：国有企业上缴的利润收入、国家参股获得的股金分红收入。

c. 债：通过借贷方式如国库券取得的收入。

d. 费：服务费、罚款、没收等形式取得的收入。取得这种收入是次要的，重要的是通过这些形式加强对经济和社会生产的监督、管理，因此具有很强的政策性。乱收费、乱罚款是违法行为，必须坚决制止。

②意义

a. 财政支出的前提；

b. 实现国家职能的财力保证；

c. 正确处理各方面物质利益关系的重要方式。

城市财政收入的主要来源有税收收入、利润收入、规费收入和债务收入。在实行利改税以前，城市财政的主要收入是城市地方工商企业上交的利润。在实行利改税后，税收收入是城市财政收入中最主要的形式。

(2) 支出

含义：国家预算支出的财政资金。

作用：使国家的职能得以实现；规定了政府的活动范围，反映政府的政策。

分类：经济建设支出；科学、教育、文化、卫生事业支出；行政管理和国防支出；债务支出；其他支出（主要是社会保障支出和补贴支出）。

5. 人头税

人头税，是国家对人身课征的一种税，是向每一个人课相同、定额的税种。

6. 用手投票

“用手投票”是指通过公司股东代表大会、董事会，参与公司的重要决策，对经营者提出的投资、融资、人事、分配等议案进行表决或否决。用手投票不能实现经济效率的最大化。

7. 用脚投票

所谓“用脚投票”，是指资本、人才、技术流向能够提供更加优越的公共服务的行政区域。在市场经济条件下，随着政策壁垒的消失，“用脚投票”挑选的是那些能够满足自身需求的环境，这会影响政府的绩效，尤其是经济绩效。

用脚投票可以实现比用手投票更高的经济效率。

如果说我们有很多个政府，每个政府都提供各具特色的公共品，这样给那些对公共品具有不同需求的居民选择的可能，我们就可以提高公共品供给中的经济效率。就像是形成一个产品有差异的市场一样，消费者可以根据自己的偏好来选择购买哪一家的产品。

（四）熟悉公共财政对城市空间结构的调控作用

公共财政是指国家（政府）集中一部分社会资源，用于为市场提供公共物品和服务，满足社会公共需要的分配活动或经济行为。以满足社会的公共需要为口径界定财政职能范围，并以此构建政府的财政收支体系。这种为满足社会公共需要而构建的政府收支活动模式或财政运行机制模式，在理论上被称为“公共财政”。

公共财政的特点是：①公共财政是一种弥补市场缺陷的财政体制；②公共财政是一种服务财政；③公共财政是一种民主财政；④公共财政是一种法制财政。

1. 公共财政的职能

①支持经济体制创新的职能；②管理国有资产的职能；③建立财政投融资管理体系；④调节收入分配的职能；⑤稳定经济和促进经济发展职能。

2. 公共财政和城市空间发展

作为城市经济体系的一部分的地方公共财政支出，产生于城市空间演化的过程，具有空间特性；同时也必然作用于城市空间的发展，对城市空间的变化产生直接的影响。

（1）公共财政支出的空间特点

① 公共财政支出的空间限制：公共财政支出通常仅仅使用于地方政府辖区之内。当具体到某个城市时，地方财政支出同样受到严格的地域空间限制。

② 公共财政支出提供的地方公共物品具有空间性：公共物品天然具有“地方性”，只能在特定的地域空间为该地域的人使用。地方公共物品最适合的提供者是地方公共财政。

③ 公共财政支出直接对城市空间形态产生重大影响：公共财政支出的重要职责之一就是优化城市空间结构，但是，现实当中，不恰当安排的地方公共财政支出也会给城市空间结构带来不经济的影响。当然，合理的配置资源会使得城市空间结构更加合理。

④ 城市空间结构的变化也影响着地方公共财政的方向：城市空间的变化是以土地资源的配置为前提的。城市空间的变化既有规模扩张的变化形态，也有内部资源重组的内涵型变化形态。城市规模的扩展会促使城市政府将更多的资金用于城市基础设施建设；人口的增长和聚集，既对新增基础设施建设提出要求，也对社会福利、社会保障体系的完善提出要求。

（2）公共财政对城市空间发展的影响

第一，公共财政提供了城市发展所需要的公共物品和准公共物品。这间接或直接地决定了城市空间形态。

第二，公共财政根据经济发展需要，提供一些福利性补贴政策或其他优惠政策，降低了企业生产成本或居民生活成本，可以有目的地引导直至形成特定地域上的企业或人口聚集。

第三，对“三农”的支出，同样会引起城市空间形态的变化。减轻农民负担，发展农业科技，帮助农民增加创收渠道，可以从实质上推动城市化进程。另外，农业的发展，以及城乡差距的缩小，可以对城市人口控制、城市基础设施的拥挤成本控制都产生积极影响。

第四，科研、环保、土地规划等方面的支出，不仅可以保证城市空间的优化、美观，而且可以保证城市的可持续发展。

第五，社会保障机制的建立和完善、环境保护等方面的支出以及其他非排他性较强的公共物品的提供，既可以提高居民生活质量、保证社会公平、保证城市生活稳定，也可以在整体上提高城市生产效率，加快城市空间优化发展的进程。

应试者应该阅读以下方面的参考书：经济学、城市经济学及其在城乡规划中的应用等相关内容。

第二节　复　习　题　解

(题前符号意义：■为掌握；□为熟悉；△为了解。)

■1. 最早涉及城市经济问题的是20世纪20年代对(　　)方面的研究。

A. 对城市土地经济和城市地价　　B. 城市土地经济和土地区位

C. 对城市交通和城市住宅　　D. 城市交通和土地区位

【参考答案】 B

【解答】 最早涉及城市经济问题的是20世纪20年代对城市土地经济和土地区位的研究。早期研究以美国的伯吉斯（Burgess）、黑格（Haig）和霍伊特（Hoyt）为主要代表，他们侧重于研究城市的土地经济，探讨城市发展中的内部结构和用地布局，其研究成果广泛地影响了城市规划、城市地理学等学科的发展。

□2. 1965年，美国学者威尔帕·汤普森的(　　)一书出版，标志着城市经济学正式成为一门独立的学科。

A.《城市经济学导言》　　B.《土地经济学导言》

C.《城市土地》　　D.《城市经济学》

【参考答案】 A

【解答】 1965年，美国学者威尔帕·汤普森的《城市经济学导言》（The Introduction to Urban Economics）一书出版，标志着城市经济学正式成为一门独立的学科。

□3. (　　)把城市看作一个整体，强调以城市对整个国民经济以及城市与邻近地区之间的关系和作用为研究内容，采用(　　)方法，探讨城市与地区经济及国民经济中其他部分之间的关系。

A. 城市经济学；经济分析方法

B. 宏观城市经济学；总量经济分析方法

C. 宏观城市经济学；新古典学派方法论

D. 微观城市经济学；总量经济分析方法

【参考答案】 B

【解答】 一般认为，城市经济学主要可划分为宏观城市经济学和微观城市经济学。宏观城市经济学把城市看作一个整体，强调以城市对整个国民经济以及城市与邻近地区之间的关系和作用为研究内容，采用总量经济分析方法，探讨城市与地区经济及国民经济中其他部分之间的关系。微观城市经济学，以城市内部的经济问题作为其研究内容。它以马歇尔的价格理论为依据，是在综合马歇尔和新古典学派的方法论基础上发展起来的。

■4. 下面关于城市经济学特征的论述正确的是(　　)。(多选)

A. 城市经济学可以用纯粹的经济学理论来研究

B. 城市经济活动往往显示出规模经济的特性
C. 城市经济以具有广泛分布的外在性为特点
D. 城市经济研究可以不考虑地理空间

【参考答案】 B、C

【解答】 城市作为一个聚集综合体，城市经济问题不可能用纯粹的经济学理论来研究，而必须借助于城市历史、政治、规划和地理等多学科的知识。城市经济以具有广泛分布的外在性为特点，即成本和效益不能在商品买卖的价格上反映出来。此外，城市经济活动往往显示出规模经济的特性。城市经济学还存在一个特殊性，即它不可脱离的地理空间属性。

■5. 下面(　　)是经济学对城乡规划的贡献。(多选)

A. 对城市增长和规模的预测
B. 对具体城市问题的分析和规划调控的对策建议
C. 运用投资估算技术评估各类规划方案
D. 制定相应的经济政策
E. 探讨经济社会的发生、发展及其规律

【参考答案】 A、B、C、D

【解答】 经济学对城乡规划的贡献包括对城市增长和规模的预测，分析城市可能取得的经济资源和消费需求；对具体城市问题的分析和规划调控的对策建议，如解决城市交通拥挤、城市环境保护的经济手段等；最常见的还在于运用投资估算技术评估各类规划方案以帮助政府和投资者决策，此外还包括制定相应的经济政策以保障规划方案的实施等。

■6. 对于城市基础设施来说，它的服务通常由(　　)制定价格。

A. 市场单方面　　B. 政府和市场双方　　C. 政府单方面　　D. 使用者单方面

【参考答案】 C

【解答】 对于城市基础设施来说，它的服务通常由政府单方面制定价格，而不是由市场决定的。

■7. 城市经济的本质特征就在于它的(　　)特征。

A. 空间集聚性　　B. 范围经济
C. 规模经济　　D. 高度集约化产业经济

【参考答案】 A

【解答】 城市经济的本质特征就在于它的空间集聚性特征。

■8. (　　)是表示市场价格和生产者所愿意供给的物品数量之间的关系。

A. 需求曲线　　B. 价格曲线　　C. 供给曲线　　D. 供需理论

【参考答案】 C

【解答】 供给曲线是表示市场价格和生产者所愿意供给的物品数量之间的关系。需求曲线是物品的市场价格和这种物品的需求量之间的关系。

□9. 在市场上发生作用的力量彼此相等时的那个价格和数量水平，就是(　　)。

A. 供需平衡点　　B. 市场价格均衡　　C. 市场均衡点　　D. 无变动点

【参考答案】 B

【解答】 在市场上发生作用的力量彼此相等时的那个价格和数量水平，就是市场价格均衡。在这一价格和数量水平上，买者愿意购买的数量正好等于卖者愿意出售的数量；因此，在这个水平上，不存在价格或数量变动的趋势（除非某一事件的发生使供给曲线或需求曲线移动）。

■10. 下面哪些物品的需求相对来说是缺乏弹性的？(　　)(多选)

A. 水　　B. 电　　C. 奢侈品　　D. 煤气

【参考答案】 A、B、D

【解答】 不同的物品对价格变动的反映程度会不同，经济学上称之为供需的价格弹性。如果一种物品的需求对价格变化的反应大，可以说这种物品的需求是富有弹性的；反之如果对价格变化反应不大，则是缺乏弹性，或者说是趋于刚性的。通常，生活必需品倾向于刚性，非必需品及奢侈品倾向于弹性。城市中的基础设施如水、电、煤气作为生活必需品，其需求相对来说是缺乏弹性的。一个特殊的例子是土地，短期内城市土地的供应是接近刚性的，土地供应曲线呈垂直向上的直线。但是从中、长期来看，土地的供给仍呈弹性。

△11. 从新中国成立后直至1978年，我国城市住房制度的特征可以概括为(　　)。

A. 低租金、分配制、福利型　　B. 低租金、供给制、福利型

C. 高租金、分配制、非福利型　　D. 低租金、供给制、非福利型

【参考答案】 A

【解答】 中华人民共和国成立后直至1978年，我国城市住房制度的特征可以概括为低租金、分配制、福利型。住宅建设由国家单一投资，排斥了市场机制的作用。

△12. 我国城镇住房的改革在20世纪(　　)开始实质性启动。

A. 80年代初　　B. 90年代初

C. 80年代末　　D. 90年代末

【参考答案】 B

【解答】 我国城镇住房的改革在20世纪90年代初开始实质性启动，在各地进行广泛的试点改革工作，取得了一定进展。1994年7月，国务院发布了《关于深化城镇住房改革的若干规定》，标志着房改工作的全面开展。

■13. 城镇住房制度改革的目标是(　　)。(多选)

A. 改变劳动报酬中的货币和住宅实物二元化方式

B. 形成房产供需的市场化机制

C. 以行政手段来影响供需市场双方的行为

D. 以价格信号来影响供需市场双方的行为

【参考答案】 A、B、D

【解答】 城镇住房制度改革的目标是将住房作为职工和居民生活消费结构中的组成部分，改变劳动报酬中的货币和住宅实物二元化方式，形成房产供需的市场化机制，以价格信号而不是行政手段来影响供需市场双方的行为。

■14. 下面(　　)是外部性经济的正效果。(多选)

A. 城市的商业服务点围绕着交通集散点而发展

B. 机场噪声污染，使得机场周围的房地产贬值20%

C. 绿地广场的建设导致周边房地产的升值和热销

D. 城市道路拓展带来沿道路两边的快速发展

E. 房地产开发商为了追求最大利润，尽可能提高建筑容积率，使房屋的日照和通风受到阻碍

【参考答案】 A、C、D

【解答】 外部性效果问题也就是项目经济的“外涉性”问题。所谓“外涉性”，就是为了自身目标而努力的人和部门，在努力的过程中或由于努力的结果而使社会得到意外的收益，或给他人或其他部门带来麻烦和损害的现象。这种正的或负的效果一般不会计入前者的费用或效益。所以这种后果是外部性经济问题。外部性经济效果可以分为正效果和负效果。上述选项中的 A、C、D 都使社会得到意外的收益，而 B、E 的外涉影响是损害性的。

■15. 外部经济的内部化是指(　　)。

A. 将外部性经济的负效果转化为外部性经济的正效果

B. 政府运用市场规律使经济意义上的外部性存在

C. 政府通过收费使经济意义上的外部性存在

D. 微观经济单位因其产生的外部经济而向得益者收取相应费用，或者因其产生的外部不经济而向受害者支付相应补偿，从而使经济意义上的外部性不存在

【参考答案】 D

【解答】 假设微观经济单位因其产生的外部经济而向得益者收取相应费用，或者因其产生的外部不经济而向受害者支付相应补偿，从而使经济意义上的外部性不存在，这被称为外部经济的内部化。政府可以通过对那些有负外部性的活动征税、收费和补贴那些有正外部性的活动来使外部性经济内部化。

■16. 在城市交通方面，许多国家的政府都采用了公共交通优先的政策，而对私人小汽车的拥有和使用收取较高的税费。这一公共政策的目标是(　　)。

A. 为了缓解交通拥挤情况

B. 为了限制小汽车的拥有量

C. 为了控制私人交通方式对城市环境质量、道路占用等方面的外部不经济性

D. 为了扩大公共交通外部性经济正效果

【参考答案】 C

【解答】 在城市交通方面，许多国家的政府都采用了公共交通优先的政策，而对私人小汽车的拥有和使用收取较高的税费。这一公共政策的目标是为了控制私人交通方式对城市环境质量、道路占用等方面的外部不经济性，使社会在交通方面的效益最大、成本最小。

■17. 经济学家的环境观点就是要(　　)。(多选)

A. 彻底排除污染

B. 不否认即使在环境污染导致的外部成本内部化、受害者得到足够补偿的情况下，环境污染也依然存在

C. 认为在环境污染导致的外部成本内部化、受害者得到足够补偿的情况下，环境污染就会消失

D. 使污染保持在最适当水平

【参考答案】 B、D

【解答】 经济学家的环境观点并不是要彻底排除污染，不否认即使在环境污染导致的外部

成本内部化、受害者得到足够补偿的情况下，环境污染也依然存在。环境经济学更关心的是求得污染的最适当水平，在这个水平上，任何进一步降低污染的努力加之于社会的成本就会大于社会从降低污染所得到的福利。

△18. 西方古典经济学家最早论述土地问题的是英国经济学家(　　)，他于 17 世纪末首先提出了(　　)的概念。

A. 大卫·李嘉图；级差地租　　B. 杜尔哥；土地价格

C. 威廉·配第；级差地租　　D. 威廉·配第；绝对地租

【参考答案】 C

【解答】 西方古典经济学家最早论述土地问题的是英国经济学家威廉·配第（1623～1687年），他于 17 世纪末首先提出了级差地租的概念，并对级差地租、土地价格等做了初步的阐述；随后法国的杜尔哥（1727～1781 年）初步揭示了地租与土地所有权的关系；英国的亚当·斯密（1723～1790 年）发现了绝对地租的存在；大卫·李嘉图（1772～1823 年）运用劳动价值论对级差地租做了完整而系统的研究。

■19. 城市土地经济学的研究内容主要包括(　　)。(多选)

A. 城市土地的一般理论

B. 土地利用经济

C. 土地定级估价

D. 土地制度

E. 土地权属转移及收益分配中的经济问题

【参考答案】 A、B、D、E

【解答】 城市土地经济学的研究内容，主要包括四个方面，即城市土地的一般理论、土地利用经济、土地制度、土地权属转移及收益分配中的经济问题。

■20. 城市经济学分析城市问题的出发点是(　　)。

A. 资源利用效率　　B. 社会公平

C. 政府相关政策　　D. 国家法律法规

【参考答案】 A

【解答】 经济学研究的核心问题是市场中的资源配置问题。城市经济学，就是运用经济学原理和经济分析方法，以城市中稀缺的资源——土地资源的分配问题开始着手，论证经济活动在空间上如何配置可以使土地资源得到最高效率的利用。并以此为基础扩展到对劳动及资本利用效率的研究。

■21. 政府对居民用水收费属于下列哪种关系？(　　)

A. 市场经济关系　　B. 公共经济关系

C. 外部效应关系　　D. 社会交换关系

【参考答案】 B

【解答】 公共经济关系是指政府与社会成员之间的经济关系。有些产品与服务大家都需要，但市场不能够有效地提供，如城市中的供水、道路、消防、交通管理等，这些就只能由政府来提供。

■22. 城市规模难以在最佳规模上稳定下来的原因是(　　)。

A. 边际收益高于边际成本　　B. 边际收益低于边际成本

C. 平均收益高于平均成本　　D. 平均收益低于平均成本

【参考答案】 C

【解答】 经济活动在空间上集聚而形成了城市，就是城市的集聚力；促使城市经济活动分散的力量就是分散力。当集聚力和分散力达到平衡时，城市规模就稳定下来，这个规模就是“均衡规模”。

“最佳规模”就是指经济效率最高时，即边际成本等于边际效益的规模。

城市的规模不会在最佳规模上稳定下来，城市达到最佳规模后，平均收益仍高于平均成本，就还会有企业或个人愿意迁入，直到达到均衡规模。但是达到均衡规模后，再进来的企业或个人负担的平均成本高于其得到的平均收益，经济上不合算的，就不会有人进来了，城市规模也就稳定了。

但是由于外部性的存在，造成边际成本大于平均成本，就会出现城市均衡规模大于最佳规模。城市规模过大主要就是指均衡规模大于最佳规模这种不合理的情况，需要政府通过政策来干预。

■23. 下列哪项因素会直接影响城市建设用地的资本密度？(　　)

A. 住房价格　　B. 劳动力价格　　C. 土地价格　　D. 房地产税

【参考答案】 C

【解答】 土地和资本之间存在着资本和劳动之间那样的替代关系。如果土地相对于资本更便宜，生产者就会用土地替代资本，表现在生产用建筑容积率较低；如果土地昂贵，生产者就会用资本替代土地，表现出高容积率。土地价格会直接影响城市建设用地的资本密度。经济学中用“资本密度”来代替容积率。

■24. 下列哪项因素会影响到地租与地价的关系？(　　)

A. 税收　　B. 利率　　C. 房价　　D. 利润

【参考答案】 B

【解答】 地价与地租的关系：在数量上，地租与地价互为反函数，地价等于地租除以利息率。这一互为反函数的关系也表明，地租与地价在本质上具有同一性。地租与地价既在本质上具有同一性，又是具有相对独立性的经济范畴。虽然地租与地价互为反函数，但地租与地价的变动却并不一定是同步的或者成正比的。

■25. 在单中心城市中，下列哪种现象不符合城市经济学原理？(　　)

A. 地价由中心向外递减　　B. 房价由中心向外递减

C. 住房面积由中心向外递减　　D. 资本密度由中心向外递减

【参考答案】 C

【解答】 不同区位，地主把土地租给能支付最高价格的生产者使用，形成市场租金梯度线。也就是说地价曲线一般来说，它从城市中心向外呈下降趋势，随之容积率（资本密度）也会由中心向外递减。

从中心向外，单个居民或家庭的住房面积会增加，而单位土地上的住房面积（资本密度）会下降，人口密度就一定下降了。

■26. 根据城市经济学原理，下列哪项变化不会带来城市边界的扩展？(　　)

A. 城市人口增加　　B. 居民收入上升

C. 农业地租上升　　D. 交通成本下降

【参考答案】 C

【解答】 农业用地单位面积上的收益远远低于城市用地，所以它能支付的地租也远远低于城市用地，这就使得农业用地的竞标租金曲线相当平缓，接近一条水平的线，其变化不会带来城市边界的扩展。

■27. 土地税成为效率最高税种的原因是(　　)。

A. 土地需求有弹性　　B. 土地需求无弹性

C. 土地供给无弹性　　D. 土地供给有弹性

【参考答案】 C

【解答】 土地是一种非常特殊的生产要素，无论价格如何上涨，供给量也不会提高，即"供给无弹性"。对土地的需求必然会随着人口的增加而增长。故而有"单一土地税"之理论。

■28. 土地的有限性是指(　　)。

A. 土地总量的恒定不变

B. 土地数量是有限的

C. 土地总量的恒定不变，而且在某一地区用于某种特定用途的土地数量是有限的、排他的

D. 土地总量逐渐变小

【参考答案】 C

【解答】 土地的有限性不仅是指土地总量的恒定不变，而且是指在某一地区用于某种特定用途的土地数量是有限的、排他的。增加某种用途的用地就必然减少其他用途的用地，永远无法达到满足所有需求的状态。

■29. 下列不属于土地的经济特性的是(　　)。

A. 土地经济供给的稀缺性　　B. 土地用途的多样性

C. 土地用途变更的简易性　　D. 土地增值性

【参考答案】 C

【解答】 土地用途变更的简易性，不属于土地的经济特性。

土地的经济特性，是人们在使用土地时引起的经济关系，它们主要表现为：

(1) 土地经济供给的稀缺性

首先，供给人们从事各种活动的土地面积是有限的；其次，特定地区，不同用途的土地面积也是有限的，往往不能完全满足人们对各类用地的需求，从而出现了土地占有的垄断性这一社会问题和地租、地价等经济问题。

(2) 土地用途的多样性

土地具有多种用途，既可作工业用地，又可作居住用地、商业用地等。

(3) 土地用途变更的困难性

土地使用不同用途之间的变换，有时比较容易，但大多数情况下是困难的。

(4) 土地增值性

一般商品的使用随着时间的推移总是不断地折旧直至报废，土地这个特殊商品则不然，在土地上追加投资的效益具有持续性，而且随着人口增加和社会经济的发展，对土地的投资具有显著的增值性。

（5）土地报酬递减的可能性

尽管土地具有增值性的特点，但由于“土地报酬递减规律”的存在，在技术不变的条件下对土地的投入超过一定限度，就会产生报酬递减的后果。

■30. 边际效益递减性是指(　　)。

A. 在技术改变条件下，在一定面积的土地上连续追加投资超过一定限度后，每单位面积投资额增量从土地所获得的收益较前递减

B. 在技术不变或在技术一定的条件限制下，在一定面积的土地上连续追加投资超过一定限度后，每单位面积投资额增量从土地所获得的收益较前递减

C. 在技术不变或在技术一定的条件限制下，在土地上连续追加投资超过一定限度后，每单位面积投资额增量从土地所获得的收益较前递减

D. 在技术不变或在技术一定的条件限制下，在一定面积的土地上连续追加投资，每单位面积投资额增量从土地所获得的收益较前递减

【参考答案】 B

【解答】 边际效益递减性即在技术不变或在技术一定的条件限制下，在一定面积的土地上连续追加投资超过一定限度后，每单位面积投资额增量从土地所获得的收益较前递减。

■31. 土地经济学中通常用(　　)来分析城市土地使用模式的土地市场作用。

A. 需求曲线　　B. 供给曲线　　C. 成本曲线　　D. 地租竞价曲线

【参考答案】 D

【解答】 土地经济学中通常用地租竞价曲线来分析城市土地使用模式的土地市场作用。由于城市的不同功能活动对城市土地的空间位置的依赖程度不同，城市的零售商业、办公事务所、住宅、工业等用地各自存在着不同的地租竞价曲线。

△32. 被视为城市土地使用的经典模型是(　　)。(多选)

A. 同心圆模式　　B. 放射扇形模式　　C. 单核心模式　　D. 双核心模式

E. 多核心模式

【参考答案】 A、B、E

【解答】 同心圆模式是由B・W・伯吉斯提出的最有名的城市土地使用模型之一。这类城市以不同用途土地围绕单一核心，有规则地向外扩展成圆形区域为特征。考虑到交通轴线对简单同心模式的影响，H・霍伊特在同心圆模型基础上发展产生了放射扇形模式。1945年哈里斯和乌曼提出了城市土地利用的多核心模式。这三种模型精练地总结了城市土地利用的空间结构特征，被视为城市土地使用的经典模型。

■33. 在土地的权属中，最主要的是(　　)。

A. 土地的占有权和使用权　　B. 土地的所有权和占有权

C. 土地的所有权和使用权　　D. 土地的所有权

【参考答案】 C

【解答】 在土地的权属中，最主要的是土地的所有权和使用权。土地所有权是土地所有关系在法律上的体现，是土地所有者依法对土地实行占有、使用、收益和按照国家法律规定作出处分，并排除他人干扰的权利。土地使用权也称使用经营权，是指使用人根据法律、合同的规定，在法律允许的范围内，对土地享有的使用权利。

□34. 土地所有制的基本形式可分为(　　)。

A. 土地公有制和土地私有制　　B. 土地个人、集体和国家占有
C. 土地集体和国家占有　　D. 土地公有制和半公有制

【参考答案】 A

【解答】 土地所有制的形成与社会生产关系有关，基本的形式可分为两种，即土地公有制和土地私有制。

■**35. 在主张完全自由市场经济的国家，对城市土地的所有权(　　)。**

A. 没有限制　　B. 有必要限制　　C. 基本不限制　　D. 稍加限制

【参考答案】 B

【解答】 在主张完全自由市场经济的国家，对城市土地的所有权也有着必要的限制以保障合理的城市土地使用、保护城市环境和为城市提供必要的基础设施服务。

■**36. 根据我国宪法和法律，城市土地属于国家所有，但土地的(　　)可以依法出让。**

A. 产业权　　B. 支配权　　C. 收益权　　D. 使用权

【参考答案】 D

【解答】 根据我国宪法和法律，城市土地属于国家所有，但土地的使用权可以依法出让。

■**37. 如果不考虑政府干预，(　　)决定了市场经济下的城市土地使用的形态模式。**

A. 土地使用者的决策行为　　B. 土地使用者的经济能力
C. 土地所有者的决策行为　　D. 土地所有者的意识

【参考答案】 A

【解答】 对于土地市场来说，土地的需求者在决定土地的配置和价格等方面具有更重要的影响力。如果不考虑政府干预，土地使用者的决策行为决定了市场经济下的城市土地使用的形态模式。

■**38. 下面能够影响土地供给市场的因素是(　　)。(多选)**

A. 国家的宏观经济政策　　B. 土地使用者的决策行为
C. 城市规划　　D. 自然条件对城市土地供应的限制
E. 土地所有者的决策行为

【参考答案】 A、C、D、E

【解答】 国家的宏观经济政策、城市规划、自然条件对城市土地供应的限制，土地所有者的决策行为都能够影响土地供给市场。

□**39. 政府干预土地市场通常的手段是(　　)。(多选)**

A. 提高地价　　B. 提高土地公有比例
C. 制定城市土地使用规划　　D. 遏制市场投机行为
E. 制定各种税收政策

【参考答案】 B、C、E

【解答】 由于土地较一般商品的特殊属性，各国土地交易市场和使用方式都受到了政府的干预，差别只在于政府干预的程度不同。提高土地公有比例、制定城市土地使用规划和各种税收政策等是政府干预土地市场的通常手段。

□**40. 土地市场具有以下(　　)的特点。(多选)**

A. 地域性　　B. 不充分性
C. 供给滞后　　D. 供给弹性较小

E. 低效率性　　　　　　　　　　　　F. 政府管制较严

【参考答案】 A、B、C、D、E、F

【解答】 土地市场具有以下特点：

（1）地域性。由于土地位置的固定性，使土地市场具有强烈的地域性特点。在各地域性市场之间相互影响较小，难以形成全国性统一市场。

（2）不充分性。土地市场参与者不多，市场信息获得较难，使土地市场的竞争不充分。

（3）供给滞后。土地价值较大，用途难以改变且开发周期较长。土地供给是根据前期需求确定的，当市场需求发生变化时，土地供给难以及时调整。

（4）供给弹性较小。从总体上说，土地资源一般不可再生，土地自然供给没有弹性，土地的经济供给弹性也相对较小。在同一地域性市场内，土地价格主要由需求来决定。

（5）低效率性。土地市场是地域性市场，参与者相对较少，投资决策受价格以外因素影响较大，而且同一用途不同区域的土地具有较小的替代性，因而土地市场相对一般商品市场来讲，交易效率较低。

（6）政府管制较严。土地是一个国家重要的资源，其分配是否公平有效，对经济的发展和社会的稳定具有十分重大的作用，因而各国政府都对土地的权利、利用、交易等做较多的严格限制。

■41. 公共经济关系是指(　　)之间的经济关系。

A. 政府和市民　　B. 政府与社会　　C. 企业和市民　　D. 政府和企业

【参考答案】 B

【解答】 公共经济关系是指政府和社会之间的经济关系。

■42. 城市均衡规模大于最佳规模的原因是城市中存在大量的(　　)。

A. 外部效应　　B. 内部效应　　C. 分散力　　D. 集聚力

【参考答案】 A

【解答】 经济活动在空间上集聚而形成了城市，就是城市的集聚力；促使城市经济活动分散的力量就是分散力。当集聚力和分散力达到平衡时，城市规模就稳定下来，这个规模就是均衡规模。最佳规模就是指经济效率最高时，即边际成本等于边际效益的规模。但是由于外部性的存在，造成边际成本大于平均成本，就会出现城市均衡规模大于最佳规模。

城市规模过大主要就是指均衡规模大于最佳规模这种不合理的情况，需要政府通过政策来干预。

■43. 经济增长率与以下各项哪个成正比例关系？(　　)。

A. 资本增长率　　B. 资本密度　　C. 资本产出比　　D. 资本丰裕度

【参考答案】 A

【解答】 经济增长率＝资本增长率/资本产出比。

经济增长率（RGDP）是末期国民生产总值与基期国民生产总值的比较，以末期现行价格计算末期 GNP，得出的增长率是名义经济增长率，以不变价格（即基期价格）计算末期 GNP，得出的增长率是实际经济增长率。在量度经济增长时，一般都采用实际经济增长率，经济增长率也称经济增长速度，它是反映一定时期经济发展水平变化程度的动态指标，也是反映一个国家经济是否具有活力的基本指标。

■44. 在地价曲线中，中心区地价与郊区地价会发生逆向变化的原因是因为(　　)。

A. 人口增长　　　　B. 资本投入增加　　　　C. 资本产出的增长　D. 收入增长

【参考答案】 D

【解答】 不同区位，地主把土地租给能支付最高价格的生产者使用，形成市场租金梯度线。也就是说地价曲线，一般来说，它从城市中心向外呈下降趋势。

土地市场上，地租随距离下降是由于运输成本随距离的上升造成的，而在住房市场上，房租随距离下降是由于通勤的交通成本随距离的上升而造成的，住户的出价与其收入、消费偏好和通勤成本有关。

当其他条件不变，而居民收入出现增长的时候，会促使中心区地价与郊区地价发生逆向变化。

■45. 下面各项关于公共财政的目的论述错误的是(　　)。

A. 减少外部效应　　　　B. 保护长远整体利益

C. 安排基础设施　　　　D. 经济稳定与增长

【参考答案】 A

【解答】 公共财政是指在市场经济条件下，主要为满足社会公共需要而进行的政府收支活动模式或财政运行机制模式，是国家以社会和经济管理者的身份参与社会分配，并将收入用于政府的公共活动支出，为社会提供公共产品和公共服务，以充分保证国家机器正常运转，保障国家安全，维护社会秩序，实现经济社会的协调发展。

财政的职能在计划经济体制下曾被归纳为分配、调节、监督三大职能，但随着市场取向的经济体制改革的深化，政府职能也有了相应的转换。通常意义下，市场经济下的公共财政具有三大职能，即资源配置、收入分配、经济稳定与增长。

■46. 企业向某一特定地区集中而产生更多的经济利益，就出现了(　　)现象。

A. 区位经济效益　　　　B. 城市化经济

C. 规模效益　　　　D. 聚集经济效益

【参考答案】 D

【解答】 城市是企业比较集中的地区。集中有两种类型：第一种类型是：属于同一产业或性质相近的许多企业的集中，如纺织企业的集中。在一个地区内同类企业数目的增多，必然带来生产规模的扩大，生产总量的增加，分工协作的加强，辅助产业的发展，其结果不仅创造大规模的外部经济，而且提高企业的劳动生产率，降低生产费用和成本。第二种类型是：属于不同产业或不同性质的企业的集中。这比各个企业孤立地分散设立在各个地区会带来更大的经济效益。

■47. 在土地一级市场交易的是(　　)。

A. 土地使用权　　　　B. 土地所有权

C. 土地处置权　　　　D. 土地收益权

【参考答案】 A

【解答】 土地市场是指土地及其地上建筑物和其他附着物作为商品进行交换的总和。土地市场也称地产市场。土地市场中交易的是国有土地使用权而非土地所有权。土地市场中交易的土地使用权具有期限性。

■48. 在大城市的交通高峰时段，提高地铁票价减少出行的作用却并不明显，原因是(　　)。

A. 加大供给量

B. 缩小供给量

C. 需求弹性小

D. 需求弹性大

【参考答案】 C

【解答】 上下班的需求高峰时段，需求大于供给，出现供不应求；如果通过价格来调节，当高峰小时的出行价格上升，能避开高峰时段的人们就会尽量避开高峰时段出行。但是大部分人的上班时间具有刚性，所以需求的弹性较小，靠价格调整达到供求完全平衡是困难的。

■49. 收取交通拥堵税的原理是要让驾车者承担(　　)。

A. 边际成本

B. 平均成本

C. 时间成本

D. 货币成本

【参考答案】 A

【解答】 为了鼓励和引导人们使用公共交通工具或者合用汽车，缓解交通拥堵，减少温室气体排放，很多国家已经开始征收交通拥堵税，日前重庆市重大决策咨询研究课题专家提出拟在中心区开征此税。交通拥堵税是为了缓解交通拥堵以车主为征收对象向其征收一定税额的税种之一。

在交通拥堵成本分析曲线中，没有交通量的时候，边际成本与平均成本是相等的；超过设计容量后，边际成本比平均成本上升得快。由驾驶者个人承担边际成本，均衡点就会移到需求曲线和边际成本曲线相交的点。

■50. 出行效用最大化可以通过货币和时间的相互替代来实现。可以通过以下(　　)方式使出行者实现效用最大化。

A. 扩大公共交通供给规模

B. 提供多种交通方式

C. 收费

D. 汽油税

【参考答案】 B

【解答】 人们在城市中出行要支付两种成本，货币成本和时间成本，即人们在路途上花费的车费和时间。

出行效用最大化可以通过货币和时间的相互替代来实现。通过尽可能提供多种交通方式、多种道路系统来加以改善，如大公共、小公共、出租车和私家车并用，收费高速公路和不收费的辅路并行，尽量使每一个人更接近他的最优选择。

■51. 避免社会福利“无谓损失”的措施是收取(　　)。

A. 消费税

B. 增值税

C. 土地税

D. 房产税

【参考答案】 C

【解答】 完全竞争市场形成的均衡不存在社会福利的无谓损失（Deadweight Lost），任何市场干预都将带来社会福利的无谓损失。

土地是一种自然生成物，不能通过人类的劳动生产出来，所以其总量是给定不变的，称为供给无弹性。增收土地税可以在为政府获得财政收入的同时不影响市场的效率，可以避免“无谓损失”。

■52. “用脚投票”会提高资源利用效率最大化的原因是因为(　　)。

A. 消费者偏好差异大

B. 公共品规模经济

C. 政府征收累进税 D. 公共服务溢出效应大

【参考答案】 A

【解答】 所谓“用脚投票”，是指资本、人才、技术流向能够提供更加优越的公共服务的行政区域。在市场经济条件下，随着政策壁垒的消失，“用脚投票”挑选的是那些能够满足自身需求的环境，这会影响政府的绩效，尤其是经济绩效。它对各级各类行政主体的政府管理产生了深远的影响，推动着政府管理的变革。

如果我们有很多个地方政府，每个地方政府都提供各具特色的公共品，这样给那些对公共品具有不同需求的居民选择的可能，我们就可以提高公共品供给的经济效率。一个存在产品差异的市场上，消费者可以根据自己的偏好来选择产品。

■53. 居民“用脚投票”来选择公共品会形成下列哪种社区？( )

A. 收入相同社区 B. 年龄相同社区

C. 消费偏好相同社区 D. 教育水平相同社区

【参考答案】 C

【解答】 所谓“用脚投票”，是指资本、人才、技术流向能够提供更加优越的公共服务的行政区域。在市场经济条件下，随着政策壁垒的消失，“用脚投票”挑选的是那些能够满足自身需求的环境，这会影响着政府的绩效，尤其是经济绩效。它对各级各类行政主体的政府管理产生了深远的影响，推动着政府管理的变革。

如果我们有很多个地方政府，每个地方政府都提供各具特色的公共品，这样给那些对公共品具有不同需求的居民选择的可能，我们就可以提高公共品供给的经济效率。一个存在产品差异的市场上，消费者可以根据自己的偏好来选择产品。差异公共品的提供是与社区的特点联系在一起的。

□54. 土地市场具有以下( )的功能。(多选)

A. 地域性

B. 优化配置土地资源

C. 调整产业结构，优化生产力布局

D. 健全市场体系，实现生产要素的最佳组合

【参考答案】 B、C、D

【解答】 土地市场的功能：① 优化配置土地资源；②调整产业结构，优化生产力布局；③健全市场体系，实现生产要素的最佳组合。

■55. 决定土地经济供给量的因素有很多，但是以下选项中的( )不是。

A. 土地价格 B. 城市空间结构

C. 建筑技术水平 D. 土地开发成本及机会成本

【参考答案】 B

【解答】 决定土地经济供给量的因素主要有：土地价格、税收等政府政策、土地利用计划和规划、土地开发成本及机会成本、建筑技术水平等。

■56. 决定土地需求量的因素有很多，但是以下选项中的( )不是。

A. 土地价格

B. 人口因素和家庭因素

C. 建筑技术水平

D. 消费者或投资者的货币收入和融资能力

【参考答案】 C

【解答】 土地需求量的决定因素主要有：土地价格、消费者或投资者的货币收入和融资能力、土地投机、人口因素和家庭因素、消费者或投资者偏好、对未来的预期等。

■57. 目前，西方经济发达国家的土地市场运行模式归纳起来可分为两类：即以土地私有制为基础的完全市场模式和以土地国家所有制为基础的市场竞争模式。以下各项选中（　　）是两种模式的共同特点。（多选）

A. 土地价格

B. 土地市场的基础是资本主义市场经济

C. 土地市场的进出是自由的

D. 消费者或投资者的货币收入和融资能力

【参考答案】 B、C

【解答】 以土地私有制为基础的完全市场模式和以土地国家所有制为基础的市场竞争两种模式的共同特点是：①土地市场的基础是资本主义市场经济；②有形市场和无形市场相结合；③土地市场的供给与需求决定土地价格；④土地市场的进出是自由的；⑤政府都对土地市场进行干预，就像对其他市场的干预一样，政府也不例外地对土地市场进行干预。

■58. 目前，西方经济发达国家的土地市场运行模式归纳起来可分为两类：即以土地私有制为基础的完全市场模式和以土地国家所有制为基础的市场竞争模式。以下各选项中（　　）是两种模式的不同点。（多选）

A. 土地所有制不同

B. 土地市场的基础是资本主义市场经济

C. 土地市场的进出是自由的

D. 市场客体不同

【参考答案】 A、D

【解答】 两种模式的不同之处是：①土地所有制不同。以美国、日本为代表的完全市场模式，其土地所有制度是土地私有制。②市场客体不同。在完全市场模式下，土地市场的客体是土地所有权及其派生的各种权利，包括土地所有权、土地使用权、抵押权、空中权、发展权、地役权、租赁权等，均可在市场上自由交换。在市场竞争模式下，土地所有权属于国家，不进入市场交换，在市场上交换的是除土地所有权以外的一切其他权利。③市场竞争程度不同。虽然土地市场因其土地的不可移动性而具有地域性，但在完全市场模式下，因土地所有权能自由交换，因而较以土地国家所有制为基础的市场竞争模式更具有市场的完整性和市场竞争性。

■59. 城市公共经济是（　　）。

A. 关于城市公共设施建设的经济

B. 关于公共事业管理的经济

C. 关于城市社会整体发展和社会福利的经济

D. 关于城市基础设施建设和发展的经济

【参考答案】 C

【解答】 城市公共经济是关于城市社会整体发展和社会福利的经济。城市公共经济研究的领域，不但涉及城市治安、社区管理、城市环境、城市道路等非竞争性和非排他性的公共物品的生产和提供，也涉及城市市政公用设施类产业。同时，城市公共财政是城市政府实行公共政策的主要基础，城市公共财政也是城市公共经济问题的重要组成部分。

■**60. 消费者剩余是( )。**

A. 买者愿意为一种物品或服务支付的量减去买者为此实际支付的量

B. 买者为一种物品或服务实际支付的量减去买者愿意为此支付的量

C. 买者愿意为一种物品或服务支付的量减去卖者为此实际提供的量

D. 卖者为一种物品或服务实际提供的量减去买者愿意为此支付的量

【参考答案】 A

【解答】 消费者剩余是买者愿意为一种物品或服务支付的量减去买者为此实际支付的量。消费者剩余衡量买者参与市场的收益。

■**61. 生产者剩余是( )。**

A. 买者得到的量减去卖者的生产成本

B. 卖者得到的量减去生产成本

C. 买者愿意为一种物品或服务支付的量减去买者为此实际支付的量

D. 卖者的生产成本减去买者愿意为一种物品或服务支付的量

【参考答案】 B

【解答】 生产者剩余是卖者得到的量减去生产成本。它衡量卖者参与市场的收益。

■**62. 产生垄断的原因有( )。(多选)**

A. 关键资源由一家企业所拥有

B. 关键资源主要由多家企业所拥有

C. 政府给予一个企业以排他性的方式生产某种产品的权利

D. 生产成本使一个生产者比多个生产者更有效率

【参考答案】 A、C、D

【解答】 垄断的基本原因是资源的进入存在障碍；垄断者能在其市场上保持唯一卖者的地位，因为其他企业不能进入这个市场并与之竞争。产生垄断有三个原因：一是关键资源由一家企业所拥有；二是政府给予一个企业以排他性的方式生产某种产品的权利；三是生产成本使一个生产者比多个生产者更有效率。

□**63. 由于垄断会造成资源配置的低效率，政府对垄断问题作出反应的方式包括( )。(多选)**

A. 政策干预

B. 引入竞争机制，使垄断行业更有竞争性

C. 降低垄断行业的竞争性

D. 管理垄断者的定价和行为

E. 把一些私人垄断行业的企业变为公共企业

【参考答案】 B、D、E

【解答】 由于垄断会造成资源配置的低效率，政府会以以下几种方式对垄断问题做出反应：引入竞争机制，使垄断行业更有竞争性；管理垄断者的定价和行为或把一些私人垄断

行业的企业变为公共企业。

■**64. 公共物品指(　　)。**

A. 既有排他性又有竞争性的设施和服务　　B. 有排他性无竞争性的设施和服务

C. 既无排他性又无竞争性的设施和服务　　D. 无排他性有竞争性的设施和服务

【参考答案】 C

【解答】 公共物品指那些既无排他性又无竞争性的设施和服务。这就是说，一个人使用公共物品并不减少另一个人对它的使用。

□**65. 下列属于公共物品的是（　　）。(多选)**

A. 城市管理　　B. 城市道路　　C. 自由垄断的物品　　D. 城市广场

【参考答案】 A、B、D

【解答】 城市管理、城市社会治安、城市道路和广场等都是典型的公共物品。几乎每一种公共物品都是由政府公共部门来提供的。自由垄断的物品，如大部分的可收费的城市基础设施，这种物品有排他性但没有竞争性。

■**66. 公共物品外部性产生的原因是(　　)。**

A. 公共物品是由政府提供的　　B. 商业性投资对公共物品不感兴趣

C. 有价格尺度可以对这些物品作评价　　D. 没有价格尺度可以对这些物品作评价

【参考答案】 D

【解答】 公共物品外部性的产生是因为没有价格尺度可以对这些物品作评价。如果向一个人提供了公共物品，例如安全的城市环境，所有的城市居民也会因此受益，但并不能由于这种好处直接向他们收费。由于公共物品的特殊属性，致使“搭便车”现象很容易发生。

■**67. 下面关于城市基础设施的说法正确的是(　　)。(多选)**

A. 城市基础设施必须为全社会、全体市民提供服务

B. 城市基础设施少数为公共事业

C. 城市基础设施必须以盈利为目的

D. 基础设施产业所提供的产品和服务，大多数具有公共性

【参考答案】 A、D

【解答】 城市基础设施的经营在经济意义上与一般商品或商业化服务相比具有很多特殊性。具体讲，它具有服务的公共性与社会性、效益的内部性与外部性以及需求的周期性与供给的连续性等特性。城市基础设施和其他商品的一个显著区别是，后者可能只为某些单位、某些人提供服务，但前者却必须为全社会、全体市民提供服务，它是一个公共的开放系统，不能拒绝任何使用者的需求。因此，基础设施产业所提供的产品和服务，大多数具有公共性，即一个人的使用不能以排斥其他人的使用为前提，这是由基础设施的性质所决定的。

■**68. 根据国际上的经验，无论是国营还是私营企业，成功的基础设施服务的提供者都首先是(　　)。**

A. 按照个人意愿经营的　　B. 按照商业化的原则经营的

C. 按照市场规律经营的　　D. 按照成本最低原则经营的

【参考答案】 B

【解答】 根据国际上的经验，无论是国营还是私营企业，成功的基础设施服务的提供者都

首先是按照商业化的原则经营的，并至少具有三个基础特点：对提供的基础设施服务有明确、连贯的目的性；拥有经营自主权，企业的管理者和生产者都对经营承担一定程度的责任；享有财务上的独立性。

■69. 通常意义下，市场经济下的公共财政的职能是(　　)。(多选)

A. 调节　　B. 资源配置

C. 监督　　D. 收入分配

E. 经济稳定与增长

【参考答案】 B、D、E

【解答】 财政的职能在计划经济体制下曾被归纳为分配、调节、监督三大职能，但随着市场取向的经济体制改革的深化，政府职能也有了相应的转换。通常意义下，市场经济下的公共财政具有三大职能，即资源配置、收入分配、经济稳定与增长。

△70. 为解决中央财力不断下降的问题，从1994年1月起，中央正式实行(　　)。

A. 中央地方合税制　　B. 集体、个人分税制

C. 国营、私营分税制　　D. 中央地方分税制

【参考答案】 D

【解答】 为解决中央财力不断下降的问题，从1994年1月起，中央正式实行中央地方分税制，这是中华人民共和国成立以来最具力度、影响范围最广的一次财政体制改革。

□71. 分税制是指(　　)。

A. 一国的中央和地方各级政府按照一定比例划分财政收入的一种预算管理体制

B. 一国的中央和地方各级政府按照企业隶属关系划分财政收入的一种预算管理体制

C. 一国的中央和地方各级政府按照税种划分财政收入的一种预算管理体制

D. 一国的中央和地方各级政府按照负责单位划分财政收入的一种预算管理体制

【参考答案】 C

【解答】 所谓分税制是一国的中央和地方各级政府按照税种划分财政收入的一种预算管理体制。分税制的特点是中央和地方各级的财政关系比较明确，这与我国以往各级财政按照企业隶属关系划分收入来源和地方负责组织收入，并按比例分别上缴中央和留成的旧体制有本质的不同。分税制是世界上市场经济体制国家普遍采用的方式。

■72. 城市财政收入的主要来源有(　　)。(多选)

A. 税收收入　　B. 利润收入

C. 规费收入　　D. 罚款收入

E. 债务收入

【参考答案】 A、B、C、D、E

【解答】 城市财政收入的主要来源有：税收收入、利润收入、规费收入和债务收入。在实行利改税后，税收收入是城市财政收入中最主要的形式。规费收入是城市各项公用设施使用费、管理费、事业费、资金占用费、租赁费，以及罚没收入的总和。

■73. 城市财政支出包括(　　)。(多选)

A. 市政建设支出　　B. 教科文卫事业支出

C. 生产支出　　D. 生活支出

E. 管理支出

【参考答案】 A、B、C、D、E

【解答】 城市财政支出包括市政建设支出、教科文卫事业支出、生产支出、生活支出以及管理支出。

□74. 下列城市财政支出中属于生活支出的是(　　)。(多选)

A. 科学事业费　　B. 住宅建设与维护费用

C. 事业单位业务费　　D. 医疗保健卫生费用

【参考答案】 B、D

【解答】 生活支出指用于城市居民生活的那部分资金，包括住宅建设与维护费用、医疗保健卫生费用、生活补贴费用等。科学事业费属于教科文卫事业支出，事业单位业务费属于管理支出。

■75. 当地理上的紧密接近能够为企业产生外在利益时，就出现了(　　)现象。

A. 规模效益　　B. 聚集经济效益

C. 区位经济效益　　D. 城市化经济

【参考答案】 B

【解答】 当地理上的紧密接近能够为企业产生外在利益时，就出现了聚集经济效益。聚集经济可以表现在供需两个方面，劳动、资本等生产要素的集中带来了正的外部性效益，同样，消费的集中也能产生好处。

■76. 经济增长是指(　　)。

A. 一个国家或一个城市的收入的增加

B. 一个国家或一个城市的产出的扩大

C. 一个国家或一个城市的收入和产出的扩大

D. 一个国家或一个城市的经济实力的增强

【参考答案】 C

【解答】 经济增长指的是一个国家或一个城市的收入和产出的扩大。如果一个国家或城市的商品和服务增加了，无论通过何种方式，都可以把这一提高看作是“经济增长”。

■77. 下面关于经济发展的说法正确的是(　　)。(多选)

A. 经济发展总是伴随着经济的增长

B. 经济增长一定代表经济的发展

C. 经济发展，除了收入的提高外，还应含有经济结构的根本变化

D. 经济发展只指收入的提高

【参考答案】 A、C

【解答】 经济发展总是伴随着经济的增长，没有增长的发展是不可能的；但是，经济增长并不一定代表经济的发展。经济发展，除了收入的提高外，还应含有经济结构的根本变化。其中两个最重要的结构性变化是：在国民生产总值中随农业比重的下降而工业比重上升，以及城市人口占总人口比重的上升。

△78. 国际上对于一个国家或地区经济发展阶段的划分通常是通过(　　)来评价经济的总体发展程度。

A. 城市化的测度　　B. 工业化的测度

C. 农业化的测度　　D. 剩余劳动力的测度

【参考答案】 B

【解答】 国际上对于一个国家或地区经济发展阶段的划分通常是通过工业化的测度来评价经济的总体发展程度。其中主要的理论有霍夫曼定理、工业发展阶段论、产业成长阶段论、产业结构演进论和罗斯托的“起飞论”。

□79. 德国经济学家霍夫曼在其《工业化的阶段和类型》一书中指出，衡量经济发展的标准是(　　)。

A. 产值的绝对水平

B. 人均产值

C. 经济中制造业部门的若干产业的增长率之间的关系

D. 资本存量的增长

【参考答案】 C

【解答】 德国经济学家霍夫曼在其《工业化的阶段和类型》一书中指出，衡量经济发展的标准“不是产值的绝对水平，也不是人均的产值，也不是资本存量的增长，而是经济中制造业部门的若干产业的增长率之间的关系”。

■80. 衡量经济发展的标准可以用“霍夫曼系数”H来表示。当“霍夫曼系数”$0<H<0.5$时，处于工业化第(　　)阶段。

A. 一　　B. 二　　C. 三　　D. 四

【参考答案】 D

【解答】 H=消费品工业的净产值/资本品工业的净产值（“资本品”指生产中作为资本投入的那部分产品）。当$4<H<6$时，则处于工业化第一阶段；当$1.5<H<3.5$时，则处于工业化第二阶段；当$0.5<H<1.5$时，则处于工业化第三阶段；当$0<H<0.5$时，处于工业化第四阶段。

△81. 联合国工业发展组织划分工业发展阶段的标准是(　　)。

A. 工业总产值占国民收入的比重　　B. 工业净产值占国民收入的比重

C. 工业总产值占国内生产总值的比重　　D. 工业净产值占国内生产总值的比重

【参考答案】 B

【解答】 联合国工业发展组织划分工业发展阶段的标准，是工业净产值占国民收入的比重。在农业经济阶段，该比重小于20%；在工业初兴阶段，该比重为20%～40%；在工业加速阶段，该比重大于40%。

■82. 产业成长阶段论根据第一、第二、第三产业占国民生产总值的比例和人均国民生产总值的高低，将经济发展阶段划分为(　　)三大时期。

A. 农业化、工业化、信息化　　B. 农业化、前工业化、工业化

C. 农业化、工业化、后工业化　　D. 农业化、工业化前期、工业化后期

【参考答案】 C

【解答】 产业成长阶段论根据第一、第二、第三产业占国民生产总值的比例和人均国民生产总值的高低，将经济发展阶段划分为农业化、工业化、后工业化三大时期。其中工业化时期又分为前、中、后三个阶段。

□83. 产业结构演进论根据产业结构演进的特点，将经济发展划分为五个时期；其中高度化结构阶段的标志是(　　)。

A. 当代高技术

B. 工业技术装备普遍扩散

C. 以农业为主体

D. 完善的高技术体系

【参考答案】 D

【解答】 产业结构演进论根据产业结构演进的特点，将经济发展划分为五个时期：①传统结构阶段——以农业为主体；②二元结构时期——手工操作的农业技术和比较先进的半机械化、机械化、自动化的工业技术并存；③复合结构阶段——工业技术装备普遍扩散到各个产业；④先进技术主导结构阶段——以当代高技术为特征；⑤高度化结构阶段——以完善的高技术体系为标志。

■84. 城市经济的增长表现为以下(　　)的增长三个方面。

A. 实物、价格、人口

B. 实物、人口、消费量

C. 实物、生产量、消费量

D. 实物、人口、收入

【参考答案】 A

【解答】 城市经济的增长和国民经济一样，表现为实物、价格、人口的增长三个方面，其过程就是经济要素在地区之间、部门之间乃至经济单位之间流动与积累的过程，其变化也都反映为投资与收入的相对变化。

■85. 需求指向理论是指(　　)。

A. 城市经济增长的动力来自于内部市场对城市产品的需求

B. 城市经济增长的动力来自于外部市场对城市产品的需求

C. 城市经济增长取决于城市内部的供给情况

D. 城市经济增长取决于城市外部的供给情况

【参考答案】 B

【解答】 需求指向理论是指城市经济增长的动力来自于外部市场对城市产品的需求。这种需求促使城市基础产业部门（也称输出产业部门）的建立和发展，从而带动非基础产业部门（也称地方产业部门）也得到相应的发展。供给基础理论认为，城市经济增长取决于城市内部的供给情况。

■86. 在城市经济中，供给的基础包含的内容有(　　)。(多选)

A. 城市产业的物质与技术基础

B. 专业化协作程度

C. 工业化基础

D. 投资环境

【参考答案】 A、B、D

【解答】 在城市经济中，供给的基础包含三方面的内容：一是城市产业的物质与技术基础；二是专业化协作程度；三是投资环境，尤其是城市的基础设施水平。

■87. 经济增长可通过(　　)来实现。

A. 各种要素投入的增加方式

B. 要素生产率的提高方式

C. 各种要素投入的增加和要素生产率的提高两种方式

D. 各种要素投入的增加和集约经营两种方式

【参考答案】 C

【解答】 经济增长可通过两种方式来实现，一是各种要素投入的增加，包括劳动力、资金等要素的增加；二是要素生产率的提高。在现实中，投入要素的增加与要素生产率的提高往往结合在一起。

■**88. 下面属于有形资源的是(　　)。(多选)**

A. 技术工艺　　B. 土地　　C. 人力资本　　D. 劳动

E. 企业的无形资产

【参考答案】 B、D

【解答】 现代经济理论将资源分为有形资源和无形资源两种形式。有形资源主要包括土地、资本、劳动等要素资源，无形资源是指在经济运行过程中发挥着作用的、非物质形态的、依附于有形资源或以独立存在方式表现的各种生产要素，如技术工艺、人力资本和企业的无形资产等。

△**89. 美国区域科学家弗里德曼指出在传统社会向现代社会的转变中，区域结构先后经历的(　　)三个阶段。**

A. 起飞准备、起飞、降落　　B. 起飞准备、起飞、稳定

C. 起飞准备、起飞、成熟　　D. 滑行、起飞、降落

【参考答案】 C

【解答】 美国区域科学家弗里德曼对区域结构变化和社会经济发展过程作了经典的理论概括。他指出了在传统社会向现代社会的转变中，区域结构先后经历的三个阶段，即起飞准备阶段、起飞阶段、成熟阶段。

■**90. 下面(　　)现象是美国区域科学家弗里德曼所概括的起飞阶段的特征。**

A. 劳动力、资本、原料、市场由外围向中心区转移，中心区逐渐发展，但外围区相对停滞不前，地区间的差距扩大，并可能破坏传统的社会和政治稳定性

B. 外围区在中心区之间不断被重新瓜分和组合，单核的中心—外围结构逐渐转变为主中心和副中心相互依赖的多核结构

C. 国民经济在空间上实现一体化

D. 一个或少数几个条件优越的地区与其他广大地区开始两极分化

【参考答案】 B

【解答】 起飞阶段，中心区经济迅速发展，对资源需求大幅度扩张，地区之间的相互交流、相互作用不断加强，许多外围地区逐渐得到开发，它们不仅成为老中心区的原料基地或产品输入输出的窗口，而且逐渐成为其周围地区的次级中心。因此外围区在中心区之间不断被重新瓜分和组合，单核的中心—外围结构逐渐转变为主中心和副中心相互依赖的多核结构。上述选项中的A、D是起飞准备阶段的特征；C是成熟阶段的特征。

□**91. 城市与区域一体化发展的主要内容有(　　)。(多选)**

A. 生产要素市场一体化　　B. 人口发展一元化

C. 产业发展一体化　　D. 城乡空间发展一体化

E. 基础设施建设一体化　　F. 环境资源开发与保护一体化

【参考答案】 A、C、D、E、F

【解答】 城市与区域一体化发展是一种广泛而复杂的地域过程，不同区域在不同的发展阶段有不同表现内容。一般而言，主要由五个方面的内容组成，即生产要素市场一体化、产业发展一体化、城乡空间发展一体化、基础设施建设一体化、环境资源开发和保护一体

化。其中生产要素市场一体化是城市与区域一体化的基础，其本质就是使资源的配置不断优化调整和重组，产业发展一体化是要素市场一体化的实现形式；城乡空间发展一体化是经济发展一体化的空间载体；而基础设施建设和环境资源开发、保护的一体化是城市与区域高效率运转的条件和可持续发展的保障。这五个方面相辅相成，共同组成城市与区域一体化发展的主要内容和目标。

□92. 区域内生产要素流动的方式主要有(　　)。(多选)

A. 联动型方式　　B. 带动型流动方式

C. 推动型流动方式　　D. 拉动型流动方式

【参考答案】 A、B、D

【解答】 区域内生产要素流动的方式有多种，主要有横向间经济技术协作所产生的联动型方式；城市与区域或城乡间经济技术联系所产生的带动型流动方式；由市场因素所产生的拉动型流动方式三种。其中联动型流动方式常常会带有行政导向和干预等非经济因素；带动型流动方式基于区内发展水平和条件的梯度差而产生流动引力和推力，是中心城市与区域经济相互作用的必然结果；拉动型流动受市场因素决定，排斥非经济因素，是生产要素流动的高级形式，对区域经济发展具有深刻影响，是推动产业结构高级化与产业合理分工和最终实现城市与区域一体化目标的关键。

■93. (　　)是区域经济一体化的空间依托和表现形式。

A. 基础设施建设一体化　　B. 城乡空间发展一体化

C. 产业发展一体化　　D. 生产要素市场一体化

【参考答案】 B

【解答】 城乡空间发展一体化是区域经济一体化的空间依托和表现形式，是区域社会经济高效、有序发展的必然要求。

■94. 高新技术产业的劳动力结构与传统工业有很大不同，呈现为(　　)的特征。

A. 两头小，中间大　　B. 两头大、中间小

C. 两头中间一样大　　D. 一头大、一头小

【参考答案】 B

【解答】 高新技术产业的劳动力结构与传统工业有很大不同，呈现为两头大、中间小，即高素质的研究人员和工程师数量大，半熟练的劳动力数量大，而处于中间的行政管理人员及熟练工人的数量小。

△95. 高新技术工业代表是(　　)行业。(多选)

A. 微电子　　B. 制造业　　C. 计算机　　D. 因特网

【参考答案】 A、C

【解答】 高新技术工业以微电子和计算机为代表。

△96. 下面所列各项中(　　)不是高新技术工业的特点。

A. R&D，创新和原型的生产活动，集中在高层次的技术创新场所，主要是大都市中心及一些科技园区

B. 高度技术性的制造业活动，主要集中在发达国家的技术产业区

C. 大规模的生产活动，长时间需要大量的半熟练劳力，扩散至东南亚等发展中国家

D. 经济中心城市以制造业为核心产业而崛起

E. 与客户直接关联的生产以及售后服务等，需要接近主要的大都市地区，并扩散到工业化及发展中国家的整个市场区

【参考答案】 D

【解答】 高新技术工业按其生产过程的四个阶段，在空间组织上有相应的四个特点。①R&D，创新和原型的生产活动，集中在高层次的技术创新场所，主要是大都市中心及一些科技园区；②高度技术性的制造业活动，主要集中在发达国家的技术产业区；③大规模的生产活动，长时间需要大量的半熟练劳力，扩散至东南亚等发展中国家；④与客户直接关联的生产以及售后服务等，需要接近主要的大都市地区，并扩散到工业化及发展中国家的整个市场区。

△97. 以高新技术为代表的新兴工业需要接近(　　)地区进行布局。

A. 大都市的经济、科技及政治决策中心　　B. CBD 地区

C. 大都市地区　　D. 中心城市

【参考答案】 A

【解答】 以高新技术为代表的新兴工业需要接近大都市的经济、科技及政治决策中心。高新技术产业的活力同样在于与全球经济网络的联系，技术创新地是全球生产和创新网络中的节点。

■98. 决定和影响产业结构的因素包括以下(　　)。(多选)

A. 需求结构　　B. 资源供给结构

C. 地方文化要素　　D. 科学技术因素

【参考答案】 A、B、D

【解答】 决定和影响产业结构的因素包括：①需求结构，包括中间需求与最终需求的比例，社会消费水平和结构、消费和投资的比例、投资水平与结构等；②资源供给结构，有劳动力和资本的拥有状况和它们之间的相对价格，一国自然资源的禀赋状况；③科学技术因素，包括科技水平和科技创新发展的能力、速度，以及创新方向等；④国际经济关系对产业结构的影响，有进出口贸易、引进外国资本及技术等因素。

□99. 以下(　　)项不属于工业经济时期城市结构特征。

A. 城市经济的增长和投资成为城市空间结构演化的主要动力

B. 知识密集型企业占主导地位，并依托人才密集区在城市集聚

C. 城市空间不断扩大，城市功能分区逐渐明显

D. 内涵调整和外延扩展交互作用，城市空间结构不断变动

【参考答案】 B

【解答】 工业经济时期城市结构特征：①城市空间不断扩大，城市功能分区逐渐明显；②城市土地利用成组成团，形成各种均质区；③城市经济的增长和投资成为城市空间结构演化的主要动力；④各种社会经济活动聚集效应明显；⑤内涵调整和外延扩展交互作用，城市空间结构不断变动。

□100. 知识经济时期产业结构是以(　　)为主导产业结构。

A. 第一产业　　B. 第二产业　　C. 第三产业　　D. 第二、第三产业

【参考答案】 C

【解答】 主导产业是城市产业结构的核心，对城市职能和空间布局影响力最强。

农业经济时期产业结构：第一产业占绝对比重，手工业和商业服务于种植和养殖业，处于依附地位，产业结构受自然资源制约。

工业经济时期产业结构：第一产业比重下降，第二产业由处于绝对支配地位逐渐让步于第三产业。资源导向型产业结构向高技术、高加工度型转化，农业的集约化提高，资金密集型，技术密集型产业占主导。

知识经济时期产业结构：第三产业占据主导支配地位。农业实行高效集约型生产，知识密集型产业在工业中占据主导地位，以信息、金融、物流为主的服务业和高精尖制造业构成主导产业。

■101. 城市空间结构的演变趋势是(　　)。(多选)

A. 城市的生态化和人本化　　B. 大分散、小集中

C. 多样化、多中心布局　　D. 空间分异日趋明显

【参考答案】 A、B、C、D

【解答】 伴随着知识经济的到来，对信息技术作用下城市空间结构的研究正成为新的热点。受经济全球化和跨国公司区位的影响，在未来一段时期，城市空间结构将发生急剧的变化：①城市的生态化和人本化；②大分散、小集中；③多样化、多中心布局；④空间分异日趋明显。

□102. 公共财政的职能不包括以下(　　)。

A. 支持经济体制创新的职能　　B. 调节收入支出分配的职能

C. 建立财政投融资管理体系　　D. 管理国有资产的职能

【参考答案】 B

【解答】 公共财政的职能包括：①支持经济体制创新的职能；②管理国有资产的职能；③建立财政投融资管理体系；④调节收入分配的职能；⑤稳定经济和促进经济发展职能。

■103. 公共物品包括以下(　　)。

A. 道路、公园、医院、图书馆、信息设施，所有城市居民都可以享受或必须遵循的政策、法规、福利等非实物的产品

B. 道路、住宅、医院、图书馆

C. 道路、公园、医院、公共厕所、住宅

D. 所有城市居民都可以享受或必须遵循的政策、法规、福利等非实物的产品

【参考答案】 A

【解答】 公共物品指那些既无排他性又无竞争性的设施和服务。也就是说，一个人使用公共物品并不减少另一个人对它的使用。城市管理、城市社会治安、城市道路和广场等都是典型的公共物品。几乎每一种公共物品都是由政府公共部门来提供的。与此类似的状况是自然垄断的物品，如大部分的可收费的城市基础设施，这种物品有排他性但没有竞争性。尽管两者都大多由公共部门来供应，但性质上是非常不同的。城市公共物品既包括可见的、实物形态的道路、公园、医院、图书馆、信息设施等，也包括所有城市居民都可以享受或必须遵循的政策、法规、福利等非实物的产品。对于现代城市来说，城市公共物品是影响城市空间性状的最为基础、最为直接的要素。从城市的形成到现代城市功能的拓展，城市公共物品都在起着先导的作用。

□**104. 下面关于交通供给与需求的特点描述正确的是(　　)。(多选)**

A. 交通需求是指出于各种目的的人和物在社会公共空间中以各种方式进行移动的要求，它具有需求时间和空间的不均匀性、需求目的的差异性、实现需求方式的可变性等特征

B. 道路与机动车之间在数量上存在比例关系，车辆增长与交通量的增长呈线性关系

C. 需求是可以调节的，而供给是有限制的

D. 交通供给是指为了满足各种交通需求所提供的基础设施和服务，它具有供给的资源约束性、供给的目的性、供给者的多样化等特征

【参考答案】 A、C、D

【解答】 交通需求是指出于各种目的的人和物在社会公共空间中以各种方式进行移动的要求，它具有需求时间和空间的不均匀性、需求目的的差异性、实现需求方式的可变性等特征。交通供给是指为了满足各种交通需求所提供的基础设施和服务，它具有供给的资源约束性、供给的目的性、供给者的多样化等特征。

从交通供给与需求的特点可以看到：需求是可以调节的，而供给是有限制的。但供给必须满足社会各项活动所必需的基本需求，保持交通运输系统在可接受的负荷状态下运行，否则城市就无法生存和发展；同样，由于供给的短缺，必须对需求进行调控，即发达国家城市常用的交通需求管理（TDM）。

交通供给与需求是一对错综复杂的矛盾，由于经济、社会和环境等方面的观念差异，处理这一矛盾的手段和实施效果会有很大的差异。

□**105. 下面关于城市交通需求类型的描述不正确的是(　　)。**

A. 人的出行需求　　B. 交通的弹性需求

C. 货物的运输需求　　D. 派生性交通需求

【参考答案】 B

【解答】 交通需求是指出于各种目的的人和物在社会公共空间中以各种方式进行移动的要求，它具有需求时间和空间的不均匀性、需求目的的差异性、实现需求方式的可变性等特征。类型包括人的出行需求（出行本身具有目的性的直接性或者本源性需求；满足他人的活动或者经济欲望的派生性需求）、派生性交通需求（是本源性交通需求的前提）、货物的运输需求。

□**106. 城市交通的政策性调控是针对以下(　　)方面的政策。**

A. 交通市场、交通投资、交通限制、交通调整

B. 交通市场、交通投资、交通管理、交通调整

C. 交通市场、交通成本、交通限制、交通调整

D. 交通管理、交通投资、交通限制、交通调整

【参考答案】 A

【解答】 交通政策是政府以交通为对象制定的经济政策，是人们需要的交通服务生产和消费的政府政策。交通政策作为形成政府经济政策的一部分，与经济政策全局具有密切的关联性，就意味着政府介入交通市场。

交通的政策调控内容包括：交通市场政策、交通投资政策、交通限制政策、交通调整政策。

理论包括：①交通市场政策：市场调节机制的利用与交通政策、运价政策、边际成本运价政策与道路拥挤收费；②交通投资政策：道路、铁路投资政策与财源、交通投融资政策、运价政策、交通系统结构政策；③交通限制政策：回避交通、限制交通、抑制交通；④交通调整政策：代表性理论包括合理划分理论、基础设施平等论、综合交通体系论等。

□107. 制定城市交通政策的目的是(　　)。

A. 充分发挥交通资源的优势　　B. 提高交通能力

C. 提高人民的生活水平和增强国力　　D. 社会效益的最大化

【参考答案】 C

【解答】 经济政策的目的是在于提高人民的生活水平和增强国力，因此交通政策也应该坚决贯彻该目的。为了实现这一目的，政府对交通市场的介入即成为交通政策。目的有两种：以社会性效益的最大化为目标的资源分配目的和以获得最佳收入分配为目标的收入目的。

政府政策介入的原因有两种：资源分配和收入分配两方面。资源分配上的原因又被称为市场失灵，这主要是因为价格调节机制的作用没有完全发挥。收入分配上的原因伴随着价值判断，也需要超越家庭和企业的个体性选择形式的政府政策性的介入。

□108. 针对现代交通问题的四个交通调整政策包括(　　)。

A. 线路设施成本负担调整政策、运费调整政策、投资调整政策、限制机制调整政策

B. 线路设施成本负担调整政策、运费调整政策、限制调整政策、公共机制调整政策

C. 线路设施成本负担调整政策、限制调整政策、投资调整政策、公共机制调整政策

D. 线路设施成本负担调整政策、运费调整政策、投资调整政策、公共机制调整政策

【参考答案】 D

【解答】 现代交通问题：道路交通拥堵、交通公害和交通事故。四种交通调整政策：线路设施成本负担调整政策；运费调整政策；投资调整政策；公共机制调整政策。

这些调整手段通常在不同的交通方式或同种交通方式之间调整，但从交通调整政策本身的目的而言，应该以不同的交通方式为中心，即交通方式之间的调整并不是相互独立，而是相互依存的。第一，线路设施成本负担调整政策的意图是通过调整道路建设成本实现交通方式之间的平衡，对于不同种类的交通方式，尤其是对调整道路和铁路之间的竞争有效。第二，投资调整政策。它是通过投资进行交通方式间的调整，谋求交通方式间平衡的政策。第三，通过公共机制政策进行调整的政策。该政策通过准入机制、运费和通行费等机制政策进行交通方式间的调整。

□109. 公共财政的基本特征有三个，以下选项中(　　)不是。

A. 公共性　　B. 法制性　　C. 均衡性　　D. 非营利性

【参考答案】 C

【解答】 公共财政的基本特征：① 公共性；②非营利性；③法制性。

■110. 公共财政的基本功能包括以下(　　)。(多选)

A. 公共性　　B. 资源配置　　C. 经济稳定与增长　　D. 收入分配

【参考答案】 B、C、D

【解答】 公共财政的基本功能是满足社会公共需要、法制规范和宏观调控。通常意义下，

市场经济下的公共财政具有三大职能，即资源配置、收入分配、经济稳定与增长。城市公共财政的首要任务是进行城市的建设和维护，城市规划目标的实现，也是城市公共财政的职能所在。

■111. 下面关于公共财政的基本特点的论述正确的是(　　)。(多选)

A. 公共财政是一种服务财政

B. 公共财政是一种体现市场缺陷的财政体制

C. 公共财政是一种法制财政

D. 公共财政是一种民主财政

【参考答案】 A、C、D

【解答】 公共财政的特点：①公共财政是一种弥补市场缺陷的财政体制；②公共财政是一种服务财政；③公共财政是一种民主财政；④公共财政是一种法制财政。

■112. 不同产业，或不同性质的企业的城市集中，比各个企业孤立地分散设立在各个地区会带来更大的经济效益。表现在以下(　　)方面。(多选)

A. 便于企业之间直接接触，达到彼此学习，相互交流，广泛协作

B. 促进基础设施、公用事业的建立、发展和充分利用

C. 降低产品成本，增加运输费用

D. 扩大市场规模

【参考答案】 A、B、D

【解答】 不同产业，或不同性质的企业的城市集中，比各个企业孤立地分散设立在各个地区会带来更大的经济效益。

表现在：①扩大市场规模；②降低运输费用，降低产品成本；③促进基础设施、公用事业的建立、发展和充分利用；④企业的集中必然伴随熟练劳动力、技术人才和经营管理干部的集中；⑤便于企业之间直接接触，达到彼此学习，相互交流，广泛协作，推广技术，开展竞争，从而刺激企业改进生产、开发产品、提高质量，创造出巨大的经济效益。

■113. 对经济区的基本特征描述正确的是以下各项中的(　　)。

A. 中心相对稳定、边界模糊、对外开放、对内联系紧密

B. 中心相对稳定、边界模糊、对内开放、对内联系紧密

C. 中心相对稳定、边界模糊、对外开放、对外联系紧密

D. 中心相对稳定、边界模糊、对内开放、对外联系紧密

【参考答案】 A

【解答】 经济区是客观存在的经济活动区域，是以中心城市为核心，以历史、文化渊源为基础，以广泛的内外经济联系为纽带的开放型经济地域，具有中心相对稳定、边界模糊、对外开放、对内联系紧密的特征。行政区是国家实施政治控制和社会管理的特定地域单元，具有比较稳定的地理界限和刚性的法律约束。

■114. 经济区的基本结构不包括以下各项中的(　　)项。

A. 强大的经济中心

B. 一定面积的地域范围

C. 业已形成的空间形态与空间结构

D. 畅达的流通渠道和便捷的交往条件

【参考答案】 C

【解答】 经济区与行政区是迥然相异的两个概念，各自性质不同。经济区是客观存在的经济活动区域，是以中心城市为核心，以历史、文化渊源为基础，以广泛的内外经济联系为纽带的开放型经济地域，具有中心相对稳定、边界模糊、对外开放、对内联系紧密的特征。行政区是国家实施政治控制和社会管理的特定地域单元，具有比较稳定的地理界限和刚性的法律约束。

经济区各具特色，具有以下特点：地域上的客观性；经济上的协作性；组织上的系统性。经济区的基本结构类似，一般包含以下几个内容：强大的经济中心；一定面积的地域范围；业已形成的经济网络；畅达的流通渠道和便捷的交往条件。

■115. 经济区的运行机制不包括以下各项中的(　　)。

A. 横向联合、经济开放　　B. 平等竞争、利益共存

C. 区域协调、优势互补　　D. 生态独立、依托中心

【参考答案】 D

【解答】 经济区的运行机制包括三个方面：横向联合、经济开放；平等竞争、利益共存；区域协调、优势互补。

■116. 约束经济增长的因素包括以下(　　)方面。(多选)

A. 资源因素　　B. 技术因素　　C. 环境因素　　D. 体制因素

【参考答案】 A、B、D

【解答】 经济增长受以下几方面的约束：

（1）资源约束。包括自然条件、劳动力素质、资本数额等方面。

（2）技术约束。技术水平直接影响生产效率。

（3）体制约束。体制规定了人们的劳动方式、劳动组织、物质和商品流通、收入分配等内容，规定了人们经济行为的边界。

■117. 马克思按照地租产生的原因和条件的不同，将地租分为三类，即(　　)。

A. 相对地租、绝对地租和垄断地租　　B. 级差地租、绝对地租和垄断地租

C. 级差地租、绝对地租和相对地租　　D. 级差地租、相对地租和垄断地租

【参考答案】 B

【解答】 马克思主义认为，地租是土地使用者由于使用土地而缴给土地所有者的超过平均利润以上的那部分剩余价值。马克思按照地租产生的原因和条件的不同，将地租分为三类：级差地租、绝对地租和垄断地租。前两类地租是资本主义地租的普遍形式，后一类地租（垄断地租）仅是个别条件下产生的资本主义地租的特殊形式。

级差地租：马克思认为资本主义的级差地租是经营较优土地的农业资本家所获得的，并最终归土地所有者占有的超额利润。级差地租来源于农业工人创造的剩余价值，即超额利润，它不过是由农业资本家手中转到土地所有者手中了。

绝对地租：是指土地所有者凭借土地所有权垄断所取得的地租。绝对地租既不是农业产品的社会生产价格与其个别生产价格之差，也不是各级土地与劣等土地之间社会生产价格之差，而是个别农业部门产品价值与生产价格之差。因此，农业资本有机构成低于社会平均资本有机构成是绝对地租形成的条件，而土地所有权的垄断才是绝对地租形成的根本原因。绝对地租的实质和来源是农业工人创造的剩余价值。

垄断地租：是指由产品的垄断价格带来的超额利润而转化成的地租。垄断地租不是来

自农业雇佣工人创造的剩余价值，而是来自社会其他部门工人创造的价值。

■118. 城市经济学区别于其他分支学科的特征是(　　)。

A. 研究资源的利用条件　　B. 研究经济活动的空间

C. 研究失业问题　　D. 研究公共政策问题

【参考答案】 B

【解答】 城市经济学既是一门以经济学基础理论为基础的应用科学，又是一门多学科、多层次融汇综合的边缘科学，是经济学科中一门以城市系统为对象，研究城市内部的经济活动，揭示城市形成、发展及城市化过程中的经济规律的应用性学科。它系统地运用经济学原理，揭示城市经济的产生、发展的历史过程和运行规律；分析城市的生产关系、经济结构和要素组织；对主要的城市问题做出科学解释；研究城市经济性运营的措施和方法，因此，城市经济学在认识和解决城市问题的实践中具有独特的作用。

■119. 浙江鞋袜专业镇形成原理是(　　)。

A. 规模经济原理　　B. 城市化理论

C. 专业化原理　　D. 专业选择理论

【参考答案】 A

【解答】 规模经济(Economics of Scale)又称"规模利益"(Scale Merit)，指随生产能力的扩大，使单位成本下降的趋势，即长期费用曲线呈下降趋势。规模指的是生产的批量，具体有两种情况，一种是生产设备条件不变，即生产能力不变情况下的生产批量变化，另一种是生产设备条件即生产能力变化时的生产批量变化。规模经济概念中的规模指的是后者，即伴随着生产能力扩大而出现的生产批量的扩大，而经济则含有节省、效益、好处的意思。

■120. 下列不属于土地的经济特性的是(　　)。

A. 土地经济供给的稀缺性　　B. 土地用途的多样性

C. 土地用途变更的简易性　　D. 土地增值性

【参考答案】 C

【解答】 土地用途变更的简易性，不属于土地的经济特性。

■121. 下列(　　)是工业社会时期城市和城市人口规模变化的特征。

A. 城市中与信息密切相关的产业将成为城市经济的主导产业，城市将从工业制造中心、商贸中心逐步转为信息流通中心、信息管理中心和信息服务中心

B. 城市数量、规模上来说，是一个迅速扩张的阶段

C. 城市绝大多数规模较小，数量也较少

D. 城市主要经济功能已从大工业生产的集聚区转而成为第三产业中心，商贸、金融、房地产、信息等生产服务业在城市蓬勃兴起，而工业在城市经济中已逐渐退居次要地位

【参考答案】 B

【解答】 前工业社会时期：前工业社会指奴隶社会和封建社会时期，这一时期是农业文明占主导地位的历史阶段。这一时期从经济特征看，城市主要是手工业生产的集中地和农产品的集散地，鉴于当时城市的经济功能和整个社会生产力水平较为低下的状况，建立在自然经济和小农经济基础上的城市不可能获取大量的商品粮以养活城市人口，因此这一时期的城市绝大多数规模较小，数量也较少。

工业社会时期：产业革命引起了各方面深刻的变革，小规模的分散劳动为社会化的大

规模集中劳动所替代，大机器生产的特点对城市规模的要求产生了巨大变化，出现了集聚经济效益和规模经济效益。集聚经济效益是指由于劳动和资本等生产要素的集中所产生的高效益。规模经济效益是指适度的规模所产生的最佳经济效益，在微观经济学理论中它是指由于生产规模扩大而导致的长期平均成本下降的现象。另一方面，工业社会时期农业生产力水平空前提高，大批农业剩余劳动力可转入工业生产，而且农产品的极大丰富也使城市规模扩大、城市数量大幅度上升成为可能，因此这一时期城市从数量上来说是一个迅速增加的阶段，从规模上来说，是一个迅速扩张的阶段。

后工业社会时期：后工业社会的显著特征就是第三产业逐渐成为经济活动的主要内容，这一阶段的城市，其主要经济功能已从大工业生产的集聚区转而成为第三产业中心，商贸、金融、房地产、信息等生产服务业在城市蓬勃兴起，而工业在城市经济中已逐渐退居次要地位。这一时期城市规模的扩张势头将有所减弱，甚至趋于停滞。

信息时代：信息革命对城市规模的冲击在一些发达国家已经显现，并逐渐扩散开来。在高度信息化和全面网络化的城市，信息传递不再受距离等条件的限制，许多生产服务业的业务联系可以通过现代化通信网络实现，所以使得生产要素高度集聚所带来的“集聚效应”有所弱化，超级城市不再成为必要而走向裂解。在信息时代，城市中与信息密切相关的产业将成为城市经济的主导产业，城市将从工业制造中心、商贸中心逐步转为信息流通中心、信息管理中心和信息服务中心。

■122. 下列哪种情况下，“用脚投票”不能带来效率的提高？（　　）

A. 政府征收人头税　　B. 迁移成本很低

C. 居民消费偏好差异大　　D. 公共服务溢出效应大

【参考答案】 A

【解答】 所谓“用脚投票”，是指资本、人才、技术流向能够提供更加优越的公共服务的行政区域。在市场经济条件下，随着政策壁垒的消失，“用脚投票”挑选的是那些能够满足自身需求的环境，这会影响着政府的绩效，尤其是经济绩效。它对各级各类行政主体的政府管理产生了深远的影响，推动着政府管理的变革。

如果我们有很多个地方政府，每个地方政府都提供各具特色的公共品，这样给那些对公共品具有不同需求的居民选择的可能，我们就可以提高公共品供给的经济效率。一个存在产品差异的市场上，消费者可以根据自己的偏好来选择产品。

■123. 下列哪种方法是可以同时达到公平与效率两个目标的方法？（　　）

A. 土地税　　B. 房产税　　C. 消费税　　D. 营业税

【参考答案】 A

【解答】 土地税是以土地为征税对象，并以土地面积、等级、价格、收益或增值为依据计征的各种赋税的总称。中国现行的土地税种有城镇土地使用税、耕地占用税、土地增值税、房产税、农业税和契税等。土地征税可以减少社会福利损失的“无谓损失”，可以在为政府获得财政收入的同时不影响市场的效率。

■124. 决定经济增长的直接因素包含以下（　　）。（多选）

A. 投资量　　B. 劳动量　　C. 技术进步　　D. 生产率

【参考答案】 A、B、D

【解答】 决定经济增长的直接因素：

一是投资量。一般情况下，投资量与经济增长成正比。

二是劳动量。在劳动者同生产资料数量、结构相适应的条件下，劳动者数量与经济增长成正比。

三是生产率。生产率是指资源（包括人力、物力、财力）利用的效率。提高生产率也对经济增长直接作出贡献。

三个因素对经济增长贡献的大小，在经济发展程度不同的国家或不同的阶段，是有差别的。一般来说，在经济比较发达的国家或阶段，生产率提高对经济增长的贡献较大。在经济比较落后的国家或阶段，资本投入和劳动投入增加对经济增长的贡献较大。

■125. 我国实现技术进步的途径包含以下（　　）方面。(多选)

A. 投资量　　B. 劳动量

C. 着重发展关键技术　　D. 改革科技体制推动科技创新体系建设

【参考答案】 C、D

【解答】 技术进步通过两种途径来推动经济增长：一是技术进步通过对生产力三要素的渗透和影响，提高生产率，推动经济增长。二是在高科技基础上形成的独立产业，其产值直接成为国民生产总值的组成部分和经济增长的重要来源。

我国实现技术进步的途径：第一，从我国国情出发，实施正确的科学技术发展战略；第二，着重发展关键技术；第三，改革科技体制推动科技创新体系建设。

■126. 下列关于外延式和内涵式的经济增长的区别的论述正确的是（　　）。(多选)

A. 外延型经济增长的途径主要依靠增加资源（人财物）的投入、扩大生产场地、生产规模、增加产品产量

B. 内涵型经济增长的途径主要依靠增加资源（人财物）的投入、扩大生产场地、生产规模、增加产品产量

C. 外延型经济增长的途径主要依靠提高资源利用率、劳动生产率

D. 内涵型经济增长的途径主要依靠提高资源利用率、劳动生产率

【参考答案】 A、D

【解答】 外延型经济增长的途径主要依靠增加资源（人财物）投入、扩大生产场地、生产规模、增加产品产量；内涵型经济增长的途径主要依靠提高资源利用率、劳动生产率。

这只是理论上的划分。事实是二者常常结合在一块。比如新买一台具有世界先进水平的机器设备，为此投入资金、场地，产品数量因为新机器的投入使用也增加了。但是新机器废品率低、省料、单位时间生产的产品多，节约人工。往往一项新技术革命的发生，都会伴随新的投资热潮，产生新的产业部门，新的工业基地，离不开经济外延的扩大，但是这种外延的扩大蕴涵着高技术水平，有利于提高劳动生产率和资源利用率。

□127. 城市开发区要想成功地进行招商引资必须至少具备以下（　　）方面的条件。(多选)

A. 良好的区位条件　　B. 良好的投资环境

C. 良好的政府行为及服务　　D. 良好的优惠政策

【参考答案】 A、B、C、D

【解答】 开发区属于一个小区域，因此高新开发区的发展对城市的发展同样具有带动和引

导作用，改革开放特别是近十年来，我国许多城市以及许多县城都设立各种形式的开发区，以突破城市发展的旧有模式，为城市的发展开辟新的途径。纵观各地“开发区”的发展情况，成功者有，失败者也有。我们在成功的、失败的案例中可以看到他们都有一个共同问题，那就是如何对待城市与区域发展之间的关系、如何引进资金及投资项目。可以这么说，一个“开发区”的发展无论成败都离不开资金。

一个开发区要想成功地进行招商引资必须至少具备四个方面的条件：一是开发区有良好的区位条件；二是开发区有良好的投资环境；三是开发区有良好的政府行为及服务；四是开发区有良好的优惠政策。

□128. 中国地理学者孙盘寿先生的“西南三省城镇的职能类型”是我国区域性城镇职能分类研究中最早且比较深入系统的一个例子。采取(　　)种分段处理方法。

A. 一是把城镇的职能类型分别处理，重点放在我国中部地区的城市；二是在城市的职能分类中，对城市的基本类型和城市的工业类型又分别处理，然后加以综合

B. 一是把城镇的职能类型分别处理，重点放在城市；二是在城市的职能分类中，对城市的基本类型和城市的产业类型又分别处理，然后加以综合

C. 一是把城镇的职能类型分别处理，重点放在城市；二是在城市的职能分类中，对城市的基本类型和城市的工业类型又分别处理，然后加以综合

D. 一是把城镇的职能类型分别处理，重点放在中小城镇；二是在城市的职能分类中，对城市的基本类型和城市的工业类型又分别处理，然后加以综合

【参考答案】 C

【解答】 我国地理学者孙盘寿先生的“西南三省城镇的职能类型”是我国区域性城镇职能分类研究中最早且比较深入系统的一个例子。采取两种分段处理。一是把城镇的职能类型分别处理，重点放在城市；二是在城市的职能分类中，对城市的基本类型和城市的工业类型又分别处理，然后加以综合。

对城市部分分类的思路是先利用城市职工部门构成的资料，取其中工业、运输、科教文卫、机关团体四个部门的职工比重进行城市基本类型的划分。

□129. 三次产业之间的结构变化显现出以下（　　）趋势。

A. 第一产业的增加值和就业人数在国民生产总值和全部劳动力中的比重，在大多数国家呈不断下降的趋势；第二产业的增加值和就业人数占的国民生产总值和全部劳动力的比重，在 20 世纪 60 年代以前，大多数国家都是上升的；第三产业的增加值和就业人数占国民生产总值和全部劳动力的比重各国都呈上升趋势

B. 第一产业的增加值和就业人数在国民生产总值和全部劳动力中的比重，在大多数国家呈不断下降的趋势；第二产业的增加值和就业人数占的国民生产总值和全部劳动力的比重，在 20 世纪 60 年代以前，大多数国家都是下降的；第三产业的增加值和就业人数占国民生产总值和全部劳动力的比重各国都呈上升趋势

C. 第一产业的增加值和就业人数在国民生产总值和全部劳动力中的比重，在大多数国家呈不断下降的趋势；第二产业的增加值和就业人数占的国民生产总值和全部劳动力的比重，在 20 世纪 60 年代以后，美、英等发达国家工业部门增加值和就业人数在国民生产总值和全部劳动力中的比重开始上升；第三产业的增加值和就业人数占国民生产总值和全部劳动力的比重各国都呈上升趋势

D. 第一产业的增加值和就业人数在国民生产总值和全部劳动力中的比重，在发展中国家呈不断下降的趋势；第二产业的增加值和就业人数占的国民生产总值和全部劳动力的比重，在20世纪60年代以前，大多数国家都是上升的；第三产业的增加值和就业人数占国民生产总值和全部劳动力的比重发达国家呈上升趋势

【参考答案】 A

【解答】 三次产业之间的结构变化趋势：

第一产业的增加值和就业人数在国民生产总值和全部劳动力中的比重，在大多数国家呈不断下降的趋势。直至20世纪70年代，在一些发达国家，如英国和美国，第一产业增加值和劳动力所占比重下降的趋势开始减弱。

第二产业的增加值和就业人数占的国民生产总值和全部劳动力的比重，在20世纪60年代以前，大多数国家都是上升的。但进入20世纪60年代以后，美、英等发达国家工业部门增加值和就业人数在国民生产总值和全部劳动力中的比重开始下降，其中传统工业的下降趋势更为明显。

第三产业的增加值和就业人数占国民生产总值和全部劳动力的比重各国都呈上升趋势。20世纪60年代以后，发达国家的第三产业发展更为迅速，所占比重都超过了60%。

从三次产业比重的变化趋势中可以看出，世界各国在工业化阶段，工业一直是国民经济发展的主导部门。发达国家在完成工业化之后逐步向“后工业化”阶段过渡，高技术产业和服务业日益成为国民经济发展的主导部门。

■130. 李嘉图在地租理论上的主要功绩是（　　）。

A. 他有意识地运用了劳动时间决定价值量的原理，创立了差额地租学说

B. 他把差额地租形成的原因概括为土地肥力和位置差异

C. 他断言地租总是由于追加的资本和劳动量所获报酬相应的增加而产生的，这实际上是把地租的产生与“土地报酬递减规律”联系在一起了

D. 李嘉图得出差额地租量取决于相同等级土地的劳动生产率也存在差别这一结论

【参考答案】 A

【解答】 李嘉图在地租理论上的主要功绩，在于他有意识地运用了劳动时间决定价值量的原理，创立了差额地租学说。他认为，由于土地的特性，农产品的价值是耕种劣质土地的生产条件，即由最大的劳动耗费量决定的。因此，优中等地的产品在价格上，除了补偿生产成本和利润外，还有超额利润，而转化为地租归地主所占有。这样，李嘉图便得出了差额地租量取决于不同等级土地的劳动生产率的差别这一正确的结论。

■131. 我国社会主义地租的经济意义和作用包括（　　）。(多选)

A. 有利于国家运用税收和租费等杠杆增进财政收入和对土地的合理分配与使用

B. 有利于国家制定土地有偿使用政策，保护国有土地和集体土地所有制

C. 可以为土地评价、计价和确定价格税收和房租等提供依据

D. 有利于国家、集体规定土地使用费，加强对土地的管理

【参考答案】 A、B、C、D

【解答】 社会主义地租的经济意义和作用：有利于国家运用税收和租费等杠杆增进财政收入和对土地的合理分配与使用；有利于国家制定土地有偿使用政策，保护国有土地和集体土地所有制；可以为土地评价、计价和确定价格税收和房租等提供依据；有利于协

调国家、集体、个人三者关系促进社会经济发展；有利于促进企业生产者之间和地区之间在发展商品经济中开展竞争和协作；有利于国家、集体规定土地使用费，加强对土地的管理。

■132. 针对城市交通拥堵治理模式，各个国家采取了不同的态度，下面论述正确的是（　　）。（多选）

A. 在德国，一旦查出违规行为，将重罚驾车者，且对个人信用等级造成终身影响。经常违法和发生事故者不但难找工作，连购车的保险费率也比他人高很多，这也使驾车者将遵守交通规则提升为自觉意识

B. 以中国为代表的发展中国家竞相投入大量资金和人力，期望通过高科技手段疏导城市交通，均衡道路的交通负载，减轻局部的拥堵程度，提高整个路网的运行效率，在现有的道路和交通条件下挖掘潜力，最大限度地发挥交通运输能力，实现道路顺畅的目的

C. 日本在需求管理和制度完善应用较好的情况下，重点考虑增加供给中的智能交通技术的提高与改进；而英国目前则看重需求管理中的收费调节方式

D. 20 世纪 60 年代，美国最早采取交通需求管理策略，到了 20 世纪 70～80 年代，TDM 逐渐与交通系统管理成为交通管理的两大重要组成部分

【参考答案】 A、C

【解答】 城市交通拥堵治理模式的主要类型：

① 增加供给模式：欧美国家在进入汽车社会早期，城市交通的工作重点是加强交通设施建设，提高整个路网的交通容量。

② 需求管理模式：20 世纪 60 年代，新加坡最早采取交通需求管理（Traffic Demand Management，缩写 TDM）策略。20 世纪 70～80 年代，TDM 逐渐与交通系统管理成为交通管理的两大重要组成部分。但真正进行 TDM 研究，是在 20 世纪 80 年代后期。

③ 制度完善模式：发达国家常常制定严厉的法规，重罚违法违章者，反过来又提升人们的遵纪守法意识。在德国，一旦查出违规行为，将重罚驾车者，且对个人信用等级造成终身影响。经常违法和发生事故者不但难找工作，连购车的保险费率也比他人高很多，这也使驾车者将遵守交通规则提升为自觉意识。

■133. 下列关于城市交通需求特性的分析，正确的是（　　）。（多选）

A. 实现需求方式的变异性

B. 需求的差异性

C. 需求的出行目的性强

D. 需求的时间性和空间性

【参考答案】 A、D

【解答】 城市交通现代化的根本思路是实现交通供给与需求的平衡，实行以供定需交通需求管理政策。交通需求是指出于各种目的的人和物在社会公共空间中以各种方式实现位移的要求。它具有以下特征：

需求的时间性和空间性。由此产生了交通高峰时段和非高峰时段；也产生了交通高负荷地区（如中心区，主要交通走廊）和非高负荷区。

需求的差异性出行目的的不同，需求的必要性和满足程度也不同。

实现需求方式的变异性。各种交通方式在成本、速度、便利性、舒适性和自主性等方面存在较大的差异，对于需求者，在选择方式时，受到交通方式的可获得性和价格的约

束，对于道路交通系统，各种交通方式的使用效率和成本效益的差别也很大。

■134. 下列关于城市交通供给特性的分析，正确的是（　　）。（多选）

A. 供给的目的性　　B. 供给的不可调节性

C. 供给有时还表现滞后性　　D. 供给资源的约束性

【参考答案】 A、C、D

【解答】 交通供给指满足各种交通需求所进行的基础设施和服务的提供，它具有如下特征：

供给资源的约束性。交通供给所需的资金和技术，显然受到了经济和技术发展水平的约束；所需的土地和空间更是受到严格约束的不可再生资源，供给不可能是无限的。

供给的目的性。所有的供给都有需求对象。供给总量可以抑制或激发需求总量，某种方式的供给不足可以把该方式的需求转向另外一种方式，相反也可以刺激该方式的潜在需求。

供给有时还表现滞后性。新交通设施的供给往往需要一段时间才能完成，换句话说，交通的供给经常是落后于交通需求。

■135. 下列哪项是外部负效应导致的结果？（　　）

A. 零售业集聚形成商业中心　　B. 工业企业扩大生产规模

C. 小企业集聚形成产业集群　　D. 道路上车辆过多造成交通拥堵

【参考答案】 D

【解答】 外部效果问题也就是项目经济的“外涉性”问题，所谓“外涉性”，就是为了自身目标而努力的人和部门，在努力的过程中或由于努力的结果而使社会得到意外的收益，或给他人或其他部门带来麻烦和损害的现象。这种正的或负的效果一般不会计入前者的费用或效益。所以这种后果是外部性经济问题。它可以影响某些部门和个人的经济效益。选项中的ABC均是外部正效应产生的现象。

■136. 下列关于城市交通供给特性的分析，正确的是（　　）。（多选）

A. 供给的目的性　　B. 供给的不可调节性

C. 供给有时还表现滞后性　　D. 供给资源的约束性

【参考答案】 A、C、D

【解答】 交通供给指满足各种交通需求所进行的基础设施和服务的提供，它具有如下特征：

供给资源的约束性。交通供给所需的资金和技术，显然受到了经济和技术发展水平的约束；所需的土地和空间更是受到严格约束的不可再生资源，供给不可能是无限的。

供给的目的性。所有的供给都有需求对象。供给总量可以抑制或激发需求总量，某种方式的供给不足可以把该方式的需求转向另外一种方式，相反也可以刺激该方式的潜在需求。

供给有时还表现滞后性。新交通设施的供给往往需要一段时间才能完成，换句话说，交通的供给经常是落后于交通需求。

■137. 当今世界，城市化已成为不可逆转的潮流。科技进步、先进的交通运输和通信手段，为推动城市化进程提供了公共需要的技术基础和物质保证，而城市化的进一步发展，又反过来对公共物品提出了更加迫切的需求。下面关于城市化与公共物品需求的论述正确

的是（　　）。（多选）

A. 在一个国家经济增长和发展的初级阶段，公共部门投资（政府投资）在整个国家经济总投资中占有很高的比重，才能为经济和社会进入“起飞”阶段奠定基础

B. 在一个国家经济增长和发展的初级阶段，公共部门投资（政府投资）在整个国家经济总投资中占有较低的比重，才能为经济和社会进入“起飞”阶段奠定基础

C. 社会进入工业化以后，经济中的公共部分在数量上和比例上都有一种内在的扩大趋势

D. 在经济发展的初级阶段，政府公共投资的重点是提供必要的社会基础设施，而在经济发展进入成熟期以后，重点则转向提供教育、卫生等方面的服务

【参考答案】 A、C、D

【解答】 美国学者理查·穆斯格雷夫认为，在一个国家经济增长和发展的初级阶段，公共部门投资（政府投资）在整个国家经济总投资中占有很高的比重，才能为经济和社会进入“起飞”阶段奠定基础。德国经济学家阿道夫·瓦格纳（Adolph Wagner）曾对19世纪主要发达国家公共支出情况进行了历史考察，结论是当社会进入工业化以后，经济中的公共部分在数量上和比例上都有一种内在的扩大趋势。有关资料显示，100年来西方国家公共支出在GNP中所占比重一直呈上升趋势。

美国另一位经济学家罗斯托也指出，保持国家公共性投资的必要性是毋庸置疑的，只不过在不同的经济发展阶段有不同的重点罢了。在经济发展的初级阶段，政府公共投资的重点是提供必要的社会基础设施，而在经济发展进入成熟期以后，重点则转向提供教育、卫生等方面的服务了。从这个意义上说，无论经济发展的哪个阶段，都离不开特定数量的公共物品，只是在不同时期，需要的物品有所侧重而已。

■138. 城镇化进程的加快对公共物品的有效配置提出了更高的要求，下面关于公共物品的论述正确的是（　　）。（多选）

A. 工业化水平越来越高，城市公共物品数量与布局结构越来越成为工业化发展的保证

B. 随着社会的进步与生活水平的提高，社会对公共物品数量和质量的需求越来越高，而公共物品的收入弹性一般来说小于市场私人物品，即公共物品需求的收入弹性小于1（富有弹性）

C. 随着社会的进步与生活水平的提高，社会对公共物品数量和质量的需求越来越高，而公共物品的收入弹性一般来说大于市场私人物品，即公共物品需求的收入弹性大于1（富有弹性）

D. 随着家庭收入的增加，收入中用于食品等“生理需要”的开支比例将越来越大，而且用在非生活必需品等“精神需要”上的开支比例将越来越大

【参考答案】 A、C

【解答】 城镇化进程的加快对公共物品的有效配置提出了更高的要求：

（1）工业化进一步发展的要求。城市化与工业化之间存在着互为因果的天然联系，工业化是城市化的基本动力，工业化的进一步发展更需要借助城市的聚集效应和扩散效应，并有赖于城市较优越的公共物品供给条件。目前，工业化水平越来越高，城市公共物品数量与布局结构越来越成为工业化发展的保证。

（2）完善城市功能的要求。城市化水平的提高是工业和各种产业飞速发展的结果，而工业和各种产业的发展又要求更好地发挥城市多功能的作用，包括城市供水、供电、信

息、交通、环境等多种作用。要做到这一点，就必须重视公共物品的建设，使城市交通便捷、能源充足、信息灵通；环境舒适。

（3）公共物品的内在特性决定了对其需求的日益增加。恩格尔定律表明，随着家庭收入的增加，收入中用于食品等“生理需要”的开支比例将越来越小，而用在非生活必需品等“精神需要”上的开支比例将越来越大。简言之，随着社会的进步与生活水平的提高，社会对公共物品数量和质量的需求越来越高，而公共物品的收入弹性一般来说大于市场私人物品，即公共物品需求的收入弹性大于1（富有弹性）。

■139. 下面所列现象属于正外部效应的是（　　）。

A. 大中城市的房价不断上扬

B. 城市中的气象预报、公安、绿化、消防等公共物品均能使城镇居民生活方便

C. 某人吸烟造成公共场所空气污染

D. 工业生产过程中排放的废水、废气使周围环境受损

【参考答案】 B

【解答】 外部效应。广义地说，经济学曾经面临和正在面临的问题都是外部性问题。前者是或许已经消除的外部性，后者是尚未消除的外部性。按照一般的说法，外部性指的是私人收益与社会收益、私人成本与社会成本不一致的现象。

J·E·米德认为，外部性是：“这样一种事件，即它给某位或某些人带来好处（或造成损害），而这位或这些人却又不是作出直接或间接导致此事件之决策的完全赞同的一方”。当个体的经济决策经过非市场的价格手段直接地、不可避免地影响了其他个体的生产函数或成本函数，并成为后者自己所不能控制的变量时，那么对前者来说就有外部性存在。外部性带来的效应是伴随着生产或消费而产生的某种作用。正外部效应是一种经济活动给其外部造成积极影响，引起他人效用增加或成本减少。

诸如城市中的气象预报、公安、绿化、消防等公共物品均能产生积极的正外部效应，它们在消费上具有非排他性与非竞争性，使人们可以通过搭便车来共同分享其利益。负外部效应是经济人的行为对外界具有一定的侵害性或损伤，引起他人效用降低或成本增加。诸如工业生产过程中排放的废水、废气使周围环境受损，某人吸烟造成公共场所空气污染等，这些均对外部环境产生不良影响。

■140. 经济增长的特征包含以下（　　）方面的特征。（多选）

A. 按人口计算的产量的高增长率和人口的高增长率

B. 生产率本身的增长也是迅速的

C. 经济增长全世界范围内迅速扩大

D. 社会结构与意识形态的迅速改变

【参考答案】 A、B、C、D

【解答】 经济增长的特征：第一，按人口计算的产量的高增长率和人口的高增长率；第二，生产率本身的增长也是迅速的；第三，经济结构的变革速度是高的；第四，社会结构与意识形态的迅速改变；第五，经济增长在世界范围内迅速扩大；第六，世界增长的情况是不平衡的。

■141. 对交通拥堵地段的车辆采用价格调节主要目的是（　　）。

A. 增加交通需求度

B. 大大改善城市的道路交通环境以及城市空气质量
C. 增加交通通过能力，提高交通平均成本
D. 利用价格机制来限制城市道路高峰期的车流密度，达到缓解城市交通拥挤的目的，提高整个城市交通的运营效率

【参考答案】 D

【解答】 交通拥堵费是指在交通拥挤时段对部分区域道路使用者收取一定的费用，其本质上是一种交通需求管理的经济手段，目的是利用价格机制来限制城市道路高峰期的车流密度，达到缓解城市交通拥挤的目的，提高整个城市交通的运营效率。在外国，有的采取的是电子公路收费制度，主要针对进入中心城区的车辆，不同地点和时间段收费不一样；有的是根据通行时间及载客量多少来决定是否收费。

■142. 根据城市空间扩张的经济学原理，下列哪一因素导致了城市的郊区化？(　　)

A. 居民收入上升　　B. 城市人口增加
C. 农地价格上升　　D. 交通成本上升

【参考答案】 A

【解答】 城市空间扩展情况的发生可以有两个因素引起。一是城市交通的改善带来的交通成本下降。二是城市居民收入的上升，它们会消费更多的商品，会选择更大的住房。离中心区越远，房价越低，所以对大房子的需要使得人们向外迁移，最后的结果是城市边界的外移和城市空间规模的扩大。

■143. 城市交通早高峰的需求弹性小是由于(　　)。

A. 出行价格是刚性的　　B. 上班时间是刚性的
C. 交通供给是刚性的　　D. 就业中心是刚性的

【参考答案】 B

【解答】 在上下班的需求高峰时段，需求大于供给，出现供不应求；在需求的低谷时段，需求小于供给，出现供过于求。要减少由于交通供求时间的不均衡带来的问题，基本思路是减少需求的时间波动性，减少出行在时间上的过度集中性。而实际情况是大部分人的上班时间具有刚性，因此需求曲线的弹性较小，而且靠价格调整到供求完全平衡是困难的。

■144. 大城市采用公共交通的合理性在于(　　)。

A. 初始成本低　　B. 平均成本低
C. 时间成本低　　D. 价格低

【参考答案】 B

【解答】 一般来说，随着客流量的增加，交通工具运行的平均成本是下降的。一辆车里如果只有一个乘客，全部成本就由一个人承担，这时的成本（初始成本）很高；若有两个乘客，同样的行程需要增加的成本（即边际成本）很低，而总成本由两个人分担，平均成本就下降了。所以，随着乘客的增加，平均成本是降低的。但不同的交通方式初始成本不同，平均成本下降的速度也不同，这与交通工具的容量有关。以小汽车、公共汽车和地铁来比较，小汽车的容量小，所以平均成本下降的幅度有限；但因其体积和功率小，初始成本较低。公共汽车可以同时装载几十人，容量较大，随着客流的增加平均成本下降得快；但由于车辆的体积和功率大，初始成本较高。地铁可以同时搭乘几百人，容量更大，随客流增加平均成本下降得更快；但其初始成本也更高。城市越大，公共交通的优越性就会越

加显示出来。

■145. 基本部门是指(　　)。

A. 对外生产的部门　　B. 对内生产的部门

C. 城市各产业部门　　D. 城市公司的部门构成

【参考答案】 A

【解答】 城市经济可分为基本经济部类和从属经济部类。基本经济部类是为了满足来自城市外部的产品和服务需求为主的经济活动；从属经济部类（非基本经济部类）则是为了满足城市内部的产品或服务需求。基本部门是对外生产的部门。

■146. 以下不属于城市公共经济的是(　　)。

A. 政府卖地　　B. 提供公共物品

C. 提供廉租房　　D. 修建高速公路

【参考答案】 A

【解答】 城市公共经济是关于城市社会整体发展和社会福利的经济。城市公共经济研究的领域，不但涉及城市治安、社区管理、城市环境、城市道路等非竞争性和非排他性的公共物品的生产和提供，也涉及城市市政公用设施类产业，如煤气、自来水、供电、桥梁、公共交通等的建设经营及服务定价。同时，城市公共财政是城市政府实行公共政策的主要基础，城市公共财政也是城市公共经济问题的重要组成部分。

■147. 下列哪个行业的空间聚集度最高？(　　)

A. 生产者服务业　　B. 消费者服务业

C. 行政管理业　　D. 制造业

【参考答案】 A

【解答】 对于第三产业来说，很多服务活动需要面对面进行，所以空间的接近是必要的条件。只有集聚了一定的人口规模，服务业才能发展起来。

生产者服务业是指为各种生产活动提供服务的行业。一般包括：金融保险服务、现代物流服务、信息服务、研发服务、产品设计、工程技术服务、工业装备服务、法律服务、会计服务、广告服务、管理咨询服务、仓储运输服务、营销服务、市场调查、人力资源配置、会展、工业房地产和教育培训服务等。其特点是需要大量面对面的活动，其收益也会很高，可以支付较高的底价，所以往往在空间上高度集聚，形成城市中心商务区。

■148. 按照城市经济学原理，居民对住房的竞标租金与下列哪些因素无关？(　　)

A. 收入　　B. 利率　　C. 消费偏好　　D. 交通成本

【参考答案】 B

【解答】 在城市中的每一个区位上，住房拥有者都想出租给出价最高的住户来住，住房的租价与预期收入、消费偏好和通勤成本相关，与利率无关。

■149. 下列哪项替代关系不是人口密度从城市中心向外递减的决定因素？(　　)

A. 地租与交通成本的替代　　B. 资本与土地的替代

C. 住房与其他消费品的替代　　D. 收入与住房面积的替代

【参考答案】 D

【解答】 从中心区向外，单个居民（或家庭）的住房面积会增加，而单位土地上的住房面积（即资本密度）会下降，那么人口密度（单位土地面积上的人口）就一定下降了。而资本与人口两种密度的下降又意味着土地利用强度的下降。

■150. 拥挤的城市道路具有下列哪种属性？（　　）

A. 竞争性与排他性　　B. 竞争性与非排他性

C. 非竞争性与排他性　　D. 非竞争性与非排他性

【参考答案】 D

【解答】 经济学家用两个标准来对社会消费的物品进行分类，以确定每一类物品是由市场来提供，还是由政府来提供。

第一个标准叫竞争性，是看一个物品在消费时各个消费者之间在消费量上是不是相互影响。城市道路每一个通过的人对道路消费量都不相同的，不会因为某个人使用而使其他人的消费减少，这就是不具有竞争性的物品。

第二个标准叫排他性，是看一个物品在消费的过程中是不是可以很容易地把某些人排除在外。城市道路的使用就很难把某些人排除在外，因为没有简单的办法来限制某些人的使用，这就是不具有排他性。

■151. 下列哪项措施可以缓解城市交通供求的空间不均衡？（　　）

A. 对拥堵路段收费　　B. 征收汽油税

C. 提高高峰小时出行成本　　D. 实行弹性工作时间

【参考答案】 A

【解答】 从调控需求的方面来说，可以采用价格的杠杆，对进入拥堵区的车辆收费可以分流一部分需求，从而把驾车者的成本由平均成本提高到边际成本。

■152. 下列哪项措施可以把交通拥堵的外部性内部化？（　　）

A. 限行　　B. 限购　　C. 拍卖车牌　　D. 征收拥堵费

【参考答案】 A

【解答】 造成交通拥堵的一个直接原因就是交通供给量小于交通需求量，即经济学中的资源稀缺性。因此，交通拥堵外部性可定义为选取某种交通工具的出行者由于交通基础设施容量的有限性而对其他出行者产生的影响，它是交通系统内部相互作用的必然结果。尽管不同的城市交通拥堵发生的时间和地点不同，但在拥堵产生的路段上均表现为大量的车辆排队、较长时间的等待以及废气排放量增多等一系列直接后果，从而加大了出行者的出行成本、降低了出行效率、影响了居民的生活质量。因此，交通拥堵外部性是一种负外部性。

交通基础设施属于经济学中“准公共物品”的范畴，“拥挤性”是其基本特征之一。由经济学基本原理可知，当消费数量增加到一定限度时，边际成本将随着消费上升而增加，平均成本也随之加大。城市道路所具有的“拥挤性”使得当路段交通量较小时车辆可以自由行驶，增加单位车辆并不会对其他车辆的行驶产生影响；而当交通量增加到某一定值时，增加单位车辆不仅不能达到自身的效率期望，而且将对其他车辆的行驶产生不利影响。所以，可以通过限行把交通拥堵的外部性内部化。

■153. 下列哪项是解决城市交通空间不均衡的措施？（　　）

A. 提高大城市中心区停车费　　B. 提高地铁高峰时段票价

C. 提高汽油价　　D. 实行公交优先

【参考答案】 A

【解答】 解决城市交通空间不均衡，从增加供给的方面来说，可以在主要就业中心和主要居住中心之间建设大量的公共交通。从调控方面来说，可以采用价格杠杆，提高进入拥堵区车辆的停车费，可以分流一部分需求。

■**154. 与上版《中华人民共和国土地管理法》相比，2020 年 1 月 1 日起施行的《土地管理法》的修改点重点集中在以下（　　）几个方面。(多选)**

A. 缩小征地范围，不得随意侵占农民利益

B. 城市规划区内的集体所有的土地，经依法征收转为国有土地后，该幅国有土地的使用权方可有偿出让

C. 充分保障村民实现户有所居

D. 集体经营性土地全面入市

E. 集体经营性土地可以有条件入市

【参考答案】 B

【解答】 2019 年 8 月 26 日，十三届全国人大常委会第十二次会议表决通过关于修改土地管理法的决定。该决定自 2020 年 1 月 1 日起施行。新《中华人民共和国土地管理法》被称为“农村土地制度实现重大突破”。

土地征收制度不完善，因征地引发的社会矛盾积累较多。农村集体土地权益保障不充分，农村集体经营性建设用地不能与国有建设用地同等入市、同权同价。宅基地取得、使用和退出制度不完整。土地增值收益分配机制不健全，兼顾国家、集体、个人之间利益不够等。针对这些问题，早在 2015 年初，经全国人大常委会授权，全国 33 个县（市、区）开展“三块地”改革试点，即农村土地征收、集体经营性建设用地入市和宅基地制度改革试点。历时 4 年多的试点工作，为此次法律修改提供了很多宝贵的经验。此次新修正《土地管理法》的修改重点也集中在这三个方面。

第六章　城 市 地 理 学

大纲要求： 了解城市地理学与城乡规划的关系，了解城市地理学的基本研究内容；了解地理条件与城市分布的关系，熟悉影响城市形成与发展的基本地理条件，熟悉城市发展条件的地理学评价方法；熟悉城镇化的基本理论，了解世界城镇化的发展趋势，了解中国城镇化的特征与城镇化战略，了解城镇化水平的预测方法；熟悉城镇地域的主要类型，了解城镇地域的城乡空间关系及演化规律，了解我国城市密集区的发展状况和发展趋势；熟悉城镇体系的基本概念，熟悉城镇体系的分工与协作关系，熟悉城镇体系空间联系的基本理论，熟悉城镇体系的城市规模分布规律；了解城市地理学的调查与分析方法，熟悉城市地理学分析方法在城乡规划中的应用。

热门考点：

1. 城市形成和发展的地理条件：影响城市形成和发展的根本要素、地理条件的影响作用。

2. 城镇化：概念、空间类型、曲线及运行机制，国内外城镇化的特征，国家新型城镇化战略。

3. 城镇地域空间结构的演化规律：地域空间类型、城市边缘区、城镇密集区空间结构与演化。

4. 城镇体系：基本特征、演化规律、组织结构模式、城镇体系规划；空间结构理论：中心地理论、狠心遇边缘理论；等级体系：金字塔、首位律、位序一规模法则；城市经济区构成要素及组织区的原则。

5. 国土空间规划：空间规划体系的概念、最新文件及法规总体要求、试点目标、主要任务、规划思路、配套措施。

第一节　复 习 指 导

一、城市地理学的基本知识

城市地理学是研究城市（镇）的形成、发展、空间结构和分布规律的学科。从人类居处的意义上说，城市是一种聚落。因此，城市地理学曾经是聚落地理学的一部分。由于城市形成和发展的经济基础、职能、内部结构与乡村聚落不同，而且随着城市化程度的提高，城市在社会生活中的地位越来越重要。近几十年来，尤其是第二次世界大战以后，城市地理学研究发展迅速，内容和影响都超过了聚落地理学，成为人文地理学的一门重要分支学科。

城市地理学的重心是从区域和城市两种地域系统中考察城市的空间组织，即区域的城市空间组织和城市内部的空间组织。

1976 年以前，中国的城市地理研究十分薄弱。改革开放后得到迅速发展。1994 年，中国地理学会设立了城市地理专业委员会。我国城市地理研究集中在城市——区域、城市规划、城市化、城镇体系、城市发展方针、城市空间结构以及城市可持续发展 7 个方面。

（一）了解城市地理学的研究对象和主要任务

城市不仅具有区域性和综合性的特点，而且属于历史范畴。一方面，人们都把城市作为人类文明的代表，时代经济、社会、科学、文化的渊薮和焦点。另一方面，城市也集中了整个社会生活、整个时代所具有的各种矛盾。所以，城市也是一个复杂的动态的大系统。这个系统包含的内容很广，不仅包括生产、消费、流通等空间现象，也包括造成空间现象的非空间过程。为了揭示城市系统的空间现象，必须深入研究形成这种空间现象的社会、文化和思想意识形态等非空间因素。

城市地理学是研究在不同地理环境下，城市形成发展、组合分布和空间结构变化规律的科学，它既是人文地理学的重要分支，又是城市科学群的重要组成部分。

一般来讲，城市地理学最重要的任务是揭示和预测世界各国、各地区城市现象发展变化的规律性。揭示和掌握世界各国、各地区城市现象的规律，属于认识世界的任务；科学预测世界各国、各地区城市现象的变化规律，属于改造世界的任务。

（二）了解城市地理学的基本研究内容

城市地理学研究所涉及的内容十分广泛，但其重心是从区域和城市两种地域系统观察城市空间组织——区域的城市空间组织和城市内部的空间组织。

1. 城市形成发展条件研究

研究与评价地理位置、自然条件、社会经济与历史条件对城市形成、发展和布局的影响。

2. 区域的城市空间组织研究

①城市化研究；②区域城市体系研究；③城市分类研究。

3. 城市内部空间组织研究

主要内容是在城市内部分化为商业、仓储、工业、交通、住宅等功能区域和城乡边缘区域的情况下，研究这些区域的特点，它们的兴衰更新，以及它们之间的相互关系。研究各种区域的土地使用，进而研究整个城市结构的理论模型。城市内部空间组织研究还包括以商业网点为核心的市场空间，由邻里、社区和社会区构成的社会空间，以及从人的行为考虑的感应空间的研究。

4. 城市问题研究

主要研究城市环境问题、交通问题、住宅问题和内城问题（如内城贫困）的具体表现形式、形成原因、对社会经济发展的影响，以及解决问题的对策。

城市是人类社会经济活动的载体，社会经济发展的速度、水平及结构，在很大程度上决定着城市发展的速度、水平和结构。城市是一定区域范围内的中心，是区域社会经济发展的焦点和缩影。因此，城市地理学研究不能就城市论城市，而应从区域出发，注意研究社会经济与城市发展的关系。只有这样，才能真正揭示城市发展的客观规律。

（三）了解城市地理学与相关学科的关系

1. 与城乡规划学的关系

城市地理学与城乡规划学是具有渗透关系的相互独立的学科。两门学科在学科性质和研究方向上存在着根本的区别。城市地理学是一门地理科学，是研究城乡地域状态和分布规律的一门地理科学。而城乡规划是为城乡建设和城市管理提供设计蓝图的一门技术科学。两者都以城市为研究对象，但是侧重点和研究方向根本不同。城市地理学不仅研究单个城市的形成发展，还要研究一定区域范围内的城市体系产生、发展、演变的规律，理论性较强。城乡规划则从事单个城乡内部的空间组织和设计，注重为具体城市寻找合理实用的功能分区和景观布局等，工程性较强。

城市地理学和城乡规划的联系表现为非完全对应的理论和应用的关系。首先城市地理学为城乡规划提供理论指导，应用于城乡规划的实践。反之，城乡规划为城市地理学提供研究课题、研究素材和实践验证，促进城市地理学理论的不断充实完善。

2. 与城市形态学的关系

城市形态学是对城市的实体组合结构以及对这种组合结构随时间演变的方式所进行的研究。城市形态学的研究中心为城市景观（Townscape）。城市景观有三个组成部分：街道布局、建筑风格及其设计和土地利用。

城市地理学与城市形态学的关系主要表现在研究内容上的交叉。城市形态学中的街道布局和土地利用也是城市地理学的研究内容。但研究的侧重点有所不同。城市形态学主要从历史发展的角度，研究这三个组成部分之间的相互关系和影响，以及因这种联系和影响造成的城市形态演化。而城市地理学则通过分析城市内部形态——功能联系的变化，研究城市地域结构的演变规律。

3. 与城市生态学的关系

城市生态学是研究城市生态系统的科学。主要研究城市中自然环境与人工环境，生物群落与人类社会，物理生物过程与社会经济过程之间的相互联系及相互作用。城市生态学源于帕克（R. E. Park）、伯吉斯（E. W. Burgess）等人于20世纪20年代创立的人类生态学。他们多以社会现象来类比生态世界，认为城市内部的土地利用与居民活动中，存在着与生态学中相似的模式与联系。城市生态学到20世纪50年代以后，随着城市问题日趋增多和严重而大规模发展起来。早期的城市生态学对城市地理学家研究城市地域结构、建立地域结构模式产生了很大影响，并使地域结构成为城市地理学的研究内容之一。20世纪50年代以来，城市生态学和城市地理学的研究内容都迅速拓展，并相互交叉。城市生态学的"系统"和"平衡"的思想为城市地理研究所吸取，并融汇在有关城镇体系、城乡关系、城市的吸引力和辐射力、城市中心作用和中心城市作用等研究之中。

4. 与城市经济学的关系

城市经济学起源于城市土地利用和房地产的研究。20世纪70年代以来，它才逐渐成为综合研究城市特有经济关系，即城市固有的经济问题及其发展规律的学科。城市经济学研究的经济问题（如城市的财政税收，城市土地管理，城市建设的投资来源等）与城市的发展休戚相关，研究成果有可能直接解决城市固有的经济问题，给城市带来直接的经济效益。因此，城市经济学与实际结合更紧密。城市地理学在研究城市时，往往把经济作为一个影响因素来分析，或是研究经济问题的空间表现形式及其与城市发展的关系。

5. 与城市社会学的关系

社会学以研究社会问题为己任，而城市以人口密集为首位特征。因此，许多社会问题都较为集中地发生在城市里，这些问题也称为城市问题。所以，城市社会学是研究城市社会问题的学科。在城市里，不论什么事，只要构成“问题”，必然与城市居民发生联系，必然是个社会问题。20世纪70年代以后，随着西方国家社会问题的日趋严重，城市问题也成为城市地理学的研究内容之一。在研究方法上，城市地理学和城市社会学互相取长补短，在研究内容上相互融合。然而，两门学科的区别仍十分明显，城市地理学研究社会问题的目的在于探索规律性，强调问题产生和解决的空间性，为政府决策作参考；而城市社会学则注重社会实践，探讨促进社会发展，特别是城市社会进步的具体政策。

（四）了解西方城市地理学的发展

西方城市地理研究根据研究重点不同可以分成四个阶段：

1. 1920年以前

20世纪早期城市地理学作为一个专门的新领域出现了。由于当时认识上的局限性，地理学思想以地理环境决定论占优势。反映在城市地理学上，当时的基本思想就是用城市所在位置的自然条件的作用来解释城市的起源和发展。

2. 1920～1950年

这一时期，城市地理学的两大贡献是德国地理学家克里斯泰勒（Walter Christaller）中心地学说的诞生和美国芝加哥人类生态学派提出的城市土地利用模式。前一成果的巨大影响虽然在战后才感觉到，但它的出现说明，城市地理已从单个城市的研究向城市体系的研究迈进；后一成果则标志着城市地理学的注意力从对城市简单而肤浅的总体认识转向城市内部景观的复杂性。1950年以前的城市地理研究有两大特点：第一，把物质环境的约束条件当成城市命运的决定因素；第二，对城市做形态上的研究，忽视成因的动态分析。

3. 1950～1970年

20世纪50年代末和20世纪60年代发生了地理学的所谓“计量革命”。数量地理学家布赖恩·贝里（B. J. L. Berry）用数理统计方法对中心地学说进行了许多实证性研究，他的《城市作为城市系统内的系统》一文，把城市人口分布与服务中心的等级联系起来，是城市系统研究的一个重要转折点。“计量革命”使城市地理研究从形态学的城市景观转到了空间分析上来。20世纪50年代空间学派兴起以后，城市地理学的框架建立了起来，其研究对象可分为宏观城市空间和微观城市空间两大部分。

4. 1970年以来

地理学的新思潮层出不穷，而且在城市地理学中都有最充分的反映，先后形成了区位学派、行为学派和激进马克思主义等几个流派。

（五）了解中国城市地理学的发展

1976年以后，由于城市规划工作受到重视和普遍开展，带来了城市地理研究工作的迅速发展，20世纪80年代达历史以来最旺盛的发展时期，大量论著出版。1994年，中国地理学会设立城市地理专业委员会。

1. 发展特点

①研究领域日益拓宽，研究手段和方法不断更新；②注重研究课题的实践意义和研究成果的应用价值；③城市地理学与相邻学科的交叉渗透愈益明显；④从事城市地理研究的队伍日益扩大，主要研究机构正在形成各自的研究特色和风格。

2. 主要研究领域

(1) 城镇化研究

20世纪80年代初期和中期是我国城镇化研究的初期。而20世纪80年代末期以来侧重于回顾与总结，广泛开展了人口迁移的研究，侧重于人口迁移特点、原因及其变化的研究，包括迁移量、迁移方向、迁移类型、迁移构成、迁移原因等方面。

(2) 城市发展方针的研究

1980年明确提出了“控制大城市规模、合理发展中等城市、积极发展小城市”的方针。

(3) 城市体系研究

20世纪80年代末期以前，着重传统的研究领域，包括等级规模结构、职能结构、空间结构和发展趋势等；20世纪80年代末以来，则侧重城市体系更深一层的研究，即城市群体研究，包括城市群体的形成和发展规律、分布特点、形式、动态过程和空间结构特征等。

(4) 城市内部空间结构研究

有关中国城市形态研究，是从社会、经济、文化和自然等角度对中国城市形态发展演变作动力学机制的探讨。有关中国城市内部空间结构的研究主要集中在内部功能分区和各功能区的相互关系方面。

二、城市形成和发展的地理条件

(一) 熟悉城市空间分布的地理特征

城市的空间分布具有典型的不均匀性，即城市在地域空间上的分布不属于均衡分布，也不属于随机分布，呈典型的集聚分布的特征。

世界大城市分布向中纬度地带集中，实际上是城市趋向分布在气温适中的地区的表现。有些低纬度地区分布的城市也体现了城市分布对地理条件的要求，虽然纬度低，但是要么坐落在海拔较高的气候凉爽的高原或山间盆地，要么坐落在低纬度地带能够接受海洋调节的滨海低地。

大多数城市要求气温适中，又要求有适度的降水。从大的区域范围来看，干旱或半干旱地区的城市密度一般会明显小于湿润半湿润地区。地形条件也是与城市分布有关系的地理因素。中国的城市分布也明显具有向沿海低海拔地区集中的特征。

(二) 了解影响城市形成和发展的根本要素和基本要素

1. 影响城市形成和发展的根本要素

社会生产力发展水平和社会生产方式。

2. 影响和制约城市发展的基本要素

(1) 城市发展自身的具体条件：即城市发展的地理条件。包括城市的地理位置，城市发展的历史基础，城市的建设条件，以及城市自身的资源条件。

(2) 城市发展的区域经济地理条件：区域经济基础。

3. 影响城市形成与发展的基本地理条件

(1) 区域自然地理条件

我国城市按其所在的区域地形分类，有10种类型：滨海城市、三角洲平原城市、山前洪积冲积平原城市、平原与低山丘陵相邻接的城市、低山丘陵区的河谷城市、平原中腹的城市、高平原上的城市、高原山间盆地和谷地的城市、中山谷地城市、高山谷地城市。

（2）区域经济地理条件

区域经济地理条件的内容更加丰富多样。矿产资源、淡水资源、水热资源、动植物资源的丰饶度及其组合，基础设施的状况，区域劳动力的数量和质量，经济发展的历史传统，现状经济的发展水平和结构特征，未来的开发潜力等都可以影响区域的城市发展。城市是社会生产力发展到一定阶段的产物，其形成和发展受多方面条件的影响，与自然地理条件、社会经济历史基础、交通运输条件、信息技术条件、区域经济发展水平有着密切的联系。我们常说城市是区域的缩影，区域的中心和焦点。区域整个历史的特殊状态，规定了每个城市的特点。

（三）了解地理条件与城市分布的关系

1. 城市地理位置的类型

巴朗斯基曾给地理位置下了这样一个定义：位置就是某一地方对于这个地方以外的某些客观存在的东西的总和。

类型：大、中、小位置（从不同空间尺度来考察城市地理位置）；中心、重心位置和邻接、门户位置（从城市及其腹地之间的相对位置关系来区分的）；城市沿交通线成长的区位类型（所有城市原则上都要求依托一定的对外交通设施）。

河运是早期城市形成的主要因素，就沿河城市论，可以分成六种区位类型：航运端点、梯级中转点、河流交会点、河曲位置、过河点位置和河口。

铁路的修筑可以促使沿线城市的诞生和兴盛，又可能抑制另一些城市的发展。

伴随着汽车时代的来临，高速公路的大规模建设以及快速高效的航空运输的发展，促进了国际性大都市的形成。

除自然地理条件、地理位置、交通运输条件以外，社会经济历史基础、信息技术条件和区域经济发展水平也是城市发展不可忽视的条件。

2. 中国城市空间分布

（1）空间分布类型

可以用归纳法将城市空间分布归纳为规则的或不规则的分布，聚集的、随机的或均匀的分布。最邻近分析指出，当最邻近指数为零时，属聚集分布；当最邻近指数为 1 时，属随机分布；当最邻近指数大于 1 时为均匀分布。而中心地学说描述的城市体系的最近邻指数为 2.15，因而，可以说，中心地均匀分布系统只是城市空间统计分布的一个极端。

城市空间分布是动态的，其发展演变与经济、社会发展密切相关，具有明显的阶段性：

① 离散阶段（低水平均衡阶段）：对应于自给自足式，以农业为主体的阶段，以小城镇发展为主，缺少大中城市，没有核心结构，构不成等级系统。

② 极化阶段：对应于工业化兴起、工业迅速增长并成为主导产业的阶段，中心城市强化。

③ 扩散阶段：对应于工业结构高度化阶段，中心城市的轴向扩散带动中小城市发展，点—轴系统形成。

④ 成熟阶段（高级均衡阶段）：对应于信息化与产业高技术化发展阶段，区域生产力向均衡化发展，空间结构网络化，形成点一轴一网络系统，整个区域成为一个高度发达的城市化区域。

（2）城镇密度

我国各省区城镇密度的省际差异，是自然、政治、经济、人口和历史等因素综合作用的结果。

（3）我国城市经济影响区域的空间组织

城市经济影响区是城市经济活动影响能力能够带动和促进区域经济发展的最大地域范围。确定城市影响区的基本方法是，首先构造城市经济影响力的复合指标，然后按复合指标将各城市分成不同的等级，最后按城市间影响力交互作用的原理，主要用新断裂点公式求解各级城市影响区。城市对区域经济发展的影响，主要表现在投资、市场和技术经济水平的影响三个方面。

（4）城市经济区

我国的城市经济区是以大中城市为核心，与其紧密相连的广大地区共同组成的经济上紧密联系、生产上互相协作、在社会地域分工过程中形成的城市地域综合体。

（四）熟悉城市发展条件的地理学评价方法

1. 自然地理条件

自然地理条件如地质、地貌、气候、水文、土壤、植被首先作为人类生存环境，通过影响人口分布而影响城市的形成发展。一般说来，大城市地域分布上的规律性更典型。

2. 地理位置

城市地理位置就是城市及其外部的自然、经济、政治等客观事物在空间上相结合的特定点。城市地理位置的特殊性，往往决定了城市职能性质的特殊性和规模的特殊性。

3. 社会经济历史基础

城市是一个历史范畴，它的布局具有历史的继承性，因此，社会经济历史基础是城市产生发展的根本前提。尤其在我国这样一个历史悠久的大国，地域辽阔，民族众多，随着长期社会经济的不断发展，形成了数量众多、类型多样、规模不等的大、中、小城镇，其中绝大多数城市是长达一两千年，甚至三四千年以来先后建制的不同行政等级的政治中心，或者是边疆重镇和战略要地。

4. 交通运输条件

所有城市原则上都要求依托一定的对外交通设施。

河运是早期城市形成的主要因素。从中国城市发展史来看，大部分城市都是沿江、湖、河、海交通要道发育壮大起来的。随着航运技术的发展，河口港城市向下游出海口方向推移带有普遍性的规律。到近现代，这种趋势更加明显。

铁路是现代快速、大运量运输的主要方式。自 19 世纪中叶开始，铁路便已深刻影响西方城市的诞生、兴盛，并在 20 世纪初导致了城市的大规模郊区化。城市与铁路的关系也有不同类型。若城市处于铁路网枢纽位置，通达性好，腹地范围广大，便有利于城市的发展。

高速公路的大规模建设以及快速高效的航空运输的发展，现代化的交通运输手段正在迅速地改变着城市的地理区位。

5. 信息技术条件

自20世纪60年代以来，西方世界爆发了以微电子、电子通信和计算机等技术为核心的新技术革命，人类社会迎来了信息经济时代。

与工业社会不同，信息社会的特征将会从不同的侧面影响人类社会的空间组织形态。知识成为生产力的关键要素，以知识为主导的信息服务经济将代替制造业经济；与此相适应，劳动力的主体将不再是工作在装配上的普通工人或熟练技术工人，而成为信息工作者；经济活动不再以现金交易为主流，而代之以信息的流动，信息成为经济发展的基础；经济活动不局限于一国之内，决定性的是跨国经济或全球经济，贸易有了很大发展，生产过程本身也跨国化，不仅存在来料加工形式，也进口越来越多半成品部件用以组装成品；经济组织形式主要不是自由市场经济，而是制度经济；由于信息传播的即时性和技术扩散的高效性，在信息社会中，无论个人或公共部门都可能变得空前富裕，且社会经济生活方式和空间组织形态也会发生空前快速的变化，其特征不是呈自然级数变化，而是呈几何级数变化。

6. 区域经济发展水平

城市并不是孤立存在的，它和其所在区域的关系是相互联系、相互制约的辩证关系。城市往往由商品集散地演变而来；区域商品经济的发展是以区域内工、农业等经济部门的发展为前提的；区域内自然风光与人文要素相结合的旅游资源影响城市发展与布局；因一些特殊的区域因素而发展起来的城市也颇多。

三、城镇化

（一）熟悉城镇化的基本理论

1. 城镇化的概念

城镇化，或称城镇化，是当今世界上重要的社会、经济现象之一。概括地讲，城镇化的概念应包括两方面的含义。一是物化了的城镇化，即物质上和形态上的城镇化。二是无形的城镇化，即精神上的、意识上的城镇化，生活方式的城镇化。

城镇化过程中最核心的是经济和人口结构的变化。城镇化一词有四个含义：①是城市对农村影响的传播过程；②是全社会人口接受城市文化的过程；③是人口集中的过程，包括集中点的增加和每个集中点的扩大；④是城市人口占全社会人口比例提高的过程。

2. 城镇化的空间类型

（1）向心型城镇化与离心型城镇化：以大城市为中心，向心型城镇化使中心土地利用率提高，向立体发展，形成中心商业事务区；离心型城镇化使城市外围农村地域变质、城市面积扩大。

（2）外延型城镇化与飞地型城镇化：外延型城镇化是最为常见的一种城镇化类型，一直保持与建成区接壤，连续、渐次向外推进，在大、中、小各级城市的边缘地带都可以看到这种外延现象；飞地型城镇化一般在大城市的环境下才会出现，空间上与建成区分开，但职能保持联系。

（3）景观型城镇化与职能型城镇化：景观型城镇化是传统的城镇化表现形式，指城市性用地逐渐覆盖地域空间的过程；职能型城镇化是当代出现的一种新的城镇化表现形式，指的是现代城市功能在地域系列中发挥效用的过程。

（4）积极型城镇化与消极型城镇化：是由于城镇化的复杂性所形成的。积极型城镇化是与经济发展同步的城镇化。消极型城镇化是先于经济发展水平的城镇化，也称假城镇化或过度城镇化。

（5）自上而下型城镇化和自下而上型城镇化：产生这两种类型城镇化的根源是由我国国情所决定的。

所谓自上而下型城镇化是指国家投资于城市经济部门，随着经济发展产生的劳动力需求而引起的城镇化，具体地表现为原有城市发展和新兴工矿业城市产生两个方面。

所谓自下而上型城镇化是指农村地区通过自筹资金发展以乡镇企业为主体的非农业生产活动，首先实现农村人口职业转化，进而通过发展小城市（集）镇，实现人口居住地的空间转化。

3. 城镇化曲线及运行机制

诺瑟姆（Ray M. Northam）把一个国家和地区的城镇人口占总人口比重的变化过程概括为一条稍被拉平的S形曲线，并把城镇化过程分成三个阶段，即城镇化水平较低、发展较慢的初期阶段，人口向城镇迅速集聚的中期加速阶段和进入高度城镇化以后城镇人口比重的增长又趋缓慢甚至停滞的后期阶段。

（1）以城乡人口迁移为特征的“推拉说”：城市的引力和农村的推力。

（2）以社会（包括政策）的干预和调控为特征的系统分析模式。

（3）城镇化的政治经济学解释：由于城市建成环境是城镇化的物质体现和结果，通过城市固定资产投资额的分析，可在一定程度上反映城市经济结构和空间结构的转换；在绝大多数国家的城镇化进程中，用城市人口占总人口比例衡量的城镇化水平总是不断上升的，但如用投资等指标计算，却具有明显的周期性特点；若干发达国家已完成人口城镇化的进程，当前正处在郊区城镇化、逆城镇化的阶段。

一个国家的城镇化水平受到很多因素的影响，如国土面积、人口数量、资源条件、历史基础、经济结构、城乡划分标准等。在这些因素中，城镇化水平与经济发展水平之间的关系最为密切。

在经济增长的长期阶段，个人收入分配不均，变动是沿着一种“先上升后下降”的倒U形轨迹进行的。这种“先恶化后改善”的整个过程大约需要50～100年时间。这就是著名的“库兹涅茨假说”，也叫“倒U假说”。长短期内城镇化与城乡收入差距都存在密切相关性，短期因城镇化发展的各种因素的滞后而扩大城乡居民收入差距，中长期城镇化会导致城乡居民收入差距缩小。

4. 城镇化的指标和测度

城镇化现象涉及范围广泛，对城镇化进行测度并非易事。综合各方面的研究成果，目前确定城镇化指标及测度方法主要有两种，即主要指标法和复合指标法。

主要指标法，是选择对城镇化表征意义最强的又便于统计的个别指标，来描述城镇化达到的水平。这种指标主要有两个：人口比例指标和土地利用状况。其中，城市人口占总人口的比例是最常用的城镇化测度指标。因为人口比例指标比土地利用指标在表达城市成长状态方面更典型深刻，更便于统计。然而必须指出的是，这种量度方法存在着很大的局限性。土地利用指标，是从土地性质和地域范围上来说明城镇化水平的一个指标。测度方法主要是统计一定时间内非城市用地（如农业、草原、山地、森林、海滩等）转变为城市用地（如工厂、商业、住宅、文教等）的比率。这个指标因为统计困难，使用不广泛。随着航空遥感技术的提高和普及，这个测度指标将会显示出一些新的前景。

复合指标法，是选用与城镇化有关的多种指标予以综合分析，以考察城镇化的进展水平。然而，指标多，必然与具体地域结合紧，针对性强，通用性差。所以，复合指标法多半是对具体城市地域，或者具体国家地区作城镇化分析时使用，而无法进行国际的比较分析。

（二）了解世界城镇化的发展趋势

1. 发展阶段

（1）1750～1850 年为城镇化的初兴阶段，是城镇化起步阶段。

（2）1851～1950 年为城镇化的局部发展阶段，是城镇化高速发展阶段。

（3）1951 年至今为城镇化的普及阶段，是城镇化成熟阶段。即城镇化速度迅猛，造成城镇人口过度膨胀，城镇居民生活质量和环境质量下降，从而导致人口向城郊迁移，引起商业衰退，城镇人口进入饱和状态，经调适后，城镇化进程又呈健康发展趋势。

2. 各阶段特征及其与经济发展的关系

城镇水平与经济发展水平之间是正相关关系。

（1）初始阶段（前工业化时期）：劳动力密集型家庭小生产是城镇经济的主体，手工作坊和私营小型企业是城镇经济活动的主要场所，就业者主要是工匠、小商贩、食品零售商及少量低层次的服务业人员，城镇对农村人口的“拉力”还不够强大；同时，农业经济占国民经济的比重较大，农村劳动力外流的“推力”还不太紧迫，农村人口向城镇转移的速度较为缓慢。

（2）发展阶段（工业化时期）：城镇化进程呈现加速的特征。大多数欧美国家进入了工业化时期，现代工业基础初步确立，工业规模和发展速度明显加快，城镇的就业岗位增多，对劳动力的“拉力”增大；而科技进步也提高了农业生产率，使更多的农业劳动力从土地上解放出来。同时，由于医疗条件的逐步改善，人口进入高出生率、低死亡率的快速增长阶段，农村的人口压力增大，乡村的“推力”明显加大。这一“推”一“拉”，有力地促使大量农村人口向城镇集中，城镇化进入加速发展阶段。

（3）成熟阶段（后工业化时期）：是城镇化的最高阶段，城镇化水平一般应达到 70%以上。此时，城镇化发展速度趋于缓慢，但城镇经济成为国民经济的核心部分；社会进入后工业化时代，人口进入低出生率、低死亡率、低增长率的阶段；农业现代化程度进一步提高，农村的经济和生活条件大幅改善，乡村人口向城镇转移的动力较小，农村的“推力”和城镇的“拉力”都趋向均衡，城乡间人口转移达到动态平衡，城镇化进程趋于停滞，部分城镇甚至出现“逆城镇化”现象。

3. 当代世界的城镇化发展趋势

（1）城镇化进程大幅加速，发展国家逐渐成为城镇化主体。

（2）大城市快速发展趋势明显，大都市带得以形成和快速发展。

（3）郊区化、逆城镇化现象出现。

（4）发展中国家的城镇化仍以人口从乡村向城市迁移为主。

（5）经济全球化与世界城市体系。

世界城市体系使传统国家、区域和地方城市体系都直接或间接地从属或受制于世界城市体系。

世界城市体系层次：全球城市、亚全球城市、有较高国际性的大量具体进行生产和装配的城市。

世界城市体系区域：核心区、半边缘区、边缘区。

（三）了解中国城镇化的特征与城镇化战略

1. 中国城镇化的特征

（1）城镇化进程的波动性较大。

（2）自下而上型，乡村城镇化开始显现。

（3）城市规模体系的动态变化加速。

（4）城镇化水平的省际差异显著。

中国在现阶段城镇化发展的主要矛盾：依然还是城镇化滞后于工业化，分散化城镇化与集中式城镇化发展不协调，大、中、小城市和小城镇结构搭配失当，核心还是传统的政府管理城镇的发展机制必须改革。

2. 中国城镇化战略

（1）城镇化必须以农业的发展为前提，不能以牺牲农业为代价。

（2）城镇化既不能超前，也不能滞后，必须与工业化和经济发展速度同步。

（3）集中型城镇化必须与分散型城镇化相结合，城镇规模和城镇布局必须合理。

（4）城镇化不能完全由市场调节，政府必须实行合理有效的宏观调控。

（四）掌握国家新型城镇化战略

中央城市工作会议于2015年12月20～21日在北京举行。会议明确了今后我国城市发展的主要思路。即要以城市群为主体形态，科学规划城市空间布局，实现紧凑集约、高效绿色发展；要优化提升东部城市群，在中西部地区培育发展一批城市群、区域性中心城市，促进边疆中心城市、口岸城市联动发展，让中西部地区广大群众在家门口也能分享城镇化成果。

2014年3月16日，发布《国家新型城镇化规划（2014—2020年）》。该《规划》分为规划背景、指导思想和发展目标、有序推进农业转移人口市民化、优化城镇化布局和形态、提高城市可持续发展能力、推动城乡发展一体化、改革完善城镇化发展体制机制、规划实施8篇，具体包括重大意义、发展现状、发展态势、指导思想、发展目标、推进符合条件农业转移人口落户城镇、推进农业转移人口享有城镇基本公共服务、建立健全农业转移人口市民化推进机制、优化提升东部地区城市群、培育发展中西部地区城市群、建立城市群发展协调机制、促进各类城市协调发展、强化综合交通运输网络支撑、强化城市产业就业支撑、优化城市空间结构和管理格局、提升城市基本公共服务水平、提高城市规划建设水平、推动新型城市建设、加强和创新城市社会治理、完善城乡发展一体化体制机制、加快农业现代化进程、建设社会主义新农村、推进人口管理制度改革、深化土地管理制度改革、创新城镇化资金保障机制、健全城镇住房制度、强化生态环境保护制度、加强组织协调、强化政策统筹、开展试点示范、健全监测评估共31章。

《国家新型城镇化规划（2014—2020年）》明确提出，要在《全国主体功能区规划》确定的城镇化地区，按照统筹规划、合理布局、分工协作、以大带小的原则，发展集聚效率高、辐射作用大、城镇体系优、功能互补强的城市群，使之成为支撑全国经济增长、促进区域协调发展、参与国际竞争合作的重要平台。

新型城镇化与传统城镇化的最大不同，在于新型城镇化是以人为核心的城镇化，注重保护农民利益，与农业现代化相辅相成。新型城镇化不是简单的城市人口比例增加和规模扩张，而是强调在产业支撑、人居环境、社会保障、生活方式等方面实现由“乡”到“城”的转变，实现城乡统筹和可持续发展，最终实现“人的无差别发展”。

要以城市群为主体构建大、中、小城市和小城镇协调发展的城镇格局，加快农业转移人口市民化。这是我国未来城镇化的路径和方向。

1. 城市建设存在的问题

20 世纪 90 年代以后是中国历史上城市发展规模最大、速度最快的时期，工业化、城镇化的成就举世瞩目，但城市的尺度越来越非人性化，城市风貌的地域文化特征丧失，从南到北，从东到西，中国大地“千城一面”，建筑设计与城市空间设计贪大、求怪、媚洋之风盛行。

期间城镇化的主要工具和制度设计是土地财政（房地产依赖、企业税收）、行政体制（城市型政府管理区域的行政体制、竞争性政府体制）、开发区独立于城市的开发模式、城乡二元和城市内部二元结构。在这样的发展逻辑和制度设计下，城市建设出现以下 6 方面的问题：

（1）地方政府对城市发展的预期普遍偏高。规划人口和用地经常是现状的数倍，导致城市架子拉得太大，布局分散，外围地区发展碎片化；孤岛式新区开发因功能单一、服务缺乏，长期无法形成功能齐全的人居环境。

（2）城市政府对土地财政和企业税收的高度依赖。居住用地容积率越来越高，一方面，新建住宅达 30 层以上，人居环境品质下降，高层住宅的安全、节能、更新、维护等诸多问题成为严重的社会负担和安全隐患；另一方面，工业用地供给粗放，利用效率很低，造成城市空间资源严重错配，工业片区和居住片区的城市开发强度高低悬殊。

（3）盲目追求宽马路、大广场的面貌。超大封闭街区的开发模式，造成城市人性化尺度丧失，宜人的街道和公共空间缺失；大量交通集中在少数超宽道路上，步行、自行车等慢行交通环境恶化。

（4）忽视地域与文化特征，割裂现代化与地域文化的内在关系。城市的建筑、广场、绿化乃至立交桥设计互相模仿、照搬，导致城市建筑面貌与人居环境文化品位低俗，地域文化丧失。

（5）部门分割，系统不协调，各类开发建设与各种设施建设缺乏统筹，资源难以共享。市政管线各自为政，“拉链马路”比比皆是，各种电杆林立，线网密如蛛网，标志、标识、标线杂乱无章。

（6）城市总体规划只追求人口规模和用地指标。规划的核心成果——总体空间布局手法呆板单调，对空间形态缺乏仔细推敲，不顾山水环境和场地特征画方格路网。规划实施不重视开发建设控制，从城市设计、详细规划到建筑设计缺乏必要的指引和管控。

城镇化的下一阶段，城市的发展动力改变。我国从投资、消费、出口“三驾马车”驱动，转向供给侧改革，供给要素的优化配置，转向创新驱动。城镇化的土地政策、财税制度、行政体制、城乡二元结构等已不能适应“下半场”的发展诉求。

2. 转变：空间价值与设计理念的回归

在国家财税体制等变化过程中，规划的改革不是创新，而是空间价值和设计理念的回归。

大城市疯狂扩张的阶段对大多数城市而言已经结束，各城市 2035 年版总体规划可能就是城市远景发展的稳定框架。这版总体规划将是保护自然山水、历史文化和现代优秀文化的最后机会，是构筑生态城市、理想城市、人文城市基本格局的最后机会，也是整合碎片化布局、孤岛式园区，把园区整合、完善为综合性城区的最后机会。

新的发展阶段，城市空间价值应从追求直接经济效益与利益的最大化转向追求社会公平正义，从满足不断增长的物质主义转向文化和生态价值的守护与制造。

空间设计的方法应该从宏观回归到中微观，从传统的增量等级化的空间组织转向存量的网络化的空间组织，从单一的要素供给转向多元要素的混合供给，从关注物理空间的效率转向人对空间的使用便利和心理体验。

怎么守护住城市的长久价值？一是用设计做规划，二是织补式规划。用设计做规划，即从追求开发效率转向满足人的需求；从功能碎片化，转向关注人的活动，关注场所特质，关注文化的传承，追求功能的混合、空间的体验、宜人的尺度、多元的融合；从追求宏大的形象转向人的尺度，从开发效率转向场所经济——这是城镇化下一阶段所需要的。

四、城镇地域空间结构的演化规律

（一）了解城镇地域结构的基本概念

1. 城市地域空间类型

城市地域（Urban Area）亦称城市圈，与农村地域相对称。广义上指从事非农业活动的地域，狭义上则指城市化的地域，也就是市街地化的地域。有许多农村地域由于城市化的结果逐渐转向城市地域，各国在划定城市地域时以与既成的市街地的通勤关系为指标，确定“城市地域”。日本将大城市周围地域的“人口增加率在 0.1%以上，通勤依赖率在 2.0%以上的连续范围”都划定为城市地域。我国通常是以行政区划定城市地域，即市区所属范围都是城市地域。

城市地域广义上指从事非农业活动的地域，狭义上则指城市化的地域，也就是市街地化的地域。

城市地域有三种类型：实体地域、行政地域、功能地域。

（1）实体地域：又称“经济环境”，指自然条件和自然资源经人类利用改造后形成的生产力的地域综合体。

（2）行政地域：是指按照行政区划，城市行使行政管理的区域范围。

（3）功能地域：与城市实体地域和行政地域都可以在现实中找到明确的界线不同，城市功能地域的范围考虑核心区域和新区具有密切经济社会联系的周边地区，在空间上包括了中心城市和外部与中心城市保持密切联系、非农业活动比重较高的地区。

功能地域一般比实体地域要大，包括连续的建成区外缘以外的一些城镇和城郊，也可能包括一部分乡村地域。

2. 城市地域结构要素

城镇地域空间结构是指城市各功能区的地理位置及其分布特征和组合关系。它是城市功能组织在空间上的投影。

城市内部一般可分为工业区、居住区、商业区、行政区、文化区、旅游区和绿化区等，各个功能区有机地构成城市整体。

但城市的性质、规模不同以及离心力和向心力的差异，使内部结构的复杂性也不同。城市地域结构诸要素中，最重要的是工业区、居住区和商业区。一般说来，工业区是城市形成和发展的主要动力，也是城市内部空间布局的主导因素；居住区是城市居民生活和社交文化活动的地方；商业区是城市各种经济活动特别是商品流通和金融流通的中枢。

3. 城市地域结构研究

(1) 同心带学说。主要是由芝加哥大学的一些社会学家，特别是E·W·伯吉斯于1925年提出的。城市社会人口流动对城市地域分异的5种作用力：向心、专门化、分离、离心、向心性离心。城市地域产生了地带分异，划分为5个圆形地带。

(2) 扇形（楔形）学说。1939年由美国的H·霍伊特提出。认为城市的发展总是从城市的中心出发，沿着主要的交通干线或沿着阻碍最少的路线向外放射，沿交通线向外伸展的地区又有不同的特点。

(3) 多核心学说。1945年由芝加哥大学著名地理学家C·D·哈里斯和E·L·厄尔曼提出。大部分人口50万以上的美国大都市都可分为：中心商业区、批发商业和轻工业区、重工业区、住宅区和近郊区，还有一些相对独立的卫星城镇。

4. 城市密集地区的空间结构与演化

(1) 都市区：都市区不是行政建制单元，而是城市功能上的一种统计单元，是城市功能地域的概念。从空间上看，都市区是一个大的人口核心以及与这个核心具有高度的经济社会一体化的邻接社区的组合，一般由县作为构造单元，包括作为核心的城市建成区以及与城市保持密切联系的城乡一体化程度较高的外围乡村地区两部分。

(2) 大都市带：20世纪50年代以来，随着世界城镇化的推进，在某些城市密集地区，由于中心城市积聚与扩散作用的加强，城市辐射影响范围不断向四周蔓延，都市区范围扩大，城乡一体化程度提高，从而形成许多都市区连成一片，在经济、社会、文化等各方面活动存在密切交互作用的巨大的城市地域。

(3) 我国的城镇密集地区：我国幅员辽阔，由于地理条件、区位特点、历史基础等多方面的差异性，我国城市分布具有明显的不均衡性。城市密集区分布在珠江三角洲、长江三角洲、福建沿海、山东半岛、京津唐地区和辽中南半岛地区。近几年出现了中原地区、长江中游、川渝、关中等几大城镇密集区。

(二) 熟悉城镇地域的主要类型

1. 城镇地域类型

城镇地域的主要类型有两种：集中式和群组型两大类型。

六类：网格状、环形放射状、星状、组团状、带状、环状。

2. 中国城镇地域类型

中国国家城镇体系的地域空间结构具有两个层次：第一层次，以北京、上海、广州—香港为核心，沿海、沿江为枢纽，形成的具有“T”字形的点—轴地域结构系统；第二层次，是在第一层次基础上派生而成的以各省会（或首府）为核心，在一定地域范围内集聚的若干大、中、小相结合的城市群体，形成第一层次以下，具有我国特色的多核心区域空间结构。一、二层次的有机结合，正在形成具有我国特色的“点—轴—面”城镇有机空间组织系统。

我国城镇体系的地域空间结构形式，依据其分布形态、核心城市多寡、城市数量的多少，大体上分为以下三种基本类型：

（1）块状城市集聚区：这种类型的城市群体分布地域范围较大，由若干个大、中城市共同组成城市群体的核心，是我国城镇群地域空间形式发展的高级形式；

（2）条状城市密集区：这种类型的城市群体所组成的城市数量一般不多，大都以一个主要城市为核心，已基本形成块状城市集聚区框架，但城市群的轴线仍在形成、发展之中；

（3）以大城市为中心的城市群：这种类型的城市群体分布是以一个特大城市或大城市为中心，结合其周围若干个中、小城市（镇），共同形成的初级城市群体地域空间结构类型。

（三）了解城镇地域的城乡空间关系及演化规律

1. 空间相互作用和空间扩散

（1）相互作用的分类

根据相互作用的表现形式，海格特（P. Haggett）1972年提出一种分类，他借用物理学中热传递的三种方式，把空间相互作用的形式分为对流、传导和辐射三种类型。第一类，以物质和人的移动为特征。如产品、原材料在生产地和消费地之间的运输，邮件和包裹的输送及人口的移动等等。第二类，是指各种各样的交易过程，其特点不是通过具体的物质流动来实现，而只是通过簿记程序来完成，表现为货币流。第三类，指信息的流动和创新（新思维、新技术）的扩散等。这样，城市间的联系可表现为以下三种主要方式：货物和人口的移动，财政金融上的往来联系和信息的流动。

相互作用的进行需要借助于各种媒介，其中交通通信设施是主要的手段。因为物质和人口的移动，必须通过各种交通网络；信息的转换和流动，必须通过各种通信网络。铁路网、公路网、航空网，以及水路、管道等，是城市对外交通联系的工具；电话、电报、传真、卫星通信等，是城市对外通信联系的手段。因此，如果把相互作用赖以进行的各种网络和城市一起考虑，那么城市就是位于网络之中的节点（Node）。交织在城市中的网络愈多，说明城市的易达性愈好，在城市体系中的地位也愈重要。

（2）相互作用产生的条件

美国学者厄尔曼（E. L. Ullman）认为相互作用产生的条件有三个：互补性、中介机会和可运输性。

① 互补性

最初人们认为，地区间的职能差异是相互作用形成的条件。后来发现，这个假设的理由不很充分。因为并非任何地方彼此间都存在着相互作用。

② 中介机会

两地间的互补性，导致了货物、人口和信息的移动和流通。但是也可能存在以下情况：当货物在A和B两地间输送时，A和B两地间介入了另一个能够提供或消费货物的C地，从而产生所谓中介机会，引起货物运输原定起止点的替换。这时，即使A和B两地间存在互补性，相互作用也难以产生。

③ 可运输性

尽管当代运输和通信工具已经十分发达，距离因素仍然是影响货物和人口移动的重要因素。距离，影响运输时间的长短和运费。距离越长，产生相互作用的阻力越大。如果两地间的距离过长，克服距离过长的成本超过了可接受的程度，那么，即使两地间存在着某种互补性，相互作用也不会发生。所以，距离的摩擦效果导致空间组织中的距离衰减规律。不同的货物，对距离的敏感性也不同，这和它们的可运输性有关。

(3) 城市间、城市和区域间的相互作用

① 结节点、结节区域和城市等级体系

城市是人类进行各种活动的集中场所，通过各种运输通信网络，使物质、人口、信息不断地从各地向城市流动，这种过程类似光线的聚焦作用，而城市就是各种网络中的聚焦点，或称结节点。结节点连同其吸引区组成结节区域。城市对区域的影响类似于磁铁的场效应，随着距离的增加，城市对周围区域的影响力逐渐减弱，并最终被附近其他城市的影响所取代。每一个结节区域的大小，取决于结节点提供的商品、服务及各种机会的数量和种类。一般地说，这与结节点的人口规模成正比。很明显，村庄的吸引区小于集镇，集镇的吸引区又小于城市。不同规模的结节点和结节区域组合起来，形成城市等级体系。

② 城市吸引区边界的确定

划分结节区域，确定城市吸引区的边界，是研究城市间、城市与区域相互作用中的一个重要内容。很明显，它也是城市体系、城市经济区研究中的一项基础工作。如果我们不能确定城市吸引区的范围，城市空间分布体系规划等工作就无从做起。

③ 相互作用模式

各种相互作用模式的产生，旨在寻求空间组织中相互作用的特点和规律。比较著名的有引力模式、潜力模式。

(4) 空间扩散的基本概念

空间扩散是和空间相互作用既有一定联系又有区别的一个概念。作为物质流、货币流或信息流，空间扩散与空间相互作用有相似之处。但是，采取空间扩散方式的流动是在时间与空间中进行的，每一种流动的现象在特定的时间和空间中从源生地产生，经过若干时间后扩散到承受者身上。在自然界中，典型的空间扩散现象如火山爆发后的火山灰扩散；而在人类社会中，疾病的传染，知识和时尚的传播以及城市的蔓延等也采取空间扩散的方式。

空间扩散有三种基本类型：即传染扩散、等级扩散和重新区位扩散。

① 传染扩散

现象从一个源生点向外作空间扩散，如果是渐进的、连续的过程，我们称之为传染扩散，其特征如同一块石子落入水中后产生的波纹运动。以新事物的扩散为例，通常，当新事物刚出现时，只是为一小部分人所了解、掌握。

然后，通过人与人的相互接触，新事物逐渐由已知者传播给他们的朋友、邻居、亲戚等等。随着时间的流逝，越来越多的人将了解掌握这项新事物。这一扩散过程同传染病通过与病人的接触传播开来近似，故称之为传染扩散。由于距离的摩擦阻力效应，事物的扩散随着距离的增大而逐渐被削弱。

② 等级扩散

对人文现象的空间扩散来说，采取完美的传染扩散的方式是很少有的。因为在现象的扩散过程中，地理距离并不总是起着非常强大的影响作用，社会等级、城市规模等级等有时也在起着十分明显的作用。

③ 重新区位扩散

在传染扩散中，假如扩散导致更多的接受者，那么就称之为扩张型扩散。反之，如果接受者的数量没有增加，仅仅发生了原有接受者的空间位移，我们称之为重新区位型扩散。其典型例子就是移民过程。

(5) 空间扩散的研究

① 阻力的作用

新事物接受者的数量和时间分布呈正态分布型，即在新事物传播的最初阶段，只有少量的、富于革新的、勇于承担风险的人才会接受，大多数人由于更强的阻抗心理，则采取旁观的态度。随后加入接受者队伍的人数逐步扩大，这又可分为早期接受者和后期接受者两种类型。最后剩下少量的顽固派分子或反应迟钝者。另外，时间本身也具有一定的独立影响。在扩散的初期阶段，持怀疑和抵触情绪的人的比例较高，但当达到某个关键的接受者的比例之后，往往会出现接受的“赶浪头”效应。这一效应加强了扩散过程在时间上的不平衡性：初始由于只有少量的创新者和风险承担者，使创新接受的速度较慢，随后由于“赶浪头”效应出现爆炸式的增长，最后由于接受者的数量趋于饱和，传播的速度再次下降。

② 障碍的作用

障碍在空间扩散中可以起重要的限制作用。障碍可以分自然障碍，如河流、湖泊、山脉、沙漠等；文化障碍，如语言、种族、宗教上的差异等；社会障碍，反映在阶级、年龄、性别、社会经济地位等方面；政治障碍，如民族性、意识形态上的差异以及态度、个性等方面的精神障碍。

2. 城市土地利用结构

城市地理学对城市土地利用的研究，可以分为人类生态学、城市土地经济理论和行为科学研究三个方面。

一般来说，中国城市空间结构中最重要的是工业区、居住区和商业区，它们之间的组合关系决定了城市的空间结构特征。

3. 城市形态

(1) 基本概念

城市形态是指一个城市的全面实体组成，或实体环境以及各类活动的空间结构和形成。广义可分为有形形态和无形形态两部分。前者主要包括城市区域内城市布点形式，城市用地的外部几何形态，城市内各种功能地域分异格局，以及城市建筑空间组织和面貌等。后者指城市的社会、文化等各无形要素的空间分布形式。狭义一般指城市物质环境构成的有形形态，事实上它们也是城市无形形态的表象形式。

城市形状（Urban form）、城市型式（Urban pattern）和城市形态是三个不同的概念，它们之间具有密切的内在联系。城市形状主要指城市外部轮廓所呈现的图形，是城市形态的低层次研究内容；城市型式主要指城市各物质要素的空间位置关系及其变化移动的特点。城市形态则是城市集聚地产生、成长、形式、结构、功能和发展的综合反映。

城市形态可定义为由结构（要素的空间布置）、形状（城市外部的空间轮廓）和相互关系（要素之间的相互作用和组织）所组成的一个空间系统。

(2) 研究主要内容

城市形态研究的主要内容包括：

① 城市由村落—镇—小城市—中等城市—大城市的自然渐变规律；②城市内部形态；③城市形态演化规律。

城市形态分为三个层次：

第一层次为宏观区域内城镇群的分布形态；第二层次是城市的外部空间形态，即城市的平面形式和立面形态；第三层次是城市内部的分区形态。

通过城市形态的研究，可从纵向和横向两方面的比较探讨城市自身的发展规律，解释城市发展中的多种现象，并预测城市未来发展。城市形态学是一门正在兴起的城市规划学分支学科。

4. 城市边缘区

城市边缘区是“一种在土地利用、社会和人口特征等方面发生变化的地带，它位于连片建成区和郊区以及具有几乎完全没有非农业住宅、非农业占地和非农业土地利用的纯农业腹地之间的土地利用转换地区”。

兼具城市和乡村的土地利用性质的城市与乡村地区的过渡地带，又称城市边缘地区。城乡交错带尤其是指接近城市并具有某些城市化特征的乡村地带。城乡交错带位于市区和城市影响带之间，可分为内边缘区和外边缘区。内边缘区又称城市边缘，特征为已开始城市建设；外边缘区又称乡村边缘，特征为土地利用仍以农业占支配地位，但已可见许多为城市服务的设施，如机场、污水处理厂和特殊用地等。

首次明确承认城市边缘带的是德国学者路易斯，他在研究柏林城市结构时认识到这种现象。其后，不少西方城市地理学家从城市地域结构的角度，指出了在城乡之间存在着一个中间带或过渡带。奎恩和汤姆斯提出大都市区三地带学说，即由核心到外围分为市街密集的中心区域、郊外的城市边缘区和市郊外缘广阔的腹地，明确提出了城市边缘区的术语。

据L·鲁斯旺等的意见，城市边缘区一般为城市建成区以外10km左右的环城地带；伯里安特认为是从城市边缘向外延伸6～10英里（相当于10～16km）。我国学者严重敏教授认为，可以以城市建成区半径为划分依据，如建成区半径为5km，可以向外延伸5km环带作为边缘区范围。

城市边缘区的特点：社会经济结构的复杂性、动态性、依附性。

5. 乡村城镇化

乡村城镇化一般指农业人口转化为非农业人口并向城镇性质的居民点集聚，乡村地区转变为城市地区或在乡村地域中城市要素逐渐增长的过程。

乡村城镇化是一种人口、经济、社会甚至文化现象，主要表现为：城市人口增加，乡村人口减少；城市发展，城市地域扩大，农业用地转用作工厂、商店及住宅等非农业用地；农民由专业农户转化为兼业农户，进一步成为脱离土地的非农户；城乡居民经济收入和文化教育差别不断缩小，价值观念和生活方式等趋同。乡村城市化的实质是乡村与城市居民共同继承、创造和平等分享人类共有的物质文明和精神文明，逐步缩小并消灭城乡差别，达到城市和乡村协调发展。乡村城镇化是生产力发展和劳动分工加深的必然产物，从城市诞生之日起即进行这一过程。

（四）了解我国城市密集区的发展状况和发展趋势

1. 中国三大城镇密集区的发展现状

长江三角洲城镇密集区，包括上海市，江苏省的南京、苏州、无锡、常州、扬州、镇江、南通、泰州（即苏南地区），浙江省的杭州、宁波、湖州、嘉兴、绍兴、舟山（即浙东地区），共计 15 个城市。区内以上海、南京、杭州等城市为中心。

珠江三角洲地区，以香港、广州、深圳等为中心城市，区域范围包括珠江口西岸的佛山、江门、中山、珠海、澳门等城镇，珠江口东岸的惠州、东莞，共 4.5 万多 km^2。

京津冀地区，以北京天津两大中心城市为依托，天津作为该区的最大的外港和历史上的金融中心，发挥副中心作用。该区域约 5.6 万 km^2，包括唐山、秦皇岛、廊坊等河北东北部地区的城镇。

综上可看出，我国东部三大城镇密集地区虽然面积仅占国土的 2%左右，却聚集了全国约 13%～14%的人口，生产全国约 40%的 GDP。

（1）从发育程度看，我国城市密集区的形成发展大体适应了区域工业化和城镇化的进程，发展水平各不相同，具有阶段性差异。

（2）从规模等级看，我国城市密集区的规模大小、影响范围具有明显差异，呈现多层次发展的特点。

（3）从地域分布看，我国城市密集区东、中、西部梯度递进，呈多样性发展的特征。

2. 中国城镇密集区的发展面临的问题和矛盾

（1）城市群网络体系的内部结构存在较大的缺陷。

（2）区内各城镇横向联系弱，竖向联系强，自成体系，自我封闭发展，城市间的积极而恶性的竞争得到膨胀，城市之间在产业选择、基础设施建设等方面缺乏合作与协调。

（3）区域基础设施因缺乏统一规划，造成不合理布局或重复建设，浪费了宝贵的人力和财力资源，甚至造成一些城市政府长期的财政负担。

（4）连绵都会区正在成为吸引人才，吸引投资和各种经济、文化、社会活动的巨大磁石。

（5）城市群在东、中、西部的发展水平明显不平衡。

3. 中国城镇密集区的发展趋势

（1）城市密集区正进入加速发展阶段；

（2）城市密集区的集聚规模将进一步扩大；

（3）城市密集区的地位将更加突出；

（4）区域经济一体化进程将不断加快。

五、区域城镇体系的特征和规律

（一）熟悉城镇体系的基本概念

1. 基本概念

城镇体系指的是在一个相对完整的区域或国家中，由不同职能分工服务的职能，叫作城市的辅助职能。联系密切、互相依存的城镇的集合，是指一定区域范围内在经济社会和空间发展上具有有机联系的城镇群体。它以一个区域内的城镇群体为研究对象，而不是把一座城市当作一个区域系统来研究。城镇体系具有整体性、等级性或层次性、动态性等基本特征。

2. 城镇体系的基本特征

整体性。城镇体系是由城镇、联系通道和联系流、联系区域等多个要素按一定规律组合而成的有机整体。

等级性或层次性。系统由逐级子系统组成。城镇体系的各组成要素按其作用大小可以分成许多等级。

动态性。城镇体系不仅作为状态而存在，也随着时间而发生阶段性变动。这就要求城镇体系规划也要不断地修正、补充，以适应变化了的实际。

3. 城镇体系演化规律

城镇体系演化规律是由低水平的均衡阶段（以经济活动分散孤立，小地域范围内的封闭式循环为特征），经过极核发展阶段（以极核发展为特征）和扩散阶段（以极核城市向外扩散为特征），最后进入高水平的均衡阶段（以网络化、均衡化、多中心为特征）。

4. 城镇体系组织结构模式

城镇体系的组织结构，是指组成城镇体系的各城镇的规模、空间分布、相互作用，以及体系内的生长点（指发展最快的城镇）位置。西蒙斯（J. W. Simmons）将城镇体系的组织结构归结为前缘带商业模式、原材料出口模式、工业专门化模式和社会变动模式四种。

5. 城镇体系规划

城镇体系规划是针对城镇发展战略的研究，是在一个特定范围内合理进行城镇布局，优化区域环境，配置区域基础设施，明确不同层次的城镇地位、性质和作用，综合协调相互的关系，以实现区域经济、社会、空间的可持续发展。

市域城镇体系规划的主要内容：

（1）提出市域城乡统筹的发展战略。其中位于人口、经济、建设高度聚集的城镇密集地区的中心城市，应当根据需要，提出与相邻行政区域在空间发展布局、重大基础设施和公共服务设施建设、生态环境保护、城乡统筹发展等方面进行协调的建议。

（2）确定生态环境、土地和水资源、能源、自然和历史文化遗产等方面的保护与利用的综合目标和要求，提出空间管制原则和措施。

（3）预测市域总人口及城镇化水平，确定各城镇的人口规模、职能分工、空间布局和建设标准。

（4）提出重点城镇的发展定位、用地规模和建设用地控制范围。

（5）确定市域交通发展策略，原则确定市域交通、通讯、能源、供水、排水、防洪、垃圾处理等重大基础设施、重要社会服务设施、危险品生产储存设施的布局。

（6）根据城市建设、发展和资源管理的需要划定城市规划区。城市规划区的范围应当位于城市的行政管辖范围内。

（7）提出实施规划的措施和有关建议。

（二）熟悉城镇体系的分工与协作关系

城镇体系发展的影响因素包括：宏观与微观影响因素、结构与功能影响因素、物质与非物质影响因素、自然与人为影响因素。区域条件对城市发展的影响，主要表现在对城市发展方向、城市发展规模、城市布局的区域空间结构的影响。这些区域条件包括区域资源与经济发展条件，区域经济结构与经济联系，区内各主要城镇之间的职能分工。

城镇体系发展机制：城镇体系在其形成和发展的全过程中，集聚与辐射作用无不发挥着关键的作用，并成为城镇体系发展变化的机制所在。即城镇发展过程中，体现了城市核心增长和城市离心增长。

城市与区域是与生俱来的一对共同体，它们相互依存，互为作用。每个区域均有其自己的主体，每个主体也都拥有自己的区域。不同区域有不同的城市体系。任何城市都是一定区域内城市体系的一员。每个城市都依据其自身发展的条件和基础，在区域发展的舞台上，通过整个城镇体系的分工、协作、交融，扮演着独特的角色。所以说，研究城镇体系，首先必须研究与其对应的区域经济发展。

1. 城市在区域发展中的作用

城市是一定地域范围的中心，根据其职能、作用辐射影响范围的大小，中心城市有不同的等级——中心地理论研究城镇分布规律。城市的发展必然要开发和利用周围地区的各类资源，因而城市与区域的发展条件、发展前景密切相关，互相牵制。

每一个经济中心都有其相应的经济区域，中心城市的发展与区域内其他城镇相互影响，应重视区域规划。

城市与经济区域的联系——物流、资金流、人流、信息流——分析一个城市的对外主要经济联系方向。城市与区域之间的关系密切，研究城市不能“就城市论城市”，要分析影响城市发展的各种区域因素。

2. 区域条件对城市发展的影响

城市发展的区域分析——发展战略（优劣条件、职业、地位、作用）：区域资源与经济发展条件评价；区域经济结构、消费结构、就业结构对城市产业发展的影响；区域各城镇的职能分工。

城市规模（人口、用地）的区域论证：区域生产力发展与布局；区域城市化发展水平、区域内总人口、区域城镇人口总规模、区域城镇人口合理分布、中心城市人口规模的判断。

城市形态与区域空间结构：城市形态变化具有客观发展规律，要根据区域条件，实事求是地确定城市的形态与空间结构。

3. 系统整体性

城镇体系中研究的区域经济所追求的是区域内各种经济活动在各种城镇结构上的合理组合和各类城镇功能上的互补，对所能支配的区域内外资源进行有效配置，从而在整体上实现区域经济、城镇的合理增长与发展，产生出任何单一城镇所无法获得的经济、社会效果。其研究的基点是将单个城镇置于区域经济这个系统之中来考察。系统整体性是区域经济具有共性的基础。

4. 空间差异性

区域经济空间差异性的鲜明特点之一，就是各个城镇之间经济活动表现出空间差异性。无论是城镇的要素禀赋还是部门构成、经济规模、经济增长能力等，都会因城镇的不同而相异。

5. 活动关联性

区域经济的空间差异性导致了城镇之间存在着发展要素、发展成果上的互补性，而且，一个城镇对外开放程度越高，其直接或间接地受到其他相关城镇经济发展的影响就越大。城镇之间在经济发展上既存在分工，也存在着相互联系的可能。任何一个城镇经济的发展都不可离开其他城镇而独立进行，需要相互协调。

6. 相对独立性

在国民经济系统中，城镇是相对独立的经济利益主体，每个城镇都有其自身的经济利益。由此决定了城镇之间在经济发展上存在竞争。但是，区域经济又包含在国民经济系统之中，其发展必然受制于整个国民经济发展的需要，受到国民经济全局利益的约束，并在一定程度上要服从于国民经济全局利益。

（三）熟悉城镇体系空间联系的基本理论

1. 城市空间相互作用与空间扩散理论

（1）空间相互作用

根据相互作用的表现形式，海格特（P. Haggett）于1972年提出一种分类，他借用物理学中热传递的三种方式，把空间相互作用的形式分为对流、传导和辐射三种类型。第一类，以物质和人的移动为特征。第二类，是指各种各样的交易过程，其特点不是通过具体的物质流动来实现，而只是通过簿记程序来完成，表现为货币流。第三类，指信息的流动和创新（新思维、新技术）的扩散等。

城市间的联系可表现为以下三种主要方式：货物和人口的移动，财政金融上的往来联系和信息的流动。

（2）空间扩散

空间扩散有三种基本类型：传染扩散、等级扩散和重新区位扩散。

2. 中心地理论及其局限性

克里斯塔勒创建中心地理论深受杜能和韦伯区位论的影响，故他的理论也建立在“理想地表”之上，其基本特征是每一点均有接受一个中心地的同等机会，一点与其他任一点的相对通达性只与距离成正比，而不管方向如何，均有一个统一的交通面。后来，克氏又引入新古典经济学的假设条件，即生产者和消费者都属于经济行为合理的人的概念。这一概念表示生产者为谋取最大利润，寻求掌握尽可能大的市场区，致使生产者之间的间隔距离尽可能地大；消费者为尽可能减少旅行费用，都自觉地到最近的中心地购买货物或取得服务。生产者和消费者都具备完成上述行为的完整知识。经济人假设条件的补充对中心地六边形网络图形的形成是十分重要的。

（1）有关的概念术语

中心职能和中心地、企业单位（Establishment）和职能单元、门槛值和服务范围、服务职能的等级、中心地的等级。

（2）克氏中心地理论的要点

一个中心地往往的包含多种类型物品的供应点，由于门槛的限制，每个中心地不可能供应所有类型的物品。物品可按其门槛范围和最大销售范围划分为低级物品和高级物品，前者门槛较低，相应最大销售范围也较小，后者则相反。

在众多中心地中，物品供应点出现的频率与物品的等级或物品的市场区大小成反比。

因此，中心地可按其供应物品的类型排列成有顺序的等级系统。克里斯泰勒认为，一定等级的中心地不仅供应相应等级的物品，还供应所有低于该等级的物品。

基于长时期周期农业市场服务中心的演化，一个地区会形成一套中心地等级体系，同一等级的中心地有同样大小的服务范围，也称市场区或附属区，市场区的范围是六角形的。整个中心地及其市场区是由一级套一级的网络，相互嵌套而成，所谓嵌套原则，就是低级中心地和市场区被高一级的市场区所包括，高一级的中心地和市场区又被更高一级的市场区所包括，整个体系都是如此。

为了表现中心地等级系统形态，克里斯泰勒使用“度”的概念。此图是连接均匀分布的供应点（或城市）所形成的网格，每个点都是六个等边三角形顶点的交点，称中心网格点。连接这六个三角形各自的中心，将形成一个六边形，我们把这个六边形包围的区域称为基本区域。这个只包含一个中心网格点的基本区域，称为 1 度。度用 K 表示，基本区域内包含几个中心网格点即为几度。度的数量可按下列方法计算。

① 六边形区域内点的数量乘上 1；

② 六边形边界上点的数量乘上 1/2（点为其两侧的两个基本区域所共有）；

③ 六边形顶点上点的数量乘上 1/3（点为其相邻的三个基本区域所共有）。

$K=3$（市场最优），$K=4$（交通最优），$K=7$（行政最优）三种常见的中心地空间形态，现实中的城市，毕竟并非建立在理想的假定条件上。因此表现在空间分布上都多少发生了某些变形。如集聚变形、时滞变形和资源空间分布不均带来的变形。

市场原则：低一级市场区的数量总是高一级市场区数量的 3 倍。由于每个中心地包括了低级中心地的所有职能，即一级中心地同时也是二级乃至更低级的中心地，所以，一级中心地所属的 3 个二级市场区内，只需在原有的 1 个一级中心地之外再增加 2 个二级中心地即可满足 3 个二级市场区的需要。在 9 个三级市场区内，因已有了 1 个一级中心地、2 个二级中心地，因此只增加了 6 个三级中心地。这样，在 $K=3$ 的系统内，不同规模中心地出现的等级序列是：1，2，6，18，……

由市场原则形成的中心地等级体系的交通系统，是以高等级中心地为中心，有 6 条放射状的主干道连接次一级的中心地，又有 6 条也成放射状的次干道联结再次一等级的中心地。由于此种运输系统联系两个高一等级中心地的道路不通过次一级中心地，因此，被认为是效率不高的运输系统。

交通原则：和 $K=3$ 的系统比较，在交通原则支配下的六边形网络的方向被改变。高级市场区的边界仍然通过 6 个次一级中心地，但次级中心地位于高级中心地市场区边界的中点，这样它的腹地被分割成两部分，分属两个较高级中心地的腹地内。而对较高级的中心地来说，除包含一个次级中心地的完整市场区外，还包括 6 个次级中心地的市场区的一半，即 包括 4 个次级市场区，由此形成 $K=4$ 的系统。在这个系统内，市场区数量的等级序列是：1，4，16，64，……次级市场区的数量以 4 倍的速度递增。与 $K=3$ 的系统类似，由于高级中心地也起低级中心地的功能，在 $K=4$ 的系统内，中心地数量的等级序列是：1，3，12，48，……

依交通原则形成的交通网，因次一级中心地位于联系较高一级中心地的主要道路上，被认为是效率最高的交通网，而由交通原则形成的中心地体系被认为是最有可能在现实社会中出现的。

行政原则：在 $K=3$ 和 $K=4$ 的系统内，除高级中心地自身所辖的一个次级辖区是完整的外，其余的次级辖区都是被割裂的，显然，这不便于行政管理。为此，克里斯塔勒提出按行政原则组织的 $K=7$ 的系统。在 $K=7$ 的系统中，六边形的规模被扩大，以便使周围 6 个次级中心地完全处于高级中心地的管辖之下。这样，中心地体系的行政从属关系的界线和供应关系的界线相吻合。

根据行政原则形成的中心地体系，每 7 个低级中心地有 1 个高级中心地，任何等级的中心地数目为较高等级的 7 倍（最高等级除外），即：1，6，42，294……市场区的等级序列则是：1，7，49，343……

克里斯塔勒认为，在开放、便于通行的地区，市场经济的原则可能是主要的；在山间盆地地区，客观上与外界隔绝，行政管理更为重要；年轻的国家与新开发的地区，交通线对移民来讲是“先锋性”的工作，交通原则占优势。克里斯塔勒得出结论：在三个原则共同作用下，一个地区或国家，应当形成如下的城市等级体系：A 级城市 1 个，B 级城市 2 个，C 级城市 6～12 个，D 级城市 42～54 个，E 级城市 118 个。

（3）主要贡献

以古典区位论的静态局部均衡理论为基础，探讨了静态一般均衡区位理论，为后来的动态一般区位理论开创了道路。

运用演绎法研究中心地的空间分布模型，把地理学的地域性、综合性与区位理论相结合，使区位理论研究逐渐向地理学领域扩展，并成为现代理论地理学研究的重要组成部分。

系统的城市区位理论的建立，将区位理论的研究对象从农业、工业扩大到城市，并为市场区位理论研究奠定了基础。促进了地理学的计量革命，并对地理学采用系统论、系统分析方法作出了贡献，推动了城市地理、城市规划和区域规划等研究工作的发展。

（4）存在问题

克里斯塔勒的中心地理论尽管对地理学、城市经济学和区位理论作出了巨大的贡献，但仍然存在一些不足之处。当然这种缺陷是从现在的眼光来看的。

① 克里斯塔勒只重视商品供给范围的上限分析，即中心地的布局是按照上限大小来决定。虽然他也提出了商品的供给下限，但缺乏详细分析，对各种商品得到怎样程度的超额利润论述也不明确。

② 在克里斯塔勒的中心地系统中，K 值是固定不变的。事实上，由于区域的各种条件作用，所形成的区域模型各等级的变化用一个固定的 K 值是无法概括的。

③ 克里斯塔勒把消费者看作“经济人”，认为消费者首先是利用离自己最近的中心地。但在现实中，消费者的行为是多目标的。因此，消费者更倾向于在高级中心地进行经济或社会行为活动。这样会导致高级中心地的市场区域范围扩大，使中心地系统结构发生变形。

④ 克里斯塔勒忽视了集聚利益。事实上，同一等级或不同等级的设施集中布局会产生出集聚利益。而克氏只重视各等级中心设施的出现，对出现的数量不感兴趣。

3. 核心—边缘理论

（1）生长极理论

生长极理论首先是由法国经济学家普劳克斯（F. Perroiix）于 1950 年提出，后经赫希曼、鲍得维尔、汉森等学者进一步发展。这一理论受到区域经济学家、区域规划师及决策者的普遍重视，不仅被认为是区域发展分析的理论基础，而且被认为是促进区域经济发展的政策工具。该理论认为，经济发展并非均衡地发生在地理空间上，而是以不同的强度在空间上呈点状分布，并按各种传播途径，对整个区域经济发展产生不同的影响，这些点就是具有成长以及空间聚集意义的生长极。

根据普劳克斯的观点，生长极是否存在决定于有无发动型工业。所谓发动型工业就是能带动城市和区域经济发展的工业部门。

（2）核心—边缘模式

经济发展不会同时出现在每一地区，但是，一旦经济在某一地区得到发展，产生了主导工业或发动型工业时，则该地区就必然产生一种强大的力量使经济发展进一步集中在该地区，该地区必然成为一种核心区域，而每一核心区均有一影响区，约翰·弗里德曼（John Friedmann）称这种影响区为边缘区。核心与边缘间有前向联系和后向联系，前向主要是核心向更高层次核心的联系和从边缘区得到原料等，后向是核心向边缘提供商品、信息、技术等。通过两种联系，发展核心，带动边缘。

4. 网络城市理论

当以前相互独立但功能存在潜在互补的两个或更多城市在快速交通和通信设施支撑下，争取合作并增加机会经济，网络城市由此应运而生。网络城市利用了城市规模在单中心形态下产生的不经济，它们独有的多中心结构和弹性功能形成了垄断优势。

（四）熟悉城镇体系的城市规模分布规律

1. 城市规模分布理论

（1）城市首位律（Law of the Primate City）

这是马克·杰斐逊（M. Jefferson）早在 1939 年对国家城市规模分布规律的一种概括。他提出这一法则是基于观察到一种普遍存在的现象，即一个国家的“首位城市”总要比这个国家的第二位城市（更不用说其他城市）大得异乎寻常。不仅如此，这个城市还体现了整个国家和民族的智能和情感，在国家中发挥着异常突出的影响。

① 城市首位度

杰斐逊的观察和发现对现代城市地理学作出了巨大的贡献。首位城市的概念已经被普遍使用，是用一国最大城市与第二位城市人口的比值来衡量城市规模分布状况的简单指标。首位度大的城市规模分布就叫首位分布。

首位度在一定程度上代表了城市体系中的城市人口在最大城市的集中程度，这不免以偏概全。为了改进首位度两城市指数的简单化，又有人提出 4 城市指数和 11 城市指数。

② 4 城市指标和 11 城市指数

4 城市指数：$S=P_1/(P_2+P_3+P_4)$

11 城市指数：$S=2P_1/(P_2+P_3+\cdots+P_{11})$

P_1，P_2，…，P_{11}为城市体系中按人口规模从大到小排序后，某位次城市人口规模。4 城市指数和 11 城市指数比只考虑两个城市能更全面地反映城市规模分布的特点。它们的共同点在于都抓住第一大城市与其他城市的比例关系，因此，有些作者把它们统称为首位度指数。

附：2016年中国27个省会城市的"首位度"排行榜

"城市首位度"是美国学者马克·杰斐逊于1939年提出的概念，指一个国家（或区域）首位城市与第二位城市的人口规模之比。

不过，鉴于我国特殊的国情，这个概念还不能直接拿来用：一是因为我国城市的人口统计数据往往失真，二是因为大、小城市之间的人均GDP差异很大，用人口规模来衡量城市首位度，显然没有用GDP来衡量更符合我国国情。

成都、武汉、长沙是主要经济大省中"首位度"最高的省会城市，尤其是成都的首位度高达6.4，说明成都GDP是省内第二大城市绵阳的6.4倍，武汉则是省内第二大城市宜昌的3.2倍，长沙是省内第二大城市岳阳的2.95倍。

沈阳、福州、石家庄、呼和浩特、南京与济南几个省会城市，在省内都不是第一名。两个经济大省——山东与江苏的省会城市（济南与南京）的首位度更是垫底。

不过，只看首位度，还不能完全体现一个省会城市在省内的强势指数，另一个指标也比较重要，就是省会城市GDP占全省比例，可以反映出一个省会城市对全省经济的重要性。

省会城市占全省GDP比重最高的是银川，高达50.8%。在GDP超过1万亿元的经济大省中，长春、武汉、成都、西安、长沙占全省的比重是最高的。成都与武汉再次名列前茅，说明二者不仅首位度高，对全省经济的重要性也很高。

1. 省会城市首位度与该省是否经济大省没有必然关系。山东、江苏、广东等经济大省的省会首位度都很低，尤其是南京与济南还垫底。但是四川、湖北、湖南等内陆经济大省，其省会首位度又很高，尤其是成都与武汉。

2. 首位度其实与该省区位是否沿海有很大关系。首位度最差的10个城市中，除了贵阳与呼和浩特不是沿海省份，其他8个均属于沿海省份，分别是南宁、广州、福州、杭州、南京、济南、石家庄、沈阳。

这些省会城市中，只有广州、杭州与南宁三个在省内排名第一，其他全部排在第二或者第三，尤其是济南位列省内第三名，南京也曾长时间位于苏州与无锡之后，近两年才开始反超无锡。如果承认深圳实际的城市竞争力高于广州，8个沿海省份中，就只有杭州与南宁还能排到省内第一。

3. 为什么沿海省会的首位度普遍很低呢？这是因为沿海省份基本上都有一个港口城市与省会相当，辽宁与大连，河北与唐山，山东与青岛，江苏与苏州（河港），浙江与宁波，福建与泉州与厦门，广东与深圳，这些城市都是著名的港口城市。只有广西比较特殊，省内港口城市很弱，担当老二的是柳州这个老牌工业城市。

港口城市之所以具备与省会城市相当的实力，根本原因在于中国是一个高度外向型的经济体，对外贸易是经济发展非常重要的一个动力机制，港口城市因此成为外资布局中国的桥头堡，成为影响中国城市格局的体制外力量。

4. 除了港口城市可与省会城市相当，还有哪些城市具备这个实力？可能只有资源型城市，例如内蒙古的鄂尔多斯、黑龙江的大庆。贵州与广西两个省的情况则比较特殊，与贵阳比肩的遵义，与南宁比肩的柳州，一个是拥有茅台酒特色产业，一个是老牌工业城市。

换句话说，除了港口城市与少数资源型城市，几乎所有的正常省份，都是省会独大。

5. 港口城市不仅经济实力强大，政治实力一样强大。大连、青岛、宁波、厦门、深圳五个比较发达的港口城市，早已提升为副省级城市，同时还享有计划单列市待遇，在经济管理权上直接与中央挂钩，相当于半个直辖市。

(2) 城市金字塔

把一个国家或区域中许多大小不等的城市，按规模大小分成等级，就有一种普遍存在的规律性现象，即城市规模越大的等级，城市的数量越少，而规模越小的城市等级，城市数量越多。把这种城市数量随着规模等级而变动的关系用图表示出来，形成城市等级规模金字塔。金字塔的基础是大量的小城市，塔的顶端是一个（常常就是首位城市）或少数几个大城市。

城市金字塔只是给我们提供了一种分析城市规模分布的简便方法。只要注意采用同样的等级划分标准，对不同国家、不同省区或不同时段的城市规模等级体系进行对比分析，还是很有效的，能够从中发现它们的特点、变化趋势和存在问题。

(3) 位序—规模法则

一个城市的规模和该城市在国家所有城市按人口规模排序中的位序的规律，就叫作位序—规模法则。

2. 城市规模分布

(1) 城市规模分布的类型

学术界一般习惯于把城市规模分布分为首位分布和位序—规模分布两种基本类型，介于这两者之间的，属于过渡类型。

(2) 对城市规模分布的理论解释

从方法论上来说，解释有两种基本类型，一种是从变量和过程中抽象出一定数学关系，如对数正态分布、帕雷托分布等，来证明特定的规模分布类型；另一种通常不表现出数学关系，而是提出一种关于各种变量之间的原因性论点。按理论解释的模式来分，有随机模式、城市增长模式、迁移模式、城市等级体系模式和考虑政治、经济、文化和历史诸因素的机制分析模式。

各种随机模式是解释城市位序—规模分布最有影响的理论。当影响城市规模分布的力量很多，其行为也很混乱时达到的稳定状态，这时的城市规模分布与只由极少数几个力量影响下产生的规模分布形成鲜明的对照。

经济力量是城市社会组织的中心要素，这种观点也正在受到挑战。强调政治因素的人把国家看作城市体系的决定因素，经济力量只被认为是一种中间变量。认为在工业化的早期阶段，区位选择受到经营欲望的强烈影响，倾向于直接接近政府权力中心。有人用亚洲、拉丁美洲一些国家首都的政治作用不断增强作为主要原因来解释这些国家首位度的增加。

3. 中国城市规模分布规律

(1) 我国的城市规模分布无疑属于相对均衡的分布类型。这是和我国国土辽阔，人口众多，悠久的城市发展历史，发育了数量庞大的城市，国家城市体系由明显的大区级、省区级和地方级的地域子系统共同组成。在这样的条件下，不可能形成很高的首位度；

(2) 中华人民共和国成立以后，我国城市规模分布的总趋势是日益均衡，但各时期的波动很大，主要反映我国政治经济政策和经济过程的不连续性，城市人口增长速度上下起伏较大。其表现就是在双对数坐标图上，位序—规模分布的斜率趋于减小，帕雷托分布的斜率趋于增大，但中间过程的波动都较大；

（3）改革开放以来我国高位序大城市人口增长加快，首位度指数有所回升；

（4）绝大多数情况下，我国高位序城市，特别是最大城市的实际规模比它们的理论规模小得多，从国家城市体系的背景上看，它们还有着可观的发展前景。

4. 城市规模分布的省际差异

（1）省区的城镇规模分布类型与市镇有关的人口数量因素关系最密切，职工（特别是工业职工）和城镇人口多的省区就处在城镇规模分布的较高级类型；

（2）与省区的经济发展水平有较密切的关系，但主要取决于工商业发展水平，与农业发展水平虽有某种正相关的联系，但相关的显著性程度很低；

（3）与省区交通网密度有明显关系，偏僻、闭塞、交通网稀疏的省区，一般处于较低级的城镇体系类型；

（4）人口密度是地区自然条件和经济开发程度的集中反映，人口密度较大的省区，城镇规模分布一般处于较高级类型，西部低密度人口省区处于低级类型；

（5）用城镇人口比重来衡量的城市化水平与城镇规模分布类型间没有直接联系。这与其他学者的结论类似。

（五）熟悉城市经济区的概念及其特征

1. 城市经济影响区

城市作为区域中心，对外部提供产品和服务，也是城市发展的动力和保障。城市在某种意义上都是区域中心，影响区域的大小是不一样的，不是均质的，一般符合随距离衰减的规律。

2. 城市经济区

城市经济区是以中心城市或城市密集区为依托，在城市与其腹地之间经济联系的基础上，具有对内对外经济及联系同向性特征的枢纽区。

四个构成要素：中心城市、腹地、经济联系、空间通道。

3. 城市经济区组织的原则

中心城市原则、经济方向原则、腹地原则、可达性原则、过渡带原则、兼顾行政区单元完整性的原则。

六、城市地理学的研究方法

（一）了解城市地理学的调查与分析方法

1. 城市空间结构研究方法

研究城市空间结构集聚与扩散的方法主要有极点法、等高线法、网络法、相互作用法、密度法、“地域等级体系”法、“栅格”法和系统动力学法。

2. 城市内部地域结构研究方法

归纳起来主要有景观分析方法、城市填图方法、社会地区研究方法以及因子生态分析方法等。

（二）熟悉城市地理学分析方法在城乡规划中的应用

1. 城市空间结构研究方法

（1）极点法：首先在城市群内调查各城市的规模、相互作用、联系方式等，然后通过极点比较确定集聚力与扩散力最强的城市，对其特性进行研究。

(2) 等高线法：根据城市的集聚与扩散强度画出联系线，依据等高线找出城市间的脊线，重点对脊线范围内的城市进行研究。

(3) 网络法：依据城市间交通、通信、供水、供电等联系勾画出城市间的网络线，按其重要程度划分节点和连线，分析城市间通过网络的集聚与扩散活动。

(4) 相互作用法：将主要城市看作为集聚点，交通流、信息流等被看作这两个中心向外辐射力，依据重力或其他分析模型分析城市间的相互作用。

(5) 密度法：密度法用某些城市集聚与扩散的要素，例如流动人口、劳动力、资本的单位面积密度，来表示与中心城市的疏密关系，并进行集聚与扩散的研究。

(6) 地域等级体系法：围绕城市中心进行城市功能区的划分，再根据各功能区的等级体系关系分析其在城市中的集聚与扩散态势。一般而言，各功能区可进一步划分为4～5级。

(7) 栅格法：围绕城市中心对其周围地区进行栅格网划分，再对各栅格网的功能进行定义，然后确定各栅格与城市中心的关系，进行相关集聚与扩散分析。

(8) 系统动力学法：将城市的集聚与扩散看作一个系统，分析该系统的初始状态、激发因子和机制，构造系统动力学模型，进行未来发展趋势的预测。

2. 城市内部地域结构研究方法

(1) 景观分析方法

一个消费城市的内部地域结构可能只由交换流通功能的商业区和居住功能的居住区组成，比较简单；而城市规模越大，功能区分化就越明显，城市内部地域结构也就越复杂。对这些复杂的功能地域的配置组合状态进行研究，并进行模式化表示是城市地理学研究的一大特点。迄今为止，这方面积累了许多研究成果，提出了许多模式。

(2) 城市填图方法

城市土地利用图的最简单表示方法就是方格法，即每个方格内只填一种用途，其特点是简单明了，但没有量化土地利用的划分。比方格法较为精确的有分数（分子、分母）表示法和三分表示法。

(3) 社会地区研究方法

社会地区分析与古典城市结构模式的差异在于，古典模式是把现实的城市事例进行一般化后的归纳法模式，而社会地区分析是从整个社会的社会变动中演绎推导出城市的地域分化。

(4) 因子生态分析方法

因子生态分析法的前提条件是运用计算机技术，进行大量数据的处理和多变量解析统计方法的开发，以及城市内部中地区统计资料的整理。

因子生态分析和社会地区分析的不同在于，后者事先设定城市内部居住分化的主要因素，而前者则通过变数群的统计分析法抽出主要因子。

目前，因子生态分析存在的主要问题有：①地域单元问题。国情调查区、街道为同类地域的假设存在争议。②资料问题。国情调查资料是10年或者5年才进行一次。③城市性质如何影响因子构成和空间类型的问题。④中国城市的特殊性问题。

（三）熟悉人口发展与城镇化水平预测

1. 人口的预测方法

（1）适用于大中城市的规模预测的数学模型

回归模型、增长率法、分项预测法。

（2）适用于大中城市的规模预测的定性分析模型

区域人口分配法、类比法、区位法。

2. 区域城镇化水平预测方法

综合增长法、时间趋势外推法、相关分析和回归分析法、联合国法。

3. 城市吸引范围分析

经验的方法、理论的方法（断裂点公式和潜力模型）。

应试者应阅读以下方面的参考书：城市地理学及其在城乡规划中的应用相关内容。

七、国土空间规划的内容

空间规划在1983年欧洲区域规划部长级会议通过的《欧洲区域/空间规划章程》中首次使用。文中指出，区域/空间规划是经济、社会、文化和生态政策的地理表达，也是一门跨学科的综合性科学学科、管理技术和政策，旨在依据总体战略形成区域均衡发展和物质组织。1997年发布的《欧盟空间规划制度概要》中进一步指出，空间规划主要是由公共部门使用的影响未来活动空间分布的方法，目的是形成一个更合理的土地利用及其关系的地域组织，平衡“发展”和“保护环境”两个需求，实现社会和经济发展目标。通过协调不同部门规划的空间影响，实现区域经济的均衡发展以弥补市场缺陷，同时规范土地和财产使用的转换。“空间规划”一词目前仍在欧洲规划工作中被较多使用。

党的十八届三中全会通过的《中共中央关于全面深化改革若干重大问题的决定》指出要“通过建立空间规划体系，划定生产、生活、生态空间开发管制界限，落实用途管制”。其后，习近平总书记在2013年12月的中央城镇化工作会议上指出要“建立空间规划体系，推进规划体制改革，加快规划立法工作”。

2015年9月中共中央、国务院颁发的《生态文明体制改革总体方案》进一步要求“构建以空间治理和空间结构优化为主要内容，全国统一、相互衔接、分级管理的空间规划体系，着力解决空间性规划重叠冲突、部门职责交叉重复、地方规划朝令夕改等问题”。同时指出编制空间规划“要整合目前各部门分头编制的各类空间性规划，编制统一的空间规划，实现规划全覆盖。空间规划分为国家、省、市县（设区的市空间规划范围为市辖区）三级。”

十八届五中全会公报文件指出“加快建设主体功能区，发挥主体功能区作为国土空间开发保护基础制度的作用”。其后，《中共中央关于制定国民经济和社会发展第十三个五年规划的建议》指出“……推动各地区宜居主体功能定位发展。以主体功能区规划为基础统筹各类空间性规划，推进多规合一”。

2019年5月23日，在《中共中央 国务院关于建立国土空间规划体系并监督实施的若干意见》中明确国土空间规划是国家空间发展的指南、可持续发展的空间蓝图，是各类开发保护建设活动的基本依据。建立国土空间规划体系并监督实施，将主体功能区规划、土地利用规划、城乡规划等空间规划融合为统一的国土空间规划，实现“多规合一”，强化国土空间规划对各专项规划的指导约束作用，是党中央、国务院作出的重大部署。

（一）国土空间规划的基本概念

空间规划体系是以空间资源的合理保护和有效利用为核心，从空间资源（土地、海洋、生态等）保护、空间要素统筹、空间结构优化、空间效率提升、空间权利公平等方面为突破，探索“多规融合”模式下的规划编制、实施、管理与监督机制。空间规划体系是理清各层级政府的空间管理事权，打破部门藩篱和整合各部门空间责权，从社会经济协调、国土资源合理开发利用、生态环境保护有效监管、新型城镇化有序推进、跨区域重大设施统筹、规划管理制度建设等方面着手建立的空间规划。我国的国家空间规划体系包括全国、省、市县三个层面。

（二）空间规划的重大意义

各级、各类空间规划在支撑城镇化快速发展、促进国土空间合理利用和有效保护方面发挥了积极作用，但也存在规划类型过多、内容重叠冲突，审批流程复杂、周期过长，地方规划朝令夕改等问题。建立全国统一、责权清晰、科学高效的国土空间规划体系，整体谋划新时代国土空间开发保护格局，综合考虑人口分布、经济布局、国土利用、生态环境保护等因素，科学布局生产空间、生活空间、生态空间，是加快形成绿色生产方式和生活方式、推进生态文明建设、建设美丽中国的关键举措，是坚持以人民为中心、实现高质量发展和高品质生活、建设美好家园的重要手段，是保障国家战略有效实施、促进国家治理体系和治理能力现代化、实现“两个一百年”奋斗目标和中华民族伟大复兴中国梦的必然要求。

（三）总体要求

1. 指导思想

以习近平新时代中国特色社会主义思想为指导，全面贯彻党的十九大和十九届二中、三中全会精神，紧紧围绕统筹推进“五位一体”总体布局和协调推进“四个全面”战略布局，坚持新发展理念，坚持以人民为中心，坚持一切从实际出发，按照高质量发展要求，做好国土空间规划顶层设计，发挥国土空间规划在国家规划体系中的基础性作用，为国家发展规划落地实施提供空间保障。健全国土空间开发保护制度，体现战略性、提高科学性、强化权威性、加强协调性、注重操作性，实现国土空间开发保护更高质量、更有效率、更加公平、更可持续。

2. 主要目标

到 2020 年，基本建立国土空间规划体系，逐步建立“多规合一”的规划编制审批体系、实施监督体系、法规政策体系和技术标准体系；基本完成市县以上各级国土空间总体规划编制，初步形成全国国土空间开发保护“一张图”。到 2025 年，健全国土空间规划法规政策和技术标准体系；全面实施国土空间监测预警和绩效考核机制；形成以国土空间规划为基础，以统一用途管制为手段的国土空间开发保护制度。到 2035 年，全面提升国土空间治理体系和治理能力现代化水平，基本形成生产空间集约高效、生活空间宜居适度、生态空间山清水秀，安全和谐、富有竞争力和可持续发展的国土空间格局。

3. 基本原则

顶层设计。针对各类空间性规划存在的问题，加强体制机制、法律法规等顶层设计，研究提出系统解决重点难点问题的一揽子方案，打破各类规划条块分割、各自为政局面。

坚守底线。坚持国家利益和公共利益优先，把国家经济安全、粮食安全、生态安全、环境安全等放在优先位置，确保省级空间规划落实国家重大发展战略和指标约束。

统筹推进。充分发挥省级空间规划承上启下作用，综合考虑省级宏观管理和市县微观管控的需求，强化部门协作和上下联动，坚持陆海统筹，形成改革合力。

利于推广。坚持好用管用、便于实施导向，立足服务党和国家工作大局，突出地方特色，鼓励探索创新，尽快形成可操作、能监管，可复制、能推广的改革成果。

(四) 总体框架

1. 分级分类建立国土空间规划

国土空间规划是对一定区域国土空间开发保护在空间和时间上作出的安排，包括总体规划、详细规划和相关专项规划。国家、省、市县编制国土空间总体规划，各地结合实际编制乡镇国土空间规划。相关专项规划是指在特定区域（流域）、特定领域，为体现特定功能，对空间开发保护利用作出的专门安排，是涉及空间利用的专项规划。国土空间总体规划是详细规划的依据、相关专项规划的基础；相关专项规划要相互协同，并与详细规划做好衔接。

2. 明确各级国土空间总体规划编制重点

全国国土空间规划是对全国国土空间作出的全局安排，是全国国土空间保护、开发、利用、修复的政策和总纲，侧重战略性，由自然资源部会同相关部门组织编制，由党中央、国务院审定后印发。省级国土空间规划是对全国国土空间规划的落实，指导市县国土空间规划编制，侧重协调性，由省级政府组织编制，经同级人大常委会审议后报国务院审批。市县和乡镇国土空间规划是本级政府对上级国土空间规划要求的细化落实，是对本行政区域开发保护作出的具体安排，侧重实施性。需报国务院审批的城市国土空间总体规划，由市政府组织编制，经同级人大常委会审议后，由省级政府报国务院审批；其他市县及乡镇国土空间规划由省级政府根据当地实际，明确规划编制审批内容和程序要求。各地可因地制宜，将市县与乡镇国土空间规划合并编制，也可以几个乡镇为单元编制乡镇级国土空间规划。

3. 强化对专项规划的指导约束作用

海岸带、自然保护地等专项规划及跨行政区域或流域的国土空间规划，由所在区域或上一级自然资源主管部门牵头组织编制，报同级政府审批；涉及空间利用的某一领域专项规划，如交通、能源、水利、农业、信息、市政等基础设施，公共服务设施，军事设施，以及生态环境保护、文物保护、林业草原等专项规划，由相关主管部门组织编制。相关专项规划可在国家、省和市县层级编制，不同层级、不同地区的专项规划可结合实际选择编制的类型和精度。

4. 在市县及以下编制详细规划

详细规划是对具体地块用途和开发建设强度等作出的实施性安排，是开展国土空间开发保护活动、实施国土空间用途管制、核发城乡建设项目规划许可、进行各项建设等的法定依据。在城镇开发边界内的详细规划，由市县自然资源主管部门组织编制，报同级政府审批；在城镇开发边界外的乡村地区，以一个或几个行政村为单元，由乡镇政府组织编制"多规合一"的实用性村庄规划，作为详细规划，报上一级政府审批。

（五）编制要求

1. 体现战略性

全面落实党中央、国务院重大决策部署，体现国家意志和国家发展规划的战略性，自上而下编制各级国土空间规划，对空间发展作出战略性、系统性安排。落实国家安全战略、区域协调发展战略和主体功能区战略，明确空间发展目标，优化城镇化格局、农业生产格局、生态保护格局，确定空间发展策略，转变国土空间开发保护方式，提升国土空间开发保护质量和效率。

2. 提高科学性

坚持生态优先、绿色发展，尊重自然规律、经济规律、社会规律和城乡发展规律，因地制宜开展规划编制工作；坚持节约优先、保护优先、自然恢复为主的方针，在资源环境承载能力和国土空间开发适宜性评价的基础上，科学有序统筹布局生态、农业、城镇等功能空间，划定生态保护红线、永久基本农田、城镇开发边界等空间管控边界以及各类海域保护线，强化底线约束，为可持续发展预留空间。坚持山水林田湖草生命共同体理念，加强生态环境分区管治，量水而行，保护生态屏障，构建生态廊道和生态网络，推进生态系统保护和修复，依法开展环境影响评价。坚持陆海统筹、区域协调、城乡融合，优化国土空间结构和布局，统筹地上地下空间综合利用，着力完善交通、水利等基础设施和公共服务设施，延续历史文脉，加强风貌管控，突出地域特色。坚持上下结合、社会协同，完善公众参与制度，发挥不同领域专家的作用。运用城市设计、乡村营造、大数据等手段，改进规划方法，提高规划编制水平。

3. 加强协调性

强化国家发展规划的统领作用，强化国土空间规划的基础作用。国土空间总体规划要统筹和综合平衡各相关专项领域的空间需求。详细规划要依据批准的国土空间总体规划进行编制和修改。相关专项规划要遵循国土空间总体规划，不得违背总体规划强制性内容，其主要内容要纳入详细规划。

4. 注重操作性

按照谁组织编制、谁负责实施的原则，明确各级各类国土空间规划编制和管理的要点。明确规划约束性指标和刚性管控要求，同时提出指导性要求。制定实施规划的政策措施，提出下级国土空间总体规划和相关专项规划、详细规划的分解落实要求，健全规划实施传导机制，确保规划能用、管用、好用。

（六）实施与监管

1. 强化规划权威

规划一经批复，任何部门和个人不得随意修改、违规变更，防止出现换一届党委和政府改一次规划。下级国土空间规划要服从上级国土空间规划，相关专项规划、详细规划要服从总体规划；坚持先规划、后实施，不得违反国土空间规划进行各类开发建设活动；坚持“多规合一”，不在国土空间规划体系之外另设其他空间规划。相关专项规划的有关技术标准应与国土空间规划衔接。因国家重大战略调整、重大项目建设或行政区划调整等确需修改规划的，须先经规划审批机关同意后，方可按法定程序进行修改。对国土空间规划编制和实施过程中的违规违纪违法行为，要严肃追究责任。

2. 改进规划审批

按照谁审批、谁监管的原则，分级建立国土空间规划审查备案制度。精简规划审批内容，管什么就批什么，大幅缩减审批时间。减少需报国务院审批的城市数量，直辖市、计划单列市、省会城市及国务院指定城市的国土空间总体规划由国务院审批。相关专项规划在编制和审查过程中应加强与有关国土空间规划的衔接及“一张图”的核对，批复后纳入同级国土空间基础信息平台，叠加到国土空间规划“一张图”上。

3. 健全用途管制制度

以国土空间规划为依据，对所有国土空间分区分类实施用途管制。在城镇开发边界内的建设，实行“详细规划＋规划许可”的管制方式；在城镇开发边界外的建设，按照主导用途分区，实行“详细规划＋规划许可”和“约束指标＋分区准入”的管制方式。对以国家公园为主体的自然保护地、重要海域和海岛、重要水源地、文物等实行特殊保护制度。因地制宜制定用途管制制度，为地方管理和创新活动留有空间。

4. 监督规划实施

依托国土空间基础信息平台，建立健全国土空间规划动态监测评估预警和实施监管机制。上级自然资源主管部门要会同有关部门组织对下级国土空间规划中各类管控边界、约束性指标等管控要求的落实情况进行监督检查，将国土空间规划执行情况纳入自然资源执法督察内容。健全资源环境承载能力监测预警长效机制，建立国土空间规划定期评估制度，结合国民经济社会发展实际和规划定期评估结果，对国土空间规划进行动态调整完善。

5. 推进“放管服”改革

以“多规合一”为基础，统筹规划、建设、管理三大环节，推动“多审合一”“多证合一”。优化现行建设项目用地（海）预审、规划选址以及建设用地规划许可、建设工程规划许可等审批流程，提高审批效能和监管服务水平。

（七）法规政策与技术保障

1. 完善法规政策体系

研究制定国土空间开发保护法，加快国土空间规划相关法律法规建设。梳理与国土空间规划相关的现行法律法规和部门规章，对“多规合一”改革涉及突破现行法律法规规定的内容和条款，按程序报批，取得授权后施行，并做好过渡时期的法律法规衔接。完善适应主体功能区要求的配套政策，保障国土空间规划有效实施。

2. 完善技术标准体系

按照“多规合一”要求，由自然资源部会同相关部门负责构建统一的国土空间规划技术标准体系，修订完善国土资源现状调查和国土空间规划用地分类标准，制定各级各类国土空间规划编制办法和技术规程。

3. 完善国土空间基础信息平台

以自然资源调查监测数据为基础，采用国家统一的测绘基准和测绘系统，整合各类空间关联数据，建立全国统一的国土空间基础信息平台。以国土空间基础信息平台为底板，结合各级各类国土空间规划编制，同步完成县级以上国土空间基础信息平台建设，实现主体功能区战略和各类空间管控要素精准落地，逐步形成全国国土空间规划“一张图”，推进政府部门之间的数据共享以及政府与社会之间的信息交互。

（八）工作要求

1. 加强组织领导

各地区、各部门要落实国家发展规划提出的国土空间开发保护要求，发挥国土空间规划体系在国土空间开发保护中的战略引领和刚性管控作用，统领各类空间利用，把每一寸土地都规划得清清楚楚。坚持底线思维，立足资源禀赋和环境承载能力，加快构建生态功能保障基线、环境质量安全底线、自然资源利用上线。严格执行规划，以“钉钉子”精神抓好贯彻落实，久久为功，做到一张蓝图干到底。地方各级党委和政府要充分认识建立国土空间规划体系的重大意义，主要负责人亲自抓，落实政府组织编制和实施国土空间规划的主体责任，明确责任分工，落实工作经费，加强队伍建设，加强监督考核，做好宣传教育。

2. 落实工作责任

各地区、各部门要加大对本行业、本领域涉及空间布局相关规划的指导、协调和管理，制定有利于国土空间规划编制实施的政策，明确时间表和路线图，形成合力。组织、人事、审计等部门要研究将国土空间规划执行情况纳入领导干部自然资源资产离任审计，作为党政领导干部综合考核评价的重要参考。纪检监察机关要加强监督。发展改革、财政、金融、税务、自然资源、生态环境、住房城乡建设、农业农村等部门要研究制定完善主体功能区的配套政策。自然资源主管部门要会同相关部门加快推进国土空间规划立法工作。组织部门在对地方党委和政府主要负责人的教育培训中要注重提高其规划意识。教育部门要研究加强国土空间规划相关学科建设。自然资源部要强化统筹协调工作，切实负起责任，会同有关部门按照国土空间规划体系总体框架，不断完善制度设计，抓紧建立规划编制审批体系、实施监督体系、法规政策体系和技术标准体系，加强专业队伍建设和行业管理。自然资源部要定期对本意见贯彻落实情况进行监督检查，重大事项及时向党中央、国务院报告。

（九）与空间规划相关新的文件与法规

1.《第三次全国土地调查总体方案》

根据《土地调查条例》和《国务院关于开展第三次全国土地调查的通知》（国发[2017] 48 号，以下简称《通知》）的要求，为保证第三次全国土地调查（以下简称“第三次土地调查”）顺利开展，制定本方案。

（1）目的和意义

① 是服务供给侧结构性改革，适应经济发展新常态，保障国民经济平稳健康发展的重要基础。

② 是促进耕地数量、质量、生态“三位一体”保护，确保国家粮食安全，实现尽职尽责保护耕地资源的重要支撑。

③ 是牢固树立和贯彻落实新发展理念，促进存量土地再开发，实现节约集约利用国土资源的重要保障。

④ 是实施不动产统一登记，维护社会和谐稳定，实现尽心尽力维护群众权益的重要举措。

⑤ 是推进生态文明体制改革，健全自然资源资产产权制度，重塑人与自然和谐发展新格局的重要前提。

（2）主要任务

第三次土地调查主要任务是：在第二次全国土地调查成果基础上，按照国家统一标准，在全国范围内利用遥感、测绘、地理信息、互联网等技术，统筹利用现有资料，以正射影像图为基础，实地调查土地的地类、面积和权属，全面掌握全国耕地、园地、林地、草地、商服、工矿仓储、住宅、公共管理与公共服务、交通运输、水域及水利设施用地等地类分布及利用状况；细化耕地调查，全面掌握耕地数量、质量、分布和构成；开展低效闲置土地调查，全面摸清城镇及开发区范围内的土地利用状况；建立互联共享的覆盖国家、省、地、县四级的集影像、地类、范围、面积和权属为一体的土地调查数据库，完善各级互联共享的网络化管理系统；健全土地资源变化信息的调查、统计和全天候、全覆盖遥感监测与快速更新机制。相较于第二次全国土地调查和年度变更调查，第三次土地调查是对“已有内容的细化、变化内容的更新、新增内容的补充”，并对存在相关部门管理需求交叉的耕地、园地、林地、草地、养殖水面等地类进行利用现状、质量状况和管理属性的多重标注。

具体任务如下：土地利用现状调查；土地权属调查；专项用地调查与评价；各级土地利用数据库建设；成果汇总。

（3）技术路线与方法

技术路线：采用高分辨率的航天航空遥感影像，充分利用现有土地调查、地籍调查、集体土地所有权登记、宅基地和集体建设用地使用权确权登记、地理国情普查、农村土地承包经营权确权登记颁证等工作的基础资料及调查成果，采取国家整体控制和地方细化调查相结合的方法，利用影像内业比对提取和3S一体化外业调查等技术，准确查清全国城乡每一块土地的利用类型、面积、权属和分布情况，采用“互联网＋”技术核实调查数据真实性，充分运用大数据、云计算和互联网等新技术，建立土地调查数据库。经县、地、省、国家四级逐级完成质量检查合格后，统一建立国家级土地调查数据库及各类专项数据库。在此基础上，开展调查成果汇总与分析、标准时点统一变更以及调查成果事后质量抽查、评估等工作。

技术方法：基于高分辨率遥感数据制作遥感正射影像图；基于内业对比分析制作土地调查底图；基于3S一体化技术开展农村土地利用现状外业调查；基于地籍调查成果开展城镇村庄内部土地利用现状调查。基于内外业一体化数据采集技术建设土地调查数据库；基于“互联网＋”技术开展内外业核查；基于增量更新技术开展标准时点数据更新；基于“独立、公正、客观”的原则，由国家统计局负责完成全国土地调查成果事后质量抽查工作；基于大数据技术开展土地调查成果多元服务与专项分析。

（4）第三次土地调查的主要成果

第三次土地调查成果主要包括：数据成果、图件成果、文字成果和数据库成果等。

（5）第三次土地调查的组织实施

进度安排：按照《通知》要求，2017年10月9日全面启动第三次土地调查，至2020年，完成全国调查工作。

实施计划：第三次全国土地调查工作按照“全国统一领导、部门分工协作、地方分级负责、各方共同参与”的形式组织实施，按照“国家整体控制、统一制作底图、内业判读地类，地方实地调查、地类在线举证，国家核查验收、统一分发成果”的流程推进。

宣传培训：通过报纸、电视、广播、网络等媒体和自媒体等渠道，大力宣传本次调查对促进国民经济发展和社会进步，以及促进生态文明建设、资源节约利用、耕地和环境保护、社会和谐发展的重要意义，提高全社会对本次调查工作重要性的认识。认真做好舆情引导，积极回应社会关切的热点问题，为本次调查营造良好的外部环境。

保障措施：组织保障、政策保障、技术保障、机制保障、经费保障、共享应用。

2.《第三次全国国土调查实施方案》

（1）目标任务

主要目标是在第二次全国土地调查成果基础上，全面细化和完善全国土地利用基础数据，掌握翔实准确的全国国土利用现状和自然资源变化情况，进一步完善国土调查、监测和统计制度，实现成果信息化管理与共享，满足生态文明建设、空间规划编制、供给侧结构性改革、宏观调控、自然资源管理体制改革和统一确权登记、国土空间用途管制、国土空间生态修复、空间治理能力现代化和国土空间规划体系建设等各项工作的需要。

主要任务是：按照国家统一标准，在全国范围内利用遥感、测绘、地理信息、互联网等技术，统筹利用现有资料，以正射影像图为基础，实地调查土地的地类、面积和权属，全面掌握全国耕地、种植园、林地、草地、湿地、商业服务业、工矿、住宅、公共管理与公共服务、交通运输、水域及水利设施用地等地类分布及利用状况；细化耕地调查，全面掌握耕地数量、质量、分布和构成；开展低效闲置土地调查，全面摸清城镇及开发区范围内的土地利用状况；同步推进相关自然资源专业调查，整合相关自然资源专业信息；建立互联共享的覆盖国家、省、地、县四级的集影像、地类、范围、面积、权属和相关自然资源信息为一体的国土调查数据库，完善各级互联共享的网络化管理系统；健全国土及森林、草原、水、湿地等自然资源变化信息的调查、统计和全天候、全覆盖遥感监测与快速更新机制。

（2）主要工作内容

开展前期准备和相关资料收集；组织宣传和培训工作；获取遥感影像资料和生产正射影像图；调查信息提取和调查底图制作；开展农村土地利用现状和城镇村庄内部土地利用现状调查；开展权属界线上图和补充调查；开展专项用地调查与评价；开展海岛调查；建立国土调查数据库及共享服务云平台；开展统一时点变更；开展调查成果汇总及各类统计汇总分析；开展调查成果质量检查及验收；开展调查成果核查；开展调查工作总结和成果上报。

（3）土地利用现状调查

土地利用现状调查包括农村土地利用现状调查和城镇村庄内部土地利用现状调查。

主要技术指标：数学基础、调查分类、地类图斑、调查精度、分幅、编号及投影方式。

调查界线：调查界线的调整、调查界线制作。

遥感影像资料采购及调查底图制作；农村土地利用现状调查；权属界线上图和补充调查。

（4）专项用地调查

耕地细化调查、批准未建设的建设用地调查、永久基本农田调查、耕地质量等级调查评价和耕地分等定级调查评价。

（5）海岛调查

有常住居民的海岛，应实地调查。其他海岛，调查底图覆盖到的，调绘至底图上。调查底图覆盖不到的，依据国家海洋信息中心提供的海岛数据确定其位置，对海岛的名称、地类和面积等进行统计汇总。

（6）数据库建设

包含各级国土调查、专项用地调查、城市开发边界、生态保护红线、全国各类自然保护区和国家公园界线等各类管理信息数据成果的质检、建库、管理应用，以及数据库管理系统与共享平台建设等工作。

（7）检查与核查

为了保证调查成果的真实性和准确性，按照三调有关技术标准的要求，建立调查成果的县市级自检、省级检查、国家级核查三级检查制度。三调采用成果分阶段和分级检查检查制度，即每一阶段成果需经过检查合格后方可转入下一阶段，避免将错误带入下阶段工作，保证成果质量。

（8）统一时点更新

三调数据统一时点为 2019 年 12 月 31 日。

（9）成果汇总

成果汇总包括国土调查成果汇总和专项调查成果汇总。汇总内容主要包括数据汇总、图件编制、文字报告编写和成果分析等。

（10）主要成果

通过第三次全国国土调查，将全面获取覆盖全国的国土利用现状信息，形成一整套国土调查成果资料，包括影像、图形、权属、文字报告等成果。同时，将第九次全国森林资源连续清查、东北重点国有林区森林资源现状调查、第二次全国湿地资源调查、第三次全国水资源调查评价、第二次草地资源清查等最新的专业调查成果，以及城市开发边界、生态保护红线、全国各类自然保护区和国家公园界线等各类管理信息，以国土调查确定的图斑为单元，统筹整合纳入三调数据库，逐步建立三维国土空间上的相互联系，形成一张底版、一个平台和一套数据的自然资源统一管理综合监管平台。

3.《关于在国土空间规划中统筹划定落实三条控制线的指导意见》（2019）

（1）总体要求

① 指导思想

以习近平新时代中国特色社会主义思想为指导，全面贯彻党的十九大精神，深入贯彻习近平生态文明思想，按照党中央、国务院决策部署，落实最严格的生态环境保护制度、耕地保护制度和节约用地制度，将三条控制线作为调整经济结构、规划产业发展、推进城镇化不可逾越的红线，夯实中华民族永续发展基础。

② 基本原则

底线思维，保护优先。以资源环境承载能力和国土空间开发适宜性评价为基础，科学有序统筹布局生态、农业、城镇等功能空间，强化底线约束，优先保障生态安全、粮食安全、国土安全。

多规合一，协调落实。按照统一底图、统一标准、统一规划、统一平台要求，科学划定落实三条控制线，做到不交叉、不重叠、不冲突。

统筹推进，分类管控。坚持陆海统筹、上下联动、区域协调，根据各地不同的自然资源禀赋和经济社会发展实际，针对三条控制线不同功能，建立健全分类管控机制。

③ 工作目标

到2020年年底，结合国土空间规划编制，完成三条控制线划定和落地，协调解决矛盾冲突，纳入全国统一、多规合一的国土空间基础信息平台，形成一张底图，实现部门信息共享，实行严格管控。到2035年，通过加强国土空间规划实施管理，严守三条控制线，引导形成科学适度有序的国土空间布局体系。

(2) 科学有序划定

按照生态功能划定生态保护红线。生态保护红线是指在生态空间范围内具有特殊重要生态功能、必须强制性严格保护的区域。优先将具有重要水源涵养、生物多样性维护、水土保持、防风固沙、海岸防护等功能的生态功能极重要区域，以及生态极敏感脆弱的水土流失、沙漠化、石漠化、海岸侵蚀等区域划入生态保护红线。

按照保质保量要求划定永久基本农田。永久基本农田是为保障国家粮食安全和重要农产品供给，实施永久特殊保护的耕地。

按照集约适度、绿色发展的要求划定城镇开发边界。城镇开发边界是在一定时期内因城镇发展需要，可以集中进行城镇开发建设、以城镇功能为主的区域边界，涉及城市、建制镇以及各类开发区等。

(3) 协调解决冲突

统一数据基础。以目前客观的土地、海域及海岛调查数据为基础，形成统一的工作底数底图。已形成第三次国土调查成果并经认定的，可直接作为工作底数底图。相关调查数据存在冲突的，以过去5年真实情况为基础，根据功能合理性进行统一核定。

自上而下、上下结合实现三条控制线落地。国家明确三条控制线划定和管控原则及相关技术方法；省（自治区、直辖市）确定本行政区域内三条控制线总体格局和重点区域，提出下一级划定任务；市、县组织统一划定三条控制线和乡村建设等各类空间实体边界。跨区域划定冲突由上一级政府有关部门协调解决。

协调边界矛盾。三条控制线出现矛盾时，生态保护红线要保证生态功能的系统性和完整性，确保生态功能不降低、面积不减少、性质不改变；永久基本农田要保证适度合理的规模和稳定性，确保数量不减少、质量不降低；城镇开发边界要避让重要生态功能，不占或少占永久基本农田。目前已划入自然保护地核心保护区的永久基本农田、镇村、矿业权逐步有序退出；已划入自然保护地一般控制区的，根据对生态功能造成的影响确定是否退出，其中，造成明显影响的逐步有序退出，不造成明显影响的可采取依法依规相应调整一般控制区范围等措施妥善处理。协调过程中退出的永久基本农田在县级行政区域内同步补划，确实无法补划的在市级行政区域内补划。

4.《自然资源部办公厅关于加强村庄规划促进乡村振兴的通知》

(1) 总体要求

规划定位：村庄规划是法定规划，是国土空间规划体系中乡村地区的详细规划，是开展国土空间开发保护活动、实施国土空间用途管制、核发乡村建设项目规划许可、进行各项建设等的法定依据。

工作原则：坚持先规划后建设，通盘考虑土地利用、产业发展、居民点布局、人居环境整治、生态保护和历史文化传承。坚持农民主体地位，尊重村民意愿，反映村民诉求。坚持节约优先、保护优先，实现绿色发展和高质量发展。坚持因地制宜、突出地域特色，防止乡村建设“千村一面”。坚持有序推进、务实规划，防止一哄而上，片面追求村庄规划快速全覆盖。

工作目标：力争到2020年底，结合国土空间规划编制在县域层面基本完成村庄布局工作，有条件、有需求的村庄应编尽编。

（2）主要任务

统筹村庄发展目标；统筹生态保护修复；统筹耕地和永久基本农田保护；统筹历史文化传承与保护；统筹基础设施和基本公共服务设施布局；统筹产业发展空间；统筹农村住房布局；统筹村庄安全和防灾减灾。

（3）政策支持

优化调整用地布局；探索规划“留白”机制。

（4）编制要求

强化村民主体和村党组织、村民委员会主导；开门编规划；因地制宜，分类编制；简明成果表达。

（5）组织实施

加强组织领导；严格用途管制；加强监督检查。

5.《国务院关于加强滨海湿地保护 严格管控围填海的通知》

滨海湿地（含沿海滩涂、河口、浅海、红树林、珊瑚礁等）是近海生物重要栖息繁殖地和鸟类迁徙中转站，是珍贵的湿地资源，具有重要的生态功能。近年来，我国滨海湿地保护工作取得了一定成效，但由于长期以来的大规模围填海活动，滨海湿地大面积减少，自然岸线锐减，对海洋和陆地生态系统造成损害。

（1）总体要求

重大意义：进一步加强滨海湿地保护，严格管控围填海活动，有利于严守海洋生态保护红线，改善海洋生态环境，提升生物多样性水平，维护国家生态安全；有利于深化自然资源资产管理体制改革和机制创新，促进陆海统筹与综合管理，构建国土空间开发保护新格局，推动实施海洋强国战略；有利于树立保护优先理念，实现人与自然和谐共生，构建海洋生态环境治理体系，推进生态文明建设。

指导思想：深入贯彻习近平新时代中国特色社会主义思想，深入贯彻党的十九大和十九届二中、三中全会精神，牢固树立绿水青山就是金山银山的理念，严格落实党中央、国务院决策部署，坚持生态优先、绿色发展，坚持最严格的生态环境保护制度，切实转变“向海索地”的工作思路，统筹陆海国土空间开发保护，实现海洋资源严格保护、有效修复、集约利用，为全面加强生态环境保护、建设美丽中国作出贡献。

（2）严控新增围填海造地

严控新增项目；严格审批程序。省级人民政府为落实党中央、国务院、中央军委决策部署，提出的具有国家重大战略意义的围填海项目，由省级人民政府报国家发展改革委、自然资源部；国家发展改革委、自然资源部会同有关部门进行论证，出具围填海必要性、围填海规模、生态影响等审核意见，按程序报国务院审批。原则上，不再受理有关省级人民政府提出的涉及辽东湾、渤海湾、莱州湾、胶州湾等生态脆弱敏感、自净能力弱海域的围填海项目。

(3) 加快处理围填海历史遗留问题

全面开展现状调查并制定处理方案；妥善处置合法合规围填海项目；依法处置违法违规围填海项目。

(4) 加强海洋生态保护修复

严守生态保护红线；加强滨海湿地保护；强化整治修复。

(5) 建立长效机制

健全调查监测体系；严格用途管制；加强围填海监督检查。

(6) 加强组织保障

明确部门职责；落实地方责任；推动公众参与。

6.《节约集约利用土地规定》

2014年5月22日国土资源部令第61号公布，根据2019年7月16日自然资源部第2次部务会议《自然资源部关于第一批废止和修改的部门规章的决定》修正。

(1) 原则

坚持节约优先的原则，各项建设少占地、不占或者少占耕地，珍惜和合理利用每一寸土地；坚持合理使用的原则，严控总量、盘活存量、优化结构、提高效率；坚持市场配置的原则，妥善处理好政府与市场的关系，充分发挥市场在土地资源配置中的决定性作用；坚持改革创新的原则，探索土地管理新机制，创新节约集约用地新模式。

(2) 规模引导

国家通过土地利用总体规划，确定建设用地的规模、布局、结构和时序安排，对建设用地实行总量控制。土地利用总体规划确定的约束性指标和分区管制规定不得突破。下级土地利用总体规划不得突破上级土地利用总体规划确定的约束性指标。

土地利用总体规划对各区域、各行业发展用地规模和布局具有统筹作用。产业发展、城乡建设、基础设施布局、生态环境建设等相关规划，应当与土地利用总体规划相衔接，所确定的建设用地规模和布局必须符合土地利用总体规划的安排。相关规划超出土地利用总体规划确定的建设用地规模的，应当及时调整或者修改，核减用地规模，调整用地布局。

自然资源主管部门应当通过规划、计划、用地标准、市场引导等手段，有效控制特大城市新增建设用地规模，适度增加集约用地程度高、发展潜力大的地区和中小城市、县城建设用地供给，合理保障民生用地需求。

(3) 布局优化

城乡土地利用应当体现布局优化的原则。引导工业向开发区集中、人口向城镇集中、住宅向社区集中，推动农村人口向中心村、中心镇集聚，产业向功能区集中，耕地向适度规模经营集中。禁止在土地利用总体规划和城乡规划确定的城镇建设用地范围之外设立各类城市新区、开发区和工业园区。鼓励线性基础设施并线规划和建设，促进集约布局和节约用地。

自然资源主管部门应当在土地利用总体规划中划定城市开发边界和禁止建设的边界，实行建设用地空间管制。城市建设用地应当因地制宜采取组团式、串联式、卫星城式布局，避免占用优质耕地特别是永久基本农田。

市、县自然资源主管部门应当促进现有城镇用地内部结构调整优化，控制生产用地，保障生活用地，提高生态用地的比例，加大城镇建设使用存量用地的比例，促进城镇用地效率的提高。

鼓励建设项目用地优化设计、分层布局，鼓励充分利用地上、地下空间。建设用地使用权在地上、地下分层设立的，其取得方式和使用年期参照在地表设立的建设用地使用权的相关规定。出让分层设立的建设用地使用权，应当根据当地基准地价和不动产实际交易情况，评估确定分层出让的建设用地最低价标准。

县级以上自然资源主管部门统筹制定土地综合开发用地政策，鼓励大型基础设施等建设项目综合开发利用土地，促进功能适度混合、整体设计、合理布局。不同用途高度关联、需要整体规划建设、确实难以分割供应的综合用途建设项目，市、县自然资源主管部门可以确定主用途并按照一宗土地实行整体出让供应，综合确定出让底价；需要通过招标拍卖挂牌的方式出让的，整宗土地应当采用招标拍卖挂牌的方式出让。

（4）标准控制

国家实行建设项目用地标准控制制度。自然资源部会同有关部门制定工程建设项目用地控制指标、工业项目建设用地控制指标、房地产开发用地宗地规模和容积率等建设项目用地控制标准。地方自然资源主管部门可以根据本地实际，制定和实施更加节约集约的地方性建设项目用地控制标准。

建设项目应当严格按照建设项目用地控制标准进行测算、设计和施工。市、县自然资源主管部门应当加强对用地者和勘察设计单位落实建设项目用地控制标准的督促和指导。

建设项目用地审查、供应和使用，应当符合建设项目用地控制标准和供地政策。对违反建设项目用地控制标准和供地政策使用土地的，县级以上自然资源主管部门应当责令纠正，并依法予以处理。

国家和地方尚未出台建设项目用地控制标准的建设项目，或者因安全生产、特殊工艺、地形地貌等原因，确实需要超标准建设的项目，县级以上自然资源主管部门应当组织开展建设项目用地评价，并将其作为建设用地供应的依据。

自然资源部会同有关部门根据国家经济社会发展状况、宏观产业政策和土壤污染风险防控需求等，制定《禁止用地项目目录》和《限制用地项目目录》，促进土地节约集约利用。自然资源主管部门为限制用地的建设项目办理建设用地供应手续必须符合规定的条件；不得为禁止用地的建设项目办理建设用地供应手续。

（5）市场配置

各类有偿使用的土地供应应当充分贯彻市场配置的原则，通过运用土地租金和价格杠杆，促进土地节约集约利用。

国家扩大国有土地有偿使用范围，减少非公益性用地划拨。除军事、保障性住房和涉及国家安全和公共秩序的特殊用地可以以划拨方式供应外，国家机关办公和交通、能源、水利等基础设施（产业）、城市基础设施以及各类社会事业用地中的经营性用地，实行有偿使用。国家根据需要，可以一定年期的国有土地使用权作价后授权给经国务院批准设立的国家控股公司、作为国家授权投资机构的国有独资公司和集团公司经营管理。

经营性用地应当以招标拍卖挂牌的方式确定土地使用者和土地价格。各类有偿使用的土地供应不得低于国家规定的用地最低价标准。禁止以土地换项目、先征后返、补贴、奖励等形式变相减免土地出让价款。

市、县自然资源主管部门可以采取先出租后出让、在法定最高年期内实行缩短出让年期等方式出让土地。采取先出租后出让方式供应工业用地的，应当符合自然资源部规定的行业目录。

鼓励土地使用者在符合规划的前提下，通过厂房加层、厂区改造、内部用地整理等途径提高土地利用率。在符合规划、不改变用途的前提下，现有工业用地提高土地利用率和增加容积率的，不再增收土地价款。

符合节约集约用地要求、属于国家鼓励产业的用地，可以实行差别化的地价政策和建设用地管理政策。分期建设的大中型工业项目，可以预留规划范围，根据建设进度，实行分期供地。

市、县自然资源主管部门供应工业用地，应当将投资强度、容积率、建筑系数、绿地率、非生产设施占地比例等控制性指标以及自然资源开发利用水平和生态保护要求纳入出让合同。

市、县自然资源主管部门在有偿供应各类建设用地时，应当在建设用地使用权出让、出租合同中明确节约集约用地的规定。在供应住宅用地时，应当将最低容积率限制、单位土地面积的住房建设套数和住宅建设套型等规划条件写入建设用地使用权出让合同。

（6）盘活利用

县级以上自然资源主管部门在分解下达新增建设用地计划时，应当与批而未供和闲置土地处置数量相挂钩，对批而未供、闲置土地数量较多和处置不力的地区，减少其新增建设用地计划安排。自然资源部和省级自然资源主管部门负责城镇低效用地再开发的政策制定。对于纳入低效用地再开发范围的项目，可以制定专项用地政策。

县级以上地方自然资源主管部门应当会同有关部门，依据相关规划，开展全域国土综合整治，对农用地、农村建设用地、工矿用地、灾害损毁土地等进行整理复垦，优化土地空间布局，提高土地利用效率和效益，促进土地节约集约利用。

农用地整治应当促进耕地集中连片，增加有效耕地面积，提升耕地质量，改善生产条件和生态环境，优化用地结构和布局。宜农未利用地开发，应当根据环境和资源承载能力，坚持有利于保护和改善生态环境的原则，因地制宜适度开展。

县级以上地方自然资源主管部门可以依据国家有关规定，统筹开展农村建设用地整治、历史遗留工矿废弃地和自然灾害毁损土地的整治，提高建设用地利用效率和效益，改善人民群众生产生活条件和生态环境。

县级以上地方自然资源主管部门在本级人民政府的领导下，会同有关部门建立城镇低效用地再开发、废弃地再利用的激励机制，对布局散乱、利用粗放、用途不合理、闲置浪费等低效用地进行再开发，对因采矿损毁、交通改线、居民点搬迁、产业调整形成的废弃地实行复垦再利用，促进土地优化利用。鼓励社会资金参与城镇低效用地、废弃地再开发和利用。鼓励土地使用者自行开发或者合作开发。

（7）监督考评

县级以上自然资源主管部门应当加强土地市场动态监测与监管，对建设用地批准和供应后的开发情况实行全程监管，定期在门户网站上公布土地供应、合同履行、欠缴土地价款等情况，接受社会监督。

省级自然资源主管部门应当对本行政区域内的节约集约用地情况进行监督，在用地审批、土地供应和土地使用等环节加强用地准入条件、功能分区、用地规模、用地标准、投入产出强度等方面的检查，依据法律法规对浪费土地的行为和责任主体予以处理并公开通报。

县级以上自然资源主管部门应当组织开展本行政区域内的建设用地利用情况普查，全面掌握建设用地开发利用和投入产出情况、集约利用程度、潜力规模与空间分布等情况，并将其作为土地管理和节约集约用地评价的基础。

县级以上自然资源主管部门应当根据建设用地利用情况普查，组织开展区域、城市和开发区节约集约用地评价，并将评价结果向社会公开。

7.《中共中央 国务院关于加强耕地保护和改进占补平衡的意见》（2017年1月9日）

耕地是我国最为宝贵的资源，关系十几亿人吃饭大事，必须保护好，绝不能有闪失。近年来，按照党中央、国务院决策部署，各地区各有关部门积极采取措施，强化主体责任，严格落实占补平衡制度，严守耕地红线，耕地保护工作取得显著成效。当前，我国经济发展进入新常态，新型工业化、城镇化建设深入推进，耕地后备资源不断减少，实现耕地占补平衡、占优补优的难度日趋加大，激励约束机制尚不健全，耕地保护面临多重压力。为进一步加强耕地保护和改进占补平衡工作，现提出如下意见。

（1）总体要求

指导思想：全面贯彻党的十八大和十八届三中、四中、五中、六中全会精神，深入贯彻习近平总书记系列重要讲话精神和治国理政新理念新思想新战略，紧紧围绕统筹推进“五位一体”总体布局和协调推进“四个全面”战略布局，牢固树立新发展理念，按照党中央、国务院决策部署，坚守土地公有制性质不改变、耕地红线不突破、农民利益不受损三条底线，坚持最严格的耕地保护制度和最严格的节约用地制度，像保护大熊猫一样保护耕地，着力加强耕地数量、质量、生态“三位一体”保护，着力加强耕地管控、建设、激励多措并举保护，采取更加有力措施，依法加强耕地占补平衡规范管理，落实藏粮于地、藏粮于技战略，提高粮食综合生产能力，保障国家粮食安全，为实现“两个一百年”奋斗目标、实现中华民族伟大复兴中国梦构筑坚实的资源基础。

基本原则：坚持严保严管；坚持节约优先；坚持统筹协调；坚持改革创新。

总体目标：牢牢守住耕地红线，确保实有耕地数量基本稳定、质量有提升。到2020年，全国耕地保有量不少于18.65亿亩，永久基本农田保护面积不少于15.46亿亩，确保建成8亿亩、力争建成10亿亩高标准农田，稳步提高粮食综合生产能力，为确保谷物基本自给、口粮绝对安全提供资源保障。耕地保护制度和占补平衡政策体系不断完善，促进形成保护更加有力、执行更加顺畅、管理更加高效的耕地保护新格局。

（2）严格控制建设占用耕地

加强土地规划管控和用途管制；严格永久基本农田划定和保护；以节约集约用地缓解建设占用耕地压力。

（3）改进耕地占补平衡管理

严格落实耕地占补平衡责任；大力实施土地整治，落实补充耕地任务；规范省域内补充耕地指标调剂管理；探索补充耕地国家统筹；严格补充耕地检查验收。

（4）推进耕地质量提升和保护

大规模建设高标准农田；实施耕地质量保护与提升行动；统筹推进耕地休养生息；加强耕地质量调查评价与监测。

（5）健全耕地保护补偿机制

加强对耕地保护责任主体的补偿激励；实行跨地区补充耕地的利益调节。

（6）强化保障措施和监管考核

加强组织领导；严格监督检查；完善责任目标考核制度。

8.《自然资源部关于以“多规合一”为基础推进规划用地“多审合一、多证合一”改革的通知》

（1）合并规划选址和用地预审

将建设项目选址意见书、建设项目用地预审意见合并，自然资源主管部门统一核发建设项目用地预审与选址意见书，不再单独核发建设项目选址意见书、建设项目用地预审意见。

涉及新增建设用地，用地预审权限在自然资源部的，建设单位向地方自然资源主管部门提出用地预审与选址申请，由地方自然资源主管部门受理；经省级自然资源主管部门报自然资源部通过用地预审后，地方自然资源主管部门向建设单位核发建设项目用地预审与选址意见书。用地预审权限在省级以下自然资源主管部门的，由省级自然资源主管部门确定建设项目用地预审与选址意见书办理的层级和权限。

使用已经依法批准的建设用地进行建设的项目，不再办理用地预审；需要办理规划选址的，由地方自然资源主管部门对规划选址情况进行审查，核发建设项目用地预审与选址意见书。

建设项目用地预审与选址意见书有效期为三年，自批准之日起计算。

（2）合并建设用地规划许可和用地批准

将建设用地规划许可证、建设用地批准书合并，自然资源主管部门统一核发新的建设用地规划许可证，不再单独核发建设用地批准书。

以划拨方式取得国有土地使用权的，建设单位向所在地的市、县自然资源主管部门提出建设用地规划许可申请，经有建设用地批准权的人民政府批准后，市、县自然资源主管部门向建设单位同步核发建设用地规划许可证、国有土地划拨决定书。

以出让方式取得国有土地使用权的，市、县自然资源主管部门依据规划条件编制土地出让方案，经依法批准后组织土地供应，将规划条件纳入国有建设用地使用权出让合同。建设单位在签订国有建设用地使用权出让合同后，市、县自然资源主管部门向建设单位核发建设用地规划许可证。

（3）推进多测整合、多验合一

以统一规范标准、强化成果共享为重点，将建设用地审批、城乡规划许可、规划核实、竣工验收和不动产登记等多项测绘业务整合，归口成果管理，推进“多测合并、联合测绘、成果共享”。不得重复审核和要求建设单位或者个人多次提交对同一标的物的测绘成果；确有需要的，可以进行核实更新和补充测绘。在建设项目竣工验收阶段，将自然资源主管部门负责的规划核实、土地核验、不动产测绘等合并为一个验收事项。

（4）简化报件审批材料

各地要依据“多审合一、多证合一”改革要求，核发新版证书。对现有建设用地审批和城乡规划许可的办事指南、申请表单和申报材料清单进行清理，进一步简化和规范申报材料。除法定的批准文件和证书以外，地方自行设立的各类通知书、审查意见等一律取消。加快信息化建设，可以通过政府内部信息共享获得的有关文件、证书等材料，不得要求行政相对人提交；对行政相对人前期已提供且无变化的材料，不得要求重复提交。支持各地探索以互联网、手机APP等方式，为行政相对人提供在线办理、进度查询和文书下载打印等服务。

9.《矿山地质环境保护规定》

2009年3月2日国土资源部令第44号公布，之后分别于2015年5月6日、2016年1月5日进行了第一次和第二次修正。2019年7月16日进行了第三次修正。

(1) 总则

为保护矿山地质环境，减少矿产资源勘查开采活动造成的矿山地质环境破坏，保护人民生命和财产安全，促进矿产资源的合理开发利用和经济社会、资源环境的协调发展，根据《中华人民共和国矿产资源法》《地质灾害防治条例》《土地复垦条例》，制定本规定。

自然资源部负责全国矿山地质环境的保护工作。

(2) 规划

自然资源部负责全国矿山地质环境的调查评价工作。

自然资源部依据全国矿山地质环境调查评价结果，编制全国矿山地质环境保护规划。

矿山地质环境保护规划应当包括下列内容：矿山地质环境现状和发展趋势；矿山地质环境保护的指导思想、原则和目标；矿山地质环境保护的主要任务；矿山地质环境保护的重点工程。

(3) 治理恢复

矿山地质环境保护与土地复垦方案应当包括下列内容：矿山基本情况；矿区基础信息；矿山地质环境影响和土地损毁评估；矿山地质环境治理与土地复垦可行性分析；矿山地质环境治理与土地复垦工程；矿山地质环境治理与土地复垦工作部署；经费估算与进度安排；保障措施与效益分析。

(4) 监督管理

县级以上自然资源主管部门对采矿权人履行矿山地质环境保护与土地复垦义务的情况进行监督检查。

(5) 法律责任

对违反本规定，应当编制矿山地质环境保护与土地复垦方案而未编制的，或者扩大开采规模、变更矿区范围或者开采方式，未重新编制矿山地质环境保护与土地复垦方案并经原审批机关批准的，责令限期改正，并列入矿业权人异常名录或严重违法名单；逾期不改正的，处3万元以下的罚款，不受理其申请新的采矿许可证或者申请采矿许可证延续、变更、注销。

违反本规定，未按照批准的矿山地质环境保护与土地复垦方案治理的，或者在矿山被批准关闭、闭坑前未完成治理恢复的，责令限期改正，并列入矿业权人异常名录或严重违法名单；逾期拒不改正的或整改不到位的，处3万元以下的罚款，不受理其申请新的采矿权许可证或者申请采矿权许可证延续、变更、注销。

违反本规定，未按规定计提矿山地质环境治理恢复基金的，由县级以上自然资源主管部门责令限期计提；逾期不计提的，处3万元以下的罚款。颁发采矿许可证的自然资源主管部门不得通过其采矿活动年度报告，不受理其采矿权延续变更申请。

违反本规定相关规定，探矿权人未采取治理恢复措施的，由县级以上自然资源主管部门责令限期改正；逾期拒不改正的，处3万元以下的罚款，5年内不受理其新的探矿权、采矿权申请。

违反本规定，扰乱、阻碍矿山地质环境保护与治理恢复工作，侵占、损坏、损毁矿山地质环境监测设施或者矿山地质环境保护与治理恢复设施的，由县级以上自然资源主管部门责令停止违法行为，限期恢复原状或者采取补救措施，并处3万元以下的罚款；构成犯罪的，依法追究刑事责任。

10.《矿产资源规划编制实施办法》

2012年10月12日国土资源部第55号令公布，根据2019年7月16日自然资源部第2次部务会议《自然资源部关于第一批废止修改的部门规章的决定》修正。

（1）总则

为了加强和规范矿产资源规划管理，统筹安排地质勘查、矿产资源开发利用和保护，促进我国矿业科学发展，根据《中华人民共和国矿产资源法》等法律法规，制定本办法。

本办法所称矿产资源规划，是指根据矿产资源禀赋条件、勘查开发利用现状和一定时期内国民经济和社会发展对矿产资源的需求，对地质勘查、矿产资源开发利用和保护等作出的总量、结构、布局和时序安排。

矿产资源规划是落实国家矿产资源战略、加强和改善矿产资源宏观管理的重要手段，是依法审批和监督管理地质勘查、矿产资源开发利用和保护活动的重要依据。

矿产资源规划包括矿产资源总体规划和矿产资源专项规划。矿产资源总体规划包括国家级矿产资源总体规划、省级矿产资源总体规划、设区的市级矿产资源总体规划和县级矿产资源总体规划。矿产资源专项规划应当对地质勘查、矿产资源开发利用和保护、矿山地质环境保护与治理恢复、矿区土地复垦等特定领域，或者重要矿种、重点区域的地质勘查、矿产资源开发利用和保护及其相关活动作出具体安排。

（2）编制

自然资源部负责组织编制国家级矿产资源总体规划和矿产资源专项规划。

承担矿产资源规划编制工作的单位，应当符合下列条件：具有法人资格；具备与编制矿产资源规划相应的工作业绩或者能力；具有完善的技术和质量管理制度；主要编制人员应当具备中级以上相关专业技术职称，经过矿产资源规划业务培训。

编制矿产资源总体规划，应当做好下列基础工作：对现行矿产资源总体规划实施情况和主要目标任务完成情况进行评估，对存在的问题提出对策建议；开展基础调查，对矿产资源勘查开发利用现状、矿业经济发展情况、资源赋存特点和分布规律、资源储量和潜力、矿山地质环境现状、矿区土地复垦潜力和适宜性等进行调查评价和研究；开展矿产资源形势分析、潜力评价和可供性分析，研究资源战略和宏观调控政策，对资源环境承载能力等重大问题和重点项目进行专题研究论证。

矿产资源规划编制工作方案应当包括下列内容：指导思想、基本思路和工作原则；主要工作任务和时间安排；重大专题设置；经费预算；组织保障。

编制矿产资源规划，应当遵循下列原则：贯彻节约资源和保护环境的基本国策，正确处理保障发展和保护资源的关系；符合法律法规和国家产业政策的规定；符合经济社会发展实际情况和矿产资源禀赋条件，切实可行；体现系统规划、合理布局、优化配置、整装勘查、集约开发、综合利用和发展绿色矿业的要求。

矿产资源总体规划的期限为5～10年。矿产资源专项规划的期限根据需要确定。

设区的市级以上自然资源主管部门对其组织编制的矿产资源规划，应当依据《规划环境影响评价条例》的有关规定，进行矿产资源规划环境影响评价。

矿产资源总体规划应当包括下列内容：背景与形势分析，矿产资源供需变化趋势预测；地质勘查、矿产资源开发利用和保护的主要目标与指标；地质勘查总体安排；矿产资源开发利用方向和总量调控；矿产资源勘查、开发、保护与储备的规划分区和结构调整；矿产资源节约与综合利用的目标、安排和措施；矿山地质环境保护与治理恢复、矿区土地复垦的总体安排；重大工程；政策措施。

矿产资源专项规划的内容根据需要确定。

（3）实施

下列矿产资源规划，由自然资源部批准：国家级矿产资源专项规划；省级矿产资源总体规划和矿产资源专项规划；依照法律法规或者国务院规定，应当由自然资源部批准的其他矿产资源规划。

矿产资源规划审查报批时，应当提交下列材料：规划文本及说明；规划图件；专题研究报告；规划成果数据库；其他材料，包括征求意见、论证听证情况等。

（4）法律责任

各级自然资源主管部门应当加强对矿产资源规划实施情况的监督检查，发现地质勘查、矿产资源开发利用和保护、矿山地质环境保护与治理恢复、矿区土地复垦等活动不符合矿产资源规划的，应当及时予以纠正。

11.《关于促进乡村旅游可持续发展的指导意见》

乡村旅游是旅游业的重要组成部分，是实施乡村振兴战略的重要力量，在加快推进农业农村现代化、城乡融合发展、贫困地区脱贫攻坚等方面发挥着重要作用。为深入贯彻落实《中共中央国务院关于实施乡村振兴战略的意见》（中发［2018］1号）和《乡村振兴战略规划（2018—2022年）》，推动乡村旅游提质增效，促进乡村旅游可持续发展，加快形成农业农村发展新动能，现提出以下意见：

（1）总体要求

指导思想：全面贯彻党的十九大和十九届二中、三中全会精神，以习近平新时代中国特色社会主义思想为指导，牢固树立新发展理念，落实高质量发展要求，紧紧围绕统筹推进“五位一体”总体布局和协调推进“四个全面”战略布局，按照产业兴旺、生态宜居、乡风文明、治理有效、生活富裕的总要求，从农村实际和旅游市场需求出发，强化规划引领，完善乡村基础设施建设，优化乡村旅游环境，丰富乡村旅游产品，促进乡村旅游向市场化、产业化方向发展，全面提升乡村旅游的发展质量和综合效益，为实现我国乡村全面振兴作出重要贡献。

基本原则：生态优先，绿色发展；因地制宜，特色发展；以农为本，多元发展；丰富内涵，品质发展；共建共享，融合发展。

主要目标：到2022年，旅游基础设施和公共服务设施进一步完善，乡村旅游服务质量和水平全面提升，富农惠农作用更加凸显，基本形成布局合理、类型多样、功能完善、特色突出的乡村旅游发展格局。

(2) 加强规划引领，优化区域布局

优化乡村旅游区域整体布局：推动旅游产品和市场相对成熟的区域、交通干线和A级景区周边的地区，深化开展乡村旅游，支持具备条件的地区打造乡村旅游目的地，促进乡村旅游规模化、集群化发展。

促进乡村旅游区域协同发展：加强东、中西部旅游协作，促进旅游者和市场要素流动，形成互为客源、互为市场、互动发展的良好局面。

制定乡村旅游发展规划：各地区要将乡村旅游发展作为重要内容纳入经济社会发展规划、国土空间规划以及基础设施建设、生态环境保护等专项规划，在规划中充分体现乡村旅游的发展要求。

(3) 完善基础设施，提升公共服务

提升乡村旅游基础设施：结合美丽乡村建设、新型城镇化建设、移民搬迁等工作，实施乡村绿化、美化、亮化工程，提升乡村景观，改善乡村旅游环境。

完善乡村旅游公共服务体系：实施“厕所革命”新三年计划，引进推广厕所先进技术。结合乡村实际因地制宜进行厕所建设、改造和设计，注重与周边和整体环境布局协调，尽量体现地域文化特色，配套设施始终坚持卫生实用，反对搞形式主义、奢华浪费。

(4) 丰富文化内涵，提升产品品质

突出乡村旅游文化特色：在保护的基础上，有效利用文物古迹、传统村落、民族村寨、传统建筑、农业遗迹、灌溉工程遗产、农业文化遗产、非物质文化遗产等，融入乡村旅游产品开发。

丰富乡村旅游产品类型：对接旅游者观光、休闲、度假、康养、科普、文化体验等多样化需求，促进传统乡村旅游产品升级，加快开发新型乡村旅游产品。

提高乡村旅游服务管理水平：制定完善乡村旅游各领域、各环节服务规范和标准，加强经营者、管理者、当地居民等技能培训，提升乡村旅游服务品质。

(5) 创建旅游品牌，加大市场营销

培育构建乡村旅游品牌体系：树立乡村旅游品牌意识，提升品牌形象，增强乡村旅游品牌的影响力和竞争力。

创新乡村旅游营销模式：发挥政府积极作用，鼓励社会力量参与乡村旅游宣传推广和中介服务，鼓励各地开展乡村旅游宣传活动，拓宽乡村旅游客源市场。

(6) 注重农民受益，助力脱贫攻坚

探索推广发展模式：支持旅行社利用客源优势，最大限度宣传推介旅游资源并组织游客前来旅游，并通过联合营销等方式共同开发市场的“旅行社带村”模式。

完善利益联结机制：突出重点，做好深度贫困地区旅游扶贫工作。

(7) 整合资金资源，强化要素保障

完善财政投入机制：加大对乡村旅游项目的资金支持力度。鼓励有条件、有需求的地方统筹利用现有资金渠道，积极支持提升村容村貌，改善乡村旅游重点村道路、停车场、厕所、垃圾污水处理等基础服务设施。

加强用地保障：各地应将乡村旅游项目建设用地纳入国土空间规划和年度土地利用计

划统筹安排。

加强金融支持：鼓励金融机构为乡村旅游发展提供信贷支持，创新金融产品，降低贷款门槛，简化贷款手续，加大信贷投放力度，扶持乡村旅游龙头企业发展。

加强人才队伍建设：将乡村旅游纳入各级乡村振兴干部培训计划，加强对县、乡镇党政领导发展乡村旅游的专题培训。

12.《城乡建设用地增减挂钩节余指标跨省域调剂实施办法》（自然资规［2018］4号）

（1）节余指标调剂任务落实

帮扶省份调入节余指标。帮扶省份省级人民政府根据国家下达的城乡建设用地增减挂钩节余指标跨省域调剂任务，于每年11月30日前将确认的调剂任务函告自然资源部。自然资源部汇总确认结果后函告财政部，并抄送国家土地督察机构。帮扶省份自然资源主管部门会同相关部门开展调剂工作，使用调入节余指标进行建设的，应将建新方案通过自然资源部城乡建设用地增减挂钩在线监管系统备案。

深度贫困地区所在省份调出节余指标。深度贫困地区所在省份省级人民政府根据国家下达的节余指标跨省域调剂任务，于每年11月30日前将能够调出的节余指标和涉及的资金总额函告自然资源部，并说明已完成验收情况，附具《增减挂钩节余指标跨省域调出申请表》；暂未完成拆旧复垦验收的，应在完成验收后，及时填写《增减挂钩节余指标跨省域调出完成验收统计表》报自然资源部。

自然资源部收到省级人民政府函告后，依据监管系统等，在10个工作日内对《申请表》或《统计表》完成核定，并将结果函复调出省份，抄送财政部、国家土地督察机构。

调出省份自然资源主管部门结合本地区实际，在函告前将调出节余指标任务明确到市、县。市、县自然资源主管部门编制拆旧复垦安置方案，由省级自然资源主管部门审批后，及时通过监管系统备案。

（2）节余指标使用

节余指标使用和再分配。自然资源部对节余指标调剂使用实行台账管理，进行年度核算。帮扶省份超出国家下达调剂任务增加购买的节余指标，以及调出省份低于国家下达调剂任务减少调出的节余指标，与下一年度调剂任务合并，统筹分配到深度贫困地区。已确认的调入节余指标，帮扶省份可跨年度结转使用，也可与其他计划指标配合使用；已核定的调出节余指标，深度贫困地区满3年未完成拆旧复垦验收的，扣回未完成部分对应的调剂指标和资金。

规范使用规划建设用地规模。帮扶省份调入节余指标增加的规划建设用地规模，以及调出省份调出节余指标减少的规划建设用地规模，应在监管系统中做好备案，作为国土空间规划编制中约束性指标调整的依据。

（3）节余指标调剂监测监管

强化实施监管责任。省级自然资源主管部门要加强对节余指标跨省域调剂工作的组织监管，并对拆旧复垦安置项目、建新项目以及备案信息的真实性、合法性负责。

帮扶省份要落实最严格的耕地保护制度和节约用地制度，合理安排跨省域调剂节余指标，尽量不占或少占优质耕地。深度贫困地区要充分尊重农民意愿，坚决杜绝强制拆建；要按照严格保护生态环境和历史文化风貌的要求，因地制宜开展拆旧复垦安置，防止盲目推进。

健全日常监测监管制度。自然资源部对节余指标调剂任务完成情况定期开展监督检查评估，结果作为节余指标调剂任务安排的测算依据。国家土地督察机构要加强跟踪督察力度，各级自然资源主管部门要加强日常动态巡查，及时发现并督促纠正查处弄虚作假等违法违规行为。

13.《自然资源部关于健全建设用地“增存挂钩”机制的通知》（自然资规［2018］1号）

（1）大力推进土地利用计划“增存挂钩”

各级自然资源主管部门分解下达新增建设用地计划，要把批而未供和闲置土地数量作为重要测算指标，逐年减少批而未供、闲置土地多和处置不力地区的新增建设用地计划安排。要明确各地区处置批而未供和闲置土地具体任务和奖惩要求，对两项任务均完成的省份，国家安排下一年度计划时，将在因素法测算结果基础上，再奖励10%新增建设用地计划指标；任意一项任务未完成的，核减20%新增建设用地计划指标。

（2）规范认定无效用地批准文件

各省（区、市）要适时组织市、县对已经合法批准的用地进行清查，清理无效用地批准文件。农用地转用或土地征收经依法批准后，两年内未用地或未实施征地补偿安置方案的，有关批准文件自动失效；对已实施征地补偿安置方案，因相关规划、政策调整、不具备供地条件的土地，经市、县人民政府组织核实现场地类与批准前一致的，在处理好有关征地补偿事宜后，可由市、县人民政府逐级报原批准机关申请撤回用地批准文件。

（3）有效处置闲置土地

对于企业原因造成的闲置土地，市、县自然资源主管部门应及时调查认定，依法依规收缴土地闲置费或收回。对于非企业原因造成的闲置土地，应在本级政府领导下，分清责任，按规定处置。闲置工业用地，除按法律规定、合同约定应收回的情形外，鼓励通过依法转让、合作开发等方式盘活利用。其中，用于发展新产业新业态的，可以依照《产业用地政策实施工作指引》和相关产业用地政策，适用过渡期政策；依据规划改变用途的，报市、县级人民政府批准后，按照新用途或者新规划条件重新办理相关用地手续。

（4）做好批而未供和闲置土地调查确认

对于失效的或撤回的用地批准文件，由市、县人民政府逐级汇总上报，省级自然资源主管部门组织实地核实后，适时汇总报部。部在相关信息系统中予以标注，用地不再纳入批而未供土地统计，相关土地由县级自然资源主管部门在年度变更调查中按原地类认定，相应的土地利用计划、耕地占补平衡指标、相关税费等仍然有效，由市、县人民政府具体核算。对于闲置土地，地方各级自然资源主管部门要按照实际情况和有关要求，对土地市场动态监测监管系统中的数据进行确认，并在本地政府组织领导下尽早明确处置原则、适用类型和盘活利用方式等。

（5）加强“增存挂钩”机制运行的监测监管

地方各级自然资源主管部门要充分依托部综合信息监管平台，加强建设用地“增存挂钩”机制运行情况的监测监管。国家土地督察机构要将批而未供和闲置土地及处置情况纳入督察工作重点。对于批而未供和闲置土地面积较大、处置工作推进不力或者弄虚作假的地区，依照有关规定发出督察意见，责令限期整改。

14.《关于统筹推进自然资源资产产权制度改革的指导意见》（国务院办公厅，2019年4月14日）

（1）总体要求

指导思想：以习近平新时代中国特色社会主义思想为指导，全面贯彻党的十九大和十九届二中、三中全会精神，全面落实习近平生态文明思想，认真贯彻党中央、国务院决策部署，紧紧围绕统筹推进“五位一体”总体布局和协调推进“四个全面”战略布局，以完善自然资源资产产权体系为重点，以落实产权主体为关键，以调查监测和确权登记为基础，着力促进自然资源集约开发利用和生态保护修复，加强监督管理，注重改革创新，加快构建系统完备、科学规范、运行高效的中国特色自然资源资产产权制度体系，为完善社会主义市场经济体制、维护社会公平正义、建设美丽中国提供基础支撑。

基本原则：坚持保护优先、集约利用；坚持市场配置、政府监管；坚持物权法定、平等保护；坚持依法改革、试点先行。

总体目标：到2020年，归属清晰、权责明确、保护严格、流转顺畅、监管有效的自然资源资产产权制度基本建立，自然资源开发利用效率和保护力度明显提升，为完善生态文明制度体系、保障国家生态安全和资源安全、推动形成人与自然和谐发展的现代化建设新格局提供有力支撑。

（2）主要任务

健全自然资源资产产权体系；明确自然资源资产产权主体；开展自然资源统一调查监测评价；加快自然资源统一确权登记；强化自然资源整体保护；促进自然资源资产集约开发利用；推动自然生态空间系统修复和合理补偿；健全自然资源资产监管体系；完善自然资源资产产权法律体系。

（3）实施保障

加强党对自然资源资产产权制度改革的统一领导；深入开展重大问题研究；统筹推进试点；加强宣传引导。

15.《推进养老服务发展的意见》（国办发［2019］5号）

（1）深化放管服改革

建立养老服务综合监管制度。制定“履职照单免责、失职照单问责”的责任清单，制定加强养老服务综合监管的相关政策文件，建立各司其职、各尽其责的跨部门协同监管机制，完善事中事后监管制度。

继续深化公办养老机构改革。充分发挥公办养老机构及公建民营养老机构兜底保障作用，在满足当前和今后一个时期特困人员集中供养需求的前提下，重点为经济困难失能（含失智）老年人、计划生育特殊家庭老年人提供无偿或低收费托养服务。

解决养老机构消防审验问题。依照《建筑设计防火规范》，做好养老机构消防审批服务，提高审批效能。

减轻养老服务税费负担。聚焦减税降费，养老服务机构符合现行政策规定条件的，可享受小微企业等财税优惠政策。

提升政府投入精准化水平。民政部本级和地方各级政府用于社会福利事业的彩票公益金，要加大倾斜力度，到2022年要将不低于55%的资金用于支持发展养老服务。

支持养老机构规模化、连锁化发展。支持在养老服务领域着力打造一批具有影响力和竞争力的养老服务商标品牌，对养老服务商标品牌依法加强保护。

做好养老服务领域信息公开和政策指引。建立养老服务监测分析与发展评价机制，完善养老服务统计分类标准，加强统计监测工作。

（2）拓宽养老服务投融资渠道

推动解决养老服务机构融资问题。畅通货币信贷政策传导机制，综合运用多种工具，抓好支小再贷款等政策落实。

扩大养老服务产业相关企业债券发行规模。根据企业资金回流情况科学设计发行方案，支持合理灵活设置债券期限、选择权及还本付息方式，用于为老年人提供生活照料、康复护理等服务设施设备，以及开发康复辅助器具产品用品项目。

全面落实外资举办养老服务机构国民待遇。境外资本在内地通过公建民营、政府购买服务、政府和社会资本合作等方式参与发展养老服务，同等享受境内资本待遇。

（3）扩大养老服务就业创业

建立完善养老护理员职业技能等级认定和教育培训制度。2019 年 9 月底前，制定实施养老护理员职业技能标准。

大力推进养老服务业吸纳就业。结合政府购买基层公共管理和社会服务，在基层特别是街道（乡镇）、社区（村）开发一批为老服务岗位，优先吸纳就业困难人员、建档立卡贫困人口和高校毕业生就业。

建立养老服务褒扬机制。研究设立全国养老服务工作先进集体和先进个人评比达标表彰项目。

（4）扩大养老服务消费

建立健全长期照护服务体系。研究建立长期照护服务项目、标准、质量评价等行业规范，完善居家、社区、机构相衔接的专业化长期照护服务体系。

发展养老普惠金融。支持商业保险机构在地级以上城市开展老年人住房反向抵押养老保险业务，在房地产交易、抵押登记、公证等机构设立绿色通道，简化办事程序，提升服务效率。

促进老年人消费增长。开展全国老年人产品用品创新设计大赛，制定老年人产品用品目录，建设产学研用协同的成果转化推广平台。

加强老年人消费权益保护和养老服务领域非法集资整治工作。加大联合执法力度，组织开展对老年人产品和服务消费领域侵权行为的专项整治行动。

（5）促进养老服务高质量发展

提升医养结合服务能力。促进现有医疗卫生机构和养老机构合作，发挥互补优势，简化医养结合机构设立流程，实行“一个窗口”办理。对养老机构内设诊所、卫生所（室）、医务室、护理站，取消行政审批，实行备案管理。

推动居家、社区和机构养老融合发展。支持养老机构运营社区养老服务设施，上门为居家老年人提供服务。

持续开展养老院服务质量建设专项行动。继续大力推动质量隐患整治工作，对照问题清单逐一挂号销账，确保养老院全部整治过关。加快明确养老机构安全等标准和规范，制定确保养老机构基本服务质量安全的强制性国家标准，推行全国统一的养老服务等级评定与认证制度。

实施“互联网+养老”行动。持续推动智慧健康养老产业发展，拓展信息技术在养老领域的应用，制定智慧健康养老产品及服务推广目录，开展智慧健康养老应用试点示范。促进人工智能、物联网、云计算、大数据等新一代信息技术和智能硬件等产品在养老服务领域深度应用。

完善老年人关爱服务体系。建立健全定期巡访独居、空巢、留守老年人工作机制，积极防范和及时发现意外风险。

大力发展老年教育。优先发展社区老年教育，建立健全“县（市、区）—乡镇（街道）—村（居委会）”三级社区老年教育办学网络，方便老年人就近学习。

(6) 促进养老服务基础设施建设

实施特困人员供养服务设施（敬老院）改造提升工程。将补齐农村养老基础设施短板、提升特困人员供养服务设施（敬老院）建设标准纳入脱贫攻坚工作和乡村振兴战略。

实施民办养老机构消防安全达标工程。从 2019 年起，民政部本级和地方各级政府用于社会福利事业的彩票公益金，采取以奖代补等方式，引导和帮助存量民办养老机构按照国家工程建设消防技术标准配置消防设施、器材，针对重大火灾隐患进行整改。

实施老年人居家适老化改造工程。2020 年底前，采取政府补贴等方式，对所有纳入特困供养、建档立卡范围的高龄、失能、残疾老年人家庭，按照《无障碍设计规范》实施适老化改造。

落实养老服务设施分区分级规划建设要求。2019 年在全国部署开展养老服务设施规划建设情况监督检查，重点清查整改规划未编制、新建住宅小区与配套养老服务设施“四同步”（同步规划、同步建设、同步验收、同步交付）未落实、社区养老服务设施未达标、已建成养老服务设施未移交或未有效利用等问题。

完善养老服务设施供地政策。举办非营利性养老服务机构，可凭登记机关发给的社会服务机构登记证书和其他法定材料申请划拨供地，自然资源、民政部门要积极协调落实划拨用地政策。

国务院建立由民政部牵头的养老服务部际联席会议制度。各地、各有关部门要强化工作责任落实，健全党委领导、政府主导、部门负责、社会参与的养老服务工作机制，加强中央和地方工作衔接。主要负责同志要亲自过问，分管负责同志要抓好落实。

16.《关于建立以国家公园为主体的自然保护地体系的指导意见》（国务院办公厅 2019 年 6 月 26 日）

(1) 总体要求

指导思想：以习近平新时代中国特色社会主义思想为指导，全面贯彻党的十九大和十九届二中、三中全会精神，贯彻落实习近平生态文明思想，认真落实党中央、国务院决策部署，紧紧围绕统筹推进“五位一体”总体布局和协调推进“四个全面”战略布局，牢固树立新发展理念，以保护自然、服务人民、永续发展为目标，加强顶层设计，理顺管理体制，创新运行机制，强化监督管理，完善政策支撑，建立分类科学、布局合理、保护有力、管理有效的以国家公园为主体的自然保护地体系，确保重要自然生态系统、自然遗迹、自然景观和生物多样性得到系统性保护，提升生态产品供给能力，维护国家生态安全，为建设美丽中国、实现中华民族永续发展提供生态支撑。

基本原则：坚持严格保护，世代传承：坚持依法确权，分级管理：坚持生态为民，科学利用；坚持政府主导，多方参与；坚持中国特色，国际接轨。

总体目标：建成中国特色的以国家公园为主体的自然保护地体系，推动各类自然保护地科学设置，建立自然生态系统保护的新体制新机制新模式，建设健康稳定高效的自然生态系统，为维护国家生态安全和实现经济社会可持续发展筑牢基石，为建设富强民主文明和谐美丽的社会主义现代化强国奠定生态根基。

到2020年，提出国家公园及各类自然保护地总体布局和发展规划，完成国家公园体制试点，设立一批国家公园，完成自然保护地勘界立标并与生态保护红线衔接，制定自然保护地内建设项目负面清单，构建统一的自然保护地分类分级管理体制。到2025年，健全国家公园体制，完成自然保护地整合归并优化，完善自然保护地体系的法律法规、管理和监督制度，提升自然生态空间承载力，初步建成以国家公园为主体的自然保护地体系。到2035年，显著提高自然保护地管理效能和生态产品供给能力，自然保护地规模和管理达到世界先进水平，全面建成中国特色自然保护地体系。自然保护地占陆域国土面积18%以上。

（2）构建科学合理的自然保护地体系

明确自然保护地功能定位；科学划定自然保护地类型，包括国家公园、自然保护区、自然公园；制定自然保护地分类划定标准；确立国家公园主体地位；编制自然保护地规划；整合交叉重叠的自然保护地；归并优化相邻自然保护地。

（3）建立统一规范高效的管理体制

统一管理自然保护地；分级行使自然保护地管理职责；合理调整自然保护地范围并勘界立标；推进自然资源资产确权登记；实行自然保护地差别化管控。

（4）创新自然保护地建设发展机制

加强自然保护地建设；分类有序解决历史遗留问题；创新自然资源使用制度；探索全民共享机制。

（5）加强自然保护地生态环境监督考核

实行最严格的生态环境保护制度，强化自然保护地的监测、评估、考核、执法、监督等，形成一整套体系完善、监管有力的监督管理制度。

建立监测体系；加强评估考核；严格执法监督。

（6）保障措施

加强党的领导；完善法律法规体系；建立以财政投入为主的多元化资金保障制度；加强管理机构和队伍建设；加强科技支撑和国际交流。

17.《加强规划和用地保障支持养老服务发展的指导意见》（自然资规［2019］3号）

（1）合理界定养老服务设施用地

明确养老服务设施用地范围；依法依规确定土地用途和年期。

供应养老服务设施用地，应当依据详细规划，对照《土地利用现状分类》（GB/T 21010—2017）确定土地用途，根据法律法规和相关文件的规定确定土地使用权出让年期等。养老服务设施与其他功能建筑兼容使用同一宗土地的，根据主用途确定该宗地土地用途和土地使用权出让年期。对土地用途确定为社会福利用地，以出让方式供应的，出让年限不得超过50年；以租赁方式供应的，租赁年限不得超过20年。

（2）统筹规划养老服务设施用地空间布局

保障养老服务设施规划用地规模；统筹落实养老服务设施规划用地；严格养老服务设施规划许可和核实。

(3) 保障和规范养老服务设施用地供应

规范编制养老服务设施供地计划；明确用地规划和开发利用条件；依法保障非营利性养老服务机构用地；以多种有偿使用方式供应养老服务设施用地；合理确定养老服务设施用地供应价格；规范存量土地改变用途和收益管理；利用存量资源建设养老服务设施实行过渡期政策；支持利用集体建设用地发展养老服务设施。

(4) 加强养老服务设施用地服务和监管

规范养老服务设施登记；严格限制养老服务设施用地改变用途；加强养老服务设施规划和用地监管。

2020 年城乡规划相关知识必考的国土空间规划内容有以下几个方面：国土空间规划的演变；国土空间规划重要性文件；国土空间规划体系（五级三类四体系）；国土空间规划的编制内容；国土空间规划的作用；国土空间规划与土地利用规划的作用；编制和审批的内容及步骤；编制的程序；技术路线；三区三线；审查内容及原则。

第二节 复 习 题 解

(题前符号意义：■为掌握；□为熟悉；△为了解。)

■1. 城市地理学研究内容的重心是从(　　)地域系统中考察城市空间组织。

A. 区域　　B. 区域和城市　　C. 城市　　D. 整体和局部

【参考答案】 B

【解答】 城市地理学研究所涉及的内容十分广泛，但其重心是从区域和城市两种地域系统中考察城市空间组织——区域的城市空间组织和城市内部的空间组织。

□2. 城市地理学就是研究城市(　　)规律性的学科。

A. 经济活动　　B. 社会　　C. 空间组织　　D. 地理环境

【参考答案】 C

【解答】 城市地理学就是研究城市空间组织规律性的学科。按它研究的不同空间尺度，又可以分为国家或区域中的城市的空间组织和城市内部的空间组织两大部分。

□3. 城市地理学研究的基本研究内容不包括以下各项中的(　　)内容。

A. 城市形成发展条件研究　　B. 区域的城市空间组织研究

C. 城市内部空间组织与经济地理关系研究　　D. 城市问题研究

【参考答案】 C

【解答】 城市地理学研究的基本研究内容包括以下四个方面：①城市形成发展条件研究：研究与评价地理位置、自然条件、社会经济与历史条件对城市形成、发展和布局的影响。②区域的城市空间组织研究：区域的城市空间组织研究包括几个方面，即城市化研究、区域城市体系研究、城市分类研究。③城市内部空间组织研究：主要内容是在城市内部分化为商业、仓储、工业、交通、住宅等功能区域和城乡边缘区域的情况下，研究这些区域的特点，它们的兴衰更新，以及它们之间的相互关系。④城市问题研究：主要研究城市环境问题、交通问题、住宅问题和内城问题（如内城贫困）的具体表现形式、形成原因、对社会经济发展的影响，以及解决问题的对策。

□4. 下面四项关于城市地理学与城乡规划关系的叙述正确的是(　　)的内容。(多选)

A. 城市地理学为城乡规划提供理论指导，应用于城乡规划的实践

B. 城乡规划从事单个城乡内部的空间组织和设计，注重为具体城市寻找合理实用的功能分区和景观布局等，工程性较强

C. 城市地理学和城乡规划之间是对应的理论和应用关系

D. 城乡规划为城市地理学提供研究课题、研究素材和实践验证，促进城市地理学理论的不断充实完善

【参考答案】 A、D

【解答】 城市地理学与城乡规学的相互联系也是十分密切的。城市地理学需要从城乡规划的进展中汲取营养，去探讨更全面的城乡地域运动规律。而城乡规划则需要以城市地理学的知识来充实自己的设计理论，并具体运用到规划实践中去。但是，两者间不存在一一对应的指导与应用关系。城市地理学除可以应用于城乡规划，还可以应用于国土整治和区域规划等其他领域，同时也具备直接解决实际问题的能力。城乡规划是一门综合性很强的技术科学，它在规划和设计城市时，除需要运用城市地理学知识外，还需要运用建筑学、自然地理学、力学、哲学等多方面的理论知识。

■5. 1950 年以前的城市地理学研究有两大特点，但是不包括以下(　　)两个方面。(多选)

A. 不仅研究单个城市的形成发展，还要研究一定区域范围内的城市体系产生、发展、演变的规律，理论性较强

B. 对城市做形态上的研究，忽视成因的动态分析

C. 把物质环境的约束条件当成城市命运的决定因素

D. 用数理统计方法对中心地学说进行了许多实证性研究

【参考答案】 A、D

【解答】 1950 年以前的城市地理研究有两大特点：第一，把物质环境的约束条件当成城市命运的决定因素；第二，对城市作形态上的研究，忽视成因的动态分析。此时，虽已初步奠定了城市地理学的研究重点，出现了一些理论，但城市地理学尚未完全成为独立的分支学科。城市地理研究系统地、大规模地开展是在战后，尤其是 1950 年以后的事。

■6. 下列各项关于城镇与乡村的比较研究中，不准确的是(　　)。

A. 城镇一般是工业、商业、交通、文教的集中地，是一定地域的政治、经济、文化的中心，在职能上相似于乡村

B. 城镇有比乡村要大的人口密度和建筑密度，在景观上不同于乡村

C. 城镇一般聚居有较多的人口，在规模上区别于乡村

D. 城镇是以从事非农业活动的人口为主的居民点，在产业构成上不同于乡村

【参考答案】 A

【解答】 城镇不同于乡村的本质特征有以下几个：城镇是以从事非农业活动的人口为主的居民点，在产业构成上不同于乡村；城镇一般聚居有较多的人口，在规模上区别于乡村；城镇有比乡村要大的人口密度和建筑密度，在景观上不同于乡村；城镇具有电灯、电话、广场、街道、影剧院、博物馆等市政设施和公共设施，在物质构成上不同于乡村；城镇一

般是工业、商业、交通、文教的集中地，是一定地域的政治、经济、文化的中心，在职能上区别于乡村。还可以从生活方式、价值观念、人口素质等许多方面寻找城乡间的差异。

■7. 20世纪20年代，(　　)学者从社会学的角度来研究城市，被称为“人类生态学的芝加哥学派”。

A. 英国学者　　B. 美国哈佛大学的学者

C. 美国芝加哥城市问题研究者　　D. 美国芝加哥大学的学者

【参考答案】 D

【解答】 20世纪20年代，美国芝加哥大学的学者从社会学的角度来研究城市，被称为“人类生态学的芝加哥学派”。受其影响，这一时期的城市地理研究转向实地考察，观察城市实际景观，研究城市内部的土地利用，热衷于划分城市内部的功能区和城市的吸引范围。

△8. 第二次世界大战后，数量地理学家布赖恩·贝里用数理统计方法对(　　)进行了许多实证性研究。

A. 中心地学说　　B. 工业区位论　　C. 农业区位论　　D. 城市土地利用

【参考答案】 A

【解答】 数量地理学家布赖恩·贝里用数理统计方法对中心地学说进行了许多实证性研究，发表了大量的文章和专著，他的《城市作为城市系统内的系统》一文，把城市人口分布与服务中心的等级联系起来，是城市系统研究的一个重要转折点。

△9. (　　)年，中国地理学会设立城市地理专业委员会。

A. 1984　　B. 1992　　C. 1994　　D. 1996

【参考答案】 C

【解答】 1994年，中国地理学会设立城市地理专业委员会。

□10. 20世纪70年代以后城市地理学学派出现了(　　)学派。(多选)

A. 空间学派　　B. 人文学派　　C. 行为学派　　D. 激进学派

【参考答案】 B、C、D

【解答】 20世纪70年代以后，随着西方社会问题的日趋严重、数量革命热潮逐渐减低和数量革命所带来的问题逐一显露，伴随数量革命出现的空间学派受到挑战，受社会科学、政治科学研究的影响，城市地理学开始进入一个新的多元发展的阶段。出现了人文学派、行为学派和激进学派。

■11. (　　)是美国为了确定城市的实体界限以便较好地区分较大城市附近的城镇人口和乡村人口目的而提出的一种城市地域概念。

A. 中心地　　B. 大都市带　　C. 大都市区　　D. 城市化地区

【参考答案】 D

【解答】 城市化地区是美国为了确定城市的实体界限以便较好地区分较大城市附近的城镇人口和乡村人口目的而提出的一种城市地域概念。相当于我们常用的城市建成区。每一个城市化地区由中心城市和它周围的密集居住区组成，合计人口在5万人以上。

■12. 关于大都市区的相关论述，下列各项中正确的是(　　)。(多选)

A. 大都市区是一个大的人口核心以及与这个核心具有高度的社会经济一体化倾向的邻接社区的组合

B. 确定大都市区地域标准的核心是以非农业活动占绝对优势的中心县和外围县之间劳动力联系的规模和联系的密切程度

C. 由连成一体的许多都市区组成，它们在经济、社会、文化等各方面活动上存在着密切的交互作用的巨大的城市地域复合体

D. 大都市区是大城市建成区的无边蔓延而导致一连串大城市首尾相连的区域

【参考答案】 A、B

【解答】 大都市区（Metropolitan Area）是国外最常用的城市功能地域概念。它是一个大的人口核心以及与这个核心具有高度的社会经济一体化倾向的邻接社区的组合，一般以县作为基本单元。由连成一体的许多都市区组成，它们在经济、社会、文化等各方面活动上存在着密切的交互作用的巨大的城市地域复合体叫作大都市带。

■13. 大都市带的地域组织具有(　　)特点。

A. 单一核心、交通走廊、规模特别庞大、密集的交互作用、地域的核心区域

B. 单一核心、交通走廊、规模特别庞大、密集的交互作用、国家的核心区域

C. 多核心、交通走廊、规模特别庞大、密集的交互作用、国家的核心区域

D. 多核心、交通走廊、规模特别庞大、密集的交互作用、地域的核心区域

【参考答案】 C

【解答】 大都市带的地域组织具有以下几个特点：

（1）多核心。区域内有若干个高人口密度的大城市核心，每个大城市核心及其周围郊区县之间，以通勤流为主要指标的紧密社会经济联系，组成一连串的大都市区。各核心城市之间的低人口密度地区，多为集约化农场、大面积森林、零星分布的牧场和草地。这些非城市性用地提供城市人口的休憩场所和食品供应。

（2）交通走廊。这些大城市核心及大都市区延高效率的交通走廊而发展，开始是铁路，进而是高速公路，它构成大都市带空间结构的骨架，把各个大都市区联结起来，没有间隔。

（3）密集的交互作用，不仅都市区内部，中心城市与周围郊区之间有密集的交互作用，都市区之间也有着密切的社会经济联系。

（4）规模特别庞大。戈特曼以 2500 万人口作为大都市带的规模标准。

（5）国家的核心区域。它集外贸门户职能、现代化工业职能、商业金融职能、文化先导职能于一身，成为国家社会经济最发达、经济效益最高的地区，甚至具有国际交往枢纽的作用。

■14. 大都市带这一概念是法国地理学家戈特曼在研究了美国东北部大西洋沿岸的城市群后，于(　　)年首先提出来的。

A. 1945　　B. 1963　　C. 1970　　D. 1957

【参考答案】 D

【解答】 有许多都市区连成一体，在经济、社会、文化等各方面活动存在密切交互作用的巨大的城市地域叫作大都市带。这一概念是法国地理学家戈特曼（Jean Gottmann）在研究了美国东北部大西洋沿岸的城市群以后，于 1957 年首先提出来的。

■15. 城镇化的概念包括(　　)两方面的含义。

A. 无形的城镇化，有形的城镇化　　B. 物化的城镇化，无形的城镇化

C. 郊区城镇化，逆城镇化　　　　　　　　　　D. 外延型城镇化，飞地型城镇化

【参考答案】 B

【解答】 城镇化的概念包括两方面的含义。一是物化的城镇化，即物质上和形态上的城镇化。具体反映在：①人口的集中；②空间形态的改变；③社会经济结构的变化。二是无形的城镇化，即精神上的、意识上的城镇化，生活方式的城镇化。具体也可包括三方面：①城镇生活方式的扩散；②农村意识、行为方式转为城镇意识、行为方式的过程；③城市市民脱离固有的乡土式生活态度、方式，采取城市生活态度、方式的过程。

■16. 下列关于城市空间分布地理特征的表述，哪项是错误的？(　　)

A. 世界大城市分布向中纬度地带集中

B. 中国的设市城市分布向沿海低海拔地区集中

C. 世界多数国家城市空间分布属于典型的集聚分布

D. 中国的小城市分布具有明显的均衡分布特征

【参考答案】 D

【解答】 城市的空间分布具有典型的不均匀性，即城市在地域空间上的分布不属于均衡分布，也不属于随机分布，呈典型的集聚分布的特征。

■17. 下列关于城镇化的表述，哪项是错误的？(　　)

A. 区域城镇化水平与经济发展水平之间呈对数相关关系

B. 工业化带动城镇化是近现代城镇化快速推进的一个重要特点

C. 发展中国家的城镇化已经构成当今世界城镇化的主体

D. 当代发展中国家的城镇化速度低于发达国家的城镇化速度

【参考答案】 D

【解答】 当代世界的城镇化进程大大加速，发展中国家逐渐成为城镇化主体。

当代发展中国家的城镇化进入发展阶段（工业化时期），城镇化进程呈现加速的特征。现代工业基础初步确立，工业规模和发展速度明显加快，城镇的就业岗位增多，对劳动力的“拉力”增大；而科技进步也提高了农业生产率，使更多的农业劳动力从土地上解放出来。同时，由于医疗条件的逐步改善，人口进入高出生率、低死亡率的快速增长阶段，农村的人口压力增大，乡村的“推力”明显加大。

发达国家的城镇化已经进入成熟阶段（后工业化时期），是城镇化的最高阶段，城镇化水平一般应达到70%以上。此时，城镇化发展速度趋于缓慢，但城镇经济成为国民经济的核心部分；社会进入后工业化时代，人口进入低出生率、低死亡率、低增长率的阶段，农业现代化程度进一步提高，农村的经济和生活条件大大改善，乡村人口向城镇转移的动力较少，农村的“推力”和城镇的“拉力”都趋向均衡，城乡间人口转移达到动态平衡，城镇化进程趋于停滞，部分城镇甚至出现“逆城镇化”现象。

■18. 从城镇化进程与经济社会发展之间是否同步的角度，可以将城镇化分为(　　)。

A. 积极型城镇化与消极型城镇化　　　　　　B. 向心型城镇化与离心型城镇化

C. 外延型城镇化与飞地型城镇化　　　　　　D. 新型城镇化与旧型城镇化

【参考答案】 A

【解答】 积极型城镇化：与经济发展同步的城镇化。消极型城镇化：先于经济发展水平的城镇化，也称假城镇化或过度城镇化

■**19. 主要是用来说明集中城镇化阶段的运行机制的是(　　)学说。**

A. 推力说　　B. 拉力说　　C. 向心说　　D. 推拉说

【参考答案】 D

【解答】 城市化是在推力和拉力两种力量作用下发育、运行的。这种推拉说，主要用来说明集中城市化阶段的运行机制。

□**20. 下面关于“推拉说”的说法正确的是(　　)。(多选)**

A. 是指城市以其高就业率、高收入和较好的公共设施从而对广大农民产生巨大的吸引力——“拉力”，而农村由于贫困、落后，经济不发达，从而产生一种无形的“推力”，在推拉作用下促使农村人口向城市集中

B. 是指城市以其高就业率、高收入和较好的公共设施从而对广大农民产生巨大的吸引力——“推力”，而农村由于贫困、落后，经济不发达，从而产生一种无形的“拉力”，在推拉作用下促使农村人口向城市集中

C. 城市病产生一种推力

D. 推拉说对于分散化阶段包括郊区化和逆城市化，没有意义

【参考答案】 A、C

【解答】 所谓“推拉说”，是指城市以其高就业率、高收入和较好的公共设施从而对广大农民产生巨大的吸引力——“拉力”，而农村由于贫困、落后，经济不发达，从而产生一种无形的“推力”，在推拉作用下促使农村人口向城市集中。这种推拉说，主要用来说明集中城市化阶段的运行机制。对于分散化阶段包括郊区化和逆城市化，同样有其意义，只是移动的方向和主体位置发生变换，“城市病”产生一种“推力”，而优美的环境和低价的土地成为城市人口迁往农村的“拉力”。

■**21. 按照(　　)的不同，可分出外延型和飞地型两种类型的城镇化。**

A. 土地利用密度　　B. 城市离心扩散形式

C. 城市景观　　D. 集聚方式

【参考答案】 B

【解答】 按照城市离心扩散形式的不同，可分出外延型和飞地型两种类型的城镇化。如果城市的离心扩展，一直保持与建成区接壤，连续渐次地向外推进，这种扩展方式称为外延型城镇化。如果在推进过程中，出现了空间上与建成区断开，职能上与中心城市保持联系的城市扩展方式，则称为飞地型城镇化。

■**22. 下面(　　)部门具有向城市中心集聚的特性。(多选)**

A. 银行　　B. 自来水厂　　C. 煤气厂　　D. 政府机关

E. 公司总部

【参考答案】 A、D、E

【解答】 城市中的商业服务设施以及政府部门、企事业公司的总部、银行、报社等脑力劳动机关，都有不断向城市中心集聚的特性，这些部门的职能特点，要求它们向城市中心运动，密集布置。有些城市设施和部门则自城市中心向外缘移动扩散，这些具有离心倾向的部门有的需要宽敞用地，如大型企业，自来水厂等；有的需要防止灾害和污染，如煤气厂、垃圾处理厂等；有的需要安静环境，如精神病院、传染病院等；有的具有特殊使命。

■**23. 以大城市为中心来考察城镇化现象，存在着(　　)两种类型的城镇化。**

A. 外延和飞地　　B. 向心与离心　　C. 景观和职能　　D. 积极和消极

【参考答案】 B

【解答】 以大城市为中心来考察城镇化现象，存在着向心与离心两种类型的城镇化。城市中的商业服务设施以及政府部门、企事业公司的总部、银行、报社等脑力劳动机关，都有不断向城市中心集聚的特性，这就是向心型城镇化，也称集中型城镇化。与上述部门相反，有些城市设施和部门则自城市中心向外缘移动扩散，称为离心型城镇化或扩散型城镇化。

□**24. 下面关于职能型城镇化的说法正确的是(　　)。(多选)**

A. 职能型城镇化是传统的城镇化表现形式

B. 职能型城镇化是当代出现的一种新的城镇化表现形式

C. 职能型城镇化直接创造市区

D. 职能型城镇化不从外观上直接创造密集的市区景观。

【参考答案】 B、D

【解答】 职能型城镇化，是当代出现的一种新的城镇化表现形式，指的是现代城市功能在地域系列中发挥效用的过程。这种城镇化表现了地域推进的潜在意识，不从外观上直接创造密集的市区景观。

□**25. 20 世纪 70 年代后，逆城镇化首先出现在(　　)。**

A. 美国　　B. 澳大利亚　　C. 法国　　D. 英国

【参考答案】 D

【解答】 20 世纪 70 年代后，逆城镇化首先出现在英国。

■**26. 按市区各类职能部门迁往郊区的时间顺序排列，正确的是(　　)。**

A. 事务部门、商业服务部门、工业　　B. 工业、商业服务部门、事务部门

C. 商业服务部门、事务部门、工业　　D. 工业、事务部门、商业服务部门

【参考答案】 C

【解答】 “二战”后，发达国家从乡村到城市的人口迁移逐渐退居次要地位，一个全新的规模庞大的城乡人口流动的逆过程开始出现。以住宅郊区化为先导，引发了市区各类职能部门郊区化的连锁反应。首先迁往郊区的是商业服务部门，超级市场、巨型市场、购物中心纷纷出现，其后外迁的是事务部门，最后外迁的是工业。

■**27. 综合各方面的研究成果，目前确定城镇化指标及测度方法主要有(　　)。(多选)**

A. 土地利用指标　　B. 主要指标法

C. 复合指标法　　D. 商品粮供应率预测法

【参考答案】 B、C

【解答】 综合各方面的研究成果，目前确定城镇化指标及测度方法主要有两种，即主要指标法和复合指标法。

■**28. 城镇化指标及测度方法的主要指标法中，最常用的城镇化测度指标是(　　)。(多选)**

A. 人口比例指标　　B. 土地利用指标　　C. 复合指标法　　D. 人口中位数指标

【参考答案】 A、B

【解答】 目前确定城镇化指标及测度方法主要有两种，即主要指标法和复合指标法。主要

指标法，是选择对城镇化表征意义最强的、又便于统计的个别指标，来描述城镇化达到的水平。这种指标主要有两个：人口比例指标和土地利用指标。其中，城市人口占总人口的比例是最常用的城镇化测度指标。因为人口比例指标比土地利用指标在表达城市成长状态方面更典型深刻，更便于统计。然而，必须指出的是，这种量度方法存在着很大的局限性。复合指标法，是选用与城镇化有关的多种指标予以综合分析，以考察城镇化的进展水平。

□29. 城镇化的推进过程是按照(　　)方式反映在地表上。(多选)

A. 城市郊区扩大　　B. 城市范围的扩大

C. 城市建筑密度增大　　D. 城市数目的增多

【参考答案】 B、D

【解答】 城镇化的推进过程是按照以下两种方式反映在地表上：一是城市范围的扩大；二是城市数目的增多。前者是以现有城市为原点的近域扩散，后者则是广泛区域里城市发生过程。

△30. 世界上最早开始近代城镇化的国家是(　　)。

A. 美国　　B. 法国　　C. 英国　　D. 中国

【参考答案】 C

【解答】 工业化带动城镇化，是近代城市发展中的一个重要特点。工业革命始于英国，因而英国也是世界上最早开始近代城镇化的国家。在工业革命推动下，19 世纪英国的城镇化进程十分迅速。

■31. 以下各项中，关于城镇化论述正确的是(　　)。(多选)

A. 人口向城市集中的过程

B. 城镇化是一个地域空间过程

C. 城镇化是指不同等级地区的经济结构转换过程

D. 城镇化意味着人类生活方式的转变过程

【参考答案】 A、B、C

【解答】 在城镇化各种各样的定义中有一种较为主要的提法是：人口向城市集中的过程即为城镇化。

人类学研究城市以社会规范为中心，城镇化意味着人类生活方式的转变过程，即由乡村生活方式转为城市生活方式。

经济学认为城市是人类从事非农业生产活动的中心，城镇化是指不同等级地区的经济结构转换过程，即农业活动向非农业活动的转换，特别重视生产要素流动，即资本流、劳力流在城镇化过程中的作用，同时也注重从世界经济体系的角度探讨一国一地区的城镇化问题。

地理学主要研究地域与人类活动之间的关系，非常注重经济、社会、政治和文化等人文因素在地域上的分布状况，其研究具有综合性。地理学除了认识到城镇化过程中的人口与经济的转换与集中外，特别强调城镇化是一个地域空间过程，包括区域范围内城市数量的增加和每一个城市地域的扩大两个方面。

城镇化一词有四个含义：①城市对农村影响的传播过程；②全社会人口接受城市文化的过程；③人口集中的过程，包括集中点的增加和每个集中点的扩大；④城市人口占全社会人口比例提高的过程。

■32. 以下各项中，关于自上而下型城镇化和自下而上型城镇化论述正确的是(　　)。(多选)

A. 自上而下型城镇化是指国家投资于城市经济部门，随着经济发展产生的劳动力需求而引起的城镇化

B. 自下而上型城镇化是传统的城镇化表现形式，指城市性用地逐渐覆盖地域空间的过程

C. 自下而上型城镇化是指农村地区通过自筹资金发展以乡镇企业为主体的非农业生产活动

D. 自上而下型城镇化是指的是现代城市功能在地域系列中发挥效用的过程

【参考答案】 A、C

【解答】 产生这两种类型城镇化的根源是由我国国情所决定的。

所谓自上而下型城镇化是指国家投资于城市经济部门，随着经济发展产生的劳动力需求而引起的城镇化，具体地表现为原有城市发展和新兴工矿业城市产生两个方面。所谓自下而上型城镇化是指农村地区通过自筹资金发展以乡镇企业为主体的非农业生产活动，首先实现农村人口职业转化，进而通过发展小城市（集）镇，实现人口居住地的空间转化。

■33. 我国城镇化水平预测的方法不包括以下(　　)方法。(多选)

A. 多指标综合分析预测法　　B. 国民生产总值预测法

C. 土地综合利用预测法　　D. 商品粮供应率预测法

【参考答案】 A、C

【解答】 20 世纪 80 年代初，我国城市地理学界率先就 2000 年我国的城镇化水平进行预测，其后对城镇化水平的预测波及其他学科。由于各个学者对制约城镇化发展的主导因素理解不同，预测的方法和结果也有所不同。目前，国内有代表性的预测法有以下几种。

商品粮供应率预测法：由吴友仁提出；国民生产总值预测法：这一预测法的理论基础是世界各国城镇化水平与国民经济发展水平之间存在密切的相关性；多指标综合分析预测法，以上述两种预测法为基础。

■34. 我国城镇体系的地域空间结构形式，依据其分布形态、核心城市多寡、城市数量的多少，大体上分为以下(　　)种基本类型。

A. 点轴地域结构系统、块状城市集聚区、条状城市密集区、以大城市为中心的城市群四种方法

B. 块状城市集聚区、条状城市密集区、以大城市为中心的城市群三种方法

C. 条状城市密集区、点轴面城镇有机空间组织城市群、以大城市为中心的城市群三种方法

D. 块状城市集聚区、条状城市密集区、点轴面城镇有机空间组织城市群三种方法

【参考答案】 B

【解答】 我国城镇体系的地域空间结构形式，依据其分布形态、核心城市多寡、城市数量的多少，大体上分为以下三种基本类型：

（1）块状城市集聚区：这种类型的城市群体分布地域范围较大，由若干个大、中城市共同组成城市群体的核心，是我国城镇群地域空间形式发展的高级形式；

（2）条状城市密集区：这种类型的城市群体所组成的城市数量一般不多，大都以一个

主要城市为核心，已基本形成块状城市集聚区框架，但城市群的轴线仍在形成、发展之中；

(3) 以大城市为中心的城市群：这种类型的城市群体分布是以一个特大城市或大城市为中心，结合其周围若干个中、小城市（镇），共同形成的初级城市群体地域空间结构类型。

■35. 根据空间相互作用的表现形式，海格特（P. Haggett）1972 年提出一种分类，他借用物理学中热传递的三种方式，把空间相互作用的形式分为以下(　　)种类型。

A. 扩散、蔓延和集中三种类型　　B. 对流、传导和边缘三种类型

C. 对流、传导和辐射三种类型　　D. 对流、边缘和辐射三种类型

【参考答案】 C

【解答】 根据空间相互作用的表现形式，海格特于 1972 年提出一种分类，他借用物理学中热传递的三种方式，把空间相互作用的形式分为对流、传导和辐射三种类型。第一类，以物质和人的移动为特征。如产品、原材料在生产地和消费地之间的运输，邮件和包裹的输送及人口的移动等。第二类，是指各种各样的交易过程，其特点不是通过具体的物质流动来实现，而只是通过簿记程序来完成，表现为货币流。第三类，指信息的流动和创新（新思维、新技术）的扩散等。

■36. 下面关于城市地理位置的说法正确的是(　　)。(多选)

A. 城市地理位置是城市及其外部的自然、经济、政治等客观事物在空间上相结合的特定点

B. 仅指一个城市所处的经纬度位置

C. 城市地理位置的特殊性，往往决定了城市职能性质的特殊性和规模的特殊性

D. 仅指城市距交通干线的距离

【参考答案】 A、C

【解答】 巴朗斯基曾给地理位置下了一个定义：位置就是某一地方对于这个地方以外的某些客观存在的东西的总和。也就是说，城市的地理位置是城市及其外部的自然、经济、政治等客观事物在空间上相结合的特定点。城市地理位置的特殊性，往往决定了城市职能性质的特殊性和规模的特殊性。

■37. 下列不在本省中心位置的省会城市是(　　)。

A. 太原　　B. 成都　　C. 广州　　D. 杭州

【参考答案】 D

【解答】 太原、成都、广州等省会城市均处在各省的中心位置，而杭州不在省的中心位置，却接近于省域的重心位置。

■38. 下面在省的重心位置的省会城市是(　　)。(多选)

A. 太原　　B. 西安　　C. 广州　　D. 南昌

【参考答案】 B、D

【解答】 杭州、西安、南昌、乌鲁木齐等省会城市均不在各省的中心位置，却都接近于各省域的重心位置。

□39. 城市地理位置类型划分中大、中、小位置，是从(　　)来考察城市地理位置。

A. 城市及其腹地之间的相对位置关系　　B. 城市的大小

C. 不同空间尺度　　　　　　　　　　D. 中心城市所在区域的大小

【参考答案】 C

【解答】 大、中、小位置是从不同空间尺度来考察城市地理位置。大位置是城市对较大范围的事物的相对关系，是从小比例尺地图上进行分析的。而小位置是城市对其所在城址及附近事物的相对关系，是从大比例尺地图上进行分析的。介于二者之间的是中位置。

□**40. 县域内除县城外的其他镇经常明显偏离中心而靠近边缘；矿业城市要求邻接矿区，这是城市区位追求邻接于(　　)的区域。**

A. 中心区域　　　　　　　　　　B. 决定其发展的区域

C. 重心区域　　　　　　　　　　D. 交通枢纽

【参考答案】 B

【解答】 中心、重心位置和邻接、门户位置是从城市及其腹地之间的相对位置关系来区分的。渔港要求临近渔场；矿业城市要求邻接矿区，这是城市区位追求邻接于决定其发展的区域。县域内除县城外的其他镇经常明显偏离中心而靠近边缘是为了避免与中心县城的竞争，在县城引力较弱的边缘地区利用两县产品和商品价格的差别开展县际贸易而发展起来的，追求的是邻接于决定其发展的区域。

■**41. 下列哪项不属于世界城市体系的主要层次？(　　)**

A. 全球城市　　　　　　　　　　B. 具有全球服务功能的专业化城市

C. 有较高国际性的生产和装配城市　　D. 具有世界自然与文化遗产的城市

【参考答案】 D

【解答】 世界城市体系使传统国家、区域和地方城市体系都直接或间接地从属或受制于世界城市体系。

世界城市体系层次：全球城市；亚全球城市；有较高国际性的大量具体进行生产和装配的城市。

世界城市体系区域：核心区；半边缘区；边缘区。

■**42. 下列关于城市地域概念的表述，哪项是错误的？(　　)**

A. 城市建成区是城市研究中最基本的城市地域概念

B. 区域经济社会越发达，城市地域的边界越模糊

C. 城市实体地域一般比功能地域大

D. 随着城市的发展，城市实体地域的边界是动态变化的

【参考答案】 C

【解答】 城市地域有三种类型：实体地域、行政地域、功能地域。

（1）实体地域：又称“经济环境”，指自然条件和自然资源经人类利用改造后形成的生产力的地域综合体。

（2）行政地域：是指按照行政区划，城市行使行政管理的区域范围。

（3）功能地域：与城市实体地域和行政地域都可以在现实中找到明确的界线不同，城市功能地域的范围考虑核心区域和新区具有密切经济社会联系的周边地区，在空间上包括了中心城市和外部与中心城市保持密切联系、非农业活动比重较高的地区。

功能地域一般比实体地域要大，包括连续的建成区外缘以外的一些城镇和城郊，也可能包括一部分乡村地域。

□43. **英国著名的地理学家卡特（Harold Carter）从区位论角度，将城市的职能归纳为(　　)。(多选)**

A. 中心地职能　　B. 工业职能　　C. 交通职能　　D. 特殊职能

E. 商业职能

【参考答案】 A、C、D

【解答】 英国著名的地理学家卡特从区位论角度，将城市的职能归纳为下列三类：①中心地职能：为广大邻近地区提供各种服务（包括物质的、精神的和管理方面的）。卡特认为，这是城市的一般职能，即每个城市均具有此职能；②交通职能；③特殊职能：又称“资源导向职能”，指为非邻近地区的资源提供加工服务的职能。

■44. **下面关于城市基本活动部分的说法正确的是(　　)。(多选)**

A. 基本活动部分是满足城市内部需求的经济活动

B. 基本活动部分是导致城市发展的主要动力

C. 基本活动部分随着非基本活动部分的发展而发展

D. 基本活动部分是从城市以外为城市创造收入的部分

【参考答案】 B、D

【解答】 一个城市的全部经济活动，按其服务对象来分，可分成两部分：一部分是为本城市的需要服务的，另一部分是为本城市以外的需要服务的。为外地服务的部分，是从城市以外为城市创造收入的部分，它是城市得以存在和发展的经济基础，这一部分活动称为城市的基本活动部分，它是导致城市发展的主要动力。满足城市内部需求的经济活动，随着基本部分的发展而发展，它被称为非基本活动部分。

□45. **霍伊特为了简化直接调查的程序而提出的一种划分城市基本和非基本活动的间接方法是(　　)。**

A. 普查法　　B. 区位商法　　C. 残差法　　D. 正常城市法

【参考答案】 C

【解答】 残差法是霍伊特为了简化直接调查的程序而提出的一种间接方法。他先把已经知道的以外地消费和服务占绝对优势的部门，作为基本部分先分出来，不再过细地区分内部可能包含的非基本部分。然后从基本活动不占绝对优势的部门职工中，减去一个假设的必须满足当地人口需要的部分。他假设的比例为1∶1。

△46. **首先提出区位熵法的学者是(　　)。**

A. 马蒂拉和汤普森　　B. 马蒂拉和厄尔曼

C. 汤普森和霍伊特　　D. 厄尔曼和达西

【参考答案】 A

【解答】 马蒂拉和汤普森首先提出区位熵法。

△47. **阿历克山德森在1956年研究(　　)城市经济结构时企图为各部门寻找一个“正常城市”作为衡量所有城市应有的非基本部分的标准。**

A. 英国　　B. 法国　　C. 意大利　　D. 美国

【参考答案】 D

【解答】 阿历克山德森在1956年研究美国城市经济结构时企图为各部门寻找一个“正常城市”作为衡量所有城市应有的非基本部分的标准。低于这一标准的部门，只为本地服务，在这标准以上的部分，是城市的基本活动部分。

□**48. 最小需要量法是1960年厄尔曼和达西提出的(　　)的方法。**

A. 城市职能分类　　B. 确定主导产业

C. 划分基本/非基本部分　　D. 确定城市化水平

【参考答案】 C

【解答】 最小需要量法是1960年厄尔曼和达西提出的划分基本/非基本部分的方法。它和区位熵法、正常城市法的不同在于：一是他们认为城市经济的存在对各部门的需要有一个最小劳动力的比例，这个比例近似于城市本身的服务需求，一个城市超过这个最小需要比例的部分近似于城市的基本部分；二是把城市分成规模组，分别找出每一规模组城市中各部门的最小职工比重，以这个比重值作为这一规模组所有城市对该部门的最小需要量。一城市某部门实际职工比重与最小需要量之间的差，即城市的基本活动部分，把城市各部门的基本部分加起来，得到整个城市的基本部分。

■**49. 随着城市人口规模的扩大，非基本活动的比例(　　)。**

A. 相对增加　　B. 相对减少

C. 不变　　D. 先增后减

E. 先减后增

【参考答案】 A

【解答】 随着城市人口规模的扩大，非基本部分的比例有相对增加的趋势。城市越大，城市内部各种经济活动之间的依存关系越密切，城市内部的交换量越多；城市居民对各种消费和服务的要求越高；城市越可能建立较为齐全的为生产和生活服务的各种行业和设施。小城市一般只有很小一部分的生产和服务是维持本身需要的，基本活动部分比重较高。

■**50. 下列各项不属于外延型城镇化特征的是(　　)。**

A. 人口迁移　　B. 摊大饼式　　C. 郊区结合部　　D. 逆城镇化发展

【参考答案】 A

【解答】 城镇化按照离心扩散的形式不同，可分为外延型城镇化和飞地型城镇化。指城市量的扩张，包括城市规模的扩大及城市人口的增加，是一个极化效应不断累加的过程；城市的离心扩展，一直保持与建成区接壤，连续渐次地向外推进，这种扩展方式称为外延式城市化。

■**51. 乘数效应是指(　　)。**

A. 城市非基本部分每一次的投资，收入和职工的增加，最后在城市所产生的连锁反应的结果是数倍于原来投资、收入和职工的增加。城市非基本活动所引起的这样一种放大的机制

B. 城市非基本部分每一次的投资，收入和职工的增加，最后在城市所产生的连锁反应的结果是两倍于原来投资、收入和职工的增加。城市非基本活动所引起的这样一种放大的机制

C. 城市基本部分每一次的投资，收入和职工的增加，最后在城市所产生的连锁反应的结果是数倍于原来投资、收入和职工的增加。城市基本活动所引起的这样一种放大的机制

D. 城市基本部分每一次的投资，收入和职工的增加，最后在城市所产生的连锁反应的结

果是两倍于原来投资、收入和职工的增加。城市基本活动所引起的这样一种放大的机制

【参考答案】 C

【解答】 城市发展的内部动力主要来自输出活动即基本活动的发展。由于城市基本活动的建立和发展，从输出产品和劳务中获得的收入增加。收入的一部分导致基本部分的职工对本地消费和服务需求的放大，也就导致了地区非基本部分就业岗位的增加和收入的增加。基本活动收入的另一部分则用于本身的扩大再生产，继续为城市从外部获取更多的收入……基本和非基本活动每一次的增加都要引起当地人口的进一步增加，这样反过来又增加本地区的需求和本地区的人口。城市发展的过程也就是基本和非基本两部分活动在一个地方循环往复、不断集聚的过程。城市基本部分每一次的投资，收入和职工的增加，最后在城市所产生的连锁反应的结果是数倍于原来投资、收入和职工的增加。城市基本活动所引起的这样一种放大的机制被称作“乘数效应”，也俗称为“繁衍率。”

■52. 下列哪种现象，不属于过度城镇化？（　　）

A. 人口过多涌进城市　　B. 城市基础设施不堪重负

C. 城市就业不充分　　D. 乡村劳动力得不到充分转移

【参考答案】 D

【解答】 过度城镇化主要发生在一些发展中国家，是指过量的乡村人口向城市迁移，并超越国家经济发展承受能力的城市化现象，又称超前城镇化，城镇化的速度大大超过工业化的速度，城镇化主要是依靠传统的第三产业来推动，甚至是无工业化的城市化，大量农村人口涌入少数大中城市，城市人口过度增长，城市建设的步伐赶不上人口城镇化速度，城市不能为居民提供就业机会和必要的生活条件，农村人口迁移之后没有实现相应的职业转换，造成严重的“城市病”。

过度城镇化形成的主要原因是二元经济结构下形成的农村推力和城市拉力的不平衡（主要是推力作用大于拉力作用），而政府又没有采取必要的宏观调控措施。

■53. 北京提出建设中国特色世界城市主要是指（　　）。

A. 扩大城市规模　　B. 提升城市职能

C. 优化城市区位　　D. 构建城市体系

【参考答案】 B

【解答】 城市职能是指一个城市在政治、经济、文化生活各方面所担负的任务和作用。其内涵包括两方面：一是城市在区域中的作用；二是城市为城市本身包括其居民服务的作用。城市职能中比较突出、对城市发展起决定作用的职能，称为城市的主要职能。北京提出建设中国特色世界城市主要是指提升城市职能。

■54. 下面关于城市性质的说法正确的是（　　）。（多选）

A. 城市性质是城市主要职能的概括

B. 城市性质等同于城市职能

C. 城市性质一般是表示城市规划期内希望达到的目标或方向

D. 城市性质关注所有的城市职能

【参考答案】 A、C

【解答】 城市性质是城市主要职能的概括，指一个城市在全国或地区的政治、经济、文

化生活中的地位和作用，代表了城市的个性、特点和发展方向。确定城市性质一定要进行城市职能分析。但城市性质并不等同于城市职能。城市职能分析一般利用城市的现状资料，得到的是现状职能，城市性质一般是表示城市规划期内希望达到的目标或方向；城市职能可能有好几个，强度和影响范围各不相同，而城市性质只抓住最主要、最本质的职能。

△55. 城市职能分类方法中的统计描述方法以 1943 年发表的哈里斯（C. D. Harris）的(　　)城市职能分类最负盛名。

A. 美国　　B. 英国　　C. 法国　　D. 德国

【参考答案】 A

【解答】 统计描述分类的城市类别仍然是分类者事先决定的，但每一类增加了一个统计上的标准。统计描述方法以 1943 年发表的哈里斯的美国城市职能分类最负盛名。他把美国 605 个 1 万人以上的城镇分成 10 类，给其中的 8 类规定了明确的数量指标。指标一般包括两个部分，第一是主导职能的行业职工比重应该达到的最低临界值；第二是主导职能行业职工比重和其他行业相比所具有的某种程度的优势。

□56. 进入 20 世纪 50 年代，城市职能分类开始探索用一个比较客观的统计参数来代替人为确定的数量指标作为衡量城市主导职能的标尺。首先被使用的统计参数是(　　)，然后是(　　)。

A. 方差；平均值　　B. 平均值；标准差

C. 均值；平均值　　D. 标准差；方差

【参考答案】 B

【解答】 进入 20 世纪 50 年代，城市职能分类开始探索用一个比较客观的统计参数来代替人为确定的数量指标作为衡量城市主导职能的标尺。首先被使用的统计参数是平均值，然后是标准差。这就是统计分析方法进行城市职能分类的过程。

□57. 已故地理学者孙盘寿先生的(　　)是我国区域性城镇职能分类研究中最早且比较深入系统的一个例子。

A. 西南三省城镇的职能类型　　B. 西北三省城镇的职能类型

C. 东北三省城镇的职能类型　　D. 四川、贵州城镇的职能类型

【参考答案】 A

【解答】 已故地理学者孙盘寿先生的西南三省城镇的职能类型是我国区域性城镇职能分类研究中最早且比较深入系统的一个例子。分类的对象包括四川、贵州、云南三省 22 个城市和 515 个非农业人口 2000 人以上的镇（包括部分乡村中心）。

□58. 我国城市工业职能分类，采取(　　)的方法。

A. 多变量分析　　B. 统计分析

C. 多变量分析和统计分析相结合　　D. 统计描述方法

【参考答案】 C

【解答】 我国城市工业职能分类，在方法上进行了多种方法的对比，最后采取了多变量分析和统计分析相结合的方法。296 个城市 16 个工业部门产值的百分比值和 3 个城市规模变量，组成 295×19 的资料矩阵，首先借助于沃德误差法的聚类分析取得科学、客观的分类结果，再借助于纳尔逊统计分析的原理对分类结果进行特征概括和类别命名。

■**59. 首位度是指(　　)。**

A. 一国最大城市与第二位城市人口的比值

B. 一国最大城市与其他所有城市人口之和的比值

C. 一国最大城市人口与第一第二大城市人口之和的比值

D. 一国前二大城市人口之和与其他城市人口之和的比值

【参考答案】 A

【解答】 首位度是衡量城市规模分布状况的一种常用指标，即一国最大的城市与第二位城市人口的比值。首位度大的城市规模分布，就叫首位分布。首位城市和首位度的概念被引入中国以后，原先的特定含义被淡化了，有人把国家或区域中规模最大的城市统称为首位城市。

□**60. (　　)是马克·杰斐逊早在1939年对国家城市规模分布规律的一种概括。**

A. 首位度　　B. 城市金字塔

C. 城市首位律　　D. 位序—规模分布

【参考答案】 C

【解答】 城市首位律是马克·杰斐逊早在1939年对国家城市规模分布规律的一种概括。他提出这一法则是基于观察到的一种普遍存在的现象，即一个国家的“首位城市”总要比这个国家的第二位城市（更不用说其他城市）大得异乎寻常。不仅如此，这个城市还体现了整体国家和民族的智能和情感，在国家中发挥着异常突出的影响。

■**61. 4城市指数的表达式是(　　)。**

A. $S=2P_1/(P_2+P_3+P_4)$　　B. $S=3P_1/(P_2+P_3+P_4)$

C. $S=4P_1/(P_2+P_3+P_4)$　　D. $S=P_1/(P_2+P_3+P_4)$

【参考答案】 D

【解答】 四城市指数：$S=P_1/(P_2+P_3+P_4)$；P_1，P_2，…，P_4 为城市体系中按人口规模从大到小排序后，某位次城市人口规模。四城市指数比只考虑两个城市能更全面地反映城市规模分布的特点。

■**62. 11城市指数的表达式是(　　)。**

A. $S=P_1/(P_2+P_3+\cdots+P_{11})$　　B. $S=2P_1/(P_2+P_3+\cdots+P_{11})$

C. $S=P_1/(P_1+P_2+P_3+\cdots+P_{11})$　　D. $S=2P_1/(P_1+P_2+P_3+\cdots+P_{11})$

【参考答案】 B

【解答】 十一城市指数：$S=2P_1/(P_2+P_3+\cdots+P_{11})$；$P_1$，$P_2$，…，$P_{11}$ 为城市体系中按人口规模从大到小排序后，某位次城市人口规模。四城市指数和十一城市指数比只考虑两个城市能更全面地反映城市规模分布的特点。它们的共同点在于都抓住第一大城市与其他城市的比例关系，因此，有些作者把它们统称为首位度指数。

■**63. 下列关于城市经济活动基本部分与非基本部分比例关系（B/N）的表述，哪项是错误的？(　　)**

A. 综合性大城市通常 B/N 小　　B. 地方性中心城市通常 B/N 小

C. 专业化程度高的城市通常 B/N 大　　D. 大城市郊区开发区通常 B/N 小

【参考答案】 D

【解答】 城市经济活动的基本部分与非基本部分的比例关系叫作基本/非基本比率（简称

B/N）。该比值大小对城市的发展具有重要意义。

影响 B/N 比率的因素：城市的人口规模；城市专业化程度；与大城市之间的距离；城市发展历史长短 。

城市 B/N 在不同城市之间有很大差异；城市人口规模增大，非基本部分的比例有相对增加的趋势；规模相似的城市，B/N 也会有差异；专业化城市、地方性中心城市、老城市、新城市，B/N 都会有差异；城市人口在年龄构成、性别构成、收入水平等方面的差别对城市经济的基本/非基本结构也都有影响。

在规模相似的城市，B/N 比也会有差异。专业化程度高的城市 B/N 比大，而地方性的中心一般 B/N 小。老城市在长期的发展历史中，已经完善和健全了城市生产生活的体系，B/N 比可能较小，而新城市则可能还来不及完善内部的服务系统，B/N 比可能较大。位于大城市附近的中小城镇或卫星城因依附于母城，可以从母城取得本身需要的大量服务，与规模相似但远离大城市的独立城市相比，非基本部分可能较小。

■64. 在克里斯塔勒中心地理论中，下列哪项不属于支配中心地体系形成的原则？（ ）

A. 市场原则　　B. 交通原则

C. 居住原则　　D. 行政原则

【参考答案】 C

【解答】 中心地，是向周围地区居民提供各种货物和服务的地方。中心商品是在中心地生产，提供给中心地及周围地区居民消费的商品。中心地职能是指中心地具有向周围地区提供中心商品的职能。

克里斯塔勒认为，有三个条件或原则支配中心地体系的形成，它们是市场原则、交通原则和行政原则。在不同的原则支配下，中心地网络呈现不同的结构，而且中心地和市场区大小的等级顺序有着严格的规定，即按照所谓 K 值排列成有规则的、严密的系列。以上三个原则共同导致了城市等级体系的形成。

■65. 下列哪项规划建设可以用增长极理论来解释？（ ）

A. 开发区建设　　B. 旧城改造

C. 新农村建设　　D. 风景名胜区保护

【参考答案】 A

【解答】 生长极理论是由法国经济学家普劳克斯于 1950 年首先提出的，后经赫希曼、鲍得维尔、汉森等学者进一步发展。这一理论受到区域经济学家、区域规划师及决策者的普遍重视，不仅被认为是区域发展分析的理论基础，而且被认为是促进区域经济发展的政策工具。该理论认为，经济发展并非均衡地发生在地理空间上，而是以不同的强度在空间上呈点状分布，并按各种传播途径，对整个区域经济发展产生不同的影响，这些点就是具有成长以及空间聚集意义的生长极。

根据普劳克斯的观点，生长极是否存在决定于有无发动型工业。所谓发动型工业就是能带动城市和区域经济发展的工业部门。

■66. 位序—规模法则从（ ）的关系来考察一个城市体系的规模分布。

A. 城市之间　　B. 城市的规模和城市规模位序

C. 城市不同位序　　D. 城市规模和职能等级

【参考答案】 B

【解答】 位序—规模法则从城市的规模和城市规模位序的关系来考察一个城市体系的规模分布。现在被广泛使用的公式实际是罗卡特模式的一般化。

■67. 城市地域结构是指(　　)。

A. 城市所在区域的位置和城市与区域的关系

B. 城市核心区与边缘区的关系

C. 城市各功能区的联系

D. 城市各功能区的地理位置及其分布特征和组合关系

【参考答案】 D

【解答】 城市地域结构是指城市各功能区的地理位置及其分布特征和组合关系。它是城市功能组织在空间上的投影。

■68. 土地利用的三大经典模式是(　　)。

A. 同心圆、单中心和多中心模式　　B. 扇形、楔形和多中心

C. 同心圆、扇形和多中心模式　　D. 同心圆、扇形和楔形

【参考答案】 C

【解答】 人类生态学这个理论最早是由伯吉斯提出，后来霍伊特、哈里斯和乌尔曼都发展了这方面的理论。提出了土地利用的三大经典模式，即同心圆、扇形和多中心模式。

△69. 城市土地利用的行为学理论是由(　　)在 20 世纪 60 年代提出的。

A. 查普林　　B. 哈里斯　　C. 厄尔曼　　D. 霍伊特

【参考答案】 A

【解答】 城市土地利用——土地价值理论，高度概括了影响城市土地利用的因素，但排除了复杂的社会文化背景对城市土地利用方式的影响。而城市土地利用的行为学理论正是要弥补这方面的缺陷，试图通过对人们行为方式的研究，来揭示城市土地利用的本质。该理论是由查普林在 20 世纪 60 年代提出的，他没有具体的形态模型，只是一种对城市土地利用方式形成的解释。

□70. 查普林认为价值观念具体体现在行为的四个过程上。这四个过程是(　　)。

A. 认知、感受、选择和决策

B. 明确的目标、认知过程、消费选择以及行动

C. 需求的感受，目标的明确，对未来的规划和选择以及决策和行动

D. 组织行为、需求感受、决策和行动以及认同

【参考答案】 C

【解答】 查普林认为城市社会中无论是个人还是群体组织都有其不同的价值观念，具体反映在行为的四个过程上。这四个过程是：①需求的感受；②目标的明确；③对未来的规划和选择；④决策和行动。

■71. 城市形态的组成要素有(　　)。(多选)

A. 道路网　　B. 街区

C. 城市用地　　D. 城市发展轴

E. 节点　　F. 建筑物

【参考答案】 A、B、C、D、E

【解答】 根据一般对城市形态作为城市用地空间表现的几何形状的认识，城市形态由以下要素组成：

（1）道路网。这是构成城市形态的基本骨架，不同的路网特点决定了不同的形态。

（2）街区。这是城市内部由道路网围合起来的平面空间。

（3）节点。指的是城市中人流的集聚点，道路的交叉点。

（4）城市用地。指的是城市所占据的土地表态。

（5）城市发展轴。这是指城市的对外交通线，是城市扩展的伸长轴。

□72. CBD 最早是由美国学者伯吉斯于 1923 年在其创立的(　　)中提出的。

A. 土地利用的行为学理论　　B. 多核心模式

C. 同心圆模式　　D. 扇形模式

【参考答案】 C

【解答】 CBD 最早是由美国学者伯吉斯于 1923 年在其创立的"同心圆模式"中提出的。伯吉斯认为城市的中心是商业汇聚之处，主要以零售业和服务业为主。霍伊特于 1939 年提出了扇形模式或楔形模式。哈里斯和厄尔曼在 1945 年提出较为精细的多核心模式。

■73. 墨菲和万斯认为(　　)是 CBD 最明显的特点。

A. 建筑密度大　　B. 车流量大　　C. 人流量大　　D. 地价峰值区

【参考答案】 D

【解答】 1954 年美国学者墨菲和万斯提出了一个比较综合的方法，即将人口密度、车流量、地价等因素综合考虑，那些白天人口密度最大、就业人数最多、地价最高、车流、人流量最大的地区即为 CBD。墨菲和万斯认为地价峰值区是 CBD 最明显的特点。在此区的用地称为中心商务用地，其中包括零售和服务业，诸如商店、饭店、旅馆、娱乐业、商业活动及报纸出版业，不包括批发业（除少数外），铁路编组站、工业、居住区、公园、学校、政府机关等。

■74. 墨菲和万斯在对美国 9 个城市 CBD 的土地利用进行细致深入的调查后，提出的界定指标是(　　)。(多选)

A. 中心商务密度指数　　B. 中心商务高度指数

C. 中心商务车流量指数　　D. 中心商务零售指数

E. 中心商务强度指数

【参考答案】 B、E

【解答】 墨菲和万斯在对美国 9 个城市 CBD 的土地利用进行细致深入的调查后，提出下面的界定指标：中心商务高度指数，简作 CBHI；中心商务强度指数，简作 CBII。

CBHI＝中心商务区建筑面积总和/总建筑基底面积

CBII＝中心商务用地建筑面积总和/总建筑面积×100％

将 CBHI＞1，CHII＞50％的地区定为 CBD。

□75. 1959 年戴维斯（Davies）在其对开普敦的研究中，提出了(　　)的概念。

A. 硬核　　B. 核缘　　C. 软核　　D. 中心商务区

【参考答案】 A

【解答】 1959 年戴维斯在其对开普敦的研究中认为，墨菲和万斯定义的 CBD 范围太大，应将电影院、旅馆、办公总部、报社出版业、政府机关等用地排除在外，他提出了"硬核”的概念。

□76. 在戴维斯的研究中，CBHI（　　），CBII（　　）的地区为“硬核”。

A. ＞4；＞80％　　B. ＞1；＞50％　　C. ＞80％；＞4　　D. ＞50％；＞1

【参考答案】 A

【解答】 在戴维斯的研究中，CBHI＞4，CBII＞80％的地区为“硬核”，也就是真正具有实力的CBD，其余地区则称为“核缘”。

□77. 零售业郊区化是20世纪（　　）以后逐步发展的。

A. 40年代　　B. 50年代　　C. 60年代　　D. 70年代

【参考答案】 B

【解答】 零售业郊区化是20世纪50年代以后逐步发展的。①大量居民郊区化，使得人们的购买力大规模外移；②城市高速公路的发展和轿车的普及化，大大提高了人们的流动性；③人们购物行为发生了很大变化，要求一次大量购物，并要求将购物和其他社会活动，如娱乐、交往等结合起来，以上三个因素的直接结果就是郊区大规模商场的建立。

■78. 德国学者路易斯在研究（　　）时认识到城市边缘带现象。

A. 柏林城市土地利用　　B. 柏林城市结构

C. 伦敦城市土地利用　　D. 伦敦城市结构

【参考答案】 B

【解答】 首次明确承认城市边缘带的是德国学者路易斯，他在研究柏林城市结构时认识到这种现象。其后，不少西方城市地理学家从城市地域结构的角度，指出了在城乡之间存在着一个中间带或过渡带。

■79. 奎恩和汤姆斯提出大都市区三地带学说即由核心到外围分为（　　）、郊区的（　　）和市郊外缘广阔的（　　）。

A. 中心商务区；城市边缘区；农村地区

B. 市街密集的中心区域；城市过渡带；腹地

C. 市街密集的中心区域；城市边缘区；腹地

D. 中心商务区；城市边缘区；腹地

【参考答案】 C

【解答】 奎恩和汤姆斯提出大都市区三地带学说即由核心到外围分为市街密集的中心区域、郊区的城市边缘区和市郊外缘广阔的腹地，明确提出了城市边缘区的术语。

□80. 英国地理学家科恩曾把城市边缘区周期性的增长结构与（　　）作比拟，以说明城市边缘区形态的动态变化过程。

A. 生物进化　　B. 人体生长　　C. 经济发展　　D. 树木年轮

【参考答案】 D

【解答】 20世纪60年代，英国地理学家科恩从城市开发的复杂性和有序性的角度，探讨了城市边缘区问题，提出了周期性因素对城市前景的影响。并认为边缘区并非逐步向前推进，而是存在加速期、减速期和稳定期三种变化状态，而这种变化周期则取决于城市经济发展和土地利用的制约因素。科恩把这种周期性的增长结构与树木年轮作比拟，以说明城市边缘区形态的动态变化过程。

■81. 据L·鲁斯旺等的意见，城市边缘区一般为(　　)10km左右的环城地带。

A. 城市建成区以外　　B. 城市中心区以外

C. 城市外环　　D. 城市密集区

【参考答案】 A

【解答】 据L·鲁斯旺等的意见，城市边缘区一般为城市建成区以外10km左右的环城地带；伯里安特认为是从城市边缘向外延伸6～10英里（相当于10～16km）。我国学者华东师大严重敏教授认为，可以以城市建成区半径为划分依据，如建成区半径为5km，可以向外延伸5km环带作为边缘区范围。

■82. 下面关于城市边缘区的说法正确的是(　　)。(多选)

A. 城市边缘区具有社会经济结构的复杂性、动态性和对城市的依附性等特点

B. 城市边缘区具有社会经济结构的单一性、动态性和对城市的依附性等特点

C. 城市边缘区存在着明显的二元结构的特征

D. 城市边缘区土地利用结构中基本为城市用地

【参考答案】 A、C

【解答】 城市边缘区具有社会经济结构的复杂性、动态性和对城市的依附性等特点。城市边缘区社会经济结构的复杂性具体表现在其存在着明显的二元结构的特征。在土地利用结构中，既有城市用地，也有农业用地；在人口职业构成上，兼业户、纯农户、纯非农户并存，在产业结构上，由于乡镇企业的发展，以及第三产业的兴起，农业已占次要地位；在建筑景观上，城市型、半城市型、农村型建筑并存。而且它处在一个动态的不稳定状态，无论是它的范围、结构和功能都处在不断变化发展之中。大多数的边缘区最终成为城市的一部分。因为边缘区整个社会经济的体制和运行机制是以为城市服务为主。同时，边缘区与城区已经存在着频繁的通勤联系。

□83. 从大都市管理模式来分，属于多中心模式的城市是(　　)。(多选)

A. 纽约　　B. 东京

C. 巴黎　　D. 旧金山

E. 莫斯科

【参考答案】 A、D

【解答】 从20世纪50年代开始，为了解决日益突出的大都市问题，西方国家先后对大都市的行政管理结构进行改革，其目标是既能兼顾各城市利益，又能对某些需要从整个大都市地区角度进行规划建设和管理的项目实施统筹管理。归纳起来，国外大都市管理模式有两种类型：一是单中心模式，即大都市具有统一的、高度集权的都市区政府。东京、巴黎、莫斯科等属于此类。二是多中心模式，即一个大都市区具有多个决策中心，没有统一的大都市政府组织。纽约、旧金山等为多中心模式的典型。

□84. 赖利在1931年根据牛顿力学中万有引力的理论，提出(　　)规律。

A. 断裂点公式　　B. 零售引力规律

C. 空间相互作用规律　　D. 吸引范围规律

【参考答案】 B

【解答】 赖利在1931年根据牛顿力学中万有引力的理论，提出零售引力规律。根据这个规律，一个城市对周围地区的吸引力，与它的规模成正比，与离它的距离成反比。

■**85. 根据相互作用的表现形式，海格特（P. Haggett）于 1972 年提出一种分类，把空间相互作用的形式分为(　　)。**

A. 对流和传导两种类型　　B. 传导和辐射两种类型

C. 对流、传导和辐射三种类型　　D. 对流、传导和扩散三种类型

【参考答案】 C

【解答】 根据相互作用的表现形式，海格特于 1972 年提出一种分类，他借用物理学中的热传递的三种方式，把空间相互作用的形式分为对流、传导和辐射三种类型。第一类，以物质和人的移动为特征；第二类，是指各种各样的交易过程，表现为货币流；第三类，指信息的流动和创新的扩散等。

□**86. 瑞典学者哈格斯特朗于 1953 年在其论文“作为空间过程的创新扩散”中首次提出(　　)的问题。**

A. 潜力模式　　B. 空间扩散　　C. 空间相互作用　　D. 引力模式

【参考答案】 B

【解答】 瑞典学者哈格斯特朗于 1953 年在其论文“作为空间过程的创新扩散”中首次提出空间扩散的问题。1959～1960 年间，哈格斯特朗执教于美国华盛顿大学后，空间扩散的研究逐步盛行，并被人们誉为 20 世纪人文地理学研究中两项最重大的贡献之一（另一贡献为中心地理论）。

■**87. 空间扩散的基本类型是(　　)。(多选)**

A. 传染扩散　　B. 等级扩散　　C. 梯度扩散　　D. 点轴扩散

E. 重新区位扩散

【参考答案】 A、B、E

【解答】 空间扩散有三种基本类型：传染扩散、等级扩散和重新区位扩散。现象从一个源生点向外作空间扩散，如果是渐进的、连续的过程，称为传染扩散。现象在距离较远但属同级规模的城市中首先被接受，然后向次一级的城市扩散，这种形式的扩散称之为等级扩散。在传染扩散中如果接受者的数量没有增加，仅仅发生了原有接受者的空间位移，称为重新区位型扩散。

■**88. 按照世界城镇化进程的一般规律，当城镇化率超过 50%时，城市化速度呈现下列哪种特征？(　　)**

A. 缓慢增长　　B. 匀速增长　　C. 增速逐渐放缓　　D. 增速持续增加

【参考答案】 C

【解答】 城镇化过程有三个阶段：初始阶段（前工业化时期）：城镇化水平较低，农村人口向城镇转移的速度较为缓慢。发展阶段（工业化时期）：大量农村人口向城镇集中，城镇化进入加速发展阶段。成熟阶段（后工业化时期）：城市化率超过 50%，是城镇化的最高阶段，城镇化发展速度趋于缓慢。

■**89. 下列哪项规划建设与中心地理论无关？(　　)**

A. 村镇体系规划　　B. 商业零售业布点

C. 城市历史街区保护　　D. 城市公共服务设施配置

【参考答案】 C

【解答】 中心地是向周围地区居民提供各种货物和服务的地方。中心商品是在中心地生

产，提供给中心地及周围地区居民消费的商品。中心地职能是指中心地具有向周围地区提供中心商品的职能。

克里斯塔勒认为，有三个条件或原则支配中心地体系的形成，它们是市场原则、交通原则和行政原则。在不同的原则支配下，中心地网络呈现不同的结构，而且中心地和市场区大小的等级顺序有着严格的规定，即按照所谓 K 值排列成有规则的、严密的系列。以上三个原则共同导致了城市等级体系的形成。

历史文化街区是历史文化名城保护的重点，它的保护不是简单的规划问题，而是一个综合的社会实践。历史文化街区是一个成片的地区，有大量居民在其间生活，是活态的文化遗产，有其特有的社区文化，不能只保护那些历史建筑的躯壳，还应该保存它承载的文化，保护非物质形态的内容，保存文化多样性。这就要维护社区传统，改善生活环境，促进地区经济活力。

城市历史街区不是中心地，不具有中心性，也没有补充区域，也与市场原则、交通原则和行政原则无关。

■90. 下列哪种方法不适用于大城市郊区的小城镇人口预测？（　　）

A. 区域人口分配法　　B. 类比法　　C. 区位法　　D. 增长率法

【参考答案】 D

【解答】 增长率法：计算时应分析近年来人口的变化情况，确定每年的人口增长率。公式为：$P = P_0(1 + K_1 + K_2)^n$。式中，P 为规划期末城市人口规模，P_0 为城市现状人口规模，K_1 为城市年平均自然增长率，K_2 为城市年平均机械增长率，n 为规划年限。

这种方法适合初步经济发展稳定的城市，人口增长会逐步增加，人口增长率变化不大。

小城镇规模较小，在受到邻近大中城市经济与产业辐射后，城镇规模易发生较大幅度的变化，回归、增长率等数学模型难以应用。

在小城镇人口规模预测过程中，常采用定性分析方法从区域层面估测小城镇的人口规模：区域人口分配法、类比法、区位法。

■91. 下列关于城市地理位置的表述，哪项是错误的？（　　）

A. 中心位置有利于区域内部的联系和管理

B. 门户位置有利于区域与外部的联系

C. 矿业城市位于矿区的邻接位置

D. 河港城市是典型的重心位置

【参考答案】 D

【解答】 巴朗斯基曾给地理位置下了这样一个定义：位置就是某一地方对于这个地方以外的某些客观存在的东西的总和。也就是说，城市的地理位置是城市及其外部的自然、经济、政治等客观事物在空间上相结合的特点，有利的结合即有利的城市地理位置，必然促进城市的发展，反之亦然。

城市地理位置的特殊性，往往决定了城市职能性质的特殊性和规模的特殊性。矿业城市（如大同）一定邻近大的矿体；大的工商贸易港口城市，如武汉、广州、上海、天津等必定滨临江河湖海；城市腹地的大小、条件和城市与腹地间的通达性决定了上海比天津、广州、武汉要发展得大，而不可能颠倒过来。

河口港是最典型的门户位置。位于闽江口的福州就是在能控制福建省整个闽江流域商品集散的地理基础上发展成省会城市的。

■92. 下列哪种方法，不适用于城市吸引范围的分析？(　　)

A. 断裂点公式　　B. 回归分析　　C. 经验调查　　D. 潜力模型

【参考答案】 B

【解答】 任何一个城市都和外界发生着各种联系，用地理学的术语讲，即存在着空间交互作用。这种联系可通过人口、物资、货币、信息等的流动来实现。一个城市联系所及的范围可以无限广阔，譬如它的某一种产品可能行销全国和出口海外；来自国内外的客人可能光临这个城市等。城市联系所及的范围可称之为城市的绝对影响范围。与此概念相对应，一个地域可以同时接受很多城市的影响。

城市吸引范围的分析方法主要有经验的方法和理论的方法。理论的方法包括：断裂点公式和潜力模型。

■93. 下面属于重新区位扩散的例子是(　　)。

A. 城市对周围农村的影响　　B. 城市化的近域推进

C. 移民过程　　D. 价格昂贵的耐用消费品的扩散

【参考答案】 C

【解答】 移民过程是重新区位扩散的典型例子。

■94. 下面属于等级扩散的例子是(　　)。

A. 移民过程　　B. 城市对周围农村的影响

C. 城市化的近域推进　　D. 某些新思想、新技术逐级向下扩散

【参考答案】 D

【解答】 城市对周围农村的影响是传染扩散，它是渐进、连续的过程；城市化的近域推进，就建成区的向外扩张而言，是扩张型扩散；而就人口的重新分布而言，具有重新区位型扩散的特点。移民过程是重新区位扩散的典型例子。某些新思想、新技术逐级向下扩散，是等级扩散。

□95. 衡量中心地重要性，确定其等级的指标是(　　)。

A. 职能单位　　B. 门槛人口　　C. 中心度　　D. K 值

【参考答案】 C

【解答】 衡量中心地重要性，确定其等级的指标是中心度。在数值上，中心度等于中心地所能提供的服务（包括提供给其服务区和中心地本身的服务）与其自身居民所需服务之比。

△96. 中心地理论是由德国地理学家克里斯塔勒和德国经济学家廖士分别于(　　)年和(　　)年提出的。(多选)

A. 1933　　B. 1923　　C. 1940　　D. 1925

【参考答案】 A、C

【解答】 中心地理论是由德国地理学家克里斯塔勒和德国经济学家廖士分别于1933年和1940年提出的，20世纪50年代开始流行于英语国家，之后传播到其他国家，被认为是20世纪人文地理学最重要的贡献之一。

■97. 下面关于中心地的说法正确的是(　　)。(多选)

A. 中心地是一定地域的中心，为向居住在它周围的地域的居民提供低级的商品和服务
B. 中心地可划作不同等级
C. 高级中心地提供少量高级的商品和服务
D. 低级中心地只能提供少量的、低级的商品和服务

【参考答案】 B、D

【解答】 克里斯塔勒认为，中心地是一定地域社会的中心，为向居住在它周围地域（尤指农村地域）的居民提供各种货物和服务的地方。中心地的重要性不同，故可划作不同等级。高级中心地提供大量的和高级的商品和服务，而低级的中心地则只能提供少量的、低级的商品和服务。

■98. 在(　　)的系统中，次级中心地完全处于高级中心地的管辖之下。

A. $K=3$　　B. $K=4$　　C. $K=7$　　D. $K=1$

【参考答案】 C

【解答】 克里斯塔勒认为，不同等级的中心地按一定的数量关系和功能控制关系构成一个等级数量体系，在空间分布上具有特定的构型。最基本的等级体系有三类：①按市场原则构成的中心地等级体系，$K=3$；②按交通原则构成的中心地等级体系，$K=4$；③按行政和管理原则构成的中心地等级体系，$K=7$。在 $K=3$ 和 $K=4$ 的系统内，除高级中心地自身所辖的一个次级辖区是完整的外，其余的次级辖区都是被割裂的，在 $K=7$ 的系统中，六边形的规模被扩大，以便使周围 6 个次级中心地完全处于高级中心地的管辖之下。

■99. $K=4$ 系统是按(　　)原则构成的中心地等级体系。

A. 市场原则　　B. 交通原则
C. 行政或管理原则　　D. 综合原则

【参考答案】 B

【解答】 早期建立的道路系统对聚落体系的形成有深刻影响，这就导致 B 级中心地沿着交通线分布。在此情况下，次一级中心地的分布位于连接两个高一级中心地的道路干线上的中点位置。和 $K=3$ 的系统比较，在交通原则支配下的六边形网络的方向被改变。高级市场区的边界仍然通过 6 个次一级中心地，但次级中心地位于高级中心地市场区边界的中点，这样它的腹地被分割成两部分，分属两个较高级中心地的腹地内。而对较高级的中心地来说，除包含一个次级中心地的完整市场区外，还包括 6 个次级中心地的市场区的一半，即包括 4 个次级市场区，由此形成 $K=4$ 的系统。

■100. 克里斯塔勒创建中心地理论深受杜能和韦伯区位论的影响，他的理论也建立在“理想地表”之上，“理想地表”的基本特征是(　　)。

A. 生产者为谋取最大利润，寻求掌握尽可能大的市场区，致使生产者之间的间隔距离尽可能地大
B. 消费者为尽可能减少旅行费用，都自觉地到最近的中心地购买货物或取得服务
C. 生产者和消费者都属于经济行为合理的人的概念
D. 每一点均有接受一个中心地的同等机会，一点与其他任一点的相对通达性只与距离成正比，而不管方向如何，均有一个统一的交通面

【参考答案】 D

【解答】 克里斯塔勒创建中心地理论深受杜能和韦伯区位论的影响，他的理论也建立在

“理想地表”之上，其基本特征是每一点均有接受一个中心地的同等机会，一点与其他任一点的相对通达性只与距离成正比，而不管方向如何，均有一个统一的交通面。后来，克氏又引入新古典经济学的假设条件，即生产者和消费者都属于经济行为合理的人的概念。这一概念表示生产者为谋取最大利润，寻求掌握尽可能大的市场区，致使生产者之间的间隔距离尽可能地大；消费者为尽可能减少旅行费用，都自觉地到最近的中心地购买货物或取得服务。生产者和消费者都具备完成上述行为的完整知识。经济人假设条件的补充对中心地六边形网络图形的形成是十分重要的。

■101. 经济人假设条件的补充对克里斯塔勒创建中心地理论中中心地六边形网络图形的形成是十分重要的。这里经济人假设的含义不是以下(　　)的含义。

A. 经济人假设是指每个人都以自身利益最大化为目标。随着经济发展，农村能源需求量不断增加，森林资源的保护直接受到威胁

B. 所谓经济人假设是指作为个体，无论处于什么地位，其人的本质是一致的，即以追求个人利益，满足个人利益最大化为基本动机

C. 经济人假设是以完全追求经济利益、环境利益和社会利益为目的而进行经济活动的主体

D. 经济人假设是指当一个人在经济活动中面临若干不同的选择机会时，他总是倾向于选择能给自己带来更大经济利益的那种机会，即总是追求最大的利益

【参考答案】 C

【解答】 经济人假设：以完全追求物质利益为目的而进行经济活动的主体。人都希望以尽可能少的付出，获得最大限度的收获，并为此可不择手段。

“经济人”意思为理性经济人，也可称“实利人”。这是古典管理理论对人的看法，即把人当作“经济动物”来看待，认为人的一切行为都是为了最大限度满足自己的私利，工作目的只是为了获得经济报酬。

■102. 按市场原则构成的中心地的等级体系，为 K=(　　)系统。

A. 3　　B. 4　　C. 7　　D. 6

【参考答案】 A

【解答】 按市场原则，低一级的中心地应位于高一级的三个中心地所形成的等边三角形的中央，从而最有利于低一级的中心地与高一级的中心地展开竞争，由此形成 $K=3$ 的系统。

□103. 核心—边缘理论是一种关于(　　)的理论。

A. 城市空间相互作用和扩散　　B. 城市规模分布

C. 城市产业结构调整　　D. 城市职能研究

【参考答案】 A

【解答】 经济发展不会同时出现在每一地区，但是，一旦经济在某一地区得到发展，产生了主导工业或发动型工业时，则该地区就必然产生一种强大的力量使经济发展进一步集中在该地区，该地区必然成为一种核心区域，而每一核心区均有一影响区，约翰·弗里德曼(John Friedman)称这种影响区为边缘区。核心区与边缘区共同组成一个完整的空间系统。一个空间系统发展的动力是核心区产生大量革新（材料、技术、精神、体制等），这些革新从核心向外扩散，影响边缘区的经济活动、社会文化结构、权力组织和聚落类型。

因此，连续不断地产生的革新，通过成功的结构转换而作用于整个空间系统，促进国家发展。除了产生革新外，核心—边缘模式还包括了四个基本的空间作用过程，联系空间系统中的核心区和边缘区：革新的扩散、决策、移民和投资。因此说，核心—边缘理论是一种关于城市空间相互作用和扩散的理论。

■104. 我国三大城镇密集区不包括以下(　　)地区。

A. 长江三角洲城镇密区　　B. 关中—线两带城市群

C. 珠江三角洲地区　　D. 京津冀地区

【参考答案】 B

【解答】 中国三大城镇密集区：

（1）长江三角洲城镇密区，包括上海市，江苏省的南京、苏州、无锡、常州、扬州、镇江、南通、泰州（即苏南地区），浙江省的杭州、宁波、湖州、嘉兴、绍兴、舟山（即浙东地区），共计15个城市。

（2）珠江三角洲地区，以香港、广州、深圳等为中心城市，区域范围包括珠江口西岸的佛山、江门、中山、珠海、澳门等城镇，珠江口东岸的惠州、东莞。

（3）京津冀地区，以北京天津两大中心城市为依托，天津作为该区的最大的外港和历史上的金融中心，发挥副中心作用。

■105. 由(　　)创立的(　　)理论标志了现代城市地理学的形成。

A. 绍勒尔；中心地理论　　B. 克里斯塔勒、廖士；中心地理论

C. 克里斯塔勒；中心地理论　　D. 廖士；中心地理论

【参考答案】 B

【解答】 由克里斯塔勒等人创立和发展起来的中心地学说对城市地理学乃至人文地理学的发展起了巨大的推动作用。这是因为在20世纪50年代以前，城市地理学的研究重点是城市的位置、自然条件及城市形态等方面的描述和分析，研究方法以事实的整理与归纳为主，缺乏自己的理论和对研究对象的深层次分析。以假设条件为基础，通过逻辑演绎建立的中心地理论是城市地理学研究对象及运用方法上的重大突破，它不仅导致“空间分析”学派的建立，而且极大地促进了城市和人文地理学中理论研究和数学方法应用的热潮。可以说，正是中心地理论标志了现代城市地理学的形成。

中心地理论和农业、工业区位论一样，都是由德国学者率先提出的，这一方面反映了他们高度的抽象思维能力；另一方面也反映了他们醉心于创造各种理论体系的精神。

■106. 根据普劳克斯的观点，生长极是否存在决定于(　　)。

A. 有无发动型工业　　B. 经济迅速扩散发展

C. 经济发展并非均衡地发展　　D. 城市规模不断扩大

【参考答案】 A

【解答】 生长极理论首先由法国经济学家普劳克斯（F. Perroiix）于1950年提出，后经赫希曼、鲍得维尔（J. Boudeville）、汉森（M. Hansen）等学者进一步发展。该理论认为，经济发展并非均衡地发生在地理空间上，而是以不同的强度在空间上呈点状分布，并按各种传播途径，对整个区域经济发展产生不同的影响，这些点就是具有成长以及空间聚集意义的生长极。根据普劳克斯的观点，生长极是否存在决定于有无发动型工业。所谓发动型工业就是能带动城市和区域经济发展的工业部门。

■107. 中国城市空间分布是动态的，其发展演变与经济、社会发展密切相关。中国城市空间分布具有明显的以下(　　)阶段性特征。

A. 低水平均衡阶段、高级均衡阶段

B. 低水平均衡阶段、离散阶段、极化阶段、高级均衡阶段

C. 离散阶段、极化阶段、扩散阶段、成熟阶段

D. 低水平均衡阶段、扩散阶段、成熟阶段、高级均衡阶段

【参考答案】 C

【解答】 城市空间分布是动态的，其发展演变与经济、社会发展密切相关，中国城市空间分布具有明显的阶段性：①离散阶段（低水平均衡阶段）：对应于自给自足式，以农业为主体的阶段，以小城镇发展为主，缺少大中城市，没有核心结构，构不成等级系统；②极化阶段：对应于工业化兴起、工业迅速增长并成为主导产业的阶段，中心城市强化；③扩散阶段：对应于工业结构高度化阶段，中心城市的轴向扩散带动中小城市发展，点—轴系统形成；④成熟阶段（高级均衡阶段）：对应于信息化与产业高技术化发展阶段，区域生产力向均衡化发展，空间结构网络化，形成点—轴—网络系统，整个区域成为一个高度发达的城市化区域。

■108. 城镇体系的空间结构规划的内容不包括以下各项中的(　　)。(多选)

A. 分析区域城镇现状空间网络的主要特点和城市分布的控制性因素

B. 低水平均衡阶段、离散阶段、极化阶段、高级均衡阶段

C. 离散阶段、极化阶段、扩散阶段、成熟阶段

D. 根据城镇间和城乡间交互作用的特点，划分区域内的城市经济区，为充分发挥城市的中心作用，促进城乡经济的结合，带动全区经济的发展提供地域组织的框架

【参考答案】 B、C

【解答】 城镇体系的空间结构规划是对区域城镇空间网络组织的规划研究，要把不同职能和不同规模的城镇落实到空间，综合考虑城镇与城镇之间、城镇与交通网之间、城镇与区域之间的合理结合。这项工作主要包括上述选项中的 A、D 之外，还包括以下内容：(1) 区域城镇发展条件的综合评价，以揭示地域结构的地理基础；(2) 设计区域不同等级的城镇发展轴线（或称发展走廊），高级别轴线穿越区域城镇发展条件最好的部分，联结尽可能多的城镇，特别是高级别的城市，体现交互作用阻力最小或开发潜力最大的方向。本区域的网络结构要与更大范围的宏观结构相协调；(3) 综合各城镇在职能、规模和网络结构中的特点和地位，对它们今后的发展对策实行归类，为未来生产力布局提供参考。

■109. 下面关于中心商务区的论述正确的是(　　)。(多选)

A. CBD 即 Central Business District 的缩写

B. 相对便捷性（距 PLVI 的距离）、地形的复杂性、铁路、绿地等均是影响 CBD 内部结构的重要方面

C. 是城市中上述商务活动和人流最集中、交通最便捷、建筑密度最高、吸引力和服务范围最大的地区，同时它也是地价最高的地区

D. 中心商务区，即城市的中心，是城市商业会聚之处，主要以零售业和服务业为主

【参考答案】 A、B、C

【解答】 CBD 即 Central Business District 的缩写，中文多译为“中心商务区”。CBD 最

早是由美国学者伯吉斯于1923年在其创立的“同心环模式”中提出的。伯吉斯认为城市的中心是商业会聚之处，主要以零售业和服务业为主。

随着世界经济的发展，办公事务、金融活动所占地位越来越重要。尤其是近年来，信息产业的迅猛发展更成为CBD的主要活动。目前CBD的活动包括金融、贸易、信息、展览、会议、经营管理、旅游机构及设施、公寓及配套的商业文化、市政、交通服务设施等，它是城市中上述商务活动和人流最集中、交通最便捷、建筑密度最高、吸引力和服务范围最大的地区，同时它也是地价最高的地区。简而言之，现代城市的CBD是城市、区域乃至全国经济发展的中枢。

■110. 下面关于城市地理学与城乡规划学科的关系的论述正确的是（　　）。（多选）

A. 城市地理学为城乡规划提供理论指导，应用于城乡规划的实践

B. 城乡规划为城市地理学提供研究课题、研究素材和实践验证，促进城市地理学理论的不断充实完善

C. 城乡规划不仅研究单个城市的形成发展，还要研究一定区域范围内的城市体系产生、发展、演变的规律，理论性较强。城市地理学则从事单个城乡内部的空间组织和设计，注重为具体城市寻找合理实用的功能分区和景观布局等，工程性较强

D. 城市地理学和城乡规划之间是非完全对应的理论和应用关系

【参考答案】 A、B、D

【解答】 城市地理学与城乡规划学是具有渗透关系的相互独立的学科。两门学科在学科性质和研究方向上存在着根本的区别。城市地理学是一门地理科学，是研究城乡地域状态和分布规律的一门地理科学。而城乡规划是为城乡建设和城乡管理提供设计蓝图的一门技术科学。两者都以城市为研究对象，但是侧重点和研究方向根本不同。城市地理学不仅研究单个城市的形成发展，还要研究一定区域范围内的城市体系产生、发展、演变的规律，理论性较强。城乡规划则从事单个城乡内部的空间组织和设计，注重为具体城市寻找合理实用的功能分区和景观布局等，工程性较强。

城市地理学和城乡规划的联系表现为非完全对应的理论和应用的关系。首先城市地理学为城乡规划提供理论指导，应用于城乡规划的实践。反之，城乡规划为城市地理学提供研究课题、研究素材和实践验证，促进城市地理学理论的不断充实完善。但是此种理论应用关系是非完全对应的，城市地理学除应用于城市规划以外还应用于其他领域（如国土规划、区域规划），也具备较强的直接解决问题的能力。城乡规划除需要城市地理学的知识外，还需要其他许多领域的相关知识。因此，只能说城市地理学和城乡规划之间是非完全对应的理论和应用关系。

■111. 城市对区域经济发展的影响，主要表现在（　　）的影响三个方面。

A. 产业、市场和技术经济水平

B. 投资、市场和技术经济水平

C. 投资、产业和技术经济水平

D. 投资、市场和产业水平

【参考答案】 B

【解答】 城市经济影响区是城市经济活动影响能力能够带动和促进区域经济发展的最大地域范围。确定城市影响区的基本方法是，首先构造城市经济影响力的复合指标，然后按复合指标将各城市分成不同的等级，最后按城市间影响力交互作用的原理，主要用新断裂点公式求解各级城市影响区。

城市对区域经济发展的影响，主要表现在投资、市场和技术经济水平的影响三个方面。据此，在城市统计资料的现实可能条件下，选择了直接或间接反映城市在这三方面影响力的指标 25 个（1982 年数据）。然后通过各指标间的相关分析和分布频率分析，剔除了相关性较高，可能产生重复影响的 10 个指标。余下 15 个指标，用主成分分析法从 15 个变量中提取前三个主成分。结果表明，决定我国城市经济影响力大小的决定因素是第一主成分中的 8 项城市规模指标。

■112. 顾朝林最近将图论原理与因子分析方法相结合，应用 33 个指标对全国 1989 年的 434 个城市进行了综合实力评价，借鉴经济区划的 $d_{\triangle}$ 系理论和 R_d 链方法，提出了我国(　　)城市经济区区划体系的设想。

A. 两大经济地带、五条经济开发轴线、八大城市经济区和 15 个Ⅱ级区

B. 一大经济地带、四条经济开发轴线、七大城市经济区和 33 个Ⅱ级区

C. 三大经济地带、六条经济开发轴线、九大城市经济区和 18 个Ⅱ级区

D. 两大经济地带、三条经济开发轴线、九大城市经济区和 33 个Ⅱ级区

【参考答案】 D

【解答】 顾朝林最近将图论原理与因子分析方法相结合，应用 33 个指标对全国 1989 年的 434 个城市进行了综合实力评价，借鉴经济区划的 $d_{\triangle}$ 系理论和 R_d 链方法，提出了我国两大经济地带、三条经济开发轴线、九大城市经济区和 33 个Ⅱ级区的城市经济区区划体系的设想，为这方面研究的深入提供了第一个讨论的基础。为城市经济区方面研究的深入提供了第一个讨论的基础。

在他的系统中，有一定实力的社会、经济、科技、教育和交通线结合在一起的一个城市，称为一个 d 系，三个 d 系组成一个三角形的基本经济单元，称之为 $d_{\triangle}$ 系。按照不同层次的 $d_{\triangle}$ 系，进一步把两个或两个以上的 $d_{\triangle}$ 系连接起来，即为 R_d 链。一个 R_d 链的范围就是组建城市经济区的范围。

■113. 下列哪种方法适用于城市吸引范围的分析？(　　)

A. 回归分析

B. 潜力分析

C. 聚类分析

D. 联合国法

【参考答案】 B

【解答】 划分界点区域，确定城市吸引的边界，是研究城市间、城市与区域向化作用中的一个重要内容。任何一个城市都和外界发生着各种联系，用地理学的术语讲，即存在着空间交互作用。这种联系可通过人口、物资、货币、信息等的流动来实现。一个城市联系所及的范围可以无限广阔，譬如它的某一种产品可能行销全国和出口海外；来自国内外的客人可能光临这个城市等。城市联系所及的范围可称之为城市的绝对影响范围。与此概念相对应，一个地域可以同时接受很多城市的影响。

城市吸引范围的分析方法主要有经验的方法和理论的方法。理论的方法包括：断裂点公式和潜力模型。

■114. 下面关于城市的相互作用的论述正确的是(　　)。(多选)

A. 当前各种政治边界中，国家的政治边界通常是影响相互作用的最大障碍

B. 城市的就业机会和收入水平在反映城市的吸引力方面更具代表性

C. 城市人口规模不完全反映城市的实际吸引力

D. 城市对区域的影响类似于磁铁的场效应，随着距离的增加，城市对周围区域的影响力逐渐减弱，并最终被附近其他城市的影响所取代

【参考答案】 B、C、D

【解答】 城市是人类进行各种活动的集中场所，通过各种运输通信网络，使物质、人口、信息不断地从各地向城市流动，这种过程类似光线的聚焦作用，而城市就是各种网络中的聚焦点，或称结节点。结节点连同其吸引区组成结节区域。城市对区域的影响类似于磁铁的场效应，随着距离的增加，城市对周围区域的影响力逐渐减弱，并最终被附近其他城市的影响所取代。每一个结节区域的大小，取决于结节点提供的商品、服务及各种机会的数量和种类。一般地说，这与结节点的人口规模成正比。很明显，村庄的吸引区小于集镇，集镇的吸引区又小于城市。不同规模的结节点和结节区域组合起来，形成城市等级体系。划分结节区域，确定城市吸引区的边界，是研究城市间、城市与区域相互作用中的一个重要内容。很明显，它也是城市体系、城市经济区研究中的一项基础工作。如果我们不能确定城市吸引区的范围，城市空间分布体系规划等工作就无从做起。

■115. 下面关于城市形态的论述不正确的是(　　)。

A. 城市形态取决于道路网结构，其基础骨架是交通轴线，空间轴线对城市形态的规划也具有重要影响

B. 城市形态可定义为由结构（要素的空间布置）、形状（城市外部的空间轮廓）和相互关系（要素之间的相互作用和组织）所组成的一个空间系统

C. 城市形态分为三个层次：第一层次为宏观区域内城镇群的分布形态；第二层次是城市的外部空间形态，即城市的平面形式和立面形态；第三层次是城市内部的分区形态

D. 城市形态可分为有形形态和无形形态两部分

【参考答案】 A

【解答】 城市形态研究的主要内容包括：①城市由村落—镇—小城市—中等城市—大城市的自然渐变规律；②城市内部形态；③城市形态演化规律。

城市形态分为三个层次：第一层次为宏观区域内城镇群的分布形态；第二层次是城市的外部空间形态，即城市的平面形式和立面形态；第三层次是城市内部的分区形态。

■116. 下面关于乡村城镇化的论述不正确的是(　　)。(多选)

A. 乡村城镇化是一种人口、经济、社会甚至文化现象

B. 乡村城镇化的实质是乡村与城市居民共同继承、创造和平等分享人类共有的物质文明和精神文明，逐步缩小并消灭城乡差别，达到城市和乡村协调发展

C. 城乡居民经济收入和文化教育差别不断缩小，价值观念和生活方式却保持各自特征

D. 世界各国虽然政治、经济、历史等条件的不同，但是乡村城市化在各国却具有相同特点

【参考答案】 C、D

【解答】 乡村城镇化一般指农业人口转化为非农业人口并向城镇性质的居民点集聚，乡村地区转变为城市地区或在乡村地域中城市要素逐渐增长的过程。

乡村城市化是一种人口、经济、社会甚至文化现象，主要表现为：城市人口增加，乡村人口减少；城市发展，城市地域扩大，农业用地转用作工厂、商店及住宅等非农业用

地；农民由专业农户转化为兼业农户；进一步成为脱离土地的非农户；城乡居民经济收入和文化教育差别不断缩小，价值观念和生活方式等趋同。乡村城市化的实质是乡村与城市居民共同继承、创造和平等分享人类共有的物质文明和精神文明，逐步缩小并消灭城乡差别，达到城市和乡村协调发展。乡村城市化是生产力发展和劳动分工加深的必然产物，从城市诞生之日起即进行这一过程。第二次世界大战后，随着经济的高速发展和工业化、现代化的蓬勃兴起，世界范围内城市化的进程加速，城乡格局急剧变化。但因政治、经济、历史等条件的不同，乡村城市化在各国具有不同的特点。

■117. 下列哪种方法能应用于大城市周边的小城镇的规模预测？（　　）

A. 区域人口分析方法　　B. 回归模型

C. 类比法　　D. 区位法

【参考答案】 B

【解答】 小城镇规模小，在受到邻近大中城市经济与产业辐射后，城镇规模已发生大幅度的变化，回归、增长率等数学模型很难应用。因此在小城镇人口规模预测过程中，常采用定性分析方法从区域层面估测小城镇的人口规模，包括区域人口分析方法、类比法、区位法。

■118. 下列关于城市地域的表述，错误的是哪项？（　　）

A. 城镇实体地域又称“经济环境”，指自然条件和自然资源经人类利用改造后形成的生产力的地域综合体

B. 城市行政地域是指按照行政区划，城市行使行政管理的区域范围

C. 城市职能地域范围是与核心区具有密切经济社会联系的周边地区

D. 城市地域广义上指从事非农业活动的地域，狭义上则指城市化的地域，也就是市街地化的地域

【参考答案】 C

【解答】 城市地域（Urban area）亦称城市圈，与农村地域相对称。广义上指从事非农业活动的地域，狭义上则指城市化的地域，也就是市街地化的地域。有许多农村地域由于城市化的结果逐渐转向城市地域，各国在划定城市地域时以与既成的市街地的通勤关系为指标，确定“城市地域”，日本将大城市周围地域的“人口增加率在0.1%以上，通勤依赖率在2.0%以上的连续范围”都划定为城市地域。我国通常是以行政区划定城市地域，即市区所属范围都是城市地域。

城市地域有三种类型：实体地域、行政地域、功能地域。

□119. 在城市地理学中，下面（　　）情况下，*B*/*N* 比可能较小。（多选）

A. 地方性中心

B. 城市专业化程度提高

C. 城市发展历史长

D. 位于大城市附近的中小城镇或卫星城

【参考答案】 A、C

【解答】 在规模相似的城市，*B*/*N* 比也会有差异。专业化程度高的城市 *B*/*N* 比大，而地方性的中心一般 *B*/*N* 小。老城市在长期的发展历史中，已经完善和健全了城市生产生活的体系，*B*/*N* 比可能较小，而新城市则可能还来不及完善内部的服务系统，*B*/*N* 比可能

较大。位于大城市附近的中小城镇或卫星城因依附于母城，可以从母城取得本身需要的大量服务，与规模相似但远离大城市的独立城市相比，非基本部分可能较小。

■120. 下列关于新型城镇化的表述，正确的是(　　)。(多选)

A. 新型城镇化是以人为核心的城镇化

B. 新型城镇化与农业现代化相辅相成

C. 新型城镇化是城市人口比例增加和规模扩张

D. 新型城镇化注重保护农民利益

【参考答案】 A、B

【解答】 新型城镇化与传统城镇化的最大不同，在于新型城镇化是以人为核心的城镇化，注重保护农民利益，与农业现代化相辅相成。新型城镇化不是简单的城市人口比例增加和规模扩张，而是强调在产业支撑、人居环境、社会保障、生活方式等方面实现由“乡”到“城”的转变，实现城乡统筹和可持续发展，最终实现“人的无差别发展”。

■121. 下列关于新型城镇化背景下城市空间价值观的表述，正确的是(　　)。(多选)

A. 从满足不断增长的物质主义转向文化和生态价值的守护与制造

B. 从追求直接经济效益与利益的最大化转向追求社会公平正义

C. 从传统的增量设计转向存量设计

D. 从满足城镇人群需要转向满足城乡人群需要

【参考答案】 A、B

【解答】 新的城镇化发展阶段，城市空间价值应从追求直接经济效益与利益的最大化转向追求社会公平正义，从满足不断增长的物质主义转向文化和生态价值的守护与制造。

■122. 下列关于新型城镇化背景下城市空间设计方法的表述，正确的是(　　)。(多选)

A. 空间设计的方法应该从中微观回归到宏观

B. 从传统的增量等级化的空间组织转向存量的网络化的空间组织

C. 从单一的要素供给转向多元要素的混合供给

D. 从关注物理空间的效率转向人对空间的使用便利和心理体验

【参考答案】 B、C、D

【解答】 新的城镇化发展阶段，空间设计的方法应该从宏观回归到中微观，从传统的增量等级化的空间组织转向存量的网络化的空间组织，从单一的要素供给转向多元要素的混合供给，从关注物理空间的效率转向人对空间的使用便利和心理体验。

■123. 从2003～2016年我国经历“多规合一”的三个发展阶段，结合多个城市的试点通过分析，各区域在探索过程中，既有共识，又有差异化探索。其中达成的共识包括以下(　　)几个方面。(多选)

A. 形成了一套技术标准

B. 组织模式标准化

C. 协调“多规”矛盾，形成一张蓝图

D. 生态优先，落实精明增长

E. 智慧管理，搭建了一个信息联动平台

【参考答案】 A、C、D、E

【解答】 所谓“多规合一”，是将国民经济和社会发展规划、城乡规划、土地利用规划、生态环境保护规划等多个规划融合到一个区域上，实现一个市县一本规划、一张蓝图，解决现有各类规划自成体系、内容冲突、缺乏衔接等问题。我国“多规合一”经历了自发探索、自下而上试点及试点和全面提速的三个发展阶段。

通过分析，几个区域在探索过程中，既有共识，又有差异化探索。共识方面，第一，形成了一套技术标准。各地在探索过程中，重视对基础数据、规划期限、坐标系、用地分类、工作流程和内容、控制线体系等技术方法的规范和衔接；第二，协调“多规”矛盾，形成一张蓝图；第三，生态优先，落实精明增长；第四，智慧管理，搭建了一个信息联动平台。

但是，因为各地的具体情况不同、主导“多规合一”的部门不同、工作思路不同，在同样的目标和理念下，各自也进行了差异化探索。首先，组织模式差异；其次，空间规划体系改革程度不同；最后，多规平台及应用程度不同。

■124. 下列关于空间规划“三区三线”中的“三区”的表述，正确的是哪个选项？(　　)

A. 城镇开发空间、永久基本空间、生态保护空间

B. 城镇开发边界、永久基本农田、生态保护红线

C. 城镇空间、生态空间、农业空间

D. 生产空间、生活空间、生态空间

【参考答案】 C

【解答】 2017 年 1 月，中共中央办公厅、国务院办公厅印发了《省级空间规划试点方案》。该《方案》提出，要以主体功能区规划为基础，全面摸清并分析国土空间本底条件，划定城镇、农业、生态空间以及生态保护红线、永久基本农田、城镇开发边界（简称“三区三线”），注重开发强度管控和主要控制线落地，统筹各类空间性规划，编制统一的省级空间规划，为实现“多规合一”、建立健全国土空间开发保护制度积累经验，提供示范。“三区三线”的划定是空间规划的核心内容。

■125. 下列哪项不属于空间规划中“三区三线”的“三线”？(　　)

A. 道路红线　　B. 城镇开发边界

C. 永久基本农田　　D. 生态保护红线

【参考答案】 A

【解答】 同 124 题

■126. 下列关于空间规划体系的表述，正确的是哪些选项？(　　)（多选）

A. 空间规划体系是以空间资源的合理保护和有效利用为核心

B. 空间规划主要是自然资源部门使用的影响未来活动空间分布的方法，目的是形成一个更合理的土地利用及其关系的地域组织，平衡发展和保护环境两个需求，实现社会和经济发展目标

C. 通过建立空间规划体系，划定生产、生活、生态空间开发管制界限，落实用途管制

D. 编制空间规划，要整合目前各部门分头编制的各类空间性规划，编制统一的空间规划，实现规划全覆盖

E. 是在一定区域内，根据国家社会经济可持续发展的要求和自然、经济、社会条件，对土地的开发、利用、治理和保护在空间上、时间上所做的总体安排和布局

【参考答案】 A、C、D

【解答】 空间规划体系是以空间资源的合理保护和有效利用为核心，从空间资源（土地、海洋、生态等）保护、空间要素统筹、空间结构优化、空间效率提升、空间权利公平等方面为突破，探索“多规融合”模式下的规划编制、实施、管理与监督机制。

党的十八届三中全会通过的《中共中央关于全面深化改革若干重大问题的决定》指出要“通过建立空间规划体系，划定生产、生活、生态空间开发管制界限，落实用途管制”。

2015年9月中共中央、国务院颁发的《生态文明体制改革总体方案》进一步要求“构建以空间治理和空间结构优化为主要内容，全国统一、相互衔接、分级管理的空间规划体系，着力解决空间性规划重叠冲突、部门职责交叉重复、地方规划朝令夕改等问题”。同时指出“编制空间规划，要整合目前各部门分头编制的各类空间性规划，编制统一的空间规划，实现规划全覆盖”。

“空间规划”在1983年欧洲区域规划部长级会议通过的《欧洲区域/空间规划章程》中首次使用。文中指出，区域/空间规划是经济、社会、文化和生态政策的地理表达，也是一门跨学科的综合性科学学科、管理技术和政策，旨在依据总体战略形成区域均衡发展和物质组织。1997年发布的《欧盟空间规划制度概要》中进一步指出，空间规划主要是由公共部门使用的影响未来活动空间分布的方法，目的是形成一个更合理的土地利用及其关系的地域组织，平衡发展和保护环境两个需求，实现社会和经济发展目标。通过协调不同部门规划的空间影响，实现区域经济的均衡发展以弥补市场缺陷，同时规范土地和财产使用的转换。“空间规划”一词目前仍在欧洲规划工作使用较多。

■127. 国土空间用途管制应该包括三类职能，下列哪项不是？（　　）

A. 规划　　B. 实施　　C. 监督　　D. 整合

【参考答案】 D

【解答】 国土空间用途管制包括三类职能（规划、实施、监督）、三级规划（国家和省级、市县级、县级以下）、三类管控（指标、边界、名录），注重三类空间和土地分类相衔接，探索不同主导功能的单元管控模式等。

■128. 按照高质量发展要求，统筹推进“五位一体”总体布局和协调推进“四个全面”战略布局，深化国土空间供给侧结构性改革。其中战略布局的“四个全面”是指下列选项中的哪些选项？（　　）（多选）

A. 全面建成小康社会　　B. 全面深化改革

C. 全面依法治国　　D. 全面依法治军

E. 全面从严治党

【参考答案】 A、B、C、E

【解答】 “四个全面”即全面建成小康社会、全面深化改革、全面依法治国、全面从严治党。

■129. 按照高质量发展要求，统筹推进“五位一体”总体布局和协调推进“四个全面”战略布局，深化国土空间供给侧结构性改革。其中总体布局的“五位一体”是指下列选项中的（　　）。

A. 经济建设、政治建设、空间建设、社会建设和生态文明建设五位一体

B. 经济建设、政治建设、文化建设、空间建设和生态文明建设五位一体

C. 经济建设、政治建设、文化建设、社会建设和空间文明建设五位一体

D. 经济建设、政治建设、文化建设、社会建设和生态文明建设五位一体

【参考答案】 D

【解答】 “五位一体”总体布局是指经济建设、政治建设、文化建设、社会建设和生态文明建设五位一体，全面推进。

2012 年 11 月 17 日至 11 月 23 日，党的十八大站在历史和全局的战略高度，对推进新时代“五位一体”总体布局作了全面部署。从经济、政治、文化、社会、生态文明五个方面，制定了新时代统筹推进“五位一体”总体布局的战略目标。

■130. 紧紧围绕“两个一百年”奋斗目标，整体谋划新时代国土空间开发保护格局，构建以空间规划为基础、以用途管制为主要手段的国土空间开发保护制度。其中“两个一百年”指的是（　　）。（多选）

A. 第一个一百年，是到改革开放 100 年时全面建成小康社会

B. 第一个一百年，是到中国共产党成立 100 年时全面建成小康社会

C. 第二个一百年，是到 2100 年建成富强、民主、文明、和谐的社会主义现代化国家

D. 第二个一百年，是到新中国成立 100 年时建成富强、民主、文明、和谐的社会主义现代化国家

【参考答案】 B、D

【解答】 第一个一百年，是到中国共产党成立 100 年（2021 年）时全面建成小康社会；第二个一百年，是到新中国成立 100 年（2049 年）时建成富强、民主、文明、和谐的社会主义现代化国家。

2012 年 11 月 29 日，在国家博物馆参观《复兴之路》展览时，习近平表示：“我坚信，到中国共产党成立 100 年时全面建成小康社会的目标一定能实现，到新中国成立 100 年时建成富强民主文明和谐的社会主义现代化国家的目标一定能实现，中华民族伟大复兴的梦想一定能实现。”

■131. 根据《中共中央　国务院关于建立国土空间规划体系并监督实施的若干意见》，从规划运行方面来看，可以把国土空间规划体系分为四个子体系：按照规划流程可以分成（　　）从支撑规划运行角度有两个技术性体系，即（　　）。这四个子体系共同构成国土空间规划体系。（　　）

A. 法规政策体系和技术标准体系；规划编制体系和实施监督体系

B. 规划编制审批体系和规划实施监督体系；法律法规体系和技术标准体系

C. 规划编制审批体系和规划实施监督体系；法规政策体系和技术标准体系

D. 法律法规体系和技术标准体系；规划编制审批体系和规划实施监督体系

【参考答案】 C

【解答】 从规划运行方面来看，可以把国土空间规划体系分为四个子体系：按照规划流程可以分成规划编制审批体系、规划实施监督体系；从支撑规划运行角度有两个技术性体系，一是法规政策体系，二是技术标准体系。这四个子体系共同构成国土空间规划体系。

■132. 从规划层级和内容类型来看，可以把国土空间规划分为“五级三类”。其中，“五级”是指（　　）。

A. 国家级、区域级、省级、市级、县级

B. 国家级、省级、市级、县级、乡镇级

C. 区域级、省级、市级、县级、乡镇级

D. 国家级、省级、区域级、市级、县级

【参考答案】 B

【解答】 从规划层级和内容类型来看，可以把国土空间规划分为“五级三类”。“五级”是从纵向看，对应我国的行政管理体系分五个层级，即是国家级、省级、市级、县级、乡镇级。其中国家级规划侧重战略性，省级规划侧重协调性，市县级和乡镇级规划侧重实施性。“三类”是指规划的类型，分为总体规划、详细规划、相关的专项规划。

■133. 在国土空间规划的“五级三类”中，（ ）规划强调实施性。

A. 区域规划　　B. 总体规划

C. 详细规划　　D. 相关的专项规划

【参考答案】 C

【解答】 “三类”是指规划的类型，分为总体规划、详细规划、相关专项规划。总体规划强调的是规划的综合性，是对一定区域，如行政区全域范围涉及的国土空间保护、开发、利用、修复作全局性的安排。详细规划强调实施性，一般是在市县以下组织编制，是对具体地块用途和开发强度等作出的实施性安排。详细规划是开展国土空间开发保护活动，包括实施国土空间用途管制、核发城乡建设项目规划许可、进行各项建设的法定依据。这次特别明确，在城镇开发边界外，将村庄规划作为详细规划，进一步规范了村庄规划。相关的专项规划强调的是专门性，一般是由自然资源部门或者相关部门来组织编制，可在国家级、省级和市县级层面进行编制，特别是对特定的区域或者流域，为体现特定功能对空间开发保护利用作出的专门性安排。

■134. 国土空间规划体系的“四梁八柱”具体是指的哪些内容？（ ）（多选）

A. 规划体系的四个子体系　　B. 五个规划层级

C. 三类规划的类型　　D. 四根梁

E. 八根柱子

【参考答案】 A、B、C

【解答】 “四梁八柱”是形象的比喻，强调我们的改革要有一个基本的主体框架。国土空间规划体系的改革是国家系统性、整体性、重构性改革的重要组成部分，国土空间规划“四梁八柱”的构建，也是按照国家空间治理现代化的要求来进行的系统性、整体性、重构性构建。我们可以把它简单归纳为“五级三类四体系”。

■135. 从规划层级和内容类型来看，我们可以把国土空间规划分为“五级三类”。“五级”是从纵向看，对应我国的行政管理体系，分五个层级，就是国家级、省级、市级、县级、乡镇级。当然不同层级规划的侧重点和编制深度是不一样的，其中国家级规划侧重战略性，（ ）规划侧重协调性。

A. 国家级　　B. 省级　　C. 市县级　　D. 乡镇级

【参考答案】 B

【解答】 从规划层级和内容类型来看，可以把国土空间规划分为“五级三类”。其中，“五级”是从纵向看，对应我国的行政管理体系，分五个层级，就是国家级、省级、市级、县级、乡镇级。不同层级规划的侧重点和编制深度是不一样的，其中国家级规划侧重战略性，省级规划侧重协调性，市县级和乡镇级规划侧重实施性。这里需要说明的是，并不是每个地方都要按照五级规划一层一层编，有的地方区域比较小，可以将市县级规划与乡镇规划合并编制，有的乡镇也可以几个乡镇为单元进行编制。

■136. 国土空间用途管制应该包括三类职能，下列哪项不是？(　　)

A. 规划　　B. 实施　　C. 监督　　D. 整合

【参考答案】 D

【解答】 国土空间用途管制应该包括三类职能（规划、实施、监督）、三级规划（国家和省级、市县级、县级以下）、三类管控（指标、边界、名录），注重三类空间和土地分类相衔接，探索不同主导功能的单元管控模式等。

■137. 国土空间规划的详细规划主要是在（　　）层面进行。

A. 省市级　　B. 市县级　　C. 县乡级　　D. 市县及以下

【参考答案】 D

【解答】 在市县及以下编制详细规划。详细规划是对具体地块用途和开发建设强度等作出的实施性安排，是开展国土空间开发保护活动、实施国土空间用途管制、核发城乡建设项目规划许可、进行各项建设等的法定依据。

■138. 以国土空间规划为依据，对所有国土空间分区分类实施用途管制。在城镇开发边界内的建设，实行（　　）的管制方式；在城镇开发边界外的建设，按照主导用途分区，实行“详细规划＋规划许可”和“约束指标＋分区准入”的管制方式。

A. 详细规划

B. 约束指标＋分区准入

C. 详细规划＋规划许可和约束指标＋分区准入

D. 详细规划＋规划许可

【参考答案】 C

【解答】 以国土空间规划为依据，对所有国土空间分区分类实施用途管制。在城镇开发边界内的建设，实行“详细规划＋规划许可”的管制方式；在城镇开发边界外的建设，按照主导用途分区，实行“详细规划＋规划许可”和“约束指标＋分区准入”的管制方式。

■139. 根据《中共中央　国务院关于建立国土空间规划体系并监督实施的若干意见》，推进“放管服”改革。以“多规合一”为基础，统筹（　　）三大环节，推动“多审合一”“多证合一”。

A. 规划、建设、管理　　B. 布局、规划、建设、

C. 规划、建设、实施　　D. 规划、建设、协调

【参考答案】 A

【解答】 根据《中共中央　国务院关于建立国土空间规划体系并监督实施的若干意见》，推进“放管服”改革。以“多规合一”为基础，统筹规划、建设、管理三大环节，推动“多审合一”“多证合一”。优化现行建设项目用地（海）预审、规划选址以及建设用地规划许可、建设工程规划许可等审批流程，提高审批效能和监管服务水平。

■140. 按照谁审批、谁监管的原则，分级建立国土空间规划审查备案制度。(　　)的国土空间总体规划由国务院审批。(多选)

A. 直辖市　　B. 计划单列市

C. 省会城市　　　　　　　　　　　　　　D. 国务院指定城市

E. 国家级高新区

【参考答案】 A、B、C、D

【解答】 按照谁审批、谁监管的原则，分级建立国土空间规划审查备案制度。精简规划审批内容，管什么就批什么，大幅缩减审批时间。减少需报国务院审批的城市数量，直辖市、计划单列市、省会城市及国务院指定城市的国土空间总体规划由国务院审批。

■141. 下列选项（　　）不属于国土空间规划的主要任务?（　　）

A. 明确以主体功能区战略为主导的国土空间开发保护战略格局，科学有序布局生态、农业、城镇等功能空间

B. 统筹划定生态保护红线、永久基本农田、城镇开发边界、海洋开发保护等控制线

C. 根据城市、镇总体规划要求，用以控制建设用地性质、使用强度和空间环境的规划

D. 实施统一的国土空间用途管制，明确国土空间分区管制目标和管制规则，优化国土空间开发保护格局，塑造以人为本的高品质国土空间

【参考答案】 C

【解答】 根据城市、镇总体规划要求，用以控制建设用地性质、使用强度和空间环境的规划属于原来控制性详细规划的内容。

■142. 国土空间的现状底图以（　　）为基础。

A. 以现有国土调查成果为基础　　　　　B. 以第三次全国国土调查成果为基础

C. 城乡建设现状图　　　　　　　　　　D. 以卫星地图为基础

【参考答案】 B

【解答】 国土空间的现状底图以第三次全国国土调查成果为基础；统筹考虑全国水资源、森林资源、草原资源、湿地资源、矿产资源等调查监测评价成果；开展资源环境承载能力和国土空间开发适宜性评价，务实底图。统一采用 2000 国家大地坐标系作为空间定位基础。

■143.（　　）国土空间规划是对范围内国土空间开发保护作出的总体安排和综合部署，是制定空间发展政策、开展国土空间资源保护利用修复和实施国土空间规划管理的蓝图，是编制专项规划和详细规划的依据。

A. 省市级　　　　B. 市县级　　　　C. 县乡级　　　　D. 市县及以下

【参考答案】 B

【解答】 市县级国土空间规划是对市、县域范围内国土空间开发保护作出的总体安排和综合部署，是制定空间发展政策、开展国土空间资源保护利用修复和实施国土空间规划管理的蓝图，是编制专项规划和详细规划的依据。

■144. 国土空间规划全国一张图、一图框定、三条线。其中三条线是指（　　）。

A. 城市规划用地线、城市规划控制线、建设用地边界

B. 生态保护红线、永久基本农田、城镇开发边界

C. 生态保护红线、城镇规划控制线、城镇开发边界

D. 生态保护红线、永久基本农田、城镇建设用地线

【参考答案】 B

【解答】 在土地利用规划、城乡发展总体规划、主体功能区规划合并进入国土空间规划的

工作迅速推进并取得成效之后，体现国土空间规划“底线思维”“控制原则”的“三条控制线”。这三条控制线分别为：生态保护红线、永久基本农田、城镇开发边界。

■145. 国土空间规划的“双评价”是指以下选项的（　　）。(多选)

A. 建设用地评价　　B. 资源环境承载力评价

C. 国土用地评价　　D. 国土空间开发适宜性评价

【参考答案】 B、D

【解答】 “双评价”是个简称，由资源环境承载力评价和国土空间开发适宜性评价两部分构成。其中，资源环境承载力评价是指在一定发展阶段、经济技术水平和生产生活方式、一定地域范围内资源环境要素能够支撑的农业生产、城镇建设等人类活动的最大规模；国土空间开发适宜性评价是指在维系生态系统健康的前提下，综合考虑资源环境要素和区位条件以及特定国土空间，进行农业生产城镇建设等人类活动的适宜程度。

■146. 根据《关于加强村庄规划促进乡村振兴的指导意见》，下列关于村庄规划的表述，正确的是（　　）。(多选)

A. 村庄规划的宗旨是符合乡村发展实际、符合农民发展意愿、符合村庄振兴要求

B. 村庄规划是法定规划

C. 村庄规划范围为村域全部国土空间，可以一个或几个行政村为单元编制

D. 村庄规划实施国土空间用途管制特别是乡村建设规划许可的法定依据

E. 村庄规划是国土空间规划体系中乡村地区的详细规划

【参考答案】 A、B、C、D、E

【解答】 村庄规划是法定规划，是国土空间规划体系中乡村地区的详细规划，是开展国土空间开发保护活动、实施国土空间用途管制、核发乡村建设项目规划许可、进行各项建设等的法定依据。要整合村土地利用规划、村庄建设规划等乡村规划，实现土地利用规划、城乡规划等有机融合，编制“多规合一”的实用性村庄规划。村庄规划范围为村域全部国土空间，可以一个或几个行政村为单元编制。

■147. 根据《关于加强村庄规划促进乡村振兴的指导意见》，下列关于村庄规划的表述，错误的是（　　）。

A. 统筹城乡产业发展，优化城乡产业用地布局

B. 引导工业向城镇产业空间集聚

C. 合理保障农村新产业新业态发展用地，明确产业用地用途、强度等要求

D. 可以在农村地区安排新增工业用地，促进农民增收

【参考答案】 D

【解答】 村庄规划要着重统筹产业发展空间。统筹城乡产业发展，优化城乡产业用地布局，引导工业向城镇产业空间集聚，合理保障农村新产业新业态发展用地，明确产业用地用途、强度等要求。除少量必需的农产品生产加工外，一般不在农村地区安排新增工业用地。

■148. 根据《关于加强村庄规划促进乡村振兴的指导意见》，各地可在乡镇国土空间规划和村庄规划中预留不超过（　　）的建设用地机动指标，村民居住、农村公共公益设施、零星分散的乡村文旅设施及农村新产业新业态等用地可申请使用。

A. 3%　　B. 5%　　C. 8%　　D. 10%

【参考答案】 B

【解答】 村庄规划要积极索规划“留白”机制。各地可在乡镇国土空间规划和村庄规划中预留不超过5%的建设用地机动指标，村民居住、农村公共公益设施、零星分散的乡村文旅设施及农村新产业新业态等用地可申请使用。对一时难以明确具体用途的建设用地，可暂不明确规划用地性质。建设项目规划审批时落地机动指标、明确规划用地性质，项目批准后更新数据库。机动指标使用不得占用永久基本农田和生态保护红线。

■149. 下列关于城乡土地利用应当体现布局优化的原则的表述（　　）是错误的。

A. 工业向城市集中　　B. 人口向城镇集中

C. 住宅向社区集中　　D. 产业向功能区集中

【参考答案】 A

【解答】 根据《节约集约利用土地规定》，城乡土地利用应当体现布局优化的原则。引导工业向开发区集中、人口向城镇集中、住宅向社区集中，推动农村人口向中心村、中心镇集聚，产业向功能区集中，耕地向适度规模经营集中。

■150. 下列关于土地市场配置表述错误的是（　　）。

A. 各类有偿使用的土地供应应当充分贯彻市场配置的原则，通过运用土地租金和价格杠杆，促进土地节约集约利用

B. 国家扩大国有土地有偿使用范围，减少非公益性用地划拨

C. 经营性用地应当以招标拍卖挂牌的方式确定土地使用者和土地价格，某些特殊有偿使用的土地供应可以低于国家规定的用地最低价标准

D. 节约集约用地方面成效显著的市、县人民政府，由自然资源部按照有关规定给予表彰和奖励

【参考答案】 C

【解答】 根据《节约集约利用土地规定》，经营性用地应当以招标拍卖挂牌的方式确定土地使用者和土地价格。各类有偿使用的土地供应不得低于国家规定的用地最低价标准。

■151. 现行《中华人民共和国土地管理法》实施日期是（　　）。

A. 2019年8月26日　　B. 2019年9月1日

C. 2020年1月1日　　D. 2020年2月1日

【参考答案】 C

【解答】 第一版《中华人民共和国土地管理法》1986年6月25日第六届全国人民代表大会常务委员会第十六次会议通过。根据1988年12月29日第七届全国人民代表大会常务委员会第五次会议《关于修改〈中华人民共和国土地管理法〉的决定》第一次修正。1998年8月29日第九届全国人民代表大会常务委员会第四次会议修订。根据2004年8月28日第十届全国人民代表大会常务委员会第十一次会议《关于修改〈中华人民共和国土地管理法〉的决定》第二次修正。现行《中华人民共和国土地管理法》修正发布日期2019年8月26日，实施日期2020年1月1日。

■152. 下列关于土地所有权和使用权的表述，正确的是（　　）。（多选）

A. 城市市区的土地属于国家所有

B. 国有土地和农民集体所有的土地，可以依法确定给单位或者个人使用

C. 农村和城市郊区的土地，属于农民集体所有

D. 宅基地和自留地、自留山，属于农民集体所有

E. 农民集体所有的土地依法属于村农民集体所有的，由村集体经济组织或者村民委员会经营、管理

【参考答案】 A、B、D、E

【解答】 根据现行《中华人民共和国土地管理法》第二章第九条，农村和城市郊区的土地，除由法律规定属于国家所有的以外，属于农民集体所有。

■153. 在土地利用总体规划确定的城市和村庄、集镇建设用地规模范围外，将永久基本农田以外的农用地转为建设用地的，应由（　　）部门批准。

A. 国务院或者国务院授权的省、自治区、直辖市人民政府批准

B. 国务院

C. 省、自治区、直辖市人民政府批准

D. 自然资源部

【参考答案】 A

【解答】 根据现行《中华人民共和国土地管理法》第五章建设用地的第四十四条，建设占用土地，涉及农用地转为建设用地的，应当办理农用地转用审批手续。永久基本农田转为建设用地的，由国务院批准。在土地利用总体规划确定的城市和村庄、集镇建设用地规模范围内，为实施该规划而将永久基本农田以外的农用地转为建设用地的，按土地利用年度计划分批次按照国务院规定由原批准土地利用总体规划的机关或者其授权的机关批准。在已批准的农用地转用范围内，具体建设项目用地可以由市、县人民政府批准。在土地利用总体规划确定的城市和村庄、集镇建设用地规模范围外，将永久基本农田以外的农用地转为建设用地的，由国务院或者国务院授权的省、自治区、直辖市人民政府批准。

■154. 征收下列（　　）用地须由国务院批准。(多选)

A. 农用地

B. 永久基本农田

C. 永久基本农田以外的耕地超过 $35hm^2$ 的

D. 其他土地超过 $70hm^2$ 的

【参考答案】 B、C、D

【解答】 根据现行《中华人民共和国土地管理法》第四十六条，征收下列土地的，由国务院批准：（一）永久基本农田；（二）永久基本农田以外的耕地超过 $35hm^2$ 的；（三）其他土地超过 $70hm^2$ 的。征收前款规定以外的土地的，由省、自治区、直辖市人民政府批准。

■155. 根据《国务院关于加强滨海湿地保护严格管控围填海的通知》，下列关于加强海洋生态保护修复的表述，错误的是（　　）。

A. 确保海洋生态保护红线面积不减少、大陆自然岸线保有率标准不降低、海岛现有砂质岸线长度不缩短

B. 建立一批海洋自然保护区、海洋特别保护区和湿地公园

C. 制定滨海湿地生态损害鉴定评估、赔偿、修复等技术规范

D. 支持通过增大围海、退养还滩、退耕还湿等方式，逐步修复已经破坏的滨海湿地

【参考答案】 D

【解答】 加强海洋生态保护修复包括：

严守生态保护红线。对已经划定的海洋生态保护红线实施最严格的保护和监管，全面清理非法占用红线区域的围填海项目，确保海洋生态保护红线面积不减少、大陆自然岸线保有率标准不降低、海岛现有砂质岸线长度不缩短。

加强滨海湿地保护。全面强化现有沿海各类自然保护地的管理，选划建立一批海洋自然保护区、海洋特别保护区和湿地公园。将天津大港湿地、河北黄骅湿地、江苏如东湿地、福建东山湿地、广东大鹏湾湿地等亟需保护的重要滨海湿地和重要物种栖息地纳入保护范围。

强化整治修复。制定滨海湿地生态损害鉴定评估、赔偿、修复等技术规范。坚持自然恢复为主、人工修复为辅，加大财政支持力度，积极推进"蓝色海湾""南红北柳""生态岛礁"等重大生态修复工程，支持通过退围还海、退养还滩、退耕还湿等方式，逐步修复已经破坏的滨海湿地。

■156. 下列关开展第三次土地调查的意义正确的是（　　）。(多选)

A. 是服务供给侧结构性改革，适应经济发展新常态，保障国民经济平稳健康发展的重要基础

B. 是促进耕地数量、质量、生态"三位一体"保护，确保国家粮食安全，实现尽职尽责保护耕地资源的重要支撑

C. 是牢固树立和贯彻落实新发展理念，促进存量土地再开发，实现节约集约利用国土资源的重要保障

D. 是实施不动产统一登记，维护社会和谐稳定，实现尽心尽力维护群众权益的重要举措

E. 是推进生态文明体制改革，健全自然资源资产产权制度，重塑人与自然和谐发展新格局的重要前提

【参考答案】 A、B、C、D、E

【解答】 土地调查是我国法定的一项重要制度，是全面查实查清土地资源的重要手段。第三次土地调查作为一项重大的国情国力调查，目的是在第二次全国土地调查成果基础上，全面细化和完善全国土地利用基础数据，国家直接掌握翔实准确的全国土地利用现状和土地资源变化情况，进一步完善土地调查、监测和统计制度，实现成果信息化管理与共享，满足生态文明建设、空间规划编制、供给侧结构性改革、宏观调控、自然资源管理体制改革和统一确权登记、国土空间用途管制等各项工作的需要。开展第三次土地调查，对贯彻落实最严格的耕地保护制度和最严格的节约用地制度，提升国土资源管理精准化水平，支撑和促进经济社会可持续发展等均具有重要意义。

■157. 第三次土地调查的具体任务包括以下（　　）内容。(多选)

A. 土地利用现状调查　　B. 土地权属调查

C. 专项用地调查与评价　　D. 专项用地调查与评价

E. 成果汇总

【参考答案】 A、B、C、D、E

【解答】 第三次土地调查的具体任务如下：

① 土地利用现状调查。土地利用现状调查包括农村土地利用现状调查和城市、建制镇、村庄（以下简称城镇村庄）内部土地利用现状调查。

② 土地权属调查。结合全国农村集体资产清产核资工作，将城镇国有建设用地范围

外已完成的集体土地所有权确权登记和国有土地使用权登记成果落实在土地调查成果中，对发生变化的开展补充调查。

③ 专项用地调查与评价。基于土地利用现状、土地权属调查成果和国土资源管理形成的各类管理信息，结合国土资源精细化管理、节约集约用地评价及相关专项工作的需要，开展系列专项用地调查评价。

④ 专项用地调查与评价。建立四级土地调查及专项数据库。建立各级土地调查数据及专项调查数据分析与共享服务平台。

⑤ 成果汇总；数据汇总；成果分析；数据成果制作与图件编制。

■158. 征收下列（　　）用地须由国务院批准。(多选)

A. 农用地

B. 永久基本农田

C. 永久基本农田以外的耕地超过 35hm^2 的

D. 其他土地超过 70hm^2 的

【参考答案】 B、C、D

【解答】 根据现行《中华人民共和国土地管理法》第四十六条，征收下列土地的，由国务院批准：(一）永久基本农田；(二）永久基本农田以外的耕地超过 35hm^2 的；(三）其他土地超过 70hm^2 的。征收前款规定以外的土地的，由省、自治区、直辖市人民政府批准。

第七章 城市社会学

大纲要求：熟悉城市社会学研究的主要内容与基本理论，了解城市社会学与城乡规划的关系，掌握城乡规划的社会价值取向与构建和谐社会的关系；熟悉城市社会调查与数据处理的方法，掌握城市社会学调查方法在城乡规划中的应用；熟悉城市社会阶层特征及其空间分异，掌握人口结构与问题，熟悉当前中国城市社会结构的特征和存在问题；掌握社区和邻里的基本构成要素，熟悉中国城市社区建设与社区自治的内容，了解中国城市社区发展对城市建设的影响；掌握城乡规划公众参与的要点，熟悉西方国家城乡规划公众参与的实践，了解城乡规划公众参与的原则、内容与形式。

热门考点：

1. 城市社会学与城乡规划的关系：理论基础、社会整合、城市更新。
2. 城市社会学的调查与研究方法：收集资料方法。
3. 人口结构与人口问题：人口结构，人口老龄化、流动人口、失业等社会问题。
4. 社会阶层与空间结构：城市社会阶层分异的动力；城市社会空间隔离、分异与空间极化；城市社会空间结构模式：同心圆模型、扇形结构模型、城市土地利用多核心模型。
5. 城市社区：社区的基本构成要素、归属感、社区自治；社区环境规划以及卫生和医疗设施配套。
6. 城乡规划的公众参与：城市管治。

第一节 复 习 指 导

一、城市社会学的基本知识

（一）了解城市社会学研究的主要内容与基本理论

1. 社会学概况

社会学是关于社会良性运行和协调发展的条件和机制的综合性具体社会科学。

社会学是从社会整体出发，通过社会关系和社会行为来研究社会的结构、功能、发生、发展规律的综合性学科。其研究对象包括：历史、政治、经济、社会结构、人口变动、民族、城市、乡村、社区、婚姻、家庭与性、信仰与宗教、现代化等领域。

2. 社会学与其他社会科学

在20世纪早期，社会学家及心理学家曾对工业社会作出研究，对人类学作出了贡献。要留意一点的是人类学家都曾对工业社会作出研究。今天社会学及人类学主要分别在于研究不同的理论和方法而不是对象。

社会生物学是综合社会学及生物学的一门新科学。虽然它很快获得接受，但仍然有很多存在争论的地方，这是因为它尝试使用进化及生物过程来解释社会行为及结构。社会生物学家常被社会学家批评过分倚赖基因对行为的影响，社会生物学家认为在自然和哺育之间存在一个复杂关系，故此社会生物学跟人类学、动物学、进化心理学有密切关系。这仍然是其他科学所不能接受的。一些社会生物学家像 Richard Machalek 要求使用社会学来研究非人类社会。

社会学跟社会心理学有关系，前者关心社会结构，后者关心社会行为。

（二）熟悉城市社会学研究的主要内容与基本理论

1. 城市社会学研究的主要内容

城市社会学是社会学中最早的分支学科之一。起源于 19 世纪末、20 世纪初。主要研究城市的各种社会问题、城市生活方式和社会组织。

城市社会学是研究城市的产生、发展以及城市的社会结构、社会组织、社会群体、社会管理、社会行为、社会问题、生活方式、社会心理、社会关系以及社会发展规律的学科。

（1）研究内容

包括人类生态学；城市社区的划分；城市问题（如失业、住房紧张、环境恶化、种族歧视、阶级冲突、贫富不均、犯罪等）对策与规划；城镇化。

（2）社会

人类生活的共同体。马克思认为社会在本质上是生产方式的总和，只有具体的社会，没有抽象的社会。具体的社会是指处于特定的区域和时期，享有共同文化并以物质生产活动为基础的人类生活的共同体。

（3）社会的作用

整合功能、交流功能、导向功能、继承和发展的功能。

社会学的芝加哥学派主要研究城市的各种社会问题、城市生活方式和社会组织。研究内容包括：人类生态学；城市社区的划分；城市问题（如失业、住房紧张、环境恶化、种族歧视、阶级冲突、贫富不均、犯罪等）对策与规划；城市化。起源于 19 世纪末、20 世纪初。在城市化国家，城市社会学与任何一门社会学科都有联系，如犯罪学和异常行为研究主要针对城市治安状况；人口统计学中很大部分涉及城市人口迁移过程和农村人口变为城市人口的过程；对社会政策、家庭、老龄化、医疗、社会差别等的研究都与城市社会学有关。

2. 当代社会学的主要理论流派

主要包括芝加哥学派与古典城市生态学理论、马克思主义学派和城市空间的政治经济学理论、韦伯学派和新韦伯主义城市理论、全球化与信息化城市理论，其他还有新正统生态学、文化生态学、城市性理论、社区权力、城市符号互动理论、城市研究中的社会网络理论、消费社会学、世界体系理论等。较成熟的有结构功能主义、冲突理论、交换理论及互动理论。

（1）结构功能主义

结构功能主义是社会学中历史最长的重要的理论方法。现代结构功能主义的主要代表人物是美国著名社会学家塔尔科特·帕森斯。他通过对社会功能系统的假定以及人们行为系统和控制人们行动的系统分析，为整个社会达到均衡、稳定规划了一个模式。他的观点也是社会学理论发展过程中一直争论的焦点。

（2）冲突理论

其代表人物有渊于结构功能主义内部的列维斯·科塞尔和兰德尔，还有自称受到马克思主义启发的拉尔夫·达伦道夫和怀特·莫尔斯。冲突论者认为，社会不可能仅仅是平衡与和谐，而是一个处于不断变化的状态，而且长期存在着并非对社会只产生破坏作用的冲突，这是社会运行中的持续的必然现象。

（3）交换理论

交换理论的主要代表人物是美国社会学家乔治·霍曼斯和彼得·布劳。关于人们的社会行为，霍曼斯的交换理论创建于20世纪60年代，是一种从个人、心理出发的微观社会学理论。中心论点是将人的社会行为视为相互酬劳的交换行为，包括物质的、权力的、精神的交换，其思想实质是资产阶级的个人主义和功利主义，反映了资本主义社会中人际关系的商品化倾向假设。

（4）社会互动理论

以库恩、布卢默和特纳的学说和著作为代表。互动理论观点庞杂，有符号互动论、拟剧理论、现象互动论、本土方结论等。

3. 社会发展理论

社会发展理论是探讨社会变迁的规律性及其具体表现形式的学说。广义的社会发展理论包括哲学、经济学、政治学和人类学关于社会发展的研究，它探讨人类社会发展的一般规律性。狭义的社会发展理论又称“发展社会学”，特指社会学对社会发展问题的研究，主要探讨社会发展的现代化理论、模式、战略及具体政策。

（1）社会运行机制

社会运行机制即指社会运行中所遵循的规律或所形成的模式。

（2）社会需要

马斯洛关于需要的层次理论认为需要分为：第一层次，生理需要；第二层次，安全需要；第三层次，友爱需要；第四层次，尊重需要；第五层次，自我实现的需要。这五个层次的需要是由低级需要向高级需要发展的。人们首先追求较低层次的需要，只有在得到高效满足之后，较高层次的需要才会突出地表现出来。

（3）社会互动

社会互动行为指的是社会中人与人之间、群体与群体之间的相互依赖性的感性活动。人们在社会互动过程中所能得到的需要的满足程度以及人们在社会互动过程中所结成的这种合力的大小会影响到社会系统运行的平衡性、协调性以及方向性。

（4）社会管理与控制

社会的管理与控制就是通过有组织地利用社会规范对其社会成员的社会行为施行管理、调节与约束的过程。社会管理与控制由实施控制的机构，控制规范体系制度以及控制手段与方式等基本要素构成。

（5）社会变迁与进步

社会学研究中把社会的日新月异、新旧交替现象称为社会变迁。它是社会学研究中的重要组成部分。

4. 社会控制

社会组织利用社会规范对其成员的社会行为实施约束的过程。有广义和狭义之分，广义的社会控制，泛指对一切社会行为的控制；狭义的社会控制，特指对偏离行为或越轨行为的控制。

“社会控制”一词是由美国社会学家 E·A·罗斯首次提出来的。罗斯认为，在人性中的“自然秩序”遭到破坏，对人的行为不再起约束作用，出现了越轨和犯罪等一系列社会问题的情况下，必须有一种新的机制来维护社会秩序，这种新的机制就是社会控制。凡是利用任何社会或文化的工具，对个人或集体行为进行约束，使其依附于社会传统的行为模式，以促进社会或群体的调适和发展的，都可以叫作社会控制。社会控制可以是积极的，也可能是消极的。

（1）社会控制的基本特点

从社会控制的本质来看，它具有明显的集中性和超个人性。社会控制的集中性，是指社会控制总是集中地反映了特定社会组织的利益和意志，不管它具有什么具体内容和采用什么具体手段，都服务于社会组织的总体利益和最高意志。

从社会控制的作用来看，它具有明显的依赖性和互动性。依赖性指社会控制只有依赖于社会实体才能起作用。这些实体包括社会组织、社会个人和传递社会规范内容的信息媒介。互动性是指社会控制通过社会行为之间的相互影响而起作用。

从社会控制发挥作用的过程来看，它具有多向性和交叉性。多向性指控制主体多方面地将各种信息发射出去，而作为中间环节的多种信息传递媒介，又把各种社会精神因素和众多的社会个体相互联系起来，从而使社会控制成为一个多向交叉和多层联结的复杂过程。

（2）社会控制的类型

① 正式控制和非正式控制。这是根据社会控制有无明文规定来划分的。政权、法律、纪律、各种社会制度、社会中有组织的宗教，均有明文规定，它们属于正式控制的范畴；而风俗、习惯等则是非正式控制。

② 积极控制和消极控制。这是按使用奖励手段还是惩罚手段来划分的。前者如奖状、奖金、奖章、记功、晋升等；后者如记过、开除、降级、判刑等。无论正式控制或是非正式控制，既可以采取积极控制的手段，也可以采取消极控制的手段。

③ 硬控制和软控制。这是按使用强制手段和非强制手段来划分的。政权、法律、纪律，都依赖控制力，属于硬控制范畴；软控制则依赖社会舆论、社会心理进行控制。社会风俗、道德、信仰和信念的控制属于软控制范畴。

④ 外在控制和内在控制。这是按控制是否依靠外部力量来划分的。内在控制即自我控制，指社会成员自觉地把社会规范内化，用以约束和检点自己的行为。外在控制是社会依靠外在力量控制其成员就范。外在控制与内在控制的界限是相对的，两者相互渗透和转化。

（3）社会控制的方式

是指社会、群体以何种方式，何种手段去预防、约束和制裁其成员可能发生或已经发生的越轨行为，其主要包括：①习俗、道德和宗教；②政权、法律和纪律；③社会舆论和群体意识。

5. 社会变迁

社会变迁是一切社会现象发生变化的动态过程及其结果。在社会学中，社会变迁这一概念比社会发展、社会进化具有更广泛的含义，包括一切方面和各种意义上的变化。社会学在研究整个人类社会变迁的同时，着重于某一特定的社会整体结构的变化、特定社会结构要素或社会局部变化的研究。

（1）社会变迁的内容

① 自然环境引起的社会变迁；②人口的变迁；③经济变迁；④社会结构的变迁；⑤社会价值观念和生活方式的变迁；⑥科学技术的变迁；⑦文化的变迁。

（2）社会变迁的类型

① 按社会变迁的规模，可划分为整体变迁和局部变迁。

② 按社会变迁的方向，可划分为进步的社会变迁和倒退的社会变迁。

③ 按社会变迁的性质，可划分为进化的社会变迁和革命的社会变迁。

④ 按人们对社会变迁的参与和控制的程度，可划分为自发的社会变迁和有计划的社会变迁。

（3）社会变迁理论

① 社会进化论。认为人类社会是一个不断发展的渐进的过程。表现为由低级到高级，由简单到复杂、由此及彼地向前发展。

② 历史循环论。认为社会变迁是周期性的重复。

③ 社会均衡论。强调社会均衡一致和稳定的属性。社会要保持均衡的进化，最终取决于社会能否发展出一套新的、普遍化的价值体系，容纳与整合新的结构要素。

④ 冲突论。冲突论的代表、德国社会学家R·达伦多夫和美国社会学家L·A·科瑟尔等人认为，应该将社会体系看作是一个各个部分被矛盾地联结在一起的整体。最主要的社会过程不是均衡状态，而是各个社会集权为争夺权力和优越地位所进行的斗争造成的冲突。

（4）社会发展计划

社会发展计划即人们为了调控社会运行的状况、实现社会的协调发展和有计划的社会变迁，而对社会的有关系统、社会生活的有关方面的发展做出的规划。社会发展指标就是描述和评价社会整体及各方面存在和运行状况的项目及其数值（包括数字、图表、符号等）。为了比较全面地反映一个社会或社会中的一个系统的存在和运行状况，必须采用一系列具有内在联系的指标项目所结合而成的社会指标体系。

（三）了解城市社会学与城乡规划的关系

1. 城市社会学与城乡规划的关系

城市社会学的理论方法为城乡规划学科的发展奠定了基础；城市社会学拓展了城乡规划学科的研究领域；城乡规划本身也属于城市社会学的研究对象。城市社会学与城乡规划都是以城市为研究对象的相关学科，二者具有十分密切的关系。

首先，城市社会学的理论和方法为城乡规划学科的深入发展奠定了基础。城市具有物质性和社会性两方面的属性。其次，城市社会学拓展了城乡规划学科的研究领域。此外，作为“公共政策”或社会工具的城乡规划本身也属于城市社会学的研究对象。城乡的发展是一个社会过程，城乡规划是人类社会为了实现一定的社会目标驾驭城市空间的社会工具。所以作为公共政策的城乡规划的社会机制与效果，往往需要应用社会学的观点和方法，将其置于整个城市社会的宏观背景中加以考察和评价。

2. 理论基础

（1）霍华德的"田园城市"：解决社会问题使人们回到小规模、开放的、经济均衡的、社会均衡的社区；

（2）芒福德的城市发展阶段：生态城市、城市、大城市、特大城市；

（3）有机秩序：城市必须符合个人所有生物需要和社会需要。

3. 面向社会规划的城乡规划

20 世纪 50 年代后，"第十小组"提出了以人为核心的人际结合思想，认为城乡的形态必须从生活本身的结构中发展起来，城市和建筑空间是人们行为方式的体现。他们提出的流动、生长、变化思想为城乡规划的新发展提供了新的起点。几乎与此同时，希腊学者 C. A. Doxiadis 提出人类聚居学概念，强调对人类居住环境的综合研究，这为 20 世纪 60 年代后的面向社会的城乡规划与发展提供了理论框架。20 世纪 60 年代中期后，在西方城乡规划领域兴起了倡导性规划运动。这一运动的主旨就是规划师对公众的重新认识和促进公众对规划过程的参与。

4. 城市社会整合

城市社会整合机制一般包括制度性整合、功能性整合和认同性整合，这三个部分既相互联系又独立存在，它们分别从社会的制度化、专业化和社会化三个方面对城市社会进行整合。一个国家在宏观的制度性整合具有了一定的规模后，微观的社会整合往往从社区开始。我国开展了城市文明小区建设，就是从城市社区入手，将城市社区作为城市社会整合的微观切入点。

5. 城市更新

城市更新更为强调的是城市功能体系上的重构与重组这一过程。

城市更新是一种将城市中已经不适应现代化城市社会生活的地区作必要的、有计划的改建活动。1858 年 8 月，在荷兰召开的第一次城市更新研讨会上，对城市更新作了有关说明：生活在城市中的人，对于自己所居住的建筑物、周围的环境或出行、购物、娱乐及其他生活活动有各种不同的期望和不满；对于自己所居住的房屋的修理改造，对于街道、公园、绿地和不良住宅区等环境的改善有要求及早施行，以形成舒适的生活环境和美丽的市容抱有很大的希望。包括所有这些内容的城市建设活动都是城市更新。

（1）城市更新的特征：

① 城市更新是一个连续性的过程；②城市更新是城市发展的一个重要手段；③城市更新具有综合性、系统性的特点。

（2）城市更新的目标

在欧美各国，城市更新起源于第二次世界大战后对不良住宅区的改造，随后扩展至对城市其他功能地区的改造，并将其重点落在城市中土地使用功能需要转换的地区。城市更新的目标是针对解决城市中影响甚至阻碍城市发展的城市问题，这些城市问题的产生既有环境方面的原因，又有经济和社会方面的原因。

（3）城市更新的调查分析

城市更新的调查内容一般包括建筑物调查、土地使用调查、人口调查、交通调查、公共服务设施调查、环境设施调查、市政设施调查、环境卫生调查、社区关系调查和空间场所调查等十个方面，当然，也包括历史、气象、地形地貌和工程地质方面的内容。

（4）城市更新的方式

① 重建或再开发：是将城市土地上的建筑予以拆除，并对土地进行与城市发展相适应的新的合理使用，如更关注城市开放空间的嵌入。重建是一种最为完全的更新方式，但这种方式在城市空间环境和景观方面、在社会结构和社会环境的变动方面均可能产生有利和不利的影响。同时在投资方面也更具有风险，因此只有在确定没有可行的其他方式时才可以采用。

② 整建：是对建筑物的全部或一部分予以改造或更新设施，使其能够继续使用。整建的方式比重建需要的时间短，也可以减轻安置居民的压力，投入的资金也较少，这种方式使用于需要更新但仍可恢复并无须重建的地区或建筑物，整建的目的不只限于防止其继续衰败，更是为了改善地区的生活环境。

③ 维护：是对仍适合于继续使用的建筑，通过修缮活动，使其继续保持或改善现有的使用状况。

（5）城市更新与城市历史文化遗产保护

城市更新和城市历史文化遗产保护面对的都是已建成的城市地区，因此两者之间存在着必然的联系。无论是在需要保护的地区还是在需要更新的地区，都同时面临保护与更新两方面的问题。差别只是，在保护地区中，需要受到保护的东西所占的比重较大，而在更新地区，需要更新的东西占了绝大多数。但是它们的目标都是为了通过塑造一个富有特色的城市形象，通过改善城市的生活品质，去实现适应并促进城市持续发展的共同目标。

6. 城市治理

20世纪80年代末以来，有关“治理”（Governance）的讨论方兴未艾，是当今西方学术研究广泛使用的理论分析框架，并成为一种显思想、主流学术，由此也相应地成为一种“时髦的词语”。正由于这种时髦，也就出现了滥用，而在中文文献中，这种现象似乎更为严重。这与我们固有的对“政府”“管理”等词的认识及相应的思维定式有关，而在接受外来思想时过分的实用主义（或更多的是功利主义）意识起了作用，总想把别人说的概念与某一种现象联系起来，以便于进一步使用。在城市规划领域中出现了两种最典型的误读，一是将治理读解为政府的一种管理方式，二是将治理解读成对公众参与的强调。确实，治理这个概念与这两方面都有关系，但却不是仅指其中的任何一个，也不是这两者的简单加和。

治理的实施需要公众参与，但公众参与并不就是治理。从严格的意义上讲，公众参与制度的实施与运作，或者说，公众参与制度的“元制度”才是治理概念的一个组成部分。

从城市规划的角度来说，将治理引入城市规划领域，可以改变我们对城市规划作用方式的理解，同时也可以使我们通过城市规划发挥作用的机制发现规划作用方式的转变。这种新的理解和转变要求我们对城市规划的整体理解及其哲学基础发生改变。我们应该看到，城市规划不仅仅是政府行为，更是政治行为，当然，这里的政治是广义的而不是狭义的，尤其不是中文中的狭义。从这样的角度去理解，那么就可以较好地把握治理在城市规划中的运用。而从另一个角度来看，城市规划究竟是怎么得到实施的，其背后的实施机制究竟怎样，这些问题如果不得到解决，那么就不可能界定我们的规划体系，也不可能设计我们的规划制度。如果我们对城市规划是如何发挥作用的这一点还搞不清楚，那么很显然，我们所设计的规划体制仍然不可能保证经过法定程序批准的规划得到真正意义上的实施。

（1）中国城市治理新理念

中国城市治理的主要范畴：从城市管理向城市治理的转变，强调了城市治理的主体多元化和治理的服务引导特性等。

按照传统划分，城市管理有市政基础设施管理、社会服务管理及城市安全及风险防范等。

根据目前城市规划、建设、运行与管理的主要不同过程，城市治理的重点包括：城市安全与风险防范、城市规模与人口控制、智慧城市与大数据库、城市共建与社区自治、综合执法与精细管理、市民需求与公共服务等方面。

中国城市治理的基本背景：中国发展进入"以城市为主体"的时代；中国城市发展格局出现重大调整。

（2）中国城市治理的特征和瓶颈

主要特征："数字化城市治理"平台将迅速铺开；城市治理与社区建设联系将紧密粘合；公众参与多元治理将、探索创新不断推进。

主要瓶颈：核心功能与外来人口；综合执法与城市活力；基层自治与制度创新。

（3）推进中国城市治理的对策和建议

依据不同城市性质规模实施分类指导政策；夯实城市基层治理基础，重视业主地位作用；降低城市生活成本，提高市民生存质量；大力发展智慧城市，注重"致知"和"至简"；加快推进公众参与，多元主体治理城市；精准实施法治管理，精细考虑人性特点。

（四）掌握城乡规划的社会价值取向与构建和谐社会的关系

1. 城乡规划的社会价值取向

（1）快速增长下的社会结构变化

社会阶层分化是当前社会结构变化中的特征之一，社会结构变化是当前城市增长中诸多矛盾的根源。

（2）社会结构变化下的城市规划现状和价值取向

① 客观上忽略了社会结构变化的影响；②承认社会利益均一使城市规划思想落后于社会发展现状；③个别利益群体或社会阶层的价值判断成为城市规划的思想基础：规划决策中无可避免地包含个人或者特定利益群体的价值判断，对"经营城市"理念指导下的旧城改造的再认识，忽略价值判断的前提性更易激化社会矛盾。

我国随着"城乡规划的科学性""城乡规划的公众参与""规划师职业道德"等一系列基本命题讨论的逐步深入，城市规划的社会职责及其价值观取向成为当前研究的热点。追求社会公平、公正成为我国规划学界的理想诉求。转型期我国城乡规划是仍然要坚持以社会理性或社会公正的价值观为主导。

（3）我国城乡规划的价值取向问题

① 物质性城乡规划过分强调经济职能，强调"规划的目标是促进经济发展""规划就是生产力"，而缺少对转型期城市规划的社会性和政治性分析。城乡规划的价值观"错位"是导致当前城市规划困境的一个重要原因；

② 作为政府行为和政府的一项职能，城市规划的基本属性是公共政策的组成部分，城市规划应坚持以社会理性为主导，追求社会公平和公正；

③ 从某种意义上讲，城乡规划是对空间资源和社会资源的再分配，这种利益的“再分配”应该坚持规划的“人民性”，当前尤其要体现对“弱势群体”的关怀，而不应成为“强势集团”攫取更多利益的工具。

基于转型期我国社会的某些特征及其主要矛盾，要从“改革—发展—稳定”“市场—政府”“政治国家—市民社会”和“地方政府—私有资本—市民”的角度解析我国城乡规划价值观的变迁及其取向问题。首先，城乡规划必须紧紧围绕国家和地区的发展目标并为之服务，“后进”大国追求经济发展的意志、转型期经济发展和社会发展内在矛盾的统一性，决定了城乡规划不能以“公正”作为其价值观主导或唯一准则；其次，城市规划作为政府的一项重要职能，政府的职能转变及其转变程度决定了城市规划的职责变化。转型时期，地方政府间接推动经济的热情决定了推动经济发展、促进经济增长仍然是城市规划的主要职责；再次，从政治国家和市民社会关系的角度出发，尽管追求社会公平、公正是诸多学者的理想诉求，但受中国市民社会发展程度的影响，以社会理性为主导的城市规划并不具有社会基础；最后，在现有的政治体制和民主水平下，一味地强调规划的社会公平性、公正性，会对现有体制造成巨大冲击，容易引发更大的、难以控制的社会、政治问题。城乡规划的转型必须置于渐进式改革的根基之上，不宜太激进。

2. 科学发展观

在十七大报告中提出，在新的发展阶段继续全面建设小康社会、发展中国特色社会主义，必须坚持以邓小平理论和“三个代表”重要思想为指导，深入贯彻落实科学发展观。

科学发展观，是对党的三代中央领导集体关于发展的重要思想的继承和发展，是马克思主义关于发展的世界观和方法论的集中体现，是同马克思列宁主义、毛泽东思想、邓小平理论和“三个代表”重要思想既一脉相承又与时俱进的科学理论，是我国经济社会发展的重要指导方针，是发展中国特色社会主义必须坚持和贯彻的重大战略思想。

科学发展观是指导我国现代化建设的崭新的思维理念。它的基本内涵是：一是全面发展；二是协调和可持续发展。所谓全面发展，就是要着眼于经济、社会、政治、文化、生态等各个方面的发展；所谓协调，就是各方面发展要相互衔接、相互促进、良性互动；所谓可持续，就是既要考虑当前发展的需要，满足当代人的基本需求，又要考虑未来发展的需要，为子孙后代着想。

（1）科学发展观的核心是以人为本

以人为本是历史唯物主义的一项基本原则；以人为本是我们党的根本宗旨和执政理念的集中体现；以人为本全面回答了科学发展观的一系列基本问题。为谁发展、靠谁发展、发展成果如何分配，这是任何一种发展观都必须回答和解决的基本问题。

（2）科学发展观的内涵

科学发展观通常是指党的十六届三中全会中提出的“坚持以人为本，树立全面、协调、可持续的发展观，促进经济社会和人的全面发展”，按照“统筹城乡发展、统筹区域发展、统筹经济社会发展、统筹人与自然和谐发展、统筹国内发展和对外开放”的要求推进各项事业的改革和发展的一种方法论。

（3）科学发展观的具体内容

第一，以人为本的发展观；第二，全面发展观；第三，协调发展观；第四，可持续发展观。

3. 五个统筹

十六届三中全会审议通过的《中共中央关于完善社会主义市场经济体制若干问题的决定》中，首次提出了“五个统筹”的发展战略方针，即统筹城乡发展、统筹区域发展、统筹经济社会发展、统筹人与自然和谐发展、统筹国内发展和对外开放。要实现“五个统筹”，首先从规划的角度出发，当前最核心的就是要打破城乡分割规划模式，实现城乡规划的统筹，构建和谐社会。

五个统筹是实现科学发展观的根本要求。其实质，是在全面建设小康社会和实现现代化的进程中，选择什么样的发展道路和发展模式，如何发展得更好的问题。

统筹城乡发展的实质，是促进城乡二元经济结构的转变。我国正处在深刻的社会转型过程中，从城乡二元经济结构向现代社会经济结构转变，将是今后几十年我国社会经济发展的基本走向。“三农”问题过去主要是农业生产问题，现在是在围绕“农”字做文章的同时，更要注重从“农”外找出路，通过“三化”——工业化、城市化、市场化，促进“三农”问题的根本解决。下一步的经济改革，要着眼于建立有利于改变城乡二元经济结构的体制，国家政策要对解决“三农”问题给予更大支持。

统筹区域发展的实质，是实现地区共同发展。保持比较发达的地区快速发展的势头和扶持落后地区的发展，都是国家的既定政策。地区差距不仅表现在东部和中西部之间，也表现在省、自治区、直辖市之间，还表现在省、自治区内部地区之间。地区差距问题要在工业化、城市化和市场化的发展进程中逐步得到解决。

统筹经济社会发展的实质，是在经济发展的基础上实现社会全面进步，增进全体人民的福利。随着温饱问题的解决和改革的深入，经济发展中的社会问题日益凸显出来。社会发展领域存在的问题，许多同经济转轨过程中政府职能不到位有直接关系，需要转变政府职能。社会保障、科学技术、文化教育、公共卫生和医疗等领域有其特殊性，政府必须承担起应负的责任，不能简单地提“市场化”或“产业化”的目标和口号。

统筹人与自然和谐发展的实质，是人口适度增长、资源的永续利用和保持良好的生态环境。我国是人均资源比较少的国家，资源约束是伴随工业化、现代化全过程的大问题，工业化和城市化道路的选择，发展模式、发展战略和技术政策的选择，乃至社会生活方式的选择，都必须考虑资源约束和环境承载能力。从古代的屈服和崇拜自然，到产业革命以来大规模征服自然以致破坏自然，发展到现在强调人与自然和谐，这是人类进步的标志。

统筹国内发展和对外开放要求的实质，是更好地利用国内外两种资源、两个市场，顺利实现中国经济的振兴。中国的国际经济地位正在发生带有根本性的变化。我们现在面临着和改革开放初期甚至和十年前完全不同的外部环境。过去在封闭经济、进出口很少、外汇短缺条件下形成的体制和政策需要改革，许多经济观念也需要更新。目前，适当增加资源密集型产品进口，更多引进先进技术是有好处的。在对外经贸关系方面，我们追求的是“双赢”局面。贸易摩擦是任何经济贸易大国在崛起过程中都无法回避的，要用平常心看待这一问题。

4. 和谐社会

（1）和谐社会的概念

党中央十六届四中全会提出“社会主义和谐社会是民主法治、公平正义、诚信友爱、充满活力、安定有序、人与自然和谐相处的社会”。这些基本特征是相互联系、相互作用的，需要在全面建设小康社会的进程中全面把握和体现。

（2）和谐社会的要求

① 和谐社会要求运用科学的发展观，实现五个统筹；②和谐社会要求实现人与自然的和谐，人与人的和谐，按可持续发展的思想，推行循环经济，完善社会福利、社会保障制度；③政府的职能从以经济建设为中心转向以公共社会职能为中心。行政管理转向公共服务。

（3）城乡规划与和谐社会的关系

第一，城乡规划是城乡发展的龙头，是城乡建设的蓝图和规范，而构建社会主义和谐社会则是城乡规划的指导思想和奋斗目标；

第二，城乡规划是城市政府调控各类资源，确定城市发展各项指标的公共政策，为引导、调控和谐社会建设提供规划保障；

第三，城乡规划作为公共政策是城市政府保障公众利益、公共安全的重要手段，在城乡规划中突出了对城乡公共资源和生态用地的保护，突出了对教育、医疗卫生、住宅用地的控制和保护，必将进一步促进本市人与自然的和谐以及和谐社会、和谐社区的建设。

在构建和谐社会、加快城乡建设发展中，城乡规划的引导、统筹和综合调控作用将得到进一步发挥。

构建社会主义和谐社会，从根本上说，就是要在一种新的价值形态或者价值期盼中理解社会主义现代化，恰当地处理当代中国社会中所面临的各种复杂矛盾与问题。这就要求我们更加清醒地认识当前妨碍社会和谐的各种因素，积极探寻其解决的办法，明确和谐社会构建的基本价值取向：效率与公平的关系；速度与质量的问题；统一性与差异性的关系；利益与道义的关系；价值多样化与主流价值取向的关系。清醒地认识和恰当地处理这个价值体系中的各个方面，才能使我们始终保持正确的价值方向和合理的发展目标，从而把城乡规划事业不断地推向前进。

5. 和谐社会与城市规划

构建和谐社会首先要构建人与人和谐、人与自然和谐的城乡社会。和谐城乡是和谐社会极其重要的组成部分，和谐城乡应是以广大人民群众的需要为出发点和归宿，符合城乡发展规律。城市经济、社会、环境协调发展。历史文化和风景名胜得到有效保护与利用，人与自然和谐相处，能够依法进行规划、建设和管理，能够实现社会文明和可持续发展的城市。和谐城乡应当是个充满理性的、祥和、安定美好的健康城市。

第一，构建和谐社会是城乡规划的根本任务。城乡规划的编制、审批和实施一定要坚持“以人为本，全面、协调、可持续”的科学发展观，这是构建和谐社会的基本要求。理应是城乡规划工作的指导思想和审视、检验城市规划的准绳。

第二，城乡规划的编制与实施要处理好各种关系，使各项建设事业协调发展。除考虑区域、城乡、经济社会、人与自然、国内发展与对外开放的“五个统筹”发展之外，必须综合考虑全局与布局、新区与旧区、近期与远期、需要与可能、共性与个性、历史与现代、地上与地下、产业与环境等各种关系，防止各个城市因在城镇化速度上互相攀比而造成土地资源的浪费，要鼓励发展无污染企业，处理好经济发展与生态环境保护之间的矛盾，不能为了政绩急功近利，顾此失彼，盲目决策。

第三，在旧城改建方面，建议政府建立专门的基金补偿来加强历史文化保护和提高百姓修房的积极性，合理改善旧城的百姓生活居住条件。

第四，要加强对建设用地和建设工程的依法管理。在乡管理过程中，不能用人治替代法制，不能以主观意志和感情好恶替代规划原则，不能违反法定程序进行方案审定，更不能进行暗箱操作。

第五，城乡规划不能光研究技术，应该更多地研究社会结构和人的全面发展，规划导向应面向大众，能够为社区的脆弱群体提供医疗、教育、就业、休闲等方面的保障。

第六，要加强近期建设规划和居住区规划，这是构建和谐社会的基本任务和现实需要。社区和谐、邻里和谐、人与人和谐是社会和谐的基础。

第七，要建立和落实公众参与制度。尊重公众知情权，不是仅仅将规划公示简单地在网上公布了事，而应该进行普遍范围内的公告和说明，真正让群众有所了解。

二、城市社会学的调查与研究方法

（一）熟悉城市社会调查与数据处理的方法

1. 社会调查的基本类型

① 典型调查：是指从调查对象的总体中选取一个或几个具有代表性的单位，如个人、群体、组织、社区等，进行全面、深入的调查。其目的是通过直接地、深入地调查研究个别典型，来认识同类事物的一般属性和规律。

② 重点调查：是通过对重点样本的调查来大致地掌握总体的基本数量情况的调查方式。所谓“重点”，是指总体中那些在某一或某些数量指标上占有较大比重的单位或个体。

③ 抽样调查：是指从调查对象的总体中抽取一些个人或单位作为样本，通过对样本的调查研究来推论总体的状况。与典型调查相比较，抽样调查一般是标准化、结构式的社会调查，它具有综合定性研究和定量研究的功能，因此，抽样调查已成为现代社会调查的主要方式。

④ 个案调查：个案调查有两种情形，一是专项调查，即调查的对象只有一个个体，调查的目的只是为了了解这一个体的状况；二是从社会某一领域中选择一两个调查对象进行深入细致的研究，这种研究的主要目的就是认识所选调查对象的现状和历史，而不要求借此推论同类事物的有关属性。因此，个案调查如需选择具体的调查对象，则并不要求其代表性或典型性，但要求个案本身具有独特性。

2. 城市社会学研究的基本程序

社会学研究是认识社会的一项科学研究活动，尽管社会学的研究方法多种多样，各具特点，但它们作为一种认识活动有其共同之处，因此需要有共同的规范和程序，才能使研究工作有条不紊地进行，取得较好的效果。

基本程序正是这一共同点的抽象：确定研究的目的、研究前的准备、设计研究方案、资料的搜集与分析，撰写研究报告。

（1）确定研究的目的：在这一阶段主要有两个任务，一是选取研究主题，也就是从现实社会中存在的大量现象问题和领域中，根据研究者的兴趣、需要与动机确定一个研究主题，比如，企业制度、人口流动、社会保障等；二是形成研究问题，也就是说进一步明确研究的范围及焦点，将最初比较含糊的、比较笼统的、比较宽泛的研究领域或研究现象具体化、精确化。

（2）研究前的准备：就像实施一项工程之前必须进行工程设计一样，要保证社会科学研究工作的顺利进行，保证研究目标的完满实现，必须进行周密的研究设计，确定研究的思路、策略、方式、方法及具体技术工具等各个方面。从研究目的、研究的用途、研究方式、直到具体的研究方案等都要进行设计。

（3）设计研究方案：研究的方案设计好之后，就可以进行资料的收集，较为普遍使用的方法是实验法、文献法、调查法、实地法。需要注意的是，由于社会现象的复杂性，或者由于现实条件的变化，我们有时事先考虑的研究设计往往会在某些方面与现实存在一定的差距，这就需要我们根据实际情况适时地作出修正或弥补，发挥研究者的主动性和灵活性。

（4）资料的搜集与分析：在资料收集好之后，需要对其进行分析，主要有定量分析与定性分析，这要视资料收集时使用的方法而定。比如，如果采用实地法收集资料，那么运用定性分析；如果采用调查法来收集资料，则可运用定量分析。

（5）撰写研究报告：包括提出研究的结果，思考研究结果的意义及深化课题生成理论。

3. 城市社会学收集资料方法

主要有访谈法、问卷法、观察法、文件法等几种。

（1）问卷法调查法

问卷法是通过填写问卷（或调查表）来收集资料的一种方法，这种方法适用于大规模的社会调查。

问卷调查，按照问卷填答者的不同，可分为自填式问卷调查和代填式问卷调查。其中，自填式问卷调查，按照问卷传递方式的不同，可分为报刊问卷调查、邮政问卷调查和送发问卷调查；代填式问卷调查，按照与被调查者交谈方式的不同，可分为访问问卷调查和电话问卷调查。

问题的种类：①背景性问题，主要是被调查者个人的基本情况；②客观性问题，是指已经发生和正在发生的各种事实和行为；③主观性问题，是指人们的思想、感情、态度、愿望等一切主观世界状况方面的问题；④检验性问题，为检验回答是否真实、准确而设计的问题。

设计问题的原则：①客观性原则，即设计的问题必须符合客观实际情况；②必要性原则，即必须围绕调查课题设计最必要的问题；③可能性原则，即必须符合被调查者回答问题的能力。凡是超越被调查者理解能力、记忆能力、计算能力、回答能力的问题，都不应该提出；④自愿性原则，即必须考虑被调查者是否自愿真实回答问题。凡被调查者不可能自愿真实回答的问题，都不应该正面提出。

（2）访谈、深度访谈法与质性研究方法

① 访谈法

访谈法是指调查者和被调查者通过有目的的谈话收集研究资料的方法，其包括访问和座谈。

适用范围：访谈法收集信息资料是通过研究者与被调查对象面对面直接交谈方式实现

的，具有较好的灵活性和适应性。访谈广泛适用于教育调查、求职、咨询等，既有事实的调查，也有意见的征询，更多用于个性化、个别化研究。

优点：可以对工作者的工作态度与工作动机等较深层次的内容有比较详细的了解；运用面广，能够简单而详细地收集多方面的工作分析资料；由任职者亲口讲出工作内容，具体而准确；使工作分析人员了解到短期内直接观察法不容易发现的情况，有助于管理者发现问题；为任职者解释工作分析的必要性及功能；有助于与员工的沟通，缓解工作压力。

缺点：访谈法要专门的技巧，需要受过专门训练的工作分析专业人员；比较费精力费时间，工作成本较高；收集到的信息有时候会扭曲和失真。访谈法易被员工认为是其工作业绩考核或薪酬调整的依据，所以他们会故意夸大或弱化某些职责。

②质性研究方法与深度访谈

这是相对定量研究方法而言的方法。质性研究实际上并不是一种方法，而是许多不同研究方法的统称，也称为“质的研究”，是以研究者本人作为研究工具，在自然情景下采用多种资料收集方法对社会现象进行整体性探究，使用归纳法分析资料和形成理论，通过与研究对象互动对其行为和意义建构获得解释性理解的一种活动。

常用的是深度访谈、观察和实物分析方法，这些方法分别要解决的问题包括了解被研究者的所思所想、所作所为，并解释研究者所看到的物品的意义。质性研究的资料分析过程要强调研究者从资料中发掘异议并理解被研究者，通过研究者文化客位的解释来获得被研究者主位的意义，实现理论构建。

深度访谈方法也是质性研究方法中的最重要的一种方法，是一种研究性交谈，与一般的部门访谈法有所不同。

4. 城市社会学经验研究法

城市社会学研究中运用的经验研究方法主要有社会观察法、社会实验法和社会调查法。文献分析法可用于理论研究，又可用于经验研究。社会实验法是把研究对象置于人为设计的条件控制中进行观察和比较的研究方法，是迄今为止最严密、最科学的经验研究法。

5. 城市社会学分析方法

（1）定性分析法：包括矛盾分析法、社会因素分析法、历史分析法、功能分析法及行为心理分析法。

（2）社会统计分析法：可分为描述性分析和说明性（解释性）分析。统计分析常用的统计量有频数和频率、众数值、中位数、平均数、标准差和相关系数等。

（二）掌握城市社会学调查方法在城乡规划中的应用

1. 社会学调查方法与城乡规划的内在关联

（1）社会学调查是城乡规划作为实践性学科的本质要求。

（2）社会学调查方法是城乡规划科学化和现代化的需要。

2. 城乡规划社会调查的主要特点

（1）方法性；（2）实践性；（3）综合性。

3. 城市社会学调查方法在城乡规划中的应用

（1）社会调查是城乡规划的一项基础性的工作

与城乡规划相关的任何研究、设计、实施和管理等工作和活动，都离不开城乡规划社会调查工作，其调查研究的成果是城乡规划设计、决策及管理的重要前提和依据。

（2）社会调查是一项科学认识和研究活动

城乡规划社会调查是针对城乡生活中的各种社会现象，发现问题、分析问题、研究问题，进而寻求改造城乡社会、建设城乡社会的途径、方法的一种科学认识方法和科学研究活动。

（3）社会调查是一种城乡规划的规划和策划方法

城乡规划社会调查是一种科学的工作方法，它以城乡规划相关理论和社会调查学理论方法作为指导，具体推动城乡规划工作的有效开展和城乡规划学科的发展进步。城乡规划社会调查工作在完成对社会现象和社会问题的调查、分析、研究及解决的同时，也对城乡规划自身的工作方法、理论和技术提出新的要求，进而推动城乡规划学科的发展进步。

（4）社会调查是促进城乡规划的公众参与得以实现的根本途径

城乡规划是一项社会运动或者是社会活动，城乡规划是由公众、政府、规划技术人员等相互结合形成的公共政策。作为公共政策，广泛、深入的公众参与是城乡规划科学性的重要保证，公众参与的有效方式主要包括深度访谈、问卷调查、规划展示、公众听证会（座谈会）、专题系列讲座等，而这些有效的公众参与方式在很大程度上就是城乡规划的社会调查工作内容。

三、城市人口结构与人口问题

（一）掌握城市人口结构与问题

1. 人口结构概念

人口结构即城市人口构成，是指一个国家、区域或城市内部各类人口之间的数量关系，最典型的人口结构包括人口的性别结构、年龄结构、素质结构。

可分为两类：①城市人口自然结构，如性别结构、年龄结构等；②城市社会结构，如阶级结构、民族结构、家庭结构、文化结构、宗教结构、语言结构、职业结构、经济收入结构等。

2. 人口结构的意义

反映一定地区、一定时间人口总体内部各种不同质的规定性的数量比例关系。又称人口构成。它依据人口本身所固有的自然的、社会的、地域的特征，将人口划分为各个组成部分所占的比重，一般用百分比表示。

人口是一个具有许多规定和关系的总体，有性别、年龄、居住地、民族、阶级、文化、婚姻、职业以及宗教信仰等标志，但就其性质特征而言，人口结构类别可归纳为人口自然结构、人口社会结构、人口地域结构三大类。

（1）人口的自然结构：依据人口的生物学特征划分，主要有性别结构和年龄结构。人口的自然结构既是人口再生产的必然结果，又是人口再生产的基础和起点，对人口发展规模和速度有重要的制约作用，从而对社会经济的发展发生重要的影响。同时，社会经济的发展也通过一系列中间环节对人口自然结构起制约作用。

（2）人口的社会结构：依据人口的社会特征划分，主要包括阶级结构、民族结构、文化结构、语言结构、宗教结构、婚姻结构、家庭结构、职业结构、部门结构等。社会经济发展以及社会生产方式决定人口社会结构及其变动；人口社会结构反作用于社会经济发展。人口的社会结构对人口再生产有重大的影响，不同的阶级、民族、文化、宗教、婚姻、家庭、职业和部门，其生育率、死亡率和自然增长率不同，平均寿命也有相应的差异。

（3）人口的地域结构：依据人口的居住地区划分，主要有人口的自然地理结构、人口的行政区域结构和人口的城乡结构。人口的地域结构状况与地理环境、自然资源、经济发展有关，合理的人口地域结构有利于开发和利用自然资源，促进城乡经济的发展。人口地域结构也是形成人口出生率、死亡率、平均寿命地区差异的重要原因。

3. 人口性别结构的相关概念

我国目前出现的城市社会人口结构问题有人口老龄化、性别比例失调等。

（1）人口性别结构

人口的性别结构是城市内男性和女性人口的组成状况，一般用性别比表示。

性别比=（男性人口/女性人口）×100。

人口性别比一般以女性人口为 100 时相应的男性的人口数来定义。性别比大于 100，标志男性多于女性人口，性别比越大男性的比重越大。一般情况下，人口的性别比在92～106 之间。

（2）人口性别结构的问题

城市人口性别比最常见的问题就是性别比偏高，即男性人口过多；性别比偏高会造成婚姻的纵向挤压（即年龄挤压）以外，还会导致婚姻市场的地域挤压；在少数经济发达地区和城市，出生性别比很高，说明未必地区经济越落后性别比越高，因为出生性别比还受到文化等其他因素的影响。

4. 人口年龄结构

是指在某一时间某一地区或城市中各不同年龄段人口数量的比例关系，常用各个年龄组人口在其总人口中所占的比重加以表示。

5. 人口素质结构

（1）人口素质结构的概念

人口素质，又称为人口质量。人口素质结构则是指在一个区域或城市内，各种素质的人口在“质”和“量”上的组合关系。

广义的人口素质或人口质量包括人口的身体素质、科学文化素质和思想素质（三分法），也有人认为只包括身体素质和科学文化素质（两分法）。狭义的人口素质指居民的科学文化素质。

（2）人口素质结构的指标

人口素质决定改造世界的条件和能力，是可以量化的，衡量人口素质的指标较多，常用的包括有 PQLI、ASHA、HDI 三种指数形式。

PQLI 指数即人口素质指数；ASHA 指数由美国社会卫生组织提出，用来反映社会经济发展水平在满足人民基本需要方面所取得的成就；HDI 指数，即人类发展指数，是用来测定发展中国家摆脱贫困状态程度的一个综合指标，也可以反映人口素质。

（3）城乡规划中的人口素质结构

在城市规划中，人口素质一般指的是狭义的“人口素质”概念，即居民的科学文化素质，一般用居民的文化教育水平来衡量。

（二）掌握城市人口的社会问题

1. 人口老龄问题化

人口老龄化是指60岁（或65岁）及以上人口在总人口中所占比重的问题。按联合国的相关规定，凡60岁及以上人口占总人口10%以上或65岁及以上人口占总人口7%以上就属于老年型人口。人口老龄化是一个动态概念，它与出生率迅速下降密切相关。出生率越低，人口老龄化进展越快；反之，出生率提高，人口就会向年轻化转化。

人口老龄化衡量指标很多，包括老龄人口比重、高龄人口比重、老少比、少年儿童比重、年龄中位数、少年儿童抚养比和老年人口抚养比。

与发达国家相比，中国老龄化存在四个显著的特点：少子老龄化；轻负老龄化；长寿老龄化；快速老龄化。

老龄化加剧所带来的直接后果是老年人口在城市总人口中所占的比例增加，老年人口的养老问题也会更突出，对投入的要求一定会增加。相对的，青壮年劳动力比例下降，也就是说，主要创造价值的人口比例在缩小，而消费的人口比例增加。这对社会经济建设影响就更大了。

2. 流动人口问题

流动人口是在中国户籍制度条件下的一个概念，是指离开户籍所在地的县、市或者市辖区，以工作、生活为目的异地居住的成年育龄人员。国外一般称为人口流动。流动与迁移是两种相似但又有区别的现象，流动人口与迁移人口虽然都进行空间的位移，但迁移是在永久变更居住地意向指导下的一种活动。

流动人口对流入城市发展和建设产生正面效应，也对流入城市的社会结构产生影响，还带来负效应。流动人口独特的人口学特征对流入城市产生影响；流动人口对流入城市基础设施的使用产生较大影响；流动人口对流入城市的计划生育和违法犯罪产生影响。

3. 人口失业问题

从广义上看，就业就是指劳动者处在有职业的状态，即劳动者能够与生产资料相结合，从事某种社会劳动。从狭义来讲，只有当从事某种劳动与维持劳动者本人及其家庭的生活联系起来，才能被认为是就业。

失业作为社会问题，主要反映在失业者的构成和失业者的分布方面。

劳动者与生产资料结合时，可能产生三种情况：①劳动力的供给大于社会经济发展对劳动力的需求。表现为一部分劳动力无法与生产资料相结合，劳动力未得到充分利用，这就出现失业现象；②劳动力的供给小于社会经济对劳动力的需要，这时一部分生产资料得不到充分利用，出现劳动力不足现象；③劳动力与生产资料互相适应，失业现象消失。经济的不发展是造成失业或不能充分就业的根本原因。但就业还要受到一些经济因素以外的社会因素的影响。

失业的分布表现为：①市区的失业率高于郊区，因为市区是贫民和少数民族集中区，而白领阶层多住在郊区；②工业城市的失业率高于其他性质的城市，因为失业问题主要集中在工业部门。

人口失业的原因：结构性失业、摩擦性失业、贫困性失业。

四、城市社会阶层与社会空间结构

（一）熟悉城市社会阶层特征及其空间分异

1. 社会阶层的定义

社会学把由于经济、政治、社会等多种原因而形成的，在社会的层次结构中处于不同地位的社会群体称为社会阶层。不同时期，社会对阶级或阶层 的划分各不相同。现代社会，提到“阶级”或“阶层”时，通常指个人或者集团对财富拥有量，而不是指对生产资料的占有。

社会阶层：指全体社会成员按照一定等级标准划分为彼此地位相互区别的社会集团。同一社会集团成员之间态度以及行为和模式和价值观等方面具有相似性。不同集团成员存在差异性。

2. 社会阶层分异的动力

在社会上，社会分层则揭示了城市的内在结构。所谓的社会分层，就是以财富、权力和声望的获取机会为标准的社会地位排列模式。通常，社会阶层是以职业和收入来划分的，在多民族不平等的城市中，种族则是决定阶层的一个重要因素。

城市社会阶层分异的动力有以下几方面：收入差异和贫富分化；职业的分化；分割的劳动力市场；权力的作用和精英的产生。

（二）城市社会空间结构的特征

1. 概念

简单地说，城市社会空间结构就是城市社会结构在空间上的投影。

2. 城市社会空间

（1）隔离

城市社会隔离表现在城市生活中最明显的是居住隔离。

第一，不同社会经济地位的各社会阶层在城市中的居住分布呈扇形，沿交通轴线延伸。

第二，不同家庭结构的人们居住分布呈同心圆状。

处在人生不同阶段的人们对空间大小的需求是不一样的。人一生划为六个周期，每个不同生命周期对居住地的选择都不同：①青年期，刚从学校毕业，未婚，无子女，一般住在公寓宿舍，靠近或就在中心商务区；②刚结婚，夫妇则要在中心区外围寻找出租房屋，但不能离 CBD 太远，以便于享受方便的服务；③待有了孩子以后，主要矛盾就是要寻求更宽敞的住宅，最好带有花园，这样就要在城市边缘居住；④孩子成年离家，并且家庭地位也有了提高，便要在更高级的社区居住；⑤退休后，在更远的、更接近自然的地方居住；⑥老年丧偶，造成生活不便，又回到靠近市中心各种设施的公寓居住。人口多的大家庭，需要宽敞的空间，一般住在城市外圈，而小家庭、单身家庭则在内圈。

第三，种族、民族因素的存在，使其居住状态不符合社会分层和家庭规模而形成的分布规律。他们一般为了特殊的利益，或仅是偏好，也因为歧视的存在，在城市中某一区域成团状巢聚。

（2）分异与空间极化

大规模城市扩散对 20 世纪美国的城市和区域发展产生了深远的影响。它在缓解以往困扰工业城市的一些问题如城市拥挤、污染与交通阻塞等问题的同时，也带来一系列新的问题。首先是城市的衰落，特别是在大城市，城市扩散使它们流失大量的人口和产业。中产阶级大量向郊区迁移，留下的大部分是低收入人口、无业人口与老龄人口，城市因此失去其财政税收的基础，无力支撑市政设施等开支。在郊区，遍地开花的低密度发展则消耗大量的土地资源，也使高速道路等市政配套更加昂贵。同时，由于大多数郊区的功能趋于单一，居住区到商业中心和企业园区往往只能通过高速公路联系，这使得交通堵塞的程度有增无减，并从城市扩散到整个区域。

城市扩散所形成的城镇结构往往呈树状伸展的形态。主要道路从高速路引出后，呈阶梯形分叉直至形成终端式道路，建筑物就在这些终端道路两侧松散地排列。这种郊区化结构所带来的明显问题是用地多，日常生活严重依赖汽车，公共空间失去场所感，而且不易形成社区的气氛，并加重了社会阶层之间的隔阂。

早期的郊区开发，由于缺乏总体观念，而土地供应充足，因此开发模式是以大地段为单位开发中心的。居住的人口主要是中产阶级和富裕阶级、白领阶层为主，他们居住面积大，并且有可以选择的交通手段。比较贫困的阶层不得不居住在城市的中间，尽量离工作的地方近一些，也可以走路上班为考虑，他们的居住区道路上没有绿化、没有树木，很脏，治安也非常差。

3. 城市社会空间结构模式

（1）伯吉斯的同心圆模型

伯吉斯在研究芝加哥的土地利用和社会特点后，提出了由五个同心圆组成的城市格局。他总结出城市社会人口流动对城市地域分异的五种作用力：向心、专门化、分离、离心、向心性离心。在五种作用力综合作用下，城市地域产生了地带分异，便产生了自内向外的同心圆状地带推移。他认为社会经济状况随与城市中心的距离而变化，并根据生态原则设计了表示城市增长和功能分带的模式。

伯吉斯认为在城市不断扩张的同时，形成了不同质量的居住带，依次向外为：市中心为商业中心区、过渡带、工人住宅带、良好住宅带、通勤带。

缺点是：同心圆过于规划，未考虑城市交通线的作用，且划带过多。成功之处是：从动态变化分析城市；在宏观效果上，基本符合城市结构特点；为城市地域结构提出新的思想。

（2）霍伊特的扇形结构模型

扇形模型是关于城市居住区土地利用的模式，其中心论点是城市住宅区由市中心沿交通线向外作扇形辐射。是移动式城市增长过程中最为重要的方面。

美国城市住宅发展受以下倾向影响：住宅区和高级住宅区沿交通线延伸；高房租住宅在高地、湖岸、海岸、河岸分布较广；高级住宅地有不断向城市外侧扩展的倾向；高级住宅地多集聚在社会领袖和名流住宅地周围；事务所、银行、商店的移动对高级住宅又起到吸引作用；高房租住宅随在高级住宅地后面延伸；高房租公寓多建在市中心附近；不动产业者与住宅地的发展关系密切。

根据上述因素分析，他认为城市地域扩展是扇形，并于 1939 年发表了《美国城市居住邻里的结构和增长》，正式提出扇形模型学说。他认为不同的租赁区不是一成不变的，高级的邻里向城市的边缘扩展，它是移动式城市增长过程中最为重要的方面。这一模型较同心圆模型更为切合城市地域变化的实际。

（3）哈里斯和乌尔曼的城市土地利用多核心模型

中心商业区是大城市总体上的支配中心，但城市内部还存在其他支配中心，这些支配中心都支配着一定的地域范围，城市地域就是由若干各具特色、相互独立的核心逐步结合组成的，每个核心的区位和发展主要取决于各自的功能特点和吸引力。

（三）熟悉当前中国城市社会结构的特征和存在问题

1. 社会空间结构变化原因

经济因素、人口因素、社会因素。

2. 中国社会空间结构变化原因

最根本的原因是精英选择除了“血统原则”之外，“财产原则”与“成就原则”也开始起作用。这种精英选择机制导致社会结构发生了巨大的变化。

具体表现在如下几方面：一是除政治利益集团之外，还形成了其他利益集团，个别利益集团还有成熟的组织形式与利益诉求管道；二是宪法上规定处于领导阶级地位的工人阶级及位于“次领导阶级”的农民阶级事实上已处于边缘状态；三是社会中间组织的发展处于“暴发式增长”状态。这一切导致国家、社会与个人之间的关系发生了深刻的变化，尤其是“入世”以后，中国的利益集团将更加多元化，各利益集团之间的关系将会发生一些微妙的变化。

（1）利益集团的多元化趋势

① 资源分配不平等——利益集团形成的基本成因；②社会精英集团的两大支柱——政治精英与经济精英；③知识精英集团的演变及利益集团化。

（2）其他社会各阶层

① 中间阶层的不发达状态；②工人经济地位的边缘化；③处于困境中的农民阶层；④庞大的社会边缘化群体；⑤中介组织的初步发育；⑥两极分化的高风险社会；⑦倾斜的社会基础。

（3）可能出现的变化

① 其他力量对新闻媒体的渗透；② 加入 WTO 组织对中国的影响。

3. 中国社会空间结构的变化趋势

由于经济、人口、社会等因素的影响，城市社会空间结构发生变化。其一是工业化带来的城市化，导致大量农村人口转入城市，进入到城市居民的行列。其二是城市社会的分层化。城市化的进程造成了都市社会结构的演变，未来的社会分层会越来越清晰、明显，而且在不断固化。

计划经济时期中国城市社会空间结构模式的最大特点是相似性大于差异性，整体上带有一定的同质性色彩。市场经济转型时期中国城市社会空间结构模式则复杂得多，差异性大于相似性，带有多种新结构的特点，整体上表现出明显的异质性特征。

4. 影响城市形态及其结构变化的力量

主要有两个：分散力与集中力。

分散因素中包括：①远距离通信技术的增加和高度化；②影响所有经济活动的区位制约因素在下降，自由配置在增加；③银行、公司等白领工作岗位的郊区化；④低密度农村生活环境偏好的增大；⑤旧公共交通的混杂和运输费用的增加；⑥经济活动的国际化。

集中因素中包括：①特定经济活动中面对面接触的必要性依然继续存在；②能源费用的上涨和能源供给的不确定性；③反技术态度的出现；④贫困化城市下层居民的残留；⑤绅士化现象（年轻中产阶级的一部分迁居到内城）；⑥高度远距离通信技术对不富裕阶层来说难以利用，或者十分昂贵。因此，分散与集中这两种力量的相互关系，加上经济状况和历史因素，就形成了各个区域的多样性。

（四）熟悉社会问题

城市的最显著特征是人口密集，因此，社会问题集中地发生在城市里。城市社会问题是经济发展到一定阶段的产物。不同的经济发展阶段产生不同的社会问题；不同的社会制度，社会问题的表现形式也不相同，所以城市社会问题复杂多样，问题的严重程度强弱不等。

社会学所研究的社会问题与一般社会上所谓的社会问题可能是不同的。社会学所谓社会问题，则是认为社会的正常运转出了问题，出了毛病，是社会中发生的被多数人认为是不合需要或不能容忍的事件或情况，这些事件或情况，影响到多数人的生活，而必须以社会群体的力量才能进行改进的问题。据此，所谓社会问题，不是指个别人，个别家庭或团体的问题，而是必须依靠社会中大家的力量共同解决的问题。

我国最严重、最基本、最棘手的问题莫过于人口问题，这个问题又直接地衍生出或即将衍生出例如劳动就业问题、青少年犯罪问题、老龄问题、贫穷问题等。再加上其他的所谓知识分子问题、婚姻家庭问题、社会主义道德、风尚问题、城乡发展和建设问题、官僚主义问题等十大社会问题。

1. 贫穷问题

西方国家的城市大都有法定的贫困线，当低于贫困线的城市贫民的比重超过一定比例后，就意味着城市陷入贫困状态。城市贫困在市区比在郊区更严重，贫困问题具有顽固性。

(1) 贫困的含义

所谓贫穷就是当人们缺少满足他们生活基本需要的手段的状况存在时的现象。一些研究者企图制定一个比较固定的标尺以衡量贫穷。这就是所谓的“贫穷线”。在这条线之下，就开始有了贫穷；在这条线之上，贫穷就到此为止。贫穷线经常包括了关于人类基本物质需要的判断。所谓基本物质需要，看法有所不同，计量方法也有不同。

(2) 贫困的原因

贫困一般可以分为四类，即物质贫困、能力贫困、权利贫困和动机贫困。

城市贫困在很大程度上是现代的、技术上复杂的、高度分化的社会经济体系的产物。在这种复杂的社会中，报酬较高的工作要求过硬的技术，无技术或缺乏教育的人不易获得高报酬工作；技术需求和一般劳动力需求的波动使失业率和不充分就业率变化，这些社会经济条件产生了失业者、技术过时者、缺乏充分教育或熟练技术的贫民群体。偏见和歧视是城市贫困的另一个原因。贫民拮据的经济条件和不好的名声导致偏见和歧视。偏见和歧视使他们在教育和经济竞争中处于不利地位。城市贫困的第三个原因是规范。西方学者提出的“贫民文化”理论认为，贫民的价值标准、信仰模式及生活方式都与主流文化有重要区别，因为贫民往往在地域上集中，并形成共同的交往方式，享有共同的生活条件。

2. 生态环境问题

(1) 产生原因和表现形式

① 产生原因：城市环境问题是由人类经济、社会发展与环境的协调关系被破坏，主要是资源的不合理利用和浪费所造成的。具体说来，有这样几方面的原因：

一是人口的增长和经济的发展超出了环境承载能力和环境容量；二是发达国家的高生产、高消费政策，使城市生活过度奢侈，浪费了大量的能量与物质，使得排废过多，恶化了城市环境；三是资源的利用率低，增加了废弃物排放的可能性；四是不尊重生态规律，不以反映城市生态规律的理论为指导组织经济、社会生活，不能合理使用土地与空间，建筑布局、工业布局混乱，从而破坏城市的生态系统，减弱城市生态系统的调节机能。

② 表现形式：主要有大气污染、水污染、噪声污染、垃圾污染等。

(2) 城市环境保护管理的措施

城市环境保护管理能不能搞好，除了政策上的保证以外，在组织上、制度上、方法上作出严格的规定，并制定具体的强有力的实施措施，也是至关重要的。

① 组织上以地方为主。环境问题的涉及面很广，既要归口管理，又要分工负责。② 手段上以立法和规划为主。发达国家在保护环境中，立法起了重要作用。他们的环境管理主要是依靠环境立法。③ 方法上以环境质量评价为主。环境质量评价，是根据保护人体健康，保证人们正常的劳动和生活条件，以及其他生态系统正常循环的环境标准为尺度，给城市环境质量变化对人和生物的危害程度，即污染状况作出客观的评定。

五、城市社区

(一) 掌握社区和邻里的基本构成要素

1. 社区、居住社区与城市居住区

社区一词，最初的含义是指在传统的自然感性一致的基础上，紧密联系起来的社会有机体，它是由德国社会学家斐迪南·滕尼斯提出的。如今对社区的定义归纳起来有两大类：一类是功能主义观点，另一类是地区性观点。通常指一群人住在同一地域因而产生了共同的利益和价值准则，那么这一群人及所居住的地区被称为社区。社区的构成要素有地域、共同纽带和社会互动。

在城乡规划的研究与实践中，最常接触到的是城市居住社区。城市居住社区的概念区别于城市居住区概念的最主要的地方是，城市居住区基本表达的是一个空间实体居住地域概念；而城市居住社区更将这种地域看作是一种以居住行为为核心的内在社会网络及社会互动的空间表现，因此它远比城市居住区的概念来得深刻与广义。

城市社区是指大多数人从事工商业及其他非农业劳动的社区，它是人类居住的基本形式之一。由于城乡社区在成员构成、政治经济、思想文化等方面存在着差别，使得城乡之间产生种种关系，即通常说的城乡关系。这种关系必然引起城乡之间的交流。

2. 社区的基本构成要素

(1) 空间构成要素

① 边界。边界是社区的基本构架，标志着主体共同生活的最大范围，边界使社区初步奠定自身的意义。② 中心。中心是社区的秩序焦点，是主体共同生活的动力意向的根源，它可以使社区开始产生内聚性。③ 连续。连续是社区的动态结构，主体共同生活的

有机化。这里的连续，是指社区环境中各种序列的连续。

边界、中心、连续这三者实质上是互相依存的。没有边界，自然谈不到内聚性；没有内聚性，边界也无法维持。失去了动力意向，动态结构自然消失。只有三者有机结构才能保证社区的存在。

(2) 社会构成要素

① 地域。是社区存在和发展的基本条件，是社区居民从事生产、生活活动的依托，也是社区控制感形成的基本条件。② 人口。人口的数量、集散的疏密程度以及人口素质等，是社会形成和发展的重要因素。③ 文化制度和生活方式。每一个社区由于自己特有的历史传统、风俗习惯等，因而形成了不同风格的文化特点，以区别于其他社区甚至邻近社区。④ 地缘感。社区居民在情感或心理上具有共同的地域观念、乡土观念和认同感。

(二) 熟悉社区的权力模式和归属感

1. 社区的权力模式

(1) 精英论

这一理论认为社区政治权力掌握在少数社会名流手中，地方重大的政治方案通常是由这些精英起决定作用，而地方各级官员予以配合来实现少数人的意志。具体讲，精英论的观点包括：①上层少数人构成单一的"权力精英"；②该"权力精英"阶层统治地方社区的生活；③政治与民间领导人物是该阶层的执行者；④该阶层与下层人民存在社会冲突；⑤地方精英与国家精英存在千丝万缕的联系。

(2) 多元论

多元政治论者认为，社区政治权力分散在多个团体或个人的集合体中，各个群体都有自己的权力中心，地方官员也有自己的独立地位；官员要向选民负责，所以选民也有权力，他们以投票来控制政治家。

具体来说：①权力本身一定要与权力资源分开；②社会冲突建筑在有组织的社会团体上，而不是社会阶层上；③权力资源不平等地分布于各团体中，故有些团体拥有的权力资源比其他团体多；④尽管各团体权力资源不同，但是每个团体都可设法争取某些权力资源；⑤选举出来的官员在政治上有其独立性；⑥选民通过投票来间接影响地方政策，从政者不得不尊重选民的意志。

2. 社区的归属感

城市社区的归属感是城市居民对本社区的认同、喜爱、依恋的心理感觉。

社区归属感的影响因素：居民对社区生活条件的满意度；居民对社区的认同程度；居民在社区的社会关系；居民对社区各类活动的参与程度；居民在社区的居住年限。

培养社区成员归属感：搞好社区生活条件建设，提高社区成员满意度；完善社区服务；整治社区环境；加强社区民主政治建设，提高社区成员参与度，强化社区精神文明建设，营造良好的人际关系。

随着社区技术的高速发展和社区应用的普及成熟，互联网正逐步跨入社区时代。

在过去，社区是指在一定地理范围内，具有共同兴趣与价值需求的社会成员所组成的行政区域，在此条件下产生的社区意识也与地理边界有着密切联系。而互联网的兴起和随之产生的虚拟社区，将社区意识从"地理区域"这一限定中脱离出来，并添加了更多抽象的社会纽带因素。如韦尔曼（Wellman）所定义的，社区是“提供社交、支持、信息、归属感和社会认同的人际关系网络”。毫无疑问，传统社区是社会资本积累的载体与主要场域，社区认同是社会资本的重要维度，虚拟社区也不例外。对于虚拟社区而言，其所特有之处在于为普通公民提供有效社会表达渠道与国家谈判力量，使之成为积累社会资本的潜力股。但是，与传统社区类似，社区认同等价值的产生不是自发的，必须通过成员间的交流、知识共享及其他社会互动。卡茨（Katz）和赖斯（Rice）认为，网络中集体认同的形成必须先将那些相互脱离的个体生命联合起来，然后通过繁密的社会互动建构社会资本，这正是结构性网络的作用所在。

(三) 熟悉中国城市社区建设与社区自治的内容

1. 社区建设

城市社区建设是指在政府倡导下，依靠城市社区力量，利用社区资源，解决社区问题，强化社区功能，发展社区事业，促进社区经济和社会的协调发展。

当今西方国家的城市社区建设有两个层次：

(1) 把各种社区看作一个整体，作为城市中社会生活组织的基本单元协调社区间的演替与互动。

(2) 把城市社区看作一个有机的系统，优化其内部的运行机制，如社区整合、社区分化、社区成分变迁、社区发展等，宗旨在于充分利用社区人力、物力资源，培养社区成员的自治与互动精神，创造更为美好的生活条件。

它应该包括：社区经济建设、社区环境建设、社区文化建设、社区教育建设、社区服务建设、社区城市建设和社区安全管理建设等。

2. 社区管理

城市社区管理与一般的城市管理不同，它把实现社区社会效益和心理归属作为最终目标。城市社区管理就是对整个城市社会系统，包括政治、经济、文化等社会领域的全面管理；而狭义的城市社区管理，则是就城市社区内部社会生活所进行的管理，这主要涉及与社区成员生活密切相关的环境卫生、医疗保健、社区服务等诸方面。然而，无论是广义还是狭义的城市社区管理，本质上讲，都是对社会系统的社会管理，都是借助系统方法、层次方法所实施的社会管理。城市社区管理与一般的城市管理不同，它把实现社区社会效益和心理归属作为最终目标，借助系统、层次的方法对社区诸领域进行社会管理，以确保城市社区持续、稳定地发展。

3. 社区服务

所谓社区服务，简单地说，就是一个社区为满足其成员物质生活与精神生活需要而进行的社会服务活动。它的内容十分广泛，我国现阶段的城市社区服务，大致包括10个系列：①老年人服务系列；②残疾人服务系列；③婴幼儿服务系列；④青少年服务系列；⑤精神卫生服务系列；⑥拥军优属服务系列；⑦社会救助服务系列；⑧民俗改革服务系列；⑨文化娱乐服务系列；⑩便民生活服务系列。

4. 社区自治

(1) 概念

社区自治是我国社会发展、社会转型的必然要求，是社区建设的核心。社区自治就是组织居民，利用社区中的一切组织和资源，通过社区居民自我管理、自我教育、自我服务、自我监督，控制和影响社区的一切程序、计划与决策，实现社区建设的发展目标的过程。

（2）内容

社区自治的主要内容是民主选举、民主决策、民主管理、民主监督，组织居民，利用社区中的一切组织和资源，使社区资源达到最佳配置，促进社区建设。衡量一个社区自治程度的高低，主要依据标准是一个社区居民和组织广泛参与社区建设的程度，它包括两层含义：一是指社区建设参与主体广泛性。社区建设的参与主体不仅包括社区中的离退休人员和家庭妇女，而且包括社区全体居民和社区内的企事业单位、机关团体、社会中介组织等。衡量一个社区建设是否达到自治的要求，首先要看各类参与主体是否都参加了社区建设活动，亦即是否具有较高的参与率。二是指参与活动的广泛性。这也就是说，各类社区主体不仅参与社区服务活动，而且参与社区治安、社区环境、社区医疗卫生、社区文化、社区教育、社区体育等活动。

（3）目的

社区自治的目的是使人民获得授权。扩大基层民主，采用民主协商、民主决策、民主管理的手段，动员社区内各种组织、成员共同为社区发展献计出力，提高居民自我教育、自我管理、自我服务的能力，由社区自己开发各种资源，解决社区内问题，满足社区居民和各种组织日益增长的需求，提高居民生活质量。因此，强化社区自治，有其深远的重大意义。首先，从政治上，有利于推进我国民主政治建设的进程，建设政治民主的国家。其次，从经济上，有利于社区内资源的最佳配置，通过市场的方式而不是计划或政府的方式，提高社区管理的效益与效率，实现经济与社会发展。

（4）依据

社区自治的依据是自治法，它是政府权限与自治组织自治权利的划分依据，界定自治组织全体成员权利义务，也是自治组织职能设置和职能定位的基本依据。

社区自治的主体主要是社区成员代表大会、社区议事委员会、社区管理委员会、社区居民委员会及其他各种中介组织。

（5）促进我国社区自治的途径与措施

① 采用多种形式调动社区居民广泛参与社区自治的积极性。进一步强化宣传教育，培养居民社区意识；坚持社区需求本位原则，注重用共同需求、共同利益来调动居民广泛参与的积极性；建立和完善居民参与的机制。

② 大力培育社区自治组织。

③ 提高社区内单位广泛参与社区自治的积极性。

④ 加强政府在社区建设、社区自治中的推动作用。

（四）掌握以共同缔造重启社区自组织功能

人类在进入21世纪后，我们的社会将更加自由开放，单位将不再主宰我们的居住生活，而仅仅是我们的工作场所。人们将回到居住社区当中，追求富于生气的健康生活。

作为一定的地缘群体和区域社会的社区，是社会赖以存在和发展的基础。通过社区发展实现社会进步，进而实现社会现代化，已成为联合国和世界上许多国家所致力于的实践。当前，随着市场经济体制改革的深化、职业结构的变化和社会管理体制的转轨，加强城市社区建设和管理具有十分重要的意义。因为社区是基层社会结构单元，只有一个个基层社会结构单元得到充分的发展，整个城市有机系统才能呈现出足够的活力。当下中国社区建设的理想目标指向应该是逐步实现社区自理和自治。城市规划的基本思想就是通过合理选择和环境控制而努力影响城市的未来。

2020年面对突如其来的新冠病毒肺炎疫情，一方面我们再次看到了举国体制的效率与巨大能力，同时中国基层社会治理的能力不足也暴露出来。如果说，许多乡村采用的治理方式显得过于粗暴简单，聚集了全国60%人口的城镇社区治理则显然更是缺位、低效的。大家封闭在家除了接收官方有限的信息外，更多则是面对网络上大量难辨真假的信息，以及窗外不时传来的居委会巡回广播。面对突发灾难时基层居民齐心协力、互助自治的现象虽然是有的，但离我们的期望还有不少差距。以实现国家治理体系与治理能力现代化的要求来审视，这充分说明我国当前城镇基层社区缺乏有自组织能力、有韧性的基层治理，属于“强干弱枝型”治理结构。

建立和完善城镇社区基层治理是一个长期而复杂的课题，需要各方的努力。对于城市规划而言，可以充分利用空间规划这个触媒去重启社区的自组织功能，促进社区治理能力的提升。事实上，回顾世界现代城市规划发展史就会发现，以社区规划来促进社区共同缔造、培育社区精神、完善社区治理是一个重要的任务和普遍的现象，而这一点恰恰是我们过去几十年城市规划研究和实践所忽视的。近一段时期以来，随着中国城镇化阶段的转折和国土空间规划体系的建立，许多城市开始思考将工作重点更多地转向存量规划、城市更新，这是一个重启城市社区自组织功能、提升社区治理能力的重要契机。在开展存量规划、城市更新工作的过程中，我们除了关心土地开发绩效、产业功能培育、景观形象之外，必须更关注如何通过社区共同缔造，让社区自治的精神得以回归，自组织的功能得以重启；通过社区规划，将社区居民重新凝聚起来，凝结大家共同的意志；通过社区场所的营造，建立便捷安全的邻里空间，促进社区居民亲密友爱、守望互助。

我们这一代规划师有幸经历了中国高速发展、波澜壮阔的场景，已经习惯了宏大叙事式的规划理论与方法。借助对这次灾难性公共卫生事件的深刻反思，我们确实需要思考城市规划应当做些什么改革，规划“硬技术”“硬方法”的改进无疑是必要的，但是，如何通过城市规划来促进国家治理的现代化，同样十分必要。毕竟，“空间就是社会，社会就是空间”。

我们应用系统的方法，按照物质秩序、社会秩序和空间秩序三者相辅相成、相互促进的原则，规划建设“理想的社区”——一个优良的地区社会和一个居住社会优良的空间环境。把城市居住生活空间环境建设成不仅具有优良的物质生活质量，并将其提升到能够启迪居民在精神文明上去追求进取和团结的水平，促成具有新的“邻里精神”和“市民意识”的居住生活社会的凝聚作用。让空间环境对健全社会环境和生活做出一点贡献，使其有利于实现基层居住环境的群众自我建设、自我管理、自我教育和自我服务的社会参与，建成一个有利于新一代和社会的健康成长的居住生活空间环境。

（五）掌握加强兼容极端条件的社区规划

对于城乡规划学科与行业而言，新型冠状病毒肺炎的爆发全面检验了我国改革开放40余年以来形成的城乡规划与地方发展模式，并提出了一个重大的亟须研究的新议题：“三高”（高流动、高密度、高强度）背景下兼容极端条件的社区空间治理。“上面千条线，下面一根针”，社区是城乡空间治理的基本单元，是居民日常生活的主要空间，良好的社区空间设计及功能配置是建设健康城乡的基础。在此次全民“抗疫战争”中，社区是肺炎病毒跟踪及控制的基本单元。在针对疑似患者的居家隔离上，一般以社区为基本单元，社区实施封闭式管理，并以社区为自组织、自服务单元为疑似患者家庭提供生活所需。然而，长期以来，在自上而下的规划范式下，我们对社区的功能、运作、作用、网络等却始终缺乏足够的重视，社区规划也并未在重要法定规划中加以研究和体现，社区规划师制度也并未全面铺开。社区功能配置的弱化一方面是适应集中高效率供应的市场经济规律，成本较低、规模效应较高的发展方式，另一方面也与家庭机动车出行比例提升、网络化时代生活方式趋同等有关。然而，在非常态的极端条件下，社区却成为整个城市运转的核心单元，特别是在传染病爆发时分散隔离的防护要求下，统一化的、高密度的集中空间布局模式暴露出了诸多弊端，积累了巨大的社会风险。

从兼容极端条件的社区规划层面提出如下三方面规划建议：

（1）社区规划要制定兼容极端条件的规划预案，以同时满足常态及非常态下社区家庭的基本生活需要，如重大防疫及自然灾害、大规模群体冲突甚至局部战争。通过设置极端条件优化“社区—城市”关系，特别是规划设计与空间建设要能够在极端条件下以社区为基本单元实现有效的空间管控和物资供应。极端条件下多层级空间运转预案将是每一个城市亟须健全的城建工作。

（2）全面系统评估城市高密度社区健康风险并制定应对规划，提升社区规划在空间规划体系中的地位和作用。社区规划要注重家庭日常空间行为规律及社群组织生活的研究，使物质空间设计与社会空间设计有效融合，空间设计引导家庭（健康）行为，家庭行为优化空间设计，整体提升社区的抗风险水平。

（3）大幅提升城乡社区治理能力，赋予社区一定的事权，号召全面铺开社区规划师制度，通过社区规划师重建社区自组织能力，定期演练极端条件下的社区运作。当前的城乡治理结构是“椭圆型治理结构”，中间层管理力量集中，基础管理力量薄弱，在极端条件下中间层无法快速向基层下沉，上层社会管控与物资调配难以快速在底层实施。未来应向“金字塔型治理结构”转变，并强化社区基层的管控能力及为持续的治理层级流动创造空间。

六、健康城市

（一）健康城市定义

世界卫生组织（WHO）在1994年给健康城市的定义是：“健康城市应该是一个不断开发、发展自然和社会环境，并不断扩大社会资源，使人们在享受生命和充分发挥潜能方面能够互相支持的城市”。上海复旦大学公共卫生学院傅华教授等提出了更易被人理解的定义：“所谓健康城市是指从城市规划、建设到管理各个方面都以人的健康为中心，保障广大市民健康生活和工作，成为人类社会发展所必需的健康人群、健康环境和健康社会有机结合的发展整体”。

（二）健康城市标准

建设健康城市，是在20世纪80年代面对城市化问题给人类健康带来挑战而倡导的一项全球性行动战略。世界卫生组织将1996年4月2日世界卫生日的主题定为“城市与健康”，并根据世界各国开展健康城市活动的经验和成果，同时公布了“健康城市10条标准”，作为建设健康城市的努力方向和衡量指标。具体包括：为市民提供清洁安全的环境；为市民提供可靠和持久的食品、饮水、能源供应，具有有效的清除垃圾系统；通过富有活力和创造性的各种经济手段，保证市民在营养、饮水、住房、收入、安全和工作方面的基本要求；拥有一个强有力的相互帮助的市民群体，其中各种不同的组织能够为了改善城市健康而协调工作；能使其市民一道参与制定涉及他们日常生活、特别是健康和福利的各种政策；提供各种娱乐和休闲活动场所，以方便市民之间的沟通和联系；保护文化遗产并尊重所有居民（不分其种族或宗教信仰）的各种文化和生活特征；把保护健康视为公众决策的组成部分，赋予市民选择有利于健康行为的权力；作出不懈努力争取改善健康服务质量，并能使更多市民享受健康服务；能使人们更健康长久地生活和少患疾病。

（三）健康城市发展目标

世界卫生组织健康城市项目是一个长期的持续发展的项目。它追求的目标是把健康问题列入城市决策者的议事日程，促使地方政府制定相应的健康规划，从而提高居民的健康状况。

每个健康城市都应力争实现以下目标：创建有利于健康的支持性环境；提高居民的生活质量；满足居民基本的卫生需求；提高卫生服务的可及性。

（四）全国健康城市评价指标体系（2018版）

1. 指标的内涵和作用

《全国健康城市评价指标体系（2018版）》紧扣我国健康城市建设的目标和任务，旨在引导各城市改进自然环境、社会环境和健康服务，全面普及健康生活方式，满足居民健康需求，实现城市建设与人的健康协调发展。指标体系共包括5个一级指标，20个二级指标，42个三级指标，能比较客观地反映各地健康城市建设工作的总体进展情况。指标体系同时给出了每个指标的定义、计算方法、口径范围、来源部门等信息，确保健康城市评价的数据收集工作能够按照统一标准开展。

一级指标对应健康环境、健康社会、健康服务、健康人群、健康文化5个建设领域，二级和三级指标着眼于我国城市发展中的主要健康问题及其影响因素。指标体系的构建中，强调健康城市建设应当秉持“大卫生、大健康”理念，实施“把健康融入所有政策”策略，坚持“共建共享”，发挥政府、部门、社会和个人的责任，共同应对城市化发展中的健康问题。同时强调预防为主，全方位、全周期保障人群健康。指标体系要求，健康城市建设必须致力于使人们拥有清新的空气、洁净的用水、安全丰富的食物供应、整洁的卫生环境、充足的绿地、足量的健身活动设施、有利于身心健康的工作学习和生活环境，使群众能够享受高效的社会保障、全方位的健康服务和温馨的养老服务，营造健康文化氛围，努力提升人们的健康意识和健康素养，促使人们养成健康生活方式和行为。通过这些综合措施，达到维护和保障人群健康的目的。

健康城市评价指标体系是科学评价健康城市发展水平的基础，为健康城市发展提供导向，使其更好地契合健康中国建设的要求和人民群众的健康需要。运用健康城市指标体系进行评价，有利于及时总结健康城市建设工作的成效经验，发现薄弱环节，可以实现城市间的比较，促进城市间的相互学习和借鉴。

2. 指标筛选的原则

评价指标体系的筛选借鉴国际经验，结合我国国情，以全国卫生与健康大会及《“健康中国2030”规划纲要》《“十三五”卫生与健康规划》《关于开展健康城市健康村镇建设的指导意见》等文件精神和主要指标为依据，针对现阶段我国城市发展中的主要健康问题和健康影响因素，遵循以下原则：

（1）相关性原则。指标涵盖典型的健康决定因素，包括供水、卫生资源、营养、健康服务、居住条件、工作条件、生活环境等，以及人群的健康状况指标。这些指标与健康城市的发展目标密切相关。

（2）有效性和可靠性原则。数据收集方法和分析过程有较好的科学性和可信度。目前所有42个三级指标都有权威的指标定义和计算方法，数据来源于国家已有的统计报表、监测系统或专项调查，数据收集和分析都有统一实施方案。

（3）可获得性原则。要求指标数据在不同的城市均可获得。目前绝大部分指标都有分城市的数据，但仍有个别指标的数据在城市层面还不能普遍获得，需要各个城市按照国家要求尽快建立起监测系统。

（4）敏感性原则。指标在不同城市间存在差异性，能区别城市间的不同发展水平。在制定过程中，部分相关性和重要性较高的指标，由于全国已普遍达到很高的水平，城市间差异极小，最终未被列入指标体系。

（5）普遍认同原则。指标是国内外各地区普遍使用的标准，或相关文献对该指标的合理性普遍认可。

（6）可重复性原则。指标能够在不同的时间点进行测量，并能进行持续性追踪。

（五）突发公共卫生事件引发的规划思考

2020年新型冠状病毒肺炎疫情的爆发，严重影响了人们正常的生活工作秩序及身心健康。无疑，疫情对我国城镇化及人居环境提出了严峻的挑战。面对新型冠状病毒肺炎疫情这种突发性公共卫生事件时，规划该如何为城市提高“免疫力”？

从2003年“非典”疫情开始，在城市规划层面对于疫情防控的有效举措成果是值得反思的。第一是控制城市规模、发展城市群。流行疾病多集中于大中城市。从城市发展战略的角度，应合理布局城镇体系、区域基础设施，科学确立城镇功能定位，发展卫星城镇，推广组团布局城市，用以疏解特大城市的人口和交通压力。第二是加快践行健康城市。“健康城市”是以市民的身心健康为中心，实质上是政府动员全体市民和社会组织共同致力于不同领域、不同层次的健康促进过程，是建立一个最适宜人居住和创业的城市的过程。

正确的行动，源自于正确的认识。我们首先要以对立统一的思维，辩证地认识突发公共卫生事件的影响。我国作为14亿人口的大国，突发公共卫生事件既具有偶然性也具有必然性。我们既不能因轻视而导致疫情来临时手忙脚乱，也不能因恐惧而致平时都寸步难行。换言之，我们不能仅仅依据单一方面来决定所有的规划应对，而应把矛盾的普遍性和特殊性有机地结合起来。开放是城市的常态，只有促进要素自由流动、增进人与人的交流接触，才能提高经济与社会活力；封闭是城市的非常态，只有强化隔离、降低不利因素的传播扩散，才能增加安全性。如果不合时宜地一味采取开放或封闭，或者颠倒错置，都会造成严重的负面后果。我们必须在开放和封闭之间寻求适宜的平衡，兼顾活力与安全，并且实现及时、有序、适度的转换，才是两宜之选。相应地，与规划直接相关的资源要素配置与空间布局，则重在寻求集中与分散的平衡。

1. 城镇化战略层面

城镇化战略层面，应继续坚持以城市群、都市圈为主体形态和以优势地区、中心城市为重点的总体方向，这是符合世界发展趋势与普遍规律的。但同时基于我国庞大的人口基数，也不宜过度集中在少数几个城市群或都市圈，而应使数量、规模相对适宜，空间相对均衡。

2. 城市群治理层面

城市群治理层面，不能只把关注的重点局限在经济合作、生态治理等看得见的领域，还要强化公共卫生安全的保障，要通过分工协作实现联防联控。要按照“作最坏的打算，预留适度的常备空间，具备强大的紧急动员能力”三者合一，真正做到“上医治未病”。同时，医疗资源配置要以城市群为单元，与城市群的形态相匹配，不能囿于传统的“中心—边缘”格局和“城—镇—村”等级体系，而应更加网络化、多中心化。

3. 社区治理层面

社区治理层面，要以“15 分钟生活圈”建设为契机，将社区拓展为疫情防控的基础空间单元。一方面，要通过部分资源的下沉，强化基层在医疗基础环节的能力水平，实现社区分散诊断与医院集中治疗的适当分离，避免人群在医院盲目汇集造成交叉感染。另一方面，可以发挥社区的基层组织动员和沟通政府与市场的作用，缓解生活保障物资的暂时性短缺。

4. 治理手段层面

治理手段层面，要充分利用互联网、物联网、大数据等信息化技术，通过疫情期间的居家办公和远程医疗等，减少不必要的接触；通过人口流动信息的共享和精准定位，可以避免“一刀切”的刚性管制；通过构建线上互助平台等优化公众参与，还可以上下结合、刚柔相济、动态多元地提升全社会在突发公共卫生事件中的应对能力。

（六）从城市规划到健康城市规划

规划重建疫后新家园、新生活，既是物质建设也是经济建设与社会建设。如何从病疫的破坏中创生新的经济形态，提升就业改善生活，寻求从破坏到繁荣与复兴之路？如何以社区规划为基础，切实加强社区治理能力建设，进一步组织广大市民自下而上地开展社会教育、社会学习、社会动员，培育健康城市细胞，共建共享城市家园？

1942 年美国经济学家熊彼特曾提出“创造性破坏”的概念，格林斯潘等则认为“创造性破坏”是美国经济进步走向繁荣的奥秘。规划工作者要积极适应在破坏中规划建设健康城市，并借此推进从城市规划到健康城市规划的实质性转型。

建议“从城市规划到健康城市规划”从以下几方面推进：

（1）健康城市规划和健康影响评估必须成为城市规划的基本要素；

（2）要真正实现“融健康于万策”，致力于推进减少人类污染暴露、方便体育锻炼、兼顾健康和环境影响的城市发展项目；

（3）健康城市规划和设计应有助于提高城市对突发公共卫生事件的应变能力，包括加强应急预警、响应、缓解和恢复能力。

从城市规划的角度看，最根本的防疫措施是建设健康城市，“治未病”。城市规划工作任重而道远。

七、城乡规划的公众参与

（一）掌握城乡规划公众参与的要点

城乡规划公众参与的作用：可有效地应对利益主体的多元化，能够有效体现城乡规划的民主化和法制化，导致城乡规划的社会化，保障城市空间实现利益的最大化。

《马丘比丘宪章》提出："城市规划必须建立在各专业设计人、城市居民以及公众和政治领导人之间的系统的、不断的互相协作配合的基础上"。

（二）熟悉西方国家城乡规划公众参与的实践

1. 美国

美国的公众参与已有较为完善的组织机构和参与方式，并通过法律的形式明确下来，公众参与的层次也由象征性参与向代表性参与转变。在参与方式上，美国城市规划的公众参与不仅体现在规划编制各个阶段，还体现在规划审批、执行阶段，并且强调在规划的不同阶段应该确定公众参与的不同方式。美国城市规划一般分为社区价值评价、目标确定、数据收集、准则设计、方案比较、方案优选、规划细节设计执行、规划修批、贯彻完成和信息反馈10个阶段。

20世纪60年代后期，美国的一些城市中成立了诸如社区改造中心之类的机构，以帮助社区居民学习有关社区建设的知识和技术，为居民提供服务。而在联邦政府方面，从1968年开始的新社区计划和以后的示范城市计划，审批援助款项时的先决定条件就是要证明市民们已经真正有效地参与了规划制订过程。

2. 德国

德国城市规划中公众参与分为初始公众参与和正式公众参与，且比较重视第一个阶段的公众参与。德国城市建设中的公众参与源于德国宪法有关公民财产的规定。公众参与城市规划的目的一方面是为了确保公民的合法权利；另一方面则是要在最大的限度上增强城市规划方案的科学性、合理性和可操作性，德国城市规划中的公众参与具有牢固的法律基础、广泛的社会基础和有效的制度保障，得到了切实有效的贯彻执行。

3. 英国

英国的城市规划（土地利用规划）主要有两种形式：结构规划和地方规划。英国《城乡规划法案》对这两种形式的规划制定了公众参与的法定程序。英国的结构规划（长期规划）编制中的公众参与采取"公众评议"，更多地关注整个地区的发展。在完成公众评议之后，结构规划呈报中央政府的主管部门，并附上公众评论的详细内容，经主管部门批准后，结构规划方具有法律效力，作为地方规划（中期规划）的依据。地方规划也有严格的公众参与约束。立法规定，地方规划议题的确定、规划草案的修改和开发目标的确定都必须进行公众审核和讨论。

4. 总结各国实践

第一，公众参与城市规划的根本目的首先是为了确保公民的合法权利。第二，公众参与具有牢固的法律基础、广泛的社会基础和有效的制度保障，因此得到了切实有效的贯彻执行，对于城市的发展起到了推动作用。第三，鼓励社会组织的发展，在计划的过程中都必须有组织及动员过程。第四，分阶段、持续地、有条不紊地开展。

（三）城乡规划公众参与的要点

重视城市管治和协调思路的运用，强调市民社会的作用，发挥各种非政府组织的作用并重视保障其利益。

（四）了解城乡规划公众参与的原则、内容与形式

城乡规划法确立了城乡规划公开原则，要公开规划，公开项目审批情况，公开执法情况。除法律、行政法规规定不得公布的内容外，政府部门应当及时公布经依法批准的城乡规划。任何单位和个人都有权就涉及其利害关系的建设活动是否规划向城乡规划主管部门查询。

从国外，特别是美国等规划实践来看真正有成效的公众参与不是个人层次的参与，而是以社区组织的居民代表的参与。社区组织实力越大，公众参与的成效越显著。

目前我国的公众参与特征与表现是：规划工作过程中已有一定程度上的公众参与。在规划编制、规划审批和规划实施阶段的工作中提倡公众参与，但规划中少有公众参与的实质性作用，大都仍旧停留在规划展览会或一般的问卷式民意调查上，“公众参与”的概念多指“个人”的参与，而没有上升到协助建立社区组织，以社区组织为单位的参与，因而没有发挥公众参与规划对加强社区凝聚力的作用。公众缺乏主动参与的积极性，由于历史、体制等各种复杂的原因，压抑了公众参与的积极性及其个性的发扬和社会批判精神。关于规划的公众参与的立法还很薄弱。

1. 城乡规划公众参与的要点

（1）城市管治

城市管治的内涵：城市管治是将经济、社会、生态等可持续发展，资本、土地、劳动力、技术、信息、知识等生产要素综合包融在内的整体管治概念，既涉及中央元，又涉及地区元，也涉及非政府组织元等多组织元的权力协调，其中政府、公司、社团、个人行为对资本、土地、劳动力、技术、信息、知识等生产要素的控制、分配、流通的影响起着十分关键的作用。

城市管治的意义：①政府和非政府的共同合作，共同经营，获得各自的目的；②管治对象为城市，包括政治、经济、社会、文化、人等的总和；③管治手段有多元化的趋势，包括经济、法律、法规，物质和非物质手段；④管治目的是为了在竞争中获胜，在经济全球化的竞争中生存和发展；⑤管治有属于市场行为的部分特征：追求利润的最大化，成本最小化。

管治是公共和私有部门或机构管理其共同事务的各种方式的总和，其方式是联合行动，其目的是使不同利益得以调和并使事务可持续运行。管治包括强制性和引导性两类管治。

城市管治是在全球化的新形势下从政府管理角度提出的讨论。城市管治的理念来源于20世纪70年代的西方，讨论的中心是面临全球化挑战，政府在城市管理中如何通过改变角色定位，从“管理”（行政手段）转变为“管治”（协商手段）以提高城市竞争力。

（2）强调市民社会的作用

一个国家或政治共同体内的一种介于“国家”和“个人”之间的广阔领域。它由相对独立而存在的各种组织和团体构成。它是国家权力体制外自发形成的一种自治社会。是衡量一个社会组织化、制度化的基本标志，具有独立性制度性的特点。

(3) 发挥各种非组织的作用并重视保障其利益

2. 公众参与的原则、内容与形式

(1) 原则

公正原则、公开原则、参与原则、效率原则。

(2) 内容

公众参与的目标控制、公众参与的过程控制、公众参与的结果控制。

(3) 形式

公众参与城市规划的形式包括城市规划展览系统，规划方案听证会、研讨会，规划过程的民意调查，规划成果网上咨询等。

(五) 了解我国城乡规划中公众参与的现状及问题

1. 公众参与主体分析

一般而言，参与主体是指直接或间接地参与政策制定、实施和监督的个人、团体和组织。现阶段我国城乡规划的参与主体分为四类：政府——国家权力的拥有者，开发机构——追求自身利益最大化的利益集团，规划师——技术人员，以及公众——与切身利益相关的市民。

(1) 政府。政府的目的在于通过公众参与增加其与公众之间交流的透明度，以保持畅通的信息获取渠道，从而在能够及时倾听群众的反馈信息，矫正自己的行为的同时，又能提升公众对政府的信任度，进而使做出的决策更趋于公正、公平、科学与合理。

(2) 开发机构。是城市建设中最活跃的主体，在建设项目选址、开发强度等方面已拥有不可忽视的发言权，在城乡规划政策制定和实施过程中积极寻求表达意志的机会，以便实现该权力和利益的最大化。

(3) 规划师。城乡规划师的职业领域涉及城市规划的各个方面。城乡规划师这一具备专业城乡规划知识的专业技术人员所承担的任务既是向公众宣传规划的权威性，又涉及维护公共利益、关注弱势群体等。规划师不能仅站在中间立场上对城市未来发展进行规划，而是要融入整个规划的互动过程中。

(4) 公众。包括个人或是社会团体。引入公众参与理念的目的就是为了在规划中更多地反映公共利益，变传统的物质规划为人本规划。在具体实践中，公众通常以社会团体的形式参与，不同的社会团体有着不同的利益。

(5) 问题。目前我国城乡规划领域成员参与城乡规划影响力的大小，依次为政府—开发机构—规划师—公众，对参与主体的认识普遍存在偏差和错位。主要表现为：

第一，政府部门职能缺失。我国城乡规划工作从立项到执行管理、监督的全过程均由规划主管部门一手操作。地方政府为追求经济发展、突显政绩，往往会自觉不自觉地附和开发机构对经济利益的追求，牺牲公众的利益来换取经济的发展，导致产生诸多负面的影响。

第二，公众参与组织建设滞后。当前我国公众参与多指个人的参与，将公众视为单独的个人。因此公众以个人身份基于自身利益对规划方案和规划实施表达意愿和提出建议时，常常受到规划机构的忽视，我国的公众参与组织建设并没有上升到以社区和非营利组织为单位，难以发挥公众参与应有的作用。

2. 公众参与程序分析

(1) 公众参与方式

就我国公众参与方式而言，可分为普遍性参与和代表性参与。普遍性参与是指将相关公众都纳入到参与主体当中，广泛获得信息或听取意见的参与方式。其中主要的参与形式为问卷调查和公示制度。代表性参与就其性质而言，代表性参与属于“精英”参与。通常是指相关行业的专家、行政领导以及公众代表（如社区干部）等参与城市规划的方式。主要包括问题研究会或座谈会，以及公众听证会。

(2) 公众参与内容

依据规划内容的不同，规划表现为宏观和微观。宏观如制定城乡空间发展战略，明确城市发展方向、规模，确定重大基础设施的选址等城市建设的重大行动，具体到城市规划体系，即总体规划。而微观，包括确定某地区的功能布局、土地利用模式，具体建设项目的选址，地块发展强度的确定等，主要指详细规划。

(3) 公众参与阶段

规划过程分为两个阶段：规划决策阶段和规划实施阶段。其中规划决策阶段又分为规划编制阶段和规划审批阶段。

(4) 问题

第一，参与方式过于局限。在传统的公众参与模式中，行政人员控制了公民参与的过程，由他们界定或改变行政程序，再决定或允许公民参与的范围，因此，公众参与大部分都是一种被动的、阶段性的被动参与。

第二，参与程度不够深入。目前的公众参与程度仅限于参议权而无决策权，尚处于初级阶段，属于象征性参与，还未进入实质性参与阶段。我国城市规划中公众参与的权力和范围受到许多因素的限制。

3. 公众参与保障体系分析

(1) 法律保障

城乡规划的合法化首先表现为对公众参与的法律保障。西方各国公众对规划的参与、审查及评议虽有其具体办法，但大体有一点是共同的，即公众参与已成为规划过程中固定的内容并被法律化。2006 年 4 月 1 日起施行新《城市规划编制办法》将公众参与列入编制城市规划的原则之一，同时还规定了规划编制过程中以及审批前后的公示、征求意见等公众参与要求。

(2) 问题

参与保障体系匮乏。从我国城乡规划立法现状来看，主要注重于对规划建设部门的授权，而公众参与的立法依然相当薄弱。公众参与的相关内容、程序等都没有详细的规定，也常常使得公众参与只是走过场的一种民主形式，不具实质效用。

八、城市规划应加强应对特大城市公共卫生事件

城市规划是一个预测性、前瞻性的专业，面对突发性公共事件我们要总结和思考，为将来的工作做好理论与技术的储备。

继 2003 年 SARS 病毒疫情，2020 年的新型冠状病毒肺炎疫情再次引起了全社会对于公共卫生和传染病防治的高度关注。这是一个需要多学科、多行业、多部门协同努力才能

有效应对的重大公共健康挑战，城市规划学科在此过程中应该有所贡献。

（一）良好的城市布局结构能为公共卫生事件应对提供便利

特大城市的总体规划应根据自然地理条件、山水格局条件确立并坚持“多中心、开敞式、组团、轴向发展”的空间布局结构。这种布局的核心要义是：以农地、林地、山体、水系为本底，形成放射状的绿色开敞空间绿楔；以主城为核心，沿放射状快速路、快速轨道交通轴向布局城市组团，各组团内部规划建设城市中心。在具体形态上呈现了特大城市分散式组团发展的特点。

(1) 公共卫生

① 有利于城市小气候环境改善。此布局结构和城市形态对城市大气扩散输送能力、城市热岛强度以及影响范围具有正向作用。

② 有利于城市居民最便捷地亲近自然。由于城镇组团的外围是大面积的绿色开敞空间，居民可以便捷到达，休闲、锻炼，释放大都市紧张生活的压力。

③ 组团间的绿色开敞空间为布局应急医院等防灾设施提供了良好条件。基于开敞式的城市布局结构，可以相对快速、科学合理地完成选址，迅速进入建设。

(2) 通风

根据国家卫生健康委员会疾病预防控制局组织编写的《新型冠状病毒感染的肺炎——公众防护指南》，新冠病毒的人传人途径有 3 种：直接传播、接触传播、气溶胶传播。直接传播指患者喷嚏、咳嗽、说话的飞沫，呼出的气体通过近距离接触被直接吸入而导致感染。直接传播易发生在室内人员聚集的情况下，与室内自然通风和机械通风的方式及效果有密切联系，属建筑学和暖通空调等学科研究的范畴。气溶胶传播指含有病毒的飞沫混合在空气中，形成气溶胶，被吸入后导致感染。气溶胶传播的作用距离和范围显著大于直接传播，既可以发生在建筑室内空间里，也可以发生在室外的城市空间里。因此，控制流行病病毒的气溶胶传播是城市规划学科应当关注和研究的重点。

城市规划学科控制流行病病毒气溶胶传播的主要手段是通过合理设计和优化城市形态以促进城市通风，这是因为良好的城市通风有利于防止含有病毒的气溶胶和其他污染物在室外空间里聚集，促进其消散；有助于提高建筑的自然通风潜力，从而间接地对防止室内空间里病毒的直接传播做出贡献。

影响城市通风的因素很多，从合理设计和优化城市形态的角度来说，以下几点最为关键：

① 由城市道路和城市公共空间等组成的城市通风廊道系统应具有良好的风渗透性和方向性。良好的风渗透性指城市通风廊道系统应连续、通透、具有合理的密度，能够促进风在城市通风廊道里的流动并尽可能渗透到城市的各个角落。良好的方向性指主要城市通风廊道的方向应与当地主导风向基本一致。沿海城市还应特别注意利用城市通风廊道将海风引入城市内部。

② 与高度相比，城市建筑的密度对近地面城市通风的影响更大。过高密度的城市形态不利于城市通风，应进行合理控制。建筑底层架空等设计手段的采用，有助于在保证容积率的前提下促进近地面的城市通风。

③ 城市冠层的高度应尽可能沿主导风向呈梯度变化，上风向较低，往下风向逐渐升高。如无法做到，应确保城市冠层高度不断变化，均匀不变的城市冠层高度不利于城市通风。

除此以外，我国目前尚无关于促进城市通风的技术导则或指南，应结合不同的气候区和城市类型，开展科研攻关并组织编写。

（二）共同规划并持续实施医疗卫生设施专项规划

城市规划条例应规定，市政府专业部门按照城市规划主管部门出具的规划编制要求编制城市专业规划，在上报批准前，规划部门负责综合平衡，确保规划落地。城市规划和卫生部门联合开展医疗卫生设施布局总体规划，确立“构建以医疗机构、公共卫生机构和基层医疗卫生机构为基础，覆盖城乡、服务优质的医疗卫生体系，实现运转高效的分级分类诊疗”的规划目标。

在规划布局上，侧重三类功能的空间落实：

① 分级诊疗的医院和基层医疗点合理布局，实现“基层首诊、双向转诊、急慢分治、上下联动”的分级治疗模式；

② 建立包括传染病医院在内的公共卫生防疫体系和中医院等专科医院体系；

③ 建立急救中心、急救站为主要内容的院前急救体系。

（三）控制居住区人口密度提升住宅区环境水平

特大城市居住区人口密度是涉及社会管理和居民获得幸福感的一项重要指标。在应急管理时期，尤其是实行小区隔离管控等应急状态下，过高的人口密度，给住区管理带来更大的压力。过高的建筑容积率一方面带来居住环境质量降低、人均绿地不足、日照条件恶化等环境问题以及高空抛物、群租房管理等社会问题；另一方面，在应急管控时期，也会带来管控措施复杂等问题。因此，实施新的《城市居住区规划设计标准》，控制城市居住区人口密度和容积率十分必要。

（四）强大的城市基础设施保障是应对城市公共卫生事件的重要前提

重大传染性疫情发生时，隔离是一项非常有效的手段。要使宅在家中的人民群众的基本生活品质不受大的影响，离不开稳定、安全的基础设施保障供应。

① 要加强基础性、功能性、网络化的城市基础设施体系建设，提高保障能力和服务水平，增加城市应对疫情的韧性。

② 要加强基础设施体系自身的防疫水平，切断基础设施疫情传播路径。如何增强基础设施的安全阀门，切断传染源，也是今后需要考虑的重要议题。

应对突发公共事件，实质是社会治理能力的具体体现。城市规划考虑的空间管理事务，还要与城市的财政政策、公共卫生政策、应急管理的体制机制、政府与非政府组织的互动等方面综合思考施策。规划行业要进一步体现综合性、长远性、科学性的特点，应以本次公共卫生事件为契机，主动参与，与社会各界一起进一步提升社会治理能力和水平。

应试者应阅读以下方面的参考书：社会学概论、社会学原理与方法、城市社会学等相关内容。

第二节　复　习　题　解

（题前符号意义：■为掌握；□为熟悉；△为了解。）

□1.“社会学”这一名词是由（　　）在他的多卷名著《实证哲学教程》中第一次提出的。

A. 法国哲学家　　B. 中国哲学家

C. 英国哲学家　　　　　　　　　　D. 英国思想家

【参考答案】 A

【解答】 在19世纪30年代，法国的哲学家孔德在他的多卷本哲学名著《实证哲学教程》中第一次提出了"社会学"这个新的名词以及关于建立这门新学科的大体设想。

△2. 中国最早讲解社会学的学者是(　　)。

A. 胡适　　B. 严复　　C. 康有为　　D. 梁启超

【参考答案】 C

【解答】 康有为于1891年在广州建立了一个"长兴学舍"，在教学大纲中设有"经世之学"的学科，其中有政治、群学等课程。所谓"群学"就是社会学。康有为成为中国最早讲解社会学的人。

□3. 下面关于社会学的研究对象的论述，正确的是(　　)。(多选)

A. 社会学的研究对象存在于社会生活的某一特殊领域之中

B. 社会学的研究对象并不存在于社会生活的各个领域之间的相互联系之中

C. 社会学的研究对象存在于由各种相互联系所形成的作为一个有机整体的社会之中

D. 从最一般的意义上说，社会学就是对社会的研究，是一门关于社会的学问

【参考答案】 C、D

【解答】 从最一般的意义上说，社会学就是对社会的研究，是关于社会的学问。社会学的研究对象并不存在于社会生活的某一特殊领域之中，而是存在于社会生活的各个领域之间的相互联系之中，存在于由各种相互联系所形成的作为一个有机整体的社会之中。具体说，社会学是把社会作为一个整体，来研究社会各个组成部分及其相互关系，探讨社会的发生、发展及其规律的一门综合性的社会科学。

□4. 社会学区别于其他社会科学的根本点在于(　　)。

A. 它是一门综合性的科学

B. 它运用科学的研究方法

C. 它把社会作为一个整体来看待

D. 它的研究经常结合和利用其他社会科学的成果

【参考答案】 C

【解答】 从社会学看来，只有把社会作为一个有机的整体，并从这个角度出发，才能全面科学地认识社会的各种组成部分的关系和各种特殊的社会现象之间的联系。这也是社会学区别于其他社会科学的根本之点。

△5. 社会学是一门综合性的科学，其综合性表现在(　　)。(多选)

A. 它研究任何一种社会现象、社会过程或社会问题时，总是联系多种有关的社会因素以至于自然因素来加以考察

B. 它能独立解决所有社会问题

C. 社会学的研究经常结合和利用其他社会科学甚至自然科学的成果，来做综合性的考察

D. 社会学的研究只是借助自身的研究成果，来做综合性的考察

【参考答案】 A、C

【解答】 首先，这种综合性突出表现在它研究任何一种社会现象、社会过程或社会问题时，总是联系多种有关的社会因素以至于自然因素来加以考察。其次，这种综合性还表现

在社会学的研究经常结合和利用其他社会科学甚至自然科学的成果，来做综合性的考察。

■**6. 下列关于城市社会学各学派的表述，哪项是错误的？(　　)**

A. 芝加哥学派创建了古典城市生态学理论

B. 哈维是马克思主义学派的代表人物

C. 全球化是信息化城市发展的重要动力

D. 政治经济学无法应用于城市空间研究

【参考答案】 D

【解答】 城市社会学各学派主要包括芝加哥学派与古典城市生态学理论、马克思主义学派和城市空间的政治经济学理论（列斐弗尔是城市空间政治经济学理论分析的创始人，哈维是马克思主义学派中另一位重要学者）、韦伯学派和新韦伯主义城市理论、全球化与信息化城市理论（全球化是信息化城市发展的重要动力），其他还有新正统生态学、文化生态学、城市性理论、社区权力、城市符号互动理论、城市研究中的社会网络理论、消费社会学、世界体系理论等。较成熟的有结构功能主义、冲突理论、交换理论及互动理论。

□**7. 从 20 世纪 70 年代到 20 世纪 90 年代，中国城市发展经历了(　　)的轨迹。**

A. 从“消费城市”变为“生产城市”

B. 从“生产城市”变为“消费城市”

C. 从“消费城市”、“生产城市”变成“开放城市”

D. 从“消费城市”变成“生产城市”和“综合城市”

【参考答案】 B

【解答】 中国城市长期受封建社会的影响，20 世纪上半叶又被从封闭的城市发展轨迹上推入西方产业革命带来的城市发展轨道中。从 20 世纪 50 至 60 年代，中国又照搬苏联的城市规划和管理模式；直到 20 世纪 70 年代末，城市仍是工业生产的基地，为“生产城市”。自 1978 年改革开放以来，城市发展进入一个新的历史时期，逐渐形成“生产城市”“消费城市”的综合体。

□**8. 现代结构功能主义的主要代表人物是(　　)的塔尔科特·帕森斯。**

A. 英国社会学家　　B. 德国社会学家

C. 美国社会学家　　D. 法国社会学家

【参考答案】 C

【解答】 结构功能主义是社会学中历史最长的重要的理论方法。其主要代表人物是美国著名社会学家塔尔科特·帕森斯。

■**9. 下列哪个学派与城市社会学发展无关？(　　)**

A. 芝加哥学派　　B. 奥地利学派

C. 韦伯学派　　D. 马克思主义学派

【参考答案】 B

【解答】 社会学的主要学派与理论：芝加哥学派与古典城市生态学理论、马克思主义学派与城市空间的政治经济学理论、韦伯学派与新韦伯主义城市理论、全球化与信息化城市理论。

奥地利学派是近代资产阶级经济学边际效用学派中最主要的一个经济学派。它产生于

19 世纪 70 年代，流行于 19 世纪末 20 世纪初。因其创始人门格尔和继承者维塞尔、柏姆·巴维克都是奥地利人，都是维也纳大学教授，都用边际效用的个人消费心理来建立其理论体系，所以也被称为维也纳学派或心理学派。

■10. 下列哪项表述不是伯吉斯城市土地利用同心圆模型的特征？(　　)

A. 中央商务区是城市商业、社会和文化生活的焦点

B. 在离中央商务区最近的过渡地带犯罪率最高

C. 交通线对城市结构产生影响

D. 符合人口迁居的侵入——演替原理

【参考答案】 C

【解答】 交通线对城市结构产生影响是霍伊特的城市空间结构扇形模型的特征。

□11. 下面关于冲突理论的说法哪些是正确的？(　　)（多选）

A. 冲突指公开的暴力，也包括紧张、敌意、竞争和在目标与价值标准上的分歧

B. 冲突的产生是因为资源的稀有使其社会关于它的分配充满着不平等现象

C. 冲突论者认为，社会长期存在着对其只产生破坏作用的冲突

D. 从思想体系看，冲突理论与结构功能主义并没有实质性的矛盾

【参考答案】 B、D

【解答】 冲突论者认为，社会不可能仅仅是平衡与和谐，而是一个处于不断变化的状态，而且长期存在着并非对社会只产生破坏作用的冲突，这是社会运行中的持续的必然现象。冲突并不一定指公开的暴力，也包括紧张、敌意、竞争和在目标与价值标准上的分歧。冲突的产生是因为资源的稀有使其社会关于它的分配充满着不平等现象。这种不平等给社会造成利益冲突，而利益的冲突引发资源占有者与非占有者之间的对立。社会也就在这样的冲突和对立中产生变化与再组织再分配，并为进一步的不平等与社会变迁创造条件。"冲突理论"只是描述了社会的现象方面，从思想体系来看，它和结构功能主义并没有实质性的矛盾。

△12. 交换理论的主要代表人物是学者(　　)。(多选)

A. 乔治·霍曼斯　　　　B. 塔尔科特·帕森斯

C. P. Davidoff　　　　D. 彼得·布劳

【参考答案】 A、D

【解答】 交换理论的主要代表人物是两个美国社会学家，乔治·霍曼斯和彼得·布劳。

△13. 社会控制的包括以下各项中的(　　)类型。(多选)

A. 正式控制和非正式控制　　　　B. 积极控制和消极控制

C. 硬控制和软控制　　　　D. 外在控制和内在控制

【参考答案】 A、B、C、D

【解答】 社会控制的类型包括：

正式控制和非正式控制。这是根据社会控制有无明文规定来划分的。政权、法律、纪律、各种社会制度、社会中有组织的宗教，均有明文规定，它们属于正式控制的范畴；而风俗、习惯等则是非正式控制。

积极控制和消极控制。这是按使用奖励手段还是惩罚手段来划分的。前者如奖状、奖金、奖章、记功、晋升等；后者如记过、开除、降级、判刑等。无论正式控制或是非正式

控制，既可以采取积极控制的手段，也可以采取消极控制的手段。

硬控制和软控制。这是按使用强制手段和非强制手段来划分的。政权、法律、纪律，都依赖控制力，属于硬控制范畴；软控制则依赖社会舆论、社会心理进行控制。社会风俗、道德、信仰和信念的控制属于软控制范畴。

外在控制和内在控制。这是按控制是否依靠外部力量来划分的。内在控制即自我控制，指社会成员自觉地把社会规范内化，用以约束和检点自己的行为。外在控制是社会依靠外在力量控制其成员就范。外在控制与内在控制的界限是相对的，两者相互渗透和转化。

△14. 下面关社会变迁的论述正确的是(　　)。(多选)

A. 社会变迁是一切社会现象发生变化的动态过程及其结果

B. 进步的社会变迁是指符合社会发展的客观规律，带来社会物质和各种社会生活水平的提高，有利于每一个社会成员的全面发展的社会变迁；反之，则是倒退的社会变迁

C. 在现代社会中，绝大多数社会变迁都是自发的社会变迁

D. 按社会变迁的性质，可划分为整体变迁和局部变迁

【参考答案】 A、B

【解答】 社会变迁是一切社会现象发生变化的动态过程及其结果。在社会学中，社会变迁这一概念比社会发展、社会进化具有更广泛的含义，包括一切方面和各种意义上的变化。社会学在研究整个人类社会变迁的同时，着重于某一特定的社会整体结构的变化、特定社会结构要素或社会局部变化的研究。

按社会变迁的规模，可划分为整体变迁和局部变迁。整体的社会变迁是整个社会体系的变化，是各个社会要素变化合力的结果。局部变迁是各个社会体系要素自身及它们之间部分关系的变化，不一定与社会整体变迁的方向和速度一致。

按社会变迁的方向，可划分为进步的社会变迁和倒退的社会变迁。进步的社会变迁是指符合社会发展的客观规律，带来社会物质和各种社会生活水平的提高，有利于每一个社会成员的全面发展的社会变迁。反之，则是倒退的社会变迁。在社会变迁的实际过程中，二者往往是同时发生的。尽管人们对“进步”有着种种不同的理解和评判标准，但促进社会进步一直是人们研究社会变迁的主要目的。

按社会变迁的性质，可划分为进化的社会变迁和革命的社会变迁。进化的社会变迁主要表现在量的方面。它是一种渐进的部分质变的社会变化过程，是社会有秩序的、缓慢的和持续的变迁。革命的社会变迁即社会革命，是社会渐进过程的中断和质的飞跃。在社会革命时期，全部社会系统和社会结构解体、改造和重组，社会由一种形态迅速过渡到另一种形态。

按人们对社会变迁的参与和控制的程度，可划分为自发的社会变迁和有计划的社会变迁。自发的社会变迁指人类在很多方面对于社会变化的方向、目标和后果没有理性的认识，只是盲目地参与和顺从。有计划的社会变迁指人们对社会变迁的过程、方向、速度、目标和后果实行有计划的指导和管理。在现代社会中，绝大多数社会变迁都是有计划的社会变迁。

△15. 导致中国社会空间结构变化原因有如下(　　)方面。(多选)

A. 血统原则、财产原则、成就原则　　B. 进步的社会变迁

C. 加入 WTO 组织对中国的影响　　D. 精英选择

【参考答案】 A、C、D

【解答】 中国社会空间结构变化原因中，最根本的原因是精英选择，除了“血统原则”之外，“财产原则”与“成就原则”也开始起作用。这种精英选择机制导致社会结构发生了巨大的变化。

具体表现在如下几方面：一是除政治利益集团之外，还形成了其他利益集团，个别利益集团还有成熟的组织形式与利益诉求管道；二是宪法上规定处于领导阶级地位的工人阶级及位于“次领导阶级”的农民阶级事实上已处于边缘状态；三是社会中间组织的发展处于“暴发式增长”状态。

（1）利益集团的多元化趋势：① 资源分配不平等——利益集团形成的基本成因；② 社会精英集团的两大支柱——政治精英与经济精英；③ 知识精英集团的演变及利益集团化。

（2）其他社会各阶层：① 中间阶层的不发达状态；② 工人经济地位的边缘化；③ 处于困境中的农民阶层；④ 庞大的社会边缘化群体；⑤ 中介组织的初步发育；⑥ 两极分化的高风险社会；⑦ 倾斜的社会基础。

（3）可能出现的变化：① 其他力量对新闻媒体的渗透；② 加入 WTO 组织对中国的影响。

■16. 下列关于社区的表述，哪项是正确的？（　　）

A. 邻里和社区的概念相同

B. 社区与地域空间无关

C. 互联网时代社区的归属感变得不重要

D. “单位社区化”是中国城市社区的重要特点

【参考答案】 D

【解答】 邻里和社区的最大区别就是在于邻里没有形成“社会互动”。社区的三大要素（地区、共同纽带、社会互动）之一就是地域空间。互联网时代社区的归属感显得更加重要。

■17. 下列关于中国城市内部空间结构的表述，哪项是错误的？（　　）

A. 计划经济时代，中国城市内部空间结构趋同性明显

B. 改革开放后，郊区化在中国大城市的空间重构进程中扮演了重要角色

C. 近 20 年来，中国大城市的中心区走向衰败

D. 改革开放后，中国城市社会空间重构的动力表现出多元化的特点

【参考答案】 C

【解答】 市场转型时期，即近 20 年来，中国城市内部空间结构模式很复杂，差异性大于相似性，带有多中心结构的特点，整体上表现出明显的异质性特征。最中心仍然是中心商业区或中央商务区，而且不断获得发展。

△18. 霍曼斯的交换理论是一种从（　　）出发的微观社会学理论。

A. 商品交换　　B. 个人心理　　C. 对等原则　　D. 交换行为

【参考答案】 B

【解答】 关于人们的社会行为，霍曼斯的交换理论创建于 20 世纪 60 年代，是一种从个人心理出发的微观社会学理论。中心论点是将人的社会行为视为相互酬劳的交换行为，包括

物质的、权力的、精神的交换，其思想实质是资产阶级的个人主义和功利主义。

□19. 以人为核心的人际结合思想是由(　　)提出的。

A. 倡导性规划　　B. 冲突理论　　C. 结构功能主义　　D. 第十小组

【参考答案】 D

【解答】 第十小组认为城市的形态必须从生活本身的结构中发展起来，城市和建筑空间是人们行为方式的体现，是一种以人为核心的人际结合思想。他们提出的流动、生长、变化思想为城市规划的新发展提供了新的起点。

■20. 20世纪60年代中期后，在西方城市规划领域兴起了倡导性规划运动。这一运动的主旨就是(　　)。

A. 在政府的倡导下进行规划

B. 注重物质空间规划

C. 在规划中注重弹性

D. 规划师对公众的重新认识和促进公众对规划过程的参与

【参考答案】 D

【解答】 20世纪60年代中期后，在西方城市规划领域兴起了倡导性规划运动。这一运动的主旨就是规划师对公众的重新认识和促进公众对规划过程的参与。城市规划成为公众各方之间以及公众与政府机构之间达成的一种“契约”，这种契约经过各方的多次协调和讨价还价，而在各自的意愿和利益上达成了某种程度的均衡，经过立法机构的批准而成为合法的文本，成为约束各方今后行为的规范。

□21. (　　)首先尝试性地、有系统地将自然生态学基本理论体系运用于人类社会的研究。

A. 城市生态学　　B. 环境学　　C. 人文生态学　　D. 社会学

【参考答案】 C

【解答】 人文生态学首先尝试性地有系统地将自然生态学基本理论体系运用于人类社会的研究。城市中人与人之间相互竞争又相互依赖这两种因素结合在一起，促成了人类在空间中的集中与分离，由此而形成了大小不同的社区，并促进了这些社区的分化与发展。

■22. 城市社会隔离表现在城市生活中最明显的是(　　)。

A. 社会分层　　B. 居住隔离　　C. 种族隔离　　D. 性别隔离

【参考答案】 B

【解答】 城市社会隔离表现在城市生活中最明显的是居住隔离。居住隔离指在城市中人们生活居住在各种不同层次的社区中，这是西方城市的一大特点。

□23. 在城市社会中，(　　)揭示了城市的内在结构。

A. 社会分层　　B. 社会隔离　　C. 居住隔离　　D. 邻里单位

【参考答案】 A

【解答】 在城市社会中，社会分层揭示了城市的内在结构。所谓的社会分层，就是以财富、权力和声望的获取机会为标准的社会地位的排列模式。通常，社会阶层是以职业和收入来划分的，在多民族不平等的城市中，种族则是决定阶层的一个重要因素。

■24. 城市地区分析提出用来表征城市社会地域分化的三个指标是(　　)。

A. 职业、收入和种族　　B. 城市化、社会阶层和社会隔离

C. 财富、权力和声望　　D. 种族、职业、经济地位

【参考答案】 B

【解答】 城市化、社会阶层和社会隔离是表征城市社会地域分化的三个指标。

■**25. 真正有成效的公众参与是(   )类型的参与。**

A. 居民个人参与　　B. 居民集体全部参与

C. 社区组织的居民代表的参与　　D. 问卷调查

【参考答案】 C

【解答】 从国外，特别是美国等规划实践来看，真正有成效的公众参与不是个人层次的参与，而是以社区组织的居民代表参与。社区组织实力越大，公众参与的成效越显著。

■**26. P. Davidoff 的“规划选择理论”和倡导观点，主要的城市社会学主张是(   )。**

A. 规划就是要依据不同部门的利益而提出方案

B. 规划就是要依据不同规划师的观点而提出方案

C. 规划就是要依据不同的阶层和社区的利益而提出方案

D. 规划就是要依据不同代表的利益而提出方案。

【参考答案】 C

【解答】 P. Davidoff 的“规划选择理论”和倡导观点，主张规划就是要依据不同的阶层和社区的利益而提出方案，提供多种选择的可能，扩大选择的范围，为各阶层和社区的发展服务。

□**27. 西方城市居住社区的隔离分布是由(   )等因素影响叠加形成的。(多选)**

A. 社会经济地位　　B. 生活方式

C. 心理喜好　　D. 家庭结构

E. 种族、民族

【参考答案】 A、D、E

【解答】 居住隔离指在城市中，人们生活居住在各种不同层次的社区中，这是西方城市的一大特点。经过大量实证研究，得出以下结论：一是不同社会经济地位的各社会阶层在城市中的居住分布是呈扇形的。沿交通轴线延伸；二是不同家庭结构的人们居住分布呈同心圆状；三是种族、民族因素的存在，使其居住状态不符合社会分层和家庭规模而形成的分布规律，他们一般在城市中某一区域呈团状集聚。将这三个因素进行叠加，就形成了总的城市居住社区的隔离分布。

△**28. 世界城市管治委员会于(   )成立。**

A. 1987 年　　B. 1992 年　　C. 1995 年　　D. 1997 年

【参考答案】 B

【解答】 20 世纪 90 年代以来，城市管治频繁出现于联合国、多边和双边机构、学术团体及民间志愿组织的出版物上，在此背景下，威利 · 勃兰特于 1992 年创立了世界管治委员会。

□**29. 城市社会整合机制一般包括(   )方面。(多选)**

A. 制度性整合　　B. 创新性整合

C. 功能性整合　　D. 结构性整合

E. 认同性整合

【参考答案】 A、C、E

【解答】 社会整合是指将社会存在和社会发展的各要素联系到一起，使它们一体化。城市社会整合机制一般包括制度性整合、功能性整合和认同性整合，这三个部分既相互联系又独立存在，它们分别从社会的制度化、专业化和社会化三个方面对城市社会进行整合。

■30. 城市更新强调的是(　　)的过程。

A. 城市功能体系上的重构与重组这一过程　B. 旧区改建、城市改造

C. 旧城整治　D. 城市再开发

【参考答案】 A

【解答】 城市更新更为强调的是城市功能体系上的重构与重组这一过程，比单纯的旧区改建、城市改造等完整得多。一般来说，城市更新具有以下特征：一是城市更新是一个连续性的过程；二是城市更新是城市发展的一个重要手段；三是城市更新具有综合性、系统性的特点。随着城市更新规划观念和思想的转变，一向以大规模拆除重建为主、目标单一和内容狭窄的城市更新和贫民窟清理的政策出现蜕变，转向了以谨慎渐进式改建为主，目标更为广泛、内容更为丰富的社区邻里更新。

□31. 倡导性规划是在(　　)理论引导下形成的。

A. 系统论　B. 规划选择理论　C. 协同论　D. 冲突理论

【参考答案】 B

【解答】 在多元思想的影响下，Davidoff 和 Reiner 于 1962 年提出的“规划选择理论”，在对不同价值观的矛盾和适应进行讨论的基础上，强调规划师就是要通过各种方法提出尽可能多的方案供社会选择。根据这一理论，城乡规划的制定和执行过程就可以被看成是通过一系列选择来决定今后行动的过程。在该理论引导下逐步形成的倡导性规划，促进了城乡规划师有意识接受并运用多种价值判断，以此来保证某些团体和组织的利益。

■32. 社区一词，最初的含义是指(　　)。

A. 由有共同目标、共同利益关系的人们组成的共同体

B. 在传统的自然感性一致的基础上，紧密联系起来的社会有机体

C. 在一个地区内共同生活的有机组织的人群

D. 居住在一个地区的人的有机体

【参考答案】 B

【解答】 社区一词，最初的含义是指在传统的自然感性一致的基础上，紧密联系起来的社会有机体，它是由德国社会学家斐迪南·滕尼斯提出的。据统计，如今对社区的各种定义已达 100 种以上，但归纳起来就是两大类：一类是功能主义观点，认为社区是由有共同目标、共同利益关系的人们组成的共同体；另一类是地区性观点，认为社区是指在一个地区内共同生活的有机组织的人群。

■33. 社区的构成要素有(　　)。(多选)

A. 地域　B. 人口

C. 文化制度和生活方式　D. 共同利益

E. 地缘感

【参考答案】 A、B、C、E

【解答】 社区的构成要素有地域、人口、文化制度和生活方式以及地缘感。地域是社区存在和发展的基本条件，是社区居民从事生产、生活活动的依托。人口的数量、集散的疏密程度以及人口素质等，是社会形成和发展的重要因素。文化制度和生活方式是区别于其他

社区及邻近社区的因素；地缘感对维系社区成员间的关系起着重要作用。

□**34. 按城市社会学的观点，管治根本性的短处在于(　　)。**

A. 某些领域同常规政治结合　　B. 存在着某些领域同常规政治分离的倾向

C. 它不排斥政治来治理社会　　D. 往往不是集中的

【参考答案】 B

【解答】 管治的根本性的短处在于它要通过市场式的决策排斥政治来治理社会，存在着某些领域同常规政治分离的倾向。

■**35. 社区人口与社会人口不同之处在于(　　)。**

A. 它以同质性为主形成该社区的人口特点　　B. 人口数量差别大

C. 人口质量差别大　　D. 认同感不同

【参考答案】 A

【解答】 社区人口与社会人口不同，它以同质性为主形成该社区的人口特点。

■**36. 根据(　　)把社区划分成农村社区和城市社区。**

A. 历史发展过程　　B. 空间特征

C. 社区结构和特点　　D. 生活方式

【参考答案】 C

【解答】 常见的社区分类方法主要有以下几种：第一种分类方法是从历史发展的角度把社区划分成四种类型：流动性社区、村舍社区、农村社区、城市社区。第二种分类方法是根据空间特征把社区划分成居住社区（又称生态社区）和精神社区。第三种分类方法是根据社区结构和特点把社区分为农村社区和城市社区。

■**37. 下面关于城市社区和农村社区的说法不正确的是(　　)。**

A. 农村社区是以各种农业生产为基本特征，由同质性劳动人口组成的，社会关系比较简单，人口相对稀疏的地域社会

B. 城市社区的结构比农村社区复杂

C. 城市社区有对内对外两种功能，而农村社区只有对内功能

D. 城市社区是指大多数居民从事工商业及其他非农业劳动的社区

【参考答案】 C

【解答】 不管城市社区还是农村社区，都有对外、对内两种功能。对外是指一社区与外社区进行经济、政治、思想、文化的交流与联系。对内功能则包括：组织社区内居民的生产、交换、分配、消费；组织各种社区社会活动，实现居民的社会参与；施加影响使居民接受社区的规范、传统和习惯；培养社区意识；协调社区成员之间的关系，解决社区成员之间矛盾、冲突、维护社区生活秩序等。

■**38. 社区生活质量的衡量，是以(　　)的拥有程度为主的。**

A. 公共生活服务设施、生活舒适性

B. 闲暇时间、公共服务设施、社会福利

C. 公共服务设施、社会福利、方便的出行交通

D. 闲暇时间、公共服务设施、社会福利、公众参与

【参考答案】 B

【解答】 社区物质文明最基本表现是社区生活质量的提高，社区生活质量中有三个重要的

构成方面：社区成员对闲暇时间、公共服务设施和社会福利的拥有程度。这种拥有程度越高，生活质量也越高，反之亦然。

■39. 城市居住社区的概念区别于城市居住区概念的最主要的是(　　)。

A. 城市居住区基本表达的是一个空间实体居住地域概念；而城市居住社区更将这种地域看作是一种以居住行为为核心的内在社会网络及社会互动的空间表现

B. 人口数量

C. 地域范围

D. 地域组织方式

【参考答案】 A

【解答】 城市居住社区的概念区别于城市居住区概念的最主要的地方是，城市居住区基本表达的是一个空间实体居住地域概念；而城市居住社区更将这种地域看作一种以居住行为为核心的内在社会网络及社会互动的空间表现，因此它远比城市居住区的概念来得深刻与广义。

□40. 城市社区管理，本质上讲是(　　)管理。

A. 对社会系统的社会管理

B. 对社会系统的宏观管理

C. 对城市系统的社区管理

D. 对城市社区的社会管理

【参考答案】 A

【解答】 广义的城市社区管理就是对整个城市社会系统，包括政治、经济、文化等社会领域的全面管理；而狭义的城市社区管理，则是就城市社区内部社会生活所进行的管理，这主要涉及与社区生活密切相关的环境卫生、医疗保健、社区服务等诸方面。然而，无论是广义还是狭义的城市社区管理，本质上讲，都是对社会系统的社会管理，都是借助系统方法、层次方法所实施的社会管理。

■41. 下面关于城市社区管理说法不正确的是(　　)。

A. 社区管理的一切活动都围绕着人这个中心

B. 城市社区管理与一般的城市管理一样

C. 城市社区管理与一般的城市管理不同

D. 城市社区管理把实现社区社会效益和心理归属作为最终目标。

【参考答案】 B

【解答】 人是社区的主体，社区管理的一切活动都围绕着人这个中心。城市社区管理与一般的城市管理不同，它把实现社区社会效益和心理归属作为最终目标。

△42. 社会学所关注的社会运行的几大主题是(　　)。

A. 需要、互动、管理与控制、变迁与进步

B. 隔离、控制、变迁、进步

C. 需要、创造、管理、变迁和进步

D. 互动、创造、管理、变迁

【参考答案】 A

【解答】 所谓社会运行机制，即指社会运行中所遵循的规律或所形成的模式。社会学所关注的社会运行的几大主题：需要—互动—管理与控制—变迁与进步。

△43. 社会运行中的社会调节是依赖(　　)来实现的。

A. 社会需要

B. 社会互动

C. 社会管理与控制

D. 社会变迁与进步

【参考答案】 C

【解答】 个体与群体的需要具有能够促使社会良性协调运行的合理结合状态，但必须通过社会系统有目的、有计划、有原则的调节。这种调节性的全过程是依赖社会管理与控制来实现的。

■44. 马斯洛关于需要的层次理论，认为需要分为五个层次，由第一层次到第五层次分别是(　　)。

A. 生理需要，友爱需要，安全需要，尊重需要，自我实现的需要

B. 生理需要，安全需要，友爱需要，尊重需要，自我实现的需要

C. 生理需要，友爱需要，尊重需要，安全需要，自我实现的需要

D. 生理需要，尊重需要，安全需要，友爱需要，自我实现的需要

【参考答案】 B

【解答】 马斯洛关于需要的层次理论，认为需要分为：第一层次，生理需要；第二层次，安全需要；第三层次，友爱需要；第四层次，尊重需要；第五层次，自我实现的需要。这五个层次的需要是由低级需要向高级需要发展的。人们首先追求较低层次的需要，只有在得到高效满足之后，较高层次的需要才会突出地表现出来。

△45. 社会管理与控制由(　　)等基本要素构成。(多选)

A. 政府部门　　B. 实施控制的机构

C. 控制规范体系　　D. 控制对策

E. 控制手段与方式

【参考答案】 B、C、E

【解答】 社会的管理与控制就是通过有组织地利用社会规范对其社会成员的社会行为施行管理、调节与约束的过程。社会管理与控制由实施控制的机构，控制规范体系——制度以及控制手段与方式等基本要素构成。

△46. “社会控制”这个词是由(　　)首次提出来的。

A. 法国社会学家素罗金　　B. 美国社会学家汤恩比

C. 美国社会学家罗斯　　D. 英国社会学家摩尔根

【参考答案】 C

【解答】 “社会控制”这个词是由美国社会学家E·A·罗斯（Rose）首次提出来的。罗斯认为，在人性中的“自然秩序”遭到破坏，对人的行为不再起约束作用，出现了越轨和犯罪等一系列社会问题的情况下，必须有一种新的机制来维护社会秩序，这种新的机制就是社会控制。

□47. 在社会控制的含义里，(　　)是控制者，(　　)是被控制者。

A. 社会、集体；个人　　B. 社会；集体

C. 社会；个人　　D. 个人；社会

【参考答案】 C

【解答】 社会学吸收了达尔文自然选择的概念，并且进一步加以发展，提出了生存竞争这一概念，由此引入了社会控制这个概念，在这里，社会是控制者，个人是被控制者。

□48. 下面关于社会控制的说法正确的是(　　)。(多选)

A. 社会控制总是积极的

B. 社会控制总是消极的

C. 社会控制可以是积极的，也可能是消极的

D. 社会控制的方式是各式各样的

【参考答案】 C、D

【解答】 社会控制可以是积极的，也可能是消极的。所谓积极的社会控制，是指建立在积极的个人顺从的动机上，以物质的刺激和精神的鼓励进行，大多数的行为是通过社会化的内在作用形成的。所谓消极的社会控制，是指建立在惩罚或对某些惩罚的一种畏惧心之上的。社会控制进行的方式是各式各样的。人们通常把风俗习惯、道德、法律、宗教、艺术以及各种社会制度和与此相适应的体现国家权利的军队、警察、法庭、监狱等称为社会控制的各种不同方式。

■49. 以下现象中，(　　)是形式化的社会控制，(　　)是非形式化的社会控制。

A. 法律、法规；道德、宗教　　B. 风俗习惯、道德；法律、宗教

C. 军队、艺术；法庭、法律　　D. 条例、习惯；规程、时尚

【参考答案】 A

【解答】 所谓形式化的社会控制，包括那些为了处理人们的行为而产生的诸如权威系统、法律、条例、规程等。非形式化的社会控制，其表现往往是人们不自觉、不怎么定型的行为。

△50. 我国战国时代的阴阳五行家邹衍认为历史的发展、变迁是按着“五德始终”和“五德转移”的，这是社会变迁的(　　)理论。

A. 社会进化　　B. 社会均衡　　C. 历史循环　　D. 机械发展

【参考答案】 C

【解答】 我国战国时代的阴阳五行家邹衍认为历史的发展、变迁是按着“五德始终”和“五德转移”的，这是历史循环论的思想，它和其他历史循环论的思想一样都只从表面现象、形而上学地看问题，看不到历史曲折和迂回运动的实质。

■51. 造成城市中文化异质性的原因主要是(　　)。(多选)

A. 人口的异质性　　B. 专业化的活动　　C. 收入差异　　D. 年龄差异

E. 易于受到外来文化的影响

【参考答案】 A、B、E

【解答】 城市中的文化之所以是异质的，是由多种原因造成的。一是人口的异质性，二是专业化的活动，从事不同职业的人，其文化特点也是不同的。三是易于受到外来文化的影响。

□52. 城市社会空间结构研究的社会生态学派受(　　)理论的影响较大。(多选)

A. 古典区位论　　B. 达尔文进化论　　C. 古典经济理论　　D. 均衡理论

【参考答案】 B、C

【解答】 社会生态学派与景观学派相对，其代表学派为芝加哥学派，受达尔文进化论和古典经济理论的影响较大，认为不同社会集团在各种人类活动中的竞争结果，出现了有空间特色的结构。

■53. 农业区位论的特点是用接近性和地价负担能力等主要概念来说明(　　)的形成机制。

A. 中心地等级嵌套理论　　B. 六边形市场区

C. 同心圆土地利用模型　　D. 边际效益递减理论

【参考答案】 C

【解答】 农业区位论的特点是用接近性和地价负担能力等主要概念来说明同心圆土地利用模型的形成机制。

■54. ( )是城市化的基本前提。

A. 农业化　　B. 工业化

C. 农业生产发展到一定水平　　D. 农业机械化

【参考答案】 C

【解答】 农业生产发展到一定的水平是城市化的基本前提。只有当农业生产达到了不仅能够生产出农业人口自己消费的农产品，而且能为城市人口提供足以满足他们生活需要的商品粮，并且能够生产大量的经济作物，城市迅速发展才有可能，同时产生大量的农业剩余劳动力到城市中去发展工业和第三产业。

■55. ( )是城市化的根本动力。

A. 农业机械化　　B. 工业化

C. 农业剩余劳动力　　D. 人口迁移

【参考答案】 B

【解答】 城市是最适合工业发展的社会形式，工业也推动城市迅速发展，城市化是工业化的直接产物。

■56. 行为学派在城市地域空间结构研究时，尤其注重( )。

A. 消费行为　　B. 休闲、娱乐行为

C. 犯罪行为　　D. 购物和迁居行为

【参考答案】 D

【解答】 行为学派注重行为的决定过程。在城市地域空间结构研究时，尤其注重购物和迁居行为。

■57. 新的劳动地域分工其典型表现类型是，高附加价值的金融、贸易公司总部职能集中于( )，办公职能和研究开发职能集中在( )，而生产部门则广泛分布在( )。

A. 世界城市的中心部；世界城市的郊区；发展中国家

B. 世界城市的郊区；世界城市的中心部；发展中国家

C. 发展中国家；世界城市的中心部；世界城市的郊区

D. 发展中国家；世界城市的郊区；世界城市的中心部

【参考答案】 A

【解答】 当今最重要的经济变化将为新的劳动地域分工，这就是国际性或国家尺度的劳动分工以及跨国企业的世界性经济支配，其典型表现类型是，高附加价值的金融、贸易公司总部职能集中于世界城市的中心部，办公职能和研究开发职能集中在世界城市的郊区，而生产部门则广泛分布在发展中国家。

■58. 世界经济变化的主要空间结果表现为( )。(多选)

A. 西欧、北美工业中心地带的许多城市的非工业化

B. 大城市圈内部制造业和服务业的离心化

C. 大城市空间结构多核心化

D. 一些大城市成为专门生产、处理信息和知识的世界城市化

E. 城市建设的高密度化

【参考答案】 A、B、D

【解答】 世界经济变化的主要空间结果表现为以下三个方面：①西欧、北美工业中心地带的许多城市的非工业化；②大城市圈内部制造业和服务业的离心化；③一些大城市成为专门生产、处理信息和知识的世界城市化。

■59. 人口因素对城市社会空间结构变化的影响主要表现为(   )。(多选)

A. 家庭结构的变化　B. 人口增长　C. 老龄化社会　D. 人口负增长

【参考答案】 A、C、D

【解答】 人口因素对城市社会空间结构的变化影响主要表现为三个方面：①家庭结构的变化；②人口负增长；③老龄化社会。

■60. 影响城市形态及其结构变化的力量主要有(   )。(多选)

A. 城市经济发展　B. 分散力　C. 城镇化水平提高　D. 集中力

【参考答案】 B、D

【解答】 影响城市形态及其结构变化的力量主要有二：分散力与集中力。

分散因素中包括：①远距离通信技术的增加和高度化；②影响所有经济活动的区位制约因素在下降，自由配置在增加；③银行、公司等白领工作岗位的郊区化；④低密度农村生活环境偏好的增大；⑤旧公共交通的混杂和运输费用的增加；⑥经济活动的国际化。

集中因素中包括：①特定经济活动中面对面接触的必要性依然继续存在；②能源费用的上涨和能源供给的不确定性；③反技术态度的出现；④贫困化城市下层居民的残留；⑤绅士化现象；⑥高度远距离通信技术对不富裕阶层来说难以利用，或者十分昂贵。因此，分散与集中这两种力量的相互关系，加上经济状况和历史因素，就形成了各个区域的多样性。

□61. 城市社会空间结构变化反映在经济结构的变化上，即(   )的转化。

A. 由第一产业向第二、三产业　B. 由第一、二产业向第三产业

C. 由第二、三产业向第一产业　D. 由第二产业向第三产业

【参考答案】 B

【解答】 当今最重要的经济变化将为新的劳动地域分工，经济结构的变化为以农业、工业生产为主的第一、第二类产业向流通服务行业为主的第三产业的转化。

△62. 下面关于社会问题的说法正确的是(   )。(多选)

A. 社会学的所谓社会问题是指个别人、个别家庭或团体的问题

B. 社会学的所谓社会问题是必须依靠社会中大家的力量共同解决的问题

C. 我国最严重、最基本、最棘手的问题是人口问题

D. 人口问题直接地衍生出或将衍生出劳动就业问题、老龄问题等

【参考答案】 B、C、D

【解答】 社会学的所谓社会问题，是认为社会的正常运转出了问题，出了毛病，是社会中发生的被多数人认为是不合需要或不能容忍的事件或情况，这些事件或情况影响到多数人的生活，而必须以社会群体的力量才能进行改进的问题。据此，所谓社会问题，不是指个别人、个别家庭或团体的问题，而是必须依靠社会中大家的力量共同解决的问题。每一个社会在一定时期内都有其特殊的社会问题。我国最严重、最基本、最棘手的问题莫过于人

口问题，这个问题又直接地衍生出或即将衍生出劳动就业问题、青少年犯罪问题、老龄问题、贫困问题等。

□**63. 人口老龄化和老龄问题将会首先出现在(　　)地区，然后出现在(　　)地区，最后发展到(　　)地区。**

A. 农村；小城镇；大城市　　B. 大城市；小城镇；农村

C. 大城市；农村；小城镇　　D. 城市；城乡接合部；农村

【参考答案】 B

【解答】 人口和老龄问题的出现是一个动态过程，与出生率迅速下降密切相关，城市越大，出生率越低，人口老龄化进展越快；反之，出生率提高，人口就会向年轻化转化。

■**64. 按联合国的规定，凡(　　)就属于老年型人口。**

A. 55 岁及以上人口占总人口 10%以上或 60 岁及以上人口占总人口 7%以上

B. 60 岁及以上人口占总人口 10%以上或 65 岁及以上人口占总人口 7%以上

C. 65 岁及以上人口占总人口 10%以上或 70 岁及以上人口占总人口 7%以上

D. 60 岁及以上人口占总人口 10%以上或 65 岁及以上人口占总人口 5%以上

【参考答案】 B

【解答】 所谓人口老龄化是指 60 岁（或 65 岁）及以上人口在总人口中所占比重的问题。按联合国的规定，凡 60 岁及以上人口占总人口 10%以上或 65 岁及以上人口占总人口 7%以上就属于老年型人口。

■**65. 下列关于"老龄化"的表述，哪项是正确的？(　　)**

A. 人口的年龄结构金字塔不直接反映老龄化程度

B. 老龄化的国际标准是 60 岁以上人口占总人口的比例超过 7%

C. 少年儿童比重与老龄化程度无关

D. 老龄化负担的轻重与老龄化程度无关

【参考答案】 A

【解答】 人口的年龄结构金字塔不直接反映老龄化程度。衡量人口老龄化程度有很多指标。

按联合国的相关规定，凡 60 岁及以上人口占总人口 10%以上或 65 岁及以上人口占总人口 7%以上就属于老年型人口。

少年儿童比重：即 0～14 岁人口数量占总人口数的比重，这一比重小于 30%，即可认为是老年社会。

老年人口扶养比：老年人口与劳动年龄人口之比。用以度量劳动力对老年人口的负担程度，表明每 100 名劳动年龄人口所负担老年人口的数目。

□**66. 人口老龄化与(　　)关系最为密切相关。**

A. 出生率迅速下降　　B. 死亡率下降

C. 人均寿命提高　　D. 经济水平提高

【参考答案】 A

【解答】 人口老龄化是一个动态概念，它与出生率迅速下降密切相关。出生率越低，人口老龄化进展越快；反之，出生率提高，人口就会向年轻化转化。

■**67. 劳动力的供给大于社会经济发展对劳动力的需求，会出现(　　)现象。**

A. 失业现象　　B. 劳动力不足　　C. 失业现象消失　　D. 各种可能

【参考答案】 A

【解答】 劳动者与生产资料结合时，可能产生三种情况：(1) 劳动力的供给大于社会经济发展对劳动力的需求。表现为一部分劳动力无法与生产资料相结合，劳动力未得到充分利用，这就出现失业现象。(2) 劳动力的供给小于社会经济对劳动力的需要，这时一部分生产资料得不到充分利用，出现劳动力不足现象。(3) 劳动力与生产资料互相适应，失业现象消失。

■68. 下面(　　)是影响就业的主要社会因素。(多选)

A. 经济的不发展　　B. 季节性工作　　C. 劳动力流动　　D. 科学技术的进步

【参考答案】 B、C、D

【解答】 经济的不发展是造成失业或不能充分就业的根本原因。但就业还要受到一些经济因素以外的社会因素的影响。这主要是指科学技术的进步、季节性工作、人口发展控制程度和劳动力流动等因素。由于劳动力与生产资料结合得不好，经济因素的不协调而产生的失业可以叫作经济性失业，而由于经济因素以外的更加复杂的社会因素的影响而引起的失业，可叫作社会性失业。

□69. (　　)失业也可叫做结构性失业。

A. 由于经济因素的不协调而产生的失业

B. 由于社会因素的影响而引起的失业

C. 由于自然界的条件变化或其他因素的影响而引起的失业

D. 生产和劳动结构的变动会引起经济结构，甚至社会结构变动的失业

【参考答案】 D

【解答】 科学技术的进步，会引起生产和劳动结构的变动。使用新的生产设备、生产方法、新的材料或组织新的生产过程，改善经营管理，都会更加节约劳动力而引起一部分劳动力的失业。这就引起经济结构，甚至社会结构的变动，这类失业也可叫做结构性失业。

■70. 在研究贫穷问题时，一些研究者企图制定一个比较固定的标尺以衡量贫穷。这就是所谓(　　)。

A. 失业率　　B. 基本生活保障　　C. 贫穷线　　D. 救济金

【参考答案】 C

【解答】 资本主义国家的学者，自19世纪开始，对贫穷进行了比较认真、严谨的调查研究。一些研究者企图制定一个比较固定的标尺以衡量贫穷。这就是所谓的“贫穷线”。在这条线之下，就开始有了贫穷；在这条线之上，贫穷就到此为止。

□71. 城市社会学收集资料方法中，(　　)是现在用得最多的一种方法，具有许多优点。

A. 访谈法　　B. 问卷法　　C. 观察法　　D. 文件法

【参考答案】 B

【解答】 问卷法是通过填写问卷（或调查表）来收集资料的方法，这是现代社会调查使用得最多的收集资料的方法之一。使用这种方法不仅可以使调查得来的资料标准化，易于进行定量分析，而且可以节省大量人力、物力和时间，适用于大规模的社会调查。

△72. 以寻找解决实际问题的具体方案和措施为主要目标，以应用为目的的研究工作是(　　)。

A. 评价性研究　　B. 对策性研究　　C. 解释性研究　　D. 预测性研究

【参考答案】 B

【解答】 依据研究目标的不同，研究工作可分为描述性研究、解释性研究、预测性研究、评价性研究、对策性研究等类型。对策性研究，主要目标是寻找解决实际问题的具体方案和措施，以应用为目的。

■73. 下列关于社会问卷调查的表述，哪项是正确的？（　　）

A. 调查问卷应随意发放

B. 可以边调查边修改问卷

C. 问卷的"有效率"是指回收问卷占所有发放问卷数量的比重

D. 问卷设计要考虑到调查者的填写时间

【参考答案】 D

【解答】 调查问卷主要内容：被调查者基本属性特征、针对研究问题的内容。调查问卷的发放有当面发放、邮寄方法、电话调查等方式，一般采用当面发放调查的方式，其中，非随意抽样的方法更为科学。

问卷调查工作的一大忌是在调查了相当多的样本后，发现问卷设计得不好或者相关问题有遗漏，或者有的问题答案选项设计不合理而重新设计问卷，从而导致同一调查中使用了两种问卷。这样会给统计带来麻烦。问卷一经确定最好不要改变，如果确要改变，那么就使用改变后的问卷重新开始调查。

问卷的"有效率"是指有效问卷占所有发放问卷数量的比重。

■74. 社会测量的尺度可分为（　　）。

A. 定类尺度、定序尺度、定时尺度、定比尺度

B. 定时尺度、定距尺度、定序尺度、定比尺度

C. 定类尺度、定序尺度、定距尺度、定比尺度

D. 定类尺度、定序尺度、定时尺度、定距尺度

【参考答案】 C

【解答】 社会测量的尺度可分为四种，即定类尺度、定序尺度、定距尺度和定比尺度。定类尺度只能测量出事物属性的差别，而测量不出它们在大小、程度上的差异；定序尺度除了能测量出事物的类别属性，还能测量出它们在等级、顺序上的差别；定距尺度除了能测量出事物的类别、顺序方面的属性，还能用数字反映事物在量上的差别。定比尺度除了具有定距尺度的功能外，还可使不同事物的同一特征的取值构成一具有意义的比率。

□75. 测量尺度的最高层次是（　　）。

A. 定类尺度　　B. 定比尺度　　C. 定序尺度　　D. 定距尺度

【参考答案】 B

【解答】 定比尺度是最高层次的测量尺度。它除了具有定距尺度的功能外，还可使不同事物的同一特征的取值构成一具有意义的比率，因为定比尺度有一个真正有意义的零点。

□76. 下面属于定距尺度的测量指标是（　　）。

A. 性别　　B. 社会经济地位　　C. 智商　　D. 年龄

【参考答案】 C

【解答】 定距尺度除了能测量出事物的类别、顺序方面的属性，还能用数字反映事物在量

上的差别。因此，上述选项中的 C 属于定距尺度；A 属于定类尺度，用性别去测量人，只能分成男、女两类；B 属于定序尺度；D 属于定比尺度。

△77. 下面关于封闭式问卷的说法正确的是(　　)。(多选)

A. 由于没有固定答案的约束，被调查者可以自由而详尽地陈述自己的观点

B. 封闭式问卷使各种答案标准化，便于进行统计

C. 封闭式问卷答案可以进行事先编码，给资料的整理带来了很大方便

D. 被调查者必须回答许多问题

【参考答案】 B、C

【解答】 问卷可分为封闭式和开放式两种。封闭式问卷是把所要了解的问题及其答案全部列出的问卷形式，调查时只需被调查者从已给答案中选择某种答案。如果只提出问题，不给出答案，就是开放式问卷。在城市社会学调查研究中，封闭式问卷得到了广泛的运用。这主要在于：①封闭式问卷使各种答案标准化了，这便于进行统计；②这种答案可以进行事先编码，给资料的整理带来了很大方便；③面对着已给出的答案，被调查者回答“不知道”者很少；④由于对答案作了简要的规定，被调查者只是选择或排列已有的答案，这就减少了许多不相干的回答。而 A 是开放式问卷的优点。

■78. 下列关于社会调查方法的表述，哪项是错误的？(　　)

A. 部门访谈和针对居民个体的深度访谈在访谈方法上有一定的差别

B. 质性方法和定性方法是两回事

C. 质性方法强调在访谈过程中建构研究者的理论

D. 问卷调查方法有抽样的要求和数量要求

【参考答案】 C

【解答】 质性研究方法是相对定量研究方法而言的方法。质性研究实际上并不是一种方法，而是许多不同研究方法的统称，也称为“质的研究”，是以研究者本人作为研究工具，在自然情景下采用多种资料收集方法对社会现象进行整体性探究，使用归纳法分析资料和形成理论，通过与研究对象互动对其行为和意义建构获得解释性理解的一种活动。

常用的是深度访谈、观察和实物分析方法。这些方法分别要解决的问题包括了解被研究者的所思所想、所作所为，并解释研究者所看到的物品的意义。质性研究的资料分析过程要强调研究者从资料中发掘异议并理解被研究者，通过研究者文化客位的解释来获得被研究者主位的意义，实现理论构建。

□79. 城市社会学研究往往要涉及人们对某一事物的态度，在测量人们得态度时用得最多的是(　　)。

A. 调查问卷　　B. 赖克特量表　　C. 态度量表　　D. 访谈记录

【参考答案】 B

【解答】 如果整个问卷都围绕着对某个问题的态度展开，该问卷可称态度量表。在测量人们的态度时用得最多的是赖克特量表，它用五个等级（很赞成、比较赞成、中立、不太赞成、很不赞成，或者很满意、比较满意、无所谓、不太满意、很不满意等）来反映人们对某一问题的态度。

△80. 根据两个或两类事物之间的相异点和相同点的比较，认识事物之间的关系，或用一种社会现象说明另一种社会现象的方法是城市社会学分析方法中的(　　)。

A. 矛盾分析法　　　　　　　　　　　B. 社会因素分析法
C. 对比分析法　　　　　　　　　　　D. 功能分析法

【参考答案】 C

【解答】 对比分析法能从现象深入本质，从现象中的异找出本质上的同，或从现象中的同找出本质中的异，在城市社会学研究中具有重要作用，许多社会现象都可用对比方法去认识。

△81. 下面既可用于理论研究，又可用于经验研究的方法是(　　)。

A. 社会观察法　　B. 文献分析法　　C. 社会实验法　　D. 社会调查法

【参考答案】 B

【解答】 城市社会学研究中运用的经验研究方法主要有社会观察法、社会实践法和社会调查法。文献分析法可用于理论研究，又可用于经验研究。

□82. 城市社会学经验研究中，(　　)是迄今为止最严密、最科学的经验研究法。

A. 社会观察法　　B. 社会实验法　　C. 社会调查法　　D. 文献分析法

【参考答案】 B

【解答】 社会实验法是把研究对象置于人为设计的条件控制中进行观察和比较的研究方法，是迄今为止最严密、最科学的经验研究法。

社会观察法，即研究者深入事件现场并在自然状态下通过自身感官直接搜集有关资料的方法。研究者深入事件现场，就能对正在进行着的现象不定期过程作直接的了解。因此观察法特别适于搜集正在发生的社会现象。

社会调查是采取客观态度、运用科学方法、有步骤地去考察社会现象、搜集资料并分析各种因素之间的相互关系，以掌握社会实际情况的过程。

由于文献是人们获取各种间接知识和资料的主要来源，文献分析法被广泛地运用于各种研究之中。它即可作研究的主要方法，如在历史研究和理论研究中那样；又可作为研究的辅助方法，如调查研究中用作补充资料的手段。

□83. 实验法和观察法根本不同在于(　　)。(多选)

A. 实验的观察不是自然状态下的观察，而是在人工环境中，在人为控制中进行的观察
B. 实验研究者靠自己的感受去搜集对象的信息
C. 自然观察的内容是难以重复的，而实验的内容却可以不断反复
D. 实验的内容是难以重复的

【参考答案】 A、C

【解答】 社会实验法可以说是观察法的进一步发展。和观察法相同的是，实验研究者也靠自己的感受去搜集对象的信息。但是，实验法又和观察法有根本的不同。首先，实验的观察不再是自然状态下的观察，而是在人工环境中，在人为控制中进行的观察；其次，自然观察的内容是难以重复的，而实验的内容却可以不断反复。

△84. 下面关于个案调查的说法正确的是(　　)。(多选)

A. 个案调查的代表性强
B. 任何一种现象，如果用来当作研究单位或中心对象都可以称为个案
C. 个案调查的本质特点是以部分来说明或代表总体
D. 个案可以是一个人、一个家庭、一个组织甚至一件事情

【参考答案】 B、D

【解答】 抽样调查的本质特点是以部分来说明或代表总体。个案调查是选择某一社会现象为研究单位，搜集与它有关的一切资料，详细地描述和分析它产生与发展的过程，描述和分析它的内在与外在因素之间的相互关系，并把它同类似的个案相比较而得出结论的过程。任何一种现象，如果用来当作研究单位或中心对象都可以称为个案。个案可以是一个人、一个家庭、一个组织甚至一件事情。每个个案有许多特殊之点，因此个案调查其代表性差。

■85. 说明总体某一数量标志的一般水平的统计量是(　　)。

A. 众数值　　B. 中位数　　C. 平均数　　D. 标准差

【参考答案】 C

【解答】 平均数也叫均值，它是总体各单位指标值之和平均，它说明的是总体某一数量的一般水平。

□86. 社会统计分析可分为(　　)两种分析。

A. 描述性分析和功能分析　　B. 描述性分析和说明性（解释性）分析

C. 说明性（解释性）分析和行为分析　　D. 概率分析和统计分析

【参考答案】 B

【解答】 社会统计分析可分为描述性分析和说明性（解释性）分析。如果社会统计分析的目的在于陈述被调查对象的特征，揭示事物内部的联系，则属于描述性分析。如果社会统计分析所要解决的不但是指出调查对象的特征，还要指出现象内部的联系以及何以存在这些特征与联系，则属于说明性分析。

□87. 下面关于频数和频率的说法正确的是(　　)。(多选)

A. 频率是反映某类事物绝对量大小的统计量

B. 如果用频数同总数相比，得到的相对数则是该类事物的频率

C. 在描述现象的分布状态的时候，往往只使用频率、不使用频数

D. 频数和频率说明的都是总体中不同类别事物的分布状况

【参考答案】 B、D

【解答】 频数是反映某类事物绝对量大小的统计量。如果用频数同总数相比，得到的相对数则是该类事物的频率。频数和频率说明的都是总体中不同类别事物的分布状况。它们可以直接以数字的形式表示出来，也可以用条形图、直方图、统计表反映。频率还可以用圆形结构图来表示。频数和频率是对社会现象的特征的最简单、最基本、最粗略的描述，这种分析适用于用各种尺度测量所获得的资料的分析。在描述现象的分布状态的时候，往往既使用频数，也使用频率，就是既用绝对数来说明，也用相对数来说明。

△88. 统计分析中，(　　)是被研究总体中频率最多的变量值，它表示的是某种特征的集中趋势。

A. 中位数　　B. 平均数　　C. 众数值　　D. 频数

【参考答案】 C

【解答】 众数值是被研究总体中频率最多的变量值，它表示的是某种特征的集中趋势。由于总数值是总体中某一特征出现最多的变量的数值，所以，它对总体有一定的代表性。

■89. 科学发展观是(　　)。(多选)

A. 坚持以人为本，树立全面、协调、可持续的发展观，促进经济社会和人的全面发展

B. 按照“统筹城乡发展、统筹区域发展、统筹经济社会发展、统筹人与自然和谐发展、统筹国内发展和对外开放”的要求，推进各项事业的改革和发展的一种方法论
C. 是构建民主法治、公平正义、诚信友爱、充满活力、安定有序、人与自然和谐相处的社会的方法
D. 是指导我国现代化建设的崭新的思维理念。它的基本内涵是：一是全面发展；二是协调和可持续发展

【参考答案】 A、B、C、D

【解答】 科学发展观是指导我国现代化建设的崭新的思维理念。它的基本内涵是：一是全面发展；二是协调和可持续发展。所谓全面发展，就是要着眼于经济、社会、政治、文化、生态等各个方面的发展；所谓协调，就是各方面发展要相互衔接、相互促进、良性互动；所谓可持续，就是既要考虑当前发展的需要，满足当代人的基本需求，又要考虑未来发展的需要，为子孙后代着想。

科学发展观通常是指党的十六届三中全会中提出的“坚持以人为本，树立全面、协调、可持续的发展观，促进经济社会和人的全面发展”，按照“统筹城乡发展、统筹区域发展、统筹经济社会发展、统筹人与自然和谐发展、统筹国内发展和对外开放”的要求推进各项事业的改革和发展的一种方法论。

■90. 五个统筹包括(　　)。

A. 统筹城乡发展、统筹区域发展、统筹经济社会发展、统筹人与自然和谐发展、统筹国内发展和对外开放
B. 统筹城乡发展、统筹区域发展、统筹政治经济发展、统筹人与自然和谐发展、统筹对外开放
C. 统筹城乡发展、统筹区域发展、统筹经济社会发展、统筹人与自然和谐发展、统筹国内外一体化发展
D. 统筹城乡二元发展、统筹区域发展、统筹经济社会发展、统筹人与自然和谐发展、统筹国内发展和对外开放

【参考答案】 A

【解答】 “五个统筹”的发展战略方针，即统筹城乡发展、统筹区域发展、统筹经济社会发展、统筹人与自然和谐发展、统筹国内发展和对外开放。要实现“五个统筹”，首先从规划的角度出发，当前最核心的就是要打破城乡分割规划模式，实现城乡规划的统筹，构建和谐社会。

■91. 和谐社会的核心是创造(　　)社会。

A. 民主法治、公平正义、充满活力、安定有序、人与自然和谐相处
B. 民主法治、公平正义、诚信友爱、安定有序、人与自然和谐相处
C. 民主法治、公平正义、诚信友爱、充满活力、安定有序、人与自然和谐相处
D. 民主法治、公平正义、诚信友爱、充满活力、人与自然和谐相处

【参考答案】 C

【解答】 和谐社会是民主法治、公平正义、诚信友爱、充满活力、安定有序，人与自然和谐相处的社会。民主法治，就是社会主义民主得到充分发扬，依法治国基本方略得到切实落实，各方面积极因素得到广泛调动；公平正义，就是社会各方面的利益关系得到妥善协

调，人民内部矛盾和其他社会矛盾得到正确处理，社会公平和正义得到切实维护和实现；诚信友爱，就是全社会互帮互助、诚实守信，全体人民平等友爱、融洽相处；充满活力，就是能够使一切有利于社会进步的创造愿望得到尊重，创造活动得到支持，创造才能得到发挥，创造成果得到肯定；安定有序，就是社会组织机制健全，社会管理完善，社会秩序良好，人民群众安居乐业，社会保持安定团结；人与自然和谐相处，就是生产发展，生活富裕，生态良好。

■92. 十六届三中全会审议通过的《中共中央关于完善社会主义市场经济体制若干问题的决定》中，首次提出了“五个统筹”的发展战略方针。其中，统筹城乡发展的实质是(　　)。

A. 在全面建设小康社会和实现现代化的进程中，选择什么样的发展道路和发展模式，如何发展得更好的问题

B. 从城乡二元经济结构向现代社会主义计划经济向市场经济结构转变

C. 统筹城乡发展的实质，是促进城乡二元经济结构的转变

D. 在经济发展的基础上实现城市与农村社会全面进步，增进全国人民的福利

【参考答案】 C

【解答】 十六届三中全会审议通过的《中共中央关于完善社会主义市场经济体制若干问题的决定》中，首次提出了“五个统筹”的发展战略方针，即统筹城乡发展、统筹区域发展、统筹经济社会发展、统筹人与自然和谐发展、统筹国内发展和对外开放。要实现“五个统筹”，首先从规划的角度出发，当前最核心的就是要打破城乡分割规划模式，实现城乡规划的统筹，构建和谐社会。

统筹城乡发展的实质，是促进城乡二元经济结构的转变。我国正处在深刻的社会转型过程中，从城乡二元经济结构向现代社会经济结构转变，将是今后几十年我国社会经济发展的基本走向。“三农”问题过去主要是农业生产问题，现在是在围绕“农”字做文章的同时，更要注重从“农”外找出路，通过“三化”——工业化、城市化、市场化，促进“三农”问题的根本解决。下一步的经济改革，要着眼于建立有利于改变城乡二元经济结构的体制，国家政策要对解决“三农”问题给予更大支持。

□93. 社区自治的目的是(　　)。

A. 让人民自我管理、自我服务

B. 让人民参与国家行政管理

C. 使人民获得民主

D. 使人民获得授权

【参考答案】 D

【解答】 社区自治的目的是使人民获得授权。扩大基层民主，采用民主协商、民主决策、民主管理的手段，动员社区内各种组织、成员共同为社区发展献计出力，提高居民自我教育、自我管理、自我服务的能力，由社区自己开发各种资源，解决社区内问题，满足社区居民和各种组织日益增长的需求，提高居民生活质量。因此，强化社区自治，有其深远的重大意义。首先，从政治上，有利于推进我国民主政治建设的进程，建设政治民主的国家。其次，从经济上，有利于社区内资源的最佳配置，通过市场的方式而不是计划或政府的方式，提高社区管理的效益与效率，实现经济与社会发展。

□94. 这是按控制是否依靠外部力量来划分的。(　　)即自我控制，指社会成员自觉地把社会规范内化，用以约束和检点自己的行为；(　　)是社会依靠外在力量控制其成员

就范。

A. 外在控制；内在控制　　B. 硬控制；软控制

C. 正式控制；非正式控制　　D. 积极控制；消极控制

【参考答案】 A

【解答】 社会控制的类型：

正式控制和非正式控制。这是根据社会控制有无明文规定来划分的。政权、法律、纪律、各种社会制度、社会中有组织的宗教，均有明文规定，它们属于正式控制的范畴；而风俗、习惯等则是非正式控制。

积极控制和消极控制。这是按使用奖励手段还是惩罚手段来划分的。前者如奖状、奖金、奖章、记功、晋升等；后者如记过、开除、降级、判刑等。无论正式控制或是非正式控制，既可以采取积极控制的手段，也可以采取消极控制的手段。

硬控制和软控制。这是按使用强制手段和非强制手段来划分的。政权、法律、纪律，都依赖控制力，属于硬控制范畴；软控制则依赖社会舆论、社会心理进行控制。社会风俗、道德、信仰和信念的控制属于软控制范畴。

外在控制和内在控制。这是按控制是否依靠外部力量来划分的。内在控制即自我控制，指社会成员自觉地把社会规范内化，用以约束和检点自己的行为。外在控制是社会依靠外在力量控制其成员就范。外在控制与内在控制的界限是相对的，两者相互渗透和转化。

□95. 社会控制的方式是指社会、群体以何种方式，何种手段去预防、约束和制裁其成员可能发生或已经发生的越轨行为。包括以下(　　)方面。(多选)

A. 习俗、道德和宗教　　B. 政权、法律和纪律

C. 社会舆论和群体意识　　D. 强制手段和非强制手段

【参考答案】 A、B、C

【解答】 社会控制的方式是指社会、群体以何种方式，何种手段去预防、约束和制裁其成员可能发生或已经发生的越轨行为。包括：习俗、道德和宗教；政权、法律和纪律；社会舆论和群体意识。

□96. 城市更新的方式可分为(　　)三种形式。(多选)

A. 重建　　B. 重建或再开发

C. 整建　　D. 保留维护

【参考答案】 B、C、D

【解答】 城市更新的方式可分为重建或再开发（Redevelopment）、整建（Rehabitation）以及保留维护（Conservation）三种。

①重建或再开发，是将城市土地上的建筑予以拆除，并对土地进行与城市发展相适应的新的合理使用。重建是一种最为完全的更新方式，但这种方式在城市空间环境和景观方面、在社会结构和社会环境的变动方面均可能产生有利和不利的影响。同时在投资方面也更具有风险，因此只有在确定没有可行的其他方式时才可以采用。

②整建，是对建筑物的全部或一部分予以改造或更新设施，使其能够继续使用。整建的方式比重建需要的时间短，也可以减轻安置居民的压力，投入的资金也较少，这种方式使用于需要更新但仍可恢复并无须重建的地区或建筑物，整建的目的不只限于防止其继续

衰败，更是为了进而改善地区的生活环境。

③保留维护，是对仍适合于继续使用的建筑，通过修缮活动，使其继续保持或改善现有的使用状况。

□**97. 下面关于城市管治的论述不正确的是(　　)。**

A. 城市管治的理念来源于20世纪70年代的西方，讨论的中心是面临全球化挑战，政府在城市管理中如何通过改变角色定位，从“管理”（行政手段）转变为“管治”（协商手段）以提高城市竞争力

B. 城市管治是将经济、社会、生态等可持续发展，资本、土地、劳动力、技术、信息、知识等生产要素综合包融在内的整体管治概念

C. 城市管治就是要求将这个联盟体制化，要求建立以市场力为主导的、政府和市场“伙伴关系”形式的正式体制来管理城市，因为只有这样才能提高城市的竞争力，这是新自由主义要求的城市管治

D. 在当代中国，市政府仍然是一切城市事务的真正决策者。无论是以市场力为主导的、公私“伙伴关系”形式的政体，还是有社会力参加的、以公众参与介入的政体，都是现实的

【参考答案】 D

【解答】 城市管治是将经济、社会、生态等可持续发展，资本、土地、劳动力、技术、信息、知识等生产要素综合包融在内的整体管治概念，既涉及中央元、又涉及地区元、也涉及非政府组织元等多组织元的权力协调，其中政府、公司、社团、个人行为对资本、土地、劳动力、技术、信息、知识等生产要素的控制、分配、流通的影响起着十分关键的作用。

城市管治是在全球化的新形势下从政府管理角度提出的讨论。城市管治的理念来源于20世纪70年代的西方，讨论的中心是面临全球化挑战，政府在城市管理中如何通过改变角色定位，从“管理”（行政手段）转变为“管治”（协商手段）以提高城市竞争力。

□**98. 人口是一个具有许多规定和关系的总体，有性别、年龄、居住地、民族、阶级、文化、婚姻、职业以及宗教信仰等标志，但就其性质特征而言，人口结构类别可归纳为(　　)三大类。(多选)**

A. 人口产业结构　　B. 人口社会结构

C. 人口自然结构　　D. 人口地域结构

【参考答案】 B、C、D

【解答】 反映一定地区、一定时点人口总体内部各种不同质的规定性的数量比例关系。又称人口构成。它依据人口本身所固有的自然的、社会的、地域的特征，将人口划分为各个组成部分所占的比重，一般用百分比表示。

人口是一个具有许多规定和关系的总体，有性别、年龄、居住地、民族、阶级、文化、婚姻、职业以及宗教信仰等标志，但就其性质特征而言，人口结构类别可归纳为人口自然结构、人口社会结构、人口地域结构三大类。

■**99. 下列有关人口素质的表述，哪项是错误的？(　　)**

A. 人口的受教育水平可以反映人口的素质结构特点

B. 地区人口的素质结构对地区的发展产生影响

C. 人口的年龄结构决定了人口的素质结构

D. 人口质量即人口素质

【参考答案】 C

【解答】 人口素质又称人口质量。包括人口的身体素质、科学文化素质和思想素质。人口素质决定改造世界的条件和能力。

■100. 下列关于城乡规划公众参与的表述，哪项是错误的？(　　)

A. 可有效地应对利益主体的多元化　　B. 有助于不同类型规划的协调

C. 可体现城市管治和协调发展的思路　　D. 可推进城乡规划的民主化和法制化

【参考答案】 B

【解答】 城乡规划公众参与的作用：可有效地应对利益主体的多元化，能够有效体现城乡规划的民主化和法制化，导致城乡规划的社会化，保障城市空间实现利益的最大化。

□101. 现阶段我国城市规划的参与主体分为(　　)类型。

A. 开发机构、公众二类

B. 政府、开发机构、规划师三类

C. 政府、开发机构、规划师、公众四类

D. 政府、开发机构、规划师、公众、公共事业管理部门五类

【参考答案】 C

【解答】 一般而言，参与主体是指直接或间接地参与政策制定、实施和监督的个人、团体和组织。现阶段我国城市规划的参与主体分为四类：政府——国家权力的拥有者，开发机构——追求自身利益最大化的利益集团，规划师——技术人员，以及公众——与切身利益相关的市民。

■102. 下列哪项不是城乡规划公众参与的要点？(　　)

A. 发挥各种非政府组织的作用并重视保障其利益

B. 强调政府的权力主导和规划的空间调控属性

C. 强调市民社会的作用

D. 重视城市管治和协调思路的运用

【参考答案】 B

【解答】 城乡规划公众参与的作用：可有效地应对利益主体的多元化，能够有效体现城市规划的民主化和法制化，导致城市规划的社会化，保障城市空间实现利益的最大化。

城乡规划公众参与的要点：重视城市管治和协调思路的运用，强调市民社会的作用，发挥各种非政府组织的作用并重视保障其利益。

■103. 下列关于城市人口结构的描述，哪项是正确的？(　　)

A. 人口性别比与城市或区域的发展没有关系

B. 人口的素质结构一直未有合适的指标和数据来度量

C. 一个地区社会的老龄化程度与少年儿童的比重有关

D. 人口普查中的行业人口是按就业地进行统计的

【参考答案】 C

【解答】 人口结构，即城市人口构成，是指一个国家、区域或城市内部各类人口之间的数量关系，最典型的人口结构包括人口的性别结构、年龄结构、素质结构。

人口性别比的不合理会引发一系列的社会问题，也能够反映该城市或地区发展的一些问题。

人口素质结构是指在一个区域或城市内，各种素质的人口在质和量上的组合关系。人口素质又称人口质量。包括人口的身体素质、科学文化素质和思想素质。人口素质决定改造世界的条件和能力，是可以量化的，指标较多，常用的包括 PQLI、ASHA 及 HDI 三种指数形式。

老龄化加剧所带来的直接后果是老年人口在城市总人口中所占的比例增加，老年人口的养老问题也会更突出，对投入的要求一定会增加。相对的，青壮年劳动力比例下降，也就是说，主要创造价值的人口比例在缩小，而消费的人口比例增加。这对社会经济建设影响就更大了。

■104. 我国东部某城市，按第六次人口普查数据，60 岁以上人口占总人口的比重为 13%；而按 2010 年本市公安系统提供的户籍数据，60 岁以上人口占总人口的比重为 21%。以下哪项对上述现象的解读有误？(　　)

A. 不同的人口统计口径造成上述结果差异

B. 比较而言，户籍人口的老年负担系数更大

C. 外来人口总体带眷系数大

D. 外来人口延缓了人口老龄化进程

【参考答案】 D

【解答】 国务院于 2010 年 11 月 1 日零时开展了全国第六次全国人口普查，2011 年 4 月 28 日，国家统计局发布了 2010 年第六次人口普查登记数据。

人口普查主要调查人口和住户的基本情况，内容包括：性别、年龄、民族、受教育程度、行业、职业、迁移流动、社会保障、婚姻生育、死亡、住房情况等。人口普查的对象是在中华人民共和国（不包括香港、澳门和台湾地区）境内居住的自然人。在一些农村地区，出生人口未登记户口、死亡人员未注销户口以及户口登记项目不齐全、不准确的现象比较突出；在城镇地区，居民居住地与常住户口登记地址不一致、暂住人口不按规定申报登记的情况比较普遍。因此会出现普查数据和公安系统提供的户籍数据不一致的现象。

■105. 下列关于流动人口的表述，哪项是正确的？(　　)

A. 按照第六次人口普查数据，“常住人口”包括了在当地居住一定时间的外来人口

B. 就近年我国的情况而言，每个行业的流动人口的性别比都大于 100

C. 公安系统的“暂住人口”与人口普查中的“迁移人口”采用了统一的统计标准

D. 一般意义上，一个城市的“流动人口”数量既包括了流入人口数量，也包括了流出人口数量

【参考答案】 A

【解答】 流动人口是在中国户籍制度条件下的一个概念，是指离开户籍所在地的县、市或者市辖区，以工作、生活为目的异地居住的成年育龄人员。国外一般称为人口流动。流动与迁移是两种相似但又有区别的现象，流动人口与迁移人口虽然都进行空间的位移，但迁移是在永久变更居住地意向指导下的一种活动。

第六次全国人口普查使用的常住人口＝户口在本辖区人也在本辖区居住＋户口在本辖区之外但在户口登记地半年以上的人＋户口待定（无户口和口袋户口）＋户口在本辖区但

离开本辖区半年以下的人。

■106. 中国老龄化与西方国家的差距典型的表现是(　　)。(多选)

A. 少子老龄化　　B. 轻负老龄化

C. 长寿老龄化　　D. 快速老龄化

【参考答案】 A、B、D

【解答】 与发达国家相比，中国老龄化存在四个显著的特点：少子老龄化；轻负老龄化；长寿老龄化；快速老龄化。

■107. 当人口性别比大于100时，表示(　　)。

A. 指女性人口比男性人口多99倍

B. 指女性人口比男性人口多100人

C. 标志男性多于女性人口

D. 指女性人口比男性人口多99倍

【参考答案】 C

【解答】 人口的性别结构是城市内男性和女性人口的组成状况，一般用性别比表示。性别比=（男性人口/女性人口）×100。

人口性别比一般以女性人口为100时相应的男性的人口数来定义的。性别比大于100标志男性多于女性人口，性别比越大男性的比重越大。一般情况下，人口的性别比在92～106之间。

■108. 阶级分层的动力不包括(　　)。

A. 收入差异和贫富分化　　B. 职业的分化

C. 垄断的劳动力市场　　D. 权力的作用和精英的产生

【参考答案】 C

【解答】 城市社会阶层分异的动力有以下几方面：收入差异和贫富分化；职业的分化；分割的劳动力市场；权力的作用和精英的产生。

■109. 下列关于人口老龄化的表述，哪项不是人口老龄化的指标？(　　)

A. 人口总数　　B. 少年儿童比重

C. 年龄中位数　　D. 高龄人口比重

【参考答案】 A

【解答】 人口老龄化是一个动态概念，它与出生率迅速下降密切相关。出生率越低，人口老龄化进展越快；反之，出生率提高，人口就会向年轻化转化。与发达国家相比，中国老龄化存在四个显著的特点：少子老龄化、轻负老龄化、长寿老龄化、快速老龄化。

人口老龄化的指标包括以下几项：

程度指标：60岁或65岁及以上人口占总人口的比例、人口年龄中位数、少儿人口比例、老年人口与少儿人口的比值。

速度指标：老年人口比例的年增长率、老年人口比例达到某一水平所需的年数。

社会经济影响指标：少儿人口抚养比、老年人口抚养比、总人口抚养比。

■110. 下列关于中国城市社会空间结构的表述，错误的是哪项？(　　)

A. 计划经济时期的中国城市中心区是全市人口密度最大的地段

B. 市场经济时期的中国城市最中心是中心商业区或中央商务区

C. 市场经济时期的中国城市社会空间结构模式差异性大于相似性
D. 计划经济时期的中国城市社会空间结构模式差异性大于相似性
【参考答案】 D
【解答】 计划经济时期的中国城市社会空间结构模式相似性大于差异性，整体上带有一定的同质色彩。

■111. 根据《城镇老年人设施规划规范（2018 年版）》（GB 50437—2007），下列各项符合规定的是（　　）。
A. 老年人设施场地范围内的绿地率：新建不应低于 35%，扩建和改建不应低于 30%
B. 老年人设施场地坡度不应大于 2.5%
C. 老年人设施场地内步行道宽度不小于 1.2m
D. 老年人活动场地应有 1/3 的活动面积在标准的建筑日照阴影线以外，并应设置一定数量的适合老年人活动的设施
【参考答案】 B
【解答】《城镇老年人设施规划规范（2018 年版）》（GB 50437—2007）规定：

老年人设施场地范围内的绿地率：新建不应低于 40%，扩建和改建不应低于 35%。

场地内步行道路宽度不应小于 1.8m，纵坡不宜大于 2.5%，并应符合国家标准的相关规定。当在步行道中设台阶时，应设轮椅坡道及扶手。

老年人活动场地应有 1/2 的活动面积在标准的建筑日照阴影线以外，并应设置一定数量的适合老年人活动的设施

■112. 下列关于城市边缘区的描述，正确的是（　　）。
A. 城市边缘区是指城乡接合部地区
B. 城市边缘区是指建成区与郊区交错的地区
C. 城市边缘区是指城市郊区
D. 城市边缘区是指城市外围 25km 之内地卫星城镇地区
【参考答案】 A
【解答】 城市边缘区是大城市建成区外围在土地利用、社会和人口统计学特征方面处于城市和乡村之间的一种过渡地带。这一正在进行外延型城镇化的边缘地带被称为城乡接合部。

■113. 西方学者希勒里发现普遍认同社区构成有三要素，但不包括以下（　　）。
A. 地区　　B. 共同纽带　　C. 社会责任感　　D. 社会互动
【参考答案】 C
【解答】 西方学者希勒里发现普遍认同的小区三大构成要素包括：地区、共同纽带、社会互动。

■114. 下列关于城市人口的性别结构表述，以下选项错误的是哪项？（　　）
A. 性别比大于 100，表示男性多于女性人口
B. 性别比大于 100，表示女性人口多于男性
C. 性别比＝（男性人口/女性人口）×100%
D. 人口的性别结构是城市内未婚男性和女性人口的组成状况
【参考答案】 B

【解答】 人口的性别结构是城市内男性和女性人口的组成状况，一般用性别比表示。性别比=（男性人口/女性人口）×100。

人口性别比一般以女性人口为100时相应的男性的人口数来定义的。性别比大于100标志男性多于女性人口，性别比越大男性的比重越大。一般情况下，人口的性别比在92～106之间。

■115. 关于城市公众参与城市规划的作用，错误的是（　　）。

A. 公众参与可以保障城市空间实现利益的最大化

B. 公众参与将导致城市规划的社会化

C. 公众参与能够有效体现城市规划的民主化和法制化

D. 公众参与是城乡规划法规定的法定内容

【参考答案】 D

【解答】 公众参与不是城乡规划法的法定内容。

■116. 根据伯吉斯同心圆模型，下列哪项是错误的?（　　）

A. 城市核心区是商务区

B. 过渡地带有黑社会寄居

C. 独立的工人居住地带精神疾病比例高

D. 城市外围是通勤地带

【参考答案】 C

【解答】 伯吉斯认为在城市不断扩张的同时，形成了不同质量的居住带，依次向外为：市中心为商业中心区；过渡带；工人住宅带；良好住宅带；通勤带。此学说的缺点是：同心圆过于规划，未考虑城市交通线的作用，且划带过多。其成功之处是：从动态变化分析城市；在宏观效果上，基本符合城市结构特点；为城市地域结构提出新的思想。

独立的工人居住地带有工人和商店工人居住，他们有足够的经济承受能力，已逃离精神疾病比例高的过渡带。

■117. 我国关于流动人口的特征，错误的是（　　）。

A. 人口迁移会导致出生地性别比上升和迁入地性别比下降

B. 人口流动主要是由农村流向城市，由经济欠发达地区流向经济发达地区，由中西部地区流向东部沿海地区

C. 各个行业男性与女性数量接近

D. 男性和女性在不同行业中有不同表现

【参考答案】 A

【解答】 人口迁移多以青壮年男性为主，他们的带眷系数较小，往往会导致出生地性别比下降和迁入地性别比上升。

■118. 下列关于社会学中问卷调查方法错误的是（　　）。

A. 有些问题可以采用填空式方法进行开放式调查

B. 问卷可以随时调整

C. 问卷调查问题可以是主观的也可以是客观的

D. 一般采用当面发放调查问卷的方式

【参考答案】 B

【解答】 问卷调查是社会调查的一种资料收集手段。当一个研究者想通过社会调查来研究一个现象时(比如什么因素影响顾客满意度)，他可以用问卷调查收集数据，也可以用访谈或其他方式收集资料。问卷调查假定研究者已经确定所要问的问题。这些问题被打印在问卷上，编制成书面的问题表格，交由调查对象填写，然后收回整理分析，从而得出结论。

问卷调查工作的一大忌是在调查了相当多的样本后，发现问卷设计得不好，或者相关问题有遗漏，或者有的问题答案选项设计不合理而重新设计问卷。从而导致同一调查中使用了两种问卷。这样会给统计带来麻烦。

■119. 下列关于城市社会学与城乡规划关系的表述，哪项是错误的？(　　)

A. 城市社会学与城乡规划都关注城镇化问题

B. 城市社会学与城乡规划都关注城市人口结构

C. 社会学比城乡规划更关心城市空间

D. 城市社会学与城乡规划都关注社会阶层分化问题

【参考答案】 C

【解答】 城市社会学与城乡规划都可以视为是城市学的分支学科。

每一个时代的每一个阶段，都会有新的社会问题出现，合格的城乡规划必须反映出这些新的社会问题及空间表现，并在规划中提出适宜的解决方案。如，城市社会学与城乡规划都关注社会阶层分化在城市空间中的分布问题。

第八章　城市生态与城市环境

大纲要求：了解生态学的主要研究内容，了解生态系统的基本功能，熟悉城市生态系统的构成要素与基本功能；熟悉环境问题的类型与影响城乡环境质量的主要因素，了解城乡主要环境问题形成原因与解决途径；了解区域生态适宜性评价的内容与方法，了解区域生态安全格局的基本知识与构建目标；熟悉环境影响评价的目的与内容，了解环境影响评价的程序与基本方法，了解城市承载力的要素与评价方法，熟悉区域环境影响评价在城乡规划中的应用；了解生态工程的基本概念与应用领域，熟悉生态恢复的概念与主要方法，了解城市与区域生态规划的基本概念与内容。

热门考点：

1. 生态学的基本知识：生境、生态因子、群落，生态学的一般规律，生态位原理，生态系统功能及特征，能量流动的特征，城市生态系统主要的特征。

2. 城乡环境问题：原生环境问题和次生环境问题，城乡环境的影响因素，主要污染源类型及特点，环境问题解决途径。

3. 建设项目与区域环境影响评价：环境影响评价的内容、预测方法、程序。

4. 生态学在城乡规划中的应用：区域生态适宜性评价的内容、方法、指标体系，区域生态安全格局的构建目标、原则、模式。

5. 在国土空间规划的新视角下，更好地保护自然环境和野生动物栖息地，和自然生物之间保持宽松的距离和友善的关系，而不是一味地占有和侵扰。

第一节　复　习　指　导

一、生态学及城市生态学的基本知识

（一）了解生态学的主要研究内容

1. 生态学概念

生态学来源于生物学。生态学（Ecology）是由德国生物学家赫克尔于 1869 年首次提出的。

生态学研究的基本对象有两个方面的关系，其一为生物之间的关系，其二为生物与环境之间的关系。简洁的表述为：生态学是研究生物之间、生物与环境之间的相互关系的科学。

生物的生存、活动、繁殖需要一定的空间、物质与能量。生物在长期进化过程中，逐渐形成对周围环境某些物理条件和化学成分，如空气、光照、水分、热量和无机盐类等的特殊需要。各种生物所需要的物质、能量以及它们所适应的理化条件是不同的，这种特性称为物种的生态特性。

2. 生物之间的关系

大致可从种群、群落、生态系统和人与环境的关系四方面说明。

(1) 种群的自然调节

在环境无明显变化的条件下，种群数量有保持稳定的趋势。一个种群所栖环境的空间和资源是有限的，只能承载一定数量的生物，承载量接近饱和时，如果种群数量（密度）再增加，增长率则会下降乃至出现负值，使种群数量减少；而当种群数量（密度）减少到一定限度时，增长率会再度上升，最终使种群数量达到该环境允许的稳定水平。对种群自然调节规律的研究可以指导生产实践。

(2) 物种间的相互依赖和相互制约

一个生物群落中的任何物种都与其他物种存在着相互依赖和相互制约的关系。

①食物链。在食物链中，居于相邻环节的两物种的数量比例有保持相对稳定的趋势。如捕食者的生存依赖于被捕食者，其数量也受被捕食者的制约；而被捕食者的生存和数量也同样受捕食者的制约。

②竞争。物种间常因利用同一资源而发生竞争。如植物间争光、争空间、争水、争土壤养分；动物间争食物、争栖居地等。在长期进化中，竞争促进了物种的生态特性的分化，结果使竞争关系得到缓和，并使生物群落产生出一定的结构。

③互利共生。如地衣中菌藻相依为生，大型草食动物依赖胃肠道中寄生的微生物帮助消化，以及蚁和蚜虫的共生关系等，都表现了物种间的相互依赖的关系。

(3) 物质的循环再生

生态系统的代谢功能就是保持生命所需的物质不断地循环再生。阳光提供的能量驱动着物质在生态系统中不停地循环流动，既包括环境中的物质循环、生物间的营养传递和生物与环境间的物质交换，也包括生命物质的合成与分解等物质形式的转换。

(4) 生物与环境的交互作用

生物进化就是生物与环境交互作用的产物。生物在生活过程中不断地由环境输入并向其输出物质，而被生物改变的物质环境反过来又影响或选择生物，二者总是朝着相互适应的协同方向发展，即通常所说的正常的自然演替。随着人类活动领域的扩展，对环境的影响也越加明显。在改造自然的活动中，人类自觉或不自觉地做了不少违背自然规律的事，损害了自身利益。如对某些自然资源的长期滥伐、滥捕、滥采造成资源短缺和枯竭，从而不能满足人类自身需要；大量的工业污染直接危害人类自身健康等，这些都是人与环境交互作用的结果，是大自然受破坏后所产生的一种反作用。

3. 生态学研究内容

(1) 生物生存环境

①物理环境：包括生物的物质环境，即由大气圈、水圈、岩石圈及土壤组成，有两个特征：空间性、营养性；其次包括生物的能量环境，能量来自太阳，具有唯一性、区间性的特征。

②生物环境：是生物圈的集中反映。由大气圈、水圈、石圈、土壤圈这几个圈层的交接界面所组成，这几个圈层交接的界面里有生命在其中积极活动，称为生物圈，为生物生长、繁殖提供必要的物质和所需的能量。

(2) 生态因子

生境：指的是在一定时间内对生命有机体生活、生长发育、繁殖以及对有机体存活数量有影响的空间条件的总和。组成生境的因素称为生态因子。

生态因子包括：非生物因素，即物理因素和生物因素。

（3）种群

指一定时空中同种个体的总和。具有整体性和统一性，种群特征反映了种群作为一个物种所具有的特征和其具有的统一意义的“形象”。种群是物种、生物群落存在的基本单位。

（4）群落

指一定时间内居住在一定空间范围内的生物种群的集合。可简单地分成植物群落、动物群落、微生物群落三大类，也分为陆生生物、水域生物群落两种。

（5）生态系统

生态系统一词最初由英国生态学家坦斯利于 1935 年提出。

生态系统是一定空间内生物和非生物成分通过物质的循环、能量的流动和信息的交换而相互作用、相互依存所构成的一个生态学功能单位。

（6）生态平衡阈值

生态系统平衡失调是外干扰大于生态系统自身调节能力的结果和标志。不使生态系统丧失调节能力或未超过其恢复力的干扰及破坏作用的强度称之为“生态平衡阈值”。

4. 生态学的一般规律

①相互依存与相互制约；②微观与宏观协调发展；③物质循环转化与再生；④物质输入输出的动态平衡；⑤相互适应与补偿协同进化；⑥环境资源的有限。

（二）了解城市生态学的基本知识

1. 定义

城市生态学是研究城市人类活动与周围环境之间关系的一门学科，可分为城市自然生态学、城市经济生态学、城市社会生态学。

城市生态学（Urban Ecology）是以城市空间范围内生命系统和环境系统之间联系为研究对象的学科。由于人是城市中生命成分的主体，因此，城市生态学也可以说是研究城市居民与城市环境之间相互关系的科学。

城市占地球面积的 0.3%，居住世界全部人口的 40%。

2. 研究内容

城市生态学的研究内容主要包括城市居民变动及其空间分布特征，城市物质和能量代谢功能及其与城市环境质量之间的关系（城市物流、能流及经济特征），城市自然系统的变化对城市环境的影响，城市生态的管理方法和有关交通、供水、废物处理等，城市自然生态的指标及其合理容量等。可见，城市生态学不仅仅是研究城市生态系统中的各种关系，而是为将城市建设成为一个有益于人类生活的生态系统寻求良策。

3. 基本原理

（1）城市生态位原理

①生态位：指物种在群落中所占的地位。适应性较大的物种占据较宽广的生态位。

②城市生态位：反映一个城市的现状对于人类各种经济活动和生活活动的适宜程度，反映一个城市的性质、功能、地位、作用及其人口、资源、环境的优劣势，从而决定了它

对不同类型的经济以及不同职业、不同年龄人群的吸引力和离心力。包括生活、生产生态位。

（2）多样化导致稳定性原理

生态系统的结构越多样、复杂，则其抗干扰的能力愈强，也愈易于保持其动态平衡的稳定状态。城市生态系统中，城市各部门和产业结构的多样化和复杂性导致城市经济的稳定性和整体的城市经济效益提高。

（3）食物链原理

城市各个部分、各个元素之间既有着直接、显性的联系，也有着间接、隐性的联系。各部分之间相互依赖、互相制约。人类位于食物链的顶端。

（4）系统整体功能最优原理

理顺城市生态系统结构，改善系统运行状态，要以提高整个系统的整体功能和综合效益为目标，局部功能与效率应当服从于整体功能和效益。

（5）最小因子原理

处于临界量的生态因子对城市生态系统功能的发挥具有最大的影响力；有效地改善提高其量值，会大大地增强城市生态系统的功能与产出。

（6）环境承载力原理

环境承载力会随城市外部环境条件的变化而变化，其改变会引起城市生态系统结构和功能的变化，从而推动城市生态系统的正向演替或逆向演替；城市生态演替是一种更新过程；演替方向是城市生态系统中人类活动强度是否与城市环境承载力相协调密切相关的，包括资源承载力、技术承载力、污染承载力。

（三）了解生态系统的基本功能

1. 生态系统功能

生态系统的功能是多方面的。主要有：生产生物、转化能量、循环物质、稳定环境和传递信息等。

生态系统的基本功能包括以下方面：

①能量流动，遵循热力学第一定律和热力学第二定律；② 物质循环，包括碳循环、氮循环、硫循环、磷循环；③信息传递，包括物理信息、化学信息、营养信息、行为信息。

2. 生态系统服务

（1）概念

生态系统服务（Ecosystem Services）指人类从生态系统获得的所有惠益，包括供给服务（如提供食物和水）、调节服务（如控制洪水和疾病）、文化服务（如精神、娱乐和文化收益）以及支持服务（如维持地球生命生存环境的养分循环）。生态系统产品和服务是生态系统服务功能的同义词。

（2）生态系统服务功能的主要内容

有机质的生产与生态系统产品；生物多样性的产生与维护；调节气候；减缓灾害；维持土壤功能；传粉播种；控制有害生物；净化环境；感官、心理、精神益处；精神文化的源泉。

（3）生态系统服务功能价值的特征

整体有用性；空间固定性；用途多样性；持续有用性；共享性；负效益性。

3. 生态系统的特征

（1）以生物为主体，具有完整性特征；

（2）复杂、有序、相互联系的大系统；

（3）开放的、远离平衡态的热力学系统；

（4）具有明确功能和公益服务性能；

（5）受环境深刻的影响；

（6）环境的演变与生物进化相联系；

（7）有自我维持、自我调控功能；

（8）具有一定的负荷力；

（9）有动态的、生命的特征；

（10）有健康、可持续发展特性。

（四）熟悉城市生态系统的构成要素与基本功能

1. 定义

特定地域内的人口、资源、环境通过各种相生相克的关系建立起来的人类聚居地或社会、经济、自然复合体（这里的环境包括生物的和物理的，社会的和经济的，政治的和文化的环境）。

城市生态系统是按人类的意愿创建的一种典型的人工生态系统，是在人口大规模集居的城市，以人口、建筑物和构筑物为主体的环境中形成的生态系统。包括社会经济和自然生态系统。

2. 构成

城市生态系统不仅有生物组成要素（植物、动物和细菌、真菌、病毒）和非生物组成要素（光、热、水、大气等），还包括人类和社会经济要素，这些要素通过能量流动、生物地球化学循环以及物资供应与废物处理系统，形成一个具有内在联系的统一整体。

社会学角度包括城市社会及城市空间两大部分；环境学角度包括生物系统及非生物系统两大部分；有的学者将城市生态系统分成自然与社会经济系统两部分。

3. 功能

（1）生产功能

①生物生产：有利于包括人类在内的各类生物生长、繁衍。②非生物生产：具有创造物质与精神财富满足城市人类物质消费与精神需求的性质。

（2）能量流动

能量沿着生产者、消费者、分解者这三大功能类群顺序流动，渠道是食物链和食物网；能量流动是单向的，只能一次流动；遵守热力学第一、二定律。上一营养级位传递到下一营养级位的能量等于前者能量的10%。

能源结构反映该国生产技术发展水平。电力消费在能源消费中的比重和一次能源用于发电的比例是反映城市能源供应现代化水平的两个指标。

（3）物质循环

城市生态系统所需物质对外界有依赖性，既有输入又有输出，生产性物质远远大于生活性物质，但物质流缺乏循环，而且是在人为状态下进行，过程中产生大量废物。

(4) 信息传递

指生态系统中各生命成分之间存在着信息流。主要包括物理信息、化学信息、营养信息、行为信息几个方面。

4. 特征

城市生态系统主要的特征是：以人为核心，对外部的强烈依赖性和密集的人流、物流、能流、信息流、资金流等。

(1) 区别于自然生态系统的根本特征

①系统的组成成分：是由中心事物人类与城市环境构成的，生产者是人类，消费者亦是人类。②生态关系网络：具有社会属性。③生态位：提供的生态位除自然生态位以外，主要是社会生态位、经济生态位。④系统的功能：城市生态系统的生态效率远远低于自然生态系统。⑤调控机制：以通过人工选择的正反馈为主。⑥系统的演替：人能改造环境，扩大城市容量，把系统从成熟期拉回发展期。

(2) 人为性

城市生态系统是人工生态系统，是以人为主体的生态系统，其变化规律由自然规律和人类影响叠加形成，人类社会因素的影响在城市生态系统中具有举足轻重的作用，其人类活动影响着人类自身。

(3) 不完整性

城市生态系统缺乏分解者，生产者不仅数量少，而且其作用也发生了改变。

(4) 开放性

城市生态系统对外具有依赖性、辐射性、层次性。

(5) 高“质量”性

其构成要素的空间集中性与其表现形式的高层次性。

(6) 复杂性

城市生态系统是一个迅速发展和变化的复合人工系统，是一个功能高度综合的系统。

(7) 脆弱性

城市生态系统不是一个“自给自足”的系统，需靠外力才能维持，一定程度上破坏了自然调节机能；其食物链简化，系统自我调节能力小；其营养关系出现倒置，形成了极为不稳定的系统。

二、城乡环境问题

(一) 熟悉环境问题的类型与影响城乡环境质量的主要因素

1. 环境

(1) 环境的概念：环境（Environment）是指周围所在的条件，对不同的对象和科学学科来说，环境的内容也不同。

《中华人民共和国环境保护法》则从法学的角度对环境概念进行阐述：“本法所称环境是指影响人类生存和发展的各种天然的和经过人工改造的自然因素的总体，包括大气、水、海洋、土地、矿藏、森林、草原、野生生物、自然遗迹、人文遗迹、风景名胜区、自然保护区、城市和乡村等。”

(2) 各种环境

①区域环境：指一定地域范围内的自然和社会因素的总和。是一种结构复杂，功能多样的环境。分自然区域环境、社会区域环境、农业区域环境、旅游区域环境等。

②生态环境：围绕生物有机体的生态条件的总体。由许多生态因子综合而成。生态因子包括生物性因子和非生物性因子，在综合条件下表现出各自作用。生态环境的破坏往往与环境污染密切相关。

③地理环境：地球岩石圈表层与大气圈对流层顶部之间的地表环境。是岩石、土壤、水、大气、生物等自然因素和人类活动形成的社会因素的总体。它包括自然环境、经济环境和社会文化环境。同人类的生活和生产活动密切相关。

④城市环境：泛指影响城市人类活动的各种外部条件。包括自然环境、人工环境、社会环境和经济环境等。是人类创造的高度人工化的生存环境。为居民的物质和文化生活创造了优越的条件，但往往遭到严重的污染和破坏，故需采取有效措施，防止不良影响。

⑤原生环境：自然环境中未受人类活动干扰的地域。如人迹罕至的高山荒漠、原始森林、冻原地区及大洋中心区等。在原生环境中按自然界原有的过程进行物质转化、物种演化、能量和信息的传递。随着人类活动范围的不断扩大，原生环境日趋缩小。

⑥次生环境：自然环境中受人类活动影响较多的地域。如耕地、种植园、鱼塘、人工湖、牧场、工业区、城市、集镇等。是原生环境演变成的一种人工生态环境。其发展和演变仍受自然规律的制约。

2. 城乡环境

（1）基本概念

城乡环境是指影响城乡人类活动的各种自然的或人工的外部条件。

（2）组成

城市自然环境是构成城市环境的基础；城市人工环境是实现城市各种功能所必需的物质基础设施；城市社会环境体现了城市与乡村及其他聚居形式的人类聚居区域在满足人类在城市中各类活动方面所提供的条件；城市经济环境是城市生产功能的集中体现，反映了城市经济发展的条件和潜势；城市景观环境则是城市形象、城市气质和韵味的外在表现和反映。

3. 环境问题

环境问题分为两类：原生环境问题和次生环境问题。全球气候变暖、臭氧层破坏和损耗、生物多样性减少、淡水资源危机和海洋环境破坏、土地沙漠化、森林破坏、酸雨污染。

（1）污染效应

CO_2 增多会产生温室效应：温室效应（Greenhouse Effect），又称“花房效应”，是大气保温效应的俗称。大气能使太阳短波辐射到达地面，但地表向外放出的长波热辐射线却被大气吸收，这样就使地表与低层大气温度增高，因其作用类似于栽培农作物的温室，故名温室效应。自工业革命以来，人类向大气中排入的二氧化碳等吸热性强的温室气体逐年增加，大气的温室效应也随之增强，已引起全球气候变暖等一系列严重问题，引起了全世界各国的关注。

SO_2 会形成酸雨：酸雨正式的名称是为酸性沉降，它可分为“湿沉降”与“干沉降”两大类，前者指的是所有气状污染物或粒状污染物，随着雨、雪、雾或雹等降水形态而落到地面者，后者则是指在不下雨的日子，从空中降下来的落尘所带的酸性物质。

光化学烟雾会降低大气能见度：汽车、工厂等污染源排入大气的碳氢化合物（CH）和氮氧化物（NO_x）等一次污染物，在阳光的作用下发生化学反应，生成臭氧（O_3）、醛、酮、酸、过氧乙酰硝酸酯（PAN）等二次污染物，参与光化学反应过程的一次污染物和二次污染物的混合物所形成的烟雾污染现象叫作光化学烟雾。

（2）地学效应

热岛效应：所谓城市热岛效应，通俗地讲就是城镇化的发展，导致城市中的气温高于外围郊区的这种现象。在气象学近地面大气等温线图上，郊外的广阔地区气温变化很小，如同一个平静的海面，而城区则是一个明显的高温区，如同突出海面的岛屿，由于这种岛屿代表着高温的城市区域，所以就被形象地称为城市热岛。在夏季，城市局部地区的气温，能比郊区高 6℃，甚至更高，形成高强度的热岛。

地面沉降：地面沉降又称为地面下沉或地陷。它是在人类工程经济活动影响下，由于地下松散地层固结压缩，导致地壳表面标高降低的一种局部的下降运动（或工程地质现象）。

（3）气候变暖

① 概述：气候变暖指的是在一段时间中，地球的大气和海洋温度上升的现象，主要是指人为因素造成的温度上升。原因很可能是由于温室气体排放过多造成，人们常说的全球气候变暖，其实就是指地球的气候变暖。

气候变暖是一种“自然现象”。由于人们焚烧化石矿物以生成能量或砍伐森林并将其焚烧时产生的二氧化碳等多种温室气体，还通过冰箱、灭火器等排放出的氟利昂等温室气体。由于这些温室气体对来自太阳辐射的可见光具有高度的透过性，而对地球反射出来的长波辐射具有高度的吸收性，也就是常说的“温室效应”，导致全球气候变暖。近 100 多年来，全球平均气温经历了冷→暖→冷→暖两次波动，总的看为上升趋势。进入 20 世纪 80 年代后，全球气温明显上升。全球变暖的后果，会使全球降水量重新分配，冰川和冻土消融，海平面上升等，既危害自然生态系统的平衡，更威胁人类的食物供应和居住环境。

② 气候变暖的原因：人口剧增因素；大气环境污染因素；海洋生态环境恶化因素；土地遭侵蚀、沙化等破坏因素；森林资源锐减因素；酸雨危害因素；物种加速绝灭因素；水污染因素；有毒废料污染因素；地球周期性公转轨迹的变动因素。

③ 气候变暖的后果：气候变暖导致冰川消融，海平面将升高，引起海岸滩涂湿地、红树林和珊瑚礁等生态群丧失，海岸侵蚀，海水入侵沿海地下淡水层，沿海土地盐渍化等，从而造成海岸、河口、海湾自然生态环境失衡，给海岸带生态环境系统带来灾难。

4. 城乡环境容量

（1）环境容量

环境容量指某一环境在自然生态的结构和正常功能不受损害、人类生存环境质量不下降的前提下，能容纳污染物的最大负荷量。其大小与环境空间的大小、各环境要素的特性和净化能力、污染物的理化性质有关。

（2）城乡环境容量

① 概念：指环境对于城乡规模及人的活动提出的限度。影响因素包括：城乡自然条

件、城乡要素条件、经济技术条件。

② 城乡人口容量：在特定的时期内城市这一特定的空间区域内能相对持续容纳的具有一定生态环境质量和社会环境质量水平及具有一定活动程度的城乡人口数量。影响因素可以从自然和社会两方面加以考虑。自然方面，土地、水源、能源是主要限制因素；社会方面，生产力和科技发展水平是主要限制因素。

③ 城乡自然环境容量

大气环境容量：在满足大气环境目标值的条件下，某区域大气环境所能承纳污染物的最大能力，或所能允许排放的污染物的总量。大小取决于该区域内大气环境的自净能力以及自净介质的总量。

水环境容量：在满足城市居民安全卫生使用城市水资源的前提下，城市区域水环境所能承纳的最大的污染物质的负荷量。与水体的自净能力和水质标准有密切关系。

土壤环境容量：土壤对污染物质的承受能力或负荷量。大小取决于污染物的性质和土壤净化能力。

④ 城市工业容量：指城市自然环境条件、城市资源能源条件、城市交通区位条件、城市经济科技发展水平等对城市工业发展规模的限度。

⑤ 城市交通容量：指现有或规划道路面积所能容纳的车辆数。大小受城市道路网形式及面积的影响，还受机动车与非机动车占路网面积比重、出车率、出行时间及有关折减系数的影响。

5. 城乡环境的影响因素

(1) 影响大气环境的因素

① 气象因素：风、湍流、温度层结、逆温、不同温度层结下的烟型；

② 地理因素：地形、地貌、海陆位置、城镇分布、空气温度、气压、风向、风速、湍流的变化；

③ 其他因素：污染物的性质和成分、污染物的几何形态和排放方式、污染源的强度和高度。其中源强与污染物的浓度成正比；地面源地面轴线浓度随距离的增加而减少。

(2) 影响水体环境的因素

① 水体自净作用：广义的水体自净是指在物理、化学和生物作用下，受污染的水体逐渐自然净化，水质复原的过程。狭义的水体自净是指水体中微生物氧化分解有机污染物而使水体净化的作用。水体自净可以发生在水中，如污染物在水中的稀释、扩散和水中生物化学分解等；可以发生在水与大气界面，如酚的挥发；也可以发生在水与水底间的界面，如水中污染物的沉淀、底泥吸附和底质中污染物的分解等。

水体自净大致分为三类，即物理净化、化学净化和生物净化。它们同时发生，相互影响，共同作用。

② 水体稀释能力；

③ 水体中氧的消耗与溶解；

④ 水体中的微生物。

(3) 影响土壤环境的因素

① 土壤环境背景值；② 土壤自净作用：物理净化、化学净化、生物净化；③ 土壤酸碱度：以 pH 值表示。

氢离子浓度指数的数值俗称“pH 值”。表示溶液酸性或碱性程度的数值，即所含氢离子浓度的常用对数的负值。氢离子浓度指数一般在 0～14 之间，当它为 7 时溶液呈中性；小于 7 时呈酸性，值越小，酸性越强；大于 7 时呈碱性，值越大，碱性越强。

pH 是溶液中氢离子活度的一种标度，也就是通常意义上溶液酸碱程度的衡量标准。pH 值越趋向于 0 表示溶液酸性越强，反之，越趋向于 14 表示溶液碱性越强，在常温下，pH＝7 的溶液为中性溶液。

（二）了解城乡主要环境问题形成原因

1. 城乡主要污染源类型及特点

（1）废气污染

① 二氧化硫：无色有刺激性的气体，对环境起酸化作用，刺激人眼角膜和呼吸道黏膜，引起咳嗽、声哑、胸痛、哮喘、死亡。

② 氮氧化合物：主要指 NO 和 NO_2 两种成分混合物。可引发慢性支气管炎、神经衰弱等。

③ 碳氧化物：CO，无色、无臭、无味、无刺激性，有剧毒，主要由汽车排出，数量与人体血红蛋白结合，使机体缺氧、窒息而死亡。CO_2，无色、无臭、有酸味。

④ 飘尘、降尘：飘尘指粒径小于 10μm 的悬浮颗粒物。降尘指直径大于 10μm 的固体颗粒物。

⑤ 光化学烟雾：一次污染物与二次污染物混合物形成的空气污染现象。一般易发生在大气相对湿度较低，微风、日照强、气温为 24～32℃的晴天，并有近地逆温的天气。是一种循环过程，白天生成，傍晚消失。

（2）废水污染

① 生活污水：是居民日常生活所产生的污水，浑浊、深色、恶臭，微呈碱性，一般不含毒物。

② 工业废水：指工矿企业生产过程排出的废水，是生产污水和生产废水的总称。生产污水专指工矿企业生产中所排出的污染较严重，须经处理后方可排放的工业废水。

③ 有毒物质的污染：废水中含过量的氧化物、砷、酚类、汞、镉和铜等重金属离子。

④ 富营养化“污染”：由于水体中氮、磷、钾、碳增多，使藻类大量繁殖，耗去水中溶解氧，从而影响鱼类的生存，造成污染。

⑤ 油类污染物：石油污染。

⑥ 热污染：人类活动危害热环境的现象。

（3）固体废物污染

① 工业有害固体废物：有色金属渣、粉煤灰、电石渣、铬渣、化工废渣。

② 城市垃圾：生活垃圾、商业垃圾、市政维护和管理中产生的垃圾。

③ 污泥：城市污水和工业污水处理过程中所产生的沉淀物。

（4）噪声污染

① 交通噪声；② 工业噪声；③ 建筑施工噪声；④ 社会生活噪声。

2. 城乡主要污染源

根据产生部门可分为工业污染源、交通污染源、农业污染源和生活污染源。

（三）了解城乡主要环境问题解决途径

1. 城乡大气污染综合整治措施

（1）合理利用大气环境容量；

（2）以集中控制为主，降低污染物排放量；

（3）强化污染源治理，降低污染物排放；

（4）发展植物净化。

2. 城乡水污染综合整治措施

①合理利用水环境容量；②节约用水、计划用水，大力提倡和加强废水回用；③强化水污染处理；④排水系统的体制规划；⑤水域污染综合防治工程；⑥饮用水的污染去除；⑦综合整治、整体优化。

3. 城乡固体废物综合整治措施

（1）一般工业固体废物综合整治措施：应将重点放在综合利用上，发展企业间的横向联系，促进固体废物重新进入生产循环系统。

（2）有毒有害固体废物的处理与处置：焚化法、化学处理法、生物处理法。

（3）城乡垃圾的综合整治：主要目标是“无害化、减量化和资源化”。

（4）收集和输送：清扫、收集、运输。

（5）处理：卫生填埋，灰化，综合利用（分选、回收、转化、热能回收）。

4. 城乡噪声污染综合整治

（1）控制噪声源措施

① 改进设备结构，提高部件加工精度和装配质量，采用合理的操作方法来降低噪声发射功率；② 采用吸声、隔声、减振措施以及安装消声器等来控制声源的噪声辐射。

（2）控制传声途径措施

① 增加声源离接受者的距离；② 控制噪声的传播方向；③ 建立隔声障或利用天然屏障；④ 应用吸声材料或吸声结构，使声能转变为热能；⑤ 在城市建设中采用合理的防噪声规划。

（3）区域环境噪声控制措施

① 制定噪声控制，小区建设计划逐步扩大噪声控制小区覆盖率；②规定工厂和建筑工地与其他区域的边界噪声值，超标的要限期治理。

（4）交通噪声综合整治措施

应由环保局会同城乡规划部门、房屋开发部门、公安交通大队、车辆管理所、城市园林部门共同制定。

5. 城乡环境污染综合整治分析

①大气降水对城市地面水的污染；②大气污染治理工程对水体的污染；③固体废物的处理处置对地表水、地下水的污染；④固体废物的堆存对大气污染的影响；⑤水污染的处置造成的固体废物污染；⑥气、水、渣处理对城市噪声的影响。

三、建设项目与区域环境影响评价

（一）熟悉环境影响评价的目的与内容

1. 环境影响评价的基本概念

环境影响评价是在一项人类活动未开始之前对它将来在各个不同时期所可能产生的环

境影响进行的预测与评估。

环境影响评价简称环评，是指对规划和建设项目实施后可能造成的环境影响进行分析、预测和评估，提出预防或者减轻不良环境影响的对策和措施，进行跟踪监测的方法与制度。通俗说就是分析项目建成投产后可能对环境产生的影响，并提出污染防止对策和措施。

2. 目的、原则

（1）目的：为全面规划、合理布局、防治污染和其他公害提供科学依据。环境影响评价的根本目的是鼓励在规划和决策中考虑环境因素，最终达到更具环境相容性的人类活动。

（2）原则：目的性原则、整体性原则、相关性原则、主导性原则、动态性原则、随机性原则。

3. 内容

①建设项目的基本情况；②建设项目周围地区的环境现状；③建设项目对周围地区的环境可能造成影响的分析和预测；④环境保护措施及其经济、技术论证；⑤环境影响经济损益分析；⑥对建设项目实施环境监测的建议；⑦结论。包括下列问题：对环境质量的影响；建设规模、性质；选址是否合理，是否符合环保要求；采取的防治措施经济上是否合理，技术上是否可行；是否需要再作进一步评价等。

4. 环境影响评价预测方法

预测方法包括：定性分析法、定量分析法、类比方法。

5. 建设项目对周围地区的环境影响

（1）对周围地区的地质、水文、气象可能产生的影响，防范和减少这种影响的措施，最终不可避免的影响；

（2）对周围地区自然资源可能产生的影响，防范和减少这种影响的措施，最终不可避免的影响；

（3）对周围地区自然保护区等可能产生的影响，防范和减少这种影响的措施，最终不可避免的影响；

（4）各种污染物最终排放量，对周围大气、水、土壤的环境质量的影响范围和程度；

（5）噪声、振动等对周围生活居住区的影响范围和程度；

（6）绿化措施，包括防护地带的防护林和建设区域的绿化；

（7）专项环境保护措施的投资估算。

（二）了解环境影响评价的程序与基本方法

1. 环境影响评价程序

根据环境影响评价工作的目的与要求，分三个阶段：第一阶段即预评价阶段；第二阶段即认为需要作详细评价时，开始准备初步评价报告书；第三阶段是最后报告。

2. 方法

环境影响的评价方法：对预测的环境影响进行评价、环境影响的综合评价、环境决策方法。

3. 环境影响评价的审批程序

（1）由建设单位或主管部门通过签订合同委托具有相应资格证书的评价单位进行调查

和评价工作；

（2）评价单位通过调查和评价制作环境影响报告书，评价工作要在项目的可行性研究阶段完成，建设单位在建设项目可行性研究阶段报批，但铁路、交通等建设项目经有审批权的环境保护行政主管部门同意，可以在初步设计完成前报批；

（3）建设项目的主管部门负责对建设项目的环境影响报告书进行预审；建设项目环境影响报告书由有审批权的环境保护行政主管部门审查批准。

（三）熟悉区域环境影响评价在城乡规划中的应用

1. 评价标准

环境影响评价以污染控制为宗旨，其评价标准有两类：环境质量标准和污染物排放标准。

2. 城市区域建设项目

在城市区域进行建设项目的环境影响评价时，即考虑建设项目对环境影响采取一定措施，应遵循以下原则：①符合规划要求；②遵循自然法则；③建立绿地系统；④合理利用城市土地；⑤保护重要生态环境目标；⑥防止城市自然灾害。

3. 交通运输项目生态环境影响评价注意点

要注意如下几点：①点线结合；②分期评价；③识别特别保护目标；④抓重点生态环境问题；⑤重视环保措施。

四、生态学在城乡规划中的应用

（一）了解区域生态适宜性评价的内容与方法

1. 生态适宜性的概念

生态适宜性是指区域土地的生态现状及开发利用条件，或指区域或特定空间的生态环境条件的最适生态利用方向，或指在规划区内确定的土地利用方式对生态因素的影响程度（生态因素对给定的土地利用方式的适宜状况、程度）。它是土地利用开发适宜程度的依据，是城市发展与城市生态环境协调发展关系的度量，反映城市生态系统满足城市人口生存和发展需要的潜在能力和现实水平。

生态适宜性是在一个具体的生态环境内，环境中的要素为环境中的生物群落所提供的生存空间的大小及对其正向演替的适合程度。对其进行科学合理的评价，是制定区域地质环境合理开发方案，保护生态环境的前提。

2. 区域生态适宜性评价的内容

生态适宜性分析是生态规划的核心，其目标是以规划范围内生态类型为评价单元，根据区域资源与生态环境特征、发展需求与资源利用要求，选择有代表性的生态特性，从规划对象尺度的独特性、抗干扰性、生物多样性、空间地理单元的空间效应、观赏性以及和谐性分析规划范围内在的资源质量以及与相邻空间地理单元的关系，确定范围内生态类型对资源开发的适宜性和限制性，进而划分适宜性等级。

应用：高速公路选线、土地利用、森林开发、流域开发、城市与区域发展等领域的生态规划。

3. 区域生态适宜性评价方法

（1）形态分析法：以景观类型划分为基础，特点是较为直观，但存在明显的缺点，一是其景观类型或小区的划分及适宜性的评价需要较高的专业修养和经验；二是适宜性分析没有一个完整的体系，主要取决于规划者的主观判断。这些不足，使形态分析法的应用受到一定的限制。

（2）因素地图叠加法：优点是形象、直观，可以将社会、环境等因素进行综合；缺点是该方法没有将各个因素的作用区别对待，这与实际情况差异较大，而实际上各个因素的作用是不尽相同的。

（3）线性与非线性因子组合法：主要包括线性组合法和非线性组合法。

（4）逻辑规划组合法：该方法是针对分析因子之间存在的复杂关系，运用逻辑规划建立适宜性分析准则，并以此为基础进行判别分析适宜性的方法。包括确定规划方案及参与评价的资源环境因素，对评价的资源环境因素按评价目标和要求进行等级划分，制定综合的适宜性评价规则，根据评价规则确定综合适宜性。

（5）生态位适宜度模型：根据区域发展对资源的需求，确定发展的资源需求生态位，再与现实条件进行匹配，分析其适宜性。

4. 区域生态适宜性评价体系

（1）评价体系的建立包括两方面内容：一是评价因子的选择，二是评价标准的确定。

（2）评价因子的选择应遵循以下原则：

系统性原则：城市生态系统是一个自然、经济、社会复合的生态系统，城市用地由诸多要素组成，进行城市用地生态适宜性评价应综合考虑自然因子、经济因子和社会因子。

主导因素原则：选取因子不宜过多，应是最能直接影响城市各用地类型的因子，突出主导因素对土地生态环境异化的影响。

因地制宜原则：由于城市土地生态环境具有地域差异性，选取因子应充分考虑城市的实际情况和城市土地利用政策，做到因地制宜。

可操作性原则：评价因子的数据在现实中应该是可获取的，保证评价方法具有可操作性。

5. 城市生态适宜性评价指标体系

城市生态适宜性指标体系的构建依据城市经济位、生活位和环境位的发展状况选择指标。评价指标体系包括四个基本层次：目标层、系统层、指数层和代表性指标层。目标层以城市生态适宜度作为综合指标，全面衡量城市生态发展总体水平与系统协调程度；目标层是为了反映达到经济、社会、生态环境全面、协调发展的目的而设立的。指数层和代表性指标层用来反映目标层的具体内容，由数量众多的单项评价因子体现。

根据构建指标的全面性、独立性、科学性、动态性和可操作性等原则，可以选取三大类指标，形成一个多层次的评价分析结构模型。

（1）生产位指标

生产位是衡量城市系统生产能力大小和经济发展水平的基本指标。包括人均 GDP、单位国土经济密度、科技进步贡献率、GDP 年增长率、第三产业比重、绿色产业占 GDP 比重。

（2）生活位指标

生活位指标从城市人口结构、基础设施、收入水平和社会保障几方面考虑，代表性指标包括人口自然增长率、万人高等学历人数、人均住房面积、人均用水量、万人拥有公交车数、城镇化率、人均可支配收入、恩格尔系数、城镇失业率等。与生产位指标相比，生活位指标内容更加丰富、具体和综合。

（3）环境位指标

环境位是反映城市自然资源保障条件与环境支持程度的综合指标。它是衡量城市发展质量、发展水平和发展程度的主要指标。城市生态适宜性的评价既要满足当代人的发展和生存需要，同时也要满足未来城市发展的需要，目的是实现环境、社会和生产发展的良性循环。包括人均用水、人均能耗、人均耕地资源、建成区绿地率、人均绿地面积、自然保护区覆盖率、城镇空气质量指数、地表水环境质量指数、城市区域噪声指数、工业废水达标率、垃圾无害化处理率、环保投入占 GDP 比重。

6. 城市生态适宜性评价方法

（1）指标权重值模型

采用多元层次分析中的 1～9 及其倒数标度方法构造评价指标判断矩阵，进而确定各个评价因子的权重值，包括层次单排序及一致性检验、层次总排序及一致性检验两个过程。

（2）数据标准化模型

由于评价指标的数量数据存在量纲或级数等方面的极大差异，要进行数量数据标准化处理，也就是将单项指标数值控制在 0～1 之间。本研究采用线性变换中的模糊极值变换，由于评价指标数列的区间值的特征比较重要，采用上限和下限区间值处理方法。

（3）综合指数评价

城市生态适宜性是经济位、生活位和环境位等发展指数的综合评价，由于影响程度（权重）不同，各个领域对总指数的贡献率也不同。为便于计算和比较，采用加权线形求和法。

（二）了解区域生态安全格局的概念与构建

1. 概念

（1）生态安全

生态安全狭义上指自然和半自然生态系统的安全，即生态系统的完整性和健康水平的整体反映；广义上指人的生活、健康、安乐、基本权利、生活保障来源、必要资源、社会秩序和人类适应环境变化的能力等方面不受威胁的状态，包括自然生态安全、经济生态安全和社会生态安全，组成一个复合人工生态安全系统。一般所说的生态安全是指国家或区域尺度上人们所关心的气候、水、空气、土壤等环境和生态系统的健康状态，是人类开发自然资源的规模和阈限。生态安全研究的基础是生态风险评价和管理。

（2）区域生态安全格局

生态安全格局也称生态安全框架，指景观中存在某种潜在的生态系统空间格局，它由景观中的某些关键局部所处方位和空间联系共同构成。生态安全格局对维护或控制特定地段的某种生态过程有着重要的意义。不同区域具有不同特征的生态安全格局，对它的研究与设计依赖于对其空间结构的分析结果，以及研究者对其生态过程的了解程度。区域生态安全格局概念的提出是对景观安全格局研究的发展，适应了生物保护和生态恢复研究的发展需求。

2. 区域生态安全格局的理论基础

研究生态安全格局的最重要的生态学理论支持是景观生态学，而将现代景观生态学理论创造性地与现代城乡规划、城市设计理论与实践相结合，则是生态安全格局的难点，也是生态规划的要点所在。

区域生态安全格局研究关注区域尺度的生态环境问题、格局与过程的关系、等级尺度问题、干扰的影响、生物多样性保护、生态系统恢复以及社会经济发展等，并强调这些方面的综合集成，因此其理论基础涉及景观生态学（格局与过程的相互作用）、干扰生态学（干扰与格局的相互作用）、保护生物学（生物多样性保护）、恢复生态学（生态系统结构和功能恢复）、生态经济学（自然资源保护性利用）、生态伦理学（人与自然和谐）及复合生态系统理论（整体观）等多个学科的内容，这些学科领域的成果为区域生态安全格局研究提供了有益借鉴。

3. 区域生态安全格局途径是景观生态学的延伸

区域生态安全格局途径正在试图解决如何在有限的国土面积上，以尽可能少的用地、最佳的格局，最有效地维护景观中各种过程的健康和安全，具体的出发点如下：

（1）在土地极其紧张的情况下如何更有效地协调各种土地利用之间的关系，如城市发展用地、农业用地及生物保护用地之间的合理格局。

（2）如何在各种空间尺度上优化防护林体系和绿道系统，使之具有高效的综合功能。包括物种的空间运动、生物多样性的持续及灾害过程的控制。如何在现有城市基质中引入绿色斑块和自然生态系统，以便最大限度地改善城市的生态环境，如减轻热岛效应，改善空气质量等。

（3）如何在城市发展中形成一种有效的战略性的城市生态灾害（如洪水和海潮）控制格局。

（4）如何使现有各类孤立分布的自然保护地通过尽可能少的投入而形成最优的整体空间格局，以保障物种的空间迁徙，保护生物多样性。

（5）如何在最关键的部位引入或改变某种景观斑块，大幅改善城乡景观的某些生态和人文过程，如通过尽量少的土地，建立城市或城郊连续而高效的游憩网络、连续而完整的遗产廊道网络及视觉廊道的控制。

4. 区域生态安全格局的构建

（1）构建目标

区域生态安全格局研究以协调人与自然关系为中心。研究的具体目标是针对错综复杂的区域生态环境问题，规划设计区域性空间格局，保护和恢复生物多样性，维持生态系统结构过程的完整性，实现对区域生态环境问题的有效控制和持续改善。其不存在一个固定的标准，人类对生态系统服务功能需求的不断变化是生态系统管理的根本原因，实现区域生态安全不但要以社会、经济、文化、道德、法律、法规为手段，更要以新的发展对生态系统服务功能的新需求为不断变化的目标，逐步进行。

（2）区域生态安全格局构建原则

针对性原则：明确针对区域生态环境问题及其干扰来源，以排除和控制干扰为目标进行规划设计。

自然性原则：以保护和恢复自然生态结构和功能为目标进行规划设计。

主动性原则：控制有害人类干扰、实施有益的促进措施，加速生态系统恢复的规划设计。

异质性原则：增强各层次的异质性，保障生态异质性的可持续。

等级性原则：根据生态环境破坏的实际状况，确定区域生态安全建设的层次，有层次地进行规划设计。

综合性原则：综合考虑生态、经济、社会文化的多样性对生态安全格局的影响，进行综合性的规划设计。

适应性原则：根据生态规划方法和技术的发展、社会经济发展需求的变化，不断调整生态安全标准和格局设计以适应这些变化，保障区域生态安全格局设计是一个不断完善和发展的过程。

（3）构建模式

①景观表述：包括对现状景观的表述和对景观改变方案的表述。对于现状景观分别在三种尺度上进行表述，可以采用三种基本模式：垂直分层法，即“千层饼”模式；水平的空间关系表达，包括景观生态学的“基质—斑块—廊道”模式，或点、线、面的方式；环境体验模式，包括可见度和视觉感知的点、线、面模式，以及中国传统景观体验模式。

②景观过程分析：分别对与规划区关系最为紧密的自然、生物和人文三类过程进行分析，目的是通过这些过程，建立防止或促进这些过程的景观安全格局。这三种过程从本质上讲都属于生态系统的服务功能。

③景观评价：评价现状景观的生态服务功能以及景观格局之于景观过程的适宜性，包括对自然过程和生物过程的利害作用，对人文过程如市民游憩和日常行为的价值。根据不同的景观过程，将采用不同的景观评价模型和方法，包括通常采用的生态环境评价方法、景观的美学评价方法、社会经济效益评价方法等。

④景观改变：提出为改善景观过程的健康和安全性，应如何对景观进行规划和改造。包括在高、中、低三种不同安全水平上，判别对景观过程具有战略意义的景观元素和空间位置关系，形成三种不同安全水平的景观安全格局，构建区域生态基础设施。

⑤影响评估：对上述景观改变方案或多个生态基础设施方案，进行生态服务功能的综合的影响评估，评估其对上述各种自然过程、生物过程和人文过程的意义是积极的还是消极的，有多大程度。对多解方案，还应比较各个不同方案之间的差异，以便决策者进行选择。这些评估可以用各种模型或实际观测来实现。

⑥景观决策：基于上述多种景观改变方案和评估结果，决策者可以选择合适的实施方案，并将其作为城市或区域发展规划和城市设计的刚性控制条件。通过蓝线、绿线、紫线等划定为不建设区，并通过法律法规的形式，落实下来。

（4）构建途径

第一，确定源：即过程的源，如生物的栖息地作为生物物种扩散和动物活动过程的源，河流作为洪水过程的源，文化遗产地作为乡土文化景观保护和体验的源，游步道和观景点作为视觉感知过程的源。这部分内容主要通过资源现状分布和土地适宜性分析来确定。

第二，空间联系：确定以源为核心的、源以外的、对维护景观过程的安全和健康以及完整性起关键作用的区域和空间联系，包括缓冲区、连接廊道、战略点等。这部分内容主要通过空间分析来确定。

第三，编制规划导则：制定保障实现景观安全格局和建立生态基础设施的具体的定量、定性原则。

（5）构建

综合叠加各类安全格局，建立综合的区域生态安全格局和生态基础设施。它们共同为区域生态服务功能的健康和安全提供保障。由于各种过程的安全格局都因安全水平的不同而有差异，它们综合叠加后形成的整体生态基础设施也会有多种对应于不同安全标准的空间结构，是一组介于最高（当所有过程的安全格局都是最高安全标准时）与最低标准（所有过程的安全格局都是最低安全标准时）之间的多解。

（三）了解生态工程的基本概念与应用领域

1. 生态工程概念

生态工程是指把生态学中物种共生和物质循环再生原理与系统工程的优化方法，应用于工业生产过程，设计物质和能量多层利用的工程体系。

我国著名生态学家马世俊教授1984年对生态工程下的定义是“生态工程是利用生态系统中的物种共生与物质循环再生原理，结合系统工程和最优方法，设计的分层多级利用物质的生产工艺系统”，这一定义得到世界性的认可。运用生态学和系统工程原理设计的工艺系统。将生物群落内不同物种共生、物质与能量多级利用、环境自净和物质循环再生等原理与系统工程的优化方法相结合，达到资源多层次和循环利用的目的。

2. 起源与发展

生态工程起源于生态学的发展与应用。20世纪60年代以来，全球面临的主要危机表现为人口激增、资源破坏、能源短缺、环境污染和食物供应不足，表现出不同程度的生态与环境危机。在西方的一些发达国家，这种资源与能源的危机表现得更加明显与突出。现代农业一方面提高了农业生产率与产品供应量；另一方面又造成了各种各样的污染，对土壤、水体、人体健康带来了严重的危害。而在发展中国家，面临着不仅是环境资源问题，还有人口增长，资源不足与遭受破坏的综合作用问题，所有这些问题都进一步孕育、催生了生态工程与技术对解决实际社会与生产中所面临的各种各样的生态危机的作用。

3. 生态工程的原则

生态工程是从系统思想出发，按照生态学、经济学和工程学的原理，运用现代科学技术成果、现代管理手段和专业技术经验组装起来的，以期获得较高的经济、社会、生态效益的现代农业工程系统，建立生态工程的良好模式必须考虑如下几项原则：

（1）必须因地制宜，根据不同地区的实践情况来确定本地区的生态工程模式。

（2）由于生态系统是一个开放、非平衡的系统，在生态工程的建设中必须扩大系统的物质、能量、信息的输入，加强与外部环境的物质交换，提高生态工程的有序化，增加系统的产出与效率。

（3）在生态工程的建设发展中，必须实行劳动、资金、能源、技术密集相交叉的集约经营模式，达到既有高的产出，又能促进系统内各组成成分的互补、互利协调发展的目的。

4. 生态工程的目的

（1）恢复已经被人类活动严重干扰的生态系统，如环境污染、气候变化和土地退化；

(2) 通过利用生态系统具有的自我维护的功能建立具有人类和生态价值的持久性生态系统，如居住系统、湿地污水处理系统；

(3) 通过维护生态系统的生命支持功能保护生态系统。

5. 生态工程的特征

(1) 是多目标的，能够导致资源的合理利用与生态保护；

(2) 是综合效益、经济效益、生态效益和社会效益的协调发展；

(3) 具有完整性、协调性、循环与自主的特性；

(4) 具有多学科结合的特征，并能够检验生态学是否有用；

(5) 具有鲜明的伦理学特征，体现人类对自然的关怀而做出的精明选择。

中国与国外蓬勃发展的生态工程各有自己的特点，中国生态工程有独特的理论和经验，中国生态工程所研究与处理的对象，不仅是自然或人为构造的生态系统，而更多的是社会—经济—自然复合生态系统，这一系统是以人的行为为主导，自然环境为依托，资源流动为命脉，社会体制为经络的半人工生态系统。

核心圈是人类社会，包括组织机构及管理、思想文化，科技教育和政策法令，是核心部分，称为生态核。另一层次是内部环境圈，包括地理环境、生物环境和人工环境，是内部介质，称为生态基。常具有一定的边界和空间位置；第三圈是外部环境，称为生态库，包括物质、能量和信息以及资金、人力等。

6. 生态工程的规划与评价

(1) 生态工程规划与设计的流程

生态调查、系统诊断综合评价、生态分区及生态工程设计、配套技术、生态调控。

(2) 生态分区与生态工程设计

根据生态调查、系统诊断及综合评价的结果，进行生态分区，在生态分区的基础上进行生态工程的设计。生态分区是根据自然地理条件、区域生态经济关系及农业生态经济系统结构功能的类似性和差异性，把整个区域划分为不同类型的生态区域。现有的区划方法有经验法、指标法、类型法、叠置法、聚类分析法等，根据分区的原则与指标，运用定性和定量相结合的方法，进行生态分区，并画出生态分区图。

(3) 生态工程的评价

① 生态工程的评价指标：针对不同类型的生态工程有许多不同的评价指标，这些指标的性状不一，不同的指标之间很难进行直接的比较。生态工程的评价指标构成评价指标体系，一般分为三层：第一层为综合效益；第二层为经济效益、生态效益、社会效益；第三层为各种具体指标。

② 生态工程评价的方法：生态工程评价的方法有多种，如经验评估法、单项指标评价法、综合分级评分法、多指标综合评价法，每一种方法都有各自的缺点和优点，有些方法简单易行，但主观性较大，有些方法较为严密，但计算时较为复杂。现在用得较为普遍的为层次分析法。

(四) 熟悉生态恢复的概念与主要方法

1. 生态恢复概念

“生态恢复”指通过人工方法，按照自然规律，恢复天然的生态系统。“生态恢复”的含义远远超出以稳定水土流失地域为目的种树，也不仅仅是种植多样的当地植物，“生态恢复”是试图重新创造、引导或加速自然演化过程。人类没有能力去恢复出真的天然系统，但是我们可以帮助自然，把一个地区需要的基本植物和动物放到一起，提供基本的条件，然后让它自然演化，最后实现恢复。因此生态恢复的目标不是要种植尽可能多的物种，而是创造良好的条件，促进一个群落发展成为由当地物种组成的完整生态系统，或者说目标是为当地的各种动物提供相应的栖息环境。

2. 生态恢复主要方法

生态恢复的方法有物种框架方法和最大多样性方法。

生态恢复是研究生态整合性的恢复和管理过程的科学，现已成为世界各国的研究热点。目前，恢复已被用作一个概括性的术语，它包括了重建、改建、改造、再植等含义，一般泛指改良和重建退化的生态系统，使其重新有益于利用，并恢复其生物学潜力。

生态修复是指对生态系统停止人为干扰，以减轻负荷压力，依靠生态系统的自我调节能力与自组织能力使其向有序的方向进行演化，或者利用生态系统的这种自我恢复能力，辅以人工措施，使遭到破坏的生态系统逐步恢复或使生态系统向良性循环方向发展；主要指致力于那些在自然突变和人类活动活动影响下受到破坏的自然生态系统的恢复与重建工作。

3. 生态恢复原则

生态恢复的原则包括自然法则、社会经济技术原则和美学原则。

生态修复既可以依靠生态系统本身的自组织和自调控能力，也可以依靠外界人工调控能力，但均未强调生态系统本身的自组织、自调控能力和外界人工调控能力对生态系统恢复作用的主次地位。

（五）了解城市与区域生态规划的基本概念与内容

1. 城乡生态规划的基本概念

（1）生态规划

① 概念

生态规划就是要通过生态辨识和系统规划，运用生态学原理、方法和系统科学手段去辨识、模拟、设计生态系统人工复合生态系统内部各种生态关系，探讨改善系统生态功能，确定资源开发利用与保护的生态适宜度，促进人与环境持续协调发展的可行的调控政策。其本质是一种系统认识和重新安排人与环境关系的复合生态系统规划。即用生态系统的观点合理布局和安排农、林、牧、副、渔业和工矿交通事业，以及住宅、行政和文化设施等，保证自然资源最适当的利用，保护环境，使生产得到持续稳定的发展。

② 生态规划的理论：整体优化理论；趋适开拓原理；协调共生原理；区域分异理论；生态平衡原理；高效和谐原理；可持续发展理论。

③ 生态规划的特点和科学内涵：以人为本；以资源环境承载力为前提；系统开放、优势互补；高效、和谐、可持续。

（2）城乡生态规划

联合国人与生物圈计划（MAB，1984）报告指出：“城（乡）生态规划就是要从自然生态和社会心理两方面去创造一种能充分融合技术和自然人类活动的最佳环境，诱发人创造精神和生产力，提供较高的物质文化生活水平”。具体来讲，城乡生态规划就是对一定时期内城乡生态环境建设的对策、目标和措施所做的规划，其目的在于提高环境质量，维持生态平衡，实现城乡的可持续发展。它遵循生态学与城乡规划学有关理论与方法，应用系统科学、环境科学等多学科的手段，辨识、模拟、设计人工复合生态系统内的各种生态关系，掌握城乡生态系统的演变规律及其影响因素，通过对城乡生态系统中各子系统的综合布局与安排，提出切实可行的生态规划方案，调整城市人类与城乡环境的关系，以维护城乡生态系统的平衡，实现城乡的和谐、高效、持续发展。

城乡生态规划是与可持续发展概念相适应的一种规划方法，它将生态学的原理和城乡总体规划、环境规划相结合，从自然要素的规律出发，分析其发展演变规律，在此基础上确定人类如何进行社会经济生产和生活，有效地开发、利用、保护这些自然资源要素，促进社会经济和生态环境的协调发展，最终使得整个区域和城市实现可持续发展。

(3) 城乡空间生态规划

城乡空间生态规划是在生态理念指导下将生态规划相关理论、方法运用到城乡规划中，在生态目标导向下对现有空间规划理论、技术方法等进行改进与更新。城乡空间生态规划的理论就是针对生态环境的现实问题和生态建设的迫切性，侧重从生态（尤其是自然生态）的角度来探索作用于空间规划的理论。是通过应用生态思维和生态学理论，对城乡土地和空间资源的合理配置，使人类发展与自然环境协同共进的物质空间规划，是一种落实城乡空间规划的生态学途径。

2. 城乡生态规划研究

城乡空间生态规划理论就是以城市与乡村整体空间为背景，以各种城乡生态关系为依据，在经济理性、社会理性等各种规划理论的基础上，强调物质空间建设与自然生态协同发展的空间规划，期望达到在以市场经济为主导的背景下更好地实现城乡建设与生态环境和谐的目的；是从城乡互动过程角度与环境的关系等方面进行辨识、沿用生态控制等理论与手法；是对城乡空间资源进行配置的理论与方法。

从城乡规划学科的角度出发，以生态学为主线，在研究城乡空间发展的组分、机制及控制原理的基础上，拓展生态规划内涵，并以城乡规划学科的空间资源配置职能为根本，融环境生态、自然生态、社会生态、经济生态、空间景观生态为一体，系统探讨适用于各空间层次的生态规划原理与方法；采用理论和实证相结合的方法，对区域空间、城市外部空间、城市内部空间等不同空间尺度的城乡发展机制和相对应的生态规划技术方法进行研究；探讨保障城乡空间生态规划得以实施的相应政策内容，涉及城乡规划管理机制与外部环境机制创新两个层面。

3. 城乡生态规划的内容

①生态要素的评价；②环境容量和生态适宜度分析；③评价指标体系的建立及规划目标的研究；④生态功能区规划与土地利用布局；⑤环境污染综合防治规划；⑥人口适宜容量规划；⑦产业结构与布局调整规划；⑧园林绿地系统规划；⑨资源利用与保护规划；⑩城市生态规划管理对策研究。

4. 城乡生态规划的原则

①阈限物质法则；②多样性共生原则；③相生相克原则；④资源的回收再利用原则；⑤预防和保护齐头并进的原则。

针对2019年考试部分超纲，建议应试者应该阅读以下方面的参考书：环境科学词典、城市环境保护、环境学基本原理、环境容量、城市生态学原理、普通生态学等相关内容。

第二节　复　习　题　解

（题前符号意义：■为掌握；□为熟悉；△为了解。）

□1. 生态学最早是由(　　)于 1869 年提出的。

A. 德国生物学家赫克尔　　B. 德国生态学家奥德姆

C. 美国生物学家帕克　　D. 中国环境学家曲格平

【参考答案】 A

【解答】 生态学是由德国生物学家赫克尔于 1869 年首次提出的。

□2. 基础生态学来源于下列(　　)学科。

A. 植物学　　B. 动物学

C. 古生物学　　D. 生物学

【参考答案】 D

【解答】 生态学是研究生物之间、生物与环境之间的相互关系的科学。生态学（尤其是基础生态学）来源于生物学。生物学是研究生物的结构、功能、发生和发展规律的科学，包括动物学、植物学、微生物学、古生物学。

■3. 关于生态学基本概念的表述，以下(　　)错误。

A. 生态学是研究有机体和它们的环境之间相互关系的科学

B. 生态学是研究生物之间、非生物之间相互关系的科学

C. 生态学是研究生物之间彼此关系以及生物与其周围的物理环境与生物环境间的相互关系的科学

D. 生态学是研究植物、动物相对于自然与生物环境关系的科学

【参考答案】 B

【解答】 生态学是研究生物之间以及生物与非生物环境之间的相互关系，研究自然生态系统和人为生态系统结构和功能的一门学科。研究的基本对象有两个方面的关系，其一为生物之间的关系，其二是生物与环境之间的关系。比较简洁的表述为：生态学是研究生物之间、生物与环境之间的相互关系的科学。

■4. 在自然界里，一般一个物种总是以(　　)形式存在。

A. 个体　　B. 种群　　C. 群落　　D. 生境

【参考答案】 B

【解答】 自然界里，任何生物的单个个体都难以单独生存，而必须在一定的空间内以一定的数量结合成群体。种群是物种存在的基本单位，从生物学分类的门、纲、目、科、属等分类单位是学者依据物种的特征及其在进化过程中的亲缘关系来划分的，唯有种才是真实存在的。种群是物种在自然界存的基本单位，也是生物群落的基本组成单位，以及生态系统研究的基础。

■5. 下面说法正确的是(　　)。(多选)

A. 种群是物种存在的基本单位

B. 功能相同的群落，其物种组成也是相同的

C. 群落具有一定的组成和营养结构

D. 生态系统的边界有的是比较明确的，有的则是模糊的

【参考答案】 A、C、D

【解答】 上述选项中的B是错误的，因为群落是指多种植物、动物微生物种群聚集在一个特定的区域内，相互联系，相互依存而组成的一个统一的整体。

■6. 基础生态学的不同等级单元由低到高排列顺序为(　　)。

A. 个体、群落、种群、生态系统　　B. 种群、个体、群落、生态系统

C. 个体、生态系统、群落、种群　　D. 个体、种群、群落、生态系统

【参考答案】 D

【解答】 一般而言，基础生态学构成的等级单元，由低到高为：个体、种群、群落、生态系统。种群是一定时空中同种个体的总和；群落是生物种群的集合；生态系统是在生物群落基础上加上非生物环境成分所构成的。

■7. 下列关于生物与生物之间关系的表述，哪项是错误的？(　　)

A. 种群是物种存在的基本单元

B. 群落是生态系统中有生命的部分

C. 生物个体与种群既相互联系又相互区别

D. 群落一般保持稳定的外貌特征

【参考答案】 D

【解答】 在随时间变化的过程中，生物群落经常改变其外貌，并具有一定的顺序状态，即具有发展和演变的动态特征。

■8. 生态学的研究内容包括以下(　　)部分。(多选)

A. 生物生存环境　　B. 种群特征

C. 生态因子及其作用　　D. 个体特征

【参考答案】 A、B、C

【解答】 研究个体不具有代表性。因为生物个体的特征是每一个种皆具备的，而物种的特征则是个体水平层次上不具有的，只有在组成种群以后才能出现的新的特征。生态学的研究内容包括上述选项中的A、B、C及群落、生态系统和生态平衡。

■9. 生物的生存环境包含以下(　　)方面。

A. 生物的物质环境、生物的能量环境　　B. 物质环境、生物环境

C. 物理环境、生物环境　　D. 生物环境、生物圈

【参考答案】 C

【解答】 生物的生存环境包含两个方面：其一，是生物栖息地周围与之相关的理化因子素的总和，即物理环境（非生物环境）；其二，是生物环境，指包含机体的环境，由影响动植物生存的繁衍的其他生物所组成。物理环境包括生物的物质环境和生物的能量环境，而生物环境即生物圈。

■10. 下面关于环境的认知叙述正确的是(　　)方面。(多选)

A. 环境是指生物生活周围的气候、生态系统、周围群体和其他种群

B. 环境是指室内条件和建筑物周围的景观条件

C. 环境是具体的人生活周围的情况和条件

D. 环境是指向所研究的系统提供热或吸收热的周围所有物体

【参考答案】 A、B、C、D

【解答】 环境（Environment）是指周围所在的条件，对不同的对象和科学学科来说，环境的内容也不同。

对生物学来说，环境是指生物生活周围的气候、生态系统、周围群体和其他种群。对文学、历史和社会科学来说，环境指具体的人生活周围的情况和条件。对建筑学来说，是指室内条件和建筑物周围的景观条件。对企业和管理学来说，环境指社会和心理的条件，如工作环境等。对热力学来说，是指向所研究的系统提供热或吸收热的周围所有物体。对化学或生物化学来说，是指发生化学反应的溶液。从环境保护的宏观角度来说，就是这个人类的家园地球。人类生活的自然环境，主要包括：岩石圈、水圈、大气圈、生物圈。

■11. 生物的能量来源是(　　)，别的无可代替。

A. 生物圈　　　　B. 大气圈、水圈

C. 太阳　　　　D. 光合作用

【参考答案】 C

【解答】 万物生长靠太阳，生命存在的一个重要条件是能量环境。地球上生物存在的能量来源主要来自太阳的辐射。太阳发挥两种不同的功能：热能和光能。

■12. 关于生物圈，下列表述(　　)为不妥。(多选)

A. 人类是生物圈的特殊居民，不但可以征服自然，而且可以改变自然法则

B. 生物圈在太阳系中是唯一的，或许在太阳系中从来就没有存在过第二个，以后也不会存在，它是人类唯一的真正具有的现实意义的居住地

C. 在人类诞生之前，植物是生物圈中主要的物质

D. 生物圈中所蕴藏的能量不是其自身内部产生的，则是来自太阳和其他的宇宙射线

【参考答案】 A、C

【解答】 人类是生物圈的特殊居民，虽然他与所有物种一样，要必须服从自然法则，但人类具有控制生物圈的能力和意识。

■13. 下面四种说法中错误的是(　　)。

A. 功能相同的群落，其物种组成也是相同的

B. 群落具有一定的组成和营养结构

C. 种群是物种存在的基本单位

D. 生态系统的边界有的是比较明确的，有的则是模糊的、人为的

【参考答案】 A

【解答】 生物群落指一定时间内居住在一定空间内的生物种群的集合。其特征绝非其组成物种的特征简单叠加。在群落内由于存在协调控制的机制，使它在绝对的变动过程中，保持了相对稳定性。然而各物种在时间和空间上还是可以相互转换的。因而功能相同的群落有可能由不同的物种组成。

□14. 全球面临的五大危机是(　　)，随之城市环境质量日益下降。

A. 人口膨胀、人口老龄化、能源短缺、资源枯竭、环境污染

B. 人口膨胀、粮食不足、能源短缺、资源枯竭、环境污染

C. 人口膨胀、失业增加、粮食不足、资源枯竭、环境污染

D. 人口膨胀、粮食不足、能源短缺、贫困问题、婚姻问题

【参考答案】 B

【解答】 人口老龄化、失业、贫困问题、婚姻问题均属于城市社会问题。

■15. 生态学的一般规律包括以下各项中的(　　)方面。

A. 相互依存相互制约、微观与宏观协调发展、物质循环转化再生、物质输入、输出的动态平衡、相互适应与补偿协同进化、生态系统的无限调节能力

B. 相互依存制约、历史循环、微观与宏观协调发展、物质循环转化与再生、物质输入输出的动态平衡、环境资源有限规律

C. 相互依存相互制约、微观与宏观协调发展、物质循环转化与再生、物质输入、输出的动态平衡

D. 相互依存相互制约、微观与宏观协调发展、物质循环转化与再生、能量守恒、社会均衡

【参考答案】 C

【解答】 生态学的一般规律包括上述选项中的C所述及相互适应与补偿的协同进化规律及环境资源的有限规律。

△16. 研究重点是城市代谢过程和物流能流的转化、利用效率的属于城市生态学中的(　　)理论。

A. 城市生态学　　B. 城市自然生态学

C. 城市经济生态学　　D. 城市社会生态学

【参考答案】 C

【解答】 城市生态学根据研究对象的不同，可分为城市自然生态学、城市经济生态学、城市经济生态学和城市社会生态学。其中城市自然生态学着重研究城市密集的人类活动对所在地域自然生态系统的积极和消极影响及城市生物和地理环境对城市居民的作用；城市社会生态学着重研究城市人工环境对人的生理和心理的影响、效用及人在建设城市、改造自然过程中所遇到的城市问题。

■17. 从本质上，产生城市问题（包括城市环境问题）的两个根本问题是（　　）。(多选)

A. 城市是一个人工建设的环境

B. 城市是一个高度集聚与高度稀缺的统一体

C. 人们对自然环境及城市环境的错误认识

D. 生产力的发展，工业革命的巨大作用

【参考答案】 B、C

【解答】 城市中高度集聚的各种功能及其运转是在一个相对狭小的空间区域内以及资源、能源较缺乏的背景下进行的，这就使得形形色色的城市问题的出现在某种意义上成为一种必然。人们对自然环境的错误认识导致了人们在城市建设、城市管理、城市发展等多方面的错误，使城市问题不断加剧。

■18. 生态因子主要由以下(　　)两方面因素所组成。(多选)

A. 非生物因素　　B. 生物因素

C. 人为因素　　D. 生境

【参考答案】 A、B

【解答】 生态因子影响动物、植物、微生物的生长、发育和分布，影响群落的特征。生态因子主要两方面因素所组成：(1) 非生物因素，即物理因素，如光、热、水、风、矿物质养分等；(2) 生物因素，即对某一生物而言的其他生物，如动物、植物、微生物，它们通过活动直接或间接影响其他生物。

□19. 城市用地面积占全球面积(　　)的地区，居住着世界全部人口的40%。

A. 1%　　B. 2%　　C. 5%　　D. 0.3%

【参考答案】 D

【解答】 城市中人口极其密集，城市用地面积仅占地球面积的0.3%，但却居住着世界人口的40%，是地球上人口最密集的区域。

■20. 生活生态位是指以下选项中的(　　)项内容。(多选)

A. 城市的经济水平　　B. 自然环境

C. 社会环境　　D. 城市的资源丰盛度

【参考答案】 B、C

【解答】 生态位大致分为两大类：一类是资源利用、生产条件生态位，简称生产生态位；一类是环境质量、生活水平生态位，简称生活生态位。其中生产生态位包括了城市的经济水平、资源丰盛度；生活生态位包括社会环境及自然环境。

■21. 人类位于食物链的(　　)位置。

A. 最低部　　B. 顶端　　C. 正中间　　D. 接近底部

【参考答案】 B

【解答】 处于食物链的终端环节，或"生命金字塔"的顶端位置的是一些捕食能力特强的动物，如狮子、老虎等。如今这个角色由人类取而代之，成为食物链的终端环节，人类依赖于其他生产者及各营养级的"供养"而维持其生存。

■22. 生态位的宽度依据物种的适应性而改变，适应性较(　　)的物种占据较(　　)生态位。

A. 小；宽广　　B. 大；宽广　　C. 小；长　　D. 大；狭窄

【参考答案】 B

【解答】 生态位指物种在群落中所占的地位。一般说，生态位的宽度依据物种的适应性而改变，适应性较大的物种占据较宽广的生态位。城市生态位是一个城市或任何一种人类生境给人们生存和活动所提供的生态位。

■23. 下列关于城市生态系统基本特征的表述，哪项是正确的？(　　)

A. 绿色植物和动物在城市中占主体地位

B. 城市中的山体、河流和沼泽等的形态与功能发生了巨大变化

C. 城市生态系统是流量大、容量大、密度高、运转快的封闭系统

D. 通过自然调节维持系统的平衡

【参考答案】 B

【解答】 城市是以人为主体的生态系统；城市是具有人工化环境的生态系统；城市是流量大、容量大、密度高、运转快的开放系统；城市是依赖性很强，独创性很差的生态系统；对城市生态系统的研究必须与人文社会科学相结合。

■**24. 城市生态系统向结构复杂、能量最优利用、生产力最高的方向的演化称为(　　)演替。**

A. 反向　　B. 正向　　C. 逆向　　D. 符合自然规律

【参考答案】 B

【解答】 城市生态演替是一种更新过程，这是适应外部环境变化及内部自我调节的结果。城市生态系统向结构复杂、能量最优利用、生产力最高的方向的演化称为正向演替；反之称之为逆向演替。

■**25. 下列关于自然净化功能人工调节措施的表述，哪项是错误的？(　　)**

A. 综合治理城市水体、大气和土壤环境污染

B. 建设城乡一体化的城市绿地与开放空间系统

C. 引进外来植物提高城市生物多样性

D. 改善城市周围区域的环境质量

【参考答案】 C

【解答】 城市还原功能的人工调节要注意保护乡土植被和乡土生物多样性，不要轻易引进外来植物。

■**26. 城市规划理论中的(　　)与城市生态学的“最小因子原理”具有内在一致性。**

A. 可持续发展原则　　B. 卫星城理论

C. 门槛理论　　D. 社区理论

【参考答案】 C

【解答】 “门槛理论”是关于城市各个发展阶段皆存在着影响、制约城市的特定的因素，当克服该因素时，城市将进入一个全新的发展阶段的理论。“最小因子原理”是指在城市生态系统中，影响其结构、功能行为的因素很多，但往往是处于临界量（最小）的生态因子对城市生态系统功能的发挥具有最大的影响力；有效改善提高其量值，会大大地增强城市生态系统的功能。

■**27. 城市生态学的食物链原理中的“加链”是指(　　)。**

A. 除掉或控制那些影响食物网传递效益，且利润低、污染重的链环

B. 增强城市各部分、各元素之间的直接、显性的联系

C. 增加新的生产环节，将不能直接利用的物质、资源转化为价值高的产品

D. 增加新的生产环节、新的行业、产业结构，提高城市经济效益

【参考答案】 C

【解答】 广义的食物链原理应用于城市生态系统中时，首先是指以产品或废料、下脚料为轴线，以利用为动力将城市生态系统中的生产者企业相互联系在一起。城市各企业之间的生产原料，可以相互利用。因此可根据一定目的进行城市食物网“加减链”。上述选项中的A即“减链”，上述选项中的C即“加链”。

■**28. 环境承载力原理对城市发展建设的影响主要体现在(　　)方面上。(多选)**

A. 稳定　　B. 规模　　C. 强度　　D. 速度

【参考答案】 B、C、D

【解答】 环境承载力是指某一环境状态和结构在不发生对人类生存与发展造成有害变化的前提下，所能承受的人类社会作用；具体体现在规模、强度、速度上；受到资源承载力、

技术承载力及污染承载力的限制。

■29. 城市生态系统中的生产者是下列(　　)种。

A. 各种企业　　B. 城市居民　　C. 绿色植物　　D. 各类学校

【参考答案】 B

【解答】 自然生态系统由中心事物与自然环境构成，其中生产者是绿色植物，消费者是动物，还原者是微生物。而城市生态系统则是由中心事物人类与城市环境构成的，其中生产者是从事生产的人类，消费者是以人类为主体进行的消费活动，还原由微生物和人工造就的设施来完成。

■30. 自然生态系统的调控机制表现为以下(　　)特点。

A. 通过自然选择的负反馈进行自我调节

B. 通过自然选择的正反馈进行自我调节

C. 通过人工选择的负反馈进行自我调节

D. 通过人工选择的正反馈进行自我调节

【参考答案】 A

【解答】 调控机制是城市生态系统区别于自然生态系统的根本特征。自然生态系统的中心事物是生物群体，与外部环境的关系是消极地适应环境，并在一定程度上改造环境，因而是其动态演替的，不论是生物种群的数量、密度的变化，还是生物对外部环境的相互作用，相互适应，均表现为“通过自然选择的负反馈进行自我调节”的特征。城市生态系统则是以人类为中心，系统行为很大程度上取决于人类所做出的决策，因而体现为“通过人工选择的正反馈进行自我调节”的特征。

■31. 城市生态系统的脆弱性表现在四个方面，下面(　　)说法正确。

A. 城市生态系统需靠外力才能维持；城市生态系统一定程度上破坏了自然调节机能；食物链简化自我调节能力小；营养关系倒置

B. 城市生态系统靠外力才能维持；城市生态系统一定程度上破坏了自然调节机能；物质能量人口高度集中；营养关系倒置

C. 城市生态系统靠外力才能维持；物质能量、人口高度集中；食物链简化自我调节能力小；营养关系倒置

D. 城市生态系统靠外力才能维持；城市生态系统一定程度上破坏了自然调节机能；食物链简化自我调节能力小；物质能量、人口高度集中

【参考答案】 A

【解答】 城市生态系统本身不是一个平衡系统，不能提供自身的能量和物质，必须从外部输入；人类在完善城市生态系统过程中对自然环境产生一定破坏，城市生态系统营养关系由正金字塔变为倒金字塔，决定其为不稳定的系统；食物链仅有二级或三级，缺乏循环，过于简单，使社会经济系统的调控能力和水平降低，导致自我调节能力小。

■32. 城市生态系统的特征包括以下(　　)。(多选)

A. 人为性　　B. 开放性

C. 不完整性　　D. 低“质量”性

E. 简单性　　F. 脆弱性

【参考答案】 A、B、C、F

【解答】 城市生态系统与自然生态系统有一定的相似性，但在许多方面具有独特鲜明的特征：系统的组成成分，系统的生态关系网络、生态位，系统的功能、调控机制，系统的演替等。另外，城市生态系统具有人为性、不完整性、开放性、高“质量”性、复杂性、脆弱性等特征。

■33. 城市生态系统的高“质量”性的含义是指(　　)。(多选)

A. 人类具有巨大的创造、安排城市生态系统的能力

B. 城市体现了物质、能量、人口等的高度集中性

C. 城市生态系统的高层次性

D. 城市对外部环境具有很强烈的辐射力

【参考答案】 B、C

【解答】 质量指物体中所含物质的量，即物体惯性的大小。城市生态系统的高质量性指的是其构成要素的空间集中性与其表现形式的高层次性。

■34. 城市生态系统中的网络大多是具有(　　)的网络。

A. 社会属性　　B. 自然属性　　C. 经济属性　　D. 环境属性

【参考答案】 A

【解答】 城市生态系统中的网络大多是具有社会属性的网络，它们是人类社会发展过程中逐渐建立起来的，包括城市生态系统中的各种自然网络和更为重要的社会关系、经济关系网络。

■35. 下列关于生态系统服务的表述，哪些项是错误的？(　　)(多选)

A. 从生态系统获得食物属于供给服务

B. 水体净化属于供给服务

C. 保持水土属于调节服务

D. 减轻侵蚀属于调节服务

E. 生物生产属于供给服务

【参考答案】 B、C

【解答】 生态系统服务指人类生存与发展所需要的资源归根结底都来源于自然生态系统。自然生态系统不仅可以为人类的生存直接提供各种原料或产品（食品、水、氧气、木材、纤维等），而且在大尺度上具有调节气候、净化污染、涵养水源、保持水土、防风固沙、减轻灾害、保护生物多样性等功能，进而为人类的生存与发展提供良好的生态环境。对人类生存与生活质量有贡献的所有生态系统产品和服务统称为生态系统服务。

生态系统服务指人类从生态系统获得的所有惠益，包括供给服务（如提供食物和水）、调节服务（如控制洪水和疾病）、文化服务（如精神、娱乐和文化收益）以及支持服务（如维持地球生命生存环境的养分循环）。生态系统产品和服务是生态系统服务功能的同义词。

■36. 城市生态系统的不完整性表现在(　　)方面。(多选)

A. 城市生态系统缺乏分解者

B. 城市生态系统“生产者”不仅数量少，而且其作用也发生了改变

C. 城市生态系统表现了较强的对外部系统的依赖性

D. 城市生态系统具有对外部系统的辐射性

【参考答案】 A、B

【解答】 在城市中，自然生态系统为人工生态系统所代替，动物、植物、微生物失去了在原自然生态系统中的生境，致使生物群落不仅数量少，而且其结构变得简单。城市生态系统缺乏分解者或分解者功能微乎其微；城市中的植物，其主要任务已不再是像自然生态系统那样向其居住者提供食物，其作用已变为美化景观，消除污染和净化空气。

△37. 一般来讲，从上一营养级位传递到下一营养级位的能量等于前者所含能量的比例是(　　)。

A. 80%　　B. 50%　　C. 20%　　D. 10%

【参考答案】 D

【解答】 生态系统的能量流动同样遵守热力学第一定律和第二定律，能量沿着生产者和各级消费者的顺序逐级减少，能量流动的有效率为10%左右。

■38. 关于生态系统能量流动的基本特点，下列叙述不正确的是(　　)。

A. 能量沿着生产者、消费者、分解者这三大类群顺序流动

B. 能量流动是单向的，不可逆转，但可以循环

C. 能量流动遵守热力学第一定律、第二定律

D. 能量流动是生态系统中生物与环境、生物之间能量的传递与转化过程

【参考答案】 B

【解答】 能量流动是单向的，只能一次流过生态系统，既不能循环，更不可逆转。

■39. 能反映一个国家生产技术发展水平的标志是(　　)。

A. 国家的产业经济结构　　B. 国家的能源结构

C. 国家的消费结构　　D. 国家的生产结构

【参考答案】 B

【解答】 能源结构是指能源总生产量和消费量的构成及比例关系，与能源生产结构、消费结构、城市所在地区、城市经济结构特征等密切相关。能源结构反映该国生产技术发展水平。

△40. 从总体上看，我国城市的能源结构就供气量构成来看，尚处于一个(　　)水平。

A. 较高　　B. 中等　　C. 中等偏下　　D. 较低

【参考答案】 D

【解答】 发达国家的燃气气源基本上都是天然气，因为天然气热值高，污染少、成本低，是城市燃气现代化的主导方向，美国早在20世纪50年代天然气就占了燃气气源总量的90%，而我国城市是以液化石油气（52%）为主，人工煤气占42%，天然气仅占6%。

■41. 以下(　　)是反映城市能源供应现代化水平的两个指标。(多选)

A. 能源结构

B. 电力消费在能源消费中的比重

C. 一次能源用于发电的比例

D. 能源消耗量

【参考答案】 B、C

【解答】 一个国家的能源结构是反映该国生产技术发展水平的标志。电力消费在能源消费中的比重和一次能源用于发电的比例是反映城市能源供应现代化水平的两个指标。发达国家两个指标一般在24%和35%左右，我国上海为11.1%和23.4%。

■42. 在能源转化过程中，最容易产生污染的环节是以下(　　)环节。

A. 次生源转化为再生能源的过程
B. 二次能源的输送、储存、使用过程
C. 开采原生能源
D. 将原生能源转化为次生能源的过程

【参考答案】 D

【解答】 将原生能源太阳能、生物能、核能、矿物燃料、风能等转化为次生能源电力、柴油、液化气过程中最容易产生污染。提高次生能源向有用能源、最终能源传输、流动过程中的传输率，降低损耗，也是减少城市环境污染的有效的途径。

■43. 下列关于城市生态系统物质循环的表述正确的是(　　)。(多选)

A. 物质循环是在人为状态下与自然状态下进行的
B. 物质循环过程中产生大量废物
C. 城市生态系统所需物质对外界有依赖性
D. 城市生态系统物质既有输入又有输出

【参考答案】 B、C、D

【解答】 城市生态系统物质循环中物质类型包括资源流、货物流、人口流、资金流，在循环过程中有以下特点：上述选项中的B、C、D，生产性物质远远大于生活性物质，城市生态系统的物质流缺乏循环，物质循环在人为状态下进行。

■44. 城市生态系统的开放具有层次性，其表现的三个层次分别为(　　)。

A. 第一层次为城市生态系统内部子系统之间的开放；第二层次为城市生态系统向自然生态系统的开放；第三层次为生态系统的全方位开放
B. 第一层次为城市生态系统内部子系统之间的开放；第二层次为城市社会经济系统与城市自然环境系统之间的开放；第三层次指城市生态系统作为一个整体向外部系统的全方位开放
C. 第一层次为城市生态系统内部子系统之间的开放；第二层次为城市中城市社会向城市空间的开放；第三层次指城市生态系统向外部系统的全方位开放
D. 第一层次为城市生态系统内部子系统之间的开放；第二层次为城市社会经济系统与城市自然环境系统之间的开放；第三层次指城市生态系统向自然生态系统的开放

【参考答案】 B

【解答】 城市生态系统第一层次的开放具有内部性，范围较小；第二层次的开放规模、强度要大于第一层次，但仍具有某些单向性的痕迹；第三层次的开放则具有高强度、双向性及普遍性的特征。

■45. 城市生态系统区别于自然生态系统的根本特征表现在(　　)。(多选)

A. 系统的组成成分
B. 系统的生态关系网络
C. 系统的完整性
D. 系统的演替

【参考答案】 A、B、D

【解答】 城市生态系统区别于自然生态系统的根本特征表现在以下方面：系统的组成成分、系统的生态关系网络、生态位、系统的功能、调控机制、系统的演替。

■46. 生态系统的“信息传递”主要传递以下(　　)方面的信息。

A. 物质信息、精神信息

B. 物质信息、化学信息、营养信息、行为信息

C. 物质信息、非物质信息

D. 环境信息、内部信息

【参考答案】 B

【解答】 自然生态系统中的“信息传递”指传递生态系统中各生命成分之间存在着的信息流，主要包括物理、化学、营养及行为方面的信息。生物间信息传递是生物生存、发展、繁衍的重要条件之一。

■47. 下列关于光污染的表述，哪项是错误的？（　　）

A. 钢化玻璃反射的强光会增加白内障的发病率

B. 镜面玻璃的反射系数比绿草地约大 10 倍

C. 光污染误导飞行的鸟类，危害其生存

D. 光污染对城市植物没有影响

【参考答案】 D

【解答】 依据不同的分类原则，光污染可以分为不同的类型。国际上一般将光污染分成三类，即白亮污染、人工白昼和彩光污染。

光污染会改变城市植物和动物生活规律，误导飞行的鸟类，从而对城市动植物的生存造成危害。

■48. 下列关于城市能量流动与环境问题的表述，哪项是错误的？（　　）

A. 每个能源使用环节都会释放一定的热量进入环境

B. 有效能源包括原生能源和次生能源

C. 减少化石能源消耗能够减轻整体环境污染

D. 减少生物能源的消耗能够减轻整体环境污染

【参考答案】 D

【解答】 生物能源既不同于常规的矿物能源，又有别于其他新能源，兼有两者的特点和优势，是人类最主要的可再生能源之一。生物能源是指通过生物的活动，将生物质、水或其他无机物转化为沼气、氢气等可燃气体或乙醇、油脂类可燃液体为载体的可再生能源。

■49. 下列关于我国当前环境问题主要成因的表述，哪项是错误的？（　　）

A. 原生环境问题频发

B. 人类自身发展膨胀

C. 生物地球化学循环过程变化的环境负效应

D. 人类活动过程规模巨大

【参考答案】 A

【解答】 城市环境问题的成因：人类自身发展膨胀；人类活动过程规模巨大；存在生物地球化学循环过程变化效应；人类影响的自然过程不可逆改变或者恢复缓慢。

■50. 下列关于当今环境问题的表述，哪项是错误的？（　　）

A. 环境问题从城市扩展到全球范围

B. 地球生物圈出现不利于人类生存的征兆

C. 城市环境问题是贫困化造成的

D. 海平面上升和海洋污染是全球性环境问题

【参考答案】 C

【解答】 城市环境问题的成因：人类自身发展膨胀；人类活动过程规模巨大；存在生物地

球化学循环过程变化效应；人类影响的自然过程不可逆改变或者恢复缓慢。

■51. 城市生态系统具有(　　)功能。

A. 生产功能、消费功能、物质循环功能、信息传递功能

B. 生产功能、消费功能、能量流动功能、信息传递功能

C. 生产功能、消费功能、能量流动功能、物质循环功能

D. 生产功能、能量流动功能、物质循环功能、信息传递功能

【参考答案】 D

【解答】 城市生态系统的功能即是城市生态系统在满足城市居民的生产、生活、游憩、交通活动中所发挥的作用。

■52. 下面关于城市生态系统的生物次级生产的叙述正确的是(　　)。(多选)

A. 城市生态系统的生物次级生产处于高度的人工干预状态之下，生产效率高，稳定性差

B. 城市生态系统的生物次级生产是城市中的异养生物对初级生产物质的利用和再生产过程，即城市居民维持生命、繁衍后代的过程

C. 城市生态系统的生物次级生产表现出明显的人为可调性

D. 城市生态系统的生物次级生产指绿色植物将太阳能转变为化学能的过程

【参考答案】 B、C

【解答】 城市生态系统的生物次级生产过程是指消费者和分解者利用初级生产物质进行建造自身和繁衍后代的过程，而城市生态系统的生物次级生产即城市居民维持生命、繁衍后代的过程。

■53. 下面各项论述中，(　　)项不是生态系统中能量流动的基本特点。

A. 能量流动沿着分解者、消费者、生产者这三大功能类群顺序流动

B. 能量流动是单向的，只能一次流过生态系统，既不能循环，更不可逆转

C. 能量流动同样遵守热力学第一、第二定律

D. 上一营养级位传递到下一营养级位的能量等于前者所含能量的10%

【参考答案】 A

【解答】 能量流动沿着生产者、消费者、分解者这三大功能类群顺序流动，流动的主要渠道是食物链和食物网。

■54. 生物的物质环境具有两个明显的特征是(　　)。(多选)

A. 物质性　　B. 区间性　　C. 空间性　　D. 营养性

【参考答案】 C、D

【解答】 生物的物质环境由大气圈、水圈、岩石圈及土壤圈所组成，它们具有两个明显特征：其一是空间性；其二为营养性。先是提供了生物栖息、生长、繁衍的空间场所，又提供了生物发育繁殖所需的各种营养物质。

■55. 大量的(　　)排入环境，形成酸雨，从而影响气候变化，影响生物圈的正常功能和物质平衡。(多选)

A. CO_2　　B. SO_2　　C. N_2O　　D. NaCl

E. CO　　F. CO_2

【参考答案】 A、B、C

【解答】 由于全世界每年消费大量的石油、煤，巨量的燃烧，释放出大量的二氧化碳、二

氧化硫、氧化二氮、固体颗粒和重金属，排入环境，从而影响气候变化，形成酸雨。

□56. 以(　　)的发表为标志的环境热潮推动下，生态城市的概念得到了世界各国的普遍关注和接受。

A.《我们共同未来》　　B.《21 世纪议程》

C.《伊斯坦布尔宣言》　　D.《里约热内卢宣言》

【参考答案】 B

【解答】 20 世纪 80 年代，国内外学者开始研究和实施生态城市规划设计，特别是 1992 年联合国环发大会后，在《21 世纪议程》为标志的环境热潮的推动下，生态城市的概念得到了世界各国的普遍关注和接受。

■57. 城市生态系统的高层次性体现在(　　)方面。(多选)

A. 城市生态系统是人类最完善的生态系统

B. 城市生态系统是人们具有巨大的创造、安排城市生态系统的能力

C. 城市生态系统的构成物质及其运作都体现着当代科学技术的最高水平

D. 城市生态系统是人类社会选择的最优化的生存环境

【参考答案】 B、C

【解答】 城市生态系统与自然生态系统相比，与渔猎、农业时代的人类生态系统相比，是迄今为止最高层次的生态系统。这种高层次体现于上述选项中的 B、C 及为了维持城市生态系统这一复杂的人工生态系统的运行，科学技术在城市生态系统中起着关键的作用。

■58. 城市生态系统的稳定性主要取决于(　　)，以及人类的认识和道德责任。

A. 社会经济系统的发展水平　　B. 社会平衡与经济发展

C. 社会经济系统的调控能力和水平　　D. 社会平衡、经济发展、环境保护

【参考答案】 C

【解答】 城市生态系统食物链简化，系统自我调节能力小。能量流动和物质循环的方式、途径都发生改变，其稳定性主要取决于社会经济系统的调控能力和水平，以及人类的认识和道德责任。

■59. 城市生态系统所提供的生态位包括(　　)。(多选)

A. 自然生态位　　B. 经济生态位

C. 物质生产生态位　　D. 社会生态位

【参考答案】 A、B、D

【解答】 生态位可以理解为各种网络的交结点，自然生态系统所能提供的生态位是其发展过程形成的自然生态位。而城市生态系统所能提供的生态位除了自然生态位以外，更主要的是各种社会生态位和经济生态位。

■60. 下列(　　)不是城市生态系统物质循环的特点。

A. 所需物质对外界有依赖性　　B. 物质既有输入又有输出

C. 生活性物质远远大于生产性物质　　D. 物质循环中产生大量废物

【参考答案】 C

【解答】 城市生态系统物质循环的特点包括上述选项中的 A、B、D 及以下三项：生产性物质远远大于生活性物质；城市生态系统的物质流缺乏循环；物质循环在人为状态下进行。

■61. 城市的稀缺性是指城市在多个(　　)因素方面的稀缺和紧缺特征。

A. 社会环境　　　　B. 经济环境　　　　C. 自然环境　　　　D. 政治环境

【参考答案】 C

【解答】 城市的稀缺性是指城市在多个自然环境因素方面的稀缺与紧缺特征。如城市中植被稀缺，生物、水源、光照、清洁空气、能源、土地等均呈不同程度的稀缺状态。

△62. 不同区域范围内环境污染和资源破坏损失的变化率与相对的人口密度变化率之比，称为(　　)。

A. 人口流密度　　　　B. 人口流强度

C. 人口密度约束系数　　　　D. 环境约束系数

【参考答案】 D

【解答】 人口流的流动强度及空间密度反映城市人类对其所居自然环境的影响力及作用力大小，与城市生态系统环境质量密切相关。人口流的反映形式之一人口密度与环境污染和资源破坏损失具有一定的对应关系，可用人口密度约束系数表示。它可以为调控人口发展和合理分布，制定与环境保护相适应的人口政策，以及适应不同人口密度区域的环境政策和标准提供依据。

■63. 在环境影响评价中，通常把建设项目对环境的影响分成(　　)两种。(多选)

A. 原发性影响　　　　B. 直接性影响

C. 继发性影响　　　　D. 间接性影响

【参考答案】 A、C

【解答】 原发性影响是指建设项目开发的直接环境后果；继发性影响则是指其间接的或诱发性的环境影响。

□64. 下列(　　)国家是世界上第一个把环境影响评价制度在国家环境政策法中肯定下来的国家。

A. 瑞典　　　　B. 美国　　　　C. 英国　　　　D. 加拿大

【参考答案】 B

【解答】 环境影响评价工作用环境法律或行政规章规定为一个必须遵守的制度，叫“环境影响评价制度”。美国 1969 年在环境政策法中提出环境影响评价以来，世界上已有很多国家和地区在进行环境影响评价研究。

□65. 我国于(　　)颁布实施《中华人民共和国环境保护法（试行)》中，首次规定在进行新建、改建和扩建工程时，必须提出对环境影响的报告书。

A. 1978 年　　　　B. 1979 年　　　　C. 1980 年　　　　D. 1989 年

【参考答案】 B

【解答】 现行《中华人民共和国环境保护法》是 1989 年 12 月 26 日公布实施的，1979 年颁布的《中华人民共和国环境保护法（试行)》第一次明确规定新建、改建和扩建工程时，必须提出对环境影响的报告书。

△66. 环境影响评价应遵循(　　)。

A. 目的性原则、整体性原则、相关性原则、动态性原则、随机性原则、民主性原则

B. 目的性原则、整体性原则、层级性原则、动态性原则、随机性原则

C. 目的性原则、整体性原则、相关性原则、层级性原则、程序性原则

D. 目的性原则、整体性原则、相关性原则、主导性原则、动态性原则、随机性原则

【参考答案】 D

【解答】 环境影响评价是一项涉及自然环境、社会环境和技术系统的综合性研究工作。

■**67. 在可行性研究阶段的环境影响评价，主要是对(　　)进行评价。**

A. 项目建设的影响　　B. 建设项目的预测

C. 项目建设的环境效益　　D. 规划选址

【参考答案】 D

【解答】 规划选址阶段的环境影响评价是初步的、粗线条式的，但却关系到布局是否合理这样一个大问题，因此是关键性的一道关口。

■**68. 下列叙述是关于建设项目的环境影响评价的，正确的是(　　)。(多选)**

A. 作为一项整体建设项目的规划，按照建设项目要进行环境影响评价，可以不进行规划的环境影响评价

B. 已经进行了环境影响评价的规划所包含的具体建设项目，其环境影响评价内容建设单位可以简化评价内容

C. 为建设项目环境影响评价提供技术服务的机构，是负责审批建设项目环境影响评价文件的环境保护行政主管部门的下属单位

D. 建设项目的环境影响评价文件，由建设单位按照国务院的规定报有审批权的城市规划行政主管部门审批

【参考答案】 A、B

【解答】 根据《中华人民共和国环境影响评价法》(2018 年 12 月 29 日，第十三届全国人民代表大会常务委员会第七次会议第二次修正)的相关条款规定如下：为建设项目环境影响评价提供技术服务的机构，不得与负责审批建设项目环境影响评价文件的环境保护行政主管部门或者其他有关审批部门存在任何利益关系。建设项目的环境影响评价文件，由建设单位按照国务院的规定报有审批权的环境保护行政主管部门审批；建设项目有行业主管部门的，其环境影响报告书或者环境影响报告表应当经行业主管部门预审后，报有审批权的环境保护行政主管部门审批。

■**69. 下列叙述不属于规划的环境影响报告书内容的是(　　)。**

A. 实施该规划对环境可能造成影响的分析、预测和评估

B. 预防或者减轻不良环境影响的对策和措施

C. 规划涉及的建设项目对环境影响的经济损益分析

D. 环境影响评价的结论

【参考答案】 C

【解答】 国务院有关部门、设区的市级以上地方人民政府及其有关部门，对其组织编制的土地利用的有关规划，区域、流域、海域的建设、开发利用规划，应当在规划编制过程中组织进行环境影响评价，编写该规划有关环境影响的篇章或者说明。专项规划的环境影响报告书应当包括下列内容：实施该规划对环境可能造成影响的分析、预测和评估；预防或者减轻不良环境影响的对策和措施；环境影响评价的结论。

□**70. 有关城市区域建设项目环境影响评价应遵循的原则，下述四种说法中正确的是(　　)。**

A. 符合规划要求、遵守自然法则、建立绿地系统、合理利用城市土地、保护城市水源、

防止城市自然灾害

B. 符合规划要求、遵守自然法则、建立绿地系统、合理利用城市土地、保护重要生态环境目标、防止城市自然灾害

C. 符合规划要求、遵守自然法则、建立绿地系统、合理利用城市土地、保护历史文化遗迹、重要生态环境目标、防止城市自然灾害

D. 符合规划要求、遵守自然法则、建立绿地系统、合理利用城市土地、保护重要生态环境目标、避开断裂带

【参考答案】 B

【解答】 城市区域建设项目的环境影响评价及其环境保护与建设措施，可按城市生态环境的特点考虑，按城市生态环境的要求来建设。

■71. 目前我国环境影响评价制度与“三同时”制度的结合，保证了环境监测和环境影响评价的强制执行。其中“三同时”制度是指(　　)。

A. 建设项目中防治污染的设施，必须与主体工程同时设计、同时施工、同时投产使用

B. 编制评价大纲、环境部门审查评价大纲、编制 EIS 同时进行

C. 建设项目的选址、设计、建设同时进行

D. 保护和改善环境同时，防治环境污染与主体工程建设同时进行，治理和交费同时

【参考答案】 A

【解答】 建设项目中防治污染的设施，必须与主体工程同时设计、同时施工、同时投产使用，防治污染的设施必须经原审批环境影响报告书的环境保护行政主管部门验收合格后，该建设项目方可投入生产或使用。

△72. (　　)是目前我国环境影响评价中普遍采用的方法。

A. 定性分析方法　　B. 定量分析方法

C. 类比方法　　D. 模型分析法

【参考答案】 C

【解答】 利用与建设项目所在地区环境特点相类似的其他地区的资料作为对比，说明该建设项目的环境影响即类比法，是我国环境影响评价中采用较多的方法之一。

□73. 以下(　　)建设项目是我国大中型建设项目环境影响评价的对象。(多选)

A. 城市地下铁路交通项目

B. 城市道路及住宅区的建设项目

C. 大面积开垦荒地、围湖、围海和采伐森林的基本建设项目

D. 生态类型的自然保护区的基本建设项目

【参考答案】 C、D

【解答】 编制环境影响报告书的基本建设项目范围除上述选项中的 C、D 外，还包括：①一切对自然环境产生影响或排放污染物对周围环境质量产生影响的大中型工业基本建设项目；②一切对自然环境和生态平衡产生影响的大中型水利枢纽、矿山、港口和铁路交通等基本建设项目；③对珍稀野生动物、野生植物等资源的生存和发展产生严重影响，甚至造成灭绝危险的大中型基本建设项目；④对各种生态类型的自然保护区和有重要科学价值的特殊地质、地貌地区产生严重影响的基本建设项目。

■74. 下列叙述不属于建设项目的环境影响报告书内容的是(　　)。(多选)

A. 预防或者减轻不良环境影响的对策和措施
B. 建设项目对环境可能造成影响的分析、预测和评估
C. 对建设项目实施环境监测的建议
D. 建设项目对环境影响的经济损益分析

【参考答案】 B、C、D

【解答】 建设项目的环境影响报告书应当包括下列内容：①建设项目概况；②建设项目周围环境现状；③建设项目对环境可能造成影响的分析、预测和评估；④建设项目环境保护措施及其技术、经济论证；⑤建设项目对环境影响的经济损益分析；⑥对建设项目实施环境监测的建议；⑦环境影响评价的结论。选项中的 A 项属于专项规划的环境影响报告书的内容。

■75. 下列各项针对关于环境影响评价过程的表述，比较理想的条件是(　　)。(多选)

A. 对各种替代方案（包括项目不建设或地区不开发的情况）、管理技术、减缓措施进行比选
B. 基本上适应所有可能对环境造成显著影响的项目，并能够对所有可能的显著影响做出识别和评估
C. 对建设项目实施环境监测的建议要同时进行
D. 生成清楚的环境影响报告书（EIS），以使专家和非专家都能了解可能影响的特征及其重要性

【参考答案】 A、B、D

【解答】 环境影响评价的过程包括一系列的步骤，这些步骤按顺序进行。在实际工作中，环境影响评价的工作过程可以不同，而且各步骤的顺序也可变化。一种理想的环境影响评价过程，应该能够满足以下条件：①基本上适应所有可能对环境造成显著影响的项目，并能够对所有可能的显著影响做出识别和评估；②对各种替代方案，包括项目不建设或地区不开发的情况、管理技术、减缓措施进行比较；③生成清楚的环境影响报告书（EIS），以使专家和非专家都能了解可能影响的特征及其重要性；④包括广泛的公众参与和严格的行政审查程序；⑤及时、清晰的结论，以便为决策提供信息。

■76. 我国在推行环境影响评价制度过程中存在一些问题，但是下列各项中的(　　)项不是。

A. 由于一些项目的评价质量不高，常常带来不应有的纠纷或损失，使提高评价质量成为改进环境影响评价制度的关键环节
B. 公众参与尚未引起各地的充分重视
C. 评价过于超前
D. 由于许多地方过于强调城市功能分区，规划灵活性得不到落实

【参考答案】 C

【解答】 我国在推行环境影响评价制度过程中存在如下一些问题：

（1）时间滞后。往往由于建设项目所在地的环境质量现状、污染等背景资料欠缺，需要做大量的调查、收集和测试工作，就得花费较长时间。

（2）由于工程建设进度快，在环境影响评价中提出的环境保护措施得不到落实，使环

境影响评价失去了指导作用。

（3）由于许多地方城市功能分区不明确或没有功能分区，合理布局问题得不到落实。

（4）由于一些项目的评价质量不高，常常带来不应有的纠纷或损失，使提高评价质量成为改进环境影响评价制度的关键环节。

（5）让公众参与是提高环境影响评价的重要途径，但目前这一问题尚未引起各地的充分重视。

■77. 就一座城市而言，只有绿地与建筑用地比例达到(　　)时，才能呈现生态平衡。

A. 1∶2　　B. 1∶1　　C. 2∶1　　D. 3∶2

【参考答案】 C

【解答】 绿地是城市的“肺腑”，在城市生态系统中起着无可替代的代用，城市建设必须加大绿地比重。

■78.《中华人民共和国环境保护法》中所称环境是指(　　)。

A. 人工环境和自然环境

B. 社会环境、经济环境、自然环境

C. 影响人类生存和发展的各种天然的和经过人工改造的自然因素的总和

D. 物质环境和非物质环境

【参考答案】 C

【解答】 《环境保护法》第二条中所称环境指包含大气、水、海洋、土地、矿藏、森林、草原、野生生物、自然遗迹、人文遗迹、自然保护区、风景名胜区、城市和乡村在内的，影响人类生存和发展的各种天然的和经过人工改造的自然因素的总和。

■79. 下列关于城市环境的污染效应对应关系正确的是(　　)。(多选)

A. 大气中二氧化碳增多产生温室效应

B. 工业区排放大量颗粒物，产生更多凝结核而造成局部地区少雨干旱

C. 化石燃烧排放的二氧化硫会形成酸雨，使水体、土壤酸化

D. 氟氯烃化合物破坏臭氧层，使地面紫外线照射量增多

【参考答案】 A、C、D

【解答】 城市环境的污染效应指人类活动给城市自然环境所带来的污染作用及其效果。其中大气污染是由于大气污染物对自然环境的作用使某个或多个环境要素发生变化，以及使生态环境受到冲击，甚至产生结构和功能的变化，破坏自然生态相对平衡的现象。其中工业区排放大量颗粒物，产生更多的凝结核而造成局部地区降雨增多；城市排放大量的热量，使气温高于周围地区，产生热岛效应等。

■80. 我国甘肃省兰州市是一个污染较为严重的城市，经分析其主要原因是(　　)。

A. 工业布局严重不合理，位于主导风向上风向

B. 工业本身污染

C. 风速小、静风频率高

D. 降水量少，气候干燥

【参考答案】 C

【解答】 兰州位于内陆，降水量少，气候干燥，市区四面群山环抱，呈带状盆地地形，年风速很小，静风频率达62%，云量也少，有利于地表热量向上扩散，使靠近地面的冷空

气变冷，形成大气底层下冷上热的逆温现象，污染物不能向远方扩散，使各种污染物滞留在城市的上空。这样，不仅减弱了大气的自然净化能力，而且又加重了城区的大气污染程度。

■81. 下面关于城市热岛的表述错误的是(　　)。(多选)

A. 城市热岛是城市环境的污染效应

B. 城市热岛有利于大气污染物扩散

C. 城市热岛效应的强度与局部地区气象条件、季节、地形、建筑形态以及城市规模、性质等有关

D. 城市由于建筑密集，地面大多被水泥覆盖，辐射热的吸收率高，而导致城市内的温度高于郊区

【参考答案】 A、B

【解答】 城市热岛效应是城市环境的地学效应的一种，不是污染效应。

■82. 影响城市环境容量的因素包括以下(　　)方面。(多选)

A. 城市用地规模的大小　　B. 城市自然条件

C. 城市要素条件　　D. 经济技术条件

【参考答案】 A、B、C、D

【解答】 城市环境容量首先是指环境对于城市规模及人的活动提出限度。其中自然条件是城市环境容量中最基本的因素。其次，组成城市的各项物质要素的现有构成状况对城市发展建设及人们的活动都有一定的容许限度。最后，城市拥有的经济技术实力对城市发展规模也提出了容许限度。

■83. 水环境容量与(　　)有密切关系。(多选)

A. 水体自净能力　　B. 水资源储量

C. 水质标准　　D. 自净介质

【参考答案】 A、C

【解答】 水环境容量指在满足城市居民安全卫生使用城市水资源的前提下，城市区域水环境所能承纳的最大污染物质的负荷量，与水体的自净能力和水质标准有密切关系。在城市这一特定区域内，水环境容量还表现在城市所拥有的水资源储量所能满足某城市规模所需的用水量。

■84. 下列各要素中(　　)是影响城市交通容量的要素。(多选)

A. 城市道路网形式　　B. 城市道路面积

C. 出行率　　D. 出行时间

【参考答案】 A、B、C、D

【解答】 城市交通容量是指现有或规划道路面积所能容纳的车辆数。城市交通容量首先要受城市道路网形式及面积的影响，还要受机动车与非机动车占路网面积比重、出车率、出行时间及有关折减系数影响。

■85. 影响大气环境的因素中，污染源的强度和高度与污染的关系如下(　　)项所述。(多选)

A. 源强与污染物的浓度成正比

B. 就地面浓度而言，离烟囱很低处，浓度很低，随着距离增加浓度逐渐增加

C. 高烟囱产生的地面浓度总比相同源强的低烟囱产生的地面浓度要低

D. 对于高架源，就烟羽中心轴线而言，浓度随浓度增加而减小

【参考答案】 A、C、D

【解答】 对于高架源来说，就地面浓度而言，则将出现离烟囱很近处，浓度很低，随着距离的增加浓度逐渐增加至一个大值，过后又逐渐减少。

■86. 以下四种气体，(　　)无色、无臭味，但有剧毒。

A. CO　　B. CO_2　　C. SO_2　　D. NO

【参考答案】 A

【解答】 一氧化碳（CO），是无色、无味、无刺激性的气体，有剧毒，来源于含碳燃料的不完全燃烧。

■87. 下列说法(　　)是错误的。

A. 生产废水不经处理即可排放

B. 生活污水微呈酸性，一般不含毒物

C. 工业废水是生产污水和生产废水的总和

D. “富营养化”污染是指水中溶解氧被耗去

【参考答案】 B

【解答】 生活污水是浑浊、深色，具恶臭的水，微呈碱性，一般不含毒物，以有机杂质为主约占 60%，有较高的肥效。

■88. 城市环境的特点包括(　　)。(多选)

A. 城市环境的界限模糊　　B. 城市环境受自然规律的制约

C. 城市环境的构成独特、结构复杂　　D. 城市环境系统相当脆弱

【参考答案】 B、C、D

【解答】 城市环境的特点除上述选项中的 B、C、D 外，还包括：城市环境的界限相对明确；城市环境限制众多，矛盾集中；城市环境对人、对经济发展的影响大。

■89. 以下叙述正确的是(　　)。

A. 在酸雨存在前提下，大气降水将对地面水产生一定的污染

B. 大气降水将使地面水的污染得到缓解

C. 在酸雨存在的前提下，大气降水可将地面沙尘污染得到缓解

D. 大气降水将使地面水的污染加剧

【参考答案】 A

【解答】 以 SO_2 为主的大气污染物会对环境起酸化作用，降水使 SO_2 溶解降至地面，会产生地面水污染。

■90. 由于人类活动排放至大气中的污染物会引起臭氧层破坏，引起大气臭氧层破坏的主要污染物是(　　)。(多选)

A. 汽车排出废气中的二氧化碳　　B. 燃煤电厂排出的二氧化硫

C. 制造厂排出的氟氯烃化合物　　D. 锅炉房排出的烟尘

【参考答案】 A、C

【解答】 对臭氧层破坏起主导的是氟氯化合物，其次是 CO_2。SO_2 是导致酸雨的污染物。

■91. **形成酸雨的主要污染物是(　　)。**

A. SO_2　　B. CO_2　　C. 氮氧化物　　D. CO

【参考答案】 A

【解答】 二氧化硫为无色有刺激性的气体，对环境起酸化作用，也是大气污染的主要污染物。

□92. **下列废气污染中，对儿童记忆有影响的是(　　)。**

A. 一氧化碳　　B. 氯气　　C. 铅尘　　D. 臭氧

【参考答案】 C

【解答】 一氧化碳对人体影响表现在：头晕、头痛、恶力、四肢无力，严重时导致死亡；氯气刺激呼吸器官、导致气管炎；铅尘妨碍红细胞的发育，使儿童记忆力低下；臭氧刺激眼、咽喉，呼吸机能减退。

■93. **光化学烟雾产生的条件有(　　)。(多选)**

A. 大气相对湿度降低　　B. 微风

C. 气温为10～20℃的春秋季晴天　　D. 日照弱

【参考答案】 A、B

【解答】 光化学烟雾是一次污染物和二次污染物的混合物所形成的空气污染现象，具有很强烈的氧化能力，属于氧化碳烟雾。造成光化学烟雾的主要原因是大量汽车尾气和少量工业废气中的氮氧化物和碳氢化合物，在一定的气象条件下发生。一般最易发生在大气相对湿度较低、微风、日照强、气温为24～32℃的夏季晴天，并有近地逆温的天气。这是一种循环过程，白天生成，傍晚消失。

■94. **下列关于废气污染对人体健康影响的表述，哪些项是错误的？(　　)(多选)**

A. 烟雾导致慢性支气管炎　　B. 铅尘导致儿童记忆力低下

C. 气溶胶刺激眼和咽喉　　D. 二氧化碳导致消化道疾病

E. 二氧化硫导致呼吸道疾病

【参考答案】 C、D

【解答】 气溶胶容易引气呼吸器官疾病；二氧化碳过量导致缺氧。

■95. **在二氧化硫的防治中，目前主要有三种方法，下列选项中(　　)不是。**

A. 燃料脱硫　　B. 采用除尘装备

C. 利用低硫的燃料　　D. 烟气脱硫

【参考答案】 B

【解答】 目前消除和减少烟气中排出的二氧化硫量，主要有三种方法，即利用低硫的燃料、燃料脱硫烟气脱硫燃料。脱硫是指在燃料燃烧前对其所含硫分先行脱除。是防治硫氧化物对大气污染的主要环节之一。煤和燃料油的含硫量差异较大，约为0.5%～5%（质量）。硫在燃料中的形态因燃料种类不同也有很大不同。按照燃料中硫含量、硫的形态和要求的脱硫率，现已发展出多种脱硫工艺。天然气中所含硫分大部分是硫化氢，仅有少量有机硫化物，因而可用脱除硫化氢的方法脱硫。烟气脱硫：指从烟道气或其他工业废气中除去硫氧化物（SO_2 和 SO_3）。脱硫工艺主要分为湿法和（半）干法两类。湿法以石灰石一石膏法应用最普遍，也可以根据实际情况采用氧化镁、氨水、纯碱、强碱等作为吸收剂。干法吸收剂应用最多的是熟石灰粉（或从生石灰消化）。

△**96. 城市污染源根据产生部门可分为(　　)。**

A. 固定性污染源、移动性污染源

B. 脉冲式污染源、持续污染源、点污染源、面污染源

C. 工业污染源、交通污染源、农业污染源、生活污染源

D. 天然污染源、人为污染源

【参考答案】 C

【解答】 城市污染源根据分布特点可分为固定性污染源、移动性污染源；根据排放分布可分为脉冲式污染源及持续式污染源和点源及面源；按污染物来源，可分为天然污染源、人为污染源。城市各类污染具有各自的性质和特点，对城市环境具有不同的影响。

□**97. 城市垃圾的分选主要依据是根据废物的(　　)差别来进行的。**

A. 体积大小　　B. 物理性质　　C. 化学性质　　D. 转化类型

【参考答案】 B

【解答】 城市垃圾的机械化和自动化分选方法，主要是依据废物的物理性质（形状、大小、比重、颜色、磁性、导电性、电磁辐射吸收和放射性等）的差别而进行的。

■**98. 影响大气污染的主要地理因素包括许多方面，但是下列的(　　)因素不是。**

A. 山谷风　　B. 海陆风　　C. 温度　　D. 地形和地物的影响

【参考答案】 C

【解答】 影响大气污染的地理因素：①地形和地物的影响。地面是一个凹凸不平的粗糙曲面，当气流沿地面流过时，必然要同各种地形地物发生摩擦作用，使风向风速同时发生变化，其影响程度与各障碍物的体积、形状、高低有密切关系。②山谷风。它发生在山区，是以24小时为周期的局地环流。山谷风在山区最为常见，它主要是由于山坡和谷地受热不均而产生的。③海陆风：它发生在海陆交界地带，是以24小时为周期的一种大气局地环流。海陆风是由于陆地和海洋的热力性质的差异而引起的。④城市热岛环流。城市热岛环流是由城乡温度差引起的局地风。

■**99. 城市固体废物综合整治的重点是(　　)。**

A. 无害化、减量化和资源化　　B. 解决安全存放

C. 综合利用，发展企业间的横向联系　　D. 分选、回收、转化

【参考答案】 C

【解答】 由于固体废物的成分复杂，产生量大，处理难，一般投资很大，所以固体废物综合整治的重点就是综合利用，发展企业间的横向联系，促进固体废物重新进入生产循环系统。"无害化、减量化和资源化"是城市垃圾综合整治的主要目标。

□**100. 我们一般所称的四大环境公害是指(　　)。**

A. 大气污染、水污染、固体污染、环境噪声污染

B. 大气污染、土壤污染、水污染、环境噪声污染

C. 废水、废气、废渣、废物

D. 大气污染、水污染、土壤污染、固体污染

【参考答案】 A

【解答】 四大环境公害一般指大气污染、水污染、固体污染、环境噪声污染。我国目前已形成相对完善的四大环境公害的法律体系。

■101. **缓解城市噪声的最好方法是(　　)。**

A. 减少私人小汽车的数量　　B. 增加噪声源与受声点的距离

C. 设置水体作为声障　　D. 提供大尺度景观作为屏障

【参考答案】 B

【解答】 每一城市均面临着噪声污染与控制问题。对此所提出的每一种方法定会有所减轻。景观控制方法是通过多种物体与介质反射，吸收噪声；而流动的水能掩蔽噪声；限制私人小汽车的数量也能减少噪声源，但其他类型的车辆如公共汽车、货车、急救车等仍将产生噪声；根据声学原理，声级随着声源与受声点距离的平方而减少的特性，最好的方法是增加噪声源与受声点的距离。

■102. **在分析环境因素对城市广场的影响时，(　　)是不能通过建筑设计来控制的。**

A. 交通噪声　　B. 局地风　　C. 空气污染　　D. 太阳辐射

【参考答案】 C

【解答】 空气污染是不可能采用建筑设计手段来控制的。太阳辐射可通过遮阳罩、悬挑构件、框架或树木等方式来控制；交通噪声可采用人为屏障或音乐、流水声来削弱；局地风可通过建筑布局或景观设计进行有效的控制。

□103. **城市交通噪声综合整治措施应该由(　　)制定。**

A. 环保局会同城市规划部门　　B. 房屋开发部门、公安交通大队

C. 环保局、车辆管理所　　D. 以上所有部门

【参考答案】 D

【解答】 交通噪声综合整治措施应该由环保局会同城市规划部门、房屋开发部门、公安交通大队、车辆管理所、城市园林部门等共同制定，所确定的措施，应明确对噪声控制目标的贡献大小和措施所需的资金，在优化的基础上进行决策。

□104. **生态工程是指(　　)工程体系。(多选)**

A. 为了保护人类社会和自然环境双方的利益而做出的一种设计。它涉及运用数量方法和以基础学科为基础的方法而进行的城市环境的设计

B. 将生物和非生物群落内不同物种共生、物质与能量多级利用、环境自净和物质循环再生等原理与系统工程的优化方法

C. 利用生态系统中的物种共生与物质循环再生原理，结合系统工程和最优方法，设计的分层多级利用物质的生产工艺系统

D. 把生态学中物种共生和物质循环再生原理与系统工程的优化方法，应用于工业生产过程，设计物质和能量多层利用的

【参考答案】 C、D

【解答】 生态工程是指把生态学中物种共生和物质循环再生原理与系统工程的优化方法，应用于工业生产过程，设计物质和能量多层利用的工程体系。

我国著名生态学家马世俊教授1984年对生态工程下的定义是"生态工程是利用生态系统中的物种共生与物质循环再生原理，结合系统工程和最优方法，设计的分层多级利用物质的生产工艺系统"，这一定义得到世界性的认可。

生态工程还是为了保护人类社会和自然环境双方的利益而做出的一种设计。它涉及运用数量方法和以基础学科为基础的方法而进行的自然环境的设计。

生态工程也指应用生态系统中物质循环原理，结合系统工程的最优化方法设计的分层多级利用物质的生产工艺系统。

运用生态学和系统工程原理设计的工艺系统。将生物群落内不同物种共生、物质与能量多级利用、环境自净和物质循环再生等原理与系统工程的优化方法相结合，达到资源多层次和循环利用的目的。如利用多层结构的森林生态系统增大吸收光能的面积、利用植物吸附和富集某些微量重金属以及利用余热繁殖水生生物等。

■105. 下列关于生态恢复的表述，哪项是错误的？(　　)

A. 生态恢复不是物种的简单恢复

B. 生态恢复是自然生态系统的次生演替

C. 生态恢复本质上是生物物种和生物量的重建

D. 人类可以通过生态恢复对受损生物系统进行干预

【参考答案】 B

【解答】 生态恢复强调受损的生态系统要回复到具有生态学意义的理想状态。生态恢复并不完全是自然生态系统的次生演替，人类可以有目的地对受损生态系统进行干预。

■106. 生态分区是根据(　　)把整个区域划分为不同类型的生态区域。(多选)

A. 自然地理条件、区域生态经济关系

B. 区域生态经济关系及农业生态经济系统结构功能的类似性和差异性

C. 生态位

D. 产业生态经济系统结构功能的类似性和差异性

【参考答案】 A、B

【解答】 根据生态调查、系统诊断及综合评价的结果，进行生态分区，在生态分区的基础上进行生态工程的设计。生态分区是根据自然地理条件、区域生态经济关系及农业生态经济系统结构功能的类似性和差异性，把整个区域划分为不同类型的生态区域。

□107. 生态工程起源于(　　)学科。

A. 自然地理学　　B. 农业学　　C. 生态学　　D. 林业学

【参考答案】 C

【解答】 生态工程起源于生态学的发展与应用。20 世纪 60 年代以来，全球面临的主要危机表现为人口激增、资源破坏、能源短缺、环境污染和食物供应不足，表现出不同程度的生态与环境危机。在西方的一些发达国家，这种资源与能源的危机表现得更加明显与突出。现代农业一方面提高了农业生产率与产品供应量，另一方面又造成了各种各样的污染，对土壤、水体、人体健康带来了严重的危害。而在发展中国家，面临着不仅是环境资源问题，还有人口增长，资源不足与遭受破坏的综合作用问题，所有这些问题都进一步孕育、催生了生态工程与技术对解决实际社会与生产中所面临的各种各样的生态危机的作用。

□108. 划分生态分区的方法有以下(　　)方法。

A. 经验法、指标法、统计法、叠置法、聚类分析法

B. 经验法、指标法、类型法、统计法、聚类分析法

C. 经验法、指标法、类型法、叠置法、统计法

D. 经验法、指标法、类型法、叠置法、聚类分析法

【参考答案】 D

【解答】 现有生态分区的区划方法有经验法、指标法、类型法、叠置法、聚类分析法等，根据分区的原则与指标，运用定性和定量相结合的方法，进行生态分区，并画出生态分区图。

■109. 下列各项对生态规划的叙述正确的是(　　)。(多选)

A. 生态规划是指按照生态学原理对区域的社会、经济、技术和生态环境进行全面综合规划，以便充分有效和科学地利用各种资源促进生态系统的良性循环

B. 生态规划是指在自然生态因子的相互依存、制约中，以自然、人类及生物所造成的生态系统的可能性和最大限度为基础，谋求最佳的自然资源利用方式

C. 生态规划的概念是指生态学的土地利用规划

D. 生态规划是用生态系统的观点合理布局和安排农、林、牧、副、渔业和工矿交通事业，以及住宅、行政和文化设施等，保证自然资源最适当的利用，保护环境，使生产得到持续稳定的发展

【参考答案】 A、B、C、D

【解答】 生态规划是用生态系统的观点合理布局和安排农、林、牧、副、渔业和工矿交通事业，以及住宅、行政和文化设施等，保证自然资源最适当的利用，保护环境，使生产得到持续稳定的发展。生态规划是指按照生态学原理对区域的社会、经济、技术和生态环境进行全面综合规划，以便充分有效和科学地利用各种资源促进生态系统的良性循环。生态规划是指在自然生态因子的相互依存、制约中，以自然、人类及生物所造成的生态系统的可能性和最大限度为基础，谋求最佳的自然资源利用方式。生态规划是生态学的土地利用规划。

■110. 下列关于环境保护工程措施的表述，哪项是错误的？(　　)

A. 目的是减少环境污染和生态影响

B. 关闭矿山、报废工厂属于生物工程措施

C. 植树造林属于生物性生态工程

D. 地下水回灌属于工程性生态工程

【参考答案】 B

【解答】 环境保护措施指的是工程开工前，一般由工程技术部负责编制详细的施工区和生活区的环境保护计划，并根据具体的施工计划制定防止施工环境污染的措施，防止工程施工造成施工区附近地区的环境污染和破坏。

关闭矿山、报废工厂属于工程性生态工程。

■111. 下列关于区域生态安全格局的表述，哪项是错误的？(　　)

A. 对区域景观进程的健康与安全具有关键意义

B. 关注城市扩张、物种空间活动、水和风的流动，以及灾害扩散等内容

C. 是根据景观过程的现状进行判别和设计的

D. 是由具有战略意义的关键性景观元素、空间位置及其相互联系形成的格局

【参考答案】 C

【解答】 生态安全格局也称生态安全框架，指景观中存在某种潜在的生态系统空间格局，它由景观中的某些关键的局部，其所处方位和空间联系共同构成。生态安全格局对维护或

控制特定地段的某种生态过程有着重要的意义。不同区域具有不同特征的生态安全格局，对它的研究与设计依赖于对其空间结构的分析结果，以及研究者对其生态过程的了解程度。

研究生态安全格局的最重要的生态学理论支持是景观生态学，而将现代景观生态学理论创造性地与现代城市规划、城市设计理论与实践相结合，则是生态安全格局的难点，也是生态规划的要点所在。

区域生态安全格局是景观生态学的延伸，区域生态安全格局途径正试图解决类似的问题，求解如何在有限的国土面积上，以尽可能少的用地、最佳的格局、最有效地维护景观中各种过程的健康和安全。

△112. 下列对城市生态适宜性评价方法中的数据标准化模型表述正确的是(　　)。

A. 采用多元层次分析中的1～9及其倒数标度方法构造评价指标判断矩阵，进而确定各个评价因子的权重值，包括层次单排序及一致性检验和层次总排序及一致性检验两个过程

B. 由于评价指标的数量数据存在量纲或级数等方面的极大差异，要进行数量数据标准化处理，也就是将单项指标数值控制在0～1之间

C. 由于评价指标的数量数据存在量纲或级数等方面的极大差异，要进行数量数据标准化处理，也就是将单项指标数值控制在0～2之间

D. 城市生态适宜性是经济位、生活位和环境位等发展指数的综合评价，由于影响程度（权重）不同，各个领域对总指数的贡献率也不同。为便于计算和比较，采用加权线形求和法

【参考答案】 B

【解答】 城市生态适宜性评价方法：

（1）指标权重值模型：采用多元层次分析中的1～9及其倒数标度方法构造评价指标判断矩阵，进而确定各个评价因子的权重值，包括层次单排序及一致性检验和层次总排序及一致性检验两个过程。

（2）数据标准化模型：由于评价指标的数量数据存在量纲或级数等方面的极大差异，要进行数量数据标准化处理，也就是将单项指标数值控制在0～1之间。本研究采用线性变换中的模糊极值变换，由于评价指标数列的区间值的特征比较重要，采用上限和下限区间值处理方法。

（3）综合指数评价：城市生态适宜性是经济位、生活位和环境位等发展指数的综合评价，由于影响程度（权重）不同，各个领域对总指数的贡献率也不同。为便于计算和比较，采用加权线形求和法。

△113. 城市生态适宜性指标体系的构建依据城市经济位、生活位和环境位的发展状况选择指标。包括以下(　　)方面的指标。(多选)

A. 生产位指标　　B. 生态位指标　　C. 生活位指标　　D. 环境位指标

【参考答案】 A、C、D

【解答】 城市生态适宜性评价指标体系：

（1）生产位指标：生产位是衡量城市系统生产能力大小和经济发展水平的基本指标。

（2）生活位指标：生活位指标从城市人口结构、基础设施、收入水平和社会保障几方

面考虑。与生产位指标相比，生活位指标内容更加丰富、具体和综合。

（3）环境位指标：环境位是反映城市自然资源保障条件与环境支持程度的综合指标。它是衡量城市发展质量、发展水平和发展程度的主要指标。

△114. 下列各项对区域生态安全格局的叙述正确的是(　　)。

A. 区域生态安全格局概念的提出是对城市安全研究的发展，适应了城市文化保护和城市经济研究的发展需求

B. 生态安全指自然 生态系统的安全

C. 区域生态安全格局研究的具体目标是针对错综复杂的区域城市环境问题，规划设计区域性城镇空间格局，形成对区域城市环境问题有效控制和持续改善。

D. 针对区域生态环境问题，在干扰排除的基础上，能够保护和恢复生物多样性、维持生态系统结构和过程的完整性、实现对区域生态环境问题有效控制和持续改善的区域性空间格局

【参考答案】 D

【解答】 区域生态安全格局的概念，将其定义为，针对区域生态环境问题，在干扰排除的基础上，能够保护和恢复生物多样性、维持生态系统结构和过程的完整性、实现对区域生态环境问题有效控制和持续改善的区域性空间格局。

区域生态安全格局概念的提出是对景观安全格局研究的发展，适应了生物保护和生态恢复研究的发展需求。

区域生态安全格局研究以协调人与自然关系为中心。研究的具体目标是针对错综复杂的区域生态环境问题，规划设计区域性空间格局，保护和恢复生物多样性，维持生态系统结构过程的完整性，实现对区域生态环境问题有效控制和持续改善。

■115. 城市（乡）生态规划应该遵循的原则包括(　　)。

A. 阈限物质法则、能量流动原则、相生相克原则、资源的回收再利用原则、预防和保护齐头并进的原则

B. 阈限物质法则、多样性共生原则、能量流动原则、资源的回收再利用原则、预防和保护齐头并进的原则

C. 阈限物质法则、多样性共生原则、相生相克原则、资源的回收再利用原则、预防和保护齐头并进的原则

D. 阈限物质法则、多样性共生原则、相生相克原则、能量流动原则、预防和保护齐头并进的原则

【参考答案】 C

【解答】 城乡生态规划应该包括以下原则 ：①阈限物质法则；②多样性共生原则；③相生相克原则；④资源的回收再利用原则；⑤预防和保护齐头并进的原则。

■116. 某城市附近湖泊，由于城市污水的排入，湖中大量藻类繁殖耗去水中大量溶解氧造成鱼类死亡，城市拟建的城市污水处理厂除了要满足一般二级处理的目标外，还需要把下列(　　)类污染物作为污水处理厂的处理目标。

A. 重金属　　　　B. 氮、磷、钾

C. 酸、碱污染　　　　D. 酸、氢类、有毒物质

【参考答案】 B

【解答】 由于水体中氮、磷、钾、碳增多，使藻类大量繁殖，耗去水中溶解氧，从而影响鱼类的生存，就是“富营养化”污染。

■117. 我国环境保护工作方针是(　　)。

A. 全面规划，合理布局；综合利用，化害为利；依靠群众，大家动手；保护环境，造福人民

B. 全面规划，合理布局；预防为主、防治结合；依靠群众，大家动手；保护环境，造福人民

C. 全面规划，合理布局；综合利用，化害为利；预防为主、防治结合；保护环境，造福人民

D. 全面规划，合理布局；综合利用，化害为利；依靠群众，大家动手；预防为主、防治结合

【参考答案】 A

【解答】 我国环境保护工作方针是：全面规划，合理布局，综合利用，化害为利，依靠群众，大家动手，保护环境，造福人民。这条方针，是总结了我国在环境保护方面的经验而制定的。

■118. 某城市拟建一城市污水二级处理厂，该城市所有工厂排出的工业污水的性质与城市污水性质类似。为解决工业污水问题提出四个方案，指出其中(　　)方案最经济合理。

A. 各工厂采用稀释法，使工业废水的浓度达到排放标准后排入城市下水道

B. 各工厂承担一定的污染治理费用，工业废水排入城市下水道由城市污水厂统一处理

C. 工业废水经各工厂自建的处理厂处理达标后排入城市下水道

D. 废水不经处理直接排放到附近环境容量有限的水体

【参考答案】 B

【解答】 由于环境容量和环境的净化能力都属于稀缺性资源，因而使用它们的经济活动的当事人就需向这些资源的所有者支付使用者成本。

工厂交纳一定排污费可以促使经济资源的分配较制定统一排污限制标准更有效率，同时鼓励各工厂提高生产技术，减少污染，这是经济学所着重求取的最优污染水平而非消除污染。

■119. 以下各项关于生物物种间相互依赖和相互制约的关系的表述中，不正确的是(　　)。

A. 在食物链中，居于相邻环节的两物种的数量比例有保持相对稳定的趋势

B. 物种间常因利用同一资源而发生竞争

C. 生物群落表现出复杂而稳定的结构，即生态平衡，平衡的破坏常可能导致某种生物资源的永久性丧失

D. 生态系统的代谢功能就是保持生命所需的物质不断地循环再生

【参考答案】 D

【解答】 一个生物群落中的任何物种都与其他物种存在着相互依赖和相互制约的关系。常见的是：

食物链。在食物链中，居于相邻环节的两物种的数量比例有保持相对稳定的趋势。如捕食者的生存依赖于被捕食者，其数量也受被捕食者的制约；而被捕食者的生存和数量也

同样受捕食者的制约。两者间的数量保持相对稳定。

竞争。物种间常因利用同一资源而发生竞争：如植物间争光、争空间、争水、争土壤养分；动物间争食物、争栖居地等。在长期进化中、竞争促进了物种的生态特性的分化，结果使竞争关系得到缓和，并使生物群落产生出一定的结构。例如森林中既有高大喜阳的乔木，又有矮小耐阴的灌木，各得其所；林中动物或有昼出夜出之分，或有食性差异，互不相扰。

互利共生。如地衣中菌藻相依为生，大型草食动物依赖胃肠道中寄生的微生物帮助消化，以及蚁和蚜虫的共生关系等，都表现了物种间的相互依赖的关系。

以上几种关系使生物群落表现出复杂而稳定的结构，即生态平衡，平衡的破坏常可能导致某种生物资源的永久性丧失。

■120. 水体自净大致分为(　　)三类。

A. 物理净化、化学净化和生物净化

B. 物理净化、稀释净化和生物净化

C. 稀释净化、化学净化和生物净化

D. 稀释净化、扩散净化和水中生物化学分解

【参考答案】 A

【解答】 自然界各种水体都具有一定的自净能力，这是由水自身的理化特征所决定的，同时也是自然界赋予我们人类的宝贵财富。如果我们能够科学有效地利用水的自净功能，就可以降低水体的污染程度，使有限的水资源发挥最大的效益，包括经济效益、社会效益、环境效益等。特定地区、一定时间内水体的自净能力是有限的。研究和正确运用水体自净的规律，采取人工曝气或引水冲污稀释等辅助措施，强化自净能力，是减少或消除水体污染的途径之一。同时，在确定允许排入水体的污染物量时，水体的自净能力也是一个重要的决策因素。

水体自净大致分为三类，即物理净化、化学净化和生物净化。它们同时发生，相互影响，共同作用。

■121. 土壤酸碱度以 pH 值表示。下面关于 pH 的表述正确的是(　　)。

A. 氢和氮离子浓度指数的数值俗称“pH 值”

B. pH 是溶液中氢和碳离子活度的一种标度，也就是通常意义上溶液酸碱程度的衡量标准

C. 氢和氧离子浓度指数的数值俗称“pH 值”

D. pH 是 1909 年由丹麦生物化学家 Soren Peter Lauritz Sorensen 提出。P 来自德语 Potenz（Potency，Power），意思是浓度、力量；H（Hydrogenion）代表氢离子（H^+）；有时候 pH 也被写为拉丁文形式的 Pondus Hydrogenii（Pondus＝压强、压力，Hydrogenii＝氢）

【参考答案】 D

【解答】 氢离子浓度指数的数值俗称“pH 值”。表示溶液酸性或碱性程度的数值，即所含氢离子浓度的常用对数的负值。氢离子浓度指数一般在 0～14 之间，当它为 7 时溶液呈中性，小于 7 时呈酸性，值越小，酸性越强；大于 7 时呈碱性，值越大，碱性越强。

pH 是 1909 年由丹麦生物化学家 Soren Peter Lauritz Sorensen 提出。其中，P 来自德语

Potenz（Potency，Power），意思是浓度、力量；H（Hydrogenion）代表氢离子（H^+）；有时候 pH 也被写为拉丁文形式的 Pondus Hydrogenii（Pondus＝压强、压力，Hydrogenii＝氢）。

pH 是溶液中氢离子活度的一种标度，也就是通常意义上溶液酸碱程度的衡量标准。pH 值越趋向于 0 表示溶液酸性越强，反之，越趋向于 14 表示溶液碱性越强，在常温下，pH＝7 的溶液为中性溶液。

■122. 与世界上其他国家相比较而言，我国的城乡规划环境影响评价的技术导则和规范，以及评价理论处于(　　)阶段。

A. 领先　　B. 滞后　　C. 探索　　D. 落后

【参考答案】 C

【解答】 环境影响评价法的颁布是中国环境影响评价的一个新阶段。中国至今尚无明确的、系统的规划环境影响评价的技术导则和规范，其评价理论仍在探索之中。

■123. 下面关于生态恢复的论述不正确的是(　　)。

A. 生态恢复是试图重新创造、引导或加速自然演化过程

B. 生态恢复是研究生态整合性的恢复和管理过程的科学

C. 生态修复是指对生态系统停止人为干扰，以减轻负荷压力，依靠生态系统的自我调节能力与自组织能力使其向有序的方向进行演化

D. 生态恢复指通过自然方法，按照自然规律，恢复天然的生态系统

【参考答案】 D

【解答】 “生态恢复”指通过人工方法，按照自然规律，恢复天然的生态系统。“生态恢复”的含义远远超出以稳定水土流失地域为目的种树，也不仅仅是种植多样的当地植物，“生态恢复”是试图重新创造、引导或加速自然演化过程。人类没有能力去恢复出真的天然系统，但是我们可以帮助自然，把一个地区需要的基本植物和动物放到一起，提供基本的条件，然后让它自然演化，最后实现恢复。因此生态恢复的目标不是要种植尽可能多的物种，而是创造良好的条件，促进一个群落发展成为由当地物种组成的完整生态系统。或者说目标是为当地的各种动物提供相应的栖息环境。

■124. 气候变暖导致的后果不包括(　　)。

A. 温度升高　　B. 原有生态系统的改变

C. 水域面积增大　　D. 地下水位升高

【参考答案】 D

【解答】 气候变暖的后果：

（1）气候变暖导致冰川消融，海平面将升高，引起海岸滩涂湿地、红树林和珊瑚礁等生态群丧失，海岸侵蚀，海水入侵沿海地下淡水层，沿海土地盐渍化等，从而造成海岸、河口、海湾自然生态环境失衡，给海岸带生态环境系统带来灾难。

（2）水域面积增大。水分蒸发也更多了，雨季延长，水灾正变得越来越频繁。遭受洪水泛滥的机会增大、遭受风暴影响的程度和严重性加大，水库大坝寿命缩短。

（3）南极半岛和北冰洋的冰雪融化。北极熊和海象将灭绝。

（4）许多小岛将无影无踪；动物和人将感染疟疾等传染病……

（5）因为还有热力惯性的作用，现有的温室气体还将继续影响我们的生活。

（6）温度升高，会影响人的生育，精子的活性随温度升高而降低……

（7）原有生态系统的改变。

（8）对生产领域有影响，例如：农业，林业，牧业，渔业等部门……

（9）将感染疾病等传染病……气候通过极端天气和气候事件（厄尔尼诺现象、干旱、洪涝、热浪……），扩大疫情的流行，危害人体健康……

■125. 下面关于生态因子功能的论述，错误的是（　　）。

A. 基本功能是由生物群落来实现

B. 各个生态因子不仅本身起作用，而且相互发生作用，既受周围其他因子的影响，反过来又影响其他因子

C. 生态因子分为生物因子和非生物因子

D. 生物环境由生产者和消费者两部分组成

【参考答案】 D

【解答】 生境，指的是在一定时间内对生命有机体生活、生长发育、繁殖以及对有机体存活数量有影响的空间条件的总和。组成生境的因素称生态因子。由生产者、消费者和分解这三部分组成。

■126. 下列关于生态系统特征的论述正确的是（　　）。

A. 能量流动是双向的

B. 各级消费者之间能量的利用率很高

C. 生态系统的功能有：生产生物，转化能量，循环物质，稳定环境和传递信息

D. 生物生产包括高级生产、初级生产和次级生产三个过程

【参考答案】 C

【解答】 生态系统指由生物群落与无机环境构成的统一整体。生态系统的范围可大可小，相互交错，最大的生态系统是生物圈；最为复杂的生态系统是热带雨林生态系统；人类主要生活在以城市和农田为主的人工生态系统中。

能量在生态系统中的传递不可逆转；各级消费者之间能量的利用率不高，能量传递的过程中逐级递减，传递率为10%～20%；生物生产包括初级生产和次级生产两个过程。

■127. 下面关于城市生态系统功能和特征的叙述，错误的是（　　）。

A. 能量沿着消费者、生产者、分解者这三大功能类群顺序流动

B. 城市生态系统缺乏分解者，生产者不仅数量少

C. 城市生态系统不是一个“自给自足”的系统

D. 城市生态系统所需物质对外界有依赖性

【参考答案】 A

【解答】 城市生态系统是按人类的意愿创建的一种典型的人工生态系统，是在人口大规模集聚的城市，以人口、建筑物和构筑物为主体的环境中形成的生态系统，包括社会经济和自然生态系统。

能量沿着生产者、消费者、分解者这三大功能类群顺序流动，管道是食物链和食物网；能量流动是单向的，只能一次流动；遵守热力学第一、第二定律。上一营养级位传递到下一营养级位的能量等于前者能量的10%。

■128. 以下所列能源中，属于可再生能源的是（　　）。（多选）

A. 核能　　B. 石油　　C. 沼气　　D. 地热
E. 天然气

【参考答案】 C、D

【解答】 可再生能源是可以再生的能源总称，包括生物质能源、太阳能、光能、沼气等。生物质能源主要是指蕴藏在生物质中的能源，泛指多种取之不竭的能源，严格来说，是人类历史时期内都不会耗尽的能源。

可再生能源不包含现时有限的能源，如化石燃料和核能。地热是可再生能源。

不可再生能源包括煤、石油、天然气、核能、油页岩。

■129. 关于城市垃圾综合整治的表述，正确的是（　　）。（多选）

A. 运输垃圾的车辆车厢必须密闭
B. 垃圾堆填场规划选址应避开污水处理厂
C. 各种垃圾可以一起焚烧
D. 垃圾焚烧不产生二次污染
E. 分类收集的垃圾应首先选择综合利用方法

【参考答案】 A、B、E

【解答】 城市垃圾综合整治的主要目标是“无害化、减量化和资源化”。分类收集的垃圾分别选择综合利用、堆肥、填埋和焚烧等处理方法。应该首先选择综合利用方法，以回收在生活循环使用垃圾中的有用资源。

垃圾焚烧可以减少固体废物量，产生的热能应回收发电或供热，但也可产生含硫、氮、磷和卤素的化合物、二噁英等有害气体，所以垃圾应在焚烧炉内充分燃烧。

■130. 有关大气臭氧层的表述，正确的是（　　）。（多选）

A. 臭氧层阻挡了太阳红外辐射中对生物有害的射线
B. 臭氧层破坏紫外线增加，对自然生态系统的物种生存与繁衍造成危害
C. 生活中过多使用含氟氯碳化合物的物品导致臭氧层的破坏
D. 臭氧层破坏将导致地球变冷的加剧
E. 阳光紫外线的增加可以引发和加剧眼部疾病、皮肤癌和传染性疾病

【参考答案】 B、C、E

【解答】 臭氧层是指大气层的平流层中臭氧浓度相对较高的部分，其主要作用是吸收短波紫外线。

臭氧层被大量损耗后，吸收紫外辐射的能力大大减弱，导致到达地球表面的紫外线明显增加，给人类健康和生态环境带来多方面的危害，已受到人们普遍关注的主要有对人体健康、陆生植物、水生生态系统、生物化学循环、材料以及对流层大气组成和空气质量等方面的影响。紫外线辐射增强，还会导致全球气候变暖。

当氟氯碳化合物飘浮在空气中时，由于受到阳光中紫外线的影响，开始分解释放出氯原子。可是当其他的氧原子遇到这个氯氧化合的分子，就又把氧原子抢回来，组成一个氧分子，而恢复成单身的氯原子就又可以去破坏其他的臭氧。

■131. 哪些因素有利于光化学烟雾的形成？（　　）（多选）

A. 湿度较低　　B. 微风　　C. 日照强　　D. 近地逆温
E. 气温 32 度

【参考答案】 A、B、C、D

【解答】 光化学烟雾是一次污染物和二次污染物的混合物所形成的空气污染现象，具有很

强烈的氧化能力，属于氧化碳烟雾。造成的主要原因是大量汽车尾气和少量工业废气中的氮氧化物和碳氢化合物，在一定的气象条件下发生。一般最易发生在大气相对湿度较低、微风、日照强、气温为24～32℃的夏季晴天，并有近地逆温的天气。这是一种循环过程，白天生成，傍晚消失。

■132. 实施生态工程的目的包括（　　）。（多选）

A. 恢复已经被人类活动严重干扰的生态系统

B. 促进经济效益、生态效益的大力发展

C. 通过利用生态系统具有的自我维护的功能建立具有人类和生态价值的持久性生态系统

D. 体现人类对城市环境的关怀而做出的精明选择

E. 通过维护生态系统的生命支持功能保护生态系统

【参考答案】 A、C、E

【解答】 生态工程的目的：恢复已经被人类活动严重干扰的生态系统，如环境污染、气候变化和土地退化；通过利用生态系统具有的自我维护的功能建立具有人类和生态价值的持久性生态系统，如居住系统、湿地污水处理系统；通过维护生态系统的生命支持功能保护生态系统。

生态工程的特征：多目标，能够导致资源的合理利用与生态保护；是综合效益、经济效益、生态效益和社会效益的协调发展；具有完整性、协调性、循环与自主的特性；具有多学科结合的特征，并能够检验生态学是否有用；具有鲜明的伦理学特征，体现人类对自然的关怀而做出的精明选择。

■133. 以下各项能源中，（　　）是不可再生能源。（多选）

A. 煤　　B. 地热　　C. 天然气　　D. 油页岩

【参考答案】 A、C、D

【解答】 人类开发利用后，在现阶段不可能再生的能源资源，叫“不可再生能源”。如煤和石油都是古生物的遗体被掩压在地下深层中，经过漫长的演化而形成的（故也称为“化石燃料”），一旦被燃烧耗用后，不可能在数百年乃至数万年内再生，因而属于“不可再生能源”。除此之外，不可再生能源还有煤、石油、天然气、核能、油页岩。

可再生能源是可以再生的能源总称，包括生物质能源、太阳能、光能、沼气等。生物质能源主要是指蕴藏在生物质中的能源，泛指多种取之不竭的能源，严格来说，是人类历史时期内都不会耗尽的能源。可再生能源不包含现时有限的能源，如化石燃料和核能。地热是可再生能源。

■134. 下列哪项不是生态规划的理论？（　　）

A. 整体优化理论　　B. 协调共生原理

C. 错位发展理论　　D. 可持续发展理论

【参考答案】 A

【解答】 生态规划就是要通过生态辨识和系统规划，运用生态学原理、方法和系统科学手段去辨识、模拟、设计生态系统人工复合生态系统内部各种生态关系，探讨改善系统生态功能，确定资源开发利用与保护的生态适宜度，促进人与环境持续协调发展的可行的调控政策。

生态规划的理论是：整体优化理论；趋适开拓原理；协调共生原理；区域分异理论；

生态平衡原理；高效和谐原理；可持续发展理论。

■135. 根据《中华人民共和国环境影响评价法》，环境影响评价范围包括下列哪些？（　　）（多选）

A. 土地利用规划

B. 区域、流域、海域开发规划

C. 工业、农业、水利、交通、城市建设等10类专项规划

D. 环境整治规划

E. 宏观经济规划

【参考答案】 A、B、C

【解答】 《中华人民共和国环境影响评价法》中确定了战略环境影响评价在国家宏观决策中的地位，该法明确要求对土地利用规划，区域、流域、海域开发规划和工业、农业、畜牧业、林业、能源、水利、交通、城市建设、旅游、自然资源开发等10类专项规划进行环境影响评价。

■136. 下列哪些是实现区域生态安全格局的途径？（　　）（多选）

A. 协调城市发展、农业与自然保护用地之间的关系

B. 优化城乡绿化与开放空间系统

C. 制定城市生态灾害防治技术措施

D. 维护生物栖息地的整体共建格局

E. 维护生态过程和人文过程的完整性

【参考答案】 A、B、C、D、E

【解答】 区域生态安全格局途径试图解决：如何在有限的国土面积上，以尽可能少的用地、最佳的格局、最有效地维护景观中各种过程的健康和安全。更具体的出发点包括：

①在土地极其紧张的情况下如何更有效地协调各种土地利用之间的关系，如城市发展用地、农业用地及生物保护用地之间的合理格局。

②如何在各种空间尺度上优化防护林体系和绿道系统，使之具有高效的综合功能，包括物种的空间运动和生物多样性的持续及灾害过程的控制。如何在现有城市基质中引入绿色斑块和自然生态系统，以便最大限度地改善城市的生态环境，如减轻热岛效应，改善空气质量等。

③如何在城市发展中形成一种有效的战略性的城市生态灾害（如洪水和海潮）控制格局。

④如何使现有各类孤立分布的自然保护地通过尽可能少的投入而形成最优的整体空间格局，以保障物种的空间迁徙和保护生物多样性。

⑤如何在最关键的部位引入或改变某种景观斑块，便可大幅改善城乡景观的某些生态和人文过程，如通过尽量少的土地，建立城市或城郊连续而高效的游憩网络、连续而完整的遗产廊道网络、视觉廊道的控制。

■137. 下列关于生态恢复的表述，哪些选项是正确的？（　　）（多选）

A. 生态恢复不是物种的简单恢复

B. 人类可以通过生态恢复对受损生态系统进行干预

C. 生态恢复本质上是生物物种和生物量的重建

D. 生态恢复是指自然生态的次生演替

E. 生态恢复可以用于被污染土地的治理

【参考答案】 A、B、C、E

【解答】“生态恢复”指通过人工方法，按照自然规律，恢复天然的生态系统。“生态恢复”的含义远远超出以稳定水土流失地域为目的的种树，也不仅仅是种植多样的当地植物。“生态恢复”是试图重新创造、引导或加速自然演化过程。人类没有能力去恢复出真的天然系统，但是我们可以帮助自然，把一个地区需要的基本植物和动物放到一起，提供基本的条件，然后让它自然演化，最后实现恢复。因此生态恢复的目标不是要种植尽可能多的物种，而是创造良好的条件，促进一个群落发展成为由当地物种组成的完整生态系统，或者说目标是为当地的各种动物提供相应的栖息环境。

生态恢复是指对生态系统停止人为干扰，以减轻负荷压力，依靠生态系统的自我调节能力与自组织能力使其向有序的方向进行演化，或者利用生态系统的这种自我恢复能力，辅以人工措施，使遭到破坏的生态系统逐步恢复或使生态系统向良性循环方向发展；主要指致力于那些在自然突变和人类活动活动影响下受到破坏的自然生态系统的恢复与重建工作。

■138. 下列关于城市景观生态学的表述，哪些项是正确的？（　　）（多选）

A. 城市景观生态学被视为景观生态学和城市生态学的结晶

B. 城市景观生态学就是城市地区的景观生态学

C. 城市景观生态学研究生物物种和生物量的重建

D. 城市景观生态学是一门通过认识和改善城市景观格局与生态过程关系而实现城市可持续性的科学

E. 是通过强调生物多样性、生态系统过程和生态系统服务，研究时空格局、环境影响和城市化的可持续性的科学

【参考答案】 A、B、D

【解答】 城市景观生态学就是城市地区的景观生态学。更准确地说，它是一门通过认识和改善城市景观格局与生态过程关系而实现城市可持续性的科学。

■139. 下列关于景观生态规划与设计的主要内容的表述，哪些项是正确的？（　　）（多选）

A. 景观生态学基础研究

B. 人工对受损生态系统进行干预

C. 景观生态评价

D. 生态恢复

E. 景观管理

【参考答案】 A、C、E

【解答】 景观生态规划与设计的主要内容有：①景观生态学基础研究：包括景观的生态分类、格局与动态分析、功能分化等；②景观生态评价：包括经济社会评价与自然评价；③景观生态规划与设计：探讨景观的最佳利用结构；④景观管理：负责景观生态规划与设计成果的实施；问题及时反馈，不断修改完善。

■140. 下列关于生态城市的基本特征的表述，哪些项是正确的？（　　）（多选）

A. 自然性

B. 和谐性

C. 高效性

D. 全球性

E. 区域性

【参考答案】 B、C、D、E

【解答】 生态城市的基本特征：

和谐性：指社会、经济与环境发展的和谐，也指人与自然和谐，同时还指人际关系的和谐。

高效性：人力、物力、财力资源高效利用，废物循环再生，各行业、各部门之间的共生关系协调。

整体性：把城市看成社会—经济—自然复合的人工生态系统，三者在整体协调下寻求发展，使整体生态化。

持续性：以可持续发展思想为指导，合理配置资源，公平地满足今世及后代在发展和环境方面的需要。

区域性：生态城市是城乡结合的区域城市，它已融入区域中，区域是城市生态系统运行的基础和依托。

全球性：应该是全球对理想城市的共同追求，需要合作。

特色性：生态城市没有模板，每个城市都应有自己的特色。

■141. 下列关于城市生态管理的表述，哪些项是正确的？（　　）（多选）

A. 城市生态管理主要是针对城市生态系统的结构、功能和协调度进行管理和调控

B. 人类可以通过生态恢复对受损生态系统进行干预

C. 城市生态管理核心是研究怎样充分发挥人在城市生态系统管理中的主导作用

D. 生态恢复是指自然生态的次生演替

E. 城市生态管理要坚持环境胁迫和环境承载力协调原则

【参考答案】 A、C、E

【解答】 城市生态管理主要是针对城市生态系统的结构、功能和协调度进行管理和调控。核心是研究怎样充分发挥人在城市生态系统管理中的主导作用。根本目的是达到生态系统的优化，即高效与和谐，应该以可持续发展的观点为指导。其原则有：人与自然协调原则；资源利用与更新协调原则；环境胁迫和环境承载力协调原则；三个效益统一的原则；城乡协调的原则。

■142. 下列关于中国城市水环境的特点的表述，哪项是错误的？（　　）

A. 淡水资源的有限性特点

B. 城市水资源的系统性特点

C. 水资源部分需要外海引入净化使用

D. 城市水资源系统自净能力的有限性特点

【参考答案】 B

【解答】 中国城市水环境的特点：①淡水资源的有限性特点；②城市水资源的系统性特点（城市水资源的系统性是指组成城市水资源的各个方面互相影响、互相制约结合成立有机的整体）；③城市水资源系统自净能力的有限性特点。

■143. 城市植被有多种生态景观类型，下列哪项是错误的？（　　）

A. 自然植被　　B. 人工植被

C. 半自然植被　　D. 半人工植被

【参考答案】 D

【解答】 城市植被有以下生态景观类型：自然植被：森林、灌丛、草地；半自然植被：森林、灌丛、草地；人工植被：农田作物、人工林、人工灌木、人工草地。

■144. 下列关于城市化对地面风的影响，下列哪项是错误的？(　　)

A. 摩擦使城市风速减小，但有临界风速值

B. 城市内因受热不均而产生街道风

C. 城市风分布均匀，风向稳定

D. 建筑物的阻碍效应

【参考答案】 C

【解答】 城市化对地面风的影响：①摩擦使城市风速减小，但有临界风速值；②城市内因受热不均而产生街道风；③城市峡谷效应产生“急流”；④建筑物的阻碍效应；⑤城市风分布不均匀，时大时小，阵性大，风向不定。

■145. 下列关于城市人工环境对城市气候的影响的表述，下列哪项是错误的？(　　)

A. 降低城市烟雾频率，减小能见度

B. 在城市中由于人口密度大，工业生产、家庭生活、交通工具等排放的热量远比郊区要大，这是城市气候中一项额外的热量

C. 下垫面对空气湿度、温度、风向、风速没有太大影响

D. 减弱太阳入射辐射和日照时数

【参考答案】 C

【解答】 城市人工环境对城市气候的影响：

大气污染对城市气候的影响：减弱太阳入射辐射和日照时数；增加城市烟雾频率，减小能见度；改变城市大气的热力性质。

特殊下垫面对城市气候的影响：下垫面是影响气候变化的重要因素，它与空气存在着复杂的物质交换、热量交换和水分交换，对空气湿度、温度、风向、风速都有很大影响。

人为热对城市气候的影响：在城市中由于人口密度大，工业生产、家庭生活、交通工具等排放的热量远比郊区要大，这是城市气候中一项额外的热量。

■146. 下列关于城市热岛形成的条件的表述，下列哪些选项是正确的？(　　)(多选)

A. 城市下垫面的性质特殊

B. 城市中有较多的人为热进入大气层

C. 城市中的建筑物、道路、广场不透水

D. 下垫面的空气湿度、温度、风向、风速都有很高

E. 城市下垫面建筑材料的热容量、导热率比郊区农村自然界的下垫面要大得多

【参考答案】 A、B、C、E

【解答】 城市热岛形成的条件：城市下垫面的性质特殊；城市下垫面建筑材料的热容量、导热率比郊区农村自然界的下垫面要大得多；城市中的建筑物、道路、广场不透水；城市中有较多的人为热进入大气层。

第二部分　考题分析与解答

考 题 一

一、单项选择题（共80题，每题1分。各题的备选项中，只有一个符合题意）

1. 下列关于中国著名古建筑特征表述，错误的是(　　)。

A. 五台山佛光寺大殿的檐柱有侧脚及升起　B. 蓟县独乐寺观音阁平面为分心槽式样

C. 应县佛宫室释迦塔为砖木结构　D. 登封嵩岳寺为密檐塔

2. 下列关于西方古典多立克柱式的表述，错误的是(　　)。

A. 没有柱础，檐部较厚重　B. 柱头为简洁的倒圆锥台

C. 柱子收分与卷杀不明显　D. 柱身有尖棱角的凹槽

3. 下列关于20世纪70年代西方后现代建筑特征的表述，错误的是(　　)。

A. 强调历史文脉　B. 高校建筑风格

C. 表现复杂空间　D. 拼凑片段构件

4. 下列关于电视台选址的表述，哪项是错误的？(　　)。

A. 布置于环境较安静之处　B. 远离高压架空输电线

C. 远离城市干道或次干道　D. 远离高频发生器

5. 下列关于住宅建筑室内空间地面面积的表述，正确的是(　　)。

A. 单人卧室地面面积为$6m^2$　B. 双人卧室地面面积为$10m^2$

C. 卫生间的地面面积为$2m^2$　D. 起居室的地面面积为$12m^2$

6. 在多层住宅中，每套有两个朝向，便于组织通风，采光通风均好，单元面宽较窄的平面类型是(　　)式的梯间式住宅。

A. 一梯二户　B. 一梯三户

C. 一梯四户　D. 一梯一户

7. 关于空气污染系数，下列说法正确的是(　　)。

工厂或某些建筑所散发的有害气体和微粒对邻近地区空气污染，从水平方向来说，

A. 下风部受污染的程度与该方向的风向频率成正比，与风速成正比

B. 下风部受污染的程度与该方向的风向频率成反比，与风速成反比

C. 下风部受污染的程度与该方向的风向频率成正比，与风速大小成反比

D. 下风部受污染的程度与该方向的风向频率成反比，与风速大小成正比

8. 中国古典私家园林基本设计原则与手法，但以下(　　)论述不正确。

A. 把全国划分成若干景区，各区各有特点又互相联通，主次分明

B. 水面处理聚分不同，以聚为辅，以分为主

C. 建筑常与山池、花木共同组成园景

D. 花木在私家园林中以单株欣赏为主

9. 下列关于中国古建色彩的表述，哪项是错误的？(　　)

A. 中国古建大量使用色彩淡雅的彩画　　B. 宋《营造法式》将彩画分为两大类
C. 北宋时期绿色琉璃瓦尚未出现　　D. 北宋建筑的外观色彩开始趋向华丽

10. 下列关于建设项目建议书内容的表述，哪项是错误的？(　　)

A. 拟建规划和建设地点的设想论证　　B. 提出建设项目的依据和缘由
C. 设计项目的工程概算　　D. 设计、施工项目的速度安排

11. 根据《城市综合交通体系规划标准》，下列关于城市中运量公共交通走廊高峰小时单向客流量，哪项是正确的？(　　)

A. >4 万人次/h　　B. 3 万～4 万人次/h
C. 1 万～3 万人次/h　　D. <1 万人次/h

12. 《城市综合交通体系规划标准》将城市道路划分为大、中、小类，下列哪项分类数量是正确的？(　　)

A. 3 大类、4 中类、8 小类　　B. 3 大类、4 中类、6 小类
C. 2 大类、4 中类、8 小类　　D. 3 大类、4 中类、6 小类

13. 快速路辅路的功能相当于(　　)。

A. Ⅰ级主干路　　B. Ⅱ级主干路
C. Ⅲ级主干路　　D. 支路

14. 下列关于"城市轨道交通快线 B"运送速度的表述，哪项是正确的？(　　)

A. >100km/h　　B. 70～100km/h
C. 65～70km/h　　D. 45～60km/h

15. 根据《城市对外交通规划规范》，下列关于高速铁路两侧隔离带规划控制高度的表述，正确的是(　　)。

A. 在城市建成区外不小于 50m　　B. 在城市建成区内不小于 50m
C. 在城市规划区内不小于 50m　　D. 在城市规划区外不小于 50m

16. 下列关于机动车停车基本车位的表述，哪项是正确的？(　　)

A. 满足车辆拥有者有出行时车辆在目的地停放需求的停车位
B. 满足车辆拥有者无出行时车辆长时间停放需求的固定的停车位
C. 满足车辆拥有者有出行时车辆临时停放需求的停车位
D. 满足车辆拥有者无出行时车辆临时停放需求的停车位

17. 属于下列(　　)情况之一时，不宜设置人行天桥或地道。

A. 横过交叉口的一个路口的步行人流量大于 2500 人次/h，且同时进入该路口的当量小汽车交通量大于 1000 辆/h 时
B. 行人横过城市快速路时
C. 通行环形交叉口的步行人流总量达 18000 人次/h，且同时进入环形交叉的当量汽车交通量达到 2000 辆/h 时
D. 铁路与城市道路相交道口，因列车通过一次阻塞步行人流超过 1000 人次，或道口关闭的时间超过 15min 时

18. 在城市次干道旁设置港湾式路边停车带时，是否需要设置分隔带？下列答案中正确答案是(　　)。

A. 不需设分隔带　　B. 可设可不设分隔带

C. 应设分隔带　　　　D. 停车带长度短时要设分隔带

19. 城市道路最小纵坡度应大于或等于(　　)，在有困难时可大于或等于(　　)。特殊困难地段，纵坡度小于(　　)时，应采取其他排水措施。

A. 0.5%；0.4%；0.3%　　　　B. 0.6%；0.3%；0.2%

C. 0.5%；0.3%；0.2%　　　　D. 0.6%；0.4%；0.2%

20. 根据有关技术规范规定：一般行驶公共交通车辆的一块板道路次干道，其单向车行道的最小宽度为(　　)。

A. 停靠一辆公共汽车后，再考虑非机动车顺利通行所需宽度

B. 停靠一辆公共汽车后，再通行一辆小汽车，考虑适当的自行车道宽度

C. 停靠一辆公共汽车后，再通行一辆大型汽车，考虑适当的自行车道宽度

D. 停靠一辆公共汽车后，再通行一辆公共汽车，考虑适当的自行车道宽度

21. 在城市给水工程规划和进行水量预测时，一般采用下列(　　)组城市用水分类。

1）工业企业用水　2）生产用水　3）居民生活用水　4）生活用水　5）公共建筑用水　6）市政用水　7）消防用水　8）施工用水　9）绿化用水

A. 1）、3）、5）、7）　　　　B. 1）、4）、6）、9）

C. 2）、4）、6）、7）　　　　D. 1）、4）、8）、9）

22. 下列关于中水系统的论述，正确的是(　　)。

A. 将城市污水或生活污水经处理后用作城市杂用，或将工业用的污水回用的系统

B. 将城市给水（上水）系统中截流部分作为某种专门用水的系统

C. 城市排水（下水）系统中的一种水处理系统

D. 既不能作为城市生活用水，又不能作为城市生产用水的系统

23. 下列关于燃煤热电厂选址原则的表述，错误的是(　　)。

A. 要有良好的供水和可靠的供水保证率

B. 应尽量远离热负荷中心，避免对城市环境产生影响

C. 要有方便的交通运输条件

D. 须留出足够的出线走廊宽度

24. 下列关于城市供电规划的表述，正确的是(　　)。

A. 变电站选址应尽量靠近负荷中心

B. 单位建筑面积负荷指标法是总体规划阶段常用的负荷预测方法

C. 城市供电系统包括城市电源和配电网两部分

D. 城市道路可以布置在220kV供电架空走廊下

25. 下列关于城市环卫设施规划内容的表述，正确的是(　　)。

A. 医疗垃圾可与生活垃圾混合运输、处理

B. 固体废物处理应考虑减量化、资源化、无害化

C. 生活垃圾填埋场距大中城市规划建成区应大于1km

D. 常用的生活垃圾产生量预测方法有万元产值法

26. 当工程管线交叉时，应根据(　　)的高程确定交叉点的高程。

A. 电力管线　　　　B. 热力管线

C. 排水管线　　　　D. 供水管线

27. 下列关于城市用地竖向规划的表述，错误的是(　　)。

A. 规划内容包括确定城市用地坡度、控制点高程和规划地面

B. 应与城市用地选择和用地布局同步进行

C. 城市台地的长边宜平行于等高线布局

D. 纵横断面法多用于地形比较简单地区的规划

28. 下列哪项属于城市黄线？(　　)

A. 城市排涝泵站与截洪沟控制线

B. 城市河流水体控制线

C. 历史文化街区的保护范围界线

D. 城市河湖两侧绿化带控制线

29. 下列属于详细规划阶段防灾规划的内容是(　　)。

A. 研究城市灾害类型　　B. 确定城市设防标准

C. 提出防灾分区　　D. 落实防灾设施位置

30. 下列选项与确定排涝泵规模无关的表述是(　　)。

A. 排涝标准　　B. 服务区面积

C. 泵站高程　　D. 服务区内水体调蓄能力

31. 下列关于普通消防站责任区划分的表述正确的是(　　)。

A. 按照行政区界划分

B. 按照接警后一定时间内消防车能够抵达辖区边缘划分

C. 按照建筑总量划分

D. 按照居住的就业人口划分

32. 地震震级反映的是(　　)

A. 地震对地面和建筑物的破坏程度　　B. 地震动峰值加速度

C. 地震释放的能量强度　　D. 地震活动频繁程度

33. 下列不属于地理信息系统中空间数据的是(　　)。

A. 建设项目的坐标　　B. 建设项目的长度

C. 建设项目的时间　　D. 建设项目的走向

34. 利用不同时相的卫星影像对比，规划监测不能发现的是(　　)。

A. 城市扩张　　B. 违法建设

C. 地籍变化　　D. 违法用地

35. CAD 设置绘图界限（Limits）的作用是(　　)。

A. 删除界限外的图形　　B. 使界线外的图形不能显示

C. 使界线外的图形不能打印　　D. 使界线外不能绘制

36. 下面关于空间数据的栅格模型的表述，不正确的是(　　)。

A. 栅格模型的空间数据和属性数据是储存为一体的

B. 由于每个单元在网格中只取值一次，对有多重属性的事物，就必须用多个栅格表示

C. 用栅格模型表达空间事物一般用点、线、面三类要素

D. 多个栅格相互叠合很方便，常用于土地、环境的评价

37. 多光谱扫描仪（MSS）图像空间分辨率约为(　　)，高分辨率可见光扫描仪（HRV）

全色波段的分辨率为(　　)。

A. 79m×79m；10m×10m　　B. 79m×79m；20m×20m

C. 120m×120m；10m×10m　　D. 120m×120m；20m×20m

38. (　　)在彩红外航片上呈红色。

A. 游泳池

B. 清水水库

C. 植被

D. 城市中有机污染物含量较大的重污染黑臭水体

39. 民用卫星导航系统继承了互联网、GPS、GIS 等多种技术，下列是民用卫星导航系统所不能表述的是(　　)。

A. 精准坐标　　B. 相对位置

C. 速度　　D. 路径

40. 下列关于相关技术结合效果的表述，错误的是(　　)。

A. CAD 与遥感相结合，将显著提高规划的监测水平

B. 互联网与 CAD 相结合，使远程协同设计得到发展

C. GIS 与遥感相结合，促进了空间信息的共享和利用

D. CAD 与 GIS 相结合，加强了规划设计与规划管理之间的联系

41. 城市经济中的基本经济活动是(　　)。

A. 本地消费者的经济活动　　B. 城市对内的服务

C. 城市对外提供的产品和服务　　D. 城市的商业零售业绩

42. 根据城市经济学理论，城市达到最佳规模时会出现以下哪种状况？(　　)

A. 集聚力大于分散力　　B. 集聚力小于分散力

C. 集聚力等于分散力　　D. 集聚力与分散力均为 0

43. 下列不属于韦伯工业区位论基本的假设条件(　　)。

A. 已知原料供给地的地理分析　　B. 已知产品的价格

C. 已知产品的消费地与规模　　D. 劳动力在于多数的已知地点

44. 下列人物与其代表学说的关联，正确的是(　　)。

A. 厄尔曼——尘世边缘区　　B. 哈里斯——都市扩展区

C. 伯吉斯——同心圆模型　　D. 乌温——扇形模型

45. 下列对于毗邻的居住用地会产生外部负效应的是(　　)。

A. 绿地　　B. 地铁站点

C. 学校　　D. 高速铁路沿线

46. 生产某种产品 100 个单位时，总成本为 5000 元，生产 101 个单位时，总成本为 5040 元，则边际成本为(　　)元。

A. 50.4　　B. 50.0　　C. 49.9　　D. 40.0

47. 决定中心城市在区域中支配地位的主要因素是(　　)。

A. 城市人口总量　　B. 城市性质和职能

C. 城市规模和职能　　D. 城市经济实力和政治地位

48. 关于交通拥堵成本的表述，错误的是(　　)。

A. 重修道路可以增加有效供给，解决拥堵问题
B. 新的道路使用者的加入或导致所有使用者成本下降
C. 交通拥堵发生时，社会边际成本大于个人
D. 交通拥堵是一种外生成本

49. 下列省份中，首位度最低的是(　　)。

A. 湖北省　　B. 辽宁省
C. 江苏省　　D. 河北省

50. 按照城镇化进程的一般规律，当城镇化率接近百分之六七十之后的特征是(　　)。

A. 增速放缓　　B. 缓慢提速
C. 减速放缓　　D. 提高速度

51. 《上海市城市总体规划（2017—2035 年）》提出建设卓越的全球城市，指的是(　　)。

A. 提升城市职能　　B. 优化空间布局
C. 美化城市形象　　D. 控制城市规模

52. 下列不属于支配克里斯塔勒中心地体系原则的是(　　)。

A. 市场原则　　B. 交通原则
C. 经济原则　　D. 行政原则

53. 按市区各类职能部门迁往郊区的时间顺序排列，正确的是(　　)。

A. 事务部门、商业服务部门、工业　　B. 工业、商业服务部门、事务部门
C. 商业服务部门、事务部门、工业　　D. 工业、事务部门、商业服务部门

54. 进入 20 世纪 50 年代，城市职能分类开始探索用一个比较客观的统计参数来代替人为确定的数量指标作为衡量城市主导职能的标尺。首先被使用的统计参数是(　　)，然后是(　　)。

A. 方差；平均值　　B. 平均值；标准差
C. 均值；平均值　　D. 标准差；方差

55. 影响城市经济活动的基本部分与非基本部分比率（*B/N*）的主要因素是(　　)。

A. 城市人口规模　　B. 城市专业化程度
C. 与大城市之间的距离　　D. 城市经济水平

56. 下列可以用于分析城市吸引范围的方法是(　　)。

A. 潜力模型　　B. 元胞自动机模型（CA）
C. 系统力学模型　　D. 回归模型

57. 下列关于城市贫困的成因，与“福利依赖”即“高福利养懒人”相对应的是(　　)。

A. 收入贫困　　B. 动机贫困
C. 能力贫困　　D. 权利贫困

58. 下列关于城市非正规就业的表述，正确的是(　　)。

A. 非正规就业指非正规部门的各种就业分类
B. 非正规就业属于地下经济或违法经济
C. 非正规就业者属于城市贫困阶层
D. 非正规就业获取收入的过程是无管制或缺乏管制的

59. 我国每五年进行一次的 1%全国人口调查属于(　　)。

A. 普查　　B. 抽样调查

C. 典型调查　　D. 个案调查

60. 下列关于城市社会空间结构经典模式的表述，错误的是(　　)。

A. 同心圆模型最外层为通勤区

B. 同心圆模型过度强调竞争关系

C. 扇形模式强调了交通干线对城市地区结构的影响

D. 多核心模式揭示了多核心之间的等级结构关系

61. 下列关于城市社会结构的表述，错误的是(　　)。

A. 社会分层反映了社会横向结构

B. 阶级分层反映了社会本质上的差别或不平等

C. 中产阶层的比重是评估社会繁荣程度的重要指标

D. 我国正处于社会结构转型期

62. 下列关于中国城镇化进程的表述，错误的是(　　)。

A. 城市社会空间分异剧烈

B. 大量农村转移人口难以融入城市社会

C. 户籍人口城镇化率高于常住人口城镇化率

D. 户籍人口与外来人口享受基本公共服务存在差异

63. 下列关于社区规划的表述，错误的是(　　)。

A. 公共参与是社区规划的基础

B. 社区规划是改善社区环境，提高社区生活质量的过程

C. 社区规划需要有效整合和挖掘社会资源

D. 解决居住隔离不属于社区规划考虑范畴

64. 下列关于城市规划中公众参与的表述，错误的是(　　)。

A. 现代城市规划具有咨询和协商的特征

B. 公众参与是指规划公示阶段听取公众意见

C. 规划时应直接与社会互动过程

D. 公众参与有助于规划行为的公平、公正与公开

65. 下列关于城市降雨特点的表述，正确的是(　　)。

A. 城市降雨量与周边农村降雨量无差别

B. 城市降雨量小于周边农村降雨量

C. 城市上风向降雨量与城市下风向降雨量无差别

D. 城市上风向降雨量小于城市下风向降雨量

66. 环境承载力原理对城市发展建设的影响体现在多方面，但是下列选项中的哪项不是？(　　)

A. 稳定　　B. 规模

C. 强度　　D. 速度

67. 从总体上看，我国城市的能源结构就供气量构成来看，尚处于一个(　　)水平。

A. 较高　　B. 中等

C. 中等偏下　　D. 较低

68. 下列关于城市下垫面不透水率与平均地表温度关系的表述，正确的是(　　)。

A.·负向关系　　B. 正向关系

C. 没有关系　　D. 随即关系

69. 下列关于“隐藏流”的表述，正确的是(　　)。

A. 隐藏流是能源系统运行是不可避免的损耗

B. 隐藏流是能源系统运行时的非必要损耗

C. 隐藏流是开发资源时直接使用的能源

D. 隐藏流是开发资源时所消耗，但未直接使用的物质

70. “一次人为物质流”是指人工对地壳物质（岩石、土壤、化石燃料、地下水）进行的(　　)。

A. 开采和直接搬运　　B. 利用

C. 加工　　D. 修复

71. 下列关于“生态环境材料”的表述，哪项是错误的？(　　)

A. 生态环境材料对环境没有危害

B. 生态环境材料在生产加工过程中产生的环境负荷较小

C. 生态环境材料是不需要加工的卫生材料

D. 生态环境材料能够改善环境，具有高循环性

72. 下列关于“城市土壤双向水环境效应”的表述，正确的是(　　)。

A. 土壤既能保留水分，又能因蒸腾作用而丧失水分

B. 土壤既能过滤、吸纳降雨和径流中的污染物，又因其积累的污染物对水体构成了污染威胁

C. 土壤水的“能”包括动能和势能，但由于土壤水在土壤中的移动速度缓慢，所以只考虑它的动能

D. 土壤水分含量高，土壤水的吸力越高，土壤水本身的势能就高，土壤水的可移动性和对植物的有效性就强

73. 不同区域范围内环境污染和资源破坏损失的变化率与相对的人口密度变化率之比是(　　)。

A. 人口流密度　　B. 人口流强度

C. 人口密度约束系数　　D. 环境约束系数

74. 按照《自然资源部关于以“多规合一”为基础推进规划用地“多审合一、多证合一”改革的通知》中要求，下列选项中的(　　)不属于合并建设用地规划许可和用地批准的内容。

A. 以划拨方式取得国有土地使用权的，建设单位向所在地的市、县自然资源主管部门提出建设用地规划许可申请，经有建设用地批准权的人民政府批准后，市、县自然资源主管部门向建设单位同步核发建设用地规划许可证、国有土地划拨决定书

B. 以划拨方式取得国有土地使用权的，建设单位向所在地的市、县自然资源主管部门提出建设用地规划许可申请，经有建设用地批准权的人民政府批准后，市、县自然资源主管部门向建设单位同步核发建设用地规划许可证、国有土地划拨决定书

C. 将建设用地规划许可证、建设用地批准书合并，自然资源主管部门统一核发新的建设

用地规划许可证，不再单独核发建设用地批准书

D. 使用已经依法批准的建设用地进行建设的项目，不再办理用地预审；需要办理规划选址的，由地方自然资源主管部门对规划选址情况进行审查，核发建设项目用地预审与选址意见书

75. 按照《中共中央 国务院关于加强耕地保护和改进占补平衡的意见》中要求，到2020年全国(　　)保有量不少于18.65亿亩。

A. 农地　　B. 耕地

C. 永久基本农田　　D. 生态用地

76. 根据《自然资源部关于全国全面开展国土空间规划的通知》(自然资源委员会)国土空间规划编制必须做好过渡期内现有空间规划衔接处理的表述，错误的是(　　)。

A. 不得开展近期建设规划

B. 不得突破生态保护红线

C. 不得突破图利用总体规划确定的禁止建设区

D. 不得与新的国土空间规划管理要求相矛盾

77. 根据《中共中央 国务院关于建立国土空间规划体系并监督实施的若干意见》，下列哪项不是国土空间规划要求中需要科学划定的内容？(　　)

A. 生态保护红线　　B. 道路红线

C. 永久基本农田　　D. 生态用地

78. 根据《国务院关于加强滨海湿地保护 严格管控围填海的通知》加强对滨海湿地保护，要求严格管控围填海，表述不正确的是(　　)。

A. 适度新增围填海造地　　B. 加强海洋生态保护修复

C. 加快处理围填海历史遗留问题　　D. 建立长效机制

79. 根据《节约集约利用土地规定》，在符合规划、不改变用途的前提下，现有工业用地提高土地利用率和增加容积率的(　　)。

A. 按照增加的容积率增收土地价款　　B. 按照增加的建设量增收土地价款

C. 按照一定比例增收土地价款　　D. 不再增收土地价款

80. 按照《中共中央国务院关于建立国土空间规划体系并监督实施的若干意见》，下列关于建立国土空间规划体系主要目标的表述，错误的是(　　)。

A. 到2020年，基本建立国土空间规划体系，逐步建立“多规合一”的规划编制审批体系、实施监督体系、法规政策体系和技术标准体系；基本完成市县以上各级国土空间总体规划编制，初步形成全国国土空间开发保护“一张图”

B. 到2025年，健全国土空间规划法规政策和技术标准体系；全面实施国土空间监测预警和绩效考核机制；形成以国土空间规划为基础，以统一用途管制为手段的国土空间开发保护制度

C. 到2030年，健全自然资源资产产权体系；明确自然资源资产产权主体；开展自然资源统一调查监测评价；加快自然资源统一确权登记；强化自然资源整体保护；促进自然资源资产集约开发利用；推动自然生态空间系统修复和合理补偿；健全自然资源资产监管体系；完善自然资源资产产权法律体系

D. 到2035年，全面提升国土空间治理体系和治理能力现代化水平，基本形成生产空间集

约高效、生活空间宜居适度、生态空间山清水秀，安全和谐、富有竞争力和可持续发展的国土空间格局

二、多项选择题（共20题，每题1分。每题的备选项中，有二至四个选项符合题意。少选、错选都不得分）

81. 下列关于剧场建筑场地布局的表述，哪些选项是正确的？(　　)

A. 场地至少有一面临接城市道路

B. 基地沿城市道路的长度不小于场地周边的1/6

C. 剧场前面应当有不小于0.2m^2/座的集散广场

D. 剧场临接道路宽度应不小于剧场安全出口宽度的总和

E. 剧场后面或侧面另辟疏散口的连接通道的宽度不小于3.5m

82. 下列哪些地点应尽量避免选择为建筑场地？(　　)

A. 九度地震区

B. 一级膨胀土区域

C. 三级湿陷黄土区域

D. 城市历史风貌协调区

E. 承载力低于0.1MPa地区

83. 下列关于西方巴洛克建筑风格的表述，哪些选项是正确的？(　　)

A. 细腻柔美装饰的格调

B. 采用非理性组合艺术手法

C. 追求形体和空间动态感

D. 严格区分建筑和雕塑的界限

E. 常用穿插的曲面和椭圆形空间

84. 下列哪些属于建筑投资费的内容？(　　)

A. 动迁费

B. 建筑直接费

C. 施工管理费

D. 税金

E. 设计费

85. 下列关于公共汽车电车首末站布局的表述，正确的是(　　)。

A. 综合城市各级中心布局

B. 结合城市综合交通布局

C. 宜考虑公共汽电车停车

D. 应布局在城市外围

E. 按照500m服务半径内的人口与就业岗位之和确定

86. 下列关于城市综合体交通体系规划交通调查对象的表述，哪些选项是正确的？(　　)

A. 包括各种交通方式

B. 不包括各类交通设施

C. 不包括无出行的人口

D. 包括65岁以上的老人

E. 不包括城市过境交通

87. 下列哪些措施使用于解决严重缺水城市水资源供需平衡？(　　)

A. 大力加强居民家庭和工业企业节水

B. 推广城市污水再处理利用

C. 推广农业灌溉、喷灌

D. 采取外流域调水

E. 改进城市自来水厂净水工艺

88. 下列关于城市工程管线综合布置原则的表述，正确的是(　　)。

A. 城市各种管线的位置应采用统一的坐标系统

B. 腐蚀介质管道与其他工程管道共沟敷设时，腐蚀性介质应布置在管沟底部
C. 重力流管线与压力管线高程冲突时，压力管线应避让重力流管线
D. 电信线路、有线电视线路与供电线路通常合杆架设
E. 管线覆土深度指地面到管顶内壁的距离

89. 根据电磁波辐射源，可将遥感分为(　　)。

A. 被动遥感　　B. 航天遥感
C. 主动遥感　　D. 红外遥感
E. 紫外遥感

90. 我国常用的坐标系是(　　)。

A. 北京 54 坐标系　　B. 西安 80 坐标系
C. WGS-84 坐标系　　D. 2010 国家坐标系
E. 2000 国家大地坐标系

91. 下列哪些选项属于地方财政预算收入的归地方政府的部分？(　　)

A. 地方所属企业收入　　B. 各项税收
C. 城建税　　D. 土地出让金
E. 中央财政补贴预算收入

92. 下列属于城市中控制交通环境污染的经济干预措施的是(　　)。

A. 制定排放标准　　B. 划定汽车禁行区
C. 收取交通拥堵费　　D. 污染者付费
E. 燃油的差别税收

93. 下列属于过度城镇化的现象是(　　)。

A. 人口过多涌入城市　　B. 城市就业不充分
C. 城市基础设施不堪重负　　D. 乡村劳动力得不到充分转移
E. 城市服务能力不足

94. 下列关于新型城镇化特点的表述，哪些选项是正确的？(　　)

A. 推动小城镇发展与疏解城市中心城区功能相结合
B. 大城市周边的重点镇纳入城区，实现空间一体化
C. 具有资源特色、区位优势的小城镇培养成为专业特色镇
D. 远离中心城市的小城镇发展成为服务农村，带动周边的综合型小城镇
E. 大城市周边地区通过撤县设市，快速提高城镇化率

95. 下列关于社会群体特征的表述，哪些选项是正确的？(　　)

A. 一定数量的人群就是社会群体　　B. 成员间有联系纽带
C. 成员有共同的目标　　D. 成员间有共同的群体意识
E. 成员都属于同一社会阶层

96. 下列属于社会排斥的范畴的有(　　)。

A. 政治排斥　　B. 经济排斥
C. 文化排斥　　D. 生态排斥
E. 福利制度排斥

97. 下列关于声景学研究目的的表述，哪些选项是正确的？(　　)

A. 改造人类不喜爱的声景观和声环境
B. 去除对人类有害的声景观或声环境
C. 创造原本不存在的、对人类有积极作用的声景观或声环境
D. 通过声景观或声环境改善视觉环境
E. 通过声景观或声环境改善空气质量

98. 下列关于空气龄的表述，哪些选项是正确的？(　　)

A. 空气龄是外来新鲜空气在某空间的最大流动距离
B. 空气龄是外来新鲜空气在某空间的最小流动距离
C. 空气龄是某空间内新鲜空气从入口到达某一点所消耗的时间
D. 当新鲜空气进入某空间后，某一点的空气龄越大说明该点的空气越新鲜
E. 当新鲜空气进入某空间后，某一点的空气龄越小说明该点的空气越新鲜

99. 下列哪些选项属于《第三次全国土地调查实施方案》的具体任务？(　　)

A. 土地利用现状调查　　B. 土地权属调查
C. 专项用地调查与评价　　D. 地上附着物权属
E. 相关自然资源专业调查

100.《关于加强村庄规划促进乡村振兴的通知》指出开展相关工作要遵循(　　)原则。

A. 先规划后建设　　B. 专家决策
C. 节约优先、保护优先　　D. 尊重村民意愿
E. 突出地域特色

考题一分析与解答

一、单项选择题

1.【正确答案】：B

【试题解析】：蓟县独乐寺，占地总面积 1.6 万 m^2，寺内现存最古老的两座建筑物，即山门和观音阁，皆辽圣宗统和二年（公元 984 年）重建。其中，山门为单檐四阿顶，屋架举高平缓；平面有中柱一列，为“分心槽”式样；柱的收分少，但有显著侧脚。观音阁位于山门以北，其外观 2 层，内部实为 3 层，中间有一夹层；内部为空井式结构，以佛像为中心，四周列柱两排，柱上置斗栱，斗栱上架设梁枋，其上再立木柱，斗栱和梁枋将内部划分成 3 层，从跑马廊上可观塑像。

2.【正确答案】：C

【试题解析】：起源于意大利西西里一带，后在希腊各地庙宇中使用。特点是其比例较粗壮，开间较小，柱头为简洁的倒圆锥台，柱身有尖棱角的凹槽，柱身收分、卷杀较明显，没有柱础，直接立在台基上，檐部较厚重，线脚较少，多为直面。总体上，力求刚劲、质朴有力、和谐，具有男性性格。

3.【正确答案】：B

【试题解析】：后现代主义注重地方传统，强调借鉴历史，对装饰感兴趣，认为只有从历史式样中去寻求灵感，抱有怀古情调，结合当地环境，才能使建筑为群众所喜闻乐见。把建筑只看作面的组合，是片断构件的编织，而不是追求某种抽象形体。在其作品中往往

可以看到建筑造型表现各部件或平面片断的拼凑，有意夸张结合的裂缝。

4.【正确答案】：C

【试题解析】：电台、电视台选址：宜设置在交通比较方便的城市中心附近，临近城市干道和次干道；应尽可能考虑环境比较安静，场地四周的地上和地下没有强振动源和强噪声源，空中没有飞机航道通过，并尽可能远离高压架空输电线和高频发生器；电台、电视台和广播电视中心场址的选择必须考虑与其发射台（塔）进行节目传送有方便（空中和地下）的技术通路；有足够的发展用地。

5.【正确答案】：C

【试题解析】：按照新版《住宅设计规范》（GB 50096—2011）相关规定：

5.2.1　卧室的使用面积应符合下列规定：双人卧室不应小于 $9m^2$；单人卧室不应小于 $5m^2$；兼起居的卧室不应小于 $12m^2$。

5.2.2　起居室（厅）的使用面积不应小于 $10m^2$。

5.4.1　每套住宅应设卫生间，至少应配置便器、洗浴器、洗面器三件卫生设备或为其预留设置位置及条件。三件卫生设备集中配置的卫生间的使用面积不应小于 $2.5m^2$。

5.4.2　卫生间可根据使用功能要求组合不同的设备。不同组合的空间使用面积应符合下列规定：设便器、洗面器时不应小于 $1.8m^2$；设便器、洗浴器时不应小于 $2.0m^2$；设洗面器、洗浴器时不应小于 $2.0m^2$；设洗面器、洗衣机时不应小于 $1.8m^2$；单设便器时不应小于 $1.1m^2$。

6.【正确答案】：A

【试题解析】：多层住宅以垂直交通的楼梯间为枢纽，必要时以水平的公共走廊来组织各户。楼梯和走廊组织交通以及进入各户的方式不同，可以形成各种平面类型的住宅。

7.【正确答案】：C

【试题解析】：工厂或某些建筑所散发的有害气体和微粒对邻近地区空气污染程度，不但与风向频率有关，也受到风速的影响。在下风部，从水平方向说，受污染程度与风向频率成正比，与风速大小成反比。

8.【正确答案】：B

【试题解析】：私家园林中水面处理聚分不同，以聚为主，以分为辅；园内以假山创造峰峦回报、洞壑幽深的意趣。

9.【正确答案】：D

【试题解析】：受游牧生活、喇嘛教及西亚建筑影响，用多种色彩的琉璃，金红色装饰，挂毡毯毛皮帷幕。

10.【正确答案】：C

【试题解析】：项目建议书的内容有以下 6 条：建设项目提出依据和缘由、背景材料、拟建地点的长远规划、行业及地区规划资料；拟建规模和建设地点初步设想论证；资源情况、建设条件可行性及协作可靠性；投资估算和资金筹措设想；设计、施工项目进程安排；经济效果和社会效益的分析与初估。

11.【正确答案】：C

【试题解析】：《城市综合交通体系规划标准》（GB/T 51328—2018）

表 9.1.3 城市公共交通走廊层级划分

<table>
<tr><th>层级</th><th>客流规模</th><th>宜选择的运载方式</th></tr>
<tr><td>高客流走廊</td><td>高峰小时单向客流量≥6 万人次/h 或客运强度≥3 万人次/（km·d）</td><td rowspan="2">城市轨道交通系统</td></tr>
<tr><td>大客流走廊</td><td>高峰小时单向客流量 3 万～6 万人次/h 或客运强度 2 万～3 万人次/（km·d）</td></tr>
<tr><td>中客流走廊</td><td>高峰小时单向客流量 1 万～3 万人次/h 或客运强度 1 万～2 万人次/（km·d）</td><td>城市轨道交通或快速公共汽车（BRT）或有轨电车系统</td></tr>
<tr><td>普通客流走廊</td><td>高峰小时单向客流量 0.3 万～1 万人次/h</td><td>公共电汽车系统或有轨车系统</td></tr>
</table>

12.【正确答案】：A

【试题解析】：《城市综合交通体系规划标准》12.2.1 按照城市道路所承担的城市活动特征，城市道路应分为干线道路、支线道路，以及联系两者的集散道路三个大类；城市快速路、主干路、次干路和支路四个中类和八个小类。

13.【正确答案】：C

【试题解析】：《城市综合交通体系规划标准》(GB/T 51328—2018)

表 12.2.2 城市道路功能等级划分与规划要求

<table>
<tr><th>大类</th><th>中类</th><th>小类</th><th>功能说明</th><th>设计速度（km/h）</th><th>高峰小时服务交通量推荐（双向 pcu）</th></tr>
<tr><td rowspan="3">干线道路</td><td rowspan="3">主干路</td><td>Ⅰ级主干路</td><td>为城市主要分区（组团）间的中、长距离联系交通服务</td><td>60</td><td>2400～5600</td></tr>
<tr><td>Ⅱ级主干路</td><td>为城市分区（组团）间的中、长距离以及分区（组团）内部主要交通联系服务</td><td>50～60</td><td>1200～3600</td></tr>
<tr><td>Ⅲ级主干路</td><td>为城市分区（组团）间的中、长距离以及分区（组团）内部中等距离交通联系服务，为沿线用地服务较多</td><td>40～50</td><td>1000～3000</td></tr>
</table>

12.2.3 城市道路的分类与统计应符合下列规定：

1. 城市快速路统计应仅包含快速路主路，快速路辅路应根据承担的交通特征，计入Ⅲ级主干路或次干路；

2. 公共交通专用路应按照Ⅲ级主干路，计入统计；

3. 承担城市景观展示、旅游交通组织等具有特殊功能的道路，应按其承担的交通功能分级并纳入统计；

4. Ⅱ级支路应包括可供公众使用的非市政权属的街坊内道路，根据路权情况计入步行与非机动车路网密度统计，但不计入城市道路面积统计；

5. 中心城区内的公路应按照其承担的城市交通功能分级，纳入城市道路统计。

14.【正确答案】：D

【试题解析】:《城市轨道交通线网规划标准》(GB/T 50546—2018) 5.2.3 城市轨道交通快线按旅行速度可划分为快线 A 和快线 B 两个等级，不同速度等级的技术特征指标宜符合表 5.2.3 的规定。

表 5.2.3 城市轨道交通不同速度等级技术特征指标

速度等级	旅行速度 (km/h)	服务功能
快线 A	＞65	服务于区域、市域，商务、通勤、旅游等多种目的
快线 B	45～60	服务于市域城镇连绵地区或部分城市的城区，以通勤为主等多种目的

15.【正确答案】: A

【试题解析】:《城市对外交通规划规范》(GB 50925—2013) 强制性条文 5.4.1 根据《铁路运输安全保护条例》(国务院 2004 年第 430 号令)，为保障铁路的运行安全和沿线环境保护，对城镇建成区外高速铁路、普速铁路等线路两侧隔离带规划控制宽度作了相应规定。铁路两侧隔离带的控制，为铁路规划选线和沿线的用地规划提供依据。城镇建成区内铁路线路两侧隔离带控制宽度应按照城市规划、环境等要求合理确定。

16.【正确答案】: B

【试题解析】:《城市停车规划规范》(GB/T 51149—2016) 2.0.8 基本车位是指满足车辆拥有者在无出行时车辆长时间停放需求的相对固定停车位。2.0.9 出行车位是指满足车辆使用者在有出行时车辆临时停放需求的停车位。

17.【正确答案】: A

【试题解析】: 横过交叉口的一个路口的步行人流量大于 5000 人次/h，且同时进入该路口的当量小汽车交通量大于 1200 辆/h 时也需设置人行天桥或地道。

18.【正确答案】: A

【试题解析】: 路边停车带设在车行道旁或路边，多系短时停车，港湾式停车带布置于城市次干道边时可不设分隔带。

19.【正确答案】: C

【试题解析】: 城市道路最小纵坡主要决定于道路排水与地下管道的埋设，与雨量大小、路面种类有关。

20.【正确答案】: C

【试题解析】: 技术规范规定一块板的双向机动车道一般不宜超过 4～6 条，如果考虑行驶公共汽车，其单向车行道最小宽度应满足公共交通车辆停站后，不影响其他车辆及非机动车的通行。

21.【正确答案】: C

【试题解析】: 通常在进行用水量预测时，根据用水目的不同，以及用水对象对水质、水量和水压的不同要求，将城市用水分为四类，即生活用水、生产用水、市政用水和消防用水，此外还有水厂自身用水、管网漏水量及其他未预见水量。

22.【正确答案】: A

【试题解析】: 中水系统是相对于给水 (上水) 和排水 (下水) 系统而言的，是将城市污水或生活污水经处理后用作城市杂用，或将工业用的污水回用的系统。对节约用水、减少水环境污染具有明显效益。

23.【正确答案】: B

【试题解析】：热电厂选址原则：①符合城市总体规划要求；靠近热负荷中心；②位于主导风下风侧；③运输方便，水电供应方便；④热电厂需解决排灰条件，出线方便；⑤厂址应占荒地、次地和低产田，不占少占良田；⑥有扩建可能。

24.【正确答案】：A

【试题解析】：变电站（所）选址应尽量靠近负荷中心或网络中心。

单位建筑面积负荷指标法是详细规划阶段常用的负荷预测方法。城市供电系统包括供电电源、送电网和配电网组成。35kV 及以上高压架空地努力线路有规划专用通道加以保护，下面不能规划布置城市道路。

25.【正确答案】：B

【试题解析】：医疗垃圾属于第一类危险废物。对医疗垃圾的处理要遵循以下几个原则：①消除污染，避免伤害；②统一分类收集、转运；③集中处置；④必须与生活垃圾严格分开，严禁混入生活垃圾排放；⑤在焚烧处理过程中要严防二次污染，必须达标排放；⑥焚烧过程中的飞灰必须视同危险废物，要妥善处理。

生活垃圾及卫生填埋场应在城市建成区外选址，距离大中城市规划建成区应该大于 5km，距小城市规划建成区应大于 2km，距居民点应大于 0.5km。

常用的工业固体废物产生量预测方法有万元产值法。

26.【正确答案】：C

【试题解析】：《城市工程管线综合规划规范》（GB 50289—2016）4.1.13 工程管线交叉点高程应根据排水等重力流管线的高程确定。

27.【正确答案】：D

【试题解析】：纵横断面法：在规划区平面图上根据需要的精度绘出方格网，然后在方格网的每一交点上注明原地面标高和设计地面标高。沿方格网长轴方向者称为纵断面，沿短轴方向者称为横断面。该法多用于地形比较复杂地区的规划。

28.【正确答案】：A

【试题解析】：城市黄线，是指对城市发展全局有影响的、城乡规划中确定的、必须控制的城市基础设施用地的控制界线。城市防洪排涝设施主要有防洪堤、排涝泵站与截洪沟等，是城市重要的基础设施。

29.【正确答案】：D

【试题解析】：防灾规划详细规划阶段内容：确定规划范围内各种消防设施的布局及消防通道间距等；确定规划范围内地下防空建筑的规模、数量、配套内容、抗震等级、位置布局，以及平战结合的用途；确定规划范围内的防洪堤标高、排涝泵站位置等；确定规划范围内疏散通道、疏散场地布局；确定规划范围内生命系统的布局和维护措施。

30.【正确答案】：C

【试题解析】：排涝泵站是城市排涝系统的主要工程设施，其布局方案应根据排水分区、雨水管渠布局、城市水系格局等因素确定。排涝泵站规模（排水能力）根据排涝标准、服务面积和排水分区内调蓄水体能力确定。

31.【正确答案】：B

【试题解析】：城市规划区内普通消防站的规划布局，一般情况下应以消防队接到出动指令后正常行车速度下 5min 内可以到达其辖区边缘为原则确定。

32.【正确答案】：C

【试题解析】：地震震级，是反映地震过程中释放能量大小的指标，释放能量越多，震级越高，强度越大。5度以上会造成破坏。

33.【正确答案】：C

【试题解析】：空间数据是关于事物空间位置的数据，一般用图形、图像表示，称空间数据，也称地图数据、图形数据、图像数据。空间数据对地理实体最基本的表示方法是点、线、面和三维体。

34.【正确答案】：C

【试题解析】：规划监测人员利用GIS软件分析不同时相的遥感影像，及时发现违法用地和违法建设。

35.【正确答案】：D

【试题解析】：图形界限（Limits）的作用是在绘图区域中设置不可见的矩形边界，该边界可以限制栅格显示并限制单击或输入点位置。即限定画图区域的界限，超过该界限的位置无法绘图。

36.【正确答案】：C

【试题解析】：用矢量模型表达空间事物一般用点、线、面三类要素。栅格模型将所考虑的地理空间划分成有规则的网格，网格的单元也常称像素。

37.【正确答案】：A

【试题解析】：航天遥感图像种类中多光谱扫描仪（MSS）图像的空间分辨率约为79m×79m；高分辨率可见光扫描仪（HRV）全色波段的分辨率为10m×10m，黄、红、近红外波段的分辨率为20m×20m；专题制图仪（TM）图像中TM6分辨率为120m×120m，其余通道TM1、TM2、TM3、TM4、TM5、TM7均可达30m×30m。

38.【正确答案】：C

【试题解析】：水体的反射率在整个波段内都很低，在近红外部分更为突出。所以游泳池、大蓄水池、清水水库等洁净水体在彩红外航片上呈黑色；一般城市中有机污染物含量较大的重污染黑臭水体在彩红外航片上也呈黑色。在彩红外航片上，植被显示为醒目的红色调。

39.【正确答案】：A

【试题解析】：这是一道送分题。卫星导航系统是覆盖全球的自主地利空间定位的卫星系统，允许小巧的电子接收器确定它的所在位置（经度、纬度和高度），并且经由卫星广播沿着视线方向传送的时间信号精确到10m的范围内。接收机计算的精确时间以及位置，可以作为科学实验的参考。

40.【正确答案】：A

【试题解析】：综合运用信息技术，已经成为城乡规划编制、城乡规划管理和城乡规划监测等各项工作所必不可少的内容。CAD适合设计过程的计算机处理，遥感图像需要通过GIS完成基本处理和解译，才可以用于更深层次的查询、分析和表达。

41.【正确答案】：C

【试题解析】：城市经济基础理论阐述城市经济发展与基本经济部类的关系。城市经济可分为基本经济部类和从属经济部类。基本经济部类是为了满足来自城市外部的产品和服务需求为主的经济活动；从属经济部类（非基本经济部类）则是为了满足城市内部的产品或服务需求。基本部门是对外生产的部门。

42.【正确答案】：A

【试题解析】：经济活动在空间上集聚而形成了城市，就是城市的集聚力；促使城市经济活动分散的力量就是分散力。

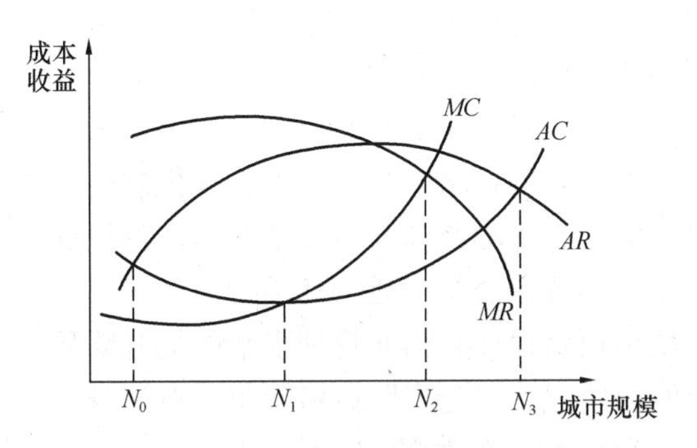

最佳规模和均衡规模之间的关系

由上图可见，当集聚力和分散力达到平衡时，城市规模就稳定下来，这个规模就是"均衡规模"（N_2）。

"最佳规模"（N_1）就是指经济效率最高时，即边际成本等于边际效益的规模。

43.【正确答案】：B

【试题解析】：韦伯认为，任何一个理想的工业区位，都应选择在生产和运输成本最小点上。韦伯工业区位论是建立在以下三个基本假定条件基础上的：已知原料供给地的地理分布；已知产品的消费地与规模；劳动力在于多数的已知地点。

44.【正确答案】：C

【试题解析】：同心圆模式是由B·W·伯吉斯提出的最著名的城市土地使用模型之一。这类城市以不同用途土地围绕单一核心，有规则地向外扩展成圆形区域为特征。考虑到交通轴线对简单同心模式的影响，H·霍伊特在同心圆模型基础上发展产生了放射扇形模式。1945年哈里斯和乌曼提出了城市土地利用的多核心模式。这三种模型精练地总结了城市土地利用的空间结构特征，被视为城市土地使用的经典模型。

45.【正确答案】：D

【试题解析】：外部效果问题也就是项目经济的"外涉性"问题。所谓"外涉性"，就是为了自身目标而努力的人和部门，在努力的过程中或由于努力的结果而使社会得到意外的收益，或给他人或其他部门带来麻烦和损害的现象。这种正的或负的效果一般不会计入前者的费用或效益。所以这种后果是外部性经济问题。它可以影响某些部门和个人的经济效益。选项中的A、B、C项均是外部正效应产生的现象。

46.【正确答案】：D

【试题解析】：边际成本是指当企业的产量增加一个单位时，其总成本的增量（包括不变和可变成本）。即边际成本＝总成本变化量/产量变化量＝(5040－5000)/(101－100)＝40/1＝40.0

47.【正确答案】C

【试题解析】：中心城市是指在政治经济、文教科技、商业服务、交通运输、金融信息等方面都具有吸引力和辐射力的，具有一定规模的综合性城市。城市规模和职能是决定中心城市在区域中地位的主要因素。

48.【正确答案】：B

【试题解析】：拥堵成本，是指市民因拥堵造成的经济成本。基本上，经济越发达、基本工资越高的城市，因拥堵造成的损失越大。

道路交通拥堵一方面降低了机动车本身的机动性优势，另一方面也产生了时间和经济成本损耗增加。新增加车辆带来的拥堵，其个人没有承担它所造成的全部成本，而只是承担其中一小部分，道路上的所有车辆共同承担新增成本。降低拥堵成本的措施就是缓解交通拥堵状况，少开私家车，多选乘公共交通工具出行。

通俗的解释是，在城市道路建设和交通管理水平的提升明显低于机动车增长速度的情况下，必然导致有限资源的争夺，引起道路拥堵现象。有调查结果显示，城市居民认为交通拥堵的最主要原因是路上行驶的车太多了，该项原因的提及率达到65.5%，明显高于"道路建设不足"和"交通管理水平不高"等。

49.【正确答案】：C

【试题解析】：首位城市的概念已经被普遍使用，是用一区域内最大城市与第二位城市人口的比值来衡量城市规模分布状况的简单指标。首位度大的城市规模分布就叫首位分布。

50.【正确答案】：A

【试题解析】：工业化基础建立之后，经济实力有所增长。这一时期人口从化农村向城镇的转移速度明显加快，反映到城镇化进程上，呈现为城镇化水平提高速度较快，城镇人口比重从百分之三四十较快提高而达到百分之六七十。当城镇化率接近百分之六七十之后，城镇化的进程步入一个相对缓慢的后期阶段。

51.【正确答案】：A

【试题解析】：全球城市（Global City），又称世界级城市，指在社会、经济、文化或政治层面直接影响全球事务的城市。对全球政治经济文化具有控制力与影响力是世界城市的两个核心功能。全球城市承担着全球经济指挥中心、金融和专业化服务中心、主导工业生产和工业创新中心、产品和创新技术市场的职能。

52.【正确答案】：C

【试题解析】：克里斯塔勒认为，有三个条件或原则支配中心地体系的形成，它们是市场原则、交通原则和行政原则。在不同的原则支配下，中心地网络呈现不同的结构，而且中心地和市场区大小的等级顺序有着严格的规定，即按照所谓K值排列成有规则的、严密的系列。以上三个原则共同导致了城市等级体系的形成。

53.【正确答案】：C

【试题解析】：二战后，若干发达国家从乡村到城市的人口迁移逐渐退居次要地位，一个全新的规模庞大的城乡人口流动的逆过程开始出现。以住宅郊区化为先导，引发了市区各类职能部门郊区化的连锁反应。首先迁往郊区的是商业服务部门，超级市场、巨型市场、购物中心纷纷出现，其后外迁的是事务部门，最后外迁的是工业。

54.【正确答案】：B

【试题解析】：进入 20 世纪 50 年代，城市职能分类开始探索用一个比较客观的统计参数来代替人为确定的数量指标作为衡量城市主导职能的标尺。首先被使用的统计参数是平均值，然后是标准差。这就是统计分析方法进行城市职能分类的过程。

55.【正确答案】：B

【试题解析】：在规模相似的城市，B/N 比也会有差异。专业化程度高的城市 B/N 比大，而地方性的中心一般 B/N 小。老城市在长期的发展历史中，已经完善和健全了城市生产生活的体系，B/N 比可能较小，而新城市则可能还来不及完善内部的服务系统，B/N 比可能较大。位于大城市附近的中小城镇或卫星城因依附于母城，可以从母城取得本身需要的大量服务，与规模相似但远离大城市的独立城市相比，非基本部分可能较小。

56.【正确答案】：A

【试题解析】：城市吸引范围的分析方法主要有经验的方法和理论的方法。理论的方法包括：断裂点公式和潜力模型。其中，断裂点公式在实际运用中有着相当大的局限性，因为城市人口规模不完全反映城市吸引力。可以根据断裂点公式模式，能计算一对城市间预期的相互作用量。如果我们计算一个城市与城市空间分布体系内所有城市（包括它自己）的相互作用量时，只需要应用引力模式分别求出这个城市与每一个城市的相互作用量，然后再求和，就可以得到，即潜力模型的公式。

57.【正确答案】：B

【试题解析】：贫困一般可以分为四类，即物质贫困、能力贫困、权利贫困和动机贫困。高福利降低了低收入者的工作动机，产生福利依赖，即“高福利养懒人”。接受福利的人不仅在收入上依赖福利津贴和服务，在心理上也处于一种依赖的状态，他们丧失了积极性、技能、独立性，甚至自我生存的能力。

58.【正确答案】：D

【试题解析】：根据中华人民共和国人力资源和社会保障部的解释：未签订劳动合同，但已形成事实劳动关系的就业行为，称为非正规就业。

59.【正确答案】：B

【试题解析】：截至目前，我国总共进行过 6 次人口普查，即 1953 年、1964 年、1982 年、1990 年、2000 年和 2010 年人口普查。根据《中华人民共和国统计法》和《全国人口普查条例》规定，国务院决定于 2020 年 11 月 1 日零时开展第七次全国人口普查。

近些年来，基本上是在两次人口普查中间的年份会进行一次人口抽样调查，如 1995 年和 2005 年各地都开展了人口 1%的抽样调查。

60.【正确答案】：B

【试题解析】：伯吉斯的同心圆模型中，低收入住户向较高级的住宅地带入侵，而较高收入的住户则向外迁移并入侵一个更高级的住宅用地，就像波浪一样向外传开，即人口迁居的侵入—演替理论。这种人口迁居的侵入—演替关系并不是竞争关系。

61.【正确答案】：A

【试题解析】：社会分层是按一定标准将人们区分为高低不同的等级序列，即以一定的标准区分出来的社会集团及其成员在社会体系中的地位层次结构、社会等级秩序现象，体现着社会不平等。

62.【正确答案】：C

【试题解析】：当代发展中国家城镇化的特点，仍以农村人口向城市迁移为主。

户籍人口享受城市提供的基本社会公共服务，而部分常住人口（外来人口）不享受城市提供的基本社会公共服务。

常住人口城镇化率，就是城镇常住人口数量占常住总人口的比例。户籍人口城镇化率，就是城镇户籍人口占总户籍人口的比例。由于去外地工作的人，很少有去农村工作的，所以常住人口城镇化率一般要比户籍人口城镇化率要高。

63.【正确答案】：C

【试题解析】：社区规划是对一定时期内社区发展目标、实现手段以及人力资源的总体部署。具体而言，社区规划是为了有效地利用社区资源，合理配置生产力和城乡居民点，提高社会经济效益，保持良好的生态环境，促进社区开发与建设，从而制定比较全面的发展计划。

64.【正确答案】：B

【试题解析】：公众参与城乡规划的形式包括城乡规划展览系统，规划方案听证会、研讨会，规划过程的民意调查，规划成果网上咨询等。在城乡规划的不同阶段，公众参与的程度是不同的。

65.【正确答案】：D

【试题解析】：城市上风向降雨量小于城市下风向降雨量。上风向的城区跟下风向的郊区降雨量差别尤为明显，形成明显的雨岛效应。

66.【正确答案】：A

【试题解析】：环境承载力是指某一环境状态和结构在不发生对人类生存与发展造成有害变化的前提下，所能承受的人类社会作用；具体体现在规模、强度、速度上；受到资源承载力、技术承载力及污染承载力的限制。

67.【正确答案】：D

【试题解析】：发达国家的燃气气源基本上都是天然气，因为天然气热值高、污染少、成本低，是城市燃气现代化的主导方向，美国早在20世纪50年代天然气就占了燃气气源总量的90%，而我国城市是以液化石油气（52%）为主，人工煤气占42%，天然气仅占6%。

68.【正确答案】：B

【试题解析】：土地覆盖率的变化，特别是城市发展通常引起地面的巨大变化。随着自然植被被如金属、沥青和混凝土等非蒸发表面等取代，这种变化将不可避免地引起太阳辐射的再分配，导致城乡之间的表面辐射率和空气温度产生差异，使城市产生热岛效应。非蒸发表面积越大，热岛效应越明显。

69.【正确答案】：A

【试题解析】：隐藏流通常与物质流同时出现。隐藏流是指在生产过程中无用的，但又必定伴随的无效材料流动。如矿石加工与冶金工业，在资源开采过程中所必须开挖的，但又没有进入市场和产品制造过程的开挖量。这部分物质会对开采地的环境造成影响，即生态包袱，是人类为获得有用物质和生产产品而动用的没有直接进入交易和生产过程的物料，在物质流账户中又被称为隐藏流。

物质流是指生态系统中物质运动和转化的动态过程。构成生物体的各种物质，如氮、磷、钾、碳、硫、水和各种微量营养元素以及一切非生命体构成的必要物质，在生态系统中常处于传递、转化的动态过程中。

70.【正确答案】：A

【试题解析】：一次人为物质流是人工对地壳物质，包括岩石、土壤、化石燃料（煤、石油、天然气）、地下水等的开采和直接搬运。二次人为物质流为一次人为物质流基础之上的生产和消费所导致的物质流动，伴随人类活动的全过程。

71.【正确答案】：C

【试题解析】：生态环境材料是指那些具有良好的使用性能和优良的环境协调性的材料。良好的环境协调性是指资源、能源消耗少，环境污染小，再生循环利用率高。生态环境材料是人类主动考虑材料对生态环境的影响而开发的材料，是充分考虑人类、社会、自然三者相互关系的前提下提出的新概念。这一概念符合人与自然和谐发展的基本要求，是材料产业可持续发展的必由之路。

72.【正确答案】：B

【试题解析】：土壤内环境包括土壤的水、热状况，理化状况和生物学（含微生物）状况；土壤外环境包括局部气候、土壤植被、地下水状况及生态平衡状况。双向效应为双向调节的作用。

土壤的含水量变化受到气象因素（主要是降水）、土壤特征（孔隙度、渗透性能等）、植被状况、人为活动的影响。

土壤水和自然界其他物体一样，含有不同数量和形式的能，处于一定的能量状态，能自发地从能量较高的地方向能量较低的地方移动。土壤水的“能”包括动能和势能，但由于土壤水在土壤中的移动速度缓慢，所以只考虑它的势能。

土壤水分含量高，土壤水的吸力越低，土壤水本身的势能就高，土壤水的可移动性和对植物的有效性就强。

73.【正确答案】：D

【试题解析】：人口流的流动强度及空间密度反映城市人类对其所居自然环境的影响力及作用力大小，与城市生态系统环境质量密切相关。人口流的反映形式之一——人口密度与环境污染和资源破坏损失具有一定的对应关系，可用人口密度约束系数表示。它可以为调控人口发展和合理分布、制定与环境保护相适应的人口政策，以及适应不同人口密度区域的环境政策和标准提供依据。

74.【正确答案】：D

【试题解析】：选项中的D选项属于合并规划选址和用地预审的内容。

75.【正确答案】：B

【试题解析】：《中共中央 国务院关于加强耕地保护和改进占补平衡的意见》中，（三）总体目标。牢牢守住耕地红线，确保实有耕地数量基本稳定、质量有提升。到2020年，全国耕地保有量不少于18.65亿亩，永久基本农田保护面积不少于15.46亿亩，确保建成8亿亩、力争建成10亿亩高标准农田，稳步提高粮食综合生产能力，为确保谷物基本自给、口粮绝对安全提供资源保障。耕地保护制度和占补平衡政策体系不断完善，促进形成保护更加有力、执行更加顺畅、管理更加高效的耕地保护新格局。

76.【正确答案】：A

【试题解析】:《自然资源部关于全国全面开展国土空间规划的通知》中，二、做好过渡期内现有空间规划的衔接协同：对现行土地利用总体规划、城市（镇）总体规划实施中存在矛盾的图斑，要结合国土空间基础信息平台的建设，按照国土空间规划"一张图"要求，作一致性处理，作为国土空间用途管制的基础。一致性处理不得突破土地利用总体规划确定的2020年建设用地和耕地保有量等约束性指标，不得突破生态保护红线和永久基本农田保护红线，不得突破土地利用总体规划和城市（镇）总体规划确定的禁止建设区和强制性内容，不得与新的国土空间规划管理要求矛盾冲突。今后工作中，主体功能区规划、土地利用总体规划、城乡规划、海洋功能区划等统称为"国土空间规划"。

77.【正确答案】:B

【试题解析】:根据《中共中央 国务院关于建立国土空间规划体系并监督实施的若干意见》,（八）提高科学性。坚持生态优先、绿色发展，尊重自然规律、经济规律、社会规律和城乡发展规律，因地制宜开展规划编制工作；坚持节约优先、保护优先、自然恢复为主的方针，在资源环境承载能力和国土空间开发适宜性评价的基础上，科学有序统筹布局生态、农业、城镇等功能空间，划定生态保护红线、永久基本农田、城镇开发边界等空间管控边界以及各类海域保护线，强化底线约束，为可持续发展预留空间。坚持山水林田湖草生命共同体理念，加强生态环境分区管治，量水而行，保护生态屏障，构建生态廊道和生态网络，推进生态系统保护和修复，依法开展环境影响评价。坚持陆海统筹、区域协调、城乡融合，优化国土空间结构和布局，统筹地上地下空间综合利用，着力完善交通、水利等基础设施和公共服务设施，延续历史文脉，加强风貌管控，突出地域特色。坚持上下结合、社会协同，完善公众参与制度，发挥不同领域专家的作用。运用城市设计、乡村营造、大数据等手段，改进规划方法，提高规划编制水平。

78.【正确答案】:A

【试题解析】:《国务院关于加强滨海湿地保护 严格管控围填海的通知》中，二、严控新增围填海造地（三）严控新增项目。完善围填海总量管控，取消围填海地方年度计划指标，除国家重大战略项目外，全面停止新增围填海项目审批。新增围填海项目要同步强化生态保护修复，边施工边修复，最大程度避免降低生态系统服务功能。未经批准或骗取批准的围填海项目，由相关部门严肃查处，责令恢复海域原状，依法从重处罚。

79.【正确答案】:D

【试题解析】:《节约集约利用土地规定》中，第二十四条 鼓励土地使用者在符合规划的前提下，通过厂房加层、厂区改造、内部用地整理等途径提高土地利用率。

在符合规划、不改变用途的前提下，现有工业用地提高土地利用率和增加容积率的，不再增收土地价款。

80.【正确答案】:C

【试题解析】:到2020年，基本建立国土空间规划体系，逐步建立"多规合一"的规划编制审批体系、实施监督体系、法规政策体系和技术标准体系；基本完成市县以上各级国土空间总体规划编制，初步形成全国国土空间开发保护"一张图"。到2025年，健全国土空间规划法规政策和技术标准体系；全面实施国土空间监测预警和绩效考核机制；形成以国土空间规划为基础，以统一用途管制为手段的国土空间开发保护制度。到2035年，全面提升国土空间治理体系和治理能力现代化水平，基本形成生产空间集约高效、生活空间宜居适度、生态空间山清水秀，安全和谐、富有竞争力和可持续发展的国土空间格局。

二、多项选择题

81.【正确答案】：A、B、C、D

【试题解析】：剧场与其他建筑毗邻修建时，剧场前面若不能保证观众疏散总宽度及足够的集散广场，应在剧场后面或侧面另辟疏散口，连接的疏散小巷宽度不小于 3.5m。

82.【正确答案】：A、B、C、E

【试题解析】：应避免在九度地震区、泥石流、流沙、溶洞、三级湿陷黄土、一级膨胀土、古井、谷牧、坑穴、采空区、一级有开采价值的矿藏区和承载力低于 0.1MPa 的场地作开发项目。

83.【正确答案】：B、C、E

【试题解析】：巴洛克建筑的主要特征：追求新奇；建筑处理手法打破古典形式，建筑外形自由，有时不顾结构逻辑，采用非理性组合，以取得反常效果；追求建筑形体和空间的动态，常用穿插的曲面和椭圆形空间；喜好富丽的装饰，强烈的色彩，打破建筑与雕刻绘画的界限，使其相互渗透；趋向自然，追求自由奔放的格调，表达世俗情趣，具有欢乐气氛。

84.【正确答案】：B、C、D

【试题解析】：建筑投资费，是按实际建筑直接费、人工费、各种调增费、施工管理费、临时设施费、劳保基金、贷款差价、税金乃至地方规定。

85.【正确答案】：A、B、C

【试题解析】：公交首末站的设置应与城市规划、用地布局、公交线网结构和客运需求相适应。

公交首末站宜设置在人员集中、客流集散量较大的区域，且与主要客流集散点的距离不宜大于 100m。

0.7 万～2.0 万人居住小区宜设置公交首末站，2.0 万人口以上的居住小区应设置公交首末站。公交首末站应与小区开发同步规划、设计、建设及使用。

公交首末站的设置应在城市道路之外，紧邻客流集散点和道路客流主要方向同侧、交通便捷的区域，且应便于与其他客运交通方式换乘。

86.【正确答案】：A、B、E

【试题解析】：《城市综合交通体系规划编制导则》中，4.2.1 交通调查一般包括：居民出行、车辆出行、道路交通运行、公交运行、出入境交通、停车、吸引点、货运等调查项目。

87.【正确答案】：A、B、C、D

【试题解析】：资源型缺水是指水资源可利用量小于用水需求，这种情况主要发生在北方地区和南方没有大江大河通过的沿海地区。针对资源型缺水，可以采取的对策措施有节水和非传统水资源的利用。

88.【正确答案】：A、B、C

【试题解析】：工程管线综合布置原则：压力管让重力自流管。

管线共沟敷设原则：腐蚀介质管道的标高应低于沟内其他管线。

89.【正确答案】：A、C

【试题解析】：遥感可以根据不同的研究角度，按照不同的原则和标准进行分类。根据遥感平台的高度和类型，可将遥感分为航天遥感、航空遥感与地面遥感。根据传感器工作波长划分为可见光遥感、红外遥感、微波遥感、紫外遥感和多光谱遥感；根据电磁波辐射源划分为被动遥感和主动遥感；根据遥感的应用领域不同，可以分为气象遥感、海洋遥感、水文遥感、农业遥感、林业遥感、城市遥感和地质遥感等。

90.【正确答案】：A、B、C

【试题解析】：我国三大常用坐标系为：北京 54 坐标系、西安 80 坐标系、WGS－84 坐标系。

91.【正确答案】：A、B、C、E

【试题解析】：地方财政总收入＝地方财政收入＋上划中央收入＝地方一般预算财政收入＋基金预算收入（包括政府性基金收入和社会保险基金收入）＋上划中央收入

地方财政收入包括地方财政预算收入和预算外收入。

地方财政预算收入的内容：①主要是地方所属企业收入和各项税收收入。②各项税收收入包括营业税、地方企业所得税、个人所得税、城镇土地使用税、固定资产投资方向调节税、土地增值税、城镇维护建设税、房产税、车船使用税、印花税、农牧业税、农业特产税、耕地占用税、契税，增值税、证券交易税（印花税）的 25％部分和海洋石油资源税以外的其他资源税。③中央财政的调剂收入、补贴拨款收入及其他收入。

地方财政预算外收入的内容主要有各项税收附加，城市公用事业收入，文化、体育、卫生及农、林、牧、水等事业单位的事业收入，市场管理收入及物资变价收入等。

土地出让金不是简单的地价。对于住宅等项目，采用招标、拍卖、挂牌等的方式，可通过市场定价，土地出让金就是地价。可是对于经济适用房、廉租房、配套房等项目，以及开发园区等工业项目，往往不是依靠完全的市场调节，土地出让金就带有税费的性质，是定价。土地出让金已成为地方政府预算外收入的主要来源。

92.【正确答案】：A、B、C、D、E

【试题解析】：《交通经济学》认为控制交通环境污染的手段有制定排放标准、划定汽车禁行区、拥挤收费、燃油的差别税收和污染者付费。

93.【正确答案】：A、B、C

【试题解析】：过度城镇化是指城镇化水平明显超过工业化和经济发展水平的城市化。过度城镇化主要发生在一些发展中国家，是指过量的乡村人口向城市迁移并超越国家经济发展承受能力的城镇化现象。又称超前城镇化，即城镇化水平明显超过工业化和经济发展水平的城镇化模式。城镇化的速度大大超过工业化的速度，城镇化主要是依靠传统的第三产业来推动，甚至是无工业化的城镇化。大量农村人口涌入少数大中城市，城市人口过度增长，城市建设的步伐赶不上人口城镇化速度，城市不能为居民提供就业机会和必要的生活条件，农村人口迁移之后没有实现相应的职业转换，造成严重的“城市病”。

过度城镇化形成的主要原因是二元经济结构下形成的农村推力和城市拉力的不平衡（主要是推力作用大于拉力作用），而政府又没有采取必要的宏观调控措施。

94.【正确答案】：A、B、C、D

【试题解析】：《国家新型城镇化规划（2014—2020 年）》中，第十二章“促进各类城市协调发展”第三节“有重点地发展小城镇”：

按照控制数量、提高质量，节约用地、体现特色的要求，推动小城镇发展与疏解大城市中心城区功能相结合、与特色产业发展相结合、与服务“三农”相结合。大城市周边的重点镇，要加强与城市发展的统筹规划与功能配套，逐步发展成为卫星城。具有特色资源、区位优势的小城镇，要通过规划引导、市场运作，培育成为文化旅游、商贸物流、资源加工、交通枢纽等专业特色镇。远离中心城市的小城镇和林场、农场等，要完善基础设施和公共服务，发展成为服务农村、带动周边的综合性小城镇。对吸纳人口多、经济实力强的镇，可赋予同人口和经济规模相适应的管理权。

95.【正确答案】：B、C、D

【试题解析】：社会群体简称“社群”，是人们通过一定的社会关系结合起来进行活动的共同体。基础特征：

（1）有明确的成员关系。特定社会群体中的人称自己为该群体成员，并期望本群体成员做出某种有别于群体外成员的行为。

（2）有持续的相互交往。群体成员之间的关系不是临时性的，他们保持比较长久的交往。

（3）有一致的群体意识和规范。群体成员在交往过程中，通过心理与行为的相互影响或学习，会产生一些共同的观念、信仰、价值观和态度。

（4）有一定的分工协作。有明显或不明显的领导与服从的关系，以及伴随此种关系的内部权威。

（5）有一致行动的能力。在群体意识和群体规范的作用下，社会群体随时可以产生共同一致的行动。

96.【正确答案】：A、B、C、E

【试题解析】：社会排斥指的是某些人或地区遇到诸如失业、技能缺乏、收入低下、住房困难、罪案高发环境、丧失健康以及家庭破裂等交织在一起的综合性问题时所发生的现象。社会排斥维度包括经济排斥维度、政治排斥维度、文化排斥维度、关系排斥维度、制度排斥维度。

97.【正确答案】：A、B、C

【试题解析】：声景研究人、听觉、声环境与社会之间的相互关系，与传统的噪声控制不同。声景重视感知，而非仅物理量；考虑积极和谐的声音，而非仅噪声；将声环境看成资源，而非仅“废物”。声景是一项听觉生态学的研究，也是营造健康人居环境的重要因素之一。不同于一般的噪声控制措施，声景研究从整体上考虑人们对于声音的感受，研究声环境如何使人放松、愉悦，并通过针对性的规划与设计，使人们心理感受更为舒适，有机会在城市中感受优质的声音生态环境。

98.【正确答案】：C、E

【试题解析】：空气龄，即空气质点的空气龄（Age of Air），是指空气质点自进入房间至到达室内某点所经历的时间，反映了室内空气的新鲜程度，它可以综合衡量房间的通风换气效果，是评价室内空气品质的重要指标。

99.【正确答案】：A、B、C、E

【试题解析】：按照《第三次全国土地调查实施方案》，“三调”的具体任务是：土地利用现状调查土地权属调查、专项用地调查与评价、同步推进相关自然资源专业调查、各级国土调查数据库建设、成果汇总。

100.【正确答案】：A、C、D、E

【试题解析】：按照《关于加强村庄规划促进乡村振兴的通知》中，一、总体要求（二）工作原则。坚持先规划后建设，通盘考虑土地利用、产业发展、居民点布局、人居环境整治、生态保护和历史文化传承。坚持农民主体地位，尊重村民意愿，反映村民诉求。坚持节约优先、保护优先，实现绿色发展和高质量发展。坚持因地制宜、突出地域特色，防止乡村建设“千村一面”。坚持有序推进、务实规划，防止一哄而上，片面追求村庄规划快速全覆盖。

考　题　二

一、单项选择题（共80题，每题1分。各题的备选项中，只有一个符合题意）

1. 下列关于中国古代建筑构件与模数单位的表述，哪项是错误的？（　　）

A. 斗栱随历史发展尺寸越变越小　　B. 斗栱是唐代建筑重要的装饰构件

C. “材”是宋代建筑使用的模数单位　　D. “斗口”是清代建筑使用的模数单位

2. 下列关于中国古代建筑专用名词“步”的表述，哪项是正确的？（　　）

A. 建筑柱子中心线之间的水平距离　　B. 建筑侧面各开间之间的水平距离

C. 前后挑檐中心线之间的水平距离　　D. 屋架上的檩和檩中心线间的水平距离

3. 下列关于西方古代建筑柱式的表述，哪项是错误的？（　　）

A. 多立克柱式比例较粗壮，柱身收分和卷杀较明显

B. 爱奥尼柱式的柱身带有小圆面的凹槽，柱础复杂

C. 科林斯柱式的柱身、柱础和整体比例与多立克柱式相似

D. 古希腊的三柱式包括多立克、科林斯和爱奥尼

4. 下列关于建筑交通联系空间及布局的表述，哪项是错误的？（　　）

A. 过厅、自动扶梯、出入口属于交通联系空间

B. 应服从于建筑空间的处理和功能关系的需要

C. 分为水平交通联系、综合交通和枢纽交通

D. 流线设计应简单明确并避免迂回曲折

5. 下列关于砖混结构的表述，哪项是错误的？（　　）

A. 使用最早、最广泛的一种建筑结构形式

B. 经济实用，有利于因地制宜和就地取材

C. 常用于体育馆、高层商住等建筑的建造

D. 包括内框架承重、横向承重与纵向承重三种承重体系

6. 下列关于砖混结构纵向承重体系的荷载传递路线，哪项是正确的？（　　）

A. 板—纵墙—梁—基础—地基　　B. 板—梁—墙—基础—地基

C. 纵墙—板—梁—基础—地基　　D. 梁—板—纵墙—基础—地基

7. 下列关于结构受力特点的表述，哪项是错误的？（　　）

A. 网架的杆件主要承受轴力　　B. 悬索主要承受其垂直方向的拉力

C . 拱结构的主要内力是轴向拉力　　D. 屋架的杆件只受弯矩和拉力

8. 下列关于材料力学性能特点的表述，哪项是正确的？（　　）

A. 材料在经受外力作用时抵抗破坏的能力，称为材料的硬度

B. 材料在承受外力并在撤出外力后，形状能恢复原状的性能称为刚性

C. 材料受力时，在无明显变形的情况下突然破坏，这种现象称为脆性破坏

D. 材料强度一般分为抗冲击强度、抗拧强度和抗剪切强度等

9. 绿色建筑“四节一环保”中的“四节”是(　　)

A. 节水、节地、节能、节材　　B. 节能、节材、节地、节油

C. 节材、节水、节碳、节地　　D. 节能、节水、节碳、节地

10. 下列关于工厂场地布置要求的表述，哪项是错误的？(　　)

A. 应符合所在地域的上位规划　　B. 应尽可能利用自然资源条件

C. 应满足外部交通的直接穿行　　D. 应尽可能采用外形简单的场地边界

11. 下列关于工业建筑总平面设计要求的表述，哪项是错误的？(　　)

A. 适应物料加工流程，物距短捷　　B. 与竖向设计和环境布置相协调

C. 满足货运与人流交织组织　　D. 力求缩减道路敷设面积

12. 下列关于场地布置与地基处理的表述，哪项是错误的？(　　)

A. 场地设计分为平坡、斜坡和台阶式三种

B. 台阶式在连接处可做挡土墙或护坡处理

C. 地下水位高的地段不易挖方处理

D. 冻土深度大的地方地基应深埋

13. 下列关于外国古代建筑用色，哪项是错误的？(　　)

A. 希腊建筑用色华丽　　B. 古罗马建筑用色丰富

C. 拜占庭建筑用色明亮　　D. 巴洛克建筑用色对比强烈

14. 下列关于道路平曲线与竖曲线设计的表述，哪项是正确的？(　　)

A. 竖曲线的设置主要满足车辆行驶平稳的要求

B. 平曲线与竖曲线不应有交错现象

C. 平曲线应在竖曲线内

D. 竖曲线应设在长的直线上

15. 下列不属于城市轨道交通网规划主要内容的是(　　)

A. 确定线路的大致走向和起讫点位置　　B. 确定车站的分布

C. 确定联络线的分布　　D. 确定车站总平面布局

16. 下列对道路交通标志的表述，哪项是错误的？(　　)

A. 警告标志是警告车辆、行人交通行为的标志

B. 警告标志的形状为圆形，颜色为黄底黑边

C. 禁令标志是禁止或限制车辆、行人交通行为的标志

D. 禁止驶入标志形状为圆形、红底、白杠或白字

17. 下列对机动车道通行能力的表述，哪项是正确的？(　　)

A. 靠近道路中心线的车道最小，最右侧的车道最大

B. 靠近道路中心线的车道最小，最右侧的车道次之，二者中间的车道最大

C. 靠近道路中心线的车道最大，最右侧的车道最小

D. 靠近道路中心线的车道最大，最右侧的车道次之，二者中间的车道最小

18. 下列哪项不属于交叉口交通组织的方式？(　　)

A. 渠化交通　　B. 立体交叉

C. 单双号限行　　D. 交通指挥

19. 城市公共停车设施可分为(　　)

A. 路边停车带和路外停车带

B. 路边停车带和路外停车场

C. 露天停车场和封闭式停车场

D. 路边停车带、露天停车场和封闭式停车场

20. 斜楼板停车库的优点是(　　)

A. 坡道长度可以大大缩短

B. 上下行坡道干扰少

C. 坡道和通道合一，不需要再设置上下坡道

D. 进出停车库便捷

21. 下列关于机动车停车库的表述，哪项是错误的？(　　)

A. 斜楼板式停车库的坡道和通道合一，对停车进出干扰较小

B. 直坡道式停车库坡道可设在库内，也可设在库外

C. 错层式停车库缩短了坡道长度，用地较节省

D. 螺旋坡道式停车库布局简单整齐，交通线路明确，上下行坡道干扰少，速度较快

22. 下列关于城市站前广场规划设计中交通组织说法的表述，哪项是错误的？(　　)

A. 各类停车场地规划布局是静态交通组织的主要内容

B. 景观设计也是站前广场规划设计的内容

C. 公共汽车停车场要远离站前广场

D. 应协调好与周边集散道路的关系

23. 在进行城市道路桥涵设计时，桥下通行公共汽车的高度限界为(　　)

A. 4.5m

B. 4.0m

C. 3.5m

D. 3.0m

24. 城市轨道交通按最大运输能力由大到小排序，下列哪项是正确的？(　　)

A. 地铁系统、轻轨系统、有轨电车

B. 地铁系统、有轨电车、轻轨系统

C. 有轨电车、地铁系统、轻轨系统

D. 轻轨系统、有轨电车、地铁系统

25. 下列关于城市供水规划内容的表述，哪项是正确的？(　　)

A. 城市给水规模是指城市给水工程统一供水的城市最高日最高时用水量

B. 城市供水设施规模应按照最高日最高用水量确定

C. 城市配水管网的设计流量应按最高日平均用水量确定

D. 城市配水管网的设计流量应按照城市平均用水量确定

26. 关于城市污水处理厂选址原则的表述，哪项是错误的？(　　)

A. 污水处理厂应设在地势较低处，便于城市污水自流入厂内

B. 厂址必须位于集中给水水源的下游，并应设在城镇、工厂厂区及居住区的下游和夏季主导风向的下方

C. 厂址尽量靠近城市污水量集中的居民区

D. 厂址尽可能少占或不占农田，但宜在地质条件较好的地段，便于施工，降低造价

27. 在城市详细规划阶段用电负荷，一般采用下列哪种方式？(　　)

A. 电力弹性系数法

B. 回归分析法

C. 单位建筑面积负荷指标法

D. 增长率法

28. 关于城市燃气规划的表述，哪项是正确的？(　　)

A. 液化石油气储配站与服务站之间的平均距离不宜超过 1km
B. 小城镇应采用低压二级管网系统
C. 城市气源应尽可能选择单一气源
D. 燃气调压站应尽量布置在负荷中心

29. 下列关于城市工程管线综合规划的表述，哪项是错误的？(　　)
A. 集中供热系统的热源有热电厂、专用锅炉房等
B. 热电厂热效率高于集中锅炉房和分散小锅炉
C. 依据热源的供热范围，划分城市供热分区
D. 热电厂应尽量靠近热负荷中心

30. 下列关于城市环卫设施的表述，哪项是正确的？(　　)
A. 生活垃圾填埋场应远离污水处理厂，以避免对周边环境双重影响
B. 生活垃圾堆肥场应与填埋或焚烧工艺相结合，便于垃圾综合处理
C. 生活垃圾填埋场距大中城市规划建成区至少 1.0km
D. 建筑垃圾可以与工业固体废物混合储运、堆放

31. 下列哪项属于城市黄线？(　　)
A. 湿地控制线　　B. 历史文化保护街区控制线
C. 城市道路控制线　　D. 高压架空线控制线

32. 下列关于城市地下工程管线避让原则的表述，哪项是错误的？(　　)
A. 新建的让现有的　　B. 重力流让压力流
C. 临时的让永久的　　D. 易弯曲的让不易弯曲的

33. 下列哪项属于城市总体规划阶段用地竖向规划的主要内容？(　　)
A. 确定挡土墙、护坡等室外防护工程的类型
B. 确定防洪（潮、浪）堤顶及堤内地面最低控制标高
C. 确定街坊的规划控制标高
D. 确定建筑室外地坪规划控制标高

34. 下列哪项属于总体规划阶段防洪规划的内容？(　　)
A. 确定防洪标准　　B. 确定截洪沟纵坡
C. 确定防洪堤横断面　　D. 确定排涝泵站位置和用地

35. 下列哪类地区应当设置特勤消防站？(　　)
A. 国家级风景名胜区　　B. 国家级历史文化名镇
C. 经济发达的县级市　　D. 重要的工矿区

36. 从抗震防灾的角度考虑，城市建设必须避开下列哪类区域？(　　)
A. 地震时易发生滑坡的区域　　B. 故河道
C. 软弱地基区域　　D. 地震时可能发生砂土液化的区域

37. 地震烈度反映的是(　　)
A. 地震对地面和建筑物的破坏程度　　B. 地震过程中释放能量大小的指标
C. 地震过程中地质构造的稳定性　　D. 地震过程中土壤结构的坚实度

38. 位于抗震设防区的城市可能发生严重次生灾害的建设工程，应根据(　　)确定设防标准。

A. 抗震设防烈度
B. 历年检测的地震震级
C. 地震烈度
D. 地震安全性评价结果

39. 遥感技术不大能发挥作用的领域是(　　)

A. 水灾旱灾监测
B. 劳动力资源的普查
C. 地物变化的分析
D. 环境污染的监测

40. 下列哪项不属于遥感影像预处理的内容？(　　)

A. 影像纠正
B. 影像融合
C. 影像分类
D. 影像匀色

41. 下列哪项不属于城市规划中所用的3S技术？(　　)

A. 遥感技术（RS）
B. 管理信息系统（MIS）
C. 地理信息系统（GIS）
D. 全球定位系统（GPS）

42. 在城市规划动态监测中，上级城市规划行政主管部门使用的软件是基于下列哪个软件进行二次开发而成的？(　　)

A. CAD
B. 地理信息系统
C. 全球定位系统
D. 管理信息系统

43. 城市规划与其他城市管理部门的基础数据共享，有助于解决下列哪项问题？(　　)

A. 避免数据重复建设
B. 实现多规合一
C. 实时更新数据
D. 数据管理便捷

44. 利用遥感技术制作城市规划现状图，不具备以下哪项特点？(　　)

A. 快速
B. 范围广
C. 准确
D. 信息多

45. 与CAD相比，GIS软件具有的优势是(　　)

A. 能提高图形编辑修改的效率
B. 实现图形、属性的一统
C. 便于资料保存
D. 成果表达更为直观丰富

46. 城市规划信息和技术共享的主要障碍是(　　)

A. 不同系统使用的软件不统一
B. 不同系统二次开发的深度不统一
C. 不同系统建立的时间不统一
D. 不同系统建立的标准不统一

47. 下列关于当代世界城镇化特点的表述，哪项是错误的？(　　)

A. 大城市快速发展趋势明显
B. 郊区化现象出现
C. 发达国家构成城镇化的主体
D. 发展中国家的城镇化以人口从乡村向城市迁移为主

48. 下列哪项不符合中央城市工作会议提出的“让中西部地区广大群众在家门口也能分享城镇化成果”的要求？(　　)

A. 培育发展一批城镇群
B. 培育发展一批区域性中心城市
C. 促进边疆中心城市、口岸城市联动发展
D. 将中西部地区人口集中到城市

49. 下列关于中国城市边缘区特征的表述，哪种是错误的？(　　)

A. 城乡景观混杂
B. 城乡人口居住混杂
C. 社会问题较为突出
D. 空间变化相对迟缓

50. 下列关于城镇化空间类型的表述，哪项是错误的？(　　)

A. 向心型城镇化也称集中型城镇化
B. 郊区化属于离心型城镇化
C. 城市“摊大饼”式发展属于外延型城镇化
D. “城中村”属于逆城镇化

51. 下列哪项不是支配克里斯塔勒中心地体系形成的原则？(　　)

A. 交通原则
B. 居住原则
C. 市场原则
D. 行政原则

52. 下列省中，首位度最高的是(　　)

A. 陕西
B. 河北
C. 山东
D. 广西

53. 下列哪种方法适合于大城市近郊小城镇人口规模预测？(　　)

A. 聚类分析法
B. 回归分析法
C. 类比法
D. 增长率法

54. 下列哪项不属于城市经济区组织的原则？(　　)

A. 中心城市原则
B. 联系方向原则
C. 腹地原则
D. 效益原则

55. 下列哪项不属于城镇体系规划的基本内容？(　　)

A. 城镇综合承载能力
B. 城镇规模等级体系
C. 城镇职能分工协作
D. 区域城镇空间结构

56. 下列哪项“城市病”的成因与“外部效应”有关？(　　)

A. 失业
B. 贫困
C. 犯罪
D. 交通拥堵

57. 下列哪项是市场经济中的价值判断标准？(　　)

A. 效用
B. 效率
C. 利润
D. 公平

58. 根据城市经济学理论，城市达到最佳规模时会出现下列哪种状况？(　　)

A. 集聚力大于分散力
B. 集聚力小于分散力
C. 集聚力等于分散力
D. 集聚力与分散力均为零

59. 在城市经济的长期增长中，下列哪项投入要素的限制性最大？(　　)

A. 资本
B. 劳动
C. 土地
D. 技术

60. 城市产业区位熵的计算与下列哪项因素无关？(　　)

A. 各行业就业人数
B. 城市总就业人数
C. 行业就业占总就业的比重
D. 各行业利润率

61. 下列哪项从城市中心向外逐步递增？(　　)

A. 房价
B. 地价

C. 住房面积　　D. 人口密度

62. 城市土地利用强度的变化来自于下列哪项生产要素的相互替代？(　　)

A. 资本与土地　　B. 资本与劳动

C. 资本与技术　　D. 土地与技术

63. 根据城市经济学理论，下列哪项因素会引发城市的郊区化？(　　)

A. 城市人口增长　　B. 城市产业升级

C. 交通成本上升　　D. 收入水平上升

64. 大城市采取“限行”措施（如果每周限行一天）治理交通拥堵，驾车者承担了(　　)

A. 平均成本　　B. 边际成本

C. 社会成本　　D. 外部效应

65. 下列哪项措施不能减少城市交通供求的时间不均衡？(　　)

A. 增修道路　　B. 实行弹性工作时间

C. 在采取分时段限行措施　　D. 提倡公共交通出行

66. 根据经济学原理，下列哪项税收可以兼顾公平与效率两个目标？(　　)

A. 房地产税　　B. 土地税

C. 个人所得税　　D. 企业所得税

67. 城市绿地属于下列哪一类？(　　)

A. 私人物品　　B. 自然垄断物品

C. 公共品　　D. 共有资源

68. 下列哪项不是城市社会阶层分异的基本动力？(　　)

A. 职业的分化　　B. 收入差异

C. 居民个体的偏好　　D. 劳动力市场的分割

69. 下列哪项是判断城市进入老龄化社会的标志性指标？(　　)

A. 80 岁以上高龄人口占 3%以上　　B. 65 岁以上人口占 5%以上

C. 60 岁以上人口占 7%以上　　D. 老少比大于 30%以上

70. 下列关于问卷调查的表述，哪项是错误的？(　　)

A. 调查样本的选择采用判断抽样最为科学

B. 最好是边调查边修正问卷

C. 问卷的“回收率”是指有效问卷占所有发放问卷数量的比例

D. 问卷设计要考虑到被调查者的填写时间

71. 下列关于人口年龄结构金字塔的表述，哪项是错误的？(　　)

A. 人口年龄结构金字塔既有男性人口信息，又有女性人口信息

B. 从人口年龄结构金字塔可以粗略看出一个地区人口的素质结构

C. 人口年龄结构金字塔可以用“一岁年龄组”表示，又可用“五岁年龄组”表示

D. 依据人口年龄结构金字塔可以判断一个城市或地区是否进入老龄化社会

72. 我国城市社区自制的主体是(　　)

A. 居民　　B. 居民委员会

C. 物业管理结构　　D. 业主委员会

73. 下列关于人口性别结构的表述，哪项是错误的？(　　)

A. 性别比大于100，则说明女性人口多于男性人口

B. “重男轻女”的观念会影响人口的性别比例

C. 人口迁移会导致地方人口性别比发生变化

D. 人口性别比市场可能会导致“婚姻挤压”现象

74. 下列关于社区（Community）的表述，哪项是错误的？（　　）

A. 社区就是邻里，二者讲的是同一概念

B. 多元论认为社区对政治权利是分散的

C. 社区是维系社会心理归属的重要载体

D. 社区一定要形成社会互动

75. 下列哪项是形成霍伊特（Hoyt）扇形城市空间结构特征的动因？（　　）

A. 过渡地带的形成　　B. 交通线对土地利用的影响

C. 人口迁居的“侵入—演替”　　D. 城市多中心的作用

76. 下列哪项不是全球气候变化导致的结果？（　　）

A. 海平面上升　　B. 洪涝、干旱等气候灾害加剧

C. 生态系统紊乱　　D. 城市及其周边地区地下水污染

77. 下列哪项不是导致大气二氧化碳浓度增加的原因？（　　）

A. 矿物燃料燃烧　　B. 大面积砍伐森林

C. 臭氧层破坏　　D. 汽车拥堵

78. 下列关于建设项目环境影响评价的表述，哪项是错误的？（　　）

A. 重视建设项目多方案的比较论证

B. 重视建设项目的技术路线和技术工艺的评价

C. 重视建设项目对环境的累积和长远效应

D. 重视环保措施的技术经济可行性

79. 下列哪项不属于实现区域生态安全格局的途径？（　　）

A. 协调城市发展、农业与自然保护用地之间的关系

B. 维护生态栖息地的整体空间格局

C. 开发自然灾害防治技术

D. 维护区域生态过程的完整性

80. 下列有关形成光化学烟雾的因素，哪项是错误的？（　　）

A. 大气湿度相对较低　　B. 微风

C. 近地逆温　　D. 气温高于32℃

二、多项选择题（共20题，每题1分。每题的备选项中，有二至四个选项符合题意。少选、错选都不得分）

81. 下列关于中国佛教建筑的表述，哪些选项是正确的？（　　）

A. 佛教建筑分为汉传、北传和南传三类

B. 佛教建筑分为汉传、藏传、北传和南传四类

C. 汉传佛教建筑组成始终包括塔、殿和廊院三类

D. 在早期的汉传佛教建筑布局中，塔占主要地位

E. 前殿后塔曾是汉传佛教建筑布局的一种方式

82. 下列关于现代主义建筑设计观念的表述，哪些选项是正确的？（　　）

A. 强调形式追随功能　　B. 注重建筑的经济性

C. 关注建筑的历史文脉　　D. 认为空间是建筑的主角

E. 注重建筑表面的装饰效果

83. 下列关于公共建筑分散式布局特点的表述，哪些选项是正确的？（　　）

A. 有利于争取良好朝向　　B. 难以适应不规则地形

C. 可防止建筑的相互干扰　　D. 便于功能区的划分

E. 可有效组织自然通风

84. 下列关于公共建筑基地选择与布局的表述，哪些选项是正确的？（　　）

A. 重要剧场应置于僻静的位置　　B. 旅馆应布置在交通方便之处

C. 综合医院宜面临两条城市道路　　D. 档案馆不宜建在城市的闹市区

E. 展览馆可以充分利用荒废建筑改造

85. 建设项目建议书应包括下列哪些方面内容？（　　）

A. 项目提出依据、缘由和背景　　B. 资源情况和建设条件可行性

C. 拟建规模和建设地点　　D. 投资预算和资金落实方案

E. 设计与施工的进度安排

86. 下列哪些选项属于站前广场规划设计需要考虑的内容？（　　）

A. 公交站点的布置　　B. 社会停车场的布置

C. 行人交通组织　　D. 车辆交通组织

E. 商业网点的布置

87. 下列哪些属于平面交叉口的交通控制形式？（　　）

A. 交通信号灯法　　B. 多路停车法

C. 渠化交通法　　D. 让路停车法

E. 不设管制

88. 在道路交叉口合理组织自行车交通，下列哪些选项属于通常的做法？（　　）

A. 设置自行车右转专用道　　B. 设置自行车右转等候区

C. 设置左转候车法　　D. 将自行车停车线提前

E. 将自行车道与人行道合并设置

89. 下列关于城市轨道交通的线路走向选址的表述，哪些选项是正确的？（　　）

A. 应当沿主客流方向布设

B. 应当考虑全日客流和通勤客流的规模

C. 线路起终点应设在大客流横断面位置

D. 支线宜选在客流断面较大的地段

E. 应当考虑车辆基地和联络线的位置

90. 为缓解城市中心商业区的交通和停车问题，下列哪些做法是正确的？（　　）

A. 在商业区外围设置截流性机动车停车场

B. 在商业区建立停车诱导系统

C. 在商业区的步行街或步行广场设置机动车停车场

D. 在商业区限制停车泊位的数量
E. 提高收费标准，加快停车泊位的周转

91. 下列哪些项属于物流中心规划设计的主要内容？（　　）

A. 物流中心功能定位
B. 物流中心货物管理信息系统设计
C. 物流中心的内部交通组织
D. 物流中心的平面设计
E. 物流中心周边配套市政工程设计

92. 下列哪些项是城市总体规划编制时需要确定的强制性内容？（　　）

A. 重大基础设施用地
B. 水源地保护范围
C. 城市蓝线坐标
D. 城市防洪标准
E. 建设地段规划控制标高

93. 生活垃圾处理方式中，焚烧与填埋相比较有哪些优点？（　　）

A. 占地面积小
B. 投资相对较低
C. 焚烧产生的热能可用于供热、发电
D. 垃圾减量化程度大
E. 运行管理难度小

94. 考虑解决地区水资源供需矛盾时，下列哪些措施适用于资源型缺水地区？（　　）

A. 大力加强居民家庭和工业企业用水
B. 推广城市污水再利用
C. 推广农业滴灌、喷灌
D. 采取外流域调水
E. 改造城市自来水厂净水工艺

95. 下列关于城市综合管廊适宜建设区域的表述，哪些是正确的？（　　）

A. 城市成片开发区域的新建道路可以根据功能需求同步建设地下综合管廊
B. 老城区结合旧城更新因地制地安排地下综合管廊建设
C. 沿交通流量较大的公路应同步建设地下综合管廊
D. 城市道路与铁路交叉处应优先建设地下综合管廊
E. 现有城市架空线入地工程可建设缆线型综合管廊

96. 确定城市防洪标准时，应考虑下列哪些因素？（　　）

A. 常住人口
B. 城市重要性
C. 当前经济规模
D. 耕地面积
E. 洪水淹没范围

97. 下列关于城市防灾规划建设的表述，哪些选项是正确的？（　　）

A. 应控制城市规划建设用地范围内各类危险化学用品的总量和密度
B. 城市中心区内设置一级加油站时，应设置固定运输线路、限定运输时间
C. 大中城市都应设置一级消防站
D. 特勤消防站承担危险化学品事故处置的任务
E. 建筑物耐火能力分为三级，耐火能力最强的为三级，最弱的为一级

98. 下列关于区域生态适宜性评价的表述，哪些选项是错误的？（　　）

A. 按行政区划划分评价空间单元
B. 独立地评价每个评价空间单元
C. 资源的经济价值是划分生态适宜性的重要标准
D. 生态环境的抗干扰性影响生态适宜性

E. 生物多样性与生态适宜性无关

99. 下列关于水体富营养化特征的表述，哪些选项是正确的？(　　)

A. 水体中氮、磷含量增多

B. 水体中的蛋白质含量增多

C. 水体中藻类大量繁殖

D. 水体中溶解氧含量极低

E. 水体中鱼类数量增加

100. 下列关于城市垃圾综合整治的表述，哪些选项是正确的？(　　)

A. 主要目标是无害化、减量化和资源化

B. 垃圾综合利用包括分选、回收、转化三个过程

C. 卫生填埋需要解决垃圾渗滤液和产生沼气的问题

D. 生活垃圾应进行分类收集与处理

E. 垃圾焚烧不会产生新的污染

考题二分析与解答

一、单项选择题

1.【正确答案】：B

【试题解析】：本题考查的是斗栱功能作用的变化。斗栱是中国木架建筑特有的构件，由水平放置的方形的斗和升、矩形的栱以及斜置的昂组成。斗栱在唐代是建筑重要的承重构件。

2.【正确答案】：D

【试题解析】：本题考查的是中国古代建筑平面布局单位。屋架上檩与檩中心线水平间距，清代称为“步”，各步距总和或侧面各开间宽度的总和称为“通进深”，若有斗栱，则按前后挑檐檩中心线间距的水平距离计算，清代各步距相等，宋代有相等、递增或递减及不规则排列的。

3.【正确答案】：C

【试题解析】：本题考查的是古典柱式。其中，科林斯柱式的柱头由毛茛叶组成，宛如一个花篮，其柱身、柱础和整体比例与爱奥尼柱式相似。

4.【正确答案】：C

【试题解析】：本题考查的是建筑的交通空间。建筑交通联系空间可分为水平交通、垂直交通和枢纽交通。

5.【正确答案】：C

【试题解析】：本题考查的是各类建筑的结构形式。体育馆为大跨度建筑结构，高层商住为框架结构。

6.【正确答案】：B

【试题解析】：砖混结构纵向承重体系：荷载的主要传递路线是：板→梁→纵墙→基础→地基。

特点：纵墙是主要承重墙，横墙是满足房屋空间刚度和整体性要求，横墙间距可以较大，利于形成较大空间，利于使用上的灵活布置；纵墙上开门、开窗的大小和位置都要受到一定限制；横墙数量较少。

适用：使用上要求有较大开间的教学楼、实验楼、办公楼、图书馆、食堂、工业厂房等。

7.【正确答案】：D

【试题解析】：正规的屋架杆件只是承受单纯的压力或拉力，不应承受弯矩，也就是说外力必须通过节点传入。

8.【正确答案】：C

【试题解析】：本题考查的是建筑材料的力学性质。其中，材料在经受外力作用时抵抗破坏的能力，称为材料的强度。材料在承受外力并在撤出外力后，形状能恢复原状的性能称为弹性。材料强度一般分为抗拉、抗压、抗弯、抗剪强度。

9.【正确答案】：A

【试题解析】：绿色建筑指的是在建筑的全寿命周期内，最大限度地节约资源（节能、节地、节水、节材），保护环境和减少污染，为人们提供健康、适用和高效的使用空间、与自然和谐共生的建筑。

10.【正确答案】：C

【试题解析】：所有民用建筑场地和工厂场地都不应让外部交通直接穿行，避免破坏场地的完整性。

11.【正确答案】：C

【试题解析】：工业建筑及总平面设计中的场地要求：①适应物料加工流程，运距短捷，尽量一线多用；②与竖向设计、管线、绿化、环境布置协调，符合有关技术标准；③满足生产、安全、卫生、防火等特殊要求，特别是有危险品的工厂，不能使危险品通过安全生产区；④主要货运路线与主要人流线路应尽量避免交叉；⑤力求缩减道路敷设面积，节约投资与土地。

12.【正确答案】：A

【试题解析】：此题考查的是各种场地地形的特点。地面设计是将自然地形改造成为满足使用功能的人工地形，其可分为平坡式、台阶式和混合式三种。

13.【正确答案】：C

【试题解析】：中世纪欧洲的拜占庭、罗马风以及哥特建筑更多注重形式，与古典时期对比，拜占庭建筑的色彩显得阴暗、沉重。

14.【正确答案】：B

【试题解析】：此题考查的是平曲线和竖曲线的关系。在道路纵坡转折点常设凸形或凹形竖曲线，将相邻的直线坡段平滑地连接起来，以使车辆比较平稳通过，避免车辆颠簸，并满足驾驶人员的视线要求。其中凸形竖曲线是为满足视线视距的要求，凹形竖曲线是满足车辆行驶平稳即离心力的要求。

城市道路设计时一般希望将平曲线与竖曲线分开设置。如果确实需要重合设置时，通常要求将竖曲线在平曲线内设置，而不应有交叉现象。为了保持平面和纵断面的线性平顺，一般取凸形竖曲线的半径为平曲线半径的 10～20 倍。应避免将小半径的竖曲线设在长的直线段上。

15.【正确答案】：D

【试题解析】：轨道交通线网方案阶段的主要任务是确定城市轨道交通网的规划布局方

案。主要内容：①确定各条线路的大致走向和起讫点位置，提出线网密度等技术指标；②确定换乘车站的规划布局，明确各换乘车站的功能定位；③处理好城市轨道交通线路之间的换乘关系，以及城市轨道交通与其他交通方式的衔接关系；④在充分考虑城乡规划和环境保护方面的基础上，根据沿线地形、道路交通和两侧土地利用的条件，提出各条线路的敷设方式；⑤根据城市与交通发展要求，在交通需求预测的基础上，提出城市轨道交通分期建设时序。

16. **【正确答案】**：B

【试题解析】：警告标志的形状为三角形，颜色为黄底黑边。

17. **【正确答案】**：C

【试题解析】：城市道路小汽车理论通行能力为每车道 1800 辆/h。靠近中线的车道，通行能力最大，右侧同向车道通行能力将依次有所折减，最右侧车道的通行能力最小。

18. **【正确答案】**：C

【试题解析】：交叉口交通组织方式：无交通管制、渠化交通、交通指挥、立体交叉。

19. **【正确答案】**：B

【试题解析】：城市公共停车设施可分为路边停车带和路外停车场。

20. **【正确答案】**：C

【试题解析】：斜楼板停车楼板呈缓慢倾斜状布置，利用通道的倾斜作为楼层转换的坡道，用地最为节省，单位停车位占用面积最少。但交通路线较长，对车位的进出存在干扰。建筑外立面呈倾斜状，具有停车库的建筑个性。为了缩短疏散时间，斜坡楼板式停车库还可以专设一个快速旋转式坡道出口，以方便车辆驶出。

21. **【正确答案】**：A

【试题解析】：本题考查的是各类停车楼的特点。斜楼板停车楼板呈缓慢倾斜状布置，利用通道的倾斜作为楼层转换的坡道，用地最为节省，单位停车位占用面积最少。但交通路线较长，对车位的进出存在干扰。

22. **【正确答案】**：C

【试题解析】：城市交通广场应很好地组织人流和车流，以保证广场上的车辆和行人互不干扰，畅通无阻；广场要有足够的行车面积、停车面积和行人活动面积，其大小根据广场上的车辆及行人的数量决定；在广场建筑物的附近设置公共交通停车站、汽车停车场时，其具体位置应与建筑物的出入口协调，以免人、车混杂，或车流交叉过多，使交通阻塞。

23. **【正确答案】**：C

【试题解析】：限界：为了保证交通的畅通，避免发生交通事故，要求街道和道路构筑物为车辆和行人的通行提供一定的限制性空间。

道路桥洞通行限界：行人和自行车高度限界为 2.5m，有时考虑非机动车桥（洞）在雨天通行公共汽车，其高度限界控制为 3.5m；汽车高度限界为 4.5m，超高汽车禁止在桥（洞）下通行。

24. **【正确答案】**：A

【试题解析】：本题考查的是各种交通工具的运输能力。地铁系统最主要特征就是运量大，其单向高峰小时断面流量在 45000～70000 人；轻轨交通最主要特征是其运量规模比地铁小，其单向高峰小时断面流量在 10000～30000 人；有轨电车速度低、运量小、舒适性差，技术落后，许多国家都对其进行了改造或拆除。

25.【正确答案】：C

【试题解析】：用水最多一日的用水量，称为最高日用水量。城市给水规模就是指城市给水工程统一供水的城市最高日用水量，而在城市水资源平衡中所用的水量一般指平均日用水量。

26.【正确答案】：C

【试题解析】：城市污水处理厂厂址选择：污水处理厂应设在地势较低处，便于城市污水自流入厂内；污水处理厂宜设在水体附近，便于处理后的污水就近排入水体，尽量无提升，合理布置出水口；厂址必须位于集中给水水源的下游，并应设在城镇、工厂厂区及居住区的下游和夏季主导风向的下方；厂址尽可能少占或不占农田，但宜在地质条件较好的地段，便于施工、降低造价；结合污水的出路，考虑污水回用于工业、城市和农业的可能，厂址应尽可能与回用处理后污水的主要用户靠近；厂址不宜设在雨季易受水淹的低洼处；靠近水体的污水处理厂要考虑不受洪水的威胁；污水处理厂选址应考虑污泥的运输和处置，宜近公路和河流；选址应注意城市近、远期发展问题，近期合适位置与远期合适位置往往不一致，应结合城市总体规划一并考虑。

27.【正确答案】：C

【试题解析】：总体规划阶段用电负荷预测方法，宜选用电力弹性系数法、增长率法、回归分析法、增长率法、人均用电指标法、横向比较法、符合密度法、单耗法等。详细规划阶段用电负荷预测方法，宜选用单位建设用地负荷指标法和单耗法。

28.【正确答案】：D

【试题解析】：液化石油气储配站与服务站之间的平均距离不宜超过 10km；小城镇应采用低压一、二级混合系统；城市气源应尽可能选择多种气源。

29.【正确答案】：A

【试题解析】：专用锅炉房属于分散供热系统。

30.【正确答案】：B

【试题解析】：堆肥只是减少体积，转变为稳定的有机质，但是最终的处理方式是填埋或者焚烧。

31.【正确答案】：D

【试题解析】：湿地控制线属于城市绿线，城市道路控制线属于城市红线，历史文化保护街区控制线属于城市紫线。

此题考查的是城市七线的内容。为加强对城市道路、城市绿地、城市历史文化街区和历史建筑、城市水体和生态环境等公共资源的保护，促进城市的可持续发展，我国在城乡规划管理中设定了红、绿、蓝、紫、黑、橙和黄等 7 种控制线，并分别制定了管理办法。

32.【正确答案】：B

【试题解析】：此题考查的是工程管线综合布置避让原则，即压力管让重力自流管；管径小的管线让管径大的管线；易弯曲的管线让不易弯曲的管线；临时性的管线让永久性的管线；工程量小的管线让工程量大的管线；新建的管线让现有的管线；检修次数少的和方便的管线，让检修次数多的和不方便的管线。

33.【正确答案】：B

【试题解析】：总体规划阶段用地竖向规划的主要内容：分析规划用地的地形、坡度，评价建设用地条件，确定城乡规划建设用地；分析规划用地的分水线、汇水线、地面坡向，确定防洪排涝及排水方式；确定防洪堤顶及堤内江河湖海岸最低的控制标高；根据排洪通行需要，确定大桥、港口、码头的控制高程；确定城市主干道与公路、铁路交叉口的控制标高；分析城市雨水主干道进入江、河的可行性，确定道路及控制标高；选择城市主要景观控制特点，确定其控制标高。

34.【正确答案】：A

【试题解析】：总体规划阶段防洪规划的内容：确定城市消防、防洪、人防、抗震等设防标准；布局城市消防、防洪、人防等设施；制定防灾对策与措施；组织城市防灾生命线系统。

35.【正确答案】：C

【试题解析】：消防站分为三个级别：普通消防站和特勤消防站，其中普通消防站又分为一级消防站和二级消防站，主要根据消防站的建筑规模、人员数量、装备配备等级分类的，所以特勤消防站在人员、装备、车辆和基础设施上都高于普通消防中队。但是特勤消防站的“特”不仅仅体现在这些方面，主要还体现在其所承担的任务上，其是当地消防部队中的一只能够处理一些急、难、险、重等危险性高的灾害事故的消防中队。

基本每个地级城市都要设置至少一个特勤消防站。这主要是因为每个区域需要有一些特殊的力量来处置特殊事故，比如化学品事故、高速公路事故、地震、塌方等。特殊事故较多的地方，需要增设特勤消防站。

36.【正确答案】：A

【试题解析】：编制城乡规划，首先要认真分析研究城市的自然条件，尽量选择对抗震有力的地段进行城市建设，避免将城市建设用地选择在地震危险地段，重要建筑尽量要避开对抗震不利的地段。地震危险地段包括：地震时可能发生滑坡、崩塌、地陷、地裂、泥石流等地段；活动性断裂带附近，地震时可能发生地表错位的部位。

37.【正确答案】：A

【试题解析】：地震烈度是指地震时某一地区的地面和各类建筑物遭受到一次地震影响的强弱程度。

38.【正确答案】：D

【试题解析】：一般建设工程应按照基本烈度进行设防。重大建设工程和可能发生严重次生灾害的建设工程，必须进行地震安全性评价，并根据地震安全性评价结果确定抗震设防标准。

39.【正确答案】：B

【试题解析】：遥感技术是从人造卫星、飞机或其他飞行器上收集地物目标的电磁辐射信息，判认地球环境和资源的技术。在城乡规划中可以用于地形测绘、现状用地调查与更新、绿化植被调查、环境调查、交通调查、景观调查、人口估算、城乡规划动态监测等。

劳动力资源是指一个国家或地区，在一定时点或时期内，全社会拥有的在劳动年龄范围内、具有劳动能力的人口总数和质量。包括劳动者的生产技术、文化科学水平和健康状况的总和的劳动适龄人口。这些是无法从遥感影像判读中提取的。

40.【正确答案】：C

【试题解析】：遥感影像预处理是对遥感图像进行辐射校正和几何纠正、图像整饰、投影变换、镶嵌、特征提取、分类以及各种专题处理等一系列操作，以求达到预期目的的技术。包括影像纠正、影像融合、影像匀色、影像镶嵌、影像去云雾。

41.【正确答案】：B

【试题解析】：3S是遥感（Remote Sensing）、全球定位系统GPS（Global Position System）和地理信息系统（Geographic Information System）的简称，是空间技术、传感器技术、卫星定位与导航技术和计算机技术、通信技术相结合，多学科高度集成的对空间信息进行采集、处理、管理、分析、表达、传播和应用的现代信息技术的总称。

42.【正确答案】：B

【试题解析】：地理信息系统（Geographic Information System 或 Geo-information System，GIS）有时又称为“地学信息系统”。它是一种特定的十分重要的空间信息系统。它是在计算机硬、软件系统支持下，对整个或部分地球表层（包括大气层）空间中的有关地理分布数据进行采集、储存、管理、运算、分析、显示和描述的技术系统。

根据不同时期的遥感影像进行对比、发现变化，将变化与规划对比，判断其是否符合城市规划。

43.【正确答案】：A

【试题解析】：城市规划与其他城市管理部门协同合作，实现基础数据一致、共享，可以避免数据重复建设，提高效率。

44.【正确答案】：C

【试题解析】：卫星遥感技术正在不断地向多光谱、高分辨率的方向发展，新一代的商用卫星影像，对地表的分辨率已经达到0.5m，可以用它制作1∶10000甚至更大比例的基础地形图。

城市规划现状图要求更加精准，不同层次规划所需图纸比例是不同的，修建性详细规划图的比例是1∶500～1∶1000。

45.【正确答案】：B

【试题解析】：GIS与CAD系统的共同特点是二者都有参考系统，都有空间坐标系统，都能描述图形数据的拓扑关系，都能将目标和参考系联系起来，也都能处理非图形属性数据，都能处理属性和空间数据。

但是二者还是有较明显的差异，简单来说，GIS在工程设计方面的功能薄弱，而CAD不适合空间查询、空间分析。CAD研究对象为人造对象，即规则几何图形及组合，图形功能特别是三维图形功能强，属性库功能相对较弱；CAD中的拓扑关系较为简单，一般采用几何坐标系。GIS处理的数据大多来自于现实世界，较之人造对象更复杂，数据量更大；数据采集的方式多样化；GIS的属性库结构复杂，功能强大；强调对空间数据的分析，图形属性交互使用频繁；GIS采用地理坐标系。

46.【正确答案】：D

【试题解析】：不同信息系统建立的标准不一样，要实现城市规划信息和技术共享，需要对数据进行转换和维护。

如：为了“多规合一”业务协同平台建设工作的顺利推进，实现不同坐标系下各类规划图件的无缝对接，就需要进行“多规合一”坐标转换系统的开发工作，该系统能够快速实现各种坐标系的文本坐标数据、影像数据、DLG 数据以及 GIS 数据向 2000 国家坐标系的转换。

47.【正确答案】：C

【试题解析】：近年来，城镇化水平提高迅速。在世界范围内，居住在城市中的人口已经逐步超过居住在乡村中的人口。发达国家以人口集中为特点的城镇化已经进入后期阶段。发展中国家的城镇化已构成当今世界城镇化的主体。

48.【正确答案】：D

【试题解析】：中央城市工作会议 2015 年 12 月 20～21 日在北京举行。会议明确了今后我国城市发展的主要思路。要以城市群为主体形态，科学规划城市空间布局，实现紧凑集约、高效绿色发展。要优化提升东部城市群，在中西部地区培育发展一批城市群、区域性中心城市，促进边疆中心城市、口岸城市联动发展，让中西部地区广大群众在家门口也能分享城镇化成果。

49.【正确答案】：D

【试题解析】：城市边缘区是大城市建成区外围在土地利用、社会和人口统计学特征方面处于城市和乡村之间的一种过渡地带。这一正在进行外延型城镇化的边缘地带被称为城乡结合部。

早期城市与乡村的景观差异明显，城镇化的过程中，城市不断向外围扩展，使得毗邻乡村地区的土地利用从农业转变为工业、商业、居住区以及其他职能，并相应兴建了城市服务设施，从而形成包括郊区的城乡交错带。

50.【正确答案】：D

【试题解析】：从狭义上说，城中村是指农村村落在城镇化进程中，由于全部或大部分耕地被征用，农民转为居民后仍在原村落居住而演变成的居民区，亦称为“都市里的村庄”。

从广义上说，城中村是指在城市高速发展的进程中，滞后于时代发展步伐、游离于现代城市管理之外、生活水平低下的居民区。

51.【正确答案】：B

【试题解析】：此题考查的是中心地理论的内容，几乎每年都会出现考题。中心地，是向周围地区居民提供各种货物和服务的地方。中心商品是在中心地生产，提供给中心地及周围地区居民消费的商品。中心地职能是指中心地具有向周围地区提供中心商品的职能。

克里斯塔勒认为，有三个条件或原则支配中心地体系的形成，它们是市场原则、交通原则和行政原则。在不同的原则支配下，中心地网络呈现不同的结构，而且中心地和市场区大小的等级顺序有着严格的规定，即按照所谓 K 值排列成有规则的、严密的系列。以上三个原则共同形成了城市等级体系。

52.【正确答案】：A

【试题解析】：杰斐逊的观察和发现对现代城市地理学作出了巨大的贡献。首位城市的概念已经被普遍使用，是用一国最大城市与第二位城市人口的比值来衡量城市规模分布状况的简单指标。首位度大的城市规模分布就叫首位分布。

如：成都、武汉、长沙、长春、西安等城市是各省“首位度”最高的省会城市，山东、江苏、广东等省的省会城市首位度都很低。

53.【正确答案】：C

【试题解析】：小城镇规模较小，在受到临近大中城市经济与产业辐射后，城镇规模容易发生大幅度的变化，常采用定性分析方法从区域层面估测小城镇的人口规模，即区域人口分配法、类比法和区位法。

54.【正确答案】：D

【试题解析】：经济区是以综合性大中城市为中心组织起来的，具全国性专门化职能的经济活动（生产、流通、分配、消费）空间组合单元。它是生产力高度社会化、商品经济相当发达条件下社会劳动地域分工与协作的必然产物，具有客观性、阶段性、过渡性和综合性特征。

城市经济区组织的原则包括：中心城市原则、联系方向原则、腹地原则、可达性原则、过渡带原则、兼顾行政区单元完整性原则。

55.【正确答案】：A

【试题解析】：城镇体系规划是指一定地域范围内，以区域生产力合理布局和城镇职能分工为依据，确定不同人口规模等级和职能分工的城镇的分布和发展规划。目标：通过合理组织体系内各城镇之间、城镇与体系之间以及体系与其外部环境之间的各种经济、社会等方面的相互联系，运用现代系统理论与方法探究整个体系的整体效益。

56.【正确答案】：D

【试题解析】：外部效果问题也就是项目经济的“外涉性”问题。所谓“外涉性”，就是为了自身目标而努力的人和部门，在努力的过程中或由于努力的结果而使社会得到意外的收益，或给他人或其他部门带来麻烦和损害的现象。这种正的或负的效果一般不会计入前者的费用或效益。所以这种后果是外部性经济问题。它可以影响某些部门和个人的经济效益。

堵车为外部不经济，外部不经济是指生产或消费给其他人造成损失而其他人却不能得到补偿的情况。在外部不经济的情况下：个人边际成本（MCP）<社会边际成本(MCS)。这时私人活动水平高于社会所要求的水平。外部不经济也可以视经济活动主体的不同而分为“生产的外部不经济”和“消费的外部不经济”。

57.【正确答案】：B

【试题解析】：经济学最重要的价值判断标准是效率（Efficiency）。这里说的效率，简单地说就是没有浪费。

效率是经济学领域中一个非常重要的概念，但是效率又不是纯粹的技术性的问题，它也具有丰富的理论价值在里面。经济效率中蕴涵的道德价值、公平价值等。

58.【正确答案】：A

【试题解析】：集聚力和分散力达到平衡时，城市规模就稳定下来了，经济学称这个规模为均衡规模。均衡规模不是最佳规模，“最佳”是指经济效率最高，实在边际成本等于边际收益的规模上实现的。

59.【正确答案】：C

【试题解析】：从可持续的角度来看，资本是可再生性的，可以通过积累不断地增加其规模。人口也有再生产性，但是因为各种资源限制，人口增长可能比不上经济发展，也不具有长期可持续投资性。而技术随资本的投入，会在一定程度上持续推进发展，具有连续投资特点。而土地的稀缺性、不可再生性决定其受限制性最大。

60.【正确答案】：D

【试题解析】：区位熵在衡量某一区域要素的空间分布情况，反映某一产业部门的专业化程度，以及某一区域在高层次区域的地位和作用等方面，是一个很有意义的指标。在产业结构研究中，运用区位熵指标主要是分析区域主导专业化部门的状况。

区位熵=（该行业就业人数/城市总就业人数）/（全国该行业就业人数/全国总就业人数）城市中所有行业进行区位熵的计算，大于1的行业组成城市的基本部门，其余的行业则属于非基本部门。

61.【正确答案】：C

【试题解析】：资本密度（容积率）从中心向外下降。距中心区越远，土地的价格越低，单位货币能够购买的数量就越多，其边际产出也就越高。这就是土地与资本之间的替代，这种替代导致资本密度的下降。从中心区向外，单个居民的住房面积就会增加，而单位土地上的住房面积（资本密度）会下降，那么人口密度就一定下降了。而资本与人口两种密度的下降就意味着土地使用强度的下降。显而易见，住房面积从城市中心向外逐步递增。

62.【正确答案】：A

【试题解析】：土地利用强度：土地资源利用的效率，单位用地面积投资强度，对一个单位的土地投资的强度。可以用建设用地面积占该区域土地面积的比值表示。

距市中心越近，土地利用强度越大；距市中心越远，土地利用强度越小。土地价格大致从市中心向郊区递减，为最大效率利用土地，越靠近市中心，建筑用地面积比重必然越高。

63.【正确答案】：D

【试题解析】：城市郊区化是城市化的一种结果。指居民向市郊扩散的一种城市形态。原因是城市中心区居住环境恶化，地铁及小汽车交通发展，居民追求宽敞舒适的独立式住宅等。其保证了人们生活舒适，出行速度较快，生活空间扩大，使低密度居住得以实现，前提是居民收入水平的上升。

64.【正确答案】：B

【试题解析】：本题考查的是边际成本和平均成本的关系。其中，个人边际成本是指消费者在消费额外单位发生的额外成本。当遇到交通拥堵时，时间成本是上升的。但是城市的道路是大家共同使用的，所以各人承担的只是平均成本，而最后一辆车进入带来的边际成本，造成大家都拥堵，而驾驶者没有承担全部的边际成本，只承担了一部分不在乎的平均成本。而限行则让驾驶者承担了其进入带来的全部边际成本。

65.【正确答案】：A

【试题解析】：大城市中的交通拥堵有一个明显的特征，就是存在两个拥堵的高峰时段，即早高峰和晚高峰。这是由于城市交通需求的波动性和供给的固定性之间的矛盾造成的。

要减少由于交通供求的时间不均衡带来的问题，基本思路就是要想办法减少需求的时间波动性。而需求的时间波动性是由于人们出行的时间上过于集中带来的，所以要想办法减少出行的时间集中度。办法之一是用价格调节，但靠价格调整到供求完全平衡是困难的；办法之二就是调整上班时间，即让各个企业尽量制定错开的上班时间，或弹性的上班时间。

66.【正确答案】：B

【试题解析】：土地使用税是对使用国有土地的单位和个人，按使用的土地面积定额征收的税。

67.【正确答案】：C

【试题解析】：公共物品是指公共使用或消费的物品。公共物品具有非竞争性和非排他性。城市绿地属于公共品。

68.【正确答案】：C

【试题解析】：社会分层揭示了城市的内在结构。所谓的社会分层，就是以财富、权力和声望的获取机会为标准的社会地位排列模式。通常社会阶层是以职业和收入来划分的，在多民族、不平等的城市中，种族则是决定阶层的一个重要因素。

城市社会阶层分异的动力有以下几方面：收入差异和贫富分化、职业的分化、分割的劳动力市场、权力的作用和精英的产生。

69.【正确答案】：D

【试题解析】：人口老龄化衡量指标很多：老龄人口比重、高龄人口比重、老少比、少年儿童比重、年龄中位数、少年儿童扶养比和老年人口扶养比。

所谓人口老龄化是指60岁（或65岁）及以上人口在总人口中所占比重的问题。按联合国的规定，凡60岁及以上人口占总人口10%以上或65岁及以上人口占总人口7%以上就属于老年型人口。老少比是反映一个国家或地区人口年龄结构的重要指标，老少比=（≥65岁人口数÷0～14岁人口数）×100%。老少比大于30%以上就是标志城市进入老龄化社会。

70.【正确答案】：D

【试题解析】：问卷设计不用考虑被调查者的填写时间。

71.【正确答案】：B

【试题解析】：人口年龄结构金字塔图可直观地表示某一地区的年龄构成和性别构成，进而可分析该地区未来的人口变化趋势和可能存在的问题。

人口素质又称为人口质量。人口素质结构则是指在一个区域或城市内，各种素质的人口在“质”和“量”上的组合关系。人口年龄结构金字塔仅仅可以判读人口素质的“量”。

72.【正确答案】：A

【试题解析】：本题考查的是社区自治的含义，包括：社区自治的主体是居民，社区自治的核心是居民权利表达与实现的法制化、民主化、程序化，社区自治的对象包括与居民权利有关的所有活动和所有事务。

73.【正确答案】：A

【试题解析】：本题考查的是人口的性别结构，即城市内男性和女性人口的组成状况，一般用性别比表示。性别比=（男性人口/女性人口）×100。

人口性别比一般以女性人口为100时相应的男性的人口数来定义的。性别比大于100标志男性多于女性人口，性别比越大男性的比重越大。一般情况下，人口的性别比在92～

106之间。

74.【正确答案】：A

【试题解析】："邻里"和"社区"是两个不同的概念。一个最大的区别在于有没有形成"社会互动"。普遍认同的要素包括三个方面，即地区、共同纽带、社会互动。

75.【正确答案】：B

【试题解析】：城市空间结构模式有：同心圆模式、扇形模式、多核心模式。其中同心圆模式城市内部地价随与市中心的距离增大而减小。而扇形模式发展的主要因素是交通条件，所以地价在交通线附近较高。

76.【正确答案】：D

【试题解析】：城市及其周边地区地下水污染，主要指人类活动引起地下水化学成分、物理性质和生物学特性发生改变而使质量下降的现象。

地下水污染的原因主要有：工业废水向地下直接排放，受污染的地表水侵入地下含水层中，因过量使用农药而受污染的水或人畜粪便渗入地下等。污染的结果是使地下水中如酚、铬、汞、砷、放射性物质、细菌、有机物等有害成分的含量增高。污染的地下水对人体健康和工农业生产都有危害。

77.【正确答案】：C

【试题解析】：大气中的二氧化碳含量不断上升的原因主要有两个方面：随着人口的急剧增加、工业的迅速发展，排入大气中的二氧化碳相应增多；又由于森林被大量砍伐，大气中应被森林吸收的二氧化碳没有被吸收，导致二氧化碳逐渐增加，温室效应也不断增强。

78.【正确答案】：D

【试题解析】：本题考查的是建设项目环境影响评价注意事项：加强建设项目多方案的比较论证；重视建设项目的技术问题；重视环境预测评价；避免环境影响评级的滞后性；加强建设项目环境保护措施的科学性和可行性。

79.【正确答案】：C

【试题解析】：本题考查的是区域生态安全格局的概念与构建。景观生态学要求：协调城市发展、农业与自然保护用地之间的关系；优化城乡绿化与开放空间系统；制定城市生态灾害防治技术措施；维护生态过程和人文过程的完整性，以实现区域生态安全格局。

80.【正确答案】：D

【试题解析】：光化学烟雾是一次污染物和二次污染物的混合物形成的空气污染现象。大量汽车排气和少量工业废气中的氮氧化物和碳氢化合物，在一定的气象条件下发生。一般最易发生在大气相对湿度较低、微风、日照强、气温为24～32℃的夏季晴天，并有近地逆温的天气。是一种循环过程，白天生成，傍晚消失。

二、多项选择题

81.【正确答案】：D、E

【试题解析】：本题考查的是汉传佛教的分类和发展。佛教建筑分为汉传、藏传和南传三类。汉传佛教建筑由塔、殿和廊院组成，其布局的演变由以塔为主，再到塔殿并列、塔另设别院或山门前，最后演变成塔可有可无。

82.【正确答案】：A、B、D

【试题解析】：现代建筑主要指19世纪中叶到20世纪80年代的建筑。现代主义建筑基本遵循六大原则，包括：设计以功能为出发点；发挥材料和建筑结构的性能；注重建筑的经济性；强调建筑形式与功能、材料、结构、工艺的一致性，灵活处理建筑造型，突破传统的建筑构图格式；认为建筑空间是建筑的主角；反对表面的外加装饰。

83.【正确答案】：A、C、D、E

【试题解析】：分散式布局的特点是功能分区明确，减少不同功能之间的相互干扰，有利于适应不规则地形，可以增加建筑的层次感，有利于争取良好的朝向与自然通风。

84.【正确答案】：B、D、C、E

【试题解析】：重要剧场应置于城市重要地段；旅馆应与各种交通线路联系方便；医院宜临两条城市道路；为保证馆区安静，减少干扰，档案馆不宜建在城市的闹市区；展览馆可以充分利用荒废建筑改造和扩建。

85.【正确答案】：A、B、C、E

【试题解析】：项目建议书的内容如下：建设项目提出依据和缘由、背景材料、拟建地点的长远规划、行业及地区规划资料；拟建规模和建设地点初步设想论证；资源情况、建设条件可行性及协作可靠性；投资估算和资金筹措设想；设计、施工项目进程安排；经济效果和社会效益的分析与初估。

86.【正确答案】：A、B、C、D

【试题解析】：站前广场具有交通繁忙、人流车流的连续性和脉冲性以及服务对象极为广泛的特点。承担的功能包括换乘枢纽的作用、商业功能还有体现城市面貌的窗口。商业网点的布置属于城市总体布局规划考虑的内容。

87.【正确答案】：A、B、D、E

【试题解析】：平面交叉口的交通控制包括：交通信号灯法：红黄绿灯。多路停车法：在交叉口所有引导入口的右侧设立停车标志。二路停车法：在次要道路进入交叉口的引导上设立停车标志。让路停车法：在进入交叉口的引导上设立停车标志，车辆进入交叉口前必须放慢车速，伺机通过。不设管制：交通量很小的交叉口。

88.【正确答案】：A、C、D

【试题解析】：平面交叉口自行车交通组织及自行车道布置：设置自行车右转专用车道、设置左转候车区、停车线提前法、两次绿灯法、设置自行车横道。

89.【正确答案】：A、B、E

【试题解析】：线路的走向选择中，线路起、终点不要设在市区内大客流断面位置；设置支线的运行线路，支线长度不宜过长，宜选择在客流断面较小的地段。

90.【正确答案】：A、B、E

【试题解析】：商业区中心附近是人流车流相对集中的地方，不要在步行街或步行广场设置机动车停车场，在商业区应增加停车泊位的数量。

91.【正确答案】：A、C、D

【试题解析】：货物流通中心规划设计的内容：选址和功能定位、规模的确定与运量预测、平面设计与空间设计、内部交通组织、外部交通组织。

92.【正确答案】：A、B、D

【试题解析】：此题考查的是强制性内容。城市蓝线坐标和地块标高属于控制性详细规划的内容，但是不属于强制性条款。规划地段各个地块的土地主要用途是城市详细规划的强制性内容。

93.【正确答案】：A、C、D

【试题解析】：垃圾焚烧建设资金较大，需要一次性进行投资，完全建成后才可投入使用，营运费用与卫生填埋法相比较，相对较高。

94.【正确答案】：A、B、C、D

【试题解析】：针对资源型缺水，可以采取的对策措施有节水和非传统水资源的利用。节水方面，编制城市规划要研究城市的用水构成、用水效率和节水潜力，通过调整产业结构，限制高耗水工业发展，推广使用先进的节水技术、工艺和节水器具，加强输配水管网建设和改造等措施，提高用水效率，减少用水量。非传统水资源利用方面，一些水质要求不高的用水，例如工业冷却、浇洒道路、绿化、洗车、冲厕等，完全可以将非传统资源经过适当处理后进行利用。农业灌溉用水应推广先进的节水灌溉技术。另外，也可采用外流域调水，例如南水北调工程。

95.【正确答案】：A、B、D

【试题解析】：此题考查的是城市综合管廊建设适宜区域的内容。国内纳入管廊的市政管线主要为供水、供热、电力、通信四种。根据相关要求，热力管线不得与电缆同舱敷设。由于传统的通信电缆大多为同轴电缆，通常认为和电力电缆之间存在严重干扰，不宜直接共舱敷设。

根据《城市工程管线综合规划规范》（GB 50289－2016）4.2 有关规定，当遇到下列情况之一时，工程管线宜采用综合管廊集中敷设：①交通运输繁忙或工程管线设施较多的机动车道、城市主干道以及配合兴建地下铁道、地下道路、立体交叉等工程地段；②不宜开挖路面的路段；③广场或主要道路的交叉处；④需同时敷设两种以上工程管线及多回路电缆的道路；⑤道路与铁路或河流的交叉处；⑥道路宽度难以满足直埋敷设多种管线的路段。

96.【正确答案】：B、D

【试题解析】：城市防洪标准是指防洪对象应具备的防洪能力，用可防御洪水相应的重现期或出现频率表示。按照城市社会经济地位的重要性或非农业人口数量分为四个防洪标准等级。

97.【正确答案】：A、C、D

【试题解析】：城市规划区不得建设一级加油站，确需建设的应设置固定运输线路，限定运输时间；城市中心区严禁建设。

建筑耐火等级为了保证建筑物的安全，必须采取必要的防火措施，使之具有一定的耐火性，即使发生了火灾也不至于造成太大的损失而设定。民用建筑的耐火等级可分为一、二、三、四级，耐火等级最高的为一级，四级最低。

另有规定：城市规划建设用地范围内不得建设一级加油站和大型天然气加油站；液化石油气加气站和加油加气混合站，不得设置流动站。

98.【正确答案】：A、B、C、E

【试题解析】：生态适宜性评价是以规划范围内生态类型为评价单元，根据区域资源与生态环境特征、发展需求与资源利用要求、现有代表性的生态特性，从规划对象尺度的独特性、抗干扰性、生物多样性、空间地理单元的空间效应、观赏性以及和谐性分析规划范围内的资源质量以及相邻空间地理单元的关系，确定范围内生态类型对资源开发的适宜性和限制性，进而划分适宜性等级。

城市生态适宜性的评价既要满足当代人的发展和生存需要，同时也要满足未来城市发展的需要，目的是实现环境、社会和生产发展的良性循环。

区域生态安全格局途径是景观生态学的延伸，旨在解决如何在有限的国土面积内，以尽可能少的用地、最佳的格局、最有效地维护景观中各种过程的健康和安全。

99.【正确答案】：A、B、C、D

【试题解析】："富营养化"污染，是由于水体中氮、磷、钾、碳增多，使藻类大量繁殖，耗去水中溶解氧，从而影响鱼类的生存，造成污染。造纸、皮革、肉类加工、炼油等工业废水、生活污水以及农田施用肥料，使水体中氮、磷、钾、碳等营养物增加，含磷洗涤剂的广泛使用使生活污水中磷量增加。

100.【正确答案】：A、B、C

【试题解析】：城市垃圾综合整治的主要目标是：无害化、减量化和资源化。城市垃圾综合利用包括分选、回收、转化三个过程。卫生填埋存在两个问题：一是沥滤作用，二是填埋地层中的废物经生物分解会产生大量气体（沼气）。

垃圾焚烧即通过适当的热分解、燃烧、熔融等反应，使垃圾经过高温下的氧化进行减容，成为残渣或者熔融固体物质的过程。但生活垃圾焚烧会对大气造成一定的污染，需要对生活垃圾焚烧项目中大气污染物采取控制措施。

考 题 三

一、单项选择题（共 80 题，每题 1 分。各题的备选项中，只有一个符合题意）

1. 关于天坛哪项是正确的？(　　)

A. 建筑用于祭祖　　B. 建筑建于明末清初

C. 建筑群为二重城垣　　D. 形式为南圆北方

2. 下列建筑对应哪个是正确的？(　　)

A. 卢浮宫东立面是浪漫主义风格

B. 凡尔赛宫是洛可可风格

C. 德国宫廷剧院是希腊复兴风格

D. 法国巴黎万神庙是哥特复兴的建筑作品

3. 下列哪项不属于一般建筑物防灾设计考虑的内容？(　　)

A. 地震　　B. 火灾

C. 地面沉降　　D. 电磁辐射

4. 依据我国现行的《住宅设计规范》，单人卧室的最小面积为(　　)。

A. $4m^2$　　B. $5m^2$

C. $6m^2$　　D. $7m^2$

5. 下列关于工业建筑总平面设计的表述，哪项是错误的？(　　)

A. 以人为尺度　　B. 应考虑材料的输入输出

C. 功能单元应包括生活单元　　D. 生产流线包括纵向、横向和环线三种方式

6. 下列关于建设项目场地选择的要求，哪项是错误的？(　　)

A. 应尽可能利用自然资源条件　　B. 场地边界外形应尽可能简单

C. 应了解场地的冻土深度　　D. 不能在 8 度地震区选址

7. 工业建筑的适宜坡度是(　　)

A. 0.05%～0.1%　　B. 0.15%～0.4%

C. 0.5%～2.0%　　D. 3.0%～5.0%

8. 下列关于大型工业项目总平面设计的表述，哪项是错误的？(　　)

A. 综合交通组织要考虑不同运输方式的车流衔接

B. 应方便内部车辆及过境车辆的疏解和导入

C. 考虑人车分流，非机动车宜有专线

D. 车流应尽可能避免在人流活动集中的地段通行

9. 在砖混建筑横向承重体系中，荷载的主要传递路线是(　　)。

A. 屋顶—板—横墙—基础　　B. 屋顶—板—横墙—地基

C. 板—横墙—基础—地基　　D. 板—梁—横墙—基础

10. 下列哪项不属于建筑的八大构件？(　　)

A. 楼面　　　　B. 地面

C. 基础　　　　D. 地基

11. 下列关于绿色建筑的理念与做法，哪项是错误的？(　　)

A. 提倡节能节材优先　　　　B. 考虑全寿命周期

C. 全面降低工程造价　　　　D. 追求健康、适用和高效

12. 下列建筑色彩的物理属性及应用的表述，哪项是错误的？(　　)

A. 黄白色系的反射系数高，浅蓝淡绿次之

B. 高反射系数色彩的屋顶会加剧城市热岛效应

C. 炎热地区建筑宜采用浅色调外墙

D. 居住建筑宜采用高亮度与低彩度颜色

13. 下列关于建筑工程造价应考虑因素的表述，哪项是全面的？(　　)

A. 国土有偿使用费、地方市政配套费、建筑投资、人工费

B. 国土有偿使用费、建筑投资、设备投资、设计费率

C. 环境投资、建筑投资、设备投资、设计费率

D. 环境投资、地方市政配套费、设备投资、设计费率

14. 下列关于道路红线规划宽度的表述，哪项是正确的？(　　)

A. 道路用地控制的总宽度

B. 道路机动车道的总宽度

C. 道路机动车道和非机动车道的宽度之和

D. 道路机动车道、非机动车道和人行道的宽度之和

15. 下列关于机动车车道数量的计算依据，哪项是正确的？(　　)

A. 一条车道的高峰小时交通量　　　　B. 单向高峰小时交通量

C. 双向高峰小时交通量　　　　D. 单向平均小时交通量

16. 下列哪项不是城市道路平面设计的主要内容？(　　)

A. 确定各路口的具体位置

B. 论证设置必要的超高、加宽和缓和路段

C. 进行必要的行车安全设置验算

D. 选定合理的竖曲线半径

17. 下列关于交叉口基本要求的表述，哪项是错误的？(　　)

A. 确保行人和车辆的安全

B. 使车辆和人流受到的阻碍最小

C. 使交叉口通行能力适应主要道路交通量要求

D. 考虑与地下管线、绿化、照明等的配合和协调

18. 下列关于立体交叉口的分类，哪项是正确的？(　　)

A. 简单交叉和复杂交叉　　　　B. 定向交叉和非定向交叉

C. 分离式交叉和互通式交叉　　　　D. 互通式交叉和环形交叉

19. 下列关于平面环形交叉口设计的表述，哪项是错误的？(　　)

A. 相交道路的夹角不应小于60°

B. 机动车道须与非机动车道隔离

C. 转角半径需大于 20m

D. 满足车辆进出交叉口在环岛上的交织距离要求

20. 规划路边停车带的用途是(　　)。

A. 短时停车　　B. 全日停车

C. 分时停车　　D. 固定停车

21. 下列哪项不是城市公共停车设施的分类?(　　)

A. 地面停车场、地下停车库　　B. 路边停车带、路外停车场

C. 专用停车场、社会停车场　　D. 收费停车场、免费停车场

22. 下列关于螺旋坡道式停车库特点的表述，哪项是错误的?(　　)

A. 每层之间用螺旋式坡道相连　　B. 布局简单，交通路线明确

C. 上下行坡道干扰大　　D. 螺旋式坡道造价较高

23. 下列关于城市广场的表述，哪项是错误的?(　　)

A. 大型体育馆、展览馆等的门前广场属于集散广场

B. 机场、车站等交通枢纽的站前广场属于交通广场

C. 商业广场是结合商业建筑的布局而设置的人流活动区域

D. 公共活动广场主要为居民文化休憩活动提供场所

24. 下列关于城市供水系统规划内容的表述，哪项是正确的?(　　)

A. 常规水资源可利用量是在考虑生态环境用水后人类可以从天然径流中开发利用的水量

B. 水质标准达到国家《地表水环境质量标准》V类水体的湖泊可以作为城市饮用水源

C. 城市配水管网的设计流量应按照城市平均用水量确定

D. 城市供水设施规模应按照最高日最高用水量确定

25. 下列关于城市排水系统规划内容的表述，哪项是正确的?(　　)

A. 我国南方多雨城市应采用强排的雨水排放方式

B. 污水处理厂应邻近城市污水量集中的居民区

C. 城市污水处理深度分为一级、二级两种

D. 再生水利用是解决城市水资源紧缺的重要措施

26. 下列关于城市供电规划的表述，哪项是正确的?(　　)

A. 城市中心城区新建变电站宜采用户外式结构

B. 供电可靠性越高，则发电成本越高

C. 核电厂隔离区外围应设置限制区

D. 城市供电系统包括城市电源和配电网两部分

27. 详细规划阶段燃气用量预测的主要任务是确定(　　)。

A. 小时用气量和日用气量　　B. 日用气量和月用气量

C. 月用气量和季度用气量　　D. 季用气量和年用气量

28. 下列关于城市供热规划的表述，哪项是正确的?(　　)

A. 集中锅炉放应靠近热负荷比较集中的地区

B. 热电厂应尽量远离热负荷中心，避免对城市环境产生影响

C. 新建城市的供热系统应采用集中供热网

D. 供热管网穿越河流时采用虹吸管由河底通过

29. 下列关于城市通信工程规划内容的表述，哪项是错误的？(　　)

A. 邮政通信枢纽应设置在市中心

B. 电信局所可与邮政局等其他市政设施共建以便集约利用土地

C. 无线电收、发信区一般选择在大城市两侧的远郊区

D. 城市微波站选址应避免本系统干扰和外系统干扰

30. 下列哪项不属于城市黄线？(　　)

A. 消防站控制线　　B. 历史文化保护街区控制线

C. 防洪闸控制线　　D. 高压架空线控制线

31. 下列关于城市工程管线综合规划的表述，哪项是错误的？(　　)

A. 在交通繁忙的重要地区可以采用综合管沟将工程管线集中敷设

B. 大型输水管线选线时应注意与沿江河流、排水管线的交叉

C. 管线埋设深度指地面到管顶（外壁）的距离

D. 城市工程管线综合应充分预留未来发展空间

32. 下列关于城市用地竖向规划的表述，哪项是错误的？(　　)

A. 规划内容应包括确定城市用地的坡度，控制好高程和规划地面形式

B. 应与城市用地选择和用地布局同步进行

C. 台地的短边一般平行于等高线布置

D. 设计等高线多用于地形变化不太复杂的丘陵地区

33. 依据城市总体规划编制城市防灾专项规划的目的是(　　)。

A. 提高设防标准　　B. 扩大规划范围

C. 延长规划期限　　D. 落实和深化总体规划

34. 消防安全布局的主要目的是(　　)。

A. 合理布局消防站　　B. 及时扑灭大火

C. 保障消防设施安全　　D. 降低大火风险

35. 下列关于陆上普通消防站责任区划分的表述，哪项是正确的？(　　)

A. 按照行政区界划分

B. 按照接警后一定时间内消防车能够到达责任区边缘划分

C. 按照河流等自然界线划分

D. 按照城市用地性质划分

36. 哪项用地可以布置在洪水风险相对较高的地段？(　　)

A. 住宅用地　　B. 工业用地　　C. 广场用地　　D. 仓储用地

37. 下列关于抗震设防标准的表述，哪项是错误的？(　　)

A. 一般建筑按基本烈度设防

B. 重大建设工程按地震安全性评价结果设防

C. 核电站按当地可能发生的最大地震震级设防

D. 地震基本烈度低于 6 度的地区可不考虑抗震设防

38. 下列哪种空间分析手段，适用于农作物种植区的多要素（如深度、地形、土壤等）综合分析？(　　)

A. 缓冲区分析　　B. 网络分析

C. 可视域分析　　D. 叠加复合分析

39. 下列哪种传感器提供了高光谱分辨率影像？(　　)

A. Landsat 卫星的专题制图仪 TM

B. Terra 卫星的中分辨率成像光谱仪 MODIS

C. QuickBird 卫星上的多光谱传感器

D. NOAA 气象卫星传感器

40. 下列哪项城市信息，不适合采用常规遥感手段调查？(　　)

A. 土地利用　　B. 城市热岛　　C. 地下管线　　D. 城市建设

41. 利用 CAD 软件生成建筑鸟瞰的效果图，主要利用了其何种功能？(　　)

A. 交互设计　　B. 图形编辑　　C. 三维渲染　　D. 空间分析

42. 利用一个较长时间段的海量出租车轨迹数据，不能获取的信息是(　　)。

A. 城市建设密度　　B. 道路交通状况

C. 城市用地功能　　D. 市民活动热点区域

43. 遥感影像已经广泛应用于城市规划，下列最不可能利用在城市景观规划分析中的是何种遥感影像？(　　)

A. 雷达影像　　B. TM 影像　　C. LiDAR 影像　　D. 气象卫星图像

44. CAD 与网络技术的结合带来的主要好处是(　　)。

A. 提高设计的精度　　B. 提高设计结果的表现力

C. 实现远程协同设计，提高工作效率　　D. 提高设计结果透明性

45. WWW 服务器所采用的基本网络协议是(　　)。

A. FTP　　B. HTTP　　C. TCP　　D. SMTP

46. 城市经济学的应用性主要表现在(　　)。

A. 揭示土地市场的运行规律　　B. 提出医治“城市病”的经济学思想

C. 资源的有效保护　　D. 资源的可持续性

47. 经济学研究的基本问题是(　　)。

A. 资源的有效利用　　B. 资源的公平分配

C. 资源的有效保护　　D. 资源的可持续性

48. 下列哪项是城市经济学中衡量城市规模的常用指标？(　　)

A. 人口规模　　B. 用地规模　　C. 就业规模　　D. 产出规模

49. 根据城市经济学原理，调控城市规模的最好手段是(　　)。

A. 财政政策　　B. 货币政策　　C. 户籍政策　　D. 产业政策

50. 在多中心的城市中，决定某一地点地价的因素是(　　)。

A. 距最大中心的距离

B. 距最近中心的距离

C. 距最大中心和最近中心距离的叠加影响

D. 距所有中心距离的叠加影响

51. 城市中的土地利用规划由下列哪个部门组织编制？(　　)

A. 城市人民政府　　B. 城乡规划主管部门

C. 土地管理局　　D. 城乡规划行政部门

52. 根据城市经济学原理，下列哪项因素导致城市空间扩展是不合理的？(　　)

A. 收入增长　　B. 人口增加　　C. 交通改善　　D. 外部效应

53. 下列哪项措施可以缓解城市供求的时间不均衡？(　　)

A. 对拥堵路段收费　　B. 征收汽油税

C. 建设大运量公共交通　　D. 实施弹性工作时间

54. 为了尽可能让每个出行者都实现效用最大化，应采取下列哪种交通政策？(　　)

A. 大力发展公共交通　　B. 提倡使用私家车

C. 提供尽可能的交通方式　　D. 对拥堵路段收费

55. 对于城市发展来说，下列哪项生产要素的供给无弹性？(　　)

A. 资本　　B. 劳动　　C. 土地　　D. 技术

56. 与其他税种相比，土地税的明显优点是(　　)。

A. 可以实现经济效率的目标　　B. 可以实现社会公平的目标

C. 可以同时实现效率和公平两个目标　　D. 可以实现“单一税”的目标

57. 下列哪种情况下，“用脚投票”可以带来的效率为(　　)。

A. 政府征收人头税　　B. 公共品具有规模经济

C. 迁移成本很低　　D. 有很多个地方政府

58. 下列关于改革开放以来中国城镇化特征的表述，哪项是错误的？(　　)

A. 城镇化经历了起点低、速度快的发展阶段

B. 沿海城市群成为带动经济快速增长的主要平台

C. 城镇化过程吸纳了大量农村劳动力转移就业

D. 城镇化过程缩小了城乡居民的收入差距

59. 下列关于中国城市边缘区特征的表述，哪项是错误的？(　　)

A. 城市景观与乡村景观混杂　　B. 城市与乡村人口居住混杂

C. 社会问题较为突出　　D. 空间变化相对缓慢

60. 《国家新型城镇化战略》提出的“以城市群为主体形态，推动大中小城市和小城镇协调发展”，其主要是指(　　)。

A. 扩大城市范围　　B. 提升城市职能

C. 优化城市结构　　D. 完善城镇体系

61. 下列关于城市经济活动的基本部分与非基本部分比例关系（*B*/*N*）表述，哪项是正确的？(　　)

A. 综合性大城市通常 B/N 大　　B. 专业化程度低的城市通常 B/N 大

C. 地方性中心城市通常 B/N 小　　D. 大城市郊区开发区通常 B/N 小

62. 在克里斯塔勒中心地理论中，下列哪项属于支配中心地体系形成的原则？(　　)

A. 交通原则　　B. 市场原则　　C. 行政原则　　D. 就业原则

63. 下列哪项规划建设可依据中心地理论？(　　)

A. 城市新区建设　　B. 城市旧城改造

C. 村庄环境整治　　D. 村镇体系规划

64. 下列省区中，城市首位度最高的是(　　)省。

A. 山东　　B. 浙江　　C. 湖北　　D. 江西

65. 下列哪种方法适合于大城市近郊的小城镇人口规模预测？(　　)

A. 增长率法　　B. 回归模型　　C. 类比法　　D. 时间序列模型

66. 下列哪种方法适合于城市吸引范围的分析？(　　)

A. 断裂点公式　　B. 聚类分析　　C. 联合国法　　D. 综合平衡法

67. “质性研究法”是近年新兴起的非常重要的社会调查方法，下列关于质性研究方法的表述中，哪项是正确的？(　　)

A. 质性研究是一种改进后的定量研究方法

B. 质性研究注重对人统一行为主体的理解，因而反对理论建构

C. 质性研究强调研究者与被研究者之间的互动

D. 质性研究的调查方法与深度访谈法是两种截然不同的方法

68. 下列关于人口性别比的表述，哪项是错误的？(　　)

A. 性别比以女性人口为100时相应男性人口数量来定义

B. 一般情况，人类的性别比会大于100

C. “婚姻挤压”是性别比偏低造成的

D. 就出生人口性别比而言，未必经济越落后其数值越高

69. 按2010年第六次人口普查数据，中国60岁以上人口占总人口的比重为13.26%，65岁以上人口的比重为8.87%，中国已经迈入老龄化社会，与西方国家相比，下列哪项不是当前中国老龄化社会的特点？(　　)

A. 长寿老龄化　　B. 快速老龄化

C. 重负老龄化　　D. 少子老龄化

70. 下列关于流动人口特征的表述，哪项是错误的？(　　)

A. “留守儿童”是人口流动所造成的社会问题

B. 流动人口的年龄结构总体上以青壮年为主

C. 近些年一些地区出现的“回归工程”与流动人口无关

D. 流动人口总体上男性多于女性

71. 下列关于城市社会阶层的表述，哪项是错误的？(　　)

A. 收入和职业分化会导致社会阶层分化

B. 二元劳动力是城市社会分层的动力之一

C. 马克思的阶级理论提供了有关城市社会分层的基本理论模型

D. 社会阶层与城市社会空间结构的形成没有关系

72. 下列关于城市社会空间结构及经典模型的表述，哪项是正确的？(　　)

A. 人口迁移的过滤理论来自同心圆模型

B. 城市空间结构呈现扇形格局主要是由于交通导致的

C. 在同心圆模型中，“红灯区”位于区位偏远的地区

D. 多中心模型是出于理论上的考虑，在现实中是不存在的

73. 下列关于社区的表述，哪项是正确的？(　　)

A. 邻里和社区是没有差别的两个概念

B. 社区的三大要素包括功能、共同纽带和归属感

C. 精英论和多元论都可以用来诠释社区权利
D. 在互联网时代，社区的归属感越来越淡化

74. 下列关于公众参与的表述，哪项是错误的？（　　）
A. 公众参与可以使城市规划有效应对多元利益主体的诉求
B. 安斯汀的“市民参与阶梯”为公众参与提供了重要的理论基础
C. 城市管治与公众参与无关
D. 公众参与有利于城市规划实现空间利益的公平

75. 下列基于群落概念的城市绿地建设，哪项是错误的？（　　）
A. 保留一些原生栖息地斑块
B. 使用外来物种提高生物多样性
C. 以乡土植物，材料为主
D. 营造多样化微地形环境

76. 下列关于城市生态系统物质循环的表述，哪项是错误的？（　　）
A. 输入大于输出
B. 输入大于实际需要
C. 生物循环大于人类生产循环
D. 人类影响大于自然影响

77. 下列关于城市生态恢复的表述，哪项是错误的？（　　）
A. 生态恢复不是物种的简单恢复
B. 生态恢复是指自然生态系统的次生演替
C. 生态恢复本质上是生物物种和生物量的重建
D. 生态恢复可以用于被污染土地的治理

78. 下列关于光污染的表述，哪项是正确的？（　　）
A. 光污染有益于城市植物生长
B. 由钢化玻璃造成的光污染会增加白内障的发病率
C. 光污染欺骗飞行的鸟类，改变动物的生活节律
D. 白色粉刷墙面和镜面玻璃的反光系数是自然界森林、草地的 10 倍

79. 下列关于建设项目环境影响评价的表述，哪项是错误的？（　　）
A. 重视项目多方案的比较论证
B. 建设项目的技术路线和技术工程不属于评价范畴
C. 重视建设项目的环境的积累和长远效应
D. 重视环保措施的技术经济可行性

80. 下列关于规划环境影响评价的表述，哪项是错误的？（　　）
A. 提倡开发活动全过程中的循环经济理论
B. 注重分析规划中对环境资源的需求
C. 实施排污总量控制的原则
D. 只需考虑规划产生的直接环境影响

二、多项选择题（共 20 题，每题 1 分。每题的备选项中，有二至四个选项符合题意。少选、错选都不得分）

81. 关于居住建筑与小区规划布局的表述，下面哪些选项是正确的？（　　）
A. 居住小区出入口不能少于 2 个
B. 出入口尽量布置在城市干道

C. 托幼和小学应尽量在小区内布置
D. 高层住宅面宽的选择应考虑视线遮挡因素
E. 低纬度山地住宅布局应优先满足日照需求

82. 下列关于住宅设计的表述，哪些选项是错误的？(　　)

A. 多层住宅为1～6层
B. 应保证客厅和至少有一间卧室有良好朝向
C. 11层住宅应设两部电梯
D. 长廊式高层住宅应设一部防火楼梯
E. 卫生间和厨房最好直接采光通风

83. 下列关于场地设计类型的表述，哪些选项是正确的？(　　)

A. 场地设计类型有平坡式、台阶式和混合式三种
B. 场地设计类型的选择与场地面积有关
C. 场地设计类型的选择应考虑土石方工程多少
D. 自然地形坡度小于3%时，应采用锯齿形排水台阶
E. 自然地形坡度大于8%时应采用台阶式

84. 关于建筑材料基本性质的表述，下列哪些选项是正确的？(　　)

A. 材料抵抗外力破坏的能力称为材料的强度
B. 材料在承受外力的作用后，其几何形状能够恢复原形的性能称为材料的弹性
C. 材料中空隙体积占材料总体积的百分率称为材料的空隙率
D. 在自然状态下的材料单位体积内所具有的质量称为材料的密度
E. 散粒状材料在自然堆积状态下，颗粒之间空隙体积占总体积的百分率称为材料的空隙率

85. 下列关于中国古代建筑色彩的表述，下列哪些选项是正确的？(　　)

A. 西周规定青、赤、黄、白、黑为正色
B. 唐代多用灰白色系配青绿色系
C. 宋代的梁枋斗栱流行青绿色系
D. 从元代开始黄色成为皇家专用色
E. 在五行理论中白色代表西方

86. 下列关于城市道路横断面形式选择因素的表述，哪些选项是正确的？(　　)

A. 符合道路性质、等级和红线宽度的要求
B. 满足交通畅通和安全要求
C. 考虑道路停车的技术要求
D. 满足各种工程管线的布置
E. 注意节省建设投资，节约城市用地

87. 下列关于城市道路交叉口采用渠化交通目的的表述，哪些选项是正确的？(　　)

A. 增加交叉口用地面积
B. 方便管线建设
C. 增大交叉口通行能力
D. 改善交叉口景观
E. 有利于交叉口的交通秩序

88. 下列关于城市道路设计中不需要设置竖曲线的条件，哪些选项是错误的？(　　)

A. 相邻坡段坡度差小于0.5%
B. 外距小于5cm
C. 切线长小于20m
D. 城市次干路
E. 城市主干路

89. 下列哪些项属于有轨电车系统特征？(　　)

A. 属于中运量轨道交通
B. 轨道主要敷设在城市道路路面上
C. 可以与其他道路交通混合运行
D. 与城市道路交叉时采用立体交叉
E. 线路可以采用封闭隔离

90. 下列哪些选项属于城市客运枢纽规划设计的主要内容？（　　）

A. 枢纽的客流预测
B. 枢纽的内部交通组织
C. 枢纽的平面布局
D. 枢纽的外部交通组织
E. 与物流中心的衔接

91. 下列哪些选项是无环放射型城市轨道交通线网的特点？（　　）

A. 加剧中心区的交通拥堵
B. 减少居民的平均出行距离
C. 造成郊区与郊区之间的交通联系不畅
D. 有利于防止郊区之间“摊大饼”式蔓延
E. 适合于规模较大的多中心城市

92. 下列关于城市蓝线规划的表述，哪些选项是正确的？（　　）

A. 城市蓝线是城市地表水体保护和控制的地域界线
B. 总体规划阶段应当确定城市蓝线
C. 控制性详细规划阶段应当明确蓝线坐标
D. 城市蓝线范围内不宜进行绿化
E. 城市湿地控制线不属于城市蓝线的范畴

93. 下列关于城市排水规划内容的表述，哪些选项是正确的？（　　）

A. 城市不同区域的雨水管道系统应采用统一的设计重现期
B. 建筑物屋面、混凝土路面的径流系数低于绿地的径流系数
C. 降雨量稀少、地面渗水性强的新建城市可以考虑不建设雨水管道系统
D. 分流制的环境保护效果优于截留式合流制
E. 污水处理厂布局时应考虑污水回用需求

94. 在供水管网设计中，设计流速的确定主要应考虑下列哪些因素？（　　）

A. 日供水量不大
B. 水厂布局
C. 水厂出厂水压
D. 管网投资
E. 用水量变化

95. 下列哪些选项是截流式合流制排水系统特有的排水设施？（　　）

A. 河流管
B. 截留管
C. 污水提升泵站
D. 溢流井
E. 检查井

96. 在河流两岸建设防洪堤，设计洪水位与下列哪些因素有关？（　　）

A. 防洪标准
B. 风浪
C. 堤距
D. 堤防级别
E. 安全超高

97. 下列哪些抗震防火规划措施是正确的？（　　）

A. 城市建设用地应避开地震危险地段
B. 现有未进行抗震设防的建筑必须拆除重建
C. 城市内绿地应全部作为避震疏散场地保护建设

D. 紧急避难场地服务半径不宜超过 500m

E. 紧急避难场地应有疏散通道连接

98. 根据《中华人民共和国环境影响评价法》要求，下列哪些规划需要进行环境影响评价？（　　）

A. 土地利用规划　　B. 宏观经济规划

C. 环境整治规划　　D. 区域、流域、海域开发规划

E. 工业、能源、交通、城市建设、自然资源开发等 10 类专项规划

99. 构建区域生态安全格局包括(　　)。

A. 协调城市发展、农业与自然保护用地之间的合理格局

B. 优化城乡绿化与开发空间系统

C. 制定城市生态灾害防治战略性控制格局

D. 维护生物栖息地的整体空间格局

E. 分别控制人文过程和生态过程的完整性

100. 下列关于区域生态适宜性评价的表述，哪些选项是错误的？（　　）

A. 在区域内，按行政区域划分评价空间单元

B. 独立地评价每个空间单元

C. 资源的经济价值是划分生态适宜性的重要标准

D. 生态环境的抗干扰性影响生态适宜性

E. 生物多样性越高，生态适宜性越强

考题三分析与解答

一、单项选择题

1.【正确答案】：C

【试题解析】：中国古代建筑的天坛是世界上最大的祭天建筑群。它建于明初，有二重城垣，北圆南方，象征天圆地方。

2.【正确答案】：C

【试题解析】：卢浮宫东立面和凡尔赛宫均属于古典主义建筑。法国巴黎万神庙是罗马复兴的代表建筑。

3.【正确答案】：D

【试题解析】：建筑设计应针对我国城市容易发生并致灾的地震、火、风、洪水、地质破坏五大灾种，因地制宜地进行防灾设计。采用先进技术，在满足各类见建（构）筑物使用功能的同时，提高其综合防灾能力。

4.【正确答案】：B

【试题解析】：现行《住宅设计规范》（GB 50096—2011）第 5.2.1 条规定，单人卧室不应小于 $5m^2$。

5.【正确答案】：A

【试题解析】：此题考查的是民用建筑与工业建筑的区别。民用建筑以人为尺度单位，而工厂建（构）筑的体量决定于生产净空的需求，常常与人的尺度相差悬殊，其形态又受

工艺的制约，不同工艺的工业建筑，其形态往往有明显的不同。

6.【正确答案】：D

【试题解析】：根据地震区划，我国有32%的国土、45%的城市所在地区的地震基本烈度为Ⅶ度及Ⅶ度以上，不可能做到完全避开地震高烈度区，因此。可以在8度地震区选址，但是必须做好工程抗震设防。

7.【正确答案】：C

【试题解析】：城市各项建筑用地适用坡度见下表。

建筑用地适用坡度表

项目	坡度	项目	坡度
工业	0.5%～2.0%	铁路站场	0～0.25%
居住	0.3%～10.0%	机场用地	0.5%～1.0%

8.【正确答案】：B

【试题解析】：过境车辆是服务于城市之间的车辆，与特定的某大型工业项目建设无关，总平面设计时应避免过境车辆进入。

9.【正确答案】：C

【试题解析】：纵向承重体系：荷载的主要传递路线是：板→梁→纵墙→基础→地基；横向承重体系：荷载的主要传递路线是：板→横墙→基础→地基。

10.【正确答案】：D

【试题解析】：此题考查的是建筑物的组成构件。组成建筑物的基本构件是指房屋中具有独立使用功能的组成部分，统称为建筑构（配）件。一个建筑构件又往往由若干层次所组成，各层发挥一种作用，其中有的直接为使用功能服务，有的则起支撑骨架作用或支承面层作用，例如楼面和屋顶构件的组成层次。

在多层民用建筑中，房屋是由竖向（基础、墙体、门、窗等）建筑构件、水平（屋顶、楼面、地面等）建筑构件及解决上下层交通联系用的楼梯所组成，统称为"八大构件"。阳台、雨篷、烟囱等构件属于楼面、墙体等基本建筑构件的特殊形式。

11.【正确答案】：C

【试题解析】：从建筑全寿命周期内兼顾资源节约和环境保护的要求，而单项技术的过度采用，虽然可以提高某一方面的性能，但很可能造成新的浪费。所以，不能单独以降低工程造价为目的。

12.【正确答案】：B

【试题解析】：采用高反射系数的色彩可以增加环境的亮度，而非热岛效应。D选项中，居住建筑宜采用高明度、低彩度、偏暖的颜色，而色彩的亮度就是明度，只是换了一种表达方式。

13.【正确答案】：C

【试题解析】：环境投资包括：国有土地有偿使用费、地方市政配套费、动迁费以及小环境配套项目补偿费等。

14.【正确答案】：A

【试题解析】：城市道路宽度市规划的道路红线之间的道路用地总宽度。

15.【正确答案】：B

【试题解析】：在一条车道的平均最大通行能力确定的情况下，通常以规划确定的单向高峰小时通行量除以一条车道的通行能力，来确定单向所需的车道道数，乘以 2 为双向所需机动车道数。

16.【正确答案】：D

【试题解析】：竖曲线是属于城市道路纵断面设计的设计内容。

17.【正确答案】：C

【试题解析】：交叉口的通行能力能适应各种道路的交通量要求，而不是主要道路。

18.【正确答案】：C

【试题解析】：立体交叉可分为分离式交叉和互通式交叉两大类。

19.【正确答案】：B

【试题解析】：环形车行道可以根据交通流的情况布置为机动车与非机动车混合形式或分道行驶，也就是机动车道与非机动车道不一定要隔离。

20.【正确答案】：C

【试题解析】：路边停车带车辆停放没有一定规律，多系短时停车，随到随开。

21.【正确答案】：B

【试题解析】：停车设施按建筑类型分为：地面停车场、地下停车库、地上停车楼。

22.【正确答案】：C

【试题解析】：螺旋坡道式停车库布局简单整齐，交通线路明确，上下行坡道干扰小，速度较快，但螺旋式坡道造价高，用地稍微比直行坡道节省，单位停车面积较多，是常用的一种停车类型。

23.【正确答案】：B

【试题解析】：机场、车站等交通枢纽的站前广场为集散广场，并兼具有防灾、环境景观等多种功能。

24.【正确答案】：A

【试题解析】：水质标准达到国家《地表水环境质量标准》Ⅴ类的水体主要适用农业用水区和一般景观要求水域；城市配水管网的设计流量应按照城市最高日最高时用水量确定；城市用水量按照最高日用水量确定。

25.【正确答案】：A

【试题解析】：污水处理厂可按照传统的布局原则，适度集中地布置在城市下游，如果污水需要再利用，污水处理厂宜适度分散，尽量布置在大的用户附近；污水处理深度分为一级处理、二级处理和深度处理；再生水利用主要集中在工业、市政杂用和景观等方面，并不能解决城市水资源紧缺的问题。

26.【正确答案】：C

【试题解析】：城市中心区新建变电站宜采用户内式结构；供电可靠性越高，相应地需要加强电网结构，增加投资，提高电能成本，而不是发电成本；城市供电系统包括城市电源、送电网、配电网。

27.【正确答案】：A

【试题解析】：详细规划的阶段要计算燃气用量，根据燃气的年用气量指标可以估算出城市燃气用量。燃气的日用气量与小时用气量是确定燃气气源、输配设施和管网管径的主要依据。因此，燃气用量的预测与计算的主要任务是预测计算燃气的小时用气量和日用气量。

28.【正确答案】：A

【试题解析】：热电厂应尽量靠近热负荷中心。如果远离热用户，压降和温降过大，就会降低供热质量，而且供热管网的造价较高；新建城市应采用先进的分散采暖方式；供热管道穿越河流或大型渠道时，可随桥梁设置或单独设置管道，也可采用虹吸管由河地（或渠底）通过，具体采用何种方式应与城市规划等部门协商并根据市容、经济等条件综合考虑后确定。

29.【正确答案】：A

【试题解析】：除遵循通信局所一般选址原则外，优先考虑在客运火车站附近选址，局址应有方便接发火车邮件的邮运通道，有方便进出枢纽的汽车通道；如果主要靠公路和水路运输时，可在长途汽车站或港口码头附近选址。

30.【正确答案】：B

【试题解析】：历史文化保护街区控制线属于城市紫线。

此题考查的是城市“七线”的内容。为加强对城市道路、城市绿地、城市历史文化街区和历史建筑、城市水体和生态环境等公共资源的保护，促进城市的可持续发展，我国在城乡规划管理中设定了红、绿、蓝、紫、黑、橙和黄等7种控制线，并分别制定了管理办法。

31.【正确答案】：C

【试题解析】：地面到管顶（外壁）的距离属于管线覆土深度，而管线埋设深度是地面到管道底（内壁）的距离。

32.【正确答案】：C

【试题解析】：台地的边长宜平行于等高线布置，即短边一般垂直于等高线布置。

33.【正确答案】：D

【试题解析】：编制城市防灾专项规划的目的是落实和深化总体规划的相关内容。

34.【正确答案】：D

【试题解析】：消防安全布局涉及危险化学品生产、储存设施布局、危险化学物品运输、建筑物耐火等级、避难场地规划等，目的是通过合理的城市布局和设施建设，降低火灾风险，减少火灾损失。

35.【正确答案】：B

【试题解析】：陆上普通消防站、兼有责任区消防任务的特勤消防站和水上消防站均有一定的辖区范围。辖区划分的基本原则是：陆上普通消防站按照接警后，按正常行车速度5min内消防车能够到达辖区边缘；水上消防站在接到火警后，按正常行船速度30min可以到达辖区边缘。

36.【正确答案】：C

【试题解析】：将生态湿地、公园绿地、广场、运动场等重要设施少、便于人员疏散的用地布置在洪涝风险相对较高的地段。

37.【正确答案】：C

【试题解析】：重大建设工程和可能发生严重次生灾害的建设工程，必须进行地震安全性评价，并根据地震安全性评价结果确定抗震设防标准。核电站属于可能发生严重次生灾害的建设工程。

38.【正确答案】：D

【试题解析】：叠加复合分析用于社会、经济指标的分析，资源、环境指标的评价。

39.【正确答案】：B

【试题解析】：Terra 卫星的中分辨率成像光谱仪 MODIS 属于高光谱分辨率遥感。

40.【正确答案】：C

【试题解析】：常规遥感手段尚不能调查地下管线情况。

41.【正确答案】：C

【试题解析】：利用 CAD 软件在城市规划中设计三维表现。

42.【正确答案】：A

【试题解析】：一个较长时间段的海量出租车轨迹数据可以充分反映城市道路交通状况、城市用地功能和市民活动热点区域。

43.【正确答案】：D

【试题解析】：雷达影像：微波可穿透云层，能分辨地物的含水量、植物长势、洪水淹没范围等情况，具有全天候的特点，适用于全球环境和土地利用、自然资源监测等。

TM 影像：几何分辨率为 120m×120m～30m×30m，可以获得较为清晰的城市遥感影像。

LiDAR 影像：是一种通过位置、距离、角度等观测数据直接获得对象三维坐标，实现地表信息提取和三维场景重建的对地观测技术，数据具有高空间分辨率和垂直分辨率，在城市变化监测中发挥了重要作用。

气象卫星图像：属于高分辨率遥感影像，可以观察城市热岛的变化情况，进行全球天气预测和气候监测。准确地对天气情况进行预测并可以预防频发的恶劣天气情况。

44.【正确答案】：C

【试题解析】：Internet 与 CAD 相结合，将使远程协同设计得到发展。

45.【正确答案】：B

【试题解析】：在 WWW 中，采用超文本标注语言 HTML 来书写支持跳转的文档，用于操纵 HTML 和其他 WWW 文档的协议称为超文本传输协议。超文本传输协议：HTTP（Hypertext Transfer Protocol）是一种详细规定了浏览器和万维网服务器之间互相通信的规则，通过因特网传送万维网文档的数据传送协议。

46.【正确答案】：B

【试题解析】：城市经济学是一门应用性经济学，针对众多城市问题进行经济剖析，找出问题形成的经济原因，并对解决的政策方针方案进行经济评价，找出效率最高的解决问题途径。如，城市低收入人口的住房问题、城市失业问题、城市交通拥堵问题、城市环境污染问题等。这些研究成果为医治“城市病”提供了基本思路。

47.【正确答案】：A

【试题解析】：经济学研究的核心问题是市场中的资源配置问题。

48.【正确答案】：D

【试题解析】：城市经济学中最常见的城市规模衡量指标有就业规模（代表其经济规

模)、人口规模和用地规模。

49.【正确答案】：A

【试题解析】：由于外部性是造成均衡规模与最佳规模不相等的重要原因，外部性也造成资源利用效率的低下，政府可以通过对负的外部性征税，对正的外部性给予补贴，从而使平均成本向边际成本靠近，也就会使城市的均衡规模向最佳规模靠近。一个最好的政策手段就是通过政府的财政手段来调控城市规模。

50.【正确答案】：D

【试题解析】：如果城市有多个就业中心，围绕着每一个就业中心都会形成下行的房租曲线，曲线交汇的地方构成各中心吸引范围的分界。当代城市，尤其是大城市，往往有多个中心，其地租曲线也就比较复杂，是由多条地租曲线叠加而成。

51.【正确答案】：A

【试题解析】：我国土地利用规划体系按等级层次分为土地利用总体规划、土地利用详细规划和土地利用专项规划。

《中华人民共和国土地管理法》第十七条：各级人民政府应当依据国民经济和社会发展规划、国土整治和资源环境保护的要求、土地供给能力以及各项建设对土地的需求，组织编制土地利用总体规划。

52.【正确答案】：D

【试题解析】：有两种情况可以导致城市空间规模的扩展：一种情况是城市地租曲线平行地上移，意味着在每一个区位上可支付的地租都上升了，成为新的城市边界；还有一种情况是城市地租曲线的斜率发生变化，趋于平缓，也是城市规模扩大。第一种情况的发生是由城市的人口增长和经济的发展带来的，第二种情况可由两种原因引起，一是城市交通的改善带来的交通成本下降，二是城市居民收入的上升。

53.【正确答案】：D

【试题解析】：大城市中的交通拥堵有一个明显的特征，就是存在两个拥堵的高峰时段，即早高峰和晚高峰。这是由于城市交通需求的波动性和供给的固定性之间的矛盾造成的。

要减少由于交通供求的时间不均衡带来的问题，基本思路就是要想办法减少需求的时间波动性。而需求的时间波动性是由于人们出行的时间过于集中带来的，所以要想办法减少出行的时间集中度。办法之一是用价格调节，但靠价格调整到供求完全平衡是困难的；办法之二就是调整上班时间，即让各个企业尽量错开上班时间，或制定弹性的上班时间。

54.【正确答案】：C

【试题解析】：如果我们的交通系统可以提供众多的选择，使得每一个人都能实现其最优选择，即实现效用最大化。

55.【正确答案】：C

【试题解析】：土地是一种自然生成物，不能通过人类的劳动生产出来，所以总量是给定不变的，称为供给无弹性。

56.【正确答案】：C

【试题解析】：征收土地税，把不是由于个人劳动创造的土地价值以税收的形式收到政府手中来，用于公共支出。这样既可以实现社会公平，也可以减少土地闲置，提高土地的利用效率，是一种可以同时达到公平与效率两个目标的办法。

57.【正确答案】：B

【试题解析】：所谓“用脚投票”，是指资本、人才、技术流向能够提供更加优越的公共服务的行政区域。在市场经济条件下，随着政策壁垒的消失，“用脚投票”挑选的是那些能够满足自身需求的环境，这会影响政府的绩效，尤其是经济绩效。它对各级各类行政主体的政府管理产生了深远的影响，推动着政府管理的变革。

公共物品是具有非排他性和非竞争性的物品。按照公共物品的供给、消费、技术等特征，依据公共物品排他性、非竞争性的状况，公共物品可以被划分为纯公共物品和准公共物品。公共物品一般具有规模经济的特征。公共物品消费上不存在“拥挤效应”，不可能通过特定的技术手段进行排他性使用，否则代价将非常高昂。若公共物品具有很大的规模经济，应由大的城市或地区政府来提供。

58.【正确答案】：D

【试题解析】：一个国家的城镇化水平受到很多因素的影响，如国土面积、人口、资源条件、历史基础、经济结构、城乡划分标准等。在这些因素中，城镇化水平与经济发展水平之间的关系最为密切。

在经济增长的长期阶段，个人收入分配不均变动，是沿着一种“先上升后下降”的倒U形轨迹进行的。这种“先恶化后改善”的整个过程大约需要50～100年时间。这就是著名的“库兹涅茨假说”，也叫“倒U假说”。长短期内城镇化与城乡收入差距都存在密切相关性，短期因城镇化发展的各种因素的滞后而扩大城乡居民收入差距，中长期城镇化会导致城乡居民收入差距缩小。

59.【正确答案】：D

【试题解析】：城乡交错带尤其是指接近城市并具有某些城镇化特征的乡村地带。兼具城市和乡村的土地利用性质的城市与乡村地区的过渡地带，又称城市边缘地区。城市边缘区是“一种在土地利用、社会和人口特征等方面发生变化的地带，它位于连片建成区和郊区以及具有几乎完全没有非农业住宅、非农业占地和非农业土地利用的纯农业腹地之间的土地利用转换地区”。在中国这些地区的空间是随着城镇化发展变化最快的区域。

城市边缘区的特点：社会经济结构的复杂性、动态性、依附性即对城市的依附性。

60.【正确答案】：D

【试题解析】：《国家新型城镇化规划（2014—2020年）》明确提出，要在《全国主体功能区规划》确定的城镇化地区，按照统筹规划、合理布局、分工协作、以大带小的原则，发展集聚效率高、辐射作用大、城镇体系优、功能互补强的城市群，使之成为支撑全国经济增长、促进区域协调发展、参与国际竞争合作的重要平台。

新型城镇化与传统城镇化的最大不同，在于新型城镇化是以人为核心的城镇化，注重保护农民利益，与农业现代化相辅相成。新型城镇化不是简单的城市人口比例增加和规模扩张，而是强调在产业支撑、人居环境、社会保障、生活方式等方面实现由“乡”到“城”的转变，实现城乡统筹和可持续发展，最终实现“人的无差别发展”。

要以城市群为主体构建大中小城市和小城镇协调发展的城镇格局，加快农业转移人口市民化。这是我国未来城镇化的路径和方向。

61.【正确答案】：C

【试题解析】：为外地服务的部分，是从城市外部为城市创造收入的部分，是城市得以生存和发展的经济基础，这一部分活动称为城市的基本活动，是城市发展的主要动力。基本部分的服务对象都在城市以外，城市的非基本部分为城市生存和运转提供基本的保障。

62.【正确答案】：B

【试题解析】：在克里斯塔勒中心地理论中，中心体系不包括就业原则。

63.【正确答案】：A

【试题解析】：克里斯塔勒创建中心地理论的假设条件的基本特征是每一个点均有接受一个中心地的同等机会，一点与其他一点的相对通达性质与距离成正比，而不管方向如何，均有一个统一的交通面。

64.【正确答案】：D

【试题解析】：杰斐逊的观察和发现对现代城市地理学作出了巨大的贡献。首位城市的概念已经被普遍使用，是用一国最大城市与第二位城市人口的比值来衡量城市规模分布状况的简单指标。首位度大的城市规模分布就叫首位分布。

65.【正确答案】：C

【试题解析】：区域人口分配法、类比法、区位法都属于小城镇规模预测的定性分析模型。

66.【正确答案】：A

【试题解析】：城市吸引范围分析主要有经验方法和理论方法，其中，理论的方法包括断裂点公式和潜力模型方法。聚类分析也称群分析、点群分析，是研究分类的一种多元统计方法。联合国法一般用于世界各国的城镇化水平预测。综合平衡法用于规划人口预测。

67.【正确答案】：C

【试题解析】：质性研究也称为“质的研究”，是以研究者本人作为研究工具，在自然情景下采用多种资料收集方法对社会现象进行整体性探究，使用归纳法分析资料和形成理论，通过与研究对象互动对其行为和意义建构，获得解释性理解的一种活动。

质性研究不再只是对一个固定不变的“客观事实”的了解，而是一个研究双方能够彼此互动、相互构成、共同理解的过程。

68.【正确答案】：B

【试题解析】：城市人口性别比最常见的问题就是性别比偏高，即男性人口过多。性别比偏高会造成婚姻的纵向挤压（即年龄挤压）以外，还会导致婚姻市场的地域挤压。在少数经济发达地区和城市，出生性别比很高，说明未必地区经济越落后性别比越高，因为出生性别比还受到文化等其他因素的影响。

69.【正确答案】：C

【试题解析】：“轻负老龄化”，老龄化伴随着总人口负担比的迅速下降，在老年人比例达到15%以前，我国总人口负担比大大低于发达国家的平均水平，在老龄化程度超过15%以后，我国的“轻负老龄化”的优势将会消失，并且转变为“重负老龄化”。

70.【正确答案】：C

【试题解析】：流动人口，是指离开户籍所在地的县、市或者市辖区，以工作、生活为目的异地居住的成年育龄人员。国外一般称为人口流动。流动人口是指一个地区的非常住人口，包括寄居人口、暂住人口、旅客登记人口和在途人口。

“回归工程”是一项精准扶贫的富民工程和民心工程，是力邀外出人才返乡创业，为如期脱贫、决胜全面建成社会主义现代化作贡献的工程。

71.【正确答案】：D

【试题解析】：城市社会空间结构可以定义为，在一定的经济、社会背景和基本发展动力下，综合人口变化、经济职能的分布变化以及社会空间类型等要素形成的复合型城市地域形式，而人口变化与阶层存在密不可分的关系。

72.【正确答案】：B

【试题解析】：人口迁移的过滤理论来自霍伊特的扇形模型。在同心圆模型中，“红灯区”位于环带Ⅱ距离中央商务区最近的过渡地带；多核心模型与现实更为接近，并不是现实中不存在。

73.【正确答案】：C

【试题解析】：“邻里”和“社区”最大的区别之一在于有没有形成“社会互动”。普遍认同的要素包括三个方面，即地区、共同纽带、社会互动。多数现代城市居民的社区归属感较强。随着信息时代，尤其是互联网时代的到来，城市社区的空间区位开始变得相对次要，而心理的归属变得愈发重要。

74.【正确答案】：C

【试题解析】：随着城市利益主体的多元化，城市规划工作必须引入公众参与机制才能做到统筹兼顾。1969年安斯汀发表了《市民参与的梯子》一文，被视为公众参与的最佳指导文章。要真正做到公众有效地参与城市规划，重视城市管治的思想和理念是一个基础。

75.【正确答案】：B

【试题解析】：城市绿地建设应避免使用外来物种，外来物种可能改变和危害本地生物多样性，造成物种入侵。

76.【正确答案】：C

【试题解析】：城市最基本的特点是生产集聚，所以生物循环小于人类生产循环。

77.【正确答案】：B

【试题解析】：生态恢复并不完全是自然的生态系统次生演替，城市的自然净化功能脆弱而且有限，必须进行人工调节。

78.【正确答案】：B

【试题解析】：光污染还会改变城市植物和动物生活规律，误导飞行的鸟类，从而对城市植物的生存造成危害。

79.【正确答案】：B

【试题解析】：重视建设项目的技术问题，采取不同的技术路线和技术工艺，将有效控制建设项目对环境的影响程度。

80.【正确答案】：D

【试题解析】：规划环境影响评价应综合考虑间接连带性的环境影响。

二、多项选择题

81.【正确答案】：A、D、E

【试题解析】：出入口应避免布置在城市干道，减少出入口对城市交通的干扰；中小学一般在居住区内布置。

82.【正确答案】：A、B、C、D

【试题解析】：根据《民用建筑设计统一标准》，多层住宅为4～9层；应保证每户至少有一间卧室有良好朝向；12层以上住宅每栋楼设置电梯应不少于2部；长廊式高层住宅一般应有2部以上的电梯用于解决居民的疏散；厨房、卫生间最好能直接采光、通风，可将厨房、卫生间布置于朝向和采光较差的部位。

83.【正确答案】：A、B、C、E

【试题解析】：一般情况下，自然地形坡度小于3%，应选用平坡式；自然地形坡度大于8%时，采用台阶式；当场地长度超过500m时，虽然自然地形坡度小于3%，也可采用台阶式。

84.【正确答案】：A、B、C、E

【试题解析】：密度：材料在绝对密实状态下，单位体积内所具有的质量；在自然状态下的材料单位体积内所具有的质量应为材料的表观密度。

85.【正确答案】：A、C、E

【试题解析】：朱白色系配上灰瓦很可能就是唐朝建筑的主色；自唐朝开始，黄色成为皇室特用的色彩，皇宫寺院用黄红色调，绿青蓝等为王府官宦之色，民众只能用黑灰白等色，利用色彩来维护统治阶级的地位。

86.【正确答案】：A、B、D、E

【试题解析】：城市道路横断面的选择与组合主要取决于道路的性质、等级和功能要求，同时还要综合考虑环境和工程设施等方面的要求：①符合城市道路系统对道路的性质、等级和红线宽度等方面的要求；②满足交通畅通和安全的要求；③充分考虑道路绿化的布置；④满足各种工程管线布置的要求；⑤要与沿路建筑和公用设施的布置要求相协调；⑥要考虑现有道路改建工程措施与交通组织管理措施的结合；⑦要注意节省建设投资，节约城市用地。

87.【正确答案】：C、E

【试题解析】：采用渠化交通，即在道路上施画各种交通管理标线及设置交通岛，用以组织不同类型、不同方向车流分道行驶，互不干扰地通过交叉口。在交通量比较大的交叉口，配合信号灯组织渠化交通，有利于交叉口的交通秩序，增大交叉口的通行能力。

88.【正确答案】：A、B

【试题解析】：一般城市干道相邻坡度差小于0.5%或外距小于5cm时，可以不设置竖曲线。

89.【正确答案】：B、C

【试题解析】：有轨电车是一种低运量的城市轨道交通，轨道主要铺设在城市道路路面上，车辆与其他交通混合运行。还可以分为：混合交通、全开放性的路面、有轨电车和局部隔离、新型有轨电车。故不能采取全部封闭隔离措施。

90.【正确答案】：A、B、C、D

【试题解析】：城市客运交通枢纽承载多种交通方式于一身，但又不是简单的排列和叠加，既要在有限的场地内解决各种车辆的流线组织，以及与外部各种交通系统和周边道路衔接问题，更要通过枢纽的规划和建设，改善该地区的整体交通环境。

91.【正确答案】：A、C、D

【试题解析】：线网中心点的可达性很好；市中心与市郊之间联系很方便，有利于市中心客流疏散；任何两条线路之间可直接换乘；任何两个车站之间最多只需换乘一次；当多条线路集中于市中心某一点时，容易造成客流组织混乱，并增加施工难度和工程造价；由于没有环行线，使得郊区之间的联系很不方便。

92.【正确答案】：A、B、C

【试题解析】：根据《城市蓝线管理办法》，城市蓝线是指城市规划确定的江、河、湖、库、渠和湿地等城市地表水体保护和控制的要求。

其中第八条，在控制性详细规划阶段，应当依据城市总体规划划定的城市蓝线，规定城市蓝线范围内的保护要求和控制指标，并附有明确的城市蓝线坐标和相应的界址地形图。

第十条，在城市蓝线内禁止进行下列活动：违反城市蓝线保护和控制要求的建设活动；擅自填埋、占用城市蓝线内水域；影响水系安全的爆破、采石、取土；擅自建设各类排污设施；其他对城市水系保护构成破坏的活动。

93.【正确答案】：C、E

【试题解析】：设计重现期应根据排水区域的重要性、地形和气象特点等因素确定。《城市排水工程规划规范》规定，重要干道、重要地区或短期积水能引起严重后果的地方，重现期采用3～5年，其他地区重现期宜采用1～3年，特别重要地区和次要地区或排水条件好的地区重现期可酌情增减。

径流系数是指径流量与降雨量的比值。在降雨量很小的城市，由于降雨量很小，地面渗透能力很强，没有必要建设雨水系统。在这些地区，为了利用宝贵的水资源，绿化用地设计标高都低于道路标高，降雨时路面雨水很快就汇入路边绿地。

94.【正确答案】：C、D

【试题解析】：设计流速要考虑管网造价和运行费，流速增高管径可以减小，管网投资可以降低，但将增加水头损失，从而增加水厂出厂压力，使日常的动力费提高。

95.【正确答案】：B、D

【试题解析】：截流式合流制是在直排式合流制的基础上，沿排放口附近新建一条污水管渠，将污水截流到污水厂处理或输送到下游排放，雨水通过附属的溢流井仍排入原来的水体。截流管和溢流井是截流式合流制特有的。

96.【正确答案】：A、C

【试题解析】：设计洪水位根据防洪标准、相应洪峰流量、河道断面分析计算。设计洪水位以上超高包括风浪爬高和安全超高，风浪爬高根据风力资料分析计算，安全超高根据堤防级别选取。选项中的B、D、E项是洪水位以上超高考虑的因素。堤距即河流两岸堤防的间距，是河道断面分析的因素之一。

97.【正确答案】：A、E

【试题解析】：选项中的B所表述，现有未进行抗震设防的建筑，应提出加固、改造计划，必须拆除重建是错误的。城市小区绿地应作为临时性紧急避难用地；区级公共绿地应作为地震发生后人员安置用地；临时性紧急避难场地疏散半径在500m左右为宜。

98.【正确答案】：A、D、E

【试题解析】：《中华人民共和国环境影响评价法》明确要求对土地利用规划，区域、流域、海域开发规划和工业、农业、畜牧业、林业、能源、水利、交通、城市建设、旅游、自然资源开发10类专项规划进行环境影响评价。

99.【正确答案】：A、B、C、E

【试题解析】：构建区域生态安全格局包括：①在土地极其紧张的情况下如何更有效地协调各种土地利用之间的关系，如城市发展用地、农业用地及生物保护用地之间的合理格局。②如何在各种空间尺度上优化防护林体系和绿道系统，使之具有高效的综合功能，包括物种的空间运动和生物多样性的持续及灾害过程的控制。如何在现有城市基质中引入绿色斑块和自然生态系统，以便最大限度地改善城市的生态环境，如减轻热岛效应、改善空气质量等。③如何在城市发展中形成一种有效的战略性的城市生态灾害（如洪水和海潮）控制格局。④如何使现有各类孤立分布的自然保护地通过尽可能少的投入形成最优的整体空间格局，以保障物种的空间迁徙和保护生物多样性。⑤如何在最关键的部位引入或改变某种景观斑块，便可大幅改善城乡景观的某些生态和人文过程，如通过尽量少的土地，建立城市或城郊连续而高效的游憩网络、连续而完整的遗产廊道网络、视觉廊道的控制。

100.【正确答案】：A、B、C

【试题解析】：生态适宜性评价是以规划范围内生态类型为评价单元，将各要素进行叠加分析。确定范围内生态类型对资源开发的适宜性和限制性，进而划分适宜性等级。

考　题　四

一、单项选择题（共80题，每题1分。各题的备选项中，只有一个最符合题意）

1. 下列关于中国古典园林的表述，哪项是错误的？（　　）

A. 按照园林基址的开发方式可分为人工山水园和天然山水园

B. 按照园林的隶属关系可分为皇家园林、私家园林、寺观园林

C. 秦、汉时期的园林主要是尺度较小的私家园林

D. 中国古典造园活动从生成到全盛的转折期是魏、晋、南北朝时期

2. 下列关于中国古代宫殿性质发展历史的表述，哪项是错误的？（　　）

A. 周代宫殿的形制为“三朝五门”

B. 汉代首创了“东西堂制”

C. 宋代设立了宫殿的“御街千步廊”制度

D. 元代宫殿多用回字形大殿形式

3. 下列关于古希腊建筑美学思想风格的表述，哪项是错误的？（　　）

A. 体现人本主义世界观　　B. 具有强烈的浪漫主义色彩

C. 追求度量和秩序所构成的“美”　　D. 风格特征为庄重、典雅、精致

4. 下列哪项不属于勒·柯布西耶提出的新建筑的五个设计原则？（　　）

A. 屋顶花园　　B. 底层架空

C. 纵向长窗　　D. 自由平面

5. 依据国家现行《住宅设计规范》下列关于住宅建筑套内空间低限面积的表述，哪项是错误的？（　　）

A. 单人卧室为5m^2　　B. 双人卧室为9m^2

C. 无直接采光的餐厅、过厅12m^2　　D. 起居室为10m^2

6. 下列关于工业建筑中化工厂功能单元的表述，哪项是错误的？（　　）

A. 生产单元：包括车间、实验楼等

B. 动力单元：包括锅炉房、变电间、空气压缩车间等

C. 生活单元：包括宿舍、食堂、浴室等

D. 管理单元：包括办公室等

7. 下列建筑选址与布局原则的表述，哪项是错误的？（　　）

A. 停车库出入口应置于主要道路交叉口　　B. 旅游旅馆宜置于风貌保护区

C. 电视台尽可能远离高频发生器　　D. 档案馆应尽量远离市区

8. 下列哪项不是确定场地设计标高的主要考虑因素？（　　）

A. 建筑项目性质　　B. 场地植被状况

C. 交通联系条件　　D. 地下水位高低

9. 下列哪项不属于建筑的空间结构体系？（　　）

A. 折板结构　　B. 薄壳结构

C. 简支结构　　D. 悬索结构

10. 下列哪项称为一般建筑工程的三大材料？（　　）

A. 木材、水泥、钢材　　B. 无机材料、有机材料、复合材料

C. 结构材料、围护材料、装饰材料　　D. 混凝土材料、金属材料、砖石材料

11. 南方地区夏季 24 小时的太阳辐射对（　　）的辐射量最大。

A. 东墙　　B. 屋顶　　C. 西墙　　D. 南墙

12. 下列关于色彩的表述，哪项是错误的？（　　）

A. 色彩的原色纯度最高　　B. 红、黄、蓝为色光三原色

C. 青、品红、黄色为色料三原色　　D. 固有色指的是物体的本色

13. 下列关于建筑设计工作的表述，哪项是错误的？（　　）

A. 大型建筑设计可以划分为方案设计、初步设计、施工图设计三个阶段

B. 小型建筑设计可以用方案设计阶段代替初步设计阶段

C. 施工单位可以根据施工中的具体情况修改设计文件

D. 方案设计的编制深度，应满足编制初步设计文件和控制概算的要求

14. 根据实际经验，停车视距与会车视距的比值是（　　）。

A. 2.0　　B. 1.5　　C. 1.0　　D. 0.5

15. 在城市道路设计中，支路的车道宽度一般不小于（　　）m。

A. 3.00　　B. 3.25　　C. 3.50　　D. 3.75

16. 下列哪项属于城市道路平面设计的内容？（　　）

A. 行车安全视距验算　　B. 街头绿地绿化设计

C. 雨水管干管平面布置　　D. 人行道铺地图案设计

17. 下列关于道路交叉口交通组织方式的表述，哪项是错误的？（　　）

A. 无交通管制适用于交通量很小的道路交叉口

B. 渠化交通适用于交通量很小的次要交叉口

C. 交通指挥适用于平面十字交叉口

D. 立体交叉适用于复杂的异形交叉口

18. 下列有关城市道路设计的表述，哪项是正确的？（　　）

A. 平曲线与竖曲线应重合设置　　B. 平曲线与竖曲线不应交错设置

C. 平曲线应设置在竖曲线内　　D. 小半径竖曲线应设在长的直线段上

19. 在下列关于环形交叉口中心岛设计的表述，哪项是错误的？（　　）

A. 主次干路相交的椭圆形的中心岛的长轴应沿次干路的方向布置

B. 中心岛的半径与车辆进出交叉口的交织距离有关

C. 中心岛上的绿化不应设置人行道

D. 中心岛上的绿化不应影响绕行车辆的视距

20. 城市公共停车设施可分为（　　）两大类。

A. 路边停车带和集中停车场　　B. 路边停车带和路外停车场

C. 露天停车场和室内停车场　　D. 路边停车带和室内停车场

21. 下列哪项不是错层式（半坡道式）停车库的特点(　　)?

A. 停车楼面之间用短坡道相连

B. 停车楼面采用错开半层的两段或三段布置

C. 行车路线对停车泊位无干扰

D. 用地较为节省

22. 站前广场的主要功能是(　　)。

A. 集会　　B. 交通　　C. 商业　　D. 休憩

23. 下列哪项不属于城市轨道交通线网规划的主要内容?(　　)

A. 确定线路大致的走向和起讫点　　B. 确定换乘车站的功能定位

C. 确定联络线的分布　　D. 确定车站规模

24. 下列关于城市供水工程规划内容的表述，哪项是正确的?(　　)

A. 非传统水资源包括污水、雨水，但不包括海水

B. 城市供水设施规模应按照平均日用水量确定

C. 划定城市水源地保护区范围是供水总体规划阶段的内容

D. 城市水资源总量越大，相应的供水保证率越高

25. 下列关于城市排水系统规划内容的表述，哪项是错误的?(　　)

A. 重要地区雨水管道设计宜采用 0.5～1.0 年一遇重现期标准

B. 道路路面的径流系数高于绿地的径流系数

C. 为减少投资，应将地势较高区域和地势低洼区域划在不同的雨水分区

D. 在水环境保护方面，截流式合流制与分流制各有利弊

26. 下列关于城市供电规划内容的表述，哪项是正确的?(　　)

A. 容载比过大将使电网适应性变差

B. 单位建筑面积负荷指标法是总体规划阶段常用的负荷预测方法

C. 城市供电系统包括城市电源、输电网和配电网

D. 城市道路可以布置在 220kV 供电架空走廊下

27. 下列关于城市燃气规划内容的表述，哪项是正确的?(　　)

A. 液化石油气储配站应尽量靠近居民区

B. 小城镇应采用高压三级管网系统

C. 城市气源应尽可能选择单一气源

D. 燃气调压站应尽可能布置在负荷中心

28. 下列关于城市环卫设施的表述，哪项是正确的?(　　)

A. 医疗垃圾可以与生活垃圾混合进行填埋处理

B. 固体废物处理应考虑减量化、资源化、无害化

C. 生活垃圾填埋场距大中城市规划建设区不应小于 3km

D. 万元产值法常用于生活垃圾产生量预测

29. 下列关于城市通信工程规划内容的表述，哪项是错误的?(　　)

A. 研究确定城市微波通道

B. 架空电话线可与电力线合杆架设，但是要保证一定的距离

C. 确定电信局的位置和用地面积

D. 不同类型的通信管道分建分管是目前国内外通信行业发展的主流

30. 下列哪项属于城市蓝线？(　　)

A. 城市变电站用地边界线

B. 城市道路边界线

C. 文物保护范围界线

D. 城市湿地控制线

31. 下列关于城市工程管线综合规划的表述，哪项是正确的？(　　)

A. 管线交叉时，自流管道应避让压力管道

B. 布置综合管廊时，燃气管道常与电力管合舱敷设

C. 管线覆土深度指地面到管顶（外壁）的距离

D. 工程管线综合主要考虑管线之间的水平净距

32. 下列关于城市用地竖向规划的表述，哪项是错误的？(　　)

A. 总体规划阶段需要确定防洪排涝及排水方式

B. 纵横断面法多用于地形不太复杂的地区

C. 地面规划形式包括平坡、台阶、混合三种形式

D. 台地的长边应平行于等高线布置

33. 在详细规划阶段，防灾规划的主要任务是(　　)。

A. 研究城市灾害类型

B. 确定城市设防标准

C. 提出防灾措施

D. 落实总体规划确定的防灾设施位置和用地

34. 承担危险化学物品事故处置的主要消防力量是(　　)。

A. 航空消防站

B. 路上普通消防站

C. 特勤消防站

D. 水上消防站

35. 城市排涝泵站排水能力确定与下列哪些因素无关？(　　)

A. 排涝标准

B. 服务区面积

C. 服务区平均地面高程

D. 服务区内水体调蓄能力

36. 通过控制地下水开采量，可以有效地防治下列哪类地质灾害？(　　)

A. 滑坡

B. 崩塌

C. 地面塌陷

D. 地面沉降

37. 下列有关地震烈度的表述，哪项是错误的？(　　)

A. 地震烈度是反映地震对地面和建筑物造成破坏的指标

B. 地震烈度与震级具有一一对应的关系

C. 我国地震烈度区划是各地确定抗震设防烈度的依据

D. 在抗震设防区内一般建设工程应按地震基本烈度设防

38. 在数据库管理系统中，某个数据表由 20 个字段、1000 条记录组成，如果只选择其中符合某条件的 200 条记录的 5 个字段，应进行哪项操作？(　　)

A. 投影＋选择

B. 选择

C. 投影

D. 选择＋删除列

39. 在因特网中，能够定位一份文档或数据（如主机中一个文件）的是(　　)。

A. 邮件地址

B. IP 地址

C. 域名　　D. 通用资源标识符

40. 下面哪种空间关系属于拓扑关系？(　　)

A. 远近　　B. 包含　　C. 南北　　D. 角度

41. 下面哪项空间分析结果受地图比例尺影响最大？(　　)

A. 线地物长度　　B. 面地物面积

C. 两点间距离　　D. 两点间方向

42. 在城市人口疏散规划中，通常采用下列哪项分析方法？(　　)

A. 网络分析　　B. 栅格分析

C. 缓冲区分析　　D. 叠加分析

43. 如图所示，为了计算道路红线拓展涉及的房屋拆迁面积，需要利用下列哪项空间分析方法组合？(　　)

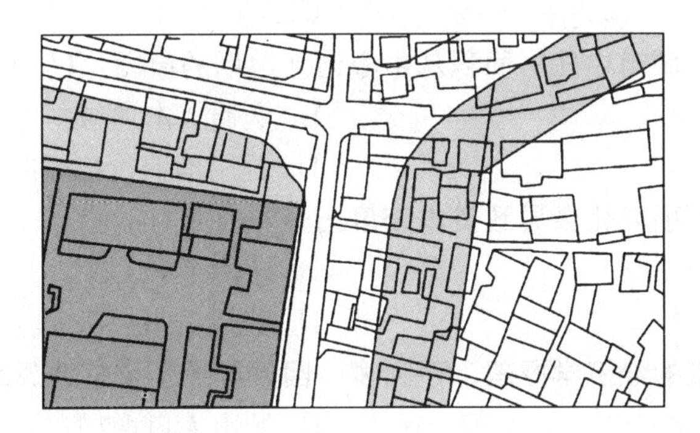

A. 叠合分析+邻近分析+几何量算　　B. 叠合分析+网络分析+格网分析

C. 几何量算+邻近分析　　D. 网络分析+几何量算+叠合分析

44. 下列关于遥感数据在城市规划研究中应用的表述，哪项是错误的？(　　)

A. 遥感数据可以用于监测城市大气污染

B. 遥感数据可以直接获取地物的社会属性

C. 气象卫星数据可以用于监测城市热岛效应

D. 高分辨率影像可以用于分析城市道路交通状况

45. 下列哪项几何遥感影像数据适用于林火监测？(　　)

A. Landsat TM 影像　　B. Spot HRV 数据

C. 风云气象卫星影像　　D. MODIS 影像

46. 下列哪项研究内容是城市经济学的主要研究内容？(　　)

A. 市场的供求平衡　　B. 政府的运行效率

C. 经济的稳定增长　　D. 土地利用的空间结构

47. 下列哪项是经济学研究的核心问题？(　　)

A. 资源配置效率　　B. 社会公平程度

C. 公众行为规范　　D. 政府组织结构

48. 下列哪项政府行为有利于控制城市中的外部性？(　　)

A. 投资改善城市交通　　B. 对排污企业征收污染费

C. 制定最低工资法　　D. 完善社会福利制度

49. 根据城市经济学基本原理，下图中哪个城市是最佳规模？(　　)

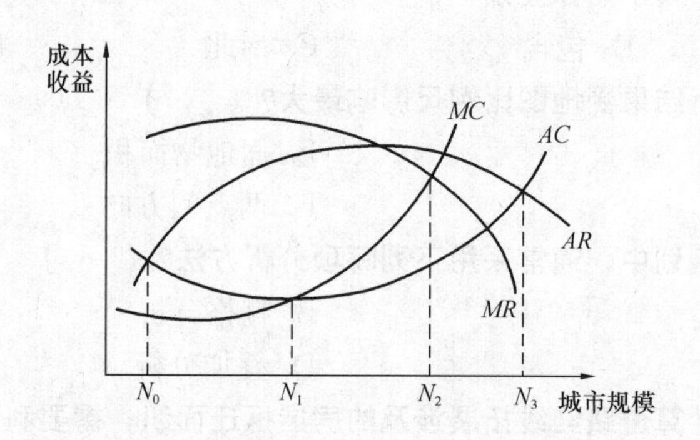

A. N_0　　B. N_1　　C. N_2　　D. N_3

50. 下列哪项是单中心城市中住房面积从中心向外递增的原因？(　　)

A. 建筑高度递减　　B. 交通成本递减

C. 住房价格递减　　D. 日用消费价格递减

51. 在市场中，下列哪项变化会导致资本密度上升？(　　)

A. 利率上升　　B. 地价上升

C. 工资上升　　D. 建筑技术提高

52. 根据城市空间扩张的经济学原理，下列哪一因素导致了城市的郊区化？(　　)

A. 居民收入上升　　B. 城市人口增加

C. 农地价格上升　　D. 交通成本上升

53. 下列哪项是外部负效应导致的结果？(　　)

A. 零售业集聚形成商业中心　　B. 工业企业扩大生产规模

C. 小企业集聚形成产业集群　　D. 道路上车辆过多造成交通拥堵

54. 城市交通早高峰的需求弹性小是由于(　　)。

A. 出行价格是刚性的　　B. 上班时间是刚性的

C. 交通供给是刚性的　　D. 就业中心是刚性的

55. 大城市采用公共交通的合理性在于(　　)。

A. 初始成本低　　B. 平均成本低

C. 时间成本低　　D. 价格低

56. 下列哪项税收可以同时实现公平与效率两个目标？(　　)

A. 增值税　　B. 所得税

C. 消费税　　D. 土地税

57. 居民"用脚投票"来选择公共品会形成下列哪种社区？(　　)

A. 收入相同社区　　B. 年龄相同社区

C. 消费偏好相同社区　　D. 教育水平相同社区

58. 下列关于城市空间分布地理特征的表述，哪项是错误的？(　　)

A. 世界大城市分布向中纬度地带集中

B. 中国的设市城市分布向沿海低海拔地区集中

C. 世界多数国家城市空间分布属于典型的集聚分布
D. 中国小城市分布具有明显的均衡分布特征

59. 下列关于城镇化的表述，哪项是错误的？（　　）
A. 区域城镇化水平与经济发展水平之间呈对数相关关系
B. 工业化带动城镇化是近现代城镇化快速推进的一个重要特点
C. 发展中国家的城镇化已经构成当今世界城镇化的主体
D. 当代发展中国家的城镇化速度低于发达国家的城镇化速度

60. 从城镇化进程与经济社会发展之间是否同步的角度，可以将城镇化分为（　　）。
A. 积极型城镇化与消极型城镇化　B. 向心型城镇化与离心型城镇化
C. 外延型城镇化与飞地型城镇化　D. 新型城镇化与旧型城镇化

61. 下列哪项不属于世界城市体系的主要层次？（　　）
A. 全球城市　B. 具有全球服务功能的专业化城市
C. 有较高国际性的生产和装配城市　D. 具有世界自然与文化遗产的城市

62. 下列关于城市地域概念的表述，哪项是错误的？（　　）
A. 城市建成区是城市研究中最基本的城市地域概念
B. 区域经济社会越发达，城市地域的边界越模糊
C. 城市实体地域一般比功能地域大
D. 随着城市的发展，城市实体地域的边界是动态变化的

63. 下列关于城市经济活动基本部分与非基本部分比例关系（*B/N*）的表述，哪项是错误的？（　　）
A. 综合性大城市通常 B/N 小　B. 地方性中心城市通常 B/N 小
C. 专业化程度高的城市通常 B/N 大　D. 大城市郊区开发区通常 B/N 小

64. 在克里斯塔勒中心地理论中，下列哪项不属于支配中心地体系形成的原则？（　　）
A. 市场原则　B. 交通原则
C. 居住原则　D. 行政原则

65. 下列哪项规划建设可以用增长极理论来解释？（　　）
A. 开发区建设　B. 旧城改造
C. 新农村建设　D. 风景名胜区保护

66. 下列哪种方法适用于城市吸引范围的分析？（　　）
A. 回归分析　B. 潜力分析
C. 聚类分析　D. 联合国法

67. 下列关于城市社会学各学派的描述，哪项是错误的？（　　）
A. 芝加哥学派创建了古典城市生态学理论
B. 哈维是马克思主义学派的代表人物
C. 全球化是信息化城市发展的重要动力
D. 政治经济学无法应用于城市空间研究

68. 下列关于社会调查方法的表述，哪项是错误的？（　　）
A. 部门访谈和针对居民个体的深度访谈在访谈方法上有一定的差别
B. 质性方法和定性方法是两回事

C. 质性方法强调在访谈过程中建构研究者的理论

D. 问卷调查方法有抽样的要求和数量要求

69. 下列关于城市人口结构的描述，哪项是正确的？(　　)

A. 人口性别比与城市或区域的发展没有关系

B. 人口的素质结构一直未有合适的指标和数据来度量

C. 一个地区社会的老龄化程度与少年儿童的比重有关

D. 人口普查中的行业人口是按就业地进行统计的

70. 我国东部某城市，按第六次人口普查数据，60 岁以上人口占总人口的比重为 13%；而按 2010 年本市公安系统提供的户籍数据，60 岁以上人口占总人口的比重为 21%。以下哪项对上述现象的解读有误？(　　)

A. 不同的人口统计口径造成上述结果差异

B. 比较而言，户籍人口的老年负担系数更大

C. 外来人口总体带眷系数大

D. 外来人口延缓了人口老龄化进程

71. 下列关于流动人口的表述，哪项是正确的？(　　)

A. 按照第六次人口普查数据，“常住人口”包括了在当时居住一定时间的外来人口

B. 就近年我国的情况而言，每个行业的流动人口的性别比都大于 100

C. 公安系统的“暂住人口”与人口普查中的“迁移人口”采用了统一的统计标准

D. 一般意义上，一个城市的“流动人口”数量即包括了流入人口数量，也包括了流出人口数量

72. 市场转型时期中国大城市内部空间结构模式的特点表现为(　　)。

A. 差异性大于相似性　　B. 城乡结合部绅士化

C. 城市中心区衰落　　D. 单位社区的强化

73. 下列关于社区归属感的表述，哪项是错误的？(　　)

A. 近年学术界讨论热烈的“门禁社区”也存在归属感

B. 社会现代化水平的提高在一定程度上削弱了社区归属感

C. 归属感在实体社区和虚拟社区中都扮演了重要角色

D. 现代社会中，城市社区的空间区位会影响归属感

74. 下列哪项不是城市规划公众参与的要点？(　　)

A. 发挥各种非政府组织的作用并重视保障其利益

B. 强调政府的权力主导和规划的空间调控属性

C. 强调市民社会的作用

D. 重视城市管治和协调思路的运用

75. 下列关于生物与生物之间关系的表述，哪项是错误的？(　　)

A. 种群是物种存在的基本单元

B. 群落是生态系统中有生命的部分

C. 生物个体与种群既相互联系又相互区别

D. 群落一般保持稳定的外貌特征

76. 下列关于城市生态系统基本特征的表述，哪项是正确的？(　　)

A. 绿色植物和动物在城市中占主体地位
B. 城市中的山体、河流和沼泽等的形态与功能发生了巨大变化
C. 城市生态系统是流量大、容量大、密度高、运转快的封闭系统
D. 通过自然调节维持系统的平衡

77. 下列关于城市能量流动与环境问题的表述，哪项是错误的？(　　)
A. 每个能源使用环节都会释放一定的热量进入环境
B. 有效能源包括原生能源和次生能源
C. 减少化石能源消耗能够减轻整体环境污染
D. 减少生物能源消耗能够减轻整体环境污染

78. 下列关于我国当前环境问题主要成因的表述，哪项是错误的？(　　)
A. 原生环境问题频发
B. 人类自身发展膨胀
C. 生物地球化学循环过程变化的环境负效应
D. 人类活动过程规模巨大

79. 下列关于环境保护工程措施的表述，哪项是错误的？(　　)
A. 目的是减少环境污染和生态影响
B. 关闭矿山、报废工厂属于生物工程措施
C. 植树造林属于生物性生态工程
D. 地下水回灌属于工程性生态工程

80. 下列关于区域生态安全格局的表述，哪项是错误的？(　　)
A. 对区域景观进程的健康与安全具有关键意义
B. 关注城市扩张、物种空间活动、水和风的流动以及灾害扩散等内容
C. 是根据景观过程的现状进行判别和设计的
D. 是由具有战略意义的关键性景观元素、空间位置及其相互联系形成的格局

二、多项选择题（共20题，每题1分。每题的备选项中，有二至四个选项符合题意。少选、错选都不得分）

81. 下列哪些项是中国古建筑区别尊卑关系的常用做法？(　　)
A. 空间方位的不同
B. 屋顶形式的差异
C. 建筑体量的大小
D. 开间数量的多少
E. 植物种类的选择

82. 下列关于住宅建筑的表述，哪些项是错误的？(　　)
A. 住宅的功能空间包括公共楼梯间
B. 住宅的功能空间包括服务阳台
C. 4～6层的住宅建筑为多层住宅
D. 9～30层的住宅建筑为高层住宅
E. 单栋住宅的长度大于80m时应设消防车通道

83. 下列哪些项是编制建筑工程设计文件的依据？(　　)
A. 项目评估报告
B. 城市规划

C. 项目批准文件

D. 区域规划

E. 建设工程勘察设计规范

84. 下列关于公共建筑交通联系空间的表述，哪些项是错误的？（　）

A. 交通联系空间的形式与功能有关，与建筑空间处理无关

B. 交通联系空间的形式与功能无关，与建筑空间处理有关

C. 交通联系空间的位置与功能有关，与建筑空间处理无关

D. 交通联系空间的位置与功能无关，与建筑空间处理有关

E. 交通联系空间的大小与功能有关，与建筑空间处理也有关

85. 下列关于建筑形式美的表述，哪些项是错误的？（　）

A. 对比可以借相互烘托陪衬求得调和

B. 微差利用相互间的协调和连续性以求得变化

C. 空间渗透是指空间各部分的互相连通与贯穿

D. 均衡包括对称均衡、不对称均衡和动态均衡

E. 韵律分为简洁韵律和复杂韵律

86. 下列关于城市道路交叉口常用的改善方法，哪些项是正确的？（　）

A. 渠化和拓宽路口

B. 错口交叉改为十字交叉

C. 斜角交叉改为正交叉

D. 环形交叉改为多路交叉

E. 合并次要道路，再与主路相交

87. 下列关于道路纵坡的表述，哪些项是正确的？（　）

A. 道路最大纵坡与设计车速无关

B. 道路最小纵坡与道路排水有关

C. 道路纵坡与道路等级有关

D. 道路纵坡与道路两侧绿化有关

E. 道路纵坡与地下管线的敷设有关

88. 下列哪些项是在交叉口合理组织自行车交通时通常采用的措施？（　）

A. 设置自行车右转车道

B. 设置自行车左转等待区

C. 设置自行车横道

D. 将自行车停车线前置

E. 将自行车道设置在人行道上

89. 下列哪些属于中低速磁浮系统的特征？（　）

A. 车辆载荷相对均衡

B. 噪声较大

C. 轨道的维护费用较高

D. 车辆费用较高

E. 属于中运量交通方式

90. 下列关于城市铁路客站站前广场规划设计的表述，哪些项是错误的？（　）

A. 大城市的公交站点应布置在广场内部

B. 轨道交通车站应远离站房

C. 社会车辆停车场可修建在广场地下

D. 自行车停车场一般应在站前广场内部集中设置

E. 大型铁路客站应把出租车停车场的接客区和送客区分开设置

91. 下列关于城市轨道交通车站设置的表述，哪些项是正确的？（　）

A. 尽量远离主要客流集散点

B. 高架车站应控制体量和造型

C. 经过铁路客站时一般应设站

D. 避免在公路客运枢纽设站

E. 车站位置应有利于乘客集散

92. 下列关于城市工程管线综合布置原则的表述，哪些项是错误的？（　　）

A. 城市各种管线的位置应采用统一的城市坐标系统及标高系统

B. 热力管道一般不与电力、通信电缆共沟敷设

C. 当新建管线与现状管线冲突时，现状管线应避让新建管线

D. 交叉管线垂直净距指上面管道内底（内壁）到下面管道顶（外壁）之间的距离

E. 管线埋设深度指地面到管道内底（内壁）的距离

93. 下列哪些不属于可再生能源？（　　）

A. 风能

B. 石油

C. 沼气

D. 水能

E. 核能

94. 下列关于城市供电规划的表述，哪些项是正确的？（　　）

A. 大型燃煤发电厂应尽量靠近水源

B. 市区内新建变电站应采用全户外式结构

C. 变电站可以与其他建筑物合建

D. 有稳定冷、热需求的公共建筑区应建设燃气热电冷三联供设施

E. 核电厂限制区半径一般不得小于 3km

95. 下列哪些措施适用于解决资源性缺水地区的水资源供需矛盾？（　　）

A. 调整产业和行业结构，将高耗水产业逐步搬迁

B. 推广城市污水再生利用

C. 推广农业滴灌、喷灌

D. 控制城市发展规模

E. 改进城市自来水净水工艺

96. 下列哪些防洪措施属于城市防洪安全布局的内容？（　　）

A. 在城市上游兴建具有防洪功能的水库

B. 城市建设用地选择时避开洪水高风险区

C. 在排洪河道上留出足够的行洪空间

D. 在河道两侧建设高标准防洪堤

E. 将防洪设施作为城市黄线进行严格管理

97. 下列哪些防洪排涝措施是正确的？（　　）

A. 在建设用地标高低于设计洪水位的城市兴建堤防

B. 在地形和洪水位变化较大的城市依靠泵站强排城市雨水

C. 在坡度较大的山坡上建设截洪沟防治山洪

D. 若城区河段行洪能力难以提高，在上游设置一定分蓄洪区

E. 将公园绿地、广场、运动场等布置在洪涝风险相对较大的地段

98. 下列关于生态系统服务的表述，哪些项是错误的？（　　）

A. 从生态系统获得食物属于供给服务

B. 水体净化属于供给服务

C. 保持水土属于调节服务

D. 减轻侵蚀属于调节服务

E. 生物生产属于供给服务

99. 下列关于废气污染对人体健康影响的表述，哪些项是错误的？（　　）

A. 烟雾导致慢性支气管炎

B. 铅尘导致儿童记忆力低下

C. 气溶胶刺激眼和咽喉　　D. 二氧化碳导致消化道疾病
E. 二氧化硫导致呼吸道疾病

100. 下列关于生态恢复的表述，哪些项是正确的？(　　)

A. 生态恢复不是物种的简单恢复
B. 人类可以通过生态恢复对受损生态系统进行干预
C. 生态恢复本质上是生物物种和生物量的重建
D. 生态恢复是指自然生态的次生演替
E. 生态恢复可以用于被污染土地的治理

考题四分析与解答

一、单项选择题

1.【正确答案】：C

【试题解析】：此题考查的是中国古典园林的演变。①生成期：汉以前为帝王皇族苑囿为主体的思想。②转折期：魏晋南北朝奠定了山水园的基础。③全盛期：隋唐。唐代风景园林全面发展。④成熟时期：两宋到清初。两宋时造园风气遍及地方城市，影响广泛；明清时皇家园林与江南私家园林均达盛期。⑤成熟后期：清中叶到清末。

殷、周、秦、汉时期是中国古典园林的生成期，以规模宏大的贵族公园和皇家宫廷园林为主流。

2.【正确答案】：D

【试题解析】：元代宫殿喜用工字形殿。受游牧生活、喇嘛教以及西亚建筑影响，用多种色彩的琉璃，金、红色装饰，挂毡毯、毛皮、帷幕。

3.【正确答案】：B

【试题解析】：美学思想与风格特征：古希腊建筑反映平民的人本主义世界观，体现严谨的理性精神，追求一般的理想的美。其美学观受到初步发展起来的理性思维的影响，认为“美是由度量和秩序所组成的”，而人体的美也是由和谐的数的原则统辖着，故人体是最美的。当客体的和谐同人体的和谐相契合时，客体就是美的。

建筑风格特征为庄重、典雅、精致、有性格、有活力。“表现明朗和愉快的情绪……如灿烂的、阳光照耀的白昼……”

4.【正确答案】：C

【试题解析】：柯布西耶早期作品萨伏伊别墅体现了1926年提出了新建筑的5个特点：房屋底层采用独立支柱、屋顶花园、自由平面、横向长窗、自由立面。

5.【正确答案】：C

【试题解析】：现行《住宅设计规范》(GB 50096—2011) 规定：

5.2　卧室、起居室(厅)

5.2.1　卧室的使用面积应符合下列规定：双人卧室不应小于9m^2；单人卧室不应小于5m^2；兼起居的卧室不应小于12m^2。

卧室的最小面积是根据居住人口、家具尺寸及必要的活动空间确定的。原规范规定双人卧室不小于10m^2。单人卧室不小于6m^2，本次修编分别减小为9m^2和5m^2。其依据为：

(1) 综合考虑我国中小套型住房建设的国策，以及住宅部品技术产业化、集成化和家电设备技术更新等因素，各种住宅部品及家电尺寸有所减小，对各功能空间尺度的要求也相应减小。所以将原规范规定的双人及单人卧室的使用面积分别减小 $1m^2$。(2) 在小套型住宅设计中，允许采用一种兼有起居活动功能空间和睡眠功能空间为一室的"卧室"，这种兼起居的卧室需要在双人卧室的面积基础上至少增加一组沙发和摆设一个小餐桌的面积 ($3m^2$) 才能保证家具的布置，所以规定兼起居的卧室为 $12m^2$。

5.2.2 起居室（厅）的使用面积不应小于 $10m^2$。

起居室（厅）是住宅套型中的基本功能空间，由于规范 5.2.1 所列的原因，将起居室（厅）的使用面积最小值由原规范的 $12m^2$ 减小为 $10m^2$。

5.2.3 套型设计时应减少直接开向起居厅的门的数量。起居室（厅）内布置家具的墙面直线长度宜大于 3m。

起居室（厅）的主要功能是供家庭团聚、接待客人、看电视之用，常兼有进餐、杂物、交通等作用。除了应保证一定的使用面积以外，应减少交通干扰，厅内门的数量如果过多，不利于沿墙面布置家具。根据低限度尺度研究结果，3m 以上直线墙面保证可布置一组沙发，使起居室（厅）中能有一相对稳定的使用空间。

5.2.4 无直接采光的餐厅、过厅等，其使用面积不宜大于 $10m^2$。

较大的套型中，起居室（厅）以外的过厅或餐厅等可无直接采光，但其面积不能太大，否则会降低居住生活标准。

6.【正确答案】：A

【试题解析】：工厂中的功能单元一般都有如下几方面的个体特征：物料输入输出特征、能源输入输出特征、人员出入特征、信息输入输出特征。

组成专业化工厂的功能单元时常分为：①生产单元：直接从事产品的加工装配。②辅助生产单元：设备维修、工具制作、水处理、废料处理等。③仓储单元：物料暂时性的存放。④动力单元：主要用做能量转换，如锅炉房、变电间、煤气发生站、乙炔车间、空气压缩车间等。⑤管理单元：办公室、实验楼等。⑥生活单元：宿舍、食堂、浴室、活动室等。

7.【正确答案】：D

【试题解析】：档案馆选址：①馆址应远离有易燃、易爆物的场所，不设在有污染、腐蚀气体单位的下风向，避免架空高压输电线穿过。②应选择地势较高、场地干燥、排水通畅、空气流通和环境安静的地段，并宜有适当的扩建余地。③应建在交通便利，且城市公用设施比较完备的地区。除特殊需要外，一般不宜远离市区。为保持馆区环境安静，减少干扰，也不宜建在城市的闹市区。④确需在城区建馆时，应选择安全可靠和交通方便的地区。不应设在有发生沉陷、滑坡、泥石流可能的地段和埋有矿藏的场地上面。为避免噪声和交通的干扰，也不宜紧临铁路及交通繁忙的公路附近修建。

8.【正确答案】：B

【试题解析】：场地设计标高确定主要因素：①用地不被水淹，雨水能顺利排出，设计标高应高出设计洪水位 0.5m 以上；②考虑地下水、地质条件影响；③场地内、外道路连接的可能性；④减少土石填、挖方量和基础工程量。

9.【正确答案】：C

【试题解析】：空间结构体系包括：

（1）网架结构：多次超静定空间结构。整体性强，稳定性好，抗震性能好。空间工作，传力途径简捷；重量轻，刚度大；施工安装简便；网架杆件和节点便于定型化、商品化，可在工厂中成批生产，有利于提高生产效率；网架的平面布置灵活，屋盖平整，有利于吊顶、安装管道和设备；网架的建筑造型轻巧、美观、大方，便于建筑处理和装饰。

（2）薄壳：种类多，形式丰富多彩。形式有旋转曲面、平移曲面、直纹曲面。

（3）折板：跨度可达27m，类似于筒壳薄壁空间体系。

（4）悬索：材料用量大，结构复杂，施工困难，造价很高。结构受力特点是仅通过索的轴向拉伸来抵抗外荷载的作用，结构中不出现弯矩和剪力效应，可充分利用钢材的强度；悬索结构形式多样，布置灵活，并能适应多种建筑平面；由于钢索的自重很小，屋盖结构较轻，安装不需要大型起重设备，但悬索结构的分析设计理论与常规结构相比，比较复杂，限制了它的广泛应用。

（5）网壳结构：兼有杆系结构和薄壳结构的主要特性，杆件比较单一，受力比较合理；结构的刚度大、跨越能力大；可以用小型构件组装成大型空间，小型构件和连接节点可以在工厂预制；安装简便，不需要大型机具设备，综合经济指标较好；造型丰富多彩，不论是建筑平面还是空间曲面外形，都可根据创作要求任意选取。

（6）膜结构：自重轻、跨度大；建筑造型自由丰富；施工方便；具有良好的经济性和较高的安全性；透光性和自洁性好；耐久性较差。

10.【正确答案】：A

【试题解析】：建筑材料是指在建筑工程中所应用的各种材料的总称，其包括的门类、品种极多。就其应用的广泛性来说，通常将水泥、钢材及木材称为一般建筑工程的三大材料。建筑材料费用通常占建筑总造价的50%左右。

11.【正确答案】：B

【试题解析】：南方地区的夏季辐射十分强烈，据测试24小时的太阳辐射热总量，东西墙是南墙的2倍以上，屋面是南向墙的3.5倍左右。

12.【正确答案】：B

【试题解析】：色光中存在三种最基本的色光，它们的颜色分别为红色、绿色、蓝色，即色光三原色。

13.【正确答案】：C

【试题解析】：建设单位、施工单位、监理单位不得修改建设工程勘察、设计文件；确需修改建设工程勘察、设计文件的，应当由原建设工程勘察、设计单位修改。经原建设工程勘察、设计单位书面同意，建设单位也可以委托其他具有相应资质的建设工程勘察、设计单位修改。修改单位对修改的勘察设计、文件中的修改部分承担相应责任。

14.【正确答案】：D

【试题解析】：两辆机动车在一条车行道上对向行驶，保证安全的最短视线距离，称为会车视距。根据实际经验，会车视距通常按两倍的停车视距计算。

15.【正确答案】：A

【试题解析】：车道宽度取决于通行车辆的车身宽度和车辆行驶中横向的必要安全距离，即与车辆在行驶时摆动偏移的宽度，以及车身与相邻车道或人行道边缘必要的安全间隙、通车速度、路面质量、驾驶技术、交通秩序有关。可取为1.0～1.4m。

一般城市主干路一条小型车车道宽度选用3.5m；大型车道或混合行驶车道选用3.75m；支路车道最窄不宜小于3.0m，公路边停靠车辆的车道宽度为2.5～3.0m。

16.【正确答案】：A

【试题解析】：城市道路平面设计指的是城市道路线形、交叉口、排水设施及各种道路附属设施等平面位置的设计。

城市道路平面设计组成包括：道路中心线和边线等在地表面上的垂直投影。它是由直线、曲线、缓和曲线、加宽等组成。道路平面反映了道路在地面上呈现的形状和沿线两侧地形、地物的位置，以及道路设备、交叉、人工构筑物等的布置。它包括路中心线、边线、车行道、路肩和明沟等。城市道路包括机动车道、非机动车道、人行道、路缘石（侧石或道牙）、分隔带、分隔墩、各种检查井和进水口等。

17.【正确答案】：D

【试题解析】：渠化交通：在道路上施画各种交通管理标线及设置交通岛，用以组织不同类型、不同方向车流分道行驶，互不干扰地通过交叉口。适用于交通量较小的次要交叉口、交通组织复杂的异形交叉口和城市边缘地区的道路交叉口。在交通量比较大的交叉口，配合信号灯组织渠化交通，有利于交叉口的交通秩序，增大交叉口的通行能力。

18.【正确答案】：B

【试题解析】：城市道路设计时一般希望平曲线与竖曲线分开设置。如果确实需要重合设置时，通常要求将竖曲线设置在平曲线内，而不应交错。为了保持平面和纵断面的线形平顺，一般取凸形竖曲线的半径为平曲线半径的10～20倍。应避免将小半径的竖曲线设在长的直线段上。竖曲线长度一般至少应为20m，其取值一般为20m的倍数。

19.【正确答案】：A

【试题解析】：环形交叉口中心岛多采用圆形，主次干路相交的环行交叉口也可采用椭圆形的中心岛，并使其长轴沿主干路的方向，也可采用其他规则形状的几何图形或不规则的形状。

中心岛的半径首先应满足设计车速的需要，计算时按路段设计行车速度的0.5倍作为环道的设计车速，依此计算出环道的圆曲线半径，中心岛半径就是该圆曲线半径减去环道宽度的一半。

20.【正确答案】：B

【试题解析】：城市公共停车设施可分为路边停车带和路外停车场（库）两大类：①路边停车带：一般设在行车道旁或路边。多系短时停车，随到随走，没有一定的规律。在城市繁华地区，道路用地比较紧张，路边停车带多供不应求，所以多采用计时收费的措施来加速停车周转，路边停车带占地为16～20m^2/停车位。②路外停车场：包括道路以外专设的露天停车场和坡道式、机械提升式的多层、地下停车库。停车设施的停车面积规划指标是按当量小汽车进行估算的。露天停车场占地为25～30m^2/停车位，室内停车库占地为30～35m^2/停车位。

21.【正确答案】：C

【试题解析】：错层式（半坡道式）停车库由直坡式发展形成的，停车楼面分为错开半层的两段或三段楼面，楼面之间用短坡道相连，因而大大缩短了坡道长度，坡度也可适当加大，错层停车库用地较省，单位停车位占用面积较少，但交通线路对部分停车位的进出有干扰，建筑外立面呈错层形式。

22.【正确答案】：B

【试题解析】：城市广场按其性质、用途及在道路网中的地位分为公共活动广场、集散广场、交通广场、纪念性广场与商业广场等五类。站前广场属于交通广场。

23.【正确答案】：D

【试题解析】：线网方案阶段的主要任务是确定城市轨道交通网的规划布局方案。主要内容：①确定各条线路的大致走向和起讫点位置，提出线网密度等技术指标；②确定换乘车站的规划布局，明确各换乘车站的功能定位；③处理好城市轨道交通线路之间的换乘关系，以及城市轨道交通于其他交通方式的衔接关系；④在充分考虑城市规划和环境保护方面的基础上，根据沿线地形、道路交通和两侧土地利用的条件，提出各条线路的敷设方式；⑤根据城市与交通发展要求，在交通需求预测的基础上，提出城市轨道交通分期建设时序。

24.【正确答案】：C

【试题解析】：城市给水工程系统总体规划的主要内容：①确定用水量标准，预测城市总用水量；②平衡供需水量，选择水源，确定取水方式和位置；③确定给水系统的形式、水厂供水能力和厂址，选择处理工艺；④布置输配水干管、输水管网和供水重要设施，估算干管管径；⑤确定水源地卫生防护措施。

25.【正确答案】：A

【试题解析】：暴雨强度的频率是指等于或大于该暴雨强度发生的机会，以 N（单位为%）表示；而暴雨强度的重现期指等于或大于该暴雨强度发生一次的平均时间间隔，以 P 表示，以年为单位。规范规定，一般地区重现期为 0.5～3 年，重要地区为 2～5 年。进行雨水管渠规划时，同一管渠不同的重要性地区可选用不同的重现期。

26.【正确答案】：C

【试题解析】：容载比就是某一供电区内变电设备总容量与供电区最大负荷（网供负荷）之比，它表明该地区、该站或该变压器的安装容量与最高实际运行容量的关系，反映容量备用情况。容载比过大将使电网建设投资增大，电能成本增加；容载比过小将使电网适应性差，调度不灵，甚至发生“卡脖子”现象。

单位建筑面积负荷指标法是详细规划阶段常用的负荷预测方法。城市供电系统包括供电电源、送电网和配电网组成。

35kV 及以上高压架空电力线路有规划专用通道加以保护，下面不能规划布置城市道路。

27.【正确答案】：D

【试题解析】：液化石油气储配站属于甲类火灾危险性企业，站址应选择在城市边缘，与服务站之间的平均距离不宜超过 10km。小城镇应采用低压一级管网系统；城市气源应尽可能选择多种气源联合供气。

28.【正确答案】：D

【试题解析】：医疗垃圾属于第一类危险废物。对医疗垃圾的处理要遵循以下几个原则：一是要消除污染，避免伤害；二是要统一分类收集、转运；三是要集中处置；四是必须与生活垃圾严格分开，严禁混入生活垃圾排放；五是在焚烧处理过程中要严防二次污染，必须达标排放；六是焚烧过程中的飞灰必须视同危险废物，要妥善处理。

生活垃圾及卫生填埋场应在城市建成区外选址，距离大中城市规划建成区应该大于5km，距小城市规划建成区应大于2km，距居民点应大于0.5km。

常用的工业固体废物产生量预测方法有万元产值法。

29.【正确答案】：C

【试题解析】：不同类型的通信管道集中建设，集约使用是目前国内外通信行业发展的主流。

30.【正确答案】：D

【试题解析】：城市蓝线是指城市规划确定的江河、湖、水库、渠和湿地等城市地表水体保护和控制的地域界线。城市规划“七线”之一。

31.【正确答案】：C

【试题解析】：工程管线综合布置原则中规定：压力管线让重力自流管线。排水管道属重力流系统。它的定线布置受到道路纵坡、出水口位置标高的限制，不像其他专业管线那样可以随弯就势，具有一定可调性。

天然气管和电力管的管道材质和施工要求都不同，可以一起埋于地下，但是必须分开管路。燃气管不宜与电力、通信和压力管道共沟布置。

管线覆土深度指地面到管道顶（外壁）的距离。

工程管线综合不仅考虑管线之间的水平净距，还须考虑纵向的净距。

32.【正确答案】：B

【试题解析】：纵横断面法：在规划区平面图上根据需要的精度绘出方格网，然后在方格网的每一交点上注明原地面标高和设计地面标高。沿方格网长轴方向者称为纵断面，沿短轴方向者称为横断面。该法多用于地形比较复杂地区的规划。

33.【正确答案】：D

【试题解析】：在详细规划阶段，防灾规划的任务：①确定规划范围内各种消防设施的布局及消防通道间距等；②确定规划范围内地下防空建筑的规模、数量、配套内容、抗震等级、位置布局，以及平战结合的用途；③确定规划范围内的防洪堤标高、排涝泵站位置等；④确定规划范围内疏散通道、疏散场地布局；⑤确定规划范围内生命系统的布局，以及维护措施。

34.【正确答案】：C

【试题解析】：城市消防站分为陆上消防站、水上（海上）消防站和航空消防站。

城市陆上消防站可分为普通消防站和特勤消防站两类。特勤消防站出一般性火灾扑救外，还要承担高层建筑火灾扑救和危险化学物品事故处置的任务。

35.【正确答案】：C

【试题解析】：当城市或工矿区所处地势较低，在汛期排水发生困难，以致引起涝灾，可以采取修建排水泵站排水，或者将低洼地填高地面，使水能自由流出。

排涝泵站是城市排涝系统的主要工程设施，其布局方案应根据排水分区、雨水管去布局、城市水系格局等因素确定。排涝泵站规模（排水能力）根据排涝标准、服务面积和排水分区内调蓄水体能力确定。

36.【正确答案】：D

【试题解析】：地面沉降成因很多，例如地壳运动、地下矿藏开采、地下水开采等。由地下水开采造成的地面沉降是完全可以控制的，做到采补平衡，通过人工回灌补充地下水。

37.【正确答案】：B

【试题解析】：地震震级是反映地震过程中释放能量大小的指标，释放能量越多，震级越高，强度越大。

地震烈度是反映地震对地面和建筑物造成破坏的指标，烈度越高，破坏力越大。地震烈度与地质条件、距震源的距离、震源深度等多种因素有关。同一次地震，主震震级只有一个，而烈度在空间上呈现明显差异。

38.【正确答案】：A

【试题解析】：关系型数据库管理软件可以对表有建立、删除、修改等功能，还可以增加、减少列，添加、删除行等。

对于单个数据表最常用的是选择和投影操作。选择是指按需要选择列，也就是对一个复杂的表可以暂时排除不需要的字段。如在学生表中选出姓名、性别两项，其他列暂时不要，其结果是对列作了简化的表。

投影则是按照某种条件对表，也就是对一个很长的表可以暂时排除不符合需要的记录。如在学生表中选出男同学对应的表，其结果是对行作了简化的表。

39.【正确答案】：B

【试题解析】：IP 地址是 IP 协议提供的一种统一的地址格式，它为互联网上的每一个网络和每一台主机分配一个逻辑地址，以此来屏蔽物理地址的差异。IP 地址具有唯一性。

40.【正确答案】：D

【试题解析】：拓扑关系是测绘学专用术语，指满足拓扑几何学原理（以空间几何的形式来表现事物内部的结构、原理、工作状况等）的各空间数据间的相互关系，即用结点、弧段、多边形所表示的实体之间的邻接、关联、包含和连通关系。如点与点的邻接关系、点与面的包含关系、线与面的相离关系、面与面的重合关系等。

空间拓扑关系描述的是基本的空间目标点、线、面之间的邻接、关联和包含关系。GIS 传统的基于矢量数据结构的结点—弧段—多边形，用于描述地理实体之间的连通性、邻接性和区域性。这种拓扑关系难以直接描述空间上虽相邻但并不相连的离散地物之间的空间关系。

41.【正确答案】：B

【试题解析】：在空间分析过程中，线地物长度、面地物面积、两点间距离都会受地图比例尺影响，但是受影响最大的是面地物面积。

42.【正确答案】：A

【试题解析】：网络分析的路径分析是用于模拟两个或两个以上地点之间资源流动的路径寻找过程。当选择了起点、终点和路径必须通过的若干中间点后，就可以通过路径分析功能按照指定的条件寻找最优路径。

网络分析常用于估计交通时间、成本；选择运输的路径；计算公共设施的供需负荷；寻找最近的服务设施；产生一定交通条件下的服务范围；沿着交通线路市政管线分配点状服务设施的资源；危机状况下人口的疏散等。

43.【正确答案】：A

【试题解析】：叠合分析：栅格和栅格的叠合是最简单的叠合，常用于社会、经济指标的分析，资源、环境指标的评价。包括点和面的叠合（居住区内中小学布点）、线和面的叠合（道路网密度、管线穿越地块）、面和面的叠合（动迁拆除建筑物、土地适用性评价）。

邻近分析：产生离开某些要素一定距离的邻近区是 GIS 的常用分析功能（缓冲区）。描述地理空间中两个地物距离相近的程度，是空间分析的重要手段。交通沿线或河流沿线的地物有其独特的重要性，公共设施的服务半径，大型水库建设引起的搬迁，铁路、公路以及航运河道对其穿过区域经济发展的重要性等，均是一个邻近度的问题。常用于分析可产生点状设施的服务半径、道路中心线的两侧边线、历史性保护建筑的影响范围等。

几何量算：自动计算不规则曲线的长度，不规则多边形的周长、面积，不规则地形的设计填挖方等。

44.【正确答案】：B

【试题解析】：城市规划中需要的地物的社会属性，靠遥感只能间接获取，主要还得靠实地调查解决。

45.【正确答案】：C

【试题解析】：风云气象卫星可以一日数次对同一地点进行扫描，分辨率可达 1.1km，可以及时观察同一地点的变化情况，尤其是监测林火变化情况。

46.【正确答案】：D

【试题解析】：城市经济学研究涉及三种经济关系，即市场经济关系、公共经济关系和外部效应关系。城市内部空间结构理论是城市经济学的核心理论，以土地市场中的资源配置机制推导出了城市经济活动的空间分布规律。

47.【正确答案】：A

【试题解析】：经济学研究的核心问题是市场中的资源配置问题。城市经济学，就是运用经济学原理和经济分析方法，以城市中稀缺的资源土地资源的分配问题开始着手，论证经济活动在空间上如何配置可以使土地资源得到最高效率的利用，并以此为基础扩展到对劳动及资本利用效率的研究。

48.【正确答案】：B

【试题解析】：外部性的存在是市场失灵的一个重要表现，它导出了政府干预市场的必要性。当外部性经济问题引起市场配置资源低效率或失效时，政府可以对某些行为直接进行管制或运用市场规律将外部性经济内部化。

49.【正确答案】：C

【试题解析】：此题考查的是城市规模与城市经济增长的关系。经济活动在空间上集聚而形成了城市，就是城市的集聚力；促使城市经济活动分散的力量就是分散力。当集聚力和分散力达到平衡时，城市规模就稳定下来，这个规模就是“均衡规模”。

“最佳规模”就是指经济效率最高时，即边际成本等于边际效益时的规模。

城市的规模不会在最佳规模上稳定下来，城市达到最佳规模后，平均收益仍高于平均成本，就还会有企业或个人愿意迁入，直到达到均衡规模。但是达到均衡规模后，再进来的企业或个人负担的平均成本高于其得到的平均收益，经济上是不合算的，就不会有企业或个人进来了，城市规模也就稳定了。

但是由于外部性的存在，造成边际成本大于平均成本，就会出现城市均衡规模大于最佳规模。城市规模过大主要就是指均衡规模大于最佳规模这种不合理的情况，需要政府通过政策来干预。

50.【正确答案】：C

【试题解析】：不同区位，地主把土地租给能支付最高价格的生产者使用，形成市场租金梯度线。也就是通常所说的地价曲线，其从城市中心向外呈下降趋势，随之容积率（资本密度）也会由中心向外递减。

从城市中心向外，单个居民或家庭的住房面积会增加，而单位土地上的住房面积（资本密度）会下降，人口密度就一定下降了。

51.【正确答案】：B

【试题解析】：土地和资本之间存在着资本和劳动之间那样的替代关系。如果土地相对于资本更便宜，生产者就会用土地替代资本，表现在生产用建筑容积率较低；如果土地昂贵，生产者就会用资本替代土地，表现出高容积率。土地价格会直接影响城市建设用地的资本密度。经济学中用“资本密度”来代替容积率。

52.【正确答案】：A

【试题解析】：城市空间扩展情况的发生可以由两个因素引起。一是城市交通的改善带来的交通成本下降。二是城市居民由于收入上升，会消费更多的商品，选择更大的住房。离中心区越远，房价越低，所以对大房子的需要使得人们向外迁移，最后的结果是城市边界的外移和城市空间规模的扩大。

53.【正确答案】：D

【试题解析】：外部效果问题也就是项目经济的“外涉性”问题。所谓“外涉性”，就是为了自身目标而努力的人和部门，在努力的过程中或由于努力的结果而使社会得到意外的收益，或给他人或其他部门带来麻烦和损害的现象。这种正的或负的效果一般不会计入前者的费用或效益。所以这种后果是外部性经济问题。它可以影响某些部门和个人的经济效益。选项中的ABC项均是外部正效应产生的现象。

54.【正确答案】：B

【试题解析】：此题考查的是城市交通经济与政策的问题。在上下班的需求高峰时段，需求大于供给，出现供不应求；在需求的低谷时段，需求小于供给，出现供过于求。要减少由于交通供求时间的不均衡带来的问题，基本思路是减少需求的时间波动性，减少出行在时间上的过度集中性。而实际情况是大部分人的上班时间具有刚性，因此需求曲线的弹性较小，而且靠价格调整到供求完全平衡是困难的。

55.【正确答案】：B

【试题解析】：一般来说，随着客流量的增加，交通工具运行的平均成本是下降的。一辆车里如果只有一个乘客，全部成本就由一个人承担，这时的成本（初始成本）很高；若有两个乘客，同样的行程需要增加的成本（即边际成本）很低，而总成本由两个人分担，平均成本就下降了。所以，随着乘客的增加，平均成本是降低的。但不同的交通方式初始成本不同，平均成本下降的速度也不同，这与交通工具的容量有关。

以小汽车、公共汽车和地铁来比较，小汽车的容量小，所以平均成本下降的幅度有限，但因其体积和功率小，初始成本较低。公共汽车可以同时装载几十人，容量较大，随着客流的增加平均成本下降得快，但由于车辆的体积和功率大，初始成本较高。地铁可以同时搭乘几百人，容量更大，随客流增加平均成本下降得更快，但其初始成本也更高。城市越大，公共交通的优越性就会愈加显示出来。

56.【正确答案】：D

【试题解析】：此题考查的是城市公共财政与公共供给中的税收效率问题。土地是一种非常特殊的生产要素，无论价格如何上涨，供给量也不会提高，即“供给无弹性”。对土地的需求必然会随着人口的增加而增长，结果是土地所有者越来越富有，带来了社会的不公平。解决的办法就是征收土地税，可以为政府提供足够的财政收入的同时不影响市场的效率。故而有“单一土地税”之理论。

57.【正确答案】：C

【试题解析】：所谓“用脚投票”，是指资本、人才、技术流向能够提供更加优越的公共服务的行政区域。在市场经济条件下，随着政策壁垒的消失，“用脚投票”挑选的是那些能够满足自身需求的环境，这会影响政府的绩效，尤其是经济绩效。它对各级、各类行政主体的政府管理产生深远的影响，推动政府管理的变革。

如果每个地方政府都提供各具特色的公共品，为对公共品具有不同需求的居民提供选择的可能，可以提高公共品供给的经济效率。在一个存在产品差异的市场上，消费者可以根据自己的偏好来选择产品。差异公共品的提供是与社区的特点联系在一起的。

58.【正确答案】：D

【试题解析】：城市的空间分布具有典型的不均匀性，即城市在地域空间上的分布不属于均衡分布，也不属于随机分布，而是呈典型的集聚分布的特征。

59.【正确答案】：D

【试题解析】：当代世界的城镇化进程加速，发展中国家逐渐成为城镇化主体。

当代发展中国家的城镇化进入发展阶段（工业化时期），城镇化进程呈现加速的特征。现代工业基础初步确立，工业规模和发展速度明显加快，城镇的就业岗位增多，对劳动力的“拉力”增大；而科技进步也提高了农业生产率，使更多的农业劳动力从土地上解放出来。同时，由于医疗条件的逐步改善，人口进入高出生率、低死亡率的快速增长阶段，农村的人口压力增大，乡村的“推力”明显加大。

发达国家的城镇化已经进入成熟阶段（后工业化时期），是城镇化的最高阶段，城镇化水平一般应达到70%以上。此时，城镇化发展速度趋于缓慢，城镇经济成为国民经济的核心部分；社会进入后工业化时代，人口进入低出生率、低死亡率、低增长率的阶段，农业现代化程度进一步提高，农村的经济和生活条件大幅改善，乡村人口向城镇转移的动力较少，农村的“推力”和城镇的“拉力”都趋向均衡，城乡间人口转移达到动态平衡，城镇化进程趋于停滞，部分城镇甚至出现“逆城镇化”现象。

60.【正确答案】：A

【试题解析】：积极型城镇化：与经济发展同步的城镇化；消极型城镇化：先于经济发展水平的城镇化，也称假城镇化或过度城镇化。

61.【正确答案】：D

【试题解析】：世界城市体系使传统国家、区域和地方城市体系都直接或间接地从属或受制于世界城市体系。

世界城市体系层次：全球城市、亚全球城市、有较高国际性的大量具体进行生产和装配的城市。

世界城市体系区域：核心区、半边缘区、边缘区。

62. 【正确答案】：C

【试题解析】：城市地域有三种类型：①实体地域：又称“经济环境”，指自然条件和自然资源经人类利用改造后形成的生产力的地域综合体。②行政地域：是指按照行政区划，城市行使行政管理的区域范围。③功能地域：与城市实体地域和行政地域都可以在现实中找到明确的界线不同，城市功能地域的范围考虑核心区和与核心区具有密切经济社会联系的周边地区，在空间上包括了中心城市和外部与中心城市保持密切联系、非农业活动比重较高的地区。

功能地域一般比实体地域要大，包括连续的建成区外缘以外的一些城镇和城郊，也可能包括一部分乡村地域。

63. 【正确答案】：D

【试题解析】：城市经济活动的基本部分与非基本部分的比例关系叫作基本/非基本比率（简称 B/N）。该比值大小对城市的发展具有重要意义。

影响 B/N 比率的因素：城市的人口规模、城市专业化程度、与大城市之间的距离、城市发展历史长短 。

城市 B/N 在不同城市之间有很大差异；城市人口规模增大，非基本部分的比例有相对增加的趋势；城市人口在年龄构成、性别构成、收入水平等方面的差别对城市经济的基本/非基本结构也都有影响。

在规模相似的城市，B/N 比也会有差异。专业化程度高的城市 B/N 比大，而地方性的中心城市一般 B/N 小。老城市在长期的发展历史中，已经完善和健全了城市生产生活的体系，B/N 比可能较小，而新城市则可能还来不及完善内部的服务系统，B/N 比可能较大。位于大城市附近的中小城镇或卫星城因依附于母城，可以从母城取得本身需要的大量服务，与规模相似但远离大城市的独立城市相比，非基本部分可能较小。

64. 【正确答案】：C

【试题解析】：中心地，是向周围地区居民提供各种货物和服务的地方。中心商品是在中心地生产，提供给中心地及周围地区居民消费的商品。中心地职能是指中心地具有向周围地区提供中心商品的职能。

克里斯塔勒认为，有三个条件或原则支配中心地体系的形成，它们是市场原则、交通原则和行政原则。在不同的原则支配下，中心地网络呈现不同的结构，而且中心地和市场区大小的等级顺序有着严格的规定，即按照所谓 K 值排列成有规则的、严密的系列。以上三个原则共同导致了城市等级体系的形成。

65. 【正确答案】：A

【试题解析】：生长极理论首先由法国经济学家普劳克斯于 1950 年提出，后经赫希曼、鲍得维尔、汉森等学者进一步发展。这一理论受到区域经济学家、区域规划师及决策者的普遍重视，不仅被认为是区域发展分析的理论基础，而且被认为是促进区域经济发展的政策工具。该理论认为，经济发展并非均衡地发生在地理空间上，而是以不同的强度在空间上呈点状分布，并按各种传播途径，对整个区域经济发展产生不同的影响，这些点就是具有成长以及空间聚集意义的生长极。

根据普劳克斯的观点，生长极是否存在决定于有无发动型工业。所谓发动型工业就是能带动城市和区域经济发展的工业部门。

66.【正确答案】：B

【试题解析】：划分界点区域、确定城市吸引的边界，是研究城市间、城市与区域相互作用中的一个重要内容。任何一个城市都和外界发生着各种联系，用地理学的术语讲，即存在着空间交互作用。这种联系可通过人口、物资、货币、信息等的流动来实现。一个城市联系所及的范围可以无限广阔，譬如它的某一种产品可能行销全国和出口海外；来自国内外的客人可能光临这个城市等。城市联系所及的范围可称之为城市的绝对影响范围。与此概念相对应，一个地域可以同时接受很多城市的影响。

城市吸引范围的分析方法主要有经验的方法和理论的方法。理论的方法包括断裂点公式和潜力模型。

67.【正确答案】：D

【试题解析】：城市社会学各学派主要包括芝加哥学派与古典城市生态学理论、马克思主义学派和城市空间的政治经济学理论（列斐弗尔是城市空间政治经济学理论分析的创始人，哈维是马克思主义学派中另一位重要学者）、韦伯学派和新韦伯主义城市理论、全球化与信息化城市理论（全球化是信息化城市发展的重要动力），其他还有新正统生态学、文化生态学、城市性理论、社区权力、城市符号互动理论、城市研究中的社会网络理论、消费社会学、世界体系理论等。较成熟的有结构功能主义、冲突理论、交换理论及互动理论。

68.【正确答案】：C

【试题解析】：质性研究方法是相对定量研究方法而言的方法。质性研究实际上并不是一种方法，而是许多不同研究方法的统称，也称为“质的研究”，是以研究者本人作为研究工具，在自然情景下采用多种资料收集方法对社会现象进行整体性探究，使用归纳法分析资料和形成理论，通过与研究对象互动对其行为和意义建构获得解释性理解的一种活动。

常用的是深度访谈、观察和实物分析方法，这些方法分别要解决的问题包括了解被研究者的所思所想、所作所为，并解释研究者所看到的物品的意义。质性研究的资料分析过程要强调研究者从资料中发掘异议并理解被研究者，通过研究者文化客位的解释来获得被研究者主位的意义，实现理论构建。

69.【正确答案】：C

【试题解析】：人口结构，即城市人口构成，是指一个国家、区域或城市内部各类人口之间的数量关系，最典型的人口结构包括人口的性别结构、年龄结构、素质结构。

人口性别比的不合理会引发一系列的社会问题，也能够反映该城市或地区发展的一些问题。

人口素质结构是指在一个区域或城市内，各种素质的人口在质和量上的组合关系。人口素质又称人口质量，包括人口的身体素质、科学文化素质和思想素质。人口素质决定改造世界的条件和能力，是可以量化的，指标较多，常用的包括 PQLI、ASHA、HDI 三种指数形式。

老龄化加剧所带来的直接后果是老年人口在城市总人口中所占的比例增加，老年人口的养老问题也会更突出，对投入的要求一定会增加。相对地，青壮年劳动力比例下降，也就是说，主要创造价值的人口比例在缩小，而消费的人口比例增加。这对社会经济建设影响就更大了。

70.【正确答案】：D

【试题解析】：国务院于 2010 年 11 月 1 日零时开展了全国第六次全国人口普查，2011 年 4 月 28 日，国家统计局发布了 2010 年第六次人口普查登记数据。

人口普查主要调查人口和住户的基本情况，内容包括：性别、年龄、民族、受教育程度、行业、职业、迁移流动、社会保障、婚姻生育、死亡、住房情况等。人口普查的对象是在中华人民共和国（不包括香港、澳门和台湾地区）境内居住的自然人。在一些农村地区，出生人口未登记户口、死亡人员未注销户口以及户口登记项目不齐全、不准确的现象比较突出；在城镇地区，居民居住地与常住户口登记地址不一致、暂住人口不按规定申报登记的情况比较普遍。因此会出现普查数据和公安系统提供的户籍数据不一致的现象。

71.【正确答案】：A

【试题解析】：流动人口是在中国户籍制度条件下的一个概念，是指离开户籍所在地的县、市或者市辖区，以工作、生活为目的异地居住的成年育龄人员。国外一般称为人口流动。流动与迁移是两种相似但又有区别的现象，流动人口与迁移人口虽然都进行空间的位移，但迁移是在永久变更居住地意向指导下的一种活动。

第六次全国人口普查使用的常住人口＝户口在本辖区人也在本辖区居住＋户口在本辖区之外但在户口登记地半年以上的人＋户口待定（无户口和口袋户口）＋户口在本辖区但离开本辖区半年以下的人

72.【正确答案】：A

【试题解析】：市场转型时期，即近 20 年来，中国城市内部空间结构模式很复杂，差异性大于相似性，带有多中心结构的特点，整体上表现出明显的异质性特征。最中心仍然是中心商业区或中央商务区，而且不断获得发展。

73.【正确答案】：D

【试题解析】：城市社区的归属感是城市居民对本社区的认同、喜爱、依恋的心理感觉。

社区归属感的影响因素：居民对社区生活条件的满意度、居民对社区的认同程度、居民在社区的社会关系、居民对社区各类活动的参与程度、居民在社区的居住年限。

培养社区成员归属感：搞好社区生活条件建设，提高社区成员满意度；完善社区服务；整治社区环境；加强社区民主政治建设，提高社区成员参与度强化社区精神文明建设，营造良好的人际关系。

74.【正确答案】：B

【试题解析】：城市规划公众参与的作用：可有效地应对利益主体的多元化，能够有效体现城市规划的民主化和法制化，导致城市规划的社会化，保障城市空间实现利益的最大化。

城乡规划公众参与的要点：重视城市管治和协调思路的运用，强调市民社会的作用，发挥各种非政府组织的作用并重视保障其利益。

75.【正确答案】：D

【试题解析】：在随时间变化的过程中，生物群落经常改变其外貌，并具有一定顺序状态，即具有发展和演变的动态特征。

76.【正确答案】：B

【试题解析】：城市是以人为主体的生态系统；城市是具有人工化环境的生态系统；城市是流量大、容量大、密度高、运转快的开放系统；城市是依赖性很强、独创性很差的生态系统；对城市生态系统的研究必须与人文社会科学相结合。

77.【正确答案】：D

【试题解析】：生物能源既不同于常规的矿物能源，又有别于其他新能源，兼有两者的特点和优势，是人类最主要的可再生能源之一。生物能源是指通过生物的活动，将生物质、水或其他无机物转化为沼气、氢气等可燃气体或乙醇、油脂类可燃液体为载体的可再生能源。

78.【正确答案】：A

【试题解析】：城市环境问题的成因：人类自身发展膨胀，人类活动过程规模巨大，存在生物地球化学循环过程变化效应，人类影响的自然过程不可逆改变或者恢复缓慢。

79.【正确答案】：B

【试题解析】：环境保护措施指的是工程开工前，一般由工程技术部负责编制详细的施工区和生活区的环境保护计划，并根据具体的施工计划制定防止施工环境污染的措施，防止工程施工造成施工区附近地区的环境污染和破坏。

关闭矿山、报废工厂属于工程性生态工程。

80.【正确答案】：C

【试题解析】：生态安全格局也称生态安全框架，指景观中存在某种潜在的生态系统空间格局，它由景观中某些关键的局部，其所处方位和空间联系共同构成。生态安全格局对维护或控制特定地段的某种生态过程有着重要的意义。不同区域具有不同特征的生态安全格局，对它的研究与设计依赖于对其空间结构的分析结果，以及研究者对其生态过程的了解程度。

研究生态安全格局的最重要的生态学理论支持是景观生态学，而将现代景观生态学理论创造性地与现代城市规划、城市设计理论与实践相结合，则是生态安全格局的难点，也是生态规划的要点所在。

区域生态安全格局是景观生态学的延伸，区域生态安全格局途径正试图解决类似的问题，求解如何在有限的国土面积上以尽可能少的用地、最佳的格局、最有效地维护景观中各种过程的健康和安全。

二、多项选择题

81.【正确答案】：A、B、C、D

【试题解析】：中国古建筑的等级不只表现在色彩，门、屋顶、开间以及不同部位的装饰等等都可以体现严密的等级制度。

中国古代建筑等级制度由高到低：

屋顶：重檐庑殿、重檐歇山、重檐攒尖、单檐庑殿、单檐歇山、单檐攒尖、悬山、硬山。

开间：十一、九、七、五、三间。民间建筑有三、五开间，宫殿、庙宇、官署多用五、七开间，十分隆重的建筑用九开间，十一开间只在最高等级建筑中出现。

色彩：黄、赤、绿、青、蓝、黑、灰。宫殿用金、黄、赤色，民舍只可用黑、灰、白色为墙面及屋顶色调。

82.【正确答案】：C、D、E

【试题解析】：根据《民用建筑设计统一标准》（GB 50352—2019）3.1.2：民用建筑高度和层数的分类主要是按照现行国家标准《建筑设计防火规范》（GB 50016）和《城市居住区规划设计标准》（GB 50180）来划分的。当建筑高度是按照防火标准分类时，其计算方法按现行国家标准《建筑设计防火规范》（GB 50016）执行。一般建筑按层数划分时，公共建筑和宿舍建筑1～3层为低层，4～6层为多层，大于等于7层为高层；住宅建筑1～3层为低层，4～9层为多层，10层及以上为高层。

单栋住宅的长度大于160m时应设4m宽、4m高的消防车通道，大于80m时应在建筑物底层设人行通道。

83.【正确答案】：B、C、E

【试题解析】：编制建筑工程设计文件的依据：项目批准文件，城市规划，工程建设强制性标准，国家规定的建设工程勘察、设计深度要求。

铁路、交通、水利等专业建设工程，还应该当以专业规划的要求为依据。

84.【正确答案】：A、B、C、D

【试题解析】：交通联系部分解决房间与房间之间水平与垂直方向的联系、建筑物室内与室外的联系。交通联系部分包括水平交通空间（走道）、垂直交通空间（楼梯、电梯、坡道）、交通枢纽空间（门厅、过厅）等。交通联系空间的大小与功能有关，与建筑空间处理也有关。

85.【正确答案】：A、B、E

【试题解析】：此题考查的是建筑美学的基本知识。建筑要素之间存在着差异，对比是显著的差异，微差则是细微的差异。就形式美而言，两者都不可少。对比可以借相互烘托陪衬求得变化，微差则借彼此之间的协调和连续性以求得调和。

自然界中的许多事物或现象，往往由于有秩序地变化或有规律地重复出现而激起人们的美感，这种美通常称为韵律美。表现在建筑中的韵律可分为连续韵律、渐变韵律、起伏韵律和交错韵律。

86.【正确答案】：A、B、C、E

【试题解析】：除了渠化、拓宽路口、组织环形交叉和立体交叉外，改善的方法主要有：

错口交叉改善为十字交叉；斜角交叉改善为正交交叉；多路交叉改善为十字交叉；合并次要道路，再与主要道路相交。

87.【正确答案】：B、C、E

【试题解析】：道路纵坡取决于自然地形、道路两旁地物、道路构筑物净空限界要求、车辆性能和道路等级等。最大纵坡决定于道路的设计车速。最小纵坡取决于道路排水和地下管道的埋设要求，也与雨量大小、路面种类有关。

88.【正确答案】：A、B、C、D

【试题解析】：平面交叉口自行车交通组织及自行车道布置方法：设置自行车右转专用车道、设置左转候车区、停车线提前法、两次绿灯法、设置自行车横道。

89.【正确答案】：A、D、E

【试题解析】：磁悬浮列车系统（Maglev Vehicle）是一种运用“同性相斥、异性相吸”的电磁原理，依靠电磁力来使列车悬浮并行进的轨道运输方式。它是一种新型的没有车轮、采用无接触行进的轨道交通系统。两种类型：高速磁悬浮系统和中低速磁悬浮系统。

中低速磁悬浮系统特征：曲线和道岔性能与单轨等新交通系统相近；噪声小，轨道的维护费用小；车辆载荷平均分布、车身轻，桥梁等构造建筑的费用相应减少；车辆费用高；属于中运量系统。

90.【正确答案】：A、B、D

【试题解析】：大城市的公交站点应布置在广场外围地区；轨道交通车站设置在站前广场的地下或高架位置，以实现旅客的无缝换乘；自行车停车场一般应在站前广场外围的左右两侧。

91.【正确答案】：B、C、E

【试题解析】：轨道交通车站设置在站前广场的地下或高架位置，以实现旅客的无缝换乘。

92.【正确答案】：C、D

【试题解析】：当新建管线与现状管线冲突时，新建管线应避让现状管线。交叉管线垂直净距指从上面管道外壁最低点到下面管道顶外壁最高点之间的垂直距离。

93.【正确答案】：B、D、E

【试题解析】：可再生能源是指可以再生的能源总称，包括生物质能源、太阳能、风能、光能、沼气等。生物质能源主要是蕴藏在生物质中的能源，泛指多种取之不竭的能源，严格来说是人类历史时期内都不会耗尽的能源。

可再生能源不包含现时有限的能源，如化石燃料和核能。地热是可再生能源。

不可再生能源包括煤、石油、天然气、核能、油页岩。

94.【正确答案】：A、C、D

【试题解析】：市区内规划新建的变电站，宜采用户内式或半户外式结构。核电厂限制区半径一般不得小于 1km。

95.【正确答案】：A、B、C、D

【试题解析】：改进城市自来水厂净水工艺是针对水质型缺水地区的水资源供需矛盾采取的措施。

96.【正确答案】：A、B、C

【试题解析】：防洪安全布局，是指在城乡规划中，根据不同地段洪涝灾害的风险差异，通过合理的城市建设用地选择和用地布局来提高城市防洪排涝安全度，其综合效益往往不亚于工程措施。

防洪安全布局的基本原则：城市建设用地应避开洪涝、泥石流灾害高风险区；应根据洪涝风险差异，合理布局。在城市建设中，为行洪和雨水调蓄留出足够的用地。

97.【正确答案】：A、C、D、E

【试题解析】：山区和丘陵地区的城市，地形和洪水位变化较大，防洪工程的重点是河道整治和山洪防治，应加强河道护岸工程和山洪疏导，防止河岸坍塌和山洪对城市的危害。

98.【正确答案】：A、B、C

【试题解析】：生态系统指人类生存与发展所需要的资源归根结底都来源于自然生态系统。自然生态系统不仅可以为我们的生存直接提供各种原料或产品（食品、水、氧气、木材、纤维等），而且在大尺度上具有调节气候、净化污染、涵养水源、保持水土、防风固沙、减轻灾害、保护生物多样性等功能，进而为人类的生存与发展提供良好的生态环境。对人类生存与生活质量有贡献的所有生态系统产品和服务统称为生态系统服务。

生态系统服务指人类从生态系统获得的所有惠益，包括供给服务（如提供食物和水）、调节服务（如控制洪水和疾病）、文化服务（如精神、娱乐和文化收益）以及支持服务（如维持地球生命生存环境的养分循环）。生态系统产品和服务是生态系统服务功能的同义词。

99.【正确答案】：C、D

【试题解析】：气溶胶容易引气呼吸器官疾病，二氧化碳过量导致缺氧。

100.【正确答案】：A、B、C、E

【试题解析】："生态恢复"指通过人工方法，按照自然规律恢复天然的生态系统。"生态恢复"的含义远远超出以稳定水土流失地域为目的种树，也不仅仅是种植多样的当地植物，"生态恢复"是试图重新创造、引导或加速自然演化过程。人类没有能力去恢复出真的天然系统，但是我们可以帮助自然，把一个地区需要的基本植物和动物放到一起，提供基本的条件，然后让它自然演化，最后实现恢复。因此生态恢复的目标不是要种植尽可能多的物种，而是创造良好的条件，促进一个群落发展成为由当地物种组成的完整生态系统，或者说目标是为当地的各种动物提供相应的栖息环境。

生态恢复是指对生态系统停止人为干扰，以减轻负荷压力，依靠生态系统的自我调节能力与自组织能力使其向有序的方向进行演化，或者利用生态系统的这种自我恢复能力，辅以人工措施，使遭到破坏的生态系统逐步恢复，或使生态系统向良性循环方向发展；主要指致力于那些在自然突变和人类活动影响下受到破坏的自然生态系统的恢复与重建工作。

考　题　五

一、单项选择题（共 80 题，每题 1 分。各题的备选项中，只有一个符合题意）

1. 下列关于中国古代木构建筑特点的表述，哪项是错误的？（　　）

A. 包括抬梁式、穿斗式、井干式三种形式

B. 木构架体系中城中的梁柱结构部分称为大木作

C. 斗栱是由矩形的斗和升、方形的拱、斜的昂组成

D. 清代用“斗口”作为建筑的模数

2. 下列关于中国古建空间度量单位的表述，哪项是错误的？（　　）

A. 平面布置以“间”和“步”为单位

B. 正面两柱间的水平距离称为“开间”

C. 屋架上的檩与檩中心线间的水平距离，称为“步”

D. 各开间宽度的总和称为“通进深”

3. 下列关于西方古代建筑风格特点的表述，哪项是错误的？（　　）

A. 古埃及建筑追求雄伟、庄严、神秘、震撼人心的艺术效果

B. 古希腊建筑风格特征为庄严、典雅、精致、有性格、有活力

C. 巴洛克建筑应用纤巧的装饰，具有妖媚柔糜的贵族气息

D. 古典主义建筑立面造型强调轴线对称和比例关系

4. 下列关于近现代西方建筑流派创作特征和建筑主张的表述，哪项是错误的？（　　）

A. 工艺美术运动热衷于手工艺的效果与自然材料的美

B. 新艺术运动热衷于模仿自然界草木形态的曲线

C. 维也纳分离派主张结合传统和地域文化

D. 德意志制造联盟主张建筑和工业相结合

5. 下列关于公共建筑人流疏散的表述，哪项是错误的？（　　）

A. 医院属于连续疏散人流

B. 旅馆属于集中疏散人流

C. 剧院属于集中疏散人流

D. 教学楼兼有集中和连续疏散人流

6. 下列关于住宅无障碍设计做法的表述，哪项是错误的？（　　）

A. 建筑入口设台阶时，应设轮椅坡道和扶手

B. 旋转门一侧应设供残疾人使用的强力弹簧门

C. 轮椅通行的门净宽不应小于 0.80m

D. 轮椅通行的走道宽度不应小于 1.20m

7. 下列关于中型轻工业工厂一般道路运输系统设计技术要求的表述，哪项是错误的？（　　）

A. 主要运输道路的宽度为 7m 左右

B. 功能单元之间辅助道路的宽度为 3～4.5m

C. 行驶拖车的道路转弯半径为 9m

D. 交叉口视距大于等于 20m

8. 下列关于旅馆建筑选址与布局原则的表述，哪项是错误的？（　　）

A. 旅馆应方便与车站、码头、航空港等交通设施的联系

B. 旅馆的基地应至少一面邻接城市道路

C. 旅馆可以选址于自然保护区的核心区

D. 旅馆应尽量考虑使用原有的市政设施

9. 内框架承重体系荷载的主要传递路线是（　　）。

A. 屋顶—板—梁—柱—基础—地基

B. 地基—基础—柱—梁—板

C. 地基—基础—外纵墙—梁—板

D. 板—梁—外纵墙—基础—地基

10. 下列哪项不属于大跨度建筑结构？（　　）

A. 单层钢架　　B. 拱式结构　　C. 旋转曲面　　D. 框架结构

11. 下列关于形式美法则的描述，哪项是错误的？（　　）

A. 是关于艺术构成要素普遍组合规律的抽象概括

B. 研究内容包括点、线、面、体以及色彩和质感

C. 研究历史可追溯到古希腊时期

D. 在现代建筑运动中受到大师们的质疑

12. 下列建筑材料中，保温性能最好的是（　　）。

A. 矿棉　　B. 加气混凝土　　C. 抹面砂浆　　D. 硅酸盐砌块

13. 下列哪项不属于项目建议书编制的内容？（　　）

A. 项目建设必要性　　B. 项目资金筹措

C. 项目建设预算　　D. 项目施工进程安排

14. 在下列城市道路规划设计应该遵循的原则中，哪项是错误的？（　　）

A. 应符合城市总体规划

B. 应考虑城市道路建设的近、远期结合

C. 应满足一定时期内交通发展的需要

D. 应尽量满足临时性建设的需要

15. 通行公共汽车的最小净宽要求为（　　）m。

A. 2.0　　B. 2.6　　C. 3.0　　D. 3.75

16. 当机动车辆的行车速度达到 80km/h 时，其停车视距至少应为（　　）m。

A. 95　　B. 105　　C. 115　　D. 125

17. 城市道路中，一条公交专用车道的平均最大通行能力为（　　）辆/h。

A. 200～250　　B. 150～200　　C. 100～150　　D. 50～100

18. 下列有关城市机动车车行道宽度的表述，哪项是正确的？（　　）

A. 大型车车道或混合行驶车道的宽度一般选用 3.5m

B. 两块板道路的单向机动车车道数不得少于 2 条

C. 四块板道路的单向机动车车道数至少为 3 条
D. 行驶公共交通车辆的次干路必须是两块板以上的道路

19. 在城市道路上，一条人行带的最大通行能力为(　　)人/h。

A. 1200　　B. 1400　　C. 1600　　D. 1800

20. 下列有关确定城市道路横断面形式应该遵循的基本原则的表述，哪项是错误的?(　　)

A. 要符合规划城市道路性质及其红线宽度的要求
B. 要满足城市道路绿化布置的要求
C. 在城市中心区，应基本满足路边临时停车的要求
D. 应满足各种工程管线敷设的要求

21. 下列有关"渠化交通"的表述，哪项是错误的?(　　)

A. 适用于交通组织复杂的异性交叉口
B. 适用于交通量较大的次要路口
C. 适用于城市边缘地区的交叉口
D. 可以配合信号灯使用

22. 在设计车速为 80km/h 的城市快速路上，设置互通式立交的最小净距为(　　)m。

A. 500　　B. 1000　　C. 1500　　D. 2000

23. 在选择交通控制类型时，"多路停车"一般适用于(　　)相交的路口。

A. 主干路与主干路　　B. 主干路与支路
C. 次干路与次干路　　D. 支路与支路

24. 下列有关城市有轨电车路权的表述，哪项是正确的?(　　)

A. 与其他地面交通方式完全隔离
B. 在线路区间与其他交通方式隔离，在交叉口混行
C. 在交叉口与其他交通方式隔离，在线路区间混行
D. 与其他地面交通方式完全混行

25. 路边停车带按当量小汽车估算，规划面积指标为(　　)m^2/停车位。

A. 16～20　　B. 21～25　　C. 26～30　　D. 31～35

26. 下列关于城市供水工程规划内容的表述，哪项是正确的?(　　)

A. 非传统水资源包括污水、雨水，但不包括海水
B. 城市供水设施规模应按照最高日最高时用水量确定
C. 划定城市水源保护区范围是城市总体规划阶段供水工程规划的内容
D. 城市水资源总量越大，相应的供水保证率越高

27. 下列关于城市排水系统规划内容的表述，哪项是错误的?(　　)

A. 重要地区雨水管道设计宜采用 3～5 年一遇重现期标准
B. 道路路面的径流系数高于绿地的径流系数
C. 为减少投资，应将地势较高区域和地势低洼区域划在同一雨水分区
D. 在水环境保护方面，截流式合流制与分流制各有利弊

28. 下列关于城市供电规划内容的表述，哪项是正确的?(　　)

A. 变电站选址应尽量靠近负荷中心

B. 单位建筑面积负荷指标法是总体规划阶段常用的负荷预测方法
C. 城市供电系统包括城市电源和配电网两部分
D. 城市道路可以布置在220kV供电架空走廊下

29. 下列关于城市燃气规划内容的表述，哪项是正确的？（　　）

A. 液化石油气储配站应尽量靠近居民区
B. 小城镇应采用高压一级管网系统
C. 城市气源应尽可能选择单一气源
D. 燃气调压站应尽可能布置在负荷中心

30. 下列关于城市环卫设施的表述，哪项是正确的？（　　）

A. 城市固体废物分为生活垃圾、建筑垃圾、一般工业固体废物三类
B. 固体废物处理应考虑减量化、资源化、无害化
C. 生活垃圾填埋场距大中城市规划建设区应大于1km
D. 常用的生活垃圾产生量预测方法有万元产值法

31. 下列关于城市通信工程规划内容的表述，哪项是正确的？（　　）

A. 总体规划阶段应考虑邮政支局所的分布位置和规模
B. 架空电话线可与电力线合杆架设，但是要保证一定的距离
C. 无线电收、发信区的通信主向应直对城市市区
D. 不同类型的通信管道分建分管是目前国内外通信行业发展的主流

32. 下列哪项属于城市黄线？（　　）

A. 城市变电站用地边界线　　B. 城市道路边界线
C. 文物保护范围界线　　D. 城市河湖两侧绿化带控制线

33. 下列关于城市工程管线综合规划的表述，哪项是正确的？（　　）

A. 管线交叉时，自流管道应避让压力管道
B. 布置综合管廊时，热力管道常与电力管、供水管合舱敷设
C. 管线覆土深度指地面到管顶（外壁）的距离
D. 工程管线综合主要考虑管线之间的水平净距

34. 下列关于城市用地竖向规划的表述，哪项是错误的？（　　）

A. 总体规划阶段需要确定防洪堤顶及堤内地面最低控制标高
B. 纵横断面法多用于地形不太复杂的地区
C. 地面规划包括平坡、台阶、混合三种形式
D. 台地的长边应平行于等高线布置

35. 与城市总体规划中的防灾专业规划相比，城市防灾专项规划的特征是（　　）。

A. 规划内容更细　　B. 规划范围更大
C. 涉及灾种更多　　D. 设防标准更高

36. 城市陆上消防站责任区面积不宜大于7km²，主要是考虑下列哪项因素？（　　）

A. 平时的防火管理　　B. 消防站的人员和装备配置
C. 火灾发生后消防车到达现场的时间　　D. 城市火灾危险性

37. 消防安全布局主要是通过下列哪项措施来降低火灾风险？（　　）

A. 按照标准配置消防站　　B. 消防站选址远离危险源

C. 构建合理的城市布局　　D. 建设完善的消防基础设施

38. 在地形和洪水位变化较大的丘陵地区，正确的城市防洪措施是(　　)。

A. 在河流两岸预留蓄滞洪区　　B. 在河流支流与干流汇合处建设控制闸

C. 在地势比较低的地段建设排水泵站　　D. 在设计洪水位以上选择城市建设用地

39. 按照我国现行地震区划图，下列关于地震基本烈度的表述，哪项是错误的？(　　)

A. 我国地震基本烈度最小为Ⅵ度

B. 地震基本烈度代表的是一般场地土条件下的破坏程度

C. 未来 50 年内达到或超过基本烈度的概率为 10%

D. 基本烈度是一般建筑物应达到的地震设防烈度

40. 用于工厂选址的信息系统属于(　　)。

A. 事务处理系统　　B. 管理信息系统

C. 决策支持系统　　D. 人工智能系统

41. 在域名定义中，除美国外通常次级域名表示机构类型，下列代表政府机构类型的域名是(　　)。

A. org　　B. com　　C. gov　　D. edu

42. 在 GIS 数据管理中，下列哪项属于非空间属性数据？(　　)

A. 抽象为点的建筑物坐标　　B. 湖泊面积

C. 河流走向　　D. 城市人口

43. 基于地形数据，下列哪项内容不能分析计算？(　　)

A. 坡度　　B. 坡向　　C. 最短距离　　D. 可视域

44. 在地震发生后云层较厚、天气不好的情况下，为了尽快获取灾区的受灾情况，合适的遥感数据是(　　)。

A. 可见光遥感数据　　B. 微波雷达遥感数据

C. 热红外遥感数据　　D. 激光雷达遥感数据

45. 为了消除大气吸收和散射对遥感图像电磁辐射水平的影响，可以采取的措施是(　　)。

A. 图像增强　　B. 几何校正　　C. 辐射校正　　D. 图像分类

46. 在高分辨率遥感图像解译中，判读建筑物高度的根据是(　　)。

A. 阴影长度　　B. 形状特征　　C. 光谱特征　　D. 顶部几何特征

47. CAD 的含义是(　　)。

A. 计算机辅助制图　　B. 计算机辅助教学

C. 计算机辅助软件开发　　D. 计算机辅助设计

48. 城市经济学分析城市问题的出发点是(　　)。

A. 资源利用效率　　B. 社会公平

C. 政府相关政策　　D. 国家法律法规

49. 政府对居民用水收费属于下列哪种关系？(　　)

A. 市场经济关系　　B. 公共经济关系

C. 外部效应关系　　D. 社会交换关系

50. 城市规模难以在最佳规模上稳定下来的原因是(　　)。

A. 边际收益高于边际成本　　B. 边际收益低于边际成本

C. 平均收益高于平均成本　　D. 平均收益低于平均成本

51. 下列哪项因素会直接影响城市建设用地的资本密度？(　　)

A. 住房价格　　B. 劳动力价格

C. 土地价格　　D. 房地产税

52. 下列哪项因素会影响到地租与地价的关系？(　　)

A. 税收　　B. 利率　　C. 房价　　D. 利润

53. 在单中心城市中，下列哪种现象不符合城市经济学原理？(　　)

A. 地价由中心向外递减　　B. 房价由中心向外递减

C. 住房面积由中心向外递减　　D. 资本密度由中心向外递减

54. 根据城市经济学原理，下列哪项变化不会带来城市边界的扩展？(　　)

A. 城市人口增加　　B. 居民收入上升

C. 农业地租上升　　D. 交通成本下降

55. 下列哪项措施可以缓解城市交通供求的空间不均衡？(　　)

A. 对拥堵路段收费　　B. 征收汽油税

C. 提高高峰小时出行成本　　D. 实行弹性工作时间

56. 下列哪项措施可以把交通拥堵的外部性内部化？(　　)

A. 限行　　B. 限购　　C. 拍卖车牌　　D. 征收拥堵费

57. 土地税成为效率最高税种的原因是(　　)。

A. 土地供给有弹性　　B. 土地需求有弹性

C. 土地供给无弹性　　D. 土地供给有弹性

58. 拥挤的城市道路具有下列哪种属性？(　　)

A. 竞争性与排他性　　B. 竞争性与非排他性

C. 非竞争性与排他性　　D. 非竞争性与非排他性

59. 下列哪种情况下，"用脚投票"不能带来效率的提高？(　　)

A. 政府征收人头税　　B. 迁移成本很低

C. 居民消费偏好差异大　　D. 公共服务溢出效应大

60. 下列哪种现象，不属于过度城镇化？(　　)

A. 人口过多涌进城市　　B. 城市基础设施不堪重负

C. 城市就业不充分　　D. 乡村劳动力得不到充分转移

61. 北京提出建设中国特色世界城市主要是指(　　)。

A. 扩大城市规模　　B. 提升城市职能

C. 优化城市区位　　D. 构建城市体系

62. 下列省区中，城市首位度最高的是(　　)。

A. 浙江　　B. 辽宁　　C. 江西　　D. 新疆

63. 按照世界城市化进程的一般规律，当城市化率超过50%时，城市化速度呈现下列哪种特征？(　　)

A. 缓慢增长　　B. 匀速增长

C. 增速逐渐放缓　　D. 增速持续增加

64. 下列哪项规划建设与中心地理论无关？(　　)

A. 村镇体系规划　　B. 商业零售业布点

C. 城市历史街区保护　　D. 城市公共服务设施配置

65. 下列哪种方法不适用于大城市郊区的小城镇人口预测？(　　)

A. 区域人口分配法　　B. 类比法

C. 区位法　　D. 增长率法

66. 下列关于城市地理位置的表述，哪项是错误的？(　　)

A. 中心位置有利于区域内部的联系和管理

B. 门户位置有利于区域与外部的联系

C. 矿业城市位于矿区的邻接位置

D. 河港城市是典型的重心位置

67. 下列哪种方法，不适用于城市吸引范围的分析？(　　)

A. 断裂点公式　　B. 回归分析

C. 经验调查　　D. 潜力模型

68. 下列哪个学派与城市社会学发展无关？(　　)

A. 芝加哥学派　　B. 奥地利学派

C. 韦伯学派　　D. 马克思主义学派

69. 下列哪项表述不是伯吉斯城市土地利用同心圆模型的特征？(　　)

A. 中央商务区是城市商业、社会和文化生活的焦点

B. 在离中央商务区最近的过渡地带犯罪率最高

C. 交通线对城市结构产生影响

D. 符合人口迁居的侵入—演替原理

70. 下列关于社区的表述，哪项是正确的？(　　)

A. 邻里和社区的概念相同

B. 社区与地域空间无关

C. 互联网时代社区的归属感变得不重要

D. “单位社区化”是中国城市社区的重要特点

71. 下列关于中国城市内部空间结构的表述，哪项是错误的？(　　)

A. 计划经济时代，中国城市内部空间结构趋同性明显

B. 改革开放后，郊区化在中国大城市的空间重构进程中扮演了重要角色

C. 近 20 年来，中国大城市的中心区走向衰败

D. 改革开放后，中国城市社会空间重构的动力表现出多元化的特点

72. 下列关于“老龄化”的表述，哪项是正确的？(　　)

A. 人口的年龄结构金字塔不直接反映老龄化程度

B. 老龄化的国际标准是 60 岁以上人口占总人口的比例超过 7%

C. 少年儿童比重与老龄化程度无关

D. 老龄化负担的轻重与老龄化程度无关

73. 下列关于社会问卷调查的表述，哪项是正确的？(　　)

A. 调查问卷应随意发放

B. 可以边调查边修改问卷

C. 问卷的“有效率”是指回收问卷占所有发放问卷数量的比重

D. 问卷设计要考虑到调查者的填写时间

74. 下列有关人口素质的表述，哪项是错误的？（ ）

A. 人口的受教育水平可以反映人口的素质结构特点

B. 地区人口的素质结构对地区的发展产生影响

C. 人口的年龄结构决定了人口的素质结构

D. 人口质量即人口素质

75. 下列关于城市规划公众参与的表述，哪项是错误的？（ ）

A. 可有效地应对利益主体的多元化　　B. 有助于不同类型规划的协调

C. 可体现城市管治和协调发展的思路　　D. 可推进城市规划的民主化和法制化

76. 下列关于自然净化功能人工调节措施的表述，哪项是错误的？（ ）

A. 综合治理城市水体、大气和土壤环境污染

B. 建设城乡一体化的城市绿地与开放空间系统

C. 引进外来植物提高城市生物多样性

D. 改善城市周围区域的环境质量

77. 下列关于城市“热岛效应”的表述，哪项是错误的？（ ）

A. 与大量生产、生活燃烧放热有关　　B. 与城市建成区地面硬化率高有关

C. 与空气中存在大量污染物有关　　D.“热岛效应”对大气污染物浓度没有影响

78. 下列关于光污染的表述，哪项是错误的？（ ）

A. 钢化玻璃反射的强光会增加白内障的发病率

B. 镜面玻璃的反射系数比绿草地约大十倍

C. 光污染误导飞行的鸟类，危害其生存

D. 光污染对城市植物没有影响

79. 下列关于当今环境问题的表述，哪项是错误的？（ ）

A. 环境问题从城市扩展到全球范围

B. 地球生物圈出现不利于人类生存的征兆

C. 城市环境问题是贫困化造成的

D. 海平面上升和海洋污染是全球性环境问题

80. 下列关于生态恢复的表述，哪项是错误的？（ ）

A. 生态恢复不是物种的简单恢复

B. 生态恢复是自然生态系统的次生演替

C. 生态恢复本质上是生物物种和生物量的重建

D. 人类可以通过生态恢复对受损生物系统进行干预

二、多项选择题（共 20 题，每题 1 分。每题的备选项中，有二个以上选项符合题意。少选、错选都不得分）

81. 下列关于住宅设计的表述，哪些是错误的？（ ）

A. 单栋住宅的长度大于 160m 时，应设消防车通道

B. 在严寒和寒冷地区的住宅朝向应争取南向，充分利用北向，尽可能避免东、西向
C. 单栋住宅的长度小于 100m 时，建筑物底层可不设人行通道
D. 建筑高度大于 24m 的住宅建筑
E. 12 层以上住宅每栋楼电梯不应少于 2 部

82. 下列关于综合医院选址的表述，哪些是错误的？（　　）

A. 应符合医疗卫生网店的布局要求
B. 宜面临两条城市道路
C. 应布置在城市基础设施便利处
D. 场地选择应临近儿童密集的场所
E. 宜选用不规则地形，以解决多功能分区问题

83. 下列关于建筑保温和节能措施的表述，哪些是正确的？（　　）

A. 平屋顶保温层必须将保温层设置在防水层之下
B. 平屋顶保温层必须将保温层设置在防水层之上
C. 平屋顶保温层可将保温层设置在防水层之上或防水层之下
D. 建筑隔热可采用浅色外饰面
E. 利用地热是建筑节能的有效措施

84. 下列关于色彩特征的表述，哪些是正确的？（　　）

A. 每一种色彩都可以由色相、彩度及明度三个属性表示
B. 红、橙、黄等色调称为彩度
C. 色彩的明暗程度称为明度
D. 不同的色彩易产生不同的温度感
E. 色彩的距离感，以彩度影响最大

85. 下列关于艺术处理手法的表述，哪些是正确的？（　　）

A. 均衡的方式包括重复均衡、渐变均衡和动态均衡
B. 均衡着重处理构图要素的左右或前后之间的轻重关系
C. 稳定着重考虑构图中整体上下之间的轻重关系
D. 再现的手法往往同对比和变化结合在一起使用
E. 母题的重复可以增强整体的对比效果

86. 下列有关“环形交叉口”的表述，哪些是正确的？（　　）

A. 平面环形交叉口不适用于城市主干路
B. 平面环形交叉口适用于左转交通量较大的交叉口
C. 一般应布置 3 条以上的机动车道
D. 比其他平面交叉口具有更好的车流通行连续性
E. 机动车和非机动车可以混合行驶

87. 下列哪些是实施现代化城市道路交通管理的目的？（　　）

A. 减少交通延误　　B. 提高通行能力
C. 降低环境污染　　D. 实现最高行驶车速
E. 提升安全性

88. 下列哪些属于城市轨道交通线网规划的主要内容？（　　）

A. 交通需求预测
B. 线网方案与评价
C. 运营组织规划
D. 用地控制规划
E. 可行性研究

89. 下列关于缓解城市中心区交通拥堵状况的措施，哪些是比较有效的？（　）

A. 在中心区建立智能交通系统
B. 在中心区结合公共枢纽，设置大量的机动车停车设施
C. 在高峰时段，提供免费的公共交通服务
D. 提高中心区停车泊位的收费标准
E. 在中心区实施拥堵收费政策

90. 下列关于城市道路交叉口常用的交通改善方法，哪些是正确的？（　）

A. 错口交叉改为十字交叉
B. 斜角交叉改为正交交叉
C. 环形交叉改为多路交叉
D. 合并次要道路
E. 多路交叉改为十字交叉

91. 站前广场的基本功能包括（　）。

A. 交通
B. 集会
C. 景观
D. 防灾
E. 商业

92. 下列关于城市工程管线综合布置原则的表述，哪些是错误的？（　）

A. 城市各种管线的位置应采用统一的城市坐标系统及标高系统
B. 燃气管道一般不与进入市政综合管沟与其他市政管道共沟敷设
C. 当新建管线与现状管线冲突时，现状管线应避让新建管线
D. 交叉管线垂直净距指上面管道内底（内壁）到下面管道顶（外壁）之间的距离
E. 管线埋设深度指地面到管道底（内壁）的距离

93. 下列哪些不属于可再生能源？（　）

A. 风能
B. 石油
C. 沼气
D. 水能
E. 核能

94. 下列关于城市供电规划的表述，哪些是错误的？（　）

A. 燃煤发电厂需要足够的储灰场
B. 市区内新建变电站应采用全户外式结构
C. 变电站可以与其他建筑物合建
D. 有稳定冷、热需求的公共建筑物应建设三联供（热、电、冷）设施
E. 核电厂限制区半径一般不得小于 3km

95. 下列哪些措施适用于解决资源性缺水地区的水资源供需矛盾？（　）

A. 调整产业和行业结构，将高耗水产业逐步搬迁
B. 推广城市污水再生利用
C. 推广农业滴灌、喷灌
D. 采取外流域调水
E. 改进城市自来水厂净水工艺

96. 在现状建成区内按照一定标准建设防洪堤，当堤防高度与景观保护发生矛盾时，下列哪些措施可以降低堤顶设计高程？（　　）

A. 扩大堤距　　B. 在堤顶设置防浪墙

C. 提高城市排水标准　　D. 增加城市透水面积

E. 在上游建设具有防洪功能的水库

97. 下列抗震防灾规划措施中，哪些项是正确的？（　　）

A. 应尽量选择对抗震有利的地段建设

B. 现有未采取抗震措施的建筑应提出加固、改造计划

C. 将河流岸边的绿地作为避震疏散场地

D. 城市生命线工程抗震设防标准应达到一般建筑物水平

E. 合理布置可能产生次生灾害的设施

98. 下列关于城市生态系统物质循环的表述，哪些是正确的？（　　）

A. 城市生态系统所需物质对外界有依赖性

B. 生活性物质远远多于生产性物质

C. 城市生态系统物质既有输入又有输出

D. 城市生态系统的物质循环活泼

E. 物质循环在人为干预状态下进行

99. 根据《中华人民共和国环境影响评价法》，规划环境影响评价范围包括下列哪些？（　　）

A. 土地利用规划

B. 区域、流域、海域开发规划

C. 工业、农业、水利、交通、城市建设等 10 类专项规划

D. 环境整治规划

E. 宏观经济规划

100. 下列哪些是实现区域生态安全格局的途径？（　　）

A. 协调城市发展、农业与自然保护用地之间的关系

B. 优化城乡绿化与开放空间系统

C. 制定城市生态灾害防治技术措施

D. 维护生物栖息地的整体共建格局

E. 维护生态过程和人文过程的阶段性

考题五分析与解答

一、单项选择题

1.【正确答案】：C

【试题解析】：斗栱是中国木架建筑特有的构件，有水平放置的方形的斗和升、矩形的拱、斜置的昂组成，其作用是在柱子上伸出悬臂承托出檐部分的重量。

2.【正确答案】：D

【试题解析】：此题考查的是中国古代建筑的平面布局。屋架上檩与檩中心线水平间

距，清代称为“步”，各步距总和或侧面各开间宽度的总和称为“通进深”；若有斗拱，则按前后挑檐檩中心线间距的水平距离计算，清代各步距相等；宋代有相等、递增或递减及不规则排列的特点。

3.【正确答案】：C

【试题解析】：巴洛克建筑追求新奇；建筑处理手法打破古典形式，建筑外形自由，有时不顾结构逻辑，采用非理性组合，以取得反常效果；追求建筑形体和空间的动态，常用穿插的曲面和椭圆形空间；喜好富丽的装饰、强烈的色彩，打破建筑与雕刻绘画的界限，使其相互渗透；趋向自然，追求自由奔放的格调，表达世俗情趣，具有欢乐气氛。

4.【正确答案】：C

【试题解析】：此题考查的是近现代西方建筑流派创作特征和建筑主张，出题的频率很高。维也纳分离派：时间：19 世纪 80 年代；地点：奥地利；代表人物：瓦格纳、奥别列夫、霍夫曼、路斯；主张造型简洁与集中装饰；代表作：维也纳的斯坦纳住宅。

5.【正确答案】：B

【试题解析】：人流疏散大体上可以分为正常和紧急两种情况。一般正常情况下的人流疏散，有连续的（医院、商店、旅馆等）和集中的（剧院、体育馆等）。有的公共建筑则属于两者兼有，如学校教学楼、展览馆等。

6.【正确答案】：B

【试题解析】：《住宅设计规范》（GB 50096—2011）强制性条文规定：建筑入口的门不应采用力度大的弹簧门。

7.【正确答案】：C

【试题解析】：中型轻工业工厂一般道路运输系统中的技术要求，最小转弯半径：单车 9m，带拖车 12m，电瓶车 5m。

8.【正确答案】：C

【试题解析】：旅馆建筑选址与原则：①基地选择应符合当地城市规划要求等基本条件；②与车站、码头、航空港及各种交通路线联系方便；③建造于城市中的各类旅馆应考虑使用原有的市政设施，以缩短建筑周期；④历史文化名城、休养、疗养、观光、运动等旅馆应与风景区、海滨及周围的环境相协调，应符合国家和地方的有关管理条例和保护规划的要求；⑤基地应至少一面邻接城市道路，其长度应满足基地内组织各功能区的出入口，如客货运输车路线、防火疏散及环境卫生等要求。

9.【正确答案】：D

【试题解析】：内框架承重体系：荷载的主要传递路线见下图。

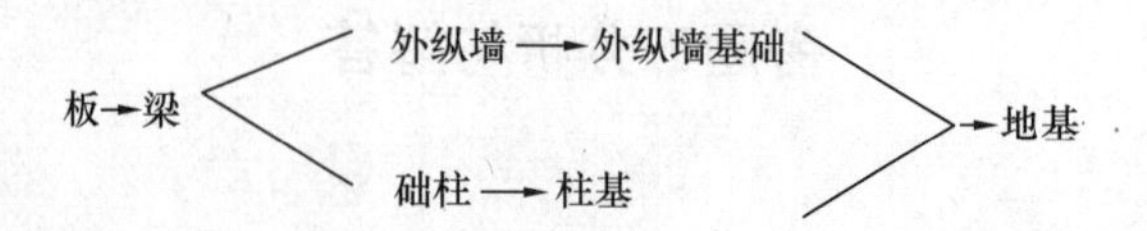

特点：墙和柱都是主要承重构件，由于取消了承重内墙由柱代替，在使用上可以有较大的空间，而不增加梁的跨度。适用：教学楼、旅馆、商店、多层工业厂房等建筑。

10.【正确答案】：D

【试题解析】：横向跨越 60m 以上空间的各类结构可称为大跨度空间结构。大跨度结构的结构体系有很多种，如网架结构、索结构、薄壳结构、充气结构、应力膜皮结构、混凝土拱形桁架等。

框架结构采用梁柱承重，虽然由于建筑内部受柱距影响，空间跨度较小，但是建筑布置较为灵活，可获得较大的使用空间，使用广泛，主要应用于多层工业厂房、仓库、商场、办公楼等建筑。

11.【正确答案】：D

【试题解析】：此题考查的是建筑形式美的原则。一个建筑给人们以美或不美的感受，在人们心理上、情绪上产生某种反应，存在着某种规律。建筑形式美法则就表述了这种规律。建筑物是由各种构成要素如墙、门、窗、台基、屋顶等组成的。这些构成要素具有一定的形状、大小、色彩和质感，而形状（及其大小）又可抽象为点、线、面、体（及其度量），建筑形式美法则就表述了这些点、线、面、体以及色彩和质感的普遍组合规律。在西方自古希腊时代就有一些学者与艺术家提出了美的形式法则的理论，时至今日，形式美法则已经成为现代设计的理论基础知识。

建筑形式美法则是随着时代发展的。为了适应建筑发展的需要，人们总是不断地探索这些法则，注入新的内容。20 世纪 20 年代在苏联出现的“构成主义”学派，虽然在当时没有流行开来，但“构成”这一概念，经过不断地充实、提炼和系统化，几乎已经成为一切造型艺术的设计基础。其原则、手法也可为建筑创造借鉴。格罗皮乌斯创办的包豪斯学校，一反古典学院派的教学方法，致力于以新的方法来培养建筑师，半个多世纪以来，在探索新的建筑理论和创作方法方面，取得长足的进展。传统的构图原理一般只限于从形式本身探索美的问题，显然有局限性。因此现代许多建筑师便从人的生理机制、行为、心理、美学、语言、符号学等方面来研究建筑创作所必须遵循的准则。尽管这些研究都还处于探索阶段，但无疑会对建筑形式美法则的发展产生重大影响。

12.【正确答案】：B

【试题解析】：矿棉：矿棉及其制品具有质轻、耐久、不燃、不腐、不霉、不受虫蛀等特点，是优良的保温隔热、吸声材料。可制作建筑物内、外墙的复合板以及屋顶、楼板、地面结构的保温、隔声材料。

加气混凝土：加气混凝土砌块质轻、绝热性能好、隔声性能及耐火性能好。可以做墙体材料，还可以用于屋面保温。

一个是墙体材料，一个是外墙保温材料。相比矿棉，加气混凝土内部具有大量微小的气孔，因而有更好的保温隔热性能，加气混凝土的导热系数通常为 0.09～0.02W/(m·K)，仅为黏土砖的 1/4～1/5，普通混凝土的 1/5～1/10，不仅可节约采暖及制冷能源，而且可大大提高建筑物的平面利用系数。

抹面砂浆：对建筑物表面起保护作用，提高其耐久性。

硅酸盐砌块：利用工业废料材料，经加工处理而成，强度比实心砖低，常用作围护材料。

13.【正确答案】：C

【试题解析】：项目建议书的内容有以下 6 条：①建设项目提出依据和缘由，背景材料，拟建地点的长远规划、行业及地区规划资料；②拟建规模和建设地点初步设想论证；③资源情况、建设条件可行性及协作可靠性；④投资估算和资金筹措设想；⑤设计、施工项目进程安排；⑥经济效果和社会效益的分析与初估。

14.【正确答案】：D

【试题解析】：城市道路的设计原则：①必须在城市规划，特别是土地利用规划和道路系统规划的指导下进行；②要在经济合理的条件下，考虑道路建设的远近结合、分期发展；③要求满足交通量在一定规划期内的发展要求；④综合考虑道路的平面、纵断面线型、横断面布置、道路交叉口、各种道路附属设施、路面类型，满足行人及各种车辆行驶的技术要求；⑤应考虑与道路两侧的城市用地、房屋建筑和各种工程管线设施、街道景观的协调；⑥采用各项技术标准应该经济合理，应避免采用极限标准。

15.【正确答案】：B

【试题解析】：小汽车的净宽要求为 2.0m，公共汽车为 2.6m，大货车（载货）为 3.0m。

16.【正确答案】：C

【试题解析】：停车视距由驾驶人员反应时间内车辆行驶距离、车辆制动距离和车辆在障碍物前面停止的安全距离组成。停车视距如下表。

计算行车速度（km/h）	120	100	80	70	60	50	40	30	20
停车视距（m）	210	160	115	95	75	60	45	30	20

17.【正确答案】：D

【试题解析】：一条车道的平均最大通行能力如下表。

车辆类型	小汽车	载重汽车	公共汽车	混合交通
每小时最大通行车辆数	500～1000	300～600	50～100	400

18.【正确答案】：B

【试题解析】：两块板道路的单向机动车车道数不得少于 2 条，四块板道路的单向机动车车道数至少为 2 条。一般行驶公交车辆的一块板次干路，其单向行车道的最小宽度应能停靠一辆公共汽车，通行一辆大型汽车，再考虑适当自行车道宽度即可。

19.【正确答案】：D

【试题解析】：人行带宽度和最大通行能力如下表。

所在地点	宽度（m）	最大通行能力（人/h）
城市道路上	0.75	1800
车站码头、人行天桥和地道	0.90	1400

20.【正确答案】：C

【试题解析】：城市道路横断面的选择与组合主要取决于道路的性质、等级和功能要求，同时还要综合考虑环境和工程设施等方面的要求：①符合城市道路系统对道路的性质、等级和红线宽度等方面的要求；②满足交通畅通和安全的要求；③充分考虑道路绿化的布置；④满足各种工程管线布置的要求；⑤要与沿路建筑和公用设施的布置要求相协调；⑥要考虑现有道路改建工程措施与交通组织管理措施的结合；⑦要注意节省建设投资，节约城市用地。

21.【正确答案】：B

【试题解析】：渠化交通是指在道路上施画各种交通管理标线及设置交通岛，用以组织不同类型、不同方向车流分道行驶，互不干扰地通过交叉口。适用于交通量较小的次要交叉口、交通组织复杂的异形交叉口和城市边缘地区的道路交叉口。在交通量比较大的交叉口，配合信号灯组织渠化交通，有利于交叉口的交通秩序，增大交叉口的通行能力。

22.【正确答案】：B

【试题解析】：互通式立交最小净距离如下表。

干道设计车速（km/h）	80	60	50	40
互通式立交最小净距离（m）	1000	900	800	700

23.【正确答案】：C

【试题解析】：平面交叉口的交通控制类型：

主干路与支路交叉：二路停车；

次干路与次干路交叉：交通信号灯、多路停车、二路停车或让路停车；

次干路与支路交叉：二路停车或让路停车；

支路与支路交叉：二路停车、让路停车或不设管制。

24.【正确答案】：B

【试题解析】：城市有轨电车按路权分类：全封闭系统、不封闭系统、部分封闭系统。其中，全封闭系统与其他交通方式完全隔离；不封闭系统与路面交通混合行驶，在交叉口遵循道路交通信号或享有一定优先权，有轨电车就属于此类；部分封闭系统一般在线路区间采取物理措施与其他交通方式隔离，在全部交叉口或部分交叉口与其他交通方式混行，在交叉口设置城市轨道交通优先信号。

25.【正确答案】：A

【试题解析】：停车设施的停车面积规划指标是按当量小汽车进行估算的。露天停车场占地为25～30m^2/停车位，室内停车库占地为30～35m^2/停车位，路边停车带占地为16～20m^2/停车位。

26.【正确答案】：C

【试题解析】：城市给水工程系统总体规划的主要内容：①确定用水量标准，预测城市总用水量；②平衡供需水量，选择水源，确定取水方式和位置；③确定给水系统的形式、水厂供水能力和厂址，选择处理工艺；④布置输配水干管、输水管网和供水重要设施，估算干管管径；⑤确定水源地卫生防护措施。

27.【正确答案】：C

【试题解析】：排水分区是指考虑排水地区的地形、水系、水文地质、容泄区水位和行政区划等因素，把一个地区划分成若干个不同排水方式排水区的工作。

一是充分利用地形和水系，以最短的距离靠重力将雨水排至附近水系。

二是高水高排，低水低排，避免将地势较高、易于排水的地段与低洼区划分在同一排水分区。

28.【正确答案】：A

【试题解析】：变电站（所）选址应尽量靠近负荷中心或网络中心。

单位建筑面积负荷指标法是详细规划阶段常用的负荷预测方法。城市供电系统包括供电电源、送电网和配电网组成。

35kV 及以上高压架空电力线路有规划专用通道加以保护，下面不能规划布置城市道路。

29.【正确答案】：D

【试题解析】：液化石油气储配站属于甲类火灾危险性企业，站址应选择在城市边缘，与服务站之间的平均距离不宜超过 10km。小城镇应采用低压一级管网系统；城市气源应尽可能选择多种气源联合供气。

30.【正确答案】：B

【试题解析】：固体废弃物的分类方法很多，通常按来源可分为工业固体废物、农业固体废物、城市垃圾。生活垃圾及卫生填埋场应在城市建成区外选址，距离大中城市规划建成区应该大于 5km，距小城市规划建成区应大于 2km，距居民点应大于 0.5km。常用的工业固体废物产生量预测方法有万元产值法。

31.【正确答案】：B

【试题解析】：详细规划阶段应考虑邮政支局所的分布位置和规模。

无线电收、发信区的通信主向应避开市区，一般选择在大中城市两侧的远郊区。

不同类型的通信管道集中建设，集约使用是目前国内外通信行业发展的主流。

32.【正确答案】：A

【试题解析】：此题考查的是城市七线的内容。城市黄线，是指对城市发展全局有影响的、城市规划中确定的、必须控制的城市基础设施用地的控制界线，是城市规划七线之一。

为加强对城市道路、城市绿地、城市历史文化街区和历史建筑、城市水体和生态环境等公共资源的保护，促进城市的可持续发展，我国在城乡规划管理中设定了红、绿、蓝、紫、黑、橙和黄七种控制线，并分别制定了管理办法。

33.【正确答案】：C

【试题解析】：工程管线综合布置原则中规定：压力管线让重力自流管线。排水管道属重力流系统，它的定线布置受到道路纵坡、出水口位置标高的限制，不像其他专业管线那样可以随弯就势，具有一定可调性。

供水管属于压力管，电力管属于可弯曲管线，热力管不宜与电力、通信和压力管道共沟布置。工程管线综合不仅考虑管线之间的水平净距。

34.【正确答案】：B

【试题解析】：纵横断面法：在规划区平面图上根据需要的精度绘出方格网，然后在方格网的每一交点上注明原地面标高和设计地面标高。沿方格网长轴方向者称为纵断面，沿短轴方向者称为横断面。该法多用于地形比较复杂地区的规划。

35.【正确答案】：A

【试题解析】：城市防灾专项规划：落实和深化总体规划的相关内容，规划范围和规划期限一般与总体规划一致。内容一般比总体规划中的防灾规划丰富，规划深度在其他条件具备的情况下还可能达到详细规划的深度，通常要进行灾害风险分析评估。

36.【正确答案】：C

【试题解析】：城市规划区内普通消防站的规划布局，一般情况下应以消防队接到出动指令后正常行车速度下 5min 内可以到达其辖区边缘为原则确定。

37.【正确答案】：D

【试题解析】：消防安全布局的内容包括危险化学品储存设施布局、危险化学物品运输、避难场地布局、建筑物耐火等级的确定。目的主要是通过合理的城市布局和设施建设，降低火灾风险，减少火灾损失。

38.【正确答案】：D

【试题解析】：城市防洪排涝需要考虑的对策措施包括防洪安全布局、防洪排涝工程措施和非工程措施三个方面。防洪安全布局，是指在城市规划中，根据不同地段洪涝灾害的风险差异，通过合理的城市建设用地选择和用地布局来提高城市防洪排涝安全度，其综合效益往往不亚于工程措施。

39.【正确答案】：C

【试题解析】：根据历史地震资料，我国编制了全国地震动参数区划图（包括地震动峰值加速度、地震动反应谱特征周期两项参数）。20 世纪 90 年代的地震烈度区划图中的烈度和 2001 年地震动参数区划图中的参数，其风险水平都是：在 50 年期限内，在一般场地土条件下，可能遭遇超越概率为 10%，即达到或超过图上烈度值或参数的概率为 10%。而不仅仅是未来的 50 年内。

40.【正确答案】：C

【试题解析】：决策支持系统（DSS）能从管理信息系统中获得信息，帮助管理者制定好的决策。它基于计算机的交互式信息系统，由分析决策模型、管理信息系统中的信息、决策者的推测三者相组合达到好的决策效果。

41.【正确答案】：C

【试题解析】：“.gov”是在选择域名的时候可用的最高级域名之一。它一般用于描述拥有作为美国联邦政府一个分支或机构的域名的实体（其他的美国政府级别建议使用地理最高级域名的“.us”）。最高级域名，连同二级域名在 Web 以及电子邮件地址中都是必需的。

42.【正确答案】：D

【试题解析】：空间数据对地理实体最基本的表示方法是点、线、面和三维体。

典型的属性数据包括环保监测站的监测资料，道路交叉口的交通流量，道路路段的通行能力、路面质量，地下管线的用途、管径、埋深；行政区的常住人口、人均收入，房屋产权人、质量、层数等。

43.【正确答案】：B

【试题解析】：通过栅格分析（网格分析），可以进行坡度、坡向的分析，可以根据点状样本产生距离图。

44.【正确答案】：B

【试题解析】：微波可穿透云层，能分辨地物的含水量、植物长势、洪水淹没范围等情况，具有全天候的特点。

45.【正确答案】：C

【试题解析】：辐射校正：受大气环境、传感器性能、投影方式、成像过程等因素，会造成同一景图像上电磁辐射水平的不均匀或局部失真，同一时相的相邻图像之间也会有辐射水平的差异，同一观察范围但不同时相的图像之间更会有辐射水平的差异，需要进行校正。

46.【正确答案】：A

【试题解析】：在高分辨率遥感图像解译中，判读建筑物高度的依据是通过对几何特征（即建筑阴影长度）的解译判读建筑高度。

47.【正确答案】：D

【试题解析】：计算机辅助设计（Computer Aided Design）：利用计算机及其图形设备帮助设计人员进行设计工作，简称CAD。

48.【正确答案】：A

【试题解析】：经济学研究的核心问题是市场中的资源配置问题。城市经济学，就是运用经济学原理和经济分析方法，以城市中稀缺的资源——土地资源的分配问题开始着手，论证经济活动在空间上如何配置可以使土地资源得到最高效率的利用，并以此为基础扩展到对劳动及资本利用效率的研究。

49.【正确答案】：B

【试题解析】：公共经济关系是指政府与社会成员之间的经济关系。有些产品与服务大家都需要，但市场不能够有效地提供，如城市中的供水、道路、消防、交通管理等，这些就只能由政府来提供。

50.【正确答案】：C

【试题解析】：此题考查的是城市规模和城市经济增长的关系。经济活动在空间上集聚而形成城市，就是城市的集聚力；促使城市经济活动分散的力量就是分散力。当集聚力和分散力达到平衡时，城市规模就稳定下来，这个规模就是“均衡规模”。

“最佳规模”就是指经济效率最高时，即边际成本等于边际效益的规模。

城市的规模不会在最佳规模上稳定下来，城市达到最佳规模后，平均收益仍高于平均成本，就还会有企业或个人愿意迁入，直到达到均衡规模。但是达到均衡规模后，再进来的企业或个人负担的平均成本高于其得到的平均收益，经济上不合算的，就不会有人进来了，城市规模也就稳定了。

但是由于外部性的存在，造成边际成本大于平均成本，就会出现城市均衡规模大于最佳规模。城市规模过大主要就是指均衡规模大于最佳规模这种不合理的情况，需要政府通过政策来干预。

51.【正确答案】：C

【试题解析】：土地和资本之间存在着资本和劳动之间那样的替代关系。如果土地相对于资本更便宜，生产者就会用土地替代资本，表现在生产用建筑容积率较低；如果土地昂贵，生产者就会用资本替代土地，表现出高容积率。土地价格会直接影响城市建设用地的资本密度。经济学中用“资本密度”来代替容积率。

52.【正确答案】：B

【试题解析】：地价与地租的关系：在数量上，地租与地价互为反函数，地价等于地租除以利息率。这一互为反函数的关系也表明，地租与地价在本质上具有同一性。地租与地价既在本质上具有同一性，又是具有相对独立性的经济范畴。虽然地租与地价互为反函数，但地租与地价的变动却并不一定是同步的或者成正比的。

53.【正确答案】：C

【试题解析】：市场中的实际地租随距离而变化的曲线，就是各地商竞标租金的外缘线，称为市场租金梯度线，也就是通常所说的地价曲线，它从城市中心向外呈下降的趋势。因此，如果投资增长，其郊区低价会快速提升，拉低了与城市中心低价的差距，两者出现相反的变化。

从城市中心向外土地的价格越来越低，单位货币能够购买的数量越多，其边际产出也就越高。随着资本密度下降，单个居民或家庭的住房面积会增加，而单位土地上的住房面积（资本密度、容积率）会下降，人口密度就一定下降了。资本和人口密度的下降意味着土地利用强度的下降。

54.【正确答案】：C

【试题解析】：农业用地单位面积上的收益远远低于城市用地，所以它能支付的地租也远远低于城市用地，这就使得农业用地的竞标租金曲线相对平缓，接近一条水平的线，其变化不会带来城市边界的扩展。

55.【正确答案】：A

【试题解析】：从调控需求的方面来说，可以采用价格的杠杆，对进入拥堵区的车辆收费可以分流一部分需求，从而把驾车者的成本由平均成本提高到边际成本。

56.【正确答案】：A

【试题解析】：此题考查的是城市交通供求的时间不均衡及其调控的内容。造成交通拥挤的一个直接原因就是交通供给量小于交通需求量，即经济学中的资源稀缺性。因此，交通拥挤外部性可定义为选取某种交通工具的出行者由于交通基础设施容量的有限性而对其他出行者产生的影响，它是交通系统内部相互作用的必然结果。尽管不同的城市交通拥挤发生的时间和地点不同，但在拥挤产生的路段上均表现为大量的车辆排队、较长时间的等待以及废气排放量增多等一系列直接后果，从而加大出行者的出行成本、降低出行效率、影响居民的生活质量。因此，交通拥挤外部性是一种负外部性。

交通基础设施属于经济学中“准公共物品”的范畴，“拥挤性”是其基本特征之一。由经济学基本原理可知，当消费数量增加到一定限度时，边际成本将随着消费上升而增加，平均成本也随之加大。城市道路所具有的“拥挤性”使得当路段交通量较小时车辆可以自由行驶，增加单位车辆并不会对其他车辆的行驶产生影响；而当交通量增加到某一定值时增加单位车辆不仅不能达到自身的效率期望，而且将对其他车辆的行驶产生不利影响。所以，可以通过限行达到把交通拥堵的外部性内部化的效果。

57.【正确答案】：C

【试题解析】：土地是一种非常特殊的生产要素，无论价格如何上涨，供给量也不会提高，即“供给无弹性”。对土地的需求必然会随着人口的增加而增长。故而有“单一土地税”之理论。

58.【正确答案】：B

【试题解析】：经济学家用两个标准来对社会消费的物品进行分类，以确定每一类物品是由市场来提供，还是由政府来提供。

第一个标准叫竞争性，是看一个物品在消费时各个消费者之间在消费量上是不是相互影响。城市道路每一个通过的人对道路消费量都不相同的，不会因为某个人使用而使其他人的消费减少，这就是不具有竞争性的物品。

第二个标准叫排他性，是看一个物品在消费的过程中是不是可以很容易地把某些人排除在外。城市道路的使用就很难把某些人排除在外，因为没有简单的办法来限制某些人的使用，这就是不具有排他性。

59.【正确答案】：A

【试题解析】：所谓“用脚投票”，是指资本、人才、技术流向能够提供更加优越的公共服务的行政区域。在市场经济条件下，随着政策壁垒的消失，“用脚投票”挑选的是那些能够满足自身需求的环境，这会影响着政府的绩效，尤其是经济绩效。它对各级、各类行政主体的政府管理产生了深远的影响，推动着政府管理的变革。

如果我们有很多个地方政府，每个地方政府都提供各具特色的公共品，这样给那些对公共品具有不同需求的居民选择的可能，我们就可以提高公共品供给的经济效率。一个存在产品差异的市场上，消费者可以根据自己的偏好来选择产品。

60.【正确答案】：D

【试题解析】：过度城镇化是指过量的乡村人口向城市迁移，并超越国家经济发展承受能力的城市化现象。过度城镇化主要发生在一些发展中国家。

过度城镇化又称超前城镇化，是指城镇化水平明显超过工业化和经济发展水平的城市化模式。城镇化的速度大大超过工业化的速度，城镇化主要是依靠传统的第三产业来推动，甚至是无工业化的城市化，大量农村人口涌入少数大中城市，城市人口过度增长，城市建设的步伐赶不上人口城镇化速度，城市不能为居民提供就业机会和必要的生活条件，农村人口迁移之后没有实现相应的职业转换，造成严重的“城市病”。

过度城镇化形成的主要原因是二元经济结构下形成的农村推力和城市拉力的不平衡（主要是推力作用大于拉力作用），而政府又没有采取必要的宏观调控措施。

61.【正确答案】：B

【试题解析】：注意区别城市职能和城市性质的区别。城市职能是指一个城市在政治、经济、文化生活各方面所担负的任务和作用。其内涵包括两方面：一是城市在区域中的作用；另一是城市为城市本身包括其居民服务的作用。城市职能中比较突出、对城市发展起决定作用的职能，成为城市的主要职能，即城市性质。北京提出建设中国特色世界城市主要是指提升城市职能。

62.【正确答案】：C

【试题解析】：杰斐逊的观察和发现对现代城市地理学作出了巨大的贡献。首位城市的概念已经被普遍使用，是用一国最大城市与第二位城市人口的比值来衡量城市规模分布状况的简单指标。首位度大的城市规模分布就叫首位分布。

首位度在一定程度上代表了城市体系中的城市人口在最大城市的集中程度，这不免以偏概全。为了改进首位度两城市指数的简单化，又有人提出 4 城市指数和 11 城市指数。

63.【正确答案】：D

【试题解析】：城镇化过程有三个阶段：初始阶段（前工业化时期），城镇化水平较低，农村人口向城镇转移的速度较为缓慢；发展阶段（工业化时期），大量农村人口向城镇集中，城镇化进入加速发展阶段；成熟阶段（后工业化时期），城镇化率超过 50%，是城镇化的最高阶段，城镇化发展速度趋于缓慢。

64.【正确答案】：C

【试题解析】：此题考查的是中心地理论，是经常出现的考题。中心地，是向周围地区居民提供各种货物和服务的地方。中心商品是在中心地生产，提供给中心地及周围地区居民消费的商品。中心地职能是指中心地具有向周围地区提供中心商品的职能。

克里斯塔勒认为，有三个条件或原则支配中心地体系的形成，它们是市场原则、交通原则和行政原则。在不同的原则支配下，中心地网络呈现不同的结构，而且中心地和市场区大小的等级顺序有着严格的规定，即按照所谓 K 值排列成有规则的、严密的系列。以上三个原则共同导致了城市等级体系的形成。

历史文化街区是历史文化名城保护的重点，它的保护不是简单的规划问题，而是一个综合的社会实践。历史文化街区是一个成片的地区，有大量居民在其间生活，是活态的文化遗产，有其特有的社区文化，不能只保护那些历史建筑的躯壳，还应该保存它承载的文化，保护非物质形态的内容，保存文化多样性。这就要维护社区传统，改善生活环境，促进地区经济活力。

城市历史街区不是中心地，不具有中心性，也没有补充区域，也与市场原则、交通原则和行政原则无关。

65.【正确答案】：D

【试题解析】：此题考查的是人口预测的方法，经常会出现在历年的考试题中。增长率法：计算时应分析近年来人口的变化情况，确定每年的人口增长率。公式为：$P=P_0(1+K_1+K_2)n$。式中，P 为规划期末城市人口规模，P_0 为城市现状人口规模，K_1 为城市年平均自然增长率，K_2 为城市年平均机械增长率，n 为规划年限。

这种方法适合初步经济发展稳定的城市，这类城市的人口增长是逐步增加的，人口增长率变化不大。

而小城镇规模较小，在受到邻近大中城市经济与产业辐射后，城镇规模容易发生较大幅度的变化，因此，回归、增长率等数学模型难以应用。

在小城镇人口规模预测过程中，常采用定性分析方法从区域层面估测小城镇的人口规模，包括区域人口分配法、类比法、区位法。

66.【正确答案】：D

【试题解析】：巴朗斯基曾给地理位置下了这样一个定义：位置就是某一地方对于这个地方以外的某些客观存在的东西的总和。也就是说，城市的地理位置是城市及其外部的自然、经济、政治等客观事物在空间上相结合的特点，有利的结合即有利的城市地理位置，必然促进城市的发展，反之亦反。

城市地理位置的特殊性，往往决定了城市职能性质的特殊性和规模的特殊性。矿业城市（如大同）一定邻近大的矿体；大的工商贸易港口城市，如武汉、广州、上海、天津等必定滨临江河湖海；城市腹地的大小、条件和城市与腹地间的通达性决定了上海比天津、广州、武汉要发展得大，而不可能颠倒过来。

河口港是最典型的门户位置。位于闽江口的福州就是在能控制福建省整个闽江流域商品集散的地理基础上发展成省会城市的。

67.【正确答案】：B

【试题解析】：任何一个城市都和外界发生着各种联系，用地理学的术语讲，即存在着空间交互作用。这种联系可通过人口、物资、货币、信息等的流动来实现。一个城市联系所及的范围可以无限广阔，譬如它的某一种产品可能行销全国和出口海外；来自国内外的客人可能光临这个城市等。城市联系所及的范围可称为城市的绝对影响范围。与此概念相对应，一个地域可以同时接受很多城市的影响。

城市吸引范围的分析方法主要有经验的方法和理论的方法。理论的方法包括：断裂点公式和潜力模型。

68.【正确答案】：B

【试题解析】：社会学的主要理论：芝加哥学派与古典城市生态学理论、马克思主义学派与城市空间的政治经济学理论、韦伯学派与新韦伯主义城市理论、全球化与信息化城市理论。奥地利学派是近代资产阶级经济学边际效用学派中最主要的一个经济学派。它产生于19世纪70年代，流行于19世纪末20世纪初。因其创始人门格尔和继承者维塞尔、柏姆·巴维克都是奥地利人，也都是维也纳大学教授，都用边际效用的个人消费心理来建立其理论体系，所以也被称为维也纳学派或心理学派。

69.【正确答案】：C

【试题解析】：交通线对城市结构产生影响是霍伊特的城市空间结构扇形模型的特征。

70.【正确答案】：D

【试题解析】：邻里和社区的最大区别就是在于没有形成“社会互动”。社区的三大要素（地区、共同纽带、社会互动）之一就是地域空间。

随着社区技术的高速发展和社区应用的普及成熟，互联网正逐步跨入社区时代。在过去，社区是指在一定地理范围内，具有共同兴趣与价值需求的社会成员所组成的行政区域，在此条件下产生的社区意识也与地理边界有着密切联系。而互联网的兴起和随之产生的虚拟社区，将社区意识从“地理区域”这一限定中脱离出来，并添加了更多抽象的社会纽带因素。如韦尔曼所定义的，社区是“提供社交、支持、信息、归属感和社会认同的人际关系网络”。毫无疑问，传统社区是社会资本积累的载体与主要场域，社区认同是社会资本的重要维度，虚拟社区也不例外。对于虚拟社区而言，其所特有之处在于为普通公民提供有效社会表达渠道与国家谈判力量，使之成为积累社会资本的潜力股。但是，与传统社区类似，社区认同等价值的产生不是自发的，必须要通过成员间的交流、知识共享及其他社会互动。卡茨和赖斯认为，网络中集体认同的形成必须先将那些相互脱离的个体生命联合起来，然后通过繁密的社会互动建构社会资本，这正是结构性网络的作用所在。

因此，互联网时代社区的归属感显得更加重要。

71.【正确答案】：C

【试题解析】：市场转型时期，即近20年来，中国城市内部空间结构模式很复杂，差异性大于相似性，带有多中心结构的特点，整体上表现出明显的异质性特征。最中心仍然是中心商业区或中央商务区，而且不断获得发展。

72.【正确答案】：A

【试题解析】：人口的年龄结构金字塔直接反映老龄化程度。衡量人口老龄化程度有很多指标。

按联合国的相关规定，凡60岁及以上人口占总人口10%以上或65岁及以上人口占总人口7%以上就属于老年型人口。

少年儿童比重：即 0～14 岁人口数量占总人口数的比重，这一比重小于 30%，即可认为是老年社会。

老年人口扶养比：老年人口与劳动年龄人口之比。用以度量劳动力对老年人口的负担程度，表明每 100 名劳动年龄人口所负担老年人口的数目。

73. 【正确答案】：D

【试题解析】：调查问卷主要内容：被调查者基本属性特征、针对研究问题的内容。调查问卷的发放有当面发放、邮寄方法、电话调查等方式，一般采用当面发放调查的方式，其中，非随意抽样的方法更为科学。

问卷调查工作的一大忌是在调查了相当多的样本后，发现问卷设计得不好或者相关问题有遗漏，或者有的问题答案选项设计不合理而重新设计问卷，从而导致同一调查中使用了两种问卷。这样会给统计带来麻烦。问卷已经确定最好不要改变，如果确要改变，那么就使用改变后的问卷重新开始调查。

问卷的"有效率"是指有效问卷占所有发放问卷数量的比重。

74. 【正确答案】：C

【试题解析】：人口素质又称人口质量，包括人口的身体素质、科学文化素质和思想素质。人口素质决定改造世界的条件和能力。

75. 【正确答案】：B

【试题解析】：城市规划公众参与的作用：可有效地应对利益主体的多元化，能够有效体现城市规划的民主化和法制化，导致城市规划的社会化，保障城市空间实现利益的最大化。

76. 【正确答案】：C

【试题解析】：城市还原功能的人工调节要注意保护乡土植被和乡土生物多样性，不要轻易引进外来植物。外来植物是指在一个特定地域的生态系统中，不是本地自然发生和进化而来，而是后来通过不同的途径从其他地区传播过来的植物。外来植物如果能够在自然状态下获得生长和繁殖，就构成了外来植物的入侵。

77. 【正确答案】：B

【试题解析】：城市"热岛效应"形成的主要原因：大量的生产、生活燃烧后放热；城市建成区大部分被建筑物和道路等硬质材料所覆盖，植物覆盖低，从而吸热多而蒸发散热少；空气中经常存在大量的污染物，它们对地面长波辐射吸收和发射能力较强。

78. 【正确答案】：D

【试题解析】：依据不同的分类原则，光污染可以分为不同的类型。国际上一般将光污染分成 3 类，即白亮污染、人工白昼和彩光污染。

光污染会改变城市植物和动物生活规律，误导飞行的鸟类，从而对城市动植物的生存造成危害。

79. 【正确答案】：C

【试题解析】：城市环境问题的成因：人类自身发展膨胀，人类活动过程规模巨大，存在生物地球化学循环过程变化效应，人类影响的自然过程不可逆改变或者恢复缓慢。

80. 【正确答案】：B

【试题解析】：生态恢复强调受损的生态系统要恢复到具有生态学意义的理想状态。生态恢复并不完全是自然生态系统的次生演替，人类可以有目的地对受损生态系统进行干预。

二、多项选择题

81.【正确答案】：B、C、D

【试题解析】：《建筑设计防火规范》（GB 50016—2014）（2018年版）规定：高层建筑是指建筑高度大于27m的住宅建筑和建筑高度大于24m的非单层厂房、仓库和其他民用建筑。

《住宅设计规范》（GB 50096—2011）明确规定，高层住宅一般是指10层及以上的住宅。12层及以上的住宅，每栋楼设置电梯不应少于两部；当建筑物长度超过80m时，应在底层加设人行通道。

在严寒和寒冷地区的住宅朝向应争取南向，充分利用东、西向，尽可能避免北向。

82.【正确答案】：D、E

【试题解析】：综合医院选址要求：①综合医院选址，应符合当地城镇规划和医疗卫生网点的布局要求；②交通方便，宜面临两条城市道路；③便于利用城市基础设施；④环境安静，远离污染源；⑤地形力求规整，以解决多功能分区和多出入口的合理布局；⑥远离易燃、易爆物品的生产和贮存区，并远离高压线路及其设施；⑦不应邻近少年儿童活动密集的场所。

83.【正确答案】：A、B、C、D、E

【试题解析】：此题考查的是建筑构造的知识。平屋顶保温层有两种位置：将保温层放在结构层之上、防水层之下，成为封闭的保温层，称为内置式保温层；将保温层放在防水层之上、结构层之下，称为外置式保温层。

84.【正确答案】：A、C、D

【试题解析】：此题考查的是建筑美学的基本知识。彩度：又称纯度、艳度，用数值表示色的鲜艳或鲜明的程度称之为彩度。色彩三要素的应用空间：表示色彩的前后，由色相、明度、纯度、冷暖以及形状等因素构成。通过这些要素的变化，形成不同的视觉效果，对人心理产生影响。

85.【正确答案】：B、C、D

【试题解析】：此题考查的是建筑美学理论的基本知识。均衡的方式包括对称均衡、不对称均衡和动态均衡。母题的重复可以增强整体的统一性效果。

86.【正确答案】：A、B、C、D、E

【试题解析】：环形车道可根据交通流的情况布置机动车和非机动车混合行驶或分道行驶。

87.【正确答案】：A、B、C、E

【试题解析】：现代化的道路交通管理可以获得最好的交通安全性、最少的交通延误、最高的运输效率、最大的通行能力、最低的运营费用，从而取得更好的运输经济效益、社会效益和环境效益。

88.【正确答案】：A、B、C、D

【试题解析】：城市轨道交通线网规划的主要内容：城市和城市交通现状调查，交通需求预测，城市轨道交通建设的必要性，城市轨道交通发展目标和功能定位，线网方案与评价，车辆基地、主变电站等设施的布局与规模，运营组织规划，资源共享研究，用地控制规划。

89.【正确答案】：A、B、C、D、E

【试题解析】：此题考查的是供需关系。交通拥堵从供求关系来说，是一种需求大于供给即供不应求的状况，形成原因很多（城市交通供求不均衡、城市交通供求的空间不均衡、城市交通个人成本与社会成本的错位、城市交通时间成本和货币成本的关系）解决办法也不同。以上措施都比较有效。

90.【正确答案】：A、B、D、E

【试题解析】：城市道路交叉口常用的交通改善方法除了渠化、拓宽路口、组织环形交叉和立体交叉外，改善方法还有以下几种：错口交叉改为十字交叉；斜角交叉改为正交交叉；合并次要道路，再与主要道路相交；多路交叉改为十字交叉。

91.【正确答案】：A、C、D、E

【试题解析】：此题考查的是站前广场的特征，主要是交通组织。站前广场是集散广场，不是人群集会场所。

站前广场大致分为两部分：交通枢纽功能区和城市广场功能区，分别实现交通枢纽功能和城市广场休闲娱乐功能。站前广场是旅客对一个城市的初步印象，因而要有一定的形象设计。对城市居民而言是一个重要的城市公共空间。站前广场主要考虑人流疏散，适量布置商业娱乐等功能。

92.【正确答案】：C、D

【试题解析】：当新建管线与现状管线冲突时，新建管线应避让现状管线。

交叉管线垂直净距指从上面管道外壁最低点到下面管道顶外壁最高点之间的垂直距离。

93.【正确答案】：B、E

【试题解析】：此题考查的是可再生能源的概念及构成。可再生能源是指可以再生的能源总称，包括生物质能源、太阳能、风能、光能、沼气等。生物质能源主要是蕴藏在生物质中的能源，泛指多种取之不竭的能源，严格来说，是人类历史时期内都不会耗尽的能源。

可再生能源不包含现时有限的能源，如化石燃料和核能。地热是可再生能源。

不可再生能源包括煤、石油、天然气、核能、油页岩。

94.【正确答案】：B、E

【试题解析】：市区内规划新建的变电站，宜采用户内式或半户外式结构。核电厂限制区半径一般不得小于1km。

95.【正确答案】：A、B、C、D

【试题解析】：改进城市自来水厂净水工艺是针对水质型缺水地区的水资源供需矛盾采取的措施。

96.【正确答案】：A、B、E

【试题解析】：堤顶高程有设计洪水位和设计洪水位以上超高组成。设计洪水位根据防洪标准、相应洪峰流量、河道断面分析计算。

97.【正确答案】：A、B、E

【试题解析】：河流岸边的绿地地质条件一般较差，属于对地震不利的地段，不能作为避震疏散场地；城市生命线工程必须进行地震安全性评价，并根据地震安全性评价结果确定抗震设防标准。

98.【正确答案】：A、C、E

【试题解析】：城市生态系统中生产性物质远远多于生活性物质；城市生态系统的物质流缺乏循环。

99.【正确答案】：A、B、C

【试题解析】：《中华人民共和国环境影响评价法》中确定了战略环境影响评价在国家宏观决策中的地位，该法明确要求对土地利用规划，区域、流域、海域开发规划和工业、农业、畜牧业、林业、能源、水利、交通、城市建设、旅游、自然资源开发等 10 类专项规划进行环境影响评价。

100.【正确答案】：A、B、C、D

【试题解析】：此题考查的是区域生态安全格局概念及其相关内容。其中，区域生态安全格局途径正试图解决类似的问题，求解如何在有限的国土面积上，以尽可能少的用地、最佳的格局，最有效地维护景观中各种过程的健康和安全。更具体的出发点包括：

（1）在土地极其紧张的情况下如何更有效地协调各种土地利用之间的关系，如城市发展用地、农业用地及生物保护用地之间的合理格局。

（2）如何在各种空间尺度上优化防护林体系和绿道系统，使之具有高效的综合功能，包括物种的空间运动、生物多样性的持续及灾害过程的控制。如何在现有城市基质中引入绿色斑块和自然生态系统，以便最大限度地改善城市的生态环境，如减轻热岛效应，改善空气质量等。

（3）如何在城市发展中形成一种有效的战略性的城市生态灾害（如洪水和海潮）控制格局。

（4）如何使现有各类孤立分布的自然保护地通过尽可能少的投入而形成最优的整体空间格局，以保障物种的空间迁徙和保护生物多样性。

（5）如何在最关键的部位引入或改变某种景观斑块，便可大幅改善城乡景观的某些生态和人文过程，如通过尽量少的土地，建立城市或城郊连续而高效的游憩网络、连续而完整的遗产廊道网络、视觉廊道的控制。

第三部分 模 拟 试 题

模 拟 试 题 一

一、单项选择题（共80题，每题1分。各题的备选项中，只有一个符合题意）

1. 下列关于中国古代建筑特点的表述，错误的是(　　)。

A. 建筑类型丰富　　B. 单体建筑单体构成复杂

C. 建筑群的组合多样　　D. 与环境结合紧密

2. 下列关于中国古代宗教建筑平面布局特点的表述，错误的是(　　)。

A. 永乐宫中轴对轴、纵深布局　　B. 汉代佛寺布局是前塔后殿

C. 独乐寺“分心槽”　　D. 五台山佛光寺大殿是“金厢斗底槽”

3. 下列关于西方古代建筑材料与技术的表述，错误的是(　　)。

A. 古希腊庙宇建筑除屋架外，全部用石材建造

B. 古罗马建筑材料中出现了火山灰制的天然混凝土

C. 古希腊建筑创造了券柱式结构

D. 古罗马建筑发展了迭柱式结构

4. 下列关于19至20世纪西方新建筑运动初期代表人物建筑主张的表述，错误的是(　　)。

A. 拉斯金：热衷于手工艺效果

B. 贝伦斯：提倡运用多种材料

C. 路斯：主张造型简洁与集中装饰

D. 沙利文：强调艺术形式在设计中占主要地位

5. 下列哪项不属于20世纪20年代推出的新建筑主张？(　　)

A. 发挥新型材料和建筑结构的性能　　B. 反对表面的外加装饰

C. 建筑应该满足心理感情需要　　D. 注重建筑的经济性

6. 下列关于建筑场地选址的表述，正确的是(　　)。

A. 儿童剧场应设于位置适中、公共交通便利、比较繁华的区域

B. 剧场与其他类型建筑合建时，应有共享的疏散通道

C. 档案馆一般应考虑布置在远离市区的安静场所

D. 展览馆可以利用荒废建筑加以改造或扩建

7. 平坡式场地的最大允许自然地形坡度是(　　)。

A. 3%　　B. 4%

C. 5%　　D. 6%

8. 单栋住宅长度超过(　　)m，应在建筑物底层设人行通道。

A. 50　　B. 80

C. 120　　D. 160

9. 建筑按使用性质分为(　　)两大类。

A. 居住建筑和公共建筑　　B. 农业建筑和工业建筑

C. 民用建筑和工业建筑　　D. 生产建筑和非生产建筑

10. 当住宅建筑8层以上、公共建筑24m以上时，电梯就成为主要交通工具。下列关于电梯设置错误的是(　　)。

A. 每层电梯出入口前，应考虑有停留等候的空间

B. 每个服务区的电梯台数不应少于2台

C. 单侧排列的电梯不应超过3台

D. 双侧排列的电梯不应超过8台

11. 下面(　　)是石棉水泥瓦这种建筑材料的缺点。

A. 造价低　　B. 防火性好

C. 有毒　　D. 耐热耐寒性均较好

12. 低层、多层建筑常用的结构形式有很多种，但是不包括以下(　　)形式。

A. 砖混结构　　B. 框架结构

C. 排架结构　　D. 框筒结构

13. 在进行建筑工程造价估算时，下列各项中不属于建筑投资费内容的是(　　)。

A. 动迁费　　B. 建筑直接费

C. 施工管理费　　D. 税金

14. 城市道路规划设计的主要内容不包括以下(　　)。

A. 道路附属设施　　B. 交通管理设施

C. 沿道路建筑立面　　D. 道路横断面组合设计

15. 下列有关铁路通行的高度限界，正确的是(　　)。

A. 内燃机车5.0m　　B. 电力机车6.0m

C. 高速列车7.25m　　D. 双层集装箱7.45m

16. 平面弯道视距限界范围障碍物限高为(　　)。

A. 1.0m　　B. 1.2m　　C. 1.4m　　D. 1.6m

17. 在城市道路中，假定最靠中线的一条车道的通行能力为1.0，则同侧右方向第四条车道的折减系数约为(　　)。

A. 0.9～0.98　　B. 0.8～0.89

C. 0.65～0.78　　D. 0.5～0.65

18. 如果自行车道宽5.5m，单条通行能力1000辆/h，那么，这条自行车道的总通行能力为(　　)辆/h。

A. 4000　　B. 4500　　C. 5000　　D. 5500

19. 城市道路平面规划设计的主要内容不包括以下(　　)项。

A. 确定中心线位置　　B. 设置缓和曲线

C. 路面荷载等级　　D. 交叉口设计

20. 当(　　)时可以设置立体交叉。

A. 主干路与次干路交叉口的现有交通量＞5000pcu/h

B. 主干路与支路交叉口的现有交通量＞5500pcu/h

C. 主干路与主干路交叉口的现有交通量>6000pcu/h
D. 次干路与铁路专线相交
21. 立体交叉匝道上自行车混行，最大纵坡是(　　)。
A. 1.5%　　B. 2.0%
C. 2.5%　　D. 3.0%
22. 为使路线平顺，行车平稳，必须在路线竖向转坡点处设置平滑的竖曲线将相邻直线坡段衔接起来。凹形竖曲线的设置主要是要满足车辆(　　)的要求。
A. 制动距离　　B. 行驶平稳
C. 视距　　D. 视线
23. 下列关于停车设施的停车面积规划指标，错误的是(　　)。
A. 路边停车带占地为16～20m²/停车位
B. 室内停车库占地为30～35m²/停车位
C. 机械提升式地下车库占地为40～45m²/停车位
D. 露天停车场占地为25～30m²/停车位
24. 当地面集中停车场机动车停车位超过(　　)个时，需设三个以上出入口。
A. 50　　B. 200
C. 500　　D. 800
25. 城市中心区的客运交通枢纽的主要交通方式不包括(　　)。
A. 地铁　　B. 电车
C. 长途汽车　　D. 公交
26. 下面关于城市供水工程规划中城市供水的说法正确的是(　　)。
A. 自来水管设计流量按最高日最高时需水量计算
B. 城市给水规模就是指城市给水工程统一供水的城市最高日最高时用水量
C. 资源型缺水是指供水工程的供水能力有限，不能满足城市的供水需求
D. 配水管网的作用就是将输水管线送来的水，配送给城市用户
27. 下列关于城市排水工程规划内容的表述，哪项是错误的？(　　)
A. 重要地区雨水管道设计宜采用0.5年一遇重现期标准
B. 建筑物屋面的径流系数高于绿地的径流系数
C. 降雨量稀少的新建城市可采用不完全分流制的排水体系
D. 截流制和分流制在水环境保护方面各有利弊
28. 下列哪项负荷预测方法适合应用在城市电力工程规划的详细规划阶段？(　　)
A. 人均综合用电量指标法　　B. 单位建设用地负荷指针法
C. 单位建筑面积负荷指针法　　D. 电力弹性系数法
29. 下面各项关于燃气工程规划描述错误的是(　　)。
A. 大城市采用一级管网系统
B. 气源选择考虑各种燃气间的互换性
C. 调压站尽量靠近负荷中心，并应保证必要的防护距离
D. 燃气储配站远离居民稠密区、大型公共建筑
30. 下面关于城市环境卫生设施规划的描述正确的是(　　)。

A. 垃圾填埋场不与污水处理厂靠近，避免污染
B. 固体废物经过堆肥，体积可以减少至原有体积的 30%～50%
C. 生活垃圾填埋场距大、中城市 1km
D. 建筑垃圾宜与工业固体废物混合堆放

31. 下面关于通信工程规划，哪项是错误的？(　　)

A. 邮政通信枢纽选址应在客运火车站一侧，靠近火车站台
B. 电话管道路由应尽可能短直，避免急转弯
C. 电信线路与电力线路可以合杆架设
D. 微波路由走向应成折线形，各站路径夹角宜为钝角，以防同频越路干扰

32. 以下用地不能作为紧急避难场所的是(　　)。

A. 高架桥下　　B. 小区绿地
C. 操场　　D. 公园

33. 竖向设计时可根据(　　)确定交叉点高程。

A. 给水管线　　B. 排水管线
C. 燃气水管线　　D. 热力管线

34. 下面关于城市竖向工程规划的论述错误的是(　　)。

A. 用地自然坡度小于 3.0%的用地，应该规划为平坡式
B. 用地自然坡度大于 5.0%的用地，应该规划为台阶式
C. 用地自然坡度为 5.0%的用地，应该规划为混合式
D. 用地自然坡度为 0.3%的用地，应该规划为平坡式

35. 下列各项属于城市防灾工程规划中防洪排涝规划总体规划阶段内容深度的是(　　)。

A. 确定城市防洪标准
B. 确定规划范围内的截洪沟纵坡
C. 确定规划范围内的截洪沟横断面
D. 确定规划范围内的排涝泵站位置和用地

36. 下列不属于消防安全布局内容的是(　　)。

A. 消防责任分区　　B. 化学储存设施布局
C. 避难场所布局　　D. 建筑物耐火等级的确定

37. 在防洪排涝规划中，当城市分为几个独立的防护分区时，确定防洪分区的防洪标准是根据(　　)进行分区的。

A. 各防护分区的重要程度和人口规模　　B. 各防护分区的用地规模和性质
C. 各防护分区的重要程度和用地规模　　D. 各防护分区的区位和用地性质

38. 下列各项关于防洪安全布局内容错误的是(　　)。

A. 城市建设用地避开高风险区
B. 重要功能区布置在风险相对较小的地段
C. 预留行洪通道
D. 按高标准建设防洪排涝工程措施

39. 下列各项属于城市黄线的是(　　)。

A. 截洪沟　　B. 行洪通道

C. 蓄滞洪区　　D. 堤防

40. 在城市布局规划中，预防地震较好的用地是(　　)。

A. 故河道　　B. 砂土液化区

C. 风化层较薄的基岩　　D. 回填土较厚的土

41. 在城市抗震防灾的设防中，对于重大建设工程和可能发生严重次生灾害的建设工程，要根据(　　)来确定抗震设防标准。

A. 地震安全性评价结果　　B. 基本烈度

C. 抗震设防烈度　　D. 历年检测的地震震级

42. 超文本标注语言的缩写是(　　)。

A. HTTP　　B. HTML

C. WWW　　D. DSS

43. 在城市土地利用规划中，空间数据是通过(　　)来表示城市土地利用情况的。

A. 离散点　　B. 三角形

C. 多边形　　D. 规则网格

44. 大气窗口是指经过选择的(　　)。

A. 电磁波　　B. 分辨率

C. 光谱范围　　D. 波长范围

45. 运用装有 GPS 系统的出租车调查城市交通状况，会存在以下(　　)问题。

A. 定位不准确　　B. 时间误差

C. 样本不全　　D. 信息存储不够

46. 需要对大量数据进行推测分析，模拟污染防治效果，减少城市污染的系统属于(　　)。

A. 事务处理系统　　B. 管理信息系统

C. 决策支持系统　　D. 专家系统

47. 地理信息系统 GIS 与 CAD 相比，有哪些优点？(　　)

A. 图形、属性一体　　B. 图形功能特别是三维图形功能强

C. 空间查询、空间分析弱　　D. 拓扑关系较为简单

48. 以下各要素中不属于出图的必备要素的是(　　)。

A. 图例　　B. 方向

C. 比例尺　　D. 统计图表

49. 为提高城市道路车辆分析精度，可以用(　　)的资料进行分析。

A. Landsat TM 影像数据　　B. NOAA 气象卫星数据

C. 中巴地球资源卫星数据　　D. 高分辨率航拍片数据

50. 公共经济关系是指(　　)之间的经济关系。

A. 政府和市民　　B. 政府与社会

C. 企业和市民　　D. 政府和企业

51. 城市均衡规模大于最佳规模的原因是城市中存在大量的(　　)。

A. 外部效应　　B. 内部效应

C. 分散力　　D. 集聚力

52. 经济增长率与以下各项哪个成正比例关系？(　　)

A. 资本增长率　　B. 资本密度

C. 资本产出比　　D. 资本丰裕度

53. 在地价曲线中，中心区地价与郊区地价会发生逆向变化的原因是因为(　　)。

A. 人口增长　　B. 资本投入增加

C. 资本产出的增长　　D. 收入增长

54. 下面各项关于公共财政的目的论述错误的是(　　)。

A. 减少外部效应　　B. 保护长远整体利益

C. 安排基础设施　　D. 经济稳定与增长

55. 企业向某一特定地区集中而产生更多的经济利益，就出现了(　　)现象。

A. 区位经济效益　　B. 城市化经济

C. 规模效益　　D. 聚集经济效益

56. 在土地一级市场交易的是(　　)。

A. 土地使用权　　B. 土地所有权

C. 土地处置权　　D. 土地收益权

57. 在大城市的交通高峰时段，提高地铁票价减少出行的作用却并不明显，原因是(　　)。

A. 加大供给量　　B. 缩小供给量

C. 需求弹性小　　D. 需求弹性大

58. 收取交通拥堵税的原理就是要让驾车者承担(　　)。

A. 边际成本　　B. 平均成本

C. 时间成本　　D. 货币成本

59. 出行效用最大化可以通过货币和时间的相互替代来实现。可以通过以下(　　)方式使出行者实现效用最大化(　　)。

A. 扩大公共交通供给规模　　B. 提供多种交通方式

C. 收费　　D. 汽油税

60. 避免社会福利“无谓损失”的措施是收取(　　)。

A. 消费税　　B. 增值税

C. 土地税　　D. 房产税

61. “用脚投票”会提高资源利用效率最大化的原因是(　　)。

A. 消费者偏好差异大　　B. 公共品规模经济

C. 政府征收累进税　　D. 公共服务溢出效应大

62. 下列关于中国城镇化特点错误的是(　　)。

A. 城镇化滞后于工业化　　B. 自下而上的乡村城市化开始显现

C. 城市化进程的波动性较大　　D. 城镇化水平省际差异小

63. 下列各项不属于外延型城镇化特征的是(　　)。

A. 人口迁移　　B. 摊大饼式

C. 郊区结合部　　D. 逆城市化发展

64. 关于克里斯泰勒中心地理论的论述，哪项是错误的？(　　)

A. 中心地的等级由中心地所提供的商品和服务的级别所决定

B. 中心地的等级决定了中心地的数量、分布和服务范围
C. 中心地的数量和分布与中心地的等级高低成正比，中心地的服务范围与等级高低成反比
D. 中心地的等级性表现在每个高级中心地都附属几个中级中心地和更多的低级中心地，形成中心地体系

65. 城市首位度是指(　　)。

A. 最大城市与第二城市人口的比值　　B. 最大城市与第二城市用地的比值
C. 最大城市与第二城市规模的比值　　D. 最大城市与最小城市人口的比值

66. 关于城镇体系特征的描述，哪项是错误的？(　　)

A. 整体性　　B. 把城市作为一个区域系统来研究
C. 等级性　　D. 层次性

67. 根据《城镇老年人设施规划规范》(GB 50437—2007)，下列各项符合规定的是(　　)。

A. 老年人设施场地范围内的绿地率：新建不应低于35%，扩建和改建不应低于30%
B. 老年人设施场地坡度不应大于3.0%
C. 老年人设施场地内步行道宽度不小于1.2m
D. 老年人活动场地应有1/3的活动面积在标准的建筑日照阴影线以外，并应设置一定数量的适合老年人活动的设施

68. 下列关于城市边缘区的描述正确的是(　　)。

A. 城市边缘区是指城乡结合部地区
B. 城市边缘区是指建成区与郊区交错的地区
C. 城市边缘区是指城市郊区
D. 城市边缘区是指城市外围25km之内地卫星城镇地区

69. 西方学者希勒里发现普遍认同社区构成有三要素，但不包括以下(　　)项。

A. 地区　　B. 共同纽带
C. 社会责任感　　D. 社会互动

70. 下列关于城市人口的性别结构表述，以下选项错误的是哪项？(　　)

A. 性别比大于100，表示男性多于女性人口
B. 性别比大于100，表示女性人口多于男性
C. 性别比=(男性人口/女性人口)×100%
D. 人口的性别结构是城市内未婚男性和女性人口的组成状况

71. 社区自治的主体是(　　)。

A. 居民　　B. 居委会
C. 业主委员会　　D. 物业管理委员会

72. 关于城市公众参与城市规划的作用，错误的是(　　)。

A. 公众参与可以保障城市空间实现利益的最大化
B. 公众参与将导致城市规划的社会化
C. 公众参与能够有效体现城市规划的民主化和法制化
D. 公众参与是城乡规划法规定的法定内容

73. 根据伯吉斯同心圆模型，下列哪项是错误的？(　　)

A. 城市核心区是商务区

B. 过渡地带有黑社会寄宿者
C. 独立的工人居住地带精神疾病比例高
D. 城市外围是通勤地带

74. 我国关于流动人口的特征，错误的是(　　)。

A. 人口迁移会导致出生地性别比上升和迁入地性别比下降
B. 人口流动主要是由农村流向城市，由经济欠发达地区流向经济发达地区，由中西部地区流向东部沿海地区
C. 各个行业男性比女性接近
D. 男性和女性在不同行业中有不同表现

75. 测度人口老龄化的程度指标不包括以下的(　　)。

A. 年龄中位数　　B. 老少比
C. 老年健康水平　　D. 少儿人口比例

76. 下列关于社会学中问卷调查方法错误的是(　　)。

A. 有些问题可以采用填空式方法进行开放式调查
B. 问卷可以随时调整
C. 问卷调查问题可以是主观的或客观的
D. 一般采用当面发放调查问卷的方式

77. 下列关于城市社会学与城市规划的关系描述，哪项是错误的？(　　)

A. 城市社会学与城市规划都关注城镇化问题
B. 城市社会学与城市规划都关注城市人口结构
C. 社会学比城市规划更关心城市空间
D. 城市社会学与城市规划都关注社会阶层分化问题

78. 下面关于生态因子功能的论述，错误的是(　　)。

A. 基本功能是由生物群落来实现
B. 各个生态因子不仅本身起作用，而且相互发生作用，既受周围其他因子的影响，反过来又影响其他因子
C. 生态因子分为生物因子和非生物因子
D. 生物环境由生产者和消费者两部分组成

79. 下列关于生态系统特征的论述正确的是(　　)。

A. 能量流动是双向的
B. 各级消费者之间能量的利用率很高
C. 生态系统的功能有：生产生物、转化能量、循环物质、稳定环境和传递信息
D. 生物生产包括高级生产、初级生产和次级生产三个过程

80. 下面关于城市生态系统功能和特征的叙述，错误的是(　　)。

A. 能量沿着消费者、生产者、分解者这三大功能类群顺序流动
B. 城市生态系统缺乏分解者，生产者不仅数量少
C. 城市生态系统不是一个“自给自足”的系统
D. 城市生态系统所需物质对外界有依赖性

二、多项选择题（共 20 题，每题 1 分。每题的备选项中，有二至四个选项符合题意。少选、错选都不得分）

81. 下面关于工业建筑及总平面设计中的场地要求，错误的是(　　)。

A. 场地要与竖向设计、管线、绿化、环境布置协调

B. 物料加工流程，运距要短捷，尽量设置专用线

C. 主要货运线路与主要人流线路应一线多用

D. 力求缩减道路敷设面积

E. 有危险品的工厂不能使危险品通过安全生产区

82. 城市用地评价的内容包括以下(　　)项。

A. 自然条件评价

B. 社会条件评价

C. 建设条件评价

D. 用地经济性评价

E. 城市性质评价

83. 关于建筑色彩，正确的是(　　)。

A. 彩度越高越给人轻盈的感觉

B. 诱目性与明度有关

C. 照度越高，彩度越大

D. 明度高、彩度高给人坚硬感

E. 明度高的色彩给人轻盈的感觉

84. 以下关于内框架承重体系特点的论述，正确的是(　　)。

A. 施工简单

B. 外墙和柱都是承重构件

C. 刚度较弱

D. 结构容易产生不均匀沉降

E. 可以有较大的内部空间

85. 以下哪些建筑保温材料是不易燃材料？(　　)

A. 岩棉

B. 保温砂浆

C. 聚苯板

D. 玻璃棉

E. 高分子合成材料

86. 以下有关道路交通标志的描述，哪些是正确的？(　　)

A. 警告标志：警告车辆和行人注意危险地点的标志

B. 指示标志：指示车辆进出的标志

C. 禁令标志：禁止或限制车辆、行人交通行为的标志

D. 旅游区标志：提供旅游景点方向、距离的标志

E. 指路标志：传递道路方向、地点、距离的标志

87. 下列关于城市公共交通规划的表述，正确的是(　　)

A. 城市公共交通系统大型是要根据出行特征分析确定

B. 城市公共线路规划应首先考虑满足通勤出行的需要

C. 城市公共交通线路的走向应与主要客流流向一致

D. 城市公共交通线网规划应尽可能增加换乘次数

E. 城市公共汽车线网规划应考虑与城市轨道交通线网之间的便捷联系

88. 下列缓解城市中心区停车难问题的措施，哪些是正确的？(　　)

A. 提高收费标准，区域差异化收费

B. 与公交系统结合布置停车场
C. 鼓励利用步行路建设停车场
D. 建设停车诱导信息系统
E. 换乘一体化

89. 属于货物流通中心规划设计主要内容的是(　　)。

A. 选址和功能定位
B. 物流中心管理信息系统
C. 平面设计与空间组织
D. 内部交通组织
E. 与周边市政设施协调

90. 下列轨道交通线网基本形态不正确的是(　　)

A. 棋盘式
B. 单点放射式
C. 多点放射式
D. 无环放射式
E. 有环放射式

91. 城市总体规划的强制性内容包括以下(　　)。

A. 城市规划区范围
B. 市域内应当控制开发的地域
C. 城市地下空间开发布局
D. 总体城市设计
E. 城市历史文化遗产保护

92. 城市能源规划的主要内容主要包括(　　)。

A. 预测城市能源需求
B. 提出节能技术措施
C. 协调城市供电、燃气、供热规划
D. 合理确定变电站数量
E. 确定燃气设施规划

93. 关于城市变电所的选址要求的表述，哪些是正确的？(　　)

A. 城市变电所的选址要靠近负荷中心
B. 电力变电站不可与其他建筑混建
C. 市中心变电站应采用户外式
D. 市区内规划新建的变电所，宜采用户内式或半户外式结构
E. 符合城市总体规划用地布局要求

94. 在选择城市用地竖向工程规划设计的方法时，不用考虑以下(　　)因素。

A. 地下水方向
B. 地形坡度
C. 地震带分布
D. 工程管线走向
E. 自然植被

95. (　　)不是地形和洪水位变化较大的山地城市常用的防洪工程措施。

A. 挡洪
B. 下游分洪
C. 蓄滞洪
D. 上游分蓄洪
E. 水库

96. 有关地震烈度的表述，下列各项正确的是(　　)。

A. 地震时某一地区的地面和各类建筑物遭受到一次地震影响的强弱程度
B. 地震烈度与土壤条件无关
C. 地震烈度与地理区位因素有关
D. 地震烈度越高，破坏力越大

E. 地震烈度在空间上呈现明显差异

97. 关于城市垃圾综合整治的表述，正确的是(　　)。

A. 运输垃圾的车辆车厢必须密闭　　B. 垃圾堆填场规划选址应避开污水处理厂

C. 各种垃圾可以与焚烧一起　　D. 垃圾焚烧不产生二次污染

E. 分类收集的垃圾应首先选择综合利用方法

98. 有关大气臭氧层的表述，正确的是(　　)。

A. 臭氧层阻挡了太阳红外辐射中对生物有害的射线

B. 臭氧层破坏紫外线增加，对自然生态系统的物种生存与繁衍造成危害

C. 生活中过多使用含氟氯碳化合物的物品导致臭氧层的破坏

D. 臭氧层破坏将导致地球变冷的加剧

E. 阳光紫外线的增加可以引发和加剧眼部疾病、皮肤癌和传染性疾病

99. 信息时代城市特征的表述，正确的是(　　)

A. 城市中心与边缘的集聚效应差别加大

B. 城乡边界变得模糊

C. 多中心特征更加明显

D. 位于郊区的居住区功能变得更加纯粹

E. 大城市的圈层结构更加明显

100. 实施生态工程的目的包括(　　)。

A. 恢复已经被人类活动严重干扰的生态系统

B. 促进经济效益、生态效益的大力发展

C. 通过利用生态系统具有的自我维护的功能建立具有人类和生态价值的持久性生态系统

D. 体现人类对城市环境的关怀而做出的精明选择

E. 通过维护生态系统的生命支持功能保护生态系统

模拟试题一答案

一、单项选择题

1. B	2. A	3. C	4. D	5. C	6. D	7. C	8. B
9. D	10. C	11. C	12. D	13. A	14. C	15. C	16. B
17. D	18. C	19. C	20. C	21. C	22. B	23. C	24. C
25. C	26. A	27. A	28. B	29. A	30. A	31. C	32. A
33. B	34. B	35. A	36. A	37. C	38. D	39. A	40. C
41. A	42. B	43. C	44. D	45. C	46. C	47. A	48. D
49. D	50. B	51. A	52. A	53. D	54. A	55. D	56. A
57. C	58. A	59. B	60. C	61. A	62. D	63. A	64. C
65. A	66. B	67. B	68. A	69. C	70. B	71. A	72. D
73. C	74. A	75. C	76. B	77. C	78. D	79. C	80. A

二、多项选择题

81. B、C　　82. A、C、D　　83. A、B、E　　84. B、C、D、E

85. A、B、C、D	86. A、C、D、E	87. A、D、E	88. A、B、D、E
89. A、C、D	90. B、C	91. A、B、C、E	92. A、C、D
93. A、D、E	94. A、C、E	95. B、D	96. A、D、E
97. A、C、E	98. B、C、E	99. A、C	100. A、C、E

模 拟 试 题 二

一、单项选择题（共80题，每题1分。各题的备选项中，只有一个符合题意）

1. 下列关于我国古代建筑构件的表述，哪项是错误的？(　　)

A. 斗栱由方形的斗、升和矩形的拱组成

B. 斗栱可以作为屋顶梁间与柱子间的过渡构件

C. 斗栱可以传递屋面荷载，并有一定的装饰作用

D. 明清时期斗栱的结构作用在减弱，装饰作用增强

2. 下列关于我国古建筑宫殿的说法，哪项是错误的？(　　)

A. 汉代宫殿开始设置“东西堂制”

B. 隋、唐宫殿出现了“三朝五门”

C. 宋代宫殿发展了御街千步廊制度

D. 清代宫殿装饰特点是雄伟和宏大

3. 我国古典园林发展的转折期出现在(　　)时期。

A. 秦、汉　　B. 魏、晋、南北朝

C. 隋、唐　　D. 明、清

4. 下列关于古代埃及建筑演变的表述，哪项是错误的？(　　)

A. 金字塔陵墓由圆锥转化为方锥体

B. 古王国时代的代表性建筑是陵墓

C. 中王国时期祭祀厅堂成为陵墓建筑的主体

D. 新王国时期代表性建筑是太阳神庙

5. 下列关于西方古典主义建筑表述，哪项是错误的？(　　)

A. 排斥民族传统与地方特色　　B. 强调轴线对称

C. 讲究多中心构图　　D. 内部空间常有巴洛克特征

6. 下列关于建筑中交通空间的表述，哪项是正确的？(　　)

A. 交通空间不能兼有其他功能

B. 走道的宽度与走道两侧门窗的开启方向无关

C. 走道的宽度与走道两侧门窗的位置有关

D. 走道宽度与建筑的耐火等级无关

7. 下列哪类建筑人流疏散一般兼有集中疏散和连续疏散两种类型？(　　)

A. 医院　　B. 教学楼、展览馆

C. 剧院、体育馆　　D. 工厂、旅馆

8. 当前我国建筑抗震设防基准期为(　　)。

A. 30年　　B. 50年

C. 70 年　　D. 90 年

9. 下列关于工业建筑的功能单元组织的主要依据，哪项是错误的？(　　)

A. 功能单元前后工艺流程要求　　B. 物料与人员流动特点

C. 功能单元相连最小能耗的原则　　D. 建筑形式的艺术要求

10. 供残疾人轮椅通过的门，净宽最小尺寸不应小于(　　)。

A. 0.6m　　B. 0.8m

C. 1.0m　　D. 1.2m

11. 下列关于砖混结构横向承重体系特点的描述，哪项是正确的？(　　)

A. 横墙起隔断、围护和将纵墙连成整体

B. 横墙的设置间距可以比较大

C. 不利于调整地基的不均匀沉降

D. 房屋的空间刚度比纵向承重体系好

12. 下列关于色彩特性的表述，哪项是错误的？(　　)

A. 色彩有色相、彩度及明度三个属性　　B. 色彩的明暗程度称为明度

C. 色彩的饱和度成为彩度　　D. 彩度对色彩的距离感影响最大

13. 下列哪项不属于建筑工程项目建议书的内容？(　　)

A. 拟建规模和建设地点初步设想论证　　B. 建设项目提出的依据和缘由

C. 项目的工程预算　　D. 项目施工进程安排

14. 下列哪项不属于城市总体规划阶段道路规划设计的基本内容？(　　)

A. 道路横断面组织设计　　B. 交通管理设施设计

C. 道路交叉口选型　　D. 线形设计

15. 在进行城市道路桥涵设计时，桥下通行公共汽车的高度限界是(　　)。

A. 2.5m　　B. 3.0m

C. 3.5m　　D. 4.0m

16. 根据实际经验，停车视距一般是会车视距的(　　)倍。

A. 0.5　　B. 1.0

C. 2.0　　D. 3.0

17. 下列关于城市主干道机动车车道宽度的选择哪项是错误的？(　　)

A. 大型车道道宽度选用 3.75m　　B. 混合行驶车道道宽度选用 3.75m

C. 公交车道道宽度选用 3.5m　　D. 小型车道道宽度选用 3.5m

18. 如果一条自行车道的路段通行能力为 1000 辆/h，那么当自行车道的设计宽度为 4.5m 时，其总的设计通行能力为(　　)。

A. 3500 辆/h　　B. 4000 辆/h

C. 4500 辆/h　　D. 5000 辆/h

19. 城市道路人行道的组成部分不包括下列哪项？(　　)。

A. 绿化种植空间　　B. 成色管线敷设空间

C. 路边停车带　　D. 拓宽车行道的备用地

20. 下列哪项不属于城市主干路横断面设计需要考虑的内容？(　　)

A. 满足机动车交通量发展的需求

B. 满足公共汽车港湾式停车站设置的需要
C. 满足交叉口拓宽的需要
D. 满足路边停车的需要

21. 下列关于交叉口交通组织方式的表述，哪项是错误的？(　　)

A. 在交通量很大的交叉口，可以采用渠化交通加信号灯控制的方式
B. 一般平面交叉口可由交警指挥
C. 交通量很小的主要道路交叉口可采用无交通管制方式
D. 交通量较大的快速路交叉口应设置立体交叉

22. 按照规范，当人行横道达到(　　)m 时，就应在道路中央设置安全岛。

A. 20　　B. 25
C. 30　　D. 35

23. 当主干路交叉口高峰小时交通流量超过(　　)时，应设置立体交叉。

A. 4000pcu/h　　B. 5000pcu/h
C. 6000pcu/h　　D. 7000pcu/h

24. 一般情况下，当主干路与支路相交时，可以采取下列哪种交通控制方式？(　　)

A. 多路停车　　B. 二路停车
C. 让路标志　　D. 不设管制

25. 按照规范，中运量的城市轨道交通系统的单项运输能力为(　　)。

A. 5 万～7 万人次/h　　B. 3 万～5 万人次/h
C. 1 万～3 万人次/h　　D. 小于 1 万人次/h

26. 下列关于城市供水工程规划内容的表述，哪项是正确的？(　　)

A. 水资源供需平衡分析，一般采用最高日需水量
B. 城市供水设施规模应按照平均日用水量确定
C. 城市配水管网的设计流量应按城市最高日最高时用水量计算
D. 在地表水源一级保护区内可以安排产量小产值高的高新技术产业

27. 下列关于城市排水系统规划内容的表述，哪项是正确的？(　　)

A. 城市不同区域的雨水系统宜采用统一的设计重现期
B. 建筑物屋面、混凝土路面的径流系数低于绿地的径流系数
C. 降雨量稀少、地面渗水性强的新建城市可以考虑不建设雨水系统
D. 分流制的环境保护效果优于截流式合流制

28. 下列哪项不属于城市总体规划阶段供电工程规划的内容？(　　)

A. 预测城市供电负荷　　B. 选择城市供电电源
C. 确定城市变电站容量和数量　　D. 确定开闭所容量和数量

29. 下列关于城市燃气规划的表述，哪项是正确的？(　　)

A. 液化石油气储备站应选择在城市平房区附近
B. 特大城市燃气管网应采取一级管网系统
C. 城市气源应尽可能选择单一气源，减少工程投资
D. 燃气调压站应尽量布置在负荷中心

30. 下列关于城市供热规划的表述，哪项是错误的？(　　)

A. 集中供热系统的热源包括热电厂、专用锅炉房、低温核能供热站等
B. 热电厂热效率高与集中锅炉房和分散小锅炉
C. 依据城市不同热源的供热范围，可以将城市划为多个供热分区
D. 热电厂应尽量靠近热负荷中心

31. 单回 500kV 高压电力架空线的高压走廊宽度控制指标为(　　)。

A. 30～45m　　B. 45～60m
C. 60～75m　　D. 75～90m

32. 下列关于城市环卫设施规划的表述，哪项是错误的？(　　)

A. 中心城市污水处理厂可以与垃圾焚烧厂邻近布局
B. 大中城市环卫设施总体规划中应包括公厕布局规划
C. 大中城市生活垃圾填埋场应布局在建成区 5km 以内
D. 建筑垃圾应与生活垃圾分类收集、分类处理

33. 下列关于城市地下工程管线避让原则的表述，哪项是错误的？(　　)

A. 新建的管线让现有的管线
B. 重力自流管让压力管
C. 临时性的管线让永久性的管线
D. 易弯曲的管线让不易弯曲的管线

34. 下列哪项属于城市总体规划阶段用地竖向规划的内容？(　　)

A. 确定挡土墙、护坡等室外防护工程类型
B. 确定防洪（潮、浪）堤顶及堤内地面最低控制标高
C. 确定街坊的规划防护标高
D. 确定建筑室外地坪规划控制标高

35. 在城乡规划体系中，下列哪项防灾规划应该进行灾害风险评估？(　　)

A. 城市总体规划中的防灾规划　　B. 城市分区规划中的防灾规划
C. 城市详细规划中的防灾规划　　D. 城市防灾专项规划

36. 在城市消防规划中，哪项不属于消防安全布局的内容？(　　)

A. 消防站布局　　B. 危险化学品储存设施布局
C. 避难场地布局　　D. 建筑物耐火等级

37. 下列哪些地区应该设置特勤消防站？(　　)

A. 国家风景名胜区　　B. 国家级历史文化名镇
C. 经济发达的县级市　　D. 重要的工矿区

38. 重现期为 100 年一遇的洪水，是指这个量级的洪水在 100 年内(　　)。

A. 至少出现一次　　B. 必然出现一次
C. 可能发生一次　　D. 最多发生一次

39. 从抗震防灾的角度考虑，城市建设必须避开下列哪类用地？(　　)

A. 地震时可能受崩塌威胁的用地
B. 软弱地基用地
C. 地震时可能发生砂土液化的用地
D. 位于故河道上的用地

40. 下列哪个字符串是一个域名？(　　)

A. pku. edu. cn　　B. abcdefgmail. com

C. 162. 105. 19. 1　　D. national top-level domainnames

41. 进行土地适宜性分析的时候，采用以下哪个方法？(　　)

A. 叠加复合分析　　B. 几何量算分析

C. 缓冲区分析　　D. 网络分析

42. 下列哪项属于 CAD 软件的主要功能？(　　)

A. 几何纠正　　B. 可视化表现与景观仿真

C. 叠加复合分析　　D. DEM 分析

43. 下列哪种传感器提供了高光谱分辨率影像？(　　)

A. LANDSTAR 卫星的准用制图仪 TM

B. Terra 卫星的中分辨率成像光谱仪 MODIS

C. QUICKBIRD 卫星上的多光谱传感器

D. NOAA 气象卫星的传感器

44. 下列关于数据采集的表述，哪项是错误的？(　　)

A. 遥感数据总是具有精度问题

B. GPS 适合于野外移动物体的测量

C. 摄影测量和遥感在原理上是一样的

D. GIS 应用项目所需信息必须从头收集

45. 可以清晰看到地面建筑物的屋顶形式、道路上行驶汽车的数量的遥感影像最有可能是哪种影像？(　　)

A. 雷达影像　　B. TM 影像

C. LIDAR 影像　　D. 高分辨率卫星影像

46. 不同地区规划工作者通过适合的软件共同完成某项设计属于(　　)。

A. 协同工作　　B. 设备资源共享

C. 工作共享　　D. 功能共享

47. 下列哪些工作可以借助三维 GIS 实现？(　　)

A. 地下管网系统　　B. 交通管理系统

C. 土地资源普查　　D. 城市拆迁管理系统

48. 下列哪一项不是城市经济学关注的重点问题？(　　)

A. 城市更新　　B. 经济活动的空间分布与结构

C. 大城市中的“城市病”　　D. 社会公平和社会收入分配

49. 下列哪个事件可以产生外部效应？(　　)

A. 工人要求提高工资　　B. 矿难造成矿山停产

C. 交通事故引发的交通拥堵　　D. 生产过剩造成价格下降

50. 根据城市经济学原理，城市最佳规模是指(　　)。

A. 平均成本等于平均收益的规模　　B. 边际成本等于边际收益的规模

C. 平均成本等于边际收益的规模　　D. 边际成本等于平均收益的规模

51. 土地作为一种生产要素具有下列哪种属性？(　　)

A. 可再生性、可流动性

B. 可再生性、不可流动性

C. 不可再生性、可流动性

D. 不可再生性、不可流动性

52. 下列哪个行业的空间聚集度最高？(　　)

A. 生产者服务业

B. 消费者服务业

C. 行政管理业

D. 制造业

53. 按照城市经济学原理，居民对住房的竞标租金与下列哪个因素无关？(　　)

A. 收入

B. 利率

C. 消费偏好

D. 交通成本

54. 下列哪项替代关系不是人口密度从城市中心向外递减的决定因素？(　　)

A. 地租与交通成本的替代

B. 资本与土地的替代

C. 住房与其他消费品的替代

D. 收入与住房面积的替代

55. 中国城市土地市场是建立在下列哪项权利的基础上的？(　　)

A. 土地所有权

B. 土地使用权

C. 土地经营权

D. 土地租赁权

56. 下列哪项是解决城市交通空间不均衡的措施？(　　)

A. 提高大城市中心区停车费

B. 提高地铁高峰时段票价

C. 提高汽油价

D. 实行公交优先

57. 从城市经济学的角度来看，为缓解城市道路交通过度拥挤，应着重提高驾驶者的(　　)。

A. 边际成本

B. 平均成本

C. 时间成本

D. 货币成本

58. 下列哪种方法是可以同时达到公平与效率两个目标的方法？(　　)

A. 土地税

B. 房产税

C. 消费税

D. 营业税

59. 根据经济学中的以竞争性和排他性标准对物品的划分，不拥挤的城市道路属于(　　)。

A. 私人物品

B. 公共品

C. 自然消耗物品

D. 共有资源

60. 某城市 2009 年的区域总人口为 1000 万，其中城镇人口为 490 万；2010 年末区域总人口为 1100 万，其中城镇总人口为 550 万。下列关于该地区城镇化率变化的表述，哪项是正确的？(　　)

A. 增加一个百分点

B. 增加 1%

C. 增加 6%

D. 增加 2.04 个百分点

61. 下列关于世界城镇化的表述，错误的是哪项？(　　)

A. 工业化带动城镇化是现代城市发展中的一个重要特点

B. 从 19 世纪城镇化过程在西方国家大范围展开

C. 随着世界城镇化世界城市体系逐步形成

D. 当前“世界城市”的人口集聚主要依赖工业发展

62. 下列哪种方法，不能应用于大城市周边的小城镇的规模预测？(　　)

A. 区域人口分析方法　　　　　　　　　　B. 回归模型
C. 类比法　　　　　　　　　　　　　　　D. 区位法

63. 下列关于城市地域的表述，错误的是哪项？(　　)

A. 城镇实体地域又称“经济环境”，指自然条件和自然资源经人类利用改造后形成的生产力的地域综合体
B. 城市行政地域是指按照行政区划，城市行使行政管理的区域范围
C. 城市职能地域范围是与核心区具有密切经济社会联系的周边地区
D. 城市地域广义上指从事非农业活动的地域，狭义上则指城市化的地域，也就是市街地化的地域

64. 下列关于都市区和城市密集地区的表述，错误的说法是哪项？(　　)

A. 都市区是建成区和建成区外围组成
B. 确定大都市区地域标准的核心是以非农业活动占绝对优势的中心县和外围县之间劳动力联系的规模和联系的密切程度
C. 中国城镇密集区的发展面临的问题和矛盾是区内各城镇横向联系弱，竖向联系强，自成体系，自我封闭发展，城市间的积极而恶性的竞争得到膨胀，城市之间在产业选择、基础设施建设等方面缺乏合作与协调
D. 我国城市密集区的形成发展大体适应了区域工业化和城市化的进程，发展水平各不相同，具有阶段性差异

65. 下列关于城市经济活动的 *B*/*N* 说法错误的是(　　)。

A. *B*/*N* 说法，*B* 指基本经济，*N* 指非基本经济
B. 如果城市的经济生活中基本活动部分的内容和规模日渐发展，这个城市就势不可挡的要发展
C. 城市人口规模增大，*B*/*N* 增大
D. 城市规模大了，*B*/*N* 变小

66. 下列关于城市性质确定的方法的表述，错误的的是哪项？(　　)

A. 把城市放在一个大区域背景中进行分析
B. 定性为主，定性与定量相结合
C. 不照搬现状，也不能脱离现状
D. 城市职能就是城市承载力

67. 下列哪项工作是不能用中心地理论解释的？(　　)

A. 北京城商业网点的发展变化
B. 城市历史保护
C. 荷兰在圩（wei）田上设置居民点
D. 区域规划和城市建设

68. 城市社会学的调查与研究方法很重要，其中，在设计调查问卷时需要考虑哪个因素？(　　)

A. 调查者的年龄　　　　　　　　　　　　B. 填写问卷的时间
C. 调查地点　　　　　　　　　　　　　　D. 调查的时间

69. 下列关于人口老龄化的表述，哪项不是人口老龄化的指标？(　　)

A. 人口总数
B. 少年儿童比重
C. 年龄中位数
D. 高龄人口比重

70. 下列关于城市人口的表述，以下选项错误的哪项？（　　）

A. 性别比大于 100，表示男性多于女性人口
B. 性别比大于 100，表示女性人口多于男性
C. 性别比＝（男性人口/女性人口）×100％
D. 人口的性别结构是城市内男性和女性人口的组成状况，一般用性别比表示

71. 下列哪项不是城市社会分异的产生的影响因素？（　　）

A. 贫困差距
B. 分割的劳动力市场
C. 个人的兴趣爱好
D. 职业分化

72. 下列关于城市社会空间结构模式的多核心模型表述正确的是（　　）。

A. 强调了交通干线对城市地域结构的影响
B. 描述的是城市全境
C. 与现实更为接近
D. 注重城市化原因

73. 下列关于中国城市社会空间结构的表述，错误的是哪项？（　　）

A. 计划经济时期的中国城市中心区是全市人口密度最大的地段
B. 市场经济时期的中国城市最中心是中心商业区或中央商务区
C. 市场经济时期的中国城市社会空间结构模式差异性大于相似性
D. 计划经济时期的中国城市社会空间结构模式差异性大于相似性

74. 下列哪项不是社区的构成要素？（　　）

A. 社区网络
B. 地区
C. 共同纽带
D. 社会互动

75. 下列关于群落的说法表述，错误的是哪一项？（　　）

A. 群落的物种多样化
B. 由植物、动物两部分组成
C. 物种的相对数量是多样的
D. 群落内的各种生物不是孤立的

76. 下列哪项不是生态系统服务的内容？（　　）

A. 太阳能发电
B. 调节气候
C. 社会联系
D. 保持土壤

77. 下列关于城市环境容量概念的表述，哪个是正确的？（　　）

A. 城市环境虽然具有自洁作用，但是城市环境容量存在着一个相对量
B. 城市环境容量是在一定的历史阶段，在一定的社会经济、文化水平下的特定的相对量
C. 在城市特定区域内，环境所能容纳污染物的最大负荷，即城市对污染物的净化能力，或为保持某种生态环境标准所允许的污染物排放总量
D. 城市的各项物质要素的现有构成状况是城市环境容量中最基本的因素

78. 下列关于区域生态安全格局出发点的表述，哪项是错误的？（　　）

A. 如何在各种尺度上优化防护林体系和绿道系统

B. 如何追求经济利益最大化
C. 如何在城市发展中形成一种有效的战略性的城市灾害控制格局
D. 如何在土地紧张的情况下有效协调土地之间的关系

79. 下列关于生态工程的原则表述，错的是哪一项？(　　)

A. 建立一种开放式的系统
B. 必须因地制宜，根据不同地区的实践情况来确定本地区的生态工程模式
C. 在生态工程的建设发展中，必须实行劳动、资金、能源、技术密集相交叉的集约经营模式
D. 必须因地制宜，根据不同地区的实践情况来确定本地区的生态工程模式

80. 下列哪项不是生态规划的理论？(　　)

A. 整体优化理论　　B. 协调共生原理
C. 错位发展理论　　D. 可持续发展理论

二、多项选择题（共20题，每题1分。每题的备选项中，有二至四个选项符合题意。少选、错选都不得分）

81. 下列关于外国建筑说法正确的是(　　)。

A. 1898年的巴黎埃菲尔铁塔，开辟了建筑形式新纪元，被喻为第一座现代建筑
B. 罗马圣彼得大教堂前广场，由教廷总建筑师伯尼尼设计
C. 巴黎蓬皮杜艺术中心讲究“人情化”与“地方性”
D. 古希腊建筑的三柱式包括：多立克柱式、爱奥尼柱式、科林斯柱式
E. 巴洛克建筑典型实例是罗马耶稣会教堂（维尼奥拉）

82. 提高建筑综合防灾能力的技术措施包括以下(　　)。

A. 重视城市地下空间建筑的规划和防灾设计
B. 提高建筑物综合防御地震、火、风、洪水和抵制破坏灾害的能力
C. 充分利用电子计算机和地理信息技术对建筑物进行综合防灾管理
D. 采用绿色生态技术
E. 增加建筑承重墙的宽度

83. 正确的公共建筑无障碍实施范围包括(　　)方面。

A. 办公与科研建筑（入口、水平通道、楼梯、公共厕所、接待室、法庭）
B. 观演与体育建筑（入口、水平通道、楼梯、电梯、公共厕所、浴室、轮椅席）
C. 文化与纪念建筑（入口、水平通道、楼梯、电梯、公共厕所、轮椅席）
D. 交通与医疗建筑（入口、水平通道、楼梯、电梯、公共厕所、等候室、治疗室）
E. 学校与园林建筑（入口、水平通道、楼梯、公共厕所、教学用房、轮椅席）

84. 下列哪些项符合工业建筑总平面设计的场地要求？(　　)

A. 简单流线与复杂流线的差别
B. 简单环境影响与复杂环境影响的差别
C. 单一尺度与多尺度的差别
D. 专业工种密切配合
E. 满足过境车辆的穿行

85. 下列各项关于机动车车行道宽度说法正确的是(　　)。

A. 两块板道路的单向机动车车道数不得少于 2 条，四块板道路的单向机动车车道数至少为 2 条

B. 车道宽度的相互调剂与相互搭配：对于双车道多用 7.5～8.0m；四车道用 13～15m；六车道用 19～22m

C. 机动车车行道的宽度是各机动车道宽度的总和。通常以规划确定的单向高峰小时交通量除以一条车道的通行能力，以确定单向所需机动车车道数，乘以 2，再乘以一条车道的宽度，即得到机动车车行道的宽度

D. 不同宽度的机动车道搭配，如果一条道路超过 4 条机动车道，应开辟平等的交通线路来分散交通为好

E. 靠近道路中心线的车道最大，最右侧的车道次之，二者中间的车道最小

86. 下列各项不属于智能化的道路系统作用的是(　　)。

A. 提高运输量

B. 创造新的市场机会

C. 提高交通的舒适性

D. 提高道路的安全性

E. 智能停车系统

87. 在城市繁华地区道路用地比较紧张时，路边停车带设计应该采取以下哪些方式？(　　)

A. 前进式停车、后退式发车

B. 应布置为港湾式

C. 设分隔带与车行道分离

D. 前进式停车、前进式发车

E. 采用计时收费

88. 下列不属于关于城市交通枢纽规划设计的内容的包括(　　)。

A. 枢纽的总体布局

B. 枢纽的规划设计

C. 城市广场规划设计

D. 轨道交通设计

E. 枢纽的内外部交通组织

89. 下列关于城市停车设施规划表述，正确的是(　　)。

A. 城市出入口停车设施一般是为外来过境交通车辆服务的

B. 交通枢纽性停车设施一般是为疏散交通枢纽的客流，完成客运转换服务的

C. 居住区停车设施一般按照人车分流的原则布置在小区边缘或在地下建设

D. 城市商业区得停车设施一般布置在商业区的外围

E. 可以在快速路上、主干道和次干道两侧布置停车带

90. 城市燃气管网规划布置原则不包括以下(　　)。

A. 应避免与高压电缆平行敷设满足与其他管线和建筑物、构筑物的安全防护距离

B. 贯彻远、近结合，以远期为主的方针，规划布线时，应提出分期安排

C. 确保供气充分

D. 减少穿越河流、水域、铁路等，减少投资

E. 结合城市总体规划和有关专业规划

91. 城市水资源规划的内容包括(　　)。

A. 合理预测城乡生产、生活需水量

B. 划分河道流域范围

C. 分析城市水资源承载力

D. 制定雨水及再生水利用目标

E. 布置输配水干管

92. 下列哪些层次的城市规划中，应明确城市基础设施的用地位置，并划定城市黄线(   )。

A. 城镇体系规划　　　　B. 城市总体规划

C. 控制性详细规划　　　　D. 修建性详细规划

E. 历史文化名城保护规划

93. 下面的几个条件，其中(   )是属于邮政局、所选址原则所必须要求的。

A. 局址应交通便利，运输邮件车辆易于出入

B. 局址应较平坦，地形、地质条件良好

C. 符合城市规划要求

D. 有方便接发火车邮件的邮运通道

E. 局址应设在中心区外围

94. 分蓄洪区的作用表现为(   )。

A. 牺牲局部利益

B. 保证重点城市、重点地区安全

C. 按规定的地点和宽度开口门或按规定漫堤作为泄洪通道

D. 防止洪灾发生的频率过大

E. 节省疏散时间

95. 突发性强的地质灾害包括(   )。

A. 滑坡　　　　B. 崩塌

C. 塌陷　　　　D. 泥石流

E. 淹没

96. 环境保护的目的包括(   )。

A. 保护和改善生活环境与生态环境　　　　B. 防治污染和其他公害

C. 保障人体健康　　　　D. 防御与减轻灾害影响

E. 促进社会建设及发展

97. 以下(   )是我国大中型建设项目环境影响评价的对象。

A. 城市地下铁路交通项目

B. 城市道路及住宅区的建设项目

C. 大面积开垦荒地、围湖、围海和采伐森林的基本建设项目

D. 生态类型的自然保护区的基本建设项目

E. 对各种生态类型的自然保护区和有重要科学价值的特殊地质、地貌地区产生严重影响的基本建设项目

98. 下列关于生态恢复的说法正确的是(   )。

A. 生态修复既可以依靠生态系统本身的自组织和自调控能力，也可以依靠外界人工调控能力

B. 生态恢复的方法有物种框架方法和最小多样性方法

C. 生态恢复的目标是要种植尽可能多的物种

D. 生态修复是指对生态系统停止人为干扰，以减轻负荷压力，依靠生态系统的自我调节能力与自组织能力使其向有序的方向进行演化

E. 生态恢复可以在所有场合下都能够或必须使生态系统都恢复到原先的状态

99. 生态工程是指(　　)工程体系。

A. 为了保护人类社会和自然环境双方的利益而做出的一种设计，它涉及运用数量方法和以基础学科为基础的方法而进行的城市环境的设计

B. 将生物和非生物群落内不同物种共生、物质与能量多级利用、环境自净和物质循环再生等原理与系统工程的优化方法

C. 利用生态系统中的物种共生与物质循环再生原理，结合系统工程和最优方法，设计的分层多级利用物质的生产工艺系统

D. 把生态学中物种共生和物质循环再生原理与系统工程的优化方法，应用于工业生产过程，设计物质和能量多层利用

E. 关闭矿山、报废工厂属于工程性生态工程

100. 下面关于城市热岛的表述错误的是(　　)。

A. 城市热岛是城市环境的污染效应

B. 城市热岛有利于大气污染物扩散

C. 城市热岛效应的强度与局部地区气象条件、季节、地形、建筑形态以及城市规模、性质等有关

D. 城市由于建筑密集，地面大多被水泥覆盖，辐射热的吸收率高，而导致城市内的温度高于郊区

E. 城市热岛效应分布于城市各个区位

模拟试题二参考答案

一、单项选择题

1. A	2. D	3. B	4. A	5. C	6. C	7. B	8. B
9. D	10. B	11. D	12. C	13. C	14. B	15. C	16. A
17. C	18. B	19. C	20. B	21. C	22. C	23. C	24. B
25. C	26. C	27. C	28. D	29. D	30. A	31. C	32. A
33. B	34. B	35. D	36. A	37. C	38. C	39. A	40. A
41. A	42. B	43. B	44. D	45. D	46. A	47. A	48. D
49. C	50. B	51. D	52. A	53. B	54. D	55. B	56. A
57. B	58. A	59. B	60. B	61. D	62. B	63. C	64. A
65. C	66. D	67. B	68. B	69. A	70. B	71. C	72. C
73. D	74. A	75. B	76. A	77. C	78. B	79. A	80. A

二、多项选择题

81. B、D、E	82. A、B、C	83. A、C、D、E	84. A、B、C
85. A、B、C	86. A、D	87. B、C、E	88. C、D
89. A、B、D	90. B、C	91. A、C、D	92. B、C、D
93. A、B、C	94. A、B	95. A、B、C、D	96. A、B、C、E
97. C、D、E	98. A、D	99. C、D、E	100. A、B

模 拟 试 题 三

一、单项选择题（共80题，每题1分。各题的备选项中，只有一个符合题意）

1. 后现代主义的三个主要特征不包括以下(　　)。

A. 文脉主义　　B. 引喻主义

C. 象征主义　　D. 装饰主义

2. 关于坡地住宅的建筑处理，说法不当的是(　　)。

A. 由于单元内部或单元之间的组合方式的不同，有错叠、跌落、掉层、错层等几种形式

B. 常有以下几种处理方式：掉层、吊脚、天桥、凸出楼梯间、连廊、室外廊楼道等

C. 坡地住宅应结合地形布置，同时也要综合考虑朝向、通风、地质等条件

D. 一栋住宅建筑与地形的关系主要有两种形式：建筑与等高线平行，建筑与等高线垂直

3. 从本质上讲，工业建筑总平面设计与其他类型的建筑总平面设计没有原则上的区别，即要将人、建筑、环境相互矛盾、相互约束的关系在一个多维的状态下协调起来，但仍有许多差别，下面不是其差别的是(　　)。

A. 简单流线与复杂流线的差别

B. 简单环境影响与复杂环境影响的差别

C. 单一尺度与多尺度的差别

D. 力求经济

4. 建筑控制线后退道路红线的用地不能提供下列(　　)项用地。

A. 7层住宅　　B. 公共绿化

C. 停车场　　D. 公共报亭

5. 下列关于“模数制”的叙述错误的是(　　)。

A. 标志尺寸减去缝隙为构造尺寸

B. 模数协调中选用的基本尺寸单位为基本模数

C. 基本模数的数值为300mm

D. 选定的尺寸单位为模数

6. 一般功能分区是以(　　)作为边界的。

A. 道路　　B. 河流

C. 绿化地带　　D. 建筑物功能

7. 关于日照影响，下列说法错误的是(　　)。

A. 东西向——北纬45°以北的亚寒带、寒带可以采用该朝向

B. 东南向——北纬40°一带可以采用这种朝向

C. 西南向——夏季午后凉爽，东北一面日照不多，多采用

D. 南北向——南向，冬季中午前后均能获得大量的日照，夏季仅有少量阳光射入；北向，

阳光较少，冬季较冷，北方寒冷地区应避免北向，南方可以适当采用

8. 下列关于等高线的叙述中(　　)项为不妥。

A. 在同一张地形图上，等高距是相同的

B. 等高线间距与地面坡度成正比

C. 相邻两条等高线之间的高差是等高距

D. 相邻两条等高线之间的水平距离叫等高线间距

9. 为了方便排水，场地最小坡度为0.3%，最大坡度不大于8.0%，关于各类场地的地面种类适宜的不同排水坡度，下列说法不正确的是(　　)。

A. 黏土：0.3%～0.5%

B. 砂土：>3.0%

C. 轻度冲刷细砂：<10%

D. 膨胀土：建筑物周围1.5m范围内>2.0%

10. 关于可行性研究报告的编制说明不正确的是(　　)。

A. 根据经济预测、市场预测确定的建设规模及产品方案

B. 建厂条件和厂址选择方案

C. 单项工程、辅助设施、配套工程

D. 建设进度和工期

11. 关于房地产开发，下列说法中不正确的一项是(　　)。

A. 房地产开发是把诸多建设因素组合在一起，而为使用和入住者提供建筑物的一个行业

B. 房地产开发是一项具有风险的活动，尤其对以盈利为目的的投资商和房地产公司

C. 房地产开发的目的概括地说，是为了经济效益，同时也要取得社会效益和环境效益

D. 房地产开发的参与者一般不包括入住者、地方政府、建设监理单位、材料设备供应单位、劳务提供者等

12. 影响建筑构造的外部因素有(　　)。

A. 风力、地震等的作用

B. 自重

C. 人为作用

D. 外力作用、自然气候的影响、各种人为因素的影响

13. 中国传统建筑中在平行的横向柱网线之间，习惯以(　　)来称谓。

A. 开间　　B. 进深

C. 步架　　D. 举架

14. 以下(　　)建筑被誉为第一座现代建筑。

A. 红屋　　B. 水晶宫

C. 马赛公寓　　D. 米拉公寓

15. 我国建筑设计规范规定当多层住宅层数超过如下(　　)层数时必须设电梯。

A. 8　　B. 7

C. 6　　D. 5

16. 建设程序有五个步骤，下面四种说法中，其中(　　)步骤是正确的。

A. (1) 项目建议书阶段；(2) 可行性研究报告阶段；(3) 设计文件阶段；(4) 建设准备

阶段；（5）建设实施阶段和竣工验收阶段

B.（1）项目建议书阶段；（2）建设准备阶段；（3）可行性研究报告阶段；（4）设计文件阶段；（5）建设实施阶段和竣工验收阶段

C.（1）项目建议书阶段；（2）可行性研究报告阶段；（3）建设准备阶段；（4）设计文件阶段；（5）建设实施阶段和竣工验收阶段

D.（1）项目建议书阶段；（2）设计文件阶段；（3）可行性研究报告阶段；（4）建设准备阶段；（5）建设实施阶段和竣工验收阶段

17. 下面四项中，(　　)项不属于建设项目需具备的基本文件资料。

A. 计划部门批准立项文件

B. 供电、供水、供气、通信及交通情况

C. 国民经济发展状况及基建投资方面的资料

D. 气象、水文地质情况及风玫瑰图

18. 公共建筑在进行功能分区时应考虑三方面内容，下面四种说法中(　　)项是正确的。

A. 空间的主与次、空间的“闹”与“静”、空间的“大”与“小”

B. 空间的主与次、空间的“大”与“小”、空间联系的“内”与“外”

C. 空间的主与次、空间的“闹”与“静”、空间联系的“内”与“外”

D. 空间的大与小、空间的“闹”与“静”、空间联系的“内”与“外”

19. 选择填空：形以直线、曲线、斜线、面体等要素向人们说话，而色则以色相、明度、纯度、(　　)等要素影响人们的心理。

A. 面积　　　　B. 色温

C. 亮度　　　　D. 色调

20. 下列关于城市道路横断面选择与组合的表述，错误的是(　　)。

A. 交通性主干道宜布置为双向通行的两块板断面

B. 机动车和非机动车分开布置的三块板横断面常应用于生活性主干道

C. 次干道宜布置为一块板横断面

D. 支路宜布置为一块板横断面

21. 在城市次干道旁设置港湾式路边停车带时，是否需要设置分隔带？从下列答案中选择正确答案(　　)。

A. 不需设分隔带　　　　B. 可设可不设分隔带

C. 应设分隔带　　　　D. 停车带长度短时要设分隔带

22. 车道宽度取决于(　　)。

A. 通行车辆车身宽度

B. 车辆行驶中横向的必要安全距离

C. 路幅宽度

D. 通行车辆本身宽度和车辆行驶中横向的必要安全距离

23. 下列各项叙述不属于城市道路横断面形式选择要考虑的是(　　)。

A. 符合城市道路系统对道路的性质、等级和红线宽度等方面的要求

B. 满足交通畅通和安全要求

C. 考虑道路停车的技术要求

D. 注意节省建设投资，节约城市用地

24. 非机动车道宽度根据城市长远规划一般以(　　)为妥。

A. 4.5～5.0m　　B. 5.0～5.5m

C. 5.5～6.5m　　D. 6.0～7.0m

25. 当平曲线半径(　　)不设超高最小半径时，在平曲线范围内应设超高。

A. 大于　　B. 小于

C. 等于　　D. 大于等于

26. 立体交叉适用于快速、有连续交通要求的大交通量交叉口，可分为两大类，下列(　　)种分类是正确的。

A. 简单立交和复杂立交　　B. 定向立交和非定向立交

C. 分离式立交和互通式立交　　D. 直接式立交和环形立交

27. 关于城市道路交叉口的基本概念，下列说法不正确的是(　　)。

A. 它是城市道路的重要组成部分

B. 它是城市道路上各类交通汇合、转换、通过的地点

C. 它是管理、组织道路上各类交通的控制点

D. 它必须服从并依据城市道路系统的功能要求和城市交通管理的要求

28. 规划交通量超过(　　)辆/h 当量小汽车数的交叉口不宜采用环形交叉口。

A. 2000　　B. 2500

C. 2700　　D. 3000

29. 平面弯道视距界限内必须清除高于(　　)m 的障碍物。

A. 1.0　　B. 1.2

C. 1.5　　D. 1.8

30. 人行横道位置设置在(　　)。

A. 城市道路转角曲线起点以内 4.0～10m 处

B. 城市道路转角曲线起点以外 4.0～10m 处

C. 距交叉口道路红线延长线交叉点向内 4.0～10m 处

D. 交叉口道路红线延长线交叉点向外 2.0m 处

31. 城市排水工程总体规划的主要内容包括(　　)。

① 确定排水制度；

② 提出污水综合利用措施；

③ 按照确定的排水体制划分排水系统；

④ 确定排水干管、渠的走向和出口位置；

⑤ 划分排水区域，估算雨水、污水总量，制定不同的污水排放标准；

⑥ 进行排水管、渠系统规划布局，确定雨、污水主要泵站数量、位置，以及水闸位置；

⑦ 确定污水处理厂数量、分布、规划、规模、处理等级以及用地范围；

⑧ 确定排水干管的位置、走向、服务范围、控制管径以及主要工程设施的位置和用地范围。

A. ①②③④⑤⑥⑦⑧　　B. ①②③④⑤⑥⑦

C. ①②④⑤⑥⑦　　D. ①②③⑥⑦⑧

32. 城市水源取水点保护范围是上游(　　)m 至下游(　　)m，水厂生产区的保护范围是(　　)m。

A. 1000；150；50　　B. 1000；100；10

C. 1000；50；20　　D. 1000；10；100

33. 污水处理厂必须设在集中给水水源的下游，并要求在城市夏季最(　　)频率风向的上风侧，并与城市、工厂和生活区有(　　)m 以上距离，且要设防护带。

A. 小；200　　B. 大；200

C. 小；300　　D. 大；300

34. 较高生活用电水平城市和较低生活用电水平城市的人均生活用电量分别是(　　)(kW·h)/(人·年)。

A. 2500～1501；400～250　　B. 2500～1501；400～200

C. 2200～1501；400～250　　D. 2200～1501；400～200

35. 取水点周围半径(　　)的水域内，严禁捕捞、停靠船只、游泳和从事可能污染水源的任何活动，并应(　　)。

A. 1000m；设有明显的范围标志　　B. 800m；设有栅栏围起

C. 500m；设有明显的范围标志　　D. 100m；设有明显的范围标志

36. 下列四项内容中，不属于城市给水工程系统详细规划内容的是(　　)。

A. 布局给水设施和给水管网

B. 平衡供需水量，选择水源，确定取水方式和位置

C. 选择管材

D. 计算用水量，提出对水质、水压的要求

37. 关于规划供热管网的竖向布置，下列(　　)是错误的。

A. 一般地沟管线敷设深度最好深一些

B. 热力管道埋设在绿化地带时，埋深应大于 0.3m

C. 热力管道与其他地下设施相交时，应在不同的水平面上互相通过

D. 横过河流时，目前广泛采用悬吊式人行桥梁和河底管沟方式

38. 下列属于固体废物最终处理的方法的是(　　)。

A. 海洋倾倒　　B. 海洋焚烧

C. 深井灌注　　D. 堆肥化

39. 下列不属于城市环境卫生设施工程系统详细规划主要内容的是(　　)。

A. 确定城市固体废弃物的收运方案　　B. 估算规划范围内固体废物产量

C. 提出规划区的环境卫生控制要求　　D. 确定垃圾收运方式

40. 下列不属于城市防火布局的内容的是(　　)。

A. 城市重点防火设施的布局　　B. 城市防火通道布局

C. 城市旧区改造　　D. 合理布局消防设施

41. 下列各项不符合管线工程综合布置的一般原则的是(　　)。

A. 规划中各种管线的位置都要采用统一的城市坐标系统及标高系统

B. 管线带的布置应与道路或建筑红线平行，同一管线不宜自道路一侧转到另一侧

C. 必须在满足生产、安全、检修的条件下节约用地，当技术经济比较合理时，应共架

布置

D. 当管线与铁路或道路交叉时应为正交。在困难情况下，其交叉角不宜小于30°

42. 挡土墙适宜的经济高度为(　　)，一般不宜超过(　　)。

A. 1.0～1.5m；3.0m　　B. 1.0～1.5m；6.0m

C. 1.5～3.0m；6.0m　　D. 1.5～3.0m；3.0m

43. 运用单耗指标套算法进行电话需求量预测时，城市电话局的出局电缆的线对数平均为(　　)对。

A. 2400～3000　　B. 1800～2400

C. 1200～1800　　D. 600～1200

44. 经济学对城市规划的贡献，下面(　　)说法最完整、准确。

A. 城市增长和规模的预测；分析城市可能取得的经济资源和消费需求；对具体城市问题进行分析，提出对策建议；对规划方案进行评估；基础设施得到改善

B. 城市增长和规模的预测；分析城市可能取得的经济资源和消费需求；对具体城市问题进行分析，提出对策建议：基础设施得到改善；制定相应经济政策以保证规划实施

C. 城市增长和规模的预测；分析城市可能取得的经济资源和消费需求；基础设施得到改善；对规划方案进行评估；制定相应经济政策以保证规划实施

D. 城市增长和规模的预测；分析城市可能取得的经济资源和消费需求；对具体城市问题进行分析，提出对策建议：对规划方案进行评估；制定相应经济政策以保证规划实施

45. 从1994年1月起，中央正式实行(　　)，这是新中国成立以来最具力度，影响范围最广的一次财政体制改革。

A. 中央地方合税制　　B. 集体、个人分税制

C. 国营、私营分税制　　D. 中央地方分税制

46. 经济增长可通过(　　)两种方式来实现。

A. 各种要素产出的增加、要素生产率的提高

B. 各种要素投入的增加、要素生产量的增加

C. 各种要素产出的增加、要素生产量的增加

D. 各种要素投入的增加、要素生产率的提高

47. 下面(　　)不是经济学对城市规划的贡献。

A. 对城市增长和规模的预测

B. 对具体城市问题的分析和规划调控的对策建议

C. 运用投资估算技术评估各类规划方案

D. 探讨社会的发生、发展及其规律

48. 下列关于土地的产权制表述，哪项是错误的？(　　)

A. 决定着土地的价格

B. 决定着土地的使用方式

C. 决定着土地收益的分配形式

D. 影响着土地使用的社会经济效益

49. 以下选项中不是影响住房消费需求的因素是(　　)。

A. 家庭收入情况

B. 宏观经济状况
C. 人们传统的居住文化等社会因素也会影响到社会对住房的总需求特征
D. 售房单位的服务

50. 我国在基础设施服务企业中，在坚持公有制为主体的基础上，走商业化经营的道路，引入竞争机制和允许符合条件的私营经济参与经营活动，以提高基础设施服务的质量和数量，涉及基础设施商业化经营的具体步骤，根据中国国情，以及经济发展状况和各种基础设施的不同经营特点来设计有关政策。下列说法不正确的是(　　)。

A. 公司化，即真正将国有基础设施企业或机构逐步转变为受公司法支配的法律实体
B. 对那些存在自然垄断条件的专有服务的提供权进行时限性竞争投标
C. 公用事业企业的财务由国家相关部门管理，但企业自身应保证收支平衡，收取的费用要满足经营和维修要求
D. 在基础设施维护工作和需要标准化的专业性服务时，还可以使用服务承包的方法

51. 下面四个说法，(　　)不属于外部性的公共政策。

A. 对负外部性收取税收　　B. 对正外部性给予补贴
C. 政府实施公共交通优先政策　　D. 对住房租金实行改革

52. 为了打破贫困的恶性循环，纳克斯主张均衡发展的策略，下列对其策略表达正确的是(　　)。

① 落后国家和地区维持各部门均衡发展，可以避免供给方面的困难，避免恶性循环的发生；

② 工农协调，社会基础设施配套，支持和鼓励多部门的发展，诱发许多关联性生产，使各产业间互相购买彼此的产品和劳务，并且在空间上建立许多据点，凭借便捷的交通联系，导致国家在空间上呈现活跃的景象；

③ 多部门平衡投资，可以使各部门互为顾客，依靠提高劳动生产率，进而提高收入、提高购买力，使国内需求扩大，诱发投资、扩大和生产。

A. ①②　　B. ①②③
C. ②③　　D. ①③

53. 城市化的概念包括(　　)两方面的含义。

A. 无形的城市化，有形的城市化　　B. 物化了的城市化，无形的城市化
C. 郊区城市化，逆城市化　　D. 外延型城市化，飞地型城市化

54. 我国城市工业职能分类，采取(　　)的方法。

A. 多变量分析　　B. 统计分析
C. 多变量分析和统计分析相结合　　D. 统计描述方法

55. 下列不是城市带的地区是(　　)。

A. 印度孟买城市地区
B. 美国五大湖沿岸地区
C. 美国东北部海滨地区
D. 中国以上海为中心的长江三角洲地区

56. 产业结构演进论根据产业结构演进的特点，将经济发展划分为五个时期，其中高度化结构阶段以(　　)为标志。

A. 比较先进的半机械化、机械化、自动化的工业技术
B. 当代高技术
C. 完善的高技术体系
D. 信息技术

57. 县域内除县城外的其他镇经常明显偏离中心而靠近边缘；矿业城市要求邻接矿区，这是城市区位追求邻接于(　　)。

A. 中心区域
B. 决定其发展的区域
C. 重心区域
D. 交通枢纽

58. 下列对中心地、中心商品与服务表述正确的是(　　)。

① 中心地，可以表述为向居住在它周围地域的居民提供各种商品和服务的地方；

② 中心商品与服务，分别指在中心地内生产的商品与提供的服务；

③ 中心商品和服务是不分等级的，即较高级别的中心地生产的较高级别的中心商品或提供较高级别的服务。

A. ①②③
B. ①②
C. ②③
D. ①③

59. 由于历史发展轨迹与文化传统不同，欧洲城市与中国城市明显不同，其在于(　　)。

A. 欧洲城市是工商业发达地区的经济中心，而中国古代城市一般不是完善的地区经济中心；欧洲城市与农村在经济结构上是分离、对立的，而中国城市与农村密不可分，二者在经济、政治结构上是一体的
B. 中国城市是工商业发达地区的经济中心，而欧洲古代城市一般不是完善的地区经济中心；欧洲城市与农村在经济结构上是分离、对立的，而中国城市与农村密不可分，二者在经济、政治结构上是一体的
C. 欧洲城市是工商业发达地区的经济中心，而中国古代城市一般不是完善的地区经济中心；中国城市与农村在经济结构上是分离、对立的，而欧洲城市与农村密不可分，二者在经济、政治结构上是一体的
D. 欧洲城市一般不是工商业发达地区的经济中心，而中国古代城市是完善的地区经济中心；欧洲城市与农村在经济结构上是分离、对立的，而中国城市与农村密不可分，二者在经济、政治结构上是一体的

60. 在城市社会中，(　　)揭示了城市的内在结构。

A. 社会分层
B. 社会隔离
C. 居住隔离
D. 邻里单位

61. 下面关于个案调查的说法正确的是(　　)。

A. 个案调查的代表性强
B. 任何一种现象，如果用来当作研究单位或中心对象都可以称为个案
C. 个案调查的本质特点是以部分来说明或代表总体
D. 个案不是一个人、一个家庭、一个组织甚至一件事情

62. 城市更新强调的是(　　)。

A. 城市功能体系上的重构与重组这一过程
B. 旧区改建、城市改造

C. 旧城整治

D. 城市再开发

63. 新的劳动地域分工其典型表现类型是，高附加价值的金融、贸易公司总部职能集中于(　　)，办公职能和研究开发职能集中在(　　)，而生产部门则广泛分布在(　　)国家或地区。

A. 世界城市的中心部；世界城市的郊区；发展中国家

B. 世界城市的郊区；世界城市的中心部；发展中国家

C. 发展中国家；世界城市的中心部；世界城市的郊区

D. 发展中国家；世界城市的郊区；世界城市的中心部

64. (　　)形式的失业也可叫作结构性失业。

A. 由于经济因素的不协调而产生的失业

B. 由于社会因素的影响而引起的失业

C. 由于自然界的条件变化或其他因素的影响而引起的失业

D. 引起经济结构，甚至社会结构变动的失业

65. 城市社会学经验研究中，(　　)是迄今为止最严密、最科学的经验研究法。

A. 社会观察法　　B. 社会实验法

C. 社会调查法　　D. 文献分析法

66. 下列情况下，不对就业产生影响的是(　　)现象。

A. 科学技术的进步　　B. 自然界的条件变化

C. 经济的高速增长　　D. 人口过度增长

67. 大气污染的形成和危害，不仅取决于污染物的排放量和离排源的距离，而且还取决于(　　)。

A. 地形和地物的影响

B. 局地气流的影响

C. 周围大气对污染物的扩散能力

D. 风和气温的变化

68. 土壤自净作用主要有几方面组成，下列阐述有误的是(　　)。

A. 绿色植物根系的吸收、转化、降解和生物合成作用

B. 土壤中细菌、真菌和放线菌等微生物区系的降解、转化和生物固氮作用

C. 土壤中有机作用

D. 土壤中的离子交换作用、土壤的机械阻留和气体扩散作用

69. 二氧化碳俗称“碳酸气”，是无色、无臭、有酸味的气体。下列不属于大气中二氧化碳主要来源的是(　　)。

A. 人和动物的呼吸，人类呼出气中含 4%左右

B. 生活和生产中燃料（煤、石油等）的燃烧

C. 土壤、矿井和活火山中的逸出

D. 无机物的风化过程

70. 城市生态系统的调控机制是(　　)。

A. 通过自然选择的负反馈为主　　B. 通过自然选择的正反馈为主

C. 通过人工选择的负反馈为主　　　　D. 通过人工选择的正反馈为主

71. 城市生态系统的脆弱性表现在四个方面，下面(　　)说法正确。

A. 城市生态系统需靠外力才能维持，城市生态系统在一定程度上破坏了自然调节机能，食物链简化，自我调节能力小，营养关系倒置

B. 城市生态系统需靠外力才能维持，城市生态系统在一定程度上破坏了自然调节机能，食物链简化，自我调节能力小，物质能量人口高度集中

C. 城市生态系统需外力才能维持，城市生态系统在一定程度上破坏了自然调节机能，物质能量、人口高度集中，营养关系倒置

D. 城市生态系统需靠外力才能维持，物质能量人口高度集中，食物链简化，自我调节能力小，营养关系倒置

72. 下面关于垃圾的卫生填埋叙述不正确的是(　　)。

A. 卫生填埋位置应选择在远离河流、湖泊、井等水源的地方

B. 卫生填埋的操作是：在城市垃圾填埋坑底及上部各覆一层土，减少废物分解产生的气体漏出

C. 卫生填埋存在两个问题：一是沥滤作用；二是填埋层中的废物经生物分解会产生大量气体

D. 填埋层中废物经分解产生的大量气体中含有甲烷、二氧化碳、硫化氢等，其中以甲烷和二氧化碳为主

73. 从生物圈的物质构造来说，它存在着几大类成分，下列选择中有误的一项是(　　)。

A. 已经获得有机结构，但始终不曾具有生命的物质

B. 有机的生命物质

C. 曾经一度有生命而现在仍然保留着某些有机性质和能力的无生命物质

D. 各种无机物质

74. 下列有关种群的概念描述有误的一项是(　　)。

A. 种群指在一定时空中同种个体的总体。即种群是在特定的时间和一定的空间中生活和繁殖的同种个体所组成的群体

B. 种群概念既可以从抽象的理论意义上理解，也可以应用到具体的对象上

C. 种群由同种个体组成的，即个体的简单相加而组成

D. 种群具有整体性和统一性，种群特性反映了种群作为一个整体所具有的特征和其具有的统一意义的“形象”

75. 下列哪项不是城市生态系统区别于自然生态系统的根本特征表现(　　)。

A. 系统的组成成分　　　　B. 系统的生态关系网络

C. 系统的完整性　　　　D. 系统的演替

76. 下列不属于矢量叠合种类的是(　　)。

A. 点和面的叠合　　　　B. 点和线的叠合

C. 线和面的叠合　　　　D. 面和面的叠合

77. 属于 GIS 典型的网络分析功能的是(　　)。

① 估计交通的时间、成本；

② 评价土地使用的适宜性；

③ 选择运输的路径；
④ 计算公共设施的供需负荷；
⑤ 寻找最近的服务设施；
⑥ 产生在一定交通条件下的服务范围。

A. ①②③④⑤　　B. ①③④⑤⑥

C. ②③④⑤⑥　　D. ①②④⑤⑥

78. 根据遥感平台的高度和类型，可将遥感划分为(　　)。

①航天遥感；②海洋遥感；③航空遥感；④地质遥感；⑤地面遥感。

A. ①②③④⑤　　B. ①②③④

C. ①③⑤　　D. ①③④

79. 关于邻近分析的说法错误的是(　　)。

A. 产生相邻某些要素的邻近区为邻近分析

B. 产生离开某些要素一定距离的邻近区叫邻近分析

C. 它是GIS的常用分析功能

D. 常称为Buffer，意即为邻近分析

80. 互联网技术在城市规划中的典型作用有(　　)。

①信息发布；②数据共享；③设备资源共享；④分散而协同地工作。

A. ①②③④　　B. ②③④

C. ①③④　　D. ①②④

二、多项选择题（共20题，每题1分。每题的备选项中，有二至四个选项符合题意。少选、错选都不得分）

81. 清代园林兴盛，其中承德避暑山庄风格特征的有(　　)。

A. 集民间园林之大成　　B. 因地制宜

C. 中轴对称的离宫别馆　　D. 皇家气派偌大

82. 多层车库设计中，下列(　　)说法是正确的。

A. 车库进口和出口可合并设置

B. 车库进出车道可合并设置

C. 车库应按规定设置消防及通风设施

D. 车库应该配置必要的日夜显示的交通标志

E. 车库进出口可开在除快速路以外的城市道路上

83. 下列关于居住区绿地率计算的表述，正确的有(　　)。

A. 绿地率是居住区内所有绿地面积与用地面积的比值

B. 计算中不包括宽度小于8m的宅旁绿地

C. 计算中不包括行道树

D. 计算中不包括屋顶绿化

E. 水面可以计入绿地率

84. 城市道路横断面设计中，下列(　　)形式的安全性最好。

A. 一块板　　B. 两块板

C. 三块板　　D. 四块板

85. 城市地表水取水构筑物位置的选择的叙述，下列(　　)条不妥。

A. 具有稳定的河床和河岸

B. 有足够的水源和水深，一般可以小于 2.5～3.0m。

C. 弯曲河段上，宜设在河流的凸岸

D. 顺直的河段上，宜设在河床稳定处

86. 城市变电所包括(　　)两种形式。

A. 高压变电所　　B. 低压变电所

C. 变压变电所　　D. 变流变电所

87. 广义的城市市政公用设施分为(　　)两大类。

A. 技术性市政公用设施　　B. 公共性市政公用设施

C. 公益性市政公用设施　　D. 社会性市政公用设施

88. 将城市工程管线按弯曲程度分类，下列(　　)管线属于可弯曲管线。

A. 自来水管　　B. 污水管道

C. 电信电缆　　D. 电力电缆

E. 电信管道　　F. 热力管道

89. 通常意义下，市场经济下的公共财政的职能是(　　)。

A. 调节　　B. 资源配置

C. 监督　　D. 收入分配

E. 经济稳定与增长

90. 下面(　　)属于城市中经济活动的外部性负效果。

A. 由于机场的噪声污染，使得机场周围的房地产贬值

B. 城市道路的拓展带来沿道路两边的发展

C. 绿地广场的建设导致其周边房地产的升值和热销

D. 工厂由于“三废”排放不合标准，污染了大片区域及水体

E. 房地产开发商为了追求最大利润，尽可能提高建筑容积率，使房屋的日照和通风受到阻碍

91. “十九大”报告对乡村振兴战略的总体要求包括(　　)。

A. 产业兴旺　　B. 生活富裕

C. 村容整洁　　D. 治理有效

E. 生态宜居

92. 英国著名的地理学家卡特从区位论角度，将城市的职能归纳为(　　)。

A. 中心地职能　　B. 工业职能

C. 交通职能　　D. 特殊职能

E. 商业职能

93. 下面关于城市边缘区的说法正确的是(　　)。

A. 城市边缘区具有社会经济结构的复杂性、动态性和对城市的依附性等特点

B. 城市边缘区具有社会经济结构的单一性、动态性和对城市的依附性等特点

C. 城市边缘区存在着明显的二元结构的特征

D. 城市边缘区土地利用结构中基本为城市用地

94. 城市化的推进过程是按照(　　)两种方式反映在地表上。

A. 城市郊区扩大　　B. 城市范围的扩大

C. 城市建筑密度增大　　D. 城市数目的增多

95. 社会管理与控制由(　　)等基本要素构成。

A. 政府部门　　B. 实施控制的机构

C. 控制规范体系——制度　　D. 控制对策

E. 控制手段与方式

96. 下面关于职能型城市化的说法正确的是(　　)。

A. 职能型城市化是传统的城市化表现形式

B. 职能型城市化是当代出现的一种新的城市化表现形式

C. 职能型城市化直接创造市区

D. 职能型城市化不从外观上直接创造密集的市区景观

97. 由于人类活动排放至大气中的污染物会引起臭氧层破坏，引起大气臭氧层破坏的主要污染物是(　　)。

A. 汽车排出废气中的二氧化碳　　B. 燃煤电厂排出的二氧化硫

C. 制造厂排出的氟氯烃化合物　　D. 锅炉房排出的烟尘

98. 水污染防治控制区为特殊控制区的水域功能分类有(　　)。

A. Ⅰ类　　B. Ⅱ类

C. Ⅲ类　　D. Ⅳ类

E. Ⅴ类

99. (　　)构成遥感技术系统的空中部分。

A. 卫星　　B. 遥感平台

C. 接收器　　D. 传感器

100. 空间数据对事物最基本的表示方法是(　　)。

A. 点　　B. 线

C. 面　　D. 时间

E. 三维表面

模拟试题三答案

一、单项选择题

1. C	2. D	3. D	4. A	5. C	6. A	7. C	8. C
9. B	10. C	11. D	12. D	13. C	14. B	15. C	16. A
17. C	18. C	19. A	20. B	21. A	22. D	23. C	24. D
25. B	26. C	27. D	28. C	29. B	30. A	31. C	32. B
33. C	34. A	35. D	36. B	37. A	38. D	39. A	40. C
41. D	42. C	43. C	44. D	45. D	46. D	47. D	48. A
49. D	50. C	51. D	52. B	53. B	54. C	55. A	56. C

57. B	58. B	59. A	60. A	61. B	62. A	63. A	64. D
65. B	66. C	67. C	68. C	69. D	70. D	71. A	72. B
73. D	74. C	75. C	76. B	77. B	78. C	79. A	80. A

二、多项选择题

81. A、B	82. C、D、E	83. B、D、E	84. C、D
85. B、C	86. C、D	87. A、D	88. A、C、D
89. B、D、E	90. A、D、E	91. A、B、D	92. A、C、D
93. A、C	94. B、D	95. B、C、E	96. B、D
97. A、C	98. A、B	99. B、D	100. A、B、C、E

模 拟 试 题 四

一、单项选择题（共80题，每题1分。各题的备选项中，只有一个符合题意）

1. 柯布西耶的建筑作品中，体现粗野主义的作品有(　　)。

A. 萨伏伊别墅　　B. 马赛公寓大楼

C. 哈佛大学卡本特视觉艺术中心　　D. 朗香教堂

2. 按照建造方式的不同将住宅为(　　)。

A. 低层住宅、多层住宅、中高层住宅、高层住宅

B. 严寒地区住宅、炎热地区住宅

C. 单一住宅、底层公建住宅

D. 一般性住宅、工业化住宅

3. 在多层住宅中，每套有两个朝向，便于组织通风，采光通风均好，单元面宽较窄的平面类型是(　　)式的梯间式住宅。

A. 一梯二户　　B. 一梯三户　　C. 一梯四户　　D. 一梯一户

4. 炎热地区住宅建筑朝向选择依次是(　　)方向。

A. 南向、东向、西向、北向

B. 南偏东30°或南偏西15°、南向、北向、东向、西向

C. 南向、南偏东30°或南偏西15°以内、东向、北向、西向

D. 东偏南45°与西偏南15°以内、南向、东向、北向、西向

5. 教学楼的建筑结构形式不能选用以下(　　)种形式。

A. 砖混结构的纵向承重体系　　B. 砖混结构的横向承重体系

C. 砖混结构的内框架承重体系　　D. 框架结构

6. 工业建筑与其他民用建筑相比总平面设计最突出的特点是（　　）。

A. 简单流线与复杂流线的差别

B. 简单环境影响与复杂环境影响的差别

C. 单一尺度与多尺度的差别

D. 多学科、多工种密切配合

7. 在人行道地面上空，2.0m以上允许突出的窗罩、窗扇，其突出宽度不应大于(　　)；2.5m以上允许突出活动遮阳篷，突出宽度不应大于(　　)。

A. 0.2m；人行道宽度减1.0m，并不大于3.0m

B. 0.2m；人行道宽度减0.8m，并不大于3.0m

C. 0.4m；人行道宽度减0.5m，并不大于3.5m

D. 0.4m；人行道宽度减0.4m，并不大于3.5m

8. 局部突出屋面的楼梯间、电梯机房、水箱间、烟囱等，在城市一般建设地区(　　)。

A. 可计可不计入建筑控制高度　　B. 应计入建筑控制高度
C. 不计入建筑控制高度　　D. 应折半计入建筑控制高度

9. 一般是在(　　)阶段往往提出一系列控制指标及相应要求，以保证场地设计的经济性。

A. 区域规划　　B. 总体规划
C. 控制性详细规划　　D. 修建性详细规划

10. 建筑物处在15～30°方位角时，其日照间距系数折减系数为(　　)。

A. 0.8　　B. 0.9　　C. 0.95　　D. 1.0

11. 明沟排水坡度为(　　)。

A. 0.1%～0.2%　　B. 0.3%～0.5%
C. 3.0%～5.0%　　D. 4.0%～8.0%

12. 一般说来，材料的孔隙率与下列(　　)性能没有关系。

A. 耐久性　　B. 抗冻性
C. 密度　　D. 导热性
E. 强度

13. 下面(　　)种说法是错误的。

A. 避暑山庄位于河北承德　　B. 寄畅园位于苏州
C. 留园位于苏州　　D. 拙政园位于苏州

14. 在古代非宫殿类建筑中，(　　)建筑为重檐歇山九间殿，黄琉璃瓦，仅次于最高级，同保和殿规制。

A. 雍和宫雍和殿　　B. 孔庙大成殿
C. 太原晋祠圣母殿　　D. 五台县佛光寺大殿

15. 北京颐和园后湖东部尽端有"谐趣园"是仿(　　)手法，是成功的园中之园。

A. 扬州瘦西湖　　B. 苏州留园　　C. 无锡寄畅园　　D. 苏州拙政园

16. 中国宋代建筑中使用的建筑模数是用(　　)作为标准的。

A. 斗口　　B. 材　　C. 步架　　D. 开间

17. 现代建筑结构出现之前，(　　)是建筑世界上跨度最大的空间建筑。

A. 卡瑞卡拉浴场　　B. 佛罗伦萨主教堂
C. 万神庙　　D. 圣彼得大教堂

18. 场地设计时所需的降水资料一般不包括以下哪项？(　　)

A. 平均年降雨量　　B. 年最低降雨日期
C. 暴雨持续时间及其最大降雨量　　D. 初终雪日期

19. 属于下列(　　)情况之一时，可以不用设置人行天桥或地道。

A. 横过交叉口的一个路口的步行人流量大于2500人次/h，且同时进入该路口的当量小汽车交通量大于1000辆/h
B. 行人横过城市快速路
C. 通行环形交叉口的步行人流总量达18000人次/h，且同时进入环形交叉的当量汽车交通量达到2000辆/h
D. 铁路与城市道路相交道口，因列车通过一次阻塞步行人流超过1000人次，或道口关闭的时间超过15min

20. 城市道路横断面设计，在满足交通要求的原则下，断面的组合可以有不同的形式，一般情况下，下列做法正确的是(　　)。

A. 各部分必须按道路中心线对称布置

B. 各部分均可以按道路中心线不对称布置

C. 车行道必须按车行道中心线对称布置

D. 人行道必须按道路中心线对称布置

21. 螺旋坡道式停车库是常用的一种停车库类型，具有很多优点，指出下列(　　)是它的主要缺点。

A. 螺旋式坡道造价较高

B. 坡道进出口与停车楼板间交通不易衔接

C. 交通流线不易组织

D. 结构设计复杂

22. 关于环道的叙述，下列不正确的是(　　)。

A. 它是环绕中心岛的车行道

B. 其宽度需要根据环道上的行车要求确定

C. 环道上一般布置两条机动车道，一条车道绕行，一条车道交织

D. 车道不宜过多，否则会造成行车的混乱

23. 行人净空要求：净高要求为(　　)m，净宽要求为(　　)m。

A. 2.2；0.75～1.0　　B. 2.0；0.85～1.0

C. 2.2；0.85～1.0　　D. 2.0；0.75～1.0

24. 一般城市主干路小型车车道宽度选用(　　)m，大型车车道或混合行驶车道选用(　　)m，支路车道最窄不宜小于(　　)m。

A. 3.5；3.75；3.5　　B. 3.0；3.5；3.0

C. 3.5；3.75；3.0　　D. 3.0；3.5；3.5

25. 商业步行区进出口距机动车和非机动车停车场（库）距离不宜大于(　　)m，并不得大于(　　)m。

A. 50；150　　B. 70；180

C. 100；200　　D. 150；240

26. 下列(　　)种停车库不可设一个汽车疏散出口。

A. 设有双车道口汽车疏散坡道的Ⅲ类多层停车库

B. 不超过 5 个车位的修车库

C. 停放不超过 25 辆车的地下停车库

D. 停放不超过 25 辆车的单层、底层停车库

27. 在城市次干道旁设置港湾式路边停车带时，是否需要设置分隔带？下列答案中正确答案是(　　)。

A. 不需设分隔带　　B. 可设可不设分隔带

C. 应设分隔带　　D. 停车带长度短时要设分隔带

28. 我国快速交通干道凸形竖曲线最小半径为(　　)m，凹形竖曲线最小半径为(　　)m。

A. 2500～4000；800～1000　　B. 10000；2500

C. 500～1000；500～600　　　　D. 20000；5000

29. 下列关于城市综合交通规划的表述，错误的是(　　)。

A. 规划应紧密结合城市主要交通问题和发展需求进行

B. 规划应与城市空间结构和功能布局相协调

C. 城市综合交通体系构成应按照城市近期建设的规模确定

D. 配置交通资源

30. 下面四项内容中，不属于城市排水工程系统总体规划内容的是(　　)。

A. 确定排水干管、渠的走向和出口位置

B. 划分排水区域，估算雨水、污水总量，制定不同地区污水排放标准

C. 提出污水综合利用措施

D. 对污水处理工艺提出初步方案

31. 以下城市用水量预测与计算的基本方法中，(　　)项对规划的用水量预测与计算有较好的适应性。

A. 人均综合指标法　　　　B. 单位用地指标法

C. 线性回归法　　　　D. 城市发展增量法

32. 城市水源选择考虑水量和水质的要求，按顺序排列为(　　)。

A. 地下水、泉水、河水、湖水

B. 泉水、海水、地下水、河水、湖水

C. 地下水、河水、湖水、泉水、海水

D. 湖水、泉水、海水、河水、地下水

33. 城市排水按照来源和性质分为三类，即(　　)。

A. 生活污水、工业污水和降水　　　　B. 生活污水、工业废水和降水

C. 生活污水、工业废水和雨水　　　　D. 生活污水、工业污水和雨水

34. 500kV、110kV 架空电力线走廊宽度分别为(　　)m。

A. 60～75；15～30　　　　B. 50～60；15～30

C. 60～75；15～25　　　　D. 50～60；15～25

35. 以下不符合高压、中压 A 管网布线原则的一项是(　　)。

A. 宜布置在城市的边缘或规划道路上，高压管网应避开居民点

B. 对高压、中压 A 管道直接供气的大用户，应尽量缩短用户支管长度

C. 连接气源厂（或配气站）与城市环网的支状干管，一般应考虑双线，可近期敷设一条，远期再敷设一条

D. 长输高压管线可以连接任意用户

36. 城市供热对象的选择应该是(　　)。

A. 满足先大后小的原则　　　　B. 满足先分散后集中的原则

C. 先满足大企业用热　　　　D. 满足先小后大的原则

37. 下列不符合邮政局所选址要求的是(　　)。

A. 局址应交通便利，运输邮件车辆易于出入

B. 局址应有较平坦地形，地质良好

C. 符合城市规划要求

D. 不应设在闹市区、大型工矿企业所在地

38. 气化和混气站的液化石油贮罐（总容积 $10m^3$ 以下）与站外居民建筑的防火间距是(　　)m。

A. 25　　B. 30　　C. 35　　D. 40

39. 下列说法错误的是(　　)。

A. 城市生命线系统是城市的“血液循环系统”

B. 一般情况下，城市生命线系统都采用较高的标准进行设防

C. 城市生命线系统的地下化，被证明是一种有效的防灾手段

D. 地下生命线系统也有其自身的防灾要求，较为棘手的将是防震问题

40. 不属于城市环境卫生设施工程系统详细规划内容的是(　　)。

A. 估算规划范围内固体废物产量

B. 提出规划区的环境卫生控制要求

C. 确定垃圾收运方式

D. 进行可能的技术经济方案比较

41. 下面四种说法，有一种是不符合管线共沟敷设规定的，请指出是(　　)项。

A. 热力管不应与电力、通信电缆和压力管道共沟

B. 凡有可能产生相互影响的管线，不应共沟敷设

C. 排水管道应布置在沟底，且在有腐蚀性介质管道之下

D. 可燃气体、毒性气体和液体，以及具有腐蚀性介质管，不应共沟敷设，并严禁与消防水管共沟敷设

42. 我国城镇住房的改革在 20 世纪(　　)开始实质性启动。

A. 80 年代初　　B. 90 年代初

C. 80 年代末　　D. 90 年代末

43. 经济学家的环境观点就是要(　　)。

A. 彻底排除污染

B. 不否认即使在环境污染导致的外部成本内部化、受害者得到足够补偿的情况下，环境污染也依然存在

C. 认为在环境污染导致的外部成本内部化、受害者得到足够补偿的情况下，环境污染就会消失

D. 没有一个污染的最适当水平

44. 德国经济学家霍夫曼在其《工业化的阶段和类型》一书中指出，衡量经济发展的标准是(　　)。

A. 产值的绝对水平

B. 人均产值

C. 经济中制造业部门的若干产业的增长率之间的关系

D. 资本存量的增长

45. 下面四个选项中有一个不是表述城市经济学与城市规划关系的，该项为(　　)。

A. 城市经济学对城市增长和终级规模的预测，分析城市可能取得的经济资源和消费需求

B. 对具体城市问题的分析和规划调控的对策建议，如解决城市交通拥挤、城市环境保护

的经济手段等
C. 运用投资估算技术评估各类规划方案以帮助政府和投资者决策
D. 加强城乡之间、城市与城市之间的社会联系

46. 下面(　　)不是针对外部性的公共政策。

A. 国务院针对太湖、淮河流域的环境污染问题对沿湖流域内的污染企业做出关闭和限期治理的规定
B. 公共交通优先政策
C. 排污权的交易
D. 鼓励私人购买小汽车

47. 20 世纪 80 年代后，中国开始了土地使用制度的改革，(　　)走在了全国土地制度改革的前列，较早试行了城市土地使用权的有偿转让。

A. 广东省和北京市　　B. 山东省和上海市
C. 广东省和上海市　　D. 广东省和深圳市

48. 下列关于城市发展的表述，错误的是(　　)。

A. 集聚效益是城市发展的根本动力
B. 城市与乡村的划分越来越清晰
C. 城市与周围广大区域规划保持着密切联系
D. 信息技术的发展将改变城市未来

49. 针对现代交通问题的四个交通调整政策包括(　　)。

A. 线路设施成本负担调整政策、运费调整政策、投资调整政策、限制机制调整政策
B. 线路设施成本负担调整政策、运费调整政策、限制调整政策、公共机制调整政策
C. 线路设施成本负担调整政策、限制调整政策、投资调整政策、公共机制调整政策
D. 线路设施成本负担调整政策、运费调整政策、投资调整政策、公共机制调整政策

50. 在城市经济中，供给的基础包含内容，不包括以下哪项?(　　)。

A. 城市产业的物质与技术基础　　B. 专业化协作程度
C. 工业化基础　　D. 投资环境

51. 城市土地使用对社会性因素依赖性和农业用地相比（　　）。

A. 差不多　　B. 更强　　C. 更少　　D. 无法比较

52. 下列关于企业集群的表述，正确的是(　　)。

A. 新兴产业之间具有较强的依赖性，因此要比成熟产业更容易形成企业集群
B. 临近大学并具有便利的交通条件，有利于企业集群的形成
C. 以非标准化或为顾客指定产品为主的制造业，有比较强的地方联系，容易形成企业集群
D. 设立高科技园区形成企业集群的基本条件

53. 下列关于城市形态的表述，错误的是(　　)。

A. 集中型城市形态一般适用于平原地区城市
B. 带型城市形态一般适用于延河流的地区城市
C. 放射型城市形态一般适用于山区城市
D. 星座型城市形态一般适用于特大型城市

54. 核心边缘理论是一种关于(　　)的理论。

A. 城市空间相互作用和扩散　　B. 城市规模分布

C. 城市产业结构调整　　D. 城市职能研究

55. 按照城市离心扩散形式的不同，可分为(　　)两种类型的城市化。

A. 向心型和离心型　　B. 景观型与职能型

C. 外延型和飞地型　　D. 直接型和间接型

56. 下列不是城市地理学主要研究的方面是(　　)。

A. 城市的形成和发展条件研究　　B. 区域的城市空间组织研究

C. 区域城市体系研究　　D. 城市内部组织研究

57.《国家新型城镇化规划（2014—2020）》明确了新型城镇化的核心是(　　)。

A. 优先发展中小城市与城镇　　B. 人口的城镇化

C. 改革户籍制度　　D. 优化城镇体系

58. 英国学者(　　)是第一个对中心地学说进行验证的人。

A. 贝里　　B. 加里森　　C. 斯梅尔斯　　D. 廖士

59. 霍曼斯的交换理论是一种从(　　)出发的微观社会学理论。

A. 商品交换　　B. 个人心理

C. 对等原则　　D. 交换行为

60. 影响居民社区归属感的因素是(　　)。

A. 社区居民收入水平　　B. 社区有较多的购物、娱乐设施

C. 社区有较多的教育、医疗设施　　D. 居民对社区环境的满意度

61. 社会学所关注的社会运行的几大主题是(　　)。

A. 需要、互动、管理与控制、变迁与进步

B. 隔离、控制、变迁、进步

C. 需要、创造、管理、变迁和进步

D. 互动、创造、管理、变迁

62. 劳动力的供给大于社会经济发展对劳动力的需求，会出现(　　)。

A. 失业现象　　B. 劳动力不足

C. 失业现象消失　　D. 各种可能

63. 社会学中的社会问题是(　　)。

A. 认为社会的正常运转出了问题，是社会中发生的被多数人认为是不需要或不能容忍的事件和情况，并且影响到多数人的生活，而必须以社会群体的力量才能进行改进的问题

B. 由于城市化的不断加深，而出现的一系列的社会性问题

C. 用理性的思维，分析社会上出现的一些事

64. 下列关于人口因素对城市社会空间结构变化的影响主要表现的表述，哪项是错误的？(　　)

A. 家庭结构的变化　　B. 人口增长

C. 老龄化社会　　D. 人口负增长

65. 下面哪项不是影响就业的社会因素(　　)。

A. 经济的不发展　　B. 季节性工作
C. 劳动力流动　　D. 科学技术的进步

66. 美国从1968年开始的新社区计划和以后的示范城市计划，审批援助款项时的先决条件是(　　)。

A. 有一个科学合理的规划
B. 市民已经真正有效地参与了规划制定过程
C. 新区邻里具有活力且对环境进行综合治理
D. 进行城市社会整合，使社会关系条例化、合法化、城市社会纳入统一管理和控制的轨道

67. 城市环境污染是指人类的活动所引起的环境质量下降而有害于人类及其他生物的正常生存和发展的现象。城市环境污染从不同角度、不同方面有多种分类。下列阐述有误的一项是(　　)。

A. 按环境要素，可分为大气污染、水体污染和土壤污染等
B. 按污染物的性质，可分为生物污染、废气污染、固体污染等
C. 按污染产生的原因，可分为生产污染和生活污染
D. 按污染物的分布范围，又可分为全球性污染、区域性污染、局部性污染等

68. 从生物圈的物质构造来说，它存在着几大类成分，下列选择中有误的一项是(　　)。

A. 已经获得有机结构，但始终不曾具有生命的物质
B. 有机的生命物质
C. 曾经一度有生命而现在仍然保留着某些有机性质和能力的无生命物质
D. 各种无机物质

69. 关于城市生态学的论述，下列(　　)项不妥。

A. 城市生态学是研究有机体和它们的环境之间相互关系的科学
B. 城市生态学可分成城市自然生态学、城市经济生态学、城市社会生态学三个分支
C. 城市生态学是研究城市人类活动与周围环境之间关系的一门学科
D. 城市生态学是研究以人为中心的人工生态系统发生和发展动因、组合和分布的规律、结构和功能的关系的学科

70. 城市生态系统的稳定性主要取决于(　　)，以及人类的认识和道德责任。

A. 社会经济系统的发展水平
B. 社会平衡与经济发展
C. 社会经济系统的调控能力和水平
D. 社会平衡、经济发展、环境保护

71. 环境影响评价应遵循(　　)。

A. 目的性原则、整体性原则、相关性原则、动态性原则、随机性原则、民主性原则
B. 目的性原则、整体性原则、层级性原则、动态性原则、随机性原则
C. 目的性原则、整体性原则、相关性原则、层级性原则、程序性原则
D. 目的性原则、整体性原则、相关性原则、主导性原则、动态性原则、随机性原则

72. 人文生态学所研究的对象主要是(　　)。

A. 人和机构组织的地理分布的形成过程及其变化规律

B. 建筑高度和建筑材料、城市色彩，城市道路网的形态

C. 不同社会集团在各种人类活动中的竞争结果

D. 各种制约条件，动态研究人类活动

73. 下列不属于城市生态学研究内容的一项是(　　)。

A. 研究城市生态系统的主体——城市人口的结构、变化速率及其空间的分布特征，以阐明城市人口与城市环境问题的相互关系

B. 研究城市生态系统与城市居民健康之间的关系，建立城市模型

C. 研究合理的各种环境质量指标及标准

D. 研究城市生态规划、环境规划的内容、原则与方法

74. 环境影响评价又称“环境影响分析”，是一项人类活动未开始之前对它将来在各个不同时期所可能产生的环境影响（环境质量变化）进行的预测与评估。下列不属于其评价目的的一项是(　　)。

A. 为全国规划提供科学依据　　B. 为合理布局提供科学依据

C. 为各种污染提供科学依据　　D. 为其他公害提供科学依据

75. 下面关于城市生态系统的生物次级生产的叙述，错误的是(　　)。

A. 城市生态系统的生物次级生产处于高度的人工干预状态之下，生产效率高，稳定性差

B. 城市生态系统的生物次级生产是城市中的异养生物对初级生产物质的利用和再生产过程，即城市居民维持生命、繁衍后代的过程

C. 城市生态系统的生物次级生产表现出明显的人为可调性

D. 城市生态系统的生物次级生产即城市居民维持生命、繁衍后代的过程

76. 航空遥感中，使用最为普遍的是由画幅式相机摄取的(　　)。

A. 黑白、彩色或彩红外航空像片　　B. 卫星图像

C. 黑白像片　　D. 彩色图像

77. 没有体现拓扑数据结构是以软件的复杂性换取功能的全面性的一项是(　　)。

A. 用人工来建立拓扑结构因工作量太大而无法推广

B. 自动建立拓扑结构需要耗费计算时间

C. 采用拓扑型的结构，移动、修改方便

D. 由于数据结构复杂，拓扑结构对大型、连续的空间数据库管理、维护不方便

78. 能被用于1∶50000～1∶100000城市地形图测绘及部分地代替航空像片进行较微观的城市空间结构分析的是(　　)。

A. 专题制图仪图像　　B. 多光谱扫描仪图像

C. 高分辨率可见光扫描仪图像　　D. 热红外图像

79. 遥感技术是建立在物体(　　)理论基础上的。

A. 对光的反射　　B. 对光的折射

C. 电磁波辐射　　D. 热能

80. 现代信息技术以(　　)为代表。

A. 计算机　　B. 计算机、遥感

C. 计算机、数字通信、遥感　　D. GIS、GPS、RS

二、多项选择题（共 20 题，每题 1 分。每题的备选项中，有二至四个选项符合题意。少选、错选都不得分）

81. 下列设计文件的编制深度，属于初步设计要求设计深度的是(　　)。

A. 能安排材料、设备的订货，非标准设备的制作

B. 进行施工图预算编制

C. 设计方案的选择和确定

D. 提供项目投资控制的依据

E. 能进行全场性的准备工作

82. 按相关规范要求，符合下列(　　)条件的住宅应设置电梯。

A. 最高住户人口楼面距底层室内地面高度超过 16m

B. 建筑高度超过 16m 的住宅

C. 7 层及 7 层以上的住宅

D. 顶层为跃层，且跃层部分地面高度距底屋室内地面高度超过 16m

E. 老年住宅

83. 交通量较小的次要交叉口，异形交叉口一般采用(　　)形式的交通管理与组织形式。

A. 无交通管制

B. 采用渠化交通

C. 采用交通指挥

D. 采用立体交叉

E. 二次交通法

84. 城市道路平曲线上的路面加宽的原因包括下列(　　)。

A. 汽车在曲线段上行驶时，所占有的行车部分宽度要比直线路段大

B. 保持车辆进行曲线运动所需的向心力

C. 保证汽车在转弯中不侵占相邻车道

D. 加大路面对车轮的横向摩擦力

E. 汽车在平曲线上行驶时车速会适当加快

85. 当曲线加宽与超高同时设置时，加宽缓和段长度应与超高缓和段长度相等，(　　)。

A. 内侧减少宽度

B. 内侧增加宽度

C. 外侧减少超高

D. 外侧增加超高

E. 外侧增加超高，同时内侧减少宽度

86. 下列(　　)属于城市燃气系统工程分区规划阶段的工作内容和深度。

A. 选择气源种类

B. 计算燃气用量

C. 确定燃气输配设施的级配等级

D. 确定燃气输配设施的分布、容量和用地

E. 规划布局燃气输配管网

87. 下列(　　)不属于城市给水系统工程分区规划阶段的内容和深度。

A. 确定用水量标准

B. 估算分区用水量

C. 确定供水设施的规模、位置、用地范围

D. 提出用水水质、水压的要求
E. 落实供水管渠的走向、位置、线路并估算控制管径

88. 下列城市电网典型结线方式中，(　　)方式宜在低压配电网中采用。

A. 放射式　　B. 多回线式
C. 环式　　D. 格网式
E. 联络线

89. 下列各项中，(　　)是符合城市工程管线综合布置原则的。

A. 城市各项工程管线的位置应采用统一的城市坐标系统和标高系统
B. 管线带的位置应与道路或建筑红线平行，同一条管线一般不宜自道路一侧转到另一侧
C. 管线布置应紧凑合理、有利市容，同一性质的线路如电信线路与电力线路应尽可能和杆架设
D. 城市管线敷设方式，应根据管线内介质的性质、地形、交通运输、施工检修等因素，经过技术比较后，择优选择
E. 当管线与铁路或道路不能正交时，其交叉角度不宜小于35°

90. 下列关于城市设施布局与城市风向的关系表述中，错误的是(　　)。

A. 污水处理厂应布置在城市主导风向的下风向
B. 城市火电厂应布置在城市主导风向的下风向
C. 天然气门站应布置在城市主导风向的下风向
D. 生活垃圾卫生埋场应布置在城市主导风向的下风向
E. 消防站应布置在城市主导风向的下风向

91. 目前，以市场途径获取城市土地使用权的方式主要有(　　)等方式。

A. 土地出让　　B. 缴纳土地使用费
C. 土地的行政划拨　　D. 合作经营
E. 政府征用

92. 英国著名的地理学家卡特（Harold Carter）从区位论角度，将城市的职能归纳为(　　)。

A. 中心地职能　　B. 工业职能
C. 交通职能　　D. 特殊职能
E. 商业职能

93. 城市内部地域结构研究方法有(　　)。

A. 景观分析方法　　B. 城市填图方法
C. 社会地区研究方法　　D. 功能分析法
E. 因子生态分析方法

94. 下面关于城市性质的说法不正确的是(　　)。

A. 城市性质是城市主要职能的概括
B. 城市性质等同于城市职能
C. 城市性质一般是表示城市规划期内希望达到的目标或方向
D. 城市性质关注所有的城市职能
E. 城市性质代表了城市的共性

95. 以下各项中，关于自上而下型城市化和自下而上型城市化论述正确的是(　　)。

A. 自上而下型城市化是指国家投资于城市经济部门，随着经济发展产生的劳动力需求而引起的城市化

B. 自下而上型城市化是传统的城市化表现形式，指城市性用地逐渐覆盖地域空间的过程

C. 自下而上型城市化是指农村地区通过自筹资金发展以乡镇企业为主体的非农业生产活动

D. 自上而下型城市化是指的是现代城市功能在地域系列中发挥效用的过程

E. 自下而上型城镇化首先实现农村人口职业转化，进而通过发展小城市（集）镇，实现人口居住地的空间转化。

96. 城市社会学中实验法和观察法的根本不同在于(　　)。

A. 实验的观察不是自然状态下的观察，而是在人工环境中，在人为控制中进行的观察

B. 实验研究者靠自己的感受去搜集对象的信息

C. 自然观察的内容是难以重复的，而实验的内容却可以不断反复

D. 实验的内容是难以重复的

E. 观察法可以说是社会实验法的进一步发展

97. 城市生态系统的不完整性表现在(　　)。

A. 城市生态系统缺乏分解者

B. 城市生态系统“生产者”不仅数量少，而且其作用也发生了改变

C. 城市生态系统表现了较强的对外部系统的依赖性

D. 城市生态系统具有对外部系统的辐射性

E. 城市生态系统具有自净化能力

98. 生产生态位是指(　　)。

A. 城市的经济水平

B. 城市的资源丰盛度

C. 社会环境

D. 自然环境

E. 经济环境

99. 纸质地图输入计算机之前往往因图纸不均匀胀缩而带来坐标误差。有时，多途径获得的空间数据拼接到一起时，会有少量错位，解决上述问题的常用办法是(　　)。

A. 图幅变形校正

B. 平移

C. 图幅接边处理

D. 投影变换

E. 叠加

100. 下面(　　)属于 GIS 的网络分析功能。

A. 计算公共设施的供需负荷

B. 计算不规则地形的设计填挖方

C. 沿着交通线路、市政管线分配点状服务设施的资源

D. 分析管线穿越地块的问题

E. 对两个数据进行的一系列集合运算，产生新数据

模拟试题四答案

一、单项选择题

1. B　2. D　3. A　4. C　5. B　6. A　7. A　8. C
9. C　10. B　11. B　12. C　13. B　14. B　15. C　16. B
17. C　18. B　19. A　20. B　21. A　22. C　23. A　24. C
25. C　26. D　27. A　28. B　29. A　30. D　31. B　32. A
33. B　34. A　35. D　36. D　37. D　38. B　39. D　40. D
41. C　42. B　43. B　44. C　45. D　46. D　47. C　48. B
49. D　50. C　51. B　52. C　53. C　54. A　55. C　56. C
57. B　58. C　59. B　60. D　61. A　62. A　63. A　64. B
65. A　66. B　67. B　68. D　69. A　70. C　71. D　72. A
73. B　74. C　75. A　76. A　77. C　78. C　79. C　80. C

二、多项选择题

81. C、D　82. A、C　83. B、C　84. A、C
85. B、D　86. B、C、D、E　87. B、C　88. A、C、D
89. A、B、D　90. A、C、E　91. A、B、D　92. A、C、D
93. A、B、C、E　94. B、D、E　95. A、C、E　96. A、C
97. A、B　98. A、B　99. A、C　100. A、C

模 拟 试 题 五

一、单项选择题（共 80 题，每题 1 分。各题的备选项中，只有一个符合题意）

1. 塔式中高层住宅每层建筑面积应该（　　）。

A. 不超过 $500m^2$

B. 不超过 $600m^2$

C. 不超过 $800m^2$

D. 不超过 $1000m^2$

2. 楼梯的连续踏步数(　　)。

A. 一般不应超过 18 级，也不应少于 3 级

B. 一般不应超过 16 级，也不应少于 3 级

C. 一般不应超过 18 级，也不应少于 6 级

D. 一般不应超过 18 级，也不应少于 4 级

3. 对建筑辅助设施有四点要求，不合理的是(　　)。

A. 设计的位置要恰当

B. 面积要紧凑

C. 面积需适当放大

D. 设备管线要集中

4. 交通组织一般有三种组织方式，不包括(　　)。

A. 围绕楼梯间组织各户入口

B. 以梯廊间层（即隔层设廊，再由小梯通至另一层）组织各户入口

C. 以廊来组织各户入口

D. 以天桥形式组织各户入口

5. 关于场地排水说法正确的是(　　)。

A. 暗管排水多用于建筑物、构筑物较集中的场地；运输线路及地下管线较多、面积较大、地势平坦的地段

B. 暗管排水多用于建筑物、构筑物比较分散的场地，断面尺寸按汇水面积大小而定，明沟排水坡度为 0.3%～0.5%，特殊困难地段可为 0.1%

C. 明沟排水多用于建筑物、构筑物较集中的场地，断面尺寸按汇水面积而定

D. 明沟排水多用于建筑物、构筑物比较分散的场地，运输路线及地下管线较多、面积较大、地势平坦的地段

6. 关于自动扶梯的布置形式，下列不正确的是(　　)。

A. 单向布置

B. 平行布置

C. 交叉布置

D. 转向布置

7. 根据家庭生活行为单元的不同，可以将住宅建筑的户分为(　　)。

A. 居室、厨房、卫生间、门厅、贮藏间

B. 一室户、二室户、三室户、四室户

C. 居住、辅助、交通、其他

D. 公共空间、私密空间、半公共半私密空间

8. 电影院、剧场基地应至少(　　)直接临接城市道路，其沿城市道路的长度至少不小于基地周长的(　　)，基地至少有(　　)以上不同方向通向城市道路的出口。

A. 两面；1/4；四个　　B. 两面；1/6；二个

C. 一面；1/6；二个　　D. 一面；1/4；四个

9. 高层民用建筑之间的防火间距，一般应为(　　)m。

A. 13m　　B. 15m　　C. 16m　　D. 18m

10. 自然坡度为16% 时，应选择(　　)种设计场地连接形式。

A. 混合式　　B. 平坡式　　C. 台阶式　　D. 陡坡式

11. 建筑布局的方式从形体组合的关系上来分有(　　)形式。

A. 集中式、分散式、院落式　　B. 对称式、非对称式

C. 规整式、自由式、混合式　　D. 集中式、分散式、组群式

12. 按材料组成物质的种类和化学成分将建筑材料分为(　　)类。

A. 金属材料、非金属材料

B. 无机材料、有机材料、复合材料

C. 植物材料、沥青材料

D. 高分子合成材料、颗粒集结型材、纤维增强型材、层合型材

13. 中国古代建筑中的移柱造和减柱造在(　　)时期非常盛行。

A. 秦汉　　B. 唐宋

C. 魏晋南北朝　　D. 辽金元

14. 颐和园的主体建筑是(　　)。

A. 谐趣园和静心斋　　B. 排云殿和佛香阁

C. 乐寿堂和仁寿殿　　D. 昆明湖和万寿山

15. 组织空间序列，需将两方面的因素统一起来，它们是(　　)。

A. 时间的先后与空间的过渡　　B. 空间的过渡与对比

C. 空间的排列与过渡　　D. 空间的排列与时间的先后

16. 风向频率玫瑰图一般有多种形式，但是下列哪项却不是？(　　)

A. 8方向风玫瑰　　B. 16方向风玫瑰

C. 24方向风玫瑰　　D. 32方向风玫瑰

17. 下面所列四项内容(　　)项不属于建设项目需具备的基本文件资料。

A. 经过审批的可行研究报告

B. 国民经济发展状况及基建投资方面的资料

C. 气象、水文地质情况及风玫瑰图

D. 计划部门批准的立项文件

18. 下列关于居住区道路的表述，错误的是(　　)。

A. 居住区及道路可以使城市支路

B. 小区级道路是划分居住组团的道路

C. 宅间道路要满足消防、救护、搬家、垃圾清运等汽车的通行

D. 小区步行路必须要满足消防车通行

19. 净空与限界的关系是：(　　)值大。

A. 净空大于限界　　B. 净空等于限界

C. 净空小于限界　　D. 不一定

20. 城市道路横向安全距离取为(　　)m。

A. 0.8～1.0　　B. 1.0～1.4

C. 1.2～1.6　　D. 1.6～2.0

21. 当机动车与非机动车分隔行驶时，双向(　　)是最经济合理的。

A. 2～4 条非机动车道　　B. 3～5 条非机动车道

C. 4～6 条机动车道　　D. 6～8 条机动车道

22. 单位专用停车场常采用下列(　　)车辆停发方式。

A. 前进停车，后退发车　　B. 后退停车，前进发车

C. 前进停车，前进发车　　D. 后退停车，后退发车

23. 立体交叉适用于快速、有连续交通要求的大交通量交叉口可分为两大类，下列(　　)种分类是正确的。

A. 简单立交和复杂立交　　B. 定向立交和非定向立交

C. 分离式立交和互通式立交　　D. 直通式立交和环行立交

24. 下面关于城市道路纵断面设计要求，哪项是错误的？(　　)

A. 尽可能与相交道路、广场和沿路建筑物的出入口有平顺的衔接

B. 路基稳定，土方基本平衡

C. 线形可以起伏频繁，以丰富城市景观

D. 道路及两侧街坊的排水良好

25. 城市地面机动车公共停车场，当车位超过(　　)辆时，出入口不少于两个。

A. 30　　B. 50　　C. 100　　D. 150

26. 当竖曲线半径为定值时，其切线长度随着两纵坡差的数值加大而(　　)。

A. 加大　　B. 缩小

C. 保持不变　　D. 与纵坡值大小成正比

27. 为了保持平面和纵断面的线形平顺，一般取凸形竖曲线的半径为平曲线半径的(　　)倍。

A. 5～8　　B. 8～12　　C. 10～20　　D. 15～25

28. 在机动车与非机动车混行的道路上，应以(　　)的爬坡能力来确定道路的最大纵坡。

A. 小汽车　　B. 载重车　　C. 机动车　　D. 非机动车

29. 下列工作内容(　　)不属于城市分区规划中燃气工程规划的内容。

A. 选择城市气源种类

B. 确定燃气输配设施的分布、容量和用地

C. 酌定燃气输配管网的级配等级，布置输配干线管网

D. 确定燃气输配设施的保护要求

30. 根据用水的目的、对象对水质、水量和水压的不同要求，在城市给水工程规划和进行水量预测时，一般采用下列(　　)城市用水分类。

①工业企业用水；②生产用水；③居民生活用水；④生活用水；⑤公共建筑用水；⑥市政

用水；⑦消防用水；⑧施工用水；⑨绿化用水。

A. ①③⑤⑦　　B. ①④⑥⑨

C. ②④⑥⑦　　D. ①④⑧⑨

31. 城市电力负荷预测是城市供电规划的重要组成部分，你认为下列城市用电量预测方法中，(　　)方法不宜用于城市用电量的远期预测。

A. 经济指标相关分析法　　B. 年平均增长率法

C. 电力弹性系数法　　D. 时间序列建模法

32. 在城市燃气系统设施工程规划中，确定燃气气源、输配设施和管网管径的最重要依据应是下列(　　)。

A. 根据预测年的城市燃气总用气量

B. 根据预测年的燃气日用气量和小时用气量

C. 根据预测年的民用和工业燃气负荷重量，并适当考虑未预见用气量（如管网漏损量等）

D. 根据预测年的燃气资源状况、城市规模、城市环境质量要求和城市经济实力

33. 以下四种城市排水体制中，(　　)体制多用于旧城区改建。

A. 直排式合流制　　B. 截流式合流制

C. 不完全分流制　　D. 完全分流制

34. 下列城市电网典型结线方式中，(　　)不宜在城市高压配电网中采用。

A. 放射式　　B. 多回线式　　C. 环式　　D. 格网式

35. 下列城市工程管线，(　　)管线最宜采用环状管网布局形式。

A. 雨水管　　B. 污水管　　C. 热力管　　D. 给水管

36. 将城市工程管线按弯曲程度分类，下列(　　)管线属于可弯曲管线。

①自来水管道；②污水管道；③电信电缆；④电力电缆；⑤电信管道；⑥热力管道。

A. ③④⑤　　B. ①②③　　C. ③④⑥　　D. ①③④

37. 城市燃气调压站具有(　　)功能。

A. 调峰　　B. 混合　　C. 加压　　D. 调压

38. 综合布置城市地下工程管线产生矛盾时，提出的下列避让原则中，(　　)是不合理的。

A. 压力管让自流管　　B. 小管让大管

C. 低压管让高压管　　D. 易弯曲的管让不易弯曲的管

39. 城市地下工程管线的埋设深度是指下列(　　)。

A. 地面到管道顶（外壁）的垂直距离

B. 地面到管道几何中心的垂直距离

C. 地面到管道底（内壁）的垂直距离

D. 地面到管道底（外壁）的垂直距离

40. 绘制城市工程管线综合总体规划图时，通常不需绘入综合总体规划图中的线路是(　　)。

A. 给水和排水　　B. 热力和燃气

C. 电力和电信架空线　　D. 给水和燃气

41. 城市用地竖向规划采用台阶式，当保护台地的挡土墙高度超过 6.0m 时，宜退台处理。

试问退台的宽度不能小于(　　)。

A. 1.0m　　B. 1.5m　　C. 2.0m　　D. 2.5m

42. 在土地开发中，房地产开发商为了追求最大利润，总是尽可能提高建筑容积率，然而过高的开发强度会引起(　　)效果。

A. 外部经济的正效果　　B. 外部经济的负效果

C. 内部经济的负效果　　D. 内部经济的正效果

43. 在激励企业研究污染治理技术上，(　　)方法更为有效。

A. 收取排污费　　B. 发放补贴

C. 制定环境标准　　D. 排污权交易

44. 关于供需与政府政策的有关说法，错误的是(　　)。

A. 政府能利用供求关系的市场规律，通过对价格的控制来达到调节市场运作的目的

B. 基础设施供应企业是自主经营的企业，政府可以直接决定价格

C. 在自由竞争的市场中，由买者和卖者共同决定市场的均衡价格

D. 政府实行的价格上限高于市场均衡价格，市场力量自然而然地使经济向均衡变动，价格上限没有实际影响

45. 下面关于交通供给与需求的特点描述不正确的是(　　)。

A. 交通需求是指出于各种目的的人和物在社会公共空间中以各种方式进行移动的要求，它具有需求时间和空间的不均匀性、需求目的的差异性、实现需求方式的可变性等特征

B. 道路与机动车之间在数量上存在比例关系，车辆增长与交通量的增长呈线性关系

C. 需求是可以调节的，而供给是有限制的

D. 交通供给是指为了满足各种交通需求所提供的基础设施和服务，它具有供给的资源约束性、供给的目的性、供给者的多样化等特征

46. (　　)标志着城市经济学正式成为一门学科。

A. 第二次世界大战后，城市化的迅速发展

B. 《城市经济学导言》一书的出版

C. 20 世纪 20 年代对城市土地经济和土地区位的研究和城市土地规划的分析

D. 《城市经济学》一书的出版

47. 城市住房问题是伴随着城市化进程开始就已经出现的全球性社会问题，在不同经济发展水平国家有不同表现，在西方发达国家表现为(　　)。

A. 居住隔离问题　　B. 住房短缺

C. 住宅品质低下　　D. 贫民窟和强占定居

48. 以下说法，(　　)是不正确的。

A. 汤普森著《城市经济学导论》

B. 伯吉斯提出同心圆城市理论

C. 罗斯托创立了“起飞论”学说

D. 霍夫曼提出的霍夫曼系数 H，即 H 为消费品工业的总产值与资本品工业的总产值之比

49. 土地市场不具有以下(　　)的功能。

A. 地域性

B. 优化配置土地资源

C. 调整产业结构，优化生产力布局

D. 健全市场体系，实现生产要素的最佳组合

50. 经济增长实质上是投资和收入的函数——投资(　　)推动了增长的开始，而收入则(　　)影响着增长的要求。

A. 直接；间接　　B. 直接；直接

C. 间接；直接　　D. 间接；间接

51. 中国1945年以来的城市化过程波动性很大，按大的发展阶段来说，我国实际的城市化的波动过程的次序为(　　)。

A. 城市化稳步发展—第一次反向城市化—第二次反向城市化—过度城市化—稳步发展的城市化

B. 城市化稳步发展—过度城市化—第一次反向城市化—第二次反向城市化—第二次过度城市化

C. 城市化稳步发展—第一次反向城市化—过度城市化—第二次反向城市化—稳步发展的城市化

D. 城市化稳步发展—过度城市化—反向城市化—第二次反向城市化—稳步发展的城市化

52. 城市地理位置类型划分中大、中、小位置，是从(　　)来考察城市地理位置。

A. 城市及其腹地之间的相对位置关系

B. 城市的大小

C. 不同空间尺度

D. 中心城市所在区域的大小

53. 最小需要量法是1960年厄尔曼和达西提出的(　　)的方法。

A. 城市职能分类　　B. 确定主导产业

C. 划分基本/非基本部分　　D. 确定城市化水平

54. 每个城市对周围地区都有一定的吸引力，其吸引力的大小与下列(　　)因素的关系最密切。

A. 城市性质　　B. 城市功能

C. 城市的产业结构　　D. 距城市的远近

55. 下列不属于城市空间环境演变基本规律的是(　　)。

A. 从封闭的单中心到开放的多中心空间环境

B. 从平面空间环境到立体空间环境

C. 从生活空间环境到生活空间环境

D. 从分离的均质城市空间到整合的单一城市空间

56. 下列各项中不属于交通政策范畴的是(　　)。

A. 优先发展公共交通　　B. 限制私人小汽车数量盲目膨胀

C. 开辟公共汽车专用道　　D. 建立渠化交通体系

57. 以下(　　)现象属于外延型城市化和飞地型城市化类型。

A. 建成区“摊大饼”和卫星城建设

B. 过度城市化和低度城市化

C. 郊区城市化和城市郊区化
D. 大城市化和小城镇化
58. 下列关于城市多核心理论的表述，错误的有(　　)。
A. 是关于区域城镇化体系分布的理论
B. 通过对美国大部分大城市的研究，提出影响城市中活动分布的四项原则
C. 分化的城市地区形成了各自的核心，构成了整个城市的多中心
D. 城市空间通过相互协调的功能在特定地点的彼此强化等，形成地域的分化
59. 社区生活质量的衡量，是以对(　　)的拥有程度为主要评价标准的。
A. 公共生活服务设施、生活舒适性
B. 闲暇时间、公共服务设施、社会福利
C. 公共服务设施、社会福利、方便的出行交通
D. 闲暇时间、公共服务设施、社会福利、公众参与
60. 下面关于城市社区管理说法不正确的是(　　)。
A. 社区管理的一切活动都围绕着人这个中心
B. 城市社区管理与一般的城市管理一样
C. 城市社区管理与一般的城市管理不同
D. 城市社区管理把实现社区社会效益和心理归属作为最终目标
61. 以下现象中，(　　)是形式化的社会控制，(　　)是非形式化的社会控制。
A. 法律、法规；道德、宗教
B. 风俗习惯、道德；法律、宗教
C. 军队、艺术；法庭、法律
D. 条例、习惯；规程、时尚
62. 下列哪项无助于实现人居环境可持续发展的目标？(　　)
A. 为所有人提供足够的住房
B. 完善供水、排水、废物处理等基础设施
C. 控制地区人口数量和建设区扩张
D. 推广可循环的新能源系统
63. 根据两个或两类事物之间的相异点和相同点的比较，认识事物之间的关系，或用一种社会现象说明另一种社会现象的方法是城市社会学分析方法中的(　　)。
A. 矛盾分析法
B. 社会因素分析法
C. 对比分析法
D. 功能分析法
64. 在城市规划调查中，社会环境的调查不包括(　　)。
A. 人口年龄结构、自然变动、迁移变动和社会劳动调查
B. 家庭规模、家庭生活方式、家庭行为模式及社区组织情况调查
C. 政府部门、其他公共部门依据各企业、事业单位基本情况
D. 城市住房及居住环境调查
65. 光化学烟雾是一次污染物和二次污染物的混合物所形成的空气污染现象。造成的主要原因是(　　)。
A. 大量汽车排气和少量工业废气中的氮氧化物和碳氢化合物，是在一定的气象条件下发生的
B. 运载气体中的稀浓度的燃烧产物和水蒸气凝结而成

C. 地面扬尘、燃料燃烧、工业烟尘、火山灰等
D. 矿物燃烧和金属矿的冶炼

66. 我国各地在环境影响评价工作中，逐渐总结出一些有价值的做法。下列阐述有误的是(　　)。

A. 在对建设项目的性质、规模和所在地区的自然环境、社会环境进行一般性调查分析的基础上，找出其主要环境影响因素，对这些主要影响因素进行比较深入的分析研究，以做出评价结论。既可缩短时间和节省费用，又保证质量
B. 重视环境预测评价。建设项目的预测评价是环境影响评价的核心。对建设项目的长期环境影响有恰当的评价。预测评价在建设项目提供数据和对自然环境、社会环境进行调查的基础上，运用科学方法进行的评价结论是可信的
C. 注意环境经济分析。既要保护环境，又要发展生产，把环境保护和生产发展统一起来
D. 在对建设项目进行环境影响评价的工作中，要尽一切代价进行环境保护措施

67. 下列关于城市环境保护规划专项规划主要内容的表述，错误的是(　　)。

A. 大气环境保护规划　　B. 水环境保护规划
C. 垃圾废弃物控制规划　　D. 噪声污染控制规划

68. 城市环境容量的影响因素不包括(　　)。

A. 城市自然条件　　B. 社会发展水平
C. 城市要素条件　　D. 经济技术条件

69. 下列有关城市环境的组成，阐述有误的是(　　)。

A. 城市自然环境，为城市提供资源
B. 城市的社会环境体现了城市这一区别于乡村及其他聚居形式的人类聚居区域，在满足人类在城市各类活动方面所提供的条件
C. 城市的经济环境是城市生产功能的集中体现，反映了城市经济发展的条件和潜势
D. 城市景观环境则是城市形象，城市气质和韵味的外在表现和反映

70. 城市自然环境容量包括大气环境容量、水环境容量、土壤环境容量等，下列有关阐述有误的是(　　)。

A. 大气环境容量指在满足大气环境目标值的条件下，某区域大气环境所能承纳污染物的最大能力，或所能允许排放的污染物的总量
B. 水环境容量指在满足市民安全卫生使用城市水资源的前提下，城区水环境所能承纳的最大的污染物质的负荷量
C. 土壤环境容量指土壤对污染物的承受能力或负荷量
D. 城市交通容量指城市里所能容纳的车辆总数

71. 城市生态系统的调控机制是(　　)。

A. 通过自然选择的负反馈为主　　B. 通过自然选择的正反馈为主
C. 通过人工选择的负反馈为主　　D. 通过人工选择的正反馈为主

72. 关于生物圈的论述，下列各项中(　　)是正确的。

A. 生物圈中所蕴藏的能量是生物圈自身内部产生的，还有来自太阳和其他宇宙射线
B. 生物圈在太阳系中是唯一的，或许在太阳系中从来就没有存在过第二个，以后也不会存在，它是人类唯一的真正具有现实意义的居住地

C. 在人类诞生之后，植物、动物是生物圈中相对主要的物质
D. 人类是生物圈的特殊居民，可以改善自然，改变自然法则

73. 城市生态系统的开放具有层次性，其表现的三个层次分别为(　　)。

A. 第一层次为城市生态系统内部子系统之间的开放；第二层次为城市生态系统向自然生态系统的开放；第三层次为生态系统的全方位开放
B. 第一层次为城市生态系统内部子系统之间的开放；第二层次为城市社会经济系统与城市自然环境系统之间的开放；第三层次指城市生态系统作为一个整体向外部系统的全方位开放
C. 第一层次为城市生态系统内部子系统之间的开放；第二层次为城市中城市社会向城市空间的开放；第三层次指城市生态系统向外部系统的全方位开放
D. 第一层次为城市生态系统内部子系统之间的开放；第二层次为城市社会经济系统与城市自然环境系统之间的开放；第三层次指城市生态系统向自然生态系统的开放

74. 城市生态系统的稳定性主要取决于(　　)，以及人类的认识和道德责任。

A. 社会经济系统的发展水平
B. 社会平衡与经济发展
C. 社会经济系统的调控能力和水平
D. 社会平衡、经济发展、环境保护

75. 下列(　　)不是城市生态系统物质循环的特点。

A. 所需物质对外界有依赖性
B. 物质既有输入又有输出
C. 生活性物质远远大于生产性物质
D. 物质循环中产生大量废物

76. GIS 软件的几何量算功能有(　　)。

A. 计算不规则曲线的长度
B. 计算不规则多边形的周长、面积
C. 计算不规则地形的设计填挖方
D. 以上皆正确

77. 在热红外波段卫星图像上，城市因其热岛效应而色调明显较周围(　　)。

A. 深　　B. 浅　　C. 亮而柔和　　D. 暗

78. 互联网技术在城市规划中的典型作用有(　　)。

①信息发布；②数据共享；③设备资源共享；④分散而协同地工作。

A. ①②③④　　B. ②③④　　C. ①③④　　D. ①②④

79. 彩红外航空摄影与天然彩色航空摄影相比，所包含的城市景物信息量(　　)。

A. 前者大　　B. 后者大　　C. 一样大　　D. 不确定

80. 目前，最典型、最常用的储存、管理属性数据的技术是采用(　　)。

A. 层次数据库　　B. 关系模型的数据库
C. 网络数据库　　D. 面向目标的数据库

二、多项选择题（共 20 题，每题 1 分。每题的备选项中，有二至四个选项符合题意。少选、错选都不得分）

81. 下列各建筑中，属于雅典卫城中的建筑的是(　　)。

A. 胜利神庙　　B. 太阳神庙

C. 帕提隆神庙　　D. 卡纳克阿蒙神庙

E. 伊瑞克提翁神庙

82. 下面各项关于美学的基本原理叙述正确的是(　　)。

A. 变形是建筑形式美的基本造型要素

B. 对比是克服单调感

C. 相似可以形成均衡感

D. 对称可以形成动态感

E. 中国古典园林中的借景就是一种空间的渗透

83. 下列关于基地与道路红线的关系叙述(　　)为正确。

A. 基地应与道路红线相连接

B. 基地应退道路红线一定距离

C. 基地与道路红线之间应设通路连接

D. 基地应退道路红线仅能作绿化之用

E. 基地与道路红线有时是重合的

84. 机动车辆行驶时，行车视距的大小与(　　)有直接关系。

A. 道路摩擦系数　　B. 机动车制动效率

C. 行车速度　　D. 道路纵坡

E. 平曲线半径

85. 以下各项中，(　　)属于城市轨道交通规划 OD 客流预测的内容。

A. 预测全日、高峰小时的各车站站间 OD

B. 预测全日和早、晚高峰小时的各车站上下行的乘降客流、站间断面流量以及相应的超高峰系数

C. 对跨越不同区域的线路，应进行各区域的内外 OD 客流预测，并对客流特征进行分析

D. 预测全日和高峰时段的各换乘车站（含支线接轨站）的换乘客流量及占车站总客流量的比重进行预测

E. 出入口分向客流预测

86. 下列关于道路系统规划的表述，正确的是(　　)。

A. 城市道路的走向应有利于通风，一般平行于夏季主导风向

B. 城市道路路线转折角较大时，转折点宜放在交叉口

C. 城市道路应为管线的铺设留有足够的空间

D. 公路兼有为过境和出入城市交通功能时，应与城市内部道路功能混合布置

E. 城市干道系统应有利于组织交叉口交通

87. 城市地表水取水构筑物位置的选择的叙述，下列(　　)条不妥。

A. 具有稳定的河床和河岸

B. 有足够的水源和水深，一般可以小于 2.5～3.0m
C. 弯曲河段上，宜设在河流的凸岸
D. 顺直河段上，宜设在河床稳定处
E. 应避开凹岸主流的顶冲点

88. 设置城市燃气储配站主要有三个功能，下列功能中(　　)属于燃气储配站的主要功能。

A. 调峰　　B. 混合
C. 加压　　D. 减压
E. 储存

89. 城市固体废物按来源分为(　　)三类。

A. 工业固体废物　　B. 危险固体废物
C. 城市生活固体废物垃圾　　D. 农业固体废物
E. 农村居民生活废物　　F. 城市建筑垃圾

90. 将城市工程管线按弯曲程度分类，下列(　　)管线属于可弯曲管线。

A. 自来水管　　B. 污水管道
C. 电信电缆　　D. 电力电缆
E. 电信管道　　F. 热力管道

91. 下面(　　)物品倾向于刚性。

A. 非必需品及奢侈品　　B. 生活必需品
C. 短期内城市住房供应　　D. 长期的城市住房供应
E. 鲜花供应

92. 高新技术工业代表是(　　)。

A. 微电子　　B. 制造业
C. 计算机　　D. 因特网
E. 云技术

93. 政府干预土地市场通常的手段是(　　)。

A. 提高地价　　B. 提高土地公有比例
C. 制定城市土地使用规划　　D. 遏制市场投机行为
E. 制定各种税收政策

94. 我国城镇化现状特征与发展趋势的表述，准确的有(　　)。

A. 城镇化过程中经历了大起大落阶段后，已经开始进入了持续、健康的发展阶段
B. 以大城市为主的多元化城镇化道路将成为我国城镇化战略的主要选择
C. 城镇化发展总体上东部快于西部，南方快于北方
D. 东部沿海地区城镇化进程总体快于西部内陆地区，但中西部地区将不断加速
E. 城市群、都市圈等将成为城镇化的重要空间单位

95. 下面关于生长极理论的论述正确的是(　　)。

A. 生长极理论首先是由德国经济学家普劳克斯于 1950 年提出的
B. 生长极理论不仅被认为是区域发展分析的理论基础，而且被认为是促进区域经济发展的政策工具

C. 该理论认为，经济发展均衡地发生在地理空间上

D. 该理论认为，经济发展并非均衡地发生在地理空间上，而是以不同的强度在空间上呈点状分布

E. 生长极理论首先是由法国经济学家普劳克斯于 1950 年提出，后经赫希曼、鲍得维尔、汉森等学者进一步发展

96. 下面在省的重心位置的省会城市是(　　)。

A. 太原　　B. 西安

C. 广州　　D. 南昌

E. 南京

97. 下面影响城市发展方向的主要因素有(　　)。

A. 地形地貌　　B. 高速公路

C. 城市商业中心　　D. 农田保护政策

E. 土地产权

98. 城市社会整合机制一般包括(　　)。

A. 制度性整合　　B. 创新性整合

C. 功能性整合　　D. 结构性整合

E. 认同性整合

99. 遥感图像的复原，就是使用一些专门设备，通过机械的、光学的、数学的方法等消除一些图像误差，提高图像的(　　)。

A. 清晰度　　B. 几何保真度

C. 分辨率　　D. 辐射水准保真度

E. 彩度

100. 下面哪些是矢量模型的优点(　　)。

A. 数据量小　　B. 位置精度高

C. 数据结构简单　　D. 相互叠合很方便

E. 转换方便

模拟试题五答案

一、单项选择题

1. A	2. A	3. C	4. D	5. A	6. B	7. C	8. C
9. A	10. C	11. C	12. B	13. D	14. B	15. D	16. D
17. B	18. D	19. C	20. B	21. C	22. B	23. C	24. B
25. D	26. A	27. C	28. D	29. A	30. C	31. B	32. B
33. B	34. D	35. D	36. D	37. D	38. C	39. C	40. C
41. A	42. B	43. A	44. B	45. B	46. B	47. A	48. D
49. A	50. A	51. D	52. C	53. C	54. D	55. D	56. D
57. A	58. A	59. B	60. B	61. A	62. C	63. C	64. D
65. A	66. D	67. C	68. B	69. A	70. D	71. D	72. B

73. B	74. C	75. C	76. D	77. B	78. A	79. A	80. B

二、多项选择题

81. A、C、E	82. A、B、E	83. A、C	84. B、C
85. A、C、E	86. A、C、E	87. B、C	88. A、B、C
89. A、C、D	90. A、C、D	91. B、C	92. A、C、E
93. B、C、E	94. B、C、D、E	95. B、D、E	96. B、D
97. C、D、E	98. A、B、D、E	99. B、D	100. A、B

附件

人力资源社会保障部住房城乡建设部关于印发《注册城乡规划师职业资格制度规定》和《注册城乡规划师职业资格考试实施办法》的通知

人社部规［2017］6号

各省、自治区、直辖市及新疆生产建设兵团人力资源社会保障厅（局）、住房城乡建设厅（规划委、规划局），国务院各部委、各直属机构人事部门，中央管理的企业：

为了加强城乡规划专业技术人才队伍建设，根据《中华人民共和国城乡规划法》有关规定，在总结原注册城市规划师职业资格制度实施情况的基础上，人力资源社会保障部、住房城乡建设部制定了《注册城乡规划师职业资格制度规定》和《注册城乡规划师职业资格考试实施办法》，现印发给你们，请遵照执行。

自本通知发布之日起，原人事部、原建设部发布的《关于印发〈注册城市规划师执业资格制度暂行规定〉及〈注册城市规划师执业资格认定办法〉的通知》（人发〔1999〕39号）和《关于印发〈注册城市规划师执业资格考试实施办法〉的通知》（人发〔2000〕20号），原人事部办公厅、原建设部办公厅发布的《关于注册城市规划师执业资格认定工作及有关问题的通知》（人办发〔1999〕121号）和《关于注册城市规划师执业资格考试报名补充规定的通知》（人办发〔2001〕38号）同时废止。

人力资源社会保障部
住房和城乡建设部
2017年5月22日

注册城乡规划师职业资格制度规定

第一章 总 则

第一条 为加强城乡规划师队伍建设，保障规划工作质量，维护国家、社会和公共利益，根据《中华人民共和国城乡规划法》和国家职业资格证书制度有关规定，制定本规定。

第二条 国家对注册城乡规划师实行准入类职业资格制度，纳入全国专业技术人员职业资格证书制度统一规划。

第三条 本规定所称的注册城乡规划师，是指通过全国统一考试取得注册城乡规划师职业资格证书，并依法注册后，从事城乡规划编制及相关工作的专业人员。

从事城乡规划实施、管理、研究工作的国家工作人员及相关人员，可以通过考试取得注册城乡规划师职业资格证书。

第四条 人力资源社会保障部、住房城乡建设部共同负责注册城乡规划师职业资格制度的政策制定，并按职责分工对制度的实施进行指导、监督和检查。

各省、自治区、直辖市人力资源社会保障行政主管部门和城乡规划行政主管部门，按照职责分工负责本行政区域内注册城乡规划师职业资格制度实施的监督管理。

第二章　考　　试

第五条　注册城乡规划师职业资格实行全国统一大纲、统一命题、统一组织的考试制度。原则上每年举行一次考试。

第六条　住房城乡建设部负责拟定注册城乡规划师职业资格考试科目、考试大纲，组织命审题工作，提出考试合格标准建议。

第七条　人力资源社会保障部组织专家审定考试科目和考试大纲，会同住房城乡建设部确定考试合格标准，并对考试工作进行指导、监督和检查。

第八条　凡中华人民共和国公民，遵守国家法律、法规，恪守职业道德，并符合下列条件之一的，均可申请参加注册城乡规划师职业资格考试：

（一）取得城乡规划专业大学专科学历，从事城乡规划业务工作满 6 年；

（二）取得城乡规划专业大学本科学历或学位，或取得建筑学学士学位（专业学位），从事城乡规划业务工作满 4 年；

（三）取得通过专业评估（认证）的城乡规划专业大学本科学历或学位，从事城乡规划业务工作满 3 年；

（四）取得城乡规划专业硕士学位，或取得建筑学硕士学位（专业学位），从事城乡规划业务工作满 2 年；

（五）取得通过专业评估（认证）的城乡规划专业硕士学位或城市规划硕士学位（专业学位），或取得城乡规划专业博士学位，从事城乡规划业务工作满 1 年。

除上述规定的情形外，取得其他专业的相应学历或者学位的人员，从事城乡规划业务工作年限相应增加 1 年。

第九条　注册城乡规划师职业资格考试合格，由各省、自治区、直辖市人力资源社会保障行政主管部门，颁发人力资源社会保障部统一印制，人力资源社会保障部、住房城乡建设部共同用印的《中华人民共和国注册城乡规划师职业资格证书》（以下简称注册城乡规划师职业资格证书）。该证书在全国范围有效。

第十条　对以不正当手段取得注册城乡规划师职业资格证书的，按照国家专业技术人员资格考试违纪违规行为处理规定进行处理。

第三章　注　　册

第十一条　国家对注册城乡规划师职业资格实行注册执业管理制度。取得注册城乡规划师职业资格证书且从事城乡规划编制及相关工作的人员，经注册方可以注册城乡规划师名义执业。

第十二条　中国城市规划协会负责注册城乡规划师注册及相关工作。

第十三条　申请注册的人员必须同时具备以下条件：

（一）遵纪守法，恪守职业道德和从业规范；

（二）取得注册城乡规划师职业资格证书；

（三）受聘于一家城乡规划编制机构；

（四）注册管理机构规定的其他条件。

第十四条 经批准注册的申请人，由中国城市规划协会核发该协会用印的《中华人民共和国注册城乡规划师注册证书》。

第十五条 以不正当手段取得注册证书的，由发证机构撤销其注册证书，3年内不予重新注册；构成犯罪的，依法追究刑事责任。

出租出借注册证书的，由发证机构撤销其注册证书，不再予以重新注册；构成犯罪的，依法追究刑事责任。

第十六条 注册证书的每一注册有效期为3年。注册证书在有效期内是注册城乡规划师的执业凭证，由注册城乡规划师本人保管、使用。

第十七条 申请初始注册的，应当自取得注册城乡规划师职业资格证书之日起3年内提出申请。逾期申请初始注册的，应符合继续教育有关要求。

第十八条 中国城市规划协会应当及时向社会公告注册城乡规划师注册有关情况，并于每年年底将注册人员信息报住房城乡建设部备案。

第十九条 继续教育是注册城乡规划师延续注册、重新注册和逾期初始注册的必备条件。在每个注册有效期内，注册城乡规划师应当按照规定完成相应的继续教育。

第二十条 注册城乡规划师初始注册、延续注册、变更注册、重新注册、注销注册和不予注册等注册管理，以及继续教育的具体办法，由中国城市规划协会另行制定，并报住房城乡建设部备案。

第二十一条 住房城乡建设部及地方各级城乡规划行政主管部门发现注册城乡规划师违法违规行为的，或发现不能履行注册城乡规划师职责情形的，应通知中国城市规划协会，协会须依据有关规定进行处理，并将处理结果报住房城乡建设部备案。

第四章 执 业

第二十二条 住房城乡建设部及地方各级城乡规划行政主管部门依法对注册城乡规划师执业活动实施监管。中国城市规划协会受住房城乡建设部委托，在职责范围内承担相关工作。

第二十三条 住房城乡建设部及地方各级城乡规划行政主管部门在注册城乡规划师执业活动监管工作中，可按权限查询、调取注册城乡规划师注册管理信息系统的相关数据，中国城市规划协会应予支持和配合。

第二十四条 注册城乡规划师的执业范围：

（一）城乡规划编制；

（二）城乡规划技术政策研究与咨询；

（三）城乡规划技术分析；

（四）住房城乡建设部规定的其他工作。

第二十五条 注册城乡规划师的执业能力：

（一）熟悉相关法律、法规及规章；

（二）熟悉我国城乡规划相关技术标准与规范体系，并能熟练运用；

（三）具有良好的与社会公众、相关管理部门沟通协调的能力；

（四）具有较强的科研和技术创新能力；

（五）了解国际相关标准和技术规范，及时掌握技术前沿发展动态。

第二十六条 《中华人民共和国城乡规划法》要求编制的城镇体系规划、城市规划、镇规划、乡规划和村庄规划的成果应有注册城乡规划师签字。

第二十七条 注册城乡规划师在执业活动中，须对所签字的城乡规划编制成果中的图件、文本的图文一致、标准规范的落实等负责，并承担相应责任。

第五章 权利和义务

第二十八条 注册城乡规划师享有下列权利：

（一）使用注册城乡规划师称谓；

（二）对违反相关法律、法规和技术规范的要求及决定提出劝告，并可在拒绝执行的同时向注册管理机构或者上级城乡规划主管部门报告；

（三）接受继续教育；

（四）获得与执业责任相应的劳动报酬；

（五）对侵犯本人权利的行为进行申诉；

（六）其他法定权利。

第二十九条 注册城乡规划师履行下列义务：

（一）遵守法律、法规和有关管理规定，恪守职业道德和从业规范；

（二）执行城乡规划相关法律、法规、规章及技术标准、规范；

（三）履行岗位职责，保证执业活动质量，并承担相应责任；

（四）不得同时受聘于两个或两个以上单位执业，不得允许他人以本人名义执业，严禁“证书挂靠”；

（五）不断更新专业知识，提高技术能力；

（六）保守在工作中知悉的国家秘密和聘用单位的商业、技术秘密；

（七）协助城乡规划主管部门及注册管理机构开展相关工作。

第六章 附则

第三十条 对通过考试取得注册城乡规划师职业资格证书，且符合《工程技术人员职务试行条例》规定的工程师职务任职条件的人员，用人单位可根据工作需要聘任工程师技术职务。

第三十一条 城乡规划编制单位配备注册城乡规划师的数量、注册城乡规划师签字的文件种类、执业活动等的具体要求和管理办法，由住房城乡建设部另行规定。

第三十二条 本规定施行前，依据《人事部 建设部关于印发〈注册城市规划师执业资格制度暂行规定〉及〈注册城市规划师执业资格认定办法〉的通知》（人发〔1999〕39号）等有关规定，取得的注册城市规划师执业资格证书，与按照本规定要求取得的注册城乡规划师职业资格证书的效用等同。

第三十三条 本规定自发布之日起施行。

注册城乡规划师职业资格考试实施办法

第一条 人力资源社会保障部、住房城乡建设部共同委托人力资源和社会保障部人事考试中心、住房和城乡建设部执业资格注册中心，承担注册城乡规划师职业资格考试考务等具体工作。

各省、自治区、直辖市人力资源社会保障行政主管部门和城乡规划行政主管部门共同负责本地区的考试工作，具体职责分工由各地协商确定。

第二条 受住房城乡建设部委托，住房和城乡建设部执业资格注册中心会同中国城市规划协会成立注册城乡规划师职业资格考试专家委员会，负责注册城乡规划师职业资格考试大纲编写、命题等工作。考试专家委员会章程报住房城乡建设部备案。

第三条 注册城乡规划师职业资格考试设《城乡规划原理》、《城乡规划管理与法规》、《城乡规划相关知识》和《城乡规划实务》4个科目。

第四条 注册城乡规划师职业资格考试分4个半天进行。《城乡规划实务》科目的考试时间为3小时，其他科目的考试时间均为2.5小时。

考试成绩实行4年为一个周期的滚动管理办法，在连续的4个考试年度内参加应试科目的考试并合格，方可取得注册城乡规划师资格证书。

第五条 通过全国统一考试取得一级注册建筑师资格证书并符合《注册城乡规划师职业资格制度规定》（以下简称《规定》）中注册城乡规划师职业资格考试报名条件的，可免试《城乡规划原理》和《城乡规划相关知识》科目，只参加《城乡规划管理与法规》和《城乡规划实务》2个科目的考试。

在连续的2个考试年度内参加上述科目考试并合格，可取得注册城乡规划师职业资格证书。

第六条 符合《规定》第八条第（五）项报名条件的，可免试《城乡规划原理》科目，只参加《城乡规划管理与法规》、《城乡规划相关知识》和《城乡规划实务》3个科目的考试。

在连续的3个考试年度内参加上述科目考试并合格，可取得注册城乡规划师职业资格证书。

第七条 在教育部颁布《普通高等学校本科专业目录（2012年）》之前，高等学校颁发的“城市规划”专业大学本科学历或学位，与《规定》第八条的“城乡规划”专业大学本科学历或学位等同。

在国务院学位委员会、教育部颁布《学位授予和人才培养学科目录（2011年）》之前，高等学校颁发的“城市规划”或“城市规划与设计”专业的硕士、博士层次相应学位，与《规定》第八条的“城乡规划”专业的硕士、博士层次相应学位等同。

第八条 《规定》第八条的“建筑学学士学位（专业学位）”和“建筑学硕士学位（专业学位）”，是指根据国务院学位委员会颁布的《建筑学专业学位设置方案》，由国务院学位委员会授权的高等学校，在授权期内颁发的建筑学专业相应层次的专业学位，包括“建筑学学士”和“建筑学硕士”两个层次，不包括建筑学专业的工学学士学位、工学硕士学位以及“建筑与土木工程领域”的工程硕士学位。

“城市规划硕士学位（专业学位）”是指由国务院学位委员会授权的高等学校，在授权期内颁发的“城市规划硕士”专业学位。

第九条 符合注册城乡规划师职业资格报考条件的报考人员，按照当地人事考试机构规定的程序和要求完成报名，携带相关证件和材料到指定地点进行报名资格审查。审查合格后，核发准考证。参加考试人员凭准考证和有效证件在指定的日期、时间和地点参加考试。

中央和国务院各部门及所属单位、中央管理企业的人员按属地原则报名参加考试。

第十条 考点原则上设在直辖市和省会城市的大、中专院校或者高考定点学校。考试日期原则上为每年第四季度。

第十一条 坚持考试与培训分开的原则。凡参与考试工作（包括命题、审题与组织管理等）的人员，不得参加考试，也不得参加或者举办与考试内容相关的培训工作。应考人员参加培训坚持自愿原则。

第十二条 考试实施机构及其工作人员，应当严格执行国家人事考试工作人员纪律规定和考试工作的各项规章制度，遵守考试工作纪律，切实做好试卷命制、印刷、发送和保管等各环节的安全保密工作，严防泄密。

第十三条 对违反考试工作纪律和有关规定的人员，按照国家专业技术人员资格考试违纪违规行为处理规定处理。

参考文献

[1] 全国注册城市规划师执业考试指定用书之三《城市规划相关知识》[M]. 北京：中国建筑工业出版社，2000.

[2] 全国注册城市规划师执业考试指定用书之二《城市规划相关知识》[M]. 北京：中国计划出版社，2009.

[3] 天津大学. 公共建筑设计原理[M]. 北京：中国建筑工业出版社，2016.

[4] 潘谷西. 外国建筑史[M]. 北京：中国建筑工业出版社，2015.

[5] 《中国建筑史》编写组. 中国建筑史[M]. 北京：中国建筑工业出版社，1993.

[6] 同济大学. 城市道路与交通规划[M]. 北京：中国建筑工业出版社，2005.

[7] 戴慎志. 城市工程系统规划[M]. 北京：中国建筑工业出版社，2015.

[8] 谢文蕙，邓卫. 城市经济学[M]. 北京：清华大学出版社，2008.

[9] 许学强，周一星，宁越敏. 城市地理学[M]. 北京：中国建筑工业出版社，2009.

[10] 周一星. 城市地理学[M]. 北京：商务印书馆. 1995.

[11] 宋峻岭. 城市社会学[M]. 北京：华夏出版社，1987.

[12] 同济大学，重庆建筑工程学院. 城市环境保护[M]. 北京：中国建筑工业出版社，1982.

[13] 邬伦，刘瑜，张晶等. 地理信息系统——原理、方法和应用[M]. 北京：科学出版社，2010.

[14] 宋小冬，叶嘉安，钮心毅. 地理信息系统及其在城市规划与管理中的应用[M]. 北京：科学出版社，2010.

[15] 边馥苓. 地理信息系统原理和方法. 北京：测绘出版社，1996.

[16] 吕斌. 贯彻《城乡规划法》修订注册规划师考试大纲[J]. 城市规划，2008(2).

[17] 梁保平，韩贵锋，余丽娟，谌斌. 中国省域城市生态适宜度综合评价[J]. 城市问题，2005(5).

[18] 赵坚，陈宇. 运输需求理论与运输需求增长趋势[J]. 综合运输，2005(11).

[19] 邵春福，秦四平. 交通经济学[M]. 北京：人民交通出版社，2008.

[20] 陈志华. 外国建筑史[M]. 北京：中国建筑工业出版社，2008.

[21] 同济大学等. 外国近现代建筑史[M]. 北京：中国建筑工业出版社，2003.

[22] 《注册建筑师考试辅导教材》编委会. 注册建筑师考试辅导教材 第一分册[M]. 北京：中国建筑工业出版社，2008.

[23] 邓惠中. 微观经济学. 上海：上海人民出版社，2003.

[24] 文国玮. 城市道路交通规划设计与运用[M]. 北京：清华大学出版社，2007.

[25] 郑也夫. 城市社会学[M]. 上海：上海交通大学出版社，2009.

[26] 杨豪中. 后现代主义的建筑与文化[M]. 西安：陕西科学技术出版社，1994.

[27] 顾朝林. 城市社会学[M]. 南京：东南大学出版社，2002.

[28] 顾朝林. 多规融合的空间规划. 北京：清华大学出版社，2015.

后　　记

《全国注册城乡规划师职业资格考试辅导教材》（第十三版）是按照2008年6月全国城市规划执业制度管理委员会公布的《全国城市规划师执业资格考试大纲（修订版）》要求，参考全国城市规划执业资格制度委员会编写的《全国注册城乡规划师执业考试指定用书》，并在总结前18年的考试试题的基础上，组织国内专家进行编写的，并着重针对2019年5月23日出台的《中共中央 国务院关于建立国土空间规划体系并监督实施的若干意见》，对全书内容进行了较大的调整。《城乡规划相关知识》一书中城市经济学、城市地理学、城市社会学部分由王翠萍负责编写，建筑学部分由潘育耕负责编写，城市交通、信息技术在城乡规划中的应用部分由王宇新负责编写，王翠萍负责全书统稿工作。

本书编写要感谢参与编写的梁利军、张博、李建伟，以及提供相关资料的王可、陈亮、郑洁、王静、崔恺、朱明君、李照、吴扬、王朝贤、王晓芳、罗文娟、朱静静、张鑫等。由于时间所限，错漏之处在所难免，敬请指正，以便于今后进一步修改完善。

在此，谨向《全国注册城乡规划师职业资格考试辅导教材》的组织单位中国建筑工业出版社给予的支持和配合表示衷心的感谢，并向中国建筑工业出版社负责本书编辑的陆新之、黄翊、张明编辑，以及校对、美术设计的相关人员表示感谢！

《全国注册城乡规划师职业资格考试辅导教材》编委会

2020年3月5日